U0196060

住房城乡建设部土建类学科专业"十三五"规划教材

高校风景园林（景观学）专业规划推荐教材

中国园林史

（20 世纪以前）

THE HISTORY OF CHINESE GARDEN

（BEFORE TWENTIETH CENTURY）

成玉宁　等　著

中国建筑工业出版社

图书在版编目（CIP）数据

中国园林史(20世纪以前)/成玉宁等著.—北京:中国建筑工业出版社,
2015.12（2024.6重印）
住房城乡建设部土建类学科专业"十三五"规划教材
高校风景园林（景观学）专业规划推荐教材
ISBN 978-7-112-18977-9

Ⅰ.①中…　Ⅱ.①成…　Ⅲ.①园林建筑－建筑史－中国－古代
Ⅳ.① TU-098.42

中国版本图书馆 CIP 数据核字（2016）第 004934 号

责任编辑：杨　琪　王　跃　陈　桦
责任校对：王宇枢　关　健

住房城乡建设部土建类学科专业"十三五"规划教材
高校风景园林（景观学）专业规划推荐教材
中 国 园 林 史
（20世纪以前）
成玉宁 等 著

*

中国建筑工业出版社出版、发行(北京海淀三里河路9号)
各地新华书店、建筑书店经销
北京嘉泰利德公司制版
北京中科印刷有限公司印刷

*

开本：787×1092毫米　1/16　印张：47　字数：966千字
2018年9月第一版　2024年6月第五次印刷
定价：99.00元
ISBN 978-7-112-18977-9
（28216）

前　言

　　《中国园林史（20世纪以前）》获评住房城乡建设部土建类学科专业"十三五"规划教材，由中国建筑工业出版社承担出版。教材主要撰写单位为东南大学，参加编写的单位为北京林业大学、清华大学、同济大学、华南理工大学、河南工业大学、浙江农林大学、厦门大学、浙江工业大学。作者均为国内院校从事中国园林史教学与研究、有所成就并具有一定影响力的学者，全书由成玉宁主持撰写，参与专家集体著作。

　　本书具有以下特点：

　　（1）以自然环境、人居环境、政治、经济、社会、艺术等多个维度作为中国古代园林研究认知的背景，在历史环境中研究园林的嬗变；

　　（2）以中国古代园林艺术风格特征为分期依据，分为上、中、下三篇，分述中国园林的历史流变，将阶段性特征及其成因作为主要的关注点；

　　（3）整合当代中国园林史学研究最新成果，将田野考察、考古与文献研究相融合，以考据与考证为基础、补缀相关信息，描述园林历史进程；

　　（4）全书采取"史""论"结合的写作方式，厘清二者的辩证关系。以史实为线索，整合历史信息。在勾勒造园活动的基础上，解析不同阶段的园林艺术特征。

　　本书作者：

　　绪论、第1、2、3、4章 ………………………………… 成玉宁（东南大学）

　　第5章………………………………………………………… 周小棣（东南大学）

　　第6章………………………………………………………… 段建强（河南工业大学）

　　第7章…………………………… 朱育帆（清华大学）、鲍沁星（浙江农林大学）

　　第8章………………………………………………………… 朱宇晖（同济大学）

　　第9章…………………………… 顾凯（东南大学）、都铭（浙江工业大学）

　　第10章 …………… 刘晓明（北京林业大学）、陆琦（华南理工大学）、

　　　　　　　　　　　曹春平（厦门大学）、都铭（浙江工业大学）、

　　　　　　　　　顾凯（东南大学）、朱育帆（清华大学）、成玉宁（东南大学）

　　本书内容经四次会议研讨审定：2014年8月，于东南大学召开首次会议，

就教材的体例及编写分工进行讨论；三次审稿会议分别于东南大学、中国建筑工业出版社以及浙江农林大学召开。全书由成玉宁统稿，鉴于教材出版需要，对全书初稿进行了压缩、删改。

本书图片除引自公开出版的书刊外，部分插图及照片由各部分撰写者提供。

感谢东南大学单梦婷、常军富，北京林业大学王应临，清华大学盖若玫、李芸芸、张倩玉及浙江农林大学张敏霞等在本书编写过程中付出的辛勤劳动。

《中国园林史（20世纪以前）》撰写组

目 录

上篇（公元265年以前）

中篇（公元265—1368年）

绪 论

0.1 园林及中国古代园林类型

0.1.1 园林的内涵

作为概念的"园林"是一个动态的、发展的范畴，不同的历史时期园林所具有的内涵不尽相同，归根结底在于人们对园林的认识随着文明的进化而不断积累丰富。因此，园林也并没有一个一成不变的定义，而只能够针对园林的基本特性加以界定。

园林是以自然素材为主要欣赏对象的人工游憩空间。作为园林必须具备两点基本特征：其一，必须是人为的游憩空间；其二，必须以自然素材为主要欣赏对象。完全在自然状态下的动植物及其环境固然可供人欣赏、游览，但由于这些自然区域并未发生质的改变，不能看作是人为的空间，故而不属于园林的范畴；同样，没有自然物作为主要的观赏对象的纯人工建筑的游憩环境也不能称为园林。自然素材并不单指植物，而是泛指动物、植物、山石、水体等未经人为改造其固有性状的自然物。植物是造园的主要素材，但有无植物或植物的多寡并非判定场所是否为园林的标志。譬如，"枯山水"极少使用或不用植物，其以沙、石组合象征海岛景观，是举世公认的园林品种；西亚的一些伊斯兰园林也很少使用植物，以水景见长。在不同的文化背景及环境条件下，园林可以有不同的表现形式。

园林艺术是一种较为复杂的文化现象。一方面，园林是文化景观，与纯粹的自然风景分属不同的两个范畴；另一方面，园林这一人为的艺术境域中又包含着个体的自然。园林中的植物春生、夏长、秋实、冬落，这些都是植物有机体所固有的生命现象，动植物在不改变其外部特征的情况下作为观赏的对象而出现在园林之中，保持了自然的美。而对于另外一些无生命的造园素材来说，也许仅仅是位置的移动，诸如山石与水体在由自然界迁入园林的过程中，尽管其性状均未改变，但已是艺术的构成部分。从这一层意义上说，园林美具有自然美与艺术美双重属性，更准确地则应为：在艺术美之中包含了自然的美。

与园林关系最为密切的建筑艺术，同为人工场所并使用了自然物，但是自然物失去了其固有的理化、生物性状，被"材料化"了。因此，园林与建筑既相互联系又存在着差异。

从园林一词的含义可以进一步引申出关于造园艺术的基本界定。造园艺术是以自然素材为主要欣赏对象的空间艺术，造园活动的基本意义也就在于运用自然素材以及建筑、雕塑等营造美的境域，以满足人的游憩需要。宏观地看，造园艺术的历史演变经历了三个阶段，即"泛艺术阶段"、"艺术阶段"和"多元化阶段"。所谓"泛艺术"阶段系指造园活动尚未获得独立，而与其他的功利活动混杂一体，是园林艺术萌芽、形成的初期；"艺术阶段"则是指造园活动摆脱功利因素的束缚而成为艺术创造，构成美的游憩境域为造园的根本宗旨；"多元化阶段"则是指随着环境科学、各种艺术哲学的崛起，造园活动已突破了传统的唯美主义，而拓展到生态、景观诸领域，注重造园在改善环境等方面的价值，甚至表现与传统美相悖的思想观念（如解构主义作品）。

造园艺术发展的三个阶段出现的时间，在各造园系统间有所不同。就中国而言，"泛艺术"阶段相当于商周至西汉，这一阶段的造园活动往往与生产活动、宗教活动有着密切的联系；"艺术阶段"相当于东汉三国至明清，这一阶段造园活动取得了独立，创造美的游憩空间——表现自然美、艺术美是造园的核心所在。前两个阶段也就是通常所说的古典园林时期；随着社会思潮的多元化和科学技术的进步，中国园林进入了"多元化"的发展时期。

0.1.2 中国古代园林的基本类型

园林由于所处环境条件的差异，以及游憩活动的不同，采取的造园方法也各有针对，相应呈现的景象也不尽相同。而园林的内涵又在不断变化与发展着，不同历史时期的"园林"其内涵与外延也有所差异。针对古代园林的共性特征进行分类，其目的在于方便今人对于古代园林的发展及其流变的准确把握。以园林的类型而言，本书以园林的内涵及造园手法的差异为依据，结合具体的时代发展情况，以唐宋代为界分为两个阶段：唐宋以前大抵有**苑囿、庄园、宫宅园林、寺观园林、邑郊理景**五类；唐宋以降则主要分为**宫苑（包含禁苑、别苑）、第宅园林、衙署园林、寺观园林、邑郊理景**五类。前后相继，延续中有发展，逐渐形成类型特征。因此，必须加以分类表述，以符合史实。

苑囿地近都邑，以自然景观为主，面积广袤，弥山跨谷，通过点缀池陂、建筑等要素于自然山水之间的手法，营造可供游观的场所。苑与囿在殷周之际是两个不同的概念，春秋战国时期两字开始混用。苑囿是帝王豪富的私有土地，除了可供贵族游憩而外，还是日常消费资料的主要生产基地，苑囿中有大量的生产性用地，包括农业、畜牧业、手工业、采猎等。

庄园源于特定时期的土地制度，庄园经济由东汉发展起来，到两晋时已完全成熟。私田佃奴制的庄园得到扩大与发展，士族子弟由庄园经济供养，并乐于以园林化的手法来创造和谐的人居环境。唐代土地私有化的进程加速，买卖成为获得土地的主要途径。官员的物质待遇优厚，除俸禄外政府还会予以官员田产。文人官员通过收买等手段兼并田产附近的土地，成为庄园的大地主并依附庄园建造园林。

宫宅园林附属于建筑，园林空间是居住、办公等空间的辅助部分，山、水、植物、园林建筑作为造园要素点缀于建筑空间之内。宫宅园林一般都有轴线，呈院落式布局。大型的园林往往自成一区，位于建筑的一侧或者轴线之后部，更为常见的则是于庭园中莳花植木、点缀泉石、建筑小品。宫宅园林大量地出现于春秋战国，起初为隶属于宫室宅邸的园圃，带有生产性质。西周后期园圃的生产性开始消退，东汉时期大抵已演变成为纯粹的游憩空间。

唐宋以降，由于历史环境的改变，原先的苑囿与庄园逐渐式微，取而代之的是宫苑园林的崛起，第宅园林、衙署园林也走向兴盛。

宫苑既具有早期苑囿的影子，又具备宫宅园林的典型特征。隋唐时期，建筑与风景环境充分融合，生成了早期的宫苑形态，改变了汉武帝时期宫苑结合的功能复合的特征，以游憩为主要功能。以园林与宫殿及都城位置的关系为依据，宫苑又分为**禁苑**与**别苑**，其中禁苑位于皇城以里或紧附于皇城，典型者如唐长安及洛阳的宫苑，在建成环境中人为置入自然的要素以供游观；相对的，别苑则位于皇城以外，在自然环境中置入人工要素。

第宅园林主要系由文人士大夫所营建，园林空间与建筑空间结合紧密。营造方法与前朝小尺度的宫宅园林相通，人工化的营造成分相对较高，注重自然及人为设计理念的表达。

衙署园林肇始于汉代，兴于唐代，极盛于两宋。其是中国古代地方政府制度的产物，园林游憩空间通常与衙署办公空间相伴，具有供官员、衙役休憩活动的功能。在宋明理学的影响下，荷塘、荷池成为衙署园林的标志性特征，以表征"出淤泥而不染"、"两袖清风"之意。

寺观园林独具中国特色。异域宗教与中原本土建筑结合，生成了早期的寺庙建筑，与世俗建筑没有根本差异，"舍宅为寺"的记载多见于史籍，相应的寺观园林空间也就与世俗的宅园相类似。中唐佛道斗法以后，寺观建筑大多开始远离城市，趋向山林，与自然环境高度融合，既是宗教场所，又是公共的游憩空间。

邑郊游憩区是带有公园性质的风景游览地，一般由官方主持，民众参与风景开发及景点建设。它的形成与早期的自然崇拜及民俗活动有关，春秋战国时期，就有孔子与学生上巳沐浴之说。随着自然认知的加深，早期带有神权思想的活动逐渐固化为特定节气的游憩活动，游憩场所也固定下来。两汉时期，长安灞水之滨、东汉的伊洛二水、三国邺城的薄落津等均为祓禊踏青的游憩之地。两晋南北朝以降，邑郊游憩区大多选择在山水风景优美之地，譬如绍兴的兰亭、长安的曲江、永州的香零山、滁州的"三亭"等。中唐以后，文人士大夫通过科举制度进入社会的上层，将审美情趣、山水意趣与游学、郊游等活动结合，形成了一批带有明显人工痕迹的公共游憩点，如中唐元结在永州所营造的朝阳岩、北宋欧阳修所营造的丰乐亭。邑郊游憩区的形成还与各地的水利工程有关，著名者如杭州西湖、福州西湖、嘉兴南湖等。

其他类型的园林如学宫及陵园等伴随礼制建筑而产生。学宫、陵墓在先秦时期是苑囿的重要组成部分，在西汉时期，董仲舒对礼制建筑进行了专门的研究，奠定了中国后世礼制建筑的形态与位置关系。学宫与陵墓作为公共的建筑和设施而存在，相应的与其紧密结合的园林也就成了公共的游憩场所。在以往的园林史学的研究中，有学者及专家将学宫及陵园纳入园林研究的范畴，本教程从古代园林的营造宗旨出发，与建筑历史的划分相分野，并未将学宫与陵园纳入园林研究的范畴。

0.2　造园活动及其思想的生成

造园活动是人类追求自然之美与精神寄托的物化产物，与人类的生产与生活息息相关。自然是中国古代园林产生的基础，优越的自然条件为园林艺术提供了丰富的摹拟对象与创作源泉；中国古代园林也是封建社会经济与政治的产物，政治与经济是影响园林发展的根本因素；同时，中国古代园林又是封建文化的组成部分。在特有的自然环境条件和经济、政治、文化的作用下，中国园林艺术逐渐形成了独具特征的艺术形式及造园理念和方法。

造园思想是指经由具体的造园活动所反映出的人的意志，是人对园林的要求与造园的观念。园林也就是人的造园思想通过山水树石等中介所表现出的物化形式。造园思想广泛涉及人们生活的方方面面，其中与之关系最为密切的是人们的**娱乐观**、**审美观**、**环境观**。

0.2.1　娱乐观

园林作为游憩场所，其最基本、最原始的功能莫过于供人游乐。园林的萌芽与形成都是源于人们对游憩的需求，另一方面，游憩的内容在很大程度上决定了园林的景观特征。

人类对于娱乐的需要出现很早，考古学及民族学研究表明，早在采猎时代先民们便已萌生出对娱乐的需求。原始的娱乐活动正是劳动生产本身，共同的围猎、采摘劳作过程的协同性与节奏性使人产生娱乐感。这种娱乐感与狩猎、采摘收获后的满足是交织在一起的，并非超越功利的"游戏"。

普列汉诺夫对于艺术起源的探讨也是建筑在大量的人类学研究的基础上，他指出艺术的产生与生产劳动之间有密切的关系，他说，"劳动先于艺术"、"人最初从功利的观点来观察事物和现象，只是后来才站到审美的观点上来看待他们"[①]，普列汉诺夫关于艺术起源的论说有广泛的代表性，园林的起源大抵也经历了由劳动而游娱、由劳作场所而游憩场所的转变过程。

采摘、狩猎一类的生产劳动本身具有"游戏"的特征，而作为劳动的对象同时也是审美的对象。由于这双层关系，使得采猎不同于一般的人类生产活动，

---

① 普列汉诺夫，《论艺术（没有地址的信）》，1964 年版，93 页

而更具有游娱的意义。田猎是商周时期奴隶主贵族所喜爱的一种游乐方式，其与生产、征战之间密不可分；春秋战国时期田猎仍然与生产、军事演习等活动有一定的联系，田猎场所为各国的泽薮与苑囿；西周末年出现了"苑"。就狩猎转化成为一种娱乐方式的过程而言，田猎是促成苑囿这一园林形式形成的因素之一。

除去田猎外，园林中还有许多游乐方式都是由功利性活动转变而来的，娱乐活动与造园关系甚密。娱乐活动的开展需要场所，依据活动内容的不同，对于空间的要求亦不尽相同。田猎需要山林川泽，宴饮需要宫室楼台，修禊需要流水，渔钓荡舟需要池陂……而造园活动最基本的意义也就是通过人为营造工程以满足种种娱乐活动要求。

0.2.2 审美观

人类对于游乐的需要是低级机能的消遣，主要是满足感官的愉悦，而审美则是人类高级消遣，是在"耳目之娱"基础上实现"心意之娱"。人对于审美的需要既是推进园林艺术起源的动力之一，更是促成造园由"泛艺术"向"艺术"转化的主动力。《国语·楚语上》："夫美也者，上下、外内、大小、远迩皆无害焉，故曰美。"这是有史记载先民关于美的最早定义，从中不难看出对于美的认识是基于利害关系而定的。自然界中那些人所熟知、与人无害甚至为人所驾驭的自然物、自然现象都可以成为审美的对象。反之，那些人们不能理解、无力操纵，乃至对人构成危害的自然物、自然现象则被赋予神秘的色彩而成为祭拜的对象。

随着生产实践的发展，人对于自然界认识的深化，作为审美对象的自然物也就相应地增加。最先进入人类审美视野的自然物为动物与植物，其中动物比植物更早成为审美的对象。人对动物的审美是狩猎及原始畜牧业发展的产物，新石器时代中晚期，一些牲畜及猎获物已成为时人的玩赏对象。植物的叶、花、果实及种子在满足人们消费的同时，也成为时人审美的对象。随之而来，在陶器的造型与装饰纹样中，植物的题材出现了，甚至有些器物的造型也摹仿植物。由于具备了对动植物的审美能力，商周时期，供畜牧的囿与树艺的园圃不再是单纯的生产性场所，同时也是可以游观、使人感受到美的境域。从而此间的园圃也就具备了园林的某些属性。

山水成为审美的对象在时间顺序上明显地滞后于动植物。商代，山水还被认为是自然界的神祇所在，因此作为崇拜祭祀的对象。西周晚期人们开始对生活环境周围的山林川泽流露出审美意识。随之而来，春秋战国时期，诸侯贵族开始游览山水、建造离宫别馆于自然境域之中，并且形成了以"比德"为特征的自然审美观。秦西汉时期，园林中出现了人工山水，但这一阶段园林中的山水并不完全是审美的对象，还是作为迎候神仙的一种手段。东汉时期，人工营造山水则纯粹是出于审美的需要。这是造园由"泛艺术"阶段过渡到"艺术"

阶段的一个标志。

除自然审美观外，造园审美趣味在不同的阶段表现出鲜明的差异。例如西汉与东汉之交造园审美趣味变化很大，突出反映在造园理水与雕塑上；西汉造园带有先秦原始、古拙的遗风，而东汉三国则倾向于人巧与自然并重，隋唐则出现了诗、画、与园林结合的迹象，宋代以降园林追求意趣与情思，相应的造园堆山也由象征转变为写实再到写意。

0.2.3 环境观

园林是人为了改善自身生活品质而创造的环境，必然要反映人的环境观。园林的发生与生活环境城市化有关。

新石器时代的聚落遗址多于滨河地带的丘陵或台地之上，附近有山林、溪流、池塘及较平坦的农田。先民选择这样的生活环境可以有方便的水源且又无水患，有平坦深厚的土地可供开垦发展农业，有山林池沼可供渔猎采集以补充农业生产之不足。先民十分注重对自然环境的利用，包括山水动植物及土地在内的一切与人有利的自然物，由此人与自然间也就形成了一种和谐的共生关系，这与西方文明突出人的力量与征服自然的欲念显然有别。"居高临水"是先民理想的生活环境，以致在漫长的岁月中演变成一种"定式"。大至城市，小至宫室建筑的选址布局，尽管形式规模不尽相同，其中所体现的生活环境理想是共通的。

龙山文化时期，城市已处于孕育之中。通过对新石器时代聚落遗址分布的考察可以发现，先民具有因地制宜、利用自然的智慧。这种不同于西方的农业文明思想及其所衍生出的居住生活理想对于商周以降的造园有深刻的影响。换言之，中国造园讲求因任自然、傍山就水，其思想源头可上溯到新石器时代。城市化生活的必然结果是城乡分离以及人与自然环境的分离，在生活环境城市化的初期这一矛盾并不突出。春秋战国时期，城市化进程加速，一些有识之士开始觉悟到城市文明所产生的"异化"效应，从而萌生了改善居住生活环境的需求。

城市的大量涌现是以大面积自然植被的毁灭为代价的，城市用地本身需要改变自然的环境，城市的建设与生活又必然需要消耗大量木材。管子、孟子等人都已意识到大规模地砍伐林木与天旱水灾间的因果关系，表现出朦胧的生态意识。他们向统治者进谏，期望以法令的形式来约束、规定采伐以及狩猎的对象与时间，同时提倡植树造林，通过恢复植被来改善人的生存环境。因而，春秋之际环境意识的觉醒也是促进园林形成的一个主要因素。

战国末年，神仙传说兴起。神仙说所描绘的仙境则对于秦汉以降的造园有很大的影响，这并不仅仅反映在"一池三山"的园林形式上，更为主要的还在于神仙说所建构的理想化的生存环境模式。东汉三国时期，神仙已不再是生活于缥缈的虚幻境界或人迹罕至的西域，而是自然恬静、山水优美，人与自然环境和谐共生，既与世俗的生活相接近，又是超尘脱俗的生活环境之范式。东汉三国以降及至明清，不论园主的身份如何，追求富有自然意趣的生活享受这一造园的根本宗旨却是相同的。

0.3 中国古代园林的史学方法

中国园林史学研究以个案的考证为基础，个案考证的方式主要有实物（含考察和考古两类）研究及文献研究两大类。而与其他门类史学比较，中国古代园林历史研究有其特殊性：除去明朝以降的部分园林存世外，宋代以前的园林大多荡然无存，而针对性的考古学研究较为贫乏；文献除出自部分正史，大多散见于方志、杂记与小说、辞赋等文学作品，文字材料多语焉不详，或无实际内容的记载。这从一定程度上造成了中国园林艺术史学研究的瓶颈与局限。

由于考古及方法上的局限，园林史论多半依赖于研究者根据有限的文献史料进行的理解与演绎，而现场考证工作环节往往相对薄弱。以文字为基础的"考"和"辩"，致使研究结论一定意义上受制于文献及文字。因此，对历史事实的选择、考证和描述需有针对性的方法，在史料的考证上要注意史料的分类与辨析，统筹应用归纳、比较、分析和综合等方法，同时需要了解各种方法的利弊，通过多种方法、渠道获得关于历史沿革的认知，透过史实掌握景园艺术的流变历程。

0.3.1 基于历史原真性的研究方法

历史的研究不存在所谓相对准确的答案，也不存在唯一的解，无限地接近真实是史学研究的基本观点。所以对于历史的研究是一个不断积淀的过程，史学的研究也并非简单地下定论。以追求历史的原真性为根本宗旨是当代园林史学研究方法论的重要原则。从理论上说，研究者掌握的资料越多越准确，相应概括及归纳出的历史轮廓会更加清晰地贴近史实本身。然而史料与史实之间有质的区别，单纯依靠史料量的积累无法完整地反映历史。史料只是分别记录历史现象的某些局部片断的松散群体，其本身并不能反映系统的历史过程。此外，史料（专指文字史料）的成书年代与所记载的史实之间往往存在着"时间差"，因此史料与史实之间究竟能够在多大程度上"重合"是值得推敲的问题。史学研究必须以史学论证为基本出发点，且尽可能地将推论研究与史料本身加以界定，避免两者间的混淆。

历史研究必须基于史料，因此史料本身的真实性是确定历史研究真伪的根本前提，史料的意义与价值在于真伪。考古直接或间接地涉及不同历史阶段的造园活动，改变了造园史研究单纯依赖于文字史料的状态，考古发现与文字史料的互补使得较为准确地研究古代造园成为可能。考古发现对于研究中国古代造园的价值并不局限于提供证据与线索，同时还有检验文字史料可靠与否的作用。通过辨伪实现对某些事物进行考察鉴别，确定其真伪，从源头打假辨伪是治史的基本功。

0.3.2　基于历史环境及其观念的研究方法

"回归到历史环境中去研究园林的变迁"才可能尽量减少治史者自己的误读、误判。历史上人类社会活动环境的变迁与造园艺术活动休戚相关，以自然植被的变迁与园林的关系为例，纵观造园艺术史不难发现，造园艺术伴随着自然环境的恶化而发展。随着人类生产和生活的发展，人居环境半径的扩大对应的是自然环境锐减，从而从客观上引发了人对环境的反思。园林作为弥补自然不足的一种途径，越来越受到人类的青睐，园林艺术应运而生。因此，对于不同时期、不同地域风景园林艺术的考察离不开同时期客观生态环境作为支撑背景，从而更加准确地了解当时人们的自然观、居住观以及审美观念的变迁。

园林是人类自然观的载体和反映，是生活观的折射和价值取向，只有回到当时的历史环境中去才能够被正确审视，这里的"历史环境"包含了4个基本层面，即自然、经济、政治、文化。自然是园林生成的基础，经济决定了政治上层建筑，最后是文化的层面。以文化论文化，或者是以相关艺术来论园林均是不足取的。回归到历史本体的环境中去审视园林的流变历程是符合史实的，也是唯物主义的史学观。

0.3.3　基于相关文化艺术佐证的研究方法

由于史料的贫乏，借助于相关艺术来研究园林是常用的方法。不论是建筑艺术、文学艺术，抑或是绘画艺术都是同时代的产物，它们与园林艺术是一种并行或伴生关系，不存在前后顺序，更不存在因果关系。所谓佐证，即辅助的证据，没法对事件提供直接的证明的，园林史学家需要有"门类艺术的本体性"意识，回归到历史环境中去，从同期的相关艺术中寻找相关信息来返身观照认知园林。以"文论代园论"或以"画论论园林"均难免隔靴搔痒，虽然古代中国造园家（含园主人）往往集文人、画家、造园家于一身，思想的同源铸就了文学、绘画与造园的相似性，但是由于"载体"不同，造园与文学及绘画间的差异也是显而易见的。倘若只关注相关艺术之间彼此的覆盖与共性，而忽略掉艺术本体规律之后，仅仅抽取园林的艺术（园林不止于艺术）特质拿来进行描述，显然不符合史实与门类艺术间的差异，也不符合门类艺术发展的自身规律，所以肯定相关艺术间作用的前提在于承认门类艺术的本体性。

0.3.4　基于新技术平台的研究方法

当代测绘与计算机等技术在园林史学研究中将发挥重要作用。新技术的应用主要有 3 大类，即对遗址调查信息进行采集、对信息进行智能化处理和辅助对遗址、遗存进行后期研判。

遥感、全站仪、三维扫描仪等技术运用于园林遗址的测绘及数据采集，能够相对容易地掌握园林遗址地形地貌及其空间格局，对于大尺度的园林，尤其是水体等的认知具有重要意义。特定历史时期事物的复原也是当下行之有效的一种方式，计算机虚拟技术在史学研究中的引入，有助于把离散的信息构建在计算机平台的信息系统之上。将当代虚拟现实技术作为一种手段来对园林历史的面貌进行构建、描述，可以在历史地理学的研究基础之上，结合考古学的研究成就，借助建筑、雕塑等遗有残存的门类艺术进行整合。将信息构筑在这样的平台之上，不论是复原还是整合均有其现实的意义和切实的操作手段。计算机技术本身并不能对得出的结果进行判断，更不能提供考古学的研究结论，最终对于运算结果的解释还需园林史学研究者来完成。然而，通过计算机技术的模拟与比较可以实现多种可能之间的比选，从而获得更接近史实的结论。

当代园林史学方法中可以采用计算机技术即园林历史遗存的数据采集、虚拟现实技术、三维系统下信息片段的构建和整合技术。利用计算机技术复原、复活、重构历史上的现实场景不仅具有积极的现实意义，而且具有很强的可操作性。传统方法与现代科学技术途径互为补充、互为佐证，从而使得研究成果最大限度地接近史实。作为辅助手段，对虚拟技术的采用同样也要遵从基于历史原真性、历史环境、相关艺术佐证等基本原则，如此才能避免简单地唯技术论而导致的新的臆断。

上篇（公元 265 年以前）

　　自殷商（晚商）起至东汉三国，造园经历了由"泛艺术阶段"过渡至"艺术阶段初期"的演变过程，涵盖了造园的滥觞、形成与演变的历程。前后约一千五百余年，几乎占去了中国古代园林史跨度的一半。

　　商末西周是中国造园的发端时期，期间具有游观性质的场所大多出于满足生产的功利性需求而建造，并未产生真正意义上的"园林"，然而自然观念的进步和自然审美的发展，为园林的产生奠定了思想基础。春秋战国时期，随着城市的迅速发展，时人对居住环境的要求有所提高，同时也产生了环境危机与保护意识，作为游憩场所的园林在这个时期形成并迅速发展。中国造园的基本要素在此期间多数已先后出现。秦西汉时期，造园呈现出山水化的趋势，到了东汉时期的造园则出现了以摹拟自然为标准的造园倾向，具有中国特色的山水园林艺术及其表现手法至此已初成框架。

第 1 章
商末西周

商代，在神权思想的桎梏下，原始的自然崇拜仍旧相当盛行。西周时期，随着农业生产实践的深入，人们关于自然界的认识由土壤及为数不多的几种动植物扩展到生活境域周围的山林川谷，自然神祇的地位开始受到动摇，人与自然界的关系也由单一的物质利用发展到精神审美，从而为园林的发生奠定了思想基础。

商末西周时期，园圃业逐渐从农业中分化出来。园圃之中栽种有果树瓜菜，既是生产性的用地，同时也是时人游憩、观赏植物的场所。与之相仿，畜牧业也在商周时期发展起来，囿是饲养动物的用地，通常设置在城郊，其中有草场、池泽。囿是贵族阶层开展生活、祭祀及劳作的场所，间或也可作为游憩之地。商代末期出现了专门饲养奇禽异兽的囿，作为殷王的游观之地。

统治者开始营造宫室台榭以供游观，殷商的离宫出现了园林化的端倪。西周时期，都城近郊的一些礼制建筑也被用来作为游观的场所。西周晚期，部分贵族已不满足于室内环境的美化，开始关注室外之环境。

夏、商、西周时期，宫室建筑、园圃以及苑囿等场所虽然并非单纯出于娱游目的而设，但却都是常见的游娱场所，这标志着园林正处在发生之中。

1.1 时代背景

1.1.1 都城与王畿建设

原始社会末期，在众多的部族中夏、商、周是其中影响较大的三个，这三个部落相继在中原及关中建立起了国家。人口与财富、手工业与商业的集中，加之行政机构的设置，推动了城市的形成与发展。

考古工作者在今山西南部汾河下游和河南伊洛平原发现了山西夏县东下冯遗址、河南偃师二里头遗址、河南登封告成镇的王城岗遗址等，这些遗址的年代大约在公元前1900～前1600年间，其上限晚于河南龙山文化，下限早于二里岗商文化，与历史上的夏代正相吻合。关于夏王朝的都城及地望历来说法不一，但诸说均在黄河中下游地区。考古发现的二里头遗址已不同于龙山文化遗址，有宫殿遗址、作坊、陶窑、窖穴、水井、墓葬等，这里的宫殿遗址已发现两座，其中的1号殿基近正方形，东西长108米，南北宽100米。夯土台基高0.8米。殿堂居于西北，四周有廊庑，殿堂以南是约5000平方米的庭院（图1-1）。2号宫殿位于1号宫殿东北约150米处，平面呈长方形，南北长73米，东西宽58米，形制与1号宫殿基本相同，四周亦有廊庑。建筑结构形式为木屋架、草泥墙，屋顶用草。二里头宫殿遗址坐北朝南、封闭式的宫廷格局始终为后代所沿袭。

汤灭夏建商，定都于亳。迄今商代的城址已发现四座，其中有河南偃师尸乡沟的商代早期城市遗址、郑州的商代中期遗址、安阳殷墟的商代晚期遗址和

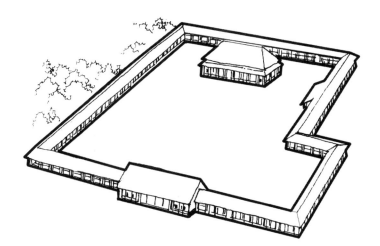

图1-1　二里头夏代宫殿
鸟瞰

湖北黄陂盘龙城的商代中期的方国遗址。商代的城市及宫殿规模及建筑技术均
较夏代有所发展。偃师商城平面呈长方形，南北1700余米，东西最北部1215米，
中部1120米，南部740米，面积约190万平方米。郑州商城城垣周长6960米，
其中南墙与东墙各长约1700米，西墙长约1870米，北墙长约1690米。安阳
殷墟遗址的总面积达24平方公里，未见城垣。这些遗址由宫殿、作坊、居址
等组成，殷墟中还发现了宗庙区及王陵区。

　　周人的先祖生活在陕西黄土高原，古公亶父时，周人由豳（今陕西省彬县
附近）迁于岐，邑于周地（今岐山县凤雏村一带），并营造城市、宫室。周文
王时，周人又自岐迁都于丰，武王即位后营造了镐京。自武王十一年（公元前
1027年）出兵灭商至周平王东迁改都洛邑（公元前770年）为止，西周在此
定都长达300多年。

　　周的歧邑与丰镐遗址均已被考古工作者发现。岐邑有宫室、宗庙与贵族居
住遗址，主要集中在岐山县的凤雏村与扶风县的召陈、强家、庄白等地。一般
居民区广泛分布在周围的地点，这些遗址大致散布在东西约3～4公里、南北
4～5公里的范围内，彼此不相连接。据考古工作者分析，丰京遗址在今沣河
以西，秦渡镇以北，客省庄、张家坡、马王村一线以南，灵沼河以东，东西宽4～5
里，南北约10里的范围内。镐京在沣水以东，距丰京二十五里，遗址在今西
安市长安区普渡村一带，汉武帝时期的昆明池的一部分便是开凿在镐京遗址之
上。以上三处城址都看不到《考工记》中所记载的规划布局，也没有发现城墙，
由此得知，商末西周时期尚处在城乡分化的初始阶段。

　　商周时期，统治者对土地拥有支配权，其通过分封、赏赐等方式将土地逐
级分配给诸侯卿大夫。天子所拥有的方千里之地由王室直接管理，称"王畿"。
在《尚书》中，由商王直接统治的区域称"内服"，而由诸侯、方国所辖地区则
称为"外服"。内服之地，又可以分为邑、郊、牧、野、林等若干区域[①]，这些区

① 《尔雅·释地》："邑外谓之郊，郊外谓之牧，牧外谓之野，野外谓之林，林外谓之桐。"

域大致上以都邑为中心，逐层向外分布。都邑不同于一般的邑，商朝的都城一般称"大邑"、"天邑"、"兹邑"，盘庚迁殷之初称殷都为"新邑"。城市以宫室宗庙为核心，城外近郊为手工业作坊区、王陵区、贵族及一般宗族聚居区。"郊"是王田的主要分布区；"牧"即"郊"以外的地带，这一区域主要为王室放牧之地，囿便是分布在这一区域中；"野"处牧之外，邑聚有臣服于商王的部落、方国；"林"是内服的边陲地带，多为山林川泽，禽兽出没，是王室采猎、演武的场所。

西周王畿的规划与殷商颇为类似①。"国中之地"、"园地"、"近郊之地"及"远郊之地"为王畿的核心区域，由王室直接管理。而"甸"、"稍"、"县"、"疆"四区则由王室委派卿大夫及王公子弟管理。从王畿的核心区划看，"国中之地"即城中之地，次之为"园地"，再次之为近远郊之地。"园地"处城郊之间，包括场圃、园囿在内。

1.1.2 祭望与自然崇拜

商周时代，国之大事，在祀与戎。祀指宗教祭祀活动，戎则指履行军事职能。祭祀对象不外天神、地祇、人鬼三大类。祭天又叫"柴祭"，所谓燃柴祭天；祭山川又称"祭望"，所谓望而祭之；祭土地则通过立社，设坛而祭。其中，祭祀地祇是远古自然崇拜在商周时代的遗存。

据《尚书·舜典》记载，早在虞舜时代祭望已成制度，商代的祭望活动在卜辞中有大量的记载。山川是除上帝以外可以祈雨之神祇，祭山便为求雨②，祭祀山川与农业生产相关。因此，殷人祭拜山川的活动十分频繁。除山岳外，殷人还十分重视对河川的祭祀。

周人对山川的祭祀也广泛见诸史籍。比起原有的宗教意义，周王祭祀山川更多的则是通过祭祀来体现宗主地位，而西周民间仍将山岳祭拜作为祈求福禄的方式。祭山川要行乐舞，祭望原始的宗教氛围变得淡薄，理性的人文思想逐渐增强，自然的神力与人力结合起来并为人所利用，祭望也就转变成统治者所操纵的一种礼仪③。统治者借巡守祭望之机视察民情并游历山川，这在西周以后尤其是秦汉时期深为统治者所乐道。

1.1.3 自然审美的产生

商周时期，人们对自然界开始有了初步的认识。殷人对于自然知识的积累

---

① 有关王畿的规划《周礼·地官》中有详细的说明。《载师》："以廛里任国中之地。以场圃任园地。以宅田、士田、贾田任近郊之地。以官田、牛田、赏田、牧田任远郊之地。以公邑之田任甸地，以家邑之田任稍地，以小都之田任县地，以大都之田任疆地。"

② 《礼记·祭法》："山林川谷丘陵，能出云，为风雨，见怪物，皆曰神。"

③ 《尚书·尧典》中把巡守与祭望结合起来，提出五年一巡守的周期。《礼记·王制》中除了有与《尧典》相似的内容外，又增加了"问百年者就见之，命大师陈诗以观民风，命市纳贾以观民之好恶、志淫好辟……山川神祇有不举者为敬"之类政教民风的内容。

在甲骨文中有显著的反映，甲骨文为形义字，其中有许多关于山水景象的描写。记载水体类型的文字有：泉作"⚇"示水自潭中涌出；川作"⚇"示急流，州作"⚇"示水中有淤积；渊作"⚇"示有深潭。描写山的文字有：山作"⚇"像山峰参差；有麓作"⚇"，宋代的陆佃对此字解释说："鹿性喜林，故林属于山为麓，其字从鹿。麓者，鹿之所在故也。"[①]可见殷人对于山川之景观特征已有较为仔细的观察。另外，甲骨文中还有许多树种的描绘，譬如杞作"⚇"，杜作"⚇"，条作"⚇"，栗作"⚇"，桑作"⚇"等，大抵都是对树木形态特征的摹仿。

周人的农业比较发达，相应的对于土地的经验积累也较为丰富。《诗·绵》反映了周人迁岐之事。"周原膴膴，堇荼如饴，爰始爰谋，爰契我龟。曰止曰时，筑室于兹。"周原上生长有堇与荼这两种植物，堇是堇菜，荼即莴苣。这两种植物可供食用，且都生长在湿润肥沃的地方，周人择居于此，说明他们对于土壤等自然条件的优劣已具备很强的判断能力。《周礼·大司徒》："以土宜之法，辨十有二土之名物，以相民宅，而知其利害，以阜人民，以蕃鸟兽，以毓草木，以任土事。辨十有二壤之物，而知其种，以教稼穑树艺。"所谓"土宜"即根据土壤条件的不同选择与之相适应的植物种，土宜之植物是经过长期自然选择而适应于特定生境的乡土植物。土宜说进一步推衍到对于山川地形及其物产的描述，其经验建立在对自然界观察的总结之上，带有普遍的规律性。

土宜说强调顺应自然，在造园栽植与地形的利用上表现尤为显著，对于社树的选择便能充分体现。社树在西周不仅仅是用于社坛神苑，邦畿疆界设封也都以社树作为边界的象征，间或也作为边境的防护林带，而用作社树的植物必须是乡土树种。除了社树而外，商周时期栽植树木还具有一定的文化含义。《诗经·小雅·小弁》："维桑与梓，必恭敬止。"桑树在殷商神话中传为殷人祖先，所谓"伊尹生于空桑"，商汤曾"祷于桑林"。武王克商后，仍旧"立成汤之后于守，以奉桑林"[②]，可见周人对桑树仍很恭敬。至于梓树《毛诗陆疏广要》："舍西树梓楸定，令子孙顺孝"。《周礼》中还有"列树表道"之说。

西周时期，山林川泽已进入时人的审美视野，西周中晚期描写自然景物的诗句在逐渐增多。从山石冈阜、河泽、泉川、树木花草到畜兽鱼禽无不有之，诗中还能看到山岳崇拜的痕迹。西周时期自然审美逐渐从人们所熟知的动植物扩展到山水泉石，作为审美对象的自然物在明显地增多。而时人又能将动植物与其环境联系起来，这是西周时期人们自然审美能力提高的又一个标志。

① 出自《埤雅》卷三。
② 出自《吕氏春秋·顺民》与《吕氏春秋·慎大》。

1.2 造园活动

1.2.1 社坛神苑

社祭是商周时代祭祀地祇的一项主要内容，其目的在于祈求丰年。不同于天子对"天"的祭拜，一般民众均有祭地祇的权利与义务，故凡聚居之地，都要立社祭祀。"社"有两个基本意义，一指土地之神，二为祭神之场所。《礼记·郊特牲》："社祭土而主阴气也，社所以神地之道也。"社坛一般设在树木茂盛的丛林之间，以石头或树木作为"社主"，象征土地神祇所在。与用石相比，立社树木更为普遍。由于各地的生境条件不同，不同的地区有不同的所宜之木。《论语·八佾》：夏代社树为松，殷人为柏，周人为栗。《五经异义》进一步解释：夏人都河东，地气宜松，殷人都亳，地气宜柏，周人都丰镐，地气宜栗。社坛及其周围的这片象征地祇的"神林"构成了神苑。

早春的社祭是在履行严肃而神秘的宗教仪式，岁末冬至的腊祭则更多地体现出民众收获后的欢娱心境。据民俗研究，西南的少数民族聚居地区仍残留有社祭活动，傣族、佤族、景颇族、哈尼族等少数民族的村寨附近都有所谓"鬼林"（即"神林"、"社丛"），有的又称"风水林"，其既是举行祭祀活动的神苑，也是村寨的公共游娱之地。

由于祭祀活动中掺杂了娱乐的成分，那些原本供"娱神"的场所开始呈现出"娱神"与"乐人"同处的场面，因而社坛神苑可视为邑郊理景的滥觞之一。

1.2.2 宫室台榭

商代王城中的宫室建筑是商王处理朝政以及生活起居之地。安阳殷墟的宫室布局与结构尚看不出有园林化的倾向，宫廷中也不栽树木，体现了时人重鬼神的思想以及在神权思想桎梏下对自然的惶惑不解。

见诸史书与甲骨卜辞，有明确记载的用于游观的离宫出现在商晚期。商晚期王畿中分布有多处离宫，集中在今河南北部与河北南部，如殷王田猎区的离宫"大邑商"、沁阳田猎区中"衣"地的游田驻所。商纣王时期建筑离宫达到高潮，著名者如朝歌与沙丘苑台。

西周初年都邑近郊出现了一些可供游观的建筑、池沼及园囿，王畿中还有离宫分布。周王游于台观、池沼，享宴离宫频频见诸青铜器铭文。其中著名者有丰郊的"三灵"以及镐郊的辟雍大池、方地湿宫等。丰京处在沣河与灵沼河之间的狭长地带上，地势低洼，多池沼。周文王营建丰京颇费心机，除了建设丰邑外，在城郊还建有灵台、辟雍等礼制建筑。方地在镐京的王畿之内，在西周时为一处重要的离宫区。方地有湿宫，是一座滨水或处低湿之地的宫室，周王在方地所行的游乐活动有乘舟、射渔、射箭及田猎。西周末年，周幽王在骊山设立行宫。离宫、行宫是周王游猎、娱乐的临时住所，或有简易之宫室、帷幄等，具有安全围护设施，其制度与王宫相似。商周时期离宫的广泛出现与统治者热衷"逸游"①是分不开的。

相比于外部环境而言，殷商时期的奴隶主贵族更为重视建筑的内部环境，当时建筑装饰已有彩绘雕刻。西周晚期，一些贵族在建造宫室时开始注意到周围的自然景观②，从而贵族的宅邸出现了"园林化"的端倪。商周贵族对居住环境的关注有一个"由内而外"的过程，溯其思想根源乃是这一阶段自然观的转变所致。

1.2.3　园圃、囿、田猎区

王室的农牧业用地中，农业、园圃业与畜牧业用地开始有了分工。农作有大田，瓜果菜蔬有园圃，畜牧有囿，狩猎、巡守等活动有田猎区。

园圃

甲骨文中已有圃字，作"𡃝"，象征耕地中长有禾苗或蔬菜之形。殷商时代，园圃业与农业的分化处于初始阶段，用地分工尚不严格，园圃中既种有果蔬也种有粮食，亦可供渔猎。另外，卜辞中还有"获鹿"的记载，殷商之际田猎并无固定场所，殷人于园圃中猎鹿，一来可以保护圃中植物免受其害，二来又可食用或作为祭牲。

先周园圃业已初见端倪，西周时期园圃业与农业相分离，分工的明确促进了园圃业的发展。在金文中已有园字，作"圏"，西周时期一般称栽种树木之地为园。圃又称场圃，在秋收后可作晒场之用。西周时期诸侯卿大夫乃至士人逐层册封而享有土地，相应地拥有农田、园圃。园圃一般靠近住宅，在提供直接的生活资料的同时，还作为生活空间的一部分。园圃中的植物不再是纯功利性的植物，而有了观赏价值；园圃也不再是纯生产性的用地，转变为可供游观的场所。这包含了两层意义：其一，园圃业在西周的发展及园圃分工的出现，是促进园林发生的客观条件。其二，西周时期人们对植物的审美需要已经从用作装饰图案转变为欣赏园圃中生机盎然的植物本身，这是园林发生的内在依据。

西周末年至春秋时期，园圃在世人的精神生活中已占有了一定的地位。园圃给观者提供了抒发情感的"场"，自然地成为人们愿意流连的场所。

囿

作为畜牧生产用地的囿与游观也有较密切的关系。囿字首先见于甲骨文，

---

① 出自《尚书·周书》。

② 《诗经·小雅·斯干》："秩秩斯干，幽幽南山。如竹苞矣，如松茂矣。兄及弟矣，式相好矣，无相犹矣。似续妣祖，筑室百堵。西南其户……如跂斯翼，如矢斯棘，如鸟斯革，如翚斯飞……"诗中所见已不只是建筑物优美的屋面曲线，而且还有山林修竹。"西南其户"面对"幽幽南山"，考古发现的岐山凤雏宫室建筑门户朝向西南，很可能与西南方的南山风景有关。

作"圈"、"囂"，多从"草"（屮），金文与石鼓文作"圀"从口，有禽兽，从商周之际囿字的不同写法，可以看出"囿"具有不同的含义。

殷商时期，畜牧业在农业经济生活中占有相当重要的地位，贵族生活的吃、穿、用都离不开动物[1]。除此而外，牛、羊、豕、犬等牲畜是祭祀所用的主要动物。商代黄河中下游地区气候温和，有良好的天然牧场。饲养牲畜的方式有放牧与舍饲两种，囿中长有草木，作放牧地或饲料田。甲骨文中有"牢"字，作"牢"，象征牛羊在围栏中。囿、围栏及厩都是畜牧场所的基本设施，是发展畜牧业不可或缺的组成部分，郭沫若释甲骨文"畜"[2]字说："明是畜养义，谓牛马于圈也"。殷商时期畜牧业比较发达，从职官到设施已形成一定的制度，与新石器时代的"野牧"是大不相同的。

商代的用地分工尚不严格，如同圃一样，囿中不仅长有牧草，还有树木、蔬菜甚至粮食。因此甲骨文囿字又可写作"囿"、"屮"示树木。商代，动物是当时青铜器的主要装饰题材，以熟知的动物形象装饰器物，无疑表现了时人对这些动物的欣赏[3]。狩猎业的发展及各国的进贡促使殷人接触的野生动物种类大大丰富起来，殷王贵族派专人在囿中辟出一区，畜养珍禽异兽以供玩赏。

西周时期，农业与畜牧业均有很大的发展。从考古发现上看，首先是青铜农具数量增多，并且出现了铁制农具；其次是改殷代的抛荒制为三圃制，即休耕制。畜牧由殷代的放牧为主发展为以圈养为主，相应的管理制度也更加精细。囿中所养动物之用途主要有三个方面，即祭祀、丧纪、宾客。

商周之际，囿与奴隶主贵族的田游活动无关，是日常的游观场所。

田猎区

田猎作为一种为奴隶主贵族所喜爱的活动，约在夏代开始兴盛。西周初，文王欲意入主中原而实施裕民节用政策，田猎活动大为减少。武王灭商之后，田游活动很快又复兴起来，田游之风在社会上层兴起。

田猎在商周时代不仅仅是奴隶主贵族所热衷的一种游乐方式，还有着多种意义。从考古发现及相关文献资料来看，田猎与巡守、演武及生产等活动有密不可分的联系。

巡守的基本意义是武装巡视，天子到所辖诸侯国去巡察隐患，以保证国家

---

① 安阳小屯出土的动物骨骼有马、牛、羊、猪、鸡、犬等六畜，其中牛、羊、猪的骨骼个体都在数百甚至上千件以上（见《殷墟之哺乳动物群补遗》，《中国考古学报》1949年4期）。

② 甲骨文畜字与囿字十分相似，写作"畜"。甲骨文畜字从去从囿至于畜与囿的关系，两个字虽然形近但意义却不相同。畜是一个动词，绳索之象形，有拘系之义，故作饲养解，囿为名词，指饲养动物的场所。

③ "妇好"墓中出土有许多玉雕动物，其中兽类有虎、熊、象、马、牛、羊、猴、兔；禽类有鹤、鹰、鸱鸮、鹦鹉、鸽、鸬鹚、燕、鹅；两栖类有蛙；爬行类有鳖；昆虫类有蝉、螳螂等二十五种动物，这些动物中有些是牲畜，但大多为野生动物。从雕刻水平上看，虽谈不上栩栩如生，倒也是很写实的。这表明早在武丁时期玩赏动物已是贵族生活的一部分。

的安全，既可以考察敌国的动态，也能够检阅诸侯国的军备状况及其对王室的效忠情况。大约在西周时巡守已形成一定的制度，《周礼》《礼记》中均有关于巡守仪礼细节的描述。商周的巡守与秦汉以降的那种观民风而遨游山川的巡游还是不同的，此间更带有巡游的原始意义，所谓的田游往往也就是于征伐途中的顺行之事。田猎作为军事演习的一种方式，至西周已成例行之事，一年举行四次[①]。田猎的直接收益是获得大量的猎物，大规模的田猎活动具有明显的生产意义，同时，渔猎在殷代也是人们尤其是贵族生活中不可缺少的组成部分，西周亦如此。在沣西遗址中发现的狩猎工具为农业工具的一半以上，说明狩猎生产在当时经济生活中占有十分重要的地位。

商代，河济流域"草木畅茂，禽兽繁殖"、"麋鹿在牧，飞鸿满野"，太行山麓和中条山一带是重要的田猎区。今太行山南麓的沁阳一带为殷王室常设之田猎区，这一处田猎以沁阳为中心，西到垣曲县，东至原武，北到济源、获嘉、修武一带，南面以黄河为界，处太行山沁水与黄河之间，东西约 150 公里，南北约 50 公里，其中地形多丘陵、泽薮。在沁阳田猎区中，殷时还建有几座邑聚，譬如"刑"、"丘"、"傲"，均在上述区域内[②]，朝歌城在这一区域的东北不远。山东的泰山、蒙山、峄山一带也是田猎区之一，商王朝周边的方国亦是商王田游的场所。另外，江淮流域气候较之于中原更加温和，成为商贵族驰骋追逐之地。

田猎区的设置还与当时的王畿防御有关，卜辞中所见方国中与商王国敌对者多在晋南，与商王国的都城以太行山为界。帝乙、帝辛时的卜辞常见西逾太行至晋南田猎，这一类的卜辞所言田猎大多是指征伐，与田游似乎关系不大。

西周建都关中，这一带北面是岐山山脉，南面为终南山，中有渭河流经。考古发现，在周原的遗址出土有水牛角，在西周的甲骨文中有关于犀牛的记载，说明当时关中气候是比较温和的，雨量也很充沛。从文献记载看，岐山山脉在唐代以前还是树木参天，为郁郁葱葱的林区。岐山是周王室的田猎区之一，直至先秦此地仍是重要的田猎区。关中的一处田猎区在终南山，西自武功东至蓝田，植被繁茂，禽兽出没，是田猎盛地，至秦汉这一带都是重要的田猎区。中原的田猎区多在黄河以南。《诗经·小雅·车攻》："我车既攻，我马既同。四牡庞庞，驾言徂东。田车既好，四牡孔阜，东有甫草，驾言行狩。之子于苗，选徒嚣嚣。建旐设旄，搏兽于敖……"。"甫"即圃田泽，在河南新郑以东，中牟以西。"敖"也属郑地，在荥阳北，郑州西，地近黄河（图 1-2）。另一首诗，《小雅·吉日》中的伊洛平原丘陵起伏，多池沼，猎物有鹿、野猪、犀牛等，直至汉唐这一带仍旧是皇家的猎苑所在。

---

① 《周礼·夏宫》："中春教振旅……遂以蒐田"，"中夏教茇舍……遂以苗田"、"中秋教治兵……遂以狝田"、"中冬教大阅……遂以狩田"。

② 见陈梦家《殷墟卜辞综述》。

图1-2 圃田泽位置示意

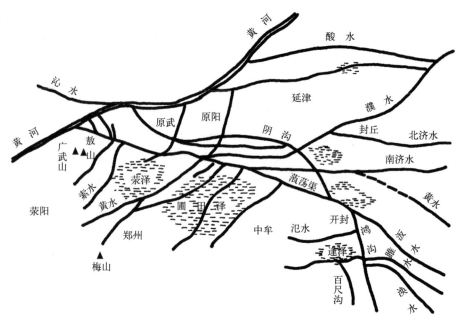

就大区域而言，商周时期的田猎区大多为黄河中下游地区的山林与泽薮，这些地区开发较少，有原生的植被，野生动物资源丰富。据《周礼·地官》载有山川、泽薮、荒田、休田等等。除了山林川泽外，荒田、休田因无人耕作而抛荒，很快生出杂草与灌丛，狐兔出没，由于其一般地处平原，地形起伏变化较小，故而可以作为上乘猎场。

西周时期对山林川泽设禁，其目的在于撷取山林川泽的自然物产。另一层意义便是将山林等划作王室的田猎区。西周时期的"苑"可以看作"田猎园"，但这一时期的田猎园并非人为，而是因就自然地域而设，具有一定的范围。

西周时期"苑"与"囿"是不同的两个概念，其根本还在于功能的不同。囿中养有动物，所以要设置墙垣，与供一般采樵渔猎之山林川泽不同。再就地形而言，苑泛指山林，而囿则是在平原地带用以圈养、放牧牲畜的场所。在战国时期，苑与囿二字开始混用。

1.3 造园案例

朝歌与沙丘苑台

朝歌在今河南省淇县东北，始建于武丁时期。帝辛时以朝歌为都，加以增扩，建筑华丽。天下所贡资财聚于朝歌，狗马奇物充仞宫室。《水经注·淇水注》："今（朝歌）城内有殷鹿台，纣昔自投于火处也。《竹书纪年》曰武王亲禽帝受辛于南单之台，遂分天之明。"鹿台又称南单之台，北魏时遗址尚存。

沙丘苑台是商纣王时期的另一处离宫，位于今河北广平县。商纣王在这里大兴土木，开凿酒地，饮酒作乐通宵达旦，为鬼神之戏。这里还修建了有史记载最早的一座动物园，豢养各种珍禽异兽，以供玩赏。与商纣王的另一处离宫朝歌相比，沙丘苑台的园林化程度更高。

灵台、灵圃、灵沼

灵台、辟雍、明堂在汉代合称"三雍"，西汉长安城的礼制建筑是三者合一，东汉洛阳三雍开始分裂开来，但彼此仍相毗邻。而在商末西周时期，灵台与灵沼合称辟雍，即灵台为辟池中宫室建筑的一部分。周武王东迁镐京后，建礼制建筑并增建明堂，用以祭祀文王。"三雍"在西周时应是一个整体，而灵圃与三雍分别处于不同地段，或相接近。

辟雍是举行习射、荡舟、赏赐及各种祭礼、仪礼的场所。周代的奴隶主贵族把习射作为一项重要的学习内容，《仪礼·大射礼》《礼记·檀弓》及《周礼》中均有关于习射的一整套礼制。《礼记·射义》："天子将祭必先习射于泽，……已射于泽，而后射于宫"，泽就是辟雍大池。除处于礼制需求外，见诸青铜器铭，辟雍大池也是周王日常游乐、享宴之地。灵沼中鱼满池而跃，铭文中则有周王在大池中射鱼的记载。辟池比较自然，不设驳岸。辟雍灵沼之水引自沣河，从而辟池实际上也就是沣水的一部分，可以行舟、射牲，水面当不在小。这与西汉长安城外辟雍的环状水沟是有区别的。

《诗经·大雅·灵台》："经始灵台，经之营之。庶民攻之，不日成之，经始勿亟，庶民子来。王在灵囿，麀鹿攸伏。麀鹿濯濯，白鸟翯翯。王在灵沼，于牣鱼跃。虡业维枞，贲鼓维镛。於论鼓钟，於乐辟雍。於论鼓钟，於乐辟雍。鼍鼓逢逢，蒙瞍奏公。"诗的开篇描述了兴造灵台的场面，渐次叙述了文王在灵囿、灵沼游览，诗末记载文王游于辟雍，欣赏钟鼓音乐。根据《太平寰宇记》等史书的记载，周文王的灵台建在今户县秦渡镇北的一片自然台地，附近有池沼，水草丰茂，自然景观良好（图1-3）。东汉洛阳的灵台是观天象的场所，而西周的灵台则是敬天祭祖神之处，是执掌江山社稷的一种标志。

西周的礼制建筑，其原始意义均与造园无涉，主要是为宗教、礼教而服务的场所。然而登高可以造就接近天庭之感，也可眺望远景；辟池中的射牲，除去作为一种祭祀的手段，同时也是贵族所热衷的娱乐活动。祭祀与游观交织一体，这是西周礼制建筑所具有的一个特征。

西周时期的一个著名的囿即文王所设之灵囿。汉毛苌曰："囿，所以域养禽兽也。天子百里，诸侯四十里。"毛氏所言是有史给囿下的最早的定义。依此说，周文王之囿应为四十里。有关灵囿的西周史料仅见于《灵台》一篇，诗中列出鹿与鸟并不表明灵囿中仅此两种动物，而应是禽与兽的代称。随着动物作为审美对象进入人的视野，作为畜牧场所的囿也有了其动人之处，周文王的灵囿可以看作是一处"准园林"。

图 1-3　西周丰、镐示意

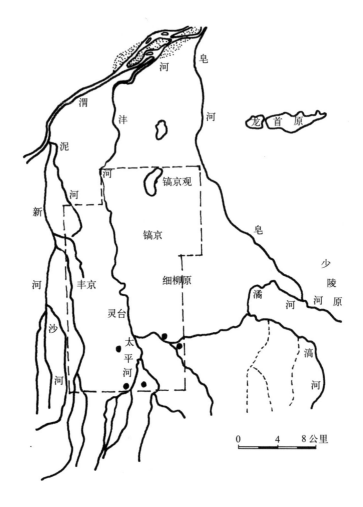

1.4　时代特征

1.4.1　思想观念

商末西周这一时期，长期的农业生产实践经验与对自然界的观察积累为时人认识自然提供了基础。在自然知识增长的同时，自然的审美也开始产生。自然崇拜逐渐向自然审美转化，人们不再将自然物视为神祇所在，而是开始注重外部环境，将山、水、树、石等自然物皆视为可以利用的物质材料，因地制宜也作为一种方法论逐渐渗透到人们生活的方方面面，从而为园林的发生奠定了思想基础。

1.4.2　审美方式

商末西周，人们对于自然物的审美与生产息息相关，随着生产活动的不断深入，那些与人们接触较多的自然物逐步成为利用的对象，进而转变成审美的对象。

商代，动物是当时青铜器的主要装饰题材。西周时期，山林川泽进入时人的审美视野，动植物亦不再单纯具有生产的功用，而具有了观赏价值。与此同时，园圃、囿、苑也就成为为审美活动发生的场所。《诗经·灵台》中描述鹿的肥美及鸟类羽毛的洁白，充盈着时人对囿中动物的审美。《诗经·小雅·无羊》中牧人身披蓑衣头戴斗笠，背负干粮放牧，成群的牛羊或啃食青草或饮池水，牧场的景象恬静而又自然。人们已经能够欣赏那些为他们所熟悉，并且富有诗情画意的场景。

商周时期，人们开始将自然物作为比兴之物。《诗经·小雅·天保》："天保定尔，以莫不兴。如山如阜，如冈如段。如川之方至，以莫不增。"臣子祝上天保佑周王，兴旺昌盛；《诗经·小雅·巧言》："荏染柔木，君子树之，往来言行，心焉数之。"毛亨注："荏染，柔意也。柔木，椅、桐、梓、漆也。"诗中以柔木比君子……比兴在于自然物与人事之间所构成的抽象联想关系，由此自然物也就具有超出物象之外的意义，从而扩大了审美的内涵。

1.5　小结

商周时期是中国造园的朦胧和滥觞时期。从对商周时期的造园活动的考察来看，早期那些可供人游观的场所，其本身并不一定是为了游赏而刻意营造的人工环境，而多出于满足生产的功利性需求。园圃、苑、囿的功能有所重叠，也未形成独立完整的空间。因此，商周之际的园圃与苑囿都是具有"兼容性"的准园林。就自然观念的进步以及自然审美的产生而言，商周尤其是西周中晚期已具备了园林发生的基础。

第 2 章　春秋战国

春秋战国时期，诸侯群起，争霸割据，社会动荡，旧有的礼制在崩溃。各诸侯国的城市迅速发展，而自然环境却开始恶化，频繁的水旱灾害引起了贤哲们对生存环境的普遍关注，环境危机与保护意识开始形成。与此同时，城市规模扩大、人口集中等城市文明的负效应也使得社会上层产生不满情绪，"知生事人"的人本主义思想在贵族卿大夫阶层相当盛行，其对于居住环境的要求也相应地在提高，宫室宅邸园圃化成为改善城市居住环境的最为常见的一种方式。另外都市的近郊出现了专供王公贵族游观的苑囿，以利用自然地形地貌为主，略施人工点缀。

伴随着各诸侯国间的贸易交往、战争以及游士阶层的出现，时人对自然地理风物的了解有所加深，山林川泽的神秘性逐渐隐去，自然审美的视野大为拓宽，以"比兴"为特征的自然审美方式盛行，诸子竞言山水之美。与这样的自然审美观相应，游览山川及于自然环境中构筑离宫别馆在贵族阶层兴起。

2.1　时代背景

2.1.1　环境意识的觉醒

商周时期，"刀耕火种"、"焚林而狩"毁灭了大片的原始植被。春秋战国五国称霸、七国争雄，战争频繁，为了军事目的而砍伐、焚烧林木常见于史籍，然而对自然环境破坏最大者还要数大规模地构筑城市与开垦农田。

春秋时期中原地区城市云起，据《春秋大事表·都邑》表列各国城市（邑）总计有三百八十个。战国时期各国已普遍设置郡县，小郡有十多个县，大郡则多达三十多个县。战国时期，商品经济进一步发展，大量农业人口进入城市，促进了城市规模的扩大。城市的形成建立在对自然环境改造的基础之上，此过程中自然植被受到的负面影响最大。古代建城通常选择水源良好的平原地带，尤以草原、灌丛最易开发。垦荒筑城导致大面积的草原灌丛被毁，野生的食草动物如鼹鼠、鸟类与鹿类等在中原及陕甘高原消失或被迫迁徙；城市的建设与发展需要消耗大量的木材，导致了黄河中游森林面积的锐减；铁器的广泛使用和牛耕的推广大大提高了劳动生产率，同时也加速了时人对自然林地的开发与破坏。农业的发展、农垦面积的扩大也就意味着森林、草原的面积在缩减。

自然植被遭到人为的破坏导致了频繁的水旱灾害和生产及生活资料的匮乏，一些有识之士已意识到滥伐林木的危害及保护自然环境的重要性。《左传·襄公二十六年》："郑大旱，使屠击、祝款、竖柎有事于桑山，斩其木，不雨。子产曰：'有事于山，薮（种植）山林也；而斩其木，其罪大矣。'"人们已经能够意识到久旱不雨与山林有关，然而郑国的国君仅使屠击等巫祝上山祈雨，反映了这一阶段一般民众对自然认识的局限性。

保护现存的植被是防治天旱水灾的基本措施。孟子与荀子都提出要"以时入山林"①，根据树木生长的不同季节、龄级分别对待，春夏之季草木生长期不得入山，草木生长之幼年期也不得入山。其主张的不是单纯消极的保护，而是要求在无碍于植被的正常生长、发育、更新的前提下因时善用森林资源。山林川泽是动物栖息之地，荀子指出："川渊深而鱼鳖归之；山林茂而禽兽归之。"相反，"川渊枯则龙鱼去之；山林险则鸟兽去之。"②《管子·八观》中也力谏统治者"山林虽近，草木虽美，宫室必有度，禁发必有时"，反映了当时宫室无度、采猎不禁的社会状况。

改善已破坏的自然环境，人为恢复植被是有效的途径之一。《管子·立政》提出富国的五件大事之一便是："山泽救于火，草木殖成，国之富也。"保护山林免受火灾，同时通过人工植树种草来增加森林之面积。《管子·权修》更进一步指出："一年之计，莫如树谷；十年之计，莫如树木。"春秋战国时期设置有"山虞"负责掌管"山林之政令"；设有"林衡"负责管理平原上的林木，从管理制度上给予自然保护以基本的保障。

2.1.2 城市建设与造园

春秋战国的城市形态已有规范，形成了城与郭的结构。泾渭分明的街道、建筑、墙垣构成了城市内部空间的基本格局，逐层封闭式的城市布局把人与自然几乎完全隔绝，然而城市生活又离不开自然环境。《商君书·徕民》中提出理想的城市环境：方百里的土地，山岭占十分之一，湖泽占十分之一，河涧溪流占十分之一，城市、村庄、道路占十分之一，坏田占十分之二，好田占十分之四。以方百里的土地供养五万人必须有另外十分之九的自然区域（含农田）来保证城市生活的正常运作，由此看来，城市对自然有着绝对的依附性。

春秋战国的城市大多能较好地利用自然环境。考古发掘的这一时期的城址，城郭不中规矩，市井中的道路也往往因地形而曲折。城市建设将自然山水纳入城市，这是先前未曾出现过的新气象。秦雍城内有天然河道，东南有雍水流经；韩都新郑城洧水自西北向东南流经城市；越都建造在卧龙山上；春秋时期甘昭公筑采邑于山上；楚都纪南城中有山（凤凰山）有水，其主要宫殿渚宫便是造于洲屿之上（图2-1）。将自然山水引入城市有方便生活用水、助于城市防御等现实意义，也对改善城市景观环境有着积极的影响。楚国之所以选择水体毗连的郢地为都，主要由于当地气候炎热，而山水相映又使纪南城的景观十分优美③。处于江南的吴都同样因山水胜境而闻名，《吴城赋》对吴都的环境颇加赞

---

① 《孟子·梁惠王上》："斧斤以时入山林，树木不可胜用。"《荀子·王制》进一步指出："草木荣华滋硕之时，则斧斤不入山林，不夭其生，不绝其长也。"

② 出自《荀子·致士篇》。

③ 出自《楚都纪南城考古资料汇编》。

图 2-1 春秋战国时期的
都城示意
1. 燕下都平面图
2. 赵都邯郸平面图
3. 魏都安邑平面图
4. 周王城平面图
5. 郑韩故城平面图
6. 楚纪南城平面图

誉："古树荒烟几千百年，云是吴王所筑，越王所迁。东有铸剑残水，西有午
鹤故堰，萦具区之广泽，带姑苏之远山……不知九州四海乃复有此吴城。"① 除
诸侯的都城而外，一些大的都邑近郊往往也设有苑囿。城市之中与近郊的自然
山水植被以及人工水体与栽植大大地改善了这一阶段城市的生存环境。

春秋中晚期，城市化的负效应引起了时贤与社会上层的不满。然而王侯贵
族不愿意放弃城市生活，他们更倾向于通过各种途径来改善居处环境：或在自
然环境中建造离宫别馆作为对城市生活的调剂；或于城市近郊开辟大规模的苑
囿作为游憩之地；而改造与美化城市居住环境则是更为普遍的协调矛盾的方式。
见诸文献及考古发掘，春秋战国时，庭院中的自然景物占有相当的比重，此间
的庭院已开始显露出庭园化的端倪。

《左传》记载了善于谋略的郑国大夫六神谌"谋于野则获，谋于邑则否"，
反映了时人对城市生活环境的不满而倾心于自然的具有时代共性的社会现象，
这是对生存环境城市化的异化，更是城市发展的必然结果。

———————————
① 出自《图书集成·考工典·城池部》。

2.1.3 园圃业的分化

春秋中期，农业与园圃业及畜牧业进一步分化。战国时期土地连种制取代了抛荒制，与这种耕作方式相应，农业生产用地也就固定下来，从而在用地上将农业用地与园圃业、畜牧业的用地分开，进而形成"田"、"圃"、"囿"分置的新格局。

园圃业在春秋战国时期已具有与农业并列的地位，并出现了专门从事园圃生产的业者，这与春秋战国城市及商品经济的迅速发展是分不开的。城市人口以从事工商业者居多，城市生活所需的瓜果蔬菜主要经由市场依靠园圃提供。

春秋战国时期的城市既是政治、经济、生活中心，又是军事堡垒。城市久攻不下与城郭之中有耕地、园圃、河池等用地是分不开的，考古发掘也证明了春秋战国时期一些规模较大的都城之中有农田、园圃存在。

城市里坊阁巷之中除住宅而外，有场圃及水井等供水设施[①]，城市之中的生产性用地以场圃为主。在城市中占地最大者为诸侯，除此而外，贵族、卿大夫们也占有很大的居住面积。除去王室、贵族卿大夫等社会上层可以拥有大型私家园圃而外，一般依靠手工业为生的城市居民少有园圃。

春秋战国时期，畜牧业也有进一步的发展，从而促成畜牧场所分工的精细。这一类专门饲养动物的场所与游观的联系已不似商周，间或也可供游娱。

2.1.4 游士与自然审美观

春秋以前，作为审美对象的自然物大抵是为人们所熟知并且能够驾驭的。自然神怪思想在春秋初期仍有遗存，而春秋中晚期及战国之际则有所变化。诸侯的争霸交战、商品经济的发展与各国间贸易交往的增加、"游士"的出现等因素促进了人们对自然地理风物的了解，山川、幽谷、巉岩、激流、草木、鸟兽等皆进入时人审美的视野。春秋战国之际的文献中有大量的有关自然物之美的描写[②]。除去动植物外，还有大量有关天地山川之美的文字[③]。

"游士"、"士"作为贵族的最低阶层，以通"六艺"而游于诸侯。春秋战国的士阶层由多种人组成，有学士如孔、孟、墨、庄；有策士如苏秦、张仪；另外还有术士，如邹衍等。

"比德说"与"情感说"是后人对战国以降儒道两家自然审美不同特征的

---

① 《管子》："食谷水，巷凿井，场圃接，树木茂。宫墙毁坏，门户不闭，外内交通，则男女之别，毋自正矣。"

② 如，角之美、柯之美《逸周书》、美禾《楚辞》、草木之美《管子·八观》、美禾、美《吕氏春秋·任地》、谷之美《管子·轻重》、种之美《孟子·告子上》。

③ 如，天地之美《庄子·知北游》《庄子·天下》《管子·五行》、山林川谷之美《荀子·强国》、壤地之美《韩非子·难二》、海渊之美《左传·襄公》。

概括，而在"天人合一"的认识体系中二说又是殊途同归，不同的只是"比德说"多见于儒家著述，而后来的道家更侧重于自然的"原美"，阐述自然之道及其对人类社会的超脱。庄子注重个性情感的价值，通过观山水、法自然来体悟人与自然所共通的本体"道"，在自然审美的方式上与孟子、荀子等所坚持的"比德说"相分野，形成了所谓的"情感说"。儒道两家都充分肯定人性的价值，儒家侧重于人的社会价值，而道家则偏重于人的个性价值。无论是比德说还是情感说都将自然着上了人的色彩，即把人性美与山水美有机地结合起来，经由观照山水来表现、实现人的道德与情感价值。

战国时期的屈原是诗人，也是一位思想家。屈原《九歌》中诸篇歌咏山水之神，其中已没有了原始的自然崇拜的意义，而是以山水起兴、比赋，对人生进行哲理化的探寻。《天问》一篇中的问题不少是对山川地理、自然现象的设问，可以看出屈原十分熟悉中国的地形、地貌，另一方面也表现出屈原对自然的抗争意识，诗中充盈着无神论之精神。

与屈原同时代的邹衍，以其"迂大而闳辩"的思维方法，将地理的概念由中国推向海外。单就审美而言，邹衍突破了传统的"中国乃天下之中"的观念，指出中国不过"九州之一"[①]，其庞大的世界概念依赖于其长期游历山川的经验，尤其是航海知识的积累。

以邹衍、邹爽为首的阴阳家把神仙传说与"人迹所稀至，舟舆所罕到"的西域与东海挂钩，推出"昆仑"、"蓬莱"两大神话系统，把真实的山林与乌有的仙灵、遥远的海岛与镜像般的海市蜃楼糅合在一起，给自然山水、自然现象注入了神奇的魅力，这对于自然审美、造园模拟仙境起到巨大的推动作用。神仙家对于认识世界、改造世界来说并无实绩可言，但对造园等艺术活动却有深刻的影响。

2.2　造园活动

2.2.1　园圃与苑囿的园林化

园、圃、苑、囿四个字在春秋战国的文献中使用较为含混，同一字所指代的对象不尽相同，故作具体分析。

园圃

城郭之中的园圃分为两大类，一类为专业生产性园圃，由园圃业者经营，

---

① 《史记·孟子荀卿列传》："先列中国名山大川，通俗禽兽，水土所殖，物类所珍，因而推之及海外，人之所不能睹……以为儒者所谓中国者，于天下乃八十一分居其一分耳。中国名曰赤县神州……中国外如赤县神州者九，乃所谓九州也。于是有裨海环之，人民禽兽莫能相通者，如一区中者，乃为一州。如此者九，乃有大瀛海，环其外天地之际焉"。

供市场销售，作为城市的果蔬生产基地；另一类为私家园圃，主要供给所属王室、贵族的日常消费，其剩余部分也可作为商品出售。前一类园圃为纯生产性的场所，与园林关系不大；而后一类园圃除生产功能外，又是春秋战国时期市井园林的主要部分。园圃中主要种植的瓜果蔬菜具有经济价值，同时也有较高的观赏价值，所以王室、贵族的园圃是既具有生产性目的，又可供日常游憩的场所。春秋战国时期，王公贵族的宫室宅邸普遍园圃化，卫国的孔圃有宅在园圃之中，鲁国的季武子、季文子都有园圃。

春秋战国时期，人们对居住环境的要求是实实在在的，改造环境的意识也是现实可行的。自然界有着城市所不具备的长处，然而城市生活又有着乡村生活不可相比的优越性。既不离开城市的便利生活，又要求能够得到自然的安宁，这两者本身就是矛盾的。解决问题的最佳方式只能是在城市中重新塑造一个"自然"，从而"自然"与"便利"兼而有之。春秋战国之际所形成的城市"宅园"，实质上正是时人调和矛盾需求的产物。

园圃一般设置在居住建筑附近，王侯在用地上享有特权，其园圃往往不止一处。《诗经·鄘风·定之方中》描写卫国被狄灭后，卫文公迁居营丘，构筑宫室，以星相定方位，并且在宫室的周围栽上榛、栗、椅、桐、梓、漆等树木，六种树木代表了园圃树木的三类不同用途。赵国的邯郸宫中有梅、李之类的果树[①]，有果可食，有花可观。实用与观赏兼而得之，这是春秋战国时期园圃的一大特征。

栽植经济树种以取得经济效益是这一阶段园圃的基本目的。从青铜器画像上看，春秋战国的宫室旁多栽有桑树，有乔木桑、灌木桑两类，证明时人根据要求之不同而培育出两种不同的桑树品种，这是园艺技术发展的一个标志。树木生长离不开水，园圃中有池常见于史籍。除去有直接功用外，春生、夏长、秋实、冬凌，树木随季节所展现的不同景象已为时人所欣赏，园圃劳作活动也就成为一种生动的景象。养蚕、采桑这些园圃中常见的活动被钦定为仪礼的内容之一，皇上亲耕弄田、皇后亲桑园圃成为一种礼仪性的娱乐活动，弄田、园圃在后来的御苑中发展成为造园的一部分。

园圃是王公贵族日常游观的主要场所，春观花，夏泛舟，秋赏果，冬弋射，内容相当丰富。

苑囿

春秋战国时期，苑囿分化为三类，一类为原始意义的"囿"，即饲养动物之场所，如吴之"麋湖城"、赵之"鹿苑"、齐之"鹿囿"、秦之"公牛马苑"；第二类为田猎区，一般指列国之泽薮，如郑之"蒲田"、秦之"具囿"、吴之"具区"、楚之"云梦"；第三类系王室专供游观的囿，通常位于都城近郊，如齐之"申

---

① 见《述异记》。

池"、秦之"北园"。供游观的范围不再与饲养动物的囿相掺杂，而是从中分离出来并形成相对独立的一个区域作为王侯及少数贵族的日常游憩之地，相对人工建设也较多。

田猎在春秋战国仍是一种常见的娱乐活动，与商周时代相仿，其形式与战争相似。大量的可垦荒地相继被开发，可供举行大规模田游活动的区域大为缩小，各国的田猎区相对地固定在几个区域内。猎区必须有禽兽，泽薮正是禽兽滋生出没之地，因此田猎区以各国的泽薮为主。而田猎通常人员、车骑众多，故而需要选择地形变化不大的荒原、沼泽及小丘陵地带。

郑国之圃田，又称原圃，在今河南新郑以东，中牟以西，洧川以北，周回三百余里，其中有大小池沼数十。"有沙岗，上下二十四浦，津流迳通，渊潭相接"，圃田泽东西四十里，南北二十里，水草繁茂，多禽兽出没，郑国以此为田猎区。

楚国的田猎区在云梦泽，其范围"大致包括今湖南益阳县、湘阴县以北；湖北江陵县、安陆县以南；武汉市以西地区"[①]。这一广袤的区域内有丘陵、湖泊、沼泽及森林，然而绝大部分系平原地带。林木繁茂，水草丛生，多禽兽。《子虚赋》称云梦"有鹓雏孔鸾……有白虎玄豹"，故而楚王频频田游于云梦。

吴国有具区，又名震泽，其主要田猎区在东太湖地区，春秋时这一带设有长洲苑、躯陂，是吴王经常游幸之地，另外秦雍城附近有具囿（又称具圃），越国有乐野，均为田猎区。

由于地域广阔，加之不常有人游，田猎区除附近设有少数离宫建筑外，一般少有人工建筑。封国之内的山川泽薮都是王室田产的组成部分，这些区域不仅可供王室田猎，其所出物产也皆归王室所有。官家独占山泽之利，不许民众随意采矿采猎，即"壹山泽"。故而自然山川泽薮也都派有专人掌管采猎等事宜，山川物产是当时国家财政收入的重要来源之一。就其性质而言，圃田、具囿一类的范围并不能称园林。

各诸侯国都的近郊均设有大型的苑囿，这类苑囿已无明显的生产性用途，主要为了王公贵族的游观而设。从与城市的位置关系上看，苑囿一般多居于城市的西北方，这种与城市间的方位关系并不是偶然的巧合，其根源于春秋战国时期所形成的城市选址理论。

王公贵族希望改善生活环境、追求享乐，他们不仅仅满足于市井宫室的园圃化。城市近郊的山林溪谷景观优美，又多禽兽，故而很自然地被开辟成供贵族们游观的苑囿。河南辉县出土的"燕乐射猎图案刻纹铜鉴"，以一座二层高台建筑为中心，二层鼓瑟投壶，下层姬妾环待，两制各有道路，沿途栽植树木；左侧苑囿之中栖息鸟类，有人习射林中，右侧似有人在植树；台下有池沼，池中有龙舟、游鱼及水禽，形象生动地反映了当时苑囿的景物及游乐活动（图2-2）。

---

① 引自《辞源》（1979年版）。

图 2-2　青铜器纹饰中的园囿

类似的图案还见于淮阴等地出土的青铜器上。

这一阶段的苑囿既有商周苑囿的影子，更有春秋战国时期的根本变化，其中以东周洛阳之苑囿、齐临淄之申池、秦平阳之北园、中山国灵寿之苑囿最具代表性。苑囿一般都设有藩禁，派有专人负责管理，这表明苑囿是王室重要的活动场所。

2.2.2　山水开发与离宫别馆

自然山水之美既已为人所领悟，与之相应，游览自然之风也成为时尚。春秋晚期，山水游览之风在社会上层兴起；战国时期，山不再是通神的天梯，而作为游观场所，游山已成时尚，并且出现了登山工具——"钩梯"，这比后来南朝诗人谢灵运发明的"谢公展"要早近七百年。风景名胜区随着游观山水热潮的兴起与相应的开发活动的进行而逐渐形成，其中构筑有宫观建筑，游山"题刻"也在此间出现。

观山水之风在卿大夫及"士"阶层普及开来。孔子极力推崇"游于艺"，"游"是对政治、劳作的一种松弛方式。《溱洧》一诗写郑国都城溱洧二水之上，三月上巳之辰，男女相约而游，采摘兰草，游观水畔，并互赠勺药，生活娱乐气息很强。"上巳修禊"以被除不祥的原始含义显然已经淡化，取而代之的是群众性的游观活动。

为观赏山水而建造的离宫别馆在春秋晚期出现，从文献记载来看多为大型离宫。战国时期，离宫开始转向小型化，与自然环境也结合得更加紧密。离宫是王侯正宫以外的临时居处，一般供诸侯消夏避暑、游观山水。虽然规模、形制不如正宫，但生活、享乐设施一应俱全，以章华台、姑苏台、琅琊台最具代表性。建筑与自然环境高度融合，反映着战国时期社会上层对居住环境的新要求。

战国时期各诸侯国君和卿大夫，都以优厚的待遇招募大批士人，其中著名者如赵国的平原君、齐国的孟尝君、魏国的信陵君、楚国的春申君，他们招募的士人中有的有学识，游说于诸国，对推动当时社会之"游风"与自然审美起到积极的作用。

《山海经》是成书于战国的一部"带有术性、传说性的综合地理书"[1]，一般认为其出于齐燕方士之手笔。书中记载了各地的风物、习俗、宗教、传说及地理知识，极大地丰富了时人对自然地理、山川风物的了解，传说赋予山川神秘的色彩，激发了人们对自然山水的想象与向往。

战国末年，神仙思想在齐燕等沿海地区十分流行，原本虚无缥缈的海市蜃楼经由方士们的渲染具有强烈的诱惑力。据《史记》载，当时齐威王、燕昭王都曾派人入渤海求蓬莱、方丈、瀛洲三神山。燕昭王筑碣石宫"在幽州蓟县西三十里宁台之东"，燕都附近的郎山三峰耸峙，云雾缭绕，具有"三山"之意，燕昭王在郎山西侧筑仙台，希望借助郎山求仙。燕昭王实开秦汉"一池三山"之先声，所不同的是燕昭王利用的是自然山峰而不是人造三山。

2.3 造园案例

2.3.1 苑囿

东周洛阳苑囿

东周定都洛阳，背依邙山，临近洛水，面对龙门，条件十分优越。王城附近设有离宫，考古在洛阳白马寺东面的金村出土有银桃、银俑，上均刻有"甘游宰"。李学勤先生释曰："'游'意思是离宫，'甘游宰'是甘地离宫中掌管膳食的职官。甘，周地，在汉代河南县以西，这里的离宫显然属于周"[2]。就分布来看，甘地在当时的王畿之内，这一带南有非山、龙山，北有邙山，中部地势平缓，洛水横贯东西，北有洛水支流涧河，南有甘水出自非山，向北流注洛水，加之植被繁茂，宜于狩猎。当时的洛水两岸，尤其洛南甘水流域为周王日常游猎之地（图2-3）。直至唐代，此地仍是皇家的猎苑。

齐临淄申池

临淄城（今山东淄博市临淄区）为春秋战国大都。临淄城分大小两城，小

---

① 引自萧兵《楚辞文化》。
② 引自李学勤《东周与秦代文明》。

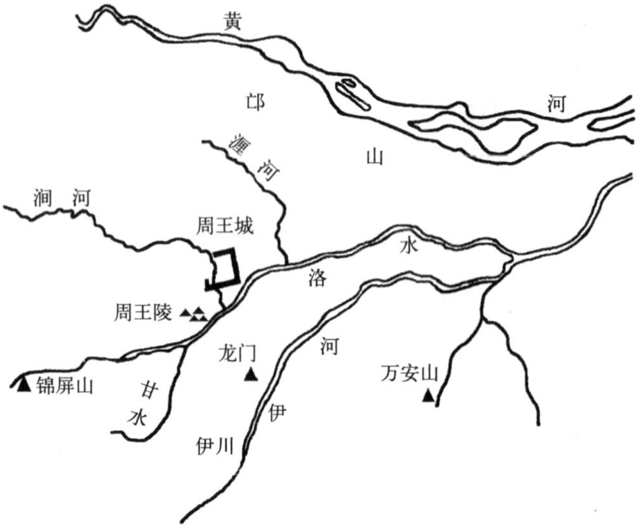

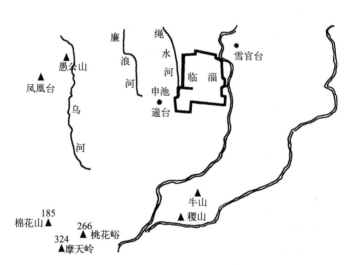

图 2-3 东周王城及环境
示意

图 2-4 齐临淄城及环境
示意

城（宫城所在）在大城的西南方。小城的西门为申门，申门以西及南方为齐之
苑囿。系水流经苑囿，囿中有泉为系水源头所在，申池就在这一带。苑囿之中
虽无山丘，但池沼连属，草木繁茂。申池以水景见长，加之茂林修竹，故而成
为齐侯日常游幸之地。齐灵公时，晋侵齐，焚烧了雍门外的荻草以及申池中的
竹木，同时烧毁了临淄城的外郭，申池遭到很大的破坏。

　　临淄城东、西、北三面为辽阔的平原，唯南郊有牛山[①]、稷山，东部有淄
水流经。春秋战国时期这一带草莽丛生，因而临淄城南郊为齐侯的田猎区，《晏
子春秋》中多次提到齐景公游于牛山，向北眺临淄。齐景公时期在临淄城西建
有遄台，距南池不远，供田游休憩之用（图2-4）。

---

① 《括地志》："齐桓公墓在临淄县南二十一里牛山上，亦名鼎足山。"春秋战国时期王畿的山林
川泽为诸侯据为己有，山林为王公贵族墓葬所在地，由于多禽兽出没，故而也是王畿中重要的猎区。
除齐国的牛山外，中山国灵寿城的灵山、秦国平阳北园也都是如此。

秦平阳北园

平阳（今陕西阳平）为秦宪公之都城。平阳城北有秦之北园，附近有大面积的田猎区。田猎区东起阳平平原，西到汧河东岸，北达雍水。北园位于田猎区附近，其中有离宫别馆可供游观休憩，《国风·秦风·驷驖》描述了秦国的贵族田猎并游于北园的情景。按唐宋人的记载，秦人的石鼓也在这一带发现。据张光远先生考释，第三枚石鼓咏述襄公大举垦建北园以及北园内的各种设施、花木等情景；第四枚石鼓咏述管理北园的虞人善尽职责，迎送襄公于北园之情景[1]。北园之中有祠宇、池沼、花木，同时放养有鹿。园外为广阔的平川，北面有雍水，林木葱茏，百草丰茂，为秦之猎苑所在。考古工作者在这一带的高庄秦墓中发掘到三个陶缶，其肩部刻有"北园王氏缶容十斗"，"北园吕氏缶容十斗"等陶文，证明这一区域到秦统一中国前仍沿用"北园"为地名[2]。

图2-5 中山国灵寿城苑囿位置

中山国灵寿苑囿

中山国是春秋战国中期的一个小国，古中山国被魏所灭。中山王于战国中期（公元前380年）复国后，定都于灵寿（今河北平山县境）。考古发现灵寿城南北四公里，东西宽在二公里以上，规模与当时中原的王国都城相仿。城内有居住、制陶、制骨、制铜及铁器的作坊，城西为中山王的苑囿。这一带地形起伏，南面有滹沱河，北面有东、西灵山，其境内有河流、池沼。中山王利用天然山水构筑苑囿，囿中有湖泊可以泛舟。囿之西北有山林，南有大河，是渔、猎的理想场所（图2-5、图2-6）。

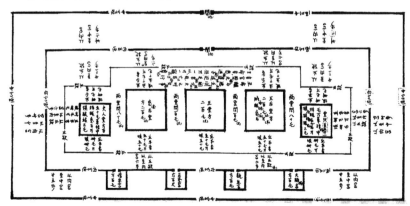

图2-6 中山国王陵M1出土《兆域图》

---

① 见《西周文化继承者秦国文化与史籀作石鼓诗考》，《故宫季刊》第十四卷第二期。

② 见韩伟《北国地望及石鼓诗之年代小议》，《考古与文物》1981年4期。

2.3.2 园囿

濮阳城园囿

卫都城帝丘又称濮阳（今河南省濮阳市），有"藉圃"为卫侯日常游观之地。园圃中植物繁茂，多禽鸟栖息，故而也是弋射的理想场所。《左传》襄公十四年，孙文子、卫宁子见卫献公于藉圃，卫献公当时在圃中射鸿，后来卫国的灵台也构筑在藉圃之中。另外，濮阳城中有果园，也是卫侯的游幸之地。

季氏园囿

春秋时鲁国正卿季孙夙（季武子）独专国政。其宅园之中"有嘉树焉，宣子誉之"[①]。晋国的使臣韩宣子曾游于季氏园圃。从季、韩二人所赋园景可知，季武子宅园中有甘棠、木瓜等，这些树种迄今仍为造园常用。

其父季文子有蒲圃，季孙曾"树六槚（楸树）于蒲圃东门外"[②]。襄公十九年，鲁晋结盟，季孙氏宴享晋国六卿于蒲圃，由此推测蒲圃的规模不小，且其中有宫观建筑。

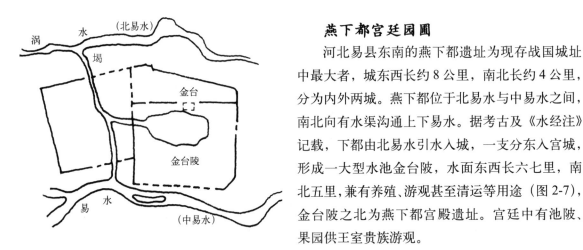

图2-7 金台陂位置示意

燕下都宫廷园囿

河北易县东南的燕下都遗址为现存战国城址中最大者，城东西长约8公里，南北长约4公里，分为内外两城。燕下都位于北易水与中易水之间，南北向有水渠沟通上下易水。据考古及《水经注》记载，下都由北易水引水入城，一支分东入宫城，形成一大型水池金台陂，水面东西长六七里，南北五里，兼有养殖、游观甚至漕运等用途（图2-7），金台陂之北为燕下都宫殿遗址。宫廷中有池陂、果园供王室贵族游观。

2.3.3 离宫

章华台

章华台是春秋时期楚国的一座大型离宫，落成于鲁昭公七年（公元前535年），始建于楚灵王元年（公元前540年），建设周期长达六年。章华台规模之大是空前的，考古发掘其遗址东西广约2000米，南北长约1000米，总面积达220万平方米。其位于荆江三角洲，大致处在古云梦之中心地带（今潜江县境），距楚郢都110余里，濒临汉水之滨。积土成台，掘池为沼，远望诸山，环境十分优美（图2-8）。

---

① 引自《左传·昭公二年》。
② 引自《左传·襄公四年》。

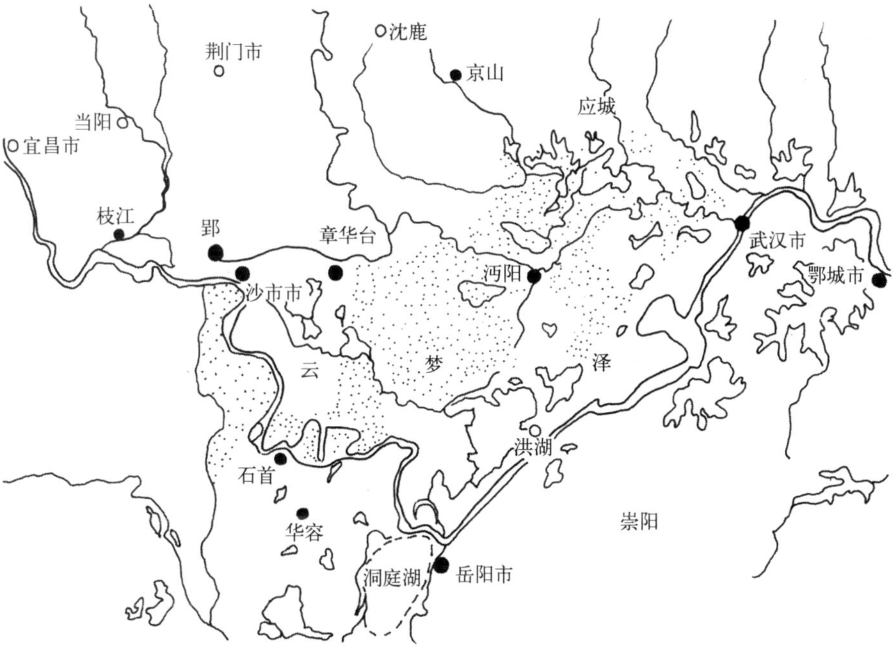

图 2-8 章华台及周边环境

章华宫由章华台及附属建筑组成，章华台地处丘陵，三面临水，有舜陵势①，为三层台榭建筑，台基宽 100 米，长 300 米，总面积达 3 万平方米。基上有四台联立，1 号主体建筑宽 75 米，深 60 米，高达 30 米，与《水经注·沔水》所记"台高十丈，基广十五丈"规模相仿。其他附属建筑台基宽深也 100～200 米之间，遗址中存有六座八角形台址，为游观建筑。章华台的装修陈设相当考究，殿柱漆红，椽头雕刻，"图天地、山川、神灵，琦玮诡谲及古贤圣，怪物行事"②，体现了楚人富有浪漫主义色彩。

姑苏台

姑苏台始建于吴王阖闾，后又经夫差续建。姑苏台与临水而建的章华台不同，是一组依山而建的大型离宫，其建造技术及园林化程度都相当高。

姑苏台建在姑苏城西的姑胥山上。姑胥山又称七子山，有七座山峰，每峰一台，至今仍有多处台址可寻，今灵岩寺即为馆娃宫之故址。姑胥山为花岗岩山，基岩坚硬，于山上筑台具有夯土台基不可比拟的优势，吴国在姑胥山上封山蓄水而建造大型离宫并不单纯为了游观，很可能是出于军事的考虑。

"相土尝水"③也就是因地制宜构筑城郭、仓廪，吴人善于因地制宜，姑苏

---

① 《国语·楚语》："昔楚灵王……乃筑台于章华之上，阙为石郭，陂汉以象帝舜。"韦昭注："阙，穿也。陂，雍也。舜葬九疑，其山体水旋其丘，故雍汉水使旋石郭以象之也。"

② 引自《楚辞章句》。

③ 《吴越春秋·阖闾内传》记载了吴王阖闾与谋臣伍子胥有关吴地筑城的一段对话，其中谈到子胥"使术士，相土尝水，象天法地，筑大城。"

台的营造体现了吴人建筑技术的高超：因山势之高下而成"周旋诘屈"的布局，连台建筑"横亘五里"，"造曲路以登临"①。主台"广八十四丈"，"高三百丈"，装修也十分华丽；海灵馆与馆娃阁的装饰也相当铺张，铜槛沟、玉栏板，门槛门楣饰以珠玉。姑苏台规模宏大，为保证山上之生活用水，吴工于姑苏山上凿山造池，"天池"是离宫的水库。

姑苏台近观横山石湖，远望具区，为观赏太湖的绝佳之处，能够饱览太湖风景是姑苏台的又一大特色。

琅琊台

《吴越春秋》云："越王勾践二十五年，徙都琅琊，立观台以望东海。"《括地志》亦云："密州诸城县东南七十里有琅都台，越王勾践观台也。"琅琊台是一组背山面海的离宫，在今山东琅琊山上，其址背山临流，建筑与环境结合良好。

2.4 时代特征

2.4.1 思想观念

随着认识的深化，人们对自然的态度也在转变，环境危机意识对这一阶段自然的保护与改造起到了巨大的推动作用。同时，对城市生活环境的不满而倾心自然亦成为具有时代共性的社会现象。

由于环境意识的形成与人本主义思想的盛行，回归自然、协调城市与自然间的关系成为春秋战国具有时代特征的意识流之一。改造与美化城市居住环境普遍受到社会上层的关注，塑造"园林"是最为行之有效的方式。或利用自然环境营造良好的城市环境；或于城市之中将宅邸园囿化；或利用近郊的自然山水植被开辟苑囿等，从而大大改善了这一阶段城市环境。随着园囿业、畜牧业的发展，园囿与苑囿不再只为满足功利性需求而营建，娱乐及游观活动也在其中展开。

2.4.2 审美方式

春秋战国时期，成为审美对象的自然物明显增多。伴随着生产力的发展，自然环境中的人开始由必然走向自由，自然规律逐渐为人们所认识，自然力也为人所支配，自然的神化地位随之动摇。自然界中那些人们接触最多、认识最深的事物便成为审美的对象，出现在诸子百家的论述中，并经由比赋而使山水人化。自然之物从单纯的物象美提高并上升到价值论，实现了由商周"神化自然"

---

① 引自《吴地记》。

到春秋战国"人化自然"的转变，这是自然观、自然审美观的一次飞跃。这既是先秦诸子自然审美的共性所在，又是具有中国特色的自然审美观。

春秋战国之际所形成的自然审美观对造园活动产生了深刻的影响，尤其在两晋南北朝以后有生动的表现，是中国造园审美主体意识之渊源所在。

2.4.3　营造方法

园圃及苑囿是春秋战国时期最为常见的两种园林形式，就人工造景的内容而言，除去人工造山而外，中国造园的基本要素在春秋战国时期均已出现，这是造园艺术形成的标志之一。

将居住宫宅构筑在园圃之中，或将自然素材引入居住空间，是将宅邸自然化的两种基本方法。春秋中晚期通常采用的是将住宅建在园圃之中，使住宅与园圃结合的方式；到了战国时期，人们对居住环境的园林化进一步提高。《楚辞·湘夫人》："筑室兮水中，葺之兮荷盖。荪壁兮紫坛，播芳椒兮成堂……蔬石兰兮为芳。芷葺兮荷屋，缭之兮杜衡。合百草兮实庭，建芳馨兮庑门……"这已不是居室与园圃的简单结合，而是将建筑融合到自然之中，屈原带有浪漫色彩的构想成为后世文人造园所追求的意境之一。

水池、台榭及林苑是春秋战国时期苑囿具有时代特征的景象。苑囿的营造内容包括对自然区域加以范围，在圈定的园址内，度地势之高下，低方挖掘池沼，高阜构筑台榭；开辟园圃，栽种树木。由于地近都城，苑囿一般无需设置大型宫室，仅建有少量的台榭供观赏风景、歌舞宴乐、演武阅兵等短时停留之用。台榭建筑一般规模较小，且多为单体建筑。根据功能要求的不同，台开始分化，观天有灵台，观四时有时台，观禽兽有囿台[①]，台是苑囿中具有独立意义的园林建筑。苑囿中的动植物生存离不开水，而舟游、操演水军也需要有开阔的水面，除因天然水系外，大型水池一般由人工开挖、修整而形成。利用地下水源开挖池沼，挖池所出土方用来堆筑高台，挖池与筑台相结合，池成台亦成。

2.5　小结

随着环境保护意识的增强，时人对居住环境的要求有所提高，审美视野也大为拓宽。在这样的背景下，造园成为改善居住环境、观览山水之美的有效方式。春秋战国时期是中国造园史上一个重要的发展阶段，经历了商周的孕育，作为游憩场所的园林在这个时期形成并发展。大约在春秋中晚期出现了中国历史上第一次造园高潮，战国时期造园活动亦相当频繁，建筑环境的园林化水平进一步提高。

---

① 出自《公羊传》。

第 3 章　秦与西汉

秦、西汉时期，随着大一统国家的建立，地方文化的交流与融合给园林发展注入了活力，有史记载的造园活动也更趋广普。

秦、西汉的苑囿崇尚博大，封山锢水，因高就低，列布宫观，挖掘池陂，莳花植木，罗陈禽兽。离宫别馆，弥山跨谷，融自然景观与人为景物于一体，山水成为苑囿中一项主要的内容。期间宫宅园林也有新的发展，突破了前朝园囿化的条框，人工堆山理水作为宫廷中的点缀在秦末汉初已见端倪，至西汉中晚期则广泛应用于社会上层的宫宅之中。而造园也从此有了摹仿、表现的对象，尽管手法仍相当稚拙，但毕竟标志着造园进入了由"泛艺术"向着"艺术"的转化阶段，以山水为表现主题的造园艺术正处在孕育之中。另外，伴随着皇帝的巡游与封禅，各地的自然风景也相继得到开发。

由于受到社会经济状况及意识思潮的局限，秦、西汉的造园及风景开发仍然与田游、祭望、郊祀、求仙、生产等功利性的活动相关联。

3.1 时代背景

3.1.1 巡游与封禅

秦、西汉时期，郊祀、封禅的原始的自然崇拜意义式微，取而代之的是具有政治意义的仪礼及游幸活动。

《史记·蒙恬传》："始皇欲游天下，道九原，直抵甘泉。乃使蒙恬通道，自九原抵甘泉，堑山埋谷，千八百里。"秦统一后的第二年，秦始皇下令以都城咸阳为中心，修筑通往全国各主要城市及边地区的驰道。秦始皇修驰道不仅仅是为了"游天下"，还有军事、经济等多方面的意义。

《汉书·贾山传》记载，秦代驰道"广五步，三丈而树，厚筑其外，隐以金椎，树以青松，为驰道之丽至于此。"当时的驰道宽达 300 尺（约 59 米），道边夯筑有墙垣，每 3 丈栽以青松。秦驰道向北达九原、云中、雁门一带；东北至碣石山；向东达成山、琅邪山；东南至今稽山；往南经南阳达云梦；西至陇西郡；向西南经汉中达巴蜀。另外，在云南、贵州地区修筑的"五尺道"与"新道"形成了四通八达的交通网。驰道的建成对于巩固新兴的中央集权、加强各地文化交流及经济交往都起到积极的作用。

秦始皇沿着驰道游巡四方，从公元前 220 年开始的 10 年内，他先后出巡达 5 次之多，其频率之高远超过天子五年一巡狩的古制。就《史记·秦始皇本纪》所描述的内容来看，巡游的内容主要包括封禅、祭望、刻石、建离宫、寻仙。

西汉时期，诸皇帝巡游也多见记载。元封元年（公元前 110 年），汉武帝在儒生及方士的鼓动下，北巡朔方，祭黄帝，东巡海上，与侍中等登泰山，行封禅之礼。元封元年以后，每隔五年，汉武帝都要登泰山封禅，前后计五次。

西汉元帝以后社会危机，尤其是汉成帝时期政治黑暗，儒生托古改制的呼声越来越高，提出郊祀之地必择于京城长安之郊。丞相匡衡、御史大夫张谭等儒臣倡议："甘泉泰畤，河东后土之祠，宜可徙置长安，合于古帝王。"汉成帝采纳了匡衡等人的建议，《汉书·成帝纪》："建始二年春正月辛巳，上始郊祀长安南郊。诏：'乃者徙泰畤，后土于南郊、北郊，朕辛饬躬。郊祀上帝'。"由成帝以后，郊祀巡游活动逐渐减少。

3.1.2　神仙传说与比德思想

战国中晚期，神仙说在齐、燕两国已相当流行，并形成了蓬莱与昆仑两大神仙传说系统。秦汉时期，由于人君笃信神仙传说及方士之术，从而神仙说在此间达到高潮。《史记·封禅书》中对于渤海中的"三神山"有这样一段描述："去人不远，患且至，则船风引而去。盖尝有至者，诸仙人及不死之药皆在焉。其物禽兽尽白，而黄金银为宫阙。未至，望之如云；及到，三神山反居水下。"仙人居住的三座神山位于渤海之北，山上有宫阙台观、不死之药、飞禽走兽，与当时的宫苑已所差无几。依据方士之说，宫室环境必须有如仙境一般，这是迎候神仙降临的必要条件。

秦汉之际，由于受到人君的推崇，神仙方术在社会上层具有广泛的影响。《西京杂记》："淮南王好方士，方士皆以术见，遂有画地成江河，撮土为山岩……"神仙传说以及方士们所鼓吹的"摹拟仙境可以致仙人"的方术对于推动秦、西汉造园朝着山水化方向转变起到积极的作用。

先秦儒道两家都以"比德"的方式审视自然，入汉以后，经董仲舒、刘向等人的大力推崇，山水审美进入到价值论阶段，以致山水成为道德观念的形象图式。董仲舒《春秋繁露·山川颂》："山则岧岹崔嵬，嶵嵬陁巍，久不崩陁，似夫仁人志士……水则源泉混混沄沄，昼夜不竭，既似力者；盈科后行，既似持平者；循微赴下，不遗小间，既似察者；循溪谷不迷，或走万里而必至，既似知者；障防山而能净，既似知命者；不清而入，洁清而出，既似善化者；赴千仞之壑，入而不疑，既似勇者；物皆因于火，而水独胜之，既似武者。咸得之而生，失之而死，既似有德者。"

刘向的《说苑》对于山水比德有更淋漓尽致的阐发："夫水者，君子比德焉。遍予而无私，似德。所及者生，似仁。其流卑下句倨，皆循其理，似义。浅者流行，深者不测，似智。其赴百仞之谷不疑，似勇。绵弱而微达，似察。受恶不让，似包蒙。不清以入，鲜洁以出，似善化。至量必平，似正。盈不求概，似度。其万折必东，似意。是以君子见大水观焉尔也。""夫山，岧岹崔嵬，万民之所观仰，草术生焉，众物立焉，飞禽萃焉，走兽休焉，宝藏殖焉，奇夫息焉，有群物而不倦焉，四方并取而不限焉。出云通气于天地之间，国家以成。是仁者所以乐山也。"

《尚书·大传》："夫山，草木生焉，鸟兽蕃焉，财用殖焉。生材用而无私为，四方皆伐焉，每无私予焉。出云雨以通乎天地之间，阴阳和合，寸露之泽，万物以成，百姓以飨。"《淮南子·坠形训》："山为积累，川为积刑"，其注曰："山仁，万物生焉，故为积德。川水智，智制断，融为积刑也。"诸如此类对山水人格化描述的文辞在西汉的著作中还有不少，所采取的方法还是对山水加以人性道德化的阐发，与前朝相比，汉代文人对山水的比德更趋细腻。这对于促进西汉自然审美、摹仿自然山水营造园林起到推波助澜的作用。

3.2　造园活动

3.2.1　苑囿

秦西汉时期国祚强盛，随着旧礼制的崩溃，新兴的秩序在逐渐地建立起来。秦汉的苑囿是在前朝苑囿基础上的进一步发展与完善，都城附近的苑囿无论是在规模还是园林化的程度上，都远远胜于前朝。

秦始皇统一中国后，不满足于秦固有的几处苑囿，圈定了以咸阳为中心"北至九嵕、甘泉，南至鄠、杜，东至河（黄河），西至汧、渭之交，东西八百里，南北四百里"作为都城范围[1]，附近有离宫别馆二百七十处，分布于苑囿之中。

秦末时，赵佗接替秦郡尉任嚣之职后，建立南越国，自称武帝，效仿秦皇宫室苑囿。屈大均《广东新语》："赵佗有四台。其在广州粤秀山者，曰越王台，今名歌舞冈。其在广州北门外固冈上者，曰朝汉台，冈形方正峻立，削土所成，其势孤，旁无丘阜，盖茎台也，与越王台相去咫尺。其在长乐县五华山下者，曰长乐台，佗受汉封时所筑，长乐本龙川地，佗之旧治，故筑台。又新兴县南十五里有白鹿台，佗猎得白鹿，因筑台以志其瑞，是为四台。"与中原园林高台建筑相比，岭南园林高台建筑规模不大，基本上是依山就势，利用高冈地形地貌。

由于汉初尚简，苑囿离宫无所增益。汉武帝时期社会安定，民富国强，建元三年武帝以苑囿之中多民田而不便田猎为由，"乃使太中大夫吾丘寿王与待诏能用算者二人，举藉阿城以南，周至以东，宜春以西，提封顷亩及其贾直，欲除以为上林苑，属之南山，又诏中尉、左右内史，表属县草田，欲以偿鄠、杜之民"[2]，同时又修缮了部分秦之旧苑与离宫，开凿昆明池，兴造建章宫，扩建渭北的甘泉苑，至此，西汉长安的苑囿建设达到顶峰。

朝廷与藩国之间出现了相互利用、相互制约的微妙关系，王侯的势力相当大。藩王在政治、经济上都具有优势，因而大兴宫室苑囿，诸王中尤以梁孝王

---

① 引自《三辅黄图·三辅沿革》。
② 引自《汉书·东方朔传》。

图 3-1 秦咸阳及离宫分布示意

刘武造园最盛。孝王"招延四方豪杰"与文士，文化繁荣也推动了造园活动。《史记·梁孝王世家》："孝王筑东苑，方三百余里。广睢阳城七十里。大治宫室为复道，自宫连属于平台三十余里。"除梁孝王外，赵王如意筑有养德宫（又称鱼藻宫），"河间献王德筑有日华宫，置客馆二十余区，以待学士"[1]。除去皇帝与藩王外，秦汉时期少数军功地主、工商巨富也都拥有苑囿。

秦汉时期，"苑囿"、"园池"仍是一些兼容性的名词，并非专指园林。譬如，汉代有分布于西北边陲的三十六苑[2]，为专门饲养马匹的畜牧区，始建于西汉初期，以缓解当时的畜力之匮乏。除了生产性的畜牧场所外，苑囿园池还泛指山林池泽，兴办园池，发展种养殖业，增加山海之赋税是开拓财源的渠道之一。"苑囿"泛指关中地区，与前朝"王畿"的概念相当，并非单纯的园林的范畴。散布于渭水两岸的上林苑、甘泉苑、宜春苑，以及离宫如鼎湖宫、太乙宫、长杨宫、黄山宫、梁山宫等，仅仅是上述区域中的一部分，苑囿离宫一般均有范围，为皇家禁苑（图3-1）。

3.2.2 宫宅园林

关于秦代宫宅造园史书多略而不详，唯兰池宫有一些记载——人工挖池、堆山以象征传说中的蓬莱仙岛。入汉以后，人工堆筑假山在宫宅园林中普及开来，未央宫、桂宫、长乐宫等宫城之中都有土山水池。除皇宫以外，汉初藩王的宫庭之中也有类似的做法，梁孝王刘武的东苑中筑有兔园，其中有雁池与百灵山。

汉武帝时期，国家财政充裕，生活奢侈之风日盛。汉武帝广造离宫，其中长安城西的建章宫是以人工堆山理水著称的一处。宫中北部挖太液池象征北海，

---

① 引自《三辅黄图》。

② 《汉书·景帝纪》注引《汉仪注》："太仆牧师诸苑三十六所，分布北边、西边，以郎为苑监，宫奴婢三万人，养马三十万匹。"这三十六处养马之苑不是在上林苑中，而是分布于西北边陲。

池中堆土成山，以像传说中的海中仙岛。与此同时，权宦、豪富等私家造园逐渐兴起。馆陶公主在长安城东南的长门内有长门园，园中有山，馆陶公主谦称第宅为"山林"。"亲耕"在汉代固定成为一种礼制，由于长门宫邻近皇帝的籍田，馆陶公主将长门园献给了汉武帝，更名为长门宫，专供皇帝游幸、亲耕休憩之用。

西汉中期，工商巨富社会地位提高且具有经济条件，也开始营建园林。袁广汉便是典型的一位，他在茂陵造有园池，园中有假山水池，奇禽怪兽，类于宫庭。王侯造园更不在话下，如霍禹（霍光之子）为博望侯，"广治第室，作乘舆辇……游戏第中"[1]。桓宽的《盐铁论》描述当时造园风气之盛："贵人之家……宫室溢于制度，并兼列宅，隔绝闾巷，阁道错连足以游观，凿池曲道足以骋骛，临渊钓鱼，放犬走兔……"；"积土成山，列树成林。"大约在西汉中期，权贵、巨富等私家造园进入高潮。

西汉后期，外戚、宠幸造园也开始兴起。汉成帝时期王凤等五人封侯，王氏兄弟造园有土山水池，规模很大。曲阳侯王根破高都堤，引水灌注园池，园中有土山、渐台、白鹿殿。成都侯王商"穿长安城引内灈水注第中大陂以行船，立羽盖，张周帷，辑濯越歌。"汉成帝永始四年下诏说："方今世俗奢僭罔极，靡有厌足……或乃奢侈逸豫，务广第宅，治园池……"[2]，可见当时私家造园之盛。汉哀帝时期，董贤深得皇帝的宠幸，哀帝为他"起官寺上林中，又为贤治大第，开门乡北阙，引王渠灌园池"[3]，董贤"治第宅，造冢圹，放效无极，不异王制"。

西汉中晚期，土山水池已成为宫宅园林中较常见的一种景象，宫宅造园也反映出对自然曲折的追求，诸如"阁道错连"、"曲道骋骛"等，园林中的游览路线随地形曲折起伏而变化。

由于受到社会地位、经济条件的限制，社会中产阶层的庭园仍带有园圃的特征，有明显的功利性目的。汉宣帝时期的辞赋家王褒撰有《僮约》，描述了蜀郡王子渊的宅后有园，园中"种植桃李，梨柿柘桑。三丈一树，八尺为行。果类相从，纵横相当。"园中有池，"垒石驳岸"，其中栽有荷花，园中还种有葱蒜芋瓜等菜蔬。除植物外，"后园纵养，雁鹜百余……长育豚驹"等牲畜禽类[4]。河南淮阳于庄西汉前期墓中出土的一座大型陶宅邸庭园模型（图3-2），有住宅及庭园两部分。住宅由三进院落组成，形制规整，有明显的轴线。住宅的右侧为一庭园，自成一体，其中有园圃池塘，用地划分十分整齐，形象直观地反映了西汉前期社会中上层所拥有的宅第、庭园的一般面貌。

---

① 引自《汉书·霍光金日磾传》。

② 引自《汉书·成帝纪》。

③ 引自《汉书·佞幸传》。

④ 出自《全汉文》卷42。

3.2.3　风景开发

秦驰道的开辟揭开了名山风景开发的序幕。时人的视野拓宽，游览山水已不似前朝仅局限于城市郊区，山水开发西达甘肃、新疆，往南至湖南，北达朔方，东至沿海，其中开发最多的还数中原、关中及东南沿海地区。秦汉时期对于自然风景的开发方式已基本形成，人为的活动主要有修筑道路，建筑离宫台观、神祠、祭坛，立碑刻石等。融人文景观与自然风景于一体，奠定了中国特色的名山风景区开发的基本格局。

秦代以前诸侯贵族游山已出现了题刻的倾向，至秦始皇时期，题刻则成为巡游山水所必备的环节。题刻是当时开发自然风景的一种标志，不仅仅记载了当时的游览活动，而且也大大丰富了自然景观的内涵。

建造离宫也是巡游的内容之一，秦始皇在驰道沿途建离宫别馆供其驻足。有史记载并已得到考古所证实的有多处，著名者如琅琊台、碣石宫。渤海是传说中的神仙出没之地，因此秦始皇在这一带巡游相当频繁。除了碣石山、琅琊山外，还有之罘山、荣成山等。之罘山（今称芝罘岛）在今山东烟台市西北，为一半岛，山岭伸入海中，其状若灵芝。秦始皇东巡时，先后三次登之罘山，刻石纪功，第三次登之罘，射杀大鱼，现仍存在"射鱼台"遗址。荣成山（今称成山头），在山东荣成县，胶东半岛东端。《三辅黄图》："成山在东莱不夜县，于其上筑宫阙以为观。"另外，东南沿海诸山岛也留有秦始皇的足迹。《史记·秦始皇本纪》："三十五年……立石东海朐界中，以为秦东门。"朐即连云港，今秦山岛上留有秦刻石。

汉武帝对于神仙的信仰较秦始皇有过之而无不及，于华山脚下建有集灵宫，华山在汉时传为神仙云集之地，凡人在此可以蝉蜕成仙。又采纳祠宫宽舒的建议，在黄河东岸的汾阴（今山西省万荣县）设立后土祠。后土祠距长安三百余里，汉武帝先后五次到河东汾阴祭地，宣帝、元帝也都多次幸汾阴祭后土。为了便于皇帝郊祀，在黄河西岸的夏阳县建造离宫，名挟荔宫，供皇帝巡幸与祭地驻足。

3.3 造园案例

3.3.1 苑囿

上林苑

上林苑在秦惠文王时便已有，关于秦代上林苑的范围史料上未见记载，大抵限于渭水以南。《三辅黄图》列出名目的秦宫有十七处，其中著名者且有遗址可考的有：淳化的林光宫，三原的曲梁宫，泾阳的望夷宫，咸阳塔尔坡的雍门宫，临潼的步寿宫、步高宫，西安曲江的宜春宫，户县的萯阳宫，周至的长杨宫，凤翔的蕲年宫，乾县的梁山宫，雍县的回中宫，咸阳渭城区的兰池宫，咸阳北原上的六国宫[①]。其中周至的长杨宫为秦皇游猎休憩之地，梁山宫为避暑之地，兰池宫与求仙有关。林光宫处甘泉山下，兰池宫于泾渭之交，骊山宫位于骊山脚下……这些离宫大多择风景优美之地，弥布自然山水环境之间。

西汉初年仍旧沿用秦之上林苑。公元前195年，汉高祖刘邦布诏，允许百姓在上林苑中垦荒种田，以示重农，上林苑面积有所减缩。汉文帝、景帝时期，上林苑仍旧是皇家主要的游憩之地。

汉武帝于建元三年（公元前138年）扩建上林苑，此时上林苑的范围在《汉书》中说得较为清楚："武帝建元三年开上林苑，东南至蓝田、宜春、鼎湖、御宿、昆吾，旁南山而西，至长杨、五柞，北绕黄山，濒渭水而东。周袤三百里。"上林苑东面起灞水鼎湖宫、御宿苑、宜春苑一带，南面抵于终南山下，西边达周至长杨宫、五柞宫，北面渡渭水绕黄山，濒渭水而东，大约至于泾渭之交（图3-3）。

上林苑的规划布局自西向东大致划分为三大区域。

西部为游猎区，即今周至、武功东部与沣河流域以西的广大地区，这一带离京城较远，地形高亢略有起伏，河流较少，适宜演武、游猎。西汉时期，西部区域几乎占去了整个上林苑的三分之一，可见田游在苑囿活动中所占地位。**上兰观**在丰镐西部，处游猎区东部。除上兰观外，这一带还有**犬台宫**、**走狗观**作为皇家驯养猫犬之地。在游猎区中还有几处大型离宫，专供皇帝行猎、演武之用。渭水南岸有**长杨宫**、**五柞宫**，渭北有**黄山宫苑**。**射熊馆**是长杨宫的门阙。除了射熊馆外，还有**长杨榭**。

---

① 出自何清谷《关中秦宫觅踪》。

图3-3 西汉长安的上林苑范围示意

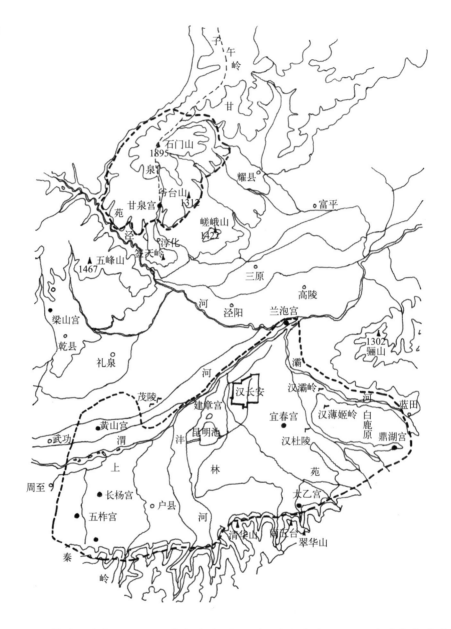

　　五柞宫在长杨宫附近，《水经注·渭水》："（耿）水发南山耿谷，北流与柳泉合，东北经五排长杨，长杨、五柞相去八里，并以树名宫。"五柞宫西面有**青梧观**，树下有二个石麒麟，原为秦始皇骊山陵上之物。五柞宫的东南方有**萯阳宫**，此宫为秦惠文王所建，西汉时期犹存。

　　渭水以北，今兴平市马嵬坡一带为**黄山苑**所在。此苑为上林苑中之苑。黄山苑濒临渭水，地形起伏，汉时在此设猎苑。苑中有**黄山宫**，兴建于西汉初期，为上林苑中秋冬校猎的主要场所之一。

　　上林苑的中部位于汉长安城的西南方，北有渭河，南为终南山，地势由北向南逐渐高起，水网纵横，陂池星罗棋布。秦岭北坡山谷之间汇水区形成几条由南向北的河流，自西向东依次有新河、泥沧浪河、灵沼河、沣河、滈水（沣水支流）、皂河等。

西汉时期，为了充分利用这几条天然河流而修筑人工渠道、池堰沟连水系而形成完整的供水系统，作为长安城的供水及水运体系。这一带有大小水池多处，如**昆明池**、**镐池**等。其中昆明池为一大型人工湖，始建于汉武帝元狩三年（公元前 120 年）。昆明池实为长安城之总蓄水库，通过二条渠道向长安供水，一条流向长安城东南，通往灞水；另一条经昆明池故渠[①]支分为二，一入建章宫太液池，一入未央宫沧池，经渡槽、河渠流入长安城。汉武帝南征昆明，与南越发生水战，开昆明池以操练水军。昆明池中还养有鱼鳖，供祭祀及御膳之用。

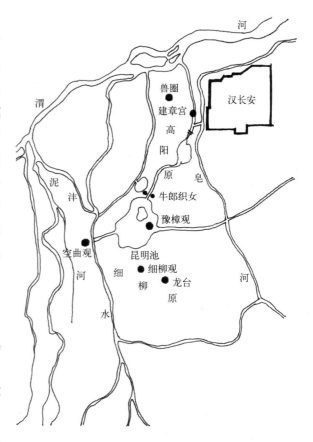

昆明池同时还是上林苑中部景点最为集中的一地，池中有岛、观，池畔也列布台馆。东有**白杨观**，南有**细柳观**，处细柳原上。**龙台**也是一处观名，与细柳观相去不远（图 3-4）。

昆明池西有**宣曲宫**，汉宣帝通晓音律，

图 3-4　昆明池及景点位置

他常于此"度曲"。宣曲宫之所以受到人君的青睐，与其所处环境不无关系。昆明池北有牛郎、织女二像，迄今仍存，此二像立于昆明池北渠的东西两侧，且立有祠庙（图 3-5）。

1

2

0　　　　　1m

图 3-5　西汉　牛郎、织女像
1.织女　2.牛郎

---

① 出自《水经注·渭水》。

昆明池中有**豫章台**，在昆明池东部[1]，位于池岛之上，该岛原面积一万多平方米，正对昆明池东流长安城西的水道。《三辅黄图》："豫章观，武帝造，在昆明池中，亦曰昆明观。"豫章台的体量较大，突兀池上，成为昆明池畔视景线的焦点。

除去宫观建筑外，昆明池还有石鱼等雕塑小品。堤岸上"树以柳杞"[2]，池岸曲折，洲渚隐现，景观优美。后代的诗人庾信、宋之问、杜甫等人都有不少描写昆明池景的诗句。

上林苑中部植被情况很好，有"林麓泽薮"之称。周至县以东，鄠杜一带有大片竹林，芒水出终南山，流经竹林。直至隋唐、北宋这一带仍旧竹林繁茂。由于林木葱茏，且又多池泽，这一带多飞禽，汉时设有佽飞令负责"射凫雁"之事。据文献记载，秦汉时期，沣、皂两水之间为上林苑**兽圈**所在，建有楼观供皇室贵族观赏动物并作为斗兽的场所。从功能上看，兽圈即皇家动物园。兽圈大致位于长安城西、渭水以南、沣水以东、昆明池以北的沣水与皂河之间的下游平原。汉武帝时期加强与西域的交往，外来的奇禽异兽被视为珍物祥瑞，汉时兽圈之设达到高潮。

综上所述，上林苑的中部以水景见长，以昆明池为中心，台观环列，池以北为皇家动物园，地近都城，为皇帝经常游幸之地。

上林苑的东部为离宫别馆区，这一带岗阜逶迤，灞浐二水出终南山谷，北流入渭水，二水之间为一高阜，即**白鹿原**，西汉时期白鹿原为皇家鹿囿所在，并于此筑有**白鹿观**。灞水以东丘陵起伏，秦始皇时期在骊山脚下，利用温泉建筑离宫**骊山汤**及**骊山苑**。骊山景色秀丽，沟壑纵横，竹木茂盛，秦时专门修造阁道通骊山离宫，西汉时期骊山一带仍建有离宫。

上林苑中有观二十五处，如昆明观、茧观、平乐观、远望观、燕升观、观象观、便门观、白鹿观、虎圈观、三爵观、阳禄观、阳德观、鼎郊观、樛木观、椒唐观、鱼鸟观、元华观、走马观、柘观、上兰观、郎池观、当路观等[3]。从上述这些观的命名可以大致地了解到该建筑的用途，譬如茧观为皇后亲桑之处；平乐观为一处观看戏曲杂技之地。

上林苑中有丰富的物产，有玉石、金、银、铜、铁等矿藏；有檀、柘、梨、栗、桑、竹等经济树种；又有兽圈、鹿囿、池籞，加之农田、蔬圃等，除了可供皇帝游幸而外，还可以得到一定的实物收入，供皇室消费、祭祀甚至出售。

宜春苑

皂河、浐水流域的下游地区有御宿苑、博望苑、宜春苑等，其中以宜春苑

---

① 出自《汉昆明池及其有关遗存踏察记》中胡谦盈先生关于豫章台的考证。

② 引自《西京赋》。

③ 引自《三辅黄图》《汉书》。

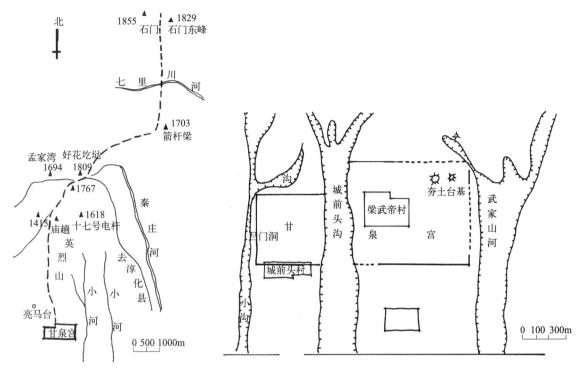

图 3-6 西汉甘泉苑及离宫分布示意　　　**图 3-7** 西汉甘泉宫遗址

最具盛名。宜春苑处长安城东南曲江一带,《三辅黄图》:"宜春宫,本秦之离宫,在长安城东南杜县东,近下杜。"又《括地志》:"秦宜春宫在雍州万年县西南三十里,宜春苑在宫之东,杜之南。"西汉武帝时期开掘曲池,池中有荷蒲禽鱼,池畔有土山竹树,景象自然。西汉时特设有"宜春禁丞"管理宜春苑之事务[①]。

甘泉苑

甘泉苑位于今淳化县北,以甘泉山为中心,范围很大（图 3-6）。考古工作者在上述范围内发现有汉甘泉宫遗址及多处秦汉建筑遗址[②],其中出土大量的文字瓦当有"甘林"、"甘居"、"长生未央"等字样。

甘泉宫为苑中主要离宫建筑,始建于先秦。汉武帝于元封二年对甘泉宫加以扩建,"甘泉更置前殿,始广诸宫室"[③]。改造后的甘泉宫"宫周十九里,宫殿楼观略与建章相比,百宫皆有邸舍"[④]。甘泉宫位于甘泉山南,据考古勘探,甘泉宫宫城墙垣周长 5600 余米[⑤],略大于汉长安城中的桂宫（图 3-7）。作甘泉通天台,台高三十丈（约 70 米）,距地面高 200 余米,迄今甘泉山上仍有秦汉

---

① 引自《善斋吉金录·玺印录》,转引《陈直三辅黄图校正》。

② 姚生民《关于汉甘泉宫主体建筑位置问题》,载《考古与文物》,1992 年 2 期。王根权、姚生民《淳化县古甘泉山发现秦汉建筑遗址群》,载《考古与文物》1990 年 2 期。

③ 引自《史记·封禅书》。

④ 引自《括地志》。

⑤ 姚生民《汉甘泉宫遗址勘查记》,载《考古与文物》。

建筑遗址多处[①]。

汉武帝于建元年间在甘泉苑北部石门山上造**石阙观**。今石门山东峰之巅发现有秦汉建筑遗址，存有秦汉绳纹瓦片，几何纹空心砖及素面方砖残块等建筑构件，遗址面积 2000 余平方米。石门山与甘泉山隔七里川河相望，该处海拔1829 米，泾渭、陇蜀尽收眼底。有秦汉北上直道穿过，石门山上**甘泉观**实为甘泉苑北面的门阙。

甘泉苑与上林苑是地形悬殊的两个区域，上林苑中八川分流，多平原、河流、池沼；而甘泉苑中山峰耸峙，山高气爽。甘泉山属乔山余脉，主峰好圪垯海拔 1809 米，其他诸峰海拔也多在 1000 米以上，山上与山下甘泉宫一带高差也有 500 米左右，四季景象各异。苑中还有七里川河、秦庄河等大小河流。甘泉苑为秦汉皇帝避暑之地，秦始皇、秦二世都曾出游甘泉，西汉时期，皇帝巡幸甘泉更加频繁，除去消夏避暑，还有其他一些原因。

甘泉宫为秦汉时期北上东巡的起点，北上直道由甘泉宫后上甘泉山，过石门出甘泉苑，沿子午岭北上。另外，秦汉时期在甘泉山设置宫观苑囿还与军事防御有一定的关系。甘泉山地势险峻，为秦汉京畿北方一处要塞，今甘泉山上建筑遗址中多出土有"卫"字瓦当，又见《汉书·百官公卿表》记载，汉甘泉宫设有卫尉，说明甘泉山上建有防御设施。

汉武帝时于甘泉立泰一祠，祭天。汉武帝笃信神仙之说，于甘泉祭天往往与求仙相伴。通天台亦曰候神台，又曰望仙台，以候神明、望神仙也。

神仙之说对于苑囿的布置有一定的影响。《汉书·郊祀志》："（方士）公孙卿曰：'仙人好楼居'。于是上令长安则作飞廉、桂馆，甘泉则作益寿、延寿馆。"甘泉山形势峻峭，与汉代传说中的昆仑山有相似之处。《淮南子》："昆仑之丘，或上倍之是谓凉风之山，登之而不死，或上倍之，是谓悬圃之山，登之乃灵，能使风雨；或上倍之，乃维上天，登之乃神，是谓太帝之居。"昆仑山是通达天廷的天梯，甘泉山有昆仑之象，这纯粹是投人君所好。《淮南子·坠形训》中把昆仑山描绘成九层之宫城，中有碧瑶之树、悬圃、蔬圃、倾宫旋室、池泽河流等，与甘泉苑之构成相似。

3.3.2　宫宅园林

兰池宫

兰池宫在咸阳以东，泾水与渭水交汇之处，其西为六国宫，兰池宫为秦时离宫。《史记·正义》引《括地志》："兰池陂即古之兰池，在咸阳县界。"兰池宫的遗址在今咸阳渭河发电厂。

《秦记》："始皇引渭水为池，筑为蓬、瀛，刻石为鲸，长二百丈。蓬盗处也。"

---

① 见王根权《淳化县古甘泉山发现秦汉建筑遗址群》，载《考古与文物》，1992 年 2 期。

秦始皇于兰池宫中引渭水开兰池陂,"东西二百丈,南北二十里"①,池呈南北长,东西狭的长条状。秦始皇好神仙,引渭水为池,于兰池之中堆土山象蓬莱、瀛洲两仙岛作为他膜拜神仙、求得仙药的一种方式。这是继燕昭王筑仙台膜拜灵山之后,神仙说对于造园影响的又一例,也是最早有史明确记载于园林中人工堆造假山者,开秦汉宫宅园林山水化之先端。兰池宫至西汉时期仍旧沿用,增筑兰池观②。

未央宫

未央宫始建于汉高祖七年(公元前 199 年),由丞相萧何主持,造有东阙、北阙、前殿、武库、太仓等,汉武帝、汉成帝时期又重新加以增饰。《三辅黄图》:"未央宫有宣室、麒麟、金华、承明、武台、钩弋等殿。又有殿阁三十二,有寿成、万岁、广明、椒房、清凉、永延、玉堂、寿安、平就、宣德、东明、飞雨、凤凰、通光、曲台、白虎等殿。"未央宫的规模很大,据考古实测其周垣长达 8800 米,为包括朝寝及官署、官厩、作坊、仓廪、府库以及禁苑在内的宫城。

据史书记载,未央宫中有园池、园圃、兽圈等游憩设施。《西京杂记》记载未央宫中有"台殿四十三所,其三十二所在外,十一所在后宫。池十三,山六,池一、山二亦在后宫。门闼凡九十五。"《长安志》引《关中记》:"有台三十二,池十二,土山四,宫殿门八十一,掖门十四。"未央宫中最著名的一处水体为沧池,处未央宫西南部,水引自昆明池,由"飞渠"跨越章城门进入未央宫沧池。《三辅黄图》:"未央宫有沧池,池中有渐台",沧池的规模未见史书记载,池中的渐台高达十丈(约 23 米),由此推测沧池的规模很大。除沧池外,掖庭中也有水池。当时掖庭有丹景台,临池观③等游观建筑。史书记载未央宫中有土山十余处,其中钩盾令署庭有一处,除去土山外宫中还有"弄田"。《三辅黄图》记宫中观赏动物及斗兽之地:"汉兽圈九,彘圈一,在未央宫中,文帝问上林尉,及冯媛当熊,皆此处。兽圈上有楼观。"另外,未央宫中还有果台、东西山二台等,可见未央宫中可供游观的内容相当丰富。

建章宫

建章宫始建于汉武帝太初元年(公元前 104 年),位于上林苑中,自建章宫中有阁道越城墙与未央宫及桂宫相连。建章宫规模宏大,"中有骀荡、驳婆、枍诣、天梁、奇宝、鼓簧等宫。又有玉堂、神明堂、疏圃、鸣銮、奇华、铜柱、函德二十六殿,太液池、唐中池"④,有"千门万户"之称。建章宫中宫观阁道连属,整个宫城划分为若干宫庭,其中莳花植术、挖池堆山形成庭园,或豢养

---

① 引自《元和郡县图志》。
② 见《汉书》、《三辅黄图》。
③ 见《西京杂记》。
④ 引自《三辅黄图》。

有禽兽。枌诣宫中美木茂盛，驳荡宫以春景见长，奇华殿中则有兽圈，收养巨象、大雀、狮子、大宛马等珍禽异兽。

建章宫中有多处水池，或造有台观，或栽有水生植物，有的则堆有土山，各具特色。函德殿庭中有铜池，《汉书·宣帝纪》："神爵元年，金芝九茎，产于函德殿铜池中。"以铜作池在汉以前未见记载，建章宫可谓首例。《历代帝王宅京记》："影娥池在建章宫，武帝凿池，以玩月，其旁起望鹄台。"《三辅黄图》："武帝凿池以玩月，其旁起望鹄台以眺月。影入池中，使宫人乘舟弄月影，名影娥池，亦名眺蟾宫。"影娥池"广千尺"可泛舟，池北有鸣禽之苑①。

太液池位于建章宫西北部（图3-8），是能够反映西汉宫宅造园水准的一处代表作，以摹仿仙境著称。太液池周回十顷，南引昆明池水注之。《关辅记》："建章宫北有池，以象北海，刻石为鲸，长三丈。"《汉书》："建章宫北治大池，名曰太液池，中起三山，以象瀛洲、蓬莱、方丈，刻金石为鱼龙、奇禽、异兽之属。"北海在战国秦汉时是传说中神仙居处②，开太液池以象北海，并且刻有石鲸鱼、石龟强化对海景的象征（图3-9）。

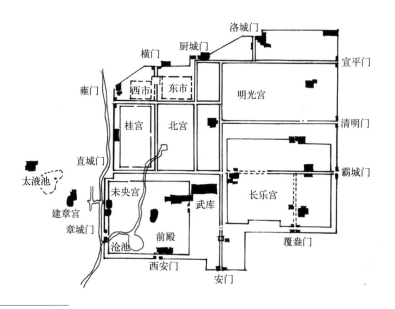

图3-8 西汉长安及建章宫示意

---

① 引自《洞冥记》。

② 《三辅黄图·本注》中有对于北海三山的详细描述："瀛洲，一名魂洲。有树名影木，月中视之如列星，万岁一实，食之轻骨。上有枝叶如华盖，群仙以避风雨。有金峦之观，饰以环玉，直上于云中。有青瑶瓦，覆之以云纨之素，刻碧玉为倒龙之状，悬火精为日，刻黑玉为鸟，以水精为月，青瑶为蟾兔。于地下为机戾，以测昏明，不亏弦望。有香风泠然而至。有草名芸苗，状如菖蒲，食叶则醉，食根则醒。有鸟如凤，身绀翼丹，名曰藏珠。每鸣翔而吐珠累斛，仙人以珠饰仙裳，盖轻而耀于日月也。蓬莱山，亦名防丘，亦名云来，高二万里，广七万里。水浅。有细石如金玉，得之不加陶冶，自然光净，仙者服之。东有郁夷国。时有金雾，诸仙说北上常浮转低印，有如山上架楼室。向明以开户牖，及雾歇灭，户皆向北。有浮云之干，叶青茎紫，子大如珠，有青鸾集其上。下有砂砾，细如粉，柔风至，叶条翻起，拂细砂如云雾，仙者来观而戏焉。风吹竹叶，声如钟磬。方丈之山，一名峦维东方龙场，方千里，瑶玉为林，云色皆紫。上有通霞台，西王母常游于其上，常有鸾凤鼓舞，如琴瑟和鸣。三山统名昆丘，亦曰神山，上有不死之药，食之轻举"。

图3-9 建章宫太液池之
石鱼

传说中的"蓬莱"、"方丈"两山之上各有台观,建章宫太液池中则有"渐台"与"避风台"。至今日太液池遗址中仍存有二土山,上有残砖断瓦与建筑之痕迹[①]。

三山多海滩景象,太液池中均有摹仿。《西京杂记》:"太液池边皆是雕胡、紫箨、绿节之类。菰之有米者,长安人谓为雕胡。葭芦之未解叶者,谓之紫箨。菰之有首者,谓之绿节。其间凫雏雁子,布满充积。又多紫龟绿龟;池边多平沙,沙上鹅胡、鹧鸪、鸡鹍、鸿鹔,动辄成群。"班固的《两都赋》对太液池景象也有如下描述"前唐中而后太液,揽沧海之扬扬,扬波涛于碣石,激神岳之,滥瀛洲与方壶,蓬莱起于中央。于是灵草冬荣,神木丛生,岩峻崔嵬,垂石峥嵘。"太液池之景象完全是围绕"仙境"展开。

《三辅黄图》:"唐中池,周回二十里,在建章宫太液池之南。"唐中池位于太液池南,建章宫正殿西侧,面积很大。

梁孝王兔园

梁孝王刘武在其藩国睢阳城（今河南商丘市南）中广造宫室园池。睢阳城中东北部的平台里为汉时梁孝王的离宫所在,即曜华宫,其中筑有兔园,颇具规模。《三辅黄图》:"作曜华宫,筑兔园。园中有百灵山,有肤寸石、落猿岩、栖龙岫;又有雁池,池间有鹤洲、凫渚。其诸宫观相连,廷亘数十里,奇果异树,珍禽怪兽皆有。王日与宫人宾客弋钓其中。"刘武的兔园遗址在北魏时尚存。

梁孝王刘武的兔园营造于汉初文帝时期,因年代久远,其中的景物散见于诸史料之中的称谓稍有差异,《太平御览》引《图经》:"梁王有修竹园,园中有竹木,天下之选,集诸方游士各为赋,故馆有邹枚之号。只有雁鹜池,周回四里。亦梁王所筑,又有清冷池,池有钓台,谓之清冷台。"所谓"雁鹜池"即"雁池"。雁池周回四里,池中有鹤洲、凫渚,池畔有钓台、清凉台。园中有百灵山,山有肤寸石、落猿岩、栖龙岫,所谓百灵山大概指山上有石雕动物

---

① 西汉建章宫太液池遗址,今为西安市未央区太液池苗圃,池址四周低洼,中部突起,有两座土山。石鱼出土于太液池址西北侧;1992年该苗圃在太液池遗址上新建温室,在挖掘基槽过程中,发现地下有大量的细沙,沙层厚达1米,史料记载属实。

形象。于土山之上散置象形石雕在秦西汉之际相当流行，"落猿岩"、"栖龙岫"也属此类。园中还设有兽圈，养有"珍禽怪兽"，又栽有竹子及"奇果异树"。兔园的构成与同时期的皇宫禁苑是相同的，只是规模略小而已。

梁孝王是汉初藩王中最具实力的一位，其门下集聚了一大批文人，有"梁客皆善辞赋"之说，著名者有枚乘、邹阳、司马相如、严忌等人。梁孝王集诸方游士于园林之中，各自为赋，文人的审美情趣对于梁孝王造园有一定的影响，从兔园中景物的题名也可看出大概。

袁广汉园

《西京杂记》："茂陵富人袁广汉，藏镪巨万，家僮八九百人，于北邙山下筑园，东西四里，南北五里，激流水注其内，构石为山，高十余丈，连延数里。养白鹦鹉、紫鸳鸯、牦牛、青兕，奇禽异兽，委积其间。积沙为洲屿，激水为波涛，致江鸥海鹤孕雏产鷇，延漫林池；奇树异草，靡不培植。屋皆徘徊连属，重阁修廊，行之移晷不能遍也。"袁广汉是西汉中晚期人，茂陵在今陕西兴平，北邙山在兴平市北二十里。袁广汉园规模较大，其布局及景观构成与梁孝玉的兔园颇为相似。

园中有水池，所谓"激水"为筑坝逐级抬高水位，将水由低处输往高处，表明袁广汉的园址地势较高，以人工开渠引水灌注园池。池中"积沙为洲屿，激水为波涛"，有水禽于沙洲之上栖息，产卵孕雏，景象十分自然。园中养有奇禽异兽，诸如牦牛、青兕都是汉时苑囿之中常见的观赏动物。另外栽植有"奇树异草"，这是秦汉时期造园所共有的一个特征，具有浓厚的猎奇色彩。园中假山体量很大（30米左右），在当时的技术条件下，像这样的高度应是以土堆山，于土山之上散点石块，而非纯粹的石山。园林中建筑物的比重也很大，"屋皆徘徊连属，重阁修廊，行之移晷不能遍也。"

综上，西汉中晚期的宅园与西汉初期（如梁孝玉的兔园）在造园风格上基本相同。

南越国宫署御苑

西汉南越国宫署御苑是目前我国发现年代最早的宫苑遗址实例，遗址里有石砌大型仰斗状水池、鼋室、石渠、平桥与水井、砖石走道等，虽然宫苑遗址仅为整个南越国宫署的一小部分，但也可看出当时造园的状况（图3-10）。

仰斗状大型石砌水池，面积约4000平方米，外观近似方形，池壁呈斜坡形，坡长11米，坡斜约15度，壁面用砂岩石板作冰裂纹密缝铺砌，做工考究，在池壁斜坡铺石上，发现有"蕃"、"眈"等秦隶刻字。池底平整，用碎石和河卵石平铺，池水深约2米。池中还发掘出巨型叠石方柱、八棱石柱、石栏杆、石门楣、铁门枢、铁斧、铁凿等，附近还挖掘出不少绳纹带"公"、"官"字戳印的板瓦、筒瓦和"万岁"瓦当，估计水池中间建有宫殿建筑物。

方形水池南面的铺石斜壁之下，埋有方形的导水木槽，是用来引导池水流

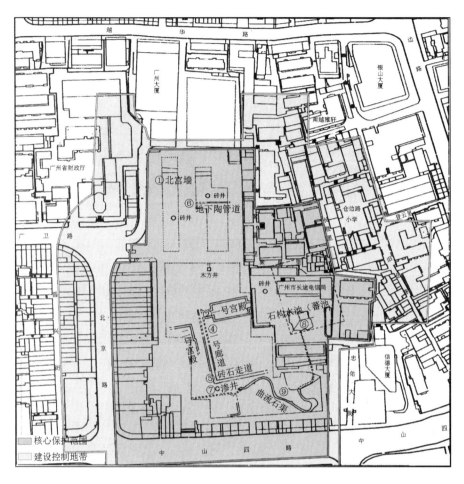

图 3-10 南越国宫署遗址重要遗迹图
（引自越宫文《南越国宫署遗址：岭南两千年中心地》）

入南面的石砌曲渠而专设的一条暗槽。目前所发掘石砌曲渠有 150 米长，渠体两边用石块砌壁，稍向外斜，截面呈梯形状，高度约为 0.63 米，渠的口宽 1.34 至 1.40 米，底宽 1.3 米，渠底用石板铺砌成冰裂纹状，上面密排着灰黑色的河卵石，其间还有黄白色的大型卵石疏落点布（图 3-11）。

位于石渠的东端设有弯月形水池，其南北向宽 7.9 米，弯月形水池上下两端与石渠相连，池的东西侧用石砌壁，池壁残高 1.17 米，底铺石板，中间用直竖的大石板将池分隔成三段，大石板高 1.9 米，水池上部已毁，从结构分析来看，上部原来应有构筑物。在弯月形水池池底的淤积土内，有叠压成层的过百个龟鳖遗骸，其中有一大鳖的残背甲横宽 44 厘米，因此推断水池上的构筑物应是一座呈弯月形的石构鼋室（图 3-12）。除弯月形水池外，整条石渠的底部也发现有少量的龟鳖残骸。150 米长的石渠上还设有三个"斜口"和二个"渠陂"，考古认为这个"斜口"可能是方便龟鳖从渠中爬行进出活动而特设的（图 3-13）。"渠陂"则由二块弧形石板合并成拱桥形状，横卧于渠底，两渠陂相隔 32.8 米，用于阻水和限水，使流水通过时涌出浪波[1]（图 3-14、图 3-15）。

① 见越宫文《广州发现南越王的御花园——南越国御苑遗址发掘记述》《广东文物》1998 年第一期.

图 3-11 南越国宫署御花园遗址园林石曲渠（引自越宫文《广州发现南越王的御花园——南越国御苑遗址发掘记述》）

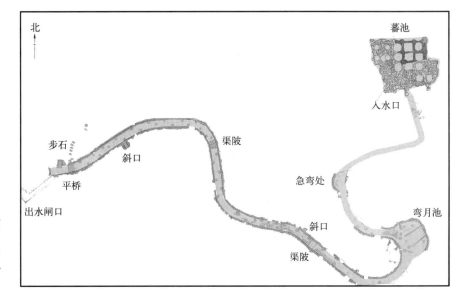

图 3-12 曲流石渠平面示意（引自越宫文《南越国宫署遗址：岭南两千年中心地》）

图 3-13 南越国宫署御花园遗址园林石构鼋室（引自越宫文《广州发现南越王的御花园——南越国御苑遗址发掘记述》）

图 3-14　南越国宫署御花园遗址园林水渠斜口（左）
图 3-15　南越国宫署御花园遗址园林水渠渠坡（引自越宫文《广州发现南越王的御花园——南越国御苑遗址发掘记述》）（右）

　　石渠的西端有石板平桥，桥的两边原来都应铺有步石，现步石仅在北边还尚存一段，共9块，弯曲排开，两步石的间距为0.6米，步石小道通往北面南越国宫署的砖石走道，遗址上的砖石走道长约20米，走道中间平铺灰白色砂岩石板两行，两侧砌有大型印花砖夹边。砖面印有几何印纹图案，全为菱形纹，菱纹为横五竖九，可能寓意"九五之尊（砖）"，粤语中"尊"与"砖"同音，"砖石建道是属于赵佗称帝之后营建的大型宫室的一个附属部分"[①]。南越国第二代主赵眜的陵墓中，出土的三个印纹陶瓮和一件陶鼎都印有"长乐宫器"四字的方形戳印，估计砖石走道是御花园通往长乐宫的主要通道之一。汉武帝元鼎六年（公元前111年）灭南越，汉兵"纵火烧城"，南越国宫署及其御花园也被烧毁。

3.3.3　邑郊理景

灞浐二水之滨

　　西汉时期，灞、浐二水之滨是长安城的公共游憩之地。每逢上巳之日，人们纷纷走出长安城，来到城东的灞浐之滨，祓除不祥，连皇帝也不例外，"张乐于流水"之滨。

琅琊台

　　琅琊台在今山东省胶南市夏河城东南的琅琊山上，濒临黄河，下有港湾。春秋末，越王勾践曾徙都琅琊，并于山上建有观台。公元前219年，秦始皇东游登琅琊山，建琅琊台。《括地志》："琅琊山在密州诸城县东南百四十里。始皇立层台于山上，谓之琅琊台，孤立众山之上。"台于琅琊山顶之上，可眺望海景；琅琊山在当时被称为"四时之主……琅琊在齐东方，岁之所始"，由此推测建琅琊台于山顶还有观日出、为四时先之意。据《史记·秦始皇本纪》记载，

---

①　广州市文物管理处等，《广州秦汉造船工场遗址试掘》，《文物》1977年第4期。

秦始皇非常喜爱琅琊的风景，为了便于常来此游观，专门移民三万户于琅琊台，大约专为他游幸提供服务及日常离宫之看护，与同期"陵邑"的作用大抵相仿，就此而言，琅琊山下这三万户的邑聚堪称有史记载最早的"旅游城镇"。

碣石宫

碣石宫背山面海，可观海景，在今河北昌黎县城北碣石山上。碣石山距渤海十五公里，主峰仙台海拔近七百米，为观海胜地。

挟荔宫

挟荔宫建造在一处高起的丘陵地段，东临黄河、湨水，西依梁山，背山面水，环境优美。挟荔宫遗址东西约200米，南北300米，出土有云纹及"宫"、"船室"、"夏阳挟荔宫令辟，与天地无极"等字样的文字瓦当及砖等。这一处离宫的规模较小，其中"船室"当系游观类建筑。

3.4 时代特征

3.4.1 思想观念

秦西汉时期，巡游封禅的盛行加之神仙传说的影响使山水风景进入时人的视野，摹拟自然堆山理水也逐渐成为造园的一种发展趋势。儒道两家都以"比德"的方式审视自然，也对摹仿自然山水营造园林起到推波助澜的作用。山水成为苑囿宫宅之中的点缀，成为中国古代造园的重要组成部分。

3.4.2 审美方式

随着封建专制政权的建立，财富与权力高度集中，滋长了人君浮侈好大的心态，崇尚恢宏博大成为秦汉造园的时代性审美倾向。秦始皇扩建阿房宫"规恢三百余里，离宫别馆，弥山跨谷，辇道相属，阁道通骊山八十余里。表南山之巅为阙，络樊川以为池。"以终南山巅作为门阙，将樊川纳入宫苑之中以为池，这种超常的空间尺度所反映的正是时人尚大的心态。班固的《两都赋》描述汉时的苑囿："前乘秦岭，后越九嵏，东薄河华，西涉岐雍，宫馆所历，百有余区。"这几乎是重复了秦时苑囿的范围。

人们的审美视野得到进一步拓展与充实。西汉时期，汉武帝的文学侍从们以大量的笔墨描写自然山水，司马相如的《子虚赋》描写云梦地区："其山则盘纡茀郁，隆崇崒崒；岑崟参差，日月蔽亏；交错纠纷，上干青云；罢池陂陀，下属江河。其土则丹青赭垩，雌黄白坿，锡碧金银，众色炫耀，照烂龙鳞。其石则赤玉玫瑰……"山水树石无不一一道来，力陈自然之美。辞赋家以夸张的手法描述自然景观，能够激发人们对自然山水的向往，甚至唐代诗人李白就是因为读了司马相如的《子虚赋》后，因慕云梦的自然景色而隐居到湖北安陆，可见文学对推动山水审美具有特殊的效应。

《韩非子·解老》："人希见生象也，而得死象之骨，按其图以想其生也。故请人之所以意想者，皆谓之象也。"韩非子所谓的"象"是依据部分实体而想象出全部，从而"象"也就是实物的反映。"象"同时又有效法之象，《易·系辞》："象也者，象此者也。"这是西汉前先民对于"象"的理解。《淮南子》一书从"形"与"神"的关系上来阐释了这一问题。《原道训》中提出："以神为主者，形从而利"，《说山川》云："画西施之面，美而不可悦，规孟贲之目，大而不可畏，君形者亡焉。"提倡艺术创作要传神、表意。《淮南子》的主张在西汉的艺术作品中，诸如绘画、雕塑、造园等等方面均有不同程度的反映。以园林中的雕塑为例，太液池畔的石鱼不过略呈鱼形的棱状石块，仅有一只眼而无其他细部可言，然而观者一看便知其为鱼；甘泉宫中的石熊，粗拙圆浑，憨态十足；昆明池畔的牛郎、织女像也是如此。这固然与艺术自身的发展阶段性有一定的关联，但更主要的还是根源于这一阶段人们对于"象"的理解。

艺术在发展过程中大都要经历一个"摹仿"阶段，造园也是如此。而造园中象山也好、象海也罢，大抵都是以摹仿"山"与"海"的某些典型特征来实现的，并非从整体到细部的全面摹拟，手法较为稚拙。

3.4.3 营造方法

秦汉的苑囿与宫宅园林均在前朝的基础上有进一步的发展，能较好地利用环境。

秦西汉的苑囿规模宏大，包罗万象；苑中有苑，宫苑结合。苑囿的构成包括离宫台观、礼制建筑、池籞、兽圈、猎场、农田、园圃、作坊、墓葬等，是综合性的生产、生活、游憩区域，在皇家生活中所起的多方面的作用，这是此间苑囿规模宏大的根本缘由。此外，苑囿中田游、演武等主要活动需要有大面积的开阔的自然区域。苑囿又是皇室直属的生产基地，还安置有墓葬等。同时，苑囿规模宏大也与当时崇尚博大的审美有关。

苑囿中供游娱的场所主要是禁苑，即"苑有禁者"，是专供皇帝游憩的场所。以上林苑为例，潘岳的《关中记》："上林苑门十二，中有苑三十六，宫十二，观二十五。"这三十六处"苑中之苑"即为禁苑。禁苑之中人工营造的成分较多，或挖池堆山、或栽种花木、或建筑宫观。苑囿的界限范围只是以竹木绳索结为藩禁，这与宫城夯土筑墙是不同的。"囿游"指"囿之离宫，小苑游观处也。"这正是汉代（包括东汉）苑囿的结构特征。

苑囿之中建筑物的比重相当大，从大型离宫到小型台观，仅上林一苑便有三十六处之多，这是前朝苑囿中不曾有过的。离宫、台观之间有甬道、复道相联系，宫观与苑囿相结合，从而形成了具有秦汉时代特色的、大尺度的山水宫苑。

秦西汉的宫宅园林在继承前朝园圃化这一特征的基础上有了新的发展，山池成为宫廷中的点缀，并且形成了以象征性为特色的表现方法。

宫宅园林之中仍然遗存有前朝的某些特征，譬如，高台建筑、园圃、兽圈、台与池组合等等。但同时又出现了山水结合的新格局，点缀土山水池作为游憩之地，这样的宫苑布局方式在此时具有一定的代表性。因此，秦西汉的宫宅园林处在"池台"组合向着"山水"构成的转化阶段。

这一阶段造园对山水的塑造在很大程度上是基于对象的外部特征之印象、表象，而非具体的形象。前朝的造园活动不曾出现过摹仿某个对象的记载，秦始皇造兰池宫首开其例，人工挖池堆山以象仙山，汉武帝的建章宫太液池使这一做法更加具体化。秦汉的宫庭之中以神仙传说作为题材，塑造"仙境"，给威严、壮观的宫苑注入了轻松浪漫的气息。此间更多的宫宅园林中，挖池堆山并未具体地摹拟某一特定的对象，但从人工山水景象构成的细节看来，的确是在摹拟自然山水，塑造一个合乎目的的形象。

3.4.4 技术手段

堆山叠石

秦西汉的造园堆山遗迹仅西汉建章宫太液池一处，至于人造假山的细节及技法，由于缺乏实物遗存，无从作直接探讨，不过从同时期的陵墓封土可窥见一斑。

《史记·秦始皇本纪》载，秦始皇陵封土堆"树草木以象山"。除去真实的树木外，为了加强"山"的形象，秦始皇陵上还有玉石刻雕的松柏与动物形象，这种象征山林的手法在西汉时运用得更多。霍去病墓的堆山叠石采用象征性手法，以祁连山为"蓝本"，纪念河西走廊大捷，表彰其为汉王朝立下的战功。就形体而言，除山上散置大型石块外（图3-16），霍墓与此间一般土冢相去不远。

图3-16 霍去病墓封土与置石

置石系终南山自然驳落岩石,其中部分石块雕刻有人与动物的形象,围绕着"象祁连山"这一主题体现斗兽、畜牧、山林、战争四方面内容。

与之相应,西汉时期造园堆山已出现了用石的迹象,如梁孝王的兔园、袁广汉园等。董仲舒《春秋繁露·山川颂》:"且积土成山,无损也;成其高,无害也;成其大,无亏也。小其上,泰其下,久长安,后世无有去就,俨然独处,惟山之意。"董仲舒的这一段话是对汉武帝时期"造山"的一个概括。土山缀石一方面是出于摹仿山景的需要,另一方面也反映了这一阶段人们对于山林生克关系的认识,山必有土,石与草木以保持自然山林所固有的和谐。宫中堆筑土山,还与当时流行建筑复道、飞阁有关,于山上构筑台观,复道以跨越城墙,土山在这里又起到"台基"、"登道"的作用。

理水

西汉的造园理水有所发展。《淮南子·本经训》:"凿汗池之深,肆畛崖之远,来溪谷之流,饰曲岸之际。积牒旋石,以纯修碕。抑减怒濑,以扬激波。"因低下之地开挖池陂,上承溪谷之源流,下汇而成深广之池,水渠与水池是这个时期水体的两种基本形式。水中有洲屿、石矶,并养有水禽游鱼。垂钓、泛舟都是园林中常见的游娱项目。

池岸曲折,叠石整饰池堤,王褒的《僮约》中有"垒石薄岸"的记载,扬雄《羽猎赋》中也有"探岩排碕"的描述。从文献中所描述的建章宫太液池、袁广汉园及梁孝王兔园的水景来看,多以"滩景"见长,积沙成洲屿浅滩,据此推知,西汉中期以前石驳岸在园林中尚不多见。

园林建筑

观(或馆,两字在文献中通用)为园林中规模较小的一类建筑物,一般为观赏风景、动物、射猎、游戏的场所。观一般建在高处,以供登高观望。观或为一组独立的建筑,如上林苑中的昆明观、白鹿观、虎圈观,或为宫城的一部分,如射熊观。

"土山渐台"即山与台结合,是这一阶段宫宅园林中常见之景象,未央宫中有"东山台"、"西山台"。西汉时期园林中高台建筑仍旧比较流行,在人工山水境域之间构筑台观,显然没有考虑到由于尺度关系削弱了假山的真实感,这一方面说明当时的造园之中山水还只是宫室建筑环境中的点缀,并没有成为完整的、独立的审美对象,仅具有象征性的意味;另一方面也反映了在造园艺术发展初期,尚未形成明确的表现主题,对于造园诸要素间的比例、尺度的把握都表现得十分稚拙。

植物

西汉时期，随着对外交往以及各地方进贡的增多，植物种类很多。《西京杂记》具体罗列出梨、枣、栗、桃、李、奈、查、椑、白银树、黄银树、槐等九十余种。外来的奇花异木被当作珍宝栽种于宫廷之中，然而由于环境条件与原产地不同的限制，成活率极低，这与人为引种改造植被是两个概念①。

3.5　小结

秦西汉造园是在前朝已有形式与方法基础上的进一步完善，因而在风格上有明显的延续性，诸如苑囿的构成、宫宅园林的格局等，都与之前同类型的园林间有着传承关系。与此同时，秦西汉园林又有很大的发展，其中一个典型的特征即苑囿及宫宅园林都向着山水化的方向转变。这一时期的造园活动已从单纯地罗列动植物等自然素材发展到摹拟自然重组这些素材，这是造园史上一次巨大的转变，而这一转化的彻底实现是在东汉三国时期。

---

① 西汉时期人工引种移植树木已较平常，《淮南子·原道训》："今夫徙树者，失其阴阳之性，则莫不枯槁。"所谓"失其阴阳之性"，也就是指违背了植物固有的生物学特性，则必然导致树木死亡。倘没有大量的实践恐难以得出此结论。

第 4 章

东汉三国

东汉三国时期社会思潮纷繁复杂，谶纬、今文经学、古文经学三足而立，继而社会批判思潮出现，经学走向衰落，佛教传入，道教兴起。意识形态领域的多元化使得期间的造园思想丰富多彩，不同的造园阶层之间也表现出了具有鲜明差异的理想与趣味。

在政治、经济等各方面均享有特权的阶层，以帝王、外戚、权宦为代表，总体上倾向于人造山水的园林空间，铺陈雕琢以表现人巧趣味。与帝王权宦造园迥异其趣，东汉末及三国时期，一部分退隐之士倾心"归田园居"，文人造园崛起。他们反对人为物役，追求自然，充分利用郊野的山川田园，构筑室庐，栽种竹木，开辟场圃，使得生活境域园林化，表现出浓厚的"泛园论"色彩。

大型的宫宅园林与小型的庭园之间，由于空间、环境的不同，因此采取的造园手法及反映的风格也不尽相同，大抵而言，前者多自然意蕴，而后者则多人工智巧，这是东汉造园艺术发展的标志之一。

4.1 时代背景

4.1.1 隐逸思潮的兴起

隐逸思潮产生于东汉三国时期，其与造园紧密相连。隐逸是中国文人文化的一大特色，其兴起源于深刻的政治、经济及宗教背景。

西汉末年，天下大乱，王莽篡位，大批儒士出于对旧主的忠贞不渝，浩然裂冠毁冕而遁迹山林海上。公元25年，光武帝刘秀建立东汉王朝。刘秀为了巩固刘姓政权，大力表彰西汉那些不仕王莽的士大夫，极力宣扬儒生注重名节的品质，激发了部分仕人以隐逸标榜名节之风。东汉前期的隐者大多凭因山穴而居，隐居生活较为简朴，颇有先秦老庄之遗风。

东汉中晚期政治极其黑暗，外戚、宦官相继专权。东汉末灵帝时期，士大夫与太学生奋起反抗，结果导致党锢之祸。在这样的政治背景下，出现了第二次隐逸高潮。东汉中晚期的隐士大多为告退之仕人，他们中多数曾为高官致厚禄，与东汉初期的隐者不同，岩栖穴居对他们来说过于清苦，归田园居，悠然而乐。

三国时期，军阀割据战乱频繁，大批士人开始把目光转向自然，出现了第三次隐逸思潮，与上一次相比，这一阶段的隐居生活比较简朴。

土地制度、田庄经济为隐士的世外桃源生活提供了经济基础。东汉时期，光武帝刘秀放弃了西汉"强干弱枝"的统治政策，采取"怀柔"之策，迁就士族大姓，保证其利益。土地私有化迅速加剧，豪强地主庄园得以迅速发展。刘秀在南阳仍保留有私人田宅，着人经营；灵帝在河间"买田宅，起第观"[①]；封建权宦、贵戚豪强也竞相置田宅。

---

① 见《后汉书·宦者列传·张让传》。

　　宗教也是促成隐逸之风的一大因素。东汉明帝时期佛教传入中国，对当时的社会思想带来了广泛而深刻的影响。差不多同一时期道教也兴起，以河南的嵩山为策源地，逐步扩展到各地名山胜境。佛道二教都有消极避世之意，主张修身养性，要求有清幽寂静的环境以供修行，正合当时社会之风，故而迅速蔓延开来。

4.1.2　神仙传说与造园

　　秦皇、汉武于宫苑之中摹拟仙境以求招徕神仙之属未果，这并未使东汉三国的统治阶级为之醒悟，反而愈演愈烈。从这一时期的有关文字材料及画像砖、石来看，壁绘仙灵、昆仑升仙、东王公西王母之类是东汉三国阳宅、阴宅的主要装饰题材之一。东汉初期，神权与政权合流，谶纬神学由于受到统治者的推崇而得以发展，致使儒士文化沉溺于虚妄的审美氛围之中。顺帝时杂黄老之术与神仙思想、阴阳五行而成道教。

　　东汉三国的神仙之说有以下两个特点，其一，神仙的队伍在扩大，前朝的名流也被时人加入神仙的行列。于是现世的人避开尘嚣，选择静谧的山林隐居、修炼成仙更为可信；其二，将神仙与现实的山川结合起来。五岳成了西王母等众神仙的离宫，于是出现了洞天福地之说，这些传说广泛见诸当时的文学作品中。神仙与人的距离大大缩小，时人的目光也就很自然地从虚无缥缈的海市蜃楼转向现实山水。神仙走出虚幻的境界而进入现实的山林反映了东汉三国时期人们对于美好生活的憧憬，亦激发了时人向往自然、游览山水的热情。

4.1.3　外来文化的涌入

　　西汉张骞通西域，开始与西方有了文化交流。西汉末东汉初，东西方交往一度中断，汉明帝时期，朝廷派班超出使西域，中断六十余年的新疆南道又复畅通。东西方交流加深了时人对西域各国人文地理的了解，西方带有传说色彩的神仙幻想也就随之破灭。在输出文化的同时，西方的物产如葡萄、石榴、胡桃、苜蓿等等被引入中国。西亚及欧洲的文化艺术也传入中国，西方的魔术节目也广为东汉宫廷及社会上层所喜爱，外来文化的涌入更助长了当时社会的猎奇之风。

4.2　造园活动

4.2.1　都城理水与造园

　　东汉三国时期，城市给排水系统进一步完善。都城具有大规模的水库，城中河渠过街穿巷，绿荫匝地；各都城的干支水渠之上又分布有若干苑囿园池。城市供水体系由沟渠及蓄水池所组成，皇室、豪门大户可以将城市水渠引入宫宅，这样既方便日常使用，又利于消防。宫廷及权宦贵戚的私家宅邸中通常开有水池，并因池水而布置建筑、雕塑，点缀花木而成为游憩之处。

洛阳

洛阳地处黄河与洛水之间，东汉建都之初便着手解决城市供水问题以及与洛水、黄河间的水运联系。东汉建武五年（公元29年）河南尹王梁曾穿渠引谷水注洛阳城但未成功；十八年后张纯改引洛水通漕，称阳渠，成功改引洛水进洛阳。洛阳城内外的大小园池均受惠于这条人工渠。渠水东出洛阳城之后还有一系列的池沼，在城外二十里处有鸿池陂，是洛阳下游的一座水库。

三国时期，魏明帝（曹丕）于建安二十五年（220年）迁都洛阳，重新修造宫室园池，进一步调整完善洛阳的水系。重修谷水上的旧堰，名"千金堨"。青龙三年（235年）大修宫殿时，引谷水过九龙殿，殿前作九龙池；同年引谷水自夏门东入华林园注天渊池，园中另有九江[1]；水出华林园又东入洛阳之南池（即狄泉，又称苍龙海），南池在宫城之北，濯龙池东；在洛阳城西北角增建金塘城为避暑之地，在城中开绿水池；重新整修洛阳城的沟渠，同时注重水系的景观效果。曹魏时期，洛阳有许多明渠被改成地下暗渠，条石垒砌，工程相当考究，至北魏年间重修时，石砌沟渠、涵洞仍很规整。

邺城

邺城位于漳水东畔，其南有洹水。曹操都邺，引漳水过十二座滚水坝，并在邺城西开凿玄武池，作为蓄水库。漳水入城时设有水门，并装有拦污铁栅，进城以后的水渠称长明沟。该渠流经皇家禁苑铜雀园，并由此向东横贯全城。《水经注·浊漳水》引魏武《登台赋》："引长明，灌街里。"清澈的渠水穿街过巷，石桥飞渡，保证了城市生活用水，美化了城市环境。

建邺

建邺地处江南，水网纵横，得天独厚。南有秦淮，西北有长江，宫城以北有后湖（玄武湖）。孙吴赤乌三年（240年）于旧秦淮河以北引秦淮河水新辟一条人工运河，称运渎。赤乌四年修筑青溪，为一条天然河道，下蓄前湖，经由西行南折而入秦淮河，城北有金川河沟通长江与后湖。建邺城内用水、交通都十分便利。左思的《吴都赋》："朱阙双立，驰道如砥。树以青槐，亘以绿水，玄荫眈眈，清流亹亹"，滨河道路绿树成荫，青槐绿水相映，景观颇具江南水乡之特色。

4.2.2　苑囿

东汉三国时期，苑囿的功能与前朝相仿，或作为演武之地，或作为田猎的场所，亦可供游观之用。

---

[1]　来自《水经注·榖水》。

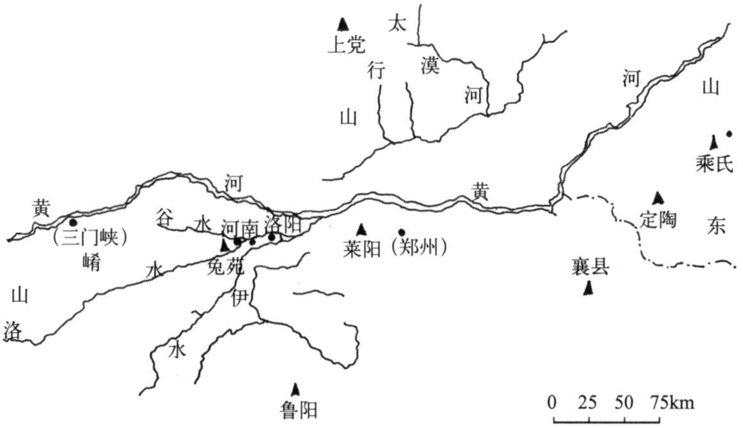

图4-1　梁冀的食邑及苑囿分布

班固在《两都赋》中描述了东汉时期都城洛阳的宫、苑状况："皇城之内，宫室光明，阙庭神丽；都城之外，因原野以作苑，顺流泉而为沼。"见诸文献记载，洛阳的皇家苑囿有上林苑、广成苑、西苑、光风园、平乐苑、鸿池苑、显阳苑、罼圭灵昆苑。由于皇室狩猎活动减少，上林苑规模减小，其他苑囿的规模也都相当有限。光风园于洛阳城东北，园中栽植由西方引进的苜蓿。鸿池苑依鸿池陂而设，鸿池陂为洛阳下游的水库，鸿池苑位于洛阳东郊，以天然水景见长。

东汉中后期，商人、官僚、贵族侵占山林川泽现象较为普遍。大将军梁冀在中国造园史上是一个很特殊的人物，其所起私家苑囿分布之广、数量之多可谓空前绝后（图4-1）。《后汉纪》："又多规苑囿，西到弘农，东到荥阳，南及鲁阳，北径河渠，周旋千里，诸有山薮丘麓，皆树旗大题云'民不得犯'。又起（兔）苑于（河）南城西，缭绕数十里，大兴楼观，发属县卒从，缮治数年乃成。移檄发生兔，刻其毛以为识，把者罪至死。又发鹰犬于边郡，部民护送驱羊，传厨其食，募人求名马至数千匹。"兔苑是梁冀的私家养殖场，他还在黄河中原流域方圆千里的范围内大量占有山林泽薮及荒原作为私家游猎之苑。

三国时期，曹操于邺城西郊设玄武苑。玄武苑以玄武池为中心，是一座以水景见长的大型园林[①]。

4.2.3　宫宅园林

东汉三国时期的宫宅园林依据规模及内容差异，大致可划分为大型宫宅园林与庭园两类。

大型宫宅园林

大型宫宅园林一般为帝王及少数外戚、权宦所有。典型者如东汉洛阳北宫西角的濯龙园、掖庭西侧的西园、大将军梁冀的宅园。三国时期，有邺城文昌

---

① 《三国志·魏太祖本纪》："汉建安十三年春正月，作玄武池以肄舟师"。可知玄武池的规模不小，为曹操训练水军之地。

宫西的铜雀园、建邺太初宫西面的西苑、显明宫东北的建平园、洛阳的华林园等。

东汉建国初期，统治者大多反对浮华、奢侈之风，造园活动始终处于低潮。仅有汉顺帝于阳嘉三年（134年）在北宫掖庭西侧营造了西园，与宫城以北的濯龙园共同作为洛阳城的两大禁苑。

东汉中期，外戚、宦官交替掌权，私家造园日盛。汉安帝为其乳母王圣造第宅，王宅位于洛阳城西南的津城门内，合两坊为一宅，连里竟街，雕修装饰穷极技巧。宦官樊丰、周汲、谢恽等一批侍臣伪造诏书，调国库钱财各起家舍、园池、庐观，役费无数[①]。大将军梁冀在洛阳城内的甲第，合两坊为一宅，洛阳城西还有他的一处别墅，这两处宅第均附有园林。继梁冀之后，宦官侯览因参与诛梁有功而晋封高乡侯，他得势后建宅邸"十有六区，皆有高楼池苑，堂阁相望"。宦官单超、徐璜等人也大兴宅邸楼观。

东汉后期统治阶级日益追求享乐，桓、灵二帝时造园活动达到高潮。汉桓帝在位期间主要修缮并增建了濯龙园，于园中建造了濯龙宫。由于桓帝信奉佛、道二教，故于园中设浮图供佛，又设道观以祀老子[②]。汉灵帝奢侈荒淫较桓帝有过之而无不及，在位期间对宫室禁苑增建不已。先后修建了西园万金堂，南宫玉堂等殿，又造裸游馆、开凿流香渠于西园，令宫女扮商贾，自扮商人饮酒为乐，世俗的市井生活场景被引入造园。灵帝还在其藩邸故国河间建造解渎馆。宦官、皇族竞相仿效，各起第宅，楼观壮丽，拟制宫室[③]。

三国时期，魏蜀吴争战不休，然而统治者对造园的热情却未减，其中尤以曹魏的造园活动最为频繁。洛阳城中的园林主要有两处，一为就东汉濯龙园遗址改建而成的华林园，魏明帝时期在园中挖掘天渊池，堆筑景阳山。另一处为西游园，是在东汉西园基础上改建而成的宫苑，其中有曲池、陵云台等景物。孙吴建邺城的园林也有两处，其一为太初宫以西的西苑。另一处为太初宫东北的建平园，又称苑城，规模较大。关于蜀汉成都园林的描述史书多略而不详，无从进一步了解。

庭园

东汉三国时期，达官显贵、工商巨贾们的庭园生活相当丰富，歌舞、游观在社会中上层成为一种时尚，推动着东汉的第宅园林布局结构向着庭园化的方向转变。

仲长统描述当时的大户宅邸的规模："豪人之室，连栋数百，子孙连车列骑"，可见规模一般都很大。四川德阳的画像砖上刻画了贵族府邸：正门高大，两侧设有小门，院内有高大的厅堂，树木葱茏（图4-2）。成都画像砖所示贵族住宅的基本格局为：有一条或两条轴线，通常主轴线上有门、堂，为住宅的

---

① 引自《后汉书·杨震列传》。

② 出自《东观汉纪·威宗孝桓皇帝》及《后汉书·孝桓帝纪》。

③ 袁宏《后汉纪》载，宦官的楼观十分壮丽，以致惧怕皇帝（灵帝）登高发现，而使左右谏皇上："天子不当登高，登高则百姓虚"，从此灵帝便不再登临楼观。

图 4-2 四川德阳画像砖
上贵族宅邸

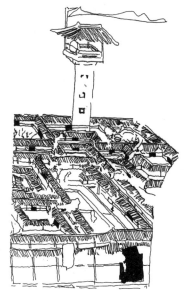

图 4-3 成都画像砖上的
庭园（左）
图 4-4 河北安平东汉墓
壁画上的庭园（右）

主要部分。门阙高大，有栅栏门。前庭东、西、北三面回廊。过中门，进入后院，轴线上的厅堂一般为面阔三间的悬山式屋顶，抬梁式结构。东西两侧为回廊。辅轴线上院落也分作前后两进，各以回廊环绕。前院较小，有厨房、水井以及奴婢的住处，后院有一高楼（图 4-3）。河北安平出土的一座东汉熹平五年（176 年）的墓葬，其中壁画上所绘庭园空间曲折，园中花叶扶疏，后部有一高楼，上悬一面大鼓，庑殿顶四面开敞，为望楼（图 4-4）。

图 4-5 郑州画像砖上的
庭园

　　郑州出土的画像砖上对于贵族庭园的描绘更为完整：有高墙长廊，左侧有门阙、楼阁，前立一门吏。庭园分前后两进，中门左侧有高墙分隔，后院有厅堂。园内树木葱郁，凤鸟飞翔。另一块空心砖上也刻有相似的场面，整个庭园用墙廊划分为三个部分，门阙之外有树木、凤鸟，门内有楼，后有厅堂。郑州南关汉墓出土的一块空心砖画像所示大宅，前院绕有围墙，右侧建有双阙，面对大道。院墙内外均植有整齐的树木，中门为一重檐庑殿顶。门内为一楼房，雕梁画栋，院内也盛植树木（图 4-5）。

就庭园的构成而言，有"水院"与"楼院"两类。水池在宅邸中的位置比较灵活，并无一定格局。如山东诸城出土的画像石上绘有一大户宅院，分为四进。第二进庭院之中，有一略呈葫芦状的长方形水池，其中有人撑船，池岸曲折自然（图4-6）。而四川出土的一庭园画像砖上，廊庑围合成一水院，院中左边为一眼水井，右边为一长方形水池，池中有荷花、游鱼。可见水池在当时的市井生活中占有重要的地位。

以楼阁为中心的庭园，广泛见诸东汉时期的壁画、明器与画像砖石。从明器、画像砖石上看，楼阁或于轴线后部，或于轴线一侧自成一院。园林中的楼最早出现于西汉，当时方士鼓吹"仙人好楼居"，从而汉武帝造井干楼作为迎候神仙的场所。东汉三国时期神仙之说仍旧盛行，但楼已由求仙的手段转变为供帝王权贵体验"仙居"的一种世俗化的游观建筑形式。

三国时期，建筑楼阁更加普遍。影响最大的一组楼观建筑当数邺城"三台"，其中铜雀台修造最早，次为金虎台，再次为冰井台，建造于邺城西北隅的城墙之上。铜雀台高十丈，有屋百间，金虎台高八丈，有屋一百四十余间，冰井台高八丈，上有冰室，室内有井数口，井深十五丈，内藏木材及石炭，又设有粟窖、盐窖。三台之间用浮桥式的阁道相互联系高耸城墙之上。西有玄武苑，东为铜雀园，西向远处有山峦（即西山），建三台于邺城西北当与周边景观有很大的关系。

4.2.4 庄园

东汉三国的士人置身于仕林宦海，同时又经营农业，亦官亦商。对于一部分隐士来说，"隐"为其表，"逸"为其实，典型者如冯衍、张衡、仲长统、王符、郑玄等人。他们不满于仕途之际便退居田园，或著书立说，或教授门生，规划田庄，列布山水，真正开文人造园之先河。

"隐逸"一词颇能说明士大夫的隐居观念。东汉隐逸之士在庄园经济的基础上，提出了"归田园居"的构想，既不失物质享受，又可以造就一个与世隔绝的天地，以娱乐个人性情[①]。庄园就是解决矛盾的一个"调和物"。

---

① 中唐白居易所标榜的"中隐"，以及明代王世贞所提倡的"园居"说都是根源于东汉的隐逸思想。

冯衍是东汉初的一位隐者,先后在新莽、更始、光武三朝做官。他所著的《显志赋》弥漫着老庄之意,他所设想的隐居环境相当清寂雅致。枳木为篱,惠若为室,庭中播种兰草,宅旁长有杜衡。没有豪华的雕镂装饰,也没有人工造作之景物,一切都有如农家宅院一般简朴、自然,这是与市井园林所不同的造园审美情趣。

张衡是东汉中期科学家、思想家,是这一时期开隐逸之风的代表人物。他的《归田赋》中进一步发挥了"就薮泽,处闲旷"的道家精神,"蓬庐"、"弹弦"、"图书"、"山泽",纵心于物外,从而实现人之自然。与张衡同时的马融也是一位"达生任性"的儒者,好与"隐遁山谷"之士交往,企慕玄远,兼融儒道,他的《长笛赋》也反映了这一时期的文人心态。

在众多的隐者中,以仲长统对隐逸生活的构想最为具体。"蹰躇畦苑,游戏平林,濯清水,追凉风,钓游鲤,弋高鸿,讽于舞雩之下,咏归高堂之上。安神闺房,思老氏之玄虚;呼吸精和,求至人之仿佛。与达者数子,论道讲书,俯仰二仪,错综人物。弹《南风》之雅操,发清商之妙曲。消摇一世之上,睥睨天地之间"[1]。"畦苑"、"平林"、"清水"、"高堂"均为一般地主庄园中常见之景象,在仲长统看来这些都是可以娱乐心智的景物。文人园实际上就是园林化的庄园,是可居可游的生活空间。仲氏的庄园以广宅为中心,前有场圃、溪流,后有高山果园,周有沟池、竹木,构成的景象俨然一处世外桃源。东晋陶渊明所谓的"方宅十余亩,草屋八九间。榆柳荫后檐,桃李罗堂前",与仲长统的庄园构想实乃一脉相承。

关于东汉庄园的形态特征,和林格尔的东汉墓壁画上有生动的描绘(图4-7)。

图4-7 和林格尔东汉墓壁画中的庄园

---

[1] 引自《后汉书·仲长统传》录《乐志论》。

曹魏时的名士嵇康在《养生论》中提出对生活的构想，诗中对理想生活环境描述的内容有"灵岳"（山）、"兰池"（水）、"春木"（树木）、"谷风"（田园），实际上仍然是归隐田园之理想化。嵇康是竹林七贤之一，"竹林"也就是其在山阳（今江苏淮安）县城郊的一处别墅。当时山阳的吕昌安与嵇康友善，吕氏在山阳也有一处别墅。可见此间名士并非有如先秦的隐者遁迹山林岩穴，而是如仲长统一样，以庄园为隐逸的场所。

文人园的出现既有历史渊源的成因，更有这一时代之创意。文人造园活动实则已超出狭义的生存游憩空间，而是将园林作为世外的唯我社会加以经营，也就是两晋以降文人造园家们所标榜的"壶中天地"。

4.2.5 邑郊理景

三月上巳祓禊是一项传统的民俗活动，自战国至东汉屡见不鲜。东汉初年，文士杜笃有《祓禊赋》描写洛阳人们于伊洛二水踏青春游，以祓除不祥，从杜赋的描述来看与西汉时期并无不同。邺城的祓禊之地在薄落津（漳水的支流），《水经注·浊漳水》："漳水又历经县故城西。水有故津，谓之薄落津。昔袁（绍）本初还自易京，上巳届此，率其宾从，禊饮于斯津矣。"《后汉书·袁绍传》中也有类似的记载。三国时期，由于文人审美情趣的影响，祓禊与饮酒、赋诗结合起来，而转变成为一种风雅时尚。流觞赋诗，命题共作，由于受到曹魏文人统治集团的推崇，很快于社会上普及开来。

4.3 造园案例

4.3.1 苑囿

广成苑

广成苑是东汉时期的一处猎苑，为光武帝刘秀所建，位于洛阳西郊。《东都赋》："皇城之内，宫室光明，阙庭神丽；都城之外，因原野以作苑，顺流泉而为沼。"这里的苑即广成苑。苑中人工建造的有昭明之台、高光之榭、宏池、瑶台、金堤之属，宫室周围还"树以蒲柳、被以绿莎"。汉安帝时期，马融著《广成颂》盛赞广成苑为天然猎场，讽谏安帝重兴田猎之仪。

梁冀兔苑

梁冀在洛阳城西经营有兔苑，为私人养殖场。这一带山水相映，植被良好，适宜行猎，及至唐代还是皇家的田猎场所。兔苑距洛阳不过三十里，取牲、游娱都十分方便。梁冀在苑中大兴土木，修造楼观，历时数年。

4.3.2 宫宅园林

西园

西园是东汉的禁苑。《文选·东京赋·李注》："谓西园中有少华之山"，园中堆土筑山以摹仿少华山。绿竹遍野，浓荫蔽天；渭水西来，萦绕山前，山水相映，景观优美；放养有驯良的禽兽近百种；还建有楼馆，张衡《东京赋》中有："西登少华，亭候修勑"，《周礼·地官·遗人》："市有候馆"。西园与当时传说中的仙境十分相像。

东汉末年，汉献帝增建西园，《拾遗记》："起裸游馆千间，采绿苔被阶，引渠水以绕砌，周流澄澈，乘船游漾……渠中植莲大如盖，长一丈，南国所献。其叶夜舒昼卷，有一茎丛生四莲者，名曰夜舒莲。亦曰月出则舒也，故曰望舒荷。"西园的理水以水渠曲折取胜，水渠环绕宫殿，联系各个景点，可供泛舟水戏。与东汉以前常见的"一池三山"、"一池环一台"的做法相比，渠水周流别有一番景致，这是前朝园林中未曾出现过的新景象。

魏文帝于黄初二年于西游园中起"陵云台"，《洛阳宫殿薄》："陵云台，上壁方十三丈，高九丈。楼方四丈，高五丈，栋去地十三丈五尺七寸五分也。"台上所建之楼的体量并不大。陵云台至北魏时尚存，《洛阳伽蓝记》："园（指西游园）中有凌云台，即是魏文帝所造者，台上有八角井"。登上陵云台，向北可见绵延起伏之邙岭，自南可眺望洛水与南山（龙门一带），近可俯瞰碧海曲池。

濯龙园

张衡的《东京赋》："濯龙芳林，九谷八溪。芙蓉覆水，秋兰被涯。渚戏跃鱼，渊游龟蟮。"濯龙园兴建于东汉明帝时期，濯龙园中水景多自然景象，有池、有溪谷，水体形式有曲折开朗之变化。水中有"渚"即洲，水际栽有兰草，水中种有荷花，水景较为开阔畅朗。

梁冀宅园

梁冀除有苑囿外，在洛阳城中还置有两处宅园。《后汉纪》："冀于洛阳城门内起甲第，而寿（孙寿，梁冀妻）于对街起宅，竟与冀相高。作阴阳殿，连阁通房，鱼池钓台，梁柱门户，铜沓泞漆，青琐丹墀，刻镂为青龙白虎，画以丹青云气；又采土筑山，十里九坂；以象二崤，穷极工匠之巧，积金玉明珠，充仞其中；起家庐周环亦如之。……冀又起别第于城西，以纳奸亡命者置其中，或取良人以为奴婢，名曰'自卖民'，至千人。"

梁冀有甲第坐落于洛阳城中，其宅园的规模很大。园中有土山水池，池中有游鱼、钓台，园池可以荡舟①。园中水渠上架有石桥，所谓"飞梁石蹬，陵

---

① 《后汉纪·孝质帝纪》："是岁（147年），梁冀第池中船无故自覆。"

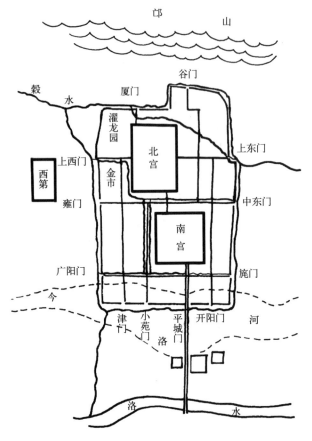

图4-8 梁冀的"西第"位置示意

"跨水道"，台阁周通相望。园中可乘车辇游观，建筑堂高室深，装修也相当豪华，窗棂雕镂，门上刻有青龙白虎四神铺首，墙壁绘云气仙灵。

梁冀在洛阳城西还建有一座别墅[①]，这处别墅亦有宅园，直至北魏时尚残存有土山、水池。《水经注·谷水》："谷水自阊阖门而南，迳土山东，水西三里有坂，坂上有土山，汉大将军梁冀所成，筑土为山，植林为苑"。梁冀的别墅位于西门及雍门之间以西3～4里处（图4-8），这一带岗阜起伏，有较丰富的地形条件，同时又有丰沛的水源，加之地近内城，生活方便又不失山林野趣，选址颇具匠心。这座别墅的规模也很大[②]，亦有土山、鱼池等供游娱，在形式上与城中宅园相似。巧妙地利用了地形条件，因高阜培土造就假山，修筑高台，就低方挖池引水注其中。从"相地"到因地制宜，均体现出较高的造园技巧。

梁冀造园影响最大者莫过于"采土筑山，十里九坂，以象二崤"，梁冀于宅园中摹仿崤山筑造假山。崤山堪称关中一带的名山，位于河南与陕西交界处，因山势峻峭自古便在此设关隘。二崤即东崤与西崤，东西二崤相距三十余里。东崤有长坂数里，峻阜绝涧，山势险峻。梁园假山则"多峭坂"；除了塑造地形以摹拟崤山外，梁冀还于假山上广植树木，并且放养奇禽驯兽出没山中，以增强假山之真实感，力求像真的崤山一般。所谓"十里九坂"其实是汉晋之际描述岗阜起伏的一句极常用的套语，其中"十"与"九"并没有具体的数值含义。由此可知，园中假山在形式上已具有绵延起伏、岗阜逶迤之状，这较之于西汉园林中那些"惟有山意"的土冢或"一池三山"无疑前进了一大步。

铜雀园

铜雀园（铜爵园）是邺下的皇家禁苑，位于宫城文昌殿以西，以自然景象见长。左思《魏都赋》："右则疏圃曲池，下晼高堂，兰渚莓莓，石濑汤汤。弱葰系实，轻叶振芳。奔龟跃鱼，有祭吕梁。驰道周屈于果下，延阁胤宇以经

---

① 东汉马融与梁冀交好，投靠梁冀"为梁冀草奏李固，又作大将军西第颂"（见《后汉书·马融传》），此亦证梁冀有"西第"。

② 《洛阳伽蓝记》："出西阳门外四里，御道南有洛阳大市，周回八里，市东南有皇女台，汉大将军梁冀所造，犹高五尺余。"可见梁冀别墅之大。

营"。曹操引漳河水经暗道流过铜雀台，以保证铜雀台的用水。园中池面很大，池岸曲折，与东汉濯龙园相似，园中也有小洲"兰渚"。《楚辞·九歌·湘君》："石濑兮浅浅。"洪长祖注："石濑，水激石间则怒成湍。"王充的《论衡·书虚》中也有："溪谷之深，流者安洋，浅多沙石，激扬为濑"。石濑指水际石景，或隐于水下，或突兀水上成礁石状，其是否人为无从考证，但至少表明时人为了营造池面自然之感有意识地堆筑或疏浚水池而保留了此景。

曹氏父子都是当时著名的文人，其审美情趣理所当然要波及造园艺术，铜雀园虽是曹魏邺城园林中最大者，但并没有东汉以前皇家园林的铺陈华丽，在文人造园思潮的影响下转向自然素朴。

华林园

曹魏时期，在濯龙园遗址上重建华林园（又称芳林园）。魏文帝黄初五年经大夏门引谷水开天渊池。陆机《洛阳记》："九江直作员（涢）水，水中作员（圆）坛三，破之夹水，得相逕通。"仿涢水而于园中作九江，直接摹拟自然水系以开挖园林中的河渠，水中的三个"圆坛"则是秦西汉"三神山"的蜕变。晋人王嘉《拾遗记》："海上有三山，其形如壶，方丈曰方壶。蓬莱曰蓬壶，瀛洲曰瀛壶"；"上方下狭，形如壶器此三山"，可见三神山在魏晋时期已演变为象征性"器物"，形状如壶，与陆机所记相合。[①]

魏明帝于景初元年对华林园加以改造，其中著名的一项工程便是于华林园西北隅堆筑景阳山。华林园中的这一座假山已不单纯是土筑之山，而是土石并用。山上栽种竹树花草，并放养禽兽于山中，在手法上与梁冀园、东汉西园相同。《魏春秋》："黄初元年，文帝愈崇宫殿雕饰观阁，取白石英及紫石英五色大石于太行谷城之山，起景阳山于芳林园……"。南阳古属荆州，其境内的景山出产紫石英，华林园中筑景阳山选用白石英、紫石英等石料，很可能是为了模拟南阳之景山。而因山位于园林西北隅，其东南有天渊池，水北故谓之"阳"。园中还出现了流杯渠，系石砌而成。

4.3.3 庄园

嵇康庄园

"竹林"是嵇康在山阳（今江苏淮安）县城郊的一处别墅。《水经注·清水》引郭缘生《述征记》："白虎山东南二十五里，有嵇公故居，以居时有遗竹焉。"又《艺文类聚》六十四引《述征记》："山阳县城东北三十里，魏中散大夫嵇康园宅，今悉为丘墟，而父老犹谓嵇公竹林也，以时有遗竹也。"嵇康的这一处园林以竹林见长，属文人田庄一类。

---

① 杭州西湖中的"三潭印月"在形式上与华林园中的"九江三坛"相类似。

4.4 时代特征

4.4.1 思想观念

造园的"有若自然"以自然知识的积累为前提。东汉时期，时人对自然的认识有了进一步的发展，尤其是对自然山川的外部形象特征有较深入的研究。如应劭的《风俗通》对"林"、"麓"、"京"、"陵"、"丘"、"墟"、"阜"、"培"、"薮"、"泽"、"沆"等山林泽薮的形象特征均有详细的描述，许慎的《说文解字》也有类似之处。东汉三国造园追求真实的具象，没有玄想与哲理化的趣味，这与当时人们的自然认识水平相一致。

社会上层虽然也喜好神仙，但已没有了秦西汉那般狂热与执着，也并非欲往天国，而是要更好地享受现实。对美的生活环境的构想必然在现实生活中有所反映，神仙世界也就是时人生活境域理想化的范式，从而在神仙说与造园之转变上表现出某种同步性，这也大约是这一时期造园摹仿自然的一个主要原因。东汉中晚至三国时期，时人更加注重生活环境。应劭的《风俗通·佚文》指出当时的居处之地有"城、郭、园，池"四类，住不必在城郭，而是可郊，可野，这是居住观念的又一次变革。以隐逸之士为例，东汉末年，经学大师郑玄在山东收徒讲授经学，他隐居的环境十分优美，山上有古井不竭。许多隐者也都选择山水优美之地营构栖所。

隐逸思潮产生于东汉，三国时期清谈、玄想及自然悟道之风兴起，对两晋以降的文人造园有深刻的影响。中国的文人园在东汉酝酿形成，这不是偶然的，而是与整个社会的风尚、政治、经济、宗教间有着千丝万缕的联系，其思想根源在于东汉末期自然与名教的抗争。老庄的自然观、人生观、审美观在汉末士人阶层盛行。《艺文类聚》卷二十三录高彪的《清诫》一诗,颇能代表当时士人的思想倾向："天长而地久，人生则不然……。神明无聊赖，愁毒于众烦。中年弃我游，忽若风过山。形气各分离，一往不复还。上士愍其痛，抗志凌云烟。涤荡弃秽累，飘邈任自然。退修清以净，吾存玄中玄。澄清翦思虑，泰清不受尘。"就连曹操也发出"对酒当歌，人生几何"的感叹。人生短促，人不应为物所役，一切都应顺其自然。正是在如此心态的驱使下，文人造园并不刻意于人工景物雕凿，而是侧重于主体的审美发现。通过内心活动与景物间的契合、共鸣以达到娱乐心智之境界。

西方文化也对当时的造园产生了一定的影响。东汉三国时期，外来文化对造园的影响主要反映在造园理水及雕塑等方面，其中有形式的摹仿，更多的则是将西洋手法与传统题材相结合，以水口装饰及雕刻风格的变化为典型。

4.4.2 审美方式

"有若自然"是东汉三国造园审美的一个基本原则，与同期的文学、绘画等艺术领域的创作观念有共通性。

　　东汉章帝时期开始，儒士掀起对谶纬神学的批判之潮。东汉中晚期，一些描写自然景观的诗赋一改西汉大赋那种铺陈辞藻不拘细节的文风，对于景物的描写趋于真实与细腻。与文学相仿，具象写实也是东汉三国绘画与雕塑表现手法之特征，张衡提倡绘画创作应以现实为描绘对象，通过形似来反映客观世界，王延寿的《鲁灵光殿赋》中也提出，图画天地要"写载其状，托之丹青"，"随色类象，曲得其情"。所谓"写载其状"也就是要求形似，体现现实之美。这样的审美倾向在当时画像砖（石）上也有所反映，诸如成都、邛崃一带出土的画像砖画面，山峦起伏，树木葱笼，飞禽栖息树梢，走兽出没林间，有猎人持弓搭箭随其后，画面的下部有盐井、山涧。景物虽谈不上逼真，但也能够如实地反映出蜀地山川的基本特征。

　　在形与神的关系上，东汉三国时期的文人艺术家们倾向于以形传神，嵇康在《养生论》中便明确提出："形恃神以立，神须形以存。"形是神存在的基础，神又是形的依据，形神兼备方可自然，这应该是这一阶段现实主义艺术论的一个核心。再就哲学层面而论，"有若自然"是时人自然观的反映。自然界的一切都是"气"化的结果①，这一观点在西汉已颇为流行，东汉时期被思想家们更为推崇。自然界的一切都是不受人的意志所左右的客观存在，是一个和谐的整体。违背了事物存在之固有特征便失去了自然的和谐，所以造园必然要如实地摹仿对象，以保持对象固有的和谐。东汉时期对于自然的认识没有丰富的思辨玄理，而更多的是直观经验的归纳和类推，造园堆山"有若自然"的提出正是基于这样的认识论，故而在对自然美的表现上存在着局限性。

　　东汉末年对人性的反省，强调人之才性，促进了当时的审美情趣由道德向才性和风韵的转化，山水景物成为抒情表意的中介。山水审美比德之说也有了进一步的发展，人道通天道，这是比德说立论的根基。王逸的《楚辞章句》、许慎的《说文解字》都对自然景物及其象征意义有充分的阐释。王逸："善鸟香草，以配忠贞；恶禽臭物，以比谗佞……虬龙鸾凤，以托君子；飘风云霓，以为小人。"《世说新语·容止篇》中引山涛对嵇康的一段评语："嵇叔夜之为人也，岩岩若孤松独立；其醉也，傀俄若玉山之将崩"。这里把嵇康比作"孤松"、"玉山"，足见其品格之高。许慎称竹子"冬生草也"，竹子可以耐严寒，隆冬时节，百草凋萎，木叶飘零，而竹却能卓然挺立。又说"节，竹约也"。竹约，意谓竹节之处似有约束，"节"字由此而引申出节义、气节等意义。自然物象的文化含义日趋丰富。

　　老庄的自然观、人生观、审美观在士人阶层盛行。不为物所役，一切都应顺其自然，在此心态的驱使下，文人造园更侧重于主体的审美发现，通过内心活动与景物间的契合、共鸣以达到娱乐心智之境界。三国时造园赏景与抒情的

---

① 《国语·周语下》曰："夫山，土之聚也；薮，物之归也；川，气之导也；泽，水之钟也。夫天地成而聚于高，归物于下，疏为川谷，以导其气，陂塘汙庳，以钟其美。是故聚不也崩，而物有所归，气不沉滞，而亦不散越。"川谷导气是自然界整体和谐的内在依据，通过"气"的作用实现自然要素间的有机联系，可见"气"的概念早在先秦便已形成。

结合更加普遍，"怜风月，狎池苑"在上层文人中十分盛行。将主体情思寄托于园林景物，通过拟人化呈现出物我交融的审美状态。造园家既可以倾吐情感于景物，也可以将园林景物作为交流情感的媒介。从此园林除了景物之美而外，又多了一层意境之美，从而呈现出形式美与思想内涵相互交融的新格局。

4.4.3 营造方法

东汉三国时期，苑囿并没有西汉时使用频繁，规模有限，功能与营造方法与前朝相仿。宫宅园林大抵可分为大型宫宅园林和庭园两类，营造方法有所不同。

大型宫宅园林以人工山林园池为主要景观，栽种花木，放养奇禽驯兽，点缀楼观。山水是主要的审美对象与表现题材，摹拟自然与表现人巧相映成趣。园林通常位于宫室宅邸的西侧并自成一区，这与当时盛行的方位宜忌有关。应劭《风俗通》："宅不西益，俗说西者为上，上益者妨家长也。"西方虽不能为宅，但并不妨碍造园。《毛诗陆疏广要·椅桐梓漆》："舍西树梓楸定，令子孙顺孝"，于宫宅西面堆土筑山，栽种树木，正合方位所宜。

与大型宅园相比，庭园空间狭小，通常不见有人工堆山等大型土方工程，而是以占地不大、形体轻盈的楼阁或小型水池为庭园的中心，点缀花木、放养凤鸟，供日常游憩。庭园空间一般曲折变化，游憩功能较之于西汉[①]明显地增强，栽植树木也更为普遍。见诸史料，这一阶段言及造园则多称"高楼池苑"，楼阁与水池是东汉三国造园具有特征性的两种景象。庭园以水与楼为中心，前者更为灵活，后者多类似于后来的寺庙与塔院的格局。

文人庄园则崇尚自然、静谧，与尘世间的隔离。在选址上多远离城市，因山阜、田野构筑居处，或将庄园园林化，塑造为可居可游的生活空间。

4.4.4 技术手段

东汉三国造园叠山、理水较之于秦西汉有长足的发展，追求具象的真实感是这一阶段造园的一大基本特征。

堆山叠石

堆筑土山是大型园林中常见的一种造景方式，在东汉以土筑山的基础上，三国时期发展为土石并用，从而强化了人工假山的艺术表现力。再就假山的形体而言，东汉三国的人工假山已具有绵延起伏、岗阜逶迤之势，地形地貌有如自然一般。这较之于秦西汉园林中那些"惟有山意"的土冢或"一池三山"无疑是一次飞跃。假山广植林木、放养禽兽、建筑楼馆，可见体量一般较大。

---

① 考古发掘的西汉宅邸遗址及明器所见，一般布局严谨、轴线突出，一明两暗，庭院狭小。大户的宅邸或附有园圃，但大抵是生产性的。王褒的《僮约》中有详细的描述。上文所引河南淮阳于庄西汉前期墓出土的宅院模型更直观地反映出这一特点。

东汉三国的造园堆山大抵以丘陵地貌为基本特征，山体局部之典型的景观特征则通过堆叠山石或人工特殊塑造以求再现所反映的对象。摹拟自然山川力求毕肖，从山林的形体外廓到植以林木、放养动物，尽可能完整地再现自然景观。东汉三国的人工堆山具有鲜明的写实性，经由"转移摹写"求得假山与真山间的形似，所不同的只是尺度较小罢了，因而，造园堆山有若自然之缩景。

理水

东汉三国时期，造园理水艺术也相对成熟，当时的匠师已经能够根据环境的差异而分别采取相应的理水方法。大型园林，水体采取自然式布局，池溪渚濑，植被掩映，多自然景象；而规模较小的庭园，则多以规则式布局，以与建筑环境相协调，加之楼台水榭，点缀石兽仙人，景象细腻而多人巧情趣。由于工程技术的进步、外来文化的影响以及审美趣味的转变，水景类型大为丰富，增加了曲水流觞、动态水景、水口雕饰、水转游戏等，造园理水可谓空前繁荣。自然与人巧并存，这是东汉三国时期造园理水的一大特色。

城市的水网给造园提供了用水条件，园林中的水体大多为"活水"，上有水源灌注，下有水道排泄，从而保证水质清新。受技术制约，园池以引地表水为主，罕有利用地下水。园中渠水萦绕得益于石驳岸的普及。东汉三国时期，一般陂池多作"方梁石洫"，其中的"梁"即堰，"石洫"即石砌渠道。石驳岸坚固，并且可以防止渗漏。东汉三国时期的园池大多可以泛舟，划船要求有较深的水面，曹魏的天渊池深达4米以上，有些面积不大的水池之中还建有楼阁，池形规整，这些都得益于石驳岸的运用。

东汉时期的石驳岸是在西汉草泥驳岸的基础上发展起来的，系土、木、草、石并用。蔡邕《京兆樊惠渠颂》："树柱累石，委薪积土，基跂功坚，体势强壮。折湍流，殽旷陂，会之于新渠"。桩木先行，叠之以石，草泥筑岸，这种做法在技术上已较成熟，直至明清，假山、水池驳岸的做法大致仍旧如此。除明渠而外，还采用地下涵管造成清幽之水景，同时保持园池盈溢平衡、保证水质。

新发明被运用于造园理水。王充《论衡·率性篇》："洛阳城中水道无水，水工激上洛中之水，日夜驰流，水工之巧也"。"激水"术早在战国时代便已有之，即通过水利设施使水由低处流向高处。东汉时的激水术运用相当普遍，垒石成坝，逐级抬高水位。得益于此，用水量不是很大的园池较少受地形条件的制约。汉灵帝时的掖庭令毕岚发明了"翻车"、"渴乌"，这是对提水工具的一次变革。水力机械改变了东汉以前以静态水景为主的旧观，动态水景成为东汉三国理水的一大特色，也反映了当时统治阶级审美趣味的转变。

雕塑是水景造型的一种手段，水口多饰以龙头、蟾蜍、天禄等神话传说中的动物，而受水的容器则多以仙人、蟾蜍加以装饰。就雕刻风格来说，一改西汉粗拙写意的手法转变为具象写实（图4-9）。

图4-9　东汉洛阳出土之
石蟾蜍

图4-10　东汉的陶楼

园林建筑

楼是东汉三国时期最为常见的一种园林建筑，也是最能反映这一时期封建贵族享乐情趣的代表。楼作为园主日常游赏风景，宴饮歌舞的主要场所，建造的目的在于超出一般建筑的高度以观赏风景。登楼可以俯视远近，自然山水、民俗风情尽收眼底，楼所独具的浪漫色彩，与当时文人喜吟风弄月、狎池苑的时尚正好吻合。园中楼阁多为二至三层，有的则可高达五、七层。在景观上，楼阁可起到丰富空间及建筑群体天际线的作用。

园林中的楼因其建筑方式的不同，分为三种形式，一为池上起楼，二为池畔起楼，三为台上起楼。于园池之中筑台造楼广泛见诸河南、山西、河北等地出土的明器（图4-10）。河南灵宝出土的陶楼中有方形水池，池中央为一方形二层楼阁，二层平坐四周立有栏板，二楼四壁敞开，屋面出檐较深。淅川出土绿釉陶楼形制比较特殊，为圆盆状，水池中有一菱形小舟，舟上有篙有桨，表明水池不小可以行船。池中央为一重檐楼阁，三面施绕栏板，一面架桥逼向池岸。三人凭栏远眺，二人伫立桥头。

于池畔建楼多见于山东、江苏等地所出土的画像砖石。如山东出土的画像石，以夸张的手法表现池畔建筑，呈楼阁状，体量小巧，以斗栱逐层出挑，悬于池上，四阿顶，有楼梯连接池岸。从画面所刻画的内容来看，大抵为文献中所谓之"钓台"（图4-11）。

于台上造楼多见于文献，邺城三台即是。这一类建筑是台与楼的结合体，是西汉高台建筑的一种蜕变形式。东汉李尤《东观赋》："上承重阁，下属周廊"，这种做法多见于大型的宫观台阁，夯土台仍旧是建筑的核心。另一种做法则是建楼阁于台上，这一类楼阁体量较小，典型者如西游园中的"陵云台"。

图4-11 山东画像石上的"钓台"

4.5　小结

就早期造园艺术的发展而论，东汉三国是一个鼎盛时期。造园活动更加普遍，园林的类型及造园思想也日趋丰富。与秦西汉相比较，东汉三国的造园艺术发生了一系列的变化：园林中的山水不再是求仙的产物而是作为审美的对象出现，摹拟自然造园也由象征转变为写实；市井宅园中的"土山渐台"为"高楼池苑"所替代；园林中的雕塑由古拙粗放转变为具象细腻……凡此种种，说明了中国特色的山水园林艺术及其表现手法在东汉三国已初成框架，文人造园也于此时产生，崇尚自然、清雅及含蓄之审美成为两晋南北朝以降文人园林发展的主流。

中篇（公元 265—1368 年）

　　两晋南北朝时期是中国古代园林的转折时期，"园林"一词开始出现在诗文中。在道家思想的推动下，园林艺术发生了划时代的变革。自然山水式的审美进一步受到追崇，造园活动升华到了艺术创作的境界，为此后园林艺术的兴盛奠定了格调。

　　隋唐和两宋时期是中国园林史上的两个高峰。从隋唐的阔放风度到两宋的精致境界，频繁的造园活动下涌现出一批园林艺术家和造园著述。受到文人思想和审美的影响渐重，写意山水画的意境融于园林创作中。继盛唐之后，宋代的社会经济空前繁荣，市民文化的兴起也加速了园林的发展。中国古典园林的风格和手法在这一时期基本形成并趋于成熟。

　　元代园林主要继承两宋，造园活动处于低潮。汉族文人受到压迫，地位低下，但同时文人画盛极一时，山水画达到高峰，对之后的江南园林影响较大。

第 5 章

两晋南北朝

两晋南北朝历经三百多年，是一个战乱频繁、分裂割据的时代，也是思想活跃和人性解放的时期。思想解放致使寄情山水成为士人风尚，直接带动了宫宅园林和庄园别墅的兴盛。通过表现自然之美来寄托襟怀、陶冶性灵成为园林营建的重要出发点。在崇尚自然的审美情趣影响下，宫宅园林出现规模小型化和设计精致化的发展趋向，这一审美观念也逐渐渗入苑囿的营建中。苑囿开始摆脱汉魏求仙思想，更多地融入自然野趣和文人气息。佛、道思想的盛行促使寺观大量兴建，在世俗化和山林化的发展倾向下，寺观中融入了较多的景观因素，寺观园林自此发展为中国园林独立一支。

两晋南北朝时期的园林不仅奠定了后世园林体系和审美的基础，而且在营造方法和技术等方面也有了全面进步。从而，两晋南北朝成为中国园林史上承上启下的一个重要转折点。

5.1 时代背景

公元265年，司马炎取代曹魏建立晋朝，建都洛阳，史称西晋。280年，晋灭蜀、吴，统一中国。316年，西晋在宗室内乱和外族攻袭的双重打击下灭亡。西晋末的大动乱迫使中原的一部分士族和人民迁徙到长江下游和东南部地区。317年，琅琊王司马睿承继晋室，建立东晋，定都建康（今南京），汉族政权自此偏安。420年，刘裕代东晋建立南朝宋，后又历齐、梁、陈，589年为隋所灭。

在北方，从公元304年匈奴族的刘渊起兵反晋开始至439年北魏灭北凉止，多方势力割据混战，一百三十五年间先后出现了十六个政权，史称五胡十六国时期。鲜卑拓跋部建立的北魏政权最终统一黄河流域，南北朝对峙的局面从此形成。493年，魏孝文帝元宏迁都洛阳，改易鲜卑旧俗，建立汉化的北魏政权。534年，北魏分裂为东魏和西魏，随后又分别为北齐、北周所取代。581年，北周权臣杨坚代周称帝，国号隋，定都大兴城（今西安城东南）。公元589年，隋灭南陈，结束长达三个多世纪的分裂，恢复全国大一统的局面。

政治时局的空前动乱一方面给社会经济造成了一定程度的破坏，致使人民流离失所，另一方面社会思潮多元纷呈，为文化领域包括园林艺术的发展带来了转折性的历史契机。

5.1.1 社会与经济

两晋南北朝时期，南方社会经济得到开发和发展。魏晋以前，中原地区一直是我国经济文化的中心，南方的长江流域、珠江流域和闽江流域经过东汉时期的建设，社会经济有了不同程度的开发和发展，但仍明显落后于中原地区。

两晋南北朝时期，南方有着相对安定的社会环境，北人大量南徙，给南方带来了大量人力资源和先进生产力，促进了南方经济的长足发展，并形成了三

图5-1 墓室壁画反映的北凉地主庄园生活图（引自郑岩《魏晋南北朝壁画墓研究》第164页图5-17"吐鲁番哈喇和卓98号墓壁画"）

个主要的经济区，分别是今天四川、重庆一代的巴蜀经济区、长江下游的三吴经济区和鄱阳湖地区的豫章经济区。其中三吴地区成为南方最富庶的所在，"贡赋商旅，皆出其地"[1]，"良畴美柘，畦畎相望，连宇高甍，阡陌如绣"[2]。

地主庄园经济在两晋南北朝时占统治地位（图5-1）。经过东汉和三国时期的发展，王权逐渐削弱，士族地主阶级得到壮大，地主庄园经济日趋繁盛，形成了两晋南北朝的大土地所有制。开拓和兴建庄园经济产业，是两晋南北朝士族大家的主要经济形态。田庄不仅是大地主发家致富的重要经济基础，也是仕宦退身的绝佳去处。

占山护泽和强取豪夺是两晋南北朝地主庄园经济发展的主要手段，且南方比北方更甚。占山护泽与南方的开发关系密切，北人南徙造成南方人口急剧增加，生产和生活需要使山林川泽的开发成为必然，先进生产工具的出现也为开发山林提供了有利条件。山林川泽的开发成为两晋南北朝社会经济发展的组成部分和一大特色。

庄园经济的发展和山林川泽的开发为园林营建提供了经济基础和物质环境，士人于田庄和山林地区辟园成为这一时期园林兴盛的重要现象。

5.1.2 世家与门阀

两晋南北朝的社会阶层主要由地主阶级和底层平民组成，其中地主阶级又分为士族地主、寒门地主及寺院地主三个阶层。地主阶级作为造园主体，三个不同阶层的社会地位和经济、文化差异也形成了三种不同的造园风格。

士族地主主要形成于东汉中后期。当时的选拔制度造成了各地名门望族对官职的垄断，门阀世家逐渐壮大，至两晋南北朝，士族门阀势力达至鼎盛，各地政治和经济皆由少数世族大家和商人大地主控制，形成位于社会阶层上部的士族阶层。他们占有大量土地，拥有大量的依附民和奴仆，享有政治上及经济上的特权。在东晋南朝，儒学之士往往必须经过由儒入玄的转化，才能跻身江东士族的上层，获取高官厚禄。

① 《资治通鉴》卷一百六十三，中华书局，1956，页5045。
② 《陈书》卷四《宣帝本纪》，中华书局，1972，页82。

寒门地主也叫庶族地主，是两晋南北朝地主阶级中的重要组成部分，他们的核心和代表是地方豪强。和士族地主一样，地方豪强也是当时军阀混战割据的阶级基础。但和士族地主相比，寒门地主的政治和社会地位相差悬殊，也一直被士族地主所压制。寒门地主不享受政治及经济特权，所任官职普遍较低，且必须缴纳赋役。社会地位的相对低下和官场上的不得志使得一些寒门地主甘于隐逸乡野，带动了两晋南北朝隐逸之风的蔚然兴盛。

5.1.3 佛教兴盛与寺院地主

长年动荡和分裂的社会环境为佛教的传播提供了温床，加上统治阶级的信奉和大力支持，佛教得到了极大的发展。在北方，北魏道武帝拓跋珪在高僧法果的辅佐下创立了"皇帝即如来观"的政教结合政策。而后，昙曜等人进一步地将"皇帝即如来观"具象化于云冈、龙门等石窟中巨大的"帝王如来身"大石佛的塑造上。在南方，佛学与玄学接轨，切近玄学的般若空宗等佛学得到统治阶级的认同和提倡，南朝梁武帝对佛教十分信奉，曾多次舍身出家，社会文化呈现出儒、道、释积极融合的特色。

寺院不仅有宏伟壮丽的建筑和宗教设施，拥有大量的财物，而且拥有大量的土地和劳动人手，据史料记载，北齐武平年间（570~575 年），"凡厥良沃，悉为僧有"[①]。梁武帝时，"都下佛寺五百余所，穷极宏丽。僧尼十余万，资产丰沃。所在郡县，不可胜言"[②]。统治寺院的僧正、寺主、上座、三纲等上层僧侣模仿世俗地主奴役和剥削寺院的下层僧尼和依附民。

两晋南北朝寺院经济的发展和势力的扩张带来了一种新园林类型的产生——佛寺园林。

5.1.4 自然观与山水审美

两晋南北朝时期，文人士大夫以"自然"为根本，讲究"天道自然"，并在此思想基础上予以发展，或建立自己的学说，或证明自己的主张。佛教亦用自然原理说明"轮回报应"之说。在崇尚自然，听任自然的思想风气影响下，士人适情任性而不顾名教礼法，注重内在本性而不满足于外部的铺张，崇尚未经雕琢过的自然美景，期望能全身心地投入自然的怀抱。这些情感不仅体现在山水诗、山水画中，更体现在以山水为主题的园林之中。

人与自然关系的发展变化

随着晋室南迁，江南的佳山秀水的呈现，促使自然在士人心目中占有越来越重要的地位，人们因自然而情发，观山水而意达，自然界的山水草木虫鸟，

---

① （唐）释道宣《广弘明集》卷七，上海涵芬楼藏明刊本，《四部丛刊》子部。
② 《南史》卷七十《郭祖深传》，中华书局，1975，页 1721。

春夏秋冬阴晴，无不打动着士人的心，所谓"遵四时以叹逝，瞻万物而思纷。悲落叶于劲秋，喜柔条于芳春"①，"图状山川，影写云物"②，人与自然达到了一种新的交融境地。如果说谢灵运的"寻山陟岭，必造幽峻，岩嶂千重，莫不备尽"③是一个极端的例子，那么，这种心情及态度的反映，则正如《文心雕龙·物色》中所说："自近代以来，文贵形似，窥情风景之上，钻貌草木之中"，山川自然已成了士人游览其中，纵情其上的场所，素以"平淡自然"而著称的田园诗人陶潜，正是以他对大自然的真情的描写和抒发，创立了一代大师的地位，所谓"陶诗独绝千古，在自然二字"。

以玄对山水的审美情趣

自从两晋南北朝自然观发生转变以后，士人在追求、表现自然的过程中不容忽视的一点，即是当时玄言清谈之风的盛行。自晋开始，即以老、庄、易之"三玄"为重心，直到南朝，此风尤甚，而孙绰《庾亮碑文》中的"公雅好所托，常在尘土之外，……方寸湛然，固以玄对山水"则一语道破了玄的紧要之处即是以超越于世俗之上的虚静之心对山水自然，与自然融为一体。谢安的优游山水，正因为他的清言而"无处世意"。可以说，要得山水之道，就须以玄学超俗的虚静之心为之。而这一点，对山水园林格调的形成具有重要作用。

士人在玄学中的追求，并不是空幻渺茫的虚无，而是落在自然山水之中，但这不是纯粹的山山水水，而是带有人为主观情思的自然界的山水。宗炳《画山水序》："山水以形媚道"，山水以有形的实体体现出抽象之"道"。王弼在《老子指略》中曾说过："玄也者，取乎幽冥之所出也。"玄学情调的反映首先是一种无人之境，它的幽深出之于"默然无有"，带来的是宁静和恬淡，给人缥缈虚空的感受，没有尘世的纷扰，没有世俗的教条，只有一介士人，独自体会，品味，这样才能使人化入山水自然之中，达到超凡脱俗的境界。这种山水中透出清静虚朗的情调，使人能在"以玄对山水"的实践之中达到物我为一，涤荡心灵，超凡脱俗的境界。

自然山水是通向玄理的重要手段，也为日后山水文学摆脱玄言自立门户创造了条件。刘勰言"庄老告退，而山水方滋"，意思是指突破玄学外壳，自然山水审美意识便由玄学的附庸而自立门户。

对自然的表现与山水之美

向往和追求山水自然和自然在士人心目中地位的提升，使得士人已不满足于仅仅游观自然山水。表现自然山水便成为士人的新的追求目标，而以自然品

---

① （晋）陆机《文赋》，引自陆机撰、张少康集释《文赋集释》，上海古籍出版社，1984，页14。

② 刘勰《文心雕龙》卷八《比兴》，引自刘勰著、范文澜注《文心雕龙注》，人民文学出版社，1962，页602。

③ 《宋书》卷六十七《谢灵运传》，中华书局，1974，页1775。

评士人亦使得这种对自然的表现进一步展开，"顾长康从会稽还，人问山川之美，顾云：'千岩竞秀，万壑争流，草木蒙茏其上，若云兴霞蔚'。"① 士人在盛览山水之上，感觉到了自然山水本身的美。这时的士人们心目中完全把自然看作是抒发胸臆的对象和表现心境的形式，而落实到具体的自然追求之上，则如《宋书·隐逸传》言："聚石引水，植林开涧，少时繁密，有若自然。"这种人为的自然，不单单是纯粹的自然中的山水泉石，树木花草，它是附着士人感情的大自然，所谓"会心处不必在远，翳然林水，便自有濠濮间想也。觉鸟兽禽鱼，自来亲人"②，人与自然交融之中，归于自然，再现自然。

经过前朝在自然知识方面的积累，"有若自然"成为两晋南北朝士人诗、画、园林的共同表现原则。园林则更是将这一主题纳入具体的人为环境之内，"聚石引水，植林开涧"，通过更直观的感受、哲理及象征的灵感进行自然的再现。以"有若自然"为原则，计成的"虽由人作，宛自天开"的造园思想正是此一原则的延续和开展，"有若自然"的思想奠定了山水园林再现自然的创造原则。

在自然观的转变和玄学思想影响下，士人们向往自然，追求自然之风日盛，亦促进了士人们的游赏山水，隐居于山水之中，进行山水的表现和创造的热情。江南的秀美山水及其独特的地方特质也是引发士人偏好山水自然的重要因素，"岩岩梁山，积石峨峨"③，"余霞散成绮，澄江静如练"④，江南的山水，已成了当时士人的主要吟咏对象，所谓"山水之美，古来共谈"⑤，山川景物已占据当时一部分士人的主要意识活动。正如谢灵运所言："夫衣食，人生之所资；山水，性分之所适。"⑥ 山水已成为士族"适其性"的地方，它成为士人为表现自己的高雅情调和特殊地位身份所必须追求的对象。

当时对山水探幽选胜品评山水之风，促进了士人在此社会动荡之时，隐逸于山水之中的风气。山水是心之所结，是士人们向往和追求的对象，谢灵运用"选自然之神丽，尽高栖之意得"，"谢平生于知游，栖清旷于山川"⑦ 来表达他归入山水的志向。《南齐书·高逸》中曰："入庙堂而不出，徇江湖而永归。"⑧ 实际也是显示出士人归返自然之中，避开世俗烦恼，寻求新的精神上超脱的想

---

① 《世说新语》卷上之上，《言语第二》。引自余嘉锡《世说新语笺疏》，中华书局，2007，页170。

② 《世说新语》卷上之上，《言语第二》。引自《世说新语笺疏》，页143。

③ （西晋）张载《剑阁铭》。引自《全晋文》卷八十五，（清）严可均辑，《全上古三代秦汉三国六朝文》，中华书局，1958，页1789。

④ （南齐）谢朓诗《晚登三山还望京邑诗》。引自逯钦立辑校，《先秦汉魏晋南北朝诗》，中华书局，1983，页1430。

⑤ 陶弘景《答谢中书书》。引自《全梁文》卷四十六，《全上古三代秦汉三国六朝文》，页3215。

⑥ 谢灵运《游名山志》序。引自《全宋文》卷三十三，《全上古三代秦汉三国六朝文》，页2616。

⑦ 谢灵运《山居赋》，引自《宋书》卷六十七《谢灵运传》，中华书局，1974，页1756。

⑧ 《南齐书》卷五十四《高逸列传》，中华书局，1972，页925。

法。当时士人于山水之中是陶冶性情，故常选具自然山水清明虚静情调的幽谷崇岩之地结庐而居。正如徐勉在告诫其子徐崧的书信中所说的"中年聊于东田间营小园者，非在播艺，以要利入，正欲穿池种树，少寄情赏"[①]。营构私宅，关键是寄托自己的情思。当时士人对山水的实践和创造一方面是抒发对大自然的赞叹，更重要的是陶冶自己的性情，使自己能在山水中得心灵的净化，以达到超凡脱俗的境界。

5.2　造园活动

两晋南北朝经济、政治和社会环境为社会思想的转变提供了土壤，共同催生了园林营建活动的兴盛。

首先，苑囿的建设异彩纷呈。两晋南北朝时期相继建立的数十个大小政权大都进行过都城营建和苑囿建设，除洛阳和建康南北两大都城外，邺城、平城、龙城、晋阳等多个地方均有苑囿营建活动出现。在沿袭汉魏苑囿基本格局的同时，不同地域、民族和文化给苑囿注入了多样的特质。

其次，士人自然观和社会风气的转变造成士人阶层营建园林之风的兴盛。在追求自然的风气影响下，士人们纷纷走向自然，或到山水中游历，或在山水中隐居，或修建田墅，或构筑庭园。从而使这种在山水中实践和创造活动逐渐普及，成为士人文化生活中的一项重要内容。士人园林的兴盛不仅表现在城市宅园的大量建设，而且反映在郊野庄园别墅的营建上。就地域分布而言，两晋南北朝的郊野山居与园墅在南北方皆有，但北方多集中于都城或重要城市附近，而南方则多择山水秀美之处营建，地点较为分散。且在数量上，南方的郊野山居与园墅案例明显多于北方。

第三，寺观园林的出现和兴盛是两晋南北朝园林的另一显著特征。佛寺园林在这一时期首次出现，并大量涌现。其中最具代表性的是北魏和东晋南朝时期，洛阳和建康成为佛寺和佛寺园林最为集中的地区。道教思想与天地、自然有着密不可分的关系，在魏晋玄学和崇尚自然之风的影响下，道观的建设也常伴随着景观环境整治和园林营建。除城市寺观外，山林寺观的建设渐趋繁盛，带动了山水环境的开发。

5.2.1　西晋造园活动

西晋自公元266年建立，至316年灭亡，为时仅51年，其都城洛阳宫城格局大体沿袭曹魏，宫城内主要苑囿仍为华林园，园中山水格局基本保持曹魏原貌，只是局部稍有改动。《晋宫阙名》还记载洛阳宫有"琼圃园、灵芝园、

[①] 《梁书》卷二十五《徐勉传》，中华书局，1973，页384。

石祠园"等，已无从详考。

皇室和达官贵族的园林主要位于洛阳附近。在洛阳城东的太子东宫之北建有玄圃，在洛阳"去城十里"的金谷涧中建有石崇的金谷园，此外还有潘岳园、张华园等。

311 年，刘曜、王弥军攻入洛阳，焚毁宫室等建筑，洛阳沦为废墟。

纵观西晋时期的园林，苑囿仍主要承袭两汉造园手法，缺乏新的建树。受庄园经济发展的带动，士人园林中出现了许多位于郊野的庄园别墅，园林活动也逐渐丰富，尤其是金谷园和金谷诗会，对后世影响深远，直接带动了东晋南朝悠游山水之风的兴盛和郊野园墅的营建。

5.2.2 东晋南朝造园活动

东晋南朝分为东晋、宋、齐、梁、陈五个朝代，均都于建康（今江苏南京），前后延续 272 年，相对于北方的战乱频繁、生灵涂炭，东晋南朝所处的长江以南地区相对安定，社会、经济和文化得到了大力发展，直接带动了造园活动的兴盛。

随着士人文化和造园艺术的发展，东晋南朝的苑囿吸收士人园林要素，逐渐摆脱了汉代"惟帝王之神丽，惧尊卑之不殊"[1]的单一模式，发展为既有帝王的尊贵，又有文人风采的园林格局。其中，南北朝有所差别，南朝宫苑较为清新秀丽，北朝宫苑则厚重深沉。

宫宅园林是当时的士人按"有若自然"的原则，把自然山水的特征加以提炼、再现的产物。它的特点是"托象以明义，因小以喻大。"[2]即是以小的形象（或说大自然的特征经提炼后的再现）来表达对大自然山水的追求和欣赏。

宫宅园林表现了士人对自然山水的向往，他们希望的是通过这种园林的设置表达追求自然，欣赏自然美，于自然中陶冶性情，得到精神上的超凡脱俗的感情。南朝孔圭"居宅盛营山水"[3]，园内"列植桐柳，多构山泉，殆穷真趣。"[4]表达了士人以园寄情，虽处家居而情于自然的真实想法。犹如"豫章王于邸起土山，列种桐竹，号为桐山。"[5]也是这种情思的表达。徐勉在《戒子崧书》中讲述开营小园的情由时说："中年聊于东田开营小园者，非存播艺以要利，政欲穿池种树，少寄情赏……聚石移果，杂以花卉，以娱休沐，用托性灵。"[6]他建园林是为了"寄情赏"，"托性灵"，追求自然，陶冶性情，以满足精神上的

① 张衡《西京赋》，载于《文选》卷二，引自高步瀛著《文选李注义疏》，中华书局，1985，页307。

② 韩康伯注《周易正义》，引自李学勤主编《十三经注疏》，北京大学出版社，1999，页312。

③ 《南史》卷四十九《孔圭传》，中华书局，1975，页1215。

④ 《南史》卷四十一《萧钧传》，中华书局，1975，页1037。

⑤ 《南史》卷四十三《齐高帝诸子下》，中华书局，1975，页1082。

⑥ 《南史》卷六十《徐勉传》，中华书局，1975，页1484。

要求。当时的园林中，山水已成为士人归入自然的表现主题，而泉、石、果、木、土山等又是这种山水主题的具体体现。

就选址来看，宫宅园林多于宅旁或宅后建园，开池堆山，植林栽竹，以供游赏，达追求自然之目的。如《南史》卷三十九《刘悛传》所记刘悛"宅盛修山池"。

相对于北方，南方由于山水秀美，士人热衷于悠游山水，积极参与到山水风景的开发和山居园墅的营建之中。谢灵运在《山居赋》中写道："栋宇居山曰山居，在林墅曰丘园"，可见当时对山居园墅的选址和类型已有明确的认识和区分。

郊野庄园别墅的营建一方面利用了周围的自然景观，另一方面也包含了大量的山水构筑活动，使自然的特性在园林中得以体现，达到士人陶冶性情，追求自然的目的。如孔灵符"于永兴立墅，周回三十三里，水陆地二百六十五顷，含带二山，又有果园九处。"[1] 可见别墅庄园范围较大，又有自然风景可资利用，是陶冶性灵、寄情赏景的绝好去处。另外，刘勔"经始钟岭之南，以为栖息。聚石蓄水，仿佛丘中，朝士雅素者多往游之。"[2] 戴颙"出居吴下。吴下士人共为筑室，聚石引水，植林开涧，少时繁密，有若自然。"[3] 谢安"于土山营墅，楼馆竹林甚盛。"[4] 这些都是庄园别墅式园林的范例。从中不难看出，这种园林以水石的处理为主，并有繁茂的植物衬托，还有了观景建筑如楼、馆等的兴造。又如沈约"立宅东田，瞩望郊阜"[5]，他的宅园内有野径、荒阡、槿篱、荆扉、平冈、茅栋和树草等景观要素，是一个以自然野趣为主的园墅。[6]

除了私人的营建活动，东晋南朝山水游览之风的兴盛也带动了公共游览区的出现，如会稽的兰渚山、广陵(今扬州)的陂峄等就是其中代表。《南史》曰："(广陵)城北有陂峄，水物丰盛，(徐)湛之更加风亭，月观，吹台，琴室，果竹繁茂，花药成行，招集文士尽游玩之。"这一景区的开发是利用原有地形地物，充分展示自然之美。吹台、琴室的设立，说明了人为景观占有一定的位置。在这里，多样的景观内容，如果树、竹林、花药等，通过多种形式的观景建筑联系起来，把自然与人为两个方面紧密地结合起来，并强调了对自然山水美的欣赏和追求。

东晋南朝的园林营建主要集中在建康、会稽（今浙江绍兴一带）和庐山附近。一方面是因这些地区本身的山水之美，另一方面则由于这些地区都属江南的开发早的地区，它们在当时社会的政治、经济等方面都处于较重要的地位。

---

① 《宋书》卷五十四《孔灵符传》，中华书局，1974，页 1533。

② 《南史》卷三十九《刘勔传》，中华书局，1975，页 1002。

③ 《宋书》卷九十三《隐逸》，中华书局，1974，页 2277。

④ 《晋书》卷七十九《谢安传》，中华书局，1974，页 2075。

⑤ 《梁书》卷十三《沈约传》，中华书局，1973，页 236。

⑥ 见沈约《宿东园》诗，引自《古今图书集成·经济汇编·考工典》卷一百二十一园林部。

建康地区

东晋南朝共 272 年，建康作为都城一直延续下来，成为当时社会的政治、经济和文化中心。建康位于秦淮河入江口地带，西临长江，北枕后湖（玄武湖），东依钟山，山水独秀，三国时诸葛亮评价其"钟阜龙盘，石头虎踞，真帝王之宅。"[1]

整个建康城按地形布置，形成不规则的布局，根据文献记载，建康城周围 20 里，有 12 座城门。城外建有三座小城，城外西南侧是扬州刺史衙署所在的西州城，东南侧为常供宰相居住的东府城，此外在濒临长江的石头山上还建有军事堡垒石头城。都城外建有外郭，用竹篱围合。宫城位于都城北侧，周围 8 里。宫城南有御街砥直向南，可直望城南的牛首山。官署多分布于宫城外御街两侧。居民和市场多集中于都城以南秦淮河两岸的广阔地区，大臣贵戚的第宅多分布在青溪、潮沟两岸。秦淮河南岸的长干里最为著名，有小长干、大长干、东长干等处，长干里北面的乌衣巷则是东晋时王、谢诸权臣士族居住之地。

建康城地处丘陵区，周围有鸡笼山、覆舟山、龙广山、小仓山、五台山、清凉山、冶城山等布列于城北及城西一带。水系方面，秦淮河贯于城南，连通长江，可输四方贡赋，又由秦淮河引运渎直达宫城西侧太仓，供应皇室各种物资；城东有青溪，北侧作水窦与玄武湖相接，南通秦淮河；都城北墙外挖有潮沟，接通青溪，引入玄武湖水满足漕运和城壕需要，并通水入华林园天渊池，引至殿内诸沟，因此殿内诸水常环回不息。

建康城营建时十分注重绿化建设，都城南御道长 5 里多，两侧有高墙，夹道开御沟，沟旁植槐、柳；宫墙内侧种石榴，殿庭和三台三省都列种槐树，宫城外城壕边种橘树。

589 年，隋军灭陈，隋文帝下诏将建康城邑和宫室拆毁，平荡为农田，使这座曾有百万居民的六朝都城毁灭殆尽，仅留下城南秦淮河两岸的居民区。

建康作为山水形胜、人文荟萃之地，为园林营建创造了得天独厚的条件。东晋南朝两百多年间，皇室贵胄和士人在都城和周边地区进行了大量的园林和景观营建活动。这其中，苑囿的建设最具代表性，历代建设活动也最为持久和丰富（图 5-2）。

东晋南渡之初，立足未稳，经济困窘，宫城及苑囿皆沿袭吴都，没有大修苑囿。后晋成帝司马衍时期苏峻叛乱，建康城内宫殿房室均被焚毁。晋成帝于咸和五年（330 年）在旧址基础上营建新宫，始建苑城（即后世之台城），宫城规制一应洛阳旧制，但规模缩小，宫城北部内苑仍名华林园。

直到刘宋，建康苑囿才得到了大规模建设。其中，宋文帝元嘉二十三年（446年）的营建最为瞩目。这一年，宋文帝委托将作大匠张永"筑北堤，立玄武湖，

---

[1] 《六朝事迹编类·形势门第二·石城》，引自（宋）张敦颐撰，王进珊校点，《六朝事迹编类》，南京出版社，1989，页 23。

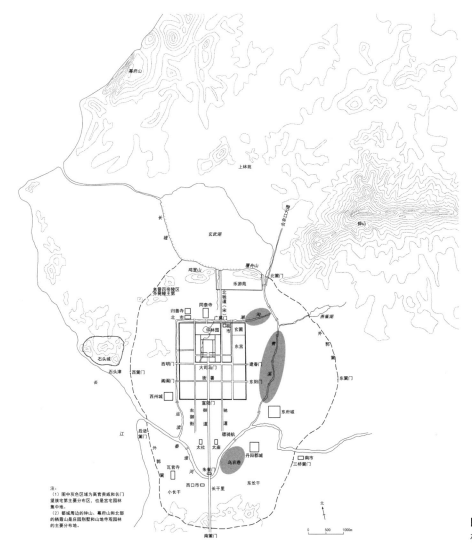

注:
（1）图中灰色区域为高官贵戚和名门望族宅第主要分布区，也是宫宅园林集中地。
（2）都城周边的钟山、幕府山和北部的栖霞山是庄园别墅和山地寺观园林的主要分布地。

图 5-2 南朝建康主要园林分布示意图

筑景阳山于华林园。"① 并在华林园中开凿天渊池，兴建景阳楼。宋孝武帝大明年间（457~464 年），在玄武湖旁侧开窦通水，将水引入华林园天渊池，并"引殿内诸沟，经太极殿，由东西掖门下注城南堑"②，形成流通之活水，萦回不息。此外，刘宋时期还新建了上林苑和北苑（乐游苑）。

南齐苑囿的发展随统治者对园林的好恶和意趣呈现两头盛中间弱的马鞍形态势。齐永明元年（483 年），因厌胜之需筑娄湖苑。永明五年（487 年），起新林苑。文惠太子开拓玄圃与台城北堑，建博望苑。但到齐明帝时，大行简朴，不尚豪奢，遏制园林建造，废除新林苑和东田，还地于民，③ 为中国古代帝王

① 《宋书》卷五《文帝本纪》，中华书局，1974，页 94。

② 《景定建康志》卷 18《山川志二》"元武湖"条下。引自《宋元方志丛刊》第二册，中华书局，1990，页 1586。

③ 《南史》卷五《齐明帝本纪》载，齐明帝萧鸾"大存俭约，罢武帝所起新林苑，以地还百姓。废文惠太子所起东田，斥卖之。"（《南史》，中华书局，1975，页 146）

中少见。然而，齐明帝驾崩后，继任的东昏侯大反其道，变本加厉，"大起诸殿，芳乐、芳德、仙华、大兴、含德、清曜、安寿等殿，又别为潘妃起神仙、永寿、玉寿三殿，皆匝饰以金璧。"①虽园林建设力度较大，但由于东昏侯的低俗审美取向，这一时期的苑囿对园林史的发展并未产生较大的积极贡献。

南朝苑囿在萧梁时发展最盛。梁武帝萧衍在位时间相对较长，国力繁盛，政局稳定。期间除继承并扩修了前代的华林园、乐游苑、玄圃、芳林苑等园林外，还营建有江潭苑、建兴苑、兰亭苑、玄洲苑等。

梁末侯景之乱，建康宫苑毁坏殆尽，陈代梁后，对前代园囿重加修筑，其中有著名的临春、结绮、望仙三阁的建造，奢华极丽，为一时之盛。

苑囿占据了建康城内外的大部分面积，达官贵族营建的第宅园林多集中在秦淮河和青溪沿岸及城郊的钟山、栖霞山一带。如位于秦淮河畔的王导、谢安宅第，以及位于青溪沿岸的陈代兵部尚书孙瑒宅第和陈代尚书令江总宅第等，均依托自然水系营建宅园。相对于城内于宅内建园，当时的士人更热衷于在郊野立墅、营建庄园。如梁中书令徐勉在钟山西南建东田小园，穿池种树，园内"桃李茂密，桐竹成荫，塍陌交通，渠畎相属。华楼迥榭，颇有临眺之美；孤峰丛薄，不无纠纷之兴。渎中并饶菰蒋，湖里殊富芰莲"。②

建康附近的栖霞山也有士人经营。山在建康北郊，僧绍于此结庐，他"负杖泉丘，游眄林壑，历观胜境，行次摄山，神谷仙岩，特符心赏。于是披榛薙草，定迹深栖，树槿疏池，有终焉之志。"经过仔细的考察观览，最后定下住居之处，于是"邻岩构宇，列起梵居"③，援林植树，疏通水流，靠着岩石建起寺宇，在此胜境之中，体玄阐道，追求新的境界。从这一景点的开发之中我们可以看到当时人们对选址十分重视，要在进行多种选择后方能确定。经营中，则考虑到水的处理和植物的布置，建筑依势而立，使自然得以充分利用。我们还可以从南齐孔稚圭的《北山移文》中看到他在钟山经营游历的感受④。文曰："风云凄其带愤，石泉咽而下怆，望林峦而有失，顾草木而如丧。"风云石泉，林岳草木，给人带来一片萧瑟之情。"青松落阴，白云谁侣？涧石摧绝无与归，石径荒凉徒延伫。"于其山上，通过浓密的森林，经过狰狞的幽岩，沿着曲折的小石路前行，来到其居处，在这里，"还飙入幕，写雾出楹"，"蕙帐空兮夜鹄怨，山人去兮晓猿惊"，只有风云出没于其间（说明其居高敞），无人来扰而只有鹄猿作伴（说明其居之幽静）。

建康地区也是东晋南朝佛寺园林的集中地，无论数量还是规模均十分庞大。

① 《南史》卷五《齐废帝东昏侯本纪》，中华书局，1975，页153。
② 《梁书》卷二十五《徐勉传》，中华书局，1974，页384。
③ 唐《明征君碑》，引自（清）严观《江宁金石记》卷二。
④ 钟山在六朝时又称北山，齐周颙隐此，孔稚圭《北山移文》即由此山而作。引自《全齐文》卷十九，《全上古三代秦汉三国六朝文》，中华书局，1958，页2900。

杜牧的诗句"南朝四百八十寺,多少楼台烟雨中"即是对当年佛寺盛况的写照。
这其中有很多为皇帝敕建,如南齐武帝立禅灵寺、梁武帝建同泰寺等,后者堪
称当时皇家寺庙园林的典范。东晋南朝佛寺园林借助于园林的机构来构置,有
些园林是在前代园囿的基础上改建或扩建的,如萧梁时的法王寺等。除皇家佛
寺园林外,民间也出现了许多佛寺园林,这些园林中很多来自士人"舍宅为寺",
由宫宅园林转化而来,建康的栖霞寺即为一例。佛寺的大量发展导致佛寺山林
化倾向日渐明显,越来越多的佛寺选址于山地,这一现象在南方尤为明显。

会稽地区

会稽位于今浙江杭州湾钱塘江的南岸,是美丽富饶的浙北平原的一部分。相
对于都城建康,会稽是另一重要的政治文化中心,东晋朝廷中握有重权的王、谢
大族,都居于会稽。他们入则在建康,出则回会稽。谢安先于会稽东山立墅,后
受朝廷征招至建康,又于建康附近的"土山营墅,楼馆竹林甚盛"就说明了这一
点。可以说,会稽在当时相当于陪都性质。此外,会稽地区山水环境优美,水网
密布,河流曲折,山色秀丽,林木葱郁,有着高高低低的山地丘陵和众多的奇峰
峭壁。"会稽有佳山水,名士多居之"[1],当时游历山水之风十分兴盛,影响并推动
了居于佳山胜水中经营山水的风尚,会稽附近的名山秀水均有文人雅士的经营活
动,如秦望山、四明山、东山、兰渚山、南明山、北干山、兰穹山等(图5-3)。

秦望山又称南山,在会稽东南40里处。山有怪石、飞泉,南朝何胤于泉西"起
学舍,即林成援,因岩为堵,别为小阁,室寝处其中。又于山侧营田二顷,讲

图5-3 绍兴境内的山川
形势(据清乾隆《绍兴府
志》"府境全图"绘制)

---

① 《晋书》卷八十《王羲之传》,中华书局,1974,页2098。

隙从生徒游之。"①

瀑布山在嵊县（旧称剡县）东南约 60 里。王羲之于瀑布山建宅，在"见其山水之异"的佳绝处立楼掘池，将山水佳境尽收眼下。

南明山又名石城山，在新昌县南 5 里，以奇岩怪石闻名，所谓"双峦骈竦，状犹琢削。实其表，无暇隙，而草树不得植；虚其中，无翳廕，而虎豹不得入。谿然若堂奥，窅然若龛室，诚造物者独有意于是焉。"② 吸引了诸多晋、宋、齐高士名僧来此隐居，他们通过对水的开涧挖塘以映天日的处理和对植物的处理，增添了这种幽深的效果。

在山居园墅营建过程中，士人一般都注意到把山居设立在有景可观之处，倚林而筑，傍岩而设，使其具登临之美。如葛洪栖隐于上虞县兰穹山，"多石少木，四望迢遥有形势"③；许迈在天目山设云封庵，"外极平敞，俯视群山，高下奔轶，若万马然。"④ 王裕之居于舍亭山，其孙王秀之"营理舍亭山宅，有终焉之志"，也是考虑到这里"林涧环周，备登临之美"⑤，既有登临之美，又有林涧周绕，可说是远观近览，皆有所赏。远景和近景结合，形成多种多样的景观，使人在流连观赏之中能体会自然的殊多意趣。许恂在萧山县北干山上的小园，也是兼有登临之美和林木之幽。明代有诗曰："北山升绝顶，眼界入林坰。飞鸟投丹嶂，轻烟锁翠屏。草生三岛秀，花发四时婷。万竹深涵绿，千峰远送青。"⑥ 就是告诉我们这里可观远山缥缈，可赏竹幽之胜，还有花草丛生，是观览风景，修身养性的绝佳处。

士人们的山居所选择的大多为具泉石之好的清幽之境，景色佳绝之处，东晋许询在萧山"凭林筑室，萧然自致"⑦，其山居清幽，以至于时人有"清风辄思元度（许询）"之称。葛洪隐居在若耶山，就是因此山有溪下注，"水至清照，众山倒影，窥之如画"，其居有"乘崖俯视，猿狄惊心，寒木被潭，森沈骇观"的景致，谢灵运与其从弟谢惠连常至此处游玩，刻连句于水边大栎木上⑧。在《水

---

① 《嘉泰会稽志》卷九，"秦望山"条下。引自《宋元方志丛刊》第七册，中华书局，1990，页 6859。

② （宋）释辩端《新昌县石城山大佛身量记》，引自《全宋文》第 008 册，卷一六四，上海辞书出版社，2006，页 234。

③ 《嘉泰会稽志》卷九，"兰穹山"条下。引自《宋元方志丛刊》第七册，中华书局，1990，页 6874。

④ 《咸淳临安志》卷二十六"山川五"之"天目山"条下。引自《宋元方志丛刊》第四册，中华书局，1990，页 3607。

⑤ 《南史》卷二十四《王裕之传》，中华书局，1975，页 650、652。

⑥ 《乾隆绍兴府志》卷四"地理志四"，"北干山"条下。

⑦ 《嘉泰会稽志》卷九，"萧山"条下。引自《宋元方志丛刊》第七册，中华书局，1990，页 6870。

⑧ 《水经注》卷四十。引自（北魏）郦道元原著，陈桥驿等译注，《水经注全译》，贵州人民出版社，1996，页 1373。

经注》中还记载了当时士人为尽泉石之好而进行的开发："玉笥、竹林、云门、天柱精舍，并疏山创基，架林栽宇，割涧延流，尽泉石之好，水流迳通。"① 士人们通过对自然景物的取舍和整理，突出了清幽之境，泉石之好。时人称其为"放情江海，取逸丘壑"，认为"岩壑闲远，水石清华，虽复崇门八袭，高城万雉，莫不蓄壤开泉，仿佛林泽，故知松山桂渚，非止素玩，碧涧清潭，翻成丽瞩。"② 由此可见当时经始山川之风的盛行。

在这些风景的开发中，士人注意到自然环境的优美并精心地加以整理，而对居室本身则不特意构筑。如东晋郭文"少爱山水，尚嘉遁。年十三，每游山林，弥旬忘反"，"入吴兴余杭大辟山中穷谷无人之地，倚木于树，苫覆其上而居焉，亦无壁障。"③ 从这里看出他居室的设立以能体验山水之情为上，而居室本身则极为简朴，仅能避风雨而已，为了与自然融于一体，居室多以当地材料构筑，以增添自然的野趣。如孔愉于山阴湖南侯山下营"数亩地为宅，草屋数间"④，孔淳之"茅室蓬户，庭草芜径"⑤ 都证明了这一点。

由于士人游览山水之风盛行，故而在会稽地区出现了公共性质的游览区。兰亭所在的兰渚山即是其中代表。兰渚山在会稽西南27里，此地有崇山峻岭，茂林修竹，山下有兰渚，因越王勾践在此种兰渚田而得名。王羲之曾于兰渚建亭，《水经注》云："兰亭一曰兰上里，太守王羲之、谢安兄弟数往造焉。"可见此处因"渚旁有曲水，清流激湍，映带左右"，而为当时士人幽览欣赏之佳地⑥（图5-4）。其中永和九年（353年）在此举行的兰亭诗会和王羲之的《兰亭集序》最为著名，对后世影响深远。该年三月上旬，王羲之与谢安、孙绰等42人于兰亭禊饮⑦，众人列坐曲水两侧，流觞赋诗，其中有11人各赋诗两篇，15人各赋诗一篇，16人赋诗不成，被罚酒三觥（图5-5）。这些诗篇被整理成集，王羲之为之作序。

兰亭集诗皆借描写山水以述志，一方面富于色彩感地描述了兰亭的自然山水景观，另一方面则表述了寄情山水、逍遥放任的情怀和超脱生死的玄学思想。如王羲之《兰亭诗》云："仰视碧天际，俯瞰绿水滨。寥间无涯观，寓目理自陈。大矣造化功，万殊莫不均。群籁虽参差，适我无非新。"把这大自然的造化完

① 《水经注》卷四十。引自《水经注全译》，页1375。

② 《宋书》卷九十三《隐逸传论》，中华书局，1974，页2297。

③ 《晋书》卷九十四《郭文传》，中华书局，1974，页2440。

④ 《晋书》卷七十八《孔愉传》，中华书局，1974，页2053。

⑤ 《宋书》卷九十三《隐逸》，中华书局，1974，页2284。

⑥ 《嘉泰会稽志》卷十，"兰渚"条下。游赏此地的多为当时名士，如王凝之、王微之、王蕴之、支遁、孙统等。引自《宋元方志丛刊》第七册，中华书局，1990，页6882。

⑦ 当时社会上有修禊的民俗，"俗以（三月上巳）为大忌。至此月此日，不敢止家，皆于东流水上为祈禳，自洁濯，谓之禊祠。分流行觞，遂成曲水。"见《宋书》卷十五"礼二"，中华书局，1974，页386。

图 5-4　清代兰亭图（引自清乾隆《绍兴府志》）

图 5-5　明代兰亭修禊图（局部）

全看作是适我情怀之物，在俯仰天地之间的视觉感受中领略到宇宙的浩瀚存在和深邃奥义，所谓"仰观宇宙之大，俯察品类之盛，所以游目骋怀，足以极视听之娱，信可乐也。"[1]兰亭诗会集中体现了当时文人的审美情趣和哲学观，如果说西晋石崇召集的金谷诗会尚弥漫着富贵奢靡之风，那么王羲之等人的兰亭诗会则充满了自然雅致的气息，其内在格调的变化揭示出东晋园林文化和审美意味相对西晋的重大转变，对后世园林发展有着深远的影响。

庐山地区

庐山当时属豫章郡（今江西省一带），该地区为东晋南朝的重要经济区之一，庐山位于长江与鄱阳湖之间，地理位置极为重要。它雄峙于群山之中，既可俯视长江，又可倒影于鄱阳湖，处处峰奇水秀，雾漫云飞。所谓"庐山峰峦之奇秀，岩壑之深邃，林泉之茂美，为江南第一"[2]。庐山山水风景的开发和经营始于东晋。东晋名僧慧远的"崇岩吐清气，幽岫栖神迹。希声奏群籁，响出山溜滴"[3]，

---

① 王羲之《兰亭集序》，前句诗文出自王羲之《兰亭诗》。引自《四库全书》集部《会稽掇英总集》卷三。

② （宋）陈舜俞《庐山记》。

③ 慧远《游庐山诗》，引自（民国）吴宗慈《庐山志》卷十，《中国佛寺史志汇刊》第二辑第 19 册，页 1195。

第一次勾勒出庐山的清宁佳美之境，其"因咏山水，遂振锡而游。于是交徒同趣三十余人，咸拂衣晨征，怅然增兴"[1]。庐山的幽岩飞泉、佳山美水吸引了名僧高士在此赏山游水，流连忘返，激发了他们经营山水的兴趣，在石门山、东林寺、金鸡岭、康王谷等处留下了大量实践活动（图 5-6）。

石门山在庐山西南麓，有涧水，亦名石门涧，以泉石瀑布为胜（图 5-7）。谢灵运于此立"石门精舍，以观涧中风光。"[2] 从其《登石门最高顶》诗中可以获知，精舍建于绝壁之下，正对诸峰，旁有泉流周绕，前有乱石铺垫，通过山岩回转和密竹栽植，使道路曲折无尽，环境更加清幽。据《水经注》，慧远亦于此处因借泉石之景，建龙泉精舍。

金鸡岭在庐山东南麓，岭南面为刘宋陆修静所居之简寂观，观前有六朝松

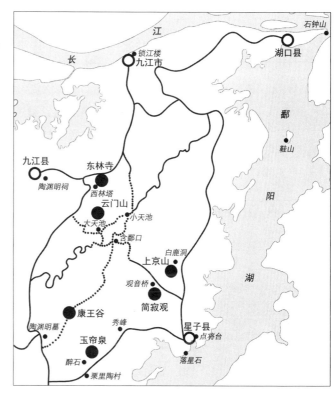

图 5-6 庐山现状主要景点分布图

图 5-7 庐山石门涧照片
（摄于 1980 年代）

---

[1] 慧远《游石门诗序》。引自（民国）吴宗慈《庐山志副刊》之四《庐山古今游记丛钞》，国家图书馆藏本，页6。

[2] 《古今图书集成·山川典·庐山部》第一百三十八卷。

数十株，"观侧有东西二瀑"，"东涧瀑广而伤于短，西涧瀑高而病于微"①。

上京山在庐山山南，亦名玉京山，为陶渊明住居所在，周围清流茂林，既可远瞻，又可近览，故陶诗有"登东皋以舒啸，临清流而赋诗"之吟咏，其关键之处乃在登高远望，下临清流，俯仰之间，可见景象万千。

大林峰位于庐山西北麓，慧远因其"林麓广阔"、有泉之胜而于山脚下设东林寺。慧远为东晋名僧，与当时士人往来频繁，结成白莲社，带动了许多士人在此结庐构园。

5.2.3 十六国时期的造园活动

西晋末年，晋室衰微，北方匈奴、鲜卑、羯、氐、羌等少数民族纷纷南下，先后建立了五凉（前凉、后凉、南凉、北凉、西凉）、四燕（前燕、后燕、北燕、南燕）、三秦（前秦、后秦、西秦）、二赵（前赵、后赵）、大夏等十五个北方政权，加上西南政权成汉，史称"五胡十六国"。

这一时期的造园活动主要为各国统治者建造的苑囿，其中代表性的有后赵邺城苑囿和后燕龙城苑囿等。

后赵邺城苑囿

曹魏邺城宫苑在西晋八王之乱时被毁，后赵石虎迁都邺城后，在邺城旧址上重建。石虎荒淫无道，役使数十万民众日夜劳作，在邺城北部修筑华林园及长墙，"起三观、四门，三门通漳水，皆为铁扉。"并且在北城墙下凿洞，引水于华林园，结果造成城墙垮塌，砸死百余人。②

据《邺中记》记载，华林园中还有两铜龙相向吐水景观。园内有各种果树，石虎为了攫取民间珍奇果树，还专门发明了一种"虾蟆车"，"箱阔一丈，深一丈四，搏掘根面去一丈，合土载之，植之无不生。"③

此外，石虎还在邺城西建造了桑梓苑，苑内多种桑树，建有临漳宫。

后燕龙城苑囿

龙城为后燕都城，位于今辽宁省朝阳地区。后燕仅存在了二十多年，但仍然建造了规模颇大的龙腾苑。《晋书》记载："（慕容熙）大筑龙腾苑，广袤十余里，役徒二万人。起景云山于苑内，基广五百步，峰高十七丈。又起逍遥宫、甘露殿，连房数百，观阁相交。凿天河渠，引水入宫。又为其昭仪符氏凿曲光海、清凉池。"④

---

① 《庐山志》卷六，"古简寂观"条下。引自《中国佛寺史志汇刊》第二辑第17册，页707-708。

② 《晋书》卷一百七《石季龙载记》，中华书局，1974，页2782。

③ （晋）陆翙《邺中记》，引自《丛书集成》初编，商务印书馆，1937，页4。

④ 《晋书》卷一百二十四《慕容熙载记》，中华书局，1974，页3105。

5.2.4　北魏造园活动

平城地区

北魏平城故址在今山西省大同市，自398年北魏太祖拓跋珪迁都平城，至493年孝文帝拓跋宏迁都洛阳，平城作为都城一共延续了近一百年，都城和苑囿建设得到了长足发展。原西汉旧城被改建为内城，内城北部为宫殿区，南部为衙署、庙社、贵臣宅第和驻军。内城的南、东、西三面城外建有外郭，为里坊区。

苑囿位于平城内城之北，分北、东、西三苑，南至内城北墙，北到方山，东到白登，西到西山，周廓数十里。苑中有离宫等游赏居住区，也有园圃、鱼池等生产区，西苑则主要是狩猎区。

平城苑囿兴建于北魏道武帝天兴二年（399年），当时称鹿苑，先是开挖水系，"凿渠引武川水注之苑中，疏为三沟，分流宫城内外。又穿鸿雁池。"[①] 两年后，大起楼观台阁，建"紫极殿、玄武楼、凉风观、石池、鹿苑台。"[②] 后将苑区划分为北苑和西苑，西苑成为离宫狩猎区，北苑内除上述殿阁台池外，之后还陆续修建了天渊池、崇光宫、鹿野浮图、永乐游观殿、神渊池等景点。东苑为泰常六年（421年）所拓，"发京师六千人筑苑，起自旧苑，东包白登，周回三十余里。"[③] 方山为苑囿北界，对其的营建主要开始于太和三年（479年），当时在方山脚下开灵泉池、建灵泉殿，又在山上建文石室。[④]

平城苑囿范围广阔，设有狩猎专区，既有秦汉苑囿遗风，又有着浓郁的游牧民族特征。且苑囿横亘于城址北侧，堪称平城的北方屏障，应该也具备一定的军事防御作用。

平城苑囿的另一特征是寺庙的兴建，471年，献文帝在北苑中建鹿野佛图，这是在苑囿中建佛教建筑的较早记载，成为后世的常见做法。

洛阳地区

洛阳是东汉、魏、晋三朝旧都，于西晋末年被战乱破坏。北魏迁都洛阳后，在原洛阳城废墟上进行了重建。重建后的洛阳城以原魏晋洛阳城为内城，在它的东、南、西、北四面拓建里坊，形成外郭。内城城墙和城门基本延续魏晋洛阳旧制，仅出于道路调直和拓宽需要，对个别城门位置做出调整。经过整治，北魏洛阳城内形成由三条东西向大道和四条南北向大道组成的交通骨架，其中

---

① 《魏书》卷二《太祖道武皇帝本纪》，中华书局，1974，页35。

② 《魏书》卷二《太祖道武皇帝本纪》，中华书局，1974，页38。

③ 《魏书》卷三《太宗明元皇帝本纪》，中华书局，1974，页61。

④ 《魏书》卷七上《高祖孝文帝本纪》载："（太和三年）五月丁巳，帝祈雨于北苑，闭阳门，是日澍雨大洽。……六月辛未……起文石室、灵泉殿于方山。"（页147）又，据《资治通鉴》卷一百三十六《齐纪二》，永明四年（486年）四月，"癸酉，魏主如灵泉池。"下注："魏于方山之南起灵泉宫，引入浑水为灵泉池，东西一百步，南北二百步。"（引自中华书局1956年点校本，页4272。）

穿越宣阳门、正对宫城正门的御道"铜驼街"是全城的主轴线。

城市供水和漕运系统的开挖和疏通是洛阳城重建中的重要一环。洛阳城内用水主要来自城北地势较高处的穀水，由西北穿外郭与都城，注入华林园天渊池和宫城前铜驼御道两侧的御沟，再曲折东流出城，注于阳渠、鸿池陂等以供漕运。

城内水利系统不仅满足了洛阳城中的城壕、漕运和生活用水需要，也为城市景观改善和园林营建创造了条件，宫苑、宅园和寺观园林无不得此便利。

北魏洛阳城内的苑囿主要有华林园和西游园。华林园位于宫城北部，是在魏晋旧址上重建。西游园位于宫城西部"千秋门内道北"，园中保存有曹魏时的凌云台、八角井，并建有碧海曲池、宣慈观、灵芝钓台、宣光殿、嘉福殿和九龙殿，九龙殿前有九龙吐水之景，龙首石雕原为曹魏所造，做工精巧。[①]

政局的安定和经济文化的繁荣使得洛阳城内的宅园营建活动十分密集，尤其是王公贵族居住的寿丘里，《洛阳伽蓝记》写道："帝族王侯，外戚公主，擅山海之富，居川林之饶。争修园宅，互相夸竞。崇门丰室，洞户连房，飞馆生风，重楼起雾。高台芳榭，家家而筑；花林曲池，园园而有。莫不桃李夏绿，竹柏冬青。"[②]此外，《洛阳伽蓝记》和《魏书》中还记载了洛阳城内外其他里坊内的大量宅园案例，如高阳王元雍宅园、清河王元怿宅园、河间王元琛宅园、广平王元怀宅园、临淮王元彧宅园、张伦宅园、夏侯道宅园等等。这些园林依托邸宅而设，或位于宅后，或位于宅旁，园内有土山、石峰、鱼池、竹林、花树等多种景观要素，也有楼台殿阁等园林建筑，奢华绮丽，竞相斗艳（图5-8）。

图5-8 北魏石刻中的园林（引自《中国古代建筑史》第二卷第151页图2-6-1）

---

① 《洛阳伽蓝记·城内》"瑶光寺"条下。引自（魏）杨衒之撰，周祖谟校释，《洛阳伽蓝记校释》，中华书局，2010，页38。
② 《洛阳伽蓝记·城西》"开善寺"条下。引自《洛阳伽蓝记校释》，页148。

北魏统治者笃信佛教（图5-9），在平城时即热衷于佛寺营建。迁都洛阳初期，对佛寺营建尚有禁制，只许内城和郭城内各建寺一所，其余佛寺只能建于郭城之外。[①] 但自宣武帝即位后，原制渐废，洛阳城内佛寺数量剧增，最盛时多达上千所。佛寺的大量建设带动了佛寺园林的出现和兴盛（图5-10）。一方面，佛寺中有相当一部分由王公贵戚和高官士族舍宅为寺而来，原本就附设园林，如位于西明门外一里御道北的冲觉寺，原为太傅清河王怿宅第，"第宅丰大，踰于高阳。西北有楼，出凌云台，俯临朝市，目极京师，古诗所谓'西北有高楼，上与浮云齐'者也。楼下有儒林馆、延宾堂，形制并如清暑殿。土山钓池，冠于当世。斜峰入牗，曲沼环堂，树响飞嘤，阶丛花药。"[②] 又如

图5-9 巩县石窟北魏礼佛图中的帝王礼佛场景（摹自《中国美术全集》第35册"巩县天龙山响堂山安阳石窟雕刻"，页36，图版四二）

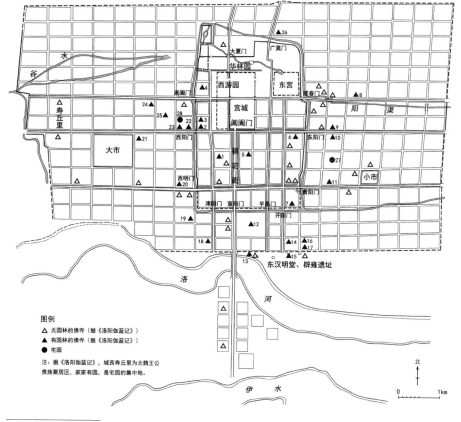

图5-10 北魏洛阳城主要园林分布示意图
1. 永宁寺　2. 建中寺
3. 长秋寺　4. 瑶光寺
5. 景乐寺　6. 昭仪尼寺
7. 景林寺　8. 灵应寺
9. 秦太上君寺　10. 正始寺
11. 平等寺　12. 景明寺
13. 秦太上公寺　14. 报德寺
15. 大觉寺、三宝寺、宁远寺
16. 龙华寺　17. 追圣寺
18. 高阳王寺　19. 崇虚寺
20. 冲觉寺　21. 白马寺
22. 宝光寺　23. 法云寺
24. 大觉寺　25. 永明寺
26. 凝玄寺　27. 张伦宅园
28. 元彧宅园

图例
△ 无园林的佛寺（据《洛阳伽蓝记》）
▲ 有园林的佛寺（据《洛阳伽蓝记》）
● 宅园

注：据《洛阳伽蓝记》，城西寿丘里为北魏王公贵族聚居区，家家有园，是宅园的集中地。

① 《魏书》卷一百一十四《释老志》，中华书局，1974，页3044。
② 《洛阳伽蓝记·城西》"冲觉寺"条下，引自《洛阳伽蓝记校释》，页127-128。

河间寺（原为河间王旧宅）、高阳王寺（高阳王雍舍宅以为寺）、愿会寺（中书侍郎王翊舍宅所立）等，均各具特色。另一方面，佛教的世俗化也造成许多新修佛寺出于游赏和生产需要而建造园林，且这些佛寺多邻水设置，地处环境优美之所，为园林的营建提供了条件。

5.2.5　东魏北齐的造园活动

东魏迁都邺城后，在曹魏邺城南部兴建邺南城。南城也建有华林园，其位置史籍所载不详，从所载诸事看，仍应在宫城北部。①北齐武成帝时，又改建增饰，称玄洲苑。后又在邺城西郊建仙都苑，苑中筑五座土山以象五岳，土山之间引入漳河之水，象四渎入四海，中间汇成大池，称"大海"。"大海"中有连璧洲、杜若洲、靡芜岛、三休山，水中央建有万岁楼。"中岳"南北各有山，山左右建有楼阁亭廊，北岳之南建有玄武楼，楼北为九曲山，西有陛道名叫通天坛。"大海"南北各建殿宇，北为飞鸾殿，最为豪华，南为御宿堂。"大海"中还建有水殿，基础用船承托，浮于水上。除此之外，园中还有一个做工精巧的建筑"密作堂"，位于北海中，也为船体承托的水殿，高三层，堂内设伎乐偶人和佛像、僧人，以水轮驱动机械，使偶人奏乐、僧人行香，极为巧妙，为前所未有，是黄门侍郎崔士顺所制。②

此外，东魏末年高澄执政时，曾在邺城以东建山池游观，其子河南王孝瑜在园中"作水堂、龙舟，植幡稍于舟上，数集诸弟宴射为乐。"③

北齐时，又在邺北城以外，铜雀台西，建游豫园，周回十二里，内包葛屦山，山上建台。园中有池，"周以列馆，中起三山，构台以象沧海"。④

北齐邺城诸园，在北周灭齐后，于建德六年（577）被毁。

除邺城外，北齐定晋阳为别都，也进行了大规模的营建。《元和郡县图志》引姚最《序行记》载："高洋天保中，大起楼观，穿筑池塘，自洋以下，皆游集焉。至今为北都之盛。"⑤

北齐苑囿建设规模宏大，建筑奢华精巧，尤其是仙都苑，园内布局一改过去"一池三山"模式，采用象征五岳、四海的山水布局，标志着从求仙思想向"帝王奄有四海"的大一统思想的转变。

---

① 傅熹年主编，《中国古代建筑史》第二卷：两晋、南北朝、隋唐、五代建筑，中国建筑工业出版社，2001，页148。

② 《历代宅京记》卷十二《邺下》。中华书局1984年点校版，页186-187。

③ 《北齐书》卷十一《文襄六王·河南王孝瑜传》，中华书局，1972，页144。

④ 《历代宅京记》卷十一《邺上》、卷十二《邺下》，中华书局，1984，页171、186。

⑤ 《元和郡县图志》卷十三《河东道二·太原府·晋祠》，中华书局1983年点校版，页366。

5.3 造园案例

5.3.1 苑囿

建康苑囿

● 建康华林园

华林园位于建康宫城北部，始建于东吴，历经东晋南朝历代经营，是建康城内最为重要的一座苑囿。

东晋前期，园中主要依托自然地形营造，有林木、水渠、池沼等，景点较少，所以东晋简文帝入园时曾说："会心处不必在远，翳然林水，便自有濠濮间想也。觉鸟兽禽鱼，自来亲人。"[①] 东晋孝武帝太元二十一年（396年）在园中西部建清暑殿，供游宴起居。

华林园的主要建设在刘宋以后。华林园在宫城北部第二重墙之内，有北门、南门和东门，南门通入后宫。刘宋文帝元嘉年间在东门内建延贤堂，为皇帝非正式接见臣下之所。宋文帝元嘉二十二年（445年），按照将作大匠张永的规划设计大修华林园，筑景阳山、武壮山，凿天渊池，建华光殿、凤光殿、兴光殿、景阳楼、通天观、一柱台、醴泉堂、芳香琴堂、竹林堂、射堋、层城观等大量楼台建筑，以景阳山、天渊池为主景，华光殿作主殿。之后于宋孝武帝大明年间，又建日观台、曜灵前后殿，改景阳楼为庆云楼，清暑楼为嘉禾殿，芳香琴堂为连理堂。

南齐无华林园营建相关记载。至梁代，梁武帝把华光殿拆去施给草堂寺，在其地新建两层七间楼阁，下层名兴光殿，上层名重云殿，作为讲经、舍身、举行佛事之处。后又建朝日楼、明月楼，并在景阳山上建"通天观"以观天象，还有观测日影的日观台，当时著名天文学家何承天和祖冲之都曾在园内观测天文。

梁太清三年（549年）侯景之乱时，华林园被毁。陈代稍加恢复。永定年间（557-559年），在园中建听松殿。天嘉二年（561年）又在园中建临政殿。陈后主至德二年（584年），在光照殿前修建著名的临春、结绮、望仙三阁，供后主及其宠妃居住，"阁高数丈，并数十间，其窗牖、壁带、悬楣、栏槛之类，并以沈檀香木为之，又饰以金玉，间以珠翠，外施珠帘，内有宝床、宝帐，其服玩之属，瑰奇珍丽，近古所未有。"阁间有复道相通，阁下"积石为山，引水为池，植以奇树，杂以花药"。[②]

华林园作为宫城内的苑囿，除供游赏外，还承载了多种功能，如皇帝处理政务、接见大臣和外宾，以及宴射等。

---

① 《世说新语》卷上之上，《言语第二》。引自余嘉锡《世说新语笺疏》，中华书局，2007，页143。
② 《陈书》卷七《后主张贵妃传》，中华书局，1972，页132。

● 乐游苑

乐游苑位于建康城东北的覆舟山南麓。据《舆地志》，乐游苑在东晋时为药园，这里原是东晋北郊，刘宋元嘉初年，移郊坛于外，以其地为北苑，建楼观，后改为乐游苑。据《建康实录》，元嘉十一年（434年）三月，宋文帝禊饮于乐游苑，证明在此之前乐游苑已基本形成，这一时间早于堰玄武湖和大修华林园。宋孝武帝大明年间，在苑内建主殿正阳殿和林光殿，林光殿内有流杯渠，专供禊饮之用。梁末侯景之乱时，乐游苑被焚毁殆尽。陈天嘉二年（561年）曾加修复，在山上建亭。陈亡后废毁。

与位于宫城内的华林园不同，乐游苑是一处典型的城外苑囿，是南朝皇帝与臣下禊饮、重九登高、射礼、阅武及接待外国使臣的重要场所。苑有西、南二门，南门为正门，以驰道直达建康城北门。该苑充分结合了覆舟山进行建构，苑内正阳殿、林光殿等主要殿堂建于覆舟山南开阔地带，另在山上建亭观，以北瞰玄武湖，东望钟山。范晔诗描写苑中"原薄信平蔚，台涧备曾深。兰池清夏气，修帐含秋阴。遵渚攀蒙密，随山上岖嵚。睎目有极览，游情无近寻"[1]。可知园内山林茂盛，自然风景优美，选址和营构得宜，既可远观，又可近览。宋孝武帝大明六年，在苑内建藏冰室，这一做法前有曹魏邺城铜雀园冰井台之藏冰，后有洛阳北魏华林园之藏冰，成为两晋南北朝时期苑囿内的典型配置。

● 玄武湖与上林苑

玄武湖位于鸡笼山和覆舟山北侧，本名桑泊，又称后湖。东吴后主孙皓于宝鼎元年（266年）"开城北渠，引后湖水流入新宫，巡绕殿堂，穷极伎巧。"东晋元帝司马睿于大兴三年（320年）沿湖筑堤，加以整治，称为北湖。宋文帝元嘉二十三年（446年）筑北堤，改北湖为真武湖，湖中建亭台四所。[2]

玄武湖是建康城北重要防御屏障，宋、齐时常于玄武湖检阅水军。它也是宫内用水的重要来源，刘宋时曾于湖侧"作大窦，通水入华林园天渊池，引殿内诸沟经太极殿，由东西掖门下注城南堑。故台中诸沟水常萦流回转，不舍昼夜。"[3]

玄武湖北岸有上林苑，建于宋孝武帝大明三年（459年）。陈宣帝时，在苑内山上建大壮观，后将此山命名大壮观山。大建十一年（597年），陈宣帝曾于大壮观阅武。

附：湘东苑

另外，梁代湘东王萧绎在其封地江陵（今湖北荆州）建湘东苑。据《太平御览》引《诸宫故事》记载，湘东苑建于子城中，苑内穿池构山，长数百丈，池中植莲，沿岸杂以奇木。池上建有通波阁，跨越水面。"南有芙蓉堂，东有禊饮堂，

---

① 范晔《乐游应诏诗》，见《先秦汉魏晋南北朝诗》，页1202。

② 该段内容参考《六朝事迹编类·形势门第二·真武湖》，引自（宋）张敦颐撰，王进珊校点，《六朝事迹编类》，南京出版社，1989，页24-25。

③ 《六朝事迹编类·形势门第二·真武湖》，页25。

堂后有隐士亭，北有正武堂，堂前有射埒马埒。其西有乡射堂，堂安行埒，可得移种。东南有连理……北有映月亭、修竹堂、临水斋。前有高山，山有石洞，潜行委宛二百余步。山上有阳云楼，极高峻，远近皆见。北有临风亭、明月楼。"[1]从上述记载可知，湘东苑内假山、水面、植物和亭台楼阁一应俱全，且有假山石洞长二百步，显示当时的堆山技术已有很大成就。

北魏洛阳苑囿

● 洛阳华林园

北魏华林园位于洛阳宫城北部，利用了曹魏华林园大部分基址，仍以原天渊池作为主水面，称大海，但原景阳山没有纳入园内，而是在天渊池西南新筑土山，仍名景阳山。

天渊池中保存有魏文帝曹丕建造的九华台，北魏孝文帝于台上建清凉殿。宣武帝时，在池中新建蓬莱山，山上建仙人馆、钓台殿，并建虹霓阁连通各殿。天渊池西侧建有藏冰室，西南景阳山上建有景阳殿。景阳山东有羲和岭，岭上建温风室；山西侧有垣娥峰，峰上建露寒馆。景阳殿和东西侧馆、室之间以飞阁相通，凌山跨谷。景阳山北侧有玄武池，南侧有清暑殿，殿东西两侧分别为临涧亭和临危台。

除上述山池殿阁区之外，华林园内还建有面积较大的"百果园"，位于景阳山南。果园内分类成林，按列种植，其中不乏仙人枣、仙人桃等珍稀品种，每片果林内还建有殿堂。其中，奈林南侧有一通石碑，为魏明帝所立，题云"苗茨之碑"，北魏孝文帝于碑北侧建苗茨堂。奈林西侧建有都堂和流觞池，都堂东侧有扶桑海。[2]

华林园在北魏宣武帝时的营建工作由骠骑将军茹皓负责。茹皓祖籍吴越，深受南方士人风气和文化熏陶，并将南方山水园的审美和造园手法带入洛阳华林园的营建中。史载茹皓"性微工巧，多所兴立。为山于天渊池西，采掘北邙及南山佳石。徙竹汝颍，罗莳其间；经构楼馆，列于上下。树草栽木，颇有野致。"[3]这座建于天渊池西侧的假山，造型十分丰富，《水经注》中形容其"石路崎岖，岩嶂峻险，云台风观，缨峦带阜。"[4]

理水方面，华林园内以面积巨大的天渊池为主体，辅以玄武池、流觞池和扶桑海等小面积水体，结合不同水体营建岛屿和殿台。天渊池中建蓬莱山和仙人馆的做法表明其依旧延续了秦汉时的求仙思想，但已由"一池三山"转变为一池一

---

① 《太平御览》卷一百九十六《居处部二十四·苑囿》。中华书局 1960 年影印本，页 946。

② 该段内容主要参考《洛阳伽蓝记·城内》"景林寺"条下。见《洛阳伽蓝记校释》，页 50-53。

③ 《魏书》卷九十三《恩倖列传》，中华书局，1974，页 2001。

④ 《水经注》卷十六《谷水》。引自（北魏）郦道元原著，陈桥驿等译注，《水经注全译》，贵州人民出版社，1996，页 573。

山。除此之外，园内的引水和泄水系统最值得称道。据文献记载，园内诸水"皆有石窦流于地下，西通谷水，东连阳渠，亦与翟泉相连。若旱魃为害，谷水注之不竭；离毕滂润，阳谷泄之不盈。"[①] 完善的水利系统确保了园内水体旱涝无恙。

植物方面，华林园中的花木栽植十分注意与山水景观的结合和呼应，"竹柏荫于层石，绣薄丛于泉侧；微飔暂拂，则芳溢于六空，实为神居矣。"[②] 这些描述表明园中植物品种与相应景物的搭配方式已达到比较精微的程度，充分考虑了各自的形态和性质特征。

建筑方面，华林园中的建筑类型较多，有楼台殿阁亭廊等多种形式，如九华台、临危台、清凉殿、钓台殿、景山殿、茅茨堂、霓虹阁、仙人馆、露寒馆、温风室、藏冰室、临涧亭等。

洛阳华林园经过曹魏、西晋和北魏的不断建设，不仅规模宏大，而且包罗万象，园内山池林木、楼台殿阁无不冠绝当时，成为两晋南北朝时北方地区最为重要的一座苑囿。

5.3.2　宫宅园林

张华园

张华为西晋时期政治家、文学家和藏书家，曾任太子少傅，官至右光禄大夫。该园为张华赋闲洛阳旧里时营建，张华《归田赋》记载："归郊鄗之旧里，托言静以闲居。育草木之蔼蔚，因地势之丘墟。丰蔬果之林错，茂桑麻之纷敷。……扬素波以濯足，沂清澜以荡思。低回住留，栖迟菴蔼。存神忽微，游精域外。"[③] 可知园内因借地势，有鱼池丘山，一派自然野趣，且园内广种蔬果桑麻，还承担有一定的生产功能。

张伦宅园

张伦曾任北魏司农，其宅第位于洛阳城东外郭昭德里。张伦官居要职，家室殷富，吃穿用度在当时官员中"最为豪侈"，且"园林山池之美，诸王莫及"，是北魏洛阳城内第宅园林的典型代表。

其园内有人造山体景阳山，构筑精巧，"有若自然"，"其中重岩复岭，嶔崟相属。深溪洞壑，逦迤连接。高林巨树，足使日月蔽亏，悬葛垂萝，能令风烟出入。崎岖石路，似壅而通；峥嵘涧道，盘纡复直。"[④] 对比《水经注》对洛阳华林园内假山"石路崎岖，岩嶂峻险，云台风观，缨峦带阜"的描述，可知当时的假山结构已经相当复杂，堆山技法也已十分高超，能够极为精致地表现

---

① 《洛阳伽蓝记·城内》"景林寺"条下。见《洛阳伽蓝记校释》，页53-54。
② 《水经注》卷十六《谷水》。引自《水经注全译》，页573。
③ 《全晋文》卷五十八。引自（清）严可均辑，《全上古三代秦汉三国六朝文》，中华书局，1958，页1789。
④ 《洛阳伽蓝记·城东》"正始寺"条下。引自《洛阳伽蓝记校释》，页74-75。

出自然山岭的主要特征。且相比华林园内假山，张伦宅园内的景阳山较为细腻和精巧，且在高林巨树的遮蔽下，更显幽深。

庾信小园

庾信为南朝人，后出使西魏，滞留于北方。庾信为南北朝时期著名诗人和文学家，写有《小园赋》，对其园宅和审美意趣所记较详。赋中记其"有数亩敝庐"，内有小园。园内建筑简陋，只有茅屋、狭室，且十分低矮，"檐直倚而妨帽，户平行而碍眉"。植被皆为常见树木，有桐、榆、柳、梨、桃、竹等。榆、柳较疏，只有"三两行"；梨、桃茂密，有"百余树"；竹以丛植，"三竿两竿之竹"；密林处"草树溷淆，枝格相交"；此外还有丛著、秋菊等花草点缀。园内因借自然地势，稍加穿筑，不做假山堆叠，仅有小池和"一寸二寸之鱼"。

庾信的《小园赋》道出了两晋南北朝士人园林美学思想的重大转变，由求大求全、穷奇极丽和奢华斗富心理转向"会心处不必在远，翳然林木，便自有濠濮间想，觉鸟兽禽鱼，自来亲人"的审美情趣。小园不仅在于面积之小，更在于其小而精的布局及小中见大的意象，所谓"一枝之上，巢父得安巢之所；一壶之中，壶公有容身之地。……草无忘忧之意，花无长乐之心，鸟何事而逐酒，鱼何情而听琴。"[1]

玄圃

南齐文惠太子长懋性喜奢丽，在东宫建玄圃园，园中"起出土山、池阁、楼观、塔宇，穷奇极丽，费以千万。多聚异石，妙极山水"。[2] 为了不被皇帝从宫中看见，"旁列修竹，外施高障"，并且创造了一种可灵活拆卸、移动和组装的"游墙"。玄圃延续到梁代仍在使用，昭明太子萧统"性爱山水，于玄圃穿筑，更立亭馆，与朝士名素者游其中。"《梁书》中有一段记载，太子萧统在园内后池泛舟游览时，有士人进言称园中宜演奏女乐。太子不答，吟咏左思《招隐诗》："何必丝与竹，山水有清音。"进言之人惭愧而退。[3] 这段典故既表明园内山水之盛，又反映了当时统治者的审美修养。

芳林苑

芳林苑又名桃花园，位于燕雀湖东侧，原为齐高帝旧宅青溪宫。"梁天监初，赐南平元襄王为第，益加穿筑，果木珍奇，穷极雕靡。命萧子范为之记。蕃邸之盛，无过焉。"[4] 苑内设置有"游客省"，专门负责苑内游览服务，"冬有笼炉，夏设饮扇"，每次游览有专人记录，由此可见当时园林事业发展的成熟。

① 《全后周文》卷八。引自《全上古三代秦汉三国六朝文》，页3922。

② 《南史》卷四十四《齐武帝诸子》，中华书局，1975，页1100。

③ 《南史》卷五十三《梁武帝诸子》，中华书局，1975，页1310。

④ 《六朝事迹编类·楼台门第四·芳林苑》。引自（宋）张敦颐撰，王进珊校点，《六朝事迹编类》，南京出版社，1989，页40。

5.3.3 庄园

石崇金谷园

石崇为西晋开国元勋石苞第六子，是当时的文学家、大臣和富豪。金谷园是石崇经营的一处庄园，位于洛阳西北"去城十里"的金谷涧，又名河阳别业。

金谷园室宇宏丽，内部营建有大面积的园林，石崇《思归引序》："其制宅也，却阻长堤，前临清渠。柏木几于万株，流水周于舍下。有观阁池沼，多养鱼鸟。家素习技，颇有秦赵之声。"《金谷诗序》中也有记载："有别庐在河南县界金谷涧中，去城十里，或高或下。有清泉、茂林、众果、竹柏、药草之属。"①

金谷园的选址充分利用了金谷涧的地理环境，因借地势，"或高或下"，营造出富有层次感的园林景观。园内将金谷涧水引入，萦绕于宅舍之间，并且沿水修建台阁，开挖池沼，园内有临华沼、登隆坻等景点，沿水建有凉台，高处建有楼馆，所谓"美兹高会，凭城临川。峻墉亢阁，层楼辟轩。远望长州，近察重泉。"②园内植物茂盛，有各种果树，还有竹、柏和多种花草，且植物配置经过精心考虑，"前庭树沙棠，后园植乌椑。灵囿繁石榴，茂林列芳梨。"③

园中除供游赏外，还承担了较多的生产功能，有"金田十顷，羊二百口，鸡、猪、鹅、鸭之类，莫不毕备。"并且建有水碓（用以舂米）、鱼池、土窟（用于囤储）等生产设施。

金谷园是当时大地主庄园的典型代表，庄园的选址、规模和生产功能是当时庄园经济的写照，园中的景观营造和游憩功能又充分体现出园主人乐于放逸的生活追求和"笃好林薮"的审美情趣。

金谷园出现于东晋南朝之前，于园林的发展史上，在景观内容、文化品位等方面，具有重要的承上启下的作用。当时金谷园还吸引了众多士人前来游观宴饮（图 5-11）。石崇曾广邀宾客，在其园内设宴送别征西大将军祭酒王诩还长安，宴中赋诗作乐，"不能者罚酒三斗"，事后将所作诗赋收为《金谷

图 5-11　孝昌北魏宁懋石室石刻线画中的庄园夜宴图（引自《中国美术全集》第 20 册"石刻线画"，页 11，图版八）

---

① 石崇两篇序文引自《全晋文》卷三十三。（清）严可均辑，《全上古三代秦汉三国六朝文》，中华书局，1958，页 1650-1651。

② 曹摅《赠石崇诗》，引自逯钦立辑校，《先秦汉魏晋南北朝诗》，中华书局，1983，页 751。

③ 潘岳《金谷集作诗》，引自《先秦汉魏晋南北朝诗》，页 632。

诗集》，石崇为之作序。金谷诗会作为当时文人士大夫游园宴集的一次盛会，其中的禊饮、欢宴、歌舞、登高、游赏、文会等园林活动比起汉魏时期的园林游赏方式更有文化情调和意味，尽管仍弥漫着浓郁的富贵气象，但其转向自然风雅的趋向，引领了当时的社会风气，并直接影响到东晋的兰亭集会，对后世也影响深远。[①]

潘岳庄园

潘岳为西晋著名文学家，其庄园位于洛水之傍，为潘岳退职闲居后所建。潘岳《闲居赋》："爰定我居，筑室穿池。长杨映沼，芳枳树篱。游鳞瀺灂，菡萏敷披。竹木蓊蔼，灵果参差。"[②] 可见其庄园内挖有池沼，池旁种有树木花草，园内竹林茂盛，还有大片果园，有梨、柿、枣、李、桃、奈、石榴、葡萄等，一应俱全。此外，庄园内还承担了较多的农、渔生产功能，种有葱韭、蒜芋、青笋、紫薑等多种蔬菜，池沼养鱼，并饲养羊等家畜，不仅满足家庭生活需要，还可以通过售卖赚取收入。

同石崇金谷园一样，潘岳庄园也是一个兼具生产和游赏功能的郊野住所，但其规模较小，园内池馆楼阁也远较朴素，日常活动更侧重于家庭内部的聚会和宴饮，[③] 是当时一般地主庄园的缩影。

谢灵运始宁别墅

谢灵运为东晋南朝人，出身士族大家，其祖父谢玄为东晋名臣。谢灵运一生喜好山水，即使官职在身也"肆意游遨，遍历诸县"，"出郭游行，或一日百六七十里，经旬不归"，[④] 不仅玩忽职守，还役使民众掘池修园。谢灵运依托其会稽始宁祖宅修建的别墅为其园林实践的首要代表，从其写的《山居赋》[⑤] 中可以一窥全貌。

这座别墅有"南北两居"，北山为谢灵运父、祖早先卜居之地，南山为其新营居宅之地。两居之间峰岭阻隔，但有水路相通。南北山居皆"傍山带江，尽幽居之美"。根据相关记载和考证，谢灵运别墅在上虞县的东山之西，即现在的曹娥江边的指石山一带（与上浦镇隔江相望）。[⑥] 虽经年历久，但当时的山川大势大致

---

① 唐代李白《春夜宴从弟桃花园序》中写道："如诗不成，罚依金谷酒数。"可见金谷诗会之影响。

② 《全晋文》卷九十一，引自（清）严可均辑，《全上古三代秦汉三国六朝文》，中华书局，1958，页1987。

③ 潘岳《闲居赋》中记述了为庆贺家中太夫人久病痊愈，全家人于庄园内摆筵祝寿、其乐融融的事件和场景，显示出浓厚的家庭生活气息，与金谷园中的游观场景截然不同。

④ 《宋书》卷六十七《谢灵运传》，中华书局，1974，页1753、1772。

⑤ 《全宋文》卷三十一。《全上古三代秦汉三国六朝文》，页2604-2609。

⑥ 《浙江通志》云：始宁园（即谢灵运山居）在上虞县东山下，谢灵运所栖止也。《嘉泰志》亦云："今（东）山半有东西二眺亭，其旧园别墅，迹不可泯"。宋孙枝《东山考》有此肯定之论。其曰："舟出上虞县曹娥江，逆流上江，左右皆淤沙驿道，蜿蜒而上，遇山则有磴道行可四五里，磴道盘入山腹，仰视乱石林立，峭壁芨之将压，有小江出自西南，山委蜿至壁下，与曹娥江合二江夹沙如嘴正射山壁……所在沟渚断涸其处，平湖澄泓，水色绀碧，野竹卧影，林深没人，幽趣不容模写。予意谢康乐过旧墅诗所谓'白云抱幽石，绿筱媚清涟'者其在于此。"其言的遇山有磴道，盘入山腰，及夹沙如嘴正射山壁之处，正为今指石山一带。

明了。根据其"左湖右江"及"往渚还江，面山背阜，东阻西倾"，其居当于山之东南面，于此处可上瞩山，下瞰林，左睹湖，右视江，四周环境了然于目，实为观景之佳处。其南，小江与曹娥江相汇于山南，形成洲渚沙汀，萧萧然而渺远。山南，有一石突兀江上，如谢灵运言"有石跳出，将崩江中"，其西，江水与山相接，峭壁森然，北面则有平湖，农田及山峦，平阔开敞，有"山矶下而回泽"。整个山川地势与景象和《山居赋》中所言大致相同，登其山顶，则远处群山起伏，江水延流。所谓"山纵横以布护，水回沈而萦洄。信荒极之绵眇，究风波之睽合。"现山中尚有泉水小溪沿竹林中磴道缓缓流出，潺潺作响，磴道有高下开合，一路上远近因借，回望周眺，均可与文中描绘相合。只因年代久远，已无具体遗迹可考（图5-12）。

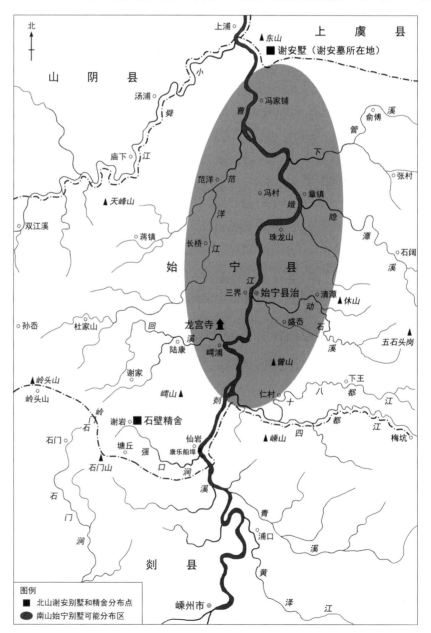

图5-12 谢灵运始宁别墅区位示意图（据《谢灵运山居赋诗文考释》文前插图"《山居赋》南北两居示意图"重绘）

整个别墅对道路的安排，分为水陆两路（图5-13）。由水路，便有"往返自然，自非岩涧，便是水逐，洲岛相对，皆有趣也"，一路所经，皆为涧流溪水，洲岛于其中伸缩，形成水流屈曲无尽，徒增了一片幽情之趣。而从陆路，则"跨越山岭，络亘田野，或升或降，当三里许，途径所经，则乔木茂竹，绿畴弥阜，横波疏石，侧道飞流，以为寓目之美观。"即陆路以行进过程中的变化为主，有曲有折，有高有低，既有密林茂竹蔽日，又有山地丘陵平远，且有乱石泉流于路侧，绵亘之田野在前方，景象万千，形成一动态连续的景观序列（图5-14）。

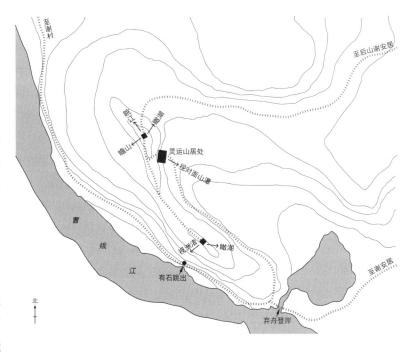

图5-13 始宁别墅游观道路示意图

a. 自山望江

b. 自江望对岸山脉

c. 指石山

d. 谢安墓

图5-14 始宁别墅周围山水环境（摄于1980年代）

对于栖居之地，则为"抗北顶以葺馆，瞰南峰以启轩，罗层岩于户里，列镜澜于窗前"，即建筑之周应可远借近览，既可直接借景于群山起伏，绵延无尽，亦可观景于倒影波纹，泉涧溪流，此泉最好还要"傍出，潺缓于东檐"，有山水美景，有泉石飞溅，极视听之娱也。在这样的精心构思和安排下，就可看到这样一幅佳美之景的展开："南悉连岭叠嶂，青翠相接，云烟霄路，殆无倪际"，"缘路初入，行千竹径，半路阔，以竹渠涧，既入东南傍山渠，展转幽奇，异处同类。路北东西路，因山为障。正北狭处，践湖为池。南山相对，皆有崖岸。东北枕壑，下则清川如镜……去岩半岭，复有一楼，回望周眺，既得远趣，还顾西馆，望对窗户。缘崖下者，密竹蒙径，从北直南，悉是竹园。东西百丈，南北百五十五丈。北倚近峰，南眺远岭，四山周山，溪涧交过，水石林竹之美，岩岫隈曲之好，备尽之矣。""因以小湖，邻于其隈。众流所凑，万泉所回……别有山水，路邈缅归……栈道倾亏，蹬阁连卷。复有水径，缭绕回圆，弥弥平湖，泓泓澄渊。孤岸竦秀，长洲芊绵，既瞻既眺，旷矣悠然。"在我们的面前，先是陆地上的山岳起伏，有小涧伴行，直入竹径，回旋曲折，忽狭极而阔，有湖于前，湖边则为山岩相对，深谷相接。再登高远眺，一片平远开旷之景，水面多变，山岭耸秀，别是一番景色，于焉逍遥，信可乐也。

总体而言，始宁别墅是一个大地主庄园，除园林部分外，还有田、有湖、有果园。园内有各种农业生产，"阡陌纵横，塍垎交经。导渠引流，脉散沟并。蔚蔚丰秋，苾苾香粳。送夏早秀，迎秋晚成。兼有陵陆，麻麦粟菽。候时觇节，递艺递孰。供粒食与浆饮，谢工商与衡牧。生何待于多资，理取足于满腹。"还有湖面用以养鱼。园内还有相当范围的林区，栽培松柏等树，并有大面积果园，有杏坛、柰园、橘林、栗圃等，其中"桃李多品，梨枣殊所。枇杷林檎，带谷映渚。楂梅流芬于回峦，樿柿被实于长浦。"园内还有一定的手工业，如纺织、酿酒等。可见，同当时其他庄园一样，始宁别墅也是一个自给自足的经济实体。但由于经过精心的选址和经营，始宁别墅里的生产设施、景观营造和自然山水有效地融合在一起，呈现出一派和谐宁静的园林化庄园景象。

陶渊明园田居

陶渊明为东晋南朝人，字元亮，又名潜，他是中国第一位田园诗人，被称为"古今隐逸诗人之宗"。陶渊明曾任江州祭酒、建威参军、镇军参军、彭泽县令等职，最末一次出仕为彭泽县令，八十多天便弃职而去，从此归隐田园。

园田居建于庐山脚下，地处乡间村野（图5-15），如《归园田居》诗中所写，"暧暧远人村，依依墟里烟。狗吠深巷中，鸡鸣桑树颠。"虽人烟不繁，但犬吠相闻，一派乡野村落景象。陶渊明属寒门地主，家境一般，与谢灵运等贵族士人社会和经济地位相差悬殊，其庄园不仅规模较小，且园内更多的是居住生产之处，农田耕作和酿酒等生产活动都需要陶渊明亲为躬行。园内的景观营造较少，既无穿池构山之痕迹，也无奇珍异果，只有后檐榆柳、堂前桃李和东篱菊

a. 自山下遥望庐山　　　　　　　　b. 自山上远眺鄱阳湖

图 5-15 陶渊明园田居周边环境

花，景观布置十分简朴。但于简朴之中，又蕴含着园主人归隐田野、恬然自得的心境，其诗句"采菊东篱下，悠然见南山"正是这一心境的写照。

陶渊明的园田居显示出浓郁的农业田园气息，是当时寒门地主阶层庄园营造的典型案例。

5.3.4 寺观园林

洛阳宝光寺

宝光寺在洛阳西阳门外御道北，原为西晋石塔寺，北魏时仅石塔尚存，高三层，以石为基，是西晋洛阳城内 42 座佛寺中保存的唯一一处遗迹。园中地势平衍，挖有较大水面，号曰"咸池"，为园内主景。池内遍生菱荷，岸边长有葭菼，池旁长有松、竹，园内还种有花圃。

宝光寺内的园池美景吸引了洛阳民众经常结伴到寺内游玩，以至"雷车接轸，羽盖成阴"[1]。充分说明随着汉地佛教的世俗化，环境优美的寺院成为城市里的公共游览地。

洛阳景明寺

景明寺位于洛阳城宣阳门外一里御道东侧，是北魏宣武皇帝于景明年间敕建。作为皇家寺院，景明寺规模宏大，"东西南北方五百步"[2]。寺内楼台殿阁宏敞精丽，达一千余间。"复殿重房，交疏对霤，青台紫阁，浮道相通，虽外有四时，而内无寒暑。"建筑周围皆是山池，花木植被精心布置，"竹松兰芷，垂列阶墀，含风团露，流香吐馥。"寺内池沼主要有三处，池内长有"萑蒲菱藕"，养有"黄甲紫鳞"，并有"青凫白雁"游翔于水上。可见，景明寺是一座将殿堂与园池林木穿插组合的园林化寺院（图 5-16）。

图 5-16 南朝经变故事高浮雕（摹自《中国美术全集》第 25 册"魏晋南北朝雕塑"，页 65）

---

① 《洛阳伽蓝记·城西》"宝光寺"条下。引自《洛阳伽蓝记校释》，页 137。

② 《洛阳伽蓝记·城南》"景明寺条下"。引自《洛阳伽蓝记校释》，页 97。

景明寺除殿台和园池盛景外，还有两点最为著名，一是寺内有正光年中太后所建的七层宝塔，规模和装饰堪比洛阳城内的永宁寺塔；二是寺内佛像精妙，"最为称首"，每年四月七日京师地区其他一千余尊佛像均会被抬至此处举行法会，是当时重要的佛事盛会。

建康同泰寺

同泰寺为梁武帝敕建，位于宫城北侧，并于宫城上新开一门，名大通门，正对寺庙南门。同泰寺占地较大，布局完整，既有宏伟的塔、殿建筑组群，又有大规模的山池植被等园林景观。根据《建康实录》记载，寺内建有左右两组宫殿，各象日月之形，宫殿周围挖有池濠，院内建有九层佛塔，并有大殿六所，小殿及堂十余所。山林之内建有禅窟、禅房，东西各建有佛台，高三层。寺庙西北方向堆有大规模假山，"筑山构陇，亘在西北"，山内建有柏殿。"寺内东西各建有璇玑殿，殿外积石种树为山，有盖天仪，激水随滴而转。"[①]

梁武帝崇尚佛教，曾三次于同泰寺舍身出家，强征百姓钱财以赎身。梁武帝末年，寺内佛塔起火，殃及全寺，仅瑞仪柏殿尚存，梁武帝随后命令重建十二层塔，未等建成即遭侯景之乱，工程搁置。

庐山东林寺

东林寺位于庐山西北麓的大林峰山脚下，东晋名僧慧远因其"林麓广闿"，有泉之胜而于西林之侧设东林。他"创造精舍，洞尽山美，却负香炉之峰，傍带瀑布之壑，仍石垒基，即松栽构，清泉环阶，白云满室。复于寺内别置禅林，森树烟凝，石筵苔合。凡在瞻履，皆神清而气肃焉。"[②]慧远的《游庐山》诗："崇岩吐清气，幽岫栖神迹。希声奏群籁，响出山溜滴。有客独冥游，径然忘所适。"现东林寺尚有聪明泉、虎溪名泉佳流，其中虎溪以大卵石乱铺溪底，水流潺缓十分清冽，显示一片清静的气氛。可见泉流是立基选址考虑的重要因素（图5-17）。

由于慧远在山水中经营，且助其弟子在庐山建立龙池、清泉、园觉、中大林、上崇福、上成化、天池、高良、多佛诸寺，并与士人来往频繁，结成白莲社（图5-18），使其影响远及，带动了此种经营山水风尚的传播，其时士人有居东林者，多有于山水中经营之想，如刘慧斐"游于匡山，遇处士张孝秀，相得甚欢，遂有终焉之志。""居东林寺。又于山北构园一所，号曰离垢园，时人仍谓为离垢先生。"[③]张孝秀亦"居于东林寺，有田数十顷，部曲数百人，率以力田，尽供山众。"[④]

---

① 《建康实录》卷十七《梁上·高祖武皇帝》"大通元年"条下。中华书局1986年点校版，页681。

② 《高僧传》卷六《义解三·晋庐山释慧远》。引自中华书局1992年点校版，页212。

③ 《南史》卷七十六《隐逸下·刘慧斐传》，中华书局，1975，页1902。

④ 《南史》卷七十六《隐逸下·张孝秀传》，中华书局，1975，页1905-1906。

图 5-17 东林寺周围环境照片（摄于 1980 年代）

a. 东林寺附近的石门涧　　　　　　b. 虎溪铺石

图 5-18 南宋张激"白莲社图卷"部分（引自《中国美术全集》第 5 册"两宋绘画［下］"，图版二三，页 33。）

东林寺的景观营建以水为主，特别是在对水的处理上，充分利用水的变化，取不同的位置与多种角度观赏，使有景点各异的效果经营中以山涧石池为主题而展开，是山水环境中理水的绝佳范例。

茅山华阳隐居

华阳隐居位于茅山，为南朝著名道士陶弘景所立。陶弘景是道家重要流派"茅山道"的创始人，也是当时的著名隐士和学者，深受朝廷器重，人称"山中宰相"。其华阳隐居既是道观，也是山居别墅，与自然山林融为一体。史载其辞官后归隐于句容的句曲山，称山下是道教第八洞宫，名"金坛华阳之天"。他于半山腰建居舍，自号华阳隐居。南齐永元初年，在居所内建三层楼阁，"弘景处其上，弟子居其中，宾客至其下"，专心修道，与世隔绝。其山居周围松树遍野，陶弘景"特爱松风，每闻其响，欣然为乐。"①

5.4　时代特征

5.4.1　思想观念

两晋南北朝时期，国内战乱频发，民不聊生，士人处于疾世和彷徨之中，

---

① 《梁书》卷五十一《处士列传·陶弘景传》，中华书局，1973，页 742-743。

他们对现实社会极端不满，而以西晋时期单纯的清谈玄言作为自我麻痹和自我安慰，终究经不起客观事实的考验，"一死生为虚诞，齐彭殇为妄作"，一切都是"俯仰之间，已为陈迹"[①]。另一方面，晋人南迁带动了南方的开发，南方的秀丽风景被士人所认识和欣赏，故而兴起游历山川之风，在这自然美的欣赏中，士人发自内心的感叹和赞美，促进了山水自然内容的进一步展开。

当东晋以后自然观发生转变而使玄学与自然相结合时，大自然的山山水水就因它的清静虚明和远离尘世而成了士人寄托性情的良好场所和新的追求对象。士人们纷纷走向自然，促成优游山水和隐居自然风尚的兴盛，这样的风气，无疑对山水风景的开发，山水自然的实践和创造起到促进的作用。换言之，崇尚自然、纵情自然山水的风尚为风景的开发和山水的创造奠定了理论和实践上的基础。然而由于社会地位和经济地位的差别，士人的山居野处的愿望并不是人人都能得到，而寄情山水，雅好自然又使士人不能满足于一时的游山玩水，他们希望的是长期居于山水自然之中陶冶情操。因此，建立庭园以象征自然，并在"有若自然"的原则指导下对大自然山水进行再现，把它作为表现人格，寄托性情的场所的风气就在士人中流传开来。

5.4.2 审美方式

两晋南北朝园林的发展跟当时山水文化、审美意识密切相关，两者相互影响，体现了一体化的文化历程。中国的自然山水美学以完整形态和独立意义的现象和类型出现，为时较晚。王国维说："人类之兴味，实先人生，而后自然。故纯粹之模山范水，流连光景之作，自建安以前，殆未之见。"[②] 从两晋南北朝开始，自然山水文化成为独立的审美品，人的自然审美意识成为自觉意识。

山水文学作品和山水画的出现是山水文化和审美意识成熟的标志。自然山水文学始于曹魏，到东晋时已蔚然成风。其中，山水诗是两晋南北朝山水审美意识的最集中表现形态。这时期出现了大小二谢、沈约、王融、何逊、萧统等一大批杰出的山水诗人。这些山水诗中有很多涉及园林景观，形成两晋南北朝诗美学门类中的一大支脉。

同山水诗一样，山水画在两晋南北朝也得到了大力发展，一举成为中国古代绘画中的重要类型。美术史界普遍认为，"中国的山水画，出现于战国以前，确立于南北朝，兴盛于隋唐。"[③] 这一时期，不仅出现了大量山水画家和画作，如顾恺之《洛神赋图卷》、戴逵《吴中溪山邑居图》、戴勃《九州君山图》、宗炳《秋山图》、谢赫《大山图》等，而且还首次出现了山水画论，如顾恺之的《画

---

① 王羲之《兰亭集序》。

② 王国维《屈子文学之精神》，引自姚淦铭、王燕编，《王国维文集》第一卷，中国文史出版社，1997，页31。

③ 王伯敏《中国绘画通史》（上册），三联书店，2000，133 页。

图 5-19 东晋顾恺之《洛神赋图卷》宋摹本局部（引自《中国美术全集》第 2 册"原始社会至南北朝绘画"，页 130）

云台山记》，宗炳《画山水序》和王微的《叙画》（图 5-19）。

两晋南北朝山水诗画的大力发展与园林的发展相辅相成，共同根植于当时士人自然山水审美意识的转折和提高，不同艺术门类之间虽形式、技艺各异，但其中的艺术精神是相通的，且有些士人精通数艺，如谢灵运不仅是造园家，还是著名的山水诗人，正是士人阶层的普遍参与和集体意识造就了两晋南北朝山水美学和山水文化的勃兴。

山水审美意识的出现和普及对士人的山水创造实践具有重要影响。无论是在真山水中，还是在尘世喧嚣之中，只要是有关山水的实践和创造，如宅园、山居别墅等，都按照其心中的自然山水形态进行。在这种审美情趣影响下而形成的一系列的山水布局手法，如选址、理水、叠山等，都是在此基础上的提炼和发展。清静虚明的审美情调成为以后的山水园林所要表现的基本格调，成为山水创作的目的。

5.4.3 营造方法

两晋南北朝的园林，不论苑囿、宫宅园林还是寺观园林，都经过审慎的选址，充分依托基地自然环境，依山而筑，引水入园，当时园林营建中有一个最常见的术语是"经始山川"，充分显示了这一主体性特点。

苑囿中，除华林园沿袭汉魏旧制固定于宫城北侧外，其他苑囿无不依山带水，占据都城内外自然风景优美之处。如建康苑囿的选址充分利用了当地山水兼备的特点，如玄武湖、燕雀湖、覆舟山、幕府山、鸡笼山等。此外，一些大型苑囿的选址还具有军事防御的考虑。如北魏平城禁苑将城北大面积土地纳入苑内，兼具城北屏障的作用。

相对于苑囿，宫宅园林和寺观园林面积较小，选址也较为自由和灵活。城内宫宅和寺观园林多临水而建，如北魏洛阳城内外的达官贵族府邸和重要寺观多位于沟渠和水道旁侧，便于园内引水；又如建康的王导、谢安等士族宅第主要分布于秦淮河畔。

两晋南北朝郊野庄园、山居园墅和山林寺观的大量出现极大地丰富了园林的选址环境。园主人在选址时"非龟非筮"，不以风水占卜为意，而是"择良选奇"，或选于有远山可览、有清水可赏之处，或选于有远离人烟、幽深可居之处，所谓"选自然之神丽"，来"尽高栖之意得"，以满足园主的意趣，充分体现了当时士人摆脱超自然性，走向自然本身的文化意识。

苑囿

两晋南北朝的苑囿延续了汉魏以来的大致格局，但也出现了一些新的特征。

一是苑囿内的生产功能开始消退，游观内容得到增加。两晋南北朝苑囿中已极少出现农业田园、畜牧和手工业场所，占地规模也总体变小。但苑囿内的游观比重得到增加，内容更加丰富，营造手法趋向精密细致。筑山理水的技艺达到一定水准，不再简单摹写，而是追求神似和游观体验。园内动植物不再以名贵取胜，而更多着重于对氛围的营造。建筑内容和形象相比汉魏更加多样和丰富，且与山水环境结合紧密，布局错落有致，产生步移景异的游览效果。此外，受统治者崇尚佛教思想的影响，苑囿内开始出现佛教建筑。

二是苑囿主题已开始从摹拟神仙境界转化为自然山水题材的创作。"一池三山"格局在南北朝时已很少使用。在北方，北魏洛阳华林园已由"一池三山"转变为"一池一山"，北齐邺城仙都苑则完全采用象征五岳、四海的山水布局；在南方，元嘉二十二年（445年），宋文帝欲于玄武湖中立方丈、蓬莱、瀛洲三神山，但被大臣力谏后作罢。这些都反映出苑囿中求仙思想的弱化。与此相对的是苑囿中山水自然景观内容的增加。在当时崇尚自然的美学思潮影响下，苑囿中的山池林木更加细腻和自然，不再单纯以富贵奢华取胜。如东晋简文帝入华林园所云："会心处不必在远，翳然林木，便自有濠濮间想也。"便是有感于此园的山水林木而抒发出来的逍遥物外的慨叹。

三是苑囿开始受到士人文化和士人园林的影响。南北朝时开始出现由文人负责和参与苑囿营造的现象。如刘宋元嘉年间华林园和玄武湖的营造均由将作大匠张永负责，北魏宣武帝时洛阳华林园的营建工作由骠骑将军茹皓负责。张永为南朝著名文人，而茹皓祖籍江南，深受南方文化熏陶，两者均将当时士人崇尚自然的风气和审美意识融入苑囿的营造中去，并带来了更加精巧、雅致和写意的造园手法。史载茹皓于华林园内天渊池西筑山，"采掘北邙及南山佳石。徙竹汝颍，罗莳其间；经构楼馆，列于上下。树草栽木，颇有野致。"① 此外，民间的一些游赏活动和景观配置也被引入苑囿之中，如禊饮、曲水流觞活动及相关的禊堂、禊坛、流杯池、流觞池等配置开始在苑囿中普及，亭子作为景观建筑也出现在了苑囿中。

宫宅园林

两晋南北朝的宫宅园林营建十分兴盛，其中不乏穷奢极侈、华丽绮靡的王公贵戚和达官贵人的宅园，但也出现了许多格调清幽雅致的园林案例，推动宫宅园林营造向精致化和小型化方向发展。

园林的精致化趋向体现在造园技法的成熟和多样化。筑山方面，除土山之外，叠石为山也较上代普遍，并开始出现孤赏石；园林理水技巧日渐成熟，水体多样纷呈，在园中占据重要位置；园林植物品类繁多，不仅用于观赏，而且能够与山水、建筑相配合。园林建筑不仅种类丰富，而且布置得宜，与自然环境相协调；景观手法方面，借景、框景大量使用。

这一时期的宫宅园林出现小型化的趋向，尤其是士人宅园，从庾信的《小园赋》可以感受到士人对小园的钟爱。小园规模虽小，但经过精心布局和营造也能体现小中见大的自然山水情怀，这也促使造园手法从单纯写实到象征与写实相结合的过渡。

就具体布局和营造而言，宫宅园林按景观主体可分为两类：

第一类是以植物山池为主，以突出自然环境的特征为主题，其风格朴质，不尚华丽。如庾诜"十亩之宅，山池居半。"② 他的园子中山池占了一半，可见其对山水自然的喜爱。孔珪宅园也有素朴的特色，其"居宅盛营山水，凭几独酌，傍无杂事。门庭之内，草莱不翦，中有蛙鸣，或问之曰：'欲为陈蕃乎？'珪笑答曰：'我以此当两部鼓吹，何必效蕃？'"③ 其宅内有山水之盛，甚至有蛙声贯耳，自然野趣浓厚。此外，齐人吕文度"广开宅宇，盛起土山，奇禽怪树，皆聚其中。"④ 吕文显"并造大宅，聚山开池。"⑤ 刘悛"盛修山池，造瓮牖"⑥，孙瑒"家庭穿筑，极林泉之致"⑦ 等，都属此类。他们的最大特点就是依靠自然界所具有的景物如山、水、植物等来创造一个清静的环境，使士人足不出户便能遨游自然，正所谓"虽云万重岭，所玩终一丘。阶墀幸自足，安事远遨游。"⑧

① 《魏书》卷九十三《恩倖列传》，中华书局，1974，页 2001。

② 《梁书》卷五十一《处士列传》，中华书局，1973，页 751。

③ 《南史》卷四十九《孔珪传》，中华书局，1975，页 1215-1216。

④ 《南史》卷七十七《恩倖列传》，中华书局，1975，页 1928。

⑤ 《南齐书》卷五十六《恩倖列传》，中华书局，1972，页 978。

⑥ 《南史》卷三十九《刘悛传》，中华书局，1972，页 1004。

⑦ 《南史》卷六十七《孙瑒传》，中华书局，1975，页 1638-1639。

⑧ 南朝沈约《休沐寄怀诗》。引自逯钦立辑校，《先秦汉魏晋南北朝诗》，中华书局，1983，页1641。

这期间，在水中游乐是士人追求自然享乐的重点之一。如阮佃夫"宅舍园池，诸王邸第莫及……于宅内开渎东出十许里，塘岸整洁，泛轻舟，奏女乐。"① 会稽文孝王道子，"开东第，筑山穿池，列树竹木，功用钜万。道子使宫人为酒肆，沽卖于水侧，与亲昵乘船就之饮宴，以为笑乐。"② 他们不光是深入自然之中，在水中欣赏，还增加了人为的情调，如奏乐、卖酒等，使之既有山水之野趣，又有尘世之享乐。由此可见，民间风俗也对士人的园林创造有一定的影响。

第二类是以建筑为主体的园林，这类园林除了营建山水之外，更考虑了人的观景、游赏需求，设立了各种不同形式的观景建筑，如馆、楼、塔、台等，风格华丽。如茹法亮园，"广开宅宇，杉斋光丽，与延昌殿相埒。延昌殿，武帝中斋也。宅后为鱼池钓台，土山楼馆，长廊将一里。竹林花药之美，公家苑囿不能及。"③ 他的宅园以建筑为主要游览的线索，通过建筑把各种景色联结起来，使人在游赏之中有步移景异的效果。朱异园"起宅东陂，穷乎美丽"，也是通过游赏中空间的不断变化来增添自然的趣味。史载"异及诸子自潮沟列宅至青溪，其中有台池玩好，每暇日与宾客游焉"。在动的游赏之中，亦有静的观览，其建筑可"晚日来下，酣饮其中"④，这种动静的对比，确使园景更加吸引人。此外，东晋纪瞻乌衣巷宅园的"馆宇崇丽，园池竹木，有足赏玩焉。"⑤ 齐文惠太子玄圃园"其中起出土山池阁、楼观塔宇，穷奇极丽"，"多聚异石，妙极山水"⑥，及梁昭明太子"于玄圃穿筑，更立亭馆，与朝士名素者游其中"⑦ 等，都是在宅园中以建筑为主，供世人游赏，观览山水竹木景色的例子。

庄园

两晋南北朝地主庄园经济的发展、占山护泽的盛行和士人悠游山水之风的流行促进了庄园别墅的盛兴。这一时期的庄园别墅主要分为两种类型，一种是士人以山居的形式隐居在山水之中。山居的范围小，设施简单，经营山水的内容单一。另一种是山居别墅。这些山居别墅的范围较大，经营有多种山水内容，并较注重景观建筑的建设。

这些庄园别墅首先是一个自给自足的经济实体，其中有农田、果园、鱼塘、家畜养殖场以及磨坊、酒坊等生产场所，以及仆役、佃农等服务人员的住所，这些功能区占据庄园内的较大面积。除生产功能外，庄园内还有居住、游园等生活和游憩功能，两者往往融合在一起，构成庄园内景观营造的主体。

---

① 《南史》卷七十七《恩倖列传》，中华书局，1975，页 1921-1922。
② 《晋书》卷六十四《简文三子》，中华书局，1974，页 1734。
③ 《南史》卷七十七《恩倖列传》，中华书局，1975，页 1929。
④ 《南史》卷六十二《朱异传》，中华书局，1975，页 1516-1518。
⑤ 《晋书》卷六十八《纪瞻传》，中华书局，1974，页 1824。
⑥ 《南史》卷四十四《齐武帝诸子》，中华书局，1975，页 1100。
⑦ 《南史》卷五十三《梁武帝诸子》，中华书局，1975，页 1310。

相比城市内的宅园，位于郊野的庄园不仅面积较大，而且拥有优美的自然山水环境，"带长阜，倚茂林"，为园林的营造提供了优越条件，吸引了当时许多士人参与和实践。也正因如此，庄园内的园林景观更多以展现和利用自然山水为主题，人工因素较少，这一点在南方地区尤为明显。

寺观园林

寺观园林于两晋南北朝首次出现，它依附于寺观而存在，成为园林体系中的重要分支。就园林与寺观的依附关系而言，可以分为三类。一是园林位于寺侧或寺后单独建置，犹如宅园之于邸宅，这类寺庙中多数来自"舍宅为寺"，原宅园转变为寺院附园；二是寺观内部各殿堂庭院的园林化；三是地处郊野山林地带的寺观结合自然山水在寺庙内外的景观营建。

城市内的寺观园林在内容和造园手法方面与宫宅园林基本一致，只是增加了一些宗教设施，如塔、观、雕塑等。这一时期寺观山林化的发展倾向带动了郊野山地寺观园林的出现，这类园林在营建时不仅着眼于宗教活动的需要，也将景观环境整治作为积极因素加以考虑，同当时的山居别墅一样，寺观殿宇往往因山就水、架岩跨涧，布局上讲究曲折幽致、高低错落。

两晋南北朝寺观园林的一大特征是社会化和世俗化。城市寺观不仅是举行宗教活动的场所，也是居民的公共游览地，每到节事活动，"雷车接轸，羽盖成阴"[1]，游园活动的兴盛促进了寺观园林的营建。郊野寺观园林的建设吸引了许多名士、文人和信众前来隐居、游览或参拜，从而带动了山林景区的开发，如庐山、茅山等，均由于这一时期的开发而闻名后世。

构景手法

两晋南北朝的造园实践已能娴熟运用借景、对景和框景等构景手法。

借景和对景手法在郊野山居别墅中更为鲜明。借景即是远借群山起伏的宏大景观，对景即是在建筑物的设置时，考虑到它的有景可赏，一般是通过树木的遮挡来对景观进行有目的的剪裁，以增加景观的感染力，突出大自然的美。由于山居别墅一般建于真实的自然山水之中，故其布局和选址多是因借自然的地势地貌，充分利用自然山水所具有的各种因素进行景观的组织。其多选址在自然特征明显并便于兴造的地方，如陡峭的绝壁之下、挺拔的山岩之旁、清清的泉水之侧或茂盛的树林之边。同时，基址的四周应远近有景，既可近赏，又可远眺。布局上多是以某种自然景物为其山居的表现主题，用其他的景物来烘托。也就是说，有山有水，山水相互穿插渗透为最佳。在山水大局的基础上，再进行植树、建屋、铺石、理水等强调和烘托自然的清幽气氛的布置。

通过窗牖设置框景也已成为常用做法。如谢朓《新治北窗和何从事诗》中

---

[1] 《洛阳伽蓝记·城西》"宝光寺"条下。引自《洛阳伽蓝记校释》，页137。

所写："国小暇日多，民淳纷务屏。辟牖期清旷，开帘候风景。泱泱日照溪，团团云去岭。岩崿兰橑峻，骈阗石路整。池北树如浮，竹外山犹影。"①又如谢灵运《山居赋》"敞南户以对远岭，辟东窗以瞩近田。"均道出了凭窗观景的绝佳视野。

南北方造园差异

两晋南北朝时，南、北方园林并驾齐驱，均得到了长足发展。但由于不同的地理、文化和社会环境，孕育出不同的审美文化意识，东晋南朝的园林与西晋北朝的园林呈现出不同的风格和特色。总体而言，北方壮丽，南方秀美。

分类而言，北方都城多选址于平地，苑囿规模宏大，色彩辉煌，人为因素较重，山池多为人工穿筑；南方建康为"襟江带湖、山水相依、龙蟠虎踞"之地，自然山水环境优美，苑囿中多为真山真水，较少人工雕琢。宫宅园林方面，北方多尚豪侈，比富斗艳；南方也有王公贵族僭越、奢靡之作，但士人园林多尚萧致，且小型化趋向明显。北方寺观园林青台紫阁，流香吐馥，香火气浓，如杨衒之《洛阳伽蓝记》所写；南方寺观园林秀丽清幽，出世味重。类似的区别也存在于庄园的营建中。

南北并峙互辉，使得两晋南北朝时的园林蔚为大观。

5.4.4 技术手段

中国园林的四大构景要素：山、水、植被、建筑，在两晋南北朝都已齐备，而且进行综合性组合，形成完整的园林景观。

造山叠石

山池是两晋南北朝园林中的基本景观，山是堆砌，可聚石，可覆土，以势为主。苑囿和王公贵族府邸园林中的假山规模较大，如南北方华林园中的景阳山等。士人宅园中的山以小山为主，梁庾信《枯树赋》："小山则丛桂留人"，正与当时的小园特征相吻合。

两晋南北朝土山仍然盛行，在南方园林中，常常自起土山来构筑景观。如《建康实录》载，吴后主"起土山作楼观"，《晋书·谢安传》："于土山营墅。"齐豫章王建园起土山，齐东昏侯筑园"作土山"。土山容易改造和重新塑造，特别易于植被，栽种花木。

除土山外，这一时期也出现了土石山和石山，并且叠石技巧已经达到了一定高度。如北魏茹皓主持营造洛阳华林园时，"为山于天渊池西，采掘北邙及南山佳石。"建成后的景阳山"石路崎岖，岩嶂峻险，云台风观，缨峦带阜"②。又如洛阳张伦宅园内的景阳山，"有若自然。其中重岩复岭，嶔崟相属。深溪洞壑，逦

①　逯钦立辑校，《先秦汉魏晋南北朝诗》，中华书局，1983，页1442。
②　《水经注》卷十六《谷水》。引自（北魏）郦道元原著，陈桥驿等译注，《水经注全译》，贵州人民出版社，1996，页573。

迤连接……崎岖石路，似壅而通；峥嵘涧道，盘纤复直。"① 这一时期的假山洞构筑技法也有较大进步，梁湘东王萧绎的湘东苑中有石洞"潜行委宛二百步。"虽不知其具体构造形式，但也可想见其理洞技术已比较成熟。用石砌筑水岸的做法也在这时出现，宋人刘勔造园于"钟岭之南，以为栖息，聚石蓄水，仿佛丘中"②。

随着两晋南北朝士人对假山石审美水平的提高，个别园林中甚至出现了孤赏石。《南史·到溉传》中关于梁武帝与近臣到溉赌园林中一块石头的例子是最重要的证明："（到）溉第居近淮水，斋前山池有奇礓石，长一丈六尺，帝戏与赌之，并《礼记》一部，溉并输焉。……石既迎置华林园宴殿前。移石之日，都下倾城纵观，所谓到公石也。"③

理水

理水是园林营造中的重要内容。苑囿和大型府邸宅院中的水面面积普遍较大，是园内主景之一，如南北方华林园中的天渊池，以及北齐邺城中人工开挖的"大海"。士人园林中水体面积一般较小，多用曲池或山池，如江淹《池上酬刘记室诗》："紫荷渐曲池。"谢庄有《曲池赋》："山北兮黛柏，南溪兮赪石。赪岸兮若虹，黛树兮如画。暮云兮十里，朝霞兮千尺。步东池兮夜未久，卧西窗兮月向山。"④

位于城市中的园林多依托自然或人工河道引水，当时的水利技术已十分高超，如北魏洛阳华林园中的水体通过地下渠闸连通谷水、阳渠，能够确保园内水体旱涝无恙。

郊野山居别墅和寺观园林的营造中也十分注重对水的处理。一方面充分利用自然界的河、泉、瀑、溪等，另一方面，进行局部的整理和加工，使之更符合观景的需要，如特意将泉水引至山居前，江水成潭，沥滴清音和波光倒影的美景兼而得之。有的则充分发挥水的变动特色，或引或疏，或使曲折周绕，或使一泻而激石其上，把水的优美姿态完全表现出来，更显幽静、清明。

图 5-20 北魏石柱础（引自《中国美术全集》第25册"魏晋南北朝雕塑"，页99）

园林建筑

建筑在两晋南北朝园林中的地位愈来愈受到重视，成为园林的重要组成部分（图 5-20）。建筑类型也变得十分丰富，包括宫、殿、堂、馆、

---

① 《洛阳伽蓝记·城东》"正始寺"条下。引自《洛阳伽蓝记校释》，页74。

② 《宋书》卷八十六《刘勔传》，中华书局，1974，页2195。

③ 《南史》卷二十五《到溉传》，中华书局，1975，页679。

④ 《全宋文》卷三十四。引自（清）严可均辑，《全上古三代秦汉三国六朝文》，中华书局，1958，页2625。

亭、台、阁、厅、斋、轩、榭、廊等等，其中亭在汉代本来是驿站建筑和基层行政机构，到两晋时，已完全演变为一种风景建筑。

苑囿和宫苑中的建筑穷奇极丽，尽显皇室奢靡之风。北方如北齐邺城仙都苑中的飞鸾殿、水殿和"密作堂"，南方如华林园中齐东昏侯所建的神仙、永寿、玉寿"三殿"，以及陈后主时建造的临春、结琦、望仙"三阁"，皆富丽堂皇，极尽奢华。士人园林和庄园中的建筑虽也有豪奢之风，但大多较为朴素。尤其是山居别墅中的建筑，建筑材料多用石、茅草等，不加特意修饰，与自然融为一体。

就建筑布局而言，这一时期的园内建筑开始注重与山水环境的结合，如北魏洛阳华林园内结合山体高下布置殿台亭阁，"游观者升降阿阁，出入虹陛，望之状免没鸾举矣。"[1] 位于郊野山林的山居别墅更能体现建筑布局的重要性，建筑的构筑多依自然的地形而进行，可以凭岩，也可以依林，建筑本身也多为通透，于最佳景处开窗，或将门对于泉、石、树等佳景，使能远眺近览，把优美景色尽收眼底。

植物

两晋南北朝园林中的植物品类繁多，包括松、柏、竹、梅、橘、石榴、槐、杨、柳、桃、桐、朱樱、梨、蔷薇、荷、浮萍等地面和水上植物，以及各种花药。且随着这一时期自然观的转变，文人对植物产生了更多的人文情怀，松柏、竹、梅、菊等植物被赋予鲜明的人格化特征，成为当时文人欣赏和吟咏的重要对象，如王献之指竹而言："何可一日无此君？"庾诜家中起火，"唯恐损竹"，等等。文人对植物的偏爱直接反映到其宅园的营造上，如江淹宅园"有莲花一池"等即为此例。

此外，这一时期的园林植物配置不再局限于对奇花异木的栽培和观赏，更多的是经过缜密的构思和设计，利用植物与山水、建筑相配合，共同分隔空间或营造环境氛围。如临水种柳、靠池植竹，借以形成倒影景观。顾恻《望廨前水竹诗》中写道，"萧萧丛竹映，澹澹平湖净。叶倒涟漪文，水漾檀栾影。"[2] 生动地描写了园中水映竹影的恬静景象。

动物养殖

两晋南北朝时很多苑囿内仍有豢养和狩猎功能。如南朝于玄武湖北建上林苑，借用西汉上林苑之名，为皇家狩猎之地。除用于狩猎外，满足观赏用的动物在这一时期的园林中更为多见，如鹤、鱼等，且同时存在于苑囿和宫宅园林中。

---

① 《水经注》卷十六《谷水》。引自（北魏）郦道元原著，陈桥驿等译注，《水经注全译》，贵州人民出版社，1996，页573。

② 逯钦立辑校，《先秦汉魏晋南北朝诗》，中华书局，1983，页1473。

园林中的动物主要通过移畜、放养来点缀和活跃园林景观。这一时期园林内的动物畜养呈现两个特点：一是四时季节不间断地有动物的身影；二是不同动物种类形态错杂一园。

5.5　小结

两晋南北朝园林上承汉魏余韵，在体系、审美、营造方法和技术等方面有了全面进步和升华，为隋唐园林进入全盛期奠定了基础，是中国园林史上承上启下的一个重要转折点。

园林系统初具雏形，奠定了后世园林体系的基础。范围沿袭汉魏，并开始摆脱过去的求仙思想，生产运作功能消退，游赏功能成为主导；宫宅园林和庄园别墅大量涌现，文人园林初现端倪，园林化的庄园、别墅开启了后世山居、田园居和别墅园林之先河；寺观园林异军突起，发展为中国古典园林中的重要一支，寺观的山林化也肇始于这一时期；山居别墅和山地寺观园林的营建带动了山水环境的开发和公共游览区的建设，是后世许多名山大川开发的滥觞。

两晋南北朝园林在意趣、境界和规模上都发生了重大变化，奠定了后世园林的发展基调。这一时期，自然观发生巨大转变，崇尚自然的审美情趣和寄情山水的社会风尚带动了士人园林的兴盛，由两汉时期追求奢侈豪华、车马游观射猎为主的游乐性园林，转变为追求表现自然之美，通过静观自得、欣赏玩味，联想自然山水真境，以寄托襟怀、陶冶性灵的人文化园林，园林规模趋向小型化，设计趋向精致化，山水写意化造园手法已现端倪。

南方园林崛起，南北方园林地域特色初步形成。中国园林南北之差异是从两晋南北朝开始的，在此之前还只有北方园林系统，而无南方园林系统。两晋南北朝时南方园林迅猛发展，并与北方园林并驾齐驱。南北方不同的地理、文化和社会政治环境孕育出不同的审美意识，使两地的园林营造呈现出不同的风格和特色。粗放、壮丽的北方园林和精致、秀美的南方园林一起构成了中国园林的丰富内涵。

第 6 章　隋唐五代

隋唐五代时期园林在两晋南北朝的基础上，随着封建经济和文化的进一步发展而臻于全盛的局面。"贞观"、"开元"之治使社会、政治、经济、文化皆得到极大发展，期间虽有安史之乱的兵祸，但总体上社会稳定、经济繁荣、文化昌盛，造园活动也达到了极高的水平。皇家宫苑园林在内容、功能和艺术形象的更为综合，予人一种整体的审美感受，其兴盛与隋、唐宫廷规制的完善以及频繁而多样的帝王园居活动有着直接的关系，标志着以皇权为核心的集权政治的进一步巩固。第宅园林在艺术性上较之前代有较大发展，山水诗、画、园林在此时期已有互相渗透的迹象。

由于皇室对都城周边自然风景的开发和文士阶层对自然风景游览与地方治理的需要，邑郊理景得到充分的重视。梳理城市周边自然风景，有意识地对邑郊自然景观的开发利用和建设，从而形成规模较大、规划完整且定期对城市居民开放的邑郊理景点，是这一时期造园的重要发展。寺观园林普及程度较高，又促进了风景名胜区的进一步发展。

6.1 时代背景

581 年，北周贵族杨坚废北周静帝，建立隋王朝。589 年，隋军南下灭陈，中国复归统一。618 年，李渊削平割据势力，统一全国，建立唐王朝，经济发展，政局稳定，开创了唐王朝在中国历史上空前繁荣兴盛的局面。中唐安禄山、史思明发动叛乱，从此国势衰落。907 年，节度使朱全忠自立为帝，改国号为梁，中国开始陷入五代十国的分裂局面，直到 960 年赵匡胤建立宋朝。

初唐以后，在思想学术领域为政者采取了较为宽松的政策，对各家兼收并蓄，儒、道、佛三者兼容。上至帝王权相，下至王公士人，务功名，尚节义，"好语王霸大略，喜纵横任侠"，高谈"济苍生"、"安社稷"、"致君尧舜"，形成遍观百家，眼界开阔，思想活跃的局面，一扫魏晋南朝盛行的玄学和消极颓废思想，甚至普通阶层，亦有谈文论道、附庸风雅的情况。受这种世风所影响，园林不仅开始成为文人雅集的场所，更成为思想论辩的对象，对诸如"天道"、"自然"等观念的论述；同时也成为上至皇室、下至平民游赏的对象。中唐以后，随着政治的稳固，儒家虽逐渐趋于思想的正统，但由于皇室的尊崇，佛教在社会中具有更为普遍的地位。随着唐代对外交流的广泛渗透，各种思想、宗教等亦较为活跃。因此，发自中唐文人的"古文运动"、"排佛思潮"，均对中唐儒家的复兴起到了相当的作用。在这种思想激变碰撞的时代，诗文、绘画、工艺、建筑都有巨大的发展，并显示出一种开阔恢弘的气质。园林也出现前所未有的昌盛情景，艺术水平有了提高。

田制与赋税制度的结合，使隋、唐两代经济发展，强化了农民与土地的关系，社会趋于稳定。广泛的对外贸易，也刺激了经济的发展。隋、唐两代均以洛阳为东都，正式建立"两京制"。两京同样设置两套宫廷和衙署机构，贵戚、官僚也分别在两地建置邸宅和园林。尽管隋、唐两代在立朝之初，均实行轻徭役、薄赋税的政策，使两代在很短的时间内得以恢复，同时，在政治经济结构中，削弱门阀士族的势力，维护中央集权。但社会经济的极大发展，也导致了社会奢靡的风气。尤其如隋炀帝、武后乃至玄宗，皆奢靡无度，纵衍骄淫，助长世风，终致大乱。上行而下效，武后时期的太平公主，以及李林甫、杨国忠等，也多毫无规范，奢靡成风。其时所营造的园林，也规模宏大、追求奢华。与国力强盛、经济繁荣密不可分。中唐以后，文人作为土地所有者的地位提高，经济条件也较为丰厚，造园活动日盛。文人之间的雅集亦较为频繁，互相攀比之风遂兴，也促成了唐代造园活动的繁荣。

隋、唐时期国势强大，尤其初唐和盛唐，"贞观之治"和"开元之治"把中国封建社会推向一个历史高峰，成为古代中国继秦汉之后的又一昌盛时代。文学艺术方面，诸如诗歌、绘画，建筑、雕塑、音乐、舞蹈等，在发扬汉民族传统的基础上，吸收其他民族甚至外国的养分而同化融合，呈现为盛极一时的局面。山水画家总结创作经验，著为"画论"，这些都表明人们对大自然山水风景的构景规律和自然美又有了更深一层的把握和认识。这些都在一定程度上促成了人们自两晋南北朝以来的自然审美趣味，也推动了在造园活动中，对自然山水的追慕和想象，发展出一些掇山的特定技法。唐代已出现诗、画互渗的自觉追求，初唐诗人王维的诗作，生动地描写山野、田园如画的自然风光，他的画也同样饶有诗意，宋代苏轼评论王维艺术创作的特点在于"诗中有画，画中有诗"。同时，很多诗人、画家直接参与造园活动，诗文、绘画、园林这三个艺术门类已有互相渗透的迹象。

无论在技术或艺术方面，传统的木构建筑在唐代均已完全成熟，建筑物造型丰富，类型多样，从保留至今的一些殿堂、佛塔、石窟、壁画以及山水画中均可见到隋唐时期建筑的风貌，园林中的建筑类型趋于完善。同时，孤石审美在唐代发展出较为系统的方式，文人如白居易专门著文《太湖石记》讨论湖石的鉴藏与审美，也影响了人们对石头的收藏习惯与品赏趣味的演化。花木栽培的园艺技术也有很大进步，能够引种驯化、移栽异地花木。如李德裕在洛阳经营私园平泉庄，曾专门写过一篇《平泉山居草木记》，记录园内珍贵的观赏植物七八十种，其中大部分是从外地移栽的。

在这样的思想、经济、政治、文化背景下，中国古代园林的发展相应地在隋唐五代时期达到全盛的局面。

6.2　造园活动

隋唐五代时期的造园活动兴盛，各种园林类型均有发展。依托都城建设，第宅园林的建设达到极盛期，产生了众多名垂青史的园林实例。围绕都城近郊山水格局，邑郊理景也逐渐发展并成熟，部分宫苑区域也定期向民众开放。随着佛教、道教的普及与兴盛，寺观园林也逐渐形成各自的规制，成为重要的城市公共空间和风景游赏点。

就地域分布而言，两京地区的园林建设较为密集，规模宏大、类型齐全，艺术成就主要以宫苑园林为代表。宫苑园林、邑郊理景、寺观园林均较多围绕或毗邻京城兴建。城市宅园的分布则以关中、洛阳和江南三大文化区较为集中。以安史之乱为中唐的分界，则隋及初唐，园林多承继秦汉魏晋之余续，集中分布于北方；中唐以后，随着皇室王权衰落、士人南迁，除洛阳外，造园活动主要集中于南方，艺术成就主要体现在第宅园林上。五代期间，由于连年战乱，政权更迭等原因，虽有少量的造园活动，但几乎只是延续隋、唐两代造园的余续，并无重要的案例。概括起来，隋唐五代造园活动的特征如下：

首先，隋唐两代的宫苑园林得到极大发展，趋于成熟。隋唐两代实行两京制，在隋大兴（唐长安）和东都洛阳周边，均建设了规模宏大的宫苑园林。

其次，邑郊理景全面发展，城市远郊、自然山水、风景名胜受到重视。城市远郊自然山水景点开始与士人生活融合，延续并发展了魏晋时期追求自然山水的风气，邑郊理景手法得到全面的探索。

再次，随着城市建设和里坊制的固化与确立，城市内部宅园得以发展。众多文人、官僚参与造园活动。城市宅园的建设趋于普遍，由于空间、建造、材料相对受限，城市宅园促成士人对园林审美的转向。

最后，寺观园林得到进一步的发展。随着儒、释、道的汇融与合流，各种宗教寺观形制逐渐被固化，形成较为统一的模式。寺观建设多与自然山水相依托，发展出多样的方式。同时，社会开放程度的提高，使其他宗教，如伊斯兰教和景教建筑中亦有园林手法的运用。

6.2.1 隋代的造园

隋唐时期帝王宫苑兴作极盛。隋代开国建都长安，因汉长安城经过历年的战乱已残破不堪，遂于汉故城之南面另建新城，改名大兴城。隋文帝杨坚在长安建大兴苑，隋炀帝在洛阳辟西苑，又在扬州、晋陵（今江苏常州）等地大起离宫。

隋唐两期在都城建了大量宫苑，面积最大的是东都洛阳的西苑和西京大兴——长安的禁苑，面积都大于洛阳和长安城数倍（图6-1）。苑中建有大量宫殿，也有供游猎的猎场和养殖、农垦用的大量生产用地，不全是游赏处所。甚至一些离宫，如隋仁寿宫——唐九成宫和唐华清宫，虽有专供避暑洗沐和游憩之用，也附有部分园圃。九成宫园圃要供应合炼药饵的药材，华清宫要利用温泉地暖而供应早熟的时新蔬果。隋唐时的范围是兼游赏和农业、养殖业于一体的。

图 6-1 隋大兴、唐长安城布局的复原（宿白，隋唐长安城和洛阳城，《考古》，1978，第 6 期）

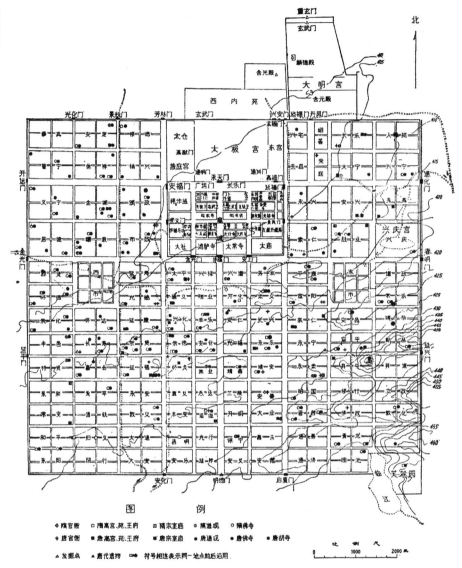

　　大兴城东西宽 9.72 公里，南北长 8.60 公里。它的总体规划保持北魏洛阳的主要特点而又有所创新，呈宫城、皇城、大城三重环套的配置形制。宫城以北为御苑"大兴苑"，北枕渭河，南靠大城之北墙，东抵浐河，西面包括汉代的长安故城。隋代的大兴城并未全部建成，宫苑和坊里都只是初具规模。

　　隋炀帝大业元年（605 年），在北魏洛阳故城以西约十八里处，东周王城的东侧正式营建东都洛阳，次年完工。大城的西侧为御苑，紧邻宫城和皇城。这座御苑的规模极其宏大，隋代叫做"西苑"，唐代改名"神都苑"。

　　唐帝王建了很大的宫苑，大兴苑（唐长安禁苑）和东都西苑规模巨大，面积超过大兴（长安）、洛阳，都是创建于隋而完善于唐的。隋、唐两京各宫还附有内苑，另在宫内也建有园林，实际上有大小三套，由于皇帝游园要有数百人随从，宴请大臣有时在千人以上，故其继承了汉以来的巨大、豪华、自然景观与人工造景相结合的特点，境界开阔，大山大水，楼阁对耸，模拟仙山琼阁，风格富丽，气氛热闹。

隋唐时期的宫苑、庄园与第宅园林、寺观园林均集中建置在两京——长安、洛阳的城内、附廓、近郊和远郊，数量之多，规模之宏大远远超过两晋南北朝时期。皇家宫苑内的园居生活随政局的稳定与动荡表现为多样化的倾向。随着城市建设的完善，以区位为分野的园林营造逐渐开始呈现专门化的趋势，相应的宫苑、第宅园林和邑郊理景这三个类别的区分更为明显，它们各自的规划布局特点也更为突出。这时期的皇家造园活动以隋代、初唐、盛唐最为频繁，天宝以后随着唐王朝国势的衰落，许多宫苑毁于战乱，宫苑园林的全盛局面逐渐消失，终于一蹶不振。

6.2.2　唐代的造园

唐代的造园活动已开始呈现出遍地开花的状态。尽管全国各地均有造园活动，但仍是集中在两京及其周边地区。唐代又对隋代奠基的城市水系加以完善，形成一个完整的水系，解决了城市供水、宫苑用水和水路运输的问题：开凿龙首渠供给东城一带及大明宫、兴庆宫的用水；开凿清明渠，引潏水，供给外郭城、西城及皇城、宫城的用水；开凿永安渠，引交水，接济外廓城、西城及禁苑的用水；疏浚汉代漕渠的故道，开凿由南郊通至西市的漕河，解物资转运尤其是城市的薪炭燃料的供应；开凿黄渠以扩大"曲江"的水源，曲江在长安城的东南隅，原有泉水汇聚为池，由于得到黄渠的接济水面更扩大而风景益佳，逐渐发展成为一处具有御苑功能的邑郊公共游览地。

唐代，长安北郊设有规模宏大的禁苑，东西 27 里，南北 33 里，周回 120 里（图 6-2）。苑中设分掌各区种植修葺园苑事宜的"东、西、南、北四监"，有宫与亭 24 所，还包括汉长安故城内原有殿舍 249 间。除禁苑之外，另有东内苑、西内苑和南苑（芙蓉苑）诸园。而太极宫、大明宫、兴庆宫、太子的东宫等宫廷区，都有山池花木穿插于内部的内廷中，形成园林化的居住区（宋敏求《长安志》）。其中大明宫的内廷区以太液池为中心，环池布置各种殿宇和长廊，池中堆土为蓬莱山。兴庆宫则以南面的龙池为中心辟为园林区，内有沉香亭、龙堂、勤政务本楼等重要建筑布列于周围。芙蓉苑位于长安城东南隅曲江南侧，有夹城御道和禁苑、有麟游的九成宫、终南山太和谷中的翠微宫、骊山温泉的华清宫、蓝田的万全宫、咸阳的望贤宫、华阴的金城宫等多处山居避暑胜地与离宫别馆。东都洛阳，还有上阳宫，洛阳附近有嵩山的奉天宫、临汝的襄城宫、永宁的绮岫宫、福昌的兰昌宫、渑池的紫桂宫和洛阳南面的三阳宫等，多属帝后避暑游憩之地。总计唐代所建离宫，其数不下二十。

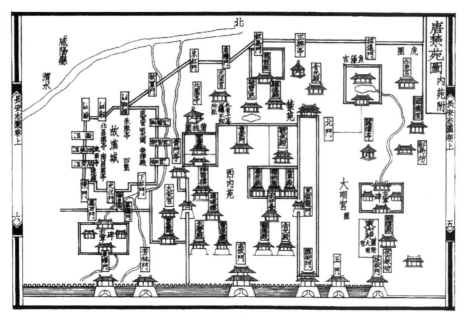

图6-2 《长安志图》中的唐禁苑图（转引自，傅熹年《中国古代建筑史》，第二卷）

　　唐代二百余年中，第宅园林颇盛，主要集中于长安、洛阳两京，在史籍和唐人诗文中有大量记载。近年来，考古发掘渐多，如白居易履道里宅园的发掘为了解唐代园林提供了实证的可能，然而更多的园林目前则只能综合诗文所载而知其大略。据宋李格非《题洛阳名园记后》所述，唐贞观、开元间，公卿贵戚在洛阳开馆列第的共千余家，其间布列池塘竹树，亭亭大榭，园林盛极一时。唐前期两京诸王公主及贵官建了很多宏大富丽的园林，有的在宅畔，有的则在城南部各坊或城外另建。《长安志》、《元河南志》载，高祖子徐王元礼山池在长安大业坊；太宗子魏王泰东都宅在道术坊，为池弥广数顷；高宗女太平公主山池院在兴道坊宅畔；中宗女长宁公主山池在崇仁坊宅畔；安乐公主山池在金城坊；玄宗时岐王山池在洛阳惠训坊；新都公主山池院在长安延福坊；宁王宪山池院在胜业坊。这些山池都以景物之美载于史册，其中太平公主、长宁公主、安乐公主的山池最为著名。

　　唐代长安一些贵族官员，园林不在宅畔，如宁王宅在大宁坊而山池在胜业坊，王昕宅在安仁坊而园在昭行坊，郭子仪宅在永宁坊而园在大通坊，安禄山宅在亲仁坊而园在昌义坊，李晟宅在永崇坊而园在丰邑坊，马璘宅在长兴坊而园在延康坊。更远的城市远郊，也被选择作为修造庄园的场所。

　　庄园占有大片土地，进行农林养殖，同时把其中一部分园林化。景物较开阔，有自然山水景观为依托，有大片的果园、竹林可资借用，建筑布局较宅园疏朗，风格也比较朴素，间以田园风光。这类庄园多称山庄、别业、别墅、山居。其中贵族豪门山庄比起士大夫所建更为豪华些。

　　长安附近的"辋川别业"是一座比较有代表性的庄园，由于园主人王维是当时的大诗人、大画家而名重一时，也由于王维曾著文赋诗咏赞园景而成为历史上的一座名园。长安是首都所在地,大臣权贵们的池馆更多,除了城内的宅园外,城南樊川、杜曲一带泉清林茂之地,数十里间,布满公卿郊园,各官署也盛行开池堆山(《画墁录》);甚至佛教寺院内也有供人观赏游览的"山庭院"(段成式《寺塔记》)。由此可以想见长安造园活动的盛况。大体上说,早期可以贵族豪门的大型山池院为代表,以规模宏大、景物富丽胜;后期则以文士出身的官吏所建园林为代表,以秀雅和含蕴诗意胜。

洛阳郊外也有不少庄园。其中由在朝的达官显宦修造的,尽管十分宏大华丽,然而园主人往往不能经常居住甚至有"终生不能到"的。李德裕的平泉庄便是一例。如牛僧孺、裴度、白居易等虽然都在洛阳城内拥有园宅,但有些人还在城外风景区建有山庄别业。

唐代,邑郊理景有所发展。长安城的东南隅就是都下的邑郊游览区,其中有慈恩寺、杏园、乐游原、曲江池诸胜。这一区的南面是唐帝的南苑——芙蓉苑。曲江是都人春游禊饮和重阳登高的好去处,尤其是二月初一的"中和节"、三月初三的"上巳节"和九月初九的"重阳节"最为热闹,达官贵戚、庶民商贩都来游赏,有时唐帝也在芙蓉苑的北楼——紫云楼上临眺这里的风光。除京城之外,各州府所在的城市,地方官们也多留意城郊风景点的开发,如大历间(776年)颜真卿在湖州任刺史,辟城东南霅溪白蘋洲,作八角亭,供人游赏。到开成间(838年),后人又加修葺,构筑五亭,成为一方胜景(白居易《白蘋洲记》)。杭州西郊从西湖至灵隐一带,风景优美,白居易做杭州刺史之前,历届郡守已建有五亭,从郡城至灵隐冷泉,一路彼此相望(白居易《冷泉亭记》)。除此之外,见于史籍的风景点还有李德裕在成都新繁所辟的东池、闵城的新池、颖州西湖、彭城阳春亭、濠州四望亭等。"亭"本是驿馆,到南北朝以后已扩大了它的内涵,成为驿馆、风景点、亭子的多义词。

在各地的风景建筑中,以滕王阁、黄鹤楼、岳阳楼三者最为知名。它们背郭倚城起楼,凭高凌江,利于眺望开阔壮丽的山川景色。滕王阁创建于唐显庆间(653年),因王勃《滕王阁序》而名益著,韩愈也说"江南多临眺之美,而滕王阁独为第一"(《新修滕王阁记》)。黄鹤楼相传创建于东吴,唐时也很著名,李白诗有:"故人西辞黄鹤楼,烟花三月下扬州"之句(《送孟浩然之广陵》)。岳阳楼创建稍晚,是开元间(716年)张说守岳州时所建,李白、杜甫、白居易等也都有诗赋之。其他城市在江边或风景优胜处建楼临眺的例子还很多,如绵州越王楼、河中鹳雀楼、江州庾楼、仪真扬子江楼、东阳八咏楼等。至于利用城楼作为赏景观风、宴集宾客之所,也是唐时的一种风尚。

唐代,山水文学兴旺发达。文人经常写作山水诗文,对山水风景的鉴赏必然具备一定的能力和水平。许多著名文人担任地方官职,出于对当地山水风景的向往之情并利用他们的职权对风景的开发多有建树。柳宗元笔下所记的桂林漓江訾家洲,由裴行立于元和十二年(817年)开辟为邑郊游览区,洲上设燕亭、飞阁、县馆、崇轩四处景点，总称为"訾家洲亭"。柳宗元贬谪所在地永州，风景建设尤为频繁，从他的名著《永州八记》等文中可以看到，柳宗元经常栽植竹树，美化环境，把他的住所附近的小溪、泉眼、水沟分别命名为"愚溪"、"愚泉"、"愚沟"。他还负土垒石，把愚沟的中段开拓为水池，名之"愚丘"，并命名"愚池"，在池中堆筑"愚岛"，池南建"愚堂"，池东建"愚亭"。这些命名均寓意于他的"以愚触罪"而遭贬谪，"永州八愚"遂成当地名景之一。不但州牧县令建立邑郊游览地，他本人也积极参与城郊山区风景的开发，亲自规划筹建钴鉧潭等景点。

诗人白居易在杭州刺史任内，曾对西湖进行了水利和风景的综合治理。他力排众议，修筑湖堤，提高西湖水位，解决了从杭州至海宁的上塘河两岸千顷良田的旱季灌溉。同时，沿西湖岸大量植树造林，修建亭阁以点缀风景。西湖得以进一步开发而增添风景的魅力，以至于白居易离任后仍对之眷恋不已："未能抛得杭州去，一半勾留是此湖"。诸如此类的文人地方官积极开发当地风景的事例，见于文献记载的不少。

衙署对城市街道绿化十分重视，严禁任意侵占街道绿地。皇城、宫城内则广种梧桐、桃树、李树和柳树，文人对此亦多有咏赞。唐高宗龙朔三年，管理宫廷事务的官员梁孝仁在蓬莱宫庭院内尽植白杨树，谓"此木易长，不过三年宫中可得荫映"。适逢右骁卫托将军契苾何力入宫参观，诵古诗"白杨多悲风，萧萧愁煞人"，孝仁闻后立令拔去，改种梧桐。据此，可以设想长安城内一片郁郁葱葱，城市绿化必然是十分出色的。居住区的绿化由京兆尹直接主持，居民分片包干种树。主要街道的行道树以槐树为主，间植榆、柳，时人的诗文中多有提及。街两侧的行道树株距整齐划一，保养及时，如有缺株很快补植，甚至皇帝也亲自过问绿化工程。

另外，唐代广州城西的荔枝湾，风景秀丽，古时称荔枝洲，相传西汉初期，陆贾奉汉文帝之命南来广州游说南越王赵佗归汉，曾在此处种植荔枝。荔枝湾从唐代起就以种植荔枝出名。唐咸通年间，岭南节度使郑从谠在荔枝洲上筑有荔园。其好友安徽舒州诗人曹松来园游玩，写下了《南海陪郑司空游荔园》一诗，此诗是荔枝湾最早的题咏。

6.2.3　五代的造园

中唐以后直至五代，造园活动经历了一个由盛转衰的过程。一方面，由于连年战乱，隋、初唐所建的众多园林在战乱中多有损毁，未及修复又遭新的兵燹而逐渐毁废；另一方面，则是由于战乱而兴起的避世之风盛行，然而造园囿于社会局势的动荡，并没有能够形成特有的造园手法和思路，主要还是延续自中唐以来所渐趋成熟的方式，加以细化，但规模、影响力皆弱于之前。

由于没有相对系统的史料和考古发现支持，五代时期的造园活动，存留至今的，仅南汉尚有一些遗存，南汉宫殿建筑群基本上都附有园林，南汉宫苑规模极盛，有"三城之地，半为离宫苑囿"。东边远郊罗浮山金沙洞有天华宫建筑群，宫内建云华阁、含阳门、起云门、甘露亭、羽盖亭等，建筑极为华丽。今日增城石滩元洲的"刘王涌"，就是当时宫苑之御河。南汉宫城禁苑中，最著名的当数南宫仙湖药洲。《南汉春秋》称："凿山城以通舟楫，开兰湖，辟药洲。"兰湖即芝兰湖，在当时的府城北，亦为南汉时宫苑。另外，五代时，王审知浚福州西湖，其子延翰、延钧在西湖建绵延数十里的宫殿园林群。据流传下来的闽国福州城图，闽国后期的宫殿园林群范围很大，几乎占有福州城的三分之一。

6.2.4 造园人物与著述

造园人物

● 王维

王维（701-761年，一说699-761年），唐朝河东蒲州（今山西运城永济市）人，祖籍山西祁县，唐朝著名诗人、画家，字摩诘，号摩诘居士，世称"王右丞"。王维安史之乱中被捕，被迫出任伪职，战乱平息后下狱，得宽宥，降为太子中允，后迁中书舍人，终尚书右丞。致仕后，王维在京城南蓝田山麓购宋之问别业，扩充修建为辋川别业，以修养身心。辋川别业在中国造园史上有非常重要的地位。王维与其好友裴迪在其间隐居唱和的诗文被编为《辋川集》，《辋川集》中的诗多写景自然清新，淡远之境自见，写诗人远离尘俗，继续隐居的愿望，大有陶渊明遗风。王维不但有卓越的文学才能，而且是出色的画家，还擅长音乐。据传王维还根据辋川内诸景作有《辋川图》（仅存后世的摹本）并著有绘画理论著作《山水论》，《山水诀》。深湛的艺术修养，来源于王维对于自然的爱好和长期山林生活的经历，使他对自然美具有敏锐独特而细致入微的感受，因而他笔下的山水景物特别富有神韵，常常是略事渲染，便表现出深长悠远的意境，耐人玩味。他以画入诗，使其山水诗形成了富有诗情画意的基本特征，对后世产生了深远的影响，被称为"文人山水画"南宗水墨山水鼻祖，钱钟书誉之为"盛唐画坛第一把交椅"。 王维这种以不同艺术相互渗透的方式，对后世产生了深刻的影响，而他所营建的辋川别业也成为中国造园史上的经典案例。

● 柳宗元

柳宗元（773-819年），字子厚，河东（现山西运城永济一带）人，唐宋八大家之一，唐代文学家、哲学家、散文家和思想家，世称"柳河东"、"河东先生"，因官终柳州刺史，又称"柳柳州"。唐顺宗永贞元年（805年），参加王叔文领导的政治革新运动。革新失败后，王叔文被杀，柳宗元也从中央贬到了地方，先是贬为绍州刺史，未及到任又被贬为永州（现属湖南）司马，到职后的柳宗元暂居龙兴寺。815年，柳宗元离开永州，又贬为柳州刺史，819年病死于柳州任上。永州十年，是柳宗元在哲学、政治、历史、文学等方面进行钻研，并游历永州山水，结交当地士子和闲人，并写下著名的《永州八记》（《柳河东全集》540多篇诗文中，有317篇创作于永州）。永州在柳宗元治下，风景建设尤为频繁，柳宗元亲自参与了永州、柳州的城市建设和邑郊游览点的开发活动。《永州八记》提出了针对自然风景的鉴赏原则，对后世有深远影响。从他的名著《永州八记》等文中可以看到，不但州牧县令建立邑郊游览地，他本人也积极参与城郊山区风景的开发，亲自规划筹建钴鉧潭、龙兴寺东丘等景点，柳宗元对于风景环境具有深入的研究，同时更是一位精于探索的实践家。

● 裴度

晋文忠公裴度（765-839年），字中立，河东闻喜（今山西闻喜）人。唐代中期杰出的政治家、文学家。自甘露之变后，宦官当权，裴度辞官退隐，在东都的集贤里建立府宅，以度晚年。裴度一生在长安和洛阳营建了四处园林，分别为永乐坊园、兴化里园、集贤里园和午桥庄绿野堂，这四处园林他都曾亲自参与营建，堪为中晚唐时期北方第宅园林的代表作。裴度的集贤里宅园，构筑假山，开凿池塘，竹树荟萃，建有风亭水榭、梯桥架阁，岛屿四环，极尽都城的丽色佳境。另在午桥建造了别业，栽培花木万株，其中修建了一座歇凉避暑的亭阁，名叫绿野堂。引入清水灌注其中，导引分流贯通有序，两岸景物交相映衬。裴度处理公务之暇，礼贤好士，当时的名士，都相从交游。裴度与众多官员文士有密切交往，韩愈、张籍、白居易、刘禹锡等文人与之多有交往，在其营造的园林中整日酣畅宴饮，借吟诗、饮酒、弹琴、书法自娱自乐，留下了众多的诗词唱和之作。最著名的诗为白居易《裴侍中晋公以集贤林亭即事诗二十六韵见赠，猥蒙徵和，才拙词繁，辄广为五百言，以伸酬献》，是后世研究集贤林亭的重要文献。集贤里园到北宋仍存，为李格非《洛阳名园记》所记载的"湖园"。

● 白居易

白居易（772-846年），字乐天，太原（今属山西）人。元和三年（808年）拜左拾遗，后贬江州（今属江西）司马，移忠州（今属四川）刺史。后为杭州刺史，又为苏州、同州（今属陕西）刺史，以刑部尚书致仕。晚居洛阳，自号醉吟先生、香山居士。白居易一生所营园林较多，曾先后主持营造过自己的四座私园，其中较有代表性的园林为庐山草堂和洛阳履道里园，这两个园林均具有开创性的地位，在当时即为重要的园林典范和文人雅集之所，白居易并著有《草堂记》《池上篇并序》《太湖石记》等造园著作，记述其营造园林的过程、心得和园林格局与鉴赏原则，对后世影响极大。同时，白居易与其好友们（如元稹等）对洛阳香山、杭州西湖等地的景观认识与改造，都对这些地区的风景名胜有很大贡献。白乐天主张造园多利用自然环境，汲取四周景物，为其所有，较之模仿他处景色为园更能有宛然天成的韵致，而成为古代"山居"的典范，其对自然环境的游历、审美也对当时和后世的人们影响很大。

● 李德裕

李德裕（787-850年），字文饶，唐赵郡赞皇（今河北赵县）人。李德裕两度为相，史载其善诗文书法。李德裕在洛阳所营之平泉山庄，周围十里，堂榭百余所，天下奇花异山，珍松怪石，无不毕致，园林恢弘，为一时胜。著有《平泉山庄草木记》《平泉山庄戒子孙记》等。记载其营园与搜求珍奇的过程，对当时及后世园林营造有较大的影响。

造园著述

● 李世民：《小池赋》《小山赋》

《小池赋》是唐太宗李世民写就的一篇小赋，描写了许敬宗家园林中小池的风光，是唐文中不可多得的帝王描写园林风物的文章，体现出当时上至帝王下至士大夫对园林修造与赏鉴的热情。而《小山赋》为唐太宗李世民的另一篇园林小文，与其嫔妃徐惠（即徐贤妃）的《奉和御制小山赋》一并收入《全唐文》，此二赋作于贞观二十一年初夏，时唐太宗重修终南山翠微宫，并携徐贤妃等人来这里避暑。赋中的"小山"是翠微宫中的一座假山。当年两人漫步于此，诗兴大发，留下了这两篇精致的唱和之作，辞藻优美，意境深远。

● 王维、裴迪：《辋川集》

《辋川集》为王维与裴迪在辋川别业中悠游唱和的诗合集。集内共收录二人吟咏描绘辋川别业的诗各20首，共计40首。分别详细描绘了辋川别业中的20处景点。与之相应的，是后世对王维《辋川图》的摹本。《辋川集》和《辋川图》是研究王维及其辋川别业的重要史料。

● 白居易：《草堂记》《池上篇》《太湖石记》

《草堂记》是白居易在江州司马任上于元和十二年（817年）四月间所作。《草堂记》是关于白居易营造庐山草堂的重要文献，是研究白居易造园思想的重要史料，堪称唐代散文中的佳作。文章开端自述营建庐山草堂的缘起乃为爱其环境"秀甲天下"，述其周边环境正在"甲庐山"的香炉峰与遗爱寺之间，写实的笔墨描绘出草堂简朴素雅的结构与陈设。进而，白居易以大段的文笔铺陈出草堂及其周边环境的丰富多样，山水景致的美好多姿，以及人在其中的身心安适和怡然自得。

《池上篇并序》是白居易为其在洛阳履道里园所作的诗并序。《池上篇》是关于白居易营造履道里园的重要文献，也是研究白居易造园思想的重要史料。《池上篇》的序详细记述了履道里园的营造区位，建设原因，基本格局，园林使用情况等造园细节。《池上篇》对履道里园的园林格局和作者生活情趣有极其生动的描写，通篇反映了白居易以之作为营造园林的原则，超越日常生活而栖居林泉的"优哉游哉"、"终老其间"的生活状态更是跃然纸上，体现了白居易造园思想中"物我两忘"、"颓然自适"的核心。

《太湖石记》是白居易写的关于太湖石赏鉴的文章。《太湖石记》以对园林中置石原则及其美学意义作了阐述。他认为石分若干品级，标示出不同石头的美学价值和差异，以大小分甲乙丙丁四等品之，每品又有上中下之分。白居易将嗜石与嗜书、嗜琴、嗜酒相提并论，将石与书琴酒并列，也说明其对置石美学价值和生活情趣的充分肯定。同时，更为重要的，是白居易将赏石作为重要的审美活动，以直观美感所激发的无尽联想作为赏石美学的重要方面。这些均对后世的园林置石和赏石评价产生深远的影响。

● 李德裕：《平泉山庄草木记》《平泉山庄戒子孙记》

《平泉山庄草木记》《平泉山庄戒子孙记》这两篇园记是李德裕记述其在洛阳伊川营建平泉山庄的重要文献。两篇园记详细记述了平泉山庄的营建过程、园林格局、置石情况、植物栽植，并对其中奇石之来源和植物配置有详尽的描述，对我们了解和研究平泉山庄有重要的史料价值。

● 柳宗元：《永州八记》《柳州山水近治可游者记》

柳宗元在谪贬永州和柳州期间所作的《永州八记》和《柳州山水近治可游者记》堪称唐代游记文学的典范。《永州八记》共八篇，元和四年（809年）柳宗元在永州写下《始得西山宴游记》《钴鉧潭记》《钴鉧潭西小丘记》和《至小丘西小石潭记》四篇山水游记，称为"前四记"，记述了他谪居柳州后游历西山一带的过程和西山风物。元和七年（812年），柳宗元又写就《袁家渴记》《石渠记》《石涧记》《小石城山记》四篇，被称为"后四记"，记述了永州周边景观。通观八篇，前四记的描写重点分别是山之怪特、溪之曲折、石之异态、水之清冽，后四记的描写则着重山中草木、渠中幽泉、石涧之美、石城奇崛。柳宗元贬居永州所作的"永州八记"是其徜徉于山水间，借文字描述永州奇崛山水而抒发慨叹自己被弃绝不用之美才的写照。其对永州诸景的描写，成为唐代乃至我国中唐以来对山水审美高度凝练的概括，对后世山水游记的写作、山水审美的表达影响深远。

6.3 造园案例

隋唐五代时期的园林，除历史文献（史籍、图像等）的大量记载之外，也有一些文物作为佐证，如在壁画和明器中，也可以找到一些间接的资料。而近几十年来的考古发掘，也使主要的宫苑遗迹逐渐为人们所了解，同时，日本、韩国等地的考古遗址，也提供了可供参考的国外例证。

6.3.1 宫苑

隋唐五代时期，皇家宫苑园林规模宏大，在总体布置和局部设计方面与地形地貌相结合的处理手法趋于成熟。与前朝"在苑囿中造宫室"不同，这个时期主要采用"在宫室中造苑囿"的手法。宫苑园林有鲜明的山水化特征，出现了像长安禁苑、东都西苑、兴庆宫、上阳宫等具有划时代意义的作品。

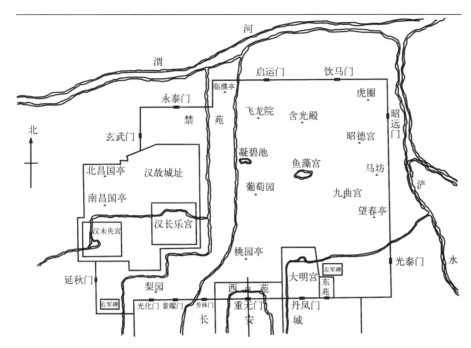

图 6-3 隋唐禁苑平面图
（据周维权，《中国古典园林史》改绘）

隋大兴苑（唐长安禁苑）

禁苑在长安宫城之北，即隋代的大兴苑，唐代改名禁苑。它实际上包括禁苑、西内苑、东内苑三部分，故又名三苑（图6-3）。

大兴苑在隋大兴城之北，与大兴城同时兴建，唐代因之，是隋、唐时期最重要的宫苑园林。长安禁苑地域广大，大兴苑东至浐水，北至渭河，西包汉长安故城，南抵大兴（唐长安）的北墙，东西二十七里，南北二十三里，周回一百二十里，规模和唐东都苑相当。大兴苑地阔，合唐代621平方里，为面积286唐平方里的长安城的2.1倍，足见其规模的宏阔。

隋、唐时期的大兴苑，实际上也是皇帝的庄园和猎场。隋唐西京、东都的禁苑实以园艺养殖为主，不是仅供皇帝游赏的园林，还保持一些古代苑囿的特点，苑中农林事颇为重要。另外，苑中兼可围猎。

禁苑占地大，树林密茂，建筑疏朗，十分空旷。因而除供游憩和娱乐活动之外，还兼作驯养野兽、驯马的场所，供应宫廷果蔬禽鱼的生产基地，皇帝狩猎、放鹰的猎场。其性质类似汉代的上林苑，但比上林苑要小得多。禁苑扼据宫城与渭河间要冲地段，也是一个拱卫京师的重要军事防区。苑内驻扎禁军的神策军、龙武军，羽林军，设左军碑、右军碑。

禁苑西部内包汉长安故城而建，在汉代旧宫遗址之内建殿宇为休憩之所。而从所记未央宫正殿通光殿之前东西各置一亭的布局看，已是隋、唐时期宫苑内建筑布局的方式，而非正式宫殿的形制。

史载大兴苑内，"苑中宫亭，凡二十四所"。相较其旷阔的用地，二十四宫、亭点缀其中，是离宫和临时休憩之所，园林建筑布置很稀疏。这二十四宫、亭中，其名史籍有记载的，有五宫、十七亭。五宫分别为九曲宫、鱼藻宫、元沼宫、咸宜宫、未央宫。其中的咸宜、未央二宫，是在汉宫旧址上重建，九曲、鱼藻、元沼三宫是唐代所创建的。十七亭中，有些可能不是孤立的一亭，而是以亭为主体的一组建筑，兼有古代行政单位"亭"的某些遗制，如望春亭即又称望春宫。望春宫始建于隋文帝时，原名望春亭，后改为宫，在禁苑东北高原上，东临浐水，宫内有升阳殿、放鸭亭等建筑。其余新建诸宫中，鱼藻宫在大明宫北禁苑池中山上，是唐代帝王观龙舟竞渡、水戏之所。九曲宫在左神策军之北，鱼藻宫之东北，宫中有殿舍山池。元沼宫的情况史载不详，仅存其名。

大兴苑南面三门，即长安北城西部的芳林门、景曜门、光化门；西面二门，南为延秋门，北为元武门；北面三门，自西向东依次为永泰门、启运门、饮马门；东面二门，南为光泰门，北为昭运门。苑中有两个大池，其中鱼藻池为龙舟竞渡之所，另一凝碧池有皇帝观鱼的记载，当是养鱼池。依托大池，池中建山，山上建宫、亭的做法，以及围绕大池，建筑点缀其间，各区之间互为联通的格局也奠定了隋、唐长安禁苑的常规布局。

禁苑内重要园林建筑有：

鱼藻宫 在大明宫之北。贞元十二年，引浐水开凿"鱼藻池"，池中堆筑岛山，山上建鱼藻宫，皇帝常在此处观竞渡和水嬉。

九曲宫 在鱼藻宫之东南，宫中有殿舍山池。

望春宫 宫内有升阳殿、放鸭亭、南望春亭、北望春亭。玄宗曾登北亭赋春台咏，朝士奉和凡数百。

蚕坛亭 在苑之东，皇后祈先蚕之亭。

临渭亭 北临渭水，为宫中举行修禊活动的地方。

葡萄园 在禁苑，有东、西葡萄园（《长安志》）。

梨园 在禁苑南面光化门之北。景龙四年二月，唐中宗令五品以上并学士自芳林门入集梨园，即是此园。至于唐玄宗置梨园弟子，教授音律，乃在蓬莱宫侧，并非此梨园（《雍录》）。

未央宫遗址 唐代加以修葺，宫侧有未央池，汉武库遗址。

此外，尚有飞龙院、昭德宫、光启宫、含光殿、骥德殿，白华殿、会昌殿、虎圈、马坊，以及亭十一座、桥五座。顾名思义，骥德殿是观看走马的地方，虎圈、马坊、放鸭亭分别为养虎，养马、养鸭的地方。

大明宫与东内苑

大明宫位于禁苑东南之龙首原高地上，又称"东内"。以其相对于长安宫城之"西内（太极宫）"而言，大明宫是一座相对独立的宫城，面积大约32公顷（图6-4）。位置"北据高原，南望爽垲，每天晴日朗，终南山如指掌，京

城坊市街陌俯视如在槛内"。地形比太极
宫更利于军事防卫，小气候凉爽也更适宜
于居住，故高宗以后即代替太极宫作为朝
宫。它的南半部为宫廷区，北半部为苑
林区，呈典型的宫苑分置的格局。沿宫
墙共设宫门十一座，南面正门名丹凤门
（图6-5）。北面和东面的宫墙均做成双重
夹城，一直往南连接南内兴庆宫和曲江池，
以备皇帝车驾游幸。

大明宫宫廷区之丹凤门内，为外朝正
殿含元殿，雄踞龙首原最高处。其后为宣
政殿，再后为紫宸殿，即内廷之正殿，正
殿之后为蓬莱殿（后更名大明宫）。这些
殿堂与丹凤门均位于大明宫的南北中轴线
上，这条中轴线往南延伸，正对慈恩寺内
的大雁塔。

大明宫之北部，辟有苑林区。此区地
势陡降，其中央为龙首原之低地，以为理
水之便，浚大池，名为太液池。此区以太

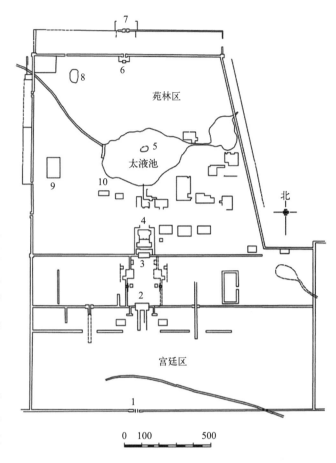

图6-4　陕西西安市唐大
明宫重要建筑遗址实测图
1. 丹凤门　2. 含元殿
3. 宣政殿　4. 紫宸殿
5. 蓬莱山　6. 玄武门
7. 重玄门　8. 三清殿
9. 麟德殿　10. 沿池回廊

图6-5　宋吕大防石刻唐
长安城图中的《皇城宫城
大明宫图》

液池为中心。太液池分东西二池，以西池为主池，池中有岛，名蓬莱山，岛上有亭，名太液亭。在宫中布置太液池、蓬莱山是西汉建章宫以来形成的传统。大明宫内苑区内的太液池一区，是隋、唐时期宫苑园林的杰出代表。其格局经过统一的规划设计，在处理龙首原地势的关系上，选择在龙首原地形高点建设宫殿区，而利用地势低洼的地形，浚大池以为太液池，池中筑岛，岛上营构建筑点景，构成典型的"一池三山"格局。建筑物环绕大池周边布局，并以数百间廊道相连，甚为壮阔。据现有的考古发掘资料，太液池遗址的面积约1.6公顷，池中蓬莱山耸立，山顶建亭。山上遍种花木，尤以桃花最盛。

史载唐代多位帝王都曾在太液亭有很多活动，如听儒臣进讲，召见或宴饯大臣等。岛上除亭子外，还有侍臣直庐等附属建筑。唐元和十二年（817年）"造蓬莱池周廊四百间"。沿池岸边建回廊，若以一间长一丈即2.94米计，廊长约为1176米，池之西为麟德殿，池之北为三清殿、玄武殿。其余尚有殿宇若干，但具体位置不明。从实测图上可知西池周边约1300米左右，加上沿池殿亭，则这四百间周廊基本可绕西池一周。太液池周围的园林布置虽已不可详考，但从已探明的建筑遗址可知，池南是龙首原后坡，原上宫殿重叠，中轴线上的含凉殿下临池边，和池中亭子遥遥相对；池西面为著名的麟德殿和比麟德殿更大的大福殿；池北为三清殿、含冰殿、紫兰殿等；东面为清思殿、太和殿等；太液池四周都为体量宏大高耸的殿宇所包围。这些壮美巍峨的殿阁，和环池一周的回廊及池中岛亭相呼应，互为对景，再衬以如茵碧草和繁茂花树，本身就已形成优美壮丽的景观，它是大尺度的园林，大手笔的布局，实不再需要琐细的布置。这正是大明宫内园林区和西内的不同处。以龙池为主要园林部分的兴庆宫，其景色特点也应和大明宫太液池相近。

大明宫之东南隅，专辟东内苑，是大明宫所属内苑，其遗址已探明，在大明宫遗址东南的突出部，东西宽304米，南北约1000米，呈纵长矩形。据阎文儒先生考证，唐诗中的"小苑"、"凤苑"，或即东内苑之别称[1]。

东内苑南面正门，即大明宫南面最东侧之延政门，北面偏东有一门，通入禁苑。东内苑被大明宫内第二道横墙，即含元殿东西之横墙分为南北二部。北部发现池塘遗址，当即是龙首池。其余遗址尚未发现。《长安志》说，东内苑中有龙首殿、龙下殿、凝晖殿等。苑内有龙首池，池东有灵符应圣院，此外还有若干殿宇以及教坊、马坊、马球场等[2]。唐代宫中盛行打马球，马球场即为比赛马球的地方。

在中晚唐时期，东内苑因靠近左神策军驻地，成为较重要的地区，左军宦官在此进行多种建设，吸引皇帝来游，以增强对皇帝的控制，园林格局遂

① 阎文儒、阎万钧编著，《两京城坊考补》，河南人民出版社，p241.
② 《长安志》卷6，唐上，"禁苑"条。中华书局影印本，《宋元方志丛刊》① p103.

有大变。东内苑屡屡改建，不仅山池格局变化较大，而且建筑性质也变异甚大，尤其中晚唐时期，东内苑内的山池建筑改、扩建较多，其园林规划格局已很难考查。

太极宫与西内苑

西苑在西内之北，太极宫之内，亦名北苑，唐又称西内苑。苑内有殿宇十余处，以及冰井台、樱桃园。史称其南北一里，东西与宫城齐。考古已勘探出它的大致范围，从发掘勘探平面图上知，其南北约590米，比史载深度大一倍；东西约2270米，东面齐宫城东墙，西面只及掖庭宽的1/3即止[1]。是史载错误，还是后经扩建，尚待考。

据《长安志》载，西内苑东西各一门，名曰营门、月营门。北面二门，为重玄门和鱼粮门，同书称重玄门为旧苑北门，鱼粮门为旧重玄门，当是唐代有所改动。西苑南门即太极宫及东宫之北门，有安礼门、玄武门及至德门。玄武门为宫北面正门，有阙，故史传中又称其为"北阙"[2]。

综合《长安志》和《唐两京城坊考》所载，太极宫北部玄武门南一段是宫中园林区。在玄武门南之东有东海池，西有北海池、南海池，是湖泊区，各池附近都建有殿阁亭台，如凝阴阁、咸池殿、望云亭等。另在宫城西北角有山池院，建有薰风、就日等殿，在宫城东北角紫云阁南建有山水池阁，也都属园林建筑。西苑内建筑，史传不详载，或因663年大明宫建成，唐帝迁居之后，在这里活动较少的缘故。史传所见也多为唐初的材料。如《资治通鉴》记载，武德九年（626年）六月，李世民发动玄武门之变，谓世民伏兵玄武门，太子建成受诏自东宫北门经内苑欲入玄武门见唐高祖，至临湖殿觉变，欲归东宫，为世民等所杀。说当时唐高祖正与侍臣泛舟海池，也证明这一区是宫内园林区。但史不详载，目前尚无法考知其具体布置。

玄武门以东有临湖殿，从殿名可推断，殿前应有湖，湖边多林木。内苑在唐初已颇具规模，建筑宏大，湖池俱备，林木繁茂。内苑在太宗时多有建设。其中飞霜殿高达三层，可宴五品以上官，建筑物及其前之庭院，应都是很大的。在玄武门东有观德殿、含光殿、看花殿、拾翠殿等，玄武门西有广远楼、永庆殿、通过楼、祥云楼等。内苑还常常举行大射之礼，还有射殿名观德殿。

兴庆宫

兴庆宫，又叫"南内"，方位在长安皇城东南面之兴庆坊。此地原有一个天然的水池名叫"隆庆池"，唐玄宗李隆基为皇太子时的府邸即在池北。开元

---

① 唐代长安城考古纪略，《考古》1963 年 11 期。

② 《册府元龟》卷 14，"都邑第二"载："十月司空房玄龄及将作大将阎立德大营北阙，制显道门、观并成。"

二年（714 年）就兴庆坊藩邸扩建为兴庆宫，合并北面永嘉坊的一半，往南把隆庆池包入，为避玄宗讳，改名"兴庆池"又名"龙池"。开元十六年（728 年），玄宗移住兴庆宫听政。兴庆宫的总面积，相当于永嘉坊的一半，东西宽 1.08 公里，南北长 1.25 公里。有夹城（复道）通往大明宫和曲江，皇帝车驾"往来两宫，人莫知之"。天宝十二年（753 年），玄宗又将兴庆宫扩建，始成规制。因为兴庆宫是就龙池位置和坊里建筑现状，逐渐改造扩建而成，以北半部为宫廷区，南半部为苑林区，成"北宫南苑"的格局，所以，兴庆宫在唐代宫苑园林中格局较为独特。

据《两京城坊考》所载，兴庆宫的宫廷区有中、东、西三路跨院，建筑格局因以坊地而建，所以较为规整。正宫门设在西路之西墙，名兴庆门，门内西路正殿为兴庆殿，殿后为龙池，池西为文泰殿，殿西北为沉香亭。兴庆门之南为金明门，内有翰林院，南面有两门，西为通阳门，东为明义门，通阳门之内有明光门，其内有龙堂、金花落、五龙坛等建筑，明义门内有长庆殿等，其北有睿武门。中路正门为跃龙门，内有瀛洲门，正殿为南薰殿。东路有偏殿新射殿和仙云门。后殿大同殿内供老子像。又有咸宁殿、义安殿、积庆殿、冷井殿、会宁殿、飞仙殿、同光殿、荣光殿等建筑散布其中，足见兴庆宫规制的严谨和建筑密度相对较大。

宫廷区南侧为苑林区，面积稍大于宫廷区，东、西宫墙各设一门．南宫墙设二门。就目前的考古发掘看，苑内以龙池为中心，池面略近椭圆形。池的遗址东西长 914 米、南北宽 214 米，面积约 1.8 公顷，由龙首渠引来浐水之活水接济。池西南的"花萼相辉楼"和"勤政务本楼"是苑林区内的两座主要殿宇，是玄宗接见外国使臣、策试举人以及举行各种仪典、娱乐活动的地点。史载龙池中植荷花、菱角、鸡头米及藻类等水生植物，南岸有草数丛，叶紫而心殷名"醒酒草"。"花萼相辉楼"和"勤政务本楼"两楼前嗣台的广场遍植柳树，广场上经常举行乐舞、马戏等表演。

兴庆宫的西南隅，曾进行了考古发掘，清理出宫城的部分城墙，发掘出勤政楼（一号址）及其他宫殿遗址多处（十七号遗址）。由考古发掘知，南城墙有内外两重，内墙转角处向东发掘的 140 米遗址，有清晰的墙基，宽为 5 米，上部宽为 4.4 米。勤政务本楼（一号址）就建在内侧的这道城墙之上，遗址距西墙 125 米，当属城门的形制。楼平面呈长方形，现存柱础东西六排、南北四排，面阔五间共 26.5 米，进深三间 19 米，占地面积 500 余平方米。楼址周围铺以 0.85 米宽的散水。与史籍所载大体符合。

史籍载"花萼相辉楼"紧邻西宫墙，从楼上可望见隔街之胜业坊内宁王及薛王的府邸。二王为玄宗弟，玄宗每登楼，听到二王作乐时，必召他们升楼与之同榻坐，或到二王府邸赋诗宴嬉，赐金帛侑欢。玄宗与二王的友悌之情，在当时传为美谈。楼以"花萼相辉"为名，亦寓手足情深之意。花萼相辉楼内有玄宗大哥宁王所绘壁画。《全唐诗》中多有玄宗所写与大哥宁王在花萼相辉楼宴饮的记载。

南苑内林木蓊郁，楼阁高低，花光人影，景色绮丽。兴庆宫乃唐玄宗与宠妃杨玉环（杨贵妃）的居所，其乘坐画船，行游池上。因杨贵妃特别喜欢牡丹花，兴庆宫遂以牡丹花之盛而名重京华，也是玄宗与杨贵妃观赏牡丹的地方。牡丹为药用植物，唐初才培育成观赏花卉，故十分名贵。上有所好，下必甚焉，官僚们为了迎逢皇帝，而不惜重金搜求牡丹进献。

龙池之北偏东堆筑土山，上建"沉香亭"。亭用沉香木构筑，周围的土山上遍种红、紫、淡红、纯白诸色牡丹花，是为兴庆宫内的牡丹观赏区。开元中玄宗携杨贵妃在沉香亭赏牡丹，召翰林学士李白命赋新诗。李白不假思索，挥毫立就传诵千古的《清平调》三章，成千古名句。

池之东南面为另一组建筑群，包括翰林院、长庆殿及后殿长庆楼。安史之乱后，唐玄宗于至德二年（757年）十二月以太上皇的身份从四川返回长安。在一片战乱之后的凄凉景象中，玄宗仍居兴庆宫，登长庆楼徘徊观览，徒然回味那如梦如烟的前尘往事。

兴庆宫遗址如今已改建为兴庆公园，龙池周围多年来发掘出土十几处建筑遗物，仅莲花纹样瓦当就有七十余种（图6-6）。另在宫的东南隅，发现黄、绿两色的琉璃滴水瓦。足见当年南内兴庆宫建筑之华丽程度，并不亚于西内和东内。

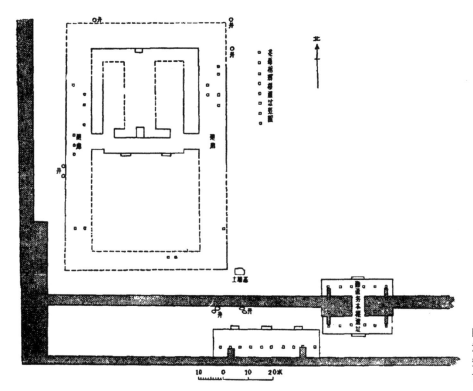

图6-6 兴庆宫建筑示意图（马得志，唐长安兴庆宫发掘记.考古.1959.10）

东都（洛阳）西苑

西苑在洛阳城之西侧，隋大业元年（605 年）与洛阳城同时兴建。据《大业杂记》《元河南志》记载，西苑周回二百二十九里一百三十八步，比周回七十里的东都洛阳城大十倍左右。这是历史上仅次于西汉上林苑的一座特大型的宫苑园林。唐代改名神都苑，它的面积收缩大约一半；即便如此，也比洛阳城大两倍多。西苑苑址范围内是一片略有起伏的平原，北背邙山，西、南两面都有山丘作为屏障。洛水和谷水贯流其中，水源十分充沛。

隋西苑面积巨大，是游赏园，园内诸宫相当于皇帝的若干别业。《大业杂记》说隋炀帝有时夜间率宫女骑马游苑，倦时即宿于十六院中。这情形和汉代的上林苑近似。苑中除宫殿山林池沼外，大量土地经营农圃及养殖，设有专官管理，是皇帝私财来源之一。唐武德三年平王世充之役，唐军驻洛阳之西，西苑内宫观景物当有损毁。武德九年设洛阳宫监，管理宫城及西苑。西苑隶属唐司农寺，是主要作为庄园加以管理的。唐高宗时，把西苑分东西南北四面，分别设官管辖，负责种植及修葺房屋，陆续积蓄了大量资财。上元二年（675 年）管理西苑的司农少卿韦机说已积有四十万贯钞，高宗即命韦机以此钞修复苑中建筑，并新建高山宫、宿羽宫。以后陆续增建，形成唐之西苑，也称禁苑。武则天改称洛阳为神都后，又称神都苑。

西苑是一座人工山水园，从文献记载看，园内的理水、筑山、植物配置和建筑营造的工程极其浩大，都是按既定的规划进行。关于此园的内容。《隋书·地理志》《海山记》《大业杂记》言之甚详，虽略有出入但大体上是相同的。综合《大业杂记》及《元河南志》的记载，隋西苑总体布局以人工开凿的最大水域"北海"为中心。北海周长十余里，海中筑蓬莱、方丈、瀛洲三座岛山，高出水面百余尺。海北的水渠曲折萦行注入海中，沿着水渠建置十六院，均穷极华丽，院门皆临渠。史籍载隋西苑有十四门，东面二门，北为嘉豫门，南为望春门；南面三门，自东而西为清夏、兴安、昭仁门；北面四门，自西而东为朝阳、灵圃、御冬、膺福门。苑中偏东部主体建筑为十六院，院各赐以嘉名。每院是一组宫院，东、南、西三面各开一门，院内建豪华宫殿，开有池沼，庭中植名花奇树。每院由一名四品夫人主持，下辖二十名宫女，随时准备皇帝游幸。每院还附有一屯，与院同名，屯内养羊豕池鱼，莳园蔬瓜果，是生产供应单位。在十六院之间开有龙鳞渠，周绕十六院，从其门前流过，渠宽十丈（近三十米），上建飞桥。自院门过桥即是园林绿地、植竹及杨柳。建有逍遥亭。亭由四面①合成，是苑中最豪华壮丽的建筑之一。十六院南掘有人工湖，周十余里，水深丈余，称"海"或"北海"。海中筑蓬莱、方丈、瀛洲三山，各高出水面十余丈，三山上分别建通

---

① 指四出抱厦的形制，中间为一大亭的做法。

真观、习灵台、总仙宫等建筑。龙鳞渠绕十六院后，即注入海池中。海池之东有曲水池及曲水殿，供上巳祓禊之用。这是苑东部近宫处的主要宫殿。在苑西部、南部、北部纵深地带还建有大量宫苑。在南部南逼南山、北临洛水，建有显仁宫，是东部未建成时炀帝暂居之地。宫周十余里。内多山阜，有阆风亭、丽日亭、清暑殿、通仙飞桥等建筑。在北部有青城宫，是利用北齐所筑城建宫。此外还有冷泉宫、积翠宫、凌波宫、朝阳宫、栖云宫和大量殿亭，但其位置已不可考。

《唐六典》及《元河南志》都说，唐东都苑周回一百二十六里，小于隋苑很多。但《元河南志》又记载了唐东都苑四面的门名，说周回十七门。但诸门中，有十四门沿用隋代之旧，只新增了三座门，即东面的上阳门、新开门和北面的玄圃门。从诸门多沿用隋之旧门看，唐东都苑仍保持隋苑的范围，并未缩小，与前说矛盾。史籍缺略，目前只能存疑，从宫中布置也多沿用或改造之旧宫看，唐东都苑全面维持隋代之旧的可能性较大。若如此，则史载隋东都苑周二百余里可能有夸大。

参考《元河南志》的记载，其中冷泉、翠微、青城、凌波、明德（即隋之显仁）五宫为隋代旧宫，龙鳞宫以隋十六院改造而成，只有五宫是唐代新建。五宫中，合璧宫在最西部，为田仁汪造，宿羽、高山二宫分别在苑之东北部和西北部，为韦机造，望春宫在苑东南近望春门，黄女宫在洛水回曲处。隋之海池改称为凝碧池，东西五里，南北三里。

《唐六典·司农寺》卷记西京、东都苑官，设有总监及四面监。从农圃监、食货监之名看，唐东都苑主要从事农副业生产。它实际上是附在宫城之外的皇帝的庄园，其内的宫殿实即皇帝的别业。《唐会要》载，高宗显庆五年（660年）于东都苑内造八关凉宫，后改为合璧宫，可知合璧宫实即皇帝避暑的离宫，相当于臣下庄园中的别业。从东都苑的性质来看，是以生产为主，在其中某些形胜之地建些离宫，所以很可能它主要是按生产安排的，未必有很完整的园林式总体规划。

隋西苑总体布局以人工开凿的最大水域"北海"为中心，形成水景。据《大业杂记》：海中三岛山"相去各三百步"，岛上分别建制通真观、习陵观、总仙宫，并有"风亭、月观，皆以机成，或起或灭，若有神变"。海的北面有人工开凿的水道即"龙鳞渠"，渠宽二十步，曲折萦回地流经"十六院"而注入海，形成完整的水系，提供水上游览和变通运输的方便。海的东面有曲水池和曲殿，是"上巳饮禊之所"。所谓十六院即十六组建筑群，各有院名：延光院、明彩院、合香院、承华院、凝晖院、丽景院、飞英院、流芳院、耀仪院、结绮院、百福院、资善院、长春院、永乐院、清暑院、明德院。"置四品夫人十六人，各主一院"，每一院住美人二十，各开东、西、南三个院门。院内"庭植名花，秋冬即剪杂彩为之，色渝则改著新者；其池沼之内，冬月亦剪彩为芰荷"。院外龙鳞渠环绕，三门皆临渠，渠上跨飞桥。花树丛中点缀各式小亭，"其中有逍遥亭，四面合成，结构之丽，冠绝古今"。十六院相当于十六座园中之园，它们之间以水道串联为一个有机的整体。海北除十六院之外还有数十处供游赏的景点。北海之南，还有五个较小的湖。

隋炀帝兴建西苑时，"诏天下境内所有鸟兽草木驿至京师，天下共进花木鸟兽鱼虫莫知其数"。六年后，苑内已是"草本鸟兽繁息茂盛，桃蹊李径翠阴交合，金猿青鹿动辄成群"。足见苑内绿化工程之浩大，树木花卉绝大部分都是从外地移栽的。

从以上记述看来，西苑大体上仍沿袭汉以来"一池三山"的宫苑模式。山上有道馆建筑，但仅具求仙的象征意义，实则作为游赏的景点。五湖的形式象征帝国版图，可能源于北齐的仙都苑。西苑内的不少景点均以建筑为中心，用十六组建筑群结合水道的穿插而构成园中有园的小园林集群，则是一种创新的规划方式。就总体而言，龙鳞渠、北海、曲水池、五湖构成一个完整的水系，摹拟天然河湖水景，开拓水上游览内容，水系又与"积土石为山"相结合而构成丰富的、多层次的山水空间，龙鳞渠绕经十六院则需要依据精确的竖向设计。苑内还有大量的建筑营造，植物配置范围广泛，移栽品种极多。

隋唐东都宫内最主要的园林区是九洲池。池的遗址近年已发现，在宫城西北部，北距陶光园南墙250米，东西长205米，南北宽130米，作横长形。已探明湖中有六座小岛，其中三座上建有小亭榭，有二座轩均为面阔五间，进深一为三间，一为四间，间广阔分别为6尺及6.8尺，是很小的建筑。大约是既要表现东海九洲的题材，又受到地域限制，只好作具体而微的布置。另在池周边也发现建筑遗址。综合史料和发掘实况，九洲池池中有岛，岛上建殿亭，池北有望景台，池南有琉璃亭、一柱观，池周边建轩廊殿宇，表现东海的仙山楼阁美景。

除西部的九洲池外，在隋炀帝的寝宫安福殿前也有大池，池中有二岛，东西并列，东岛上建登春阁、澄华殿，西岛上建飞骑阁、凝华殿，池南又建有临波阁，也是景色壮丽、建筑密集的园林区，但直接布置在皇帝寝宫之前，还是仅见之例。

西苑位于洛阳西侧，周围二百余里，以人工开挖的水面为组景骨干，其中大湖周长十余里，有小湖五处环列于周围，相互间以水渠沟通。湖中堆土作蓬莱、方丈、瀛洲诸山，山上有台观殿阁之属。苑内又设十六院，每院为一组建筑群，外环水渠，内植众花，常年都有宫女居住。西苑的格局为平陆地段运用开池堆山的手法造成丰富多彩的景观创造了先例（图6-7）。清代圆明园也是以人工开挖水面作为组景的基本手段，和西苑可说是一脉相承。西苑亦为后世的"园中园"开创了范例。

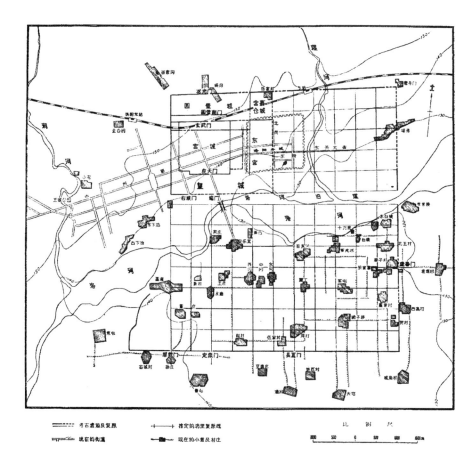

图6-7　隋唐洛阳复原图-宿白-隋唐长安和洛阳城-考古-1978-6-p419

上阳宫

上阳宫是始建于初唐时期的皇家离宫，其园林曾以华丽和精美著称于世。上阳宫距离禁苑七里，是较早建设的皇家宫苑，由于高宗晚年和武后时期多有临政活动，比如其中的仙居殿，就是武后驾崩之地，因此上阳宫是初唐时期较为重要的皇家苑囿。

上阳宫的建造，是由高宗亲自选址建造的。上阳宫居于濒临雒水的高处，毗邻皇城而建，且建设周期较短。

史籍所载的上阳宫，实际是由上阳宫和西上阳宫两组宫苑建筑群所组成，其间夹水，架虹桥以通往来。上阳宫建筑群东面有二门，南为提象门，北为星曜门。南面有二门，东为仙雒门，西为通仙门。北面有一门，为芬芳门。上阳宫内的正殿为观风殿，其前是观风门，其西为本枝院，再西为丽春殿，其东为殿东含莲亭，西芙蓉亭，再往西为宜男亭，再往西就是上阳宫的芬芳门，其内为芬芳殿。夹门南侧为浴日楼、北侧为七宝阁。观风殿之北为化城院，是科考门试的所在地，还有仙居殿、甘露殿、双曜亭等。双曜亭西为麟趾殿，殿前东为神和亭，西为洞元堂。可见当时的上阳宫，由于要满足帝王听政的需要，建筑密度颇大。

20世纪90年代，在洛阳所发掘的上阳宫园林遗址，虽然揭露面积十分有限，从现场情况看应该属于一处更大规模园林的一角，但由于其保存比较完好，

图 6-8 上阳宫园林遗址平面图、剖面图

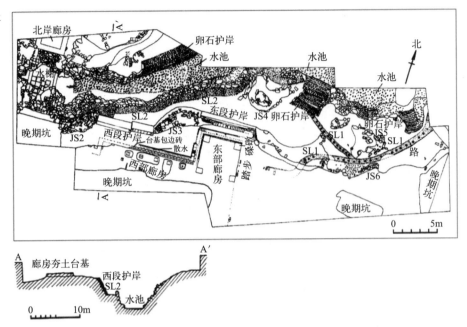

因而较多保留了园林的原始信息。上阳宫园林遗址所揭露的面积所保留的园林构筑物不但基本反映了其原有风貌而且类型丰富集中，对深入研究唐代皇家苑囿的风貌，提供了十分难得的实物资料（图 6-8）。

从总体上看，与史籍所载较为吻合，建筑密度偏高。在该遗址有限的面积中，非常密集地布置了水池、假山、小路及建筑物等景观要素，地形高差起伏很大，且各种要素互相交错，空间变化多样，与太液池等其他唐代园林遗址所呈现的开阔、疏朗的风貌完全不同。

从遗址发掘出的水池形态和两侧驳岸的走向看，出土的这部分水池东侧很有可能通向一处更大更开阔的水面，西侧则可能通向连接古洛河的水渠，因此这处水池与其称"池"，不如称"溪"更为贴切。倒梯形的断面，1.5 米的平均深度，对于一处园林中的景观溪流而言应是正常的做法。3~5 米的宽度变化，顺应地势的蜿蜒曲折，则体现了园林营造者模仿自然水体形态的匠心。由于溪流较窄且有一定深度而且可能还具备引水或退水的功能，所以，为防冲固土，溪流两侧采用了块石层层垒砌的方法，既稳固了土质驳岸又形成了自然优美的驳岸景观。这样的做法与太液池的缓坡土岸有很大不同，倒是与明清之际的园林驳岸手法颇有近似之处。在垒石之间，还有 3 处以河卵石铺砌而成的驳岸（因其坡度较陡还不能称为卵石滩），这种做法，在其他的唐代园林遗址中没有出现过。

南汉宫苑

南汉初期，政局安稳，物阜民丰。南汉大举兴宫筑苑，宫苑极为富丽堂皇，已知有苑囿 8 处，宫殿 26 个。南汉宫殿建筑群基本上都附有园林，南汉宫苑

规模极盛，有"三城之地，半为离宫苑囿"。东边远郊罗浮山金沙洞有天华宫建筑群，宫内建云华阁、含阳门、起云门、甘露亭、羽盖亭等，建筑极为华丽。今日增城石滩元洲的"刘王涌"，就是当时宫苑之御河。城东南有禹余宫。南郊有刘王殿、昌华宫，宫殿附近的上下马岗和洗马涌则是南汉宫女习武骑马、洗马之地。城内南宫就修建在仙湖药洲的南面，南宫内筑有三清殿，为道观建筑。药洲仙湖还有长春宫。

南汉宫城禁苑中，最著名的当数南宫仙湖药洲。《南汉春秋》载："凿山城以通舟楫，开兰湖，辟药洲。"兰湖即芝兰湖，在当时的府城北，亦为南汉时宫苑。到明代后兰湖因淤积而不存在了。药洲仙湖，因位于当时广州古城的西面，所以仙湖又称西湖，仙湖原为天然湖泊沼，泉水从池底自涌流出。园林由南汉主刘龑始建。西湖周围五百余丈，水绿净如染，湖中有沙洲岛，栽植红药，刘龑还集中炼丹术士在岛上炼制"长生不老"之药，故称药洲。药洲上放置有形态可供赏玩的名石九座，世称"九曜石"，比拟天上九曜星宿，寓意人间如天宫般美，使药洲仙湖成为花、石、湖、洲争奇斗艳的园林胜景。九曜石是刘龑派遣罪人从太湖、三江等地移来的。药洲因此也称为"石洲"。

仙湖北面筑有玉液池，池畔建有含珠亭，紫霞阁，"每岁端午令宫人竞渡其间"。玉液池与药洲仙湖之间有狭窄水道贯连，两岸垒石成峡，"列石甚富，刘氏所谓明月峡"。南汉时，明月峡水道两堤夹植杨柳，通往药洲用砺山之石跨湖为桥。桥上"其石光洁若玉，长丈有六，横三尺，厚二尺，平列如砥"。称为宝石桥。

药洲西湖历史上一直是广州古城的主要风景区，宋人题有："步入葛仙洲，煮茶景濂堂。采菊药谷，傍舟九曜石下。"南宋嘉定元年（1208年），由经略使陈岘加以整治，在湖上种植白莲，故又有白莲池之称。后因城市商业街道展拓，使广阔的西湖变为陆地。今广州教育路的"九曜园"，是五代南汉药洲的千年故迹，园内有一方水池，面积约三百平方米，著名的"九曜石"，如今剩有遗石五座，散处池中和池边，是珍贵的历史文物，在池边和壁上仍有许多古碑刻。仙湖和兰湖当时被称为广州两大名湖。

南汉主刘铢在城西荔枝湾建有华林苑、昌华苑、芳华苑、显德苑等，合称为西园。昌华苑占地10多平方公里。每当夏季蝉鸣荔熟时节，南汉王刘铢便和妃嫔、内臣游园设宴，擘食荔枝，称之为"红云宴"。昌华苑内昌华宫四面环水，景色秀丽，有"昌华八景"之美。

芳华苑则与千佛寺建在一起，有溪河直接到达。千佛寺以千佛塔著称，塔高二十七丈。优美佳景要数元宵中秋夜色。西园诸园皆与水洲结合布置，以观花为主，形成庞大的宫苑园林群。

城北在越秀山原越王台旧址，南汉时刘龑改为游台，台前叠石为道，两旁种有奇花异草，名曰"呼銮道"。此外，城内禺山上有沉香台，番山上有朝元洞。越秀山后有芳春园及甘泉苑，芳春园"飞桥跨沼，林木夹杂如画"，甘泉苑也是南汉重点建筑园林之一，面积非常大，内有甘泉宫、避暑亭等建筑，配以泛杯池、濯足渠等园林水景。甘泉最初为东晋太守陆胤所凿，"引泉以给广民"。唐节度使卢公遂疏导其源以济舟楫，并饰广厦为踏青避暑之胜地。南汉刘氏复凿山为甘泉苑，苑水上接白云山菖蒲涧的山水，下连荔枝湾，乘小舟可漫游南汉各处离宫，沿河岸桃红柳绿，翠波涟漪，透过树丛，尽是亭台楼阁，宫馆别苑。甘泉苑内甘溪（甘泉）穿园而过，夹溪种有刺桐、木棉，景色秀丽，相传溪水上常有南汉宫女们卸妆时丢弃的花朵随波流逝，故水为"流花溪"，桥为"流花桥"。石桥上还刻有"流花古桥"四个字。

南汉园林的造园特点主要在于两个方面，一是园林与城市和环境的密切结合，二是园林与建筑物之间的紧密配合。南汉时园林的布局是将园林散点地分布在城市的四周，打破以往较为集中的布局方式。城市的自然地理环境又非常适合园林的建造，有平原、山丘、水泽、溪流，特别是充分利用城市自然环境的水系。广州城北白云山流下来的甘溪和文溪穿城而过，南汉时凿池形成芝兰湖、西湖、菊湖等，与双溪连通，而后又形成六脉渠，溪水最终汇入珠江。六脉渠是指古代广州古城内六条排水大渠而言，渠按城中地形，利用小河溪、凹地加以疏通而成。通过水体形成点、线、面的城市园林景观，城市的山水环境格局使城市生活空间融入了轻快、活泼而又优美的自然景观环境，利用水系走向修建园林，使园林水系景观与生活用水紧密结合起来。

6.3.2 第宅园林

第宅园林经过隋、唐士人的不断实践探索，艺术性较之上代有较大发展。白居易的履道里园、裴度的集贤坊林亭都是这一时期非常著名的宅园典范。

履道里园

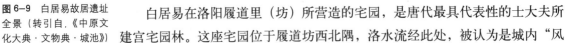

白居易在洛阳履道里（坊）所营造的宅园，是唐代最具代表性的士大夫所建宫宅园林。这座宅园位于履道坊西北隅，洛水流经此处，被认为是城内"风土水木"最胜之地（图6-9）。白居易在五十三岁时买履道里杨氏故宅为终老之地。其宅在里西门之北，伊水东支从里的西墙北流，遂引伊水入宅中，汇聚成池，形成以池为主的宅园。白居易在洛阳履道坊的宅园，可作为这个时期宅园风格的代表。

园建成后，白居易专门为它写了一篇韵文《池上篇》。篇首的长序详尽地描述此园的内容，描写园林概貌，颇能道出营园主旨。序中说其宅"地方十七亩，屋室三之一，水五之一，竹九之一，而岛、树、桥、道间之"。屋室包括住宅和游憩建筑，水指水池而言。综合《池上篇》及白氏其他诗文所述，园中以池和竹为主，池中有三岛，有桥相通。它是以池为主、环池建小型堂亭楼台的水景园。

据白氏《池上篇》以及有关诗篇的记载，园与宅的基地共十七亩，宅占三分之一，水占五分之一，竹占九分之一，其他是岛、桥、路、树。园的布局以池为中心，池中设三岛，有桥两座与岛相通。中岛上建有亭，另一岛植桃花，名桃岛。池水源自西来，名西溪。池中除荷花外，又有一区植蒲，名蒲浦。池东有小楼和粟廪，池北有小堂和书楼，池西有琴亭。园中无山，但有可升高乘凉的小台。沿池边种竹，又有绕池小径。园中还有太湖石二、天竺石二、青石三、石笋数枚、鹤一对。作为一代诗豪，白居易经营此园达十余年。其造园意匠之高，情趣之雅，堪称是文人中小型宅园的范例。他的造园思想和手法，通过他所写的大量作品给后世带来巨大影响。

他本人"罢杭州刺史时，得天竺石一、华亭鹤二以归，始作西平桥，开环池路。罢苏州刺史时，得太湖石、白莲、折腰菱、青板舫以归，又作中高桥，通三岛径。罢刑部侍郎时，有粟千斛、书一车"。友人陈某曾经教授他酿酒之法，崔某赠他以古琴，姜某教授他弹奏《秋思》之乐章，杨某赠予他三块方整平滑、可以坐卧的青石。大和三年（829 年）夏天，白居易被委派到洛阳任"太子宾客"的官职，遂得以经常优游于此园。于是，便把过去为官三任之所得、四位友人的赠授全都安置在园内。"每至池风春、池月秋，水香莲开之旦、露青鹤唳之夕，拂杨石，举陈酒，援崔琴，弹姜《秋思》。颓然自适，不知其他。酒酣琴罢，又命乐童登中岛亭，合奏《霓裳·散序》。声随风飘，或凝或散，悠扬于竹烟波月之间者久之。曲未尽而乐天陶然，已醉睡于石上矣"。白居易将他所得的太湖石陈设在履道坊宅园之内，足见太湖石在唐代已作为造园用石了。但唐代私园筑山仍以土石山居多，石料一般为就地取材。太湖石产在江南的太湖，开采、运输都很困难。故在私园中仅作为个别的"特置"，是一种十分名贵的石材，深为文人所珍爱。对于它的特殊形象，文人多有诗文吟咏。

白居易最高官职为从三品的河南尹，其财力远不能和裴度、牛僧孺等宰相相比，故其园林较小而简朴，也不能举行大的宴乐，故其诗有"眼前尽日更无客，膝上此时唯有琴"之句，是以闭户自赏为主的中型私园。限于财力，园中不能叠石筑山，大起楼馆。与豪家园林雕栏玉砌、丹粉涂饰、湘帘沉沉迥然不同。他只能以其诗思和多年登临览胜所领略到的自然景物之美为凭借，亲自经营，以隐约象征、引入联想的手法改造之。根据他的《池上篇》，提到用竹林掩蔽水源，以萦回的小浦和溪流造成深远之感，以桥岛的错综布置使人不能一目了然；其中四句有"误远近"、"迷窥临"、"方丈若万顷"、"咫尺如千寻"等语，连用了"误"、"迷"、"若"、"如"四字，表明通过造园手法，构成小中见大，超越实际尺度的效果。最后两句"邈然坐"、"思古今"则明言静观园景后，结合自身经历引起的联想，即所谓"静观自得"。他又说其园"寂无城市喧，渺有江湖趣"，也说明其园追求的不是山高水长，楼台对耸的富丽壮观，而是平淡自然的江湖趣。

古人临流、观泉，可以俯仰今古，感慨万千，其事屡见史册，也可以算是一种传统。白氏还在园中人为制造泉韵和滩声，以反衬园中的幽静。在宅西水渠入园处置石造成泉声，在伊水中铺卵石造滩。白氏把这些造园意象和手法引入履道里园之中，既深化了园林的意境，也增加了清幽自然的情趣。

白居易的履道里园池久已毁废，近年所做考古发掘工作，为我们揭示了其具体的规模和大量真实的细节。但从大量咏园景之诗中，可以看出在贵族、贵官盛饰楼台的同时，一些文士出身的官员倾向于创造质朴自然、幽静野逸，更具自然情趣和诗意的以自赏为主的园林，并在造园意境和手法上又有所发展。

白居易喜爱园林，曾先后主持营造过自己的四座私园，在他的诗文中多有描写、记述、评论山水园林的。他认为营园主旨并非仅仅为了生活上的享受，而在于以泉石养心，培育高尚情操，所谓"高人乐丘园，中人慕官职"。在这个主旨的指导下，郊野别墅园应力求与自然环境契舍，顺乎自然之势，合于自然之理，庐山草堂就是这种思想的具体实现，城市宅园则应着眼于"幽"，以幽深而获致闹中取静的效果。他的履道坊宅园正由于"非庄非宅非兰若，竹树池亭十余亩"，因而"地与尘相远，人将境共幽"。园内组景亦概以幽致为要，相应地，建筑物力求简朴小巧。他十分重视园林的植物配置，履道坊宅园内大部分为竹林，并以竹、石配置成景。

白居易是最早肯定"置石"的美学意义的人："石无文无声，无嗅无味"，具有"如虬如凤，若跧若动，将翔将踊"的形象，从而引起人们的美感，直观的美感又能激发联想活动。他把园林常用石料分为若干品级，认为太湖石是第一等的石材，罗浮石、天竺石次之。在他的诗集中就有十来首专门描写太湖石的诗，形象刻画非常细致。

白居易的园林观是经过长期对自然美的领略和造园实践的体会，又融入儒、道哲理而形成的。在唐代文人中有一定的代表性，对于宋代文人园林的兴起及其风格特点的形成也具有一定的启蒙意义。

集贤坊园

唐代名相裴度晚年在洛阳集贤坊建宅造园，史称他"筑山穿池，竹木丛草，有风亭水榭，梯桥架阁，岛屿回环，极都城之胜概。又于午桥创别业，花木万株，中起凉台暑馆，名曰绿野堂。引甘水贯其中，酾引脉分，映带左右"。白居易有诗咏裴度在洛阳城内的集贤里林亭及城外的午桥庄，今据诗可以知其大略。

此园以水景为主，引伊水入园为大池，池中有东岛、杏花岛、樱桃岛等。又有水心亭、开阖堂、北馆等建筑。山在西部，名夕阳岭。游宴时列歌童舞女，陈酒宴赓笔，游山泛舟之后，还要宴饮，听歌观舞并且赋诗。裴度是宰相，园林游宴仍是传统的富贵人家热闹场面。

6.3.3　庄园

隋唐时期，庄园受士人审美的影响，园林化程度很高，也成为这个时期造园实践的重要组成部分。

定昆庄

唐前期最著名的山庄是安乐公主的定昆庄，庄在长安城西，"延袤数里……司农卿赵履温为缮治。累石肖华山，瞪折横邪，回渊九折，以石潒水"。《朝野佥载》说园中"累石为山，以象华岳，引水为涧，以象天津。飞阁步檐，斜桥磴道，衣以锦绣，画以丹青，饰以金银，莹以珠玉。又为九曲流杯池，作石莲花台，泉于台中流出，穷天下壮丽"。唐中宗曾游此山庄，并命侍从诸臣赋诗。庄中有山有池，池中有洲，池边有重阁，山在池后，叠石陡峭，象华山三峰。庄园中建有大量楼馆。南朝以来盛行的流杯池仍为园中主要设施之一。泉从石莲花中吐出入池则已开玄宗时骊山温泉莲花汤之先河。它似乎与一般庄园不同，仍是以游宴为主的，近于宅园，只是建于郊外而已。史载安乐公主事败被杀后，其园"配入司农，每日士女游观，车马填嗌。"同时代人，如太平公主在长安东郊、韦嗣立在骊山都建有山庄，也有名于时。

辋川别业

辋川别业是诗人王维的别业，在蓝田县西南约二十公里，这里自然地形为山岭环抱，谿谷辐辏有若车轮，故名"辋川"。此处原是宋之问的庄园，后为王维所得，就天然山形水势和植被稍加整治，规划并作局部园林化处理而成。辋川别业是我国历史上著名的庄园，也是唐代庄园的代表。

王维早年仕途顺利，官至给事中，天宝十四年（755年）安禄山叛军占据长安时未能出走。平叛后朝廷并未追究，官迁尚书右丞。但王维终因这个污点，晚年对名利十分淡薄，辞官终老辋川。王维与好友裴迪在此间小住，悠游林泉，吟咏唱和，共写成40首诗，结为《辋川集》行世。《辋川集》中记录了二十个景区和景点的景题命名，每个景区或景点都有王维和裴迪唱和的两首诗。对于辋川别业的营造，虽无明确的记载，但据文献所描述的情况，王维很可能参与其事。

别业中二十景，大部分以自然景观为主，如松岗（华子冈）、竹林（斤竹岭）、森林（鹿柴）、花林（木兰柴、辛夷坞）、生产性林（漆园、椒园）、柳岸（柳浪）、石滩（白石滩）、槐路（宫槐陌）等等。园中建筑颇为疏朗，除宅舍外，有"文杏馆"、"临湖亭"、"竹里馆"等。从王维的性格、文化素养和经济能力看，别业中建筑应是小而质朴的，传世石刻辋川图画成精美的楼观是绝不可信的。从王维《辋川闲居》诗中"倚杖柴门外"句和《归辋川作》中"惆怅掩柴扉"句二次提到"柴扉"，就可以大体了解辋川别业建筑的特点了。

图 6-10 王维《辋川图》
刻本，柳浪与临湖亭

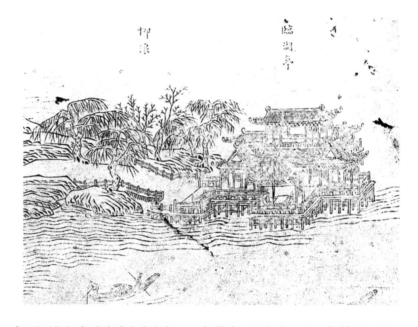

辋川别业以先后为诗人宋之问、王维的庄园而得名，以王维的诗而脍炙人口，它所见重于世的是恬淡的田园风味和自然景观，和贵族豪门如前举安乐公主山庄形成鲜明对照。它的辋川诗有景有情，情景交融，而以平淡天真的诗语出之，表现了人与自然的和谐，和前举咏安乐公主山庄诗之富丽豪华人工多于天然者不同。园林发人诗思，诗情又反过来影响造园，发源于南朝，至王维又进入了一个新的境界。

王维长于绘事，园林造景尤重画意。据传，王维还亲自画了《辋川图》长卷，对辋川诸景加以描绘。《辋川图》在北宋仍有传承，可惜此图真迹已失传，存世的是后人的摹本（图6-10）。

从王、裴唱和的四十首诗在《辋川集》中排列的顺序其及前后关系看来，这个顺序大概也就是园内的一条主要游览路线。这条游览路线中的园林景致，基本上是造园主人和他的诗人朋友们寄情山水的所在，也可以看出，辋川的营建是密切结合了其自然环境而达成的：辋川别业有山、岭、岗、坞、湖、溪、泉、沜、濑、滩以及茂密的植被，总体上以自然风景取胜。建筑物并不多，形象朴素，布局疏朗，而局部园林，则偏重于各种树木花卉大片成林或丛植成景。也可领略到"辋川"的山水园林之美与诗人发抒的感情和哲理的契合，寓诗情于园景之中。

附：辋川别业内重要园林景点名录

孟城坳　谷地上的一座古城堡遗址，也就是园林的主要入口。

华子冈　以松树为主的丛林植被披覆的山岗。

文杏馆　以文杏木为梁，香茅草作屋顶的厅堂，这是园内的主体建筑物，它的南面是环抱的山岭，北面临大湖。

斤竹岭　山岭上遍种竹林，一弯溪水绕过，一条山道相通，满眼青翠掩映着溪水涟漪。

鹿柴　用木栅栏围起来的一大片森林地段，其中放养麋鹿。

木兰柴　用木栅栏围起来的一片木兰树林，谿水穿流其间，环境十分幽邃。

茱萸沜　生长着繁茂的山茱萸花的一片沼泽地。

宫槐陌　两边种植槐树（守宫槐）的林荫道，一直通往名叫"欹湖"的大湖。

临湖亭　建在欹湖岸边的一座亭子，凭栏可观赏开阔的湖面水景。

南垞　欹湖的游船停泊码头之一，建在湖的南岸。

欹湖　园内之大湖，可泛舟作水上游。

柳浪　欹湖岸边栽植成行的柳树，倒映入水最是宛约多姿。

栾家濑　这是一段因水流湍急而形成平濑水景的河道。

金屑泉　泉水涌流涣漾呈金碧色。

白石滩　湖边白石遍布成滩。

北垞　欹湖北岸的游船码头，可能还有船坞的建置。

竹里馆　大片竹林环绕着的一座幽静的建筑物。

辛夷坞　以辛夷的大片种植而成景的岗坞地带，辛夷形似荷花。

漆园　种植漆树的生产性园地。

椒园　种植椒树的生产性园地。

浣花溪草堂

　　浣花溪草堂是大诗人杜甫为避安、史之乱，流寓成都时所建的园林。杜甫在上元元年（760年）择地城西之浣花溪畔建置"草堂"，在其诗《寄题江外草堂》中，杜甫简述了营造这座园林的经过："诛茅初一亩，广地方连延；经营上元始，断手宝应年。敢谋土木丽，自觉面势坚；亭台随高下，敞豁当清川；虽有会心侣，数能同钓船"。可知园的占地初仅一亩，随后又加以扩展，两年后建成。

　　园内的主体建筑为茅草葺顶的草堂，建在临浣花溪的一株古楠树的旁边，"倚江楠树草堂前，故老相传二百年；诛茅卜居总为此，五月份佛闻寒蝉"。建筑布置随地势之高下，充分利用天然的水景，"舍南舍北皆春水，但见群鸥日日来"。园内大量栽植花木，"草堂少花今欲栽，不用绿李与红梅"。杜甫曾写过《诣徐卿觅果栽》《凭何十一少府邕觅桤木栽》《从韦二明府续处觅绵竹》等诗，足见园主人当年处境贫困，不得不向亲友觅讨果树、桤木、绵竹等移栽园内。因而满园花繁叶茂，荫浓蔽日，再加上浣花溪的绿水碧波以及翔泳其上的群鸥，构成一幅极富田园野趣而又寄托着诗人情思的天然图画。

庐山草堂

　　唐代，文人到已开发的山岳风景名胜区择地修建别业的情况比较普遍。元和年间，白居易任江州司马时在庐山修建"草堂"并自撰《草堂记》。由于这篇著名文章的广泛流传，庐山草堂亦得以知名于世。

《草堂记》记述了园林的选址、建筑、环境、景观以及作者的感受：建园基址选择在香炉峰之北、遗爱寺之南的一块"面峰腋寺"的地段上，这里"白石何凿凿，清流亦潺潺；有松数十株，有竹千余竿；松张翠缫盖，竹倚青琅玕。其下无人居，悠哉多岁年；有时聚猿鸟，终日空风烟"。

草堂建筑和陈设至为简朴，"三间两柱，二室四牖，广袤丰杀，一称心力。洞北户，来阴风，防徂暑也；敞南甍，纳阳日，虞祁寒也。木斫而已，不加丹；墙，圬而已，不加白；砌阶用石，幂窗用纸，竹帘纻帏，率称是焉。堂中设木榻四，素屏二，漆琴一张，儒道佛书各三两卷"。堂前为一块十丈见方的平地，平地当中有平台，大小约为平地之半。台之南有方形水池，大小约为平台之一倍。"环池多山竹野卉，池中生白莲、白鱼"。

草堂附近景观冠绝庐山，"春有'锦绣谷'花，夏有'石门涧'云，秋有'虎溪'月，冬有'炉峰'雪，阴晴显晦，昏旦含吐，千变万状不可殚记覼缕而言故云'甲庐山'者"。周围环境亦绝佳，南面"抵石涧，夹涧有古松、老杉，大仅十人围，高不知几百尺，……松下多灌丛、萝茑，叶蔓骈织，承翳日月，光不到地。盛夏风气如八九月时。下铺白石为出入道"。北面，"堂北五步，据层崖，积石嵌空垤块，杂木异草，盖覆其上，……又有飞泉，植茗就以烹？"东面，"堂东有瀑布，水悬三尺，泻阶隅，落石渠，昏晓如练色，夜中如环珮琴筑声"。西面，"堂西依北崖右趾，以剖竹架空，引崖上泉，脉分线悬，自檐注砌，累累如贯珠，霏微如雨露，滴沥漂洒，随风远去"。

白居易贬官江州，心情十分抑郁，尤其需要山水泉石作为精神的寄托。司马又是一个清闲差事，有足够的闲暇时间到庐山草堂居住，"每一独往，动弥旬日"。因而把自己的全部情思寄托于这个人工经营与自然环境完美谐和的园林上面，"仰观山、俯听泉，旁睨竹树云石，自辰及酉，应接不暇。俄而物诱气随，外适内和，一宿体宁，再宿心恬，三宿后颓然嗒然，不知其然而然"。他在《香炉峰下新置草堂即事咏怀题于石上》一诗中，表达了历经宦海浮沉、人世沧桑的诗人对于退居林下，独善其身作泉石之乐的向往之情。

平泉山庄

平泉山庄是唐武宗时宰相李德裕的私园，位于洛阳城南三十里，靠近龙门伊阙。李德裕出身官僚世家，唐武宗时自淮南节度使入相，执政六年，力主削弱藩镇，晋太尉，封卫国公。唐宣宗立，遭政敌的打击，贬潮州司马，再贬崖州司户，卒于贬所。他年轻时随其父在外宦游十四年，遍览名山大川。入仕后，瞩目伊洛山水风物之美，遂生退居之心。于是购得龙门之西一块废园地，"剪荆莽，驱狐狸，如立斑生之庐，渐成应叟之宅。又得江南珍木奇石，列于庭除。平生素怀，于此足矣"。因"平壤出泉"，故名平泉庄。园既建成，却又"杳无归期"。他深知仕途艰险，怕后代子孙难于守成，因此告诫子孙"鬻吾平泉者非吾子孙也，以平泉一树一石与人者，非佳子弟也"。关于此园之景物，康骈《剧谈录》这样描写:"(平泉庄)去洛城三十里,卉禾台榭,若造仙府。有虚槛对引,泉水萦回。疏凿像巴峡、洞庭、十二峰、九派,迄于海门。江山景物之状,以间行径。有平石,以手磨之,皆隐隐现云霞、龙凤、草树之形"。此外,园内还建置"台榭百余所",有书楼、瀑泉亭、流杯亭、西园、双碧潭、钓台等,驯养了鹨、白鹭鸶、猿等珍禽异兽。可以推想,这座园林的"若造仙府"的格调正符合于园主人位居相国的在朝显宦的身份地位。从他所作《思平泉》诗中可知庄中有书楼、瀑泉亭、流杯亭、钓台、西园、东谿、双碧潭、竹径、花药栏等建筑及景观,恬淡的诗意和所述景物与裴度午桥庄近似,也是具有山野情趣的庄园。

李德裕平泉庄还有一特点是广植各种奇异花树和陈设奇石。李德裕平生癖爱珍木奇石,宦游所至,随时搜求。再加上他人投其所爱之奉献,平泉庄无异于一个收藏名种花木和奇石的大花园,是可想而知的。李德裕官居相位,权势显赫。各地地方官为巴结他,竞相奉献异物置于园内,故园内"天下奇花异草、珍松怪石,靡不毕致"。李德裕所写《平泉山居草木记》中还记录了"日观,震泽、巫岭、罗浮、桂水、严湍、庐阜、漏泽之石",以及"台岭、茅山、八公山之怪石,巫峡、严湍、琅玕台之水石,市于清渠之侧;仙人迹、马迹、鹿迹之石列于佛榻之前"。可见此园所用怪石名品类众多,《剧谈录》提到的有醒酒石、礼星石、狮子石等。李家败落后,子孙难于守成,这些怪石悉数被人取走。

平泉庄内栽植树木花卉数量之多,品种之丰富、名贵,尤为著称于当时。《平泉山居草木记》中记录的名贵花木品种计有:"天台之金松、琪树,嵇山之海棠、榧、桧,剡溪之红桂、厚朴,海峤之香桂、术兰,天目之青神、凤集,钟山之月桂、青飕、杨梅,曲阿之山桂、温树,金陵之珠柏、栾荆、杜鹃,茆山之山桃、侧柏、南烛,宜春之柳柏、红豆、山樱,蓝田之栗、梨、龙柏","白蘋洲之重台莲,芙蓉湖之白莲,茅山东溪之芳荪"等等。以后又陆续得到"番禺之山茶,宛陵之紫丁香,会稽之百叶木芙蓉、百叶蔷薇,永嘉之紫桂、簇蝶,天台之海石楠,桂林之俱那卫","钟陵之同心木芙蓉,剡中之真红桂,嵇山之四时杜鹃、相思、紫苑、贞桐、山茗、重台蔷薇、黄槿,东阳之牡桂、杜石、山楠",九华山的药材七种、其他药材两种,"宜春之笔树、楠木、椎子、金荆、红笔、蜜蒙、勾栗、木堆"等。可见,当时的平泉庄不仅大量栽植名花异种,而且也有生产经营型的草药材栽植,也部分地反映出唐代庄园作为独立经济体的作用。

午桥庄

裴度除建集贤里园池外,在洛阳城南,定鼎门之外,买前人庄园建成别业,号午桥庄。自洛阳城内通远坊移唐玄宗时名歌手李龟年故宅之堂为庄中主建筑,号绿野堂。白居易有《奉和裴令公〈新成午桥庄绿野堂即事〉》描写此庄说:"旧径开桃李,新池凿凤凰,只添丞相阁,不改午桥庄。……青山为外屏,绿野是前堂。引水多随势,栽松不趁行。年华玩风景,春事看农桑"。他又有诗,咏庄中花柳，自注云："映楼桃花，拂堤垂柳，是庄上最胜绝处"。后裴度迁官太原，他又有诗相赠。诗中有"近竹开方丈，依林架桔槔。春池八九曲，画舫两三艘。迳滑苔粘屐，潭深水没篙，绿丝萦岸柳，红粉映楼桃。"自注云："皆午桥庄中佳境"。从三诗可知，此是前人旧庄，归裴氏后，凿池筑堤，建楼起堂，栽花种竹，成为具有园林特点的农庄，尤以堤上杨柳、楼畔桃花为胜景。但从"春事看农桑"、"栽松不趁行"等句看，它应以田园风光为主，比起裴度在城内集贤里"池馆甚盛"的宅园来，是萧疏恬淡多了。裴度宅园和午桥庄的不同，反映了城内和庄园中园林风格的差异。

6.3.4 邑郊理景

隋唐五代时期，对城市周边自然风景的梳理加强，有意识地对邑郊自然景观的开发利用和建设，形成规模较大、规划完整且定期对城市居民开放的邑郊理景点，是这一时期造园建设的重要发展。

唐长安芙蓉苑

芙蓉苑在长安外郭东南角的突出部，此地有起伏山丘和回环的河曲，是长安的游览胜地，隋建大兴城时，隔其南部建芙蓉园，北部即公共游赏地曲江池。入唐后仍为御苑。芙蓉苑远在长安外郭东南角，与附在宫城外侧的内苑不同。但由于在芙蓉苑至大明宫间修建了夹城，皇帝可以不经街道，潜行自如，随时往游，《通鉴》载唐太宗于贞观七年十二月曾游芙蓉苑。唐玄宗时多次往游，为避免外人得知或谏官谏阻，特在长安外郭东墙外增修夹城，把原潜往兴庆宫时经行的夹城向南延伸至芙蓉苑，玄宗可以自大明宫或兴庆宫经夹城直赴芙蓉苑游玩而不为外人所知。玄宗时是芙蓉苑的最盛时期，大约沿苑北墙面向曲江一面堤上宫殿楼阁连绵不断，杜甫《哀江头》诗中"江头宫殿锁千门，细柳新蒲为谁绿"，所诵就是安史之乱初期芙蓉苑虽已荒凉关闭但尚未被破坏的景色。安史乱后期，芙蓉苑及曲江都遭严重破坏。唐文宗时，读了杜甫《哀江头》诗，想要恢复芙蓉苑，并鼓励各衙署机构在曲江建亭阁。但这时唐的国势日蹙，根本没有可能恢复开元时的盛况，唐文宗也只能借重建右银台门的机会，把已拆下的旧右银台门移建为芙蓉苑北门，号称紫云楼而已。唐末，芙蓉苑与唐长安同毁。芙蓉苑建在坡陀起伏、曲水萦回的优美自然风景地段上，其主要建筑大约面北，南倚丘陵，北临湖泊河曲，还可遥望城北原上的大明宫丹凤楼。苑中建有主殿和后殿，供宴享之用，皇帝临幸时，临时还要张设帐殿、御幄、步障等。苑中临水处建有水殿，河渠上架设画桥，利用丘陵地建山楼、青阁、竹楼等大量建筑物。从诗中提到"丹衙"、"红园"看，苑墙应是红色的。苑的北部用堤分曲江池为二部，南部圈入苑内。从诗中"鱼龙出负舟"句，可知苑内池中可以行驶龙舟。从长安禁苑鱼藻池可赛龙舟的情况看，这里有可能也举行此类活动。皇帝在宴群臣时要饮酒、奏乐、赋诗，故主殿前应有相当面积的平地。苑内绿地临水处以柳为主，水边有芙蓉等花卉。丘陵及平地种杏和卢橘，此外，最有特色的是弥漫山丘洞谷和水边的丛竹。从杜甫诗"江头宫殿锁千门"看，它临曲江一面建有很多楼殿，加上苑内山丘上的楼阁起伏隐现，可以推知它是一所富丽、华贵的皇家宫苑。

华清宫

华清宫在今西安城以东三十五公里的临潼区，南倚骊山之北坡，北向渭河。骊山是秦岭山脉的一支，东西绵亘二十余公里。两岭三峰平地拔起，山形秀丽，植被极好。远看有如黑色的骏马，故曰骊山。两岭即东绣岭和西绣岭，中间隔着一条山谷。西绣岭之北麓有天然温泉，也就是华清宫之所在(图6-11、图6-12)。

图6-11 唐骊山宫图(转引自，《骊山华清宫文史宝典》)

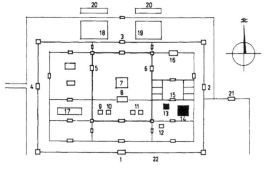

1.昭阳门 2.开阳门 3.津阳门 4.望京门 5.日华门 6.月华门 7.前殿 8.后殿 9.宜春汤 10.尚食汤 11.少阳汤(太子汤) 12.星辰汤 13.贵妃汤 14.御汤 15.飞霜殿 16.瑶光楼 17.长汤十六 18.弘文馆 19.修文馆 20.朝堂 21.观凤楼 22.骊山

图6-12-a 唐华清宫平面示意图－张铁宁－唐华清宫遗址建筑复原－文物－1995－11－p64

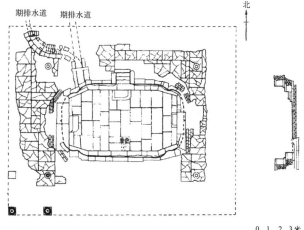

图6-12-b 华清池汤池遗址发掘图－唐华清宫汤池遗址第二期发掘简报

据《长安志》：秦始皇始建温泉宫室，名"骊山汤"，汉武帝又加修葺。隋开皇三年（583年），"又修屋宇，列树松柏千余株"。唐贞观十八年（644年），诏左屯卫大将军姜行本、匠作少将阎立德主持营建宫殿，赐名温泉宫。天宝六年（747年）扩建，改名华清宫。唐玄宗长期在此居住，处理朝政，接见臣僚，这里遂成为与长安大内相联系的政治中心，相应地建置了一个完整的宫廷区，它与骊山北坡的苑林区相结合，形成了北宫南苑格局的规模宏大的离宫御苑。宫苑的外围更随山势绕以外郭墙，大概就是所谓的"会昌城"。安史之乱后，华清宫逐渐荒废，五代时改建为道观，明清又废。

宫廷区为一方整之宫城，坐南朝北。北面设正门津阳门，东门开阳门，西门望京门，南门昭阳门，昭阳门往南即为登骊山之大道。宫城分为中、东、西三路。中路津阳门外分列左、右朝堂，门内左右分列弘文馆和修文馆。其南为前殿和后殿，相当于外朝。外朝之南为内廷。内廷除殿宇建筑外还有"十六汤"即十六处温泉浴池。东路的主要殿宇为瑶光楼和飞霜殿，其南为莲花汤，又名九龙汤。莲花汤是皇帝的御用汤池，也是杨贵妃赐浴的地方。此汤池之设备极为考究豪华，还别出心裁安装活动的机关。

另一处御用的汤池名叫"长汤"，比其他汤池要大得多。池中央以玉石雕成莲花状的喷水口，泉水喷出洒落池面如雨霖。西路之主体殿宇为功德院，望京门外有复道通往长安城。宫城之外围又修筑罗城一重，罗城之东部为嫔妃居住之宫院，西部为百官邸宅及衙署区。

苑林区亦即骊山北坡之山岳风景地区，以建筑物结合于山麓、山腰、山顶的不同地貌而规划为各具特色的许多景区和景点。山麓分布着若干以花卉、果木为主题的小园林兼生产基地，如芙蓉园、粉梅坛、看花台、石榴园、西瓜园、椒园、东瓜园等，还有一处马球场和一处赛马场。山腰则突出巉岩、溪谷、瀑布等自然景观，放养驯鹿出没于山林之中。朝元阁是苑林区的主体建筑物，从这里修筑御道循山而下直抵宫城之昭阳门。朝元阁与其侧的老君殿均属道观性质，唐代皇帝多信奉道教，皇家苑囿中亦多有道观的建置。附近的长生殿则是皇帝到朝元阁进香前斋戒沐浴的斋殿，相传玄宗与杨贵妃于某年七巧节曾在此殿内山盟海誓愿生生世世为夫妇。山顶高爽凉快，俯瞰平原历历在目，视野最为开阔。这里集中了许多建筑物：望京楼、石瓮寺，红楼、绿阁等。望京楼旁之烽火台，相传为周幽王与宠姬褒姒烽火戏诸侯之处。

值得一提的是苑林区在天然植被的基础上，还进行了大量的人工绿化种植，更突出了各景区和景点的风景特色，所用品种见于文献记载的计有松、柏、槭、梧桐、柳、榆、桃、梅、李、海棠、枣、榛、芙蓉、石榴、紫藤、芝兰、竹子、旱莲等将近三十多种，还生产各种果蔬供应宫廷。因此，骊山北坡通体花木繁茂，如锦似绣。

隋仁寿宫（唐九成宫）

九成宫在今西安市西北 163 公里的麟游县境内，始建于隋开皇十三年（593年），原名仁寿宫，由宇文恺担任将作大匠，主持规划设计（图 6-13）。后坍废。唐贞观五年（631年），唐太宗加以修复、扩建，改名九成宫。永徽二年（651年）改名万年宫。乾封二年（667年）又恢复九成宫之名。隋仁寿宫选址于麟游杜河北岸的开阔谷地之内，这里层峦叠嶂，茂林清幽，气候宜人，是西安周边绝佳的避暑胜地。麟游居于隋唐时西北与关中之间的要冲，常驻有重兵防守，因此，仁寿宫的建设，不仅有皇帝游乐避暑的功能，更有军事与防卫的考虑。

九成宫建在县城西五里之天台山上。天台山并不高峻，但气候凉爽，风景幽美。九成宫的宫城有内、外两重城墙。内垣内为宫城，位于杜河北岸的山谷间，前临杜河，北倚碧城山，东有童山，西邻屏山，南面正对堡子山。据新近三十年来的考古发掘，知其宫墙东西 1010 米，南北约 300 米，地势西高东低，呈长方形沿杜河北岸展开。宫城分为朝宫、寝宫及官寺、衙署、府库、文娱等建筑的所在地。宫城正殿连同其两侧的阙楼和两重前殿，组合为一组宏达的建筑群，密密层层地将山坡覆盖，类似于汉代高台榭的做法，颇有秦汉遗风，并对后世颐和园等营建布局也有影响。贞观年间发现"醴泉"位于大朝的西侧，为此修建了一条水渠沿西垣直达东宫门。近年的考古发掘在泉眼附近有太湖石出土，可见当年此处或有园林假山的建置。宫城之外，外垣以内，则是广袤的山岳地带，是为苑林区。苑林区在宫城的南、西、北三面外扩至外垣，沿山峦分水岭而建。在三条河流的交汇处，筑水坝以拦截水流，即《九成宫醴泉铭》所记"绝壑为池"的做法，因毗邻宫城之西，又称西海。正殿九龙殿又名排云殿，

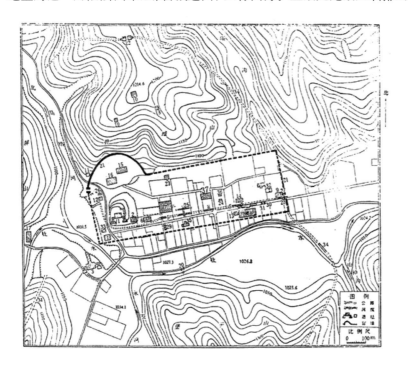

图 6-13　隋仁寿宫（唐九成宫）遗址位置图（摹自.《隋仁寿宫唐九成宫37 号殿址的发掘》)

位于山顶台地的中央。殿东为御容殿，殿后"绝顶为碧城（山名），山色苍碧，周环若城，俯视宫中，洞见纤悉"。

仁寿宫建筑顺应自然地形，颇能因山就势。九成宫作为皇帝避暑的行宫御苑，得到隋唐皇帝的喜爱，隋文帝曾六次到此避暑，最长一次居住近一年半，而到了唐代，从唐贞观五年（631年）唐太宗来此避暑养病诏令修复仁寿宫始，多位唐代皇帝都对之有加建和经营。唐太宗、唐高宗等经常来此避暑，接见臣僚，处理朝政。因此，唐代的九成宫还设有官署府库并常驻军队。正由于它的规划设计能够谐和于自然风景而相得益彰，九成宫在当时是颇有名气的，成为与华清宫齐名的宫苑，但又因远离长安城市，而有其独特的邑郊理景特征。许多画家以它作为创作仙山琼阁的蓝本，李思训、李昭道父子就曾画过《九成宫纨扇图》《九成宫图》传世。《九成宫醴泉铭》更是其中著名的篇章，魏征撰文，欧阳询楷书。唐高宗李治亦撰文并书写《万年宫铭》，记述这座宫苑的宏伟建筑与秀美风光。

曲江池

曲江池在长安城的东南隅，是一处公共游览地，皇帝也经常率嫔妃临幸，为此而建置大量殿宇（图6-14）。杜甫《哀江头》诗有"江头宫殿锁千门，细柳新蒲为谁绿"之句。故这里又兼有御苑的功能。曲江池本秦恺州、汉宜春下苑之故地。隋初宇文恺奉命修筑大兴城，以其地在京城之东南隅，地势较高，根据风水堪舆之说，遂不设置居住坊巷而凿池以厌胜之。又从城外引来黄渠之水，扩大曲江池之水面。隋文帝恶其名曲，因其水面大而芙蓉甚盛，改名芙蓉池。唐初一度干涸，到开元年间又重加疏浚，导引浐河上游之水经黄渠汇入芙蓉池，恢复曲江池旧名。池水既充沛，池岸曲折优美，环池楼台参差、林木蓊郁。池之南为紫云楼、彩霞亭、芙蓉园，西为杏园、慈恩寺。池南之芙蓉园原是隋代的一处御苑，周回十七里；贞观年间赐魏王泰，泰死，赐东宫。开元时又改建为御苑，百姓非经特许不得随便进入。

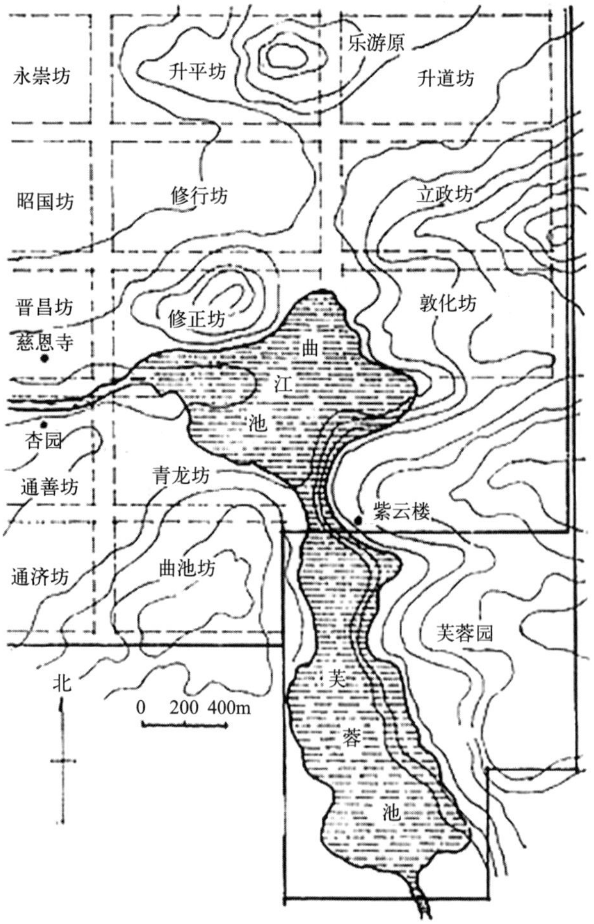

曲江游人最多，最热闹的日子是每年的上巳节（三月三日）、重阳节（九月九日），以及每月的晦日，届时"彩屋翠帱，匝于堤岸；鲜车健马，比肩击毂"。曲江池的繁荣也从

图6-14 唐代曲江池位置图

一个侧面反映了盛唐之世的政局稳定、社会安宁。

上巳节这一天，按照古代的习俗，皇帝例必率嫔妃到曲江游玩并赐宴百官。沿岸张灯结彩，池中泛游船画舫，乐队演奏教坊新谱的乐曲，商贾陈列奇货，百姓熙来攘往。少年衣华服，跨肥马扬长而行，平日深居闺阁的妇女亦盛装出游，杜甫在《丽人行》一诗中有所描写。

安史之乱后，殿宇楼阁大半倾废，曲江处于衰败状态。太和九年（813年）二月，发神策军一千五百人挖掏江池，修复紫云楼、彩霞亭。又诏百司于两岸建亭榭，"诸司如有力，要于曲江置亭馆者，宜给与闲地"。尽管如此，曲江池之景色毕竟大不如前了。

6.3.5 寺观园林

隋文帝杨坚是一个坚定的佛教徒，甚至自封"菩萨天子"，在隋代力倡佛教。唐代的二十个皇帝中，除了唐武宗之外，其余都提倡佛教，有的还成为佛教信徒。随着佛教的兴盛，佛寺遍布全国，寺院的地主经济亦相应地发展起来。唐代皇室奉老子为始祖，道教也受到皇室的扶持。宫苑里面建置道观，皇帝贵戚多有信奉道教的。各地道观也和佛寺一样，成为地主庄园的经济实体。

长安、洛阳两京更是寺、观集中的大城市，这种情况尤为明显。寺、观的建筑制度已趋于完善，大的寺观往往是连宇成片的庞大建筑群，包括殿堂、寝膳、客房、园林四部分的功能分区（图6-15）。由于寺观进行大量的世俗活动，成为城市公共交往的中心，它的环境处理必然会把宗教的肃穆与人间的愉悦相结合考虑，因而更重视庭院的绿化和园林的经营。许多寺、观以园林之美和花木的栽培而闻名于世，文人们都喜欢到寺观以文会友、吟咏、赏花，寺观的园林绿化亦适应于世俗趣味，追摹第宅园林。

据《长安志》和《酉阳杂俎续集·寺塔记》的记载，唐长安城内的寺观共有195所，建置在77个坊里之内。其中一部分为隋代的旧寺观，大部分为唐代兴建的，一部分为皇室、官僚、贵戚舍宅改建的。这些寺观的占地面积都相当可观，规模大者竟占一坊之地。几乎每一所寺观内均莳花植树，尤以牡丹花

图6-15 《戒坛图经》南宋刻本附图（转引自，龚国强，《隋唐长安城佛寺研究》）

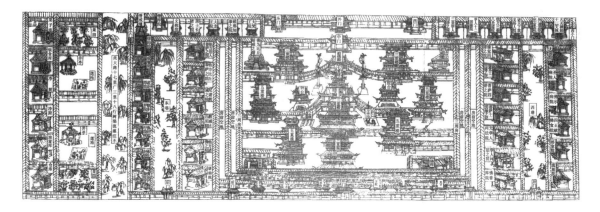

最为突出。长安的贵族显宦多喜爱牡丹，因此，一些寺观甚至出售各种珍品牡丹牟利。长安城内水渠纵横，许多寺观引来活水在园林里面建置山池水景。寺观园林及庭院山池之美、花木之盛，往往使得游人流连忘返。描写文人名流们到寺庙赏花、观景、饮宴、品茗的情况，在唐代的诗文中是屡见不鲜的，新科进士到慈恩寺塔下题名、在崇圣寺举行樱桃宴，则传为一时之美谈。凡此种种，足见长安的寺观园林和庭院园林化的盛况，也表明了寺观园林所兼具的城市公共园林的职能。

著名的慈恩寺营构山池，广种花木，其中尤以牡丹和荷花最负盛名。到慈恩寺赏牡丹、赏荷，成为一时之风气。安业坊内的唐昌观，玉蕊花最为繁茂。崇业坊内的元都观，以桃花之盛闻名于长安。唐代诗人咏赞长安的诗作中，提到寺观环境之清幽和山池花木之美的不少。

寺观不仅在城市兴建，而且亦多建于郊野。但凡风景优美的地方，尤其是山岳风景地带，几乎都有寺观的建置。全国各地的以寺观为主体的山岳风景名胜区，到唐代差不多都已陆续形成。如佛教的大小名山、四大道场，道教的洞天福地、五岳、五镇等，都是依托郊野甚至远郊的自然山水而建，这些邑郊的寺观既是宗教活动中心，又是风景游览的胜地。寺观作为香客和游客的接待场所，对风景名胜区的区域格局的形成和原始型旅游的发展起决定性的作用。

佛教和道教的教义都包含尊重大自然的思想，又受到两晋南北朝以来所形成的自然观与美学思潮的影响，寺观的建筑当然也就力求和谐于自然的山水环境。郊野的寺观把植树造林列为僧、道的一项重要的公益劳作，也有利于邑郊游览区的环境保护。因此，郊野的寺观往往内部花繁叶茂、外围古树参天，成为游览的对象，风景的点缀。许多寺观园林绿化、栽培名贵花木保护古树名木的情况，在当时人的诗文中屡见不鲜。

寺观园林是宗教世俗化的结果，同时也反过来促进了宗教和宗教建筑的进一步世俗化。城市寺观具有城市公共交往中心的作用，寺观园林亦相应地发挥了城市公共园林的职能。由于寺观多处郊野，其园林（包括独立建置的小园、庭院绿化和外围的园林化环境）把寺观本身由宗教活动的场所转化为点缀风景的手段，吸引香客和游客，促进原始型旅游的发展。也在一定程度上保护了生态环境。宗教建筑与风景建筑在更高的层次上相结合，亦促成了邑郊理景尤其是山岳风景名胜区普遍开发的局面。

6.4　时代特征

6.4.1　思想观念

自南北朝以来，南北园林风气就不同。唐初皇室贵族仍秉承北朝遗风，多以园林为宴会游乐场，故所建园林规模宏大，与所建巨宅相称。此外，初唐、盛唐处于国势上升、发展阶段，国家统一，日渐富强，文士进身有阶，大都性格外向，志向高远，积极开拓进取，饮酒赋诗，好为豪言壮语，那种追求清寂退隐的思想，在这时不居主流。所以这时文士游赏园林也多喜欢热闹气氛，传世有很多文人雅士或官员赞咏这种风格园林的诗文。

中晚唐以后，国势日颓，仕途险恶，宦官掌权，党派倾轧，文士难以立足，更不用说建立功业。在这环境下，文士及文士出身的官吏多倦于进取，得官后遇挫折即思退隐。消极、退隐、独善其身的思想成为时尚。甚至除不满朝政的正直官吏言退隐外，那些奔竞之徒，也不得不言退隐。晚唐大诗人首推元稹、白居易，这时园林风气由热闹改变为清寂是时代使然。文人通过个人的诗文加以描绘和吟咏，使林泉胜境得以流传久远，足见唐代已开始诗、画互渗的自觉追求。因山水景物、园林雅境所诱发的联想，意境的塑造亦已处于自觉的状态。而中唐以后直至五代的动荡，也使得思想有所转型，各种碰撞空前繁荣，儒家的现实生活情趣，道家的寄情山水自然，新兴的佛家禅宗的自性寻求解脱，此三者得以汇融合流于少数文士的造园思想之中，形成独特的园林观。

唐代园林除了池馆富丽、宴饮时笙管繁弦百戏具陈的贵族显宦的山池院外，又出现了平淡天真、恬静幽雅、笛声琴韵与鸣咽流泉相应和的士大夫园林，南朝时在山水诗影响下的以陶冶性灵为主的特点，在唐代第宅园林中得到继承和发展，使造园艺术步入更高的境界。中国古代园林以含蕴"诗情画意"为重要特点。以"诗情"入园林滥觞于南朝中后期，成熟于中晚唐，这可以从中晚唐时咏园林诸诗得到证实。"画意"则要到宋元时写景的绘画臻于成熟并向写意发展时，才对园林艺术产生重大影响。

文人官僚开发风景，参与造园，通过这些实践活动而逐渐形成对园林的看法。凭借他们对自然风景的深刻理解和对自然美的高度鉴赏能力来进行园林的规划，同时也把他们对人生哲理的体验、宦海浮沉的感怀融注于造园艺术之中。于是，文人官僚的园林所具有的那种清沁雅致的格调得以更进一步的提高、升华，更着上一层文人的色彩，使"文人园林"在第宅园林中逐渐独立于王公贵族和官宦的造园，成为重要的成熟类型，文人园林因更侧重以赏心悦目的同时，以山水置石寄托理想、陶冶性情、表现隐逸思想与观念而为士子文人所重。这些园林多具有其主人的品格特征，造园者也将其对人生的感悟、自然的推崇、宦海的经历转移至造园活动中，形成了独特的园林思想观念和美学价值体系。

6.4.2 审美方式

自然审美和山水情趣已趋于成熟，隋唐五代园林作为一个完整的园林体系则已经成型，所有这些，都在一部分第宅园林的创作中形成了新的方向，发展出新的审美、趣味和营造技法，为宋、明文人园林的兴盛做了启蒙与铺垫。隋唐五代园林的发展，影响及于亚洲汉文化圈内的广大地域，对当时的朝鲜、日本有较大的直接影响，他们全面吸收盛唐文化，其中也包括园林文化在内。

隋代延续了魏晋以来的山水文化和审美意识的觉醒，自然美学和自然山水文化不断被后来的文人加以强化，山水诗文、山水画和山水园同时在唐代达到了一个繁荣的统一和互融。依托两京之间的自然山水，开发出独特的自然审美方式和理念。以中唐为分野，文士对自然审美的点开始由具体的园林造景，转向对更大场域自然景观关联性的体察，进而延续自两晋南北朝以来的自然作为具体审美对象的尝试，发展出主动发现、认识、定义、评价自然景观的策略，反映在山水诗文和山水绘画方面，均有较为重要的代表作。

从唐初的《小池赋》《小山赋》《池上篇》等咏小景的辞赋，到《草堂记》《永州八记》等主动发现定义评价自然山水之美的迤逦文章，皆体现出这一历史时期我国山水文化、园林审美的流变与转折。到了五代时期，由于社会动荡造成的文人流迁频繁，山水绘画作为专门的题材，进入新的高峰，在视觉文化方面，进一步推动了自然审美和园林造景的认识和实践。因此，山水诗文与山水绘画对隋唐五代时期的园林审美有深刻的影响，并开启了宋代直至明清的山水审美范式。

6.4.3　营造方法

从隋唐五代时期的大量诗文中，可以了解园林营造的基本情况。隋唐五代园林没有保存至今的实例，只能求之于当时人的诗文。诗歌所咏，多是诗人领悟到的园林之美的精粹处，发为诗歌后，又反过来影响新的造园活动与具体的造园方法。

从唐人诗文中，还可以看到，这时造园似已有一定的理论和手法。唐代人在园林上表现的尺度概念和城市、建筑上所表现的是一致的，有着偏大的特点。园林实际上成为交际场所和主人社会地位的象征。有条件者都要建园，甚至在他坊买园。这些园大都要有山有池，有宴饮的厅堂亭轩和供歌舞的广庭。

不过，随着第宅的普遍发展，小型园林已受到更多人的欢迎。唐代士大夫造园，对于"小中见大"，以一勺之水引发万顷清波的联想的手法，也颇能掌握。白居易有很多咏小池之诗，都抒发联想。景物虽小，却能引人联想起亲身经历过的自然真景。反过来说，则造园者又必须对自然真景有所体验，把它浓缩在园景中，才能引发观者的联想。中国园林不单纯模拟真景，以"小中见大"引起人会意联想的特点，在唐人咏园林诗中已表现得很明显。

园中、庭中的小池特别受到宠爱，造园主们借小池寄情赏，以小喻大，在方圆数丈的水池中追求江湖意趣，反映了当时一种普遍心理。求小池不得，则退而在庭院中作更小的盆池，盆池在唐时相当流行。流风所及，宋代文士也多小池、盆池之好。

随着园林小型化趋势的加强，园林欣赏也相应地出现近观、细玩的喜好。

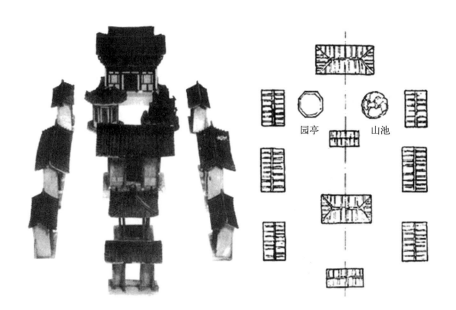

图 6-16 陕西省博物馆藏西安中堡村唐墓出土三彩院落模型

园亭　　　山池

从品玩奇石成癖和花木人格化两点上也可以看出这种趋向所达到的程度，松、竹、梅在南朝已被视为高雅之物，唐代更是得宠；欣赏各种奇姿怪态的石块、石峰，已成为某些人的癖好。

园林小型化也促进了小庭院的发展。长安城内的大部分居住坊里均有宅园或游憩园，叫做"山池院"。规模大者占据半坊以上，多为皇亲和大官僚所建。唐代的园林大都筑山凿池，山、池遂成为园林之标志，故初唐多称城内园林为"山池院"，又因为园中多有亭，又称"山亭"或"池亭"。中晚唐洛阳诸园多有池无山，故多称"园池"或"池亭"。在居住庭院内，凿池堆山，莳花栽竹，形成山池院、水院、竹院、松院、梅院等等，是相当普遍的现象。西安郊外出土的唐三彩住宅明器（图 6-16），其后院即是典型的山池院。庭院东偏有假山和小水池，庭院西偏有八角攒尖亭一座。

园林选址

隋、唐两代的宫苑选址多依托秦汉旧址经营，但也开拓出新的方向和地区。在园林选址方面，尤其独特的取向。汉以来宫城多建高大台榭，如曹魏邺城三台、曹魏洛阳凌云台等，托名游观，实际是武库和防守据点，寓防守于游赏建筑。隋唐时不再建这些高大台榭，武库设在太极宫武德殿东与东宫间夹城中，苑中台阁只供游赏，但整个内院、禁苑同时又是屯兵据点。同样是寓防御于游观，但方式和汉魏大大不同了。

至于宫城内的内苑如长安之西内苑、东内苑，东都宫之陶光园等则主要是供皇帝游幸并屯驻禁军和设御用马厩等之用的。此外，在各宫内部都还有园林部分，如西内之海池、东内之太液池和洛阳宫之九洲池，是供皇帝随时游赏的。另外，在邑郊理景方面，更加注重园林选址与帝王巡游线路、国家治理与风景的密切联系，如隋代仁寿宫（唐代九成宫）的规划设计，就是充分考虑了这些方面规划建设的重要案例。

远郊的庄园建设亦很发达，从有关文献的记载看来，文人士子所营庄园的选址大致可以分为三种情况：依附于庄园，庄园多数为地主庄园而非领主庄园；单独建置在离城不远、交通往返方便而风景比较优美的地带；建置在邑郊名胜区内。长安作为首都，郊外的类似庄园极多。从文献记载的情况看来，凡属贵族、大官僚的几乎都集中在东郊一带，绝大多数为独立建置的别业。物以类聚，人以群分。而一般文人官僚所建的多半分布在南郊，其中有依附于庄园的，也有单独建置的。

唐代第宅园林规模一般规模都比较大，如牛僧孺洛阳宅园尽有归仁坊一坊之地（约四百余亩，见《洛阳名园记》），李德裕洛阳平泉庄周围四十里，白居易以"小园"自居的洛阳履道坊园，也在十亩左右。

白居易在咏裴度集贤里林亭时讲到造园的立意和因地制宜构景："水竹以为质"说的是此园景物资源为水、竹，"质立而文随"指确定了以水竹为主后即据以造景。"疏凿出人意，结构得地宜"，指疏泉凿池的具体措施出于人的设计，却能有因地制宜之妙。最后"灵襟"、"胜概"一联则是说由于规划设计者精心构思，充分发挥了地形的有利条件。

建筑布局

据《长安志》记载，唐时在汉未央宫遗址建有殿宇，正殿名通光殿，殿东西有诏芳、凝思二亭。《太平御览》引《两京新记》云，东都宫内"流杯殿东西廊南头两边皆有亭子，以间山池。"此外，在敦煌唐代壁画中也见有正面绘一厅、东西出廊接轩亭、周以花树的形象，如338窟初唐弥勒上生变中所绘

图6-17 甘肃敦煌莫高窟第338窟唐壁画中的园林

（图6-17）。这两条记载和壁画中的图像都和上述渤海上京禁苑建筑址相同，说明这种布局也可能属唐代宫苑园林建筑的通式。渤海国上京禁苑在池北发现一组建筑址。正中为面阔七间进深四间前有三间抱厦的敞厅，厅之东有五间行廊，厅西为十间向南折的曲尺形廊，尽端各接一三间方亭。和九洲池发现的独立亭子不同，它是迄今所见惟一的园林建筑群组，很值得注意。

大体上说，早期可以贵族豪门的大型山池院为代表，以规模宏大、景物富丽胜；后期则以文士出身的官吏所建园林为代表，以秀雅和含蕴诗意胜。在唐

诗中，还有些对园林建筑的描写。由于诗人的启发，也使园林内建筑物和景物有机地结合起来，互相衬托，逐渐形成中国传统园林中建筑比重较大并与景物融为一体、密不可分的特点。

造园构景

隋唐五代园林的造园由于种类繁多，各类间的选址、规模、建筑等级和理景差异较大，因此，造园构景只能就单一案例展开有效的讨论。但隋唐五代时期造园有几个明显的趋势，还是能够体现出一些普遍性的特征。这些特征密切地结合了造园的类型，但也有共性的诉求，是人们自然观和审美诉求的直接反映。

在宫苑和庄园中，自然审美占据主要的造园理景方式。依托园林营建地周边自然景观，进行适度的改造而形成新的园林景观。在宫苑中，表现为一池三山格局开始为较大密度建筑所环绕，大池和仙岛格局在造园理景中占据主导地位，形成较为集中的区片景观，景点连续相继，随着人们在园林中活动的多样化，造园理景也有不断修改和优化的情况。而在庄园中，造园理景主要继承了陶渊明以来的自然风尚，对自然景观修饰干扰较少，景点以主要的人工物或个人鉴赏作为依据去发展景观的认识，相对理景较为谨慎。

而在第宅园林中，尤其是唐代以来，随着城市里坊格局的完善和建设，文士在第宅园林的建造活动中逐渐趋于主体地位，但限于里坊的城市结构，空间中围绕方池和假山展开的造园理景手法在中唐时期形成并完善。尽管早期的隋代和初唐的山池院还多为方池略加置石而形成静态景观的情况，但随着空间的扩大和造园要素多样性的增加，以及王公府宅相继为文人官僚所得，其造景手法亦随园林主人的改变而有大的变化。造园理景上最重要的变化，当属因空间规模受限而开始对园林内部空间格局认知和景致塑造的追求。具体而言，就是假山堆垛方式开始追求除孤石赏鉴外的假山尽可能造成"壶中天地"、"咫尺天涯"的效果，理水也尽可能造成"涧"、"滩"、"泉"、"瀑"、"濮"等自然景观的模拟，这些都在一定程度上诱发了新的造园理景理念和实践。

另外，从唐诗中还可看到，当时人对造园已不满足于造静态的景物，而要把它和环境及时序结合起来。当时已不满足园中有竹树池岛，更要有月上花梢，水波粼粼之景。总之，当时人已注意到创造有生意、动态的园林。

6.4.4 技术手段

叠山

园林小型化促进了小庭院的发展，长安城内的大部分居住坊里均有宅园或游憩园，叫做"山池院"。这些园内的山除用凿池之土筑成外，叠石技术已有一定水平，其风格模仿自然。池中大多有岛，岛上有亭，岛间有桥，各岛分别植不同花木成林。这些几乎成为唐代中期大型园林的布置模式。到了唐代中后

图6—18 陕西省博物馆藏西安中堡村唐墓出土三彩假山池

期，尽管社会经济情况愈下，但大贵族官僚仍喜爱建大型山池园林，并保持在园中宴乐的特点（图6-18）。

随着园林小型化趋势的加强，奇姿怪态的石块、石峰已成为园林中常见的点缀之物。如牛僧孺、李德裕、白居易等，都爱搜罗各地之石列于园中，大石立于水侧，小石置于案头。文人以石之孤峭象征人之逸才，以湖石沉沦水底比拟人才有遇有不遇。经诗人的吟咏，陈设的奇石从单纯赏其姿态到联想名山大川，再进而联想到人之际遇。从侧面证明在中晚唐时期，诗与园林的关系，已从单纯描写实景发展到引发情境联想，以景喻人，抒发襟怀抱负了。诗情融入园林，也赋予园林中的山水置石更多拟人化的意义，也以多层次的解释回应了文化内涵，这对后世园林中的假山堆掇和置石赏鉴产生影响。

理水

宫苑和邑郊理景的大量建设均需要足够供水作为保证，而供水系统作为城市建设的一项重要的基础设施其完善又促进了这些园林建设的开展。目前已发现的唐代园林遗址洛阳隋唐宫中的九洲池、唐大明宫中的太液池和渤海国上京的禁苑遗址均以池为中心，且池中有岛，基本上继承了西汉建章宫以来以池象海、以岛象仙山的一池三山的传统。但九洲池史书明言仿东海九洲，洲即岛，当有九岛，目前已发现了六岛；太液池中只一岛名蓬莱山；渤海国内苑有二岛；则唐代并不局限于三岛之数。各岛上都建亭，九洲池岛和渤海国禁苑岛上都发现八角亭址。史载蓬莱山有太液亭，遗址尚有待发掘，证以《元河南志》所载九洲池中岛上建亭殿和安福殿前池中二洲上建殿阁之例，可知在岛上建亭阁是当时的通制。

洛阳有伊、洛二水穿城而过，城内河道纵横为造园提供了优越的供水条件，故洛阳城内的第宅园林亦多以水景取胜。丞相牛僧孺的归仁里宅引入长流活水而别创为"滩"景，白居易专门写了一首《题牛相公归仁里新宅成小滩》诗以咏之。由于得水较易，园林中颇多出现摹拟江南水多的景观，很能激发人们对江南景物的联想情趣。

白居易诗文中提到的小滩和铺锦石为底的池塘遗址在国内迄未发现，但在日本奈良平城京遗址中已发现类似遗迹。在平城京左京三条二坊贵邸遗址中，一条小河屈曲穿过，池底及护岸全部用卵石铺砌成，局部还有斜坡的滩。另在宫城内东南角"东院"也发现园池，池近于曲尺形，曲屈的池岸及池底也是满铺卵石，池中有岛，北部有桥。这些遗迹属8世纪中期，早于白居易的时代，则在盛唐、中唐之交可能在唐已出现铺卵石的小池了。

在敦煌壁画唐代观无量寿经变中，都画有池塘，池边用花砖包砌为护岸，

图 6-19 甘肃敦煌莫高窟唐壁画中的池塘

沿岸立木勾栏，平台地面铺莲花砖或卵石，池上架弧形木桥，桥两侧下为红白相间的雁齿板，上为朱红勾栏。在平台上左右各有坐立二个伎乐，中间有人舞蹈。推想贵族、显宦山池院堂前临水平台和举行宴会时舞乐毕陈的情况大体也应是这样。贵邸山池的豪华程度也大体于此可以想见（图 6-19）。

建筑

隋唐五代园林中的园林建筑已非常成熟。由于这一阶段，各种建筑类型与园林中的活动密不可分，也促成了园林建筑的多样化和园林中建筑密度的加大。在宫苑之中，由于原有的建设在规模上远超前朝，并且在利用自然地形方面有很大的进展，相应的，园林中的建筑也趋于丰富，在隋、唐时期的苑囿中已发挥重要的空间组织和游线联系的作用。宫苑中的建筑不断增加，密度有所提升，其与园林景观的结合有较为丰富的组合形式；同时随着苑囿功能的扩大，园林建筑作为重要的活动空间也被赋予了更多的功能性。

另一方面，第宅园林则体现出了园林建筑为主导的格局。大多数第宅园林都是因坊而建，建筑占据了主要的地位，园林造景在大量建筑围合的建筑群体组合中展开。在寺观园林中，也同样保持了建筑密度较大、以建筑群组合形成院落以造景的手法特征。

而在庄园和邑郊理景中，建筑物则多为重要的点景手段。作为重要的观景点而建造的建筑物，同时也被赋予景点的价值。大到诸如芙蓉苑、华清宫、九成宫这样的都邑远郊理景，小到辋川别业中的鹿柴，建筑都被整合到一个更大范围内的风景之内，建筑也成为隐没于自然之中的一处点题之景。

植物

隋唐代五代园林中的植物配置已非常丰富。众多诗文对之有详细的记述。如白居易诗中，有多处提到园林绿化的布置和植物的配置情况。从《西省北院新构小亭，种竹开窗，东通骑省……》诗中可知大明宫内中书省内有亭廊花木。杜甫《春宿左省》诗则描写大明宫内门下省花树繁茂，禽鸟鸣集，有很好的绿化环境。白居易又有《惜牡丹花二首》，可知大明宫西夹城内的翰林院中种有唐人最重视的观赏花牡丹花。

文人园林中，除了庄园在自然山水中，对林木栽植多依托自然植被以外，第宅园林已非常注重植物配置，形成了鲜明的特征，为园林的个性注入了活力。如白居易履道里园，就是强调以竹为主题的第宅园林。而裴度的集贤里宅园、李德裕的平泉山庄等，则更加强调植物的配置，平泉庄内栽植树木花卉数量之多，品种之丰富、名贵，尤为著称于当时。唐代的庄园中，也有生产经营型的植物栽植，具有经济价值。

6.5　小结

隋唐五代时期是我国中古时代的繁盛期。隋、唐园林不仅继承了秦汉的大气磅礴的闳放风度，而且发展了两晋南北朝以来的自然审美趣味与文人意趣，同时，在造园手法艺术化、园居生活精致化上取得了辉煌的成就，开启了我国中古时期造园的全盛局面，影响深远。

这一时期，宫苑园林发展成熟，类型完备，出现了具有划时期意义的作品；山水诗画对造园活动影响较大，第宅园林系统经营园林布局与格调，着意刻画园林景物典型性格以及山池院的演变、局部置石、园林小品的处理均达到极高的水平。邑郊理景有较大发展，邑郊自然山水成为公共游览区和风景名胜地，寺观园林的普及亦促进了风景名胜区的进一步发展。邑郊理景点逐步完善了城市结构，使城市周边自然山水纳入城市体系，形成了较为系统的因应自然环境，适当开发与利用邑郊理景的局面。同时，邑郊游览区较为普遍地在各地开展，是隋唐五代时期自然山水审美世俗化的重要特征之一。

隋唐五代时期的园林达到了我国古代园林建设的一个高潮，自然审美和山水情趣已趋于成熟，此间的文人造园为宋、明文人园林的兴盛做了启蒙与铺垫。同时，由于隋唐文化发达和广为传播，隋唐五代园林的影响亦及于亚洲汉文化圈内的广大地域。对当时的朝鲜、日本有较大的直接影响，他们全面吸收盛唐文化，其中也包括园林文化在内。

第 7 章　宋代

北宋园林继承了中唐以来的园林文化，园林艺术受到士大夫思想和审美的影响更甚，甚至开始影响皇家宫苑，南宋时期这一现象更为明显。山水画在隋唐时期已经表现为和园林互相渗透，到了两宋时期，书画艺术的意境与园林艺术高度融糅。宋代的市井化和市民化，带来了社会的繁华，从而为园林的迅速发展提供了土壤，造园活动空前高涨。据《东京梦华录》等记载，这个时期的东京，已是"百里之内，并无闲地"，中国古代园林文化也在这个时候达到了高峰。

辽金和两宋长期对峙，文化上受到两宋影响深刻，园林建设多沿用汉制。

7.1　时代背景

宋

宋代在中国历史上具有特殊性，它创造了高度发达的经济和辉煌灿烂的文化，但在政治军事方面却处于盛唐之后的衰落境地。

公元 960 年，宋太祖赵匡胤建立宋朝，史称北宋，定都东京（今开封）。北宋与辽进行了长期的战争，形成南北对峙之势。公元 1127 年，宋高宗赵构在南京（今河南商丘南）即位，史称南宋，形成金与南宋对峙的局面，历时约150 年。

北宋以军事政变开国，采取文人主政的方式，削弱武将的地位。在政治上加强中央集权，整个宋朝内部皇权长期稳定，经济文化方面政策相对开放，给经济文化的发展提供了好的基础。然而军事力量薄弱，吏治腐败，不仅爆发了大量农民起义，在对外的关系中也不断妥协退让。同时，文人地位的上升，在士人中形成的"以天下为己任"的强烈意识，但也使一部分士人形成过度的优越感与自大的心理。尽管少数民族政权的步步紧逼激起了一部分人对国家兴亡的忧患意识，但更多的是沉湎享乐、苟且偷安的负面心理。这种心理助长了游赏玩乐的风气，大肆建造宫苑，文人园林和寺观园林的数量之多，分布之广，较之隋唐时期有过之而无不及。

● 经济

中国的封建社会到宋代已经达到了发育成熟的境地。朝廷明令撤销土地兼并的限制，无论官田或私田，法律上均许可买卖。私田佃农制成为唯一的法定形式，取得了农业生产上的绝对统治地位。相应地，地主小农经济空前巩固，持续发展直到明清。

北宋建立政权后，采取均定赋税、兴修水利、开垦荒地等措施，使农业得到迅速的发展和恢复，农村不少定期集市扩大为市镇。与此同时，手工业也有很大进步，科技和生产工具得到发展，作坊的规模扩大，且多集中于城镇中。城市商业的繁荣以都城东京为最大商业中心。此外，洛阳、大名、应天（商丘）、苏州、扬州、荆州、广州、南郑等地也都是商业繁盛的城市。农副产品和手工业产品需要扩大市场，都城高墙封闭的坊里被打破而形成繁华的商业大街，张择端《清明上河图》所描绘的就是这种繁华大街景象。商业空前发展，带动了城市的繁荣。

两宋时期，南北朝以来的经济文化南移的形势更加凸显。北宋时期形成了黄河流域和长江流域城市平衡发展的格局。到了南宋，除了延续北宋的城市格局，城市系统更加丰富和完善，基本实现了发展重心由北方向南方的转移，南方城市的总体水平开始超越北方，从而确立起在全国城市发展中的主导地位。

● 文化

宋代文化发展繁荣，文人的社会地位比以往任何时期都高。宋初统治者吸取唐末以来君权旁落的教训，恢复了儒学的正统地位，在宋代发展为理学。以通经致用为目的，以期实现"内圣外王之道"的最高理想。理学对园林的影响在北宋中期以后逐渐显现。宋初极力提倡佛教，并与儒学逐渐融和。北宋中期开始提倡道教，出现三教合一的趋势。

在两宋经济文化达到空前发展的社会条件下，上至皇家，下至百姓都参与到文化生活中去。突出表现是宋代统治者的艺术鉴赏与创作水平大大提高，以宋徽宗赵佶、南宋高宗等为首的皇室都能跻身书画等门类的名家之流，对于皇家苑囿如艮岳等的建设起了重要的作用。宋时的文人已不仅仅限于地主阶级，而是普及到了城镇商人以及富裕农民中。文化上的开放令平民百姓也能接受教育，使得普通民众的文化素质也有了很大的提高。市民生活变得更加丰富，从《清明上河图》中可见沿河区茶肆林立，门庭若市；流动茶担，穿行坊间。寺观园林和公共园林等面向大众的园林建设得到了发展。

宋代文人的社会地位高，文人生活也更加多样化起来，需要更多承载这些活动的场地。抚琴、围棋、习书、观画、品茶、赏花、玩石等，都是两宋园林里经常进行的活动。园林作为文化生活的重要载体，随着文化的发展得到了促进。沈括在《梦溪自记》中将园居生活中最常做的九件事"琴、棋、禅、墨、丹、茶、吟、谈、酒"称为"九客"。可见园林中所承载的文人活动的丰富性。

园林诗和园林词成为宋代诗词中的一大类别，它们或借景生情，或托物言志，通过对叠石为山、引水为池以及花木草虫的细腻描写而寄托作者的情怀。书法上形成了一个新的高潮，绘画达到鼎盛时期。两宋的山水画完全成熟，通过写实和写意相结合的方法，表现了园林景色和园林生活，反映出"可望、可行、可游、可居"的士大夫心目中的理想境界。山水诗、山水画、山水园林互相渗透的密切关系到宋代完全确立起来，园林设计上更为重视意境的创造。宋词和宋画也成为研究两宋园林形象的重要资料。

宋代的科技成就在当时世界上居于领先地位。我国古代四大发明中三项完成于该时期。另有沈括的《梦溪笔谈》总结了北宋在数学、天文、地理、地质、气象、物理、化学、医学等自然科学方面的辉煌成就。科技的发展为造园技术的进步提供了可能。

辽

早期契丹社会的经济以游牧业为主，较为单一，占据幽燕之地后，农耕经济的比重上升，农牧业共同发展。在农业发展的基础上，手工业和商业也逐渐繁荣起来。尽管经济上仍远远落后于同时期的北宋，但其自身的经济仍有明显的进步。

契丹族进入长城以南的地区后，逐渐与农耕民族接触，使得耕种田地、建房定居的思想也逐步深入契丹人心中。到了辽朝，统治者开始进一步吸收中原的儒家文化和封建统治思想。具体表现为一系列鼓励耕种的政策的发布、孔子庙和皇都上京的修建等等。辽王朝推行"胡汉分治"的政策，在汉人聚居、并有着高度发展的封建社会和经营定居农业的幽、燕地区另外建立起一套有别于国内奴隶制政权的政治制度，地方上的统治机构大体上沿袭唐以来的旧制，各级官吏也都由汉人担任。

辽朝的宗教以佛教和萨满教为主。萨满教信奉原始，其地位随着封建社会的发展逐渐减弱。佛教基本继承盛唐时期，有不少佛教经典、佛殿以及佛塔建筑的存留。以现存的辽宁义县奉国寺大殿，天津蓟县的独乐寺观音阁和山西大同华严寺大雄宝殿等为代表。辽朝在雕塑、绘画和音乐上均有很高的成就。现存的石窟石雕、砖石的浮雕以及雕像均表现出较高的工艺水平。绘画大都取材自贵族的游猎生活，反映草原风光和骑射人马。由于地理、社会和政治上的差异，在山水画方面远不及北宋。

金

辽末和金朝占据北方的初期，由于金军的南侵很大程度上是粗暴的掳掠，而没有合理的经济和制度基础，北方地区的经济再次遭到严重的破坏，和南宋统治区的经济繁荣形成鲜明对比。此后，中原以北地区却得到一定程度的发展。经济重心转移到金中都（今北京），也即辽南京，这是建立在北方统一政权基础上的北方经济重心首次离开黄河流域北移。由于灾害频繁，战争不断和对农户的剥削压榨，使得金代经济平稳的时期并不长，自1189年金章宗即位后，开始持续恶化。

金朝初期沿用辽的南北分治的政策，金熙宗天眷元年（1138年），开始实行三省六部制。至此金朝政治体制实现全盘汉制，完成了北方地区的政治大一统。金朝推崇儒家文化，修建孔庙和庙学。金朝的文化一度达到很高的水平，在某些方面甚至超越了北宋。

女真族也信奉萨满教，金朝建立后，道教和佛教迅速得到广泛流传。金朝文学上承唐宋，下开元明，自成格调。代表人物有王若虚和元好问。绘画在汉文化影响下，进一步发展。

7.2 造园活动

宋代的政治、经济、文化的发展促进了城市建设，共同把园林推向了成熟的境地，同时也促成了造园的繁荣局面。两宋时期各地造园活动的兴盛情况，见诸文献记载的不胜枚举。以北宋东京为例，相关文献所登录的第宅、宫苑园林的名字就有一百五十余个。此外还有许多寺观园林、衙署园林、公共园林、茶楼酒肆附设的园林，甚至不起眼的小酒店亦置"花竹扶疏"的小庭院以招徕顾客。

建筑和园林的建设与发展也和城市发展相联系，在城市群中心区呈现兴盛趋势。北宋时期，名园以北方为胜，尤其集中在开封和洛阳。开封当时能数得上名的第宅园林至少八十处。而洛阳则被誉为"名公卿园林，为天下第一"，其中"西都士大夫园林相望"，"河南城方五十余里，中多大园池"。北宋后期，南方有明显的进步，"荆州故多贤公卿，名园甲第相望"。

南宋时期士大夫园林别业承袭北宋，"渡江兵休久，名家文人渐渐修还承平馆阁故事。"但与北宋不同的是，随着城市发展重心的南移，苏杭一代成为政治经济中心。南方的湖光山色令人流连忘返，在都城临安有皇家宫苑、衙署园林和第宅园林三大类。大都市之外，园林别业也很兴盛。据周密记载，湖州城内外园林不下30余处。"吴兴山水清远，升平日，士大夫多居之……城中二溪水横贯，此天下之所无，故好事者多园池之胜。"成都、嘉兴府等地也有不少园林别业。

7.2.1 北宋的造园

由于文人园林的审美情趣影响广泛，北宋时期不同类别的园林虽然性质有所不同，但从造园风格上来看具有统一性。

北宋时期，由于战争消耗和人口增长等限制因素，朝廷已无法建造动辄方圆数十里的苑囿。皇家苑囿开始在适中尺度的规模下寻求发展。不同于汉唐时期大尺度山水苑囿景观，北宋宫苑园林开始以"福地奥区之凑"的形式，向更为写意的景点组合式园林发展。

士大夫兴建园林在北宋也十分盛行。无论是在出仕都城、治理州县，又或是退隐故里、被贬他乡，文人志士均有造园活动。园林多以景喻情，园主人本人的境遇与思想影响了园林的主题风格。而文人在园林中常聚集游乐，吟诗作赋，此类活动以西园雅集最为著名，亦成为当时文人中的流行之举。

北宋时的公共园林，包含了衙署园林、寺观园林、邑郊理景等多种类型。部分别苑及第宅园林亦会定期开放给市民。别苑如东京的金明池和琼林苑，每年三月三日开园，君民同乐，共观争标水嬉，热闹非凡。第宅园林如大字寺园、司马光独乐园等，均有"放园"的记录。在洛阳，第宅园林对公众开放不仅成为惯例，还可收取入园费，以供园林修缮维护之需。

东京（开封）

北宋时期，开封称为东京（图7-1）。东京的规划沿袭北魏、隋唐以来的皇都模式，但城市的内容和功能已经全然不同，由单纯的政治中心演变为商业兼政治中心。尽管城市规划发生了重大变化，但其总体布局依然保持着北魏、隋唐以来的以宫城为中心的分区规划结构形式。宫城南北中轴线的延伸即作为全城规划的主轴线。这条主轴线自宫城南门宣德门，经朱雀门，沿朱雀门大街，直达外城南门南薰门。整个城郭的各种分区，基本上均按此轴线为中心来布置。

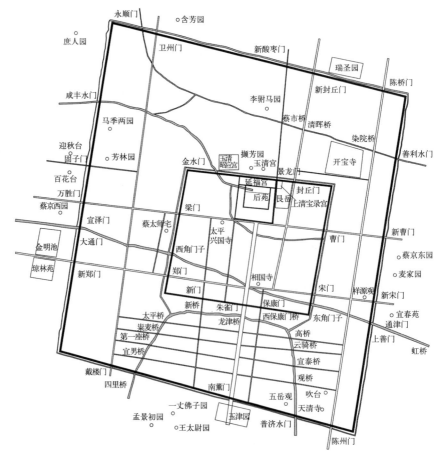

图 7-1　北宋东京布局及主要园林分布示意图

北宋东京布局及主要园林分布示意图
根据李合群《北宋东京布局研究》图八北宋东京布局示意图改绘

蔡河、汴河、金水河、五丈河贯穿整座城市，形成了便捷的水运交通，也解决了城市供水和宫苑、园林的用水问题，这使开封成为一座真正的花园之城，至北宋末年已是"大抵都城左近，皆是园圃，百里之内，并无闲地"（《东京梦华录》）。据统计，当时城内及城郊的著名园囿有十余座，其名可考的园囿有80余处，实际可能达到百余座。

宫苑园林是北宋东京园林的主体，分别居于大内中、东、北部，以及外城四条御街的出城城门附近。城外的第宅园林基本位于宫苑园林之外的区域，数量众多。从整体上看，东京园林的分布是不均匀的，整体偏向于城市的南部。园林大多沿着几条水质和景色较好的河流分布，围绕金明池地区和南薰门外地区最为集中。

北宋诸帝不特别着意于皇家宫苑的建造，到北宋后期，玉津园中"半以种麦，每仲夏，驾幸观刈麦。"而宜春园，也因政治的原因而遭贬抑，"但称庶人园，以秦王故也。荒废殆不复治。祖宗不崇园池之观，前代未有也。"王安石在一首有关宜春苑的诗中，特别写了"树疏啼鸟远，水静落花深。无复增修事，君王惜费金"句，也谈到了宋代帝王，特别是徽宗以前的诸帝，较少留意于园池营造。

东京作为都城自然聚集了大量的高官外戚，因其社会地位及经济实力，他们大多建有宅园或是别业，并且设计建造十分精致。而园林中的文人、士人活动亦是东京的一大特色。如王诜西园中举办的西园雅集，乃是文学界的一大盛事，而园林也成为该历史事件发生的场所。

公共园林的兴盛，是社会富足安定的体现。东京的别苑如金明池和琼林苑，经常开放给普通市民游玩，在一定程度上承担了城市公共园林的职责。这些园林的公共化过程对城市文化生活和市民风尚的影响也很显著。同样，东京的寺庙也大多设有附园，而且这些园林多位于城市交通枢纽上，乃四方都会，三教九流杂处之所，并与"瓦子"相比邻，大众游园和娱乐活动之丰富，民生百业之兴旺，比唐长安更胜一筹。

在城市绿化方面，亦有少量记载。在外城垣之上"城里牙道，各植榆柳成荫"。外城"城壕曰护龙河，阔十余丈。壕之内外，皆植杨柳"。[1]

西京（洛阳）

宋代洛阳有宫城、皇城和外城三重，均为沿袭隋唐城制而来。洛阳城自古历代都非常注重城市的水工设施。除横贯全城的洛河之外，伊水、瀍水、谷水亦入城，并与诸多渠道相连接，河渠纵横，形成一个以洛河为主干的城市水网。水网既提供了城市的生活用水，又流入宫苑形成蓄水池沼。洛阳城内清流

---

① 孟元老《东京梦华录》卷第一"东都外城"

环萦，环境优美，丰富的水资源也支撑了洛阳园林的兴盛。

北宋宫苑园林除开封外，主要集中在洛阳，但数量和规模上都不能与开封相比。第宅园林之兴盛，是洛阳城的一大特色（图7-2）。隋唐以来洛阳一直是园林兴盛之地，洛阳人效仿古人，"习于汉唐衣冠之遗俗，居家治园池，筑台榭，植草木，以为岁时游观之好，其山川风气，清明盛丽，居之可乐"。又因山水条件的优势，洛阳园林"一亩之宫，上瞩青山，下听流水，奇花修竹，布列左右，而其贵臣巨室，园囿亭观之盛，实甲天下"。洛阳园林自宋代迅速发展，长久不衰。城市园林中竞植花木，市区内绿化面积之大在全国城市中都是少见的。

平江（苏州）

平江即今苏州，自唐以来，就是一座手工业和商业繁荣的城市。平江城的平面为长方形，城内街道横平竖直，东西向和南北向的街道相交为十字或丁字形。城内交通遍布水道干线、分渠，构成与街道相辅的交通网，住宅、商店、作坊都采取前街后河的形式，是典型的江南水乡城市（图7-3）。

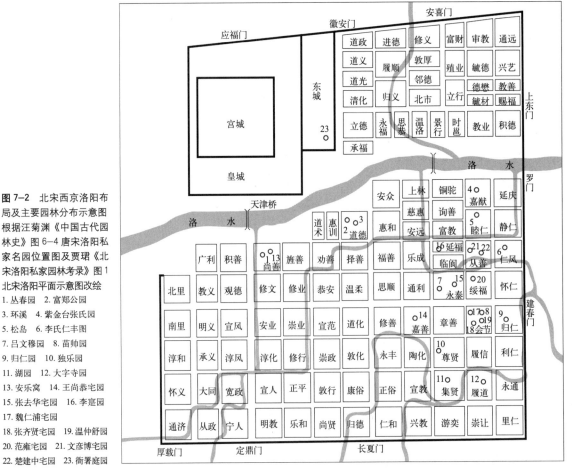

图7-2 北宋西京洛阳布局及主要园林分布示意图
根据汪菊渊《中国古代园林史》图6-4 唐宋洛阳私家名园位置图及贾珺《北宋洛阳私家园林考录》图1北宋洛阳平面示意图改绘
1.丛春园 2.富郑公园
3.环溪 4.紫金台张氏园
5.松岛 6.李氏仁丰图
7.吕文穆园 8.苗帅园
9.归仁园 10.独乐园
11.湖园 12.大字寺园
13.安乐窝 14.王尚恭宅园
15.张去华宅园 16.李寔园
17.魏仁浦宅园
18.张齐贤宅园 19.温仲舒园
20.范雍宅园 21.文彦博宅园
22.楚建中宅园 23.衙署庭园

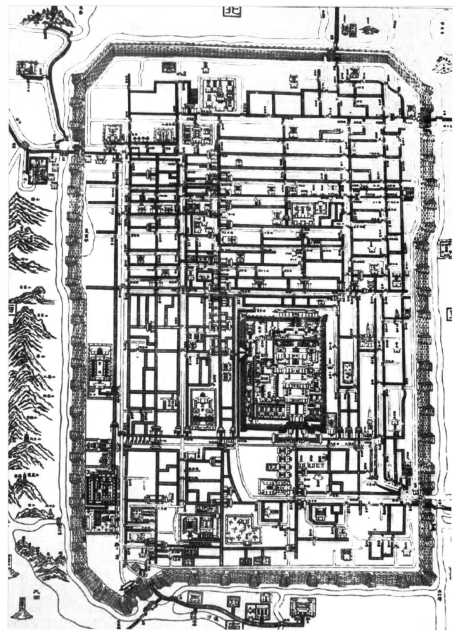

图7-3　平江府图

　　平江交通方便、经济繁荣，文化也很发达，加之气候温和、风景秀丽，花木易于生长，附近有太湖石、黄石等造园用石的产地，为经营园林提供优越的社会条件和自然条件。大批官僚、地主、富商、文人定居于此，竞相修造园、宅以自娱。北宋徽宗在东京兴建御苑艮岳时，就曾于平江设"应奉局"专事搜求民间奇花异石，足见当时的第宅园林不在少数，其主要分布在城内、石湖、尧峰山、洞庭东山和洞庭西山一带。

7.2.2 辽金的造园

边地的少数民族国家，如辽、金、西夏等先后吸收了汉民族的文化和生产技术，开始了农垦和定居，建造了一些城市，如辽上京、辽中京、辽南京、金中都等，都在中国原来城市规划传统的影响下，有了进一步的发展。尽管辽、金两朝都只占据了半壁江山，但却对后世有着重要的影响。自金朝起，北京（即辽南京、金中都）取代西安、洛阳等古老的都城，成为全国的政治中心。辽、金在北京的部分苑囿也一直被沿用至明清时期。

辽南京

辽占据燕云十六州后，升幽州为南京。辽南京又称燕京、析津府，在今北京西南。皇城在西南隅，主要是宫殿区和园林区。宫城在子城东南（今北京广安门南侧），并向南突出到子城的城墙以外，正门为启夏门，大朝正殿名元和殿。宫城的西部有池，池中有岛名瑶屿，岛上建瑶池殿（图7-4）。

辽代贵族、官僚的私宅大多集中在子城之内。外城西部湖泊罗布，也顺应地理条件有园林的建置。辽代佛教盛行，辽南京是辽朝主要佛教中心之一，城内及城郊均有许多佛寺。辽南京地区建造寺庙，始于唐代。至辽代，仍旧保

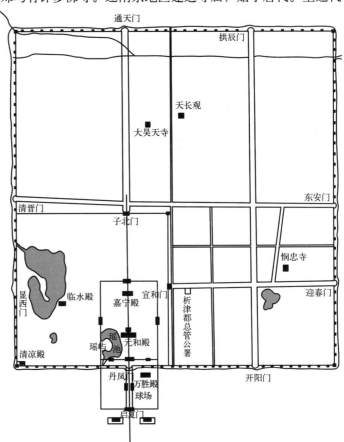

图7-4 辽南京布局，来源：周维权《中国古典园林史》

留着建造寺庙的势头，寺庙园林日趋增多，规模不断扩大。著名的如吴天寺、开泰寺、竹林寺、大觉寺等，其中不少附建园林的。城北郊西山、玉泉山一带的佛寺，大多依托于山岳自然风景而成为皇帝驻跸游幸的风景名胜，如中丞阿勒吉施舍兴建的香山寺等。正如《契丹国志》所说，南京"僧居佛寺，冠于北方"。据宋人洪皓《松漠纪闻》记载，燕京大的寺院"三十有六"。至于小的庵院、佛舍难以数计。

金中都

在先后灭辽和北宋之后，海陵王于1151年由上京迁都辽南京，命右丞相张浩仿照北宋东京的规制扩建辽南京城，改名"中都"。金朝将南京城的东、南、西三面加以扩展，增修宫殿，扩大皇城的范围，成为当时空前规模的一座城市（图7-5）。

辽南京和金中都的选址都与洗马沟（金称西湖，今莲花池）有关，曾作为辽南京西、南、东三面的城壕，河水进入城区后在地势低洼处形成深浅不一的水面，成为辽南京城的重要风景。海陵王迁都后，在辽的基础上，对城内水面进行疏浚改造，形成了同乐园、瑶池、蓬瀛、柳庄、杏村、渔藻池等风景区。金中都的城市供水除了洗马沟，钓鱼台（今玉渊潭）也是重要水源，向东南流入北城壕，经水门进入城内，流经中都城北部，再从东城墙的水关流出城外。

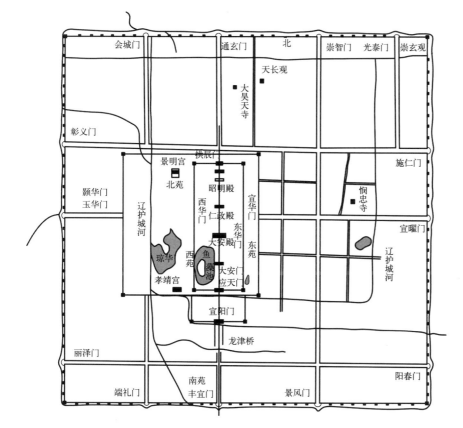

图7-5 金中都布局，来源：周维权《中国古典园林史》

另外，从中都城正北方的高梁河南行之水，经南北向的大水渠导入北城壕。宫廷御苑湖泊的供水，也由绕旧辽南京城西方及南方的河流引入，汇成瑶池等池沼。多余的水和居民用过的污水，必须排出城外。排水出城，就必须在城墙下设置水洞，即后世所称的水关。在今丰台区右安门外发现了金代的水关遗址。

金朝在迁都燕京、扩建都城、营造宫殿的同时，开始兴建御苑。一部分利用辽南京的旧苑，大部分为新建。金章宗在位时是金代宫苑园林建设的全盛时期。城内御苑见于文献记载的有西苑、东苑、南苑、北苑、兴德宫等处，其中包含着著名的"中都八苑"即：芳园、南园、北园、熙春园、琼林苑、同乐园、广乐园、东园，均具楼台之胜。金章宗好游山玩水，于是又在近京畿依山傍水的地方（今北京广安门一带）建造了玉泉山、香山等八处行宫，时称"西山八院"，因为水质优良，水量充沛，又称"八大水院"。北京作为金代的中都，虽只有六十余年，却形成了北京地区园林建设的一次高潮，对后来的北京地区园林的发展，具有重要的奠基意义。

7.2.3　南宋造园

南宋时期造园活动数量之多、分布之广，较之隋唐、北宋有过之而无不及。

临安

都城临安为南宋造园活动的中心。北宋时此地建造园林就已经非常流行了，欧阳修在《有美堂记》中写道："钱塘物盛人众"，"环以湖山，左右映带"，"而临是邦者……喜占形胜，治亭榭，相与极游览之娱"。至南宋时，据吴自牧《梦粱录》、周密《武林旧事》等书所载，南宋统治者定都临安后，西湖及其附近地区在一百多年时间里相继营建了数百个大大小小的宫苑园林和第宅园林，其中著名的就有七八十所，数量之多甲于天下。因临安城左江右湖，地域狭小，因此无论是宫苑园林还是第宅园林的面积都远小于前代。到了南宋中后期，临安人烟密集，土地价格昂贵，能够在都城临安拥有园林的多半是皇亲国戚、达官贵人，普通文人难有造园之地。

宋朝发达的经济和繁荣的文化为园林建设提供了物质条件和有利因素，再加上北方大批建筑巧匠、文人、画家等迁入杭州，奢华造园蔚然成风，"贵官园圃，凉亭画阁，高台危榭，花木奇秀，灿然可观"。仅《梦粱录》《武林旧事》《都城纪胜》《西湖老人繁胜录》等书提到的名园就有百余处，而"其余贵府富室大小园馆，犹有不知其名者"[1]。有鉴于此，吴自牧感慨地说道："杭州苑圃，俯瞰西湖，高挹两峰，亭馆台榭，藏歌贮舞，四时之景不同，而乐亦无穷矣"[2]。

---

① 《都城纪胜·园苑》，载《南宋古迹考（外四种）》
② 《梦粱录》卷一九《园圃》

环西湖湖滨而建的园林数量众多，园主多为达官贵人。这些园林占据了临安最好的湖滨地段，能借景西湖的湖光山色，例如湖滨的陈侍御园，四面临水，仅一径可通。人登园中高楼，犹如身处大船之中，湖光尽收眼底。从某种意义上来说，西湖是一个"大型园林"，而这些邻湖园林都是西湖的"园中园"。《都城纪盛》中把西湖区域的园林布局分成南山、北山、钱塘门外、孤山路、苏堤、涌金门附近六大板块。南山板块有长庆乐御园、屏山御园、张府真珠园、卢园、湖曲园等。北山则有水月园、集芳御园、四圣延祥御园、下竺寺御园、后乐园等。钱塘门外则有杨府云洞园、西园、刘府壶园、杨府水阁等。其中杨府云洞园最为著名，此园范围极大，"直抵北关，最为广袤"①。另外，西湖周边孤山路、苏堤、涌金门也有园林数十处，西湖周边形成了"一色楼台三十里，不知何处是孤山"的造园盛况。

依山林而建的园林通过利用山林、泉水、奇石、洞壑等自然景物及地形变化造园，可以俯瞰湖山。包家山在南宋时为城南胜景，"城南冷水峪上名曰包山，有桃花关，多贵官园圃，春间桃花数里，艳色如锦，杭人游宴甚夥"。临安城内的第宅园林以蒋苑使园最为出色，不足两亩小园花木亭榭俱全。郊野园林风景秀丽，是文人隐居的好地方，以张铉桂隐林泉和七宝山上的王明清斋最具特色。

近畿

临安周边的江浙水网地区和运河沿线的造园活动也相当发达。这里河网密布，交通便利，又处在京畿要地，大批南迁的皇族贵戚前来定居。因为是湖石的主要产地，便于就地取材，所以造园成本也较低廉，最为突出的当属都城临安周边市镇及吴兴、嘉兴等地区。

吴兴（即今湖州）是近畿地区造园活动最为兴盛的城市，靠近富饶的太湖，周密的《癸辛杂识》载："山水清远，升平日，士大夫多居之。其后秀安僖王府第在焉，尤为盛观。城中二溪横贯，此天下之所无，故好事者多园池之胜"。出于交通上的原因，南宋的吴兴类似于北宋的洛阳，退隐的贵族和官员在此居住，第宅园林的质量和规模甚至不亚于都城临安。《癸辛杂识》中有"吴兴园圃"一段，后人别出单本《吴兴园林记》，记述周密亲身游历过的吴兴园林 36 处，其中最有代表性的是南、北沈尚书园，此外，俞氏园、赵菊坡园、韩氏园、叶氏石林亦各具特色。

其他地区

除都城与近畿造园活动兴盛以外，在南宋疆域的西南和东南地区，由于大量移民迁入，加速了中原文化的传播。郡圃（衙署）园林、书院园林和邑郊园林作为礼仪教化和与民同乐的场所，也大量出现。例如西南桂林地区出现了

---

① 《咸淳临安志》卷八六《园亭》，载《宋元浙江方志集成》

地方官兴建的公共园林八桂堂。明人曹学佺著有《蜀中名胜记》，记载了两宋时期巴蜀地区大量的衙署园林和公共园林，例如成都有转运司园和东园，重庆知府余玠建有巴橘园，各州各县亦有郡圃。在泉州和广州等外国商人聚集的地方，也有外国风格的园林存在，种植奇异的异域植物。

7.2.4 造园人物与著述

北宋

北宋时期，叠山造园尚未成为一项职业。大部分的园林是根据园主人的想法，由工匠建造完成的。宫苑园林中，以宋徽宗为代表，皇帝提出建造宫殿园林的同时，或多或少会参与到园林的建设。而第宅园林，特别是文人园林中，园主人的个人思想意志及心态境遇在很大程度上影响了园林布局及景点构成。

关于北宋园林的记载，除李格非《洛阳名园记》外，多见于园主人所撰园记，大多记载了造园始末及园内景致，以及文人所撰游记等。另有散文一类，在对市民生活、风俗见闻等的记载中，也涉及一些园林活动。

● 宋徽宗

宋徽宗赵佶（1082-1135年），北宋最后一位皇帝，在位共26年（1100-1126年）。徽宗可谓是古代少有的艺术天才与全才，不仅精于花鸟画，书法上也有很高的造诣，对艺术尤为重视。

宋徽宗在位期间，追求奢侈的生活，兴宫室土木、"花石纲"之役，接连修建或扩建了园林宫殿。他指导艮岳的设计与建造，花园的选材、规划立基、山石堆叠、风景塑造，均先绘图，再"按图度地，庀徒僝工"。延福宫、琼林苑的建造及金明池的扩建，宋徽宗均有参与。

● 朱勔

朱勔（1075-1126年），北宋时期皇家造园重要的规划者和造园家。其父因善治园圃而名，因父朱冲谄事蔡京、童贯，而父子均得官。朱勔主管平江府应奉局，为皇家艮岳搜寻奇花异石，称为"花石纲"之役。朱勔主持"花石纲"期间，滥用民力，横征暴敛，巧取豪夺。花石运输所到之处必毁桥梁、拆水闸、凿城垣，甚至截粮道、废漕运以供花石。而皇家对此暴行的默许，以及对花木奇石的贪得无厌，引发了民间大规模的湖石开采之风，也促使许多农商转而从事种艺叠山。宋僧祖秀以"善致万钧之石，徙百年之水者"[①]评价朱勔在叠山造园方面的才能，可推测朱勔父子乃是善于种艺叠山的工匠。

● 孟揆

孟揆（生卒年不详），宋徽宗朝工部侍郎。奉宋徽宗之命"鸠土功……筑

---

① 祖秀《华阳宫记》

土山以象余杭之凤凰山"①，主要负责艮岳的堆山工程。

● 梁师成

梁师成（？-1126年），宋徽宗时官至太尉。梁师成"博雅忠荩，思精志巧，多才可属"②，被宋徽宗任命主持艮岳的修建工程。下设各级官职，各任其事。建园前经过周详的规划设计，制成图纸后，"遂以图材付之，按图度地，厄徒傭工"。

● 司马光

北宋文学家、政治家司马光（1019-1086年）在西京洛阳建其私园独乐园，并作《独乐园记》记述园中景致。退居洛阳的司马光，既无力与众同乐，又不甘于清苦，便造园自适，有意将独乐园建造得十分俭朴。而园中景点、园名及园内景名等都体现了园主人归隐的思想。可以说司马光主导了独乐园的设计。

● 晁补之

北宋官员、文学家晁补之（1053-1110年），还乡后在济州建归去来园，并自号归来子。"庐舍登览游息之地，一户一牖，皆欲致归去来之意，故颇摭陶词以名之"③。晁补之欲效仿陶渊明归隐田园，便取《归去来兮辞》来命名园子及园中各景，成为园林之主题意境。

● 李诫《营造法式》

李诫（1035-1110年）为北宋建筑学家，于元符三年（1100年）编成官方建筑工程规范《营造法式》一书，在历史上首次记载了关于园林假山的建造工限和料例的工程规范。书中记录有四种假山样式，分别为"垒石山"、"泥假山"、"壁隐假山"和"盆山"，均被纳入泥作范畴。另外《营造法式》中还设专节描述了流杯渠的做法，包括剜凿流杯和磊造流杯。文中不仅具体地规定了石制流杯渠的两种工艺做法，而且给出了十分具体的尺寸与形式。从其形式与尺寸来看，这些流杯渠大致都是可以与亭榭等建筑相配称的。而将流杯渠纳入官方颁布的《营造法式》之中，也说明流杯渠在宋代官式建筑中已经较为常见了。

● 李格非《洛阳名园记》

李格非（约1045-约1105年）为北宋文学家，于绍圣二年（1095年）撰成其名著《洛阳名园记》。著文本意为"谓洛阳之盛衰，天下治乱之候也"，记述北宋官员日益腐化，造园享乐，表达自己对国家安危的忧思。然文中关于园林的详细描绘成为后世研究北宋第宅园林的重要参考文献。《洛阳名园记》10

---

① 蔡絛《史补·宫室苑囿篇》
② 宋徽宗《御制艮岳记》
③ 晁补之《归来子名缗城所居记》，《中国古典文学名著分类集成》

卷，共记洛阳名园 19 处。记文对诸园的总体布局以及山池、花木、建筑所构成的园林景观描写具体而翔实，可视为北宋中原第宅园林的代表。

南宋

南宋造园因大量采用叠石为山，造园匠师已经作为一个职业出现：很多园林在兴建前后都绘有相当精确和写实的图纸；很多宫苑园林和第宅园林，都雇有专门管理花园的园丁，但是技艺高超的职业匠师记载较少。

● 蒋苑使

蒋苑使是主管南宋宫苑园林的专业工匠。他的官职是"苑使"，是负责南宋皇家造园的总造园师。蒋苑使住在临安城内，将其家中不足两亩的小圃也建成"花木區匝，亭榭奇巧"的园林，"盖效禁苑具体而微者也"。《梦梁录》评价其园"亭台花木，最为富盛"，可以看出其造园水平应十分了得。

● 俞子清

俞子清，官至南宋侍郎，擅长绘画，且能堆叠假山。其在吴兴家宅筹划建设园林，奇石布置与堆山结合，假山中有自然的溪湖，水体动静结合，是南宋周密称其所见最为奇绝的假山。

● 张铉

张铉，字功甫，号约斋，张铉用了 14 年才完成归隐林泉，其间一切筹划施工，无论建筑与花木种植，都是亲自指挥指导。其园规模宏大，园艺水平非常高，能周年赏花、月月不断。时人又称其为"张氏北园"[①]，"在钱塘最胜"[②]。

● 史浩

南宋权臣史浩，宁波鄞县人。史浩始在月湖竹洲建了一座"真隐观"[③]，把四明山的 9 个胜境浓缩到月湖的一个小洲中，并甃石百余丈，层峦叠嶂，山水相映。其玲珑精巧，宛若天成，时人称为"假岩"。

● 杜绾《云林石谱》

南宋时期所著传世至今，最为重要的是南宋杜绾的《云林石谱》。这部论石专著，涉及很多园林假山用石，并指出"天地至精之气，结而为石"，是唐宋以来赏石文化的重要总结，也是有助于研究当时的园林假山和赏石文化的重要文献。

● 周密《武林旧事》

周密所著的《武林旧事》中记载近五十处南宋临安园林，光是皇室园林就达二十多处，很多园林记载非常详细，还包括了不少宋人园居生活的奇闻轶事，是了解南宋临安园林的重要史料。

---

① 参见《诚斋集》卷一九《上巳日，予与沈虞卿、尤延之、莫仲谦招陆务观、沈子寿小集张氏北园赏海棠，务观持酒醰花，予走笔赋长句》诗题，载《杨万里诗文集》上册。
② 《四库全书》集部，别集类，《南湖集》卷十
③ （宋）史浩：《鄮峰真隐漫录》卷 40《真隐园铭》，《四明丛书》本

● 周密《吴兴园圃》

周密《癸辛杂识》中有"吴兴园圃"一段,后人别出单行本《吴兴园林记》,记述他亲身游历过的吴兴园林36处。

7.3 造园案例

7.3.1 宫苑

7.3.1.1 北宋

北宋的宫苑主要集中在都城东京,数量繁多。禁苑多集中在宫城附近,而别苑多于外城以外。别苑不仅作为皇室的游乐场所,还定期开放给市民,堪称早期的"城市公共公园"。

(1)禁苑

①东京(开封)

● 后苑

后苑原为后周的旧苑,位于宫城之西北。北宋初年建设较为简单,在真宗、仁宗时期(997-1063年)逐渐扩建成型。后苑园址规模大约东西240米,南北向长边150米,短边120米,包括宣和殿亭沼突出部分,共约3.2公顷[①]。后苑布局可分为前后两期,徽宗之前为前期,之后为后期。以宣和殿亭沼的建设为中心,整体面貌有较大的改变(图7-6)。

前期的后苑主要大门是迎阳门,在苑南墙的东部,向南对延和殿。主要建筑物有太清楼,为皇家图书馆,它是唯一有准确形象流传下来的北宋大内建筑。据景德四图之《太清观书》,太清楼面阔七间,两层共四重檐,上层为重檐歇山顶。楼下有台基,设木质勾栏,外侧环以石砌方形平面水渠。楼两侧,水渠内各植高柳一株。水渠外立大型观赏湖石两块。太清楼建于小山之上,其东有玉宸殿。苑中有假山,为土石混合结构,形态有山谷、山冈、峰峦,可穿行或登临,旁列石笋石壁。山路两旁种有梨花,山上建有楼阁等建筑物,山下有大型的荼䕷架,其下有饮宴用的石制座椅。有流杯亭,下有流杯池。苑中有小池,池上有小石桥,桥上有荼䕷架。另有大池,池上有大桥。[②]

后期的后苑以宣和殿亭沼为主。"宣和殿阁亭沼,纵横不满百步",宣和殿庭规模大致长150米,宽110米。自迎阳门进入后苑后向西行,过小花径,向南穿过长满芦苇丛的水湾抵达宣德殿。宣德殿带左右挟屋,东西两侧各有一小殿,前后各有一小亭。庭院中有小水池,池南结合围墙作叠石假山。宣和殿

---

① 《北宋东京大内宫室略图考辨》(引自永昕群《两宋园林史研究》)

② (宋)钱惟演《玉堂逢辰录》

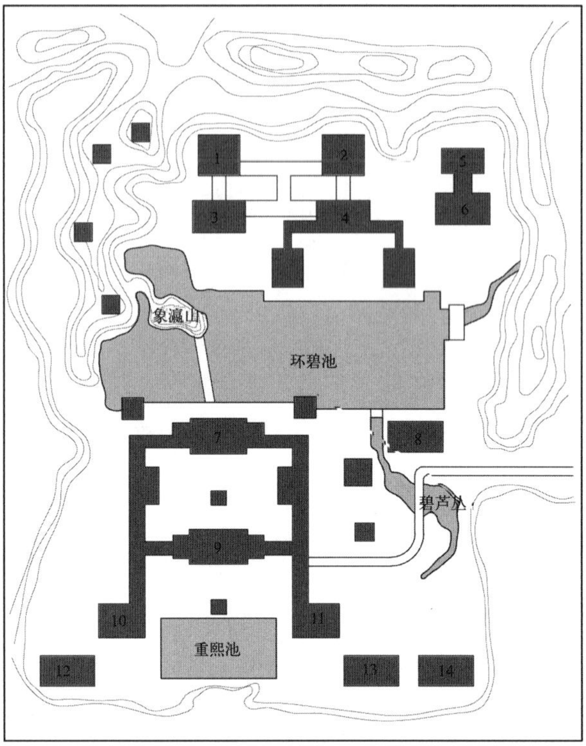

图 7-6　北宋后苑布局想象图
根据永昕群《两宋园林史研究》图 4-3 北宋大内后苑晚期宣和殿亭沼平面复原想象图改绘
1. 太宁阁　2. 会春阁
3. 云华殿　4. 玉华殿
5. 瑶林殿　6. 全真殿
7. 保和殿　8. 凝德殿
9. 宣和殿　10. 琼兰殿
11. 凝芳殿　12. 玉林轩
13. 列秀轩　14. 天真阁

后是保和殿，东西有二阁。规整的殿庭区域之后是水面较大的环碧池。池中有岛或半岛，名象瀛山，并有芳洲桥与南岸相连。祥龙石位于芳洲桥西，与象瀛山相对①。池岸有两座亭，池边即是假山。自宣和殿后西侧山势渐起，山脊上布置有四座小亭。山势从西、北、东三面环抱环碧池与宣和殿庭，并在南侧用壁隐假山围合，整体形成山包平地的格局。假山沿湖岸大进大出、起伏多变，应为内外双层，堆叠出山岭与沟壑，形成"俯视峭壁攒峰，如深山大壑"之感。池北主山下因山势并置两组殿阁，殿前有荼蘼架、流杯渠。假山内可能有山洞沟通相邻空间。整个园林以假山为骨架，划分景区；山脚水际，散置亭轩；树木花草，奇石高竹，水鸟山禽，布满园中。

后苑为皇帝和后妃的宴赏之地，即后花园。北宋诸帝很少离开首都东京，后苑作为帝王的主要休息场所。园内的活动次数频繁且类别众多，游赏活动如收藏、宴享、观射、赏花、钓鱼、泛舟、流杯等，也不乏政治性的活动如观祷、听政、举哀、孝思、礼佛、奉道等。

●延福宫

延福宫有旧宫建于政和三年（1113 年），位于后苑之西南。次年，将宫城北门外地区拆迁，扩建新宫。延福宫新宫在宫城的北侧，宫苑范围向南为宫城，向北为内城的北墙，东西侧的宫墙为宫城东西墙的延伸，与宫城在城市中轴线上共同构成前宫后苑的格局。当时五大宦官童贯、杨戬、贾祥、蓝从熙、何訢负责兴

---

① 《祥龙石图》序

建此宫，各自监修其中一部分，分为五个不同的区域，称为"延福五位"。后又跨过内城北墙扩建一区，称为延福第六位。墙外浚濠，名为景龙江，东有景龙门桥，西有天波门桥，桥下建垒石驳岸，有船通行，而桥上通行之人不曾察觉。

延福宫内园林和建筑的情况，《宋史·地理志》有较为详细的记载。"始南向，殿因宫名延福，次曰蕊珠，有亭曰碧琅玕。其东门曰晨晖，其西门曰丽泽，宫左复到二位。其殿则有穆清、成平、会宁……群玉，其东，阁则有蕙馥、披琼、蟠桃……摘金。其西，阁有繁英、习香、披芳……绛云。会宁之北，叠石为山，山上有殿曰翠微。旁为二亭，曰云岿，曰层巘。凝和（殿名）之次，阁曰明春，其高逾一百一十尺。阁之侧为殿二，曰玉英，曰玉涧。其背附城，筑土植杏，名曰杏岗，覆茅为亭，修竹万竿，引流其下。宫之右为佐二阁，曰宴春，广十有二丈，舞台四列，山亭三峙。凿圆池为海，跨海为二亭，架石梁以升山，亭器飞华，横渡之四百尺有奇，纵数之二百六十有七尺。又疏泉为湖，湖中作堤以接亭，堤中作梁以通湖，梁之上又为茅亭。鹤庄、鹿砦、孔雀诸栅，蹄尾动数千；嘉花名木，类聚区别，幽胜宛若生成，西抵丽泽，不类尘境。"园中建筑题名多与植物有关，此外还有"筑土植杏，名杏岗"、"修竹万竿"、"嘉花名木，类聚区别"等关于种植的记载，可见延福宫内花木繁茂，植物造景是重要的造园手法。《大宋宣和遗事》又载，"五位既成，楼阁相望，引金水天源河，筑土山其间，奇花怪石，岩壑幽胜，宛若生成"，可见延福宫的掇山理水、花木置石宛若天成，富有自然之趣。

● 艮岳

艮岳始建于政和七年（1117年），至宣和四年（1122年）完工，为北宋时期最为著名且重要的一座宫苑园林。园址位于宫城东北面，以八卦方位"艮"而名，因园门匾额题名"华阳"，又称作"华阳宫"。艮岳由宋徽宗亲自参与设计。徽宗本人极具艺术修养，园林的规划布局、景观塑造等均先由徽宗领导的设计班底绘制图纸后指导施工。《御制艮岳记》："按图度地，庀徒屏工"，这是明确用图纸辅助造园施工设计的最早记载。主持修建工程的梁师成，亦是"博雅忠荩，思精志巧，多才可属"，二人可谓珠联璧合。

艮岳建成后，宋徽宗亲自撰写《艮岳记》介绍艮岳的园林景象，"东南万里，天台、雁荡、凤凰、庐阜之奇伟，二川、三峡、云梦之旷荡。四方之远且异，徒各擅其一美，未若此山并包罗列，又兼其绝胜。飒爽溟涬，参诸造化，若开辟之素有。虽人为之山，顾岂小哉。"文中虽不免有溢美夸张之辞，但足可见艮岳这一人工山水园之皇家气派。

为了营造艮岳，徽宗亦花费大量财力、人力、物力。于平江特设"应奉局"，并委派朱勔兴"花石纲"①之役，以为搜求江南的石料与花木。有"石

————————————

① "纲"是宋代水路运输货物的组织，全国各地从水路运往京师的货物都要进行编组，一组谓之一"纲"。

巨者高广数丈，将巨舰装载，用千夫牵挽，凿河断桥，毁堰折闸，数月方至京师。一花费数千贯，一石费数万缗。"① 如此耗费财物，巧取豪夺，给人民带来了极大的灾难，也让北宋王朝走上了覆灭的道路。艮岳建成后不到四年，金兵攻陷东京城。时值严冬，大雪盈尺，成千上万的老百姓涌入艮岳，把建筑物全部拆毁作为取暖的柴薪。而后历经朝代更迭，艮岳中泥土被挖走用于建设，池沼被填平，山石也被用于抵挡洪水。精心建造的一代名园，逐渐消失殆尽。

– 相址

艮岳的功能首先是其带有强烈政治色彩的象征功能，其次才是园林的游赏功能等。艮岳相址于大内址东北是源于宋时盛行的风水堪舆术，北宋朝廷对东北少阳位王气形胜相当重视。艮位是国之阳位，此位势高，象征阳盛，势下则示阳衰，阳盛而多子，少阳多子则意子孙繁衍不绝而国姓江山永固，即指国家之长寿。艮岳选址大内艮位也正是基于此理，虽经营之于六载，而欲为万世之无休。从对艮岳相址的研究分析，艮岳所表达之景旨意象也是以"多子"与"长寿"为主调。

– 布局

艮岳园址分为南北两个部分，各以景龙江为北南界。景龙江变宋里城北垣为艮岳园址南半部的北墙。景龙门夹城南北大街为艮岳西界。东至旧封丘门南北一线，又称马行街。记载中马行街最北侧的横街货行巷一线，则靠近艮岳的南垣。艮岳南半部园址在南北 800 米，东西 500 米的矩形范围内，此范围包含了上清宝箓宫。艮岳的北半部依景龙江，北连景华苑，西对撷芳苑，东视撷景园。西以景龙门外大街，东以新封丘门大街为界，跨度约 500 米。南北之距缺少史料记载。艮岳园址面积约 50 公顷，其中南半部分 38 公顷，园垣周围约合 5.6 宋里（图 7-7）。

– 山水格局

艮岳是中国第一座真正意义上的人造自然山水宫苑，而且就其构园之山水形制而言，艮岳具有空前绝后的特殊性。

艮岳以"山包平地,环以嘉木清流"为其形胜，组成了以山为主、以水辅山、山水相映的自然山水空间。其造园要法之一是"先立山水间架，再因境而成景"。从总体的山形水势的确立到具体的局部造景均反映出造园者是以自然为模本进行园林创作，而且其对自然界山水细节的观察和模写的深入程度也达到了前所未有的水平。艮岳园中山水基本上包括了自然界中所能见到的形式,包括岳、岭、冈、峡、谷、嶙、池、沼、渚、泉、瀑、汻等。这种从广大至精微的景象处理方式也是从艮岳"兼其绝胜"的景旨出发的。

① 《宣和遗事》

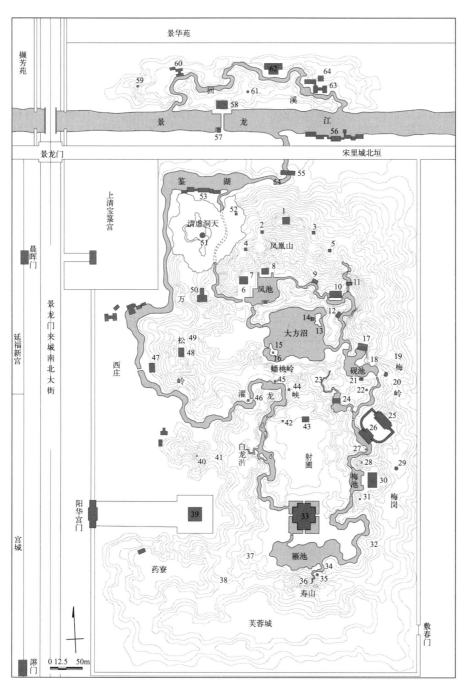

图7-7 艮岳景象想象示意图

1. 介亭　2. 麓云亭
3. 极目亭 4. 半山亭
5. 萧森亭　6. 环山馆
7. 巢凤阁　8. 三秀堂
9. 泉石亭 10. 流碧馆
11. 岩春堂 12. 云岫轩
13. 芦渚 14. 浮阳亭
15. 梅渚 16. 云浪亭
17. 挥云厅 18. 紫石壁
19. 祈真蹬 20. 揽秀轩
21. 龙吟堂 22. 草圣亭
23. 不老泉 24. 泛雪厅
25. 书馆 26. 书林轩
27. 清赋亭 28. 承岚亭
29. 八仙馆 30. 萼绿华堂
31. 崑云亭 32. 杏岫
33. 绛霄楼 34. 乌龙瀑
35. 嶵嶵亭 36. 南屏小峰
37. 橙坞 38. 斑竹麓
39. 神运峰亭 40. 巢云亭
41. 丁嶂 42. 忘归亭
43. 和容厅 44. 练光亭
45. 蟠秀亭 46. 跨云亭
47. 西关 48. 东关
49. 松谷 50. 倚翠楼
51. 圌山亭 52. 炼丹亭
53. 凝观 54. 桃溪
55. 漱玉轩 56. 高阳酒肆
57. 清斯阁 58. 琼津殿
59. 小隐亭 60. 山庄
61. 飞岑亭 62. 蹑云台
63. 萧闲馆 64. 胜筠庵

徽宗赵佶取筑山的途径表达"长寿"、"多子"，并将筑数仞岗阜发展为修筑主峰高三十余米的复合山形水系，其取象仿效余杭之凤凰山。"凤凰"是古代传说中的百鸟之王，常用以表征瑞应、吉祥；同时，"凤"性为阳，"凰"性为阴，具有生殖、求子的含义。可见艮岳山体形制道法自然以余杭凤凰山为模本也是为了扣合艮岳之主题。

　　艮岳取象余杭基本上是对其山水形制的结构性模仿，而并非是单一效行。构架山水布局时，在取象余杭凤凰山的基础上，根据园址南北狭长的特点，因地制宜地进行了变通，将余杭凤凰山系两翼展开之势变成艮岳山体环列围合之势。若将艮岳山水形制图与南北倒置的南宋西湖山水形制图相比较，不难发现两者若干惊人的相似之处：景龙江对钱塘江；艮岳凤凰山对余杭凤凰山；艮岳万松岭对余杭万松岭；南山（南屏小峰）对余杭南屏山；艮岳壶中水系对西湖；甚至连艮岳桃溪分景龙江水的形式与余杭钱塘江分水入南宋护城河的形式也相同。

　　艮岳山水总体布局的主要特点有二：其一，山体围合的壶中空间与山体围合之壶外空间大的区划。壶中天地象仙界尘外，而壶外即喻人间。其二，凤凰山五亭以介亭为中心的对称布置于南寿山相对的格局暗示出自介亭有一南北向轴线（至少是虚轴线）控制壶中区域，若加上华阳宫入口驰道的东西向轴线，双向轴线融于山水宫苑之中便成为艮岳总体布局的另一大特点。这种布局特点的产生是源于山水宫苑所具有的双重性质：既追求自然山水的格调又不失皇家宫苑的气派。

　　- 景点构成

　　这座历史上著名的人工山水园的园林景观十分丰富，有以建筑点缀为主的，有以山、水、花木而成景的。宋人李质、曹组《艮岳百咏诗》中提到的景点题名就有一百余处。艮岳内主要景点及景区构成如表7-1所示。

　　- 游观线路

　　山"无道路则不活"。在对艮岳园路的描写方面，"李质游线"为研究艮岳的道路系统提供了相当重要的依据，可以说明艮岳各景区之间的路线联络关系。但由于李质《艮岳赋》是文学性描写，因此对"李质游线"的解释方式也就有多种可能性。而其他史料中，《御制艮岳记》描述了自砚池后挥云厅经栈路从凤凰山南面攀介亭的路线；《华阳宫记》除记华阳门入口驰道之外，还提供了两关之间的磴道、洞天景区暗道以及寿山循西的斑竹麓径，这些路线较为分散，不足以研究景区之间的联络。

　　李质自艮岳壶中东部萼绿华堂景区开始行进，东望梅岗及八仙馆，沿着舞仙石的导引，仰见书馆景区的奎文楼；北行不远，隐见泛雪厅及厅前沃泉中的留云石、宿雾石。略拐入中部射圃景区，登射圃中的和容厅及忘归亭。后攀西岭，上跨云亭前视万松岭之倚翠楼，下西岭经大方沼景区上万松岭登半山之倚翠楼，见凝观亘直沿鉴湖排列。继续北行，经长春谷景区进入洞天景区，过圆山亭及玉霄洞、炼丹亭。出洞天景区自鉴湖景区如何通过里城北垣至景龙江，李质并没有交待。可能是经过水门或设暗道出城。李质行至景龙江，上跨江横桥，见桥畔琼津殿与清斯阁，立于桥上望见江北山庄引江水分派，又引回溪曲通回流江中。下桥入江北岸山庄回溪景区，前后见飞岑亭、

艮岳主要景区及景点构成　　　　　　　　　　表 7-1

区域		方位	景区	景点
南半部分	壶中区域	北部	凤凰山	介亭、排衙石、极目亭、萧森亭、麓云亭、半山亭、栈路
			凤凰山左翼	来禽岭、合欢径、祈真蹬、紫石壁
			万松岭	倚翠楼、东西关、松谷、松径
			大方沼景区	大方沼、梅渚、云浪亭、芦渚、浮阳亭
			凤池景区	凤池、环山馆、巢凤阁、三秀堂、桐径
			砚池景区	砚池、挥云厅、翔鳞石
			流碧馆景区	流碧馆、泉石厅、云岫轩、岩春堂
			长春谷景区	倚翠楼、滴滴岩、桃溪
			圃山亭洞天景区	圃山亭、清虚洞天、玉霄洞、炼丹亭、桃溪
		西部	西岭景区	西岭、白龙沜、濯龙峡、跨云亭、练光亭、罗汉岩、橙坞
		中部	射圃景区	射圃、和容厅、忘归亭
			蟠桃岭景区	蟠桃岭、蟠秀亭、仙李园、不老泉
			泛雪厅景区	泛雪厅、留云石、宿雾石、不老泉
		东部	砚池景区	紫石壁、祈真蹬、揽秀轩、龙吟堂、砚池、草圣亭
			书馆景区	书馆、书林轩、书隐亭、清赋亭、奎文楼
			萼绿华堂景区	萼绿华堂、梅池、梅岭、梅岗、八仙馆、承岚亭、崑云亭、杏岫、黄杨巘、舞仙石、玉京独秀太平岩亭
		南部	雁池景区	雁池、寿山、南屏小峰、嗺嗺亭、绛霄楼、乌龙瀑、乌龙石
	壶外区域	西部	西庄景区	西庄、巢云亭、丁香径、丁嶂
			驰道景区	神运峰亭、道亭林立诸石（名不录）、华阳门
			药寮景区	药寮、斑竹麓
		南部	芙蓉城景区	南小山、芙蓉城、敷春门
		北部	鉴湖景区	鉴湖、凝观
			漱玉轩景区	漱玉轩、桃溪、桃花闸
北半部分			景龙江景区	景龙江、横桥、琼津殿、清斯阁、柳岸、潇湘江亭、高阳酒肆
			曲江池景区	曲江池、蓬壶堂
			山庄、回溪景区	山庄、回溪、小隐亭、飞岑亭、萧闲馆、胜筠庵、蹑云台、散绮亭

蹑云台、萧闲阁、胜筠庵。自江北岸如何回到南岸高阳酒肆，是桥渡或舟渡，李质也没有能写清楚，但舟渡的可能性大一些，即联系江两岸的桥只有一座，陆路也只有一条。出高阳酒肆经水门回到艮岳南半园。立于漱琼轩上，企首望见介亭。此后李质又省略了一大段路线的描写，即自凤凰山北（壶外）如何回至山南（壶中）经羊肠路、云栈登介亭的。至介亭后东转委曲经极目亭、萧森亭沿凤凰山经左肢、左翼来禽岭、合欢径至祈真蹬顶，下山至砚池景区见揽秀轩，再到面对紫石壁的龙吟堂，又向东进入泛雪厅北蟠桃岭景区，见不老泉及向北望见砚池中之翔鳞石，以及池北之挥云厅。继续向西行至西岭景区之濯龙峡，见蟠秀亭、练光亭，仰峰登跻，越万松岭。此时李质并没有自万松岭向西走出壶中区域，而是下万松岭向东进入了大方沼区域，这条路线与第一次至万松岭及西岭的路线非常接近。自流碧馆景区岩春堂望见艮岳

壶中东部之书馆后，再向南行至书馆景区，又南行重新回到萼绿华堂景区，望见西岭之白龙瀑水。从萼绿华堂向西登上高峻的绛霄楼，自楼南望雁池、寿山、嘲嘲亭，西见药寮及西庄，下楼最后至芸馆。"李质游线"基本上均位于壶中区域。

可以说，"李质游线"贯穿了艮岳大小不同的景区，也证明艮岳中确实在利用路线来组织景区。如同造山、理水表达景旨一样，艮岳中的道路也多以险幽为主要风格特点，尤其是为登山而设的磴道及栈路。

－景区布局

艮岳的设计者自觉地运用人造山水地形塑造空间、划分景区，并在此基础上强化景意、组织景象进而形成专类园、园中园。如农庄"西庄"、"山庄"，药用植物园"药寮"，以及凤池景区等，其中凤池景区之复杂性及调动景观要素表达景意、塑造景象的系统性和完整性已与明清时期非常接近。

为了体现壶中天地的仙境，造园者在万松岭以东凤凰山左翼来禽岭以西安排了大方沼景区、凤池景区、流碧馆景区及砚池景区，与凤凰山一起构成了壶中区域的核心部分，表达了巢凤、祈真的景意，而在万松岭之西设置了有村落野致的西庄。《艮岳百咏诗·东西关》："天上人间自不同，故留关钥限西东，姓名若在黄金籍，日日朝元路自通"，"人间"指西庄，而"天上"意指壶中。

设计者还在凤凰山之西北与万松岭相接处设置了洞天景区，"玉关金锁一重重，只见桃源路暗通"。洞天景区的设置不仅解决了壶中天地造水景的水源问题，还巧妙地扣合了晋陶潜《桃花源记》所表达的世外桃源的意境。同时加强了山北与山中空间意境的对比。桃林、溪水、洞天还成为后世表达尘外桃源主题景境的形制要素。

圆山亭洞天景区和西关与东关之间实际上是两个不同性质的空间之间的过渡空间，可称之为"中介景区"。艮岳还有一处特殊的中介景区，即砚池景区。谓之特殊是因为砚池景区同时具有相邻两个不同景区的性质。砚池南半部景点有紫石壁、草圣亭等，属于书馆文化景区的性质；而砚池北半部景点有翔鳞石、挥云厅等，又从属于大方沼景区的空间特性。实际上砚池景区是大方沼景区与书馆景区之间的过渡空间，而且在同一景区内自身形成了两种空间性质的转换。同一景区内兼有双重空间性质的设计方法在北宋第宅园林中也早有所运用。只是因规模有限，景区变成了景点，如洛阳环溪之"多景楼"、司马温公独乐园之"读书堂"等。不过艮岳对中介景区的运用显得更为成熟也更具匠心。

－造园手法

掇山。艮岳中的掇山主要有土山和石山两种方式。其中，土山用于早期的全局山水地形塑造，而石山及叠石成山则更多用于后期局部景点的营造。

　　艮岳兴建之始，筑土山以象余杭，工程浩大，祖秀《华阳宫记》称"驱散军万人"，后增以太湖、灵璧之石，因此艮岳中山体基本上是"土山载石"，即以土为主，以土戴石的造山结构。又因为"花石纲"之供奉，艮岳用石来源十分丰裕，以致置石星罗棋布于园中，几乎充斥于每一个造景细节，所以尤其到后期，艮岳可能已经不存在完全意义的土山了。

　　圌山亭洞天景区是艮岳内规模最大的石假山。据记载，有"玉霄洞"、"清虚洞天"、"迷真洞"等洞景；宋周密《癸辛杂识》称其"大洞数十""洞中皆筑以雄黄及卢甘石"[①]；蔡絛言："有一洞，口才可纳二夫，而其中足容数百人"。叠砌石山洞，结构处理上较为复杂，而且山洞又大小不一，空间变幻莫测，并又引桃溪水穿境，可以推想完成这样一座山水复合型的假山是需要掌握相当高难的营造技术的。

　　东西两关间的磴道，祖秀称其"夹悬岩，磴道隘迫"。这是一条两面悬臂的石壁假山，证明宋人已经掌握了山石悬挑的技术。栈路是单面石壁假山，因为有木栈榫入，山体受力，这种壁崖假山的叠造难度也是极高的。濯龙峡中"山束苍烟细路通"，亦是双面石壁假山，峡道弯曲变幻。另外，寿山"双峰并峙，列嶂如屏"，称为"南屏小山"，也是一处较大规模且性质重要的石假山。

　　假山的用石方面也多有独到之处。石料是从各地开采出来的"瑰奇特异瑶琨之石"，以太湖石、灵璧石之类为主，均按照图样的要求加以选择。故"石皆激怒抵触，若蹲若啮，牙角口鼻，首尾爪距，千态万状，殚奇尽怪"，配置树木藤萝而创为"雄拔峭峙，巧夺天工"的山体形象。

　　艮岳凤凰山主峰上置介亭，最高于诸峰，又分东西二翼与南寿山相接，这种山体形制证明艮岳是主景突出式的布局结构。如郭熙《林泉高致》所言："山水先理会大小，名为主峰，主峰已定，方作以次近者，远者、近者、大者、小者。以其一景主之于此，故曰主峰，如君臣上下也"。"主山尊始，客山奔趋"，本身既符合"先立宾主之位，次定远近之形"的山水画理，也符合表达"君王至尊，众臣朝揖"的皇权思想。

　　艮岳通过山脉的分岭脉系对壶中空间进行划分。"山贵有脉"，余冈衍阜不仅增加了主脉的层次，而且还为创造出更加丰富的空间景观提供了条件。艮岳中许多细部空间景观——散点置石都是结合岗阜进行设计的。

　　艮岳山体兼具三远，有自大方沼景区仰止介亭之高远，隔望圌山亭洞天景区之深远，自介亭观景龙江北诸山之平远。就壶中山体论，艮岳并不以山之平远见长，徽宗称艮岳壶中天地如"在重山大壑幽谷深岩之底"，追求山之险峻、深幽是艮岳造山的特点，一方面出于立地条件（空间范围的限制），另一方面也符合壶中世外桃源仙地的宗旨。

---

① 前者可驱蛇虺，后者能在天阴时散发云雾，"蒸蒸然以象岚露"。

置石。艮岳中的置石主要有特置、对置、列置及散点几种方式。

对特置石峰的欣赏，在宋代已非常普遍，这从宋画中也可以直接看到。赵佶极好花石，从其所绘的《祥龙石图》中可见其对石峰的品评口味。结合文献描写推测，艮岳特置石峰的风格崇巨、崇怪、崇奇。艮岳中特置石峰主要布置于华阳宫入口驰道上，这些石峰体量巨大；其中"神运峰"高达十余米，石峰巨制者如"玉京独秀太平岩"、"卿云万态奇峰"及"神运峰"皆作亭庇之。"神运峰"还特被封侯，徽宗洒翰建碑于石旁。"神运峰"前"其余石，或若群臣入侍帷幄，正容凛若不可犯，或战栗若敬天威，或奋然而趋，又若佝偻趋进，其怪状余态，娱人者多矣"。诸多此类特置石峰，赵佶因兴悉与赐号，以金饰镂铭与石峰之阳。还有一些特置石峰分布在壶中的轩榭径庭、渚泉池洲，棋列星布，并皆与赐名。如立于砚池中的"翔鳞"石，附于池上的"乌龙"石、"伏犀"石等。为了安全运输巨型太湖石，宋人还创造了以麻筋杂泥堵洞之法。

对置，见载者有立于沃泉中相对抗的"留云石"和"宿雾石"。

列置，是指沿轴线两侧对称布置山石的方式。艮岳中的列置通常用于表达皇权至高无上。如艮岳华阳门驰道两旁布列于"神运峰"前，"若群臣入侍"之众石，作为单体可以特置欣赏，作为整体则为列置；还有介亭前列之"巧怪崭岩"之"排衙"巨石；以及西岭岗脊上对列之置石。

散点，即土、石结合布置的方式。艮岳中的散点不仅以土、石，还配合植物进行造景。如接梅岭之余冈，增石种丹杏、银杏的"杏岫"；有积石设险于修冈，上植丁香的"丁嶂"；又效灵隐山骨如削、暴露于土的"飞来峰"；以及因紫石为山之"紫石壁"；还有增以太湖、灵璧石的凤凰山山巅等等。正是这些散点设置使得艮岳山体不仅园馆有岗连阜属、绵连相续的气势，而且近观还有嶙峋皴皱或温润净滑的质感，并以峰、崖、嶙、岢、磴、屏、岫等方式构成了艮岳这座人造自然山水园的细部景观。可以认为这种细部景观的营筑反映了造园者对自然山水认识的深化。宋时中国画论体系已近成熟，对自然山水中各种不同景象均给予了理论性的总结和概括。艮岳中散点置石景观证明造园者已经自觉运用这些理论去指导园林创作，并使之成为艮岳造山艺术中最具特色的部分。

其中一些散点的设置显示出了造园者的设计观念和水平。如"椒崖"，因所得赪石（红色石），增而成山，有意识地配以椒、兰而成景；又如"黄杨嶙"增土叠石，间留隙穴，以栽黄杨。苏轼有诗："黄杨生石上，坚瘦纹如绮"，可见造园者在设计散点置石时综合运用景观要素表达景意的景象设计能力。

从宋画中可以看出宋代建筑与山石布置是相互独立的，即使立基之地突兀不平，也多利用平坐施永定柱插入山石，而建筑本身并不与山石发生关系。这是宋代园林的一种风格和处理手法。祖秀《华阳宫记》中记有"黄石仆于亭际者。曰抱犊、天门。"可以推测，这种山石仆卧亭际的做法是演变为明清时期山石踏跺和蹲配的一种过渡形式。

理水。徽宗赵佶在兴筑延福宫后引金水河扩展景龙江；政和年间宦者窦佐又请于七里河开月河一道分减金水河入大内；宣和元年六月又命蓝从熙、孟揆增置牐坝导水入内。这些工役都是出于宫室苑囿用水的考虑，艮岳园林用水也均源于金水河。

艮岳建水门设闸，引景龙江水入园而成桃溪，桃溪西行，一流汇入鉴湖。逆流西行（景龙江流向为自西向东）有减低水速的目的，汇入横向鉴湖聚水可以沉淀泥沙。另一流巧借晋陶潜名篇《桃花源记》景意，自洞天景区进入壶中，喻意出壶中仙地为世外桃源，这种水源暗引的构思是相当巧妙的。进入壶中后汇入凤池，再至大方沼，经砚池达梅池最后通向雁池。另一脉自壶外鉴湖西环绕万松岭西麓，经濯龙峡进入壶中，过白龙沜亦与雁池相汇。文献中并没有关于出水口的记载。宋里城北壕为景龙江，里城东曹门外有念佛桥，为金水河桥之一，因此金水河已沿里城北垣向东再南拐至曹门成为里城东壕。宋东京四水贯都的总流向也是自西北而东南的，所以艮岳水体出水方向应是向东向南，很可能于雁池设暗道通向里城东壕。

艮岳是以山为主，以水辅山的构园布局。从园址尺度分析，壶中不太可能形成极大的汇水区域。与山之险幽相应，壶中泉溪"回环山根"，"萦带奇石"，"潺湲不穷"。有濯龙瀑涧之迷远，桃溪之雅致，这是壶中水景的主要风格。艮岳中有桃溪之潺湲，大方沼之宁泊，濯龙瀑之激射，白龙沜之喷薄，凤池之深静。其水性多变，聚散有致，动静交呈。

另外在制造动水景观方面，艮岳有较为特殊的方法。如紫石壁之瀑布，采用了"升水高蓄"的方法，在山的高处凿水池，上置木柜，柜中蓄水，需要时开闸放水，注入山顶的水池，水溢而成瀑布。

营屋。徽宗赵佶称艮岳壶中"岩峡洞穴，亭阁楼观，乔木茂草，或高或下，或远或近"。蔡絛说："山上下立亭宇不可胜数"。艮岳景观中建筑类景点在数量上是最多的，有明确记载的就达到67处，甚至超过了特置石峰的数量。并且建筑类型繁多，基本上涵盖了宋代园林文献中所记述的。这足以证明建筑在艮岳景观中的显要地位，可谓山水"以亭榭为眉目"，以"得亭榭而明快"。

艮岳建筑总体风格是朴素的。蔡絛谓艮岳壶中区域，"山中……列诸馆舍台阁。多以美材为楹栋而不施五采。有自然之胜"。壶外区域西庄、药寮更是力主俭朴，江北竹林万竿，境象亦为雅素。但其中也有例外，如位于壶中雁池北岸的绛霄楼，金碧镂饰，尽工艺之巧，制极奢华；洞天景区的圌山亭，玛瑙石遍饰轩楹地铺，且琢地为龙础，制侈可见。

艮岳建筑基本上都有其景观功能，其中一些建筑景观功能较特殊，如起控制全局作用的介亭，联系壶天内外的西庄巢云亭、万松岭两关，以及联系园内外的蹑云台等。一些建筑还具有象征功能，如介亭、巢凤阁、绛霄楼等；有贮书籍、书画、毫楮的书馆、书林轩、奎文楼、萧闲馆等；有品茗之泛雪厅，炼丹之炼丹亭，饮酒之高阳酒肆，庇石之神运峰亭等。

艮岳中建筑的位置也是经过细心考虑的，试图与山水环境相融合。一般来说，在自然山水环境中会因地制宜地建营屋舍，而成自然之理。艮岳的营屋理法亦遵从此理。山水环境中任何一处均可能作为建筑立基的场所。

在宋画中，建筑可能占据山巅，但一般在画面构图中主峰上不冠以建筑，这反映了宋人"以亭榭为眉目"的山水观。艮岳显然没有因循于这种普遍意义的观念，这是源于其造园所特有的景旨，而且自艮岳之后，以建筑为构图中心的主景突出式布局，便成为皇家山水宫苑布局的主流。

艮岳建筑多为单体，其中尤以亭居多，达29处。这些单体建筑因体量较小，可因山就水高低错落地灵活布置。艮岳中群体组合的建筑景点并不太多，但均颇具新意。凤凰山山巅以介亭为中心的五亭组合相当有力地表达了主旨。环山馆和巢凤阁结合凤池、凤凰山右肢构筑了古代传说中待凤的景观格局。最令人称道的是梅岭书馆的建造："因山高下，周以回廊"，"回廊屈曲随岩阜"，在自然山水环境中依据顺从水形山势布置建筑组合的行为，一方面是出于固有的意识取向，另一方面则是出于立地条件及行为能力（指经济与技术）的限制。艮岳是纯人工筑造的自然山水风格的宫苑，因此书馆及其环境的营造是一种完全的设计行为，这反映了造园者是在完全自觉地运用"因山构室"的理论去指导设计，这种意识是远迈于前人并对后世造园产生深远影响的。

种植。艮岳利用植物造景无论在品种选择还是在配植上均颇具匠心，显示出了相当的设计水准。由于核心史料文体性质的限制，记载艮岳中的植物仅有七十余个品种，这个数量绝对不能反映出艮岳植物种类的全貌。但从除特置石峰景点之外的艮岳一百三十余景中，仅在问名中含有植物因素的景点就多达45处，这足以反映出植物景观在艮岳这座自然山水宫苑造景中所占的突出地位，也充分体现了"山以草木为毛发"、"得草木而华"、"无林木则不生"的山水画理。

艮岳中植物着意于对春的表达和渲染。主要景点多选配春季繁花或秋令多实类的植物，如丹杏、丁香、石榴、枇杷等，表意多子。还有一些表意长寿、养生的植物，如蟠桃、松、李以及药用植物。另外还有具有特定含义的植物，如专用于象征巢凤的梧桐；皇苑中通常种植表意求子、多子、养生的花椒（椒崖）。由于受到"世外桃源"等六朝美学的影响，艮岳中松、竹、梅大面积地成片种植，表达了追求气节高尚、不类尘境的景境。此外，为表现众德大备，万庶同心，艮岳中还植有"荔枝"、"椰树"、"枇杷"等超出其自身生长地域的珍贵植物。

艮岳植物的种植方式有点植、夹植和群植。因花石纲而得之奇花异木如"姑苏白乐天手植桧"，入口端处之椰树等均为点植。沿径、江列植的如入口驰道两旁丹荔、松径、雪香径、柳岸等为夹植。如万松岭、梅岭等则为群植。配植方式主要有单种及混交配植，如李质《艮岳赋》所言："下丁香之密径，有间植之松杉"，也有如万松岭上的纯松林。这些植物均因其境类聚成景，如因谷成松谷，因坞成辛夷坞，因岭成梅岭。同本者也因境不同而景异，如梅，有梅池、梅岗、梅岭；松，有松谷、松径、万松岭之不同。

祖秀称艮岳"致四方珍禽奇兽，动以亿万计"。艮岳中有因动物造景的雁池、噰噰亭和来禽岭等景；还增设"来仪所"用以训练四方珍贡之山禽水鸟[①]；洪迈称其中有"大鹿数千头"[②]。艮岳良好的生态环境为豢养这些珍禽异兽提供了立地条件，这些动物也使艮岳更富自然生机。

艮岳的造园者们以塑造地形地貌为基础，并因地形地貌之阴阳向背敷以适地草木，从而形成了综合的景观生态环境，同时在此生态环境中点缀性格各异的景观建筑，使山、水、植物、动物融为有机的整体的景观景象。设计者们甚至还朴素地写实主义地利用特殊手段（主要指铺炉甘石和油绢囊施水的方法制造云气）来制造云气使艮岳更富山林的自然氛围。

艮岳的规模虽不算太大，存在的时间也很短。但是它代表着宋代宫苑园林的风格特征和宫廷造园艺术的最高水平，在造园艺术方面的成就远迈前人，对后世亦影响颇深，具有划时代的意义。

● **撷芳园（龙德宫）**

元符三年（1100 年），徽宗改懿亲宅潜邸为龙德宫[③]，位于里城城濠以北。政和三年（1113 年）作景龙江后，大加扩建。景龙江夹岸皆奇花珍木，殿宇鳞次栉比，逐渐往东拓展，名曰撷芳园。此园山水秀美，林麓畅茂，楼观参差，堪与延福宫、艮岳比美。靖康元年（1126 年），徽宗传位钦宗，退居龙德宫。

● **撷景园（宁德宫）**

撷景园始建年代不详，大约在政和、宣和年间。撷景园是在外戚李遵勖（988-1038 年）的静渊庄的基础上改建而成的。至宣和年间，此园已经历百年，"木皆合抱，都城所无有"，园中古木为此园一大特色。徽宗退位后，撷景园改称宁德宫，徽宗皇后郑氏居于此地。

②西京（洛阳）

● **后苑**

北宋洛阳后苑估计是建立在唐末五代基础上。苑中的十字池亭在五代后蜀即有模仿，后蜀"兵部尚书珪题亭子诗，其一联曰：'十字水中分岛屿，数重花外建楼台'"[④]。十字池亭估计是在方形水池中设类似于晋祠圣母殿前的飞

---

① 岳珂撰《桯史》卷九·七三《丛书集成》本 二八六九

② 洪迈撰《容斋三笔》卷十三 引自《笔记小说大观（第六册）》第 300 页 江苏广陵古籍刻印社 1983 年 4 月版

③ 《宋史·徽宗本纪》

④ 王明清《挥麈录》余话卷一

梁，正中设亭，是当时流行的一种园林手法。

● 景华苑

徽宗宣和初年在五代名园会节园基础上兴建景华苑。园中梅花茂盛，有芳林殿，并移栽有独立的凌霄花。

（2）别苑
① 东京（开封）

北宋东京别苑中，最著名的当属四园苑。但四园苑的所指并不统一。叶梦得《石林燕语》卷一："琼林苑、金明池、宜春苑、玉津园，谓之四园。"《宋史·职官志五》司农寺："园苑四：玉津、瑞圣、宜春、琼林苑"。综合考虑园苑的方位分布，本书四园苑即指：城东宜春苑，城南玉津园，城西琼林苑与金明池，城北瑞圣园。四园苑虽属宫苑园林，但皇帝临幸次数极少。其中琼林苑和金明池有记载定期对民众开放，供参观游览，承担了城市公共园林的角色。

四园苑与国家礼制建筑庙坛的关系较为密切。先农坛初在朝阳门外七里，后改在玉津园；天坛在玉津园附近；地坛与瑞圣园紧邻。四园苑也是望祀五岳的场所，"东岳、北岳册次于瑞圣园，南岳册次于玉津园，西岳、中岳册次于琼林苑。"[1]

● 金明池

金明池位于东京新郑门外干道之北。后周世宗显德四年(957年)欲伐南唐，便在此地凿池引汴河之水注入，用以教习水军。宋太祖赵匡胤亦曾携众节度使泛舟湖上，并在龙舟中设宴。太平兴国元年（976年），诏三万五千士卒凿池，并欲引金水河之水，池中建有五殿，南侧有桥，向南数百步为琼林苑。每年三月初，有神卫虎翼水军教舟楫、习水嬉。西侧有教场亭殿。次年二月，宋太宗亲临工地视察凿池情况，并赏赐役卒35000人每人千钱、布一端。此时池沼尚未完工，亦无名字，史书称其为新凿池。太平兴国三年，金明池凿成，宋太宗赐名"金明池"。北宋太平兴国七年（982年），宋太宗曾临幸观水戏。政和年间（1111-1118年），又陆续兴建殿宇，进行绿化种植，逐渐成为一座以略近方形的大水池为主体的宫苑园林（图7-8）。

金明池的规模据记载，"周围约九里三十步，池西直径七里许"[2]，这似乎是一个具有象征意义的周回尺寸。而近代的考古发现使得我们逐渐明确了金明池的位置与规模。北宋东京外城顺天门（即新郑门）的勘测，为界定金明池大致方位树立了坐标。据实测[3]，池为南北向，呈近方形，东西长约1240米，南北宽

---

① 《宋史·礼志五》吉礼五

② 《东京梦华录》

③ 丘刚《北宋东京金明池的营建布局与初步勘探》

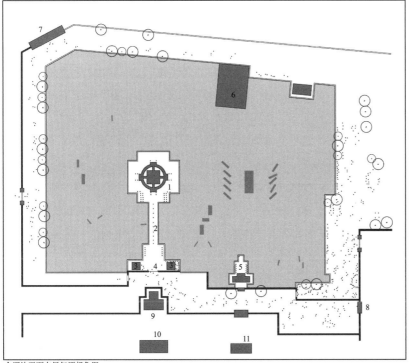

金明池平面布局复原想象图
根据周维权著《中国古典园林史（第三版）》图 5.10 金明池平面设想图改绘

1. 水心殿　2. 仙桥　3. 彩楼
4. 棂星门　5. 临水殿
6. 奥屋　7. 汴河西水门
8. 琼林苑牌坊　9. 宝津楼
10. 宴殿　11. 射殿

《金明池夺标图》

图 7-8 金明池平面设想
图及《金明池夺标图》

1230 米，周长 4940 米，与记载之"方圆九里"大致吻合。池底低于当时的池岸约 3~4 米。金明池西北角向北延伸有一古河道，宽近 20 米，深约 12 米，推测为北宋注水入金明池的汴河遗址。金明池南与琼林苑相隔之大道亦被探出，路宽 25 米，与东面顺天门遗址正对。而金明池东岸位于东京外城西墙以西近 300 米处，可见金明池虽位于城外郊区，但与城区相距很近，城中市民很容易到达。

由于主要为观赛船争标，金明池的布局与一般宫苑是完全不同的。《东京梦华录》卷第七"三月一日开金明池琼林苑"条，记载了金明池内的布局。"入池门内南岸西去百余步，有面北临水殿。车驾临幸观争标，锡宴于此。往日旋以彩幄，政和间用土木工造成矣。"考古探测已探出临水殿之基址，长约 40 米，宽 20 米[①]。"又西去数百步乃仙桥，南北约数百步。桥面三虹，朱漆阑楯，下排雁柱，中央隆起，谓之骆驼虹，若飞虹之状。桥尽处，五殿正在池之中心，四岸石甃，向背大殿，中坐各设御幄，朱漆明金龙床，河间云水戏龙屏风，不禁游人。殿上下回廊，皆关扑钱物、饮食，伎艺人作场，勾肆罗列左右。"据考古发掘，水心岛遗址处探出较多蓝砖瓦块，面积约 400 平方米[②]，可大致想象其规模尺度。"桥上两边，用瓦盆内掷头钱，关扑钱物、衣服、动使。游人还往，荷盖相望。桥之南立棂星门，门里对立彩楼。每争标作乐，列妓女于其上。"金明池之"门相对街南，有砖石甃砌高台，上有楼观，广百丈许，曰宝津楼。前至池门，阔百余丈。下瞰仙桥、水殿，车驾临幸，观骑射、百戏于此。"即门外街南为琼林苑，《金明池夺标图》中，金明池东南角墙外绘有一座牌楼，上书"琼林苑"三字。据文献推测，此牌楼应位于顺天门外大道上，向东即可通往外城顺天门。

金明池的东岸"临水近墙，皆垂杨。两边皆彩棚幕次，临水假赁，观看争标。街东皆酒食店舍，博易场户，艺人勾肆质库。不以几日解下，只至闲池，便典没出卖。"池北岸"对五殿起大屋，盛大龙船，谓之奥屋。"最早的龙舟为宋初吴越王钱镠所献，船身长 20 余丈，龙头龙尾，中间建楼台殿阁，又称为楼船。神宗时为修理此船，在金明池北岸开凿大奥。据载[③]，大奥解决了水中不可修船的问题，是史上较早有记载的船坞。"北去直至池后门，乃汴河西水门也。"《金明池夺标图》中所绘为一木栅大门，及一座平桥。此处应为金明池之入水口。池西岸"亦无屋宇，但垂杨蘸水，烟草铺堤。游人稀少，多垂钓之士。必于池苑所买牌子，方许捕鱼。游人得鱼，倍其价买之。临水斫脍，以荐芳樽，乃一时佳味也。习水教罢，系小龙船于此。"

关于观争标的盛况，《东京梦华录》卷第七"驾幸临水殿观争标锡宴"条有较详描述。

---

① 丘刚《北宋东京金明池的营建布局与初步勘探》
② 丘刚《北宋东京金明池的营建布局与初步勘探》
③ 沈括《梦溪笔谈·补笔谈》卷二

随着东京被金人攻陷，北宋覆灭，金明池亦"毁于金兵"，池内建筑破坏殆尽。南宋高宗绍兴七年（1137年），东京伪齐政权傀儡刘豫被"囚于金明池"，此时金明池其址尚存。随后，由于无人问津，加之缺少水源，金明池逐渐淤平。

● 琼林苑

琼林苑在东京外城西墙新郑门外的干道之南，与金明池隔街相对。始建于乾德二年（964年），到政和年间完成。关于琼林苑的规模没有详细的记载，但推测可能与金明池大体相当，在周回十余里左右。

琼林苑苑门在街南，有砖石甃砌之高台，上有宝津楼，宽百丈许。与金明池之门，相隔百余丈。宝津楼之南有宴殿，殿之南有横街，牙道柳径，是都人击球的场所。西侧是琼林苑西门，有水虎翼巷。横街向南，有古桐牙道，两旁是小园圃台榭。向南过画桥，有方池，边植柳树，水中央有大撮焦亭子。入园门，大门牙道旁皆种植古松怪柏，两边有石榴园、樱桃园之类，各有亭榭。琼林苑东南角筑山高数十丈，名为"华觜冈"。山上建有楼观，金碧相射。山下有"锦石缠道，宝砌池塘，柳锁虹桥，花萦凤舸"。其间种植有素馨、茉莉、山丹、瑞香、含笑、麝香等花木，大多为广闽、二浙进贡的名花。花间点缀有梅亭、牡丹亭等诸多小亭，作为赏花的场所。可见，琼林苑是一座以植物为主题的园林，都人又称之为"西青城"。

琼林苑时有皇帝驾临，至宴殿，寻常禁止人出入。每逢大比之年，殿试发榜后皇帝例必在此园赐宴新科进士，谓之"琼林宴"。平时驾未幸，习旱教于苑大门，御马立于门上。门之两壁，皆高设彩棚，许士庶观赏。呈引百戏，御马上池，则张黄盖，击鞭如仪。每遇大龙船出，及御马上池，则游人增倍矣。定期开放之时，自三月一日，至四月八日闭池，虽风雨亦有游人，略无虚日矣。更有关扑游戏、游船租赁等活动，好似庙会，热闹非凡。

● 玉津园

玉津园在南薰门外，原为后周的旧苑，宋初加以扩建，帝王经常在这里赐宴群臣。神宗熙宁间，曾在玉津园试射"神臂弓"。玉津园是一座与金明池一样尺度适中的园林[①]。苑内仅有少量建筑物，空间较为开敞，环境比较幽静，林木特别繁茂，故俗称"青城"。空旷的地段上"半以种麦，岁时节物，进供入内"。每年夏天，皇帝临幸观看刈麦。在苑的东北隅有专门饲养远方进贡的珍奇禽兽的动物园，养畜大象、麒麟、驺虞、神羊、灵犀、狻猊、孔雀、白鸽、吴牛等珍禽异兽。北宋前期，玉津园每年春天定期开放，供人踏春游赏。

● 宜春苑（迎春苑）

宜春苑在东京新宋门外干道之南，原为宋太祖三弟秦王之别业，秦王贬

---

① 王贵祥.《关于中国古代苑囿园池基址规模的探讨》

官后收为御苑。此园以栽培花卉之盛而闻名京师。每岁内苑赏花，诸苑进牡丹及缠枝杂花等。诸苑所进之花，以宜春苑的最多最好，故后者的性质又相当于皇家的"花圃"。宋初，每年新科进士在此赐宴，故又称为迎春苑。以后逐渐荒废，改为"富国仓"。

● **瑞圣园（含芳园）**

含芳园在封丘门外干道之东侧，大中祥符三年（1010年）自泰山迎来"天书"供奉于此，改名瑞圣园。此园以栽植竹子之繁茂而出名，宋人曾巩有诗句咏之为："北上郊园一据鞍，华林清集缀儒冠；方塘浡浡春光绿，密竹娟娟午更寒。"

● **芳林园（潜龙园）**

芳林园在东京城西固子门内之东北，宋太宗为皇弟时之私园。太宗即位后，名潜龙园，于淳化三年（992年）临幸，登水心亭观群臣竞射。凡中的者由太宗亲自把盏，群臣皆醉。稍后拓广园地，改名奉真园。园景朴素淡雅，于山水陂野之间点缀着村居茅店。天圣七年（1029年），改名芳林园。

● **景华苑**

景华苑的前身为会节园，是东京一处带有公园性质的园林。后被宋徽宗取以为御苑。据推测景华苑南部后来与艮岳江北部分连成一片。

② 其他别苑园池

东京其他别苑园池，记载极简。有宜春苑、牧苑、方池、迎祥池、莲花池、凝碧池、梁园、吹台、宴台、迎秋台、灵台、拜郊台等，众苑池园台，皆宋时都人游赏之所，后大多毁于金兵，或废或失其处，或仅存台或遗迹。

7.3.1.2　辽

瑶池

在辽南京宫城的西部(今北京广安门外)。池中有岛名瑶屿，岛上建瑶池殿，另有临水殿，辽兴宗泛舟后曾在其内宴饮，应是以观赏水景为主的宫苑园林。

内果园

在辽南京子城之东门宣和门内，据《辽史·圣宗纪》，内果园是一处以种植果树为主的御园，也供士人和平民游赏。

长春宫

在辽南京外城之西北，为辽帝游幸赏花、钓鱼的一处行宫御苑，以栽植牡丹花著称。辽人爱花卉，尤喜牡丹、芍药。长春宫牡丹甚盛，辽朝皇帝到燕京，常至长春宫观牡丹。据《辽史·圣宗纪》记载，辽圣宗格外喜爱此处园林，曾多次到这里赏花、钓鱼，其中花卉尤以牡丹出名。

延芳淀

在辽南京东南郊潞阴县（今通州南）。据《辽史·地理志》记载，延芳淀方圆数百里，"春时鹅鹜所聚，夏秋多菱芡"，是辽代皇室、贵族的弋猎之所。辽景宗及皇太后的石像供奉在延芳淀，因此应有行宫建筑。

7.3.1.3 金

西苑

位于金中都皇城西部，利用辽南京子城西部的许多大小湖泊、岛屿建成，楼、台、殿、阁、池、岛俱全。湖泊的面积相当大，有鱼藻池（又称瑶池）、浮碧池、游龙池等，统称为太液池。池中有岛，如琼华岛、瀛屿等。

鱼藻池是金代保留下来的唯一的皇家宫城内的园林遗址，与太液池水系相通，是金代皇帝游宴的场所。在鱼藻池内筑有小岛，岛上建有鱼藻殿，湖东、北、西岸有许多楼、亭、殿、阁。风光秀丽，景色宜人。

西苑又名西园，包括皇城内的同乐园和宫城内的琼林苑两部分，除了多处湖泊、岛屿之外，还有瑶光殿、鱼藻殿、临芳殿、瑶池殿、瑶光台、瑶光楼、琼华阁等殿宇，果园、竹林、杏林、柳庄等以植物成景的景区以及豢养禽鸟的鹿园、鹅栅等。这是金代最主要的一座大内御苑，也是金帝日常宴集臣下的地方，文人多有诗文描写园内的优美景色，如师拓《游同乐园》、赵秉文《同乐园二首》、冯延登《西园得西字》。

南苑

位于金中都皇城之南，丰宜门内偏西处，又名南园、熙春园，有熙春殿、常武殿。还有一座小园林广乐园。由《金史·世宗纪》记载，广乐园是一处供皇帝百官射柳、观灯的园中之园。

东苑

位于金中都皇城东墙内侧以南，西邻宫城东垣，北至东华门外，又名东园、东明园。在辽代内果园遗址的基础上建成，苑内楼观甚多。设门与宫城内之芳园相通，故芳园亦成为东苑的一部分。据记载东苑是金帝经常游玩的地方。

北苑

位于金中都皇城之北偏西，苑中有湖泊、荷池、小溪、柳林、草坪、园亭，湖中有岛，主要殿宇为景明宫、枢光殿。虽然北苑规模不大，但仍属禁苑，不许外官游玩。金人诗文中也有描写北苑风光的，如赵秉文《北苑寓直》《寓望》。

建春宫

位于金中都南郊（今北京南苑），是一处较为重要的离宫。原为一片地势低洼、多泉的沼泽地，这里草木丛生，禽鸟汇集，既是一个天然的狩猎区，又是一处自然风景区。建春宫始建于金章宗时。其后，皇帝经常到此驻跸并接见臣僚、处理政务，可推断此宫内建有规模较大的殿宇。承安元年（1196年）二月，"幸都南行宫春水"，承安三年（1198年）正月，"如城南春水……以都南行宫名建春"。所谓"春水"，就是到水边打猎，猎取各种水禽。这是金代皇帝喜好的一项活动。

长春宫

在金中都城东郊，又名光春宫，为辽代长春宫的旧址。宫内湖泊罗布，有芳明殿、兰皋殿、辉宁殿等殿宇。也是除了建春宫之外的另一处举行"春水"活动的地方。

大宁宫

位于金中都城的东北郊，根据《金史·地理志》记载，大宁宫于大定十九年（1179年）开始建设，先后更名为寿宁宫、寿安宫，明昌二年（1191年）更名万宁宫。这里以水景为主，原来是一片湖沼地，上源为高梁河，引其河水扩大水面。大宁宫是一座规模较大的离宫御苑，金世宗每年必往驻跸，章宗曾两次到大宁宫，每次居住达四个月之久，并在这里接见臣僚、处理国政。大宁宫水面辽阔，人工开拓的大湖之中筑大岛名琼华岛，岛上建广寒殿等殿宇。根据史学《宫词》的形容可见当年翠荷成片，龙舟泛彩、歌声荡漾的景观。大宁宫内共建有殿宇九十余所，文臣赵秉文的《扈跸万宁宫》诗中把大宁宫比拟为唐长安的曲江，足见当年景物之盛况。

金章宗时的"燕京八景"中的琼岛春阴、太液秋波两景都在这里。据高士奇《金鳌退食笔记》，据说是以艮岳为范本来堆筑琼华岛的山体形象。而琼华岛上的假山石也是东京的旧物。

玉泉山行宫

位于中都城北郊的玉泉山，山嵌水抱，湖水清澈，湖畔林木森然。早在辽代已有建设，是金代远郊最有名的离宫之一。金章宗时在山腰建芙蓉殿，章宗多次临幸避暑、行猎，据《金史·章宗纪》记载，次数远超香山、大宁宫等处。玉泉山以泉水闻名，有泉眼五处。泉水出石隙间，潴而为池，再流入长河以增加高梁河的水量，补给运河和大宁宫的园林用水。玉泉山行宫是金代的"西山八院"之一，也是燕京八景之一的"玉泉垂虹"之所在。除了一处行宫御苑之外，大部分均开发成为公共游览胜地。

钓鱼台行宫

在中都城之西北郊，即今之玉渊潭。"台下有泉涌出，汇为池，其水至冬不竭。"辽代，此处为一蓄水池，汇聚西山诸水而成大湖泊。金代建成御苑，皇帝经常临幸。此园盛时，极富于花卉水泊、垂柳流泉之自然美景。以后逐渐衰败，明人公鼐《钓鱼台》诗描写其遗址之荒凉情况。

香山行宫

位于城西北郊的西山一带，早在唐、辽时即为佛寺荟萃之地，金代又陆续修建大量寺院，其中香山寺的规模尤为巨大。香山为西山的一个小山系，香山寺原为辽代中丞阿勒吉所施舍，金章宗大定年间加以扩建，改名永安寺。附近有金章宗的"祭星台"、"护驾松"、"感梦泉"等。感梦泉是一处泉眼，相传金章宗以香山缺乏佳饮为憾事，乃祷于天，夜梦发矢，其地涌出一泉。既醒，乃命侍者往觅，果有泉汩汩出。汲之以进章宗，品尝之，甘洌澄洁，迥异他泉，遂命名为感梦泉。之后，结合永安寺和其他佛寺、名胜而建成"香山行宫"，金章宗曾数度到此游幸、避暑和狩猎。从此以后香山及西山一带逐渐发展为具有公共园林性质的佛教圣地。

7.3.1.4　南宋

（1）禁苑

南大内宫城

临安宫城禁苑的文献资料以《建炎以来朝野杂记》《武林旧事》《南渡行宫记》《湖山便览》中描述最为详实。另外流传至今的南宋宫苑画不少应是以禁苑景象为蓝本创作的（图7-9），是重要的历史资料。

南宋宫城到了元代初年，后苑尚存。元代西方旅行家马可波罗曾游览了刚废弃不久的南宋故宫，《马可波罗游记》中记载了他当时的见闻：穿过宫廷

李嵩　焚香祝圣图　　　　　　　　汉宫图　　　　　　　**图7-9　南宋宫苑画**

图 7-10　南宋《皇城图》

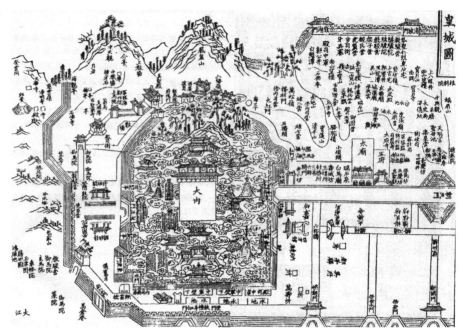

进入一六步宽的廊，长度可抵达湖畔。廊两旁各有十个院落，呈长方形状，并具有游廊。每个院落有室五十余间，配有园林，是嫔妃们的住处。皇帝有时携皇后和嫔妃们乘盖有丝缎的船游行在湖上，巡视庙宇。宫墙内空有两处，设了小树林，清水泉，果园，兽园，养殖了鹿、兔等动物[1]。

据元代的《癸辛杂识》记载，临安宫城毁于元代大火，现今只存有少部分水池、山石、建筑夯土台基等遗址。

南宋宫城中有馒头山，又受周边地形限制，禁苑建在山地之中，面积较小，但其精致程度却远胜前代（图 7-10）。内建有大龙池、万岁山等景区。这里地形旷奥兼备，视野广阔，因有钱塘江的江风，在夏季比杭州其他地方凉爽很多。

后苑是宫城中园林的主要部分，以一条长达一百八十楹的"锦胭廊"与宫廷区分界。除后苑之外，位于大内丽正门之内、南宫门外的太子东宫，也有花园建制。大内北部的凤凰山、将台山也是南宋禁苑的一部分，南宋御林军驻扎于此，又称御教场。

后苑以小西湖为中心，小西湖的两侧有高楼，还有蟠桃亭，再往西还有流杯堂、跨水堂、梅冈亭等建筑，北侧有四并堂。整个后苑的核心是小西湖，面积有十余亩，湖旁仿飞来峰叠石为山，时称万岁山。假山下有一小溪流入小西湖，溪中又建清涟亭。后苑中，"怪石央列，献瑰逞秀"，在后苑山水游玩，"三山五湖，洞穴深杳，豁然平朗"[2]。植物景观也十分突出，梅花、

<hr>

① 冯承钧译，党宝海新注《马可波罗行纪》第156章《补述行在（出剌木学本）》，539页．石家庄：河北人民出版社，1999年6月第1版。

② 转引自陶宗仪《南村辍耕录》卷一八《记宋宫殿》。

图 7-11 月岩遗址现状
（鲍沁星、蔡玉婷摄于 2015)

牡丹、芍药、山茶、丹桂、橘、竹、木香、松各成一区，分别设置亭榭以供赏玩，如钟美堂观赏春绣球、牡丹花，庆瑞殿赏秋菊、点菊灯，倚桂阁赏桂、赏月，楠木楼赏梅花。此外还有专门栽植花木的园中园，如小桃源、杏坞、梅冈、瑶圃等。

东宫的园林以慈明殿为中心，有长廊环绕的射圃，秋阳春亭对面的花丛中设置有秋千，在花丛中设置亭子来观景。

禁苑主要有月岩、排衙石、冲天观、望海亭、介亭、崇圣塔等景点，除排衙石、月岩外，其他今已不存。月岩景区在皇城北部的凤凰山半山腰，是"为故宋御教场亲军护卫之所，大内要地"[①]。

月岩最高处中有一空洞，"惟中秋之月，穿窍而出"，在下方一洼水池形成倒影，因此称为"月岩望月"（图 7-11）。

排衙石位于将台山顶，山顶平坦，"四平长广约三十余亩"，"石笋林立，最为怪奇"、"群石竦奇"，自然山体的石笋林"行列如班仗"，是个绝佳的观景点，可以同时欣赏到钱塘江和西湖的绝佳美景，《乾道临安志》也指出排衙石可"左江右湖，千里在目"（图 7-12）。

南大内禁苑在继承吴越宫苑的旧址的基础上，园景整体营造以模仿西湖山水（即飞来峰、冷泉溪和西湖）格局为立意，在面积有限的情况下，营造了极为丰富的景致。后苑之中建筑密度非常大，"廊"成为后苑中空间的重要组织者。光"亭"一种类型的命名就有 90 种之多（包括重名的情况），建筑之间

用长廊连接，掩映在林木、花卉、奇石之中。建筑装饰比较朴素，例如孝宗所建的翠寒堂，用日本进口的松木建成，本色木材，不加油饰。后苑的园艺水平很高，大部分景点都以植物景观为特色，春夏秋冬，四时花木景致各不同。后苑的营造还体现了宋代高超的工程技术水平：在炎热的夏季，翠寒堂附近营造了"不知人间有尘暑也"凉爽的小气候环境；钟美堂前还设有一种特殊的机械装置叫风轮，风吹轮转，芳香满园。

南大内禁苑的营造在不少地方继承和效仿了北宋东京宫苑的做法，规模不及但精致程度过之。园林之中充满了浓重的人文情怀，饮宴、赏花、听乐、泛舟等游赏活动精益求精。南宋偏安江南，皇家御苑中已经没有了北宋帝王造园包罗名山大川之美又"兼其绝胜"的做法，而是只仿西湖一景，这也是南宋造园的鲜明特点。

北大内德寿宫

德寿宫在秦桧旧宅基础上改扩建，绍兴三十二年（1162 年）六月建成。临安人称为北大内，与宫城大内相提并论。德寿宫是记载最为详细的南宋宫苑园林。

南宋孝宗奉亲，表达孝治建德寿宫，体现了南宋皇家以孝道治天下的治国理念。因宋高宗雅好湖山之胜，故模仿西湖是全园的立意。高宗、孝宗皇帝父子这样悠游自在、承颜养志的情况在中国历史上实属罕见。宋高宗禅位后退居于德寿宫，在此居住长达二十五年。

高宗去世后，吴太后独居德寿宫，更名为慈福宫。淳熙十一年，孝宗禅位，移居于此，更名重华宫，直至开禧二年（1206 年）大火，从此德寿宫废弃，尚存的部分更为道教宗庙——宗阳宫。当年德寿宫内一些特制的峰石也有保留

图 7-13 天竺石 "青莲朵"

下来的，其中一块峰名 "芙蓉石"，高丈许。清乾隆帝南巡时见到，便把它移送北京，置之圆明园的朗润斋，改名 "青莲朵"，今此石保存在北京故宫旁的中山公园内（图7-13）。

德寿宫位于望仙桥之东，宫中园林造景与大内御苑类似，面积不大而景致丰富，宫中园林以聚远楼为核心展开，分为东、西、南、北四个景区。

聚远楼是德寿宫苑中内最为宏伟壮观的建筑，借取苏轼 "赖有高楼能聚远，一时收拾与闲人" 名之。登此楼，德寿宫景致可一览无遗。

德寿宫叠山理水与宫城大内相类似，设有 "大池十余亩，皆是千叶白莲"[①]，仿西湖冷泉的景观，将水引入池内，同时，在池旁模仿灵隐飞来峰的石景堆叠假山，"乃于宫内凿大池，引水注之，以象西湖冷泉；垒石为山，作飞来峰"。

德寿宫中另有射圃和球场，用来举行宫中的宴射、球赛等活动。

德寿宫苑全园写仿西湖格局为其最大特色。西部的飞来峰、冷泉堂，当是仿西湖灵隐寺前的飞来峰、冷泉亭建成的。东部的十亩大池写仿西湖，水面开阔。南宋宫苑园林的叠山技术已经高度发达，园中的大假山飞来峰是一项了不起的叠石工程，模仿灵隐飞来峰十分逼真，孝宗赋诗赞之为 "壶中天地"，同时艺术效果也非常好，"孰云人力非自然，千岩万壑藏云烟"，"山中秀色何佳哉，一峰独立名飞来，参差翠麓俨如画，石骨苍润神所开"。

另外值得一提的是，德寿宫的理水技术十分有特色。德寿宫的水系 "续竹筒数里，引西湖水注之"，以竹筒为引水管道引自西湖，与传统的开渠方式不同。飞来峰有人工瀑布，人工营造的小气候非常凉爽，此景与现存的宋画《水殿招

---

① 武林旧事，卷七

图 7-14 李嵩《水殿招
凉图》

凉图》十分相似（图 7-14）。

德寿宫苑的营造文人心态浓重，而少帝王雄心，造园构思立意独辟蹊径。放弃了过去宫苑园林常用的"一池三山"、长生不老的题材，而把西湖山水作为唯一题材，虽然西湖山水就近在都城，却乐此不疲地对其进行模仿。

德寿宫这一专为帝王退闲休养而建的宫苑，成为后世宫苑园林模仿的一种类型，这种现象在清代尤盛。例如清乾隆皇帝在退位前，事先在紫禁城内修建宁寿宫及花园，慈禧太后归政同治皇帝后即修缮三海，在光绪皇帝亲政前为退休养老在清漪园的基础上重修颐和园。

（2）建康行宫

南宋《景定建康志》里保存的一幅《宋建康行宫之图》上，对宫内布局有直观详细的呈现：宫城位于中部略偏西处，由南往北依次为宫门、殿门、朝殿、寝殿、复古殿、罗木堂。其西面有内侍省、椿积库、军器库以及御教场、大射殿、山子堂等；西北侧有进食殿、小射殿及备用屋等。宫城东及东北为御园，内有八仙台，宫内还点缀有葱茏的花木、精巧的奇石等（图 7-15）。

养种园，乾道三年建，景定五年留守马光祖任内重修养种园。在城东一里

图 7-15　《宋建康行宫之图》

余,中为正堂,北向。正堂东南为杏堂,东北为百花堂,东为砌台,西为梅堂,西北为竹间亭①。从上文可知,养种园属于行宫,应是为行宫提供所需花木的园圃。

（3）别苑

南宋宫苑园林的御苑较多,除模仿北宋东京旧制以外,不少宫苑园林也临湖而建,占据湖山胜地。不少园林经常赐给臣下或收回,也在特定的时间开放,允许百姓游赏。

聚景园

聚景园在清波门、钱塘门外西湖之滨,园内沿湖岸遍植垂柳,故有柳林之称,西湖十景之一的"柳浪闻莺"即其园址所在。据《都城纪胜》所载,此园旧名西园。其范围东起流福坊,西临西湖,南起清波门外,北至涌金门外。

园内台榭殿堂齐备,主要有会芳殿,瀛春、览远两堂,芳华、花光(八角)、瑶津、翠光、桂景、滟碧、凉观、琼芳、彩霞、寒碧、花醉、澄澜、锦壁、清辉等亭榭及学士、柳浪两桥。此外,园内叠石为山,重峦窈窕,湖光潋滟,繁花似锦,"夹径老松益婆娑,每盛夏秋首,芙蕖绕堤如锦,游人叙舫赏之"②。园中活动以赏花和游湖为主,赏花有专门的设施锦壁。聚景园中牡丹竞秀,荷花飘香,竹景参差,上万株柳树蔚为壮观。

---

① 景定建康志

② 《梦粱录》卷一九《园圃》

聚景园是宋孝宗致养之地，孝宗临幸此园次数最多，堂匾皆孝宗御题[1]。理宗以后皇帝很少前来，此园日渐荒废。

玉津园

玉津园在城南嘉会门南四里，是南郊最大的御园。此园建于绍兴十七年（1147年），沿用"东都旧名"，其建筑布局也模拟东京（今河南开封）玉津园，南宋皇帝一般在正月至四月间游玉津园，以示劝农之意。园中还接待金国来使，举行宴射活动，如绍兴十八年，金使萧秉温来贺天申节，遂燕射其中[2]。因园林靠山沿江，故景色极佳。园内摩崖上，有萧燧、王佐、宇文炌、韩彦直、洪迈等正书题名，记载着当时的燕射盛事。绍熙年间（1190-1194年），光宗也曾到此园游览。开禧三年（1207年）十一月，史弥远等奉杨皇后之命，命人槌杀大臣韩侂胄于园。光宗以后，"翠华罕驻，景物渐衰"[3]。

富景园

富景园原名东御园，俗名东花园，简称东园，在新门外之东。此园始建于绍兴年间（1131-1162年），当时规模不大，高宗赵构和宪圣皇后常到此园游览。据所载，此园的规制略仿西湖山水[4]。园中有一大水池，名百花，池中种满荷花，又备龙舟数只，供人在船上欣赏。

孝宗即位后，又对此园作了进一步的扩建与整葺，使其更加精致。为了方便太上皇赵构和宪圣太后游园，孝宗令工匠在东城墙新开了一个门，让其"径通小东园"。孝宗常常"撤去栏幕"，躺在龙舟中"卧看"，别有一番趣味。

园内多栽松柏、杨柳、茉莉等花木果树。据史书记述，每年园内花木果树的收入相当可观，可以弥补东宫慈元殿支出的不足。南宋灭亡后，此园里面建有一所寺院。至明代时，又改建成孔雀园、茉莉园。

延祥园

四圣延祥观御园，旁为琼花园，为林逋故居旧址。此园西依孤山，园址就在西湖之中，"此湖山胜景独为冠"[5]。绍兴十六年，宋高宗为奉迎韦太后从女真归国，在西湖孤山四圣延祥观内建延祥园。

园中有凉堂、六一泉、六一泉堂、白莲堂、桧亭、梅亭、上船亭、东西车马门、西村水阁、御舟港、玛瑙坡、陈朝柏、闲泉、金沙井、仆夫泉、小蓬莱泉、香

---

① 《武林旧事》卷四《故都宫殿》

② 《梦粱录》卷十九

③ 《西湖游览志》卷六《南山胜迹》。

④ 《咸淳临安志》著一三《行在所录·苑囿》

⑤ 《梦粱录》卷一九《园囿》

月亭、香远亭、把翠堂等胜景。南宋理宗咸祐年间（1241-1252年），又建西太乙宫，改凉堂为黄庭殿。

屏山园

在钱塘门外南新路口、净慈寺南，因其正对南屏山，故名屏山园。此园的范围较大，东至希贤堂，直抵雷峰山下，西至南新路口，水环五花亭外。另据白埏《西湖赋》："南有翠芳，兰拽在焉"[1]。兰拽为南宋临安西湖中一只御舟的名称，可见此园与西湖相通。园内有八面亭堂，站在亭中，一片湖光山色俱在眼前。咸淳四年（1268年），南宋朝廷因建造宗阳宫所需木材数量庞大，这里的花木大都移到了宗阳宫，南屏御园遭到了严重的破坏，园景渐废。

庆乐园

庆乐园位于钱塘门外瑞石山麓、南山长桥西面。宁宗庆元三年（1197年），由吴皇后赐给权臣韩侂胄，遂更名为南园，韩死后复归官家所有[2]，改名为庆乐园。园内有梅关、桂林之胜，且蓄养众多的珍禽异兽。园内亭馆也极多，有许闲堂、容射厅、寒碧台、藏春门、凌风阁、西湖洞天、归耕庄、清芬堂、岁寒堂、夹芳、豁望、矜春、鲜霞、忘机、照香、堆锦、远尘、幽翠、红香、多稼、晚节香等亭。园中还有秀石为山，内作十样锦亭，并射圃、流杯等处[3]，特别是十样锦亭，工巧无二。祥兴元年（1278年），张炎过庆乐园，见此园破败不堪，"仅存丹桂百余株"。明代田汝成为童子时，犹见庆乐园中峰磴石洞尚有存者。至明正德年间，园中之物尽为富贵人家搬运而去。

集芳园

集芳园在葛岭，前临湖水，后据山冈。原为张婉仪园，后归太后所有。绍兴年间收归官家，藻饰更加华丽。亭堂有蟠翠、雪香、翠岩、倚秀、把露、玉蕊、清胜、望江等景观建筑，诸匾皆高宗御题。园内古梅、古松、荷花甚多。淳祐年间理宗将此园赐给宠臣贾似道，贾氏将其改名为后乐园。

7.3.2 第宅园林

7.3.2.1 北宋

（1）东京（开封）

东京水利资源丰富，因此东京士人第宅园林皆水池花木，又多为大官僚

---

① 白埏：《湛渊集》，文渊阁《四库全书》本。
② 《江湖后集》卷三，文渊阁《四库全书》本。
③ 据《武林旧事》卷五《湖山胜概》

宅园，规模大者，周多数里，馆舍豪华。东京的第宅园林，多反映出权贵豪奢之气，以及当时的物质文化与精神文化。

蔡京家园第

蔡京（1047-1126年）是北宋末年大臣，曾先后四次为相，兴花石纲之役，颇有权势。城西金明池西南角水磨下有一园名为蔡太师园。蔡京常住的赐第在阊阖门外南，靠近内城城濠，徽宗曾乘舟自天波溪至此处蔡京宅。此宅宏大宽敞，中有六鹤堂，高四丈九尺，"人行其下，望之如蚁"。宅第的东园"嘉木繁阴，望之如云"，西园乃拆毁数百间民屋而建，在花石纲之役中，部分花石被运达此园。蔡京有诗句"三峰崛起无平地，二派争流有激湍。极目榛芜唯野蔓，忘忧鱼鸟自波澜。"描写西园，可见西园中有假山激流，花木鱼鸟。

王黼赐第

北宋末年大臣王黼（1079-1126年），虽无学识但才智出众，善于巧言献媚，于宣和元年（1119年）被任命为宰相。宣和五年，徽宗赐太傅王黼私第，御书载赓堂、膏露堂、宠光亭、十峰亭、老山亭、荣光斋、隐庵，凡七牌[1]。

王黼赐第位于城西阊阖门外竹竿巷，周围数里，其正厅以青铜瓦覆盖，宏伟壮丽，其后堂起高楼大阁，"辉耀相对"。[2]《秀水闲居录》亦载："穷极华侈，叠奇石为山，高十余丈，便坐二十余处，种种不同，即梁柱门窗什器皆螺钿也。琴光漆花罗木雕花镶玉之类悉如此。第之西号西村，以巧石作山径，诘屈往返，数百步间以竹篱茅舍为村落之状……"

王黼得宋徽宗宠爱，恩数异于他相，徽宗"名其所居阁为得贤、治定，为书载赓堂、宠光亭以下凡七牓"。王黼又妄言有玉芝产于堂柱，徽宗临幸其第，设宴观之。[3]徽宗目睹第内之"堂阁张设，宝玩山石，侔似宫禁。喟然叹曰：此不快活耶！"[4]

王诜西园

王诜（1036-？），河南开封人，熙宁二年（1069年），选尚英宗女蜀国长公主，拜左卫将军、驸马都尉。西园乃驸马府邸中的园林。王诜曾描述园中景致，"小雨初晴迥晚照。金翠楼台，倒影芙蓉沼。杨柳垂垂风袅袅。嫩荷无数青钿小。"

---

① 吴曾．《能改斋漫录》

② 引自周宝珠．《宋代东京研究》

③ 《东都事略黼》本传

④ 引自周宝珠．《宋代东京研究》

中国艺术史上"伟大的西园会"(林语堂《苏东坡传》)相传即举行于此园中。参与者多为当时有名的文人，包括王诜、苏轼、苏辙、黄庭坚、秦观、李公麟、米芾、蔡肇、李之仪、郑靖老、张耒、王钦臣、刘泾、晁补之以及僧圆通、道士陈碧虚等。园主王诜请善画人物的李公麟将西园中的宴游盛会描绘下来，便是画史上著名的《西园雅集图》。米芾又为此图作记，即《西园雅集图记》："水石潺湲，风竹相吞，炉烟方袅，草木自馨。人间清旷之乐，不过如此。嗟乎！汹涌于名利之域而不知退者，岂易得此哉！"

虽然王诜西园的位置、聚会人物的真伪多寡，甚至《西园雅集图》和图记的真伪都没有更为详细的历史依据，但是却无法动摇"西园雅集"在历史上的地位。它既反映了宋代士大夫清游园林之风气，也承载了后辈对前辈们风流雅趣的追慕，并成为一种理想境界的象征。而西园中具有"清旷之乐"的空间格局和园林环境，便是孕育了"西园雅集"这一文人士大夫文化的基础（图7-16）。

李格非园

北宋文学家李格非（1045-1105年），著有《洛阳名园记》，总结记录了当时洛阳的著名园林。元丰八年（1085年）奉调回东京后，购置了自己的住所。据晁补之《有竹堂记》，李格非在宅园南部种竹子，并建堂名为有竹堂，作为清心读书之地。

图7-16 南宋 马远《西园雅集图》中的王诜西园景象（局部）

李驸马园

李驸马园，又名东庄或静渊庄，位于永宁里，乃真宗大中祥符年间万寿长公主驸马李遵勖（988-1038 年）的赐第。"所居为诸主第一，其东得隙地百余亩，悉疏为池，力求异石名木，参列左右，号静渊庄，俗言李家东庄者也"①。李遵勖园的面积在当时是最大的，并且"居第园池，聚名华奇果美石于其中……引流水周舍下"②。由于嗜好奇石，"募人载送，有自千里至者。构堂引水，环以佳木，延一时士大夫与宴乐"③。园中还最早种有银杏，"出宣歙，京师始惟北李园地中有之，见于欧梅唱和诗，今则畿甸处处皆种"④。李遵勖好学，喜爱读书，并且通佛教的性理之说，结交的朋友多是文学大师，并以当时的著名文人杨亿为师，和刘筠友善，经常在园中宴请当时的著名士大夫宴乐。

（2）西京（洛阳）

北宋中期在洛阳出现的耆英会，亦是洛阳士人交游圈中的一件大事。从朝廷权力中心隐退的文彦博、富弼、司马光等人，及以道学自重的邵雍、程颐等人组成的耆英会，是洛阳反变法群体的一个核心组织。他们的活动内容多以饮酒、作诗、游园为主，这些士人的交游活动也与园林的营建关系密切。

富郑公园

富郑公园为宋仁宗、神宗两朝宰相富弼（1004-1083 年）的宅园。"洛阳园池多因隋唐之旧，独富郑公园最为近辟，而景物最胜"，此园乃是洛阳少数几处不利用旧址而新建的私园之一。

园之中部偏东有大水池，由东北方的小渠引来园外活水。池之北为全园的主题建筑物"四景堂"，前为临水的月台，"登'四景堂'则一园之景胜可顾览而得"，堂东的水渠上跨"通津桥"。过桥往南即为池东岸的平地，种植大片竹林，辅以多种花木。"上'方流亭'，望'紫筠堂'而还。右旋花木中，有百余步，走'荫樾亭'、'赏幽台'，抵'重波轩'而止"。池之南岸为"卧云堂"，与"四景堂"隔水呼应成对景，大致形成园林的南北轴线。"卧云堂"之南为一带土山，山上种植梅、竹林，建"梅台"和"天光台"。二台均高出于林梢，以便观览园外借景。"四景堂"之北亦为一带土山，山腹筑洞四，横一纵三。横为洞一，曰土筠，纵为洞三，曰水筠，曰西筠，曰榭筠。洞中用大竹引水，洞的上面为小径。大竹引水出地成明渠，环流于山麓。山之北是一大片竹林，"有亭五，错列竹中，曰'丛玉'，曰'披风'，曰'漪岚'，

---

① 叶梦得：《避暑录话》卷下

② 《东都事略》卷 130

③ 《宋史》卷 464《李遵勖传》

④ 朱弁：《曲洧旧闻》卷 3，中华书局，2002 年

曰'夹竹'，曰'兼山'"。此园的两座土山分别位于水池的南、北面，"背压通流，凡坐此，则一园之胜可拥而有也"。据《园记》的描述情况看来，全园大致分为北、南两个景区。北区包括具有四个山洞的土山及其北的竹林，南区包括大水池、池东的平地和池南的土山。北区比较幽静，南区则以开朗的景观取胜。"亭台花木，皆出其目营心匠，故逶迤衡直，闿爽深密，皆曲有奥思。"（图7-17）

这是一座颇具游赏趣味的山景园林，以堂榭亭台以及山林竹木为主要造景元素。园内似乎没有大面积的水面，只有穿竹而过的细流。

环溪

环溪是宣徽使王拱辰（1012-1085年）的宅园，园址位于道德坊。园中南北各有一个大池，东西两侧以小溪连接，形成中有大洲，四面环水的格局，故名此园为"环溪"。在其中又点缀建筑小品，南水池北岸建"华亭"，北水池南岸建"凉榭"。又"榭南有多景楼，以南望则嵩高少室、龙门大谷，层峰翠巘，毕效奇于前。榭北有风月台，以北望则隋唐宫阙楼殿，千门万户，岿峣璀璨，延亘十余里，凡左太冲十余年极力而赋者，可瞥目而尽也"。亭台楼榭不仅构成园中之景，也是可登高远眺观景之处，层峰宫阙皆可借景入园。凉榭的西侧又有"锦厅"、"秀野台"，"其下可坐数百人，宏大壮丽"。园中植物有"松、桧、花木千株，皆品别种列，除其中为岛坞，使可张幄次，各待其盛而赏之"。在花木丛中辟出一块块的空地，提供观赏之所，犹如林海中的岛屿（图7-18）。

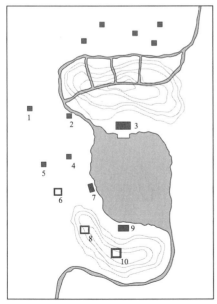 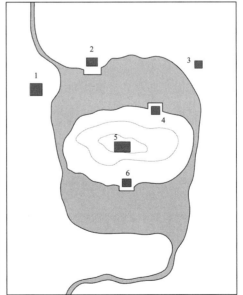

图7-17 富郑公园平面想象图
1. 探春亭 2. 方流亭 3. 四景堂 4. 紫筠亭
5. 荫樾亭 6. 赏山台 7. 重波轩 8. 梅台
9. 卧云堂 10. 天光台

图7-18 环溪平面想象图
1. 秀野台 2. 锦厅 3. 风月台 4. 凉榭
5. 多景楼 6. 洁华亭

环溪的理水手法独特而别致，收而为溪，放而为池，而又周接如环，既有溪水潺潺，又有湖水荡漾，又可以泛舟，单凭水景便取得万千变化。

独乐园

独乐园为司马光的游憩园，规模不大并且非常朴素，《洛阳名园记》中记录不详。园主司马光自撰有《独乐园记》则较为详细地记载了园林的规模及景色（图7-19）。

园林占地大约20亩，在中央部位建"读书堂"，堂内藏书5000卷。读书堂之南为"弄水轩"，室内有一小水池，把水从轩的南侧暗渠引进，分为五股注入池内，名为"虎爪泉"。再由暗渠向北流出轩外，注入庭园有如象鼻。自此又分为两条明渠环绕庭园，在西北角上会合领出。读书堂之北为一个大水池，中央有岛。岛上种竹子一圈，周长三丈。把竹子稍微扎结起来，就好像渔人暂栖的庐舍，故名之曰"钓鱼庵"。池北为六开间的横屋，名为"种竹斋"。横屋的土墙、茅草非常厚实可以抵御日晒，东向开门，南北开大窗便于通风，屋前屋后多种植美竹，是消夏的好去处。池东，靠南种草药120畦，分别揭示标签记录其名称。靠北种竹，行列成一丈见方的棋盘格状，把竹梢弯曲搭接，好像拱形游廊。余下的则以野生藤蔓的草药攀缘在竹竿上，其枝茎稍高者种在周围犹如绿篱。这一区统名之曰"采药圃"，圃之南为六个花栏，芍药、牡丹、杂花各二栏。花栏之北有一小亭，名为"浇花亭"。池西为一带土山，山顶筑高台，名为"见山台"。台上构屋，可以远眺洛阳城外的万安、轩辕、太室诸山之景。

独乐园在洛阳诸园中最为俭朴，乃是司马光有意为之。他认为，孟子所说的"独乐乐，不如与众乐乐"乃是王公大人之乐，并非贫贱者所能办到。当司马光"志倦体疲"之时，便会"投竿取鱼，执衽采药，决渠灌花，操斧剖竹，濯热盥手，临高纵目，逍遥相羊，唯意所适"。清风明月，耳目肺肠均为己有，一个人自由自在，孤独却舒适，正可谓"独乐"也。

图7—19　传宋人画　司马光独乐园图

司马光又作诗《独乐园七题》，题园内各景点，表达了其对于古代哲人名士的崇敬，以及对于隐逸生活的向往。将其与《独乐园图》一同观看，可略窥司马光独乐园之景意。

湖园

湖园原为唐代宰相裴度的宅园，北宋时为湖园，园主不详。

园中有一个大湖，湖中有洲旧名为"百花洲"，洲上新建一堂。湖北岸有"四并堂"，堂名取自谢灵运"天下良辰、美景、赏心、乐事，四者难并"之句。湖边还有"桂堂"和"迎晖亭"。园中另有一幽闭林区，有"梅台"、"知止庵"、"环翠亭"、"翠樾亭"等。园中之景，"若夫百花酣而白昼眩，青蘋动而林荫合，水静而跳鱼鸣，木落（树叶凋落）而群峰出，虽四时不同，而景物皆好"。

李格非在记文中载：当时洛阳的人认为园林不可能兼具"宏大"、"深邃"、"人力"、"苍古"、"水泉"和"眺望"六个要素，但是唯独湖园能够兼有此六者，湖园也因此在当时小有名气。

苗帅园

苗帅园原为宋太祖开宝时宰相王溥的园林，废弃后为节度使苗授（1029-1095年）购得，加以改建作为其宅园。"园既古，景物皆苍老"，园中自然景观条件优越，苗授在此基础上兴建亭堂，"完力藻饰出之"。

园内留存有两棵七叶树，"对峙，高百尺，春夏望之如山然"，遂建堂于其北。又有"竹万余竿，皆大满二、三围，疏筠琅玕，如碧玉椽"，遂建亭于其南。园东有引自伊水而形成的小溪，"可浮十石舟"，遂建亭于溪流之上。又引水绕过七棵大松，汇聚为池，池中种有莲荇。池边建水轩架于水面上，轩的对面建有桥亭，"制度甚雄侈"。

董氏西园

董氏西园可能为工部侍郎董俨（生卒年不详）的游憩园。董俨，字望之，洛阳人，太平兴国三年（978年）进士，记文载"董氏以财雄洛阳，元丰中少县官钱粮，尽籍入田宅。城中二园（指董氏西园、东园），因芜坏不治，然其规模尚足称赏"。

此园"亭台花木，不为行列区处周旋，景物岁增月葺而成"。建筑的分布不采用轴线、对称等方式，花木种植也不成行列，庭园景致乃是经过长期的增建逐渐形成，取自然之景。园门位于南边，"自南门入，有堂相望者三"，西侧的亭堂临近池边。穿过小桥，可见一高台。高台之西又有一堂，于竹林环抱之中。林中有石芙蓉，即石雕的荷花，水流从花间涌出。此堂"开轩四面甚蔽，盛夏燠暑不见畏日，清风忽来，留而不去，幽禽静鸣，各夸其意"，可谓盛夏避暑纳凉之首选。由小路抵达湖池，池南有堂，面高亭，相互呼应。

记文称"堂虽不宏大，而屈曲甚邃，游者至此往往相失，岂前世所谓迷楼者类也"，"此山林之景，而洛阳城中遂得之于此"。董氏西园可谓是当时的"城市山林"。

董氏东园

董氏东园亦为工部侍郎董俨的游憩园，是董氏"载歌舞游"之所。

东园正门在北，"入门有栝，可十围，实小如松实，而甘香过之"。园中"有堂可居"，"南有败屋遗址"，惟独流杯亭和寸碧亭尚保存完好。园西部有大水池，池中建有"含碧堂"。水池四面有暗沟，池中之水从暗沟流出又喷泻于池中，即使水流朝夕不断，也不从池中溢出，类似于现在的喷泉。有"盛醉者，走登其堂，辄醒"，许是水汽使得空气凉爽，令人清醒，故俗称"醒酒池"。

董氏二园皆有独特的动态水景，芙蓉石雕和含碧堂喷泉，可见雕刻与喷泉并非西洋园林独有之物。

刘氏园

刘氏园为右司谏刘元瑜的游憩园。刘氏园的特点在于园林建筑，《洛阳名园记》着重叙述了其建筑比例、尺度合宜。园内有"凉堂，高卑制度适惬可人意"。又说"有知木经者（《木经》一书，为宋喻浩撰），见之，且云：近世建造，率务竣立，故居者不便而易坏，惟此堂正与法合"。园的西南，"有台一区，尤工致"。全园"方十许丈地，而楼横堂列，廊庑回缭，阑楯周接"，在有限的面积中，楼堂纵横相连，周围以廊庑相连接，构成一组完整的建筑群。又有"木映花承，无不妍稳"，结合花木种植，点缀其间，与建筑相得益彰，"洛人曰为'刘氏小景'"。

丛春园

丛春园乃门下侍郎安焘的游憩园。据考，园址位于宜人坊。

此园与众不同之处在于"桐、梓、桧、柏，皆就行列"，植物按行列种植，在《洛阳名园记》的游憩园中，仅此一例。据记文，"买于尹氏"可推测①，尹氏之园有可能是一个花圃，栽培有多种树苗，久而久之形成"乔木森然"之貌。而改建为丛春园时，便充分利用了高大的行列树林来完成闭合式风景的创作，可说是园圃地改建游憩园的一个先例。

除植物造景外，园内亦建有二亭，"其大亭有'丛春亭'，高亭有'先春亭'。'丛春亭'出荼蘼架上，北可望洛水"。"盖洛水自西汹涌奔激而东，天津桥者叠石为之，直力潴其怒而纳之于洪下，洪下皆大石，底与水争，喷薄成霜雪，

---

① 汪菊渊《中国古代园林史》

声闻数十里"，此番景象可由高亭"丛春亭"观之，身处园中而借景园外。丛春园本身景物岑寂，正因别出心裁地借景园外，平添些许乐趣。

李格非曾到访此园，"尝穷冬月夜登是亭，听洛水声，久之，觉清冽侵人筋肌骨，不可留，乃去"。

松岛

松岛为五代旧园，北宋时为真宗、仁宗两朝宰相李迪（971-1047年）所有，后又归吴氏作游憩园。记文开头载"松、柏、枞、杉、桧、栝，皆美木，洛阳独爱栝而敬松"，足见洛阳人对于松的敬爱。此园因有众多古松，而以松命名。

"松岛，数百年松也。其东南隅双松尤奇。"古松参天，苍老遒劲，已自成一景。又"颇葺亭榭池沼，植竹木其旁。南筑台，北构堂，东北曰道院。又东有池，池前后为亭临之。"又"自东大渠引水注园中，清泉细流，涓涓无不通处"。配合古松，又添有亭堂楼观和池泉美景，成就了这一古雅幽美的游憩园。

水北胡氏园

水北、胡氏二园，相距仅十许步，位于洛阳北郊邙山之麓，瀍水流经其旁边。《洛阳名园记》中仅此二园不在里坊而在郊坰。

园内"因岸穿二土室，深百余尺，坚完如埏埴，开轩窗其前以临水上，水清浅则鸣漱，湍瀑则奔驰，皆可喜也"。就河岸黄土塬而挖掘窑洞，又临水开轩窗，可借河水奔流之景色。土室之东，又有"亭榭花木，……凡登览徜徉，俯瞰而峭绝，天授地设，不待人力而巧者，洛阳独有此园耳"。建筑与自然环境相辅相成以突显观景和景点的效果，实乃此园之一大特色。又有高台，"其台四望，尽百余里，而漾伊（水名）缭洛（水名）乎其间，林木荟蔚，烟云掩映，高楼曲榭，时隐时见，使画工极思不可图"；庵堂"在松桧藤葛之中（极其幽静），辟旁牖，则台之所见，亦毕陈于前，避松桧，骞藤葛，的然与人目相会"，均是类似手法。

东 园

东园为仁宗朝宰相文彦博（1006-1097年）的别业。前身为唐代诗人沈佺期的药园，是药圃改建为园林的一个先例。据考，园址位于建春门内，紧邻城墙，扼守伊水三湾相接之处，在怀仁坊。

此园"地薄东城，水渺弥甚广，泛舟游者如在江湖间也"。又建"渊映、瀍水二堂，宛宛在水中，湘肤、药圃二堂，间列水石"。尽借一片大水，辅以亭堂而成景。文彦博记此园，"岁月渐久，景物已老；乔木修竹，森然四合；菱莲蒲芰，于沼于沚；结茅构宇，务实去华；野意山情，颇以自适"。东园规模广达数百亩，虽位于城内，景色却林木森森如郊园。园中还豢养过友人梅挚所赠送的一只华亭鹤。

吕文穆园

吕文穆园为太宗朝宰相吕蒙正（944-1011 年）的游憩园。"伊、洛二水自东南分注河南城中，而伊水尤清澈，园亭喜得之，若又当其上流，则春夏无枯涸之病。吕文穆园在伊水上流（指伊水引至长夏门西入城后水渠之上流），木茂而竹盛。"建筑"有亭三：一在池中，二在池外，桥跨池上，相属也"，形成湖亭曲桥之景。

归仁园

归仁园原为唐代宰相牛僧孺的宅园，宋绍圣年间，归中书侍郎李清臣（1032-1102 年）改为花园。归仁本为坊名，因花园占据了整一个坊，故名为归仁园。"广轮皆里许"，乃是洛阳城内最大的一座第宅园林。

园内"北有牡丹、芍药千株，中有竹百亩，南有桃李弥望"，尽显花木繁茂之景。又有七里桧，乃是牛僧孺园中遗留之物。

李氏仁丰园

"甘露院东李氏园，人力甚治，而洛中花木无不有"，此园乃指李氏仁丰园，可推测园址在仁丰坊的甘露园东。

当时洛阳花木计有"桃、李、梅、杏、莲、菊各数十种，牡丹、芍药至百余种，而又远方奇卉，如紫兰、茉莉、琼花、山茶之俦，号为难植，独植之洛阳，辄与其土产无异。故洛中园圃，花木有至千种者"。而仁丰园中均有种植，可想花木繁茂、争奇斗胜之景。又建有"四并、迎翠、濯缨、观德、超然五亭"，作为赏花游憩之所。

洛阳由于园林的兴盛，花卉园艺活动更是丰富。从"今洛阳良工巧匠批红判白接以它木，兴造化争妙，故岁岁益奇且广"中可见，嫁接新品种在当时已经出现。

安乐窝

安乐窝是北宋著名学者邵雍（1011-1077 年）的宅园，据考位于天津桥之南的尚善坊[①]。邵雍在洛阳寓居 30 年，数次迁居。嘉祐七年（1062 年）宣徽使王拱辰利用一处旧宅基修建宅院供他长期居住，已经退休的名相富弼让门客购买宅对门的一座园林，一并赠与邵雍。邵雍为宅园起名"安乐窝"。所在宅基地原属官田，后由司马光等朋友集资买下，以安其居。

安乐窝背面临洛水，距天津桥很近，从园中可听闻水声。邵雍有诗曰"南园林通衢，北圃仰双观"，可见宅园分为南北两部分，南园临路，而北圃可见皇

---

① 贾珺.《北宋洛阳私家园林考录》

宫门前一堆高大的门楼。又云"虽然在京国，却如处山涧。清泉篆沟渠，茂木绣霄汉。凉风竹下来，皓月松间见。面前有芝兰，目下无冰炭。"可知园中有清泉沟渠，并种植有松竹、芝兰，人在园中犹如身处山涧，有自然之野趣。

邵雍其他诗作中亦提及园中有东西二轩。东轩前栽种有黄红两株梅花和一株"添色牡丹"，均为奇种，春日里花开烂漫；西轩前则设有花栏，秋季种菊花，"绕栏种菊一齐芳，户牖轩窗总是香"。

魏仁浦宅园

魏仁浦（911-969 年）是五代和宋初时的大臣，后周时任中书侍郎，宋初晋为右仆射，其宅园位于会节坊。宋太祖巡幸西京时，魏仁浦曾将其宅园作为献礼呈上。[①]

《河南志》载"牡丹有魏紫，该处于此园"。"魏紫"又称"魏家花"，因出于魏氏园而得名，与"姚黄"齐名。《邵氏闻见录》中品评牡丹名品时曾提及"'魏花'出五代魏仁浦枢密园池中岛上，初出时，园吏得钱，以小舟载游人往观，他处未有也。"欧阳修《洛阳牡丹记》："魏家花者，千叶肉红花，出于魏相仁浦家。始樵者于寿安山中见之，斫以卖魏氏。魏氏池馆甚大，传者云：此花初出时，人有欲阅者，人税十数钱，乃得登舟渡池至花所，魏氏日收数十缗。其后破亡，鬻其园，今普明寺后林池乃其地，寺僧耕之以植桑麦。"从文中可见，魏家宅园规模宏大，内有水池，池中岛上亦有专门观花之场所。此园后被魏氏子孙卖出，至北宋中叶沦为林田。

楚建中宅园

北宋大臣楚建中（1010-1090 年）的宅院位于从善坊。楚建中晚年参与耆英会，常与文彦博、司马光等人交游。

文彦博有诗文"五里依仁宅，西邻数仞墙。主人为屏翰，园吏占风光。地胜金瓯小，林深锦襷长。轻烟罩丛桂，幽鸟入修篁。藓色沿茶灶，松阴覆石床。一区诚可乐，三径莫令荒。有木皆交荫，无花不并芳。相期挂冠后，同此事琴觞。"[②]。从诗中可知，此园与文彦博宅院相距很近，园中景色清幽，人称"锦缠襷"。园林的占地不大，但是植物种植极其密集，形成树林，林中有鸟筑巢，林下苔藓密布，园中也可以进行各种活动，树荫成片时可以在树下抚琴。

司马光有《和潞公游天章楚谏议园宅》，诗中提及园中槐荫浓密，从上透下点点阳光，门径幽长，园中种植竹子，引水入庭，水池中养鱼并且有观赏石，还设有荐琴石、读书床、松斋，供园主人及朋友在此娱乐。

---

① 《河南志》"会节坊"条
② 文彦博《游楚谏议园宅呈留守宣徽留台端明王君贶司马君实》

杨希元宅园

水北园为官员杨希元（？-1088年）的宅园，因其位于洛水中桥之北，故称"水北园"。

司马光有诗句"修竹长杨深径迂，令人邑邑气不舒。爱君买园中桥北，堂压崖端跨空碧。满川桃李皆目前，近水远山一朝得。"可知园中种植有修竹、长杨、桃李，园路曲折。堂屋位于尽端临水，近可观水，远可望山。又有邵雍诗[①]"奇峰环列远隔水，乔木俯临微带烟。行路客疑惊洞府，凭栏人恐是神仙。"诗中描述，杨希元宅院中有奇峰，并且奇峰被水环绕，周边遍植乔木，景色十分优美。或倚栏远眺，或在山洞中穿梭，有很好的游玩性。又"风光一片非尘世，景物四时成画图。后圃花奇同阆范，前轩峰好类蓬壶。"园林中一年四季的景色都非常美，后花园中的花争奇斗艳，屋前的奇峰好像是蓬莱仙境一般。

范纯仁有《题杨希元朝议南轩》，诗中可见杨希元宅院观景视角极好，园林前树木参差，绿荫环绕，春花夏木都十分绚烂，以及园主人大隐于市的心境。

（3）平江（苏州）

苏州是理想的造园所在，入宋以后，园林一直较为兴盛。

沧浪亭

沧浪亭在平江城南，郡学之东，为苏舜钦（1008-1048年）之别业。据其自撰《沧浪亭记》：北宋庆历四年（1044年），因获罪罢官而旅居苏州，购得城南废园，乃为吴越国中吴军节度使孙承佑池馆废址。苏舜钦谓之"遗意尚存"，而在此基础上构园。记文载"纵广合五六十寻，三向皆水也"。以一寻为8尺，一宋尺为0.31米计，其基址大小略在124米见方，约合今1.5公顷，而合宋亩约26亩。

文中描写园林，"前竹后水，水之阳又竹，无穷极，澄川翠千，光影会合于轩户之间，尤与风月为相宜"，可见园林的内容简单，却富于野趣。苏舜钦曾"榜小舟，幅巾以往，至则洒然忘其归。觞而浩歌，踞而仰啸，野老不至，鱼鸟共乐"。欧阳修应邀作《沧浪亭》诗，有名句"清风明月本无价，可惜只卖四万钱"，一时广为传诵。从此，沧浪亭因人而名，成为东南名园，官绅文士雅集吟咏之地。

苏舜钦死后，此园屡易其主，后归章申公家所有。申公加以扩充、增建，园林的内容较之前丰富得多。据《吴郡志》："为大阁，又为堂山上。堂北跨水，有名洞山者，章氏并得之。既除地，发其下，皆嵌空大石，人以为广陵王时所藏，

①　《留题水北杨郎中园亭二首》

益以增累其隙，两山相对，遂为一时雄观。建炎狄难，归韩蕲王家。韩氏筑桥两山之上，名曰'飞虹'，张安国书匾。山上有连理木，庆元间犹存。山堂曰'寒光'，傍有台，曰'冷风亭'，又有'翊运堂'。池侧曰'濯缨亭'，梅亭曰'瑶华境界'，竹亭曰'翠玲珑'，木犀亭曰'清香馆'，其最胜则沧浪亭也"。

南宋绍定二年（1229年）刻制的"平江图"石刻上刻有"沧浪亭"。园林大门朝南，门上榜曰"韩园"，周围三面环水。园内修篁绿荫，树木荟郁，其亭依然兀立在园北部水涘。大体反映了两宋时期沧浪亭的园貌。

乐圃

乐圃在平江城内西北雍熙寺之西。园主人朱长文（1039-1098年），嘉祐年间进士，不愿出仕为官，遂起为本郡教授，筑园以居，著书阅古。园之名为乐圃，盖取孔子"乐天知命故不忧"、颜回"在陋巷……不改其乐"之意。乐圃是北宋朱长文在广陵王钱元璙金谷园遗址上所建的宅园。乐圃广三十多亩，周边则以河为界，半敞开式，有活水入园。此园"虽敞屋无华，荒庭不甃，而景趣质野，若在岩谷"[1]，颇具城市山林之趣。

乐圃是以一座带有庄园性质的园林。据朱长文所作《乐圃记》，圃中有堂三楹，堂旁又庑，为亲党所居。堂之南又有堂三楹，名"邃经"，是他讲授六艺的地方。"邃经堂"之东有储粮的"米廪"，有养鹤的"鹤室"，有教蒙童读书的"蒙斋"。"邃经堂"西北，有高冈名为"见山"，可知此园亦注重借远山之景。冈上有琴台，台西有"咏斋"，朱长文常在此弹琴赋诗。"见山冈"下有水池，由园外西北进入，经过篱门，曲折绕到"见山冈"，向东成溪，直流到园之东南隅。池中有亭，名"墨池"，朱长文曾在此展览所藏墨迹。池岸亦有亭，名"笔溪"。溪旁有"钓渚"，可供垂钓。"钓渚"正好与"邃经堂"相对。又有桥三座：渡溪而南出者曰"招隐"，绝池到"墨池亭"者曰"幽兴"，循见山冈向北度水至西圃者曰"西涧"。西圃有草堂，草堂后有"华严庵"，草堂之西南有土而高者曰"西丘"。园中树木有松、桧、梧、柏、黄杨、冬青、椅桐、柽柳之类，柯叶相蟠，与风飘扬。花卉则春繁秋孤，冬曝夏蓓，珍藤幽花，高下相依。桑柘可蚕，麻苎可缉，时果分蹊，嘉蔬满畦，摽梅沈李，剥瓜断壶，以娱宾友，以酌亲属。

五亩园和桃花坞别墅

北宋时建有两处名园：梅宣义的"五亩园"和章粢的"桃花坞别墅"。桃花坞位于平江府城西北隅，历史悠久，据记载"入阊门河而东，循能仁寺、章家巷河而北，过石塘桥，出齐门，古皆称桃花河。河西北，皆桃坞地，广袤所

---

① 朱长文.《乐圃记》

至，赅大云乡全境"①。章桀"筑桃花坞别墅，后人遂以名里"②。

宋熙宁、绍圣年间，梅宣义在汉代张长史的"五亩园"园址上建别业，筑台治园，柳堤花坞，风物一新。并沿用其旧名"五亩园"，时人亦谓之"梅园"。五亩园规模较大，景点众多，颇似庄园。"梅坞"为梅氏祖坟，当时已成古迹。"更好轩"，其周围种植有梅、竹，相映成景。"双荷花池"为"梅园"内东西二池。"碧藻轩"，可赏水景，池水涟漪，碧藻丛丛，菡萏花开，鱼戏栏杆，可通画舫。"寄茅庐"，为梅宣义亲自筑造，环列巨石，其旁有"拜石台"。梅宣义嗜石，故将友人所赠奇石置于此。此外，"梅园"中还有"卯央亭"、"书带草庐"、"庆云亭"等景。

绍圣年间，章楶（1027-1102年）在梅氏"五亩园"南，偏"寄茅庐"之东建造"桃花坞别墅"。"桃花坞别墅"广七百亩，阡陌交通，溪流萦带。此园最大的特点是多栽桃李，郡人春游多到此地。章楶有七子，皆喜游乐于此，他们在此广辟池沼，旁植桃李，曲折几十里。于"五亩园"之西建走马楼，俯瞰园景，暮春三月，油菜花开，黄金布地，一望无垠。楼西有章氏"功德祠"，曲室洞房，环列左右，极幽雅之趣。又有"旷观台"，在药栏以西，皆以五色石铺地。"清夏轩"，因章楶为封疆大将，与西夏战，功勋卓著，以此名轩以记其守土之功。"正道书院"为章氏延师教子之所。园中有池名为"小蠡湖"，池中筑有石舫。在"五亩园"和"桃花坞别墅"间，还有旃檀庵，慧远和尚结吟梅舍于此。并扩大庵前的"双鱼放生池"，以建通"五亩园"之"双荷花池"和"桃花坞别墅"之"千尺潭"。除此之外，园内景点还有"杨柳堤"、"孤竹院"、"天半楼"、"对山阁"等等。

后至建炎之难，两园尽毁，桃花坞亦逐渐衰败荒凉。

（4）其他地区
润州梦溪园

梦溪园在润州（今镇江）城之东南隅。园主人沈括，嘉祐年间进士，平生宦历很广，多所建树，又是一位著名的学者，于天文、方志、律历、音乐、医药、卜算，无所不通，晚年写成《梦溪笔谈》。沈括在30岁时曾梦见一处优美的山水风景地，历久不能忘，以后又一再梦见其处。十余年后，沈括谪守宣城，有道人介绍润州的一处园林求售，括以钱三十万得之，然不知园之所在。又后六年，括坐边议谪废，乃结庐于浔阳之熨斗洞，拟作终老之居所。元祐元年，路过润州，至当年道人所售之园地，恍然如梦中所游之风景地，乃叹曰："吾缘在是矣"。于是放弃浔阳之旧居，筑室于润州之新园，命名为"梦溪园"，并自撰《梦溪园记》记述其改建后之情况。

---

① 徐大焯.《烬余录》
② 《五亩园小志》

金陵半山园

半山园是王安石（1021-1086 年）第二次罢相后定居之所。半山园原名白塘，这里原是东晋名相谢安的住所——谢公墩。因在江宁府城东门白下门至钟山十四里的半道，故王安石称之为"半山"。

王安石作《渔家傲》记录他在园中的生活，"灯火已收正月半，山南山北花撩乱。闻说清亭新水漫，骑款段。穿云入坞寻游伴。却拂僧床褰素幔，千岩万壑春风暖。一弄松声悲急管，吹梦断。西看窗日犹嫌短。"

尽管"其宅仅蔽风雨，又不设墙垣，望之若逆旅之舍"，但主人的生活却闲散自由，如出岫之云，"平日乘一驴，从数僮，游诸寺；欲进城，则乘小舫，泛湖沟以行，盖未尝乘马与肩舆。"

黄州雪堂

北宋神宗元丰三年，苏东坡（1037-1101 年）因"乌台诗案"被贬黄州（今湖北省黄冈市），至元丰七年离去，在此生活四年又四月，雪堂是其在黄州的重要物质空间和精神支点。

《方舆胜览》卷二十九"雪堂"条载："在州治东百步，蜀人苏子瞻谪居黄三年，故人马正卿为守，以故营地数十亩与之，是为东坡，以大雪中筑室，名曰雪堂。绘雪于堂之壁，西有小桥，堂下有暗井"。堂前有细柳，前有浚井，西有微泉，堂之下则有大冶长老桃花茶，巢元修菜，何氏丛橘，种中秔稌蒔枣栗，有松期为斫，种麦以为奇事，作陂塘植黄桑，皆足以供先生之岁用。

雪堂算不上经典细致的园林，更像是农家的园舍，但立于旧圃，有泉有桥。雪堂更是有主题的代表性建筑。园林景象一定程度上反映苏轼当时闲适自足的心态。

济州归去来园

晁补之（1053-1110 年），济州人，还乡后"闲居济州金乡，葺东皋归去来园，楼阁堂亭，位置极潇洒，尽用陶语名之"[1]。园中景点问名皆源于陶渊明之《归去来兮辞》，以表自己的归隐之意。并自号归来子，暇日徜徉其间，以著述文墨为乐。

园中有"松菊堂"，可观赏园中草木；"舒啸轩"供登高散心；"临赋亭"，临水可俯瞰池沼。封土为台，在其上建"遐观楼"，可远眺百里之外，其中有屋室曰"流憩"，深五步。向阳处建圆形平面的"寄傲庵"，供白天游乐；背阴处建方形平面的"倦飞庵"，供夜晚休憩。"故渠营之，蒲柳蓊然，鱼鸟之所聚，有丘壑意。"山脚有"窈窕亭"，俯而就其深；山上有"崎岖亭"，跂而即其高。[2]晁补之每日往来于这些经典中，见其名便仿佛自己是陶渊明一般。

---

① （宋）陈鹄撰.《耆旧续闻》卷三

② 《归来子名缗城所居记》

7.3.2.2 辽金
遂初园

根据《遂初园记》，该园在城的西北角，与趣园相邻，占地30亩，"有奇竹数千，花水称是"，园内主要建筑有琴筑轩、翠贞亭、味真庵、闲闲堂、悠然台等。赵秉文《遂初园》诗中曾谈到他游赏该园时之感慨。

7.3.2.3 南宋

南宋的第宅园林有非常多的著名案例，记载、描绘相当丰富，也有不少遗址和考古发现。

（1）临安府
南园（庆乐园、胜景园）

南园旧名庆乐园，此园原为皇家所有，为孝宗御前别苑。宋宁宗庆元三年(1197年)二月，慈福皇后下旨将其赐给平原郡王韩侂胄。由于这座园林的规模之大、内容之丰、水准之高，加上园主人名望之盛、权势之盛、记述之多，很快就成为当时临安最著名的园林。《梦粱录》详细描述了园内的景物[1]，其内射圃、走马廊、流杯池、山洞，堂宇宏丽，野店村庄，装点时景，观者不倦。陆游曾专门为平原郡王韩侂胄撰写《南园记》赞美南园，"自绍兴以来，王公将相之园林相望，莫能及南园之仿佛者"[2]，使此园名扬天下。韩侂胄死后，此园收归皇家所有，改名为庆乐园。淳祐中，理宗皇帝又将其赐给荣王赵询(1192-1220年)，并改称胜景园[3]。

南园位于瑞石山麓，南山长桥之西，包宝莲山为园，襟带江湖，有观眺之类，规制宏大，并"因其自然，辅以雅趣"，取名为"南园"[4]。南园内有射圃、走马廊、流杯池、许闲堂、和容射厅、寒碧台、藏春门、凌风阁、归耕庄、西湖洞天（假山）、远尘亭、幽翠亭、多稼亭，及夹芳、豁望、鲜霞、矜春、岁寒、忘机、照香、堆锦、清芬、红香等景名。其中，阅古泉、阅古堂和沉香山更是著名于世。阅古泉是古迹，又是重要景点，以曲水流觞和奇石著称。沉香山为一假山石，蜀帅所献，高五丈，立于凌风阁下。

南园规制极其宏大，其襟带江湖，充分利用山形地势凿山为园，并改造水系，引青衣泉注于阅古堂。园内叠山理水的造园手法因与宫城大内、德寿宫、聚景园类似，模仿西湖冷泉造景，"秀石环绕，绝类香林、冷泉之景"[5]。沿山

---

① 《梦粱录》卷一九《园圃》

② 《放翁逸稿》卷上，载《陆游集》第5册

③ 《四朝闻见录》戊集《阅古南园》对此园有详细描述。

④ 《放翁逸稿》卷上《南园记》，载《陆游集》第5册

⑤ 《西湖游览志》卷一三《南山分脉城内胜迹》

路而上，"五步一磴，十步一壑"，一路奇峰怪石，景致变化莫测。南园的园林建筑营造和奇石洞壑十分复杂，为能工巧匠建造，亭榭各不相同。园内植物景观也非常突出，寿藤怪蔓，地多桂竹，"夜宴则殿岩用红灯数百，出于桃坡之后以烛之"①。

南园是一座南宋时期著名的山地园林，因其园主政坛得势而盛极一时。经过园主的亲自筹划，"因高就下，通窒去蔽，而物相列"。园中的归耕之庄，模仿田园村庄。相比前代北宋的第宅园林以理水、植物著称的基础上，以南园为代表的南宋第宅园林更进一步继承光大了对奇石的欣赏和洞壑的营造，大型石假山走向成熟，成为空间构成的基本要素。

桂隐林泉

张镃（1153-1211 年）著有《南湖集》，原本为二十五卷，现仅存十卷，轶失过半。其园林部分幸有周密的《齐东野语》《武林旧事》二书有所录载②，张功甫用了十四年才完成桂隐林泉，周密称张镃"园池声妓服玩之丽甲天下"，时人又称其为"张氏北园"③，"在钱塘最胜"④。

桂隐林泉位于临安南湖北滨，原址为曹氏荒圃百亩，张镃购之着手辟建以玉照堂为主要景观的桂隐林泉。园内各处都极擅园林之胜，有山有水，本属天成，又构筑亭台楼阁，轩堂庵庄桥池等达百余处之多。园林所种植花木也极为丰富，次第行来，美不胜收。别业内主要有东寺、西宅、南湖、北园、亦庵、约斋、众妙峰山等七大园区，景致多样。

桂隐林泉营造的最大特点即为周年赏花，月月不断。南宋以前观赏花卉虽有春牡丹、夏荷花、秋菊花、冬蜡梅等四时花木，但是园林月月有花尚未见有记述。到了南宋由于花木栽培技术提高，花卉品种丰富，园林中有前所未记载的夏菊、千叶山茶、白杨梅等，许多野生花卉进一步被引进园林。

在桂隐林泉中，无论楼堂等大型建筑或轩、亭等建筑小品，无不掩映于可餐可赏的果木花卉之中，一年四季花果飘香。由于江南植物资源丰富，栽培花木的技艺又有了进步提高，因此园林中的植物景观更为丰富多彩。桂隐林泉较之北宋李格非所记洛阳名园实有过之，是南宋园林中杰出的植物造景园林。其建构历时十四年，规模庞大、造物精致、功能齐备，集中反映了宋代文人士大夫追求物质享乐和诗意栖居的复杂心态与生活趣味。

---

① 《西湖游览志》卷一三《南山分脉城内胜迹》
② 《武林旧事》卷十（宋）周密 上海古籍出版社 1993 年
③ 参见《诚斋集》卷一九《上巳日，予与沈虞卿、尤延之、莫仲谦招陆务观、沈子寿小集张氏北园赏海棠，务观持酒醉花，予走笔赋长句》诗题，载《杨万里诗文集》上册
④ 《四库全书》集部，别集类，《南湖集》卷十

杨和王宅园

《宋史》杨存中传："存中以太师致仕。尝营居凤山，十年而就，极山川之胜，后献于朝廷，更筑室焉。又葺园亭于湖山之间，高宗为书水月二字，所居建阁以藏御书，孝宗题曰凤云庆会之阁"。杨存中是高宗亲信大将，"一僧善相宅，云此龟形也，得水则吉，失水则凶"，引西湖之水以环其居，"督壕寨兵数百，且多募民夫，夜以继昼。入自五房院，出自惠利井，蜿蜒萦绕，凡数百丈，三昼夜即竣事"。这条记载明确说明风水术在南宋第宅园林中的重要影响。

据周密《武林旧事》卷五《湖山胜概》等所载，此园范围极大，"直抵北关，最为广袤"①，盛时要用四十余名园丁和两名监园使臣护理花木。园内主要有万景天全堂、方壶、云洞、桂亭"芳所"、荷亭"天机云锦"及紫翠间、濯缨、五色云、玉龙玲珑、金粟洞、天砌台等亭榭台洞，"花木皆蟠结香片，极其华洁"。其中，以人工堆琢的假山洞景最为著名。吴自牧《梦粱录》卷一一《诸洞》："古柳林杨和王园名白云洞，盖以坡随拥土成之，此夺天之奇巧也"。洞内屈曲通行，图画云气，巧夺天工。其旁有丽春台，青石为坡。

恭圣仁烈皇后外戚府宅园遗址

在 2001 年杭州考古发现了庭院中大型假山与长方形水池遗址，是至今发掘的保存最为完好的南宋庭院园林遗址。通过考古发现及考证，认定为南宋恭圣仁烈杨皇后宅遗址。南宋恭圣仁烈杨皇后宅院属于皇室，官方性质为后戚府。据《梦粱录》卷十后戚府记载，12 位皇后的后戚宅院的方位，其中提到了"恭圣仁烈杨太后宅，在漾沙坑"，正是考古遗址所在地吴山清波坊。

经过发掘的遗址南北长 42.7 米，东西宽 29.6 米，面积 1260 平方米。整个遗址由正房、东西两庑、后房、庭院和夹道遗迹组成，建筑群布局与《悬圃春深图》所反映的建筑群布局类似（图 7-20）。正房和两庑之间的庭院依次包括月台、水池和假山坍塌遗迹。

其中建筑布局对称，建筑的台基连成回字形，并各有伸向庭院的踏道，围合成一个长方形庭院，约 393 平方米（图 7-21）。庭院内部有大型假山和长方形水池遗址，水池居于整个庭院的中心，台基及庭院、夹道地面的地基均经过特殊夯筑。遗址假山占地约有 100 平方米。根据遗址现状，位于留存的假山之中有一段条砖墁的道路，可推知假山内有可以穿越的山洞和条砖墁的洞内通道（图 7-22）。

遗址中最具特色的是庭院前的方池和假山的组合。假山不仅体量大，使用了许多大小不一的太湖石，大者重达千余斤，构造也非常考究，既设有登山踏道，也有可以穿越的山洞和条砖墁的洞内通道。水池构筑精细科学：不仅有

---

① 《咸淳临安志》卷八六《园亭》，载《宋元浙江方志集成》第 3 册

图 7-20 悬圃春深图

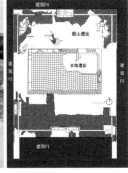

图 7-21 南宋恭圣仁烈杨皇后宅遗址

图 7-22 假山东北庭院蹬道遗迹

4排砖砌的池壁和3皮砖铺砌的池底，池壁转角处、池壁与池底铺装之间分别采取交互叠压和相互咬合的砌筑方式，而且所用的砖切削平直，砖与砖之间的缝隙很小，所有缝隙还用料浆石末、江米汁勾缝填充，以解决水池渗水问题。水池西池壁压阑石上的溢水槽和溢水孔，满足了多余池水有序排出的需要。园林内地面均用南宋特有的素面砖平铺而成，砖面平整严密，花纹连贯，异常讲究。庭院地面采用条砖墁地，以散水作分隔，呈现出多种花纹组合，构思严谨巧妙；庭院内散水砌筑规整，并砌有向外排水的暗沟，设施完善、合理，充分考虑了排水需要。值得注意的是遗址排水暗沟的口部竖置一透雕方砖，出土于庭院排水暗沟洞口，边长28.4厘米×27.8厘米、厚3厘米。砖面透雕一座假山，假山上雕松枝和两只猴子，似乎暗示了庭院假山营造的风格。

恭圣仁烈皇后宅园是迄今中国发现最为完好的古代园林遗址，形象地展示出南宋园林式住宅的营造、用材和布局情况。其用材考究的水池，保存堆叠细巧的太湖石假山，营造精细的墁地是现今了解南宋宅园布局与营造的重要实物资料。

南山水乐洞园

南山水乐洞园也曾属贾似道宅园之一。水乐洞在南山烟霞岭下。五代吴越国时为西关净化院。寺院中有一岩洞，周围景色极美。北宋熙宁二年（1069年），杭州郡守郑獬将其命名为水乐洞。南宋淳熙六年，孝宗以其地赐李隶，仍在这里建造佛寺。嘉泰年间（1201-1204年），这里成为杨存中的别圃。但至南宋末年，因历年多芜秽，没有进行好好的治理，水乐音声几绝。贾似道得知以后，购得其地，在上面增葺其景，但水乐之景仍一时无法恢复。为此，他命寺僧研究一下水乐废兴的原因，但也查不出原因所在。有一天，贾似道到园中游览，俯睨旁听，悠然有契，曰："谷虚而后能应，水激而后能有声。今水潴其中，土壅其外，欲振声，得乎？"于是，他急忙命人疏壅导潴，水声遂自洞间传出，节奏自然。自此以后，已经失传二百年的胜迹又恢复了。"后复葺南山水乐洞，赐园有声在堂、介堂、爱此、留照、独喜、玉渊、漱石、宜晚，上下四方或宇诸亭，据胜专奇，殆无遗策矣。"贾似道在其上面建造了一个亭子，并将所得的苏轼真迹刻置在上面。"又取诗语名其亭若堂"，曰"声在"，曰"爱此"，曰"留照"，曰"独喜"，曰"上下四方之宇"，其他如"介堂"、"玉渊"、"漱石"、"宜晚"，均纪其胜处。洞中泉水从"爱此"引贯而下，入"漱石"，汇至"声在"，最后到达"玉渊"。山之低洼之处，挖池以承接山上流下来的泉水，"每一撤楗，伏流飞注，喷薄如崖瀑"[①]。在他的精心改造之下，水乐洞之景远胜过去。

---

① 《咸淳临安志》卷二九《山川八·洞》，载《宋元浙江方志集成》第2册

常侍甘昇园（湖曲园）

湖曲园在慧照寺西、白莲塔后，与净慈寺相对，建于乾道年间（1165-1173年）。此园原为中常侍甘昇所有，故人们习称"甘园"。《淳祐临安志》卷六《园馆》："南山自南高峰而下，皆趋而东，独此山由净慈右转，特起为雷峰，少西而止，西南诸峰，若在几案。北临平湖，与孤山拱揖，柳堤梅岗，左右映发。"园中主要有四面堂、御爱松、小蓬莱、望湖亭、蓬莱泉、西湖一曲、青云岩等名胜。理宗曾到此游赏。后岁久渐废。淳祐中，大资政赵与筹买到后，爱其名有"贺监一曲"之义，更治亭宇，并取名为湖曲园，时常带客人至此游览。咸淳中，此园又归谢深甫，增设了道院、村舍、水阁诸胜，并更名为谢府新园。[①]

（2）吴兴府

南北沈尚书园

南园以山石之类见长，北园以水景之秀取胜，两者为同一园主人因地制宜而出之以不同的造园立意。

南园在吴兴城南，占地百余亩，园内"果树甚多，林檎尤盛"。主要建筑物聚芝堂、藏书室位于园的北半部，聚芝堂前临大池，池中有岛名蓬莱。池南岸竖立着三块太湖石，形润势峭，"各高数丈，秀润奇峭，有名于时"，足见此园是以太湖石的"特置"而名重一时的。沈家败落后这三块太湖石被权相贾似道购去，花了很大的代价才搬到他在临安的私园中。

北园在城北门奉胜门外，又名北村，占地三十余亩。此园临水，"三面背水，极有野意"。园中开凿五个大水池均与太湖沟通，园内园外之水景连为一体。建筑有灵寿书院、怡老堂、溪山亭，体量都很小。有台名叫"对湖台"，高不逾丈。登此台可面对太湖，远山近水历历在目，一览无余。

俞氏园

俞氏园为刑部侍郎俞澄的宅园，此园"假山之奇，甲于天下"。俞氏园的假山，在擅长绘画的园主俞子清的筹划下，假山中有山谷如穷山珏谷，溪流曲涧下注大石潭，奇石列峰最高的有二三丈，累石堆山，上有巨竹、寿藤、名药奇草等，蔚为奇观。

（3）平江府

平江府（苏州）内园林主要分布在城内、石湖、尧峰山、洞庭东山和洞庭西山一带。园林叠石之风很盛，几乎是"无园不石"。因而叠石的技艺

---

① 参见《咸淳临安志》卷八六《园亭》，载《宋元浙江方志集成》第3册

水平亦以吴兴、平江两地为最高，已出现专门叠石的技工。"工人特出吴兴，谓之山匠"，平江则称之为"花园子"。平江府著名园林有石湖、招隐堂、张俊园圃等处。

南园

在苏州子城西南，南宋张俊园圃。旧有三阁、八亭、二台、"龟首"、"旋螺"。元丰时，犹有流杯、四照、百花、丰乐、惹云、风月等处，每春，纵士女游观[①]。

（4）润州府

润州即今镇江，这里依靠长江水路交通之便，经济、文化相当发达，在南宋时期多有第宅园林的建置。

研山园

润州知府岳珂在米芾的海岳庵遗址建研山园，以米芾当年拥有的奇石"研山"为园名，又用米芾诗文中的词语来题写园中的各个景点，如宜之堂、抱云堂、陟撤亭、英光祠、小万有、彤霞谷、春漪亭、鹏云厅、里之楼、清吟楼、二妙堂、洒碧亭、静香亭、映岚山房、涤研池等。

（5）绍兴府

南宋建炎四年（1130年），绍兴成为南宋的临时首都，为期达一年零八个月之久。南宋时期绍兴卓越的政治与经济地位，使得绍兴在物质与精神上同时得到了较大发展，以文人士大夫为主的造园活动亦较为频繁，城中园林以沈园、小隐园、齐氏家园、王家园较为著名。

沈园

浙江绍兴的"沈园"，始建于南宋，原为南宋越州沈家的宅园，又名"沈氏园"。遗址在城内木莲桥洋河弄，现仅存葫芦形的水池名"葫芦池"，池上跨石桥，池边有叠石假山。相传南宋诗人陆游 27 岁时从外地幕游归来，在沈园与唐婉邂逅，又勾起当年二人的旧情，遂题壁写下了传诵千古的《钗头凤》，晚年再过沈园，又作《咏沈园诗》，诗中景物仅与今日部分遗存尚可对应："斜阳城西画角衰，沈园非复旧楼台。伤心桥下春波绿，曾是惊鸿照影来。"

---

① 范成大《吴郡志》

小隐园

小隐园在山阴县界府城西南镜湖侯山上，四面皆水。园主通过图纸向宾客介绍园内的景点，图中有小隐山、小隐堂、瑟瑟池、胜奕亭、忘归亭、湖光亭、翠麓亭，又有探幽径、撷芳径、扪萝磴、百花顺。山之外有鉴中亭、倒影亭。[①]

齐氏家园

齐氏家园，在会稽县府城少徽山，山甚小而近湖。齐祖之分司东归，遂家焉。引流为沼，艺花为圃。山宅上下有芳华亭、修竹岩、珍珠泉、石室、嘉遁亭、樵风亭、禹穴阊、应星亭、东山亭、钓阁，尽湖山登览之胜。

（6）嘉兴府

宋室南渡，大量北方人口移居嘉兴，嘉兴成为畿辅之地。1162 年，出生于嘉兴的宋孝宗即位，嘉兴成为"龙兴之地"。1195 年，秀州升为嘉兴府，岳飞之孙岳珂任嘉兴知府，城市进一步繁荣。运河中南北往来船只络绎不绝，贸易十分兴盛。宋代张尧同所撰的《嘉禾百咏》，对当时百余个名胜景点进行了诗词歌咏，为后世研究宋朝园林提供了重要参考。府治西面有名楼月波楼，楼下的金鱼池，饲养着野生金色鲤鱼，嘉兴遂成为中国金鱼最早的产地和饲养地。著名的园林有焦家园、柳氏园、高氏园、会景亭、石门张氏园等。

焦家园

焦家园，园主为南宋殿帅焦虎臣，园在西门内杨柳湾北岸，园内有三峰，石高二丈余，并有很多奇花异草[②]。"焦帅园林选地偏，绿波几曲画桥边。行人莫问流觞石，蔓草空浮一径烟"[③]。

柳氏园

柳氏园，宋世科柳氏之园也。宋绍定中通判陈埙建陆宣公祠于内，后为尚书潘师旦所得，建会景亭，中部有南坞海棠厅、白莲沼、桃花亭、红薇径、茶溪、仙鹤亭、芙蓉塘、白苧桥、渔淑。

张氏园

嘉兴石门镇南宋时有张氏东园和张氏西园，东园始建于南宋时期的官宦张子修，石门东园旁有张汝昌的西园。两园毗邻，而两位园主张子修、张汝昌

---

① 引白《古今图书集成》园林部

② 《嘉兴新志》

③ 《嘉禾志》

互相结社，共相娱乐，因此古代文献上多把两座园林统称石门张氏园。南宋诗人戴敏游石门张园后，所作的《初夏游张园》："乳鸭池塘水深浅，熟梅天气半晴阴；东园载酒西园醉，摘尽枇杷一树金"。

（7）宁波府

四明洞天

南宋权臣史浩，宁波鄞县人。其一直有隐居的情结，出仕以后，他总是喜欢称自己的寓所为"真隐"。他曾自述："予生赋鱼鸟之性，虽服先训，出从宦游，而江湖山薮之思未尝间断，故随所寓处，号曰真隐"①。宋高宗知道后，御赐"真隐"墨宝。而到了孝宗时期，批准其乞归的请求②。孝宗赐月湖竹洲一曲③，诏临安府以万金建观，于是，史浩始在月湖竹洲建了一座"真隐观"④。园内"累石作山，引泉为池，取皮、陆《四明山九咏》，仿佛其亭榭动植之形容"，并命工塑四明山王与先生之像以奉安，把四明山的9个胜境浓缩到月湖的一个小洲中，并甃石百余丈，层峦叠嶂，山水相映，其玲珑精巧，宛若天成，时人称为"假岩"，次年皇太子在东宫大书"四明洞天"四字以赐之。园内布置了曲水流觞和假山，规模不小。至元末，这些残存的太湖石，被一豪民相中，"贡谀于时贵，率土民舁运往城中"⑤，史氏遗宅基才彻底被毁。

林家别业

慈溪大宝山（今江北区慈城）下有林家别业，林保后人以驸马乞疏归养，"筑基构室于是所，宛然一城市山林"，名为林家巷。林家别业尤以"水池"为胜，水池面积逾半亩，"围以石阑，蓄以鱼鳖"。林家池的布局极为讲究，"池之北建室数楹，日挹青轩，罗名花，购奇石，列台几，张画帘，琴瑟、箫管、石棋、投壶毕具；池之左右隙地，植葵莳韭，树果种药；池之南又别为浅沼，植菱芡莲荷于其中。而于池垣之东，另穿一井，以资里汲；于池垣之西远数百步，更浚一池以浴马"⑥。

（8）徽州府

南宋迁都临安，整个中国的政治、文化和经济中心南移，江南的繁荣，给

① （宋）史浩：《鄮峰真隐漫录》卷40《真隐园铭》，影印文渊阁《四库全书》本

② （宋）楼钥：《攻媿集》卷93《纯诚厚德元老之碑》，《四明丛书》本

③ （清）徐兆昺《四明谈助》卷18《城南诸迹·竹洲》云：《西湖十洲志》云：自史氏筑真隐馆后，松岛始改名'竹洲'。《月湖丈尺图》：南城下，至竹洲五十一丈。竹洲取湖心寺前三十八丈八尺。

④ （宋）史浩：《鄮峰真隐漫录》卷40《真隐园铭》，《四明丛书》本

⑤ （元）孔齐：《至正直记》卷2《寓鄞东湖》，《丛书集成》初编本

⑥ 光绪《慈溪县志》卷43 刘厚南《林家池记》

徽州的经济、文化的发展提供了契机。凭借着丰富多样的物产和阡陌纵横的水路，徽州人走出了闭塞的山林，徽商经济开始登上历史的舞台，为徽派园林的发展提供了经济上的准备。徽州园林以培筠园和"竹洲吴氏园亭"较为著名。

吴氏园

竹洲吴氏园又称竹洲吴氏园亭，园主吴儆是南宋时期的著名文人。园主本人的园记《竹洲记》，详细地记载了吴氏园亭的规模、布局[①]。近年来徽派地方园林的研究，也有不少涉及竹洲吴氏园[②]。

"竹洲吴氏园亭"位于休宁县，"新安之南六十里"，园林规模不大，有数亩之地。从《竹洲记》的描述中我们了解到吴氏园亭的规模为数亩之广，畔邻于宅居，是个集游憩、休息、娱乐和生产为一体的开放式园圃。园内主要有四块不大的池塘，周围种植数百菊花。园林建筑简朴，布局疏朗，仅有流憩亭、静香亭、静观斋、直节庵、梅隐庵、退观亭、风霜亭、朝爽亭几处建筑。

整个园林典雅朴素，充满自然之美。有如北宋之独乐园，以天然溪流为界，建筑之间既无长廊连接，亦无粉墙分割，建筑点缀于溪沼林木之间。园林建筑注重选址，因借自然之景。二亭"流憩"、"静香"建于"竹之阴"，其一面溪，其一背沼；二亭"暇观"、"风霜""据堤"而筑，登之"令人心目俱豁"，与自然相互渗透、相互融合。植物景观注重与地相宜，以生产性为主。园林利用洼地建池沼，或养鱼鳖，或植荷花、菱芡，又借地于邻，杂种戎葵、枸杞、四时之蔬，而在杉之"直节庵"、梅之"梅隐庵"所界定的空间下坐、饮、赏、憩，更是体现了园居生活的惬意（"万物静观皆自得，四时佳兴与人同"、"于以见天空地大，万物并育之趣"）。

不同于临安等地的皇族、官宦园林构园精巧、奢华成风，竹洲吴氏园造园非常简朴。园主怡然自得，陶醉于农趣之中，表达了其"志贫贱，安农圃，而无复四方之志者"的个人追求。尽管规模不大，但因地制宜、注重借景、追求自然，实为南宋典型的文人园林。

培筠园

培筠园位于黟县的碧山乡，建于南宋绍兴年间，是邑人汪勃的宅园，今存遗迹尚存。汪勃因与奸相秦桧不和，屡遭排挤，遂辞官回乡，建造"培筠园"以颐养天年。筠者，竹之皮也，古人将之作为小竹的别称，竹本无心，汪勃将自己的宅园，取名"培筠园"，表达了其无心功名、退出政坛的心声。园内楼台亭榭，布局自然，错落雅致；山石花木景色幽美。园内主体建筑名白鹤馆，木、石雕精雅。

---

① （明）程敏政，新安文献志

② 梅小妹．徽派园林研究 [D]. 合肥工业大学，2012

用青石堆叠的梳妆台，自然古朴，台下有山洞，拾级登台可饱览园景 [①]。

（9）临江府
盘洲园
乾道年间，南宋官员洪适致仕回故乡江西临江定居，选择城北面一里许的一片山清水秀的地段，筑别业"盘洲"（盘洲园）。洪适自撰《盘洲记》，对这座别业的选址以及园内山水、建筑、植物的景观有详尽的记述，盘洲园山石景观丰富，模拟自然九曲溪流的形态，颇具野趣。其中设有曲水流觞之景，将涧、屋、石、方池、亭等景物以巧妙的构思联系起来，常在"墨沼"的边上与宾客比饮。

芗林
芗林在南宋享有盛名，子諲所建。此园梅台构思新奇，是士人园林中的佼佼者。"宅旁入圃中，步步可观，构台最有思致。丛植大梅，中为小台，四面有涩道，梅皆交枝覆之。盖自梅洞中蹑级而登，则又下临花顶，尽赏梅之致矣。企疏堂之侧，海棠一径，列植如槿篱，位置甚佳" [②]。

7.3.3 庄园

龙眠山庄
前代流行的郊野别业到宋代已不多见，而龙眠山庄与其《山庄图》继承了辋川别业之风，在宋代亦为珍贵。

龙眠山庄为北宋著名画家李公麟（1049-1106 年）晚年归隐之居所，位于西龙眠山李家畈。山庄坐北朝南，面积约 4000 平方米，背倚高山，面临平畴，视野广阔。龙眠河绕园西侧而南流，四周环筑土墙，朝南建楼门一座，两端辟东西花园，植名木奇葩。山前有一"半月形"池塘，蓄鱼种连。后山修竹影映，庄头古木荫翳。

李公麟绘有《龙眠山庄图》（图 7-23）描绘了龙眠山庄内自建德馆至垂云沜共十六处景色。又有好友苏辙作《题李公麟山庄图（并叙）》，赋诗二十首以描写龙眠山庄图所绘景色。

范成大石湖
范成大石湖，是苏州郊外的别业，地处田园，范成大在此写出中国后期田园诗的压卷之作，其还著有《范村梅谱》《范树菊谱》等有关花卉的专著 [③]。

① （清）吴甸华修，黟县志
② 范成大《范成大笔记六种》，中华书局，2002 年。
③ 陈从周主编《中国园林鉴赏辞典》华东师范大学出版社，2001 年。

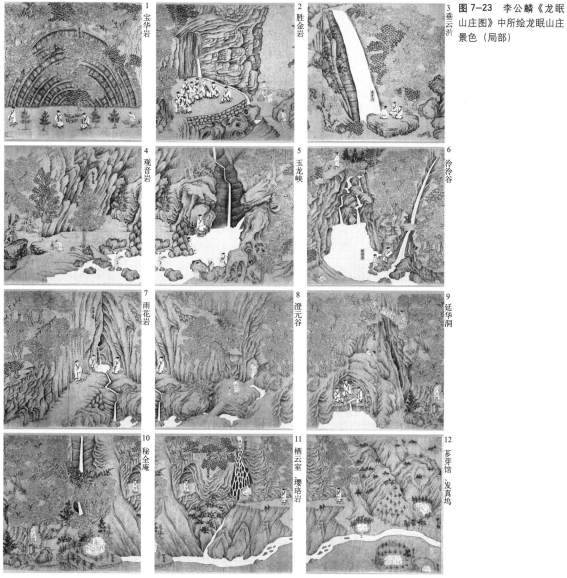

图 7-23　李公麟《龙眠山庄图》中所绘龙眠山庄景色（局部）

1 宝华岩　2 胜金岩　3 垂云沜　4 观音岩　5 玉龙峡　6 泠泠谷　7 雨花岩　8 澄元谷　9 延华洞　10 秘全庵　11 栖云室、璎珞岩　12 芗芽馆、发真坞

张俊园圃，在苏州西南，旧有三阁、八亭、二台、"龟首"、"旋螺"。元丰时，犹有流杯、四照、百花、丰乐、惹云、风月等处，每春，纵士女游观①。招隐堂在昼锦坊，南宋胡元质给事所溪堂，后有荷塘曰"云锦"，竹堂曰"碧琳"，东有榭"秀野"，水滨对立三石②。

叶氏石林

叶氏石林的园主叶梦得是两宋之际的达官，有建筑营造方面的才能，曾主

① 范成大《吴郡志》

② 明 卢熊《苏州府志》

持建康府治的营造工作 [①]，周密《癸辛杂识》称其园因"万石环之，故名" [②]。叶梦得自撰的《避暑录话》也有记述此园的景观 [③]。范成大在《骖鸾录》中记载其在乾道壬辰冬（1172 年）游北山叶氏石林，此园已经衰败。而到周密撰写《癸辛杂识》时，叶氏石林已经不复存在。

此园有庄园性质，在弁山之南，范围很大，叶氏家中数百口人在园中活动。所在的弁山盛产奇石，色泽类似灵璧石，园中间有两条溪流，"吾居东、西两泉，西泉发于山足……汇而为沼，才盈丈，溢其余流于外"，松树可种五千株，桐杉三千株，遍布竹林，北山杨梅十余里。其园林景点有正堂兼山堂；石林精舍承诏堂、求志堂、从好堂、净乐庵、爱日轩、跻云轩、碧琳池、岩居亭、真意亭、知止亭、西岩、东岩；石林精舍附近的朱氏怡云庵、涵空桥、玉涧，以及山林园圃。叶氏石林的营造把园主好石的特点显露无遗，其借弁山地利营造石林，是南宋园林因山构园的典范。园中"石状怪诡，皆嵌空装缀，巧过镌劚"，罗列山石开凿山路，"尽力剔山骨，森然发露若林，而开径于石间"，也有不少奇石是移自其他地方，"亦有得自他所，移徙置道傍以补阙空者"。

因为南宋经济制度的变化，偏于一隅的庄园已不能长期存在，正如范成大分析该园衰败的原因是"非大官部曲众多者，难久处"。吴兴园林用石之盛，应与其紧邻太湖的自然条件密切相关，体现了奇、险、怪审美情趣，叶氏石林就是其中的典型代表。

7.3.4　衙署及书院园林

衙署园林兴起于唐代，极盛于两宋。宋代中央官署的园林绿化的建置很普遍，地方衙署一般兼作主管官员的官邸，因而也包括宅和园，宋代通称为郡圃。郡圃一般具备两方面的职能，一是供官员之间迎来送往或诗酒酬唱；另一方面则是提供给普通百姓一个交游的处所。郡圃一般都因就本地优美的自然山水环境而建，具有良好的景观及游园环境。

7.3.4.1　北宋
洛阳衙署庭园遗址

洛阳宋代衙署庭园遗址位于东城的东南隅。东城沿袭唐代城市布局，仍是重要衙署和官邸之所在。遗址规模宏大，南北长 76 米、东西宽 33 米。有殿亭、廊庑、道路、花榭、水池以及明暗水道数条。遗址的毁弃时间大约在北宋末年，可能与金人入侵有关。

---

① （宋）周辉．清波杂志

② 周密．癸辛杂识

③ 叶梦得．避暑录话

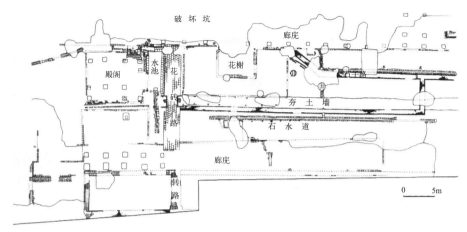

图7-24　洛阳衙署庭园
考古遗址实测图

　　根据遗迹可以大致看出庭园的布局（图7-24）。庭园内有一条南北向主干道，南部与过厅踏步相接，穿过过厅通往衙署大门。南部有殿亭两座，平面近方形，东西并列。园东西各有一条廊庑，贯穿南北。廊庑之间有一条南北向的花砖路，路面用柿蒂形卷草纹方砖铺成，为连接东西廊庑的主要道路。花砖路中部原建有门楼，门楼东面有一条石子路与花砖路相交。西廊庑的中部，建有花榭，平面近方形，西侧与西廊庑相接。园中部偏西，有一长方形水池，北临花砖路，南接殿亭，西靠西廊庑。[①]

平江府郡治府署

　　平江府城中诸多衙署皆有附属园林，因记载不详，仅可从其景点问名中略窥其"与民同乐"之观念。

　　平江军府署园由历代官员相继修缮而成。最初建"山阴堂"，后建"瞰野亭"、"见山阁"等观景之地，后建"按武堂"、"射台"、"飞云阁"。又置怪石两块于便亭之后。又修缮城西北的故亭，号"日月台"，以供游览。每年初春时，便修缮各亭，以供民众游玩，以示"与民同乐"之意。

　　提举司园中在厅事之东有小池，池上有假山，榜曰"壶中林壑"，为米友仁书。池南北各有小亭，南曰"扬清"，北曰"草堂"。[②]

　　长州县治衙署园林中建有"蟠翠亭"、"企贤堂"、"茂苑堂"、"百花亭"、"尊美堂"、"维摩丈室"、"绿野轩"、"绿筠庵"等不同风格的建筑，其中"茂苑堂"尤胜。据宋代米友仁《茂苑堂记》载，堂之南种植有嘉木修竹、奇芳惠草，植物生长茂盛，郁郁葱葱，犹如身处山林中。

　　吴县县治衙署园林中堂亭山池、四时花木皆具。园中建有"范厅"，其西

① 王岩《洛阳宋代衙署庭园一直发掘简报》
② 范成大《吴郡志》

有"平理堂"、"无倦堂"，堂之西有"延射亭"。亭之南北各有小山，山上有小亭，南曰"松桂"，北曰"高荫"。[①] 据宋代章岷《延射亭记》，园内"荫以佳木之清，畦以杂花之英，穿沼以类沧溟，筑山以拟蓬瀛"。可见其园中山水意欲效仿仙境，又辅以植物造景。

安阳郡园

安阳郡园是北宋相州（今河南省安阳）郡署后园及其北部康乐园的总称，位于安阳市安阳老城东北部，即今高阁寺和后仓水坑一带，占地约3.33公顷，是我国河朔地区有历史文献记载为证的较早的一座衙署园林[②]。

园林始建于宋乾德年间，节度使韩重赟（？-974年）治相州时，建造州廨后园。后北宋三朝宰相韩琦（1008-1075年）曾三次判相州，先后对州廨进行多次整修营建。郡园以池水、亭堂为主题，形成一处绿水环绕、鸥鸣鸟啼、亭台堂楼的写意水景园，以表"以景寓情，感物吟志"之意。

真州东园

真州（今江苏仪征）位于东南各条水路交汇的地方，是江淮、两浙、荆湖发运使衙门所在地。宋仁宗皇祐三年（1051年），正副发运使施正臣、许子春及判官马仲涂三人，乐其相聚之欢，遂寻旧事监军废营之地营造东园，为州民游览。

东园有近百亩规模，园前有河流经过，水上有画舫供游乐；右侧汇成一个水池，池边建澄虚阁可俯瞰水池；北侧则筑起一座高台，台上建拂云亭可远眺。开拓了园的中部，修建一宴会亭堂；开辟了园的后部，供宾客射箭娱乐。水中种有荷花，岸边植有芷兰。每至良辰佳节，真州的男女都要在这里吹弹歌唱。[③]

"四方之宾客往来者，吾与之共乐于此"，可见真州东园不仅是本地民众的游乐之所，也是过往游客可游览的公园。这也是当时儒家人士"兼济天下"、"民为大"的政治思想的见证。

画舫斋

欧阳修（1107-1072年）任滑州（今河南滑县）通判时，在官署东侧的偏室，修建了自己的居所，名曰画舫斋。

欧阳修创建了一种新的园林建筑形式，称为舫亭或不系舟。画舫斋有一间屋子宽，深度达七间屋子之长，用门将房子连接起来。进入屋子便仿佛到了船上。屋子深暗的地方，便在屋顶开窗采光；屋子通透的地方，则在两侧砌筑栏杆作

---

① 范成大《吴郡志》
② 申淑兰《北宋廨署园林——安阳郡园初探》
③ 欧阳修《真州东园记》

为坐立的倚靠。屋外，又有"山石嶙率，佳花美木"，左山右林，仿佛泛舟江中，故以舟名。

密州超然台

超然台，最初建于北魏年间，为筑北城以置胶州治时所为，州治两厢各置一台。宋熙宁八年（1075年），苏轼知密州时，对州治西侧之台加以修缮，复加栋宇，作为登眺游憩之所。并请其弟苏辙起名为"超然台"，并作《超然台赋》，苏轼本人亦有《超然台记》一文。

超然台虽高，但却非常安稳；台上的居室虽幽深却又明亮，冬暖夏凉。苏轼常与民众一起登台观览，尽情游玩。从台上"南望马耳、常山，出没隐见，若近若远"；向东为庐山；"西望穆陵，隐然如城郭"；"北俯潍水，慨然太息"。可见超然台所处位置四周均有良好的景观，可供其借景。雨落雪飞的早晨，或是风清月明的夜晚，苏轼与宾客采摘园中的蔬菜，钓取池中的游鱼，酿米酒，煮糙米。感叹" 乐哉游乎！"

桂林府八桂堂

宋广南西路经略安抚使程节于绍圣四年(1097年)兴建，手植8株桂树其间，命名为八桂堂，八桂堂选址精妙，营水围以建筑，"前缭以平湖，为就蒲菌苜之境"[1]，全园以八桂堂为中心，其南北各有大小不一的水面，北边三面环山，水面"积水弥数十亩"；八桂堂以南，小水面与缓坡相接，建筑成组高低错落临水而建，南望楼阁叠落，泛一叶轻舟平湖上，以观游鱼。桂堂开放后，游人络绎不绝，热闹非凡，表现了地方官员教化百姓、与民同乐的时政理念[2]。

7.3.4.2 南宋

临安秘书省 国史院园林

秘书省在天井坊之东，与怀庆坊相对，即今杭州吴山广场北隅。"后圃有群玉堂，以东坡画竹真迹为屏。有蓬莱亭，前为凿池，度以石桥，池上叠石为山。又有亭者六，圃曰芸香、席珍、方壶、含章、茹芝、绎志。次有射圃矣"[3]。园内林木花草茂盛，其中尤以梅花为特色。国史院的园林建筑道山堂则在秘阁之后、著作之庭前，时人又称其为"蓬莱道山"。丞及馆职，位于两廊。堂之前为石渠，桥其上，旁为小亭，有吴说书"石渠"二大字。堂下又有李阳冰篆书"道山"二大字，皆石刻。

---

① 宋.范成大《骖鸾录》
② 《粤西文载》卷30
③ 《梦粱录》卷九《秘书省》，第75-76页。

图 7-25　临安府治图

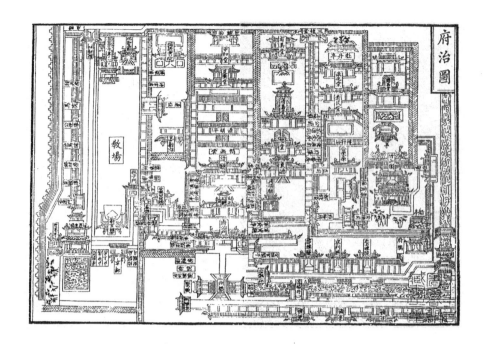

临安府治

临安府治位于清波门北，"在流福坊桥右，州桥左首"，是在奉尼寺（净因寺）故基上创建的 ①，既是临安府的办事机构所在，同时也是一处规模庞大的园林。府治的范围是随着时代逐步扩大。到南宋末年，府治规模已相当宏大，西面从今荷花池头至西城边，东面临西河至凌家桥，南到今流福沟的宣化桥，北与州学相邻，方圆面积达三至四里。

绍定五年 (1232 年)，府尹余天锡曾对府治园林进行大规模的扩建，挖池堆山，种植花木，"公出意匠，使浚池疏泉，辇石增山，杂植松桧篁竹佳葩名花，以益其胜"，"蛇行斗折，一亭负山，居然有林壑意" ②。淳祐九年（1249 年）由府尹赵与筹建造玉莲堂，其瞰竹园山，前凿水池，多种荷花、白莲，景色优美，理宗御书"玉莲堂"匾以赐 ③。此外，还有石林轩、红梅阁等建筑景观（图 7-25）。

建康府青溪园

宋青溪园位于建康城南乌衣巷，一名乌衣园，为地方官员马光祖修建，原系东晋王谢旧居（图 7-26）。南宋的青溪园甚至被时人称为小西湖，有来燕堂、万柳堤及亭馆多处，园中有桂树花木，莳以百花，"马公光祖浚而深广之，建先贤祠及诸亭馆于其上，筑堤飞桥以便往来游人泛舟其间，自早至暮乐而忘归，详见

① 《咸淳临安志》卷五二《官寺一·府治》
② 《淳祐临安志》卷五《城府·今治续建》"讲易堂"条，载《南宋临安两志》
③ 《淳祐临安志》卷五《城府·今治续建》"玉莲堂"条，载《南宋临安两志》

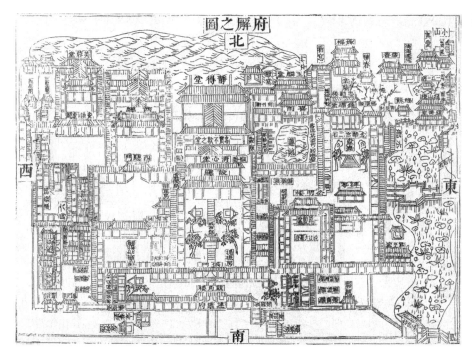

图 7-26 建康府志图

先贤祠及亭馆下"。此园记载以《景定建康志》最为详细，并有《青溪图》传世。

成都府转运使园

　　成都府转运司园亦称西园，是前蜀国高官旧宅，南宋时是巴蜀地区著名的衙署园林。园中有西楼，有锦亭，一名翠锦亭。有玉溪堂、雪峰楼、海棠轩、月台、翠锦亭、潺玉亭、茅庵、水阁、小亭等建筑。园中潺玉亭为流杯之所，有茅庵为圆形平面，四周与屋顶都是茅草所造，有小亭跨到水面之上，应类似水榭做法①。

武夷精舍书院

　　南宋思想家朱熹先后复兴了著名的白鹿洞书院和岳麓书院，并创建了寒泉、武夷、竹林三所精舍。这两所书院和三所精舍，在我国书院发展史上产生过深远的影响。1183 年朱熹亲手创建武夷精舍，是一座高水平的书院园林，亦称隐屏精舍或武夷书院。此精舍选址极佳，位于武夷山中大隐屏下。两旁坡陀环复相抱，溪水随山势而来去，曲折环绕其中的数亩平冈长阜。精舍即建在此灵气所郁之处。建筑简单而朴素，与自然环境紧密结合。精舍有屋三间，主要者为"仁智堂"。熹自称堂主。正厅左斋为熹起居室，右斋为客厅。在山的右麓于石门后进，有岩石，凿以石座，可供八、九人以饮茶自娱，许多学生筑舍于九溪旁。朱熹在此写成了《易学启蒙》《小学书》《中庸或问》

---

① 曹学佺《蜀中名胜记》

《中庸章句》等著作，并写了几十首题咏武夷山的诗歌。后改称"紫阳书院"，延续元、明、清三朝。

7.3.5　寺观园林

佛教发展到宋代，内部各宗派开始融会、相互吸收而变异复合。禅宗进一步汉化，也十分切合于文人士大夫的口味。佛寺建筑到宋代已经全部汉化，佛寺园林世俗化的倾向也更为明显。随着禅宗与文人士大夫在思想上的沟通，儒、佛的合流，一方面在文人士大夫之间盛行禅悦之风，另一方面禅宗僧侣也日益文人化。许多禅僧都擅长书画，诗酒风流，以文会友，经常与文人交往。文人园林的趣味也就会更广泛地渗透到佛寺的造园活动中，从而使得佛寺园林由世俗化而更进一步的"文人化"。

宋代佛寺园林的发展与文人士大夫的关系至为密切。佛寺园林是交往、酬唱的最理想场所。在交往中，文人的诗画情趣必然会受到禅趣的濡染，也必然会通过他们的审美意识而影响佛寺园林的规划设计。扬州的平山堂由欧阳修主持修造并为之题写匾额，同时也是一处佛寺园林。书画家米芾曾为鹤林寺题写"城市山林"的匾额，足见此寺园林气氛之浓郁。

道教方面，宋代继承唐代儒、道、释三共尊的传统，更加以发展为儒、道、释互相融合。宋徽宗笃信道教，甚至一度诏令佛教与道教合并。道观建筑的形制受到禅宗伽蓝七堂之制的影响而成为传统的一正两厢的多进院落格局，亦属势之必然。

寺观园林由世俗化进而达到文人化的境地，它们与第宅园林之间的差异，除了尚保留着一点烘托佛国、仙界的功能之外，基本上已完全消失了。

7.3.5.1　北宋
东京（开封）

东京当时寺院中，园林小景亦不少，有的专门辟地为园为池，其间之园林建设相当可观。如五岳观前有奉灵园，东边有迎（凝）祥池，"夹岸垂杨，菰蒲莲荷，凫雁游其间，桥亭台榭，棋布相峙"。宋人有诗云："平时念江国，此地惬幽情。杨柳繁无路，凫鹭远有声。"可见这里是一风景幽雅之地。迎祥池的黄莲尤为莲花中的珍贵品种，栏槛间安放的"丑石"，亦令人赏心悦目，表现了东京寺观园林的特色。

玉清昭应宫

宋真宗为了掩盖澶渊之盟的耻辱，大搞"天书"活动，迷惑臣民，掀起了第一次崇道高潮。玉清昭应宫开始建于大中祥符元年（1008 年），在里城北天波门外。建筑"尽括东南巧匠"，花木"多载奇木怪石"。田况在《儒林公议》中载玉清宫宏大瑰丽，"玉清之盛，开辟以来未始有也。阿房建章固虚语尔。"玉清宫内园林建筑众多，其中的东西山院，"皆累石为山，引流水为池。东有昆玉亭、澄虚阁、昭德殿，西有瑶峰亭、涵晖阁、昭信殿。北门内二宴殿曰迎禧、迎祥，后二殿曰崇庆、崇福，太初殿楚石为丹墀、龙墀，前置日月楼，画太阳、太阴像及环殿图八十一。太一东西廊，图五百灵官，前置石坛、钟楼、经楼。四隅置楼阙，其外累甓为墙，引金水为甓渠，环宫垣，又分为二石渠贯宫中"。这说明玉清宫内园林的理水和建筑、山石相匹配，金水河引入宫内。

西京天王院花园子

据王铎考证，《唐两京城坊考》安国寺条注："诸院牡丹特盛"，又有司马光诗句"一城奇品推安国"，推测天王院花园子即安国寺内天王院。安国寺位于宣风坊。

此园中"盖无他池亭，独有牡丹数十万本"。城中以种植牡丹谋生的人，大多居住在这一带。每到花开时节，这里便"张幕幄，列市肆，管弦其中。城中士女，绝烟火游之"，好似花市、庙会一般热闹。在当时"洛中花甚多种，而独名牡丹曰花王。凡园皆植牡丹而独名此曰花园子"，可见此园的牡丹可谓洛阳一绝。然而，花期一过，"则复为丘墟，破垣遗灶相望矣"，园中美景具有明显的季节特点。

7.3.5.2 辽金
阳台山清水院

即今北京西山大觉寺，辽代称阳台山清水院，为山下南安巢村大地主邓从贵出资所建。因其水景得名清水院，以清泉、玉兰和杏林闻名京华。金时为西山八大院之一，称"灵泉寺"。明清时期经过几番修缮，该寺的各类建筑保存较好。

庆寿寺

位于金中都东北郊，环境幽静清雅，据路铎《庆寿寺晚归》诗可知该寺内树木繁茂，还有"清溪"、"红蕖"等水景，足见其园林造景之一斑。

7.3.5.3 南宋

南宋时，临安成了东南佛教的胜地。为数较多的佛寺一部分位于沿湖地带，其余分布在南北两山。这些寺庙因山就水，选择风景优美的基址，建筑布局则结合于山水林木的局部地貌而创为园林环境，成为杭州西湖风景区的重要景点。杭州西湖集中荟萃的寺观园林之多，在当时全国也是十分罕见。与此同时，随着南宋禅宗的兴盛，宁宗时形成了五山十刹的国家寺院体制。禅宗在优美的风景区大建佛寺，为佛寺的园林化奠定了基础。

下天竺寺

宋室南渡后，下天竺寺被列为皇家寺院，高宗御赐"天竺时思荐福"的寺额。庆元三年（1197年），下天竺寺又改名为天竺灵山寺，由赵氏家庙恢复为佛寺。到嘉定年间，下天竺寺达到了极盛，除僧人众多外，殿堂也是宏伟壮观，亭台楼阁伴于流水之间，颇具佛国气象，因此被列为教院五山之二，地位仅次于上天竺寺。《武林旧事》卷五《湖山胜概》对此园的优美景色作了极其生动细致的描述："大抵灵竺之胜，周回数十里，岩壑尤美，实聚于下天竺寺。自飞来峰转至寺后，诸岩洞皆嵌空玲珑，莹滑清润，如虬龙瑞凤，如层华吐萼，如皱縠叠浪，穿幽透深，不可名貌。林木皆自岩骨拔起，不土而生。传言兹岩韫玉，故腴润若此。石间波纹水迹，亦不知何时有之。其间唐宋游人题名，不可殚记者览顾景兴怀云"。

显慈集庆教寺园

显慈集庆教寺，简称为显庆寺或集庆寺。始建于淳祐十年（1250年），理宗赐名"昱慈集庆教寺"，御书寺内殿阁匾额。寺内有三池、九井、月桂亭、金波池等园林建筑，其中月桂亭尤为精美。时人称此寺"金碧为湖山诸寺之冠"[1]，当时临安人称它为"赛灵隐"。

褒亲崇寿寺园

褒亲崇寿寺在凤凰山后方家峪。绍兴十八年（1148年）建，为高宗刘贵妃家功德院，俗称刘娘子寺或刘婕妤寺。寺内有凤凰泉、瑞应泉、松云亭、观音洞、笔架池、偃松交枝桧等景观，其中当以凤凰泉最为著名。凤凰泉在《四朝闻见录》甲集《夏执中扁榜》中有详细记载："今南山慈云岭下，地名方家峪，有刘婕妤寺。泉自凤山而下，洼为方池，味甚甘美。上揭'凤凰泉'三字，乃于湖张紫微孝祥所书。"景炎元年（1276年），寺院遭火毁，不久重建。

7.3.6 邑郊理景

7.3.6.1 北宋

宋代邑郊风景园林的兴盛，一方面源于社会经济发展，城市人口增加，市民阶层扩大，城市中的人们开始意识到郊外旅游娱乐的需求；另一方面源于儒家"与民同乐"思想的影响，崇尚儒家思想的仕人，如欧阳修、苏轼、滕子京等，有着开辟"与民同乐"的园林空间的觉悟与责任感。

---

① 《武林旧事》卷五《湖山胜概》

登临胜地

登临胜地多为建在高处，供游人登高眺望的地方，多在山水形胜之处，或高岗，或高台，建造亭台楼阁。相比于一般园林，登临胜地没有明确的范围，除自身的景观外，更多的借景周围山水景观。通过有限的人工构筑物，将游人带到山水中去。

宋代的四大名楼，岳阳楼、滕王阁、江州庾楼和鄂州南楼，为当时著名的登临胜地。楼阁本身在山水中自是一道风景，而登楼远眺则又见另一番景象。故登临胜地之选址，需要同时考虑楼阁看与被看的关系。而此类楼阁在宋代的兴盛，亦表明了当时人们对于这种景观关系的深刻认识。

东京郊游场所

《东京梦华录》中提及过部分东京郊游场所。大体有州南的望牛冈；州东的快活林、勃脐陂、独乐冈、砚台、愁台；州西的杏花冈；州北的模天陂，以及州西北的创台、梁王城、毛驼岗等。

扬州平山堂

平山堂，就在"山"（即蜀冈中峰）中大明寺内，始建于宋仁宗庆历八年（1048年）。当时知扬州的欧阳修，极欣赏这里的清幽古朴，便筑平山堂作讲学、游宴之所。坐此堂上，江南诸山，历历在目，似与堂平，平山堂因此而得名。宋叶梦得称赞此堂"壮丽为淮南第一"。

平山堂"据蜀冈，下临江，南数百里真、润、金陵三州隐隐若可见"。"环堂左右，老木参天，后有竹千余竿，大如椽。"可见其广阔的景观视野，及优雅的自然环境。王安石的《平山堂》亦有所描写。

滁州琅琊山醉翁亭

宋仁宗庆历五年（1045年），欧阳修被贬滁州，与琅琊寺住持智仙和尚成为好友。琅琊山林壑优美，蔚然深秀，为便于游玩，住持于山麓建造一座小亭，并有欧阳修亲自作《醉翁亭记》。

山行六七里，逐渐听到泉水潺潺，峰回路转，才见醉翁亭临于泉水之上。"若夫日出而林霏开，云归而岩穴暝，晦明变化者，山间之朝暮也。野芳发而幽香，佳木秀而繁阴，风霜高洁，水落而石出者，山间之四时也。朝而往，暮而归，四时之景不同，而乐亦无穷也。"亭中可观之景色，随四季四时变化而不同。

滁州民众亦经常到此游乐，在《醉翁亭记》中还记述了欧阳修与民同乐的热闹情景。

滁州丰山丰乐亭

滁州丰乐亭为欧阳修在滁州太守期间所建。欧阳修因追究其泉水发源地而到此地，"其上则丰山，耸然而特立；下则幽谷，窈然而深藏；中有清泉，滃然而仰出。"欧阳修十分喜爱这里的风景，便叫人疏通泉水，凿开石头，拓出空地，建造了丰乐亭。

欧阳修"乐其地僻而事简，又爱其俗之安闲"，每日与滁州民众来此游玩，"仰而望山，俯而听泉"。"掇幽芳而荫乔木，风霜冰雪，刻露清秀，四时之景，无不可爱。"又正赶上民众因丰收而欢喜，欧阳修与他们共同在此庆祝，丰乐亭名亦取自"丰年之乐"。

颍州西湖

颍州西湖位于现阜阳市西北部，是颍河、清河、白龙沟、小汝河四条水系交汇的大片水面。宋代颍州西湖有八大景区、三十六景点，和环湖七十二亭。中国较著名西湖多达三十六处，除杭州西湖外，以颍州西湖最为著名。苏东坡曾曰"大千起灭一尘里，未觉杭颍谁雌雄"[1]，可见颍州西湖之繁盛。

颍州西湖兴起于唐代，因紧邻州城，颍州西湖逐渐成为一处游览胜地，不仅有亭台楼阁，还有画舫游船。发展至宋代更加繁荣。又有众多著名学者、诗人在颍州为官或游玩，留下不少诗词歌赋、文章篇什，并修筑了人文景观，至此颍州西湖成为天下闻名之盛景。最著名的当属欧阳修《采桑子》十三首，描绘了颍州西湖不同时节的盛景。

欧阳修又于皇佑二年（1050年）正月初七在聚星堂宴集宾客，主宾先是分韵赋诗，接着又赋室中物、席间果、壁上画像。诗成编为一集，流行于世，成为北宋文坛的一大盛事。

自南宋后，由于战争等原因，颍州西湖逐渐冷落萧条，最终消失不待。

7.3.6.2 辽金

西湖

古时又称洗马沟，为金中都城外的湖泊和湿地，即今莲花池之前身。广袤数十亩，傍有泉涌出，冬不冻。此苑不是御苑，一般民众亦可游玩。赵秉文有诗咏之。

燕山八景

是北京八处名胜古迹。金代《明昌遗事》始列燕山八景。金章宗于明昌年间，

---

① 苏东坡《轼在颍州，与赵德麟同治西湖未成改扬州三月十》诗

邀集文人学士游历中都，经过广泛比较选出八景，名为：居庸叠翠、玉泉垂虹、太液秋风、琼岛春阴、蓟门飞雨、西山晴雪、卢沟晓月、金台夕照。当时卢沟桥是出入京都、迎送客人的门户。

金代咏燕山八景的诗也不少，能找到的金代最早的咏八景诗是冯子振的《鹦鹉曲·燕南八景》。诗中"道陵"为金章宗陵，位于中都西南大房山，金代定都燕京之后，海陵王选址大房山云峰山修建金帝陵墓。云峰山林木茂盛，风景秀丽，"夕照苍茫"一派美好风光。

7.3.6.3 南宋

杭州西湖

北宋元祐四年，苏轼任杭州知府，疏浚西湖，用葑草和淤泥筑起一条南北长 3 公里的长堤，沟通南北交通，堤上遍植桃、柳以保护堤岸，后人称之为苏堤。南宋驻跸杭州，在历次疏浚西湖的基础上，沿岸和群山之中，建造了大量宫苑、寺观、园林，亭台楼阁相属，使"湖山之景，四时无穷；虽有画工，莫能摹写"。周密在《武林旧事》卷五《湖山胜概》中将西湖胜迹划为南山路、西湖三堤路、北山路，葛岭路、孤山路、西溪路、三天竺路等，每一路都有许多胜景与园林。南宋祝穆《方舆胜览》记载了"西湖十景"：苏堤春晓、曲院风荷、平湖秋月、断桥残雪、柳浪闻莺、花港观鱼、雷峰夕照、双峰插云、南屏晚钟、三潭印月（图 7-27）。

涌金门外西湖岸边的丰乐搂，建于北宋政和年间，是临安著名酒楼。《武林旧事》卷五湖山胜概："宏丽为湖山冠。又凿月池，立秋千梭门，植花木，构数亭，春时游人繁盛"。登楼俯瞰西湖，近水运山，柳堤花港，历历在目。游船画舫，歌舞粉黛，往往汇合楼下。苏公堤从南至北，将西湖分为东西两部分，堤上夹道栽植花木等，中有映波、锁澜、望山、压堤、东浦、跨虹六桥，和虚舟、云锦等九亭。堤中还有先贤堂、旌德观、三贤堂、湖山堂、施水庵、雪江书堂、松窗别墅等建筑。三贤堂是纪念"道德名节震耀今古"的白居易、林和靖和苏东坡的祠堂，北宋时在孤山竹阁，乾道五年，迁至苏堤望山桥附近。此处背山临湖，"前把平湖，气象清旷，背负长冈，林樾深邃，南北诸峰，岚翠环合"。南新路第二桥西游湖山堂，可谓"挟宇雄杰，面势端阔，冈峦奔趋，水光滉漾"。前有雷蜂、保俶两塔，后有南北两峰。西自西泠桥，经处士桥（林和靖故宅前）、涵碧桥至断桥。宋时称孤山路或断桥堤，今名白堤。此堤把西湖分为里湖与外湖两大部分。自丰乐楼北沿湖至钱塘门外，入九曲路至灵隐、三天竺，一路上集中了贵戚的花园十余处。钱塘门外望湖楼，苏轼所谓"望湖楼天下水连天"。葛岭寿星寺有高台，旧名观台，登台俯瞰，江湖之胜"一览在目"，故被人称为"江湖伟观"。在飞来峰山腰，韩世忠建立一座以岳飞诗命名的"翠微亭"，以示纪念。

图 7-27　南宋《西湖图》

　　每年四序流迁，游湖活动丰富多彩。"西湖天下景，朝昏晴雨，四序总宜，杭人亦无时而不游，而春游特胜焉。日糜金钱，靡有纪极。故杭谚有'销金锅儿'之号"。理宗时，还用"香楠木抢金"特制一只龙舟，极奢华。景定年间，周汉国公主与驸马杨镇用此龙舟游湖，"倾城纵观，都人为之罢市"。西湖游船画舫，日日如织。每年二月初八和端午为西湖龙舟竞渡之日，水上彩舫栉比如鳞，岸边观者似蚁，热闹非凡。

楠溪江苍坡村

　　苍坡村是楠溪江中游最古老的村落之一，始创于后周显德二年。到了南宋咸淳五年（1178 年），南宋国师李自实对村庄进行了一次全面的规划，确定了寨墙、池塘、水渠、街道的位置，这次规划以当时流行的风水术为依托，从村庄和周围环境的关系入手确定了村子道路、池塘的位置。苍坡村所反映的思想与宋代以文取士，以文治国的政策有密切关系。村落现状的基本格局，如街巷布置、供水、排水系统、公共园林，仍然保持南宋的原貌未变。据康熙五十一年的《苍坡李氏族谱》记载，拦蓄湖水的寨墙建于宋孝宗淳熙戊戌年（1178 年），墙头的柏树尚是当年种植的。公共园林位于村落的东南部，沿着寨墙成曲尺形展开，以仁济庙为中心分为东西两部分。如果把略近方形的整个村落比作一方大砚池铺开的话，东南部的园林景观就有纸、笔、墨、砚的"文房四宝"的象征意义，这种文笔峰、墨沼也是当时村庄景观规划的一种流行模式。

　　东池南北长 147 米，东西宽 19 米；西池东西长 80 米，南北宽 35 米。两者之间有长 28 米,宽 16 米的水面连接。仁济庙前后三进院落,供奉"平水圣王",其西邻是宗祠。仁济庙三面临水,前院的天井亦为水庭,外侧的三面设临水的敞廊,可供游人坐憩并观赏村外之景。庙之东,也就是村落东南角上建一亭名"望兄亭",视野开口,可以越过寨墙极目环眺外景,并与东南面约二里之外的方巷村的"送弟阁"遥遥相望成对景。园林的东半部长方形水池为主体,水池的尽端建小型佛寺水月堂,作为景观的收尾。

苍坡村的公共园林呈现为开朗、外向、平面铺展的水景园的形式。既便于村民群众游憩、交往,又能与周围的自然环境相呼应、融糅,从而增添了聚落的画意之美。另外,村落的建筑物为木结构,容易发生火灾,公共园林能方便提取水救火,也有实用功能。

7.4 时代特征

7.4.1 思想观念

宋代以"偃武修文"的政治方略建设新秩序,理学昌盛,因此宋人对于自然的赏鉴也是在其严谨的思维基础上进行的。宋人对于自然山水的游赏并不局限于名山大川,而是极尽搜访之能事,因此对宋朝园林的发展,以及发展轨迹也有着深刻的影响,形成了具有时代特征的自然观,他们界定自然及景观的精神指向不仅仅停留在"格物致理"的层面,而是改善前人已经确定的观察物象的自然,因此他们所理想的自然观是更为宏大并且抽象的。理学家朱熹痴情山水不仅是迁途必往、终日不倦,而且制作模型地图,以便携带而得山水之真赏。宋代园林讲究自然美,自然美与人工美的合成以及统一,对意境也有很高的追求。

宋人对自然景物的审美性观察,在造就山水林石文化品格的同时,更反映在大量颂扬景物的诗歌书画之中。这种对自然的审美在园林中表现为对自然的概括,所谓"模天缩地",即将自然景观移入园林之中。

山水园林有如当时的书画一样,可居可游且能济怀天下则是其最高境界,此时的山水园林是人们精神的寄托,宋人对山水的态度以及观念,对山水园林的影响是巨大的。宋朝时期园林的功能,形制内容都基本确定,生产、祭祀等内容都已经被排除在外,这时的园林作为人们修身养性或者游访娱乐的场所,已经脱离了前代园林的功能需求,从宋代自身的社会环境、文化环境以及自然环境出发,更纯粹地塑造园林景象。

园林是当时的社会时尚,更是当时琴、棋、书、画等艺术活动的物质空间,大大地丰富了文人生活艺术的内容。园林既是载歌载舞的游玩场所,又是安顿心灵的隐逸场所,还是寄情自然畅游山水的赏玩之地,也就自然成为文人士大夫生活之中不可或缺的一部分。

7.4.2 审美方式

两宋之际，文人士大夫参与园林的规划设计，促成"文人园林"的兴盛。宫苑园林亦受到文人造园的影响，比起隋唐，它们的规模变小、皇家气派也有所削弱，但规划设计则趋于清新、精致、细密。园林本身只作为怡养性情或游宴娱乐活动的场所，以一定的物质手段，塑造饶有趣味的空间，追求没有束缚的精神自由与无功利的审美愉悦，在形态上已经与今天一般意义上所指的园林基本相类同。宋人对诗词有浓厚的兴趣，景点的题名中也有丰富的含蕴，对景点名的追求甚高，景题这一传统在南宋已经十分普遍。

宋人的艺术创作形神并重，强调直抒胸臆，所谓"唐人尚法，宋人尚神"，形成以"意"求"意"的创作与欣赏方式，是继两晋南北朝之后的又一次美学思想的变革，也促进了文人园林的兴盛。

7.4.3 营造方法

空间组织

北宋时期园林注重叠山理水，中期的洛阳园林注重园林理水，以池岛见长，植物的栽植与观赏也日渐兴盛。宋后期的开封园林以掇山为主，注重建筑美。南宋时期空间的营造趋于复杂化，设置亭廊、石峰洞壑成为组织空间的主要手段。园林的精致程度远胜前代，园林建筑造型也空前多样，尤以平面及建筑屋顶组合为甚。

宋朝园林的营造手法有了新的进展，其与自然环境的结合以及对园林的选址也是更加讲究。主张利用原有基址地形地貌及建筑，同时考虑园外借景，内外景观浑然一体。此时的园林大多简远疏朗，意境深远。尊崇自然的美，成为这一时期园林的普遍特征。另外，园林的布局也受到风水术影响，北宋艮岳便是一例。

景点塑造

两宋园林的风格在不同时期是发展嬗变的，就宫苑园林而言，早期承唐、五代之制，以池、岛为主体，建筑尺度较为宏壮，景物较为开朗，北宋晚期已经发展到以筑山叠石为主，建筑尺度变小，密度大幅度增加，某些园林景象一反唐以前开阔疏朗而与清代宫苑园林类似，北宋中期洛阳的园林对中唐五代的风格与趣味继承较多，以理水为主，山水格局注重再现与模拟，注重植物的栽植与观赏，景象萧疏淡远，而北宋晚期开封士人园林则与宫苑园林一样，以掇山为主，注重建筑的精美，与洛阳园林分别代表两种不同的情趣。

至北宋，曲水流觞已成为一种相当普及的园林景观，遗留下来的宋时曲水流觞遗址有：四川宜宾的流杯池、万州高笋堂旁的流杯池、河南登封崇福宫泛觞亭流杯渠以及广西桂林曲水流觞巨型石刻等。宋人注重通过文字来点明景点的潜在含义，一般的园林建筑均有题额，南宋时期，园林开始出现楹联点景的记载。

理性精神不仅改变了山水画家的视角，也影响着园林的欣赏方式与景点设计。两宋园林从单个景点的设计手法，以及大量的堆山叠石、理水、建筑上看，远较前人细致与成熟。由于花木栽培技术提高，花卉品种丰富，园林中有前所未记载的夏菊、千叶山茶、白杨梅等植物，许多野生花卉进一步被引进园林。园林之中部分景点都以植物景观为主题特色，春夏秋冬，四时花木景致各不同。

7.4.4 技术手段

叠山

宋代，叠山技艺开始向着专业化的方向发展，尤以江南一带为胜。从物质层面看，太湖石的开发和使用以及城市园林立地条件的变化是促进叠山走向成熟的重要原因。前者决定了叠石艺术发展的可能性；后者则决定了叠石成山的必要性。

宋代园林假山形式主要有置石假山、泥假山两类。土、石两种叠山类型并行发展，在宋朝并没有相互融合的迹象。正如《癸辛杂识》所说，叠石为山的形式在北宋艮岳以前并不多见。在《营造法式》中，园林假山被归为"泥作"的范畴，称为"泥假山"，体现出早期园林用土筑山甚至用泥"塑"山的特点。

宋代奇石多用于单体欣赏、特置或盆玩，很少用于组合累叠。宋代庭院叠山继承了唐代山池院假山置石为主的风格，但特置石体量巨大。大规模土山和庭院置石两种叠山风格并存而不融合。艮岳土石叠山与庭院置石都有出现，但别的园林没有这样的条件，并未能将二者融合。

理水

宋代园林与前朝和后代相比较而言，理水上以池岛见长，尤以洛阳诸园最为显著。由此园林空间平林疏远，多层次，有平原山水的意境。加之，宋人擅长花木，水景观空间效果更接近于自然。由于唐宋之际，邻国日本多次派遣遣唐使及僧人入华，学习中国文化，其中也包括园林艺术。因此，遗留至今的日本平安时代的迴游式庭园与宋代的园林水景有相似之处。如以缓坡土岸，稍微缀以自然块石的形式最为多用，且岸石多置于水湾上的流水冲激处，力求表现自然的情趣及野致，等等。

建筑

宋代的建筑技术有了长足的发展，除去建筑更加精巧而富于变化外，理论上以李诫的《营造法式》以及喻浩的《木经》为代表，是官方和民间对当时发达的建筑工程技术实践的经验的理论总结。建筑平面类型丰富：一字形、曲尺形、折带形、丁字形、十字形、工字形；立面造型：单层、二层、架空、游廊、复道；屋面类型：两坡顶、歇山顶、庑殿顶、攒尖顶、平顶；桥梁类型：平桥、廊桥、亭桥、十字桥、拱桥、九曲桥等；亭的类型：圆形、扇形、方形、六角形、八角形，也有用双圆或双方构成的鸳鸯亭。可见建筑的结构与形式已经十分丰富，或依山而建、或突兀水际、或点缀路旁，与周边及自然环境高度融合。

至宋代，台榭建筑有新的发展，台可登高瞭望，榭则滨水而筑。流杯渠亦称"九曲流杯渠"，常见于园林建筑中。其渠道屈曲，形似"风"字或"国"字，水槽用整石凿出，或用石板为底、条石垒砌而成。

植物

宋代园林植物配植及植物品种培育进入极其繁盛的时期，宋代涉及花卉栽植技艺的著作达 30 余种。宋代园艺技术发达，花木的观赏较之唐代也更为普遍地进入文人士大夫的生活领域，花圃也成为当时园林中的常见要素。

7.5 小结

宋代是中国文化艺术及思想史上的重要时期，文人园林逐渐成熟，传统隐逸思想至宋代广泛地转变为"壶中天地"、"须弥芥子"的园林意趣。文人的审美和思想对文人园林的风格及表现手法产生巨大的影响，诸如宋徽宗赵佶、司马光、欧阳修等著名宋代文人都亲身参与过造园活动，以其个人思想主导园林的设计。不仅如此，文人园林亦对宫苑园林、寺观园林等其他类型产生重要的影响。宫苑园林中，艮岳虽如昙花一现，但其园林造景的精妙及建造技艺的高超，可谓是集宋代园林之精髓，亦成为后世敬仰学习的典范。两宋园林显示出前所未有的艺术生命力和创造力，在中国古代园林史上可谓是达到了登峰造极的境地。随着佛教禅宗传入日本，两宋园林对日本的禅僧造园也具有重要影响。

第8章　元代

8.1 时代背景

元朝，国家疆域空间的极大拓展，旧有的社会秩序崩塌并重置，异域文明的涌入，又为中华文明的赓续生发提供了意外的契机，元后期江南造园活动兴盛一时。

经济

宋元之交的惨烈战火与震荡，重挫了原本璀璨的宋经济，而元统治者始终低下的社会管理水准与意识，如四度"海禁"的推行，则构成了持续的摧残与禁锢，终元一世，经济在总体上始终远逊于两宋水准。但元王朝空前广袤的疆域，空前畅达的东西交流，以及统治者的轻文"反智"倾向，又带来了重商主义、"色目"文化的盛行，对社会经济与活力具有特殊的推动作用。

元后期的至治三年（1323年），海禁重开，千里江南，尤其近海地带，逐渐形成了直追两宋的经济浪潮，并带动了人文的复苏与勃兴。当地士人群体，原本因科举制度的长期废止，失去了参与政治的可能，淡化了精英身份，这时较多投入到空间广阔的贸易与拓垦行业，一时踔厉风发，重新发现了威权之外的自我，形成相当规模的高素质士商阶层。最著名者如昆山巨富、名园玉山草堂主人顾阿瑛——这也为元后期的江南造园浪潮，提供了直接的物质支持与品质保证。

政治

公元1271年，蒙古族人、元世祖忽必烈建立元朝（也称蒙元），后定都大都（今北京），成为我国历史上疆域广袤，特征鲜明的大一统政权，直至1368年，才在明军北伐的铁蹄声里黯然落幕——这一年，元惠宗（即元顺帝）偕众仓皇逃出大都，回归朔漠，沦为北元区域性政权，坐待二十年后的彻底分崩。

元王朝带来的是政治制度传承的断裂。源于奴隶制文明和"草原政治"的专制与奴化、反智与粗率，令前朝制度文明的宝贵积累，几乎化为乌有。尽管经历了由元世祖忽必烈，到元仁宗甚至末代惠宗孜孜不倦的"汉化"努力，曾经的宋代"开明专制"仍然一去不返，而诸如蓄奴、匠户等早已被前朝抛弃的落后制度，却由元代重拾，并一直沉重地延续到明代。

文化

元王朝一定程度的政治宽松与重商主义，带来了局部地域的人文承续、生发直至井喷，从元初江南湖州一隅，赵孟頫、钱选等"吴兴八俊"的奠基，直至元后期三四十年间，整个富庶江南竟蔚为动荡年代蓬勃璀璨的人文高地，山水画坛划时代的"元四家"，文坛名家柯九思、杨维桢、陶宗仪、高明等大批精英在这里风云际会，交相映发，催生出山水画引领的文化艺术黄金时代——这也为该地区独领起时代造园的风骚，打下了坚实的基础。

元朝一方面继承和发展着醇和舒卷、清纯典丽的宋风，如山水画的进一步淬炼凝神，如元官窑瓷器的纯净莹润，一方面又引入刚健清新的异域风格，如由雕塑家刘元（也称刘銮）融合"西天梵相"开创的、强力写实而又别样传神的元代雕塑，如带着浓重伊斯兰装饰趣味、豪劲而又不失雅趣的元青花。而某些传统文化与艺术类型，则因社会结构的变迁与平民文化的兴盛，发生了表达方式与主题的迁移，如元曲的兴盛，仿佛主流文学的"下移"与通俗化；元代的文人园林则有着向村庄与郊野发展的趋势。

元王朝以暴力打通东西方交流的通衢，一方面元朝抑制了伊斯兰文明，另一方面又借此吸纳了当时世界最先进的天文、水利、航海、建筑等科学知识与工程技术——其科技水准以豪迈清新的姿态，挣脱传统桎梏，冠绝前朝。如郭守敬主持的大运河与元大都水系整治、天文历法"授时历"；又如刘元细入毫发的写实雕塑……元王朝富于理性、实用性的科技精神，也为造园艺术尤其北方地区的造园注入别样光彩，如元大都水系、保州（即今保定）水系的营造。

8.2 造园活动

8.2.1 元代的造园

南宋以来，造园活动的重心已偏向江南，宋末元初的战火对北方的破坏更促进了江南的繁荣。元代的城市，除政治"两都"即大都、上都，面向海外的商贸"七港"如泉州、广州、杭州等地，面向内河的运河沿线城市如真州、扬州、济州、临清等地外，尚于长三角之江南地区，逐渐形成密集城镇群，这为元后期江南文人园林的村庄化与郊野化分布打下了基础。有元一代的造园活动，主要集中于这一带，时间则集中于元后期海禁开放后的数十年，尤其晚元。其中规模宏大而负有盛名者，有昆山巨商顾瑛之玉山草堂，松江画家曹知白之曹氏园；规模近似而不著称者，如松江杜氏翡翠碧云楼，即有轩斋"七十二所"。此外，仅近海而利于海洋贸易（当时称"下番"）的松江一地，尚有陶宗仪之南村草堂、王逢之"最闲园"等文人名园，夏氏清樾堂、陶氏云所园等其他园林数十处。仅名士杨维桢一人，就为其中多座园亭写下园记——由此松江一隅，不难推想此阶段江南地区造园活动之繁盛。其他如无锡倪瓒之清閟阁，苏州禅寺园林狮子林，以及元初湖州赵孟頫之莲花庄也都名噪一时。相形之下，其他地区的造园活动，即便威名赫赫如大都，除皇家宫苑外，也仅有廉氏万柳堂、宋氏垂纶亭等区区数处而已。

元代位于城市的第宅园林远不及远在郊野、村庄者来得丰富，如松江府城南门内、迎仙桥西北的草玄阁，为元末大文学家杨维桢寓所，当时景色称胜，至明晚期始毁于火。明崇祯十六年（1643年）邑人李凌霍又重修名胜，但至清中叶遗址已不可考。寺观园林以元末苏州狮子林最为著名，此外如沿袭宋代大型园林"云间洞天"部分山林景象的松江府慧海寺庭园，拥有众多湖石名峰与"东岩"山景。而北京香山碧云寺的水泉院，或许还存留着元后期初建时的格局。邑郊理景，仅能延续公共空间、公众社会最为发达的宋代余绪，如杭州西湖在最为脍炙人口的南宋十景基础上，又整理出"钱塘十景"，即冷泉猿啸、葛岭朝暾、孤山霁雪、六桥烟柳、九里云松、灵石樵歌、北关夜市、浙江秋涛、两峰白云、西湖夜月——对原有景象空间有所拓展，其中"冷泉猿啸"一景中，也包括元代在灵隐寺飞来峰大肆雕琢藏传佛教摩崖石刻、暗含征服感的成绩。

总体看来，元代园林见于著录者仍相对较少，难与两宋、明清之造园兴盛局面相提并论，且因年代久远，格局留存至今而著名者，不过北京三海、保定莲池、苏州狮子林等区区几处而已。

在园居生活方面，宋代文人园林空前风雅而丰富的园居生活传统，在元代尤其元后期江南文人园林中得以延续，如陶宗仪《南村辍耕录》所载，元末夏秋之际，松江泗滨名园"清樾堂"上的雅集，将小巧的金质酒杯置于盛放的荷花中，由歌姬捧花行酒，宾客则执花分瓣就饮，称之为"解语杯"。这与北宋欧阳修在扬州平山堂雅集中的击鼓传花实在一脉相承，而同书所载，元初名臣廉希宪位于元大都的名园"万柳堂"中的雅集，场景也极为类似，在座者包括大书画家赵孟頫。但长期社会边缘的游走，又难免带来另类的纵逸与放达，如大文士、"草玄阁"主人杨维桢喜好将酒杯放在舞女的金莲鞋中行酒；再如大艺术家、"清閟阁"主人倪瓒的园居洁癖，竟至于每日洗涤庭院中的梧桐树。这在前朝似乎未见。元代文人的园居生活，最终在元末昆山巨富、儒商顾瑛的名园玉山草堂，升华到划时代的规模与高度——玉山草堂的诗酒酬唱与文章雅集，建立在独立富足的经济基础之上，其阵容之强大，成果之丰硕，堪称园林文学史上的巅峰。

8.2.2 造园人物与著述

郭守敬

郭守敬（1231-1316年），字若思，元代著名天文、水利与数学家。他幼承家学，初通天文、水利与算学。青年时有幸师从大政治家、学问家与易学家刘秉忠，学养、眼界获得拓展升腾，并得其间接引荐，为元世祖忽必烈所重用。中年时组织"四海测验"，借鉴沟通伊斯兰文明，制订出《授时历》这样领先时代的精确天文历法。至元二十八年（1291 年）任都水监，精心审视大都地形地貌，涓滴汇集，引导京北、京西众多泉水，开凿由通州到大都积水潭（今北京什刹海）的运河，即大运河最北段"通惠河"，将千里运河汩汩引入大都城内，转折顿挫为迷人水岸、水核，再历经宫阙、城市，从容流出——可谓继其恩师与引路人刘秉忠之后，最终丰富完整了元大都的建设，使其空间形态、城市功能与生态景观水准均获得进一步升华，对于南北交通漕运与大都城市地位的最终奠定，起到至关重要作用。

郭守敬贯通天文、水利、人文与异域文明的眼界、胸襟，使大都形成"萦畿带甸，负山引河"[①]、生气勃发的壮阔地景，因此郭守敬也是一位理景艺术家。

倪云林

倪瓒（1301-1374 年），字元镇，号云林子，江苏无锡人，初具"超现实"色彩的元末明初大画家、诗人、道人，他以"洁癖"推动艺术极简化，人称"倪迂"，以孤高推动艺术写意象征化，是元画"高逸"的最高峰。倪瓒极简极纯、富于象征的山水构图与笔墨，对后世江南文人园林基本布局与景象构成，具有深远影响。

倪瓒本人建有园林"清閟阁"，根据明代顾嗣立《元诗选》中《倪瓒清閟阁稿》、高濂《遵生八笺》，清閟阁的造园一大特点是列置奇石（"周列奇石"、"窗外巉岩怪石，皆太湖灵璧之奇，高于楼堞"），这在狮子林、玉山佳处以及曹云西园都是共同点，可见是当时江南一带共同的造园与欣赏方式。此外植物造景也是重要的，"松篁兰菊"、"松桂兰竹……高木修篁"营造出"茏葱交翠"、"郁然深秀"的氛围。

8.3　造园案例

8.3.1　宫苑

大都御苑

元大都总体布局较多比附《周礼·考工记》，方正严整，序列清晰，似为表达文明承继而又重开新元，强化非汉族政权的合法性与开创性（图 8-1）；同时，选择辽代"瑶屿行宫"、"白莲潭"故址——也即金代大宁离宫"琼华岛"、"西华潭"这一区池岛（后为明代皇城西苑）作为三大宫殿群落的核心，则不免体现出逐水草而居的游牧民族的固有眷恋，并暗含着中亚、西亚文明对水的崇拜。

---

① （元）陶宗仪《南村辍耕录 卷之二十一 宫阙制度》。

图8-1 大都及其西北郊平面图《中国古典园林史》

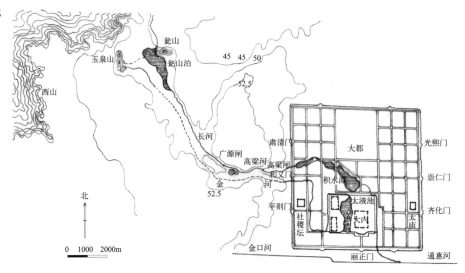

太液池是大都宫苑的主要水体（图8-2）。太液池的狭长水体，恰好暗合同时代文人山水画以及明末清初文人园的"一水两岸"布局，兼得东西向之紧凑欲接，与南北向之幽长深远。而池中三岛，即万岁山（即后之琼华岛）、圆坻（即后之团城）、犀山台，由北而南纵列，并偏于水面东侧。如此布局，一则暗含南北虚轴，可呼应宫殿轴线，满足皇家的仪式感追求；二则在南北走向上，可利用万岁山的高耸，和圆坻东西两侧的飞桥，令水域空间层次更为丰富；三则在东西走向上，总体形成西宽东窄的不同水域景象。

而如万岁山因北部水体之宽阔舒展，拥有尽情的展示空间，成为该水体乃至全苑的景象核心，自山巅眺望，则可借景脚下宫阙与城外西山；"圆坻"位于水体由北而南收窄部位，可配合收窄中部水体，加强其宽窄变化，并与万岁山笔断意连，成为全苑景象转换的枢纽；犀山台则相对独立孤峙，成为南部水体景象核心。

这一狭长水体横贯宫阙，与后者的严整形成极好的对比与因借关系，如从万岁山顶眺望："四望空阔，前瞻瀛洲仙桥，与三宫台殿，金碧流晖；后顾西山云气，与城阙翠华高下，而海波尘回，天宇低沉，欲不谓之清虚之府不可也。"[1]

取"一池三山"之意，万岁山象征蓬莱，山上并有方壶亭、瀛洲亭、吕公洞，"圆坻"象征瀛洲，而犀山台象征方丈，三者南北列峙，高低错落，景象纷呈，与东西宫阙隔水相望，飞桥勾连，因凡尘之瑰丽，愈显仙界之飘渺高远，意象营造上也是较为成功的。

游牧民族与中亚、西亚文明的水体崇拜，除以太液池作为三宫核心外，还体现于水体景象的塑造，如汲引西来的金水河水，以机械提升至万岁山顶方

---

① （明）萧洵《元故宫遗录》。

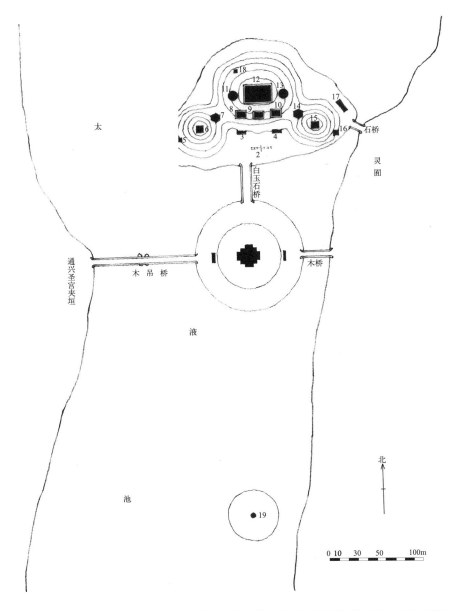

图8-2 元大都太液池图
《中国古代建筑史 第四卷》
1. 仪天殿 2. 玲珑石拥木门
3. 牧人室 4. 马湩室
5. 瞭粉亭 6. 温石浴室
7. 瀛洲亭 8. 延和殿
9. 仁智殿 10. 介福殿
11. 玉虹亭 12. 广寒殿
13. 金露亭 14. 方壶亭
15. 荷叶殿 16. 庖人室
17. 东浴室更衣殿 18. 厕堂
19. 犀山台

池,再潜流至山南坡的仁智殿,形成蟠龙喷泉的万岁山水法体系;再如其西南"自顶绕注飞泉,岩下穴为深洞,有飞龙喷雨其中。前有盘龙相向,举首而吐流泉"的兔儿山水法体系[1],都令人仿佛身入西班牙阿尔罕布拉宫(Alhambra Palace)的水院。

观宋人《金明池夺标图》,不难发现北宋汴京金明池中的"水心殿"与"仙桥",与太液池中"圆坻"、"飞桥"仿佛相似,太液池也如金明池一样,是"龙舟"出没之地。而万岁山的原型"琼华岛",本就仿自汴京艮岳,并直接运其山石至此。宋金两代的宫苑余绪,不可避免地体现于元代宫苑中。

---

① (明)萧洵《元故宫遗录》。

游牧民族通常偏好饱满炽烈的感官审美，水法、拱券穹隆等造景与建筑手法、广为使用琉璃、紫檀以及金红色彩等，昭示着亚欧大陆征服者的审美心理。如万岁山顶的广寒殿："殿皆线金朱琐窗，缀以金铺。内外有一十二楹，皆绕刻龙云，涂以黄金。左右后三面，则用香木，凿金为祥云数千万片，拥结于顶"。又如"新殿后有水晶二圆殿，起于水中，通用玻璃饰，日光回彩宛若水宫"[①]。再如太液池西南"兔儿山"以拱券在内，湖石在外成山。

8.3.2 第宅园林

保州张氏雪香园（今保定古莲池）

元代地方豪强、都元帅（后封蔡国公、汝南王）张柔于蒙古太祖二十二年（1227年）移驻保州，整理营造全城水系，并建造四座园林，其中在唐代临漪亭基础上修建雪香园，可能为其私宅园林。元人郝经在《临漪亭记略》中称："茂树葱郁，异卉芬茝，庚伏冠衣，清风夏然，迥不知暑。澄澜荡漾，帘户疏越，鱼泳而鸟翔，虽城市嚣嚣而得三湘七泽之乐，可谓胜地也。"此园后成为行军千户乔惟忠私宅，于至元二十一年（1284年）被地震震毁，仅存深池清水。后历经修葺延续至今，园中"绿野梯桥"和部分水面应为元代遗物。值得一提的是，至元三年（1266年），张柔曾被派遣监督元大都的建造，虽然不久去世，仍可能对其水系营造作过贡献。

昆山顾瑛玉山佳处

元后期昆山三才子之一的巨商顾瑛（1310-1369年）于至正八年（1348），在界溪旧宅之西（今昆山正仪镇）建园，初名"小桃源"，大文士杨维桢曾为之作《小桃源记》。后改称"玉山佳处"，又改称"玉山草堂"——从名称看即似有从艳丽向雅淡回归之势。"玉山"得名于"昆山"。几年之间，顾氏放弃垦殖旧业，专心于造园，先后建成的景点有桃源轩、钓月轩、可诗斋、读书舍、书画舫、春辉楼、秋华亭、芝云斋、小蓬莱、碧梧翠竹亭、来龟轩、小游仙坊、百花潭、鸣玉堂、湖光山色楼、浣花溪、拜石坛、渔庄、柳塘春、春草池、金粟影、淡香亭、君子亭、绿波亭、放鹤斋、听雪、雪巢、白云海、嘉树轩、种玉亭、荷池、绛雪亭等三十二处。吴克恭在《玉山草堂序》中称："结茅以代瓦，俭不至陋，华不踰侈。散植墅梅幽篁于其侧"——总体规模宏大而风格质朴，富于文人雅韵，近于邑郊之宁静。元末的后至正二十七年（1367年），玉山草堂和众多江南晚元邑郊名园一样，毁于元明之交的战火。

玉山草堂最为人称道者，是顾氏以其雄厚财力、恢弘气度、淋漓才气和宽

---

① （明）萧洵《元故宫遗录》。

广人脉，在元后期渐至蓬勃的江南文化艺术高潮中，充当了独立的艺术赞助人角色，其担纲组织持续十多年，参与者上百的"玉山雅集"，荟萃柯九思、黄公望、倪瓒、杨维桢、熊梦祥、顾瑛、袁华、王蒙等时代精英，留下了极其丰富的诗文作品，树立起一代士人"为艺术而艺术"的、独立昂扬的园居生活高标。

松江曹氏园

曹氏园由著名山水画家曹知白建于松江（今青浦小蒸镇），规模宏大，名著一时。建园时曾广邀文人为园中主要建筑分别作记，故其文字流传较多，有著名文人虞集之《厚堂记》、画家柯九思之《安雅斋记》，声名较逊的黄溍之《古斋记》、王毅之《知本堂记》、知乐亭主人邵桂子之《题曹云西蔬屋诗》等，但对整座园亭的详尽描述则当推南村草堂主人陶宗仪之《曹氏园池行》。曹氏园极盛时，陶宗仪避兵松江，常泛舟踏访，由曹知白之孙曹炳款陪，园中景致皆曾寓目；园毁后，他无限感喟地赋诗追忆，将昔日胜景一一蕴涵其中："……我昔避兵贞溪头，杖屦寻常造园所……翁之交游皆吉士，赵邓虞黄陈杜李。或铭或记或篆颜，华构翼飞耀闾里，中堂曰厚德茂存（厚堂），翼室且可栖琴尊……红杏作花锦千树，帘卷高楼听春雨（听春雨楼）……有时怡旷倚阑干（怡旷楼），九点晚山清且远（清远楼）……地脉衰疲草树焦，颓垣断址低昂见……"此外，黄溍《古斋记》言："独此斋之屋犹为六世故物……君复缮治藻饰，环以佳花美木，池台水月之胜，萧然如在穹林邃谷间……"亦可供揣测其山水景观环境。

曹氏园址旧日为南宋教授曹泽之别业乐静堂，宅后有东、西果园，仍是生产型庄园格局。后来其孙曹和甫修茸此堂，植竹千竿，重饰园庐，改名为"居竹堂"，由大书画家赵孟頫书匾，诗人方回作记。其从孙曹知白则获得东、西果园地，凿池叠石，构堂作轩，将其改筑为占地八十余亩的休闲型园林。如假设曹知白二十岁以后始兴筑此园，则此园之兴建年代应不早于至元二十九年（1292年），但园中部分建筑如古斋等则年代更早。天历二年（1329年）冬，大雪冻毙园中竹树，园景损失惨重；翌年，江南大水，江、浙、湖广被祸最甚，此园亦未能幸免——其时曹知白已近花甲之年，似再无心力兴复，因而此园存在时间至多不过四十年。此后曹氏子孙仍在此园周遭陆续兴造园亭，但规模均无法与之相比。

曹氏园景几乎尽以建筑为主导，包括志中所列"厚堂"、"求志堂"、"玉照堂"、"且堂"四堂，"古斋"、"止斋"、"停云听松斋"、"松石斋"、"常清净斋"、"元虚斋"、"卧云斋"、"卧元翠斋"八斋，"暖香"、"摇雪"、"息影"、"洁芳"、"遂生"、"清浅"、"楚诵"、"晋逸"、"乾坤一草"、"灌畦"、"笙月"、"白醉"、"清晖外霞"十三亭，"窪盈轩"、"素轩"、"扪虱轩"、"受采轩"四轩，"怡旷"、"清远"、"巢云"、"听雨春"四楼，"东庄"、"小墨庄"两庄，"雪舟"、"藕花舟"

两舟，"遗安室"、"小谿吟屋"、"花竹间瀼"、"云中春雪月最佳处"、"警梦"、"尸居"六建筑，"雪洞"、"流月"、"霞川"、"蹑虹"、"月窦"、"仁寿"六桥等，计四十九项，而全园建筑实共计八十余项，扣去通常不计为建筑的桥梁，也在七十项以上，有些或许还是建筑组群，而其总面积不过八十余亩，建筑密度空前。

才兼书画、品位不凡的陶宗仪称"浙右园池不多数，曹氏经营最云古"，"古"显然非言其古老，而是揄扬此园尽得元人以高古为尚的画意；然而"高古"二字向来与萧疏、寂寥、清旷、荒寒相连，而与高建筑密度无涉——或可解释为此园着意以极度集中的建筑组群与大片恬淡古雅的山水空间构成充满张力的对比，其间稍加穿插互渗；而建筑风格仍应以质朴为尚，惟局部点缀以"华构翚飞耀闾里"——曹知白以其绘画才情主持此园之意匠经营，或为此园之名闻遐迩的主要原因。

曹氏园之超高密度建筑组群处理体现了规模日见扩大、内涵日益丰富的园居文化生活之时代要求，在一定意义上开创了后世主要是晚清时期以建筑群落为主的园林创作手法的先声，也从深层次反映了有元一代乡野文化、休闲活动的繁盛和上海地区文人园林早期世俗化进程之一斑。

松江南村草堂

在泗泾之南，今松江区泗泾镇南村酒家一带，为元末明初文学家陶宗仪耕读之所。陶字九成，号南村，浙江黄岩人，工诗文，善书画，为躲避元末战乱举家来到泗泾南村，筑宅园隐居。

其中主要建筑应为南村草堂，此外尚有竹主居、蕉园、来青轩、闾杨楼、佛镜亭、罗姑洞、蓼花菴、鹤台、渔隐、螺室等十景，此园以乡村景观的刻画塑造为指归，似偏重植物景观，稍稍点缀建筑而成。陶宗仪作有"南村十咏"，其悠然自处之意溢于言表。

草堂建成后成为一代文人诗酒徘徊之所，陶宗仪弟子、开吴门画派先声的画家杜琼（1396-1476年）有《南村十景》册页传世，存上海市博物馆。陶宗仪朝夕吟啸其间，亦有《南村诗集》及著名史料笔记《南村辍耕录》传世，令南村之名传诵于久远。此后，陶宗仪又于凤凰山麓筑南村居，于干山麓筑菊庄，隐逸峰泖间达五六十载。

8.3.3 寺观园林

平江（苏州）狮子林

位于元代平江城（即今苏州）东北的狮子林，于元晚期的后至正二年（1342年），由高僧天如禅师的众弟子为其师创建。因天如禅师的恩师中峰和尚曾居住于浙江天目山狮子岩，故命此名，也称狮林寺，今存面积十余亩。

此园建成后渐渐成为全城之文化沙龙。著名画家倪瓒、朱德润、赵原、徐贲皆有描绘园景的画作，并可能参与了景象设计。其中由赵原与倪瓒合作绘制于明初洪武六年（1373 年）的画本（图 8-3），令此园名扬天下，几成最著名之禅寺园林。此外，洪武七年徐贲也为狮子林十二景各作一图（图 8-4）。

狮子林呈前寺后山与寺山一体的格局，以山景为主题，将其置于寺庙建筑群后，并在其上设置方丈（"禅窝"），供奉七佛，不但呼应前部寺院，也令全寺宗教氛围达到高潮——明万历初年建造的北京万寿寺，也于中轴线后部堆掇较为对称的青石三峰，并于各峰建造小殿，供奉观音、文殊、普贤，格局仿佛与此类似，至今仍存。

置"峰"拟形与筑"山"求势，狮子林从建园之初，就一方面有以掇山整体写仿天目山狮子岩的初意，一方面贪恋以单座石峰拟形狮子（狻猊）、以群石成狮子林的景象，反致伤害了山形的浑成静穆。如元人欧阳玄在《师子林菩提正宗寺记》中称："因地之隆阜者命之曰山，因山有石而崛起者命之曰峰，曰含晖，曰吐月，曰立玉，曰昂霄者，皆峰也。其中最高状如狻猊，是所谓师子峰"——于"山"上列置石"峰"的基本意匠很明显。元人危素

图 8-3 倪瓒《狮子林图》

图 8-4 徐贲《狮林十二景图》之狮子峰

《师子林记》也称："林中坡陀而高，石峰离立，峰之奇怪而居中最高，状类师子，其布列于两旁者，曰含晖，曰吐月，曰立玉，曰昂霄，其余乱石磊瑰，或起或伏，亦若狻猊然"。惟则的《师子林即景》诗中亦有"石林分坐绕飞虹"的句了——今存狮子林"卧云室"一区太湖石主山，虽历经修缮添加，仍存留着初建时的大致体貌。二百年后的明嘉靖年间的苏州五峰园掇山，也于横向平冈上，纵列太湖奇石五座，手法似与狮子林一脉相承，也可能较多保存着初建原貌。

后世如清盛期乾隆帝南巡时六访狮子林，并在北京长春园与承德避暑山庄中仿建，足见审美取向的契合；而同时代的落寞文人沈三白则在《浮生六记》中批判道："其在城中最著名之狮子林，虽曰云林手笔，且石质玲珑，中多古木，然以大势观之，竟同乱堆煤渣，积以苔藓，穿以蚁穴，全无山林气势。以余管窥所及，不知其妙"。

大约两百年后，日本京都龙安寺方丈院南庭以砂庭置石的枯山水参禅，将"峰"与"山"彻底分离，走上了与狮子林截然不同的、抽象与象征的道路。

植物造景凸显禅意，狮子林中原有卧龙宋梅、腾蛟宋柏，其旁分别有问梅阁、指柏轩，以"马祖问梅"、"赵州指柏"的禅宗公案，化植物造景入禅意空间，与禅窝、立雪堂等建筑融为一体。全寺建筑稀疏而林木茂密，禅意盎然，属早期山景禅寺园林。

8.3.4 邑郊理景

松江旧西湖

北宋起官方即于松江府治西南的旧西湖一区点缀亭台，其"北渚"有风月堂、湖光亭，"中洲"有思吴堂、泳波亭。至元代，知府张之翰在泳波亭故址建西湖书院，县丞魏云翼于唳鹤滩重建泳波亭，成为府城第一佳胜。

8.4 时代特征

8.4.1 思想观念

元王朝建立之初的"外来者"身份，及其政治排斥、民族歧视与宗教宽容政策，直至元末的战乱，竟催生出魏晋之后的第二个隐逸与高蹈的时代——广大士人阶层，尤其江南士人，既饱尝自我放逐甚至颠沛流离之苦，又渐渐赢得自由之志、隐逸之快和超拔不羁的文化，这样的隐逸文化在元后期蔚为潮流，催生了当时江南地区郊野、村庄园林的相对繁盛。

此时多元的道家思想文化已日臻成熟。平淡简静、清逸空远、富于象征色彩而又不失世俗情韵的道家审美旨趣，也融合着枯淡的禅风，为元王朝的士人打上显著烙印。从赵孟頫、黄公望、吴镇直至倪云林，数代艺术核心人物，均曾迷恋老庄，身入道门，蔚为文化奇观。元中后期的苏、扬二州，见于记述的名园寥寥，倒是如刚刚由县升州的无锡等小型城镇"百里之内，第宅园池甲乙相望，譬诸木焉"——政治的失意，道家的情怀，催生出元代江南文人追求现实享乐与心灵解脱的恣纵、洒落心态，悄然绽放于宁静的郊野。

8.4.2 审美方式

元朝，政治失意而财富丰裕的文人、画家，不免对造园有更多的热情与投入。他们在江南地区的合流，延续着宋代园林的发展脉络，不仅促成了"文人画"的产生与定型，也进一步奠定了江南文人园林的写意与传神基调，并提升其艺术水准，引导其手法演进，丰富其文化意涵，进一步明定了文人园的艺术身份与主流地位。元代绘画，由赵孟頫奠基，告别了宋代院体画的一味写实，返师自然与内心，借助书法线条与笔触，纯化表现手法，融入精神诉求，画面渐由繁密周到，转为萧疏极简，一步步臻于文人写意画的自由之巅——即便同处于元代，对比王蒙的《具区林屋图》与倪瓒的《渔庄秋霁图》，也能看出简化与纯化过程。

文人画这一相邻艺术领域的渐次变化，对元代及其后江南文人的造园风格，产生了深远影响，倪瓒不仅描绘了狮子林，也自营私园清闷阁，以倪云林为代表的文人们在元末的园林史上留下一笔。

元代末期，江阴文人王逢则在松江郊外筑有"最闲园"，自嘲"最闲"，流连江湖的王逢固然不免时事战乱之忧，但也因天地广阔，无牵无绊，而更多寄情适意的不羁与放纵，这是元代文人的典型状态。与前朝"兰亭雅集"的贵族血脉、"西邸学士"的政治依附相比，"玉山雅集"几乎纯由平民组成，脱尽功利追求、身份筛选，而追求艺术的完美，与情怀的适意的文化园居。

8.4.3 营造方法

相比前人，元大都除沿袭北宋汴梁直接以运河入京，在景象和意象上强化城市空间的流动性与尊崇感外，似乎充分利用着王朝初奠的赫赫威权，与文明上升期的蓬勃天趣和缜密理性，将延续着江南千里水脉的入城河道与城内原有自然湿地、金代园池，奋力整理顿挫为草原湖泊般宽大悠长的梦幻水面，而与广袤规整、略显拘谨森严的整座城市相互映照，不仅解决交通运输、给水排水等城市功能要求，且自成宛曲而雄劲的城市级水轴，与城市陆上中轴饱满互动，掩映生辉。

其南段太液池，深入于皇城三宫之间，成就景象缤纷的皇家宫苑；其北段积水潭，交融于市井，成为城市水运、商贸、休闲的黄金水岸，也成为水上

"前朝后市"的特殊样板。

相对于文人园，山水画一直具有布局与表达样式的引领作用，而剪裁取舍至高度集约化，更富象征意味的元代文人山水画，堪称其中最重要的影响节点。元代如吴镇、倪瓒等人的文人山水画，则在此基础上进一步观照自然，凝练提纯出"一江两岸"、"一河两岸"式构图，借以拉开多个维度的空间景深，展现水流两岸缤纷景物的相互映照，一时蔚然成风。元末的山水画总结性人物倪瓒，最终又在原"一江两岸"式构图基础上升华、淘筛出经典的"三段式"构图，即近景为横坡及几株孤高傲立的寒树，中景留白为浩瀚渺弥的水面，远景横抹数道远山，如《容膝斋图》《六君子图》和《渔庄秋霁图》——而以后者画面最为清澈空灵，意象万千，仿佛诉尽浊世孤隐的萧然愁绪。这种极纯净简率的笔墨，极富象征意蕴的构图，攀上了传统山水画写意传神的巅峰，成为此后数百年间，万千浮世文人的精神写照，与心灵皈依之境。

元人的"一江两岸"直至元末倪瓒的"三段式"布局，数百年意象积累，一脉长传，最终令传统园林手法绽放，结出百般景象硕果。

8.4.4 技术手段

元朝伊斯兰文明成果的大量涌入，使得游牧民族、喇嘛教和伊斯兰教建筑在元大都宫苑一时并现，拱券、穹隆、水法、琉璃等众多建筑、造园技艺与材料，次第盛放，也令千里外的江南文人园林受到影响。

这一时期的东西交流对造园艺术的影响，大致可分为两类。一类更似君王猎奇性的闭门罗列，孤芳自赏，虽炫目一时，实对园林史并无广泛影响，而与此前秦始皇仿造六国宫殿于咸阳，此后乾隆帝营造西洋楼于圆明园类似——见诸文献的诸如畏吾尔殿、棕毛殿、水晶殿、旋磨台，昙花一现，都属此类。另一类则对园林史与建筑史影响相对长远，主要为拱券、穹隆与理水技术。如元代皇城西南角的大型湖石掇山"兔儿山"，在不大范围内累高至数十丈，又经后世在其上添建建筑后，至清中叶崩毁无痕——如为普通石包土掇山，这样的过程实令人费解，颇疑其内部为层叠的砖石拱券，外敷湖石。至今可见的，明初南阳唐王府花园巨型掇山内层叠的砖拱券，或许与之类似——而如明晚期江苏泰州乔园湖石掇山内的砖拱隧道，似也带有这一时期的手法遗痕——甚至直至清中叶掇山巨匠戈裕良在苏州环秀山庄、常熟燕园掇山中所使用的，以湖石、黄石直接构造"穹隆"之法，都可以隐隐看到这一元代造园手法、技艺的流风。

而如元大都的宏观理水成景手法，也颇疑受到当时西亚、中亚影响。微观如宫苑中的万岁山喷泉"水法"，几乎仅在明代御花园堆秀山小试一次，就此泯灭，坐待清中期圆明园时代的重新输入，但这毕竟也成为中西造园艺术交流的先声。此外尚有装饰与材料方面的影响。如游牧民族对饱满感官刺激的追求，导致元代宫苑中金红二色的更多运用，将此前女真族在金代宫苑中的首开灿烂发扬光大。再如紫檀、琉璃等特殊建材的运用，也对造园艺术走向材质审美的多元化具有一定的影响。

8.5　小结

元代的造园活动，时间上集中于至治三年（1323年）海禁开放后的元后期，地域上集中于江南的环太湖与近海地带。元后期江南的士商合流现象，为文人造园活动提供了必要的经济支撑，进一步促进了文人园林的风格独立与繁盛，确保其在失去政治资本支撑后，继续成为元代造园活动的主流。元代文人园林的布局与艺术手法仍处于探索与振荡期，以狮子林为代表。同期文人山水画"一江两岸"与"三段式"构图，对当时及后世文人园林具有重要影响。元代文人盛行道教信仰与隐逸乡居，进一步淡化了前朝文人园林的禅意，也为中日两国造园风格的分道扬镳埋下伏笔，以"玉山草堂"雅集为代表的元代文人园居活动空前繁盛。

文明的碰撞与多元化、科技水平的提升，造成了元代园林中拱券、穹隆、水法的缤纷出现和建筑色彩、材料的多元化，元大都的理水以及后世叠石中穹隆的出现都与元朝的对外交往有一定的关联。

下篇（公元 1368—1912 年）

　　明、清两朝持续五百五十余年，造园日臻成熟并逐渐达到高潮。明代中叶以后，造园活动频繁、思想丰富，在技术上也有了新的发展，《园冶》一书的诞生更标志着造园理论与技术的成熟。以拙政园、网师园、留园、环秀山庄、寄畅园、瞻园、个园等为代表的江南园林空前繁荣；以避暑山庄、圆明园、清漪园和北海等为代表的清代宫苑园林出现新的繁荣；与此同时，岭南、闽台等地园林渐次兴起，从而形成了一个具有鲜明时代特征的园林集群，反映了中国造园艺术的新成就。

第9章 明代

明代的园林数量大大超过前朝，随着园林文化的普及，内涵得到进一步丰富和充实。出现了一批重要的造园名家，造园技艺有着长足的发展和创新，产生了众多高水准的名园，并出现了《园治》等重要著述。统观明代，从明初到中叶，园林发展比较迟缓；中期以后，造园日趋鼎盛；晚明在达到繁盛高峰的同时，无论是园林审美还是营造方法都发生了重要的转变。

9.1　时代背景

明代前期，政治上皇权空前强化，经济上处于百废待兴、逐渐恢复的发展状态，社会风气则崇尚节俭，文化受到专制的强烈影响而建树寥寥，这样的条件对园林发展并不有利。明代后期，政治的控制则相对松弛，商品经济得到空前发展，社会风气日趋奢靡，文化也在繁荣的同时产生了丰富多元的变化，这些都为造园的繁盛创造了有利条件。

政治

明初，朱元璋极力强化君主集权制，废除了秦汉以后沿用了千余年的宰相制度，把相权和君权集中于皇帝一身，权威鼎盛。农民出身的朱元璋排斥元代富豪的造园游乐，也轻视文人士大夫以园林作为精神生活场所，下诏禁止苑囿园池的营造。明朝中期以后，皇帝昏庸怠靡，权力逐渐落入周围近倖手中，出现宦官擅权乱政和廷臣倾轧争夺的现象。法制松弛，纲纪坠地，政治日趋腐败，对社会的控制也逐渐松弛。就皇家而言，多骄奢宴乐的营造；就民间而言，明初所规定的百官庶民第宅制度已失去约束力，逾制现象十分普遍；尤其在经济发达地区，建筑与园池的营造日趋精美富丽。

经济

明初，百废待兴，经济有待复苏。明初提出并得到严格执行的一系列重农抑商、禁奢止侈的基本国策，也一度使袭自宋元而下的商品性农业与市镇工商业等先进经济颇受打击。进入明代中前期，随着农业生产的恢复和发展，社会的经济条件得到改善。明代中期以后，商品经济得到空前发展，社会财富得到极大增加，市民生活水准提高，造园成为社会的广泛需求，园林要素（如峰石、花木）也成为广为流通的商品，造园匠师能得到较丰厚的经济回报而吸引了大量人才，这些都成为造园兴盛的条件。

文化

明初在政治上建立君主集权专制主义的同时，在思想领域里也推行文化专制主义，大兴文字狱，对士人施行严格的思想控制，另一方面以八股文取士，严重禁锢士人思想和阻碍文化发展。文化专制空前严酷,官方文化的强势灌输与民间文化的孱弱窘迫形成鲜明对比。这种文化氛围与园林追求自由的内在精神格格不入。明中叶后,随着经济繁盛、纲纪松弛,人文思想转向活跃,文学艺术呈现出新的发展势头。知识界出现一股人本主义的浪漫思潮,企求摆脱礼教束缚、追求个性解放的意愿十分强烈。与此相一致,明初所倡而独大的宋儒程、朱之理学,逐渐被王守仁强调个人主观能动性的心学、王艮主张自我保身本性的格物论、何心隐肯定物欲合理性的育欲说与李贽呼吁解放个性的自然人性论所突破。各种以肯定个人的欲望与追求人格独立的带有人文启蒙色彩的活跃思潮不断冲击着,共同成为晚明时期文化价值的取向。这样的时代思潮对于造园有着巨大的推动作用。在文化内容上,丰富的多元性是显著特点,各种市民文化在明中叶以后随着社会风气变化而大为兴盛而普及,诸如小说、戏曲、说唱等俗文学和民间的木刻绘画等十分流行,民间的工艺美术如家具、陈设、器玩、服饰等也都争放异彩,审美新思潮不断涌现。生活方式趋向精致,感官追求细致丰富。这些也都投射到园林文化之中,有力地推动着园林的兴盛。在艺术上,明中叶以后,文人画风靡画坛,元代那种自由放逸、各出心裁的写意画风又复呈光辉灿烂、多元竞呈。如在文化最发达的江南地区,山水画坛上,明中期以沈周、文徵明为代表的吴门派、明晚期以董其昌为代表的松江派,都发展出了极高的水准。作为与山水画有着共通文化基础的山水造园,无论在审美还是方法上,都得到了深刻的影响和有力的推动。

9.2　造园活动

明代园林的历程大致经历了低迷的初期、渐复元气的中前期、转向极盛的中期,以及全盛而至转折的晚期。明初,经过战争的惨烈破坏和新政权对园林文化的极力打压,造园受到剧烈冲击而陷入低迷谷底。其中尤以朱元璋的造园禁令影响最为直接。《明太祖实录》洪武八年九月辛酉诏:"至于台榭苑囿之作,劳民财以为游观之乐,朕决不为之。"《明史·志第四十四·舆服四》:"百官第宅:……洪武二十六年定制……更不许于宅前后左右多占地,构亭馆,开池塘,以资游眺。"造园转入了小规模的、以建筑为主体的园林化环境营造中,并且往往与农业生产密切结合。

随着永乐迁都,政治中心北移,英宗在北京苑囿大兴土木,西苑成为全国范围内最华美、鼎盛的园林;上行下效,北京也出现了诸多士大夫造园及园林集会活动,著名的如正统二年(1437年)"杏园雅集"(图9-1),对大量在京为官的各地士人以巨大吸引,成为全国第宅园林发展的一种推动力。到成化、弘治年间,江南等地已有相当程度的繁荣,也出现了许多造园记载,甚至还有一些景致多样、效果突出的园林。园林叠山的风气逐渐重兴,熟练的叠山匠师

图9-1 谢环《杏园雅集图卷》（局部）

开始得到记载，如杭州的"陆叠山"、苏州的周浩隶、南京的周礼。除了第宅园林，衙署园林、寺观园林、邑郊理景等类型也都得到发展。

正德、嘉靖间，大致为明代中期，被公认为整个明代社会文化转变的关键时期，园林兴造是这种社会风气转折的重要组成部分，从此转向极盛。北京宫苑园林得到大规模扩建，各地第宅园林更出现新的高涨，造园之风普遍弥漫开来。到嘉靖末，"治园亭"的风气，同"歌舞"、"古玩"一道，已经在"士大夫富贵者"之中普遍形成。尤其是在江南地区，开始出现了许多规模庞大、景致丰富、营造细致、影响深远的园林，有的成为延续后世、获得更突出名望的园林的重要基础。同时，园林已不仅仅是官僚、士大夫的享受物，而且也成了庶民阶层的日常爱好，发展趋向更为普及和深入生活。

隆庆、万历以后的明代晚期，在经济富庶、文化繁荣、社会风气趋向奢靡的推动下，造园进入空前的兴盛时期，尤其第宅园林，从各种角度上看都可谓历史的顶峰。数量记录上，大大超过前代；地域分布上，遍及各地；普及程度上，已深入社会各个阶层，民间小园比比皆是，成为日常生活的重要组成部分；园林文化上，围绕园林的各个方面，如家具、陈设、古玩、花鸟等内容，乃至雅集、戏曲、饮馔、养生等活动都得到极大发展，"园记"和"园图"也极大兴盛，不仅得以详细记录诸多名园，也成为文学和艺术上的重要成就；造园艺术上，诞生了中国历史上第一部系统、完整的造园理论著作，涌现出一大批造园能手，成就了众多前所未有的营造复杂、景致精美的名园。在园林文化辉煌全盛的同时，造园的理论与实践也发生了深刻转折，影响直至今日。

明代造园的复杂历程及辉煌成果，在各地区并不平衡，总的情况是南方盛于北方，南方又以江南为最，以下就不同区域分部详论各地造园发展。此外，明代造园匠师与著述作为造园成就的显著方面，加以单独论述。

9.2.1　江南地区的造园

江南在历史上一直是个不断变化、富有伸缩性的地域概念，总体而言，明代江南以太湖为核心，也就是苏州、松江、常州、杭州、嘉兴、湖州六府，相对模糊的外围地区大致包括应天（南京）、镇江、扬州、绍兴、宁波五府；

这大体包含今日的江苏南部、上海、浙江北部，这些州府的范围与今日行政区划对应并非完全一致。其核心为环太湖地区，有着优越的园林营造条件。所谓"东南财赋地，江浙人文薮"，江南造园历来品质甚高，南宋之后便成为全国园林文化的中心，引领造园潮流，明代的江南园林，更是处在最高峰之上。

苏州府

苏州是江南最重要的地区，在造园方面，也是走在整个江南之先，普及最广、数量最多、质量最高。明初甫一安定，劫后余生的园林继续受到推崇，如幸存的狮子林得到众人频频集会游赏，且有赋诗、游记、作画。随着社会经济的恢复和发展，苏州也有新的园林继续得以建造，如府城内的"何氏园林"，是在一座废园基址上新造的第宅园林，有假山营造和丰富的水景与种植等，也得到文人们的游观吟咏。然而随着朱元璋开始惩治曾与他对抗的江南地区，苏州造园越发沉寂，至洪武后期已悄无声息。

永乐之后，苏州造园逐渐恢复与改善，一般都以植物为主景，设置相对简单，常有农作色彩。如在府城内有王得中宅园，以牡丹花为园中胜景，有文人赏花赋诗的雅趣。在苏州城外的光福，有徐衢的"耕学斋"宅园，前部以荷池为核心，后部以茂郁的竹林、果林为主，也有文人雅集唱和。在常熟，有陈符的"南野斋居"，有八景之设，除四处为建筑外，桃李、桂菊、竹坡、梅坞的种植成为主要景致。

成化、弘治年间，苏州造园的重兴开始呈普遍趋势，这时园林的营造，无论在城市还是乡野，大多仍以植物为主要造景内容，也往往结合农作，尤其是果林，延续着此前的实用淳朴的色彩，同时也多结合理水之景，形成水木清幽氛围，并点缀以亭轩作为得景场所，呈现出更为丰富的层次面貌。如府城内最富名望的园林为吴宽的"东庄"，农作内容成为主要景观，一派田园风光，得到诸多名士吟咏，而且园记、园图丰富。苏州城外，作为"吴门画派"之首的名画家沈周在相城西庄有"有竹别业"，"所居有水竹亭馆之胜"，主景为水畔的千竿高竹，并有"一区绿草半区豆"的农作。太湖畔的吴县西山消夏湾，蔡升的"西村别业"，形成主要景境的也是水竹之设。在吴县的光福，徐季清的"先春堂"有大片松筠、橘柚、梅花、竹林，以果林等农作内容成为园林中突出景观和出色氛围的主要来源。

置石，甚至叠石为山的造园也渐多。如苏州城中魏昌宅后的"魏园"，除了水木之景，也有立石欣赏；园中曾有名士雅集，沈周为之绘《魏园雅集图》（图9-2）。翁继武宅园中有"边静亭"，除了修竹百竿、佳花异木，还有大量奇峰怪石。不仅是石峰欣赏，假山叠石也逐渐重兴。如苏州城内，著名儒将韩雍致仕后所建的"菿溪草堂"，园大三十亩，核心是一座方池，主堂隔池对望一座假山，周围有大量种植，这里成为致仕官员的著名雅集活动场所。城南的俞氏"石涧"小园，有周浩隶以垒石为"秋蟾台"，这是叠石匠师完整姓名的首次记载。齐门外刘珏营造的"小洞庭"，内有十景，除水池、林木、亭轩外，其中主景是模仿太湖洞庭山而垒石为山，十景中的"隔凡洞"、"题名石"二景都与此叠石相关。城郊阳澄湖畔，郑景行的"南园"除了"引清泉以为池，畦有嘉蔬，林有珍果，披之以修竹，丽之以名花"的水池、蔬果、花木等丰富内容，更以"聚奇石以为山"为其首要景象。在苏州郊县，太仓城内，有陆昶的"锦溪小墅"，在得水木之景同时，又以"聚石为山"为园中突出景致，"奇峰怪壑，岈然洼然，苍润可爱，恍然终南庐阜，飞来庭户间"。

明代中期是江南造园趋向鼎盛的重要发展与转变阶段，造园之风普遍弥漫开来，苏州则开此风气之先。较之前一阶段，造园数量更多，得到记载的新建园林显著增加。

在苏州府城，王献臣"拙政园"最为宏大复杂、名声也最大，并无叠山，但境界丰富，后有详论。文徵明有"停云馆"和"玉磬山房"，其中停云馆始建自其父文林，竹树茂盛，点缀以盆池、小山之景，面貌简单，文徵明《停云馆言别图》（图9-3）对此有所描绘；玉磬山房为文徵明手创，为宅旁曲尺形院落，院中以花木种植为主景，苍翠雅洁。顾兰的"春庵（水竹庄）"，以花竹果蔬为主，"时其灌溉，久皆成林，花时烂然"，是一所淡薄自怡的处士隐庐。此

图9-2 沈周《魏园雅集图》（左）

图9-3 文徵明《停云馆言别图》（右）

外，尚有唐寅"桃花庵"、范氏"近竹园"、钱同爱宅园"有斐堂"等，均以简单朴素的植物之景为欣赏对象。

苏州的精美造园也渐多，如城内有台阁名宦王鏊的"怡老园（西园）"，池岛、山石景观非常突出，园外借景也很丰富。阊门外有吴一鹏"真趣园"，大致分住宅区、庭院区和山野区，其中庭院区有"小池密石甃"的水池、"南粤奇石"的假山、"异卉珍花"的花卉，山野区有"流水潺潺"的涌泉、"芳桂为岭"的桂花岭、"飞音传响"的竹林等，景观丰富多样。阊门外的徐封"东雅堂"、徐子本园，晚明时仍然著名。

这一时期在苏州郊外、乡野、山林、湖畔等城市郊野之地营造的园林记载更多，比起城市造园，用地更为充裕，又常有现成的地形、水源与外部景色可资利用，使造园更为便利，园貌的天然效果也更为突出。此时的郊野造园仍多带有农业色彩，但也日趋复杂，有向城市造园靠拢的趋势。

在吴县的太湖之滨，王鏊家族在东山有众多园林：王鏊自己有"真适园"，有十六景之多，有假山立石之景，但仍以种植为主，稻田、菜畦等农作内容可视为之前吴宽"东庄"的承续，游观与农作的主题同样突出。王鏊之兄王铭有"安隐园"、王鏊之弟王铨的"且适园"、王鏊的另一位仲兄王鏊的"鰲舟"之园、王鏊之子王延陵的"招隐园"、王鏊的侄子王延学的"从适园"，也都主要以种植而形成林木氛围及农业景象，同时得湖山之胜。太湖西山有王鏊女婿徐缙的"薜荔园"，有思乐堂、石假山、荷池、水鉴楼、风竹轩、蕉石亭、观耕台、蔷薇洞、柏屏、留月峰、通冷桥、钓矶、花源共十三景，其中以思乐堂为最重要观景场所，石假山为园林主景，山水相依，以模拟真山峰峦为特色，此外还有立石、方池、花木之赏，以及楼堂、亭轩的营造，与东山王氏诸园常以农作成景相比，已经主要是作为美学意义上的游观场所了。在长洲县，上方山下，有寺僧所造"石湖草堂"，营造简单，主要作为一处畅观石湖之景的绝佳场所，是一处借助自然、融于自然的山水园。阳山之中，有顾大有的"阳山草堂"，也以园池竹亭为胜。

苏州其他郊县，也渐多复杂造园出现，水木为景的同时，假山之景越发突出。在昆山，有方鹏的"逸我园"，以溪南书屋为主堂，前有池、山、亭、树，后有台、石、竹，旁又有其他建筑以及花木设置；在嘉定，有归有光在吴淞江岸的安亭所建"畏垒亭"，位于宅西，有清池古木，垒石为山，山上建亭，可远借吴淞江、九峰、青龙镇浮屠诸景，属上承苏舜钦沧浪亭风范的极简文人园。在太仓，有王愔在紧邻麋泾的娄东茜泾所建的"麋场泾园"，主要得景建筑为一座"山堂"，其南台上列怪石、种名卉，东西两侧种竹，北向则景象开阔，临大方池，种莲、菱，隔池则为该园景致最大的特色——一座大型假山，山的形态多样，有洞、梁、崖、涧等景象，又有称为"雪山"的特殊形态，叠石山之外还有土山，上植松，总的说来，山石、植物、建筑配合而成胜景，明末的

《娄东园林志》称之"雄丽始为吴地冠"。

明代后期，苏州地区造园仍最为突出，有记载的约二百六十处，其中府城内八十多处园林，大部分为这一时期所建；附郭于府城的吴县和长洲县，尤其是造园的重心。

明代后期的苏州府城，多有复杂营造的名园。如明中期建造的一些园林在晚明仍有盛名，如"怡老园"、"拙政园"，阊门外"东雅堂"已更名为"紫芝园"并得到重修、增建，徐子本园也仍在。拙政园、紫芝园、徐子本园都为同属一个家族的徐氏所有，此徐氏家族在晚明苏州还有其他多座名园营造，其中最华美壮观的是徐廷裸园，以早年吴宽的东庄为主体，又整合了韩雍的蓊溪草堂等用地，有一二百亩之大，并在原先诸园良好的山水基础上加以大力经营，成为"甲于一城"的"最盛"之园，有着浓厚的人工、华丽特色，是16世纪后期苏州城内园林之冠。阊门外是徐氏家族聚居主要所在，除了徐景文紫芝园、徐子本园外，徐泰时"东园"也有盛名，山石景致是全园一大重点，假山为名师周丹泉所叠，袁宏道称赞"如一幅山水横披画，了无断续痕迹，真妙手也"；此外，园中还有著名太湖石峰"瑞云峰"，且其失而复得的经历增添传奇色彩，长期受到极高评价。17世纪的明末苏州城内，最负盛名的园林营造为王心一"归田园居"，以假山营造为特色。

晚明苏州城内的朴素造园之风已越发少见，但尚有一些营造相对较为简单的名园，如16世纪中后期张凤翼的"求志园"（图9-4），面积不大，主要景观区域，是一座馆舍面临大片水面，此外林木茂盛。文徵明曾孙、天启二年状元文震孟在阊门内今文衙弄有"药圃"，在袁祖庚"醉颖堂"基础上拓建，堂前广庭，庭前大池，池南叠石，主景简洁；此园入清后为汪氏"艺圃"，至今留存。文震孟之弟文震亨，著有《长物志》阐述造园理论，自己也在城内建有"香草垞"，营造精致，堂前小山叠石，为陆俊卿所造，顾苓称此园"水草清华，房栊窈窕"，是尘世中少有的名胜。

晚明苏州的山地造园也很兴盛，并且特色鲜明。《园冶》中"山林地"位列第一，称"园地惟山林最胜"，山林地本身即"有高有凹，有曲有深，有峻而悬，有平而坦，自成天然之趣，不烦人事之工"，通过极小的代价即可获得真正的"天然之趣"，而城市中的造园，困难重重，最终获得的不过是对这种天然的模拟、接近而已。最有名望的苏州山林园，为苏州西南的天平山麓范允临的"天

图9-4　钱毂《求志园图》
（局部）

平山庄",所在山林环境有山石"奇观"的出色自然景致,"筑园"本身则"曲折"而"奇巧",被誉为"池馆亭台之胜甲于吴中"。在天平山北、支硎山西,又有赵宦光的"寒山别业",也是名望卓著、特点鲜明的一座山林园,风水与景观的考虑合二为一,充分顺应与利用地形的景观格局特点,在山水、建筑布局上着力于增加由内至外的层数,强化了层层绽开再层层闭合的结构;在山水理景、建筑营造的同时,赵宦光以命名的方式,形成了八十多个景点,使全园充盈着文化的气息;入清后,乾隆帝对此园极为钟爱,六下江南每次必驻,并将其中"千尺雪"一景反复写仿于北方宫苑园林。

江湖地造园也是晚明苏州造园的一种类型,一般位于广袤的江河湖海等水体之畔,由于依靠园外借景可以获得大片水面的开阔畅远之景,仅通过极少量的建设即可获得,《园冶》所谓"略成小筑,足征大观",为其他用地的造园所难以企及,因而往往成为理想的园林选址,在晚明常被选用。除向辽阔水面开放、充分外借远景的突出特点,江湖地造园也往往有着与一般平地造园相类似的方法。如在太湖之滨的东山,有翁彦升于万历后期致仕归里后所建的"集贤圃",被誉为"东山第一园林",有极佳旷远景致,同时园林内部又有多样境界的营造,假山、荷池,水石相依,贯连全园各处。

苏州府属县的各县城内,造园风气也很盛,多有精美名园。如在吴江县城,顾大典的"谐赏园"是最著名的一座,负郭临流,环境清幽,石假山营造突出,但更难得的是园中苍古的奇石、大树,境界深幽为当时许多新建园林所不及。在常熟县,虞山拂水岩下,崇祯年间钱谦益的"拂水山庄",为张南垣改造并叠山,有"新阡八景"和"山庄八景",名重一时。在太仓州城,造园异常兴盛,可颉颃于苏州府城,万历年间王世贞在家乡太仓城中所建的"弇山园",是明代后期众多名望卓著的江南园林中最为著名的一座,以多座雄奇石假山为最大特色,号称"泉石奇丽甲郡国",后有详论。除了王世贞自己的弇山园,王世贞家族还有多座其他园林营造,除了此前有述建于明中期的王世贞伯父的"麋场泾园",王世贞自己还有另外一座"离薋园"、其弟王世懋有"澹圃"、其子王士骐有"约圃"。此外,太仓城内其他一些园林得到王世贞《太仓诸园小记》和明末《娄东园林志》的记载。另外,在南明弘光元年(1645年),钱增在太仓州治东建有"天藻园",其中假山为张南垣所叠。在嘉定县城,万历初有徐学谟"归有园",主景山水与深幽卉木兼具,营造复杂、层次丰富,在此前尚无名园的嘉定地区成为胜地;至明末的崇祯初年,县学南有赵洪范园,小巧精致,岁有堂前有蠹云峰山石,叠山为张涟作品,成一时名园。

郊野地与村庄地的造园往往能利用地貌而形成造景特色。如在长洲县的甫里,"梅花墅"利用当地水体丰沛的地貌,以水景为最大特色,又有幽邃、宏敞、清寂的多样氛围,在当时有极大的名望。在吴县的东山,有翁彦博的"湘云阁",

其中古木交罗，名花奇石，左右错列，崇台高馆，曲廊深院，令人惊叹。在昆山县城外，16世纪后期有许氏"养余园"，水木幽深，还有农作内容，明中期常见的传统农业社会理想仍在该园林中有延续。在太仓城外有多座著名郊野造园，其中最负盛名的是万历间官居首辅的王锡爵的"东园"，天启年间其孙王时敏请张南垣设计改造，更名为"乐郊园"，开启明末江南造园新潮流；万历间又有曹巽学的"北郭园居"，以竹木森然为其特色；晚明末年，太仓西郊有吴伟业的"梅村"，园林改筑及叠山是张南垣的手笔，建成后成一时名胜。

松江府

松江府地区在元代末年曾有辉煌的造园历史，经历了明代前期的一段沉寂后，至明代中后期，园林文化又显示出蓬勃的面貌，其造园之盛在江南地区仅次于苏州。

明中前期，谈田为颐养其父所建的"朋寿园"，占地40亩，亭台馆榭13处，以假山"朋寿山"为主景，峰峦岩岫、桥梁谷洞层出不穷。

明中期，府城有顾清宅旁园林"遗善堂"，园林布置紧凑，突出石假山和水池的各自核心景观效果，特设花卉观赏区域，又有农作穿插增添"深静"氛围，十二处景点都得到精心设计。华亭县有孙承恩的"东庄"，兼有为农作的农庄与为游观的园林的性质，在种植为主要面貌的基础上，配置十二座建筑，各有不同得景与寄托。上海县有陆深的"后乐园"，是一座规模较大的滨水园林，景致丰富，其中有两处主景假山营造。此外上海又有储昱的"储芋西园"，水竹环绕，擅亭馆之胜，山景亦佳。

在晚明，各类用地园林都更盛。对于城市园，在松江府城内，万历年间有陆树声的"适园"，掘成累石，造亭于池，建楼眺远，承续的是简单朴素的造园之风；府城东北隅有何三畏"芝园"，以水木之景为主，有假山但不突出，有城墙可作为借景。松江府的上海县城，因其地理位置与太仓等造园兴盛之地的交流更加便捷，较之府城造园要繁荣得多，而有诸多名园建设。顾名世的"露香园"是明代后期建成较早而名声巨大的一座，以"碧漪堂"为主建筑，周围有置石、花木，而堂的前后各有不同胜境：堂后为土山，境界幽深；堂前是大片水面，过曲桥入大型叠石假山景区，有着盘桓山道、幽曲山涧、宽大山洞、秀奇山石，山水之景为该园主要特色，为当时上海园林之冠。与露香园毗邻，顾名世之兄顾名儒的"万竹山居"，以竹林之胜闻名。在"露香园"之后，上海县城内以潘允端的"豫园"最负盛名，陈所蕴称其与太仓王世贞的"弇山园"，"百里相望，为东南名园冠"，具体后有详论。陈所蕴的"日涉园"是较"豫园"稍晚的上海县城内另一座著名园林（图9-5），由著名叠石能手

图9-5 《日涉园图》

张南阳主持，张南阳营造十二年后去世，由曹谅接手，于1614年最终完成；该园以假山为最大特色，共计四座石山、一座土山；此外水景也比较突出，大池形成园中开朗主景，又贯通联络，多处建筑也临水而得景。此外，上海城内还有秦少说的"鸥适园"，园不大，大致以水木为主要特色，建筑也颇多。

对于郊野园，在松江府的华亭县城东，万历年间顾正心的"熙园"有着出色的营造而为松江著名游览胜地，规模宏丽，被认为可与"弇山园"并提，有"巨丽"、"闲旷"、"清秘"、"广平"兼备的特点，园内以"石作假山—主要厅堂—大型池沼—土作假山"形成较为清晰的南北轴线主体景区，以山水营造而取胜为特色，其中石山规模庞大，景观层次丰富，而且可供游者登岩入洞以自娱。顾正心之兄顾正谊又有"濯锦园"，园中建筑有敞闲堂、天琅阁等，面积不及熙园的一半，但亭台花木山水被认为还胜过熙园。松江府城外又有顾太学的"西郭园"，石假山景致多样，以精巧宏丽为特色。

至于山林园，在松江城西北的佘山中，有施绍莘的"西佘山居"，有山腹、山腰、山足三部分：山腹区较高，境界幽绝；山腰区背松面池，春天桃花烂漫；山足区是景观、生活的最主要区域，多面山临池营建，费力不多而可得山水佳景。松江著名山人陈继儒先后有两处山居园林：其一在华亭西南十八里的小昆山东麓，名"小昆山读书处"，环境清旷；其二在东佘山中，名"东佘山居"。在松江城西北九峰的横云山中，有李逢申的"菉园"，又名"横云草堂"，是一处大型山庄别墅，依山而筑，石壁深潭，选地奇绝，境界幽胜，并邀名手张南垣营造，按自然形态作开放式布局，似一幅倪云林的平远山水画，极一时胜游之最。

常州府

明代常州府范围广大，包含今无锡等地。因与苏州临近，造园也很活跃。

明中前期，在武进，陆安之的"南园"中建有"蔓庵"，"庵之四围，皆乔木古松，高挺离立，而苍藤细葛，上袅旁缀"，是以植物形成"鸣琴读书"的清幽氛围。

明中期，府城有王希程的"水西半隐园"，主要景观是"临山为池"，呈山水相依格局，水池称为"小西湖"，水面当很阔大，且"具六桥三洞之胜"，可见景点之多，规模之大。郊野造园，无锡县有俞泰的"芳洲书屋"，有背山、环水、花木茂盛的地貌特色，景致主要也是植物为主体，其中也有农作成分，此外还有鱼鸟和石峰也构成景观。而最为突出的景致还是园外的借景。惠山东麓，有秦金的"凤谷行窝"（后"寄畅园"案例有述）；作为无锡一时巨富的安国，在位于邑东二十多里的胶山有"西林"、"嘉荫园"："西林"规模宏大，依山而建，特色却不在山林，而在理水，是通过大量人力开凿大池，其中特色有模拟镇江金、焦二山的池中二墩，称为"金焦分胜"；"嘉荫园"主堂前，方塘广数亩，中有岛，高数丈，峰峦洞壑皆具，池周杂树花木；堂北隔渠有高冈，树有五老峰；此外又有大量古树、藤架、果林、菜畦、菊圃等种植营造。在宜兴，有"玉女潭山居"，为典型山林造园，有二十四景，通过山水地貌的整理，且有"玉阳山房"等建筑的选址、营造，山水之胜通过山居开发更突出地展现出来，在获得超凡脱俗的山林景致、自然氛围的同时，又通过如"隔凡"、"期仙"等景点命名体现着对仙境的追求。

明后期，对于城市造园，常州府城有吴玄的"东第园"，是计成所设计营造的第一个完整园林作品，其中主景为叠山，其特点是"宛若画意"的山水相依，同时还注意植物、建筑的配合，非常关注造园整体的控制与安排，体现出计成造园的鲜明特点。常州府的无锡县城中，有秦德藻宅园"微云堂"，约在崇祯十六年（1643年）或稍前，邀张南垣在微云堂前叠山，王时敏书额。二百年后仍然"山石峨峨然，知者交相赞叹，不知者亦景仰瞻依"，保存甚好。

对于郊野园，在常州府城武进的近郊，有吴亮的"止园"，以多样水景、叠山和花木称胜，后有详论。常州府无锡县郊的惠山下，有东西两座王氏园林，"东园"水木古而奇，"西园"山景丰富而更为雄丽，王世贞以为比附近的秦氏寄畅园更胜。在无锡的安镇有"南林"，清流环绕，古木深秀。宜兴县有乡间园林"兰墅"，为傍山别业，景致朴野。

对于山林园，常州府无锡县城外惠山之麓有多座山园，以"愚公谷"和"寄畅园"最为著名。"愚公谷"是明末江南最负盛名的园林之一，规模庞大而景致丰富，内有六十景，大致分为东、西两大部分，每一部分又有众多复杂景致；此园在山麓，本身可以得到很好的自然山景，又引入自然泉水，用心营造而成多样奇丽的水景，从而可谓"能取佳山水剪裁而组织之"，再加上乔木之胜以及建筑营造，而达到"本于天而亦成于人"的境界。胶山"西林"传至安国曾孙安绍芳，又得到大力拓展、增饰，山水之中有三十二景，其中五处关于山、十四处关于水、三处山水兼有，深得天然逸趣（图9-6）。安国之孙安希范在无锡安镇有"南林"，去胶山二里许，清流环绕，绿荫蔽日，岗陇层叠；有池数十亩，汪洋蓊郁，临水建屋，又有登眺胜处，周边古木，郁然深秀。

图9-6 张复《西林园图》之"雪舲"

杭州府

杭州本身山水清秀，尤其"三面云山一面城"的西湖历来为造园胜地，在明代仍为杭州造园重心所在。此外，属杭州府的海宁等地也有诸多造园记载。

明初杭州有"寿萱堂"，有"奇花异石"等"园池之美"。明中前期，有陈太常的"西湖别墅"，园外湖山借景之外，花木作为园中主景。

明中期，海宁"淳朴园"为山林造园，大致可以分为山坡区与水亭区，利用自然山体造园而呈现出与城市园林很不相同的面貌。

晚明时，杭州城外的西湖之畔，造园之盛可谓"名园鳞次，多茂林修竹，花卉之饶，方春士女遨游，连肩接袂"。如王世贞提到有洪氏园"在西湖胜处"；张岱也记载西湖一带有诸多园林，如涌金门商氏的"楼外楼"、祁彪佳的"偶居"、钱氏余氏的别墅，及张岱自家的"寄园"。祁彪佳也记载西湖畔还有钱德兴的造园，与其"偶居"比邻。冯梦祯在西湖孤山南麓的别墅园，为山下与山腰两个部分，是山林地与江湖地造园的混合。

在杭州府城内，造园虽然远没有城外西湖畔繁盛，也有一些记载，如冯梦桢宅园"静寄轩"，园中以池为主景。在杭州郊外西溪的横山之中，有江元祚的"横山草堂"，景观设置出色，在对外部自然景观充分欣赏的同时，建筑的手段还形成了园中多样的空间层次，以及在园中行进体验的引导，有着"位置天巧"的赞誉。

在海宁，郊野园有"借园"，位置优越，园中有池，池畔种植茂盛，以水木之景为主，园不大而园居意趣颇浓。山林园有许令典的"两坨园"，面海屏山，视野旷远，且有"潮声日夜吼枕上"的特别声景可闻；同时，有植物茂盛的境界、立石叠石的景观，以及建筑的精当配置。

嘉兴府

嘉兴毗邻苏州、松江二府，交流密切，明中叶以后的造园也因而较盛。

明中前期，在浙江海盐，张宁在其宅园"方洲草堂"中有一座"高旷未满寻丈"的小型假山建设，有峰、垣、岩、洞、坡、岫、峤、礜、泉、池诸景，营造相当细致，并镌石刻字，周植小桧、梅竹、杂卉。

图9-7 项圣谟《放鹤洲图》

明代后期，造园大师张南垣移居嘉兴后，为此地增添了多座名园，其中城外南湖（又名鸳鸯湖、彪湖、马场湖）之畔就有多座。其中姚思仁别业"姚尚书园"，园中叠山为张南垣较早作品，有"水周堂"等景点，得到"帆影花间出，钟声竹外闻。径荒侵藓迹，沙浅浴鸥群"之咏。最著名的是朱茂时的"放鹤洲"（图9-7），又称"鹤洲草堂"，其东西两园广袤百余亩，除水景外，主景为堂前庭中垒山，堂后凿一涧；《嘉禾献征录》称之"胜概甲于一郡"。附近又有朱茂时从弟朱茂曒的"南园（绿雨庄）"、朱茂晭的"东谿"，后者除了"锦鸟迷沙日"、"水色明晴昼"的湖景，"洞庭两山有奇石，龙鳞夭矫为我赊。隔窗忽报数峰紫，平坡曲涧相交加。乍迷白鹤星前步，好植青松顶上斜"的出色叠山也是其中名景。南湖岛上，有吴昌时"竹亭别墅（勺园）"，与烟雨楼相望，钱谦益称之"曲池高馆"，以水景为主，又有张氏叠山之胜。

嘉兴府城中，五龙桥西有徐必达的"汉槎楼"，园中有南州峨雪亭、醉翁轩等，叠山为张南垣所造，得到"锦水遥添斜到槛，眉峰近列乱侵檐"、"一望咸丘壑，悠然会远心"的吟咏。又有朱茂昉的"山楼"，在城内甪里街，也是张南垣作品，从相关诗句中可知有竹池、林泉之胜。

湖州府

明代湖州经济发达，被称为"浙十一郡惟湖最富"，但造园却并不突出，比起杭州、绍兴等地的造园记载要较少，但仍有一些造园得到记载。

明中前期，潘用中的"河阳亭"得到"潘氏园亭桃李盛，栽培先德动遐思。好花不异河阳县，明世应非典午时"的赋诗，可见其中桃李花木之盛。

明代后期，湖州知府吴文企在任时在府城建有"桑苎园"，园名来自曾长期在湖州生活的唐代名士陆羽之号，其址在府治东北飞英塔院前，以城为垣，以河为池，"奥如旷如"，为"一郡之嘉境"；园林面貌并不复杂，以清幽、奥旷的境界取胜，又有着历史名人为文化资源，使得该园尤其值得回味。

在湖州城外，潘氏家族有两座著名的山林别业园林，都选址于山水林木俱佳，且有历史文化遗迹的山地：其一为潘季驯的"毗山别业"，有二十景，山下以水胜而辅以石，山麓以石胜而辅以水、木，山上以竹树胜，从而"因山高下"各有旷奥不同的胜境；其二为潘季驯之孙潘湛的"杼山别业"，选址、布局同"毗山别业"有相当多的类似之处，但规模要大许多，景致更为丰富，空间营造更为复杂。

湖州府乌程县内，重要市镇南浔，有董份的"泌园"，王世贞称之为湖州园林中唯一"可游"的，花木景致突出，但建筑过于华丽，也没有叠山造景，另一特色是几座太湖石峰无与伦比，其中最有名且具传奇色彩的"瑞云峰"，后来移至苏州徐泰时东园之中。南浔镇之东，在"旷特在四野"的乡野之地，有张氏"东墅"，有"林泽之饶"，极富郊野气息，比"人众民稠，居而栉比，无闲旷之隙"的城镇中造园更胜，得到董份的极力赞赏。董份本人在致仕回乡后，也建有一座郊野园名"公余庄"，四周植桑、柳，中划为池，芙蓉绕岸，菱茨浮波，亭台楼阁，各得其所，建成后多有名流宴集，极一时之盛，为当地一大胜迹。乌程县乌青镇，有多座园林建设，其中最出名的为崇祯初唐泷的"灵水园"，"日夕推敲三十年"而成，宽广约百亩，位置危峦窈洞，四时花木不绝；怪石交错，奇卉列荫，高楼耸其南，清池流其北，被称为"里中第一胜境"。

应天府

应天府治为明朝开国都城所在，成祖迁都北京后，恢复南京称谓，作为留都，仍多有官员和贵族，往往有园林兴建，较江南其他各地颇为特殊。

明初，南京作为都城，除宫城御花园外，其他无论皇家或民间都未有园林兴造记载。明中前期，都城北迁后，禁令逐渐松弛，造园开始逐渐出现。如临时任职的周瑛在宅旁营造了"西园"，开菜地的同时，植竹木、建茅亭，并"池中植莲"、"为土台以植花"，且有此君亭、留春台、沧浪矶、清泠湾四景的命名，是以水、竹、花为主要欣赏内容。秦瑛的"松石轩"虽小而简单，也有"叠石种松，以拟山林之胜"的营造，成为"读书好礼乐，交接贤士夫"的理想场所。

明中期，南京造园之风也已颇盛，正德、嘉靖时期成为南京园林建设由低潮向兴盛转变的关键时期。在得到突出记载的南京园林中，有华美的兴造，也有相对简朴的经营。其中简朴风格的代表为顾璘的"息园"和姚元白的"市隐园"。"息园"与住宅相邻，面积很小，以植物为主景，追求的是四时变化的景观，并营造清幽氛围，同时还对园外借景；主人顾璘对造园有自己的明确思想认识，坚决抵制假山、盆景，认为这有悖"物性"、损害"天趣"；"市隐园"是受顾璘"多栽树，少建屋"造园思想影响的另一座名园，有疏野之趣，在当时士大夫中得到很高赞许。南京这一时期的华美园林主要来自一些世家贵族，其中中山王徐达的后裔最有声望，徐氏家族在明中期的造园也得到一些记载，如"东园"、"西园"等；其中徐氏"东园"是诸园中最为著名的一座，后有详论。在南京城外的郊野造园，有"郑氏园"，内有叠山、溪流的山水之景，又有众多植物为胜，而水畔一座"半亩亭"尤得胜景，景致与境界极佳。

明代后期，南京诸多园林的名声，多赖王世贞1588~1590年间的游览并作《游金陵诸园记》而得以传世。在王世贞看来，这些园林各有"雄爽"、"清远"、"奇瑰"、"靓美"之胜，再加上《洛阳名园记》所无的叠石特色，此时的南京园林不但可以同历史上的洛阳园林盛况媲美，而且更胜一筹。《游金陵诸园记》共记载了十五座园林，十座是明代开国功臣徐达后裔所建，其中最有名望的是徐氏东、西二园，都始建于明代中期的正德嘉靖年间，当时即被称道，前已有述，而此时仍为南京园林之冠。"东园"又名"太傅园"，半个世纪之前大致格局仍存，而又多出若干景致。"西园"又名"凤台园"，以天然林郁的氛围营造为特色。从这些数量众多、面貌丰富的园林记载中可以看到，明代后期南京园林的繁盛达到了相当的程度。

较王世贞稍后，南京当时著名文人领袖顾起元对所居城西南隅的"杏花村"一带诸多园林有赋诗记述，其中有：凤台园、佚园、尔祝园、西园、吴孝廉园、露园、味斋园、长卿园、茂才园、新园、无射园、熙台园、陆文学园、方太学园、张保御园、李氏小园、武文学园、羽王园、周南园、太复新园，计二十座；"奥旷异规，小大殊趣，皆可游也"，有着造园方式的多样性，且都质量颇高。其中有的园林是王世贞《游金陵诸园记》有载的，如徐氏"西园"，此时该园已易主汪氏，且又将易主。此外，南京城内还有吴肃卿的"冶麓园"，前后主要是"山—堂—池"的格局，布置简练，为当时城市文人园林典型。

在应天府溧阳县城，有史修之的"沧屿园"，园林山景突出，而水景更有特色，为城中园林之冠。在郊外，史修之又有"逸圃"的营造，有着良好的山水景观和幽深氛围。溧阳城外五里又有"彭氏园"，除了大池、假山，更出色的还是园中"松荫竹色，蔽亏荫映"的境界，尤其是极其难得的古松，从而为一地之胜。

镇江府

镇江处于江南外围地带，明代造园记载相对较少。

明中期，在镇江府城，以杨一清的"待隐园"和靳戒庵的"小西园"最为著名。"待隐园"约有十亩，园貌较为简单，以种植为主，也有水、石之景，可得幽胜的境界，同时能借园外北固山之景。"小西园"就在"待隐园"之西，但与"待隐园"以清幽环境追求"避俗"、"待隐"的深意不同，"小西园"明确是作为"游观之所"，是在尚未致仕时就已安排好的准备颐养天年的场所，因此园林景致是经过精心设置的，植物景观也是园林主要面貌，但其中并没有什么经济类作物，而有大量亭台馆榭的设置；与"待隐园"相同的是，园外的景致被充分利用，园中的山水之景都来自园外，借景的成功是这座园林乐趣的重要来源。

"小西园"年久荒芜，但尚有"荒塘数亩，老树岭崎"的可观景致、幽旷兼具的难得境界，晚明时张凤翼改筑为"乐志园"，主要的景致围绕一片水面展开，池中蓄鱼千头，有亭阁隔池相望；池上主要景观，则是由苏州叠石能手许晋安所造的大型假山，有岩壑、峰岭、洞穴等多样景象，而峰顶为广台，又在池东造峭壁，如黄公望笔法，上建阁可望远，下建亭以对壁；此外还多有建筑、种植，景致丰富。

在镇江府的金坛县，茅山脚下有虞大复的"豫园"，建成于崇祯六年（1633年），为张南垣的作品，其中有山水相依、以亭相据的叠山，而更主要的是丰沛而多样的水木之景，也有高楼可俯瞰、远眺。

扬州府

明代扬州府范围较广，包含今日扬州、泰州、南通各地，虽然位于长江北岸，但与南岸交流密切，历来被视为江南文化圈的一部分；尤其扬州府城处于长江与大运河交汇的要冲，历史上即为发达名城，明代更因盐政制度及活跃徽商而经济繁荣，也有较多造园活动。

明中期有高氏"遂初园"，有着"瑰雅环秀"的特色，受到"为扬之冠"的称赞；且园主后人能加以拓展，增加多处以建筑为核心的景点，营造出"疏樊曲槛，奇花异石，环步位置，各中天造，逶迤磬折，涉者成趣"的境界。

晚明时，扬州园林更盛，从张岱《陶庵梦忆》"五雪叔归自广陵，一肚皮园亭，于此小试"来看，扬州在"园亭"营造上的名声之盛、水准之高，甚至影响到绍兴园林。扬州俞氏园已是一时顶级名园，与太仓王世贞"弇山园"、无锡邹迪光"愚公谷"、北京米万钟"勺园"这三座名满海内之园并称。最负盛名的是郑元勋的"影园"，位于西南侧护城河"南湖"中的岛上。

扬州府仪真县城，汪士衡的"寤园"为计成设计营造，与同为计成所造的常州"东第园"，在长江两岸一时称胜；其中"湛阁"为主要建筑，临水而建；除山水营造为园中主景，又有阁、亭、廊等建筑布置，尤其是"篆云廊"在山腰、水际、花间的蜿蜒联络，营造出行进中不断变化的景观与体验，是计成的得意之作，可谓造廊范本。

作为扬州重要交通市镇的瓜州，有于五所造"于园"，以叠石造山为特色，其中有三个奇特之处：前堂处石坡较为真实地模拟了自然山坡形态，所"奇"在"实"；后厅所临大池之中的假山，有"奇峰绝壑"的山形营造，并且有"陡上陡下"的山径可以攀登，有的山路甚至在池水的水平面位置以下，所"奇"在"空"；卧房外的另一处石假山，有"旋下如螺蛳缠"的形态，这里所"奇"则在于"幽阴深邃"的效果。

在泰州城内，有万历二年进士陈应芳所建"日涉园"，取陶渊明《归去来兮辞》"园日涉以成趣"句意。此园在清代得到改建，今日仍存，名"乔园"。今日园中主景假山，即为当时遗物。

绍兴府

绍兴地区园林兴造，从明中期的一两座，到明晚期"园乃相望"，各有特色，相互争奇，甚至可谓"海内千古之盛"。祁彪佳《越中园亭记》所记当时绍兴园林有一百七十六处之多，其中府城内有七十五处。对于绍兴造园的总体特色，祁承爜认为，绍兴园林更关注山水的畅远观赏，这不同于苏州一带的精致奇巧。由于绍兴园林大多依傍山水，以结合自然为特色；即便是绍兴城中，多自然山林，号称有八山，城内园林多有依山而建的，与一般城市的平地造园不同。绍兴城中的平地宅园虽多，但大都为简单小园，缺乏苏、松一带的叠山巨制，更有特色的造园则还是要在那些与真山水的结合中。具体造园案例，以张岱与祁彪佳二家族的诸多造园尤其突出。

就城中平地及傍宅园林而言，一般以水木之景取胜，同时注重园外借景。著名的有张岱的祖父张汝霖于天启元年（1621年）致仕回乡后在城内龙山旁边营造有"砎园"，有"凭窗眺望，收拾龙山之胜殆尽"的借景，也有"水石萦回、花木映带"的建筑区域精心营造，水景最为突出，被游者誉为"蓬莱阆苑"的仙境。张岱本人有"不二斋"，是在旧有住宅中的翻新，以大树、竹林营造出"清凉世界"，作为书房的园林化环境，同时以大量花木种植形成清幽境界。又如祁彪佳外祖父有"咏雏堂"，中有大池，淳泓数顷，足以临流选胜，其东听松轩、锁云亭，以长廊转折贯连，栏槛精工，户牖轩爽，一花一石，无不妙有位置。朱二孺的"曲池"，池宽广数亩，堂临其上，旁有轩三楹，小山隐起于右。赵凝初的"蒹葭园"，堂之前环以一池，翳然濠濮，可畅观园外蕺山之胜。内阁大学士朱赓（朱文懿公）的"秋水园"，在宅后凿池，临池为翔鸿阁，有万历帝御笔"水天一色"匾，旁有桂树，大数围，荫一亩余，张岱称"干大如斗，枝叶溟蒙，樾荫亩许，下可坐客三四十席，不亭、不屋、不台、不栏、不砌，弃之篱落间"。蕺山下又有赵公雅的"文园"，环境却有如郊野般僻静，园中以水木之景为主：水面所占比例大，而水畔堤上众多植物，四季中各有胜景，池上通泠桥，是得园中水木景致的极佳场所，而从临池的水香居，又可以得园外山峦远景，可谓借景佳例；总体而言不算复杂、宏丽，却有着"清旷幽绝有致"的难得特色。倪鸿宝太史的"衣云阁"，不仅能有城中难得的畅朗借景，又引流为沼，积土为山，曲廊水轩，回环映带。

同时，山林、江湖地之外的平地造园也占很大比重。如祁彪佳父亲祁承㸁有多处造园，年轻时有"密阁"、"夷轩"、"澹生堂"数处，为官后更是营造了多个特色不一的园林："旷亭"以石胜，"紫芝轩"以水胜，"快读斋"以幽邃胜，"蔗境"以轩敞胜。在城南稽山门外的陆氏"阜庄"，前后开两大沼，为堂、为轩、为室，错纵其中；有百年古藤如斗，"累累如贯珠"的叠石池台，又于园东构危楼五楹以观"炉峰"山色。鬲石湖旁的"章庄"内凿四五池，种树其旁，可采桑钓鱼，是村庄园典型。张岱的外祖父陶兰风有"青棘园"，幽敞各极其致，堂可看山，阁可俯沼，虚轩曲榭，可啸可歌；又有"镜漪园"，堂临池上，阁居堂左，水榭一带，联贯其中；轩后置有于粤西所得三奇石。应山公别业"后乐园"，方塘半亩，中构一小亭名"垂纶"，前后接以两桥，后有楼轩然其上。陶仰云的"让木园"有二十亩，池居五之四，以文漪堂相临，园中曾有大片橘林。城北有赵呦仲的"砚园"，入门有一堤，环两池，堂居池上，逶折而进，为轩为室，皆有幽邃之致。

自然山水之中的造园比平地造园更为丰富。由于绍兴有着优越的山水条件，东晋时顾恺之就赞为"千岩竞秀、万壑争流"，山林造园非常兴盛，胡恒为祁彪佳《越中园亭记》所作之序称"园之胜，遂与竞秀争流者，同一应接不暇"，山林园更增添了山水之胜。最富盛名的是崇祯年间祁彪佳的"寓园"，园林胜景与自然山水之美相提并论。张岱所在家族为累世显宦、簪缨世族，造有多处园林，多因于自然山水。如在府城内卧龙山有"筠芝亭"，早期张岱高祖张天复所创时仅为简单的"浑朴一亭"，后来张岱叔祖张懋之增添多座建筑，霞外楼可以"南眺越山，明秀独绝"，啸阁可以"望落霞晚照，恍若置身天际"，从而得到更多的外部景致而"非复一丘一壑之胜"；在建筑增多的同时，景点也增加了，有"内景十二、外景七、小景六"。筠芝亭之西有"苍霞谷"，张岱之父张耀芳建，下有峭壁十余仞，多苍藤修竹；有"怪竹草堂"，堂之左有楼，望之若雪溪一舫。龙山南麓有"蠟花阁"，为张岱五叔张炯芳从扬州归来所建，有"台之、亭之、廊之、栈道之，照面楼之侧，又堂之、阁之、梅花缠折旋之"的多样建筑营造，对此张岱认为"未免伤板、伤实、伤排挤，意反局蹐"，而祁彪佳对于此园还是很欣赏的，"石壁棱峭，下汇为小池，飞栈曲桥，逶迤穿渡"，在自然山麓下理水成景的同时，"为亭为台"的建筑营造，形成"如簇花叠锦"的效果，甚至可比作历史上著名的金谷园。龙山下的"万玉山房"，曾是张岱曾祖张元忭的读书处，后来归张岱的二叔张联芳，进行"为构各极宏敞，更兼精丽"的扩建，到了其子张萼初，更不惜人力、物力、财力而大兴造园，在此建"瑞草溪亭"，通过"洗剔奇石"加上"淳泓小沼"，形成了"虽尺岫寸峦，居然有江山辽邈之势"。在城外，城南的"南华山房"，为张岱曾祖张元忭所开创，建筑疏朗。城南九里山又有"表胜庵"，张岱祖父张汝霖所创，渡岭穿溪、至水尽路穷而庵始出，奇石陡峻，有鸥虎轩、炉峰、石屋之胜。表胜庵下又有"天瓦山房"，背负绝壁，楼台在丹崖青嶂间，张岱胞弟张平子读书其中，引溪当门，夹植桃李，建溪山草亭于山趾，更自引人著胜。其他山林地造园，绍兴府城内，著名的还有如吕美箭的"淇园"，在绍兴的戴山之上，选址优越，有堂三楹，曲廊出其后，贯以小轩；其南高阁三层，北望海，东南望诸山，尽有其胜；阁下有奇石，小池绕之，一泓清浅，为园之最幽处；可见此园敞、幽效果俱佳。诸公旦的"快园"在城中龙山之阴的山林环境中，除了"竹木交荫"的自然特色，还有小径逶迤、方塘澄澈的人工营造，而尤以水池为核心来组织造园，是各建筑朝向的中心，效果上，幽、敞两方面都很出色。绍兴城外，城东曹山有"畅鹤园"，平地介立、峻石孤峙之峰下有凿池，因之以构亭榭，刻翠流丹，高出云表，望之如仙居楼阁。在上城山有祁彪佳外祖父的"质园"，搜剔奇石，有如云如浪者，亭轩层折逶迤，居然大雅。

绍兴城外有鉴湖等丰富水体，江湖地造园也较多。如张氏家族造园多有营建，最早是张岱的高祖张天复的"镜波馆"，"在城南捍湖为池"，并杂植花竹，主要利用水景，加上种植而得天然之趣，不同于明末"回廊曲榭"的复杂、精致，此园有"结构浑横，犹有太古之遗"的特点，这是明代绍兴园林的最早作品。"天镜园"离镜波馆不远，是张岱的祖父张汝霖罢官后常与友人雅聚的场所，依傍"兰荡"，有"一泓漾之，水木明瑟，鱼鸟藻荇，类若乘空"的突出水景，又有"高槐深竹，樾暗千层"的浓荫，在临水的"浴凫堂"中可感"扑面临头，受用一绿"，甚至读书写字可以体会到"幽窗开卷，字俱碧鲜"的效果；而除了"水天一碧"的园外之景，祁彪佳还看到"园之胜以水，而不尽于水"的更多景致，如"远山入座"的借景、有"奇石当门"的对景，"为堂为亭，为台为沼"的多样景点设置，尤其形成"每转一境界，辄自有丘壑，斗胜簇奇，游人往往迷所入"的丰富变化，而南楼的设置，又得到"畅绝"的远景效果，因而祁彪佳对此园极为推崇，认为

"越中诸园，推此为冠"，甚至超过了他自己得意营造的寓园。张岱的父亲张耀芳所营建园林"众香国"，在"鉴湖最胜处"，其中开堰筑堤，建"品山堂"以赏"千岩万壑，到此俱披襟相对，恣我月旦"、"季真半曲，方干一岛，映带左右"的借景。此外，绍兴城南鉴湖之滨，有刘淡尹的"柳西别业"，构高阁面湖，并以危楼贯阁，左接长廊，后凿深沼；王峨云的"镜圃"，阁最畅，堂最幽，径路最委折。在城东，独树港畔有孟氏"丽泽小筑"，为阁、为台、为轩，皆面水对山，挹朝爽，观夕霭，无景不佳；结构逶迤，亦复迥出尘俗。陶长吉的"沤谷"，建"徐来阁"以收"湖光荡漾，诸山远近成列"的湖山之景，又建奇石斋、梦参居。贺家池畔有钱懋士的"舫涛园"，建小轩饱挹"淳泓百顷，鱼兔与烟波共灭没"之湖光，是别墅之以淡远胜者。在城北，波光荡漾、水天无际的瓜渚湖畔有萧氏"瓜渚湖庄"，从湖之浅处筑为圩，深处凿为池，植桑栽莲，建高楼其上。

绍兴府的郊县地区也有造园，如新昌县的沃洲有吕氏"皆可园"，是一处农庄园林，大致效仿柳宗元的"八愚"设景，可获得四时之胜。

宁波府

宁波自明代中期以后也有较多造园，但受到江南核心区华丽造园之风的影响相对较弱，而更似多素朴的营造而少有大规模假山，与绍兴园林接近。但自然山水中造园相对较少，而因府城内均为平地而宅园较绍兴更盛。

在明中期，宁波卫任镇抚司镇抚张和，在廨宇之西择空地堆山造园，命名为"独秀山"，山巅有适意亭，山下有清凉洞，洞外有南北两水池，池里养金鲫、瑞莲，围绕着池边植有茂林修竹，还有乐寿轩、牡丹台等园林小品建筑景观，清凉洞北还有古梧两株。刘洪为此写有《独秀山记》记录其事始末，现其碑刻仍嵌在清凉洞口。独秀山在清代成为"后乐园"一部分，现为中山广场一部分，为明中期江南地区叠石造山的唯一较完整遗存（图9-8）。

图9-8 宁波"独秀山"

晚明时府城内屠氏家族有多个园林：屠潇的"西峰书屋"，为愉悦其父屠瑜所建，有凿池叠石、泉石花卉，山名"天赐岩"，构亭于池前曰"乐亲亭"。戏剧家屠隆有"凫园"，在宅西隙地所辟，规模甚小，凿窄长小池，下植荷、芰、菱、芦，上植芙蓉、木兰、红蓼、紫葵，又跨池构楼曰"飞仙"，又有"空明楼"、"栖真馆"（后改名为"娑罗馆"），是以水木为主景的简单小园。屠本畯有"掌园"，内有霞爽阁等；屠氏字幽曼，多有动植物方面的著作，园中应多花木种类。此外，孙氏有"日涉园"，"板扉萝径，竹树周遮"；余太常园，"林园随地寂，况复枕仙家。竹动风前叶，桃开雨后花"，也以种植为主。明相余有丁公子有"飞盖园"，池亭花木，极一时之盛；李文约的"楝园"，位于宅右，结庐旁水，通径置桥，满园楝树蓊然；范钦有藏书楼"天一阁"，初建时凿一池于其下，环植竹木，后来至清代康熙年间才有池边堆山。

江湖地造园方面，城内有南湖（日、月双湖），其汀洲岛屿多有园林营建。如竹屿西南濒湖有陆起元的"拗花园"，园亭之乐，甲于双湖，被称为"陆浑山庄似辋川"；其前身为张氏"萧园"，面积更广；后为太仆谢三宾所有，更名为"天赐园"。在老龙湾西有太学杨伯翼的"翛园"，有"西清阁"可登眺水光野色，有"桎枫柏栗，隐映若碧城，风涛生几席间"的水木之景，也作"菱菰荷芰、蹲鸥薯蓣之属"的种植，亦有长春圃、泛爽亭诸胜。南湖深处的竹湖有藏书家陈朝辅父子的"云在楼"，有云在楼、四香居、含青、挂松轩、带水池、山厅、息庐、云石等景，极尽林泉之胜。此外，南湖畔还有明末骆国挺的"寒崖草堂"等。

9.2.2 北方地区的造园

北方地区，明代造园的佳作集中于都城北京，承续元代的诸多遗构和自然风光，但亦不乏在南北融合的背景下演化出本土的园林文化和造园特征。明代北方造园有其相对复杂的历程与涵盖面，包含宫苑、第宅园林、寺观园林和邑郊理景等诸多类型。所以根据明代北方园林（尤指北京）的具体情况，若以宫苑与第宅园林为主体，可将其发展划分四个时段：一、初期（即过渡期），大致对应于洪武、建文年间；二、中前期（宫苑的高峰期），大致对应于永乐至天顺年间；三、中期（即维持期），大致对应于成化至隆庆年间；四、后期（第宅园林的高峰期），大致对应于万历至崇祯年间。而若以寺观园林（佛寺）为对象，则洪熙至万历年间，即明朝迁都以后的一段稳定时期，是北京寺观园林大量修建的兴盛时期；洪武至永乐年间，明朝实际定都南京，北京寺院极少；天启、崇祯年间，明朝将倾，北京形势紧张，佛寺修建也大减。此外，与寺观园林具有相同发展脉络的，是北京的邑郊理景，它的开发往往伴随着邑郊寺观（尤其是西山一带寺观园林）的建设。

明初太祖朱元璋改元大都为北平府，后北平成为燕王朱棣的封地。城内太液池以东的元大内宫殿，在战乱以及后来的历史过程中不断地被破坏，曾一度成为兵营；而池西岸的兴圣宫和隆福宫因改建为燕王府之用，而得以幸存。元代灭亡暨永乐迁都以前这段时间，见于记载的只有徐达筑城和修建燕王府，鲜有造园活动的记述。

朱棣登基以后，伴随着皇城的建设，一系列宫苑的改建与新建也逐步进行，其后又有不同程度的宫苑修建，可以说，永乐至天顺年间是明代宫苑营造的起始与高峰，其涉及的园林基本涵盖了明代北京宫苑的全部（图9-9）。如永乐十一年、十三年和十四年的五月端午，永乐帝都曾"幸东苑"，

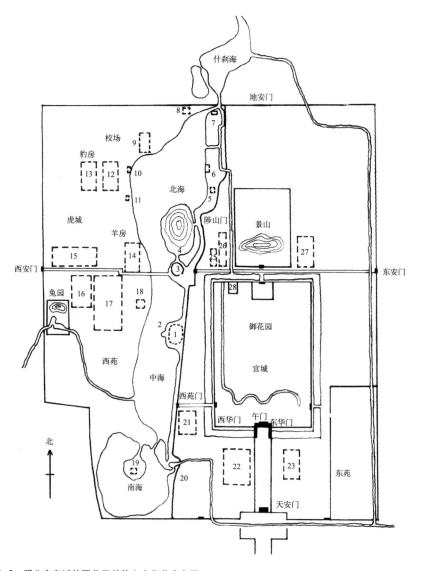

图9-9　明北京皇城的西苑及其他大内御苑分布图
1. 焦园　2. 水云榭　3. 团城　4. 万岁山　5. 凝和殿　6. 藏舟浦　7. 西海神祠、涌玉阁　8. 北台　9. 太素殿　10. 天鹅房　11. 凝翠殿　12. 清馥殿　13. 腾禧殿　14. 玉熙宫　15. 西十库、西酒房、西花房、果园场　16. 光明殿　17. 万寿宫　18. 平台（紫光阁）　19. 南台　20. 乐成殿　21. 灰池　22. 社稷坛　23. 太庙　24. 乾明门　25. 元明阁　26. 大高玄殿　27. 御马苑　28. 建福宫花园

"观击球射柳"，东苑是永乐时期新辟之苑，其园林面貌可通过《翰林记》[①]中有关宣德三年（1428年）宣宗游东苑的记载而获知，此时东苑内建筑物并不多，且都很简素，一派草舍田园风貌；景泰年间（1450-1456年），放还北京后的英宗被软禁于东苑内；天顺年间（1457-1464年）英宗复辟，对东苑的改建很大，仿大内之制增添诸多建筑，宫殿与苑林兼备，故又称"小南城"，且多曲折之小桥、流水、叠石、山洞与亭馆，盛为繁密。又如永乐十二年（1414年），朱棣对元朝的猎场"下马飞放泊"进行扩建，并命名为"南海子"，即南苑；宣德三年（1428年），对南苑内的桥涵道路进行整修，并建置亭榭小品；另天顺二年（1458年），有记载南苑修行殿，大桥一、小桥七十五。朱棣在第三次"巡狩北京"时，曾"命工部作西宫为视朝之所"，故开展对元代太液池一带万岁山、仪天殿的修治，并保留了广寒殿，等明大内宫殿（即紫禁城）完成以后，其地与增拓的南海统称西宫，又称"西苑"；宣德八年（1433年），宣宗以置书籍为由，修葺西苑的广寒、清暑二殿及琼华岛；天顺年间，又对西苑进行过一次较大规模的扩建。在西苑以西、皇城的西南隅，另有一宫苑名"兔园"，改建自元代西御苑旧址，内有大假山名"兔儿山"，为元代遗物。位于宫城北端，皇城中轴线上的禁苑，"御花园"和"万岁山"（即景山），它们共同构成了明皇城"前宫后苑"的后苑部分，与大内宫殿同年建设完成。此外，位于左安门以东的"采育上林苑"（即上林苑），在永乐年间，已种植树木蔬果，养殖家禽以供宫廷之用，也兼做帝王游观之地。

朱棣在夺取帝位后不久，便连续几年颁布敕令，在十五省的至少十到十一个省份中挑选大量来自不同地方的富裕人家迁来以"实北京"。正式迁都之后，皇亲国戚和达官显贵也都携带家口蜂拥而至，通常他们在皇城内都有宅邸，或由朝廷提供和赏赐，或自行修建，并逐渐开始经营自己的宅园，但颇有节制，未成风尚。如《天府广记》所载："彼时开国之始，风气淳厚，上下恬熙，官于密勿者多至二三十年，少亦之，不敢蓬庐一官也"。此外，朱棣既决意迁都，对北京的佛教也多加留意，陆续招揽当时的名僧、高僧到北京各寺住持，以领天下僧众。北京一度成为全国佛学中心，其佛道文化也渐次恢复发展，为明中期寺观的兴盛奠定基础。这一时期，一些僧人也开始在北京修建寺观，如禅僧德始住持龙泉寺时，"早夜孜孜，以缮修为务。凡栋户蠹敝者，易之；阶圮者，构之；丹垩剥落者，新之。比旧有加焉"。[②] 僧众的聚集，必然导致寺观的大量建置，其随之而来的寺观园林之盛是可想而知的。

就整体而言，明代最高统治者对待宗教的政策是既整顿和限制，又加以保护

---

① 《日下旧闻考》卷40引《翰林记》

② 《新续高僧传四集》卷19《明燕京潭柘山龙泉寺沙门释德始传》

和提倡。虽参与寺观及园林建设的主体多为僧人和士庶人，但亦不能忽视皇室（帝王、后妃）和宦官所起到的带头和推动作用，且他们往往在修建过程中互相资助。如万历年间，神宗遵李太后旨意兴建的万寿寺，亦有宦官冯保等人的捐资，万寿寺后部庭院的营造以亭榭搭配山池为主，颇具第宅造园之法。若论寺园与宅园之不可分者，当首推朝阳门外的月河梵苑，园主人道深，是宣德至正统年间金山苍雪庵（英宗赐额"宝藏禅寺"）住持，此园是其晚年自娱之处，构筑巧妙，格调清雅。此外，那些值得一提的寺观园林，大多分布于京西一带，特别是西山的幽壑林泉之中。明人称："西山岩麓，无处非寺。游人登览，类不过十之二三尔"。[①] 这些寺观多为宦官所建，"西山诸寺，多出巨珰所造"；[②] 且其数量繁多，富丽堂皇，"西山二百寺，蝉缓琉璃刹。其人中贵人，往往称檀越"。[③] 虽绝大多数是宦官为修建坟寺和香火院而制拟山陵，"环城之四野，往往有佛寺，宏阔壮丽奇伟，不可胜计。询之，皆珰人之葬地也"。[④] 但如此大规模的建置，的确带来了京西一带邑郊理景的大开发，且名寺名园层出不穷。明人王士性就说："缁宫佛阁，外省直纵佳丽，不及长安城什之一二，盖皆中贵香火，工作辄效阙庭，故香山碧云甲于天下"。[⑤] 明代的邑郊寺观无论是其内部庭院的精心营造，还是将自身建置于外部园林化的环境中，已不仅限于作为朝山拜庙的宗教活动场所，而实际上成为节日观光、食宿贸易、帝王驻跸等众多活动的中心和纽带。可以说，明代邑郊理景的产生与发展与这些寺观园林大量的建置是分不开的。

明初期和中期北京第宅园林建置较少，直至万历年间造园之风才日渐兴盛，沈德符在《万历野获编》中称："豪贵家苑囿甚夥，……盖太平已久，但能点缀京华，即佳事也"。其实万历之前北京也有一些功臣世家、宦官和大臣的宅园或别业，只是平均数量上要比万历以后要少得多。如正统年间大学士杨荣（1371-1440年）的"杏园"，是大臣宅园中的代表，杏园常为当时大臣宴集之所，此园于正统二年（1437年）三月举办的一次杏园雅集，有《杏园雅集图》记之（图9-1）。另外如位于京城西北郊的王英（1376-1450年）的"王氏园"，李时勉（1374-1450年）的"李公园"；文人李东阳（1447-1516年）位于什刹海西岸的"西涯"；大臣吴宽（1435-1504年）位于东城的"亦乐园"；以及位于外城的大臣陆深（1477-1544年）的"绿雨楼"，梁梦龙（1527-1602年）的"梁家园"。此外，如功臣世家的府园与别业有：定国公府园（太师圃），成国公府园（适景园），英国公府园；兴济伯杨善的别墅园"东郭草亭"，宣城伯卫氏的府园及别业"宜家园"，惠安伯张元

① （明）陆嘉淑：《辛斋诗话》，见雍正《畿辅通志》卷51《寺观·顺天府》
② （明）王樵：《方麓集》卷7《游西山记》
③ （明）王世贞：《弇州四部稿》卷11《游西山诸寺有感》
④ （清）龚景瀚：《游大慧寺记》，见光绪《顺天府志》卷17《寺观二》
⑤ （明）王士性：《广志绎》卷2《两都》

善的"牡丹园"。另还有宦官韦霈于正德年间所建的"韦公庄",明武宗曾赐额"弘善寺",然实质是韦氏别业。

以上列举的诸多宅园基本上兴造于万历以前,少数宅园因世袭或年代较近的原因可能会延续至明末,并有新的改建与修缮。万历至崇祯年间是明代北京第宅园林的高峰期,此间在海淀地区诞生了两座毗邻的名园——武清侯李氏的清华园与米万钟的勺园。清华园是外戚贵族园林的代表,追求富丽恢弘的气度;勺园则反映了文人园林的格调,追求雅致幽远的意境。故福清人士叶台山在游历海淀二园后,有"李园壮丽,米园曲折。米园不俗,李园不酸"[①]的评价。此外李氏另有三处别业,分别是位于外城的十景园、槐楼和位于西郊的钓鱼台别墅;而米万钟在城内也有湛园、漫园的营造。万历至崇祯年间其他的第宅园林包括:位于东城的有:万炜与瑞安公主(1573-1629年)的府园"曲水园",冉兴让与寿宁公主(1592-1634年)的府园"宜园",外戚田弘遇的府园;位于西城的有:方从哲(?-1628年)的"方园",英国公张维贤(1598-?年)的别业"英国公新园",袁宗道(1560-1600年)的"抱瓮亭",冉兴让的别业"月张园",刘伯世的别业"镜园"(后归冉兴让),以及外戚周奎的府园;位于西郊的有:陈承宪的别业"郑公庄",万炜的别业"白石庄",明末布政司王氏的宅园"息机园",以及周奎的别业"周皇亲园"。其中,曲水园以水竹亭廊胜,"竹尽而西,迢迢皆水。曲廊与水而曲,东则亭,西则台,水其中央"[②];宜园以山石著称,"入垣一方,假山一座满之,……山前一石,数百万碎石结成也"[③];英国公新园与镜园都位于什刹海一带,且园中格局都很简单,前者由观音庵改建而来,园内仅一亭、一轩、一台,"急买庵地之半,园之,构一亭、一轩、一台耳"[④]两者都以借景为胜;另外,周奎与田弘遇两家外戚,因分别来自苏州和扬州,故其府园格局均仿江南之风貌,《稗说》曾载:"周、田家居第,通水泉,荫植花木,叠石为山,极尽窈窕。两家本吴人,宾客童仆,多出其里,故构筑一依吴式,幽曲深邃,为他园所无"。[⑤]总的来说,明代第宅园林遍布城内及西郊、南郊、其中又以西郊海淀地区和西城什刹海地区名园最多,其造园之风在万历年间形成高潮,并延续至清初。

明代绝对君权的集权政治日益发展,北方地区的宫苑,其规模趋于宏大,皇家气派又见浓郁。明万历以后,北京的第宅园林也已蔚然大观,且诸名园各具特色,或富丽奇巧,或自然脱俗,且大多结合水景取胜。明代北方造园的另一特点,是已经开始吸收江南园林的养分,在宅园兴造或是邑郊理景方面,南北园林文化多有交融。

---

① (明)刘侗,于奕正《帝京景物略》卷5《西城外·海淀》

② (明)刘侗,于奕正《帝京景物略》卷2《城东内外·曲水园》

③ (明)刘侗,于奕正《帝京景物略》卷2《城东内外·宜园》

④ (明)刘侗,于奕正《帝京景物略》卷1《城北内外·英国公新园》

⑤ (清)宋起凤《稗说》,卷4,引自谢国桢《明代社会经济史史料选编》,上册,页275

9.2.3 其他地区的造园

在全国其他地区，也有兴盛程度不同的园林营造，主要是在晚明。

浙南

在浙江南部，虽无江南主体区域造园兴盛，仍有一些造园记载。如临海"白鸥庄"，是著名旅行家王士性广泛涉猎名园后，回乡亲自规划营造的别业园林，又称"郭东草堂"，断断续续开发建设，约在万历二十五年最后竣工。根据王士性本人的《白鸥庄记》，此园有十七景，核心为曲池三亩、二洲三岛。主堂在山麓、曲池之间，池南有堆石叠山，其形五岳一拳、其内曲洞连环，又有丘亭石栏、独木相跨。"白鸥庄"为王士性游览大量山水及园林后的一个总结性实践，虽然算不上宏大精丽，却有非常丰富的景致，在设置各种赏景场所、营造多样自然境界的同时，可以唤起对各地名胜及历史典故的联想，是16世纪后期在江南地区之外的一个出色的造园作品。

皖南

在江南以外的南直隶其他地区，以皖南地区的造园记载较多。皖南又以徽州与江南核心地区交流较多，尤其是徽商兴盛，扬州的诸多园林多为徽州人所建，如扬州最有名的影园主人郑元勋即是徽州歙县籍，于是扬州园林的营造风气也反过来影响到徽州。如歙县丰南，《丰南志》载明代有十大名园，如吴玙的"曲水园"以水景见长，吴天行的"果园"有"侈台榭"之称，吴养春的"十二楼"以石假山闻名、吴肇南的"清晖馆"也有吴氏自记。许承尧《歙事闲谭》提及明代的名园还有歙县"遂园"，休宁县"荆园"、"季园"、"七盘园"等。

晚明徽州最著名的园林，是戏曲家汪廷讷在休宁县松萝山下修建的"坐隐园"，又以其主建筑"环翠堂"闻名（图9-10），规模宏大，景点繁多，"林峦蓊翳，泉壑飞流"，得到吟咏之景竟达一百多个，其中最具特点的景致有：浩淼的昌公湖，水中立砥柱石，岛上有湖心亭；大型叠山万石山，设九仙峰、面壁岩、朗悟台等；主堂环翠堂，其前有广庭、方池、峰石；水榭无无居，是会客宴集的极佳场所；其他又有君子林、芭蕉林、紫竹林、牡丹林、湖堤桃柳等繁花茂林，流觞渠、冲天泉、葫芦谷、洗心池等多样水景，都有可玩可赏之处。借景之趣也为此园特别重视，有凭萝阁、嘉树庭、百鹤楼等楼阁，又有达生台、朗悟台、白藏岗、眺蟾台等岗台，均远借园外之山水佳景，同时也可俯瞰园中景色。此外，园中还有大量宗教性建筑，如龙伯祠、青莲窟、清虚境、半偈庵、大慈室、观空洞等，使园林的内容层次更为复杂，表达着主人的超脱取向的同时，也给园林增添了超出凡尘的神秘氛围。

图 9-10 《环翠堂园景
图》（局部）

此外，在皖南的广德州，周瑛《桐川儒学杂咏》中，可以看到明中期一
处学宫造园的独特面貌。这一园林轴线对称，规整严谨。园林中有着八米多高，
近三十米长，土为主、石为峰岭的大型假山，并有"以护形胜"的风水认识，
这也可以从大假山位于北侧、两侧且有小护山的配置上看出来。其中共有三个
水池，大致都为方形，前二在轴线两侧，后一"如斗"，位于山下。此外还有
少量植物配置，并有着象征性意味（如"兰坡"寓意"平生性好修，揽拾以为
佩"）。而在各景点的命名，如"澄心池"、"观德亭"、"退省轩"，也体现着这
一园林中强烈的精神性，成为这一儒学园林的突出特色。

湖广

明代的湖广地区主要包括今湖北、湖南。

在武昌府城，兵部尚书熊廷弼于万历四十一年（1613 年）被罢黜居家时
在新南门内的梅亭山下建"熊园"，园内比较宽阔，"横六七里"，以山坡密林
为背景，宛如一幽僻的乡村；园内以一条水系为主景，水体弯曲有致，又名九
曲溪，沿溪水百花争艳，每水体的弯曲处建一亭；造园风格以山野旷远为主，
植物种类丰富，当属武汉私园之始。此外，万历时在中和门内梅亭山上还有董
长驭的"梅亭书屋"，与熊园视线相通。在汉阳，城西关外二里有王章圃的"葵园"，
园内有奇石堆砌的假山，名翠微峰，峰旁有井，号翠微井，还有水塘、小溪，
园之西是突兀的土丘，瓦房茅舍错落其间，菜圃、竹林、松柏布局有序，兰荷
菊梅依次芬芳。此外，明末汉阳还有萧方伯的"肖园"、李学仲的"西园（李
大参园亭）"等。

在荆州府的公安县，晚明时以著名文人袁宏道罢官回乡后所营"柳浪"
别业最为出名，在城外西南郊水泽地，与浩淼的斗湖一堤之隔，有百亩之大，
主要为水面，其中地势较高的湖田区四十亩，其外以大小堤岸层层环绕，形
成"若笋蕉，若阵若城"的同心圆式土堤景观；堤上植柳万株，间以枫树，
平时以层层叠叠的杨柳拂水撩烟，为园名"柳浪"的来源，秋时则色彩缤纷
相映，景观十分美丽。在核心湖田区，顺随地形，在地势较高处筑台，可畅
观湖景，台上建"柳浪馆"为主人兄弟所居，台前设虚栏，阶旁欹瘦石；地
势较低处开凿"红莲池"，池上又有三楹小屋，为待客之用，尤其是作为所
邀僧人所居。此园以水景为主，并无多样建筑营造或山石之景，却以堤外有

堤、树外有树的远近套叠形成丰富层次，增加了幽邃窈窕的深度，并形成迂回曲折的游湖路线，给人以丰富体验，从而形成鲜明特色，成为楚中少数美丽的园林之一。袁宏道之弟袁中道又有园林"筼筜谷"，有竹数万竿，入门有木香编篱、锦川高石、芭蕉覆之，其内又多植梅桂柑橘，疏朗布置多座建筑，亦为当地名园。

在长沙府城中，又有多座第宅园林。如赐闲湖、北庄、榕树园、吴道行宅园等。其中庄如岱的"榕树园"，"备亭沼之胜，则巾布袍来往于柳烟、竹露、红叶、碧带之中，望之若仙也"，是以水景取胜；庄如岱之子、礼部侍郎庄天合有《园中杂咏十六首》，无不以水为主题。长沙城中的善化县署中，万历年间建有"寄思园"。

此外尚有多座藩王府园林。如在长沙，明太祖第八子的潭王府，在成化年间改建为吉王府，其内有精美华丽的园林，包括八角亭、走马楼、小四方塘、紫金园、万春池等，其中以紫金园范围最广，以太湖石叠成的紫金山为主体，"嵌空磊侧，石径透逸"，是长沙史上首次记载的人造假山群。在衡州（今衡阳），晚明天启年间所建桂王府，其后部建有花园，徐霞客称之"府在城中，园亘参半"。

福建

在福州，万历年间内阁首辅叶向高有"芙蓉园"，其前身为南宋"芙蓉别馆"。此外，见于记载的明代园林还有钟邱园、将军府花园、中使园、石仓园、石林园、薛家池馆、光福山房、少谷草堂、南园、宿猿洞等。

在福清，叶向高又建有"豆区园"，是闽地园林中最为成功的一处，现仍有部分存留（图9-11）。园分东、西两区，东区为书斋；西区以山池为中心，建筑环山池进行周边布置，主体建筑坐北朝南，东面靠书斋大厅山墙建枕流阁，假山位于西区中部偏北，由湖石砌成，山体浑厚，内设洞窟，山顶立亭；水池位于假山之南，水面以聚为主。综观此园，布局简练，水面开阔，天光山色、亭台树影，倒映池中，景色丰富。假山退后，正面朝南，光影变幻，层次丰富；高大的重阳木、榕树及楼阁隐于山后；不管由池东、西两岸对望，或由池南北望，都有丰富的园景层次。池水形状、池岸处理，也是闽地园林中最为成功的一处。

在漳浦，有万历年间所建的赵家堡园林，在其外城有大面积的园林，分为三部分：一处相对封闭的书院园林，以及府第西北的荷池区及南面的山林区，是两处分别以水景和山石景为主的开放式园林，都有所存留。几处园林从三面环抱着府第，将堡中建筑群融入风景园林之中，不仅美化了堡中的居住环境，而且创造出符合士大夫审美情趣的人文景观。赵家堡园林是一处既有山林野趣又有人文气息的自然风景式园林，是闽西南乡村土堡园林的成功作品。

图 9-11　福清 "豆区园"
现状

广东

明代广州多有造园，如越秀山南麓有李时行的 "小云林"，楼亭围着池水而建，池约五亩，四周种植槐柳，芙蓉桃李，叠石为山，花竹辉蔽，还有古榕一株，荫可蔽数十人，曲径旁植有名菊，香色宜人。在大东门外，有洛墅、东皋等别业园林。"洛墅" 为明大学士陈子壮宅园，园内有池十余亩，塘三口。池湖中斜跨弓桥，置画舫于中。"东皋别业" 是陈子壮的堂兄御史陈子履于崇祯四年所建，为广州明代名园，园内池亭楼阁、山林陇亩应有尽有。

在佛山，有冼灏通所筑、冼少珍增拓的 "鹤园"，遍植林木，曲径回旋，亭阁枕池。在鹤园东面，有冼效所建、后由子孙扩拓的 "东林"，因园中遍植各类树木，故以苍翠参天见称于世，有 "东林拥翠" 之美名，被列入当时佛山的八景之一。

在珠江三角洲的新会，有明代大理学家陈献章在家乡所建的 "阳春台"、"碧玉楼"、"钓鱼台"。

在潮州，有黄宅书斋庭园，俗称 "猴洞"，相传因其主人喜爱在园中养猴而得名；庭园布局紧凑，以石景为主，假山玲珑通透，颇有山舍风味，为潮州书斋庭园典型之一。

广西

在桂林，朱元璋侄孙朱守谦于明初将独秀峰 "万寿殿" 扩建为靖江王府，山下建月牙池、御花园，点缀亭阁、九曲桥等园林建筑，前殿后苑，极尽奢华。与此同时，一批州、县城池陆续兴建、扩建。至明代中晚期，公众游览及私人园林建设亦随之活跃起来。鱼峰山、马鞍山、文笔山、鹅山、蟠龙山、东台山等山水风景均有进一步开发。第宅园林方面，万历初年柳州人张翀官至刑部右侍郎辞官回乡，在大龙潭建"鹤楼钓台"。天启二年（1622年），柳州士人王启元中进士，不久即归隐蟠龙山，构王氏山房，并宣称"柳之山川甲天下"。崇祯六年（1633年）六月，柳州人罗之鼎官至广东海北道副使，隐居大龙潭，建有大龙潭侧山楼。

在南宁，园林建设亦可谓兴盛，城东郊的青秀山有进一步开发，陆续建白云、万寿和独孤三寺，嘉靖年间又增洞虚、董泉二亭，并筑白云精舍。万历年间，退仕官员萧云举又在青秀山建设龙象塔、青山寺、云圃山房及息机、凉云二亭。崇祯年间，陈瑾在龙象塔旁建味竹庵。除山水园林外，第宅园林亦兴盛，陆续建成的有容园、福建园、风和园、宜园、元风圃等，其中位于五堆岭村东的容园，除栽植花木和点缀亭台楼阁外，还建有戏院等娱乐场所，名噪一时。

随着官员与文人的推波助澜，州府县衙、庙宇寺观、书院楼阁、山庄馆舍不断兴建，连广西西部左江、右江流域土司管辖地区亦效仿之，兴建土司府邸、花园别院，广西的土司园林多于此时兴盛，忻城县莫氏土司衙门，是至今保留完好的土司府邸园林。

四川

在成都，朱元璋第十一子朱椿的蜀王府内，有"菊井秋香"之景，是成都著名的八大景之一，正德《四川志·成都府·山川》载"菊井在蜀府萧墙内"，清康熙《成都府志·山川》有"菊井，蜀藩萧墙内，成都八景之一，名'菊井秋香'"，到清雍正已荒废。一些文化名人园林得到修葺或重建，园林纪念性的营造已十分突出，如杜甫草堂、三苏祠重建，武侯祠与昭烈庙的合并，文君井的修建等，都表达了人们对名人先贤的缅怀、纪念之情。

陕西

明代陕西地区大约包含今陕西及甘肃、宁夏地。在兰州，有肃王府花园。明初，肃王朱木英移藩兰州，在肃王府的东北面建宫苑，统称"凝熙园"，园内"垒石为山，因泉为池，山下洞壑幽远，逶迤数里"，亭台水榭，树木葱郁，有楼北眺黄河，景色旷远。

9.2.4　造园人物与著述

明代的造园人物大致可分为匠师与文人两类。造园匠师以叠山为主、兼顾其他造景。明代的园林叠山从业者众多，基本延续了宋代以来园林"山匠"的职业特征，他们掌握叠石技术并加以提升改进，其叠山作品具有一定特色并主导了园林场景。从明代中期开始，江南地区出现了中国园林史上第一批得到姓名记载的叠山师，如苏州的周浩隶、杭州的陆叠山、南京的周礼，说明他们越发受到重视。晚明时，部分匠师在拥有材料与施工层面的营造经验的同时，也具有文人造园者对园林意境的把握能力，使明代造园水准得到极大提升，可称为"职业造园家"。他们在自身知识结构上，除了具有相关艺术、园林技术、施工管理等多方面知识构成的综合素质，往往还具有一定的绘画才艺名声；他们在园林建造工作中承担的角色，是确定园林建设思路、整体规划园林空间、组织施工进度等工作的总设计师；在造园理论及实践上，他们往往对园林建设有系统见解乃至著述，推进当时造园的技艺与风尚，其园林实践也具有一定的数量及规模。他们中的杰出代表人物有周秉忠、张南阳、张涟、计成，另外得到具体叠山记载的还有上海的顾山师、曹谅，苏州的许晋安、陈似云等，见于姓名记录的还有朱邻征、陆清音、陆俊卿、张崑冈、高倪等人。

文人作为园林主人与使用者，他们往往将个人审美融入园林及其要素，通过诗画的方式确定园林的规划方向与意境定位，并在一定程度上介入园林的具体营造。明代的园林主人多为文人官僚，但并不是每个拥有园林的文人均可称为造园家，以设计者与园主人的双重身份为自己规划悠游宴憩的天地，具有一定的园林营造实践，同时又以鉴赏者与评论者的角色来阐述、总结园林审美趣味，引导造园的风习取向，则可称为造园家。明代有代表性的文人类造园家代表主要有文徵明、王世贞、文震亨、祁彪佳等，有的还有记录或评点当时园林的著述。

明代的园林著述为数众多。其中计成的《园冶》系统性、理论性最强，是中国古代历史上唯一一部造园的专门论著；对园林要素赏析的著作，以《长物志》《素园石谱》《群芳谱》等为代表；区域园林游览介绍类的著述以《游金陵诸园记》《娄东园林志》《越中园亭记》等为代表。此外，将造园内容融入于文人清居生活之中的著述，有陆绍珩《醉古堂剑扫》、屠隆《考盘馀事》、高濂的《遵生八笺》等；对于园林观赏花木，王世懋《学圃杂疏》、张懋修《墨卿谈乘》等著作中都多有涉及。

以下就最重要的一些造园人物及著述加以重点认识。

周浩隶

苏州的周浩隶为目前所知在中国园林史上最早得到完整姓名记载的叠山师。朱存理在作于成化二十二年（1486 年）的《题俞氏家集》中记录苏州城南的俞氏"石涧"小园："郡学西有贞节之门者，乃绍庵俞山人潜（名嗣之，字振宗）所居，即'石涧'，南园故址也。……园之中，有屋三楹……竹树阴翳，户庭萧洒，如在山林中也。屋后有'秋蟾台'，吴门周浩隶，亦山人，垒石为之，仍以其先命名。台上平旷，可坐四三人，荫以茂木。"[①] 周浩隶的作品为一座叠

---

① 　朱存理《楼居杂著》。见《四库全书》第 1251 册，第 600 页。

石之"台"，其上可以休憩、赏景；在作为叠山师的同时，他也是"山人"，是一名有文化的隐士，与一般职业匠人还有所区别。朱存理在文中提到，建设此园的俞振宗已经去世，可推测周浩隶的叠石要更早一些。

陆叠山

在明中期江南地区，名声最盛的假山匠师是杭州的"陆叠山"，杭州有名的几个第宅园林假山均为陆氏所叠，受到当时一流文人张宁（1426-1496年，字靖之）的称誉。田汝成《西湖游览志余》记载："杭城假山，称江北陈家第一，许银家第二，今皆废矣。独洪静夫家者最盛，皆工人陆氏所叠也。堆垛峰峦，拗折涧壑，绝有天巧，号'陆叠山'。张靖之尝赠陆叠山诗云：'出屋泉声入户山，绝尘风致巧机关。三峰景出虚无里，九仞功成指顾间。灵鹫峰来群玉垛，峨嵋截断落星间。方洲岁晚平沙路，今日溪山送客还。'"[1] 从中可见陆叠山受评价之高，以及他对当时造园叠山艺术的提升。

周礼

明中期南京的周礼，是目前所知最早明确得到"画意"叠山评价的假山匠师。著名文人庄昶（1436-1498年）有《周礼过江为余作假山成谢之诗》相赠于他："秋山老瘴欲谁搔，又为西崖过晚潮。活水源头容点缀，天峰阁下见岧峣。道心我岂朱元晦，画意公如盛子昭。会把乾坤奉一石，不将真假到山樵。"[2] 庄昶为成化二年（1466年）进士，晚年的二十多年大多在乡隐居于江浦（今南京浦口）的定山，世称"定山先生"，江南四大才子之一的文徵明曾奉父命拜他为师；诗中所述园景，即是在他归乡隐居期间所造。诗中"画意公如盛子昭"之句，可知周礼所造这座假山是与元代著名画家盛子昭的"画意"密切相关的。

张南阳

张南阳（约1517-1596年），上海人，始号小溪子，更号卧石生，人称卧石山人。祖上务农出身，有祖辈做过小吏，张南阳父亲以擅绘画著称，他自幼从父学绘画，后以绘画、叠造假山和造园闻名。张南阳以绘画获得一定的艺术修养，从叠山获得园林实际建造经验，将两者结合从而能在把握规划园林建设取向的基础上将其在场地上实现，因此，张南阳交游于当时江南文人阶层之中，作为造园家获得了很高的声誉。当时上海县潘允端的豫园、陈所蕴的日涉园、太仓王世贞的弇山园，为公认的东南名园，都出自张南阳之手。园林建设往往

---

① 田汝成《西湖游览志余》上海：上海古籍出版社，1998，页285。
② 庄昶《定山集》卷四。

营构经年，张南阳也在园林规划建设中与这些园主兼文人精英成为好友而长期交往。

张南阳作为早期职业造园家的代表，也体现出匠人造园家与职业造园家之间的过渡特征。张南阳被时人认可并看重的主要是园林内部某区域叠石为山的处理手法及技艺，而非对园林景观的整体把握与规划能力，陈所蕴的日涉园建造缘起是因为业主历年聚集了众多奇石，听闻张南阳叠石之名而请来专任此事，对于园林的整体规划，则需要陈所蕴有整体思路后画成图籍，再授予张南阳"按籍经营"。

从王世贞的记录看，张南阳之于弇山园，也是着力于局部叠山而不是整体规划，王世贞之兄售出的麋泾山居中的山石，王世贞觉得可惜而运回弇山园初址，张南阳协助其布置这些山石。至于园林整体规划，则主要由王世贞本人构想定夺。然而，张南阳虽从叠石出发造园，但其规模甚广，并"随地赋形"，自成区域，已经有造园的整体观念思考了。

周丹泉、周廷策父子

苏州的周丹泉（1537-1629年），又名周秉忠、周时臣，是隆庆、万历年间另一位出名的叠石能手，现在可知的作品，有苏州城内归湛初的"归氏园"（后又改称"洽隐园"、"惠荫园"）假山以及徐泰时的"东园"假山。

关于"归氏园"假山，清乾隆年间的苏州人韩是升有《小林屋记》一篇述及（"按郡邑志，园为归太学湛初所筑，台榭池石，皆周丹泉布画。丹泉名秉忠，字时臣，精绘事，洵非凡手云"）。这座假山历经园林的多次变迁，目前得到修复，仍大体存留。陈从周先生称之："南显子巷惠荫园水假山，系层叠巧石如洞曲，引水灌之，点以步石，人行其间，如入洞壑，洞上则构屋。此中形式为吴中别具一格者，殆系南宋杭州'赵翼王园'中之遗制"[1]，可见周丹泉谋划创建此山的巧思。而周丹泉的能力还不仅是叠假山，还在于整座园林的谋划（"台榭池石，皆周丹泉布画"）。

关于徐泰时的"东园"假山，袁宏道《吴中园亭纪略》则更明确地谈及这位匠师及其作品（"石屏为周生时臣所堆，高三丈，阔可二十丈，玲珑峭削，如一幅山水横披画，了无断续痕迹，真妙手也"）。另外江盈科《后乐堂记》中也有"里之巧人周丹泉，为叠怪石或作普陀天台诸峰峦状"。"东园"几经变迁存留下来，今为"留园"，但这座假山现已难见原貌。这座假山比"小林屋"晚约三四十年，风格差异大概与此有关，同时也反映出周丹泉是多面手，并不固守某一种方式。

周丹泉被称为"巧人"，还在于他不仅善叠石，而且多才多艺，除"精绘事"

---

[1]　陈从周《苏州园林概述》，《中国园林》（广州：广东旅游出版社，1996），页84。

外，徐树丕《识小录》卷四"周丹泉"条还提到这位叠山匠师的长寿，绘画高超之外还精通工艺美术（"丹泉，名时臣……其造作窑器及一切铜漆对象，皆能逼真，而妆塑尤精。……其运气闭息，能使腹如铁，年九十三而终"）。

周丹泉之了周廷策（1553-1629年），又名周伯上、周一泉，也是一时叠山好手，《识小录》记载，"一泉，名廷策，实时臣之子，茹素，画观音，工垒石。太平时江南大家延之作假山，每日束修一金，遂生息至万。"可见其叠山技艺之高和受欢迎的程度。周廷策的著名造园叠山作品有常州吴亮的"止园"，详见本章案例部分。

张涟

张涟（1587-1671年），字南垣，华亭（今上海松江）人，后定居秀州（今浙江嘉兴），是明末清初最优秀的职业造园家。张南垣少年学画，人物及山水均较擅长，后以山水画意叠石并成名，继而开始造园实践，在明末获得了很高的名声。张南垣在世时，当时的著名文人吴伟业、黄宗羲、谈迁均为之作传，在后世他也以叠山造园之名被列入《清史稿》。张南垣也是我国造园史上作品最多的造园家之一，黄宗羲在《张南垣传》中记道："三吴大家名园皆出其手"，吴伟业撰《张南垣传》也记道："群公交书走币，岁无虑数十家，有不能应者用为大恨"，张南垣所造之园，有明确记载的有二十余处，但实际造园数量远不止此数。

张南垣所处的明代末年，文人富家造园蔚然成风，但园中叠山强调奇石立峰，深洞危梁，张南垣认为这种从形态上模仿真山、将其按比例缩小的叠山方式，非常不自然并且耗费大量人力物力，提出以土坡堆出地形气势，然后在土中或点缀或杂错石块来暗示山脉走向，最终在比例上接近真山真水、在意境上达到处于大山一角乃至墙外延绵不绝的感受。

张南垣创新的叠山手法，为当时文人精英所认同，认为是懂得绘画真意的造山之道。吴伟业转引旁人评论称其"土中间石"造山手法的合理性："江南诸山，土中载石，黄一峰、吴仲圭常言之，此知夫画脉者也"。张南垣对明末园林叠山方式的变革，自成一派，并对后世留下了深刻影响，他以"平冈小阪"、"截溪断谷"的手法造园，一方面是其自身绘画修养传承的影响，但另一方面，这种造园手法实际上体现了明末造园者对于园林建立了整体性视角与营造方式。明中叶以来，园林空间变得更大更复杂，园林叠石除考虑静观的传统使用方式外，还要考虑登临使用的尺度感与空间结构、与建筑树木等其他园林要素的协调与统一，乃至造价成本与施工现实性。张南垣对园林山水独特的处理手法，正是他对协调园林要素为有机整体的创造性解答。

张南垣以宋元画意入手造园，以此一变宋元园林成法，因深就高，合自然，惜人力，创作了大量的造园作品，其子侄辈也延续家学，发扬光大，是明末当之无愧的最伟大的职业造园家。

计成与《园冶》

计成（1582-？），字无否，号否道人，苏州松陵（今苏州市吴江区同里镇）人。计成少年时代即在绘画方面稍有名声，早年曾四处旅行，天启初年（1621年）回到江南，定居镇江。天启三年（1623年），计成为曾任江西布政使司右参政的吴玄建造东第园，之后为汪士衡建造寤园，在造寤园期间，计成撰写了《园冶》这部不朽的造园专著并于崇祯四年（1631年）完成，除上述两园外，计成见于记载的造园实践还有郑元勋的影园等。

在明代的造园家中，计成是最具文人气质的职业造园家。计成并非一开始就以造园为业，他四十岁左右到镇江定居后一时兴起小试身手叠山，基于自己的绘画技艺品位和旅行山水见识，所叠假山迅速为大众认可，于是计成善叠假山之名因此传播开来，继而开始造园实践。计成与明末文人精英如郑元勋、汪士衡、曹元甫、阮大铖、吴玄等人接触甚多，并以友朋身份交往，并在造园实践的间隙写作完成《园冶》，将造园心法上升到系统化的理论，向社会推广，在实践工作中不忘文以载道，在学识能力与立言济世上均体现出极强的文人情怀。

虽然计成是在"叠山"技艺被认同后开始被请去造园的，但不同于许多匠人世家出生并掌握高超叠山技艺的造园者，计成从第一次造"东第园"开始，就侧重于先确定从自然地形出发的园林整体规划构想与意境营造，而不是开始于局部区域的叠石为山工作。计成造园强调园林各组成部分的统一性，将假山、植物、建筑等要素统一考虑配置，这种纲举目张的造园整体视角、随形就势的造园自然取向，立足于计成自身的文化艺术修养与游历真山水的经验，也让计成作为一个职业造园家达到了极高的造园水准。

明代的园林著述中，《园冶》是关于园林营造的最为专业与全面的著作。作者结合造园实践，对于造园的心法、技巧、重点乃至管理、成本均有深入认识。明崇祯四年秋，计成在为汪士衡造寤园期间，系统总结了传统造园理论和自己造园实践经验写成造园专著，初名《园牧》，后汪士衡之友曹元甫认为此书"千古未闻见"，非常有价值，名之为《园冶》更佳。崇祯七年，《园冶》由曹元甫之友阮大铖资助并写序，出版刊行于世。

《园冶》全书共3卷，附图235幅，主要内容可分为"兴造论"和"园说"两部分。在"兴造论"中，计成首先阐述了园林营造中专业规划者的重要性，随后，计成以因、借、体、宜四字点明了园林营造中规划的重点，即造园之先需确立顺应地形、发挥场地优势的出发点，然后从"景"出发组织建筑、树木、周边环境成为有机整体。计成特别提到，若不能在最初就由专业规划人员以此原则来确定良好的造园规划，就不能造出优秀的园林。

在"园说"中，计成对"兴造论"中的造园规划原则做了具体说明，从相地、立基、屋宇、装折、门窗、墙垣、铺地、掇山、选石、借景10个方面阐述了体、宜、因、借的实际运用。"园说"十篇从相地开始，前九篇的写作次序也对应了园林建造的步骤，均强调以"景"为核心的整体营造，最后的借景篇，通过四季描述将园内与园外、空间与文字、主与客、景与情，虚实比兴，融为一体，点出园林中营造、欣赏、使用的那个共同的微妙原点。

明末以后，造园实践一直未能专业化与职业化，大量的造园活动还是延续着文人园主与匠人的直接、片断的合作。因此，计成此书刊行以来，一直受众寥寥，未能得到应有的重视。从现有文献可查到的只有明末清初的李渔在《闲情偶寄》中明确引用过《园冶》。直到1931年，由原在北洋政府中曾任要职的董康所编《喜咏轩丛书》收入后，由中国营造学社刊印，《园冶》才得以被学界及社会重新认识。20世纪上半叶，童寯于1936年首次以英文文章提到《园冶》，瑞典学者喜龙仁将部分英译文于1949年发表。

文徵明

文徵明（1470-1559年），苏州人，出生于文人世家，曾官翰林待诏。在诗文上，文徵明与当时的祝允明、唐寅、徐真卿并称"吴中四才子"，在画史上与沈周、唐寅、仇英合称"吴门四家"。文氏家族历代子孙均长于书画，他们不仅为自己家族造园，也乐于为友朋设计、筹划乃至绘制园林。文徵明本人长居于父亲文林所建"停云馆"，是一处较为简朴的园林，文徵明在居住期间，曾有所整修，卸职归乡后，又增筑"玉磬山房"为小型园林。据王稚登《紫芝园记》记载，文徵明也曾为徐墨川"布画"紫芝园，取得了较高反响。文徵明与拙政园关系密切，他与拙政园主人王献臣为家族世交，为之做《拙政园记》，并多次为拙政园绘图。正德八年建园之初，文徵明绘《拙政园图》横幅，嘉靖十二年文徵明又绘《拙政园图》三十一景，并做《拙政园诗》三十一首分别对应。虽无直接史料证明，但从文徵明经历及对拙政园熟悉程度看，很有可能参与了拙政园的规划及营造过程。

王世贞与《游金陵诸园记》

王世贞（1526-1590年），苏州府太仓人，嘉靖二十六年（1547年）进士，官至南京刑部尚书，卒赠太子太保，又是当时文坛"后七子"的领袖，《明史》称："世贞始与李攀龙狎主文盟，攀龙殁，独操柄二十年。才最高，地望最显，声华意气笼盖海内。一时士大夫及山人、词客、衲子、羽流，莫不奔走门下。片言褒赏，声价骤起"，从而可见他的造诣之深与名望之巨。除了文学，造园也是王世贞所热衷的，他在《太仓诸园小记》中阐述了自己独到的造园观念，在他看来，园林比宅第重要，在休憩功能（"适吾体"）

之外还有景观功能（"适吾耳目"），在自家享用（"便私之一身及子孙"）之外还能惠及别人（"及人"），而且园林胜景的形成难度更大（"园之胜在乔木，而木未易乔，非若栋宇之材，可以朝暮而夕具"），因而他主张先建园林而后建住宅（"独余癖迂，计必先园，而后居第"）。在这样的观念指引下，他先后兴造了"离薋园"和"弇山园"，而弇山园被当时公认为第一名园。除了造园，王世贞也酷爱游园，写下了众多游园记，如《游金陵诸园记》、《太仓诸园小记》、《游练川云间松陵诸园记》，以及《游慧山东西二王园记》、《游吴城徐少参园记》等名篇。

《游金陵诸园记》是王世贞于万历十六年（1558年）为南京兵部右侍郎时所记，载有金陵（南京）一地的地理变迁及园林概况。明代南京出现了大量的皇家、官宦园林和私家宅第园林，这些园林依托青溪、秦淮建造，非达官贵人未可轻易一去。《游金陵诸园记》中记载了当时南京的东园、西园、南园、魏公西圃、西锦衣东园、万竹园、三锦衣家园、金盘李园、徐九宅园、莫愁湖园、同春园、武定侯园、市隐园、武氏园、祁园共十五处园林。王世贞作《游金陵诸园记》，是比附于宋代《洛阳名园记》，认为金陵地理位置重要、园林建材丰富，存有以园记传城名之念。因此，《游金陵诸园记》类史家笔法，在抓住各园特征的基础上纪实考证，并不讳言各园缺点。

文震亨与《长物志》

文震亨（1585-1645年），字启美，是文徵明的曾孙，长于诗文会画，善园林设计。著有《长物志》《怡老园记》《香草垞志》等阐述园林审美取向、记录园林营造实践等著作，其造园"香草垞"，是对冯氏废园的改筑，位于文徵明"停云馆"对面，是规模相对较大的园林，文震亨在苏州西郊建有"碧浪园"，致仕之后，在城东郊亦有园林营建。

《长物志》，作者为文震亨，文氏家族是文人世家，也是造园世家，从其曾祖文徵明建停云馆开始，文震亨的父亲、长兄均建有园林，文震亨本人也建有"碧浪园"、"香草垞"等园林。《长物志》全书完成于崇祯七年，共分为12卷269小节，内容包括：室庐、花木、水石、禽鱼、书画、几榻、器具、衣饰、舟车、位置、蔬果、香茗等主题，此书名称中的"长物"，即日常生活必需品之外，传统文人闲适生活中的感兴趣之物。

《长物志》是关于明代文人生活中玩物清供的百科全书，明代文人以造园为尚，故其12卷中直接有关园林的有室庐、花木、水石、禽鱼、蔬果五志，另外七志书画、几榻、器具、衣饰、舟车、位置、香茗亦与园林有间接的关系。园林具有动态性，是一种有生命、可持续的存在，并不是从建成那一刻起就一成不变的，同时，园林具有整体性，它不是一种独立存在的抽象空间，而是与不同的人的使用、生活方式互动，产生不同意义的整体人居环境。同时代出版的《园冶》，基于非园林拥有者而是园林设计者的视角，对园林的论述侧重于构思、营造过程，其章节结构也对应园林的建设过程，其论述内容止于园林建成的那一刻，《长物志》基于园林拥有者的视角，不光参与园林建设过程并有所得，更侧重于园林建成后对园林与生活方式的协调，及园林要素的使用与改造，虽然《长物志》对园林营造的论述不如《园冶》有系统化的理论与手法，但它提供了园林与使用者的互动方式、改造方法及理想结果。《长物志》对于园林，虽泛称以"古"、"朴"、"雅"为标准，但在本质上，它更多地体现了传统文人精英阶层在明末第宅园林大发展、大推广的背景下，基于其文化背景对园林里的时间、界面、整体性等方面更精微要素的认识及相应的非规划角度的空间实践。

祁彪佳与《越中园亭记》

祁彪佳（1602-1645年），字虎子，一字幼文，又字宏吉，号世培，别号远山堂主人。山阴(今属浙江绍兴)人。祁彪佳出身文人世家，对戏曲理论、藏书均有深入研究，幼时即居家中"密园"读书，雅好园林泉石。崇祯八年（1635年），因得罪权贵被迫辞官回家，此后十余年间，祁彪佳游历故乡的山水园林，并投入所有精力建设寓山园林。祁彪佳作为深得"园林意趣"的文人，能很好地赏玩园林、把握园林的审美格调，却对园林中具体的建筑营造、空间布置乃至施工工作量等毫无经验，祁彪佳在前五年的寓山园林建造中花费了大量精力学习、尝试关于园林建设的一切，他的园林学习主要来自三个方面，一是游历自然风景，体会园林要表达的山水真意；二是借鉴、模仿成功案例；三是向有园林建设认识的友朋请教及讨论得失，如绍兴张氏家族中的张岱等人。祁彪佳历时十余年的寓山园林建设，结合了对园林建设专业知识的自我教育，游历、评论、记录了故乡的园林，在此基础上撰写了《越中园亭记》《寓山志》等园林专著，是一位理论与实践结合的文人造园家。

《越中园亭记》是祁彪佳崇祯八年（1635年）回乡后十余年探访故乡园林所作，崇祯十一年完成大部分，共六卷，卷一记载了越地历史上的园亭一百零一座，每园描述较为概略，有的仅寥寥数字，卷二到卷六记载了当时园林，有已游园一百七十六座，未游园十五座，分城内、城南、城东、城西、城北各自成卷记载，初名《越中名园记》，于崇祯十一年改现名。由于园林数量众多，规模各异，祁彪佳往往在游园归来的舟中即开始园记的写作，各园记载并无一定的体例，但从内容来看，与明代其他园志类似，大致包含了园林名称来历、园林主人、景观空间、园林事迹、园林题识五个方面。《越中园亭记》的写作，为明代中后期绍兴一带"千古之盛"的园林建设及特征留下了宝贵的资料。

《娄东园林志》（佚名）

《娄东园林志》收录于清代康熙年间《古今图书集成·经济汇编·考工典》卷一百十八园林部，但其内容来自明代崇祯《太仓州志》，其作者很可能为《太仓州志》作者张采。《娄东园林志》记载了明代太仓地区 13 处风土园林的人文背景与艺术成就，分别为"田氏园"、"安氏园"、"王氏园"、"杨氏日涉园"、"吴氏园"、"季氏园"、"曹氏杜家桥园"、"王氏麋场泾园"、"弇州园"、"琅琊离簧园"、"王敬美澹园"、"东园"以及"学山园"，每座园林条目均按地方史志写作方式，介绍园林名称、园林主人、造园选址、整体布局、景观特色以及后续流变等。《娄东园林志》系统记载了明代文化及财富积累深厚的太仓地区的地方园林，为我们更全面认识、研究江南园林提供了宝贵的线索与素材。

林有麟与《素园石谱》

假山是中国传统园林中非常重视的要素，造园工作的开始往往始于叠石，造园匠人也往往称之为山匠。出版于万历四十一年的《素园石谱》，即是侧重于怪石奇峰的图录画谱，也是留存至今年代最早、收录最多的画石谱。此书共四卷，图文并茂，共收集各种名石一百零二种，计二百四十九幅大小石画，作者林有麟，字仁甫，号衷斋，华亭（今上海市松江区）人，善山水画，好收藏。《素园石谱》的许多画石，基本都是有根据有出处的，但限于作者游历有限，《四库总目子部谱录类存目》也提到，此书"以意写，未必能一一当其真也"。《素园石谱》书中所录石峰，基本限于"小巧足供娱玩"者，石谱中许多奇石只见图录，不见有关文字记载，其文字记载，也有相当部分照搬了前人及明人的著述，但《素园石谱》对以玩赏为目的的石材种类、特征及典型案例进行图文并茂的记录与整理，其中记录的某些石峰及种类与著名园林有直接关系。

王象晋与《群芳谱》

明代有关园林花木栽培的农学著述以《群芳谱》为代表。作者王象晋（1561-1653 年），字荩臣，又字子进，号康宇，自称明农隐士、好生居士，山东新城（今山东桓台县）人，约在 1607-1627 年间，王象晋在建设自家园林的同时，广泛收集古籍中相关园林植物资料，编成此书。《群芳谱》共 30 卷，约 40 万字，出版于明天启元年（1621 年），全书内容按天、岁、谷、蔬、果、茶竹、桑麻、葛棉、药、木、花、卉、鹤鱼等十二谱分类，记载植物达四百余种，每一植物分列种植、制用、疗治、典故、丽藻等项目，其中园林种植相关的观赏植物约占一半，尤其重视植物形态特征的描述。明代园林著述多重泉石叠山，《群芳谱》从园林植物栽培的角度，论述及证明了明代园林建设中植物设计的高度成就。

9.3 造园案例

9.3.1 宫苑园林

明初定都南京，未见有宫苑记载，当代对明故宫的考古发掘也鲜有关于园林的重要发现，而明朝北京的宫苑则有大量的实践与记载。

西苑

洪武、建文年间，朱棣的燕王府由位于太液池以东的隆福宫与兴圣宫改建而来。永乐年间，朱棣决意迁都北京，并着手明宫殿的修筑，在此期间，曾"命工部作西宫为视朝之所"，故对元大都内的太液池一带有所修治，等明大内宫殿（即紫禁城）完成以后，其地与增拓的南海统称西宫，又称"西苑"。它是明代禁苑中规模最大的一处。

明代初期，西苑大体上仍然保持着元代太液池的规模和格局。宣德年间，新作了圆殿（元之仪天殿），修葺了广寒殿、清暑殿和琼华岛[1]。到天顺年间，进行第一次扩建。扩建包括三部分内容：一、填平圆坻与东岸之间的水面，圆坻由水中的岛屿变成了突出于东岸的半岛，把原来的土筑高台改为砖砌城墙的"团城"；横跨团城与西岸之间水面上的木吊桥，改建为大型的石拱桥"玉河桥"。二、往南开凿南海，扩大太液池的水面，奠定了北、中、南三海的布局：玉河桥以北为北海，北海与南海之间的水面为中海。三、在琼华岛和北海沿岸增建若干建筑物，有北海东岸建凝和殿，西岸建迎翠殿，北岸建太素殿[2]（嘉靖时，改太素殿为五龙亭），三殿均面向太液池，并附有临水亭榭，与原有的琼华岛一起形成了以太液池为中心互为对景的建筑群，从而改变了这一带的景观。太液池南部的南台和昭和殿，大约也建于此时[3]。以后的嘉靖、万历两朝，又陆续在中海、南海一带增建新的建筑，开辟新的景点，使得太液池的天然野趣更增益了人工点染（图9-12）。

西苑中，由于圆殿及其西侧的浮桥是大内连接西安门的通道，实际上分为北海以及中南海两部分，各有宫墙宫门隔开，唯池西岸浮桥以北一段为隔，似可从太素殿，天鹅房，虎城经通道进入兔园山。承光殿（即圆殿）以南，池东岸有崇智殿，"古木珍石，参错其中，又有小山曲水"，名芭蕉园[4]。中海的西岸有着大片平地，是宫中跑马射箭的"射苑"，设有平台，供皇帝登临，观

---

[1] 《明宣宗实录》转引自《日下旧闻考》。

[2] 《明宣宗实录》转引自《日下旧闻考》。

[3] 李贤赐《游西苑记》转引自《日下旧闻考》。

[4] 《甫天集》转引自《日下旧闻考》。

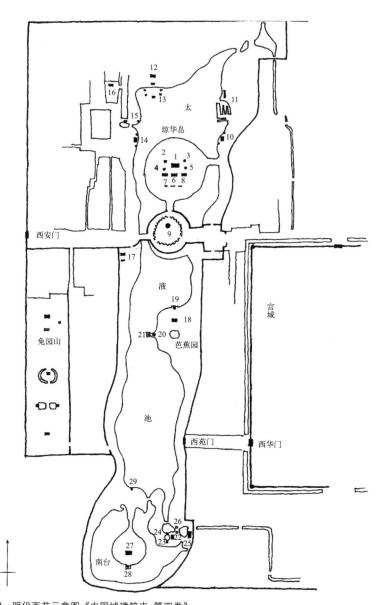

图 9-12 明代西苑示意图《中国城建筑史 第四卷》

1. 广寒殿　2. 全露亭　3. 玉虹亭　4. 瀛洲亭　5. 方壶亭　6. 仁智殿　7. 延和殿　8. 介福殿　9. 承光殿
10. 凝和殿　11. 船厂　12. 太素殿　13. 五龙亭　14. 迎翠殿　15. 天鹅房　16. 虎城　17. 紫光阁　18. 崇智殿
19. 钓鱼台　20. 临漪殿　21. 水云榭　22. 涵碧亭　23. 亭　24. 亭　25. 乐成殿　26. 石磨、石碓　27. 昭和殿
28. 澄渊　29. 湧翠亭

看骑射。后废台改建紫光阁[1]。出西苑门沿太液池南行，到达水湾环抱、小池
清澈的一处佳境，有乐成殿、涵碧亭，引太液池水转北，别为小池，激水为水
碓。这些都建于万历年间。过桥向西，即登上南台，台上有昭和殿，殿南有小亭，
为御码头，皇帝在此登舟。南台一带风光宛若田野，还有皇帝亲自耕种的"御
田"。每年秋收之时，"御田"中收获的稻谷会运到乐成殿春治。这一部分崇台
池沼应是明朝新辟的景观。

---

[1]　据《日下旧闻考》卷三十六，宫室，卷二十四，国朝宫室，《金鳌退食笔记》。

与元代相比，明代的西苑不再以琼华岛为中心，而是以太液池为中心，环池依次组织沿岸景点，形成统一而丰富的园林景观。虽然在几百年中，许多建筑物屡有变更，但基本格局一直沿用到清朝。明代的西苑，建筑疏朗，树木蓊郁，既有仙山琼阁之境界，又富有水乡田园之野趣，无异于城市中保留的一大片自然生态的环境。

御花园

御花园在内廷中路坤宁宫之后，紫禁城中轴线的尽端，又称"后苑"。始建于明永乐十五年（1417年），与紫禁城同时建成，除少数建筑在清代有所修葺改建外，基本保留明代面貌。

全园东西宽约140米，南北进深80余米，占地仅约1.2公顷，其规模实在不大，但建筑物的配置呈几何形式布局，对称又不失主次。此外，散置的花木，作为建筑点缀和庭院装饰，使御花园在整体的严谨规整中又不乏园林趣味（图9-13）。

御花园的建筑物按中、东、西三路布置，中路南、北分别以坤宁门、顺贞门通往坤宁宫与紫禁城之后门玄武门；而东、西两路各有角门以达花园南侧的东、西六宫（图9-14）。若从中路轴线进入，约至中部，可穿过天一门来到一处以矮墙围合的方形院落，院内靠北位置坐落着全园的主体建筑钦安殿，内供奉玄天上帝（玄武神），钦安殿连同其院落构成了全园的核心，它周围的东、南、西三面有较大面积的空地，被规则式道路分割，其中散置大小花池、特置石、盆景石、石笋等。

东西两路的建筑布局极为相似，以中路为中轴线呈对称布置。东路北端偏西原为明初修建的观花殿，于万历十一年（1583年）废殿，改为太湖石倚墙堆叠的假山，山的正中造有一山洞，洞门上有额，名"堆秀山"，洞的左侧有清乾隆皇帝题镌的"云根"二字。山巅有亭，称为"御景亭"，它是紫禁城一处登高远眺之地（图9-15）。"御景亭"之东为坐北朝南的"擒藻堂"，堂左为"金香亭"（清代改称"凝香亭"），堂前为一长方形水池，明代引筒子河之水注入池中。池上跨有桥亭"浮碧亭"，亭前接敞轩。池之南有一座上圆下方四面出厦的亭子名叫"万春亭"，为明世宗嘉靖年间（1522-1566年）所改建，亭内供奉关帝像，亭外有一方形小井亭。万春亭以南，靠东墙为坐东朝西的绛雪轩，乾隆帝时期曾与群臣在轩内吟诗作赋。轩前砌方形五色琉璃花池，其内种植有牡丹花、太平花，中央置太湖石。

西路建筑布局与东路有着明确的对位关系：与"堆秀山"对应的是"清望阁"（清代改称"延晖阁"），与"擒藻堂"对应的是"位育斋"，与"金香亭"对应的是"玉翠亭"，其南的"澄瑞亭"、"千秋亭"、"乐志斋"（清代改称"养性斋"）分别对应东路的"浮碧亭"、"万春亭"和"绛雪轩"。唯一与东路不同的是，在"乐

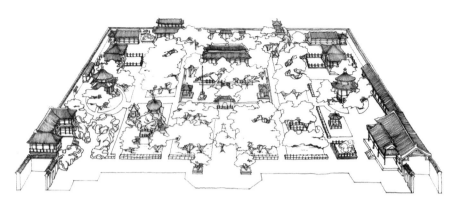

图 9-13　御花园鸟瞰图
《清代内廷宫苑》

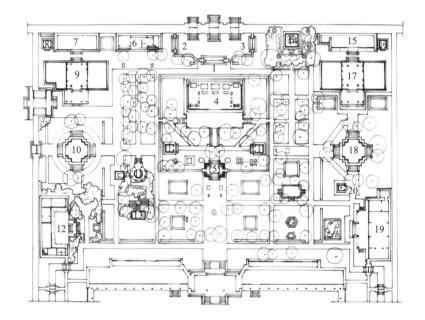

图 9-14　御花园总平面
1. 承光门　2. 集福楼
3. 延和门　4. 钦安殿
5. 天一门　6. 延晖阁
7. 位育斋　8. 玉翠亭
9. 澄瑞亭　10. 千秋亭
11. 四神亭　12. 养性斋
13. 鹿囿　14. 御景亭
15. 擒藻堂　16. 凝香亭
17. 浮碧亭　18. 万春亭
19. 绛雪斋　20. 井亭

图 9-15　堆秀山

志斋"（养性斋）东北有四面蹬道大假山一座，山前建方形石台高与山齐，登台四望也可俯瞰全园，与园东北的"御景亭"遥相呼应。假山北临"四神祠"，为一座前出敞轩的八角亭，正对"清望阁"（延晖阁），亭侧的方形小井亭与东路的小井亭对应。

御花园是我国古典园林中少有的规则式案例，建筑布局和园路铺装均采用规则形式以体现皇家威严，这与其紫禁城尽端的位置和禁苑的性质有很大的关系。但为了保留园林游赏的趣味性和丰富性，在建筑形制、假山石和花木布置上则尽量有所变化。

园中建筑密度较高，有十几种类型不同的建筑，占去了近三分之一的面积。在建筑形制上，东西路相对位的两个建筑在体量形制上既有相似又有区别。不同的建筑处理方式不同，以增加园林游赏的趣味性。例如位于西东两路中间的千秋亭和万春亭，同为园内建筑形象最为丰富的姊妹建筑，二者体量、形态完全相同。亭平面十字形，基座四面出陛，周围安汉白玉石栏杆，黄琉璃瓦攒尖屋顶，其下门窗柱枋皆施朱漆彩绘，整体看上去金碧辉煌、光彩夺目。浮碧亭和澄瑞亭也是形制完全相同的一组建筑。除此以外，东西路位置对应的建筑则尽量在体形、色彩、装饰、装修上予以变化，进而丰富园内建筑的景观意向。

园内假山大致三座，一座在养性斋楼前，是一座房山石假山，将养性斋围合为一独立院落，以隔绝喧嚣，符合"养性"主题。第二座假山位于养性斋东北，隔着一条园路，为象皮石大假山。围绕这个假山设置了多个景点，南端有一台曰鹿囿，北侧镶嵌着一个四神祠，西北是井亭。第三座即为堆秀山，高14米，太湖石堆叠，山下有洞穴，左右有蹬道。山上有水法装置，可人工贮水于高处，再引下从山前石蟠龙口中喷出。此外，在园中地方如绛雪轩前也有小型湖石置石障景。

御花园的园路呈纵横规则的几何形布局，道路上都有以各种颜色的小石子砌嵌而成的石子画，共有九百多幅。这些独立内容的图案分别为人物、风景、花卉、建筑、飞禽、走兽、吉祥纹样、三国故事、历史故事等，是御花园的一大特色。

御花园还是故宫中古树最为集中的地方，自成胜景。如东门附近的老龙爪槐，高度仅3米，而树冠已延伸至4、5米外，如同盘旋的巨龙，令人叹为观止。再如被乾隆封为"柏仙"的"擒藻堂边一株柏"，至今还翠绿如昔。根据1983年的调查，园内共有树木142棵，松柏占95%，其中古树123棵（一级古树名木50棵，二级73棵），树龄最大的超过500年。全园树木以桧柏为基调，花木以牡丹居多，体现了皇家的庄严和富贵。点缀在园内各处的古柏藤萝、花池盆花则丰富了园景的层次，使得御花园于严整布局中富有古雅的园林气氛。

9.3.2 第宅园林

明代的第宅园林，有丰富的记载与描绘，有的历经沧桑仍留存至今。以创建时间为序，选择江南 11 座园林、北京 1 座园林加以详述。

苏州"东庄"

在 15 世纪下半叶，江南地区的造园逐渐恢复活力，开始出现一些著名园林的记载，虽然往往并不以"园"为名，但在当时及后世都是被当作园林看待并被收入方志的园林部分，其中苏州的东庄是最为著名的一座。东庄是吴宽家的别业，吴宽（1435-1504 年），字原博，号匏庵，成化八年（1472 年）状元，官至礼部尚书，在后世的苏州文人中有着极高的声誉。因为吴宽的极高名望与广泛交游，东庄得到一时名流的记述吟咏，留下诸多园记、园诗与园图，尤其是李东阳的《东庄记》（1475 年）和沈周的《东庄图册》（图 9-16），为我们提供了非常详细的园景描述。

东庄原本是吴家的祖产，自吴宽的父亲吴融（1399-1475 年）开始将其建为别业。吴宽长期在京城为官，东庄由吴宽的弟弟吴宣操持、建设。其弟亡后，吴宽的侄子又陆续加以营建，曾增添"临渚"、"看云"二亭。东庄在 16 世纪后期时为徐廷裸所有并加以改造，得到晚明著名文人王世贞、袁宏道等人的记述，此时为城中"最盛"、"甲于一城"，仍是苏州园林之冠，这与原先东庄基础之好应该也有很大关系。不过在王世贞与袁宏道的记载中，东庄原先的农庄面貌完全消失，所呈现的已经是今天人们熟悉的江南园林精巧靓丽的景象了。时移世易，东庄的农耕精神完全让位给了纯粹对山水花木的欣赏。可以看出，明中期以后的园林观念与造园手法已有了巨大的改变。徐廷裸园后来荒废殆尽，此地再也没有园林流传下来，但当年东庄之名仍在后世诗文中流传。

图 9-16 沈周《东庄图册》之"知乐亭"

● 布局

东庄位于苏州城内的东南部（大致为今日苏州大学本部位置），这一带在当时人烟稀少而农田较多，东庄就明显地带有农庄的特点而称为"庄"，占地约六十亩。

东庄东侧为城墙，从内部看成"东城"一景。其周围以水系包围，东有"菱濠"，西有"西溪"，南、北分别有"南港"、"北港"，东南部还有"艇子浜"；从北部可从"凳桥"、经"双井村"进入，从南部可经过"竹田"由"折桂桥"进入。其内有大片农作区域,皆成景点:北有"稻畦（方田）",

东有"麦山（芝丘）"，西有"果林"，西南有"菜圃"，中有"桑园（桑洲）"。中部一带则营造了最为出色的山水景观：以"曲池（桃花池）"为核心，水畔有"鱼乐亭（知乐亭）"和"临渚亭"以观水景，池畔设"朱樱径"，可通高处"振衣冈（振衣台）"，上建"看云亭"。山坡之下临水有"鹤洞"，养鹤为景。南部水畔另有"全真馆（白云馆）"，是有着道家气息的清修场所。此外，在西南部建有"续古堂"、"拙修庵"、"耕息轩"一组建筑，为居住之用。

● **造园特征**

东庄中有大片的农业经济性质的用地：稻畦、果林、菜圃、桑洲、麦丘、竹田等，这些不仅在李东阳《东庄记》中记载下来，也得到沈周《东庄图册》的描绘和其他众多诗作的吟咏。农业景象占据着东庄的主要面貌特点，而且还是园林欣赏的重要内容，这无疑是与后世江南园林大异其趣之处。当代对江南园林的认识，一般完全把农业因素撇开。

苏州城内水网密布，东庄面貌很大程度上也来自水景。众人所记载的景点中，菱濠、西溪、南港、北港、艇子浜、折桂桥、曲池、荷花湾、桃花池这些名称都与水景密切相关；而《东庄图册》的二十一景中，十七处有水的描绘，近乎无水不成景。而且水的形态也是多样丰富的，有溪有池，有港有浜。从记述中可见，东庄主要是利用了原有的城市水系，建设代价不大而使全园水景丰富。吴俨的"东庄在东城，宛似江村里"诗句，表达出东庄虽在城内却有着水乡的气息。

东庄对水体的利用显然是最突出的，许多水景还位于东庄的外围，并不需要多少建设。在水岸的处理上，从《东庄图册》可见也大都是自然的形态。而山景也充分利用了地形的特点，"振衣冈"、"鹤洞"、"麦丘"（或"芝丘"）是小山丘地，在《东庄图册》中也显示出自然地形的特点，而所有记述中都没有提到叠山，说明也确实为自然地貌。苏州城内基本为平地与水网，局部高起的地貌不多，而这在东庄中被充分利用为景致。东庄中山丘与水体景象充分体现出"因随"的特点，明显少了后世园林造景中大量的叠石为山、石矶驳岸等人工之费。还有善于利用地况的另一些例子："折桂桥"为东庄内的古迹，在南宋《平江图》中即有，也被利用为一景，无造景花费而又能增添人文历史气息；"东城"更是善于利用东庄以外的景色，属于后来计成所说的"借景"了。

在各类具体造景要素方面，山景是将小丘地形突出利用为景，水景则主要利用既有水系形成溪流和水池，另外还借了庄外周边的水景。《东庄图册》"振衣冈"一景，可以看到二者结合，成山水相依之态。其他记述与描绘也显示出山景与水景的重要地位，成为东庄景观的核心。尽管未见有叠山置石的文字记载，但沈周《东庄图册》的"续古堂"图中，院中沿建筑中轴对称的两棵树下各有一太湖石峰，说明唐宋以来对太湖石的欣赏在这里得到延续。

稻、麦、菜等农作物与果、桑、竹这些有农业经济性质的林木种植成为主要种植内容，它们同时也成为欣赏对象。而通过一些诗文还可以了解到东庄中的其他植物，如刘大夏诗中的"十里香风来桂坞"表明有桂花树；吴俨《艇子浜》诗中"垂杨夹古岸"、吴宽《东庄奉安先考画象祝文》中"树有桑柳，屋有茅茨"[①]，说明有杨柳的种植。另外吴宽《闻家园树为去岁风雪冻死》诗中"我家冬青树百林，先子手种东庄上；年深郁郁丈余高，能与东庄作屏障"[②]，可见种有大量冬青；并且冬青树的形象还出现在了沈周《东庄图册》中"续古堂"和"耕息轩"二景的建筑附近，确实作为"屏障"出现。而记载中并未见有专门对花的栽培与欣赏，看来这类一般园林中常见的欣赏内容并未在东庄受到青睐。

园林中观赏动物的养殖往往被众多园林论者所忽视，但这确实是许多园林的一大特点。尤其是仙鹤，因其优雅的姿态、清亮的鸣声，并作为高洁、仙道、幽隐的象征。到明代，仙鹤更是受到众多士人的喜爱而养于园中，成为园林一大景致，为主客所津津乐道。吴宽自己的宅园中也多次养鹤，并且以鹤来给自己的园林命名，并作诗记载。

东庄中有堂、庵、轩、亭、馆不同的类型，续古堂、拙修庵、耕息轩为一组供主人生活起居的核心建筑群，知乐亭、全真馆（白云馆）则散置于景观之中，尤其在水边；后来增建的看云亭和临渚亭，则一在振衣冈坡上，一在曲池水边，都是可以很好得景的处所。而无论从文字还是图像，东庄中并没有廊的出现，这表明建筑结合景观及建筑间的组合所能产生的空间感在这里并没有受到重视，而对景观中自然气息的感受显然更受关注。另外还可以看到，除几座主要建筑附近外，少有围墙的出现。这些建筑的特点，与大片农作区域、多水体景象、局部丘地可登高眺望一起，使得东庄的面貌在总体上有自然开阔感，这与后世苏州园林规模趋小、四周一般以墙围合、面貌常以幽深见长大不一样。

东庄作为明代中前期苏州城内最为著名的园林，在农耕美德、山水趣味、幽隐追求等观念指引下，形成丰富多样的景致内容，营造出浓厚的田园与自然气息，达到了当时文人心目中的理想境界。东庄的大体格局由山、水、林、田组成，尤以水景见长，核心部分为山池相依，建筑点缀其间，农田（稻、麦、菜）、林地（果、桑、竹）则分布于周围——这是苏州城内一片颇富郊野气息的土地，田园林地的景象生机勃勃，山水理景也以因借为主要手段而尤为自然。沈周有诗："东庄水木有清辉，地静人闲与世违"，表达出东庄确是苏州城内令人向往的自然清静、境界超然之地。联系后来的造园，东庄的一些造园观念与手法得到了承续和强化（如山水观念与因借手法），有的则在后世园林中消失了（尤其如农业观念与面貌），使人们形成迥异于其后苏州园林的印象。

---

① 吴宽《家藏集》卷五十六。
② 吴宽《家藏集》卷二十八。

苏州"拙政园"

明正德五年（1510年），官场失意的王献臣借父亲病故而告退回乡，守孝三年后，因大弘寺废地营造别业，用晋人潘岳《闲居赋》中"此拙者以为政"句意，题名"拙政园"。

早期拙政园的名声，与文徵明曾为之作记、绘图、赋诗密切相关。文徵明（1470-1559年），是明代中期苏州著名文人、书画家，是吴宽、王鏊以后江南的一时文坛领袖。对于园林，文徵明自己就有"停云馆"、"玉磐山房"的庭园营造；他和归居苏州的王献臣关系密切，多有诗文唱和，也可能参与了拙政园的营造策划，而对该园极为熟悉。文徵明作有《王氏拙政园记》，对于拙政园面貌及建设意图描述最为详尽。文徵明除作园记外，还多次为拙政园绘图，于嘉靖十二年（1533年）所绘《拙政园图册》留存至今，其中绘有三十一景，并对每景各作诗一首（图9-17）。嘉靖三十年（1551年）再次作《拙政园图》十二景册页并作诗，现存图和题诗各八页，存美国纽约大都会博物馆。此外，与王献臣同时代的苏州人王宠（1494-1533年）还有一篇《拙政园赋》，也提到拙政园初创时的大致面貌以及该园林得名的缘由。

王献臣死后，其子王锡麟一夜豪赌将此园输予徐家，此后直至清初，一直为徐氏所有，至晚明仍以林木茂盛而以"最古"出名，得到绍兴名士陶望龄

图9-17 文徵明《拙政园三十一景》之"小飞虹"

的极力赞许①，但也曾对园景有过改动，王世贞批评其"以己意增损，而失其真"②。入清后，拙政园几经分合，多次改造，与当初面貌已大相径庭。

● 布局

拙政园位于苏州城内东北部，在娄门、齐门间，此地地势低洼，明中期时仍较为荒凉。拙政园初创时规模，万历《长洲县志》称其"广袤二百余亩"，较今日为大。

根据文徵明的园记、园诗及园图，以大池为中心，拙政园景区大体可分为：南部——以"若墅堂"为核心，其前为"繁香坞"，其后为"倚玉轩"；北部——以"梦隐楼"为核心，其南隔池对"若墅堂"，二者间以沧浪池之上的平桥"小飞虹"连接；"梦隐楼"之后为"听松风处"（"长松数植，风至泠然有声"）；其前为"怡颜处"，竹木围绕（"古木疏篁，可以憩息"）；中西部——以池畔"小沧浪亭"为核心，其东为"小飞虹"至北岸西行的水畔"芙蓉隈"；其南"经竹而西"为"志清处"临水（"有石可坐，可俯而濯"）；西部——此处水面开阔，西岸为"柳隩"，东岸为积土而成的"意远台"，台下临水为"钓碧"；西北部——以"净深亭"为核心，对"水花池"，为大水面之外的另一处方池，其中植莲，周围竹林围绕（"美竹千挺"）；其东为一片柑橘林，中有"待霜亭"；东北部——自"怡颜处"往东，以四棵桧柏树结顶而成（"缚四桧为幄"）的"得真亭"为核心，其西为果林"来禽囿"，其后为"珍李坂"，其前为"玫瑰柴"，再前为"蔷薇径"；东部——水面往南转折，两岸种桃而成"桃花沜"，其南为"湘筠坞"；再南有古槐称"槐幄"，以小桥跨水而东为"槐雨亭"；亭后为"尔耳轩"，旁为"芭蕉槛"；东南部——"桃花沜"往南水流渐细，两侧竹丛，名"竹涧"；东为"瑶圃"，为梅林（"江梅百株，花时香雪烂然，望如瑶林玉树"），圃中有亭名"嘉实亭"、有泉名"玉泉"。

● 造园特征

就总体特色而言，正如刘敦桢先生所言，"建园之始，园内建筑物疏稀，而茂树曲池相接，水木明瑟旷远，近乎天然风景③。可以看到，"背廛市，面水竹，轩芜粪莽，取胜自然"（王宠《拙政园赋》），"水竹"作为园林面貌的指代，也说明整体景观的特点，成为"取胜自然"特色的来源。

水面开阔，是园景的最大特色。园林的开辟建设，根据原先"有积水亘其中"的地形情况，"稍加浚治"而形成园中主水面"沧浪池"："环以林木，为重屋其阳，……为堂其阴"、"凡诸亭槛台榭，皆因水为面势"显示出该水面在园林中的中心地位，并在《拙政园诗》中作为确定许多景点位置的参照

① 袁宏道《吴中园亭纪略》，贺复征编《文章辨体汇选》卷六百三十七。
② 王世贞《古今名园墅编序》，《弇州四部稿·续稿》卷六十四。
③ 刘敦桢《苏州古典园林》.北京：中国建筑工业出版社，2005，页56。

而多次提到（如："梦隐楼"：沧浪池之上，南直若墅堂；"小飞虹"：横绝沧浪池中；"意远台"：沧浪池北；"来禽圃"：沧浪池南北）。水面形态也因延伸而多变化，有时"混漾渺弥，望若湖泊"，有时"水益微，至是伏流而南"。水岸处理也多样，大多为种植："岸多木芙蓉"、"夹岸皆佳木"、"夹岸植桃"或成为"竹涧"，有时也布置块石："有石可坐，可俯而濯"、"植石为矶，可坐而渔"。此外，在园中延伸而构成的许多其他景点也结合该水面出现，从而构成园林主要面貌特色。

植物之景为主，形成疏朗自然的特点。三十一景中一半以上的命名与植物相关，使这座苏州城内的园林有着自然野趣，"不出城郭，旷若郊野"、"信有山林在市城"（文徵明《拙政园诗·若墅堂》）。植物之多与其强烈的农作色彩分不开，"筑室种树，灌园鬻蔬，享有闲居之乐"，园林之乐还来自农作劳动；"朱果在摘，颁鳞摇网"（王宠《拙政园赋》），这里还存留着15世纪吴宽东庄的农作精神。

建筑以亭为主，散置于各处。园内建筑物有一楼、一堂、八亭、二轩而已，在占地颇大的园中极其稀疏。在作为得景场所的同时，也成为景点的标志，在《拙政园诗》中可见，对建筑的吟咏，内容也就是针对周围可得之景。

园中没有假山，但有少量立石，如"在若墅堂后，傍多美竹，面有昆山石"（《拙政园诗·倚玉轩》）。此外有盆景置石，文徵明《拙政园诗·尔耳轩》中有："吴俗喜垒石为山，君特于盆盎置上水石，植菖蒲、水冬青以适兴，语云：未能免俗，聊复尔耳。"可以看到园主是把"垒石为山"视为"俗"事，而趋向于排斥而显出脱俗姿态的。以王献臣经营如此大园的财力和能力，顺应当时风气在园中叠假山显然不是难事，但仅仅选择盆景等点缀，是由于造园立意主要在于营造"近圃分明见远情"的脱俗氛围，而与社会的风俗喜好拉开距离；并且，"拙政"的园林主题含义在于"筑室种树、灌园鬻蔬为拙者之政"，假山在这里并不适合。

初创时的拙政园在当时苏州园林中面积最大、设计最为系统、景境最为丰富；以水木明瑟、景色旷远而取胜，简远、疏朗、雅致、天然的格调在当时得到高度评价，可见这一营造高度契合审美理想，可谓明代中期江南文人园林的最突出代表。这一营造已不同于此前东庄的农业景象为主，也与后世改造而为今日所见的建筑密集、复杂精巧的面貌大相径庭，可以看到园林营造观念与方法在历史发展中的变迁。

南京"东园"

明成祖朱棣迁都北京之后，南京作为留都，尚有一些世家贵族居住，以中山王、太傅徐达的后裔最有声望，徐氏家族在南京有多处造园，"东园"（又称"徐太傅园"）是其中最为著名的一座。

根据正德《江宁县志》，永乐初，身为徐达长女的仁孝皇后把位于中山王府东面靠城墙的一片土地"赐其家，为蔬圃"。正德三年（1508年），徐

图 9-18　文徵明《东园图》(局部)

达六世孙徐天赐（字申之）在此地大兴土木，建为"东园"，并自号"东园公子"①。

对这座园林，文徵明于 61 岁、嘉靖九年（1530 年）时绘制的《东园图》(图 9-18)，至今留存。在这幅《东园图》后，还附有湛若水《东园记》和陈沂《太府园燕游记》。根据陈沂《太府园燕游记》可知，嘉靖六年（1527 年），一时仕宦名流齐集于东园为陈沂饯行；次年，陈氏撰文以纪其盛；又二年，则有文氏补图。陈沂（1469-1538 年），正德十二年（1517 年）进士，与同为南京人的顾璘、王韦被称为"金陵三俊"，在家乡南京颇有交游。

理学大师、大教育家湛若水作于嘉靖七年（1528 年）的《东园记》中对这座园林有进一步记载，写到徐天赐（徐申之）创建"东园"，并以"东园"自号。另一篇对该园景致有记载的是顾璘《东园雅集诗序》，也提到徐申之对这座"东园"的开辟之功。

16 世纪后期的万历年间，王世贞《游金陵诸园记》中记载了多座南京名园，东园仍为南京诸园之冠，且名声更盛，"壮丽为诸园甲"、"最大而雄爽者"。王世贞还在《古今名园墅编序》中称赞徐氏东、西二园："而金陵士大夫无不称徐氏东西园者。东园以廊庙胜，西园以山林胜，见周公瑕所为志赋中。或云公瑕多得润笔，如子虚上林所云，不必实也，然亦足以雄矣。"此时东园为徐天赐六子徐缵勋（官锦衣卫指挥）所有，又称"徐锦衣东园"。根据王世贞所记，徐缵勋在其父造园的基础上又有新构。

明末徐氏衰落，徐氏子孙开始拆售园林花石。入清后，东园一部分被官僚王氏所有，大部分则沦为菜圃，但仍颇有幽趣。道光三年（1823 年）特大洪涝，此园彻底圮废。民国年间，当地士绅在东园故址上有所景观建设；1928 年开始，成为白鹭洲公园。

● **布局**

东园位于南京城内东南部，东靠南京城墙，其他具体边界及规模未见明确记载。王世贞记为"园之衡袤几半里"，经折算约有一百三十多亩。今日白

① 转引自：南京市地方志编纂委员会编《南京园林志》. 北京：方志出版社，1997，页 351。

鹭洲公园为15公顷多（二百多亩）。

综合多份文献对景物的描述，尤其是园图的直观传达，可以了解该园营造情况。现以描述最详的王世贞所记为基础进行认识。

园大致分东西两部分。首先是西部，以"心远堂"为中心，前为月台，有石峰、古树，其后隔池为假山，名"小蓬山"，有峰峦洞壑、亭榭树木景致。此处是正德年间创园时的早期营构，文徵明《东园图》所描绘的即为此区；园林东部，以"一鉴堂"为中心，前有大池；池中有一亭，曲桥可通；池外林木茂盛，其后城墙为可借的背景；池畔又有高楼可俯瞰、望远。此外，又有长溪流远，可以泛舟而游，有林木幽趣。

● 造园特征

东园中着力营造的是模拟自然山水的景致；"崇而为山"的叠山是景观重点，形成多样山景；"卑而为池"的水面则形成主要开阔视野，又有渠水相引，可作适意欣赏；"植而为竹木花卉"的植物也形成极佳境界，建筑设置也颇有特色，各座亭榭各有山水得景。总体而言，是经过精心设计的。

南京"东园"为明中期江南地区所营建的较为典型的以山水为主景的大型园林，尽管明代后期也有新的精美建筑营造，但总体而言仍然以开阔水面、山水相依、大片林木为主要景致营造，泛舟游览最能得其妙，"轻烟淡景"是其总体特色，同时又有"幽邃"之妙，可见又以旷奥氛围营造见长。

太仓"弇山园"

在明代后期众多名望卓著的江南园林中，万历年间王世贞在家乡太仓城中所建的"弇山园"是最为闪亮的一座。由于这座园林的规模之大、内容之丰、水准之高，加上园主人名望之盛、交游之广、记述之多，弇山园落成后很快就成为当时江南最著名的园林之一，是当时人们心目中造园的模范。袁宏道《吴中园亭纪略》中最为推崇苏州城内的徐廷裸园，称"葑门内徐参议园最盛"，赞颂用语是"殆与王元美小祇园争胜"[1]，这座"小祇园"即"弇山园"；袁宏道又说"祇园轩豁爽垲，一花一石，俱有林下风味，徐园微伤巧丽耳"，可见"弇山园"又胜一筹。上海人陈所蕴所撰《张山人传》，其中有"维时吴中潘方伯以豫园胜，太仓王司寇以弇园胜，百里相望，为东南名园冠"[2]，可见在陈所蕴看来，上海潘允端的"豫园"和太仓王世贞"弇山园"是当时江南园林中最出色的两座。镇江张凤翼《乐志园记》自记"乐志园"胜景，被人质疑"将无泉石膏肓乎"，作者辩解是"以吾园之泉石，不足当'弇山'、'愚谷'之培塿"，

---

① 贺复征编《文章辨体汇选》卷六百三十七。

② 陈所蕴《竹素堂集》卷十九，转引自陈从周《明代上海的三个叠山家和他们的作品》，《文物》1961年第七期。

可见"弇山园"与另一座"愚公谷"是作者心目中最值得提及的两座园林。又如松江张宝臣《熙园记》中作者谈到所涉猎过的名园,有"娄水之王、锡山之邹、江都之俞、燕台之米,皆近代名区"[①],这里的"娄水之王"即是指太仓王世贞"弇山园",也是排列第一。可以看到,当时各种记述中,"弇山园"是唯一被公认处于最顶端地位的。而对于王世贞本人,则在《约圃记》中通过他儿子之口道出"甲郡国"的评价("始吾父之治圃,而称弇山,以泉石奇丽甲郡国"[②]),可见他的自得。

关于弇山园营造情况的文献,主要是王世贞本人的一些记述,尤其他自撰的《弇山园记》[③],共八篇、长达七千多字进行详细介绍。此外,王世贞在《题弇园八记后》中记述了弇山园的营造经过。此外,王世贞另有《疏白莲沼筑芳素轩记》等文字记载园中其他一些营造。弇山园也有图像传世,如钱穀的《小祇园图》(1574年)(图9-19)和版刻弇山园景图五幅(1586年)(图9-20)。

弇山园的营造过程,起始是嘉靖四十五年(1566年)获得隆福寺西侧用地,在此种竹林、建藏经阁,园名"小祇林(小祇园)";到了"辛壬间"(即1571、1572年间),适逢得到一座旧假山的众多山石,在"山师张生"(即张南阳)的协助下,开始"中弇"的大规模假山建设;完成后,又计划扩建。万历元年(1573年)王世贞外出为官,此后,园林建设由"有力用而侈"的管家"政"主持,主要工作是建设规模更大的"西弇"、"东弇"的假山。其间万历元年底、二年初,王世贞曾因调职而短暂回家,此时西部假山正在如火如荼地施工中,已规模初具。万历四年(1576年)王世贞致仕回乡,此时"弇山园"中主体假山已经完成,主要建筑也已完工。可见,1571-1576年这段时间是"弇山园"主要建设、主体面貌形成的时期。此后,王世贞亲自谋划,园中仍有陆续建设。这一园林建设,使得家中积蓄几乎耗尽。王世贞另有《山园杂著小序》,也称"几徒家之半实之"[④]。但事实上,"弇山园"的建设并未到此结束,王世贞的《疏白莲沼筑芳素轩记》记载了后来的继续营造[⑤]。可知到1586(丙戌)年,王世贞仍在对园林进行局部加工,可见他对此园的热衷。

王世贞于1590年去世后,这座冠绝一时的名园很快就转售他人,而"不复旧胜",名园迅速湮灭。"弇山园"被售,流落山石的踪迹还有所可循,崇祯七年(1634年)进士、官至兵部尚书的无锡人王永积(字崇岩),1593年游无锡东亭,看到当年弇山园中的众多奇石,已有一部分进入了位于无锡的这座建

---

① 《古今图书集成·经济汇编·考工典》卷百二十。

② 王世贞《弇州四部稿·续稿》卷六十。

③ 王世贞《弇州四部稿·续稿》卷五十九。

④ 王世贞《弇州四部稿·续稿》卷五十。

⑤ 王世贞《弇州四部稿·续稿》卷六十五。

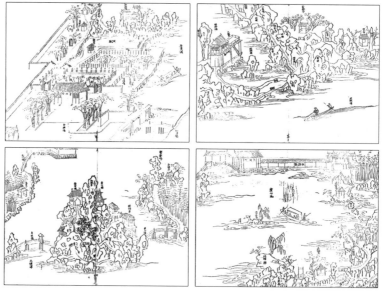

造精美的"东园"，仍以"弇州石"著称，并保留着"弇山园"中"金粟岭"的名称，其中还有王世贞格外赏识的石峰。弇山园之址，入清后其地归娄东陆氏所有，改称为"水山陆家"，后旋为蒋氏别业；民国时期曾筑"平阳庄"，有称之为"半园"或"汪庄"，内设碑廊；随后汪家败落，其地其园亦被拆解分售。今日其地为太仓公园。

● 布局

弇山园位于太仓城内西部，隆福寺西侧，南边隔溪为田，西侧为墓园与关公庙，成为园外辅助胜景。园林的规模，有七十多亩地。

弇山园大致分为六个区，都以水隔开。

南部"小祇林"区。这是该园最初建设的一区，初名"小祇林（小祇园）"，也成为扩建后的弇山园的主入口。入园门后，经竹林亭石，过桥到达一座长方形岛屿，岛上主要建筑为整座园林最先建设的"藏经阁"。王世贞另有专门《小祇林藏经阁记》，认为这里能得到种种胜景，从而"最为吾园胜处"，可见境界之佳，相当于其他园林主景区中的主堂位置。

西南部"弇山堂"区。"小祇林"西隔南北向的"小罨画溪"，地块方整，有院墙围绕，以"弇山堂"为主建筑，南向前为平整场地，两侧种桃，名"含桃坞"；堂后有大方池，名"芙蓉渚"；再后种梅树，名"琼瑶坞"；坞西侧，由池北引出一道曲折小溪，名"磬折沟"；沟东、坞北有"饱山亭"，可北观"西弇"山石景色。

西部"西弇"假山景区。由前述"琼瑶坞"北隔溪过"萃胜桥"可达，有"突星濑"、"蜿蜒涧"、"小龙湫"、"小雪岭"、"石公弄"、"误游磴"、"金粟岭"、"潜虬洞"、"陬牙洞"等景点，奇石也是大量的，主要建筑是假山之顶的"缥缈楼"，全园景色乃至园外风光一览无余，此外建筑还有"省获亭"、"乾坤一草亭"、"环玉亭"，各有景可观。

中部"中弇"假山景区。为全园之中，是以假山为主体的大岛，西侧有"月波桥"连接"西弇"，南侧隔"天镜潭"为"小祇林"的"藏经阁"所在之岛，东侧由"东泠桥"通往"东弇"，北侧隔"广心池"为北部生活区。因而山岛之巅的主体建筑"壶公楼"，可以得到各个方向的极佳景色。假山有"率然洞"、"西归津"、"漱珠涧"、"馨玉峡"、"小云门"、"紫阳壁"等景点，奇石更不胜枚举，因为这是座全园最早营造的假山，石的品质最佳；此外，有许多移植过来的树木，增添了许多氛围和趣味。此外，岛上还有"梵音阁"、"徙倚亭"两座建筑。

东部"东弇"假山景区。风格较"西弇"略有不同，分"阳道"、"阴道"两条游线，前者主要沿北岸行进，有"蟹螯峰"、"流杯处"、"飞练峡"、"娱晖滩"、"嘉树亭"、"玢碧梁"、"九龙岭"、"三步梁"等景点，以池、涧景致变化为特色；后者主要沿假山之中的"留鱼涧"，经"振衣渡"（"却女津"）到达面西朝向"广心池"的"敛霏亭"，以溪涧的幽深体验为主要特色。这里的建筑都位于水畔不在山巅，与前述假山景色取向不同。此地原为佛寺范围，一些原本为寺内的大树也在园中增添了许多景致。

北部生活区。东西长向，以建筑组群为主，在"广心池"北岸、南向的建筑则有很好景观，以正对"中弇"上"壶公楼"的"文漪堂"为主要观赏场所，此外还有"文漪堂"以东的"振屟廊"、"来玉阁"。其他，除一些如厨、厕、贮藏等附属建筑等以外，建筑外也有较好的环境，甚至成为独立的庭园。如"凉风堂"有"殊轩爽，四壁皆洞开，无所不受风，间植碧梧数株，以障夏日"的舒适；作为读书、收藏处的"尔雅楼"（"九友楼"）下有"墨池"之景；"奉三教像"的"参同室"前有石峰、流杯所；西北处筑"芳素轩"、疏"白莲沼"，并且以挖出之土堆成土山，又有大量种植，成为主人最乐意居处的园中胜处。

● 造园特征

作为晚明江南城市之中的园林，七十多亩的占地是相当可观的，弇山园通过多区域的划分使园林呈现丰富的园貌。各个区域相互关联，而景致境界各有所擅。"小祇林"植物茂盛，境界清凉；"弇山堂"区疏朗明快，广庭、方池、默林排列有序；"西弇"假山之峰、岭、涧、洞多样奇特，山顶建筑视野旷远；"中弇"假山也是山石奇美、涧峡幽胜，而全园正心水中堆岛、岛上叠山、山巅建屋的形式，更成远观妙景；"东弇"假山则不求高峻之"观"，而更重趣味之"游"，两条游线旷奥毕具，在行进中有丰富体验；"文漪堂"等一区建筑则贯穿联络，又各以庭园小景为居处生活增趣。

王世贞在《弇山园记》中所概括："土石得十之四，水三之，室庐二之，竹树一之"，山水景致的营造是最关注的，山水所占全园用地的比例竟达十分之七。而山与水也密切配合，"山以水袭，大奇也；水得山，复大奇"，王世贞道出的山水相得益彰之奇，正是这座园林的最大特色所在。聘请第一流匠师所叠造的三座大型假山占全园最大的分量，丰富奇丽的景象是最为着力刻画的；而水体的营造也非常突出，有"天镜潭"、"广心池"的大片水面，也有相对较小的池、溪，此外各处贯通的水体把各个区域隔开，从而全园之内围墙不多而划分多样；而山水的配合更塑造了多样的景致，尤其如峡、涧、滩、岛等的形态。水之奇还在于能映出奇幻之景，《弇山园记》最后一章专门描写了月夜泛舟园内之趣，"盖弇之奇，果在水，水之奇，在月，故吾最后记水，以月之事终焉"，全文这最后一句，点出了作者最倾心的园景所在。

尽管花木面积仅占全园十分之一，但其数目仍不可胜数，不仅品种多样，造景效果也非常丰富，丛植孤赏，山上水中，赏花享境，不一而足。既有竹林茂树为幽深境界，也有大片果林作花时赏景；既有古木成荫以成天趣，也有精巧修理人工成景。王世贞总结此园效果为"六宜"，其中"宜花"、"宜风"、"宜暑"都来自植物带来的境界，可见植物在园中所占的重要作用。

弇山园中有大小建筑二十六座。建筑之多，一方面是复杂使用功能的需要，如宴客（"弇山堂"）、读书（"尔雅楼"）、居寝（"芳素轩"）、宗教活动（"藏经阁"、"梵音阁"、"参同室"）等；另一方面，是园景欣赏的需要，如"文漪堂"畅观隔池山色，"缥缈楼"饱览内外风光，"先月亭"专赏池景，"饱山亭"近观山景，"此君亭"专赏幽境，"环玉亭"近观花景，等等。通过多样建筑的设置，使园中复杂营造的景致得以从各种角度加以体验。

总体而言，弇山园是晚明园林中假山最庞大、营造最复杂、景境最丰富的一座，是晚明园林营造的一座高峰，影响巨大而成为典范，对后来的诸多名园（如豫园、止园等）营造都有强烈影响。同时，王世贞"园居优先于宅居"

的园林观也产生巨大影响，园林对于文人生活的意义以及社会功能越发重要，园林成为社会生活中的重要组成部分。

上海"豫园"

豫园是晚明上海县乃至整个松江府的一座名园。时人将其与太仓王世贞的"弇山园"并列，称为"百里相望，为东南名园冠"。明末清初时，当地人列举松江地区名园，豫园一般被列于首位。创建豫园的潘允端为嘉靖四十一年（1562年）进士，曾任刑部主事、四川右布政使等职，万历五年（1577年）致仕。潘氏为明代上海的重要望族，家财雄厚，且有"一门三进士"的显赫，社会关系广泛，得到诸多记载和称誉。

豫园初创于嘉靖三十八年（1559年），刑部尚书潘恩之子潘允端为"愉悦老亲"而建，此后近二十年中陆陆续续，未成规模。万历五年潘允端致仕退职归里之后，才真正进行大力拓展兴造，历五年而初步告成[①]，豫园的总体规模和格局基本形成于这一时期。此后直至万历二十九年（1601年）潘允端去世，豫园的营造活动并没有完全停止，而是在之前的基础上又陆续进一步加以调整、完善，但没有大的改动。在豫园的主要景致营造中，张南阳这位杰出匠师起着非常重要的作用。

潘允端去世后潘家逐渐衰落，豫园被变卖分割。入清后渐为城内同业公所占据，在历次社会动荡中都饱经摧残。经过岁月沧桑，豫园其址尚在，其名犹存，今日仍是上海第一名园，但已远非当初面貌，明代园林中的遗存仅有武康石大假山、玉玲珑太湖石和少量古木，园林规模也较当初为小。

● 布局

豫园位于上海县城之内的西部，用地原为潘家住宅西侧的菜圃田地。1559年初创时约仅二三十亩；1577年开始大规模扩展，用地达到七十多亩。

豫园大体完成后，有多个景区。

入口引导区。园门朝东，经过"豫园"门楼、"渐佳"门屋、"人境壶天"坊，过一座拱桥，至一座高墙，有刻字"寰中大快"。经过这一系列的转折前导路线后到达"玉华堂"一区。

"玉华堂"区。"玉华堂"的得名是堂前正对的一块奇石"玉玲珑"而来，此石据称是北宋花石纲遗石。堂之后，以"鱼乐轩"正对水池，池西有"涵碧亭"临水，轩、亭间有折廊相连。

"乐寿堂"及其前后景区。自"涵碧亭"沿廊子往西、过"巨石夹峙若关"的"履祥门"可到达。"乐寿堂"建筑十分壮丽，主人自称"颇擅丹股雕镂之美"。

[①] 王世贞万历十五年（1587年）游此园，在《游练川云间松陵诸园记》中称"成仅可五年"，可知约在1582年完成。

"乐寿堂"以南是全园最重要的主景区，为明代主景区常见的"堂—池—山"序列格局，又较一般做法更为丰富。堂前有大平台，左右置立奇石，又有名花珍木参差排列。再前是一片有十亩之广的大池，池心有岛，岛上有"凫佚亭"。再往南是名为"南山"的大型假山区，岛的南部已有叠石、竹树，与此联为一片。池西的"醉月楼"沿廊往南、广庭前经"修可四十步"的长曲桥到池东的"会景堂"再往南，都可通往假山景区。

这组大型假山是全园最着力营造的精华部分，有"高下纡回，为冈、为岭、为涧、为洞、为壑、为梁、为滩，不可悉记，各极其趣"的胜景，山巅有湖石奇峰矗立。假山有多座建筑，山上"大士庵"可以俯瞰（"下视溪山亭馆，若御风骑气而俯瞰尘寰，真异境也"），山中有"山神祠"，山下有"挹秀亭"、"留影亭"面池。山的西侧有"关侯祠"。

"乐寿堂"之北为一座方塘，栽荷花为景；有围墙包绕，墙外修竹万挺；再外侧为长渠，东西两侧都可往南连通"乐寿堂"前的大池，长渠中可以泛舟绕行游览。

"徵阳楼"—武康石假山区。"徵阳楼"在"乐寿堂"西北侧，底层为书室，庭前正对一座武康石假山，"峻嶒秀润，颇惬观赏"。登"徵阳楼"西行为"纯阳阁"奉吕洞宾，中层为祁阳土神之祠。"纯阳阁"下为"留春窝"，其南有葡萄架。

"容与堂"、"爱日堂"区。"容与堂"在"乐寿堂"之东，为生活起居区，其内有"颐晚楼"。"爱日堂"更在"容与堂"东，为潘允端课子读书处。

其他。在"乐寿堂"西侧有家祠一座；"留春窝"西侧过短桥有竹坡和大片梅林，此处构有"玉茵阁"。

● 造园特征

豫园格局复杂，景点众多，景致丰富。除了"乐寿堂"一区有着作为最突出主景的池广山奇，还有"玉华堂"前石后池的天巧雅洁，"徵阳楼"一带黄石假山的峻嶒秀润，"玉茵阁"一带大片林木的清幽氛围，入口引导区的渐入佳境，以及家祠和生活区的严整密集。各区之间有的相对独立，有的密切贯通，景致氛围多样，空间体验丰富，但均围绕主景区而主次清晰。

山水主景营造突出。"乐寿堂"以南山水营造为全园主景，其丰富的"堂—台—池—岛—山"序列格局中，十亩之大的池面相当辽阔，作为欣赏场所的平台亦十分宽广，水中有岛屿增添景致，又有长长曲桥划分水面，使主景山水层次更加丰富、效果更为深远。而作为最突出对景的太湖石假山，营造最为精心，不仅形态塑造上多样而奇特，山水相配，"高下纡回，为冈、为岭、为涧、为洞、为壑、为梁、为滩，不可悉记，各极其趣"，而且游赏体验上丰富而多趣，尤其通过多座位置各异、高下不同的建筑，使山中增加多样体验内容和赏景视点。从"奇峰矗立，若登虬，若戏马，阁云碍月"，也可看到假山之上树立奇峰秀石也是重要营造及欣赏方式。根据与潘允端约略同时的陈所蕴所著《张山人传》，豫园这座主景大假山的创作者为当时苏松一带最有名望、最受欢迎的造园匠师张南阳。

而在这座主景太湖石假山之外，园中还有一座武康石假山，位置不在核心主景区之中，无论是潘允端还是王世贞的记述中对其都是一笔带过（王世贞甚至称其为"小山"），可见此山相较主景假山较为次要。今日主山不存，这座武康石假山却有幸保留下来，一般被称为"大假山"，陈从周先生称之"石壁深谷，幽壑蹬道，山麓并缀以小岩洞，而最巧妙的手法是能运用无数大小不同的黄石，将它组合成为一个浑成的整体，磅礴郁结，具有真山水的气势，虽只片断，但颇给人以万山重叠的观感"[①]。这座今日如此备受赞誉的叠山作品，在当时豫园中却相当次要，可见主景大假山较之无疑要壮观出色得多。

建筑多，功能杂，营造精。豫园中建筑繁多，形制多样，仅就潘允端《豫园记》中所提到的，有五堂、三楼、三阁、四亭、二斋、二祠、一庵，以及三桥、三门、一坊，此外有廊若干。如此多的建筑，与园中复杂的活动内容是很有关系的。除了常见的游赏、读书、雅集等园林活动，园中还有很多生活化内容的场所，如宴饮、演戏等，以及一些日常起居，而尤其特色明显的，是园中大量的宗教祭祀活动内容，除祠堂、佛庵外，还在各处分别针对吕仙、祁阳土神、关侯、山神等的祭祀内容。建筑大多比较讲究，建造最精美的无疑是主堂"乐寿堂"，对营造一向苛刻的王世贞也称之"其高造云，朱甍画栋，金碧照耀"。此堂之名有"娱奉老亲"的含义，与"豫园"的园名内涵一致，因此在"孝"的名义下此建筑有着与一般士大夫园林不同的华丽特点。

其他峰石、理水、花木等次要景致的多样。除了主景大假山上结合了立峰之外，豫园中还有多处单独的太湖石立峰，最著名的当然是"玉华堂"前的"玉玲珑"，王世贞称之"秀润透漏，天巧宛然"，今日仍存；此外在"乐寿堂"前平台两侧还有一些奇石，"隐起作岩峦坡谷状"，聚成假山之状；"履祥门"前，有"巨石夹峙若关"，是夹道对置的石景。水景方面，除了"乐寿堂"前主景大池，还有多处——如"乐寿堂"后的"方塘"，赏荷花之景为主，这样的方池在晚明以前的江南园林中常用，这里仍然可见；这座方池以围墙和竹林包绕，其外又有"长渠"，连通南部主景区大池，这是为行船游览而设的溪状水体；又如"玉华堂"后一片水面，有"鱼乐轩"、"涵碧亭"临水，这是尺度适宜的传统小型水池。豫园中花木的记载不多，"乐寿堂"前左右奇石附近有"名花珍木，参差在列"；主景大池的岛上，有"竹树蔽亏"的氛围；"留春窝"前设葡萄架，向西延伸，过短桥有竹坡和大片梅林，也是成林的氛围景象。

---

① 陈从周《明代上海的三个叠山家和他们的作品》，页 207。

豫园是 16 世纪下半叶江南地区名声最著、营造最精的园林之一，其仅次于太仓的弇山园，其园林观念、审美方式乃至营造方法与弇山园相当一致。比如在园林作用上，都是主人致仕退休后的主要生活场所，园中功能多样、建筑繁多，甚至多个宗教活动场所的设置也有类似之处，园中游赏活动也喜欢泛舟环游；在园林设计上，园林规模类似（都是七十多亩），园中都分为多个景区，各有特点；而在主景营造上，都是以大片池面为中心，以太湖石大假山为最主要景观及游览对象，而且假山营造都出自当时最著名的造园匠师张南阳之手。其他景点，如方池种荷、竹丛梅林、桥头树坊等设置都有弇山园的影子。二园的建造都耗资巨大，如同弇山园兴造使王世贞家中积蓄几乎耗尽（"园成而后，问囊则已若洗"），豫园也使潘允端"家业为虚"，然而他们都仍然乐此不疲；潘允端虽然表达出靡费的自责，然仍然"无所于悔"，在有生之年不断对园林加以完善。

可以看到，比弇山园兴造稍晚，豫园的营造很大程度上是以弇山园为样板的；但与此同时，豫园中还借鉴了稍早上海地区另一座名园"露香园"的一些造园特点，如主景区的格局布置（如主堂隔池对主山、主堂前置奇石名卉、池上长长曲桥等），这与弇山园并不完全一样。此外，豫园也有着独到的特色，如"玉玲珑"石峰，令王世贞羡叹不已；而豫园中的武康石假山也似此前所无——这座技巧颇高的假山，虽然当时因不是太湖石构筑、无奇峰怪石而不受重视，其后的历史上却因祸得福未遭拆毁变卖而幸存至今。

无锡"寄畅园"

无锡园林在明代营造颇盛，如"西林"、"愚公谷"等都是与真山水结合的名园，现较完好保存下来的仅寄畅园。

明嘉靖六年（1527年），有"九转三朝太保，两京五部尚书"之誉的秦金，致仕回乡以后，利用惠山寺的僧寮"沤寓房"改建成别业（后世文献中还提到"南隐"僧房，其实为他处别业），取名"凤谷行窝"——"凤谷"来自秦氏所居，有"凤麓宗祠"、"凤山书屋"；"行窝"来自北宋名士邵雍，表达园林简朴素淡。就园貌而言，只是据地形、理土阜，开涧听泉、疏点亭阁，景色自然幽朴。建园之后，秦氏后人共有三次较大规模的扩建与改筑。

第一次是明嘉靖三十九年（1560年），此时"凤谷行窝"已转给同宗的秦瀚、秦梁父子，园中开"碧山吟社"，当时诗文多以"凤谷山庄"称呼该园。秦瀚仿白居易《池上篇》进行经营改筑，凿池叠山，建亭设桥，景致更为丰富，尤其是水景。

第二次是明万历二十年（1592年），秦燿被贬黜罢归，寄抑郁之情于山水之间，对家园进行全面改造，七年始成，并取王羲之诗句更园名为"寄畅园"，有王穉登、屠隆作《寄畅园记》，宋懋晋绘《寄畅园图册》五十景（图9-21），以及秦燿自己有《寄畅园二十咏》等诗文。园中所构多有堂阁楼榭，但仍以水石花木的天然之景取胜。

第三次在清康熙六到七年间（1667-1668年），秦德藻、秦松龄父子将秦燀之后被分裂的寄畅园合并，并聘请当时最负盛名的造园名家张南垣之侄张鉽改筑，在旧日格局基础之上，对园中山水、建筑做了大的改造，令时人有焕然一新之感。此次改筑奠定了寄畅园今日所见的基本山水面貌。秦松龄交游广泛，诸多名士到访，留下大量园记、诗篇，且有名家绘图，寄畅园遂为天下名园。又有康熙皇帝六下江南、七幸寄畅园，更使此园名声大振。乾隆

图 9-21 宋懋晋《寄畅园图》之"知鱼槛"

皇帝不仅效其祖父南巡驻跸该园，且在北京的清漪园（今颐和园）内万寿山东麓建惠山园（今谐趣），模仿寄畅园韵景色和意趣。

咸丰年间的太平天国之役，寄畅园遭严重破坏，所幸山水结构基本未变，直至光绪年间才稍加修复。1952 年秦氏后裔将祖园献给国家后，又进行了全面整修。一些被毁建筑近年才得以恢复，使盛时园景得以大致呈现。

寄畅园在明代多次改建，以万历年间的营造最为重要，景致大为丰富，园名沿用至今，而且有详细的园记、园图、园诗存留。这里即就万历改筑后的寄畅园进行分析理解。

● **布局**

寄畅园位于无锡西郊惠山东麓、锡山西北。今日寄畅园占地约 15 亩；根据王穉登《寄畅园记》，此园当时紧邻惠山寺，其中水池即有十亩，范围比今日要大。

寄畅园景区组成及景点大体如下：

东部大池区。自北侧(一说东侧)园门进入为过渡小院，再从"清响"门入内，即到达名为"锦汇漪"的大片水面，可以泛舟、捕鱼，水中央有"涵碧亭"。池东为大片竹林，竹、水之间的沿岸有名为"清籞"的长廊；折入池中为廊桥，中稍高而为屋，名"知鱼槛"。过桥至水西又接廊，其长倍于"清籞"，以古藤寿木荫之，名"郁盘"；折南连"霞蔚斋"，为书斋。廊东向面水可以赏月，名"先月榭"。其东南，又有三层的"凌虚阁"，可俯瞰水面。

南部院落区。自凌虚阁循墙南行，入门到达"卧云堂"一区，有石梁跨涧。西侧为"邻梵楼"，下临惠山寺池水，上可瞰寺中游人。其西北侧，为"箕踞室"、"含贞斋"、"鹤巢阁"一区，旁有长松、片石。其东入门为"栖玄堂"，堂前至

石为牡丹台，花时可以宴客；堂后有石壁倚墙，墙外为唐代诗人张祜当年在惠山寺题诗处。

西部山林溪涧区。"栖玄堂"之侧地势隆然高起，有台名"爽台"，台下有泉，临以"小憩屋"，上有"悬淙亭"；泉水流经可流觞修禊的曲涧，最后形成"飞泉"，汇入"锦汇漪"。池畔还垒石为洞，周围栽桃林，仿的是陶渊明桃花源记的典故。"飞泉"旁有曲桥通往水中的"涵碧亭"。林中有"环翠楼"，可俯瞰全面美景。

● **造园特征**

王穉登总结，该园的最大特色在于水泉之胜，这在惠山下诸多以泉为特色的园林中是最突出的。能利用有利自然条件，成为园林出色的关键。寄畅园中首先有约十亩的大片水池，其次有引自惠山泉水的溪涧、飞泉，许多景点即围绕这些水景而成。

选址优越，借景丰富。就园内山水景致而言，除了二泉之水形成多样水景，还有旧时"案墩"为现成的隆起地形可资利用；就园外借景而言，临近的惠山为最重要园外景观，同时，东南方向锡山上的双塔（一木一石，今日小石塔不存）也是突出远景，可倒映于园内水面。此外，紧邻的惠山寺，通过多座楼阁也可进行俯瞰借景，如"邻梵楼"。

山林的自然氛围浓郁。园中有一些置石，无大规模叠山营造，但利用现有地形成高下之景，结合曲溪营造而成山涧之境；园中又有大量古木，再加上成片林木的种植，与山水营造一起形成浓郁自然山林氛围。

建筑的得景效果出色。园中屋舍，除了"卧云堂"、"栖玄堂"等用于栖止活动外，还营造了多座赏景亭阁，使景致得以更好彰显，如水中的"涵碧亭"以赏池景，"小憩屋"、"悬淙亭"以赏泉景，又有多座楼阁如"凌虚阁"、"环翠楼"、"邻梵楼"，既可俯瞰园景、亦可园外借景。而除了亭阁的静观，园中还设了长廊作为动观游览之所，一路穿林、沿岸、跨水，沿途又设置"清籞"、"知鱼槛"、"先月榭"、"霞蔚斋"多处赏景点，从而获得丰富游览体验。这样在园林主景空间中设置长廊、产生空间分隔的效果，这在当时还是不多见的，可以看到寄畅园中的积极尝试。

可以看到，得天独厚的山林条件，加上首屈一指的营造水准，使得晚明寄畅园成为一时名园。同时，此园有着长久一姓、未被毁弃的难得传承，其营造变化的历史贴切地反映着园林史的变迁，成为造园时代潮流的鲜明反映。

常州"止园"

"止园"为常州人吴亮的别业园林。吴氏是武进的名门望族，多有园林营造，如吴亮三弟吴奕在北城墙外建罗园；四弟吴玄在武进城东有"东第园"，为天启三年（1623年）由计成设计营造；六弟吴兖在白荡湖畔兴建蒹葭庄（茶山草堂）；七弟吴襄在青山门外约五里的凤嘴桥侧建"青山庄"，在清代仍有盛名。吴亮（1562-1624年）字采于，号严所，万历二十九年（1601年）进士，官至大理寺少卿。吴亮一生建造过多座园林，家族中的"小园"、"白鹤园"、"嘉树园"都曾经其手，最后才选定止园为晚年居所，为其最钟爱的园林。

止园的文献，文字材料主要来自吴亮的《止园集》，书中卷十七收有一篇长达三千字的《止园记》，卷五至卷七为"园居诗"，收录他在园中居住时所作的诗篇，卷首还有《止园集自叙》及马之骐《止园记序》、吴宗达《止园诗序》和范允临《止园记跋》等文。而最有助于理解止园营造面貌的，是由名画家张宏绘于天启丁卯年（1627年）的《止园图》册，绘二十景（图9-22），这是目前所见晚明园图中绘制水准和写实程度极高的一套册页。

止园的营造，根据《止园记》及其他材料可知，吴亮大约于中年获得武进城北门外用地而营园，但仅粗略营造，他也因外出为官而较少顾及。万历三十八年（1610年），由于党争倾轧，吴亮辞官回乡，开始本打算隐居到荆溪（今宜兴）山中，但由于老母在堂，不便远游，于是大力营造止园，尤其是大大增加了水景。主持营造的匠师为周廷策（1553-1629年），又名周伯上、周一泉，与其父周秉忠（1537-1629年）同为一时造园名家。

止园的废弃不知始于何时，至少至清道光年间已荒废很久。

● 布局

止园位于常州府城武进城北的青山门外，与城门遥遥相望，其间隔着宽阔的护城河。此地"虽负郭而人迹罕及"，园林内外，水网纵横，渠沼陂池，映带贯通。全园共五十多亩，南、西、北三面被水环绕；另外园东有农田约

图9-22　张宏《止园图册》之一

十五亩，作为止园的附属用地。

止园大体可分为东、中、西三部分：

东区。从水、陆均可到达的南向主园门入内，首先为东区。这是景致营造最为丰富的一区，又大致可分为前、中、后三部分。前部以"怀归别墅"为主堂，呈背山面水之态：其北紧临假山，其南则紧邻大池。池中有小岛一座名"数鸭滩"，养白鸭十数头，岛上又有小亭一座。主堂隔池正对入园门楼，从园门沿池畔树林东行，折北渡"鹤梁"小桥，又沿池北行，经竹林，折西过"宛在桥"即到达邻接怀归别墅东侧的一间短廊。怀归别墅西接廊子五间，至西侧水畔结束，有石阶临水，名"青溪渡"，此处可观池西岸、园中区南部的桃林。怀归别墅的当心间往北部伸出一间敞轩，正对一座太湖石大假山，奇峰林立，有山径可登，山上有台，山巅有松。这座假山也分隔出东区的南、中部空间。中部以"水周堂"为核心，亦是前池后山格局：其南以宽阔平台临水，池中种荷，水面较前池为小，隔池以假山为主景；其后树丛茂密，地形隆起，磊石为基，其上建有"鸿磬轩"，其南侧有两座石峰树立，加以命名、欣赏。鸿磬轩后，为东区的北部：往东经石板渡曲涧，到达"柏屿"，柏林葱郁，其东又有一片水面，以一座水阁相对；再往北折东，即鸿磬轩隔水相对的北岸，又是一座大型假山，应是黄石所叠，成层台高峻之状，名"狮子坐"；其北侧为土冈，植梨枣，有石径再上，穿竹林，为"大慈悲阁"，其中供奉观音，供主人的母亲礼佛之用。阁三层六边，高三丈多，既成园中标志性景观，也是登高远观的极佳视点。这里构成东区北部的核心高潮，也是东区南北轴线的结束。

中区（中坻）。东区与中区以"磬折沟"相隔，自水周堂西北侧的用于培育花卉的篱房"飞英栋"向西跨桥过磬折沟，到达东向的二层小楼"来青门"，即进入中区，吴亮又称之为"中坻"。这里原是一片农田，吴亮于1610年开始对此园的大规模改造，很大一个工程就是在此凿池堆山，形成大片水景。改造后的中区，以"梨云楼"为核心，前后皆为大池：楼南有两层平台相对的为前池，略呈方形，为全园最大一片水面；楼北侧连接着东西向长达二十二间的"清浅廊"，廊北所对为后池，略呈半圆形。除了水景，开池挖出的泥土在前池之南、主楼之旁以及后池之北都堆成土山，其上种植大片林木为景；梨云楼隔前池所对高阜，植桃林，春天欣赏大片红色花海；梨云楼侧土冈则种梅林，花时如雪山琼岛，效仿的是苏州城郊玄墓山的香雪海胜景；清浅廊北隔后池所对，为大片松竹梧柳，这已在园北侧边缘，林木可以屏蔽园外的喧嚣。中区所营造的这些突出景色，也配有诸多建筑来欣赏，除了中部的高楼、长廊，还有如自来青门向南临池有长廊二十间，若长虹垂带，南端连接水榭"碧浪榜"，其下之水沟通南池和磬折沟，磬折沟又通入东区怀归别墅前大池；梨云楼隔池南对的桃阜，东有小亭"凌波亭"，西有小楼"蒸霞槛"，不仅北向负山赏桃，而且南向园外临水得景；清浅廊中部有平台突出临水，廊西端又折而往北，连接一座小轩临水，所对池中有水亭一座，以折桥连接林木葱郁的北岸。

西区。中坻以西的这一区，建筑、院落比较密集，以生活内容为主。其中南部以"华滋馆"为主厅，其南庭院宽阔，左右轩舍各一，以廊连接，院中种大片芍药，与湖石间植。再西侧积土为阜，有古木藤花。这里靠近园边界水岸，筑以高墙，养鹿其中，名"鹿柴"。岸边又有大片竹林，构"竹香庵"，其旁有小山古松，树以石峰"古廉石"，其前有香橼一株，秋日果实累累；庵西竹间又有"清籁斋"。竹香庵之后有院落一区，其中核心堂屋三间名"真止"，其东侧二间在高荫下，名"坐止"，西侧二间面竹，名"清止"，左右有两座小楼进行围合，这里是园主人栖息生活的主要场所。

● 造园特征

止园"水得十之四"，可谓以水胜，池沼勾连、溪涧纵横，林水深翳，如在濠濮之间。以水景为主的营造较之如弇山园以山景为主，不仅费用较少、省力盛时，而且能获得特具自然的清新气息。

以水景为主并不意味着假山的缺失，园中东区的几座假山，都是周伯上的作品，既有太湖石，也有黄石作品，可见其多才多艺。主人称"皆吴门周伯上所构。一丘一壑，自谓过之。微斯人，谁与矣"，可见对周伯上的赞誉。

园中有丰富的花木种植，如芍药、芙蓉等花卉甚至成为局部主景，大片桃林、梅林也成为园中季节性观赏的主题，同时，由丛桂、玉兰、海桐、古柏、梨枣、松竹梧柳等诸多林木也构成各处清幽氛围；丛植为主的同时，也有"古松倚之如盖"、"香橼一株，秋实累累如缀金"的单株欣赏。

止园中建筑多样，但有着整体布局的考虑，如最主要的东区，由园门开始，经怀归别墅、水周堂、鸿磬轩直至大慈悲阁，所有的重要建筑都位于同一条南北轴线上，形成整体统一的秩序之感，这在晚明江南第宅园林中较为少见；这一轴线的秩序感，由于建筑间较远的距离和溪池、小岛、假山、花木的穿插和掩映，使轴线感较为弱化，人工与自然构成一股耐人寻味的张力。

止园受到弇山园较大的影响，对园林模式的总结完全相同，园中景致名称也往往沿袭自弇山园，吴亮对于止园的诗作也有受王世贞启发的明显痕迹；但同时止园也有相对显著的独到特色，更重水景、有更多天然的气息，可见同弇山园观念一致而做法不同 [1]。

北京"勺园"

晚明北京有诸多第宅园林营造，其中最著名的是米万钟的"勺园"，被认为是全国范围内的名园之一，如松江人张宝臣《熙园记》中谈到当时名园，

---

[1] 参见：高居翰，黄晓，刘珊珊编著. 不朽的林泉. 北京市：生活·读书·新知三联书店，2012：13-47.

图 9-23 吴彬《勺园修禊图》

图 9-23 吴彬《勺园修禊图》

有"娄水之王、锡山之邹、江都之俞、燕台之米，皆近代名区"①，勺园与太仓王世贞的弇山园、无锡邹迪光的愚公谷、扬州俞氏园相提并论。在北京，勺园也与附近另一座华丽园林——万历帝外祖父、武清侯李伟（1510-1583 年）所筑的"清华园"（又被称为"李园"）齐名，时人常对二园进行比较，如《帝京景物略》载"福清叶公台山过海淀，曰：李园壮丽，米园曲折；米园不俗，李园不酸"；《春明梦余录》称"李戚畹园钜丽之甚，然游者必称米园焉"。米万钟（1570-1628 年），字仲诏，号友石，为米芾后裔，万历二十三年进士，曾在江南等地做官多年，有清正之名，敢于得罪权奸魏忠贤而被削职，崇祯初年复起任太仆少卿；他也是著名书画家，与董其昌齐名，有"南董北米"之称。除了勺园，米万钟在北京城内另有两处私园"湛园"和"漫园"，但文人的题咏几乎都集中于勺园。

勺园的文献，最直观、详细的描绘是福建莆田人吴彬于万历四十三年（1615 年）所绘的《勺园图》（又名《勺园修禊图》）（图 9-23），此图又被米万钟本人于万历四十五年（1617 年）临摹了一幅副本，两图现都存世。文字的记载较多，最详细的是南京人孙国光（后因避"光宗"讳改名"孙国敉"）的《游勺园记》；此外在《帝京景物略》《长安客话》《春明梦余录》等记载北京景物的书中也有叙述。

勺园的营造，据洪业考证，是在万历四十年至四十二年之间，建成后即为京师游览胜地。"勺园"之名，取海淀一勺之意。米万钟曾将勺园之景绘在灯上，"丘壑亭台，纤悉具备"，时人咏为"米家园是米家灯"、"米家灯是米家园"，一时传为京城佳话。

米万钟去世后，明季动乱，勺园渐废。清代康熙年间勺园旧址上建弘雅园，为郑亲王西郊赐园。嘉庆年间改为集贤院，供六部官员居住，毁于咸丰十年（1860 年）英法联军侵华。宣统间废园改赐贝子溥伦，1925 年售予燕京大学，成为校园的一部分。

● **布局**

勺园位于北京西郊海淀地区北部，其遗址位于今北京大学西侧门以南区

---

① 《古今图书集成·经济汇编·考工典》卷百二十.

域。选择在此造园，主要是此处水泉丰沛，地理条件得天独厚，如清初宋起凤《稗说》叙述："京师园圃之胜，无如李戚畹之海淀、米太仆友石之勺园二者为最。盖北地土脉深厚，悭于水泉，独两园居平则门外，擅有西山玉泉裂帛湖诸水，汪洋一方，而陂池渠沼，远近映带，林木得水，蓊然秀郁，四时风气，不异江南。两园又饶于山石卉竹，凡一切迳路，皆架梁横木，逶迤水石中，不知其凡几。树木交阴，密不透风日。"此外，米氏祖坟即在附近，居此兼有守庐之意。勺园规模，根据《帝京景物略》所载"米太仆勺园，百亩耳，望之等深，步焉则等远"，用地约有百亩，轮廓近于方形。

园景区大体可分为三部。

东部入口引导区。园门东向开设，采用篱门柴扉的式样，周围以篱笆作墙，门上有"风烟里"题额。入门折向南，曲径通幽，沿路垂柳夹堤，乱石堆垒，土阜起伏。水上飞架一座拱桥，如飞虹凌空，桥身高耸，立于其上，全园景色尽收眼底。桥北立一牌坊，上书"缨云桥"。过桥建有一屏石照壁，上镌有"雀浜"之额。由此转北至一小院门，则到达主园门。

以"勺海堂"为核心的北部园区。至上悬"文水陂"额的主园之门，院内一斋跨于水上，外观似桥，又似船，此即"定舫"。定舫的西边有土山临水，松桧蟠然，成"松风水月"之景。沿土山小路而行，突然为水所断，以一座曲桥连通，桥名"逶迤梁"，向北通向此园的正堂勺海堂。堂前有大片平台，堂东侧出有抱厦，宛似水榭。从此往东可沿小堤行至一亭，顶作盝顶式样，亭内有一泓泉眼。泉亭折而南，有一座小屋名"濯月池"，在室内修筑水池，手法十分特别；再南则为蒸云楼，用作浴室，隔水与定舫相对。园之西侧，水旁以古树根充作渡桥，起名叫"槎枒渡"，极见巧思，与太乙叶隔水相通。再北有一榭临水，后接一石台，台上有一小阁，再后则松石蜿蜒，别成一景。此处或许是"色空天"，阁中可能供有观音像；石台楼阁通过曲廊与最北的后堂相接。后堂为歇山建筑，阶前依然临水，堂后则为大片稻田，开北窗可获得辽阔的视野。园南岸石笋林立，怪石嶙峋，极尽峻峭峥嵘之势，大有林壑深秀之态。

以"翠葆楼"为核心的南部园区。勺海堂西有曲廊通向水中的船形建筑，此为"太乙叶"，周围皆水，水面种白莲花，如浮水仙舟。太乙叶东南方向有竹林，立碑曰"林于澨"，竹丛中有二层楼阁翠葆楼，重檐歇山卷棚顶建筑。由此往东，有土岗临水，其上几棵松树高大参天，枝干遒劲，此即"松坨"。松坨之东为水榭，以茅草苫顶。

● 造园特征

水景为主，层次丰富。勺园是一座以水景为主的园林，既是由于所在位置用水丰沛，更在于主人曾经在六合为官，深受江南园林熏陶，此园在整体风格上有模拟江南园林的特点，追求素雅幽折的意境，与一般北京私园大有不同，这在当时主客大量诗文中有明显体现。就整体布局来看，全园四处皆水，以桥、堤划分串联，层次非常丰富，全园景区各有特点，彼此又有所呼应，路径曲折，空间很有深邃之感。其中建筑大多隔水相望，如勺海堂与后堂、定舫与水榭及蒸云楼，相距咫尺却无法直入，路径极为繁复，令人目眩。

掇山赏石，搜奇点缀。园中掇山，土石结合，既有平阜缓折，又有剑石破空，湖石玲珑。米氏本人极有石癖，又好画石，品位极高，曾经竭力搜罗奇石以为己用。此外，明人咏勺园诗，有"垒石诧巉岩""岩姿奇向七支藏"等句，均赞其叠石之美。从《勺园修禊图》上可见勺海堂前的平台上有一座大型湖石，姿态秀丽，而王崇简《米友石先生诗序言》提及清初勺园遗址上尚存"巍巍一石，宛然当年荫高梧而峙前庭者也"，即指此石而言。

建筑多样，配合水景。园中以有堂、楼、亭、榭、舫等类型，造型朴素，整体风貌深具浙江村落之韵，故王铎《米氏勺园》诗称"郊外幽闲处，委蛇似浙村"。园中有二处模仿江南舫舟的建筑：一为"太乙叶"，周围水面辅以白莲，取太乙真人莲叶舟的典故，有飘然欲仙之意；一为"定舫"，下有柱出水以承平座，类似桥上架屋。其余建筑也均临水而建，且轩敞开朗，令人有"入室尽疑舟"之感。园中道路多与小堤结合，沿途栽柳，如乡间小径。因为四面皆水，园中多处设有桥梁，缨云桥形似垂虹，逶迤梁宛如盘龙，都兼有点景的作用。

花木素雅，声境增色。从米万钟临摹的《勺园修禊图》上可见，园中植物大致以垂柳、虬松、高槐、翠竹为主，水中植莲，另有芭蕉之类，似乎少有珍奇花卉，显得素雅异常。勺园的声境也十分优美，如孙国光《游勺园记》几次提及"未入园，先闻响声"、"此中听布谷鸟声与农歌相答"、"黄鹂声未曙来枕上，迄夕不停歌"、"午后再雨，同西臣饭太乙叶中，听莲叶上溅珠声，快甚"，可见水流声、鸟鸣、农歌、雨声都为园景增色不少。

重视远景，借景西山。勺园的借景条件很好，近处可眺清华园和娄兜桥，远处西山在望。米万钟自己有"更喜高楼明月夜，悠然把酒对西山"之句。陈良楚《九日勺园》诗有"御苑晴看疏柳映，香山寒带暮云斜"，叶向高《过米仲诏勺园》诗则称"高楼明月夜，莞尔对西山。"顾起元诗云"西山爽气北溟风，韦曲春光在此中。"黄建《翠葆榭望西山》诗曰"竹里高楼翠色寒，西山隐隐见峰峦。从今好向楼头宿，爽气朝来枕上看。"

总体而言，勺园以水景为主，风格模仿江南，文人气息浓厚，取得了非凡的成就。较之比邻的李氏清华园以富丽为特色，勺园雅致的造园艺术水平更胜一筹，为北京第宅园林之冠。而勺园的造园方法，也在清代得到发扬，对此地的清代宫苑园林产生深远影响。

太仓"乐郊园"

在苏州府的太仓州，弇山园创建约50年后，又出现一座名园"乐郊园"，也被时人赞为江南园林中最出色的一座，如吴伟业《梅村家藏稿》卷三十七《王奉常烟客七十寿序》云："江南故多名园，其最著者曰乐郊，烟峦洞壑，风亭月榭，经营位置，有若天成。"乐郊园前身为万历时首辅王锡爵的花圃"东园"，其孙王时敏改筑为"乐郊园"，但时人往往仍以"东园"相称。王时敏（1592-1680年），字逊之，号烟客，晚号西庐老人，二十三岁时以祖荫授尚宝丞，后来官至太常寺少卿，故又称"王奉常"；工诗文，善书画，为董其昌弟子，"娄东画派"开创者、"清初四王"之首。乐郊园不仅是名画家王时敏的得意之作，而且是明末清初最杰出造园家张南垣的早期代表作。

乐郊园的文献最早、也最直观的资料为沈士充于天启五年（1625年）所绘《郊园十二景图》（图9-24），反映的是乐郊园初成不久后的形象；其后主要的文字资料，有崇祯年间《娄东园林志》中的"东园"条、清顺治年间王时敏自撰的《乐郊园分业记》以及康熙年间严虞惇的《东园记》。这些文献中，以《郊园十二景图》《娄东园林志》和《东园记》对营造面貌的理解最有帮助，而三者时代不同，所反映的面貌也不尽相同，可以相互参照而对该园营造变迁作出了解。此外，尚有一些其他诗文、记载有助于认识该园历史。

王时敏《乐郊园分业记》记载了此园的营造经过，其他材料可作为配合认识。早年王锡爵所创的"东园"，以芍药圃为主要景观，王锡爵于万历四十二年（1614年）去世后，此园日渐荒芜。万历四十七年（1619年），王时敏延请张南垣帮助重新拓建改造。王时敏本人善书画（十三岁即开始作画），亲自参与经营筹画，王宾《奉常公纪略》中称他"兴耽泉石，改筑乐郊园于东关外，

图9-24 沈士充《郊园十二景图》之"倚晴楼"

自布图稿"；而张南垣更是行家里手，王时敏称其"巧艺直夺天工"，对他极为欣赏和信任，加以全力支持；而请他设计营造的还不止一园，还有与乐郊园约略同时进行的"南园"和晚年的"西田"，因此在乐郊园的营造中，张南垣的作用应更为关键。这·年王时敏二十八岁，张南垣三十三岁，两位极富才华的年轻人意气风发，雄心勃勃，通力配合，大力创新；要求极高，反复改动，不吝花费，不急求成。

工程于泰昌元年（1620年）开始，约在天启年间初成，《郊园十二景图》即为当时景致；之后直至崇祯年间还在进行反复改造、增筑。正式落成是在崇祯七年（1634年），定名"乐郊园"（《王烟客先生年表》对此年记有"东园落成，自庚申始，改作再四，颇极台榭之美，费以累万，以'乐郊'名之，著声海内"。这一年陆世仪《甲戌仲夏谯集王太常东园》亦有"乐郊昔日旧游地，此来又见经营初。小山才筑已余势，新沼乍成方始波"之句）。《娄东园林志》所记，未见"乐郊"之名，有可能仍是之前的情形。

明清鼎革，乐郊园虽然幸存，却渐趋荒芜，王时敏将其分授四子，令其各自管理。但结果"儿辈贫窭不能整葺，日就芜颓，余触目伤心，终岁仅一再至"（王时敏《遗训·自述》）。王时敏之子王巢松在《年谱》中也写有："是岁春间，大人作《乐郊分业记》授余兄弟，……怎奈公私交迫，苦无余力以仰慰亲心，任其颓废，使老人目惊心伤，歔歔感叹而不已，是余兄弟之罪也夫。"

康熙四十三年（1704年），王时敏之孙王原祁携《东园图》，邀请当时名士严虞惇作《东园记》，所记较《娄东园林志》较详，景点有所增减。有可能自王时敏去世后，其后人又加以重修；另一种更大的可能，这一《东园图》为早先崇祯年间所绘，王原祁希望记录的是昔日盛时的荣光。不管怎样，此记中对"乐郊园"建成后的造园特点能够更加详实地加以反映。

雍正七年（1729年），昆山人龚炜来游，已"漫漶不鲜"，因疏于治理，许多景点已模糊不可辨识，但龚炜仍喜爱其"不事雕饰，雅合自然"[①]。此后乐郊园再未见于游踪；至清末，已形迹全无。[②]

● **布局**

乐郊园之址在太仓城东门外，约在东门外致和塘与护城河交汇处的东南转角一带[③]。此地"地远嚣尘，境处清旷"，离城市又近，是理想的郊野园林所在。乐郊园的规模，未有明确记载，王时敏《乐郊园分业记》中称为"数十亩山池"，《东园记》亦称"园之中有山焉，盘基数十亩"，可见占地不小。

---

① 参见：曹汛.张南垣的造园叠山作品[A].// 王贵祥主编.中国建筑史论汇刊第2辑.北京：清华大学出版社，2009：334。

② 太仓市政协文史委员会编.太仓文史第9辑王时敏与娄东画派[M].杭州：浙江人民美术出版社，1994：85。

③ 同上：83-84。

以反映崇祯年间园貌的《娄东园林志》记载为基础,以《东园记》作为参照,其他时期的记录(如《郊园十二景图》)作为补充,可以推测乐郊园的基本布局如下:

以"揖山楼"为核心的中部池景区。入园门,穿松径,过平桥,经临水长廊,北转而东,即到达揖山楼。《东园记》中进入方式稍异,入园后经"东冈之陂"外的"香绿步"长堤,东折而达"梅花廊",即之前到达揖山楼西之廊。揖山楼前为大池,楼前以"春晓台"相临。揖山楼隔水面山,因而以"揖山"为名。揖山楼东,以廊连接屋舍数间,之后又可渡"宛转桥"到达池南岸。此处据《东园记》,建有土冈之上的"剪鉴亭"、池畔的"镜上舫",以欣赏"空明荡漾,如行镜中"的水景。

以"凉心阁"为核心的北部山景区。太仓一地所在皆为平原而无山,而乐郊园中营造出了山景,毫无人工痕迹而如真山一般,最主要的一处营造,是在揖山楼以北隔溪,是以开池之土所叠之冈,又以山石错置,规模庞大,东西横亘。此山冈南、北、西三侧皆水:南侧隔溪与揖山楼相对;北侧为园边界,连通护城河;西侧为池,名"东冈之陂"(大约因"东园"之名而称园中此山为"东冈")。山坡上竹林茂密,南麓竹丛中设"凉心阁"临水,以曲廊向东侧延伸,接一阁,可能即为《东园记》中的"纸窗竹屋"。附近坡上,垒石成洞,上建小亭,这是局部的石山营造;这一早期流行的"下洞上亭(台)"营造模式,为后来张南垣所抛弃,也不见于《东园记》。凉心阁西侧,《东园记》中又有"清听"、"远风"二阁,可以聆听竹林风声和山溪水声;再西侧的山南麓,又有"画就阁",此处已接近西部的东冈之陂。山冈东部,又向南折,其上桂树成林。

以"峭蒨"为核心的东南部建筑区。向南延伸的山冈之南,经一座门屋("山尽,便得一门"),而到达"期仙庐"。其前为"峭蒨",一侧临水,另一侧前有方池一座,其中有两座石峰;而在《东园记》中,奇峰怪石仍在,且缠有古藤,但不见方池的描述,很可能已被改掉,因为这也是后来张南垣造园所抛弃的旧俗。旁有"扫花庵"临水;再前有小板屋,南对园外的大片农田。

以"藻野堂"为核心的南部赏花区。"扫花庵"前可登小艇,沿到处贯通的水面到达园中各处,如往南可到达"藻野堂"。这里是旧时东园的主堂,建筑体量较大,视野开敞,阶下满植芍药。《东园记》中又记载,在藻野堂东还有"香霞槛",前植牡丹。两种花在春天竞相开放时,可谓盛况。藻野堂西北,有"紫藤桥",桥上设紫藤架,这不仅也见于《东园记》,雍正年间龚炜来游,仍有"藤架石桥"之景。此桥西北方向又有"缩春桥",向北沿水通向东冈之陂。紫藤桥南侧,古木成林,《东园记》中称为"杂花林";再东有"梵阁藏松际",《东园记》中则称为"真度庵",这里是"园之清绝处",非常吸引人。

此外，约在园的西部，园中又有一座小山的营造，上植树木，可以登临，山下有屋连接廊子，跨水转折通向一亭，再往东过桥可以到达揖山楼。这里的营造均未有命名，而在《东园记》中，此山、廊等营造均已不见记载，或许并不是令人满意的一组景点，最终消失。

● 造园特征

主景假山的新意。在乐郊园之前的太仓乃至整个江南地区的造园中，园林中主景假山的营造以纯石叠造为主流，这以王世贞的弇山园为最突出代表；土山营造也有，如王士骐澹圃，但一般规模不大，并非主流。在乐郊园，采用了大规模土山与局部石山结合的方式，山上多有林木种植，达到无人工痕迹而如真山一般的效果，并已经以画意作为宗旨，尤其是绵延的平远山景营造。后来张南垣成熟时期的典型手法"平冈小阪，陵阜陂陁……错之以石，棋置其间，缭以短垣，翳以密篠，若似乎奇峰绝嶂……若似乎处大山之麓，截溪断谷"，以获得被赞为"江南诸山，土中载石，黄一峰、吴仲圭常言之，此知夫画脉者也"的画意境界[①]，已经在此得到使用，这也很可能是张氏造山手法最早实践的一个案例。此外，从前后不同园记可知山景的差异，也可知张南垣造山方法的变化过程，如开始"累石穴，上置屋如谯楼"到后来的消失，此园前后不断修改的过程也是张南垣造园手法不断调整而成熟的过程。

水景、植物丰富，与山景相配合。乐郊园中除了叠山，又"环之以水，蓄者为沼，岐者为渚，夹者为涧，流者为渠，淳泓渺弥，极望无际，吴山之佳山水，弗过也"。其中除了占据中心的大池，后期又增加西北侧山水相依的"东冈之陂"、西南"夹岸垂柳万株"之堤，使园中更添胜景。此外"水前后通流，嘉木卉无算"，植物对山水清幽氛围的营造也起到重要作用，如山景就包含竹、桂之林，水畔垂柳、紫藤、杂花林也蔚然成景。专门的芍药、牡丹更是称胜。

建筑设置及组合呈多样趋势，园林层次趋向丰富。揖山楼前俯池、后看山，得全景最佳；凉心阁半在水半在山，得山水近景最佳；梅花廊等游廊在连接各建筑的同时又可获变化的游赏体验；此外位于生活区的峭蒨、位于赏花区的藻野堂各有局部景致；后来增添的清听阁、远风阁、画就、剪鉴亭、镜上舫、香霞槛、真度庵等，有更多样的景境可赏，在园中建筑形式及组合更为多样的同时，也使园林中的空间层次和景观层次更为丰富。

在17世纪最出色造园家张南垣的精心设计营造下、财资充裕的名画家王时敏的积极配合下，乐郊园成为当时江南最著名的园林之一。作为张南垣首次被明确记载的园林作品，乐郊园成为其早期成名代表作，有着高度的成就与新意，从目前所存文献的时代差异，也可看到张南垣造园方法的演变过

---

① 吴伟业《张南垣传》。

程。同时，乐郊园不仅是理解张南垣造园思想与方法形成的极佳案例，也是研究明末江南园林观念与实践转折的一个关键案例，在此园之后，"画意"的造园宗旨越发得到认同而广为流传。值得注意的是，明末另一位造园大师计成，在多年游历后，约于天启初年（1621 年）回到江南而开始造园生涯，因画意叠山的新意而成名，这也正与乐郊园的营造时间一致。可以看到，乐郊园的营建，正是明末两位最杰出造园家开始崭露头角之时，也是明末造园发生巨大转折的一个重要节点。

苏州"归田园居"

明末苏州城内最后一座精心营造而得到详细记载的名园，是王心一的"归田园居"，位于娄门内春坊巷（今东北街）。王心一（1572-1645 年），字纯甫，号玄珠，吴县人，万历四十一年（1613 年）进士，天启朝任御史，崇祯中累官至刑部侍郎，他所自撰的《归田园居记》[1]，提供了这一园林的详细记述。根据该文，"归田园居"开筑于"弃官归田"的崇祯辛未（1631 年），落成于乙亥（1635 年），庚辰（1640 年）再度致仕而进行修葺，壬午（1642 年）作该记。除了王心一本人的记述，清康熙年间柳遇所绘并留传至今的《兰雪堂图》（图 9-25）可作为园貌参考。

开辟之初，园址原为"荒地十数余亩"，主要工作，是挖土成池，覆土为山，以及各处的建筑营建。当然，从后文来看，显然还有叠石、种植的工作。

入清后，归田园居一直为王家世守，清代钱泳（1759-1844 年）《履园丛话》中提及"王氏子孙尚居其中，相传王氏欲售于人屡矣，辄见红袍纱帽者，隐约其间，或呼啸达旦，似不能割爱者，人亦莫敢得也"，另提到"狮子林"与附近"王氏之兰雪堂、蒋氏之拙政园，皆为郡中名胜"[2]，这"王氏之兰雪堂"即"归田园居"，可见该园当时仍为人看重。后该园衰败，今并入"拙政园"。

● 布局

归田园居的空间大致可分为这样几个区域：

东部大池区。入东侧园门，沿廊向北到达"秾香楼"，此处前后有荷池广四、五亩，有廊跨水，至中部主要景观区。

中部主堂、山水区。沿跨池之廊到达"芙蓉榭"、"泛红轩"，轩前有小山。再西，就到达全园主建筑"兰雪堂"：东西两侧种桂树，后有假山如幅，上种梅花，堂前有"涵青池"，其前假山环拱，有峰、崖、洞、涧等多样景致营造，池畔、山间也花木茂盛。穿池东的假山"小桃源"山洞，又到达一处幽静区域，有"漱

① 王心一《兰雪堂集》卷四，《四库禁毁书丛刊》集部第 105 册；当代点校参见：陈植，张公弛选注《中国历代名园记选注》，页 228-231。

② 钱泳《履园丛话》（北京：中华书局，1979），页 523。

图9-25　柳遇《兰雪堂图》

石亭"、"竹香廊"等；洞上有"啸月台"、"紫藤坞"，洞东又有池名"清泠渊"。

西部山水区。由"兰雪堂"西南登游假山诸景，又西下山，多样茂盛植物形成的幽深境界中，则有"竹邮屋"、"饲兰馆"、"延绿亭"、"梅亭"、"紫薇沼"等景点。北渡"漾藻池"，过"小剡溪"、"杏花涧"，到达园中另一座假山"紫逻山"，以五座石峰为特色，山上有"放眼亭"，可以西借"拙政园"之景，北观城墙，东南远眺天地。山间林中又有"资清阁"，山北坡又有多样峰石。山下有濠，度水中"奉橘亭"，沿竹梅间"想香径"廊向东，则回到"兰雪堂"。

● 造园特征

多样山景，着力营造。王心一自称"性有邱山之癖"，假山的营造也显然是该园最突出特色，园内多山体，除两座大型假山外，如泛红轩前、兰雪堂后均有营造；而两座主要假山各有风格：东南的假山用太湖石，特点是"巧"，仿赵孟頫的画风；西南的假山用黄石（尧峰石），特点是"拙"，仿黄公望的画风；又延聘叠石能手陈似云，营造三年之久，保证意图的实现，可见主人的用心以及景致的精彩。从中可看出假山以画意营造已达到相当深入成熟的程度。太湖石山内有山洞名小桃源，内置石床、石乳，山上有多样石峰，如缀云峰、联璧峰、包山石等，其上又有啸月台、紫藤坞、听书台等可攀登停留；紫逻山上则树立五峰，其上又可登眺。

山水结合，水景丰富；涧溪曲水，各处联络。园中山景，多以水景配合而成丰富景象。主体大假山都以池相依——东南侧湖石假山环拥涵青池，西北侧黄石假山（紫逻山）南临漾藻池。同时也有各处水石成景的细部，如东南部联璧峰下小桃源洞口，以石出没池面而成"桃花渡"；涵青池西南延伸山中而成绝涧，置以如螺之石为"螺背渡"；其旁蹈水傍崖有洞幽邃，悬崖直削而为"悬井岩"；西北部紫逻山除其南池外，还环山有濠，东麓苍松杂卉下为"小剡溪"，有石横亘如门、古杏覆上为"杏花涧"；等等。全园而言，水景东畅西幽——东部水面辽阔，为大片荷池，造园手法粗放开朗，有"旷"的个性；西部布局曲折，雕凿细腻，景色丰富，以"奥"见长，内向而幽深，山石池沼、洞壑涧谷、台阁曲廊随宜组合，呈现多个不同境界的围合空间。各处水体都贯穿联络，在营造多样水木、水石氛围的同时，也布置多样跨水营构，如聚花桥、试望桥、卧虹桥等不同形态桥梁，又有置石汀步如桃花渡、螺背渡，还设以建筑，如东部池水廊桥、西北跨水"奉橘亭"等。

建筑多样，得景丰富；曲廊贯连，空间变幻。园中亭轩较多，而各能得不同景致。如主堂兰雪堂可得山水主景，泛红轩得小山丛桂小景；芙蓉榭得东池旷景，一邱一壑轩得小池清泠渊幽景；池东秝香楼可望园外秝田稼耕，山上放眼亭可纵目城市远景，等等。园中建筑，多以曲廊连接，其中几条重要的如秝香楼与芙蓉榭之间的跨水修廊、迎秀阁与山余馆之间的"竹香廊"、饲兰馆与延绿亭之间的幽曲回廊、奉橘亭与兰雪堂之间竹梅夹道的"想香径"长廊，各有不同游赏景境，廊本身又把园林划分出变幻多样的空间，形成新的景观和体验。

花木丰饶，境界丰富。对山水、建筑加以重点营造的同时，园中的植物也受到细腻关注，不仅品质多样，而且以其形成多种境界。如兰雪堂周围，东西以桂树为屏、其后小山以梅花纵横、梅外又有竹，其西则"梧桐参差，竹木交映"，形成多重景观；主堂南向隔池，以"拂地之垂杨，长大之芙蓉，杂以槐、李、牡丹、海棠、芍药"来配合山景。各处轩榭往往有文化气息浓厚的花木之景，如泛红轩前种桂丛以配叠山，以会心于"小山丛桂"的历史典故。水中亦多植物，东部广池，种有荷花、杂以荇藻，获得"芬葩炀炀，翠带柅柅"之景。而诸如"桃花渡"、"红梅坐"、"竹香廊"、"聚花桥"、"杨梅隩"、"竹邮"、"饲兰馆"、"梅亭"、"紫薇沼"、"杏花涧"、"想香径"等等，皆以花木作为局部主景，以各种高下、聚散方式，成多样境界。

总体而言，归田园居是明代苏州造园的一个总结性作品，也是晚明江南造园转变的一个突出代表，无论山水、建筑、花木，以及以此形成的综合空间、氛围的营造，都体现着明末苏州城中造园的最高水准。

扬州"影园"

"影园"在晚明园林史上有着重要地位。一方面，在名望上，该园为晚明扬州第一名园，这与其主人密切相关——郑元勋（1604-1645年），字超宗，号惠东，崇祯十六年（1643年）进士，累官至兵部职方司主事，为明末扬州重要文士，殉难于明末兵乱，为后世敬仰，其所构"影园"也极负盛名：园名为董其昌题写，落成后主人在此宴集诗会，名重一时，并有诗集为后世传诵。另一方面，在营造上，与《园冶》作者计成的关系密切相关——这是计成主持设计与建造，而且是计成所造之园（均已不存）中唯一有详细园记留存的，从而作为研究计成以及《园冶》的造园方法与思想的重要例证。

　　详细记载影园的原始文献，主要有郑元勋的《影园自记》，归安（今湖州）人茅元仪（1594-1640年，字止生，号石民）的《影园记》，海南人黎遂球的《影园赋》，其中前两篇有对园貌的较详描述，也是迄今研究"影园"造园特点所能参考的最直接材料。

　　影园创建于崇祯七年（1634年），这是目前所知计成于崇祯四年（1631年）完成《园冶》写作后所建的唯一园林，也是他的作品中艺术成就最高的一处。"影园"之名，来自"地盖在柳影、水影、山影之间"的园址特点，郑元勋于天启末年获得基地，1632年大书画家董其昌为其书写园名，经"胸有成竹"的规划，到崇祯七年动工，历时八个月而大致完成。影园建成后，郑元勋广邀名流题咏，还征诗于各地；影园成为江北名构，被公推为扬州第一名园。崇祯十七年（1644年）动乱之中，郑元勋死于乡难。此后影园逐渐衰败荒芜，康熙、乾隆年间有文人寻址凭吊之诗。

● 布局

　　影园位于扬州城西南部城墙外的护城河——南湖中长岛的南部，仅约五亩。面积虽小，选址却极佳。园址属于《园冶》"相地"篇中所说的"江湖地"，富于水乡野趣，周围又有丰富景致内容，环境清旷幽僻，而且有着极好的远观借景条件。

　　影园的空间大致可分为：

　　入口引导区。在这不长的一段入园空间中，首先就有"山径数折"，又伴以浓密"垂荫"；经"左荼蘼架"、"右小涧"的景域，又有"虎皮墙"导向"小门二"的过渡区；穿过这两重门限而正式进入园区，又首先"入窄径"、"穿柳堤"而继续行进于引导空间，再"过小石桥"的过渡节点，又一折，最后进入第一个主要建筑，前导路径宣告结束。

　　主堂所对主池区。"玉勾草堂"为园中主堂，对园中主要水池；隔岸与"媚幽阁"相对。此外，池畔还有"湄荣亭"等建筑临水。"玉勾草堂"四面临水，有乱石所砌的小石桥和曲板桥与左右相通；堂后隔水有堤，堤外为护城河，河对岸又有诸多园林可作为借景。"媚幽阁"三门临水，一门以叠石相对，呈峭壁状，其上种松，其下有石涧流水。

　　读书生活区。从"玉勾草堂"过朱栏板桥，入"淡烟疏雨"门，为一组建筑，有庭院、叠石、花木。"淡烟疏雨"内另一侧即为"湄荣亭"。

　　课子读书区。此处为"一字斋"庭院，从"湄荣亭"可达，隔院墙为"媚幽阁"所对石壁。

　　其他散布建筑及景点营造。临护城河一侧，从"玉勾草堂"背后的堤岸可到达柳树间的"半浮阁"，从此处可登"泳庵"小舟；从读书、生活区院落，可到达水畔"菰芦中"小亭。此外，此园之外的近邻处，还有苗圃一区，又有荷池、小亭。

● 造园特征

在造园观念及效果追求方面，影园有这样两个鲜明的特色：首先，在造园观念上，"画"的原则是园主人对兴造该园最突出的认识。在郑元勋《影园自记》中，首先就是表明自己的绘画能力，并暗示绘画与造园的一脉相承，尤其是把造园作为"临古人名迹当卧游"，这是借用六朝时宗炳绘山水以当卧游的故事，将绘画作为造园的直接指代。郑元勋的画作有流传下来的，可见其绘画功底。而在茅元仪《影园记》的开篇，则尤其明确地把绘画作为士大夫的基本能力，也是造园的基础所在；在把绘画能力提高到前所未有的地位后，又指出造园是其后自然的结果；从而，简洁而明确地得出"画"与"园"的关系："画者，物之权也；园者，画之见诸行事也"——绘画是造园的根本所在。这样的理论基础，就成为认识"影园"特点的首要方面。不仅仅是造园原则，茅元仪在总结"影园"造园特点时还概括道："于尺幅之间，变化错综，出人意外，疑鬼疑神，如幻如蜃"，把园林作为画的"尺幅"来对待，可见他确实是以"画"的眼光来看待"影园"，也可见"影园"在以"画"为指导的成功。

从郑元勋《影园自记》对园中具体景物的描述上，也可以看到绘画原则的具体运用，"画理"成为"选石"布置的指导原则，而达到"不落常格"的效果。不仅仅对于布石，从对其他景物布置上，也可以看到"画理"在起作用。而要达到"画理"，还需要有能力的指导者；造园的成功即是"无毁画之恨"，这里尤其可见是把全园作为"画"来经营的。这里提到了该园设计主持者计成（计无否）对于完成以"画理"来造园的重要作用，也可见计成对于"画理"的谙熟。事实上，在计成的《园冶》中，同郑元勋《影园自记》非常类似，在全书开篇的"自序"中，也是从自己的绘画能力的说明开始。绘画为《园冶》全书奠定下了基调。而在《园冶》的行文中，绘画对于造园作用的叙述也比比皆是。"影园"作为计成造园成熟时期的作品，绘画原则的运用也是炉火纯青的。

可以看到，无论是园主人郑元勋，主持造园者计成，还是游园者茅元仪，都把绘画作为造园的基本原则，也是对"影园"营造认识的首要特点所在。

其次，在造园效果上，"影园"最大的特色在于景致营造、空间体验的丰富多样。郑元勋称之"地方广不过数亩，而无易尽之思"，茅元仪也谓"于尺幅之间，变化错综，出人意外"，可见小中见大效果尤其突出。这一特点，在茅元仪看来，是同其他仅以"因"为特色的扬州园林所不同的地方：当时扬州园林中出色者，都以"因于水"为特色，再加以竹树、亭阁的布置，这对于"影园"其实也不例外；然而对于其他园林来说，这些就已经到极限而似乎无法再进一步了，而郑元勋的"影园"则比它们要高出一筹、更有突破。这一突破，正是由于茅元仪所说"园者，画之见诸行事"原则、郑元勋所谓"画理"得到了精彩运用。

在具体造园方法层面，绘画的原则如何被运用到影园营造中去，而形成出色的小中见大效果，可以总结为以下几个方面：

一是曲折有致的路径设置。郑元勋称之为"自然幽折"，幽深正是曲折而导致的效果。如在入园门后引入主要景区的一系列前导空间的营造：在这不长的一段入园空间中，首先就有"山径数折"，又伴以浓密"垂荫"；经"左荼蘼架"、"右小涧"的景域，又有"虎皮墙"导向"小门二"的过渡区；穿过这两重门限而正式进入园区，又首先"入窄径"、"穿柳堤"而继续行进于引导空间，再"过小石桥"的过渡节点，又一折，最后进入第一个主要建筑。

二是前后呼应的对景布置。如前述前导空间中有"转入窄径，隔垣梅枝横出，不知何处"，这一悬念到将近最后一景的"媚幽阁"处才解开；之前"隔垣"的处理，使这一梅景有了双重的景观效果。这种设置悬念的做法在离开"玉勾草堂"的小桥处尤其得到运用，在此可以"蔽窥"而见三处景点却"不得通"，在提示景致、激发游览兴趣的同时，也使小园产生不能一游而尽的丰富性。随着游览的进程，上述景点再一一得到展开。这里，将园中视线的引导作用发挥得相当出色。类似的手段还用于园中两座主要建筑之中，又是处理景点关系的一例。

可望而不可即，在悬念引导下通过曲折绕行来到达、体验，这样的方法尤其增加了园林的深度；同时，如"隔垣"、"蔽窥"的方式，也是与"画理"中"藏露"一脉相承的做法，如明末画家唐志契（1579-1651年）在《绘事微言》中写道："藏处多于露处，而趣味愈无尽矣"。可见画论中"藏露"理论在园林中的运用，是形成影园"变化错综，出人意外"效果的重要来源。

三是采用建筑手段来使小园产生空间的无尽感。除了上述曲折路径、呼应景点的方法，还通过门、墙的设置来增加层次，营造"藏露"，并且廊的结合运用也是重要方面：在这读书、藏书一区，"可望而不可及"的继续运用与"曲廊"的迂回，更增加了空间的层次与体验的丰富。此外，廊还同隔墙、门洞以及路径、台阶共同营造丰富空间，尤其是门洞、曲廊以及竹林一起，通过多样的变化，形成奇妙的"不测"效果。从而，确实营造出"于尺幅之间，变化错综，出人意外"的丰富内容。

总体而言，影园虽然规模很小，却是明末造园成就的代表，也是理解计成造园活动的重要案例。此园充分体现了计成《园冶》中的诸多造园思想，尤其是以"画理"为基本原则，通过丰富的路径、景点、建筑的设置手段，再加上出色的选址以及具体的山水、花木的造景，《园冶》中的"巧于因借、精在体宜"得以落实，使"影园"成为名副其实的当时扬州第一名园。

绍兴"寓园"

在绍兴，明末最著名的园林是祁彪佳的"寓园"。祁彪佳（1602—1645年），字虎子，又字幼文、弘吉，号世培，天启二年（1622年）进士，官至御史。祁彪佳自幼就有家庭造园的熏陶，其父祁承㸁有"密园"，"不用格套"、根据场地情况来灵活调整，是祁承㸁关注的造园原则，这在祁彪佳的寓园建设中也可看到。

寓园的文献，记载最详的是祁彪佳自己所著长近万言的《寓山注》，分述其中四十九个景点，且附有插图（图9-26）。此外，还有当时著名文人王思任《游寓园记》的相关记述。

寓园的营造，祁彪佳在崇祯八年（1635年）告退回乡而建设。寓园的营造也得到友人帮助，如精于鉴赏、自己也善造园的张岱，就对该园做出贡献，祁彪佳在其日记中记崇祯九年七月初五日，张岱来访并"指点修筑"而"为山林增胜"，可见该园也融合了绍兴文人精英群体的智慧。

祁家在绍兴为望族，祁彪佳也交游广泛，寓园很快成为当地一大文人聚游胜地，也得到当地文人的高度评价，王思任《游寓园记》中称"铲蠚剔粗，通灵点活，位置须眉不乱""妙有大成，故足致也"，张岱在给祁彪佳的信（《与祁世培书》）中称赞该园景点命名之雅。然而在该园于崇祯丁丑(1637年)建成后8年(1645年)，清军攻占江南，祁彪佳自沉于寓园水中殉国。一时名园也就此黯然衰亡。

● 布局

寓园是离祁彪佳宅（今梅墅镇）西南三里之遥的别墅园，主要是以天然小山"寓山"为主体，山下有天然水面，而成山水相依格局。从而，寓园也主要分山体、水面两个部分来营造。

图9-26 《寓山注》插图

园景区大体可分为山、水二部。

水面区域。是以几处堤及其上建筑来划分，营造出一片名为"让鸥池"的水域。该园只可从水路到达，不直接到山，而把入口设在水中，为"水明廊"，离舟上岸后，其实仍在水中。此处北过"海翁梁"桥，通向一区临水建筑群，有"试莺馆"（书室）、"归云寄"（双层廊）、"四负堂"（临水主堂）、"即花舍"（前有方池）、"八求楼"（藏书楼），再往北为农作区"丰庄"，庄前有堂名"远山堂"。"水明廊"接"读易居"、"呼虹幌"二屋，往南为堤，名"柳陌"，通向池南"幽圃"。在"呼虹幌"西转，有"踏香堤"横穿"让鸥池"，通往园林主体"寓山"，堤上有"浮影台"，为极佳赏景之处。"踏香堤"之南，水面中还有一岛，有石峰耸立，名"回波屿"，岛上有"妙赏亭"，是从"寓山"下赏该山景色的胜处。岛有曲桥可通山下。

山体区域。从"浮影台"过"听止桥"而到达。山脚临水处，众石成景，其中一石尤其突出，名"冷云石"；又有一处水石相激作声，名"小斜川"；"浮影台"近处石下又有两处泉眼，名"沁月泉"。"听止桥"之南，竹间有一处突向池面建筑，名"溪山草阁"；阁北有石室名"袖海"，可数十人坐卧、避暑；从"草阁"有曲廊通达花木间一座小室，山墙高耸如瓶，名"瓶隐"；曲廊处可俯槛临流，幽静而可观水景，东有径通向"回波屿"，名"芙蓉渡"。从"听止桥"上行，前有"筠巢"、"茶坞"种植（再前通往"系珠庵"），转右，则进入通往山顶的道路，有一系列景点设置的展开。首先在山腰处为"友石榭"，对"冷云石"，此处高低适中，旷奥兼具；前行为"松径"，松树布列，下有"太古亭"；穿过"松径"转西，则到达"选胜亭"，可以眺望胜景，亭下有"樱桃林"；过"松径"转东，则到达"虎角庵"，是奉佛之所。从"选胜亭"南登"小峦雄"，到达"志归斋"，可北望平畴。此处以上就到近山顶区了，有"酣漱廊"曲折而上，可登"笛亭"，又至更上的"静者轩"，稍北而几乎相邻为"寓山草堂"，前有"通霞台"，西面可远眺柯山，左侧就是整座"寓山"的顶峰，名"铁芝峰"，旁一石命名为"大瓢"。在朝向山下水面一侧，前有"烂柯山房"，可探见数里外的访客，后有"约室"，也取景丰富。而全园观景最高也是最佳处，为"远阁"，远景极胜，"可以尽越中诸山水"。

以上为寓园的山水之景，此外，在"让鸥池"的南北还各有一片农作区域，南为"幽圃"，种各类蔬果，中有茅屋，名"抱瓮小憩"；北有"丰庄"，种桑稻、养家畜。

● 造园特征

寓园是天然山水与人工营造结合的典范，是明末江南园林营造新风格的典型代表，具体而言有以下特色：

充分利用天然山水的基础。寓园是一座利用天然山丘和水道稍加整治而成的天然山水园，最大的特色是利用天然山水的改造，使山、水各有其趣，层次丰富。作为柯山余脉的一个土丘，寓山东、南、北三面均视野开阔，能把远近山水佳景尽收眼底，造园便利用这个地形条件，着意于开发远眺之旷朗景观，因而建筑物均因山就势营造；同时在山下凿池筑堤，成为一处山水相属的完整的园林。又有许多花木种植，平添野趣；以及石峰设置，增加景观。

通过建筑手段营造多样境界。园中大量的建筑，以及台、桥等的建设，提供了各种观赏不同景观的场所，使得在园中得到丰富多样的景观体验。对于各建筑类型的采用，各有不同作用，如"轩与斋类，而幽敞各极其致"，着重幽僻空间及旷朗远景的不同获取；"居与庵类，而纡广不一其形"，着重体量和形态的丰富性；"室与山房类，而高下分标其胜"，则着重从园林整体的角度，营造不同位置上的标志性景观。作者自称："大抵虚者实之，实者虚之，聚者散之，散者聚之，险者夷之，夷者险之，如良医之治病，攻补互投；如良将之治兵，奇正并用；如名手作画，不使一笔不灵；如名流作文，不使一语不韵。"可见对各处细节的精心营造。

旧传统与新风气的结合。绍兴造园有着依傍天然山水、突出自然之景的传统特点，祁彪佳的父亲祁承㸁总结为"万壑千岩，妙在收之于眉睫"；对于人工营造（如建筑、叠石）并不非常关注，建筑主要是作为得景场所，一般数量较少而疏朗布置，如张岱在《筠芝亭》中认为"多一楼，亭中多一楼之碍；多一墙，亭中多一墙之碍"。祁彪佳充分继承了传统中对于天然山水的充分重视，以此为基础，因地制宜进行布置，并以得天然山水之景为重要旨归；但在人工营造方面，则突破了旧有思路，大量进行建筑营造，产生丰富的空间效果，已经类似祁承㸁所谓"吴中之构园，如壶公之幻日月，以变化为胜"的苏州造园特色了；并且堆叠出铁芝峰、迴波屿，还凿出袖海石室，竟可容数十人，并不在意浓重的人工痕迹，这其实是受到以苏州为代表的江南核心地区造园的影响，属于新的造园风气了。

9.3.3 寺观园林

在明代，随着社会对造园的普遍热衷，同时也因为宗教中对于清幽自然境界的需求，寺观园林也多有营造。在城市及近郊的寺观，大都注重经营庭院的绿化或园林化，还往往单独辟园林一区。而位于山林郊野的寺观，更注重与其外围的自然风景相结合而形成园林化的环境，往往成为公共游览胜地。这些寺观园林，每为文人雅士聚会之地，从中可以了解明代寺观园林与第宅园林的营造与欣赏具有一致性。

苏州大云庵

明代苏州最为出名的寺观园林为苏州府城内的"大云庵"，其名声主要来自其址前身为北宋名士苏舜钦的"沧浪亭"。此地位于苏州府古城的南部，相对城市北部，人口稀疏，水竹茂盛，郊野气息浓郁，历来是园林别业的集中地，北宋沧浪亭是其中尤为出名者。至元代，沧浪亭已经成为寺庙园林的一部分，明代仍然如此，而此地也仍然保留着以往的"草树郁然，崇阜广水"的园林景象。至明代中期，文人对此地的关注渐多。吴宽在《南禅集云寺重建大雄殿记》中说："宋苏子美谪湖州长史，流寓吴中，作沧浪池以乐，今寺后积水犹汪汪然。"沈周在此地寓居数日，并作《草庵纪游诗并引》，记录当时景致。嘉靖年间，文徵明为遭火灾后重修的寺庙作《重修大云庵碑》，也略有景物描述。归有光也曾应大云庵住持文瑛之请而作《沧浪亭记》，则专门针对这片寺园，"沧浪亭"之名也重新回到历史中而流传，虽然此时仅为大云庵的附属寺园。

作为大云庵寺园的明代沧浪亭，其景物面貌可以通过沈周、文徵明等人的文字描述略作了解。寺园为水面环绕，入门之前，池广十亩，名"放生池"，其中有两座石塔，分别为藏放佛经和舍利之所；水中有东西两座岛洲，西洲略成椭方形，旁边石塔与之相配，如同笔砚相倚；东洲前后，架两段独木桥以通出入。可见园外水面较今日要大。园内有土冈，长四十丈，高超过三丈，较今日更大；上有古栝，乔然十寻，可见茂盛。土冈之南则有僧房。这里境界幽绝，文徵明称之"僧庐靓深，古木森秀，映树临流，恍然人区别境。"可见当年沧浪亭的水木清幽的氛围仍然保留，但苏舜钦所建之亭已不见踪迹。

苏州正觉寺

苏州另一座得到较多记载的佛寺园林，是宣德年间朝廷赐额的"正觉寺"，位于苏州城内东南区域，在今万寿宫附近。与大云庵类似，其前身也是第宅园林，为元代巨富陆志宁的别业。后舍为佛寺，名"大林庵"，洪武年间并入"万寿寺"，曾一度荒废。此寺地广百亩，但形制简朴，佛殿、僧房稀少，15世纪吴宽《正觉寺记》称其"其屋才数楹，于奉佛、居僧，仅足而已，其外悉用以树艺"。总体而言是园林化的环境，相当幽僻，有"竹树茂密，禽声上下，如在山林中，不知其为城市"的氛围效果。

此寺园的营造特点，与其元代作为别业园林的根基很有关系，"在当时园亭最胜，尤好植竹，至今美种，蔓延不绝，人犹以'竹堂'称之"，以"竹堂寺"为别称，可见大片竹林为最主要面貌。徐源也记载竹堂寺"嘉竹蔓延，幽禽密树，游其间若在山林"。文震孟在《先待诏竹堂寺募缘疏并图卷跋》中记载："竹堂寺居吴城阛阓中，与郡邑比壤而翛然澹广，古木森郁，如烟岚深壑"。可见竹堂寺的竹林野趣特色。

除大片竹林形成的幽僻境界外，正觉寺园林中最著名的景致是梅花，甚至成为苏州著名赏梅胜地，时人诗文中也多记载前来观梅的雅事。如成化乙未冬月沈周曾作《竹堂寺探梅图》（图9-27），图中还题有沈周的长诗《己未春与天台李秋官、吾苏杨黄门同游竹堂古石上人梅东房，时梅烂开，小宴花下赋此》，有"竹堂梅花一千树，香雪塞门无入处"等句；文徵明有《病中怀吴中诸寺七首之一·竹堂寺寄无尽》，诗中也有"城东古寺万枝梅，一岁看花得几回"的吟咏；又如唐寅《除夕口占》诗云："岁末清闲无一事，竹堂寺里看梅花"，其著名的《墨梅图》，所绘也即为正觉寺之梅，画上题有《竹堂看梅和王少傅韵》之诗，等等。可见虽然此寺中没有如狮子林那样的叠山胜景，但以竹林、梅趣，也能引人入胜，而成为明代苏州的游览胜地，为一时文人所钟爱。

北京月河梵苑

明代北京城内名园不下二十多处，城郊别业名园更众。自明成祖迁都北京之后，北京逐渐成为北方佛教与道教中心，故寺观建筑颇多，然寺观之单独建置附园的亦不少，惜早已荒废或经清朝人改建，仅可从史籍记载中了解一二，由这些历史材料中可见明代的寺观园林之与第宅园林一般并无二。月河梵苑便是其中之一，它位于明北京城东的朝阳关南（即朝阳门外），苑主为西山苍雪庵主持道深，晚年聚众生之资构此梵院以自娱，居然归志。所谓"僧道深别院也，池亭幽雅，甲于都邑"（《春明梦余录》）。据清代康雍乾时期名士励宗万《京城古迹考》载，月河梵院"后改名月河寺。梦余录以为僧道深别院也。美具录云：寺有聚景亭，已圮。今查院在齐化门外，惟留小殿一间，内供真武神像，则又道而非释矣。先时亭已久圮，而所谓石鼓、石琴以及鹦鹉石者，更不知散落何处也"。可见清乾隆时期寺尚存但苑景多废。另，《天府广记》卷三十七引程敏政《月河梵苑记》对此园有较为详细的记载。

依据《月河梵苑记》记载，就总体而言，若以"一粟轩"为原点，该园大致可分为西部与东南部两个区域。苑后有轩"一粟轩"，轩前有巨石耸立；往西，越过以"隐花石"

图9-27 沈周《竹堂寺探梅图》

遮挡的小门，来到一处以池亭为主的院落，其北侧为"聚星亭"，四周有围栏守护，亭东有约三尺高的"石盆池"，池子通体黑色，有白色花纹附其上，中部凹陷。此外，亭之前后皆置"盆石"，石材以昆山石、太湖石、灵璧石、锦川石为主；"聚星亭"向西过石桥，有一座"雨花台"，台上建有三个"石鼓"。台北侧为"希古"草舍，草舍东有聚石假山一座，底部有水池环绕，假山有东西两峰，东为"小金山"、"壁峰"，西为"云根"、"苍雪"。台南侧有一"石方池"，池内植有莲花。方池以南为"槐室"，内植龙爪槐一株。再向南，有一小亭，内部放置重达二百斤的"鹦鹉石"。苑后区域，凡是亭屋台池，四周都有竹篱笆围绕，且曲折相通，树木以梧桐、万年松、海棠与石榴为主。

"一粟轩"东南方向，是"老圃"所在地，老圃的院门称为"曦先"，入"曦先门"，北侧有一地窖，用于冬季收藏花卉。窖之东为"春意亭"，四周树林密布，游人可由狭窄小径穿行其间。向东过"板凳桥"，达一处棋琴小院，西为"下棋处"，东为"弹琴处"。"弹琴处"内置石琴一把，并有主人题刻。"下棋处"向北过"独木桥"，折西而行抵"苍雪亭"，为"击壤处"（击壤为一种古代的投掷游戏），亭内有三处"坐石"。"下棋处"向南为"小石浮图"，"浮图"以东为地势较高的"灰堆山"，上山达"聚景亭"，可观北山与宫阙，亭东侧为"竹坞"。下山南行，抵"看清门"，入门有"松亭"，越过"松亭"是"观澜处"，因地势高低，向南可观月河之水景。出"看清门"向西越过"小石桥"，在茂密的草丛中回望"聚景亭"与"松亭"二亭，宛如画。向北绕行，要先过"野芳门"才能抵达"曦先门"。出"曦先门"向南，为"蜗居"院落。院内东侧为高大土山，其上有"晚翠楼"，上楼可望北山与"聚景亭"，出楼依石级下山，达楼下"北窗"，为僧人之所。出僧阁，有"梅屋"，其东为"兰室"。

月河梵苑以池亭景为胜（"苑之池亭景为都城最"[1]），整座园林虽不直接依傍山水，但借其朝阳门外的地理位置，通过内部地形的塑造，亭楼的构筑，达到远借北山、宫城与月河的效果。园中尤以石胜，如一粟轩前之巨石，聚星亭前后的盆石，石桥、石鼓、石池、石琴亦遍布全园，更聚石为假山以拟四峰，更不乏二百斤重鹦鹉石的孤置欣赏，可谓无一不石，嗜石成癖，尽显文人园之韵味。同时苑内植物丰富，除松、竹、榆、杜、桑、柳之外，亦有龙爪槐、梧桐、海棠、石榴等，更有地窖储藏植物以过冬。此外，因园主人为西山苍雪庵主持，故在园林景名上多有呼应，尤其"苍雪"一词，如希古草舍以东的假山，其西峰有"苍雪"之名，再如弹琴处的石琴，刻有"苍雪山人作"，更有亭曰"苍雪"。园内生活气息浓厚，如聚景亭东的石盆池，可盛冷水浸泡瓜果，有夏日消暑之用；希古草舍中的藤床石枕用于起居，埙、篪用以

---

① 《天府广记》卷37，引程敏政《月河梵苑记》。

声乐；苍雪亭为击壤游戏之处；另有下棋处、弹琴处的设置等等，足见寺园多样的生活情趣。

月河梵苑为寺观园林，除宗教相关设置以外，已完全具有第宅园林（尤其是文人园）的诸多特点与意境，整体风格趋于精致风雅，造园理景已大量吸纳第宅园林的手法。我国寺观园林发展到后期，其对风景与意境的追求，早已超越一般寺庙的宗教需要，成为游赏休憩的风景名胜地。

北京万寿寺

万寿寺始建于明万历五年（1577 年）三月，地处西直门外附近，由万历皇帝之母李氏出资，命司礼监秉笔太监冯宝建造，以替代汉经厂之用（明朝有汉经厂和番经厂用以收藏《大藏经》，为永乐时期所建，位于皇城东北角，其后逐年破败，番经厂在隆庆朝得以修复，而汉经厂的重修因穆宗逝世而搁置），该寺于万历六年（1578 年）六月竣工。万历皇帝赐名"护国万寿寺"，并特赐一批田产以日常维护，且令内阁首辅张居正撰写了《敕建万寿寺碑文》。万寿寺一度还曾是永乐大钟（华严钟）的存放地，后于乾隆年间被移至觉生寺（今大钟寺）。明末，万寿寺因朝代更替而毁坏，曾一度荒废。至清代，成为皇家祝寿庆典的定点场所之一，经康熙、乾隆、光绪三朝共四次修葺和扩建，最终形成了集寺观、别苑为一体的寺观园林。

万寿寺作为一处寺庙，其空间形制基本沿袭佛寺的伽蓝之制。虽不同于现今万寿寺南北三路跨院的空间布局，但明代万寿寺的单路院落（图 9-28），与现存的中部院落基本相仿。自南向北沿中轴布置"钟鼓楼"、"天王殿"、"大延寿殿"、"宁安阁"等建筑，院落东西各配有罗汉、韦驮、达摩等殿；此外，万历皇帝也曾巡幸驻跸于此，故万寿寺的功能性质不仅用以宗教，且多有皇家别苑之特征。对于庭院内丰富山水景象的追求，虽受因地处城市而地形平坦的限制，但还是通过凿池堆山而有所获得。万寿寺后方庭院的建设，就是以假山池水为核心进行构建的，且其地形的处理是佛教"意"和"象"的结合，石山上设"观音像"，下置"禅堂、文殊、普贤"殿（图 9-29）;《京城古迹考》亦载："寺后垒石为山，以奉西方三大士，盖象普陀、清凉、峨眉诸胜"。以山石模拟三座佛山道场，不乏移天缩地之意。目前石山与地藏洞尚基本保存完好，水迹则已难考原状。山池之后，有果圃数亩，种植果树与蔬菜，既用于生产生活，也可保卫佛寺。

万历年间，帝王、后妃狂热崇奉佛教，对佛教大加提倡和保护，促进了嘉靖以来佛教的复兴。其中尤以李太后为最，历有"九莲菩萨"、"观音菩萨"之称，万寿寺正是李太后借修汉经厂之际而命神宗兴建的香火院。万寿寺以佛寺而藏汉经，故实为宫廷内府的一个附属机构，与一般皇家寺院有所不同。如为解决日常的梵修僧人和游僧的住所问题，在寺外的广源闸下游辟有一处下院，作为

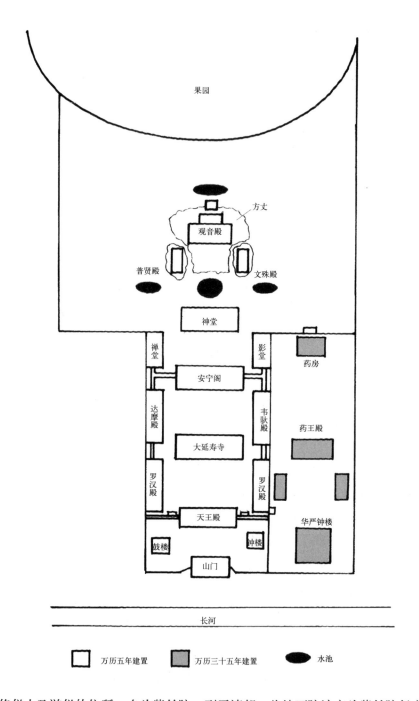

图 9-28 明代万寿寺建筑布局示意图（引自孔祥利《北京长河史 万寿寺史》p151）

果园

方丈

观音殿

普贤殿

文殊殿

神堂

禅堂

影堂

安宁阁

药房

达摩殿

韦驮殿

药王殿

大延寿寺

罗汉殿

罗汉殿

天王殿

华严钟楼

鼓楼

钟楼

山门

长河

万历五年建置　　万历三十五年建置　　水池

焚修僧人及游僧的住所，名为紫竹院。到了清朝，此处下院演变为紫竹院行宫。此外，万寿寺因是皇家专用寺院，故平日不对百姓开放，但每逢浴佛会期间（农历四月初一至十五）就会开庙，达半月之久，其庙会活动是京郊重要的庙会之一。京城百姓纷纷入寺烧香礼佛。而此时正值春夏之交，长河两岸风景如画，市场小摊琳琅满目。至清代，万寿寺因其"嘉名"和紧要的地理位置而得到皇室的重视，修葺扩建不断。就万寿寺发展而言，明时所包含的别苑功能逐渐从寺观园林中抽离出来，清时另添一路，形成了别苑与寺观园林并置的相互关系。

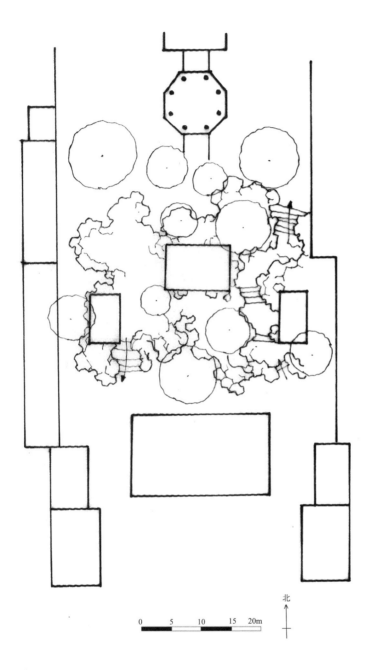

图 9-29 万寿寺假山平
面示意（引自孟兆祯《京
西园林寺庙浅谈》）

北
↑

0　5　10　15　20m

9.3.4 衙署园林

由于明初朱元璋造园禁令的影响，明代衙署制度中并不设置园林。但至中期以后仍多有出现，可视为文人园林的延伸。

松江郡治"棠溪书院"

明中前期松江郡治有一处以"棠溪书院"为名的园林，得到著名学者胡居仁（1434-1484 年）《棠溪书院记》的记述。除了作为治事之所的各类建筑，园中还力图营造一个理想完善的格局，其中"鱼跃池"中有"钓鱼矶"和莲花种植的水池之景，"碧梧轩"前有花卉、蔬果、竹木的植物之景，效果出色，适合"或赏花，或看竹，或观鱼，或垂钓"的多种游观活动。"游观景物"的活动，使众人"相与讲论道义"，可以"情思洒然，而不知倦"。从这里衙署造园可以看到，即便是身居要职的官员，仍然追求着文人本色的保持。

南京兵部"衍园"

南京作为留都，六部俱全，衙署众多，也常有园林设置。崇祯年间，任南京兵部尚书的范景文在兵部造有"衍园"，并作《衍园小记》。该园旧时就有，但已衰颓，范景文上任后重新修葺，不过景物设置比较简单，仅作"可游可憩"之用。从时代背景来看，此时已处烽火四起的明末最后年代，官署园林的建设已有力不从心之感；但范景文仍认为即便简朴也为需要。从中可以看到，一方面，明末造园风气之普及，园林已成必需，即便时事艰难仍不可少，另一方面，此时的造园无论财力、心境都已大不如前，园林盛况已难以为继。

善化县署"寄思园"

长沙府善化县知县唐源于万历三十八年（1610年）在善化县署西北角建"寄思园"，并自撰记文。园林占地半亩，挖有人工池塘，取土堆成近1米高的小丘，植以奇花异木，中构竹亭，遂成佳境。在唐源看来，园中的各种种植、景物，都有象征性寄托追求，如竹、莲可以寄寥获之思，葵可以寄向日之思，桃、李可以寄公门树人之思，梅、柳可以寄向白杼丹之思，锦鳞、百鹤可以寄莺飞鱼跃之思，其他杂卉奇葩、种种悦目，可以寄布武河阳之思。此外，春风、夏日、秋霜、冬雪也各有情思寄寓。可见园林营造在士大夫情感追求中的作用。

天津户部衙署"浣俗亭"

明正德十一年（1516年），户部天津分司汪必东在北门里户部街衙署内建"浣俗亭"，是天津最早园林。正德十四年(1519年)八月京官吕盛奉命整顿漕运，也与司员郑士风饮宴于浣俗亭。园广十亩，除浣俗亭外，还有清池、墁台、蒿莱、泉水、花木等景。园亭之名表达着士大夫力图远离尘俗的清高；而从当时诗作来看，江南之意趣也是园林所追求的。

9.3.5 邑郊理景

唐宋以来，因邑郊景点近便、开放、文化兼容，各地都建有诸多风景游览地。明代继承并发展了已开发的风景名胜，虽然明太祖曾有造园的禁令，但宗教的发展并未受到制约，所以许多城市的郊区风景开发往往早于私园的复兴。至晚明，邑郊理景已极为普及，大量的是以往传统景点得到继续建设、改造和增补而发展，并且，各地还往往形成"八景"、"十景"等代表性景点。

北京香山

北京西山属太行山脉，海拔1000~1500米，此地层峦叠嶂，名胜遍布。著名的燕京八景（太液秋风、琼岛春阴、金台夕照、蓟门烟树、西山晴雪、玉泉垂虹、卢沟晓月、居庸叠翠），早在金时（1115-1234年）已著称于世，"西山晴雪"便是其一。明时山上有香山寺、碧云寺、洪光寺、嘉禧寺、卧佛寺、平坡寺、中峰庵，山下有功德寺、潭柘寺等。山水游览景点有卢师山、罕山、石景山、玉泉山、瓮山、仰山、水尽头、滴水岩、百花陀、西堤、西湖（清昆明湖）等。这里是京城皇族仕僚和士庶百姓共游的地方。明·刘侗《帝京景物略》记载其盛游之况，如香山寺的"岗岭三周，丛木万屯，经涂九轫，观阁五云，游人望而趋趋。……香山士女，时节群游，而杏花天，十里一红白"；碧云寺的"西山林泉之致，到此失厥高深。寺从列槐深径，崔巍数百石级，烂其三门"；卧佛寺的娑罗树"大三围，皮鳞鳞，枝槎槎，瘿累累，根拷拷，花九房峨峨，叶七开蓬蓬，实三棱陀陀，叩之丁丁然"。

香山位于西山东部，其峰峦层叠、涧壑穿错、清泉甘冽的地貌形胜，又为西山其他地区所不及。香山经过历代几百年的经营，已是西山风景最好的地方，所谓"西山一带，香山独有翠色"[①]。因此，在不太大的山区范围之内，散布着十几座寺院。其中不少是由权重一时的宦官出资就金元旧址改建或拓建而成的，有的甚至作为第宅园林而据为己有。这些寺院中，造园方面比较出色的是香山寺与碧云寺，故以此二寺为例。

香山寺

自辽金时起，香山就因优越的地理自然环境，成为修建佛寺、帝王别苑和风景游览的胜地。香山寺位于香山东坡，历史悠久。据记载唐代已有吉安、香山二寺。1186年金章宗将二寺合一,赐名"大永安寺"。元代重修,易名"甘露寺"。明正统年间，即1438到1449年间，明英宗朱祁镇命工重修香山寺，由宦官范弘捐资七十余万两，使香山寺的殿堂楼阁、廊庑像设焕然一新,寺庙规制恢弘。《帝京景物略》中称赞扩建后的甘露寺为"京师天下之观，香山寺当其游也"。明景泰年间，即1450到1456年间，明代宗朱祁钰命太监公诚"继志修葺"，香山寺红极一时。但好景不长,盛极必衰,代宗之后,香山寺虽有续建,但渐显颓废之气。据清康熙十一年（1672年）《重修香山寺碑记》所载"遭崇祯末流土之变，殿宇被焚毁，只遗大士塔一座"，可知明末香山寺曾经历过一场浩劫。

---

① 明·刘侗，于奕正《帝京景物略》卷6，《西山上·香山寺》

金大定年间，金世宗将原来的香山和吉安两寺合为一寺，建成纵贯香山上下的新寺，并改名大永安寺。大永安寺，上院部分为原香山寺，下院部分为原吉安寺（也称安集寺），建筑与规模皆宏大。根据《元一统志》中的详细记载可推知，新的大永安寺将两寺的范围再扩大，并在原香山寺前后修建大阁，增建复道、栏槛等构筑物，将其改建成了供休憩游玩之用的行宫别苑。而在原吉安寺的原址上增建寺门、佛殿、佛堂、廊房、僧寮等建筑，将其改建成了佛寺。由此可以看出，金时的大永安寺是一座上为宫下为寺，中间用登山通道相连的大型皇家佛寺行宫。

明代重修的香山寺格局则可以从《帝京景物略》的描述中大概了解。建筑群坐西朝东，有极好的观景条件。入山门即为泉流，泉上架石桥，桥下是方形的金鱼池。过桥沿着长长的石级而上，即为五个院落组成的殿宇群。这五个院落面积形状相似，但高差有别，依山拾级而筑。殿宇的东西两面和北面都是广阔的自然山林，散布着许多亭轩景点。殿宇左边有阁有轩，青来轩建在下临危岩的方台上，凭槛东望，玉泉、西湖以及平野千顷，尽收眼底。从来青轩右上，转而向北为无量殿，周围铺以石径，种植松树。再右转的西侧，为流憩亭，亭在山半的丛林中，能够俯瞰寺垣，仰望群峰。

《帝京景物略》中对香山寺造园特点的描述为"丽不欲若第宅，纤不欲若园亭，僻不欲若庵隐，香山寺正得广博敦穆"。可见香山寺在造园手法上中和了第宅、园亭、庵隐的特点。从整个寺庙布局来看，香山寺沿用了中国传统山地园林和寺庙园林的惯用手法，垂直于等高线布置寺庙建筑组群中轴线和观赏序列，从而形成视线和游览序列逐级抬升的体验，以增强寺庙建筑的神圣祭祀感。另一方面，由于香山所具有的独特的观景特点，整个寺院的建筑尤其是观景建筑均采取外向布局，选址和朝向均考虑对于香山周边优美自然景致如玉泉山、西湖等的借景。充分利用香山原有的优越植被条件，控制建筑物的藏与露的关系。在种植方面，由于本身的自然植被较好，仅需在主要干道和局部点种松树等。

碧云寺

碧云寺位于香山东麓，原静宜园以北，是一座汉传佛教寺院。《帝京景物略》有载："碧云，庵于元耶阿利吉，寺于正德十一年，饰于天启三年，土之人亦曰于公寺云"。另《春明梦余录》《涵幢小品》等也都有它的相关历史记载。碧云寺始建于元朝至顺二年（1331年），据传是元朝开国元勋耶律楚材的后代阿勒弥（"阿利吉"，译音不同）舍宅为寺，时称"碧云庵"。明朝正德九年（1514年），御马监于经看中此地的风水，出资扩建，并于后山挖建墓穴；墓未挖好，便因贪污事发在嘉靖初年银铛入狱，死于狱中。至明朝天启三年（1623年），宦官魏忠贤又出资扩建碧云寺，并对于经未能使用的墓穴加以扩大，以求自用，但因在崇祯初年自缢后被戮尸，仍未能如愿。1644 年，魏忠贤的党羽葛九思随清军入关，将其衣冠葬于此墓，终成魏忠贤衣冠冢。清朝康熙四十年（1701 年），江南道监察御史张瑗奉命巡视西山，得知该地为魏忠贤衣冠冢，遂于同年五月十二日上奏，五月二十二日诏平其坟。清朝乾隆十三年（1748 年），乾隆帝在明朝的规模上又进行大规模的修葺和扩建，新建成金刚宝座塔、水泉院、罗汉堂等建筑，成现今之状。

碧云寺依山而建，坐西北朝东南，平面呈长方形。现存寺院占地 4 公顷，主体建筑分三路依山势上升，分别是中轴线上的六进院落，以及南北各一组院落。元、明时期的碧云寺，在空间布局上采用典型的汉寺平面布局方式，即"伽蓝七堂"之制。碧云寺从山门起沿中轴依次布置四进院落：一进院落为天王殿；二进院落为弥勒佛殿与钟鼓楼；三进院落为大雄宝殿，是寺院的核心，主殿前的树墀台放置香炉，并石砌方形水池——荷沼，内植荷花且蓄养金鱼，池上正中架飞梁可通行人；四进院落为菩萨殿与普明妙觉殿，院南北建转轮藏庙堂。明朝末年，碧云寺从山门至四进院后墙的距离达数百米，并用铺石建御道以通达；另于后山凿泉引水，获水泉院之景，泉水流经大雄宝殿前的荷沼内，平添几许山林活力。

碧云寺造园依山就势，因地制宜，建筑的布置充分利用地形，逐级升高，并且形成丰富的庭院空间。它同其他的寺观园林一样，与西北郊风景相辅相成。寺观的建设往往相地为先，且多选择怡人的山水作为环境依托。无论这些寺观是否有单独的园林，它们都能够精心地营造庭院空间与外部环境。就北京西北郊广大的山地和平原上所有的大小寺观而言，它们不仅是宗教活动的场所，也是游览观光的对象，吸引着文人墨客经常来此聚会、投宿，甚至皇帝也时有临幸驻跸的。它们就个别而言，发挥了点缀局部风景的作用；就全体而言，则是西北郊风景得以进一步开发的重要因素。可以说，明代的北京西北郊风景名胜区所以能够在原有的基础上充实、扩大，从而形成比较更完整的区域格局，与大量建置寺观、寺观园林或园林化的经营是分不开的。《日下旧闻考》卷八十七引公乃《碧云寺诗》："西山千百寺，无若碧云奇。水自环廊出，峰如对塔移。楼奇平乐观，苑接定昆池"，道出了碧云寺环山流水的别致景象，且尤以水景的活力与静谧称奇。从寺后的崖壁石缝中导引山泉入水渠，流经香积厨，绕长廊而出正殿之两庑，再左右折复汇于殿前的石砌水池。池内养金鱼千尾，供人观赏。利用活水串联起殿堂与院落，并且使园林用水与生活用水相结合。《长安客话》载："自洪光折而东，取道松杉中二里许，从槐径入，一溪横之，跨以石梁，为碧云寺，壮丽虽逊万寿，而金碧鲜妍，宛一天界。大抵西山兰若，碧云、香山相伯仲。碧云鲜，香山古；碧云精洁，香山魁恢"。恰当地总结了碧云寺的园林景致。

城市邑郊地带的寺观，除了经营自身园林庭院之外，更注意结合地貌形胜，从而创造寺观周围的园林化环境，不期然地便成为邑郊理景中的一部分。如香山寺、碧云寺这些寺观，其周围环境往往自然古朴，伴随进香拜庙、春秋时节等游览活动，使它们成为香山一带邑郊理景中绝佳的风景点和游览地。北京西郊寺庙众多，特别是西山一带，其中不少堪称寺观园林（图9-30）。不难发现，这些看似杂乱无章的寺观布置，实则出于总体考虑的结果，它们多分布于城郭内外附近，出城后便沿着几条主要风景线而发展。就香山一带而言，主要有香山寺、碧云寺、洪光寺、静福寺、卧佛寺、五华寺等，这些寺观因海拔位置较高，容易获得开阔的视野，故常能回望皇阙。此外，香山一带亦不乏山鑿清泉、古树名花，如香山寺的甘露泉、杏花，碧云寺的卓锡泉，卧佛寺的樱桃沟、婆罗树等。总而言之，北京香山一带的邑郊理景，其游览内容包括了自然山水、寺观祠庙以及风景建筑等，而其游赏时间多和春秋时令、佛事活动、民间节日结合，为皇室、仕宦和士庶百姓所共享。

苏州虎丘

明代江南地区邑郊理景的兴盛在苏州虎丘有着突出的体现。

虎丘在苏州城西北3.5公里处，虽然高仅36米，但自然风光幽奇，自古号称"吴中第一名胜"。相传春秋末年，吴王阖闾死后葬于此山。此后一直成为游览胜地，顾湄的《虎丘山志》说："自吴国以来，山在平田中，游者率由

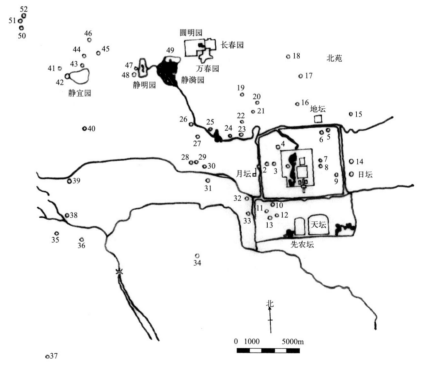

图9-30　明清北京寺观分布略图

1.妙应寺　2.广济寺　3.永安寺　4.护国寺　5.文庙　6.雍和宫　7.隆福寺　8.清真寺　9.智化寺
10.圣安寺　11.善果寺　12.法源寺　13.清真寺　14.东岳庙　15.牛王庙　16.黄寺　17.药王庙
18.惠忠寺　19.保福寺　20.大钟寺　21.皂君庙　22.大慧寺　23.极乐寺　24.真觉寺　25.万寿寺
26.石佛寺　27.正福寺　28.摩诃庵　29.慈寿寺　30.慈寿寺　31.普慧寺　32.白云观　33.天宁寺
34.万佛延寿寺　35.潭柘寺　36.戒台寺　37.云居寺　38.广慧寺　39.法海寺　40.八大处　41.洪光寺
42.香山寺　43.碧云寺　44.静福寺　45.卧佛寺　46.五华寺　47.金山寺　48.华严寺　49.大报恩延寿寺
50.莲花寺　51.大觉寺　52.普照寺

阡陌以登"。南朝时，书法家王僧虔《吴地记》称颂它"绝岩耸壑，茂林深篁，为江左丘壑之表"。画家顾野王也赞之为："巨丽之名山"、"大吴之胜壤"。因此它早就是集自然风光和人文景观于一处的吴中胜地。

东晋时王导之孙司徒王珣、司空王珉在山前造东西两别业，多林泉之胜。后舍宅为寺，名虎丘山寺，分别称为东寺、西寺，这是虎丘有佛寺的开始。寺依山而建，形成寺包山的格局。诗人白居易、王禹偁等有"入门见藏山"，"山在寺中心"，"平生只见山中寺，今日来看寺里山"，"尽把好峰藏院里，不教幽景落人间"，"出城先见塔，入寺始登山"等诗句，正是描绘虎丘山寺的这一特色。隋朝仁寿年间，建有木构舍利塔。唐代"会昌灭法"时寺被毁，随后又在山上重建。五代后周时重建今塔，落成于北宋建隆二年（961年），塔高七层，平面八角形，砖身木檐楼阁式。宋时合两寺为一寺，重建于山上，不久改名"云岩禅寺"，寺貌雄壮，为东南名刹。后屡毁屡建。殿宇楼阁，祠基古迹，遍布虎丘。南宋绍兴年间重建，规模宏伟，琳宫宝塔，重楼飞阁，被列为东南大丛林"五山十刹"之一。《吴郡志》谓："寺之胜，闻天下，四方游客过吴者，未有不访焉"。

历经各代营造，虎丘的景观营造日趋丰富，至明代，除寺庙建设外，虎丘已形成虎丘塔、剑池水、生公台、千人石、憨憨泉、枕头石、石观音殿等多样古迹景点；并且，又在前代基础上加以建设，如晚明在剑池之南、鹤涧之西建申时行祠，并在祠北山坡上建"三泉亭"，又"周之以曲廊，扞之以阑楯，游者逡巡玩流，凭三泉亭而小憩"（陈继儒《虎丘三泉亭记》），形成一处山地园林小景，为此地增添了可游景点。

明代虎丘已成为寺院、园林、山林密集融合的一个邑郊理景庞大综合体，是苏州城郊最受人们青睐的游观胜地。这里一年四季都适合登高游眺，加之与其相邻的山塘街一带长期都是繁华热闹的市肆，虎丘一带渐渐形成了开放式公共园林的风貌。所谓"四时游客无寥寂之日，寺如喧市，妓女如云"（黄省曾《吴风录》），"箫鼓楼船，无日无之。凡月之夜，花之晨，雪之夕，游人往来，纷错如织"（袁宏道《虎丘记》）。虎丘八月中秋夜，是一年游憩活动的高潮，倾城而至，盛况空前，袁宏道《虎丘记》、李流芳《游虎丘小记》、张岱《虎丘八月半》等文章都对每年的这一盛事有生动描绘。

位于城市近郊的虎丘可称是江南邑郊理景中的难得精品，既有充沛的泉水和奇险的悬崖峡谷深涧，又有丰富的历史文化遗存，在自然景观与人文景观方面都得天独厚，明代有大量散文、诗歌对其记述、吟咏，也有如沈周《虎丘十二景图册》、文徵明《虎丘诗画卷》及《虎丘千顷云图》、谢时臣《虎丘图卷》及《虎阜春晴图》、陆治《虎丘塔影图》、钱毂《虎丘前山图》（图9-31）、文从昌《虎丘话旧图》等诸多图像的描绘，留下了丰富的景观文化遗产。

图9-31 钱穀《虎丘前山图》

南京牛首山

作为留都的南京有大量邑郊公共景点，如黄仲昭称"南都山川形势之美，衣冠文物之盛，甲于四方"，有"台榭寺观之幽奇，园林泉石之环伟"。其中，"金陵四十八景"之一"牛首烟岚"为最著名景点之一。

牛首山位于南京城南约13公里处，双峰对峙，宛如牛角，故而得名。在历史上，牛首山得到关注和开发较早。东晋立都建康，晋元帝打算在建康都城正南门宣阳门外立双阙，以壮国威。丞相王导认为国家草创，财力薄弱，不宜大兴土木，他指着正对宣阳门的牛首山双峰，对晋元帝说："此天阙也"。元帝因此打消了建阙的念头。牛首山因此又名天阙山。南朝刘宋年间，有一位叫辟支的高僧在牛首山西峰的一个山洞里修行，这个山洞后称"辟支洞"，又称为"仙窟洞"，牛首山从此又名仙窟山。梁朝时期，在这里建佛窟寺，因此又名佛窟山。唐朝时期，唐代宗命人在佛窟寺旧址上建七级宝塔，为后世弘觉寺塔的前身。唐朝的法融禅师在幽栖寺创立佛教牛头宗，佛书所谓"江表牛头"。南唐时期，在牛首山广建佛寺，并以牛首山南的祖堂山作为皇家陵寝所在地。宋朝时期，牛首山一度成为岳飞抗击金兵的战场，至今故垒犹存。

明朝，牛首山成为南京的风景游览胜地。钟继英《游牛首山记》记载："金陵名胜甲江南，而世传牛首山为最"。都穆《游牛首山记》称赞："金陵多佳山，牛首为最"。张凤翼为苏州徐子本所撰《徐氏园亭图记》中描述园中出色的山水营造景象，即评价为"若登献花岩，顾瞻牛首山"。万历年间，万历皇帝的生母李太后（封号慈圣皇太后）赏赐牛首山弘觉寺大殿正绿色团花小凤织锦宝幡，提升了牛首山的地位和影响。

成书于嘉靖年间的盛时泰《牛首山志》一书，记录了牛首山上的诸多景点及相关营造（图9-32）。根据"岩洞志"，东峰之南有"兜率岩"，又名"舍身台"，上建佛塔，其下有殿；右有"文殊洞"，外建屋阁；西峰前有"辟支洞"，前建殿，旁立方塔；右有"野猪洞"，又名"安初洞"，视野开阔；其右侧又有"煤洞"。此外又有"池泉志"、"殿庐志"、"草树志"等，记述其他景物及建设。

南京形成了"春牛首，秋栖霞"的游览民俗。朱元璋就曾在春天到牛首山狩猎并写下《春望牛首》。盛时泰《牛

图 9-32 《牛首山志》附图

首山志》中，也有相当多的春游牛首山的记载。如："牛山每春杪秋初，及浴佛腊日，则都城缁素，担粞荷粖米者，动以百十。各投所经，爰以栖止"。春秋两季，达官贵人和平民百姓纷纷前往牛首山参加佛教活动。同书又云："由冬入春，则元日以后，便多游客。自试灯至清明，无一日无抵牛山者"，说明春游牛首已经成为南京僧俗的一项重要活动。登临牛首山不再是单纯的礼佛，更多的是欣赏自然风光。《牛首山志》还写道："缙绅先生凡宦游南都者，每于政暇，有丰芑之思焉。故于牛山，尤欲得一陟其址"。达官贵人竞相以一登牛首为乐事，时人甚至认为不到牛首山就不算在南京做过官，颇有"不到长城非好汉"的气概。王世贞《游牛首诸山记略》云："余耳建业牛首之胜者久矣。至谓不陟牛首，不为官建业"。游历牛首山已经成为官僚士大夫阶层闲暇时的"必修课"，并留下了大量诗咏唱和作品。

通州狼山

位于扬州府之通州（今南通）邑郊的狼山，位于长江入海口北岸，扼江海门户。此地沿江东西展开一列五山，其中以居中的狼山最为著名。狼山自唐代开始建有广教禅寺，绝顶建浮图，明时建江海神祠于其巅，重建浮屠五级和殿宇，并带动了剑山、军山、塔山、马鞍山的开发，形成五山并峙、林木森蔚、金碧辉耀的境界，被称为东海伟观（图 9-33）。狼山也因其古寺而成为中国佛教八小名山之一。

除广教禅寺外，狼山又多有景点设置，万历《通州志》多有记载，如半山有"葵竹山房"，其内有"光风亭"、"霁月亭"，其址今日仍存。西岩有"禹王殿"，其

图9-33 万历《通州志》
南通狼山图

西又有"栖云阁"，又有"三会亭"、"炼丹台"，山下通江池上有"西楼"等。

这一邑郊理景的方式很有特点。狼山面江建筑多，主体建筑形制规范，南麓的广教禅林和山顶的大圣殿等建筑均有严整的纵向轴线组织，构成一定的气势。而山坡葵竹山房等则布局灵活，呈不对称型，虽东西有纵向轴线，但入口偏离，余屋及院落格局也富于变化。如此在江上观狼山，形成上下严谨、中间灵活；山顶和山麓纵轴线，山腰自由曲折、灵活变化的序列。

9.4 时代特征

9.4.1 思想观念

园林营造的作用、意义等方面的思想观念，历南北朝、唐宋至明已有一千多年的历史，积淀下了极其丰厚的文化内涵。明代在继承传统的基础上，又呈现出诸多自身的特色。

游观乐趣

从园林中体验自然的氛围，获得游观的乐趣，是造园的基本目的。在明代，除了明初外，在其他时间游观乐趣都得到重视而成为造园的积极动力。

明初，因明太祖出身低微，轻视文人，以农为本，以俭治国，视园林为不当的逸乐，洪武八年颁诏不营范围，洪武二十六年更颁布《营缮令》严禁百官造园。这种特定社会政治背景下对园林的否定性认识，也影响到文人对园林的观念，如方孝孺就不满于"园林"的"靓丽"，可见在崇尚俭朴的大环境下，园林产生了"逸乐"、"害民"的负面形象。

15世纪的明代中前期，经济文化得到稳步恢复和发展，园林营造也渐趋活跃。许多造园明确以养亲、自娱为目的，如常熟一处陈氏园是几个儿子以"恭勤孝养"目的为老父所建，"与宾客宴乐"是其中主要活动；苏州郊外的"先春堂"园林是用于"自养"、"自娱"，追求"安闲之适"。此外，官员退休致仕后则常建园林以休闲，甚至成为文人交游雅集的场所，苏州刘珏的"小洞庭"、韩雍的"蔎溪草堂"等都是一时文人宴游赋诗的著名场所。

进入16世纪上半叶，园林的游观乐趣功能已得到突出认同，明代初期形成、前期有所延续的对于园林游观的负面形象也已消除，纯粹从园林"游观"而得的"趣"、"乐"、"适"乃至"癖"成为重要的造园观念来源。"游观"甚至成为园林的定义所在，如孙承恩《小西园记》的开篇即称："小西园者何？大宗伯戒庵先生靳公私第游观之所也"；其后文中又有"古之君子，其役志于苑囿，以为游观之乐者"之句，再一次提出这一认识：泛指园林的"苑囿"即是"以为游观之乐"的。又如王鏊《且适园记》："辟其后为园，杂莳花木，以为观游之所。……予往来必憩焉，与吾弟观游而乐之，因名其园曰'且适'"，这座"且适园"也是以"观游之所"为根本属性。

明代后期，经济、文化上空前发达，文人生活日益精致化、情趣化，园林营造也进入了极盛，与晚明普遍推崇的个人性情舒张密切联系，对游观乐趣的追求也进入到一个新的层次。如王世贞在《古今名园墅编序》总结园林游观的优越：比起"市居"和"墅居"，园居不"嚣"也不"寂"，有着"畅目而怡性"的陶冶个人性情作用。当时文人往往津津乐道于园居生活之"乐"与"适"。如张凤翼在《乐志园记》中宣称，这正是历史上少有的天下承平、可以安乐的时代，园林之乐更是理想首选；王世贞《弇山园记》中描述的"居园之乐"可作为一种典型，园林提供了一个景物丰沛、可以悠游身心的场所，每日四时都可得乐趣；施绍莘《西佘山居记》则更强调了山水游观乐趣的个人，山林园居更可得自在的"闲旷"之乐。"乐"之外，"适"更体现出对于园林游观乐趣的个人独享，一是对景物的游赏安适，一是对身心的愉悦安顿，园林也常以"适"来命名。除了园林的"乐"与"适"，对于"游"本身也有着越发突出的认识，明后期社会中突出的旅游风尚则成为园林之"游"的新兴动力，自然山水游观乐趣也可以通过园林营造来满足。陈继儒《卧游清福编序》指出，比起真实山水的游览，园林之游更有着极大的优越性。从而，通过园林游观以得"乐"、"适"，甚至可以代替自然山川旅行而得"卧游清福"，园林对于明代后期江南文人有着巨大的重要性，园居生活已成为众多文人日常生活的必要组成部分。

隐逸修身

除了基本的游观乐趣外，园林也是作为文人士大夫的精神寄托场所，"隐逸"是常见的传统追求，在明代，这一传统仍有延续，但又有自身的一些特点。

明初，某种程度上仍延续着元末发达的隐逸文化，园林化的环境被认为有助于"隐"。不过同元末大量的造园隐居的叙述相比，明初要少了许多，除了造园本身大大减少之外，一方面，明代结束了动荡的社会局势，不再需要避乱而隐居了，而且士人出仕立业心态往往明显，园林隐逸思想并非得到一致认同；另一方面，明初朱元璋规定：士夫被征，不许不仕，在严酷的政治形势下，不仕而隐成了与皇权对抗的罪过，隐逸思想受到压制。此外，文人中甚至还出现了反对隐逸、重视入世的认识，如朱同《罢钓轩记》强调在当时现实社会环境中，"出"胜于"处"，"隐"需要被放弃；同样的园林化环境，志向却可以完全相反。可见明初隐逸观念固然是园林文化的一个方面，但并不是均一、稳定的。

尽管在明初对"隐"已经出现异议，但在明中期，这一有着丰富历史道德资源的观念，仍然是主流的认识，常常出现于与造园相关的描述中。许多园林以"隐"为名，如"待隐园"、"水西半隐"等。此时的园林隐逸，并不意味着对社会交往的拒绝。因为园林与"隐"的密切关系，造园也就往往与"隐君子"的美誉相关联，这在祝允明的《栖清赋》中有所描述。享有道德优越的"隐"因而有时也成为享乐造园的理由，至少是清高的标榜，如在邵宝《水西半隐记》中并无有关"隐"的内容，却可以堂皇地用于园林的名称。

在明代后期的江南，对"隐"的向往仍为当时众多文人所推崇。晚明隐逸文化中的一个突出社会现象，是"山人"的盛行，以"隐逸"为标榜却与尘俗保持千丝万缕的联系。现实中真正的隐逸难以寻觅，追求隐逸也难以作为最突出的造园动机，"隐"其实更多是现实之外理想的寄托，隐逸认识更多还是体现于一些园景命名中，如施绍莘"西佘山居"中的"妍隐"小阁，江元祚"横山草堂"中的"偕隐"曲室，王世贞"离薋园"的"壶隐亭"，祁彪佳"寓园"中的"瓶隐"等等。相对于游观乐趣与社会交往的大量记述，隐逸观念在晚明江南园林文化中并不那么凸显；但作为强大的历史资源，这仍然是一种理想追求所在，为园林的个人体验提供有力的观念支持。

园林中与隐逸观念密切关联的还有修身的追求，关注园林化环境对于个人修养的作用。正统儒家的抱负追求，起点即在于修身，而园林正是为此的理想场所。如明中前期徐有贞曾描述苏州"竹庄"的清幽生活环境与城中的"繁华"、"奢竞"形成鲜明对比，可以静处以自娱，通过适怀、读书等活动，磨砺节操，成为君子。明中期顾璘自述其"息园"营造的首要追求即是"宝形养神"；孙承恩"东庄"中有"潜斋"，专门用于"潜修"。晚明王世贞也论及"旸湖别墅"中园林景致欣赏对于修身的积极作用；娄坚描述"曹氏北郭园居"中园林是作为安静的读书场所，尤其是对于子孙的学习；马世俊《晓园记》中，园林对于社会性的拒绝，也是以园林作为"为课子读书地"来实现。许多园林中都有堂楼专供藏书，内容包罗万象，儒道佛齐备。

园林的修身养性，因其"独善其身"的一面是同"隐"所相通的，因而和"隐"相关联也是自然的，如顾清的《菊隐轩记》谈到他自己开辟的一座小园，"退处"种菊"以修吾身，养吾性"，在这里，隐逸、修身、比德融为了一体。

此外，与隐逸、修身密切关联的"比德"有时也专门成为园林中的追求，大量景点有此意义，有时甚至以此命名园林。其中植物的比德认识是主要的，往往集中于传统中常得到赞美的竹、梅、菊、松等的高洁象征。与此同时这一观念也在向植物之外的造园作深层次延伸，并且同其他观念的结合而更为深入。徐有贞的《湖山深处记》，更是把比德象征投射到整体的山水上，跟人的内在品质密切结合。

田园愿景

在明代，将园林作为一种农作场所也成为园林观念的一部分。农作本身就是园林的重要起源，但发展至宋元，园林中的农业成分已经相当淡化。而在明代，这一内涵又重新受到重视，尤其是前期至中期，这与明代的特殊社会背景相关。

明初，以游观乐趣为目的的园林，带有与皇帝推行、社会崇尚的勤俭生产的思潮相悖的负面形象，而农业则被视为积极、正面的美德。这一社会背景下，园林文化往往结合农业生产而具有道德的正当性，从而得以延续。同农耕美德的密切结合而消解园林的负面形象，成为明前期园林观念的一大特点，诸多园林无一例外都与农作密切结合。许多以农作生产为重要内容之"庄"，事实上仍不乏游观内容，后世也视之为园林。如苏州城内"东庄"，有"稻畦"、"麦山"、"果林"、"菜圃"、"桑园"等多样生产内容，但同时也有富于游观的水木景观，吟咏丰富，稍后的《姑苏志》也视之为名园。明代中期初创的"拙政园"，园名有"灌园鬻蔬"的农作追求含义，园中也仍然多果树等生产内容，虽然经济价值已不是主要目的，但与传统农耕文化下的道德精神一致，仍可作为清高的标榜。

明中期以后的造园对农业道德性的依赖已大大降低，如上海"后乐园"、海宁"淳朴园"已基本不见有农业内容。至晚明，脱离农作、纯粹追求游观乐趣的园林营造已经毫无观念障碍而比比皆是，甚至成为"炫耀性消费"，同农业结合的朴素营造已经相去甚远。然而也要看到，作为园林多样性的一部分，仍有不少晚明园林对于农作并不排斥，农作内容依然可以作为一种美德而存在。16 世纪后期的王世贞"弇山园"中也有"小圃"和大片果林等种植，17 世纪祁彪佳的"寓园"，主体景区"寓山"下有一南一北两处农作区域"豳圃"与"丰庄"，农作的收成、"学稼学圃"的活动为主人所津津乐道。

兴盛象征

自宋代李格非《洛阳名园记》感叹"园圃之兴废为天下盛衰之候"以来，园林超越了其自身而具有了社会及家族盛衰指示的意义，营造园林成为一种表达兴旺的象征，也成为明代造园的一大动力。

明代中前期，造园也被作为"太平极盛之时"才可能有的盛况（王直《郊居八咏总序》），同"圣明之世"息息相关（王直《赠陈从道诗序》）而被赋予了积极的色彩，是"有安闲之适，无忧虞之事"的"太平之时"才能有的（徐有贞《先春堂记》），这种象征成为造园正当性的有力辩护。明中期顾璘《东园雅集诗序》也将此园兴造与时代"升平"之盛相关联。

除了与时代盛衰这样宏大主题相联系，园林的重兴还象征家园重建的人事努力而得到赞美，造园还对家族乃至对个人有象征意义。如在明中前期，吴宽的《东村记》叙述当时苏州著名文人莫旦对祖上称为"东村"的"筑室艺圃"进行了恢复，成为家族振兴的标志，从而园圃重建有着积极的象征意义；又如张宁的《义官力本许公墓志铭》、其中叙述"园池"作为产业，"渐出旧观"成为家业兴旺的象征。明中期，顾清《赠工部主事杨君配太安人宋氏合葬铭》、祝允明《明故文正书院主奉范公墓志铭》、孙承恩《杨氏回山记》等都以园林的恢复、继承、光大而象征家业复兴，甚至有"孝"的内涵。在晚明，王穉登《紫芝园记》也明确园林作为家族兴衰的象征，并与人物之"德"密切联系。

造园象征不仅在于恢复祖业，还可以与个人努力相关。如作为一种"创业"，韩雍的《蓻溪草堂记》中以大量篇幅叙述了自己这一造园的"创置艰难"，这一园林有着作为创业的象征意义，而希望后代能世守这一家园；对此，邱浚的《蓻溪草堂记》也完全赞成韩雍所述的这种意义，并进一步强化了这种象征。又如王鏊的《天趣园记》通过造园的考察，可以推知园主人"为政"的能力。王鏊《姑苏志》"第宅园池"卷序言中，也将"第宅园池"同"贤乎其人"相关联，由于有着以往先贤园林的榜样，造园在当时有着无可置疑的正当性，同时造园也同人事象征的社会作用密切结合到了一起。

9.4.2　审美方式

明代前期的园林文化中，主要还是延续唐宋以来的"适意"的欣赏方式。至晚明园林文化中，"画意"欣赏则在文人精英中确立为最突出的方式。

适意

"适意"由唐代白居易所提倡，体现在他的《草堂记》《太湖石记》等多篇园林记述中，得到后人的广泛推崇和追随，如北宋司马光《独乐园记》中也以"唯意所适"作为他对园林欣赏的追求所在。在这种"适意"欣赏中，园林作为一种沟通天地自然与个人内心的媒介，目的是最终的"外适内和、体宁心恬"；无论是"坐而得之"（《草堂记》）的静观，还是"逍遥徜徉"（《独乐园记》）的动观，所追求的更在于园林境界和景物给人的感受，而景物形态上的品赏则处于从属、次要的地位，往往只需简单营造即可，"聚拳石为山，环斗水为池"（《草堂记》）就可以获得极大的园林乐趣。这样的历史资源，也一直延续入明代，成为晚明以前主流的欣赏方式；而在其中不同的阶段，由于造园条件和园林观念的差别，又体现出各自的特色。

在园林营造受到压制的明初，以往的园林文化主要进入到以建筑为主体的小型园林化环境营造中，常见的"面抚方池"、"嘉种旁罗"而获得"不知有人间世"的感受（朱同《自得轩记》），或是通过植物的比德象征，视花木为可亲近的"盛德之士"（方孝孺《菊趣轩记》），都是主要在静观品赏中，以景物为中介获得精神上的恬适与寄托，是"适意"欣赏的延续。

以往园林观念得到继承和复兴、造园得到恢复和发展的明代中前期，许多园林对于营造效果有着明确的追求，其中最突出的是对"阛阓"、"嚣氛"的拒绝，而向往"出尘"、"幽胜"的境界；对此，不仅人工山水景观营造可以获得"山水之乐"（何乔新《锦溪小墅记》），以农业种植为手段的田园经营同样可以"恣清玩、解尘虑"（韩雍《蓻溪草堂记》）和"以自乐、为燕游"（李东阳《东庄记》），尤其后者因结合着农业道德而备受推崇。可以看到，无论是"山水"还是"田园"的营造取向，园林欣赏的指向都在于内心的"怡情而遣兴"（徐有贞《南园记》）；在这种"适意"欣赏中，具体景致的精美形态显得并不那么重要，这在种种农业内容被纳入欣赏而尤其可以看到。此外，受南宋大儒朱熹《观书有感》一诗影响，一种可称为"求理"的欣赏方式还明显在一些文人园林中延续，这尤其体现在对方池的欣赏上，从观景而获得"照见友恭心"（韩雍《朱挥使昆仲南园八咏》）、"抛尽利名心"（韩雍《菊庄八咏为海虞陈公赋题》）之类的深层思考；这种方式同"适意"欣赏一样，关注以景物为中介而获得精神性的一面，而不重景物形态本身，因而与"适意"并行不悖，相得益彰。

在"游观"重新成为园林最重要的追求之后，园林的景致营造效果超越农作的需求而得到普遍关注。文化中一直延续的对天然世界的热爱和精神世界的向往在园林营造尤为显著，"天造"、"自然"和"出尘"、"隔凡"成为根本的园林境界需要；而历史上的造园文化资源也得到更突出的利用，前人总结的"奥"、"旷"成为最明确的两种境界追求，前者又有"幽"、"深"、"静"的相关效果，后者则也充分体现在对"远"的欣赏。此外，对"奇"的效果追求也越发强烈，而同"画图"的比拟也日益成为园林欣赏的流行方式。

进入到社会风气陡然转变、造园展现出突出魅力与活力的明代中期，"适意"（以及"求理"）的传统欣赏方式仍普遍流行，甚至有着更为突出的表达，但也蕴含着深刻的变化。此时的园林观念中，尤为关注从"游观"而得的"趣"、"乐"、"适"等的个人感受；尽管由简单景物带来的恬适、乐趣仍多可见（如祝允明《吹绿亭记》），但总体而言，对"游观"本身的关注更为突出，为此的园林追求更加深化：境界目标上，除了"天造"、"自然"的追随，还有"出尘"、"隔凡"的向往；唐代柳宗元《永州龙兴寺东丘记》所总结的"旷如"、"奥如"二境，在此间得到普遍的关注，并有对"远"、"深"等的细致认识。随着园林总体境界的追求更为深入，具体景物的效果欣赏也趋向精致，这突出体现在越发强烈的对"奇"的追求上，这比起总体的"旷"、"奥"境界更趋向具体形态内容的关注；此外，同"画图"的比拟日益也成为园林欣赏的流行方式，这关注的就更是景物具体视觉效果了；同时，之前园林中普遍关注的农作内容欣赏，随着形态美感的追求而越发不受重视，甚至在一些园林中彻底消失。可以看到，相对于传统的"适意"欣赏，景物内容不再仅是天地自然与个人内心之间的中介，其形态本身受到的关注正日益加强，从而，园林的欣赏方式正趋向一种深刻的转变。

画意

考察历史文献，自明代中期以来，逐渐体现出以画入园的日益自觉；进入晚明后，这种自觉性完全确立。15世纪后期的庄昶《周礼过江为余作假山成谢之诗》中有"画意公如盛子昭"之句，说明这一假山堆叠已在或有意或无意地取法元代著名画家盛懋的画风，这是目前所知最早提到造园叠山同"画意"密切相关的记载。16世纪前期的文徵明，在其《玉女潭山居记》中，对这座山居园林主人的评述为"经营位置，因见其才"，"经营位置"正是"谢赫六法"之一，这是文献中目前所知首次自觉将画论用语作为造园评述。在晚明，在文人中有着巨大影响力的董其昌有一段叙述："余林居二纪，不能买山乞湖，幸有草堂辋川诸粉本，着置几案，日夕游于枕烟廷、涤烦矶、竹里馆、茱萸沜中。盖公之园可画，而余家之画可园"，可以视为文人观念中园画相通、以画为园认识自觉确立的标志。"园可画"，是长久以来就已流行的；而"画可园"，则是董其昌自己所提出，并显出因此而自得。童寯先生对此有评价："一则寓园于画，一则寓画于园，盖至此而园与画之能事毕矣"，强调了董其昌提出这一认识的意义所在。诗、画审美与创作的一致性早在宋代已被普遍认可；而园、画之间旨趣、创作互通的认识，在晚明才得到明确建立。董其昌提出的"画可园"，并非完全他个人的独创，而更多是对当时一种渐为成熟的共识在理论上加以明确化。

此后，晚明文人论及以画为园的渐多，如崇祯年间茅元仪更是提出"园者,画之见诸行事也"(《影园记》),是董其昌的"画可园"认识的更进一步,把以画造园的可能性上升到了必然性,明确地把绘画作为造园的基础所在。计成在《园冶》中,从文人体验的角度,反复强调园林画意的重要:"宛若画意"、"楼台入画"、"境仿瀛壶,天然图画"、"顿开尘外想,拟入画中行"、"深意画图,余情丘壑"……可见在计成那里,"入画"是理想园林必须达到的境界。又如作为文人精英的文震亨,在《长物志》一书中也同样对园林的画意效果格外关注:"草木不可繁杂,随处植之,取其四时不断,皆入画图"、"最广处可置水阁,必如图画中者佳"、"堂榭房室,各有所宜,图书鼎彝,安设得所,方如图画"。从这些种种"入画图"、"如图画"的要求可见园林画意的重要地位。

正是在这样的观念背景、知识氛围中,以画意造园成为深入人心的原则,甚至在普通文人那里也得到呼应,比如张岱《鲁云谷传》中提到一处庭园小景的营造,刻意模仿的是元代的倪瓒、黄公望的画意,张岱对此也颇为赞赏。可以看到,正是在晚明时期,以画意可造园已逐渐成为江南文人的普遍自觉认识,山水画意已经突出成为园林境界所追求的目标和营造的原则。

9.4.3 营造方法

对于整个明代园林的总体营造而言,随着在观念上园林地位不断上升,在审美上园林欣赏越发深入细致,造园投入增加、造园能手涌现、园林理论活跃、名园案例迭出,从而园林营造方法越发复杂,在艺术水准趋向高超的同时,也呈现出深刻的转变。这无论从择址、布局的营造过程,还是被普遍认可的山、水、花木、建筑四方面要素,都可以明确看到。

相地立基

首先对于营造之前的选址,明代产生了越发细致的认识。明初园林受压制的情况下,主要是依附于住宅而没有太多的选择;明中前期与农业道德的密切结合,使园林选址除了依附于住宅(如"蓊溪草堂"),还往往依附于农庄(如"东庄"),此外并无其他考虑的实例;到明中期,除了以上两种情况,有了主要关注自然景观环境的其他选址,尤其是山林(如安国"西林"、沈祐"淳朴园")。晚明的兴盛造园就更加复杂,认识也更为系统成熟,以士大夫的审美标准,以具自然岩壑、天然山水者为佳;而以生活标准,以利于日常游览、能维持城市优越生活条件的"城市山林"为佳。现实中则是以有山水之胜的城郊为最多名园所青睐的理想之地。

其次对于园林的基地整治与景物建设,有着越发自觉的总体方法考虑。从明初的简单营造进入到明前期结合庄园的建设,对基地地貌条件、外部景观条件的利用成为重要考虑内容;而到选址更为多样尤其山林园营造增多的明中期，地势的因随、远景的借取有着更自觉、明确的安排。明人巧于因借主要表现在如何巧妙利用周围环境所具有的地形地貌等自然要素，确定园林布局及主景的构成，并将四周美好的景物引入园内。城郊有其天然的峰峦岗阜和水面。城内必选幽偏之地，或有湖泊、溪流、泉池可以因借。园林因地制宜构成主景，而四周景物都可作为理想的借景。

布局与空间

从明中前期相对简单的"发其胜而居"（何乔新《锦溪小墅记》），到中期"前指后画，经之营之"（沈祐《自记淳朴园状》），精心设计为造园所越发关注，至晚明"如名手作画，不使一笔不灵；如名流作文，不使一语不韵"（祁彪佳《寓山注》），这样的追求使得造园真正成为一项艺术创作。在园林欣赏方式发生变化的条件下，正是这种对园林景观设计越发关注的趋势，使得园林对于具体景物的营造手法有着深刻的转变。

此外在景观设置安排上，明中前期以后也越发深化，比如"曲"的方式来营造"幽奥"、"静深"的境界，这在园景越发复杂的营造中也越发普遍、成熟；又如"分"的方式来对园中各景点作出划分，形成丰富效果，这在明中前期"八咏"流行之后，明中期以来景点设置更为多样，直到明末转入整体化的营造中去。

在空间营造上，"旷如"、"奥如"境界传统仍然是园林中极力追求的。对于旷如境界，城郊之园往往结合山水而便于远眺，城内筑园则务求以山亭、楼台以供眺望畅怀。而对壶中天地的倾心和审美情趣的变化，使奥如的境界更日益为士大夫们所偏爱，假山、建筑等空间营造手段越发纯熟。

总体而言，明代后期园林的布局与空间渐趋偏离疏朗旷远，而朝着精致多变发展。随着造园的普及，园林和生活结合得更紧密，园中的活动内容增多，建筑物比重提高，景物配置相应增加。士大夫观赏审美能力的提高，促使造景更趋精细，景观构成更为综合、复杂。主要表现为园主在追求旷如、奥如两种境界的同时，还要求峰峦涧谷、洞壑层台、瀑布池沼、滩渚岛屿、亭台楼阁、平桥曲径和花圃田庄等各种景观的齐备。在面积有限的园林中，既要安排众多的活动内容，又要追求丰富的自然意趣，必然产生密集化的结果。在小型园林内追求丰富的意境，必须精雕细刻，才能适应近距离欣赏的需要，因而产生造园手法的精致化。景物布置讲究四时皆宜，可供各种时令和气候的游览；空间处理讲究小中见大、曲折幽深和多层次的画面。

山景

山水意趣一直是中国园林史上的主流追求，假山也往往是园林景致的核心内容。自六朝隋唐以后，以往整体模仿真山的营造方式不再受重视，"聚拳石为山"、静观方式的对小山"适意"欣赏成为主流，这种假山营造的突出特点是同峰石欣赏相结合，以石为"峰"、为"山"，尤其欣赏"奇峰"，这种假山方式也延续入明代。

明中前期假山记载渐多，也都同"奇石"密切关联，追求"庶几一拳广大之意"；此类叠山规模较小，结构也不复杂，一般文人自己动手即可完成。在造园渐入勃兴，假山得到大量营造的明中期，"适意"欣赏方式下，以传统土山置峰手法营造的小型假山仍是主要的。但与此同时，重视人的登游体验、营造接近真实尺度山景的较大型假山也转入多见，如陆深"后乐园"中的"小康山径"、镇江曹氏"太湖分趣"假山。

模拟真山丘壑的传统方式尽管唐代以来不受重视，但也未曾消亡，北宋"艮岳"就是突出一例，到明代中期又重新受到关注，不过此时也结合入峰石欣赏，"奇峰"也是假山的重要组成部分；由于假山的大型、复杂化，专业匠师的作用也更为重要。这种尺度增大、山景丰富、重视登游、同时兼顾石峰欣赏的假山营造，在"名园"蜂起的16世纪后期渐成主流，一些叠山匠师名声卓著，如张南阳就以此方式在"弇山园"、"豫园"、"日涉园"等多座名园中留下手笔。由于在叠山中石料运用日渐增多，造园的手段和技艺都比宋元有了长足的发展和提高，于是一些阴洞幽窟、峡谷飞瀑等境界不断被创造出来。

晚明随着"画意"欣赏方式的逐步确立，叠山手法又逐渐产生深刻的变革。周丹泉在16世纪末叠出了"如一幅山水横披画"的专注画意视觉效果的假山；而推进革新作用最大的还是17世纪的张南垣，他提倡以元代绘画笔意营造平冈小阪、陵阜陂陁，反对罗致奇峰异石、设置危梁深洞，他的实践获得极大成功，新的假山手法风靡江南；与张南垣同时代的计成，除了自身造园叠山的实践，更是在《园冶》一书中明确以"画意"为叠山的宗旨，在理论上给予明确阐释。自此，假山营造大多脱离开峰石欣赏，而峰石也一般不视为"山"，而更重视自身的形态特色来欣赏，成为园林中另一种观赏内容。

明代假山往往有以下特色部位营造：

岗阜峰峦——明代私园的假山多数仍是土石并用，但在局部地段以石叠成峰峦，或礬头，或石壁。在山上或堂前立单个石峰的习惯仍很普遍，且多赋以象形的命名，王世贞弇山园中的"百纳峰"、"蟹螯峰"、"伏狮峰"皆是。张南阳所叠豫园假山，以浑厚起伏的峰峦体量见长。张南垣的平冈小坂、陵阜陂陀，更具江南山景天然之趣。

洞壑——多在假山的某一部分叠石为洞。至明末，江南一带园内叠洞非常普遍，弇山园的"潜虬洞"是三弇第一洞天。归田园居的小桃源也是规模较大的洞，内有石床、石钟乳。南京四锦衣东园的石洞，白天仍需张灯导游，除

图9-34 宋懋晋《寄畅园图》之"曲涧"

此之外还有水洞，清流泠泠。上海露香园有洞，洞内"秀石旁挂下垂，如笋、如乳"。可见明代即有仿喀斯特景观的叠洞方法。

层台——台是供登高观景用的。明代私园中筑台很多，有土筑平台，石筑平台，旁可固以栏杆。寓园有通霞台，可眺柯山之胜。坐隐园的观蟾台似是利用原有山冈筑成的（图9-10）。城市中的园林往往在山上砌台以眺远，因此多以石砌筑。归田园居之啸月台建在小桃源洞上，供临池观月。弇山园有大观台，另有超然台，后者下距潭数十尺，得月最先，收西山之胜最切。此类观景台都有高度的要求，需以假山作为支撑，因此花费颇巨，影响了进一步的发展。

涧谷——涧、峡都是指以峻峭石壁或山体所形成的谷地，常伴以蜿蜒的溪流涧水，属于奥如的景观。无锡的愚公谷引惠山之涧入园，凡三折，长四十余丈。弇山园之婉蜒涧分支宛转数十折，而散花峡还可以泛舟。寄畅园引"悬淙"之泉水，甃为曲涧，奇峰秀石，含雾出云（图9-34），至今园中八音涧尚留明人遗意。这些已经是山景和水景的结合了。

水景

长期以来，水景在造园中一直有着突出的地位，可谓无水不成园；水景大致可分为流动的溪水和汇聚的池水两类形态，而以后者能营造开阔、空灵、倒影效果及游鱼观赏而尤其受到关注，这一理水形式在明代有深刻变化。

延续以往的"适意"欣赏和造园方式（尤其以白居易、司马光为范例），明初的中小型园林中，主要以"方池"形态出现，一般是以建筑面池、池周列景这样的模式，以方池为中心组织景物。这在明中前期仍往往如此，同时一些结合地貌的园林理水，也渐多自然形态的"曲池"，如苏州"东庄"等。

在明中期以后、一直到16世纪后期的晚明，较小型园林仍以方池为主体，这在许多诗作中可以明显看到；此时也出现较大型的、景物复杂的园林，其中主水面一般采用自然曲折形态，以连贯整体布局，如"拙政园"、"弇山园"、"豫园"、"愚公谷"等等，而即便如此，这些园林在局部仍会建造方池，"构轩面抚方池"的做法仍在延续（图9-35），方池情结难以割舍。

图9-35 孙克弘《长林石几图》局部

进入17世纪，欣赏方式由"适意"转向"画意"；山水画中自然水体的面貌都是以"曲"的自由形态出现，以画意为宗旨的造园中也不再认同方池，如张南垣和计成这样的革新派造园大师，都对方池这种理水手法进行了猛烈抨击，从而，方池营造渐趋衰落，而"曲池"、"曲水"成为此后园林理水绝对的主流。

明代园林水景尚有以下特色营造：

池沼溪流——水面是大多数园林尤其是南方园林的主要造景要素之一，多以池沼、溪流、瀑布的形式出现。水面多者如北京的勺园，利用天然泉水，形成"无室不浮玉，无径不泛槎"，堂楼亭榭"无不若岛屿之在大海水者"的境界；水面少者如徐文长"青藤书屋"中仅十尺见方的天池。私园中多利用外水成景，园因水而活。金陵武氏园，池沼借青溪之水，"水碧不受尘，时闻湫漾声"。用直许自昌的梅花墅，经暗窦引三吴之水入园，"亭之所跨，廊之所往，桥之所踞，石所卧立，垂杨修竹之所冒映，则皆水也"。另据《环翠堂园景图》，还可以见到喷泉的出现，这比元代的龙首吐水又进了一步。园内溪流，多曲折环绕，大者可泛舟，如吴江谐赏园，太仓弇山园，小者可流觞，如金陵金盘李园，在山趾凿小沟，宛曲环绕，可以行曲水流觞的韵事。弇山园则以辘轳汲水于"云根嶂"后，酒杯从嶂下洞口流出。安徽休宁坐隐园的曲水流觞已是石台上凿水槽为之（图9-36），不及弇山园的自然有趣。

滩、渚、矶——滩、矶是水边比岸低的台地，随水面升降时隐时现，据此推理，应砌石而成。渚是三面或四面临水的陆地，这种景物宜在水面宽阔时设置。弇山园有大滩，滩势倾斜直下，往往不能收足，而其地宽广，列怪石，植花木，宜于游人小憩。寓园的小斜川也类似于滩，但它是天然形成的石趾，在池水荡激下，嘈吰响答，更有自然情趣。愚公谷有醉石滩，长七丈许，宽约其半，砌以块石，大小错置。滩、矶多位于岗阜或叠山的临水处。水边一些零散的巨石，也可称矶，如无锡西林的息矶、醉石，弇山园的钓矶等。渚的景观特色类似于岛、屿。寓园有回波屿，以谢康乐"孤屿媚中川"为粉本。弇山园有"芙蓉渚"，其地多植芙蓉。寄畅园有"雁渚"，作为水廊对景（图9-37）。归田园居有卧虹渚，是桥畔三面环水之地，有石可息。西林有凫屿，聚集凫鹥等水鸟群居于屿上而成一景。

游鱼——"适意"的方式使得对园中游鱼的欣赏抱有浓厚兴趣，以获得内心恬适和寄托追求，在明初，有钱宰《观鱼说》等作品；明中前期和中期，"林之鸟，池之鱼"（祝允明《芳洲书屋记》）依然是重要欣赏内容。晚明时，尤喜池中养金鱼，北京武清侯李伟园，"桥下金鲫，长者五尺，锦片片花影中，惊则火流，饵则霞起"。

花木

在长久以来的"适意"欣赏中，花木因能形成生机勃勃的自然境界而在园林中受到关注，而其作用与营造方式在明代造园中又经历着变化。

在明代初期，花木种植往往是形成简单园林化环境的主要手段，而除营造自然氛围、获得游观乐趣外，还往往通过比德来寄托深沉的人格追求；明代中前期的一个重要变化，是农业道德的密切结合，使得众多农作内容成为园林种植的重要方面，如苏州"东庄"中，稻畦、麦丘、菜圃、桑园都成为景点（图9-38）。进入到明中期，随着农业道德依赖性的大大降低，纯粹园林游观乐趣重新确立，如"旷奥"等境界效果成为突出追求，之前普遍关注的农作内容，除了可以营造氛围的果树外已渐趋消失，花木种植往往成为园林营造的主要内容，如"多

图9-36 描绘休宁坐隐园的《环翠堂园景图》局部　　　　**图9-37** 宋懋晋《寄畅园图》之"雁渚"

图 9-38　沈周《东庄图册》之"稻畦"　　　　　图 9-39　文徵明《拙政园三十一景》之"得真亭"

栽树"是顾璘对造园方法的总结，这在"拙政园"中也可以明显看到。

　　明代中期前后，江南一带的造园还流行将植物营造成类似建筑或构筑物的特殊种植方式，如柏亭、树坊、柏屏、花屏等。其中尤其以柏亭为最有特点，在 15 世纪后期的苏州刘珏"小洞庭"园中已出现（名"岁寒窝"），16世纪前期江南造园中多有记载，16 世纪后期高濂《遵生八笺》"桧柏亭"条目中有详细总结：利用正在生长的四棵桧柏树，其上部借助竹索进行绑扎联结——四株树干成为"四柱"，而上部被束结的枝叶成为"屋顶"，一座"桧柏亭"就这样形成；其形象，可以在文徵明《拙政园三十一景图》之"得真亭"（图 9-39）、仇英《园林清课图》、钱贡《环翠堂园景图》（图 9-40）中看到。《环翠堂园景图》中还可以看到以四棵树木形成牌坊的形象（图 9-41），这种树坊在技法上与柏亭是一致的。"柏屏"也常见于各园林记载，也可见于沈周《东庄图册》（图 9-42），以柏树单排密集并列而形成屏墙效果，技术相对简单。另外还有借助于竹架的绑扎、种植攀援类花卉植物于其上而形成"花屏"，也见于各类记载及图像（图 9-43）。这些做法在晚明渐少，甚至趋于消失。

　　在明代后期，园林花木种植在"游"的境界和"观"的对象两方面都更有深入的关注，尤其是 17 世纪确立"画意"宗旨后，以往尤其关注的大片林木形成境界氛围相对次要，而形态观赏成为主导取向，花木配置产生观赏的新意，造就新的高明技法与佳妙效果，"四时不断，皆入画图"（《长物志》）成为对于园林植物的一种普遍认识。

　　明代园林中的花圃较有特色。明人重视花木景观，若以某种花木群植取胜者，往往以"沜"、"坞"、"径"、"圃"名之，如竹坞、琼瑶坞、桃花沜、菊圃、蒸霞径之类。牡丹国色尤为贵重，多在堂馆前筑台种植，称之为牡丹台，其更

图 9-40 《环翠堂园景图》(局部)

图 9-41 《环翠堂园景图》(局部)

图 9-42 沈周《东庄图册》之"耕息轩"

图 9-43 《环翠堂园景图》(局部)

甚者如北京惠安伯园竟种有牡丹数百亩。宋人喜种药圃的爱好到了明代似乎逐渐淡化。明人种植花木也不似宋人求其品种的齐配，选择花木的着眼点是景观的入画，而不再是仅仅从园艺出发了。

建筑

在不存在"自然"与"人工"截然对立的中国传统造园中，作为人活动、停留场所的建筑物从来就是园林不可缺少的一部分，但园林对于建筑的配置方式，在明代有着深刻的转变。

元末园林中已往往有大量建筑；在明初由于造园受到压制，园林文化主要进入小型的以建筑为主体的园林化环境中，建筑是以静观方式获取总体景观与环境趣味的场所，有时形态和命名也表达着主人的寄托；由于通过建筑即可获得突出的精神愉悦和追求的意义，这一建筑也被用来代表整个景观环境，"轩记"类的记述代替了以往的"园记"。这类"轩记"在明代中前期仍很常见，但造园在转向正面意义后开始趋向复杂，一园中的建筑重新趋多、类型也多样化，这种情况下，建筑仍主要起着得景的作用，在分设多景时也往往以其代表着某一处景点。

明代中期转入兴盛的造园，对以静观方式得景的建筑场所的作用更加关注，没有建筑或建筑设置不当，会导致景观妙处无从获取，恰当建筑的添加则会更增添景观获取的效果，这在景物营造趋向复杂的一些大型园林中表现明显，尤其是"亭"的"纳景"；得景的方式也趋多样，可以是实在的视觉景观，也可以是听觉上的（如拙政园中"听松风处"），可以是景观之中的近观，也可以是景观之上的俯瞰、远眺（如各种"楼"、"台"）。

到明代后期，建筑的作用更受重视，最突出的体现是建筑的数量增多、配置密集，甚至到"十步一楼，五步一阁"（王世贞《游练川云间松陵诸园记》）的地步，明中期发展出的建筑得景特色在更旺盛的造园实践中也更加显著；而与此同时，建筑的作用和配置方式也产生了深刻的变化：最明显的是形态关注的增强，华丽外观的描述往往可见，有时又刻意营造朴素形态，也常表示出对如圆形、三角形以及其他特殊形状的喜好，如祁彪佳《寓山注》中"望若梅瓣"的"虎角庵"和"俨然瓶矣"的"瓶隐"。其次是此前从不出现在园林景物区域中的"廊"这种建筑形式得到大量运用，廊的突出运用使得动观欣赏方式得到突出强化，如陈继儒《许秘书园记》写"流影廊"中"步步多异趣"，王穉登《寄畅园记》描述"长廊映竹池"而名之"清籞"，对竹、池景色产生更佳体验（图9-44）；同时，又使自身成为景观中的一

图9-44 宋懋晋《寄畅园图》之"清籞"

部分，如邹迪光《愚公谷乘》中"如垂虹天矫"，同时更重要的是，可产生空间的分隔、联结、流通、渗透、层次、对比等种种手段，这使得园林营造在空间主题上，突破以往"旷"、"奥"的粗略性欣赏，而以完全崭新的细腻方式，进入到园林丰富效果的塑造，从而也使得园林的整体面貌与以往迥异。可以看到，晚明园林中建筑作用的重大提升，建筑手段的剧烈创新，可谓是影响园林总体风格巨变的最重要的方面。

9.4.4　技术手段

明代是中国历史上技术能力获得大发展的时期，无论在农业生产技术还是手工业技术都有极大提高。在园林营造领域，随着园林文化的蓬勃发展，大量人力、物力、财力的投入，园林营造技术也获得巨大提升，这成为诸多名园能实现其效果的物质保障，同时也是明代造园方法得以产生重要变化的基本推动力量。由于明代园林物质遗存与营造技术相关文献都较少，难以对明代造园技术获得全面认识，这里仅就一些较为明显的方面，按造园要素的技术内容及技术分工协作情况进行叙述。

叠山

叠山方面，明代前期营造不多，以小型的土山置石为主，营造并不复杂，技术也相对简单。到 15 世纪后期，造园文化逐渐恢复、发展，才逐渐出现较为突出的石假山营造，出现如陆叠山、周浩隶、周礼这样的匠师记载，但尚无具体技术方法的记载。至晚明，园林石材使用多样化，技法趋于多样化、复杂化，水准达到了历史上从未有过的高度，还出现不同的地方风格和匠师的个人风格，出现的造园理论专著《园冶》中也对营造技术有一定程度记载。明代假山土、石为主的均有，以石山难度为高，这里作主要说明。

首先在石材获取上，有多样的选择可能，《园冶》"选石"篇中列举十六种，为江南地区可见，并主张应尽量就地取材，"是石堪堆，便山可采"。但也有千方百计从四方搜求的，如王世贞在《求志园记》中提到"石求之洞庭、武康、英、灵璧"，《游金陵诸园记》记载南京"魏公西圃""征石于洞庭、武康、玉山"。石材的运输、起重，是明代石假山的一大难题，尤其远途运输，耗费巨大。王世贞《游金陵诸园记》中"四锦衣继勋宅园"提到其中一座石峰的搬运情况，将石峰从苏州运往南京的花费简直难以计量。运输一般用船，但石峰巨大时甚至要拆毁桥梁才能通过，徐树丕《识小录》记载瑞云峰的运输致使"所坏桥梁不知凡几"。无法通船时的陆地运输更难，吴伟业《张南垣传》记载"罗取一二异石"往往"从他邑辇致，决城问闉，坏道路，人牛喘汗，仅得而至"。又如瑞云峰自苏州运输到南浔后，"用葱万余斤"捣烂于地，依靠地滑才运成。即便运输而至，树立石峰也是困难工程，潘允端《玉华堂兴居记》叙述上海豫园玉玲珑的安置，动用了百人之力，进行了一整天的工作。而瑞云峰在艰难运到南浔董宅后，也因树立的技术难度而"置而未垒者二十余年"。

对于假山主体山石的堆叠，明代中期以后出现诸多专门的造园能手，对营造技术多有发展。如计成在《园冶》中有专门"掇山"篇，论述了假山叠石整个技术过程：首先重视基础，"掇山之始，桩木为先"；之后架设起重设备，"随势挖其麻柱，谅高挂以称竿；绳索坚牢，扛抬稳重"；基础之上的拉底，"立根铺以粗石，大块满盖桩头"；石块之间的稳固，"垫里扫于查灰，着潮尽钻山骨"；之后才是按照形态立意进行堆叠，"方堆顽夯而起，渐以皴文而加；瘦漏生奇，玲珑安巧"；其中尤其关注受力稳定问题，"峭壁贵于直立，悬崖使其后坚"；等等。计成在书中又列举叠山方法达十七种之多，涉及厅山、楼山、书房山、池山、峭壁山、山石池以及峰峦、岩岫、洞崖、瀑布等多种细节的设计和建造手法，其中多有技术处理细节。如对"理悬岩"提出"平衡法"，效果好而符合力学原理；计成自创的"山石理池"，也使用"等分平衡法"，并有防渗透措施。假山叠石难度最大的在于洞穴，计成在之前的"理岩法"基础上，"合凑收顶，加条石替之，斯千古不朽"，用的是追求稳定的条石方式；这在明代假山洞做法中是比较普遍的，一直延续至清代。周秉忠所叠苏州洽隐园"小林屋洞"，以石柱叠起，渐起渐向内挑升，叠至洞顶用大石压合，用的是类似桥梁叠涩或悬臂的做法。明代也已出现了山洞拱顶做法，如现存泰州乔园假山，这比清代嘉庆、道光年间戈裕良要早约两百多年。

理水技术

明代水景营造丰富，与此相关的理水技术也有较多发展。

水源方面，大多数园林与外部水系相连通，这涉及引水工程做法，如水门、水窦、水闸、水坝等做法，但目前尚未有明确可知的明代遗物和文献，一些清代做法可作为参考。另外也有通过凿井而取地下水的做法，现存明代实例中有苏州洽隐园的"小林屋洞"内水潭。

驳岸方面，明代园林中有平直池岸和自然池岸两类。前者以方池为典型，一般用坚固条石，这在许多图像中可以看到。后者采用自然山石形成起伏曲折变化，并往往采用滩、渚、矶等做法，常与假山等配合，呈现山水画意，这在南京瞻园北假山与水池交接处可以明确看到（图9-45）。

明代一些园林中着力营造瀑布之景，如王世贞记载苏州徐廷裸园，"瀑自山顶穿石虢而下，若一匹练，中忽为燕尾"，瀑布水源是人工储备，置于假山之上，"预蓄水十余柜，以次发之，故不竭"，这与晚清狮子林中的瀑布做法是类似的。

图 9-45　南京瞻园北假山临水（局部）

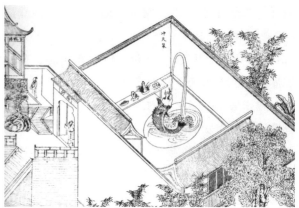

图 9-46　《环翠堂园景图》（局部）

此外，一些园林中还有喷泉做法。王世贞《太仓诸园小记》中叙述"王氏园"，"有襄阳人者，能于石罅引机作水戏，亦足供啽嘿"；图像则见于描绘徽州"坐隐园"的《环翠堂园景图》（图 9-46），可见当时技术已颇为成熟，但这与传统自然水景审美有偏离，仅作为机巧赏玩，而未能在文人园林中普遍流行。

种植技术

明代园林中的植物，固然也有农业生产的内容，但总的来说，观赏仍是作为主要意义所在，这里主要就观赏植物作为认识对象。明代的观赏植物的培育栽植技术有大量的实践和经验总结，陆续刊行了许多经过文人整理的专著，比较有影响的有袁宏道《瓶史》、张谦德《瓶花谱》、屠本畯《瓶史月表》、程羽文《花历》、王世懋《花疏》、夏旦《药圃同春》、高濂《遵生八笺》、屠隆《考槃余事》、王象晋《群芳谱》等，清初陈淏子的《花镜》也实则为晚明余续。

其中袁宏道《瓶史》，论及花卉瓶插及欣赏，颇有独到之处，对日本所谓"花道"影响很大。程羽文《花历》为花卉的栽培历书（又称"花月令"），将一年四季中，一些主要花卉的开花、生长状况，以诗歌或者经文的形式记录下来，读之朗朗上口，便于记忆，利于花事农事。王世懋《花疏》为较有系统的花卉著作，论及花卉形态及栽培，多有可取之处。王象晋《群芳谱》则是最为完善的花卉园艺文献，记载的栽培植物达四百多种，为明代园林花木栽培的代表作，多有种植技术的论述。

建筑技术

明代园林中建筑的作用越发重要，充分运用了木构建筑的灵活性和随宜性，在结合功能要求的同时，创造了千姿百态、生动活泼的外观形象，并获致与自然环境的山、水、花木密切嵌合的多样性。木构建筑的技术，在宋代的基础上继续完善，形成了新的有特色的营造体系，官式营造已极为成熟，民间更有新的发展，尤其是江南，形成了一种清丽、精致的风格。匠师的技术成就也偶见于文字流传，如《鲁班经》等。

明代造园专著《园冶》中也专门有关于园林建筑的"屋宇"篇，在总述之后，以22个小节分门别类进行详述，并绘有多样"图式"，可见对其重视。其中多有技术方面的详细论述，如对于"五架梁"、"七架梁"、"九架梁"的细节差别，"草架"、"重椽"、"磨角"的特殊做法，以及运用"地图"的设计施工技巧，等等。《园冶》中特别关注园林建筑的灵活可变，将木构架技术的特点发挥得淋漓尽致。

此外，明代建筑中的小木作做工精细、式样繁多，各类装修装饰趋于精致，家具以简洁、精美见称于世，和江南明代建筑相辅相成，形成这个时代特有风貌。《园冶》"卷一"中有"装折"篇专门论述屏门、仰尘、床榻、风窗，并附大量图式；"卷二"专述"栏杆"，所绘图样竟有一百个之多；"卷三"又有"门窗"篇，列举多样形式的同时，也附以图式做法。小木部分在《园冶》中如此庞大的分量，可见计成对此的重视。

设计和施工组织

明代园林的营造，对于宫苑园林，属于政府行为，沿袭历来的工官制度，以官员主持其事，在此不作详论。对于民间造园，随着造园的增多、普及，造园艺术和技术的不断提高，造园的专业化程度也相应提高，园林的规划设计和施工的组织也严密，工匠的专业分工日趋明确，尤其是在最为发达的江南地区。在众多的工种之中，叠山工匠和大木工匠于园林总体规划起着更重要的作用。叠山理水是人工山水园林的地貌基础，建筑的体量、布局、功能影响园林的形象至巨，因此，从事这两种工作的匠人往往成为造园工程的头目和骨干力量。江南地区，在小农经济背景下的工商业长足发展，这两个工种的工匠都有自己的行会，直接受业主雇佣而组建造园的班子。工匠的技术经验积累主要依靠师徒或父子的口授心传，久而久之则又形成地缘性或血缘性的行帮，如大木工匠的"香山帮"、叠山工匠的张氏家族等。一般情况下，有一定文化素养的园主人参与造园的策划以保证园林的文化品位，如果园主人的文化不高则延聘文人备作咨询。所以有文化的园主人或文人与造园工匠头目相配合，在一定程度上体现了类似现代造园师的职能，《园冶》中以"能主之人"相称。

9.5 小结

经过明代前期的冲击与低迷，明代中期的复原与转盛，至明代后期，达到繁荣的巅峰：在造园数量上，产生了前所未有的普及，在造园质量上，出现了一大批营造复杂、景致精美的名园；与此同时，在理论上，中国园林史上第一次诞生了较为系统、完整的园林创作理论著作——《园冶》，在实践上，有一大批造园能手涌现出来，中国园林史上第一次出现"造园艺术家"群星璀璨的局面。在空前繁盛的背后，是园林审美上的重要转变，这是继六朝时期园林获得士大夫的个人精神性价值之后的又一次重要转折：园林从主要作为一种沟通天地自然与个人内心的媒介（景物形式营造为内心感悟服务而处于次要地位），转为获得自身独立的形态审美价值（景物形式营造有其相对独立的评价标准），其中"画意"营造标准的确立是关键，张南垣等一批造园匠师是实践上的关键推动人物，从而造园真正成为一门自足的"艺术"。

明代园林的成就对后世影响极大，清代造园无论在造园的观念、审美，还是具体的方法、技艺，都大体承续明代而少有突变性革新。同时也要看到，晚明园林文化与造园方法在产生转折变化的同时，并非将以往完全取代，在主流画意造园的同时，还存在大量旧有造园方式的延续，呈现多样化的现象；这种多样性突出地存在于产生巨大变革的江南地区与其他地区的差别，从而呈现出地域性的差异，因而明代的变化也是清代园林地域性丰富面貌的重要来源。

第10章

清代

　　清代是中国古代园林发展的末期，也是高潮期。清代的园林发展可以分为早、中、后三个阶段：清早期的第宅园林在继承明代的基础上继续发展，北方宫苑因江南造园匠师的参与呈现出新的气象；清中叶，宫苑大规模兴建并有意识地吸取、复制江南的造园手法乃至西方的造园要素，而别苑的兴造多与寺观、邑郊相结合，并带动了周边邑郊风景区的开发；扬州掀起了一场造园高潮，岭南和闽台园林也出现了繁荣局面；清代后期战事不断，各地园林遭到破坏，但仍遗留不少经典之作，展现了我国造园的辉煌成就。

10.1　时代背景

　　由满族建立的清朝，是中国历史上最后一个专制王朝。清朝的政治制度基本上沿袭明朝，维持明代的行政区划，建立直隶及行省，每省设巡抚、布政使、按察使、学政、道台等官职，但是略有不同。钱穆认为，在政治上，清朝由"士人政权"变为"部族政权"，同时也限制发言权、结社和出版自由。清初通过大兴文字狱、实行海禁等措施来维护满族特权，而选举方面则依然实行科举制度，吸收并任用汉人，参加行政管理。顺治二年即开科取士，康熙十七年又开博学宏词科，以获得地主士绅的支持。

　　清朝前期，采取积极的农业政策恢复农业生产，减免赋税，奖励垦荒屯田，修治黄河，改革服役制度等，造成了清初耕地面积及农业人口的增加，小农经济得以发展，手工业生产也很发达。到乾隆时期，社会经济呈现繁荣景象，社会财富的积累为官僚、地主、富商修造园林提供了经济保证。清末，国势衰颓，造园也走向衰落。

　　清朝统治中原后，在推行汉文化的同时，也求满、汉文化的平衡，清初以来，施政文书皆以满、汉两种文字发布。而康熙大力推行儒学以来，满文至乾隆中期仅留存为官方书面文字；到19世纪则基本为汉文所取代。清朝学术兴盛，集历代之大成，梁启超称清朝为中国的"文艺复兴时代"。清初学者多留心经世致用的学问，并提出种种改造政治与振兴社会的方案，使清初学术思想呈现实用考据之风气。在这样的文化氛围中，造园在得到传统承续的同时又有新的变化。

　　鸦片战争之后，西方科技与思想带动中国近代化革新，新观念与技术的引入，也为造园打下了深刻烙印。

　　就宗教而言，自康熙至乾隆，总体上对于汉传佛教、道教较为冷淡，但为笼络内外蒙古、青海、西藏外族，一度大力推行并尊崇藏传佛教。

10.2 造园活动

10.2.1 江南地区的造园

清代的江南第宅造园承续着晚明的园林文化。清初，遗民们以隐居园林为精神寄托，如冒辟疆在如皋建“水绘园”、姜埰在苏州改造“艺圃”等。晚明造园大师张南垣依然活跃，造太仓王时敏“西田别墅”、苏州东山席本祯“东园”等，其子张熊、张然、侄张钛也能传其术。此外，常州杨兆鲁“近园”、扬州程梦星“筱园”、宁波范氏“天一阁”庭园等，立意、手法皆与晚明相接。

清中期，扬州造园异军突起，当时多有“扬州园林甲天下”、“扬州以园亭胜”，城西北保障河（今瘦西湖）一带，别业连绵；城内亦园林遍布，今日尚存的“小盘谷”、“片石山房”园林叠山都是当时作品。继张南垣之后，江南出了另一位造园巨匠戈裕良，其在苏州“环秀山庄”的假山与常熟“燕园”的假山，展现了中国古代叠山艺术的最高水准。

清后期国运渐衰，江南造园亦呈下坡之势。太平天国战争使江南园林一度遭到近乎毁灭性的打击，沧浪亭等名园几乎被夷为平地，仅留园、网师园等幸免于难。此后的同治、光绪年间，亦有新园营造，保存至今的有苏州怡园、曲园，同里退思园，杭州郭庄，海盐绮园，南浔小莲庄等。

清代江南各地的造园活动，进一步呈现出差异与独特价值。环太湖区域的苏州、无锡、常熟、吴兴等地，园林主人多为具有几代家学渊源的富裕文人官僚家族，继承前朝文人第宅园林传统，造园特征体现出极高的艺术性与文化修养；位于长江及大运河附近的扬州、上海等地，清中期后因其通衢要津的城市地位带来商业的勃然兴盛与多元文化的影响，造园特征也体现出注重视觉展示、强调公共性与市民化的取向；而曾为旧都的南京、杭州等地，园林建设往往延续旧园选址，依托天然山水格局，形成自身的特色；此外，浙江的海宁、绍兴、塘栖等地的园林因地方文人家族得以发展，而皖南的歙县、黟县等地则因商人家族而发展，造园活动数量众多。

苏州府

清代的苏州，具有江南地区行政中心的城市地位。苏州府所管辖的地区到清中期已增加到六十一个镇、五十九个市，成为江南一大都会。清代苏州的园林建设也极为繁盛，达到了前所未有的高峰，清初词人沈朝初在《忆江南》中就写道：“苏州好，城里半园亭。几片太湖堆崒嵂，一篙新涨接沙汀，山水自清灵。”清代苏州城内的园林有一百九十处左右，其中清代新建有一百四十余处。

清代苏州的造园，往往多依托旧园遗址修葺改建而来。如建于乾隆十六年

（1751年）的网师园，为宋代"万卷堂"故址；又如狮子林则是在元明寺园的基础上扩建整修而成。旧园翻建的普遍，一方面是由于苏州造园历史源远流长，城中有大量旧园遗址可以利用。另一方面，依托旧园改建、翻建新园，可利用景观遗存改造为具有历史意义的景点，从而满足文人园主的思古情怀。

清代苏州造园延续了前朝文人园林的气质与取向，在建设与使用中更侧重于知识阶层的互相认同及交流，其造园行为往往与文化事件、文化活动相结合。顺治十六年（1659年）艺圃在清初为明代遗民姜埰所有，将园林更名为"敬亭山房"纪念明朝，并成为清初著名的文人名士活动中心；始建于同治十三年（1874年）的怡园，造园之始便由画家参与策划，园成之后即成为清晚期江南名士举行诗会、画会、曲会、琴会的风雅场所，光绪二十一年（1895年）创怡园画集于园中。苏州历有文人世家，清代家族造园的数量及规模均有上升，如顾氏家族从顺治年间起造"雅园"、"秀野园"、"凤池园"、"宝树园"等多座园林，汪氏家族建"丘南小隐"、"苕华书屋"、"尧峰山庄"，毕氏家族建"适园"、"小灵岩山馆"等。

清代康熙、乾隆两朝，皇帝均有六次南巡，苏州是南巡途中的重要站点，这在一定程度上促进了清代苏州邑郊理景的建设，以及南北园林的交流。康熙南巡经苏州时，游览了瑞光寺、拙政园、虎丘、圣恩寺等，乾隆三十五年出版的《南巡盛典》则记录了乾隆南巡游历的苏州风景名胜，包含"苏州府行宫、沧浪亭、狮子林、虎丘、灵岩山、邓尉山、香雪海、支硎山、华山、寒山别墅、千尺雪、法螺寺、高义园、穹隆山、石湖、治平寺、上方山"17处。两朝南巡均以建造于康熙二年（1663年）的苏州织造署为行宫，乾隆十六年（1751年）第一次南巡时，对旧园进行了水体疏浚和扩建园林、建筑等大规模改造。同样，皇帝的游览也影响到第宅园林的改造建设，如康熙十八年（1679年）拙政园改为苏松常道新署，参议祖泽深将园修葺一新，增置堂三楹，康熙二十三年（1684年），康熙南巡游览此园，同年编成的《长洲县志》中则写道："（拙政园）虽增葺壮丽，无复昔时山林雅致矣"；乾隆六次游览苏州狮子林，留下大量题字、"御制诗"，并临摹倪云林《狮子林全景图》，狮子林也以乾隆御笔的"真趣"匾额新造"真趣亭"，雕梁画栋、色泽明黄，在朴雅的苏州园林中显得较为突出（图10-1）。

清晚期江南兵火之灾使苏州城内大部分园林遭到很大损毁。"寒碧山庄"在光绪二年（1876年）完成修葺后，因为太平天国之役后苏州城内园林仅此园留存而改名"留园"。现存的清代苏州园林中，部分山水空间格局大致保留了清代中期以前的特征，但绝大部分建筑廊庑却是复建、修整于清晚期的同治光绪年间，与园林旧貌有所不同。如拙政园东部，现状园貌多是同治十一年（1872年）巡抚张之万对园林进行大规模修整后的结果，建筑较前更为增加，与清代中早期的园况颇有不同，而其山池假山格局，大致还延续了清中期以前的特征。

图 10-1　清代苏州狮子林（引自《南巡盛典》）

　　清晚期从同治十年起大约 10 年间，苏州造园活动达到了一个小高峰，其间除张之万修拙政园（1872 年）、张树声重修沧浪亭（1873 年）、盛康修葺刘氏寒碧庄取名留园（1873 年）外，沈秉成于同治十三年（1874 年）购得原雍正年间陆锦"涉园"旧址，延请画家顾沄策划扩建新筑，光绪二年（1876 年）落成，名"耦园"；顾文彬于同治十三年获得原明代吴宽宅园旧址，建义庄、园林，园名"怡园"；俞樾于同治十三年购入原潘氏废宅之地，建宅构园，园名"曲园"，光绪五年、十八年又有增建；李鸿裔于光绪二年改建网师园，易园名为"苏邻园"，后又名"蘧园"，建三进院落高楼豪宅，使园中池面大为缩减；张履谦于光绪五年（1879 年）改建补园（现拙政园西部）；光绪十年，多位名士集资兴建苏州邑郊景点虎丘"拥翠山庄"。这些清晚期重建修造的苏州园林，其建筑山水景观大多留存至今。

　　苏州周边，从苏州城近郊到附近镇集如东山、太仓、同里一带也是造园发达之地。乾隆七年（1742 年），范氏在苏州近郊天平山重修原明末范允临所建"天平山庄"，改名"赐山旧庐"，后多次接待乾隆帝南巡，乾隆十六年得赐名"高义园"（图 10-2）。苏州近郊镇集的园林数量虽多，但多为规模不大的宅园。吴江同里大小园林庭院有数十处，最大的退思园建于光绪十一年（1885 年），由任兰生罢官归里所建，请著名画家袁龙构思设计。

　　明末清初造园大师张南垣及子侄张然、张铽等在苏州附近地区主持了较多造园活动，留下不少名园。顺治二年（1645 年），钱增在太仓建"天藻园"，张南垣为之造园叠山，称一时名园；顺治三年，王时敏在太仓建"西田"园，也是张南垣主持构筑园亭；顺治九到十年，张南垣在东山翁巷南花园弄内为席本祯筑"东园"；康熙十二年（1673 年），吴时雅在东山造依绿园，主体假山

图 10-2　清代高义园（引
自《南巡盛典》）

由张南垣之子张然叠掇，清初东山镇上有多家造园均是张氏所为。除东园、依绿园外，清初东山尚有湘园（翁彦博庭园）等其他园林。康熙二十九年，清大臣徐乾学因监修《大清一统志》设书局于太湖洞庭东山，不少知名学者便居于东、西两山的几个园内。

　　常熟一地也颇多文人世家，读书、造园、品园风气不逊苏州。清代常熟造园有两个特点，一是造园注重借景，常熟倚西北方虞山建城，虞山东南麓伸入古城，常熟造园往往因借虞山之景，将自然山景组织到园林中；二是造园规模不大，通过空间转折对比，强调小中见大的感觉，如钱泳在《履园丛话》中评论常熟燕园为"燕园甚小，而曲折得宜，结构有法"。清代常熟造园有燕园、赵园（水吾园）、曾园（虚郭园）、壶隐园、澄碧山庄等多处。燕园位于北城辛峰巷，有戈裕良用虞山黄石在园中部叠成假山一座，名"燕谷"。赵园、曾园相邻，位于常熟城区西南隅，依托明代"小辋川"遗址而建，故两园均以水景为特色，并利用水面引山色入园。

常州府

　　常州清代造园之风甚盛，代表性的园林有近园、约园、意园等多处。近园位于常州市中心长生巷，原址为明代恽厥初的别业，清康熙六年（1667年），杨兆鲁辞官返乡，购入此地后花五年时间建为园林，取"近似乎园"之意，命名为"近园"，清后期常州的约园等也都模仿近园取名。意园位于常州市区后北岸，是康熙年间状元赵熊诏所建的府邸花园，其后人赵怀玉又于此加建方玉堂、云窝及水阁、亭榭等景点。康熙五十年（1711年），张愚亭获得原明万历年间吴襄"青山庄"旧址加以重修、扩建，仍以旧名名园。约园又名赵家花园，位于常州市区兴隆巷市，清乾隆初年为中丞谢旻别业，名谢园，道光年间，赵起购得此园，修葺改造后有輶红新馆、梅坞风清等24景，灵岩、绀碧等12峰。清代中晚期，造园名家戈裕良在常州一带留下多个作品，如嘉庆七年至八年（1802-1803年）洪亮吉营建的"西圃"。

无锡地处太湖之滨，因地利而更注重造园与真山水的结合。寄畅园始建于明代，到清初园区已被分裂，康熙六到七年（1667-1668年）进行了较大规模的改造修葺。寄畅园建成后名声极大，乾隆皇帝不仅效其祖父南巡驻跸该园，还让画师绘图记录，在北京的清漪园（今颐和）内以寄畅园为蓝本建惠山园（今谐趣园）（图10-3）。清初无锡造园也多或模仿此园，或延请张钺造园，如礼部郎中侯杲在无锡映山河仿寄畅园造"亦园"，顾岱在无锡城西南隅购得"施卿园"后也请张钺改筑。

扬州府

清代的扬州，辖境相当今江苏宝应以南，长江以北，东台以西，仪征以东之地。从清代康熙年间程梦星编《扬州名园记》起，"扬州园林"名声日隆，18世纪末李斗在《扬州画舫录》中转引刘大观的话称"扬州以园亭胜"，19世纪的金安清在其《水窗春呓》中也写道"扬州园林之胜，甲于天下"。从清代初年到清中叶的数十年间，尤其是乾隆一朝，扬州一地所造的园林，其投入、规模、数量均超过当时其他地区的园林建设，在短期内获得极大的名声与影响力，成为江南园林的另一个发展中心。

清代早期扬州的第宅造园基本因循了明中后期以来文人园林的风格、取向与手法，计有尒园（合欣园）、小秦淮茶肆、小方壶（棣园前身）、濠梁小筑、

寄畅园

图10-3 清代寄畅园（引自《南巡盛典》）

图 10-4 清中期扬州净香园一带连续的园林建设（引自《扬州园林甲天下》，广陵书社，2003）

郿园（小洪园前身）、张氏故园（西园前身）、冶春诗社、韩园、耕隐草堂、三分水二分竹书屋、春草堂等多处，其中最有代表性的，当属康熙五年（1666年）程梦星建造的筱园，其建设及风景处理手法与郑元勋所造的影园颇有共通之处，秉承了计成《园冶》中的造园要点（图 10-4）。乾隆二年（1737 年）扬州八怪之一的高凤翰出版的《南阜山人敩文存稿》，其中的《人境园腹稿记》一文，描述了清早期扬州文人第宅园林建造的造园思想及理想模式。清代早期的衙署园林造园，主要有扬州府学附带花园"学圃"，以及康熙十二年（1673年）刑部主事汪懋麟和扬州太守金镇重建的平山堂及周边景观，新造寺观园林类，则有马曰琯家庵"行庵"、静慧园、秋雨庵亭园等。康熙四十四年（1705年），法海寺被康熙赐名为莲性寺，仿北京白塔样式建塔，内部建设"林园"，成为瘦西湖一带的地标。雍正八年（1730 年），汪应庚在蜀岗中峰万松岭上植松十万株，空地多种梅树，成"松林长风"景点，是清代扬州邑郊理景园林建设的开始。

清代中叶的乾隆、嘉庆两朝，是扬州园林的建设高潮期，这一时期扬州新造园林选址出现了向城市北郊瘦西湖蜀岗风景区集中的现象。蜀岗一带除了为数甚多的第宅园林外，还聚集了其他各类的园林，如从乾隆元年（1736 年）开始汪应庚兴建的大明寺西园，园内凿池数十丈，池中井亭高十数丈，重屋反宇，后乾隆十六年重修，又称平山堂御苑，成为扬州具有代表性的寺观园林，又如乾隆二十二年程志铨增扩保障湖中小岛长春岭为"梅岭春深"景点，是扬州地标性的邑郊理景。

不同种类的园林往往贴邻建设，互相融合，最终成为更大尺度的区域风景园林综合体。沈复在《浮生六记》中指出扬州瘦西湖一带风景园林的特色是"其妙处在十余家之园亭合而为一"①。清中期扬州造园"合而为一"的方法与形式多种多样，往往相邻的园林隔墙开门，使游人可以穿越到达另一园林，而沿瘦西湖两岸建设的园林，往往通过标志性建筑物的空间对应、轴线一致来进行跨越水面的整合。如乾隆二十二年（1757 年）建设的"春台祝寿"园中，熙春

---

① （清）沈复，《浮生六记》卷 4 "浪游记快"，人民文学出版社，1999

图 10-5 跨河相对的望春楼和熙春台（引自《扬州园林甲天下》，广陵书社，2003）

台与望春楼隔岸相望，在轴线上重合，强调了互为一体的感觉（图 10-5）。

清中叶扬州的造园高潮，一方面是乾隆数次南巡引发各盐商穷极物力以供宸赏的结果，另一方面，也是在 1755-1756 年江南大灾的背景下，有了陈宏谋在苏州"禁奢"的失败例子，乾隆帝有意从第三次南巡开始，鼓励在扬州开始城市风景园林的建设，以便安置江南地区的灾民及恢复经济。从扬州香阜寺到天宁寺行宫的河道，就是"众商"、"以工代赈"的产物，园林临河建楼成为风潮，又如城郊"小香雪"邑郊园林，也因盐商的风景建设"利贫民"而受到皇帝的认可。此后，地方政府进一步介入第宅园林的改造与修建，如筱园由当时的地方官员卢见曾直接主持改建，引入了官方纪念堂"三贤祠"，还仿造天宁寺的"弹指阁"建设了"仰止楼"，将筱园改建为一个公共游览场所。从乾隆二十二年（1757年）开始，跨虹阁、江园、康山草堂等第宅园林均并入"官园"，从第宅园林变为公家园林，阮元在《扬州画舫录》"跋"中也记道：在道光之前的乾嘉两朝，这些"官园"的维修费用，政府与"商家"各出一半。

清中期的扬州园林，在使用方式、审美取向等多个方面较之同时代其他地区园林体现出更多的公共性。在使用方式上，清中期所造的扬州园林多日常对外开放，园林中有为游人服务的茶肆乃至休息间，有专门服务于游客的"向导"（往往由园丁兼任），甚至还发行有入园门票，如江园设"水亭"为茶肆，设"秋晖书屋"为游客休息室，"冶春诗社"则以"五色花笺"印制"园票"来提醒游客前往游览。在审美取向上，清中期的扬州造园呈现出大众化和多元化的倾向，徐园"水竹居"，"桔槔辘轳，关捩弩牙诸法，由械而生，使水出高与檐齐"，用机械装置将喷泉水法高至屋檐，以为奇观；江园、韩园，均用水力推动木偶活动，而净香园则设有能感应人体运动的自鸣钟发声装置，这些运用机关的园林装置，在江南传统园林中并不常见。

清中期的扬州园林获得很大声誉，出现了不少全面记录当时风景园林的书籍，如乾隆三十年（1765年）由赵之璧编撰出版的《平山堂图志》，乾隆五十八年（1793年）李斗编撰的《扬州画舫录》等。

清代晚期，进入19世纪以后，由于皇帝南巡的中止与盐业改革，以及海运发展带来扬州失去南北枢纽的城市地位，扬州的造园行为在历经乾嘉两朝的高潮后开始衰落，从嘉庆二十五年（1820年）开始，官方停止扬州北郊风景园林维修资金支出，进一步加剧了已建园林的衰败。经过40年的园林建设空白期，从同治后期开始，扬州的造园又开始发展起来，建于清初马氏"小玲珑山馆"旧址，由黄应泰于嘉庆二十三年改筑而成的"个园"，以及何芷舠于同治元年（1862年）初建、光绪九年（1883年）合并宅旁"片石山房"遗存而造的"寄啸山庄"，是这一时期扬州大型第宅园林的代表，这类园林往往由城中旧园改建合并而来，在园林布置上崇尚大片开阔水面与叠山的整体性，在建筑物营构上也强调建筑与园林造景特别是叠山之间空间与形态上的互动。

在清晚期扬州的小型第宅园林，是清晚期数量最大的一类扬州造园，有卢氏意园、小圃、逸园、壶园、蜇园、震氏朱草诗林等多处，以棣园与小盘谷最为典型。棣园在南河下街北，面积不大，仅5亩有余（图10-6）；小盘谷位于扬州市丁家湾大树巷内，方圆也仅4亩多，这些小型城市第宅园林，往往运用叠山与建筑结合的手法形成立体交通，从竖向空间上丰富园林体验，以贴壁假山形成园林景观特色，成为庭院与园林混合的综合体。晚清造园名家戈裕良也参与了部分扬州小型第宅园林造园，嘉庆三年至十年，秦恩复营建"一榭园"，即为戈裕良叠山作品，与戈裕良于嘉庆三年（1798年）在苏州为任兆炯营建"一榭园"同名。

扬州的造园风习与文化也影响到附近的泰州、仪征等地。泰州的造园多为传统的文人第宅园林，由退休归乡文人官僚构筑，其中最有影响者为位于泰州老城中心的乔园。仪征一地，康熙三十四年（1695年）郑肇新营建"白沙翠竹江村"园林，先著为之造园叠山设计，嘉庆十九年至二十三年（1814-1818年）巴光诰营建"朴园"，有黄石山一座，是造园名师戈裕良叠山作品，可以登而望远，湖石数峰，洞壑宛转，被钱泳《履园丛话》推之为"淮南第一名园"。

通州府

嘉庆八年至九年，汪为霖在如皋丰利镇，改建其祖汪澹庵的"文园"并创

图 10-6 棣园 "曲沼观鱼" (引自《扬州园林甲天下》,广陵书社,2003)

建 "绿净园",也是延请戈裕良为之筹划叠掇。

在如皋,最具影响力的园林是 "水绘园",其原为明代别业,于顺治十一年(1654年)改造、扩建而成,在清初成为与苏州艺圃类似的文人活动中心。

松江府

上海的清代造园活动呈现出从文人园林转向城市市民园林的独特轨迹。清雍正八年(1730年),为维持沿海口岸治安,经江苏巡抚尹继善奏请,清政府将下辖苏州、松江两府的分巡苏松兵备道从苏州移驻上海,乾隆元年(1736年),太仓州也划入苏松道管辖范围,改成苏松太道,从清中期起,松江府域的政治经济中心逐渐从松江转移至上海县,到清晚期,随着1842年上海开埠,上海走上近代都市化发展道路,最终成为远东的重要城市。

清代上海的造园活动与其城市地位的变迁关系密切,清初上海地区的城市园林主要集中在经济繁荣的松江府及上海、嘉定县城,属于以苏州为中心的环太湖经济文化圈,延续了明代以来的江南文人园林的造园取向,虽然受到明清之际的战火侵扰,但在顺治、康熙年间也有为数不少的传统文人园林建设,具有代表性的有顺治七年(1650年)顾大申在松江府建设的醉白池,诸嗣郢在顺治末年至康熙初年建设的九峰草堂,以及五亩园、肯园、秦望山庄、素园等。

到了清中期,随着商业文化的兴盛与市民阶层的崛起,更具公共性的市民园林在上海发展起来，其造园数量及影响均逐渐超过了同一时期的文人造园。如乾隆十年（1745 年）在青浦建设的曲水园，是典型的城隍庙庙园，由市民捐资建设。清中期上海地区的市民园林，多数是由市民集资收购传统文人第宅园林后，依托城市宗教场所及宗祠扩建成园。雍正四年（1726 年），嘉定地方士绅集资购得原明代龚氏园捐予邑庙，后乾隆年间与沈氏园合并为一体的"秋霞圃"；乾隆十一年（1746 年）叶锦在明末"猗园"旧址拓充重葺的"古猗园"，在乾隆五十三年（1799 年）被集资购买作为城隍庙园；乾隆二十五年上海士绅集资收购建于明代的潘氏豫园后加以扩建，归入城隍庙，改称西园，内设公所，每月举办公共游览活动；位于上海县南的明代渡鹤楼（南园）康熙初改称"也是园"，尚是第宅园林，自从乾隆五十五年起被改为道院、书院后，也逐渐发展成具有公共性的市民园林。这一时期上海也有少量新建的文人第宅园林，如位处上海县城西南，建于嘉庆四年（1799 年）的吾园，以及青浦的遂高园等。清晚期上海开埠之后，上海园林又出现了新的发展趋势，即作为准现代公园的经营性第宅园林的出现。光绪八年（1882 年），由私人股份集资建设的静安寺西侧"申园"对外开放，随后，由私人别墅园林改建而来的张园、西园、徐园、愚园也均在光绪年间对公众开放经营，面向市民出售园票、举办公共活动，成为我国现代城市公园的雏形。

江宁府

清代江宁（现南京）造园仍然繁盛，近代陈诒绂著《金陵园墅志》一书，记述清朝金陵园墅就有一百六十八处。由于南京身为政治中心的城市背景，清代南京造园，衙署园林是其中重要一类。如位于南京城南的瞻园，是明嘉靖年间徐达七世孙徐鹏举将府邸一部分创建的园林，入清后，改为江宁布政使司衙门，该园从此成为衙署园林。又如位于南京市区长江路的煦园，清代属两江总督府西花园，也是典型的衙署园林。

清代南京的文人第宅园林，具有代表性的有芥子园、随园、愚园等。康熙七至八年（1668-1669 年），李渔造"芥子园"，此园虽然连住宅仅有三亩之地，但建有栖云谷、浮白轩、天半朱霞、一房山诸景，这是李渔为自己所造三园中最著名的一座，随其《闲情偶寄》《芥子园画传》的出版而名声卓著。随园为袁枚所造，园址在小仓山，原为清初江宁织造之园，乾隆时园已坍废，袁枚选择此处，是因为其地位于山地，地势较高并起伏变化，有因借周边风景及随势构园之利。随园从乾隆十三年（1748 年）开始建造，在几十年内不断改造加建，袁枚在此期间游历自然山水及各处园林，半年园居、半年游历，在园林匠人的协助下改建修葺随园。嘉庆十六年至十九年（1811-1814 年），南京孙星衍营建"五松园"，请戈裕良为之叠山策划。位于南京城西南隅的愚园，又名胡家花园，是清晚期有名的第宅园林。此园前身始创于宋代，名"凤台园"，明代中期时成为中山王徐达后裔魏国公徐俌的别业，又称"魏公西园"，后又称"徐锦衣西园"，在王世贞《游金陵诸园记》中有述，后易主徽商汪氏，继而归兵部尚书吴用光。清乾隆以后，该园逐渐败落。光绪初年，胡煦斋构筑为愚园，建有三十六景，是为该园的鼎盛时期，号称"南京狮子林"，其园内山石，堆砌玲珑，被时人赞叹为"垒石空灵，曲径宛转"。

浙江地区

清代的杭州西湖屡次疏浚和增建，成为清代宫苑写仿对象。康熙、乾隆二帝多次南巡到杭州，促进西湖的整治和建设。雍正五年（1727 年），浙江巡抚李卫大规模疏浚西湖，增修"西湖十八景"，并编撰《西湖志》。康熙五次到杭州游览，并为南宋时形成的"西湖十景"题字，地方官为题字建亭立碑，使"双峰插云"、"平湖秋月"等未定点的景目，有了固定的观赏位置。乾隆六次到杭州游览，又为"西湖十景"题诗勒石；又题书"龙井八景"，使偏僻山区的龙井风景为游人注目。乾隆年间兴建的北京宫苑颐和园的昆明湖东西两堤也是模仿西湖苏堤六桥而建的。嘉庆五年(1800 年)，浙江巡抚颜检奏浚西湖兴修水利，后由浙江巡抚阮元主持，用疏浚挖出的泥土堆筑阮公墩。至此，西湖两堤三岛景观格局最终形成。

清代杭州的第宅园林有借景西湖湖山之胜的便利条件，例如康熙十六年(1677 年)，李渔在云居山东麓缘山构屋，命名为"层园"，"层园"远借了西湖山水，从而获得了周围的山光云树、湖舫亭台皆入画图的美妙变幻的景观效果；又如光绪三十三年（1907 年）所建的郭庄，地处西湖杨公堤岸，具有得天独厚的地理位置，不仅借景西湖，还引西湖水入园，湖山之胜，美不胜收。杭州的第宅园林不少是在前代废园的基础上继续发展的，保留大量早期的方池遗存，具体的造园上依然保留着很多自南宋以来的传统造园手法。例如南宋杭州仿灵隐飞来峰营造假山就是一种重要的传统手法，同治十一年（1872 年）胡雪岩营建其巨宅，宅中建园名"芝园"，是现存晚清杭州最大私人宅园，其假山洞穴为现存江南第宅园林中最大，在杭州有"擘飞来峰一支，似狮子林之缩本"之称。芝园的营造以灵隐飞来峰作为写仿对象，设计师尹芝为了寻找堆叠假山的灵感，往返住宿于灵隐飞来峰，在飞来峰前完成了假山的设计手稿，让园主胡雪岩颇为满意，"果然能照此造成，真是移湖山大观于几席间矣"。光绪三十年（1904 年），杭州西湖孤山"西泠印社"创建，不仅延续了南宋以来杭州凿山构园的传统，也仿灵隐飞来峰设小龙泓洞一景。

浙江其他地区的造园以海宁陈氏安澜园最为有名。安澜园位于海宁县城盐官镇的西北角，占地面积约 60 多亩，有着广阔而幽静的基址、优越的借景环境以及难得的引水条件和古树遗存。其规划营造颇为精心，以水池为中心，大部分建筑均临水而设，与曲折的水系融为一体。全园建筑至少有四五十座之多，类型、造型丰富，并且游廊环复。园中假山为一大胜景，中央大池与南池之间架有两座大型黄石假山。园中花木极盛，且在不同的区域形成相对集中的成林成片效果。此园景色幽胜，深受文人推崇，如沈复称赞此园在其平生所见"平地之假石园亭"中可排名第一。乾隆帝南巡时赐名"安澜园"，并四次在此驻跸，又在圆明园中加以仿建，使得此园声名更著，成为江南一大名园。

湖州文风特盛，登仕途、为官宦的人很多，这些人致仕还乡则购田宅、建园墅以自娱。外地的商人也来湖州经营事业，亦多在此定居，颐养天年。因此，园林属文人、官僚、商人修造者居多，在创作风格上，雅与俗在抗衡和交融。绝大部分均为宅园而密布于城内（或是前宅后园，或为园在宅一侧，或为跨院），少数在市镇附近郊外建别墅园。《江南园林志》："南宋以来，园林之胜，首推四州，即湖、杭、苏、扬，向以湖州、杭州为尤。然吴兴园林，今实萃于南浔，以一镇之地，而拥有五园，且皆为巨构，实江南所仅见"。光绪十一年（1885年），刘镛在南浔镇南栅万古桥西开始营造"小莲庄"，中间经过刘镛之子刘锦藻的规划经营，最后由其长孙、著名藏书家刘承干于1924年建成，形成今日小莲庄主体园貌。光绪三十三年，南浔镇张石铭营建"适园"，有十二景，今日仍存部分遗迹。

10.2.2 北方地区的造园

清延续明制，北京及其周边地区是宫苑园林分布的核心。整个北方地区其他类型园林的建设活动也很大程度上受到皇家造园活动的影响，尤其是第宅园林。在造园风格上，由于清统治者对汉文化以及江南造园艺术的喜爱和推崇，使得这一时期的北方造园风格普遍受到江南影响，在体现皇家气派的同时也融入了江南细腻灵秀的特色，如颐和园中有模仿无锡寄畅园的"惠山园"，圆明园对南京瞻园、苏州狮子林、海宁安澜园、杭州小有天园的仿建等等。可见，清代御苑作为中国园林的重要成就，与江南第宅园林作为源泉滋养是分不开的。而始于康熙年间的欧洲文化传播又为部分园林注入了西洋风格。

宫苑园林方面，清王朝初入关时并无多少园林建设活动。康熙至嘉庆时期，前后约有150年的政治稳定时间，为经济文化建设的发展提供了条件，也为园林建设提供了有力的社会经济基础，逐渐兴起园林的建设高潮，其宏大规模和皇家气派，比之明代表现得更为明显。到嘉庆、道光年间，国势渐衰，造园活动也有衰落的迹象。咸丰年间，英法联军入侵北京，对圆明园等宫苑园林和其他园林进行了大肆焚掠，导致北京园林遭到极大的破坏。同治、光绪年间，慈禧太后垂帘听政，国势有所缓和，光绪时期对西苑和颐和园等宫苑进行了重修，使得园林建设活动兴起了最后的高潮，这次高潮最后在光绪二十六年（1900年）的八国联军入侵北京时被彻底地毁灭。

第宅园林方面，随着宫苑园林的建设，北方也掀起了一轮新的造园热潮，主要分布在北京、天津和山东等地区。北京第宅园林的建设主体主要为王公贵族和官僚，其造园与皇帝的园林建设密切相关。

清初，北京城内宅园之多又远过明代，大致有：

内城以王公府邸花园和满族高官第宅花园为主，如礼王府园、郑王府园、恭王府花园等。外城则以汉族官僚的宅园为主，最著名的是文华殿大学士冯博的别业万柳堂和保和殿大学士王熙的宅园怡园。此外，由于清代皇帝越来越倾向于在北京西北郊建设的别苑居住和处理政务，很多王公大臣也纷纷开始在皇帝的别苑周围建设郊园别墅，例如大学士明珠的自怡园，雍正即位前的皇子赐园圆明园，其余诸位王公的自得园、春和园、鸣鹤园、蔚秀园等等，均是充分利用当地多水泉条件的第宅园林。清代中叶，漕运昌盛给北方的部分城市带来了较为繁荣的商业，如天津、山东、河南等地，其繁华程度近于江南，因而第宅园林建设兴盛。

寺观园林方面，清王朝前期出于政治上的目的，对佛、道两教积极保护、扶持。顺治、康熙、雍正三帝都崇信佛教。乾隆年间，为团结、笼络蒙古族和藏族的上层人士而特别扶持喇嘛教，又在内地的五台山、北京、承德等地兴建了许多规模巨大的喇嘛教佛寺。清代承元、明之余绪，全国范围内道观新建和扩建的也很多，皇家宫苑内也建置道观。这一时期的寺庙出世气氛有所减弱，而生活气息更加浓厚，寺庙内的活动内容发生变化，包括结合宗教活动开展商贸、游赏等活动，增加公共游览性质的园林等等。清代第宅园林的高水平成就也对寺庙园林产生了积极的影响，廊、亭、桥、池、坊等给枯燥严肃的寺观布局增添了活力，叠山理水打破了前朝寺庙园林以花木泉石为主景的模式。

清代北方地区的各类造园很大程度受到皇家造园活动的影响，分为三个高潮：康熙雍正时期、乾隆嘉庆时期、光绪时期。

康熙雍正时期

紫禁城内，除个别宫殿的增加和改易名称之外，建筑及格局基本上保持着明代的原貌，皇城的情况则变动较大。

兔园、景山、御花园、慈宁宫花园，均为明代旧貌。东苑之小南城的一部分，于顺治年间赐予睿亲王府，康熙年间收回改建为玛哈噶喇庙，其余析为佛寺、厂库、民宅，仅有皇史宬和苑林区的飞虹桥、秀岩山以及少数殿宇保存下来。

西苑则进行了较大的增建和改建，其规模大为缩小。原明代北海、中海两岸的大量宫殿，如凝和殿、嘉乐殿等皆已废毁。顺治八年（1651年），琼华岛南坡诸殿宇改建为佛寺"永安寺"。在山顶明代广寒殿旧址上建喇嘛塔"小白塔"，初步改变了西苑的风貌。康熙年间，北海沿岸的凝和殿、嘉乐殿、迎翠殿等处建筑均已坍废，玉熙宫改建为马厩，清馥殿改建为佛寺"宏仁寺"，中海东岸的崇智殿改建为万善殿。康熙帝还对南海南台进行规模较大的改建、扩建，成为康熙处理日常政务，接见臣僚之地。延聘江南著名叠石匠师张然主持叠山工程，增建许多宫殿、园林以及辅助供应用房。改南台之名为"瀛台"，在南海的北堤上加筑宫墙，将南海分隔为一个相对独立的宫苑区。北堤上新建勤政殿。瀛台之上为另一组更大的宫殿建筑群，共四进院落，因隔水远看，宛若海上仙山的琼楼玉宇，故以瀛台命之。勤政殿以西为互相毗邻的三组建筑群。靠东为丰泽园；东路为菊香书屋；西路是一座精致的小园林"静谷"，其中的叠石假山出自张然之手。西北的一组建筑为春藕斋；西南的一组为佛寺，名为大圆镜中。南海的东北角上，在明代乐成殿旧址上改建为一座小园林"淑清院"。此园的山池布置颇具江南园林的意趣，西临南海，可以欣赏瀛台的美景，园林内部则自成一体，幽静宜人。康熙每次到南海，都要来此园小憩。南海东岸，淑清院南面为春及轩、蕉雨轩两组庭园建筑群。再南为云绘楼、清音阁、大船坞、同豫轩、鉴古堂。

南苑仍为皇家的猎场和演武场，增筑园门五座以及行宫、寺院若干处；采育上林苑则完全废弃，成为民间的村落农田。

政局基本稳定之后，宫苑建设的重点逐渐转向西北郊的别苑上来，其中具有优越的自然条件及地理位置的北京西北郊和承德地区自然成为建设别苑的最佳选址。北京西北郊有玉泉山和瓮山两座山峰，附近泉水丰沛，湖泊罗布，所谓"风烟里畔千条柳，十里清阴到玉泉"。远山近水相互依托映衬，形成宛若江南的优美自然风景。康熙十六年（1677 年），在原香山金代行宫基础上建香山行宫，作为临时驻跸的一处行宫御苑。十九年（1680 年）又在香山之东的玉泉山南坡建成另一座行宫御苑"澄心园"，康熙二十三年（1684 年）改名为"静明园"。这两座行宫的规模较小，仅为短期休息之所。

康熙二十六年（1687 年），在北京西北郊的东区、明代皇亲李伟的别墅"清华园"的废址上，修建了大型人工山水园——畅春园，由供奉内廷的江南籍山水画家叶洮参与规划，参与延聘江南叠山名家张然主持叠山工程。畅春园是明清以来首次较全面地引进江南造园艺术的一座宫苑。它的供水来源于万泉庄水系，将南面的万泉庄泉水顺天然坡势导引而北，流入园内，再从园的西北角流出，经肖家河再汇入清河。为使地势较低洼的畅春园不受西湖泛滥的威胁，在园的西面修筑大堤，命名为"西堤"。畅春园建成后，康熙大部分时间均居住于此处理政务、接见臣僚，这里遂成为与紫禁城联系着的政治中心。为上朝方便，在畅春园附近明代第宅园林的废址上陆续建成皇亲、官僚居住的许多别墅和"赐园"。此后，清代历朝皇帝园居遂成惯例。

为了贯彻巩固北疆的政治意图，康熙四十二年（1703 年），在承德兴建规模更大的第二座别苑"避暑山庄"，康熙四十七年建成，共完成了四字命题的三十六处景点建设，称为康熙三十六景。避暑山庄是大型自然山水园，园中概况了山地、平原、湖泊三种地形，应用了苑囿、宫室、写意山水、缩微山水、模拟胜境等各种造园意匠，是中国古典园林的一次大兴造、大总结。康熙后期，在顺天府辖境内的其他风景地段还建置了一些小型的行宫，作为北巡途中驻跸或者巡视京畿时休息暂住之所。

雍正在位期间，由于忙于皇室内部的纷争，无暇顾及宫苑建设。仅将他的赐园"圆明园"加以扩建，作为长期居住的别苑。圆明园位于畅春园北面，早先是明代的一座第宅园林，规模比后来的圆明园要小得多，大致在前湖和后湖一带。自雍正三年（1725年）开始，终雍正之世，在园内大约完成了二十八处景点建设，形成以"九州清晏"为中心的前湖后湖园林建筑布局。雍正长期居住于此，畅春园则改为皇太后的住所。雍正时期还扩建了香山行宫及西郊不少赐园。至雍正末年，北京西北郊已建成四座御苑和众多赐园，开始形成宫苑集中的特区，为下一个时期的大规模皇家造园活动奠定了基础。

畅春园、避暑山庄、圆明园是清初的三座大型别苑，它们代表着清初宫廷造园活动的成就，反映了清初宫廷园林艺术的水平和简约质朴的特征。这三座园林经过此后的乾隆、嘉庆两朝的增建、扩建，成为北方宫苑全盛局面的重要组成部分。

这一时期，北京城内宅园大致有三类：一类为文人、官僚的宅园，如纪晓岚的阅微草堂、纳兰性德的绿水园、贾胶候的半亩园、王熙的怡园、冯博的万柳堂、吴梅村园、王渔阳园、朱竹垞园、吴三桂府园、祖大寿府园、汪由敦园、孙承泽园等。这些园林虽然面积不大，但主人为士流，构思雅致，皆具林泉之美。同时一部分宅园受秀美幽静的江南园林的影响，聘请江南文士或园林技工参加营造，故使北京园林亦达到较高水平。如张然字陶庵，江南著名造园家张南垣之子，清初应聘到北京为公卿士大夫营造园林。除王熙的怡园外，还为冯博改建万柳堂并绘成画卷传世。又如半亩园即由《一家言》的作者李渔参加规划，园中假山亦出李渔之手。另一类为王府花园。清初，北京城内兴建大量王府及王府花园，规模比一般宅园大，也有不同于一般宅园的特点，成为北京第宅园林中的一个特殊类别。如郑王府花园、礼王府花园等；再一类即是由皇帝将内务府掌管的明代封没的旧园，赏赐给皇室、姻亲及勋臣，供其使用，称之为赐园。这类赐园多集中在西北郊畅春园一带，如含芳园、澄怀园、自怡园、熙春园、洪雅园等。这类园林可借西郊水系的方便，以水面作为园林主体，因水设景，灵活流畅，与城内宅园、府园风格有所不同。

乾隆嘉庆时期

自乾隆三年（1738年）至三十九年（1774年），皇家的园林建设工程几乎没有间断过，新建、扩建的大小园林按面积总计起来大约有上千公顷，分布在北京皇城、宫城、近郊、远郊、畿辅以及承德等地，有些地区已经联络成片，是宋、明以来未曾有的宏阔场景。

紫禁城范围内御花园和慈宁宫花园大体上保持清初的格局，仅有个别殿宇的增损，另在内廷西路新建"建福宫花园"，内廷东路新建"宁寿宫花园"，这些花园是帝王后妃日常游览观赏的小型园林。

皇城范围内，乾隆十五年（1750年）增建景山五亭以外，重点是改造西苑。由于增建大量建筑物，包括佛寺、祠庙、殿堂、住房、小园林以及个体的楼、阁、亭、榭、小品之类的点景，由于建筑密度增高，苑内景色大为改观。乾隆年间在北海白塔山四面增建许多亭台楼阁，仙山琼阁的意境更为明显，作为全园构图中心的地位更为增强。重修或增修了东岸的濠濮间、春雨林塘殿、画舫斋，东北角的先蚕坛，北岸的镜清斋、天王殿琉璃阁、澄观堂、阐福寺、西天梵镜等斋堂庙宇，形成今天所见的规模。此外，在中海西岸整修紫光阁，在南海南岸增建宝月楼，成为瀛台岛的对景建筑。而东苑、兔园则因改建，园林全部消失。

更大规模的宫苑园林建设则是在行宫、别苑方面。如圆明园的第二次扩建，增设景点，成"四十景"；扩建香山行宫，后改名"静宜园"；扩建静明园，把玉泉山及山麓的河湖地段全部圈入园内；在瓮山和西湖的基址上兴建清漪园，将瓮山改名为"万寿山"，将西湖改名为"昆明湖"。

在建设清漪园和静明园的同时，还对北京西北郊的水系进行了彻底的整治，这是自元、明以来对西北郊水系规模最大的一次整治工程。将西山香山一带山泉导入玉泉湖，再通至昆明湖；在玉泉湖之侧开凿高水湖和养水湖；并在昆明湖之西建拦截大坝，提高昆明湖水位，扩大湖区面积，作为蓄水库，可蓄可调，同时形成前湖后山的景观；沟通圆明园水系；疏通长河，安设闸涵；沟通城内御河及通惠河。经此一番整顿，不但保证了宫城用水，接济了水运水源，兼顾了农业灌溉，同时为发展西北郊的苑囿建设提供了水源保证。同时，还创设了一条由西直门直达玉泉山静明园的长达十余公里的皇家专用水上游览路线。

乾隆十六年（1751年），在圆明园东面建成长春园。乾隆三十七年（1772年），在圆明园的东南面建成绮春园。此二园与圆明园紧邻，有门相通。同属圆明园总理大臣管辖，故又称为"圆明三园"。圆明园附近还有不少赐园及官僚的园林。

海淀以南的泉宗庙、五塔寺、万寿寺内均建置园林作为皇帝游赏驻跸之所，也具有别苑的性质。

乾隆时期的西北郊，西起香山，东到海淀，南界长河，已经形成一个庞大的宫苑集群。范围之内水泉错落，馆阁相属，名园胜景，连绵不绝，对其中最大的五座苑囿——圆明园、畅春园、香山静宜园、玉泉山静明园、万寿山清漪园，总称之为"三山五园"。

北京西北郊以外的远郊和畿辅以及塞外地区，新建成或经扩建的大小御苑亦不下十余处，其中比较大的是南苑、避暑山庄和静寄山庄。其余还有若干规模较小的行宫，都是为乾隆帝巡狩、谒陵途中，以及游览近、远郊和畿辅的风景名胜时短暂驻跸之用，大多数均有园林和园林化的建置。畿辅以外地区，如南巡江南的沿途、西巡五台山的沿途，以及北狩热河的沿途，也都修建有大小行宫数十处之多。

乾隆朝是宫苑建设的鼎盛时期，其后的嘉庆朝仍然维持着创于康熙、成于乾隆的北京及承德别苑建筑群，并适当有所增建。

分布在内外城的第宅园林，一部分是承袭清初之旧，再经改建修葺，大部分则为新建，其中具备一定规模并有文献记录的估计约有一百五十六处。例如余园、可园、崇礼花园、索家花园等。同时，内城的王府花园很多，是北京第宅园林的一个特殊类型，其中郑王府的惠园在乾隆初期进行过扩建，成为一大名园。此外还有恭王府园、鉴园、醇亲王府园等。西郊宫苑附近陆续建成许多皇室成员和元老重臣的赐园，如乐善园、一亩园、自得园、蔚秀园、鸣鹤园、淑春园、熙春园、朗润园、承泽园、近春园等。位于西郊的园林，大多宅与园合而为一，且多以水景取胜，因水成趣。

光绪时期

道光时期，内忧外患，清政府已无力再营造大型苑囿，甚至连维持旧有园林也已经十分困难。但在光绪时期，清政府经过了一段短暂的"回光返照"时期，这一时期对几座被破坏的宫苑园林进行了重修和改建，也成为清代北方皇家造园的最后的高潮。

禁苑大体上仍保持旧貌，但郊外和畿辅各地别苑的情况则有很大变化。畅春园已呈现破败状态，皇太后移居"绮春园"，改名"万春园"。塞外的避暑山庄也停止了每年的巡狩园居的惯例。为了节约宫廷开支，清漪、静明、静宜三园的陈设被撤去，只对别苑圆明园、避暑山庄进行维修和翻建。其他的别苑，有的勉强维持现状，有的由于停止巡狩而常年废置不用，逐渐坍毁。

这个时期第宅园林的发展变化更为明显，并呈"雅俗共赏"的格调。欧风东渐，异域的园林建筑形式浸润到中国园林中，产生明显影响。

咸丰十年（1860年）八月，英法联军占领北京西郊及圆明园，将圆明园及附近宫苑全部焚毁。同年九月，除又一次焚烧圆明园外，又焚烧了清漪园、静明园、静宜园等处。经营了数百年的北京西北郊名园风景区就这样毁于一旦。次年同治帝下诏修复圆明园，但工程进行不久，由于国库空虚，廷臣力谏而终止。至于其他的行宫御苑，就更没有力量去修复了。光绪十四年（1888年），光绪帝发布上谕重修清漪园，并改名"颐和园"，作为西太后"颐养天年"的别苑。修复工程于光绪二十四年（1898年）勉强完成。此次重修颐和园，虽大体上沿袭清漪园的总体规划格局，但因财力有限，工程只限前山及东宫门一带，后山、南湖、西堤以外皆未进行。将部分佛寺建筑改为宫殿建筑，如大报恩延寿寺改为排云殿，并增加奏事房、寿膳房等，园内的建筑密度增大，在某些布局景观上必然有所变异。园林艺术显现出繁琐、浓艳的作风。

光绪二十六年（1900年），八国联军占领北京，各处禁苑均遭到不同程度的破坏。圆明园、颐和园等再次被洗劫。南苑的部分建筑物被焚烧，苑中禽兽被捕杀。此后，西太后将残破的颐和园加以修缮，稍后又对西苑的南海进行了一次大修。其他的别苑，则任其倾圮。到清末，大部分均化为断垣残壁、荒烟漫草、麦垄田野了。

清末新建的第宅园林极少，惟有那栋于光绪三十四年（1908年）在东城金鱼胡同营造的那家花园。其以台榭富丽、山水清雅而著称。此外，北京的宅园如恭王府萃锦园、庆王府花园、三贝子花园、帽儿胡同可园、礼士胡同宾小川宅园亦呈一时之盛。

10.2.3　岭南地区的造园

传统的"重农抑商"意识，在岭南从不居主导地位。经商、重商意识甚至弥漫于市民的日常生活中，规范、制约着人们的价值取向和行为准则。岭南拥有较长的海岸线和较早开放的港口，海上对外贸易无时无刻不在刺激着商品经济和商品意识。清代康熙二十四年（1685年）在广州建立粤海关和在十三行建立洋行制度，乾隆年间开始，准许外国商人在十三行一带开设"夷馆"，方便其经商和生活居住。商贸经济的发展不但在广州和珠江三角洲地区，岭南其他地区也同样如此，粤东潮州城内"商贾辐辏、海船云集"①，而海口也是"商贾络绎，烟火稠密"②。

与北京、江南相比，岭南园林更加注重园林的实用性、交际性，即使是第宅园林，也是强调其空间的交往环境，而淡化其怡情养性的休闲环境。清代广州名园海山仙馆，不仅作为园主富商潘仕成用来宴请四方达官贵人（包括外商）进行交际的场所，还作为政府部门外交活动的场所。

岭南园林的造园活动受地域环境的影响，多集中在河流出海口的三角洲一带，并在选址、布局、空间处理上形成了自己的特点。优美的自然风光，为园林的造园景观提供了素材和蓝本，境内的各种山石、木材，以及各水系河流良好的航运条件，为岭南园林造园的基本物质材料来源提供了有力的保证；叠山的山形走势参照岭南的真山真水之意象。此外，园林多修筑于自然风光优美之处，如广西桂林象鼻山西南麓的云峰寺、阳朔福禄山东麓的腾蛟庵；广东肇庆鼎湖山上的庆云寺、白云寺，广州白云山上的能仁寺等。

广州府

广州作为岭南地区的政治、经济、文化中心，条件优越，与其他地区造园

---

① 乾隆《潮州府志》第14卷。
② 雍正《广东通志》第7卷。

相比，第宅园林量多，且规模相当。第宅园林除城中心的一部分世家大宅和园林外，更多的分布于远离城市中心的边缘，如广州城北越秀山麓、城西荔枝湾水洲一带、城南珠江之滨的太平烟浒以及珠江南岸漱珠岗和郊外花埭等处。

● 城北

城北诸园多集中在越秀山东南一带。越秀山为广州城的穗坦主峰，绣岚撑翠，故"石渠古洞，大树仙园，环列于其麓"，城北的园林有继园、野水闲鸥馆、挹秀园、梦香园、碧琳琅馆等。

继园曾是广州著名的第宅园林，规模不大，却以精巧取胜，把亭、台、楼、阁、假山、碧水尽纳于方寸之间。继园建于光绪四年（1878年），园内有祖祠明德堂、读书处退思轩、藏书处经纬楼、儿孙读书处养翎馆及枕棉阁、佳士亭、香雪亭和得月台诸胜，园内时花绿树相互辉映，既有被誉为"岁寒三友"的松、竹、梅，又有田园风光的荷花塘、"寒菜畦"和"蔬笋堂"。继园园主史澄，番禺人，道光二十年（1840年）中进士后，一直从事教育，曾在肇庆端溪书院和广州粤秀书院掌教。史澄在晚年时，选择风景幽美的越秀山南麓营建了园林住宅，立意仿效前贤，取孟子"为可继也"意，而命名为继园。

野水闲鸥馆在继园西面，园主倪鸿，字云癯，广西桂林人，在粤为官，长期寓居广州。园林后倚越秀山，前临大鱼塘，鱼塘芦苇丛生，藻荇交横，山上的台阁林木，倒影在塘中，一望澄碧，颇有野趣。挹秀园建在野水闲鸥馆旁，园中多种梅树。梦香园位于大鱼塘之南，园主郑绩，字纪常，为广东新会人。碧琳琅馆的园主方功惠，字柳桥，湖南巴陵人，任官广东，在粤三十年，藏书二十万卷，多秘本孤本，为著名的藏书家，园有池馆亭台，碧琳琅馆是主人藏书之所。

● 城西

荔枝湾邻近泮塘，弥望荷花万柄，岸上遍植荔枝树，荔湾涌一水蜿蜒其中，通向珠江，夹岸园林错列，最饶幽趣。嘉庆年间，两广总督阮元游后，赞赏其为"白荷红荔半塘西"。素以"一湾春水绿，两岸荔枝红"景色著称的城西荔枝湾，"富家大族及士大夫宦成而归者，皆于是处治广圃、营别墅"，清嘉庆时南海人丘熙在荔枝湾营建"虬珠圃"，园内竹亭瓦屋，池塘荔林，厅堂临水，满园丹荔，为游人擘荔之所，别饶野趣。道光初年，两广总督阮元之子阮福游园时，以唐代诗人曹松曾咏荔于此，惜迹之不彰，而为之更名为"唐荔园"，赞它如同唐代荔园。

叶兆萼的"小田园"，园内筑有一馆一轩五楼，一舍一书室，即耕芸溪馆、心跡双清轩、风满楼、醉月楼、水明楼、钉月借绿楼、鹿门精舍、梅花书屋等。

环翠园是清末广州颇有名气的私人庭园，由曾任云南大理知县蔡廷蕙返乡兴建，占地30多亩，有宗祠、私宅和花园，园内南侧建有鱼池石山，种植木棉、果木、翠竹和花卉，绿荷池塘边有仿北京颐和园石舫的"船厅"，作为文人雅集聚会的"望云草堂"，以及意大利风格的"玻璃厅"，无论在船厅或玻璃厅，均可观赏到荔枝湾田园景色之美。

荔香园为广东新会荷塘人氏陈庆云所建，园地面积约 5000 平方米。清末时陈庆云自海外归来，购得荔枝湾田园绿地建园于此，内有门厅、花厅和船厅等建筑，大片荷塘和荔枝即以白荷红荔著称。

荔枝湾还先后筑有潘仕成的海山仙馆、李秉文的景苏园、张氏听松园、邓氏杏林庄及彭园、凌园、倚澜堂、小画舫斋，此外，城西还有君子矶、荷香别墅、吉祥溪馆等。

● 城南珠江北岸

城南珠江北岸一带，以中小宅园为多，昔日珠江边有一江心洲，名曰太平沙。太平沙一带曾建有袖海楼、岳雪楼、柳堂、露波楼、仁月楼、风满楼、烟浒楼、烟竹楼、水明楼、得珠楼、得月台等亭台楼阁和别馆离苑。

袖海楼为进士许祥光的别业，许祥光番禺人，官至按察使。楼阁之名取自苏东坡"袖中有东海"的诗意。园林复室连楹、造构奇巧。

岳雪楼，是道光五年时园主人孔继勋冒雪游南岳回来后筑此楼，其藏书处名"三十三万卷书堂"，读书处名"濠上观鱼轩"。

柳堂临水而建，船艇可泊于堂下，因江边有柳，柳边有堂，故曰"柳堂"，又称"深柳堂"，堂上有阁，曰"枕濠阁"，可近枕袖海楼，远眺得月台，为观景及宴饮之所。园主是诗人李长荣，号柳堂，南海人氏，贡生。

露波楼虽地不盈亩，却花木茂然，楼上设一镜，江上帆樯遂出没于镜光帘影间。园主张耀枌，番禺人。

仁月楼与风满楼相邻，也是以镜面取胜，楼上置有洋镜两面，互相映照，楼外景物皆入镜中，端坐楼上，可以尽览江景，园主叶应旸为南海人，字蔗田。

● 珠江南岸

十香园始建于 1856 年，又称"隔山草堂"，为清末著名画家居廉、居巢兄弟的故居及作画授徒之所，因园内种有素馨、瑞香、夜来香、鹰爪、茉莉、夜合、珠兰、鱼子兰、白兰、含笑等 10 种香花而得名。居巢、居廉在近代岭南画坛上并称"二居"，为堂兄弟，祖籍江苏扬州宝应县，先祖入粤做官。居巢字士杰，最擅绘花卉蔬果虫鱼，兼绘山水、仕女；居廉字士刚，擅画草虫花鸟、翎毛、山水人物等，他 9 岁跟随居巢生活，因敬重居巢，以至终生追随。两人共同创立的绘画技巧及鲜明的艺术风格被世人称之为"隔山画派"。十香园临河涌修建，四周青砖砌墙围成小院，有今夕庵、啸月琴馆、紫梨花馆等。啸月琴馆是居廉住所兼画室，以居廉收藏的古琴"啸月琴"命名，馆前各式奇石巧设，间以花草点缀其中，天趣盎然，幽雅宜人。今夕庵为居巢的画室、会客室及日常生活起居室，居巢去世后，此间为居廉供佛诵经之所。紫梨花馆是居廉授徒作画的地方，门上刻着晚清书法家居秋海所题"紫梨花馆"木匾，馆前原种有紫藤，凤凰树等花木，故称紫梨花馆，室内西偏房乃居廉昔日授徒作画之所，东面为书房，岭南画派创始人高剑父、高奇峰、陈树人等曾在此处学画。

广州芳村花地河旁的基堤水松成行，故有松基之称。松基一带属"大通烟雨"风景区，宋、元时皆为羊城八景之一。松基更是景中佳景，它北邻珠江，西临花地河口，河岸基堤水松成行，松基内则古松成林，风吹松涌，其声如涛，岭南著名诗人张维屏晚年就在这里建有听松园。张维屏号南山，番禺县人，工书画，擅诗词，通医学，道光二年会试中进士。当过知县、知府，57 岁时辞官归里，过着"半农半圃半渔樵，不爱为官爱读书"的生活。听松园占地十余亩，筑有二池，乔木林立，有松涧竹廊、烟雨楼、定春道、柳浪亭、海天阁、松心草堂、东塘月桥、闻稻香处、东临蓬馆、万绿堆、观鱼榭、莳花埂、听松庐、院中堂、南雪楼、双芙溆、逐读我书斋等景点。池塘水碧，花木扶疏，池水可通珠江白鹅潭，楼高可眺城北白云山，园内树木以水松居多。"园以水木胜，木以松胜，余性爱松，昔既以听松名庐，而后复以听松名园。"

杏林庄与听松园一河之隔。园主人邓大林，号荫泉，又号长眉道人，道光年间进士，任过知县，集诗人、画家、丹药配制者一体。《番禺续志》："杏林庄道光二十四年香山邓大林所辟，园地不多而深幽雅洁，不设蓠垣，奇石林立，中有竹亭、橘井、桂径、蕉林等诸胜。主人善炼药，园名杏林，本取董奉丹药济人之意，实未有杏也"。岭南无杏，杏林庄只是"楚江上公赠以岭南亦有杏林庄额，因而渡河来烟雨通津拓一方之地以安丹灶，名曰'杏林庄'。"杏林庄占地约十多亩，内有八景，为竹亭烟雨、通津晓渡、蕉林夜雨、荷池赏月、板桥风柳、隔岸钟声、桂径通潮、梅窗咏雪。

康园占地 20 多亩，园内除楼台亭阁外，还建有书斋一间，是康有为读书处。书斋的满洲窗上镶有彩色玻璃，木门扇上雕刻着花卉飞禽。园内主建筑是一座两层砖木结构的厅堂，园内通道及书斋之门前，遍植绿竹，风景幽雅。康园与小蓬仙馆、听松园恰成鼎足之势，是盛极一时之园林。康有为一家十多代皆是书画世宦之家，置有不少产业，康园只是其中之一部分。戊戌政变失败后，慈禧太后下旨抄康有为的家产，于是康园被没收拍卖。主屋厅堂为一商人购得，用来开发茶楼之用。清末民初取名一品陞茶楼，后改名为惠然楼。

小蓬仙馆是芳村众多的名园之一，三面环水，面对珠江白鹅潭，濒临小河，风景优美。始建于清朝道光年间，咸丰年间重修过。正门石额书有"小蓬仙馆"四字，是两广总督叶名琛所题。主体建筑坐北向南，高脊飞檐，为三进的水磨青砖花岗石脚的房屋，一堂两庑，堂庑之间侧门上分别书有"清镜"、"平砥"等字。后花园设亭台石山，曲径清幽，环境秀丽。

富家商贾第宅园林，在珠江南岸主要有十三行行商潘氏、伍氏家族的园宅。潘氏家族的宅园有南雪巢、南墅、万松山房、秋红池馆、双桐圃等；伍氏家族有伍崇曜的粤雅堂、伍秉镛万松园的南溪别墅，另外还有清晖池馆、听涛楼、翠琅玕馆等。

南雪巢在漱珠桥附近，背倚万松山麓，园主潘有为，字卓臣，号毅堂，南海人，为清代举人。宅园所处之地曾为汉代杨孚故居所在，相传杨孚把河南洛阳的松柏移植宅旁，碰巧那年广州下起了大雪，唐代进士许浑有"河畔雪飞杨子宅"的诗句，后人所建纪念杨孚的公祠也曰"南雪祠"，潘有为在《南雪巢诗·注》中："粤本无雪，汉议郎杨孚移嵩山松柏遍植珠江南岸，始有雪巢其巅。"故宅园取名南雪巢，园外陂塘数顷，有村野之致。在漱珠桥之南的另一宅园南墅，其园主是潘有度，字宪臣，号容谷，十三行行商同文行主人，园内有方塘数亩，架桥其上，周围多种水松，还有漱石山房、芥舟等建筑。万松山房园主潘正亨，字伯临，园内多植木棉，建有榕阴小榭，其池塘满栽荷花。秋红池馆内建有听帆楼，楼下筑莲塘、花架，环以廊榭，曲折重叠，登楼可眺望珠江白鹅潭往来之帆影，园主潘正炜，字榆亭，号季彤，贡生，官至郎中。双桐圃在南墅内，有梧桐古树二株，因浓荫满庭而得名，园主潘恕，字子羽，号鸿轩。

粤雅堂园主伍崇曜，原名元薇，字良辅，号紫垣，南海人，十三行行商怡和行主人，钦赐举人，加布政使衔，宅园规模甚大，后倚乌龙冈，前临珠江，漱珠涌绕流堂前，园内有池塘、小丘、石桥等，园主富于藏书和酷爱刻书，曾刻有《岭南遗书》《粤雅堂丛书》等书籍。远爱楼是伍崇曜另建来用以收藏书籍和宴饮的，在白鹅潭南岸，此楼三面环水，观景甚佳。伍崇曜之父，是清末十三行鼎鼎有名的首富伍秉鉴，伍秉鉴世居广州，当年建有伍家花园，俗称万松园，占地13万平方米，园内最大的厅堂，可设宴几十桌，能容上千和尚诵经。南溪别墅在万松园内，内有宝纶楼，园主伍秉镛，字序之，又字东坪，贡生，仕至湖南岳常澧道。清晖池馆也在万松园内，园主伍平湖，十三行行商伍氏家族，园林后归伍崇曜所有。万松园内还有听涛楼，其园主伍元华，字良仪，号春帆，同属十三行行商伍氏家族（图10-7）。

芳村的福荫园，乾隆盛世时为六松园，前名恒春园，归任氏后，才取名福荫园，又作馥荫园。该园占地四十多亩，是清代广州四大富豪任氏的产业。其环境幽雅，风景优美，康有为于光绪十三年（1887年）曾暂住此园。根据《番

图10-7　广州十三行行商的伍家花园

禺续志》41卷中记载："六松园在花地栅头村，先为乾隆年间潘氏有为筑以奉亲者，风亭水榭，并有荔枝老树两株，自闽移来，今尚存。"清代广州的四大富豪是以潘、卢、任、叶为首，当时潘氏富家全盛时，子孙多出任高官要职。又根据《番禺续志》一书记载曰："潘氏晚年颐居六松园，时景会楼落成，赋以《述怀》诗两首，刻石东壁以训子孙。"乾隆盛世时潘家花园显赫一时，六松园原为潘有为所有，后因世故变幻，潘氏日渐衰落，昔日盛极一时之花园物业也为任氏购得，遂更名为福荫园。

广州城西十八甫的磊园，占地广阔，本是一位从事外洋贸易富商的巨宅，其遗孀杨氏将宅售给颜亮洲，改名磊园。其子颜时瑛将磊园扩充改建，他先令匠工相度地形，研究配置，绘制成图后再由工匠据图施工。园内共分十八境，有桃花小筑、遥集楼、静观楼、临沂书屋、留云山馆、倚虹小阁、酣梦庐、自在航、海棠居、碧荷湾等楼榭、山水及草木之胜。静观楼专藏书画、金石作品，临沂书屋以藏书为主。造园规模之大，营建之精，在乾隆年间甲于羊城。磊园扩建于乾隆年间，园主颜时瑛为广州十三行行商泰和行的主人。泰和行被封后，园屡易主，最后为伍崇曜所有。

清道光年间，广州西郊荔枝湾曾建有一座闻名海内外的大型私人园林海山仙馆，又名潘园。园林之名"海山仙馆"，得于落成之日的对联："海上神山，仙人旧馆"的上、下联的首末四个字。其存世四十载，当年有诗赞："红藕花深画舫来，恍以仙馆即蓬莱"。园主人潘仕成（1804-1873年）字德畲，于道光十二年（1832年）顺天乡试，中副榜贡生，曾被任命为两广盐运使、浙江盐运使等官职。清道光、咸丰年间，在广州行商中有所谓潘、卢、伍、叶四大巨富家族，其中以潘氏居首，而潘仕成则是潘氏家族的代表人物，主要经营盐务和外贸进出口生意。海山仙馆园林占地面积约12公顷，规模宏大，风景优美，内容丰富，当时有"南粤之冠"的美誉。此园之美不但吸引四方达官贵人、文人雅士，还曾作为官府的外交活动场所。可惜园林后来因园主盐务亏空而拍卖。

海山仙馆原为嘉庆年间富商丘熙所建，名虬珠圃，有人赞它如唐代荔园。潘仕成得此园后，除保持原来幽雅景色外，还筑小山，修湖堤，增建戏台、水榭、凉亭、楼阁，面积扩大至数百亩。园内小岗松柏苍郁，岗旁湖广百亩，与珠江水相通，备有游船作游河之用。当时曾有诗曰："四面荷花开世界，几湾杨柳拥楼台。柳波移棹忆良游，荔熟荷香月满楼。"园中不但建筑雕梁画栋，气势非凡。而且有荔枝等果品诱人，还养有孔雀、鹿、鸳鸯等动物怡情。清·李宝嘉《南亭四话》："俯临大池，广约百亩，其水直通珠江，足以泛舟。"《南亭四话》还说园林"有白鹿洞，麋鹿数头"。

潘仕成于道光二十八年(1848年)曾请江苏名画家夏銮画有《海山仙馆图》，该图是从园东北角高处俯瞰园林的全景图（图10-8）。图中可见西南一边有茫

图 10-8　海山仙馆图局部（清　夏銮绘）

茫江水环绕流过，远处是沉沉苍山，片片风帆，点点渔舟在波涛中若隐若现。近在岸边的海山仙馆，由一道高墙围绕。高墙之内是一浩瀚如海的大湖，内有三山、两塔和为数众多的亭台楼阁，长廊曲榭，临水屹立在湖的西周。有一座构筑在湖水上的大戏台，可容众多演员在此演出。环绕湖边，是一道蜿蜒曲折以石铺砌而成的堤岸。湖上的三座山，一高两低，高的筑有石道，环回曲折，可以拾级而登，低者奇石峥嵘，青翠多姿。两座塔，一在湖东，六角五级，以大理石雕砌。一在湖西，圆柱形。在建筑组群之间有跨水筑起的大小道路，回廊台榭及大桥、小桥、拱桥、曲桥相连。湖上有停泊或正在行驶的艇舸及扁舟几只，园内路上有马车正在奔驰。

　　园内主要建筑物有：凌霄山馆、文海楼、越华池馆、贮韵楼、雪阁、眉轩、小玲珑室、东西两塔以及水上音乐台等，其"雪阁"用于接待嘉宾，"贮韵楼"举办文酒会，"文海楼"用来藏书。园林建筑装修讲究，工艺精致华美，各种石木砖雕，琉璃通花，灰塑彩画，贴金油漆等，应有尽有（图 10-9）。海山仙馆将田园景色与文化韵味、地方特点三者融合在一起，潘仕成在建园时保留和利用原有园林的环境条件，形成堤上红荔，水里白荷，庭中丹桂，苍松翠桧，竹影桐阴，奇花异卉的园林自然风光。

图 10-9　广州海山仙馆之越华池馆

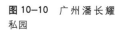

图 10-10　广州潘长耀
私园

　　十三行行商潘长耀，于清嘉庆年间开设"丽泉洋行"，并在城西西关营造了自己的园林。园中设水庭，花园置假山，临水凉亭塑荷叶为盖，甚为罕见。庭园建筑以两层楼房为主，二楼有敞厅、游廊及露台，装饰雅致精美。外国人称之为宫庭式住宅和花园（图 10-10）。

　　小画舫斋建于清光绪壬寅（1902 年），园主人为西关商人黄绍平。小画舫斋因在园内沿荔枝湾河涌修建房屋，其平面形状类似画舫，故得名"小画舫斋"。小画舫斋采用"连房广厦"的布局，四周置有精致幽雅的楼房，中间为庭园，建筑有客厅、船厅、书厅、祖堂等，是西关著名的园林之一（图 10-11）。园林建筑布局主要分为三部分：南面是南门厅与宅居；西北涌边处是船厅，园林中

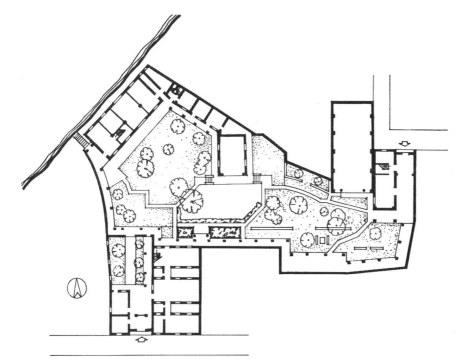

图 10-11　广州小画舫斋
平面

间是祖堂，两者间有建筑相连；东北为北门厅与后楼。小画舫斋园林正门朝南，大门是用白麻石脚和石框，墙壁用水磨青砖，门额正中题有"小画舫斋"石刻。大门之后是木雕镶边套蚀刻彩色玻璃的大屏风，玲珑剔透。屏风后是南门厅，门厅右边为侧厅与住房，宅居二层为卧室和露台。后面为两层的主楼"船厅"，一面向着遍置花木石山的庭园，一面临水设有码头水埠，可登船外出。园林北面是一间坐北朝南的祖堂，里面有神龛供奉祖先。祖堂斜对面为称作"诗境亭"的半边亭。园内遍置花草树木，有榕树、九里香、白玉兰、荔枝树及米兰、茉莉花等，园内还有石山鱼池，虽为盛夏，处于园中仍觉花香扑鼻，清风徐来顿消炎暑。黄绍平去世后，其弟黄子静入住，又购置了与小画舫斋相连的楼宇，增加了北门厅、轿厅等。

其他地区
● 粤中

梁园是清代中晚期佛山梁氏家族第宅园林的总称。梁园始建于清嘉庆、道光年间，主体园区位于佛山市松风路先锋古道，由内阁中书、岭南著名书画家梁蔼如及其侄儿梁九章、梁九华、梁九图等诗书画名家所精心营建，历时四十余载，至咸丰初年，梁氏园林群体已至相当规模，面积上百亩。梁园鼎盛时规模宏大，占地二百余亩，包括"无怠懈斋"、"十二石斋"、"寒香馆"、"群星草堂"、"汾江草庐"等园林建筑组群。梁九图在《梁氏支谱》中记有："一门以内二百余人，祠宇、室庐、池亭、圃囿五十余所。"园内祠堂宅第与园林建筑自成体系，亭廊桥榭、堂阁轩庐，聚散得宜，错落有致。建筑小巧精致，轻盈通透，与绿水荷池、松堤柳岸相映成趣。大小奇石千姿百态，园林景色诗情画意。

梁氏家族原世居顺德县杏坛镇麦村，于清嘉庆初年定居佛山松桂里。梁园始创人之一梁蔼如，进士及第，官至内阁中书，精通诗赋，善于书画，天性淡泊，不慕功名，辞官归故里后，于嘉庆末年在松桂里筑"无怠懈斋"以娱晚年。梁九章，嘉庆丙子年乡试选调国史馆誊录，后为四川布政司知州，善画梅，精书法，喜鉴藏，道光年间在西贤里筑"寒香馆"，寒香馆内树石幽雅，遍植梅花。其弟梁九图，十岁能诗，生性雅淡，不乐仕途，喜游历，善画兰，道光年间，在原清康熙时太守程可则故宅"蕺山草堂"的旧址上，兴建园林"紫藤花馆"，后来梁九图游览衡山湘水南归，舟过清远时偶然购得纹路嶙峋，晶莹剔透，润滑如脂的大小黄蜡石十二座，于是用船运回佛山，以石盆乘之，罗列馆中，最大的一座石取名为"千多窿"，梁视石若命，将原馆改名为"十二石山斋"，自号"十二石山人"，梁九图还建有"汾江草庐"，为词人雅集之觞咏地，骚人墨客一起"诗酒唱酬，提倡风雅"，人称梁九图为"汾江先生"，园内筑有韵桥、石舫、个轩、笠亭等。

"群星草堂"亦建于清道光年间，园主为梁九华，字常明。官至大理寺主事，人称部曹。喜好书画，晚年好石。返乡后建部曹第、祠堂和群星草堂。群星草

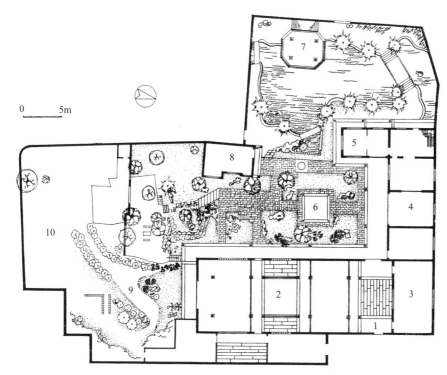

图10—12 梁园群星草堂
平面
1.门厅 2.群星草堂
3.客堂 4.秋爽轩
5.船厅 6.壶亭
7.笠亭 8.花匠房
9.花圃 10.菜园

0 5m

堂为三进建筑，回廊天井，九脊屋盖，砖、木、石结构，外观古朴清雅，群星草堂北面有"秋爽轩"，旁有"船厅"，荷池对岸为二层的"笠亭"（图10-12）。园内百年古树苍劲挺拔，奇石形状万千，立如危峰险峻，卧似怪兽踞蹲。其中"苏武牧羊"、"雄狮昂首"、"如意吉祥"更为石中之稀品。

梁园鼎盛时，规模宏大，建筑众多，其造园艺术别具一格，融传统造园艺术、岭南水乡田园风韵与文化内涵于一体，立意清雅脱俗，空间变化迭出，极具写意庭园的诗情画意。大小奇石千姿百态，组合巧妙脱俗而独树一帜。相传园内奇石多达四百余块，有"积石比书多"之盛誉。梁园建筑古朴幽雅，布局野趣盎然，宅第、祠堂、园林浑然一体，具有浓郁的地方色彩，庭园景观丰富多样，讲究诗情画意，庭园空间错落有致，聚散得宜，组景不拘成法而富于创意，有石庭、山庭、水庭、水石庭等多种形式，营造出动静结合，疏密有度的园林景观。

位于佛山社亭铺朝市街内的陆沈园，光绪三十二年（1906年）由吴荃选所筑，门首石额刻有"谪居小筑"，园内的水景石龙池，是因池底有石龙脊而得名。石龙池周围有酴醉岛、石龙池馆、听蛙阁、湖光室、木兰堂、护珉庐、赐书楼和中丞家庙等。

番禺南村的余荫山房是清代举人邬彬的第宅园林，园不大却景观幽深。余荫山房南面还紧邻着一座稍小的瑜园，是园主人的第四代孙邬仲瑜所造，瑜园是一座设计精致而又富于地方特色的庭园式书斋。瑜园入口大门设在南面，面对村内的街巷，进入后有门厅、正厅，正中部分为船厅，建有两层，首层是客厅，分前后二舱，两舱之间用木雕门罩分隔。瑜园以船厅为中心，底层船厅外有小型方池一个，建筑平面迂回曲折，内有桥、亭、池、馆，有百寿堂、罗汉堂等。二楼东侧为书房和居室，书房与船厅间用平台相连，乃主人读书吟诗之处，二楼还有小姐的闺房、梳妆楼、焚香阁。这三部分建筑之前都留有空地辟作小庭，或栽植花木，或设置小池拱桥，面积虽小，但布局紧凑、玲珑精巧。

张翁和宅园位于东莞南城区，原址旧有炜华书屋、度香亭和锦秋园。张翁和，字接萼，号棣甫，国学生，敕授儒林郎，候选布政司使。张翁和于同治年间建造的第宅园林，炜华书屋是当年张翁和宴聚宾朋、吟诗赋文之所。度香亭位于炜华书屋前，坐北朝南，平面正方形，四柱卷棚顶，亭额为何仁山所书，跋称："亭绕水，杂树环之，稻香、荷香、荔子香、百花香，四面俱来，四时不断。因摘昔人'香度水边亭'句，颜之曰'度香'。"张翁和之孙张伯桢《篁村度香亭》诗："曲曲溪流暗度香，森森原是水云乡。支荷绿与修篁碧，最好花阴话晚凉。"可见当时这里的优美景色。可园位于东莞城西的博夏村，由张敬修修建，园内可楼为主体建筑，高达15米多。园中的桂花厅是高级客厅，夏天清凉沁人。

● 粤东

澄海樟林西塘，该园总平面结合地形，宅园前部为住宅，中部为庭园，后部为书斋，布局十分紧凑。顺石级登楼书斋，只见园外宽阔的池水波光闪烁，倒映着远处群山和农舍，庭园边界利用假山、楼阁而不设围墙，把园外空间景色引入庭园，扩大了瞭望视域，还增加了庭园的开阔感。

潮阳西园平面布局不同于传统造园手法，大门西向，庭园左侧为两层的居住部分，平面为外廊式，进深较大，中间楼梯间用天顶采光。建筑吸取了西方的一些手法，正立面用四条多立克叠柱装饰，园内采用铁栏杆、铁扶手。其结构、材料和形式，都受西洋建筑的影响较大。右侧绕过直廊书斋后为书斋庭园部分，书斋庭园布置紧凑，有阁有楼，有山有水，还有小桥小亭。假山用珊瑚石和英石混合砌筑，仿照海岛景色，富有南国特点。

潮阳棉城的耐轩园，由萧凤翥于清宣统元年建成，占地约600平方米，是一处别墅府第与园林逸趣相融合的精巧构筑。园中假山均以太湖石垒成，古榕成荫，其石壁上分别有篆、隶、草、行书题刻数十处，园林建筑古香幽雅，园林景观置于庭院、屋舍、楼台、亭榭之间（图10-13）。

同在潮阳棉城的林园，由圆亭、假山、幽洞、鱼池、板桥、古井和一座两层的西式楼房建筑组成，园林建于光绪年间（1875-1908年），面积约500平方米。岭南近代园林建筑受外来文化的影响，常采用中西合璧的方式，建筑是西方的手法，园林则用传统的岭南造园手法，整座园林坐北面南，四周高墙围护，院墙边广植竹子树木，苍郁荫翳。林园主体建筑为二层的外廊式别墅建筑，底层为大厅，左右配厢房，大厅东侧后面有阶梯以登二楼，二楼西侧有门可通假山群（图10-14）。凭楼眺望，可近赏假山、凉亭、林木花卉，令人心旷神怡；远眺棉城居民屋宇鳞次栉比，文光宝塔巍然卓立，无限景物，尽收眼底。

图10—13 耐轩园叠石古榕相映交辉（左）
图10—14 潮阳林园假山凉亭鸟瞰（右）

　　清代所建的"梨花梦处"，乃潮州府清代同治年间总兵卓兴的书斋庭园和观戏娱乐的场所。卓氏的住宅在潮州北城，因住宅地盘不够，书斋只好在附近辟地另建，这种建造方式在潮州地区的庭园宅院中，是很少见的例子。"梨花梦处"分有南、北两部分，南部为书斋，北部为观戏处，各自都附有庭园（图10-15）。两者间用围墙间隔，仅有一圆洞门方便两处联系。戏台采用拜亭的形式，即在厅房前面凸出一平台，台前用两根立柱与厅房共同支承亭盖，拜亭三面敞空。戏台分为前后二部分，前为舞台，后为三开间的附属建筑，其中厅供摆设鼓乐演奏之用，两侧厢房为演员活动场所。舞台前中央处有台阶三级，供下庭园之用。另外，"梨花梦处"的拜亭戏台下面为水池，戏台立在水池之上，据说富有音响效果，从外观看别有趣味。卓园戏台虽规模较小，然而置于树木掩映的庭园之中，却显得幽雅别致，独具匠心。书斋宽三间，坐东向西，斋厅两侧各设一个小院，内置盆景花草，

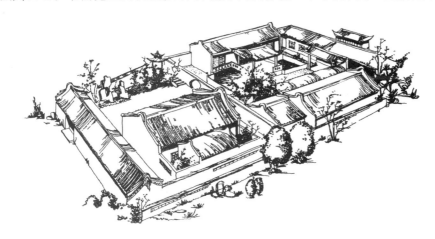

图10—15 潮州"梨花梦处"鸟瞰

平日在斋厅读书时，小院的奇花异香飘入屋内，倍觉清爽。书斋前面的庭园在围墙处堆假山，造亭子，庭园中这种堆山立亭的做法，是粤东庭园的主要造园手法之一。

位于普宁县原县城洪阳镇南门外的春桂园，为普宁清代总兵方氏的住宅园林。宅园利用旧城河道，沿河道两岸布置建筑物围筑而成园，其北面建有住宅、书斋、家祠、客厅、客房等，建筑物之间用廊道、亭榭、水舍相连，而南面则布置庭园，形成了一个狭长形的庭园宅居。建筑群中，住宅、书斋和家祠布置在河道之东，是宅居的内区。河道之西有大门入口，还有会客厅和客房。西面宅外临街处，在宅第中间辟有房屋数间作为店铺。庭园也因河流关系分为东西两部分，东园属内眷用，西园为会客用，园内置有亭子和水榭，两园之间用平铺的石板桥作为联系。宅园建筑部分虽然采用密集式布置，但由于有南面空阔的庭园及前低后高的建筑楼层和河流产生穿堂风，使人在炎热的夏日，仍觉凉爽舒服。同时，宅园内分隔成的不同大小的水庭、平庭及天井院落，使空间活泼且富有流畅之感。

10.2.4 闽台地区的造园

福建古称“闽”，是土著闽越人的居住地。福建三面环山，东濒大海，区域性特征十分显著。闽江是福建第一大河，闽江下游的福州、晋江下游的泉州、九龙江下游的漳州与厦门，是福建经济、文化最为发达之地，各自形成了独具特色的地域建筑文化，也是福建第宅园林的集中地区。

台湾在福建东南，四面环海，本岛中部、东部高山矗立，西部是宽阔的平原。元代于澎湖设置巡检司，设官管理，台湾正式纳入中国版图。1661 年，郑成功率军将荷兰人逐出台湾，设官分治、建学屯田，随之有大批汉人移民台湾，这是汉文化有系统的移植台湾之始。清康熙二十三年（1684 年）设台湾府，下辖台湾、凤山、诸罗三县，隶属于福建省台湾厦门道。

闽台的第宅园林繁盛于明清时期，主要集中于福州、莆田、泉州、漳州等沿海州县，闽西、闽北只有零星分布。台湾的第宅园林则主要集中于台南、新竹、台北等地。现保存完整的清代园林有福州的二梅书屋、黄楼庭园、东园、衣锦坊郑宅庭院、陈承裘故居花园、郭柏荫故居庭院、刘宅庭园、林聪彝宅园、黄宅庭园；莆田的双池巷 73 号住宅小园；泉州的尺远斋、石井中宪第花园；漳州的赵家堡园林、古藤仙馆；台湾的吴园、林园等。

福州

福州作为福建省城所在，明清以来，城区街道以屏山前的鼓楼至南门的南大街为南北中心干线。南大街是商业最为繁华的地段。清代，福州城区以南大街为界，东半城属“闽县”，西半城属“侯官县”管辖。东半城南端为九仙山，西半城南端为乌石山。"乌石、九仙两山，下多前贤园林第宅，亦人杰地灵所聚。"①乌石山东麓弥陀寺旁有道光时郭柏苍的书斋"红雨山房"，取名自"了无杂木，惟桃多且盛，风来片片入几席间"。乌石山西南麓有清末龚易图的别业，名"双骖园"，园以荔枝胜，有"啖荔坪"，围于群荔之中。乌石山北麓有清初的"竹柏山房"、"磴园"。南麓有清雍正间的"二梅亭"。西北麓有清初薛梦雷的别业，"中有夕佳阁、即夕佳楼、蒹葭草堂、水云亭、宾莲塘、山镜堂、阆风楼、鱼我桥诸胜"。②乌石山向北的支脉的寺观园林于清代散为第宅园林。清光绪七年（1881年）邑人郭柏苍于"光禄吟台"石旁开凿"漾月池"，并依自然景观，改为"沁园"，成为以水景取胜的园林。

福州清初的盛世之时，"高栋云连，名园绣错"，又近于南门，南邻闽江，水系发达，因而晚近的园林多分布于两山南、北麓，但其园多为别业，至今十不存一。而九仙山以北的东半城的主要街巷——朱紫坊、鳌峰坊，乌石山以北的西半城的主要街巷——"三坊七巷"，即衣锦坊、文儒坊、光禄坊及杨桥巷、郎官巷、安民巷、黄巷、塔巷、宫巷、吉庇巷等，为达官显宦、文士名流的聚居地，明清以来福州住宅与第宅园林的精华部分皆荟萃于此。

莆田、仙游地处福建沿海的福州、泉州之间，20世纪70年代，莆田县城内还保存着绣衣里康熙年间的小园、双池巷小园、井头路陈氏小园等数处明清第宅园林③，今已无遗迹可寻。

泉 州

清初，靖海将军施琅驻于泉州城，于城中建筑府邸多处，有的附属园林，后人传为"春园"、"夏园"、"秋园"、"冬园"四园，今尚存澄圃（夏园）和东园（冬园）遗迹。清乾隆年间举人黄祖念建园林，其子黄宗汉增广，在今鲤城区玉犀巷20号。园林中的建筑已毁，只保存着用纹理精美的湖石、英石砌成假山二座、水池一区。西面假山的北端的花台中立有一块屏风状石块，高约1.5米，外观灰黄色，石块表面分布白色的凸脉，恰似梅花的枝丫，故取名梅花石，并称这座山水园为"梅石山房"。

泉州城西南石笋之南有林孕昌的"在兹山房"。外港安海有清光绪年间富商林瑞岗于住宅旁所建书房——衔远别墅，在今安海镇大巷2号，尚存遗址。

清康熙二十四年（1685年），李光地在家乡安溪湖头，利用天然池沼及数株古榕，辟为"榕村"书屋，是一处以天然水沼和古榕取胜的书斋园林，今仍存大面积的水池和临水的组合水榭。

---

① （清）郭白阳：《竹间续话》卷2。

② （清）郭柏苍：《乌石山志》卷5 "第宅园亭"。

③ 陈从周：《梓室余墨》卷6 "闽中游记"，北京：三联书店，1999年5月，第460页。莆田市政协文教卫体文史资料委员会等编：《莆仙老民居》，第30、88页。

漳州

清初，郑成功军队与清军于漳州城数度交战，城内建筑、园池破坏严重。保存至今的第宅园林只有城东南的建于清末的文川里可园、城东郊的建于近代的古藤仙馆等几处庭园。

闽西、闽中的大型土楼、土堡中往往也附设园林，这些园林又多附属于书院、私塾，作为族内子弟读书、养性之地。土楼、土堡、围拢屋前的半月形风水池，多为建造时取土形成，建成后往往略加利用，形成楼堡前的庭园。"三堂两横"是围拢屋的核心，前围与后围则是依据形势宗风水而设置的"前水"、"后龙"。前围、后围往往作为家族的私塾或书斋，略具园林气氛。如龙岩市武平县十方镇熊新村的土楼"九厅十八井"，于土楼前开凿风水池一方，在池南建三合院书舍一座，院墙上开扇形、桃形等漏窗，书舍左右跨水各建小阁三间，形成一组以水院为中心的安静庭园。永安市吉山的萃园，是当地士人刘奇才（1617-1701年）于清初创建的园林，其前围的半圆形水院，三间临池水榭，环境质朴清新。永安市西洋镇的会清堡，则将书院置于土堡之外，其书院内的水院小巧而清静，又可借堡外近水远山之景，形成与土堡不同的环境气氛。漳州市漳浦县的赵家堡，于堡内建辑卿小院，为园主的书斋；府第之南以大面积的自然山林与池沼为主，形成一处开放式的土堡园林。

厦门

清初，郑成功占据厦门、金门，作为"抗清复明"的根据地，相传郑成功之子郑经曾在厦门岛建造规模宏大的别墅与园林。清康熙二十二年（1683年）台湾纳入清王朝版图后，"兴泉永兵备道"移驻厦门，厦门成为闽省仅次于福州的福建南部的政治、经济、文化、军事中心。

厦门有天然的山海景观，造园往往利用负山襟海的地理优势，并以山光海色作为造园主题。清初，施琅于厦门岛上其府第后建来同别墅及涵园。涵园中有堂、亭、斋等建筑，皆因近山远海而得名，其造景也是闽南特有的巨石为主体要素。这种在地质学上所称的"石蛋地貌"（Pebbly Landform），是厦门岛最常见的地貌景观。清代的福建水师提督官邸后的快园，也利用巨石地貌，还发挥其地势高点，远借海景。

清乾隆时期，厦门名士黄日纪于厦门城南门外凤凰山建榕林别墅，利用六棵古榕及巨石，建筑园林，名曰"凤山园"。其弟子薛起凤有《榕林别墅记》。黄日纪将这些景观分作"榕林二十四景"，每景赋以诗[①]，从这些记载可以看出，榕林别墅的凤山园与快园一样，利用天然的奇峰异石，是以自然山景为主的人

---

① （民国）江煜：《鹭江名胜诗钞》，第261—264页。

工园。凤山园位于今思明区小走马路安定小学北侧，现在只留下巨石上的乾隆四十三年（1778 年）的"古凤凰山"及《榕林别墅记》题刻。

台湾

台湾社会的发展，经历了由原住民社会向汉人移民社会的转变过程。宋元时期来自福建的汉族移民，主要活动范围在以澎湖为中心的台湾外岛。大规模的汉族移民，则主要出现在明清两代。台湾地区接受的基本是闽粤两地的移民文化，特别是以福建文化为主。台湾传统建筑基本上是闽南传统建筑体系的延伸。移民是由最早的台南地区扩展到整个西部平原，再蔓延至东北部的宜兰地区。台湾建筑自身的演化发展，产生了不同的地区建筑风格与流派，这些流派经过长期的演化，与原乡祖地的建筑似曾相识，又不尽相同，台湾的传统建筑与园林在风格上呈现出复杂、多样性。

郑成功于 1662 年驱逐荷兰人并在台湾建立第一个汉人政权后，避居于闽地的明朝宗室、缙绅遗老也纷纷来台，兴建住宅花园。宁靖王朱术桂于台南府西定坊的海滨之地建"一元子园亭"，园址康熙时改建为天后宫，即现在的台南大天后宫[①]。郑经于承天府治之北的洲仔尾建"北园别馆"，"就洲仔尾园亭为居，移诸嬖幸与内，纵情花酒。"[②] 清康熙二十五年（1686 年）周昌记述说："园在平壤无丘壑，亭树曲折，凌峻之致。"[③] 北园也于康熙时改建为开元寺。郑经的谘议参军陈永华于承天府治北门外的武定里建宅园。明末漳州籍举人李茂春在承天府治南门外的永康里建"梦蝶园"，"竹篱茅舍，若在世外，闲花野草，时供枕席。"[④] 园于康熙时改建为法华寺。

康熙二十三年（1684 年），台湾正式纳入清朝版图与管辖之中。清廷设"台湾府"，隶属于福建省，闽台的建筑文化交流更为密切。清代初期的台湾，私人筑园尚不普遍，而且仅限于当时的政治中心台南府。见于记载的如台湾县武解元李桢镐的"李氏园"，建于雍正七年（1729 年），在台南府治小东门外永康里，"主人筑小亭曰聚星。绿畴四绕，青嶂当窗。台地官僚省耕，皆憩于此。"[⑤] 中书科秀才林朝英的"一峰亭"，建于乾隆四十三年（1778 年），位于台南府城打石街，园中筑"蓬台书室"，林朝英书"一峰亭"匾额序记说："余独有一峰，无太岳之高，武夷之峻，环堵之外，熟视之若亲见也，而予徒倚于亭，独旦暮遇之，巍然耸出，岿然特存。"[⑥] 这类第宅园林，规模都不太大。

---

① （清）王必昌纂修：《乾隆重修台湾县志》卷 15 "杂记·古迹"，第 539 页。

② （清）江日升：《台湾外记》卷 8。

③ ［清］陈寿祺、魏敬中：《道光福建通志》卷 47 "台湾县·名胜"。

④ （清）王必昌纂修：《乾隆重修台湾县志》卷 15 "杂记·古迹"，第 543 页。

⑤ （清）觉罗四明、余文仪：《续修台湾府志》卷 19 "杂记·园亭"。

⑥ "一峰亭"木匾，现存于台南市延平郡王祠的民族文物馆中。

清嘉庆以后，台湾经济恢复发展，人口持续增加，文风鼎盛，士绅、富商的筑园风尚才普及起来，并由南部向中部、北部传播。台南有吴尚新的吴园（建于道光十年，1830年）、吴尚沾的宜秋山馆（建于咸丰七年，1857年）、吴世绳、吴国雨父子的归园（建于道光十二年）、郑志远的遂初园（建于道光五年）、许逊荣的卯桥别墅（建于咸丰元年）、卢崇烈的留种园（建于同治年间）；台中有雾峰林家的莱园（建于光绪十九年，1893年）；新竹有林占梅的潜园（建于道光二十九年）、郑用锡的北郭园（建于道光三十年）；台北板桥有林维源的园林（建于咸丰三年）、陈维英的太古巢别墅（建于咸丰十年）等。

开台进士郑用锡于清道光三十年（1850年）在新竹城北门外建"北郭园"。园以新竹城墙为背景，远借群山，取李白"青山横北郭"诗意，名"北郭园"。因是平地起园，园中诸景皆是人工造成。"中有小楼听雨、欧亭鸣竹、陌田观稼、浣花居、环翠山房、带草堂诸景。"①

台湾清代中期以后的园林，吴园、归园、潜园、北郭园、莱园等尚存遗迹。台北板桥林维源园林，则完好地保存至今。

10.2.5　其他地区的造园

藏式园林

藏式在地域上指位于我国西南部青藏高原的广大藏区，包括西藏自治区、青海省以及甘肃省南部、四川省西部、云南省北部，这五大藏区连成一片，总面积200余万平方公里，大部分地区平均海拔4000米以上，是世界上最高的高原；文化上指藏文化，即主要由高原文明与大乘佛教文化等结合形成的，受汉族、印度文化影响较大的独特民族区域文化。西藏腹心地区的拉萨、日喀则一带，为一江两河的拉萨河、年楚河、雅鲁藏布江中部流域，气候宜人，比较富庶。城市乡村密集，寺院庄园也很集中，自吐蕃以来的千数年间便成为西藏政治、宗教、经济、文化中心，是藏区传统文化的主体。

藏语称园林为"林卡"，甚至把城市郊外的那些树木繁茂的空旷地段也叫做"林卡"。西藏高原阳光灿烂，空气清新，居住在城市里的藏族人民非常喜爱户外活动，每逢节假日，全家人在林卡支起帐篷，休闲、野餐，不时轻歌曼舞，度过愉快的一天。

西藏在民主改革以前，长期维持着政教合一的农奴制社会。发达的藏族文化孕育了本民族的园林艺术，农奴庄园经济的发展为造园活动提供了条件。大约在清代中叶，西藏地区已经形成了为极少数僧、俗统治阶级所有的三个类别的园林：庄园、寺观园林、行宫园林。

庄园经济是西藏农奴制度的基础，庄园的主人即农奴主也就是所谓三大领

---

① （清）郑鹏云、曾逢辰：《新竹县志初稿》卷5"考二·古迹·竹堑堡园亭"。

主——官家、贵族、寺庙。庄园既是领主及其代理人的住所，又是领地的管理中心，有的还兼作基层的行政机构——谿卡。为了安全保卫的需要，一律以高墙围成大院，重要的房舍如主人居室、经堂、仓库等都集中在一幢碉房式的多层建筑物内，环境非常封闭，当然也很局促。因此，比较大的庄园一般都要选择邻近的开阔地段修建园林作为领主夏天避暑居住的游憩之处。庄园园林以栽植大量的观赏花木、果树为主，小体量的建筑物疏朗地散布、点缀在林木荟郁的自然环境之中。有的园林内引进流水，开凿水池，有的还建置户外活动的场地如赛马场、射箭场等。山南地区是西藏的主要农业区，庄园经济最发达，庄园园林也很多。园内有着丰富的观赏植物，除乡土树种柏、松、青杨、旱柳之外，还栽植竹、桃、梨、苹果、石榴、核桃等，甚至从外地引种名贵花卉如海棠、牡丹、芍药之属。

寺庙园林作为藏传佛教（喇嘛教）寺庙建筑群的一个组成部分，它的主要功能并不在于游憩而是用作喇嘛集会辩经的户外场地，也叫做"辩经场"。寺庙园林的植物配置一般都是成行成列地栽植柏树、榆树，辅以红、白花色的桃树、山丁子等，大片荫绿中显现缤纷的色彩。在场地的一端，坐北朝南建置开敞式的建筑物"辩经台"，既作为举行重要辩经会时高级喇嘛起坐的主席台，同时也是园林里唯一的建筑点缀。

行宫园林作为达赖和班禅的避暑行宫，分别建在前藏的首府拉萨和后藏的首府日喀则的郊外。在三类园林中，它们的规模最大，内容最丰富，也具有更多的西藏特色。日喀则的行宫园林共有两处：东南郊的"功德林园林"和南郊的"德谦园林"。每到夏天，班禅即从平常居住的札什伦布寺移驻到这两处园林之内。前者位于年楚河畔，1954年被大水冲毁，现在已开放作为日喀则市的人民公园；德谦园林用地略呈方形，周围平畴原野广阔，农田阡陌纵横，园内林木繁茂，但原有的宫殿大部分均已坍毁，后予以修复。拉萨的行宫园林只有一座，位于西郊著名的"罗布林卡"，距离达赖居住的布达拉宫约1公里。

新疆园林

1884年，清政府正式在新疆建省，设省会于迪化（今乌鲁木齐市），实现了新疆与内地行政制度的完全统一。大批内地民族与当地维吾尔人、西蒙古人杂居，再度出现了多元文化和平共处的繁荣景象。中原文化、喇嘛教文化对新疆建筑、园林也产生了影响，使其呈现纷杂性。

清政府对新疆上层人物的优待，使得那些贵族聚敛了大量财物，有条件建造园林，建筑宏丽，装饰奢侈。同时，丝路的兴盛增多了来自伊朗、中亚地区和传教士以及内地王室的和亲，以及各国之间的商业政治往来。这些交往直接刺激了新疆各地的官署，营造旨在享乐的庭园及园林。

元代以后，伊斯兰教在新疆占据了绝对的统治地位，形成政教合一的社会结构，各地的"和加"既是地方上的宗教领袖又是当地的封建领主，有权、有势并有钱选择风景宜人之处为自己营造"和加庄园"，清时这类庄园已有相当的规模，内容也有了很大发展，几乎每一座和加庄园内都配建了比较精致的花园或果木园，有的庄园甚至有内外多座花园，花园内通常建有供歇夏用的房屋亭榭和供在其下面跳舞活动用的葡萄架，还有艳丽多彩的玫瑰园以及品类繁多的果木树。其他上层人士也都在住宅周围兴建园林，开渠引水，用以游艺娱乐和消暑避夏；或在城外的别庄植树造园，任人游览。

比一般和加的花园更具营造匠心的园林是一些大封建领主为自己的王室或行宫营建的园林，这类园林称为王家园林。这类园林的特点是规模大、人工构筑物多、经过精心设计、有较高的艺术观赏价值。如莎车的和卓园，据《回疆通志》记载："本系和卓木墨特花园，其中桃、杏、苹果、葡萄等花木最盛。引河水凿为池沼、台榭桥梁，曲折有情。"从记载中可以看出：这类园林中已经出现了水体、建筑、果木和花卉多种层次的园林景观，布局上将水面、人工构筑物和花草树木进行了有机的结合配置，经过了造景设计，明显反映出受到了内地古典园林造园技艺的影响。但是，从文字记载中，又能清楚地看到，这类园林中仍有大量的果木树，融汇了传统果木园林的风光特色，增强了自然观感，形成色彩更加丰富、构筑更近自然并能和绿洲整体环境相通的独特园林景观。

清代新疆的贵族园林表现出文化的混杂性，与其所处的地理位置、园主和集中文化的关系都相关联。其中，哈密位于新疆东部，与内地联系比新疆其他地方都多。如哈密回王府由汉人帮助修建，引入内地花木，装饰上也向内地靠拢。但也不可避免地带有本土文化的特点，同时也呈现伊斯兰风格。而南疆地区，虽也受到汉文化的影响，但更多表现为本土文化与伊斯兰文化。位于哈密和南疆之间的吐鲁番更加混杂，王府中汉式建筑、阿拉伯风格的建筑与本土的生土建筑并存。

官署和公馆园林通常构成前署后园的格局。清朝有大批官员携眷戍边，他们按照内地传统的造园思想和技艺来构造园林。如新平县(今尉犁县)"茂林园"曾经是武官董桂芳所建的公馆，清代作过新平县的治所，其形式与苏杭园林相近。又如伊犁"惠远城"内的将军府，由厅堂和花园两部分组成。"署后的花园杨榆合抱，芍药迎地，丁香花残枝三五，果花瓣积地盈寸，亭榭荷池，蔬园葡架，布置有序，……景致清幽，最宜避暑。"再如绥定（今霍城）总兵署后的"会芳园"也是"戟门东去水潺潺，山色周遭柳作垣"，还有亭台楼阁、轩堂廊榭等建筑群。从这些记载中，可以了解到这类园林的形式和内容都已十分接近同时期内地的园林，但同时又介绍了这类园林中的大量果木树，具有传统新疆景观的特色。

历史上新疆的社会结构和文化艺术（包括建筑艺术）一直与宗教的传播和发展息息相关，由于寺庙园林和宗教活动关系特别密切，所以，它比起新疆的其他古代园林，受到较多的保护。清代的新疆已经近乎全民信仰伊斯兰教，但由于地域、民族和历史上的差异性，建成了有一定共性但风格也有所不同的清真寺，一些较有影响的寺庙保存至今。如艾提卡尔清真寺、加米大清真寺、圣佑寺等。伊斯兰教敬重先圣，神化已故的宗教领袖，为他们营造规模宏大的陵墓及陵园。把陵园敬为"圣地"，在其中或附近建清真寺供穆斯林礼拜、规谏并举行宗教活动，这也是一种传统，所以新疆各地多陵墓。这类显赫的陵墓，原先周围都有较大的陵园，墓是陵园的主体建筑。如阿巴克和加陵墓园林始建于 1640 年，占地 1.65 公顷，分别由门楼、经堂、大礼拜寺、小清真寺，及陵墓大厅等建筑群组成有机联系的三个庭院。整个陵园及庭院内的通道都为高密的杨树遮蔽，庭院中散植桑、榆、槐等古木。门楼外的一池清水更显得静谧。浓重的绿荫作为彩绘木构建筑和镶贴着彩色琉璃面砖拱顶建筑的空间构图背景，整个园林显得格外恬静和庄重。

在邑郊理景方面，水磨沟在乌鲁木齐东北方向，是天山前一条长 1 公里的沟壑。有泉水从中喷涌而出，积流成沟，水大流急，寒冬不冻。清代利用此水沿溪修建水磨并建园林，坡上有龙王庙。庙前的几处亭台楼榭是建省后首任巡抚潘效苏和流放迪化（乌鲁木齐旧名）的公爵戴澜所建，用来垂钓游赏，风景优美，是迪化的近郊胜地。

10.2.6　造园人物与著述

清代出现了众多的造园匠师以及人物，他们不同的造园取向与创造手法，体现出中国园林发展的多样性与复杂性，同时也有诸多与造园相关的著述存留。

造园匠师

明代中晚期江南第宅园林的兴盛及文人阶层的泛化，催生出兼具园林审美修养与造园实践经验的职业造园家群体，使得园林的建设效率及建设水准大为提升。这些职业造园家在明末获得了较高的社会地位与丰厚收入，往往以家族子弟传承的形式延续到清代继续职业化造园实践，另一方面，清代皇室热衷在北京建造大型园林，其规模之大、要求之高使得园林规划、设计、施工均需分工合作、井然有序，也因之出现了更为专门化的职业造园家。清代有代表性的职业造园家主要有以下几位：

张然（1621-1696），字铨候，号陶庵，张南垣之子。张南垣为明末清初有名的职业造园家，执业五十余年，在大江南北创作了大量园林作品，在造园叠山手法上推陈出新、自成一派，张南垣成名既久，其后辈子侄也均加入职业造园行列，在清代成为一个知名的造园世家。张南垣有四子，均从父学习造园技艺，其中张然、张熊最为知名，另张南垣之侄张钺，也是张氏后辈中造园之佼佼者。清代初期，张氏后辈的造园范围从江南扩展到北京，其时宰相冯铨在北京金鱼池附近修建园林，聘请张涟。大约在康熙十年以后，张然侍其父入京，最初参与的是文人官员的私人园林修建。康熙十四年起的数年间，张然在北京为大学士冯溥改造"万柳堂"（又名亦园），为大司马王熙造"怡园"。冯溥在《佳山堂集》中《万柳堂前新筑一土山下开池数亩曲径透迤小桥横带致足乐也因题二律纪之》《山巅安放小石数块历落可观并纪以诗》《题张陶庵画亦园山水图》等诗中记载了张然"土山间石"的景观处理方式，明显是张南垣最典型的造园手法。万柳堂、怡园的造园使张然在北京名声大振，于康熙十七年被亲王推荐，开始建造宫苑。黄与坚《愿学斋文集》中记道："乙卯冯大学士聘至都构万柳堂，兼为王大学士茸怡园，人叹赏，于是亲王以降加之礼遇，荐于朝。戊午六月赐引见，七月命董瀛台，三年工竣归。"张然于康熙十七年至十九年间，建造南海瀛台及玉泉山静明园，康熙二十三年至二十八年，建造畅春园。清代初期，明末的文人风气及文人阶层尚存，造园也延续了明末的文人取向，在文人阶层享有造园盛名的张南垣家族因之北上，将江南造园心法传播发展，康熙在《御制畅春园记》中称该园道："依高为阜，即卑成池，相体势之自然，取石觅夫固有，计庸畀值，不役一夫。"正是张南垣主张的"平冈小阪，陵阜陂陁，版筑之功，可计日以就"的造园理念。张氏家族清初在北京执造园为业百年，其造园风格手法影响到皇家及私人园林，《清史稿》记道："后京师亦传其法，有称山石张者，世业百余年未替。"张然作为宫苑规划师的身份供奉内廷，其造园成果为皇帝赏识，康熙多次嘉奖并就造园理念与之交流，张然之子张淑也继承了父辈的造园职业，称张然是清初最富盛名的职业造园家，当不为过。

张熊，字叔祥，张南垣次子，生于明万历四十六年（1618年），卒年无考，是张南垣四子中造园名声仅次于张然者。张南垣为华亭人，后迁秀洲（嘉兴），故张熊的造园是从家乡嘉兴开始的。光绪《嘉兴县志》记道："禾中名园，如朱氏放鹤洲，曹氏倦圃，钱氏绿黔，皆熊所造。"张熊一生在江南造园甚多，除嘉兴外，有记载的还有在塘栖镇上改建园林十余处。张熊造园秉承家风，以顺应地形、平岗小坂的园林造山手法创造景观，金张在《重赠叔祥和前韵》诗中写道："……平远势相生，高寒气不属。搭真不搭假，岂徒恶重复……"，记录了张熊叠山造园与其父张南垣的一脉相承之处。

张钺，张南垣之侄，清初在无锡一带造园，康熙《无锡县志》卷七《园亭》记载，张钺在无锡修建改筑过三所园林。其一为"亦园，侯礼部果仿寄畅园为之，亦张钺作。富池、亭、花、石，而无古木。在映山河上"，其二为"施卿园，太仆策造，今属顾杭州岱，张钺改筑。"张钺最富盛名的作品为康熙初年对无锡寄畅园的改建，寄畅园内部叠山在明代崇祯时即有"假山如真山"的取惠山一角的特色，张钺作为张南垣传人接手改建，是最合适的人选。

叶洮，字金城，号秦川，青浦县（今上海）人，工诗词，善绘画。康熙中供奉内廷，建畅春园前，为该园预先绘有多图成册，经康熙认可后受命辅佐建设畅春园。叶洮以画家身份入清代《国朝画征录》，清代皇室画院中的画家，比较强调写实表现，往往为皇家描摹仪典风景，主要起到以绘画记录事件的作用。中国古代园林建设中，造园家往往兼通绘画，绘画在园林规划中一直有着与业主沟通、预先把握整体效果等不可或缺的作用。虽然畅春园的建设主持者张然亦通绘画，在参与畅春园之前设计亦园时曾绘有《亦园图》，但畅春园建设前以叶洮画本定稿，说明畅春园主要建设取向与意境表达等大的规划思路，是叶洮与康熙多次商讨确定的。叶洮在畅春园建设前期以系列绘画进行总体规划构思、建设效果构想，在畅春园建设中随行辅助，是偏重于通过绘画方式开展构思的造园规划家。

戈裕良（1764-1830 年），出生于武进县城（今常州市）东门，字立三，是清代中后期的职业造园家。戈裕良在当时名声甚著，同时代的思想家洪亮吉，将戈裕良与明末清初的职业造园家张南垣相提并论，称之为"三百年来两轶群"，文学家钱泳也在其《履园丛话》中记道："堆假山者，国初以张南垣为最……近时有戈裕良者，常州人，其堆法尤胜于诸家。"与张南垣用"平岗小坂，截山断谷"的手法创新旧有的园林叠山方法类似，戈裕良对于叠山也创造出自己独特的标志性技艺与手法。钱泳记载了与戈裕良的讨论，戈裕良认为假山空间用条石承重，虽然简单稳固，但失去了自然的真实感，他可以将大小石块互相搭接架空，用天然石块构造出如"真山洞壑"的假山空间。由于城市发展、审美风气等原因，清中后期城市第宅园林大多规模不大，园中的假山因形态自然、中空蜿蜒而容易在小空间中营造出多变的空间体验，往往成为园林中的景观主体，戈裕良叠山注重内部空间及自然形态，正迎合了当时城市第宅园林的发展方向。戈裕良虽以"钩带联络"的叠山方法闻名，但也善于园林整体布局的规划控制，戈裕良的造园多为江淮一带的城市第宅园林，有记载的造园作品有仪征朴园，如皋文园、绿净园，江宁五松园、五亩园，虎丘一榭园，常州西圃，扬州意园小盘谷等。其中意园小盘谷假山叠于嘉庆初年，其名来自黄山的盘谷，故用黄石堆叠，岩壁险峻，谷洞深曲，让不大的园林场所富于空间变化与自然趣味。常州西圃，据洪亮吉记载"同里戈裕良世居东郭，以种树累石为业，近为余营两圃，泉石饶有奇趣"，在其《筑西圃将次落成偶赋八截句》诗中记载了"只有露台高百尺"的空间特征，也是戈裕良运用中空假山创造竖向景观的手法。钱泳提到"孙古云家书厅前山子一座"是戈裕良作品，即现苏州环秀山庄补秋山房前的假山，用石形态自然，表面或窍或皱，在质感上接近真山，同时，其石峰高低对应，并与池水环伺形成山水整体，体现出以假山为核心组织景观的高超造园手法。建于嘉庆二十二年的仪征朴园，是戈裕良的造园作品中规模最大的一处，地处城市郊野，被钱泳称为"淮南第一园林"，他在《履园丛话》中记道："（朴园）有黄石山一座，可以望远，隔江诸山，历历可数，掩映于松楸野戍之间，而湖石数峰洞壑宛转，较吴阊之狮子林尤有过之"，朴园虽大，但还是以大型假山创造空间，钱泳描述了朴园十六景，其中"含晖洞、饮鹤涧、寻诗经、积书岩、仙棋石、斜阳坂、望云峰、小鱼梁诸"等八处均是大型石质中空假山营造出来的园林景观，其中黄石假山以竖向体量为主，可供登临远眺，湖石假山以洞壑中空为主，可供穿越徘徊，是典型的戈裕良特色。常熟燕园，也是占地不大的城市园林，地形狭长，戈裕良同样以真山为范本，用黄石砌筑大体量假山"燕谷"，强化园林中多样的路径与空间体验，在具体处理中，戈裕良以大石为骨、小石勾连，力求山石形态与结构的自然，同时，以涧水搭配山石，进一步衬托山水空间的幽深特性。戈裕良是介于职业造园家与匠人造园家之间的造园家，与明末的张南垣、计成等职业造园家相比，戈裕良更多是从叠石技法上改进、优化原有园林造山效果，创造局部园林场景，而未见就园林整体规划提出自己的认识与讨论。概因清中后期江南城市第宅园林规模变小，审美趣味强调繁复矫饰，故戈裕良以高超的叠石技巧，用大体量假山创造幽山深谷的复杂曲折空间，使假山成为园林中较之以前更为独立的空间景观，成为小规模城市园林小中见大的良好解决方案，也造就了戈裕良清代中后期著名造园家的名声。

清代初期的宫苑，受到明代文人园林的影响，崇尚随形就势、质朴天然的园林景观，故张涟、张然父子的文人造园取向受到皇家认可，特别在康熙年间获得了很大的名声。但进入清中叶后，在文人阶层受到打击、经济发展导致财富聚集、皇帝自身审美趣味等各种因素影响下，宫苑的审美趣味开始倾向奢华雕琢、富丽繁杂。宫苑建设较之第宅园林，本来就规模更大、要求更高、投入更多，只能通过更细的专业分工，通过团队合作来保证建设质量。在清代初期畅春园的建设中，已经出现了康熙定"捐泰去雕"的规划方向、叶洮通过画本提出具体的场景建设思路、张然管理具体建设营造这样的分工合作，到清代中期，宫苑如圆明园等的建设内容及样式更多，需要更多层面及更多专业的团队合作及管理，在这一过程中也出现了更为专门化的造园人士。如朱维胜，乾隆十五年、十六年在内务府造办处工作期间，专门负责叠清漪园乐安和假山一座；同一时期，杨万青因通晓园庭事务，专事主管清漪园建造工程，授郎中一职；意大利人郎世宁，总体规划与设计圆明园中的西洋楼景区，是我国造园史上第一次仿建西洋园林；法国人蒋友仁，被郎世宁推荐，乾隆年间设计了圆明园中大水法草图，并监督实施。

"样式雷"是指清代一个雷氏家族，他们祖祖辈辈从事皇宫的工程设计工作。在清代，凡是宫中的兴建，在选定地点后，首先由内廷按照皇帝的建筑要求提出方案，然后由负责建筑设计的样式房设计绘图，并制作出烫样，呈请皇上首肯后，交由算房估算工程的用工和用料，最后施工。雷氏世家自清初至清末一直从事执掌绘制、设计样式房的工作，因而被人们称为"样式雷"、"样子雷"或"样房雷"。

雷氏世家是从雷发达来京开始的，一直到清末的雷廷昌，都供役于清代宫廷，这七世九人对清代建筑都有大小不等的贡献。雷氏世代为清代的建筑，尤其是宫苑、陵寝等建筑做出了巨大贡献。他们所留下的建筑图样、烫样，也成为我国古代建筑艺术、园林艺术的瑰宝。样式雷图包括了各宫苑、王公府第、寺庙、陵寝、各类装修图等。现存的烫样模型主要是圆明园方面的。其他资料有旨意档、司谕档和堂谕档及书信等杂物。

相关人物

清代的园林拥有者多为雅爱山水泉石的文人官僚，以及需要交际应酬空间的富商巨贾，他们或游历山水园亭，有所得而尝试造园，或参与过皇室园林营建，对园林建造有整体观念，或以画意图绘确定园林规划意向，进而指导叠山理水，这些文人官僚中既有园林规划审美思想，又动手进行造园实践的造园人物，主要有以下几位：

李渔（1611-1680 年），字笠鸿、谪凡，号笠翁，浙江兰溪人，生于江苏如皋，著有《笠翁十种曲》《笠翁一家言》《十二楼》《闲情偶寄》等多种戏剧、文学作品，并开设戏班四处演出，提出了较为完善的戏剧理论体系，是明末清初知名的戏曲家与文学家。李渔称他一生有两绝技："一则辨审音乐，一则置造园亭"，他对园林建设一直具有很高的热情，为自己及他人造过多处园林，并在《闲情偶寄》一书中论述了对园林艺术的见解。李渔最初为自己建造的园林是在家乡兰溪的伊园（又称伊川别业），李渔的诗作中有多篇关于伊园，如《伊园杂咏》《伊园十便》《伊园十二宜》等，伊园其名来自该园相邻的伊山，从记录来看，伊园有燕又堂、停舸、宛转桥、蟾影、宛在亭、打果轩、迁径、踏影廊、来泉灶等景观，该园依山傍水，植有果木，是一处具有一定规模的乡郊庄园式园林。李渔建造的第二处园林是南京南郊的芥子园，其地原为住宅，地形有一定起伏，李渔将之改为园林。芥子园建于康熙初年，内有栖云谷、浮白轩、天半朱霞、一房山等景观，芥子园在三亩之地除了安排居住功能外，其可供园林布置的空间非常有限，更接近庭园而非园林。因此，李渔主要通过建筑景观一体化的处理方式，达成以小见大、以静观为主的空间效果。在《闲情偶寄》中，李渔记道："浮白轩中后有小山一座，高不逾丈，宽止及寻。而其中则有丹崖碧水，茂林修竹，鸣禽响澡，茅屋板桥，凡山居所有之物，无一不备。"此山为芥子园最先建造的主要景观，李渔在《游秦家报》一诗中写到对芥子园的改造："……不足营三窟，惟堪置一丘。"芥子园建成后，受到当时士人好评。李渔晚年在杭州云居山造有层园，其用地位于云居山东麓的山峰，有一定高度，李渔从荒山中开路建屋，顺应山坡地形放置建筑。层园的特点主要有二，一是山地建园，将地形处理与景观营造相结合，利用山地创造出不同标高与层级的园林景观；二是强调借景，利用山地高度俯览西湖及城市，因借湖山之胜。李渔除为自己建造园林外，尚为他人筹划园亭，目前可确实考证的有李渔在甘肃张掖为张勇所造的甘肃提督府西园假山等。明清以来，文人阶层均爱好园亭风景，但多从文人视角出发，园林建设的目标主要侧重或归隐脱俗的明志，或奉亲文会的交游，对园林营造的参与多停留在确定其意境情趣大概层面，李渔较之传统文人，其园林建设更侧重技艺上的创新与景观视觉效果。但李渔又与计成或张南垣这类职业造园家不同，他并没有将园林营造认识为在把握地形特质的基础上从整体布局出发的将功能、成本、施工等各要素综合考虑的可持续工程，李渔对于园林营造的重点更多放在一座假山、一扇窗棂上的巧妙构思与视觉效果，刻意在单独的园林要素的形式上求新，认为园林建设的关键在于"一榱一桷，必令出自己裁"。这使李渔的园林建造在某种意义上具有视觉装置艺术的特征，适用于小规模园林的静观式景观处理，李渔也因之成为清早期具有自身特色的文人造园家。

《闲情偶寄》，又名《笠翁偶集》《李笠翁一家言》，李渔所著。《闲情偶寄》并非专门的园林著作，书中涉及戏曲、古董、饮食、养生等多个主题，共分词曲、演习、声容、居室、器玩、饮馔、种植、颐养等八部，其中"居室部"与"种植部"是关于造园园论、园林建筑、园林植物等内容的具体阐述。"居室部"分为房舍、窗栏、墙壁、匾联、山石五个部分，在"房舍"部分，李渔提出园林建筑应"因地制宜，不拘成见"，并详细讨论了建筑物设置的向背方位、路径流线、高低布局，乃至建筑细部的出檐深浅、室内空间的吊顶及铺地；"窗栏"部分，李渔提出"制体宜坚"、"取景在借"的原则，即园林建筑中的窗栏设置，首先要满足坚固耐用的使用功能需要，并"宜简不宜繁，宜自然不宜雕斫"，其次要能开向优美景观，纳湖光山色乃至盆花怪石为景，为园林建筑增色；"墙壁"部分将园林建筑的墙壁做了简单分类，并举出一些美化墙壁、利用空间的实用方法；"匾联"部分，强调了园林建筑中文字题额的重要性，讨论了匾联采用材料及"有所取义"的原则，并详细介绍了自己芥子园中所制的匾联；"山石"部分则阐述了园林中假山的叠作技巧，将园林假山分为大山、小山、石壁、石洞、零星小石等种类来具体论述，李渔在此讨论了叠山与绘画的区别，明确指出善画者往往不能叠石入画，两者虽有意境上的相通之处，但属于不同的艺术分类，需要不同的技巧与修养，他认为园林叠山者能"变城市为山林，招飞来峰使居平地，自是神仙妙术，假手于人以示奇者也，不得以小技目之"。在"种植部"中，李渔将园林植物分木本、藤本和草本三大类，就其种植要点、欣赏方式等均作了详细论述。李渔的《闲情偶寄》，类似明代文震亨的《长物志》，是包罗文人生活情趣多个方面的笔记散文作品，园林营造只是其中一个主题，讨论并不系统条理；《闲情偶寄》对园林的论述也体现出这种不求立法完备而重"新耳目"的特征，关注对园林各个细节自身的形式处理及巧思，而不是从园林整体系统出发来讨论园林要素的得宜。这使得《闲情偶寄》的园林论述能深入到前人园论所未提及却颇为重要的某些细节层面，如"联匾"等主题，是历代园论中均未关注但颇为重要之物，对墙壁、吊顶主题的讨论则深入到室内装修的视角，但《闲情偶寄》对某些园林处理手法的讨论，仅停留在园林要素孤立的本身，及为创新而创新的形式处理层面上，未能深化展开。如"借景"是中国传统园林中重要的处理原则，计成在《园冶》开篇提出园林要巧于"因借"，在末尾又专用一篇"借景"详论"借景有因"可来自空间、季节、情感等要素综合；张南垣依托园林借景心法，创造"截溪断谷"手法让园林假山尺度类似园外真山一角，园内山势蜿蜒与园外真山相接，以"借景"原则在园林整体空间处理上独创一派。对照《闲情偶寄》中的"借景"，讨论的仅是如何通过如"尺幅窗"、"便面窗"这些窗框形式的变化，让入窗之景看起来更具有二维绘画的错觉。这种布景化的园林处理成为李渔园林创新的主要手段，《闲情偶寄》中"尺幅窗"、"无心画"、用"绿豆云母笺"糊墙造成瓷器效果、"满壁画花树"均是此类做法，此外，李渔在自己的芥子园曾构土山为主景，在盈丈之地设置了微缩的高山流水、竹篱茅舍，还请人塑了自己的雕像做垂钓状置于其中，也是一种三维的布景。《闲情偶寄》对于园林造景的布景化取向，对园林要素的形式化创新，来自于李渔作为戏曲家的舞台设计实践，迎合及表达了清代某些阶层的审美取向，也在某种程度上适用于小型城市庭园，《闲情偶寄》也因之在众多的清代园林著述里占有了独特的地位。

袁枚（1716-1797 年），字子才，号简斋，晚年自号仓山居士、随园主人、随园老人，钱塘（今浙江杭州）人，是乾嘉时期代表诗人之一，代表作品有《小仓山房诗文集》《随园诗话》《随园随笔》等。袁枚四十岁时解官归隐，在江宁（今南京）小仓山以三百两白银购得一废园，该园原为清初江宁织造之园，乾隆时期已坍废。袁枚对此废园的认可与改造，体现出他具有系统成熟的造园规划思想，首先，袁枚认为其园虽废，但地处小仓山之北，位置颇高，能收纳借景周边风景，具有园林选地最关键的优势；其次，袁枚在园林建设中能先把握场所气质、地形特征，再因势利导进行改造加建，在地形高处置楼观景，地形低处置亭临水，缓土坡处在坡顶置石峰点缀，开阔通风处设服务用房，"随园"之名即得名于此。袁枚重借景、顺地形、合功能的造园思路，与计成提出的"因、借、体、宜"的园林四要一脉相承。清中叶以来，园林逐渐走向繁饰陈杂的趣味，部分园林用大规模山石炫耀性地人为创造幽山邃谷，袁枚的随园建设思想，体现出难得的文人园林取向。同时代的金安清在《水窗春呓》中也记道"随园乃深谷中依山崖而建，坡陀上下，悉出天然"，成为金陵城北"最著名者"。作为文人造园家，袁枚擅长的是对园林整体规划布局与山水意趣借景表达，在具体建设层面，还是需要园林匠人来协助实现自己的构思。随园的建设工匠是武龙台，在 1749 年到 1753 年期间为袁枚在园中建造，袁枚在《瘗梓人诗》中有"汝为余作室"之句，除建筑外，武龙台也在随园中叠砌假山，袁枚在《造假山》《假山成》等诗中记载了叠假山时"初将地形参，继用粉本写"、"半倚青松半掩苔，一峰横竖一峰迥"、"辇石杂青赭"等具体情形，从袁枚的诗中，可以发现随园的假山叠砌取向与同时代戈裕良的手法有一致之处，基本上是先审视地势高下，确定假山的大致走向与特征，然后通过绘画推敲假山具体效果，在材料上兼用青色湖石与赭色黄石，所砌假山具有一定的体量，并以真山形态为范本确定假山造型。建成的随园呈半开放状态，《水窗春呓》记道"园门之外，无垣墙，惟修竹万竿"，每逢佳日，游人如织，袁枚亦任其往来，更在门联上写道："放鹤去寻山鸟客，任人来看四时花"。袁枚热衷游历自然山水及各处园林，在几十年间一直对他处园林进行考察推敲，进而改建修葺随园。姚鼐记载袁枚"足迹造东南山水佳处皆遍"，并游览过西碛山庄、苏州功园、渔隐小圃等园，1779年袁枚的母亲去世后，更是半年园居、半年云游。袁枚的造园、游园经验让他对园林营造有自己的见解与思考，首先，他认为园林规划与建设是一种系统性的专门知识，认为"学问之道无穷，园亦然"，强调在造园之先整体构思规划的重要性；其次，袁枚认为园林建设中最重要的一是"借"风景，二是"因"物性，园林借景可以让"非山之所有者，皆山之所有也"，同时园林的围墙也宜低，可以"墙低则远景皆收"，园林中的建筑布局与花木培养均要顺应物性，在考察地形的基础上，"宜山者山，宜庭者庭"；最后，袁枚认为园林空间与使用功能具有公共性与私密性两层含义，提出"园，公地也，亦私舍也"，因此随园不设围墙，兼具第宅园林与公共风景名胜的特征。袁枚一生的造园实践虽只有自己的随园一处，但他40岁后的大半生，将自己的生活、感悟、文字、交游与造园、修园、游园、园居密切结合，园林成为他生活、创作的灵魂与中心，袁枚因此成为清代中期最重要的文人造园家之一。

清代文人以造园家成名者不多，但有大量文人以各种方式参与造园建设。园林建设中假山虽多由工匠所叠，但继承明末以"画意"品鉴的园林审美标准，假山叠前往往先由文人画家绘制意向图加以推敲，确定后匠人再按画意施工，故以绘画指导叠山，是文人介入造园的一种方式。如清初扬州余元甲造"万石园"，以画家石涛的画稿为蓝本布置，《嘉庆扬州府志》记道："万石园，汪氏旧宅，以石涛和尚画稿布置为园，太湖石以万计，故名万石"；扬州的牧山和尚，"能山水，多奇构"，以山水画意及手法为片石山房布置山石；晚清苏州的怡园，园主顾承在主持规划修建时请吴县王云、范印泉、顾沄，嘉定程庭鹭等多名画家参与设计，建造时每堆一石，构一亭，必拟画稿寄父顾子山商讨确定。又如清末画家居巢、居廉，在东莞可园长期写生作画，之后回到故乡在1856年前后营建十香园作为作画授徒之所；《同治南昌府志》记载王松，"工书画，性耽花石，经营布置，别有巧思"。此外，普通文人不能以雄厚财力造园，则以建构园林片段以自娱，如清中叶的苏州文人沈复，以园亭楼阁的"套室回廊"空间处理手法改造自家居所，并立假山盆景为乐；清末广东潮阳人陈英猷，晚年叠砌内部仅容一榻的小型石假山，十数年在其中危坐著书。

清代早中期的几位皇帝，作为宫苑主人的身份，也以确定规划构思及场所意境的文人造园方式参与宫苑营造，如：

爱新觉罗·玄烨，年号康熙，爱好园林山水，在修建畅春园之前确定了"少加规度，依高为阜，即卑成池，相体式之自然"的规划方向，之后与叶洮通过绘画确定畅春园场景形式，在具体的园林花木布置中也提出建议主张，高士奇在《侍从畅春园宴游恭记》中记道："右石左花，尽出天心位置。"在承德避暑山庄的建设中，康熙通过实地考察地形，根据场地特点，通过"定景诗"的方式规划了避暑山庄的三十六处景观，如在《芝径云堤》诗中康熙写道："测量荒野阅水平，庄田勿动树勿发，"记录了现场考察确定建设原则的过程。

爱新觉罗·胤禛，年号雍正，在位仅十三年，勤勉持政，其园林实践主要体现在其即位前后圆明园的修建上。在胤禛的《圆明园记》中提到其修建圆明园的基本思想"宁神受福少屏烦喧，而风土清佳，惟园居为胜"。

爱新觉罗·弘历，年号乾隆，一生爱好游观山水与园居陶情，从修建静宜园起，继续建造了圆明园，完善了避暑山庄，乾隆参与造园，也多以定景诗与绘画的方式确定园林规划方向，但对当时宫苑乃至地方园林的建设均产生两方面较大的影响，首先，乾隆治水南巡兼游览景物，遇见优美的风景园林，往往令随行画师绘制，回北京后在园林中仿制建造，开启出集仿式园林这一风气。集仿式园林因以模仿、微缩他处景观为首要目的，故往往无视用地气质而大规模改造地形，虽有成功案例如清漪园昆明湖，但也导致有些仿建景观追求形似而成为失去园林本意的视觉布景，如乾隆在长春园一处"方广十笏"的地方模仿杭州"小有天园"园林，"思画家所为，收千里于咫尺者"，将小有天园的园林景观缩小成庭园尺度，其中松树仅"盈尺"之大。乾隆首创的集仿式园林风气，也随他的南巡影响到扬州一带的商人园林中。其次，乾隆建造圆明园等园，规模大、要求高、集仿风格各异，因此需要团队合作及专业分工，在这些长达数十年、面积十余万平方米的园林建设中，发展出较为成熟的职业化造园队伍与组织方式，园林建设前期由皇帝、画家商定规划构思，建设开始由工部及内务府官员施工总负责，下面有专业人士分别负责假山、花木、建筑等各方面，西洋景观要素的建设，也由西籍画家构思规划，西籍专业人士具体设计并管理施工。

造园从明末起发展出"画意"的审美标准，富裕的文人官僚阶层作为园林主人，具有深厚文化艺术修养的先天优势与热情参与造园实践，但文字的抽象特征与绘画的二维特征，均与用真实材料营造三维场景的园林有所区别，到清代，许多士人已经认识到这种不同。因此，清代的匠人造园家，较之明代更受到重视，但他们一是多以园林假山叠石成名，二是水准不一，良莠不齐。如《扬州画舫录》记载扬州的仇好石，为扬州江家园亭至"怡性堂"中的宣石山，是中空的纯石假山，山上设房间，淮安的董道士，至"九狮山"，此二人被当时人认为达到了一定的叠山艺术水准，而西山王天於、张国泰等人，虽然也从事叠山活动，但艺术水准较低，其叠山作品被评价为类似"石工"加工石块而已，这样的"石工"还有张南山等。由于叠山的艺术性要求，专业叠山者往往需要粗通绘画或工艺制作，具有一定艺术修养才能叠出良好效果的假山，《扬州画舫录》记载乾隆时苏州人姚蔚池，善于绘画图样，故在平地上用顽石构山，效果宛如天然；《罗窗小牍》记载吴僧大汕，字石濂，后主持广州长思寺，叠石为山效果非常自然，同时也擅长家具盆碗的设计制作。

造园著述

虽然缺乏如明代《园冶》这种系统论述造园的专著，但清代有较多提及园林的著述，其内容包含了造园思想的讨论、园林要素的品鉴与创新，以及对地方园林的文字图像记载。有代表性的著述有以下几种：

《履园丛话》，清代钱泳著，共二十四卷，内容丰富驳杂，包含典章制度、天文地理、金石考古、文物书画等多种内容，基本上每个内容各为一卷。钱泳（1759-1844年）原名钱鹤滩，字立群，号台仙，一号梅溪，清代江苏金匮（今属无锡）人，是清代有名的学者与书画家，以官宦幕客为生，足迹遍及大江南北。钱泳晚年潜居履园，"于灌园之暇，就耳目所睹闻，自为笔记"。《履园丛话》初版于清道光十八年七月，该书为传统的笔记体写法，所记多为作者亲身经历，若得诸传闻，也都指出来源。《履园丛话》第二十卷为"园林"，为钱泳道光初年游历各地，亲身探访的有名园林，为清代园林留下了重要的记录史料。钱泳又曾在扬州长期逗留，扬州名胜和园林的匾额有很多是他所写，对清中叶江南园林的另一个发展中心扬州园林较为熟悉，因此，《履园丛话》对清代园林的记载，以当时人记当时事，比一般的园志、笔记要可靠。钱泳在写作《履园丛话》"园林"部分时已阅读过李斗、麟庆等前人的园林相关记录，在引用前人未考的相关论述时，往往用"相传"等字示意其存疑待考，如惠园一条记道"相传是园为国初李笠翁手笔"、片石山房一条记道"相传为石涛和尚手笔"。《履园丛话》在"园林"卷末讨论了"造园"主题，提出园林与主人应得宜相配，才能成为"名园"，而私人园亭也应具有"与他人同乐"的公共性，强调了园林场所与使用人群的整体关系及互动。

《扬州画舫录》，李斗著，成书于乾隆六十年（1795年），共十八卷，记录了当时扬州的社会生活和景物，其中涉及园林的内容占有相当比例。李斗，字北有，号艾塘，江苏仪征人，从小并未正式读书上学，游历过广东、福建、浙江、湖南、北京等地，1764年至1795年的30年间，在闲居扬州之时，寻访人物，记录自己听闻与见识的扬州相关的事迹。《扬州画舫录》一书，格式是"仿《水经注》体例，分其地而载之"，"以地为经，以人物为纬"，因此，《扬州画舫录》记录扬州园林，是放在扬州地理及风景的整体脉络认知下的阐述，将扬州划分了十几个区域，并以虹桥、莲花桥和蜀岗三个重要的场所节点来记载诸园布局景物。《扬州画舫录》一书出版后受到各界好评，1793 年袁枚为之序，阮元在李斗写作《扬州画舫录》的后期，亲自介入资料收集与文稿审阅，1797 年阮元又为之序，并运用自己的影响力向外地名人以及皇室贵族如麟庆等推荐。清代中叶以来，扬州园林飞速发展，在短短几十年间成为与苏州园林一起的明清江南园林发展的两个中心之一，《扬州画舫录》著于扬州园林最为顶峰的时间段，故其内容基本是围绕园林风景这一核心来记录人事及场所变迁，是清中叶扬州园林发展变迁的重要史料。扬州园林在短期内的兴盛，与扬州所在的城市地理位置、运河水系，以及皇帝南巡等社会事件密切相关，也决定了扬州园林的特点与价值，《扬州画舫录》选择了从地理脉络出发，将园林、风景、城市、活动视为整体系统论述，对认识扬州园林提供了系统的视角。

《平山堂图志》，赵之璧编撰，内容为扬州风景园林的图画与文章记录，初版于 1765 年。赵之璧为宁夏天水人，出身官宦世家，时任两淮盐运使。《平山堂图志》由皇帝题词，名胜记录，历代诗文以及历史轶闻四部分组成，共十卷，另加卷首"宸翰"一卷。"宸翰"收录的是康熙、乾隆等皇帝御赐器物名称以及御制诗文、额联等，卷一、卷二为"名胜"，对扬州西北郊的景色做分别说明，每个条目均配有相应插图。卷三到卷九为"艺文"，收录历代歌咏平山堂一带景点的诗歌文章等，卷十为杂识，从历代诗话、笔记、史志中摘录有关平山堂的轶闻若干。此书的"名胜"部分是赵之璧与助手现场考察记录的结果。关于这一时期扬州风景园林的记录，尚有 1742 年汪应庚所著《平山揽胜志》，但其记录不及《图志》详尽，而《平山堂图志》最为突出的特点，便是它的大量插图。《平山堂图志》的卷首图，虽因出版需要分为 128 幅页面，但实际上可以还原为围绕保障河的 10 幅风景长卷，此外，由于是官方编撰，《平山堂图志》收录前人各家史料较全，文笔也较私人笔记文章来得正规，这些详实的图像及史料记载，给我们提供了 18 世纪中叶扬州风景园林全盛期的重要记录。

《红楼梦》，又名《石头记》，清代曹雪芹著前 80 回，虽然是小说，但其中有一定篇幅谈到造园思想及技法。曹雪芹对造园有相当的家学，祖父曹寅曾受康熙之命建造畅春园边万泉河畔的西花园，在江南扬州、江宁，也为康熙修建过园林行宫，还在扬州白沙地方为自己建有"渔湾"别墅及园林，曹寅的妻兄李煦，在康熙二十七年至三十一年间担任畅春园总管，曹雪芹在其轶著《废艺斋集稿》中，也有专篇"岫里湖中琐艺"专门论述园林营造手法。在《红楼梦》中，曹雪芹通过大观园的描写阐述了清中叶文人官僚园林的造园方式，大观园的建设，首先是确定、测量用地，然后请了一个《园冶》中称之的造园"能主之人"来统一规划，《红楼梦》写道："全亏一个老明公号山子野者，一一筹画起造"，"凡堆山凿池，起楼竖阁，种竹栽花，一应点景等事，又有山子野制度"，这里"山子"加姓的称呼，与张涟父子在北京被称为"山子张"为皇家及官员造园事例相应，因山子野全程主管造园，园主人参与甚少，只是最终验收题点风景。《红楼梦》中的大观园虽是虚写，但关于其造园制度、造园理念的描述，有助于我们了解清中叶园林建设的取向、流程，更为可贵的是，园林是一种人居场所而非视觉美学的单纯空间，《红楼梦》大部分内容讲述大观园内各色人等的生活，以"人"为核心为我们了解中国传统园林中空间与行为的互动、场景与活动的对应、位置与仪式的安排，提供了活生生的素材及深入剖析。

《浮生六记》，清代沈复著于嘉庆十三年（1808 年）的自传体散文，沈复出身于幕僚家庭，没有参加过科举考试，曾以卖画维持生计，注重日常生活中的艺术情趣。《浮生六记》的"闲情记趣"中记录了沈复对园林营造的见解，字数虽不多，但非泛泛之谈，可以看出明清以来文人造园思想的延续与影响。沈复以"大小"、"虚实"、"藏露"、"深浅"概括了造园的空间处理原则，在具体论述中，沈复认为"掘地堆土成山，间以块石……则无山而成山矣"，明显是受张南垣"土山间石"手法的影响，沈复又提到"推窗如临石壁，便觉峻峭无穷"，类似计成《园冶》中"峭壁山"的做法。沈复本人从未造园，仅涉及插花、盆景、室内装折等实践，《浮生六记》中关于造园的文字，更多可视为清中叶文人对前代造园思想的传承及在生活细节中的运用。

清代的园林植物专著，较之明代相关著作更为体系化与深入，主要代表作有以下几种：

《花镜》，清代陈淏子著，初版于清康熙二十七年（1688 年），是园艺学专著，阐述了园林观赏植物及果树栽培知识。陈淏子，一名扶摇，自号西湖花隐翁，明亡之后退隐，关注花草种植，以授课为业。《花镜》共六卷，卷一卷二讨论了花草种植时间、培育方法，卷三到卷五分类阐述了 352 种花卉果木蔬菜的具体特征、种植、用途等，卷六附禽兽鳞虫类考，讲述了观赏动物的饲养管理法。《花镜》一书以花木种植为中心，其内容来自前人经验的科学总结和作者自身的种植实践，除植物栽培外，《花镜》还对植物的建筑搭配与场所塑造进行了讨论。这些内容涉及园林空间布局、款设、观赏、玩乐、休息等诸多方面，使该书成为中国传统观赏园艺植物的经典著作。

《广群芳谱》，清代汪灏等著，初版于清康熙四十七年（1708 年），原名《御定佩文斋广群芳谱》，全书共一百卷，分为天时、谷、桑麻、蔬、菜、花卉、果、木、竹、卉、药 11 个谱。该书虽然是奉康熙之命在明代《群芳谱》的基础上扩充改编而成的，但对原《群芳谱》进行了几项重要的改动增减，首先，将原书中的天谱、岁谱合为天时记，删去与种植生产无关的鹤鱼谱，其次，规范写作体例，先释花名，再引征事实，并咏以历代诗文、典故等，最后，运用团队工作与皇家资源，从宫中所收藏的图书里搜集了大量材料补充进去。

10.3 造园案例

10.3.1 宫苑

西苑北海

清代定都北京后，沿用明西苑作为皇家宫苑，名称仍沿用，但已有西苑三海之分。清代西苑北海的营葺始于顺治八年（1651年）。清世祖所建白塔位于万岁山顶广寒殿旧基处，万岁山遂改称为"白塔山"。[①]

康熙、雍正两朝对北海营葺主要是两次重建白塔。康熙十八年和雍正八年，京师发生地震，白塔两次都被震坏，两次修复工程均为拆卸重建，第二次还对震坏的正殿、西殿给予修复。

现今北海苑界东岸、北岸及西北角垣界较明代略有扩大，形成于乾隆年间。据乾隆十五年所绘《京城全图》，北海东岸间、画舫斋和北岸大圆镜智殿、真实般若殿以及极乐世界、万佛楼所在地区，皆在北海苑垣之外，即当时还未营建。据清内务府档案载，营建北海的工程自乾隆七年（1742年）起至四十四年（1779年）止，先后在北海白塔山，东、北沿岸及团城新建各式殿宇、门座及坛庙建筑共一百二十六座（含九龙壁）；亭子三十五座；桥二十五座；碑碣十六座；重修或改建旧有各类建筑十二座。此外，还疏浚湖池，增砌湖池驳岸，修建码头，用清挖湖池的泥土堆成点景土山，铺种草皮，广植花木，堆砌假山石及添建人工水景。乾隆时期，北海的规模和景观可以说盛况空前（图10-16）。

自乾隆朝经过大规模地扩建兴建北海后，嘉庆、道光、咸丰、同治各朝均没有较大的修建工程。光绪十一年（1885年），慈禧下懿旨，命修三海工程。修葺北海工程从光绪十二年（1886年）开始，持续到光绪二十六年（1900年）八国联军侵占北京时止。同年七月，八国联军进驻三海，其中北海白塔山铜仙呈露盘以下的漪澜堂院落被法军据守，北海东岸和北岸被英军占据。在此期间，苑内建筑和陈设遭到了联军的破坏和掠夺，据《义和团史料》记载，八国联军驻军三海期间，"三海物荡然无存矣"。

次年，八国联军撤出西苑北海，慈禧回京后，对北海内遭联军破坏的建筑进行了修葺。其中主要有蚕坛、善因殿、永安寺前值房、阳泽门内值房以及小铁路等。此后，直到清朝覆灭这个阶段，清廷再无力营葺西苑北海。

● 布局

"一池三山"是传统的造山理水之法，北海中的琼华岛和团城是"一池三山"中的两山，既因循了建神海仙山之法，又自成一体。北海主景突出，琼华岛作为全园的主景，白塔高高耸立成为全园的中心点。建筑主要分布在

---

① 《日下旧闻考》卷26，第366页。

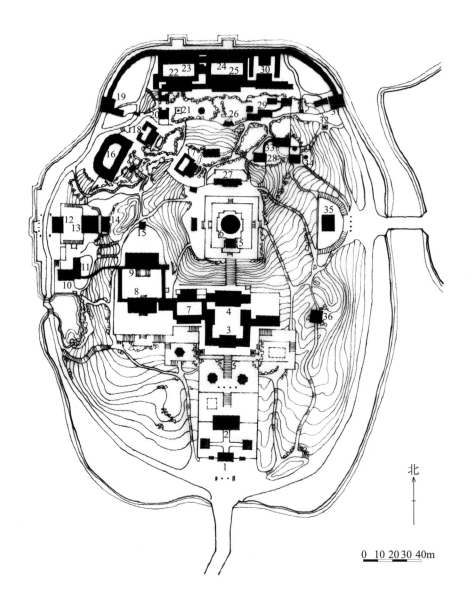

北

0　10 20 30 40m

琼华岛及东岸、北岸，琼华岛位于水中，其东南有桥与岸相连。琼华岛南有
普安殿、正觉殿、善因殿等佛教建筑。其北有酣古堂，环碧楼、一壶天地亭
等建筑。东面有倚晴楼、智珠殿和琼岛春阴石幢。西面有分凉阁、阅古楼等
建筑。北面琼华岛山顶白塔为整个北海园林中的制高点，山南坡寺院沿南北
中轴线对称布局，玉液桥南团城承光殿为对景，白塔高耸天际与远处的景山、
故宫互为借景。北海东岸有濠濮间、画舫斋等建筑。北岸有静心斋、极乐世
界、阐福寺、五龙亭等建筑群组，北岸多为寺庙建筑。各景区既独立又统一，
融于山水之间（图10-17）。

（1）琼华岛

琼华岛是北海的中心景区，四周碧水环绕，面积约为6.6万平方米，整个
琼华岛的中轴线吻合于主峰的中轴线（图10-18）。岛四面景致各不相同，乾

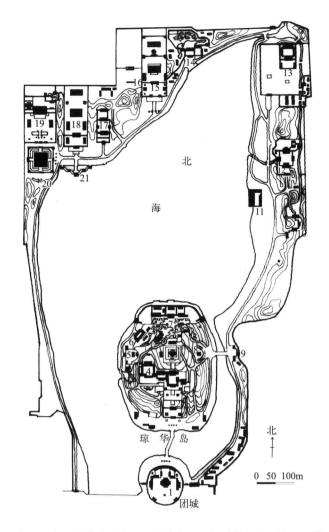

图 10-17 清代北京西苑
北海平面图（中国古代建
筑史 - 第五卷 -p89）
1. 承光殿 2. 永安寺
3. 白塔 4. 庆霄楼
5. 琳光殿 6. 阅古楼
7. 漪澜堂 8. 智珠殿
9. 陟山门 10. 濠濮间
11. 船坞 12. 画舫斋
13. 先蚕坛 14. 镜清斋
15. 西天梵境 16. 九龙壁
17. 澄观堂 18. 阐福寺
19. 万佛楼 20. 极乐世界
21. 五龙亭

隆皇帝为此不仅写了《白塔山总记》,还特意写了《塔山东面记》《塔山西面记》
《塔山南面记》《塔山北面记》。

琼华岛掇山置石颇有讲究。琼岛南面桥头置日月石,宙鉴室旁立"海水江
牙"作为点缀,都具有一定的寓意。塔山南山坡缓,采用"散置"的方式布置
山石,一方面具有护坡和分散、降低山坡地面径流的作用,一方面又作为"矶头"
布置在山道两侧,可作为蹬道的障景和对景,布置要点在于有聚有散、主次分
明、断续相间、呼应顾盼。山寺第三进台地上用了大量太湖石嵌门镶窗,以山
石点染佛山藏经窟的色彩,或对称置两块特置峰石,余以山石作为建筑"抱角"、
嵌理壁山、组成蹬道等。塔山北面掇山最为上乘,采用"包石不见土"的做法。

（2）团城

早在金代,北海水域是"白莲潭"的一部分,而团城所在的位置则是"白莲潭"
中的一个小岛,即"瀛洲",金人在瀛州上筑起了城墙,围成一个圆形的小城,
作为祭祀天神用的圆丘,称其为瑶光台。金代为了进出团城,在团城南侧的东
西腋下修建了昭景门和衍祥门,并对着两道大门分别建造了两座大桥,东为御

图 10—18　琼华岛鸟瞰

河桥，西为金鳌玉蝀桥。元代称团城为"圆坻"，意思是水中的岛屿。当时团城四面临水三面架桥，东桥与大内相通，西桥与兴圣宫、隆福宫相连，南与中海的仙岛"方丈"隔水相望，北与蓬莱岛形成珠联璧合的格局。元人在金人祭天圆台上修建了仪天殿，建筑形式为圆形殿宇，圆顶重檐，也称"瀛洲圆殿"，称瑶光台为"瀛洲"。

（3）园中园

静心斋　静心斋位于北海北岸，在西天禅林喇嘛庙的东侧，建于乾隆二十三年（1758 年），俗称乾隆小花园，是乾隆皇帝非常喜欢的园林，经常来此游赏，并让太子在此读书。静心斋全园构思精巧，精雕细刻，充分吸纳了江南文人园林的"小中见大"的风格（图 10-19）。

静心斋原名镜清斋，在慈禧太后当权重新修茸和扩建后，将园名改为"静心斋"，使得园名本身的思想性和艺术性大为下降，与整个园林的造景立意也有很大冲突，很多文人墨客建筑名家仍喜欢称之"镜清斋"，且目前主体建筑仍用"镜清斋"匾额。乾隆临池构静心斋，是要以此自我警示，要做一位克己严格、政治清明的明君，寓意深刻。

静心斋以沁泉廊所在的院落为中心空间，周围三个院落——前庭院、东庭院、主庭院是次中心空间（图 10-20）。前庭空间格局规整，水池似一面明镜被围合在建筑中间，与主庭院的荷池和园外的太液池呈笔断意连之势，政治色彩浓郁，气势庄严，而绕到主院，空间则一下子自由活泼起来，以山石水景体现了江南文人园林的风格，与前庭形成了鲜明的对比，这种欲扬先抑，以小衬大，以规整衬自然的手法在此表现得淋漓尽致，令人拍案叫绝。同时这种手法

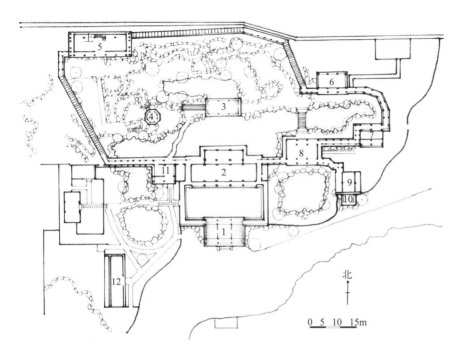

图 10-19 静心斋总平面
图（清代御苑撷英 −p61）
1. 宫门　2. 镜心斋
3. 沁泉廊　4. 枕峦亭
5. 叠翠楼　6. 罨画轩
7. 焙茶坞　8. 抱素书屋
9. 韵琴斋　10. 碧鲜亭
11. 画峰室　12. 西厅

北

0　5　10　15m

图 10-20　静心斋沁泉廊

也非常形象地体现了乾隆"内圣外王"的思想。

　　濠濮间　濠濮间位于北海东岸，画舫斋南侧，建于乾隆二十二年（1757 年），濠濮间是属于山地园林和典型的单一观赏流线贯穿始终的园中园，并没有用围墙进行分隔，而是配合地形变化与绿化布置来与周边进行分隔（图 10-21）。

　　承德避暑山庄的"濠濮间想"建于康熙年间，是康熙皇帝所定承德避暑山庄三十六景之一，乾隆援此名建北海"濠濮间"。乾隆皇帝建濠濮间意在听山水清音，得鱼禽之乐，仿隐士之趣，以说明自己希望达到"无为超脱"的境地。

北 ——

图10-21 濠濮间总平面图（清代御苑撷英 -p97）

1. 石坊　2. 濠濮间
3. 崇椒　4. 云岫
5. 西宫门

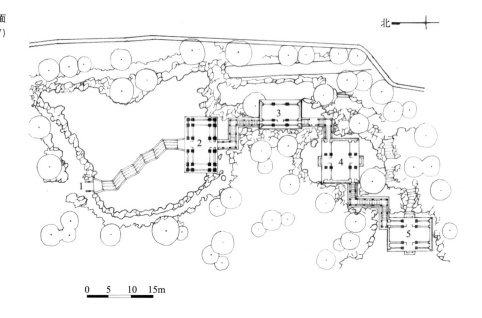

0　5　10　15m

濠濮间没有用建筑围合，而是用山体围合的封闭型的空间，即如"濠濮间"匾额所题的"壶中云石"，一个超尘脱俗的自在天地。中心空间为山麓临水之际"晒林木清幽"、"对禽鱼翔泳"的濠濮间，次中心空间则是以建筑为中心的两个空间：崇椒室、云岫厂。

画舫斋　画舫斋位于北海东岸，蚕坛与濠濮间之间，建于乾隆二十二年（1757年）。其四面环山，院墙随山就势，连绵起伏，松柏参天，给人一种先有山林后有建筑，"因地制宜""随山就势"的感觉。其实这里原本是平地，却堆山掘谷，植树成林，非常具有山野之趣。画舫斋取意于欧阳修的《画舫斋记》；在画舫斋中停留就似乎是在"泛虚舟"，与《荀子》中"君者舟也，庶人者水也，水所以载舟，水所以覆舟"相对照，园林意境十分深远。

中心空间是由画舫斋、春雨淋塘、观妙、镜香围合方形水池组成，另外还有前庭、后庭、古柯庭、小玲珑四个次中心空间，都是用建筑和围墙来围合的（图10-22）。

永安寺至白塔　永安寺位于琼华岛南麓，是一组山地佛寺建筑群。这组建筑依山就势，上下高差约15米多，水平距离南北差约115米。永安寺为琼华岛正面轴线上的主体建筑，包括由永安寺山门北上，至白塔前普安殿的一组寺庙建筑，分别于清顺治八年（1651年），乾隆八年（1743年）和乾隆十六年（1751年）三次建成，格局是汉地佛教建筑格局。

此外，在北海北岸还有西天梵境、大西天经厂、阐福寺、极乐世界殿等宗教建筑设置。

图10-22 画舫斋

● 造园特征

（1）建筑

琼华岛师法镇江金山寺，总体建筑布局采用了"屋包山"的手法。整座金山为屹立于长江江心的孤峰，寺依山而起，慈寿塔屹立于峰顶，直入云霄，周边建筑呈众星拱月之势，托起慈寿塔。乾隆将其总结为"焦山山包屋，金山屋包山"。而琼华岛则是北海中的主景岛屿，白塔屹立于山顶，四周建筑以白塔为中心构成南北主轴线和东西次轴线，南面的永安寺、悦心殿、庆霄楼几组建筑布置得较密集，北面的远帆阁、碧照楼、漪澜堂一组建筑形成优美的水平弧线，环碧楼、盘岚精舍、延南薰等与山势紧密结合，西侧琳光殿、甘露殿等气势相连，东侧智珠殿融于苍松翠柏之中，四面共同形成"屋包山"格局，巧妙利用山形烘托了"白塔"这一构图中心。

（2）山石

北海掇山置石非常考究，孟兆祯院士曾在《北海假山浅析》中对其进行了详细而精辟的论述。塔山南面坡缓，北面坡陡，呈品字形主峰偏北，虽有四面，但主要景观在南面和北面。南面建筑呈中轴对称，有三进四层台地院落，山上以土为主，置石以第三进台地为精华，用了大量的太湖石，以山石点染佛山藏经窟，以山石作为建筑角隅的"抱角"，嵌理壁山，形成蹬道，打破了建筑过于严整的气氛，据说这些太湖石就是从艮岳运来的一部分，又称"象皮青"。塔山北面掇山最为上乘，"包石不见土"，山势陡峭。规模宏大，气魄雄伟，于雄奇中藏婉约，组合丰富而又达到多样统一。山、水、建筑、蹬道和树木浑然一体，迂回曲折的假山洞也更增添了虚幻仙境的感觉。

北岸的静心斋假山是可以和琼华岛北面假山媲美的上品，作为皇太子的书屋，用地的内外环境和条件并不理想，北面临街，东西狭长。北部采用"环壁"，即石壁，壁上又起廊，阻隔了北面的喧哗，园之内部又用房山石营造了山体中的沟、谷、壑、洞，形成虚空恬静的气氛，即达到书屋需要的"幽"，兼备平远、高远、深远之美，技艺精湛。

（3）植物

北海古树名木中以桧柏、侧柏、白皮松、油松等为代表的常绿树和以国槐、楸树等为代表的阔叶树为主要树种，其中一级古树有 40 棵，最古老的要数画舫斋古柯庭中的唐槐，据说已有千年的历史，团城上有一棵被封"遮荫侯"的油松，还有一棵被封"白袍将军"的白皮松，以及一株胸径近一米的辽柏。

北海的植物配置与园林类型结合紧密，与建筑、山石相得益彰。如琼华岛永安寺至白塔一线、西天梵境景区属于寺庙性质的景区，布局轴线分明，建筑对称统一，在植物的栽植上就采用了对称规则式栽植方式，松柏居多，突出庄严肃穆的特征；而琼华岛的东西坡、东岸沿线的画舫斋、濠濮间，则体现了自然山林的意境，地形高低起伏，建筑随山就势而建，因此种植形式也以自然式种植为主。

景山公园

景山位于紫禁城之北，皇城的中轴线上，园林也相应采取对称布局。占地面积 23 公顷，海拔高度 88.35 米，山高 42.6 米，四周围绕宫墙，四面设门，南门"北上门"面对故宫博物院神武门（图 10-23）。

历史上的景山地区，曾是包括在北海地区之内的湖泊及耕地。明代建都后在元代皇城的基础上加以改建，并将拆除旧殿的渣土和挖筒子河的泥土堆在元代宫城内最高建筑——延春阁的基址上，形成位于园内居中的土山，呈五峰并列之势，定名为万岁山，又称镇山，取镇压前朝王气之意。中峰最高，两侧诸峰的高度依次递减。虽然山的选址并非仅为园林造景，但客观上形成京城中轴线北端的一处制高点和紫禁城的屏障，丰富了漫长中轴线上的轮廓变化的韵律。万岁山上嘉树郁葱，鹤鹿成群，有山道可登临。中峰之顶设石刻御座，两株古松覆荫其上有如华盖，是重阳节皇帝登高之处。山南麓建有毓秀、寿春、长春、玩景、集芳、会景诸亭环列，平地上的树林中多植奇果，故名百果园。殿堂建筑分布在山以北偏东的平地上。正殿寿皇殿是一组多进、两跨院的建筑群，包括三栋楼阁。寿皇殿之东为永寿殿，院内多植牡丹、芍药，旁有大石壁立，色甚古。再东为观德殿，殿前开阔地是皇帝练习骑射的场地，经园东门可直通御马厩。

清代顺治皇帝定都北京后，承明制，万岁山仍为皇家禁苑，并于顺治十二年（1655 年）改称景山。从此，景山逐渐由娱乐游赏的场所变为追怀祖先之地，

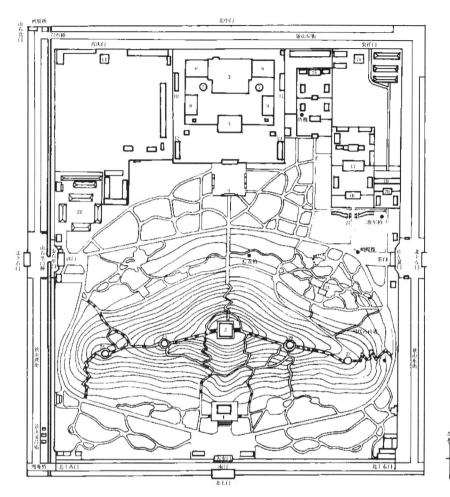

图 **10-23** 1994年景山公园现状（景山公园志 -p462）
1.绮望楼 2.万春亭
3.九楼牌楼 4.戟门
5.寿皇殿 6.朵展
7.碑亭 8.衍庆殿
9.秀锦殿 10.神橱
11.神库 12.井亭
13.牲亭 14.兴庆阁
15.永思殿 16.集祥阁
17.观德殿 18.观德门
19.真武殿 20.关帝庙
21.观德桥 22.苏州巷
23.寿皇亭 24.辑芳亭
25.富览亭 26.观妙亭
27.周赏亭

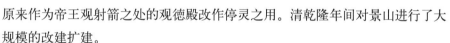

原来作为帝王观射箭之处的观德殿改作停灵之用。清乾隆年间对景山进行了大规模的改建扩建。

● **布局**

园林沿中轴线对称布局，南面以景山为主体，北面区域可分为西、中、东三区。自南向北，中区轴线依次是北上门、万岁门、绮望楼、万春亭、九楼牌楼、寿皇殿砖城门、寿皇殿戟门和寿皇殿正殿。后门并没有开在中轴线上，而是在东西各设一门，东为集祥门，西为兴庆门，门前分别有集祥阁和兴庆阁。在山脊上，以万春亭为中心，对称地布置了四个亭子，五个亭子的布局在平面上看起来近似翼形。自西向东，依次是富览亭、辑芳亭、万春亭、观妙亭和周赏亭。东门和西门与山体的东北角和西北角相对，东西两边紧邻入口的区域都是植物景观区，东门附近有登山道可以到达寿皇亭。略往北，则有互为对应的景点，西边为苏州巷，东边有观德殿区。再往北，西区为一片田地，相传元世祖忽必烈亲耕田。东区略靠中为永思殿景区。总体布局在对称均衡之中略有变化，毫无死板教条之感。

景山作为紫禁城中轴线的后续，造园仍采用中轴对称的总体布局，前山后殿两区均以紫禁城中轴线为中心布置。山上起视觉主导作用的是以万春亭为中心的五亭，北部建筑群则是以重檐庑殿顶的寿皇殿为主导。

万春亭曾是北京城中轴线上的最高点，是俯视全城的最佳处，向南可望故宫建筑群；向西可眺望北海白塔；向北可望钟楼、鼓楼、后海。万春亭是五亭中体量最大的，为三重檐四角攒尖方亭。万春亭东西两侧的两座亭子分别是周赏亭和富览亭，均是绿琉璃瓦顶、重檐八角亭；周赏亭西侧、富览亭东侧分别为观妙亭和辑芳亭，均是蓝琉璃瓦顶、重檐圆亭。五座亭子坐落于五座山峰，挺拔、庄严、安定、稳重。从故宫神武门仰望五亭，古柏参天，好似故宫的天然屏障。

景山前是依山而筑的绮望楼，是皇室供奉孔子牌位的地方。景山北区是以建筑群落围合出的一个面积较大的植物种植观赏区，主要种植松柏。寿皇殿院落东西各有配殿，是供明、清两代皇帝停灵、存放遗像和祭祖之所，即"神御殿"。永思殿位于寿皇殿东侧，乃帝后停灵的处所，自成一院，坐北朝南。观德殿位于永思殿正门东南侧，紧邻护国忠义庙西墙。观德殿院落共四进。建筑面积6160平方米。观德殿坐落于第二进。院围以红墙，建筑均覆黄瓦。现仅存观德殿等建筑，大部分建筑已经拆改。此组建筑内部至今仍有植于明朝以前的古槐数株。

● 造园特征

景山公园中几乎没有叠石假山，主山是由"土渣堆筑而成"。景山公园中植物种类多、数量大。主要树种为桧柏、侧柏和白皮松，部分为油松和国槐，观花灌木以牡丹为主，还种植了大量的芍药。在南部主山区，植物仿照自然山林，成片成群种植；而在建筑周围，则是既要营造建筑的庄严肃穆，又要保留园林的氛围，所以是规则式种植与自然式种植相结合的种植方式。

紫禁城宁寿宫花园

宁寿宫既是宫殿的名称，又是紫禁城东北角建筑群的总称。位于内廷外东路，东西宽120米，南北长395米，面积4.74公顷，为一纵长形平面。据记载在康熙二十八年改建之前已有旧宫，供太皇太后、皇太后居住，故有正殿两重。康熙二十八年（1689年）改建成宁寿宫。乾隆三十七年（1772年），乾隆欲将宁寿宫建设成娱老尊养的太上皇宫，对它进行了大规模改建，前后工程进行了约六年，至四十二年（1777年）完成。宁寿宫的总体布局分前、后两路，后路殿宇又分为东、中、西三路。前路为宁寿宫，后路的中路为寝殿建筑，东路为供佛和娱老的建筑，西路即为宁寿宫花园，俗称乾隆花园。乾隆曾下谕将宁寿宫永作太上皇宫，不可更改。可惜乾隆之后，清朝再无太上皇，宁寿宫便逐渐荒废。在嘉庆七年（1802年）修缮之后，直至光绪十七年（1891年），才再次重修，作为慈禧太后的寝宫。

● 布局

园基地宽37米，长160米，长宽比为4.3：1，西边为高达8米的夹道墙，

东边为高大的宫殿，在此进行园林
设计的难度很大。花园总体布局采
用纵向串联式，自南向北安排了四
进院落。由明显的中轴线统筹，但
轴线却并没有贯穿纵深，而是根据
具体情况进行了错中调整，前两进
院落与后两进院落轴线位移了四米
多（图10-24）。

从空间布局来看，设计者在
全园规划上、在空间划分上，确
实是煞费苦心，最终取得了较为
理想的效果。对于东西两侧的建
筑物和墙体，采取了"避"、"联"、
"遮"等处理方式，减弱了不良影
响，在宫殿与高墙之间成功营造
出了"自然山林"。在纵深方向上，
通过横向分隔，划分出几进院落，
解决了基地狭长的难题，而且营
造出了"庭院深深深几许"的意
境。自南向北的这四进院落，在
空间组织上各具特色，又互相渗
透，山石为主体和建筑为主体的
布局交替出现，自然野趣和简洁
疏朗的空间感受交替出现，空间
开合变化交替出现，共同组成一
个变化丰富的整体（图10-25）。

第一进院落南门为衍祺门。
开门见山，进门之后左右夹峙的
假山障景，两山之间冰裂纹图案
的道路指引着前进的方向。沿路
穿过假山，空间豁然开朗，主体
建筑古华轩便映入眼帘。古华轩
为五开间歇山卷棚的敞厅，因轩
前古楸树年年春花灿烂而得名。
古华轩西边是仿曲水流觞典故的
歇山抱厦的禊赏亭（图10-26），

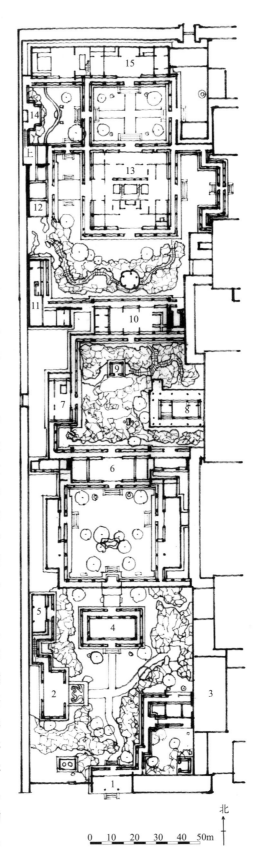

图10-24 乾隆花园总
平面
1. 衍祺门 2. 契赏厅
3. 抑斋 4. 古华轩
5. 旭晖亭 6. 遂初门
7. 延趣楼 8. 三友轩
9. 耸萃亭 10. 萃赏亭
11. 养和精舍 12. 玉碎轩
13. 符望阁 14. 竹香馆
15. 倦勤斋

图 10-25　乾隆花园鸟瞰
图（清代内廷宫苑 -p105）

图 10-25　乾隆花园鸟瞰
图（清代内廷宫苑 -p105）

图 10-26　禊赏亭曲水流
觞（罗哲文　中国古园林）

沿爬山廊登上假山，便可到达坐西朝东的旭辉亭。为削弱宫殿、宫墙的影响，营造自然感，东边亦以假山为边界，山上设有白玉栏杆的承露台。从承露台之下的山洞穿过，就到达假山背后另一个小院落。这个院落在平面构图上与禊赏亭、旭辉亭取得了平衡，在空间上丰富了空间的层次。这个小院之中，有古柏数株，浓荫铺地，是"静憩观书"的场所。正厅抑斋，旁边是矩亭，东南角假山之上有一小亭名撷芳亭。第一进院落以假山巧妙地分隔空间，使这个小院子得到充分利用，建筑虽多，但院落仍然富有自然趣味。

古华轩北面的宫墙中间，为一殿一卷的垂花门，穿过垂花门便到了第二进院落。

第二进院落是一个北京常见的三合院，一正两厢，富有生活气息。正房遂初堂，表达乾隆"遂当初执政六十年而隐退"的心愿。东西厢房皆为五开间，以抄手游廊与遂初堂相接。厢房的北三间是外游廊，南两间外墙外推，将游廊收入房中，变成暗廊。这样做不仅使得游廊更具趣味，还改变了厢房的结构，进而影响了整个院落的轴线。东西厢房都是在北面三间的中间一间开门的，较之传统的三合院四分格局，北面变窄而南面更宽了一些。庭院中以湖石和柏树点景，植稀疏花木，空间疏朗，视野开阔。

遂初堂之北即为第三进院落，院落中布满假山，充满趣味。主体建筑翠赏楼的中轴与前院正房的中轴错开，轴线的变化经由山体和转角游廊巧妙承接，毫无突兀之感。有三条线路可以到达翠赏楼：沿游廊向西走，经过两个转角到达配楼延趣楼，沿延趣楼前廊向北走即可到达翠赏楼，此路线一；沿游廊东行北拐，便来到了三友轩。三友轩坐北朝南，三开间，东侧为避让乐寿堂为悬山顶，西侧为歇山顶，三面环廊，西面山墙上开一大方窗，窗棂为紫檀木透雕的松竹梅图案，以此点题。此处宛若处在深山大壑之中，意境幽深。从三友轩向北走，经一短廊进入山洞，穿洞而过，便来到翠赏楼前，此路线二；自遂初堂而出，直接钻入假山，经过幽谷峭壁，最终从洞口北出，直接到达翠赏楼，此路线三。假山立体交叉了多条蹬道，在主峰之上，设有方亭耸秀亭。这一进院落以假山为主体，层峦叠嶂，山洞、悬崖、蹬道、山峰等一应俱全，又有立体交叉的游山路线，趣味盎然，只可惜受到用地狭窄限制，有些许闭塞之感。

翠赏楼之北是第四进院落，其主体是华丽庞大的符望阁，院落被符望阁分为前后两部分，整个院落布局完全仿照建福宫花园。符望阁是整个乾隆花园中体量最大、装饰最华丽的建筑，室内金镶玉嵌、精工细作，底层被精美的落地罩、格扇门窗、板墙等分割成多个房间，彼此之间地坪标高又不同，还设有夹层，宛若迷宫，故有"迷楼"之称。二层为三开间的大方厅，四面设外廊，凭栏远眺，紫禁城的层层宫阙、北海琼华岛、景山、钟鼓楼等地的美景历历在目，可一舒帝王情怀。符望阁之南为障景假山，形状近似月牙形，主峰之上有一个清新可爱的小亭碧螺亭。碧螺亭平面为五瓣梅花形，五脊五柱，屋面为翠蓝色琉璃瓦配紫色琉璃瓦剪边，柱间白石板上为折枝梅花图案，色彩之明艳、形态之别致，为园林中罕见。亭南石梁飞架，与翠赏楼的二楼相连。假山西南为"L"形的养和精舍，养和精舍之北为玉粹轩。符望阁后游廊连接了整个后院，北侧为后照房倦勤斋，东侧与寝殿景祺阁相接，西侧为双面廊，分割出一个西跨院。西跨院的北房即为倦勤斋的西四间，院中又以弓形矮墙自成一院，开八方形小门，其中坐西朝东的建筑为竹香馆。院落中内栽种修竹翠柏，幽深翠绿，别有洞天。前院与第三进院落相似，借由假山形成立体交叉的道路，富于山林野趣，后院则以建筑廊道为主，规整简洁。

- ●**造园特征**

假山是乾隆花园中最有特色、最显著的园林要素，发挥着决定空间布局和环境氛围的功能。高大的假山有"障"的作用，南北向的假山，如衍祺门北、遂初堂北和符望阁之南的假山发挥障景山的作用，东西向的假山遮挡住宫墙，在狭长逼仄的空间中，营造出幽深的自然山林之感。假山本身也是可游可赏的，

图 10-27 乾隆花园彩石墙

有山洞、悬崖、一线天、山谷、山峰等形态，富有自然趣味。山体上多设蹬道，形成立体交叉的多重游览路线，又点缀以台、亭、廊，一方面为建筑对景，一方面提供俯瞰院落的场所。在遂初堂院落、抑斋小院、竹香馆小院等处，有孤置石和小型盆景石作为点景的要素出现。石笋也有运用，如在三友轩旁起到点题作用的石笋组，增加了空间的幽深宁静。假山石中有许多石头的色泽、形态都属上乘，这是因为乾隆花园用石部分取自圆明园和北海琼华岛，足见乾隆对此花园的重视。

每一进院落的主体建筑都位于院落的北面，体量大而端正，室内装饰豪华，尤以符望阁为最。虽有"错中"处理，但主体建筑明显受到轴线控制，中轴相对。其他建筑在布局上则摆脱了轴线的束缚，比较活泼自由，只有第二进院落为东西相对应的三合院形式，但轴线较标准的三合院也有所偏移。在造型上也未受宫式建筑约束，各有特点，灵活多变。

乾隆花园中的宫墙很有特色，与紫禁城中其他宫墙不同。墙面为磨砖对缝的清水墙面，台基为彩色石块冰裂纹（图 10-27）。

乾隆花园之所以给人幽深静谧的感受，不仅是因为假山和建筑的布局，还有植物的功劳。由于用地狭小，植物种植和生长空间也很局促，花园中植物的种类和数量都很有限。乾隆花园共有树木 96 株，其中乔木 82 株，松柏占 90% 以上，曾有 3 株古香椿，在 20 世纪 70~80 年代枯萎，已被伐。清代帝王不耐暑热，夏季总是离开紫禁城消暑，所以这个花园主要是为春、秋、冬三季设计的，尤其以冬景为特色，故多植松柏、竹类。松柏竹能够很好地衬托假山，增添幽静安详的气氛，与乾隆花园娱老、尊养的功能相符。

避暑山庄

避暑山庄位于河北省承德市北部，武烈河西岸一带的狭低谷地上，占地面积 564 公顷。它始建于 1703 年，历经清朝三代皇帝：康熙、雍正、乾隆，耗时 87 年建成，形成了不同时期的不同的造园风格。"避暑山庄"又名承德行宫，或称热河行宫，是帝王夏日避暑处理政务的场所，有第二政治中心之称（图 10-28）。

避暑山庄的造园主要集中在康熙和乾隆两个时期。康熙时期的建造分为两个阶段：1705-1708年为第一阶段，主要是疏浚湖泊，筑堤建洲，着重湖区风景的开发以及园林庭院的建造。山区则以保留原始植被景观为主，仅在峪口依势筑园庭，踞顶筑亭；1709-1713年为第二阶段，重点修筑山庄的正宫，开辟两处新湖面，增加部分园林建筑。这段时期突出自然山水之美，循自然景观修筑，不事彩画，以淳朴素雅格调为主。

图10-28 清·冷枚 热河行宫图（承德古建筑-p7）

乾隆时期所进行的大规模改造和扩建，也可分为两个阶段：1741-1754年为第一阶段，主要是维修原有建筑，调整、改建、扩建湖洲区几组园院；1755-1790年为第二阶段，主要在山庄内增建了模仿江南风景名胜的多组园庭，并重点营造了山岳区各山峪内，山上、峪底深处的建筑组群，使得其风格逐渐改变，趋向于汉唐的建筑宫苑，以豪华而错落有致、布局新颖而又富有变化的建筑群见胜。

乾隆帝在"康熙三十六景"基础上以三个字命名"乾隆三十六景"，其中有二十六景在康熙时已经建成，新增加的只有十景：丽正门、勤政殿、松鹤斋、青雀舫、冷香亭、嘉树轩、乐成阁、宿云檐、千尺雪、知鱼矶。但实际上乾隆兴建的景点远远多于此，之所以不纳入命题景致中，是因为乾隆尊重康熙，命题景致数量不能超过康熙命题数量之故。

● 布局

避暑山庄的总体布局充分依据现状基址条件，按照地势的高平远近和功能需要，可为四大分区。在山庄南部的高平敞阔之地建造了宫殿区；在山庄中部的低洼池沼处填挖了湖泊区；在湖泊区以北的广阔平坦处规划了平原区；在山庄西北部的大片层峦叠嶂处组织了山岳区。各景区既相对独立，又相互联系，很自然地体现了多样统一的布局原则。避暑山庄内部布局为"前宫后苑"型规制，其中宫殿区，包括正宫、松鹤斋、东宫（遗址）都位于山庄的南部及东南部，中部的苑林区则包括了湖区和平原区。四大分区共同组成了避暑山庄的整体布局，这种布局恰好暗合了中国版图的山形地势（图10-29）。

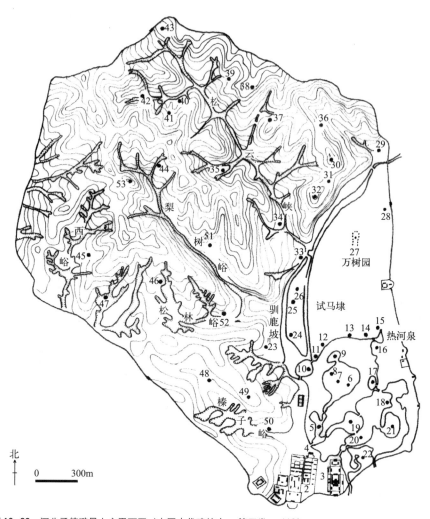

图 10-29　河北承德避暑山庄平面图（中国古代建筑史 - 第五卷 -p118）
1.正宫　2.松鹤斋　3.东宫　4.万壑松风　5.芝径云堤　6.一片云　7.无暑清凉　8.沧浪屿　9.烟雨楼　10.临芳墅　11.水流云在　12.濠濮间想　13.莺啭乔木　14.甫田丛樾　15.苹香沜　16.香远益清　17.天宇咸畅　18.花神庙　19.月色江声　20.清舒山馆　21.戒得堂　22.文园狮子林　23.珠源寺　24.远近泉声　25.千尺雪　26.文津阁　27.蒙古包　28.永佑寺　29.澄观斋　30.北枕双峰　31.青枫绿屿　32.南山积雪　33.云容水态　34.清溪远流　35.水月庵　36.斗姥阁　37.山近轩　38.广元宫　39.敞晴斋　40.含青斋　41.碧静堂　42.玉岑精舍　43.宜照斋　44.创得斋　45.秀起堂　46.食蔗居　47.有真意轩　48.碧峰寺　49.锤峰落照　50.松鹤清樾　51.梨花伴月　52.观瀑亭　53.四面云山

（1）宫殿区

宫殿区位于山庄南部，湖泊南岸的一块地形平坦的高地上。是皇帝处理朝政、举行庆典和生活起居的处所，宫殿区占地约 10 万平方米，包括三组平行的院落建筑群：正宫、松鹤斋、东宫。

正宫在丽正门之后，前后共九进院落。其中南半部的五进院落为前朝，正门午门额上写"避暑山庄"四字，正殿澹泊敬诚殿全部用楠木建成，俗称楠木殿，建筑外形朴素大方，尺度具有亲切感。院内散植古松，幽静的环境极富园林情调，气氛与紫禁城的前朝全然不同。北半部的四进院落则为内庭，正殿烟波致爽殿有殿七楹，进深两间，是皇帝日常起居的地方。后殿为两层的云山胜地楼，不设楼梯，利用庭院内的叠石做成室外磴道。从楼上可北望苑林区的湖山。内廷的建筑物均以游廊连接贯通，庭院空间既有所间隔，又可以配以花树山石，形成更为浓郁的园林气氛。

松鹤斋的建筑布局与正宫近似而略小，最后一进院落为万壑松风，康熙当年曾在此处读书，建筑物前后交错穿插联以回廊，呈自由式布置。

东宫位于正宫和松鹤斋以东，地势略低。南临园门德汇门，共六进院落。内有三层楼大戏台"清音阁"，可作大型演出。东宫的最后一进为卷阿胜境殿，北临湖泊区。

（2）湖泊区

湖泊以洲、岛、桥、堤划分成若干水域，这是清代宫苑中常见的理水方式。湖中共有大小岛屿十个，大岛有文园岛、清舒山馆岛、月色江声岛、如意洲、文津岛；小岛有戒得堂岛，金山岛、青莲岛、环碧岛、临芳墅岛，其中最大的如意洲有4公顷，最小者仅0.4公顷。洲岛之间由桥堤相连。

湖区东部包括下湖、镜湖水域和岛屿，有水心榭、文园狮子林、清舒山馆、戒得堂、汇万总春之庙（花神庙）、金山和热河泉等景点，东半部与西半部之间有堆山的障隔，东面紧邻园墙。

湖区中部芝径云堤仿苏堤，位于湖区中心，堤身"径分三枝，列大小洲三，形若芝英，若云朵，复若如意"，造型宽窄曲伸非常优美。连接着环碧、月色江声、如意洲等岛屿（图10-30、图10-31）。如意洲北即青莲岛，上有著名的烟雨楼。

北

0 3 2 15 30m

图10-30 月色江声 来源《清代御苑撷英》
1. 月色江声 2. 静寄山房
3. 莹心堂 4. 湖山罨画
5. 冷香亭 6. 峡琴轩
7. 配殿

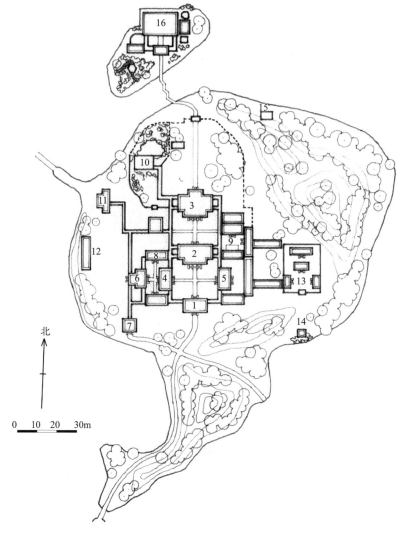

图10-31 如意洲平面图
来源：改绘自《清代御苑
撷英》
1. 无暑清凉 2. 延薰山馆
3. 乐寿堂 4. 西配殿
5. 东配殿 6. 金莲映日
7. 观莲所 8. 川岩明秀
9. 一片云 10. 一片云
11. 西岭晨霞 12. 云帆月舫
13. 般若相 14. 清晖亭
15. 澄波叠翠 16. 烟雨楼

北

0 10 20 30m

上下两层，单檐，周围有廊。登楼可欣赏到雨中滚滚的烟雾。

如意湖及西岸一带属湖西区，湖面顺着山的东麓紧嵌于坡脚成狭长的新月状。东麓倒影水中形成一景。沿山坡散布着许多泉流和小瀑布，这里有如意湖亭、芳园居，沿湖岸有芳清邻流、长虹饮练、临芳墅、知鱼矶等胜迹。

湖泊区的自然景观是开阔深远与含蓄曲折兼而有之，虽然人工开凿，但整体而言，水面形状、堤的走向、岛的布置、水域的尺度等，都经过精心设计，能与全园的山、水、平原相协调。再配以广泛的绿化种植，宛若天成地就。即便一些局部的处理，如山麓与湖岸交接处的坡脚、驳岸、水口以及水位高低、提身宽窄等，都以江南水乡河湖作为创作的蓝本，设计推敲极精致而又不落斧凿之痕，完全达到了"虽由人作，宛自天开"的境地。整体显示出浓郁的江南水乡情调，尺度十分亲切近人，是北方宫苑中理水的上品之作。

湖泊区面积不到全园的六分之一，却集中了全园一半以上的建筑物，是避暑山庄的精华所在。所谓"山庄胜处，正在一湖"。这个景区以金山亭为总揽全局的焦点。以如意洲作为景区的建筑中心。金山是靠如意湖东岸的一个小岛，这个景点在湖泊景区内发挥了重要的"点景"和"观景"的作用，它是景区内主要的成景对象，许多风景幽丽的构图中心，又与山岳景区的"南山积雪"、"北枕双峰"遥相呼应成对景。

（3）平原区

平原区南临湖泊景区，东界园墙，西北依山，呈狭长三角形地带，占地53公顷。

平原区建筑物很少，大体上沿山麓布置以显示平原之开旷。在它的南缘即如意湖的北岸建置四个形式各异的亭子。从西至东依次是水流云在、濠濮间想、莺啭乔木、甫田丛樾，作为观水、赏林的小景点，也是湖区与平原交接部位的过渡处理。

平原中部有万树园和试马埭。万树园面积辽阔，芳草如茵，一派草原景色。万树园还是山庄政治活动中心之一，体现了草原游牧民族的风俗习惯。试马埭是放牧、调试马匹之处。西部平原位于万树园以西的西岭山麓，有文津阁、宁静斋、玉琴轩等建筑。

平原北端的收束恰好是与山岭交汇的枢纽部位，在这里建置园内最高的建筑物永佑寺舍利塔，作为湖泊、平原景区南北纵深收束处的一个着力点，其位置的安排十分恰当。永佑寺是平原区最大一组建筑物，山门前有牌坊三座，山门以北有钟鼓楼，中轴线上有天王殿、宝轮殿、后殿、舍利塔、御容楼。舍利塔仿南京报恩寺塔修建，八角形十层，高60米。

（4）山岳区

山岳区在避暑山庄的西北部，面积422公顷，占避暑山庄总面积的五分之四。这里山峦起伏、沟壑纵横，几个主要的峰头高出平原50~100米，最高峰达150米，自北向南有松云峡、梨树峪、松林峪、榛子峪四条峡谷。康熙、乾隆时期在山区修建了40余处楼、亭、庙、舍，均有游览御路和步道相通，与山水林泉巧于因借。

这个景区以其浑厚优美的山形而成为绝好的观赏对象，又具有可游、可居的特点。建筑的布置也相应地不求其显但求其隐，不求其密集但求其疏朗，以此来突出天然野趣的主调。因此，显露的点景建筑只有4处——南山积雪、北枕双峰、四面云山、锤峰落照，均以亭子的形式出现在峰头，构成山区制高点的网络。其余的小园林和寺庙建筑群，绝大部分均建置在幽谷深堑的隐蔽地段，其建设布局充分与山岳地形相协调，是园林设计中因地制宜的上乘案例。

● 造园特征

避暑山庄地域宽广，地势变化丰富。四大景区中，宫殿区具有威严的皇家气派，湖泊景区具有浓郁的江南情调，平原景区凸显广袤的塞外风光，山岳景区则象征众多的名山风景区，可谓浓缩了中国大江南北各类风景名胜。山庄不仅是一座用于避暑的园林，还是塞外的一个政治中心，双重的创作意图通过中国传统园林精妙多样的造园手法加以完美体现，是清代皇家宫苑中的优秀范例。

避暑山庄中所体现的造园手法贯穿从园林选址、到景区规划、景点设计、建筑营建、植物营造、楹联匾额等全过程，以下从园林选址、理水技法、植物配置、建筑布局、景点塑造方面进行论述。

（1）园林选址

避暑山庄的选址充分体现了康熙造园的核心思想：充分利用自然条件营造天然野趣，不事过多人工雕琢。从山庄地域范围的确立来看，选取了开阔高地、湖泊、平原、山峦多种地貌类型交接的集中分布区域，给后来的造园奠定了良好的基础。

（2）理水与掇山

避暑山庄的水系规划充分模仿自然水体形式，以溪流、瀑布、平池、湖沼等表现水的动态和静态特点。因水成景乃是避暑山庄园林景观最精彩的一部分，所谓"山庄以山名而趣实在水。瀑之溅，泉之淳，溪之流咸汇于湖中。"

山庄水源有三：一为主水源武烈河水，并汇入狮子沟和裴家河水；二是热河泉；三是山庄山泉和地面径流。由于武烈河向南递降，所以进水口定在山庄东北隅，以较高的水位输入。顺水势引武烈河向西南流，过水闸控制才入宫墙。入水口前段布置了环形水道，需时放水，无需时水循另道照常运行。山庄之引水工程除满足水利的一般要求外，还利用水利工程造景。进水闸前引水道由于闸门控制而有降低流速、沉淀泥沙的功能。"暖流喧波"上造城台，台上建卷棚歇山顶阁楼，水自台下石洞门流入，再西有板桥贯通。桥之西南，水道转收而稍放，开挖为"半月湖"，半月湖在水工方面又为沉淀池，外观上仿自然界瀑布之潭。半月湖以下为长河，在松云峡、梨树峪等谷口则又扩大为喇叭口形。长湖在纳入"旷观"之山溪后分东西两道南流而夹长岛。居于长岛西侧的河道的线形基本和西部山区的外轮廓线相吻合。为摹仿杭州西湖和西里湖的景色，逐渐舒展为"内湖"，然后以"临芳墅"所在的岛屿锁住水口，将欲放为湖面的水体先抑控为两个水口。水门上又各横跨犹如长虹的堤桥，形成"双湖夹镜"等名景。

山庄开湖的工程可分为两阶段，康熙时的湖区东尽"天宇咸畅"南至水心榭。亦即澄湖、如意湖、上湖和下湖。至于其东之镜湖和银湖都是乾隆年间新拓的。湖区水景布局包括湖、堤、岛、桥、岸和临水建筑、树木等综合因素。当初施工是由开"芝径云堤"为始的。总的结构是以山环水，以水绕岛。

山庄湖区多是中距离观赏。但也有三条旷远的水景线。它们的共同特点是纵深长而水道较直。一条是自"万壑松风"下面湖边北眺。视线可经水面直达"南山积雪"。另一条为自同一起点至金山，水面最为辽阔。还有一条是自热河泉西望。如果自"水流云在"东望，则因热河泉收缩于内，东船坞又沿水湾北转，一目难穷，又有幽远、深邃之感。

在乾隆十六年至十九年这段时间里，山庄湖区又往东、南扩展了一次。使武烈河东移一段，在腾出的地面上挖出了银湖和镜湖，同时也开辟了文园狮子林、清舒山馆和戒得堂等风景点。在原水闸位置建"水心榭"。出水闸则推移至五孔闸。水心榭实际上是个控制水位的水工构筑物，使新旧湖保持不同的水位。新湖水位略低于旧湖，但水心榭给人并不是水闸的感觉，而是"隐闸成榭"的园林建筑，形成跨水的一组亭榭。把闸门化整为零，加闸墩成八孔，闸板隐于石梁内，从而构成水平纵长的特殊形体。

山庄真山雄踞，无须大兴筑山之师。但借挖湖之土可以组织局部空间，协调景点间的关系以弥补天然之不足。如"试马埭"位于文津阁侧溪河之东。须筑防水之土堤，这就是"埭"的含义。万树园要求倾向湖面以利排水，也要垫土平衡。如意洲由东到北部都有土山作屏障，分隔金山岛与如意洲上的宫廷建筑。从"环碧"至如意洲一段土山，夹石径于山间，形成路随山转，山尽得屋的典型景象。由热河泉而南，路随土山起伏，土山交拥，形成狭长的低谷地。"卷阿胜境"之南筑曲山两卷以象征景题所寓的地貌特征。

在掇山方面，宫殿区以"云山胜地"、"松鹤斋"和"万壑松风"为重点。湖泊区以"狮子林"、"金山"、"烟雨楼"和"文津阁"为重点（图10-32）。山岳区则以"广元宫"、"山近轩"、"宜照斋"、"秀起堂"等为重点。这些遵循"是石堪雄"、"使山可采"的原则，选用附近的一种细砂岩，体态顽夯、雄浑厚实，正好衬托山庄雄奇的山野气氛。这和以透、漏、瘦为审美标准的湖石完全是两种风格，山庄很少用特置的单体奇峰异石，而是着眼于掇山的整体效果，掇山虽不是同一时期所为，但始终能够保持统一的风格而又不乱其布局之章法。

（3）植物配置

避暑山庄的造园突出天然风致，绿化比重大，这与建园之初就注重保护天然植被的原始面貌和后期有计划的种植都很有关系。据文献记载，园内原来树木花卉繁茂，品种也很多，而且善于以植物配置结合地貌环境和麋鹿仙鹤等禽鸟来丰富园林景观。"七十二景"之中，有一半以上是与植物有关或以植物作为主题的。

0 3m 图10-32 烟雨楼南立面图

植物配置方面，山岳区以松柏为主，常绿树种大片成林。同时，也以特定树种的成林或丛植来恰如其分地强调局部地段的风景特征，如主要山峪"松云峡"一带尽是郁郁苍苍的松树纯林；"榛子峪"以种植榛树为主；"梨树峪"种植大片的梨树，"梨花伴月"一景因此而得名。

湖泊区植物以柳树为主，姿态娴娜，体现江南水乡的宛约多姿，水面又多栽植荷花。平原区综合考虑植物造景和建园的意图，东半部的"万树园"丛植老榆树千株，麋鹿成群奔逐于林间，西半部的"试马埭"则为一片如茵的草毡，形成塞外草原的粗犷风光。

（4）建筑布局

为了与自然山水协调一致，山庄建筑采用自由布局，除了宫殿区的建筑组群之外，很少采用轴线处理，也不设高大宏伟的主题建筑物。景点布局以分散为主，少量成区成组，散聚合宜。大量建筑采用民间形式，不施彩绘，与山庄气氛十分协调。摹写江南名园的小园林也都是经过改造提炼的再创造，变化虽然丰富，但装修却简雅适度，融合了南北园林的特征。

整个湖泊区内的建筑布局都能够恰当而巧妙地与水域的开合聚散、洲岛桥堤和植物种植的障隔通透结合起来，不仅构成许多风景画面的观赏元素，还能实现动态观赏的效果。此外，山庄中的山居式庭园建筑最富有情趣，它们都结合地形而筑，利用台地、依崖、跨溪、叠石、修坎、错层、爬廊、悬楼、磴道等，自由灵活，空间变幻，自然意境浓烈。这类山居式庭园建筑在清代其他宫苑中少见，是避暑山庄园林艺术的独特创作。

（5）景点塑造

①文园狮子林

文园狮子林位于山庄东南隅，东邻镜湖和宫墙，西临银湖的水面，北面隔着一条狭长的小河道与清舒山馆遥遥相对(图10-33)，为避暑山庄中东、西临湖，南北两面以小溪和假山叠石障隔为静谧的一区。这座典型的园中之园，乃是参照元代画家倪云林所绘的狮子林图卷和苏州名园狮子林而建成。

园林分为三个院落呈品字形布列：中院"纳景堂"为封闭的小庭院，前设园门作为全园的陆路出入口。西院"文园"以建筑物错落环绕水池，水景为主调，东南角上设水门作为游船的出入口。东院"狮子林"则以叠石假山配合水体为主景，呈庭园围绕建筑物的格局。三个院落各具不同样式而又由水道串联起来，组合为有机的整体，是山庄内面积较大、设计极精致的一座小园林。

②小金山

避暑山庄金山仿江苏镇江金山寺修建。金山岛上完全是人工堆砌的石山，假山上起殿阁。西麓设码头，供龙舟登岸。岛上有镜水银岑、天宇咸畅、芳洲亭、上帝阁（俗称金山亭）等景观。山庄之金山可以令到过镇江金山的人一见如故，承认它是镇江金山的缩影而又具有本身的特色，仿中有创，不落俗套。

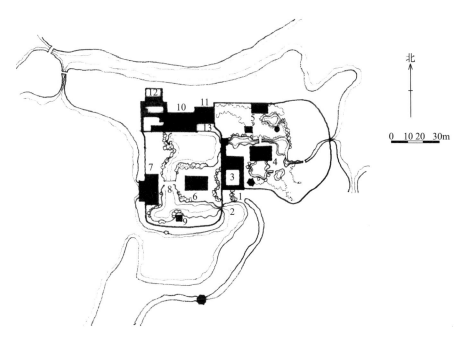

图 10-33 文园狮子林复原平面图《中国古典园林史》–p400
1. 园门　2. 水门
3. 纳景堂　4. 延景楼
5. 云林石室　6. 清淑斋
7. 横碧轩　8. 虹桥
9. 占峰亭　10. 清閟阁
11. 小香幢　12. 探真书屋
13. 过河亭

北

0　10 20　30m

　　小金山向东让出一箭之地与岸分离，西面则有开阔的澄湖，于碧波环涌之势屹立山岛中，把握住了被仿造环境的特征（图10-34）。避暑山庄金山寺以阁代寺，尺寸虽小，却与环境比例协调。在山与塔的比例关系方面作了大胆的夸张。除主体建筑外，相当于码头的宝塯、月牙廊、爬山廊也都吸取来烘托上帝阁。"天宇咸畅"和"镜水云岑"一坐北朝南，一坐东向西，可谓以一当十，概取其要。加以辟台时也由缓而急，由低而高，以油松为参天古木，金山神韵油然而生。山庄金山仅用了五个建筑便得其势，而这五个建筑已提炼到缺一不

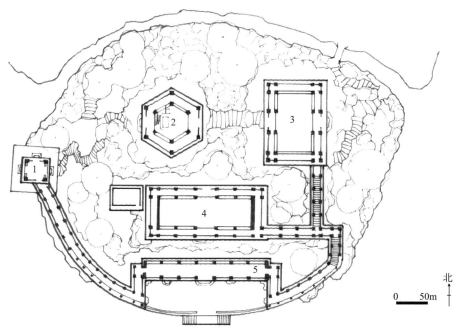

图 10-34　小金山平面图
来源《承德古建筑》
1. 芳洲亭　2. 上帝阁
3. 天宇咸畅　4. 镜水云岑
5. 门廊

北

0　50m

可的程度。从成景方面分析，二者都是观赏视线的焦点，镇江金山四面成景，山庄金山有三面多成景，其东面以土山相隔。从得景方面分析，镇江金山可登塔环眺，山庄金山亦然。

扩大到全园的范围，金山亭充分体现了中国古典大型园林中"看与被看"的关系。由于所处位置较高，在整个湖泊区内的大部分区域，均能望到金山亭作为视觉的控制焦点，从而起到重要的点景作用。而登上金山亭，避暑山庄美景尽收眼底。这种作为"被看之物"与"看景之物"的双重身份被完美地统一到金山亭这一景点塑造过程中（图 10-35）。

③山近轩

"山近轩"这组建筑是隐藏在万山深处的山居。无论从"斗姥阁"或"广元宫"下来，或从松云峡北进都会很自然地产生这种感觉。这一组建筑虽藏于山之深处，但仍和广元宫、古俱亭、翼然亭组成一个园林建筑组群的整体。后三景均成为山近轩仰借之景。反之，它又是三者俯借的对象。

山近轩坐落的朝向取决于这片山坡地的朝向，在建筑布局方面照顾到自广元宫往东南下山的视线处理。尽管主体建筑居偏，但由"清娱室"、"养粹堂"构成的建筑组群也构成以从西北到东南为纵深的数进院落。因此，它在总体布局方面做到了两全其美。

山近轩采用辟山为台的做法安排建筑，台分三层。大小相差悬殊，自然跌落上下。这里原是西临深壑的自然岗坡。兴建后仍然保留了这一特殊的山容水态。通向广元宫的石桥不采取填壑垫平的办法，而是把金刚座抬得高高的跨涧而过。桥本身因适应深壑的地形构成一种朴实雄奇的性格。过桥后则依山势由缓到陡辟台数层，桥头让出足够回旋的坡地。头层窄台作为"堆子房"。第二

图 10-35　金山亭（上帝阁）

层台地是主体建筑"山近轩"坐落的所在，由主体建筑构成主要院落。周环的建筑仍不在同一高程上；用爬山廊把这些随山势高低错落相安的建筑连贯合围，使之产生"内聚力"而形成变化多端的山庭。庭中并用假山分隔空间，以山洞和磴道连贯上下（图10-36）。

在山近轩这座庭院的东南角有楼高起。此楼底层平接庭院地面，底层之西南向外拱出一个半圆形的高台，高台地面又与二层相平接，形成很别致的山楼。挑伸楼台以近山和远眺山色，近山楼台亦可先得山景。

山近轩建筑的主要层次反映在顺坡势而上的方向（图10-37）。第三层台地既陡又狭。建筑即依此布局大小而设，形成既相对独立，又从属于整体的一

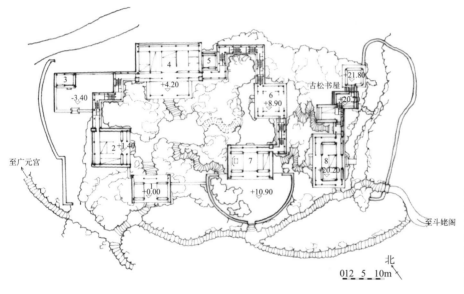

图 10-36 山近轩平面复原图（承德古建筑 -p143）
1. 门殿 2. 清娱室
3. 堆子房 4. 山近轩
5. 净房 6. 簇奇廊
7. 延山楼（二层）
8. 养粹堂

图 10-37 山近轩复原鸟瞰图 来源《林业史园林史论文集（第二集）》

小组建筑。"养粹堂"正对"延山楼"山墙。其体量虽比山近轩小，但因居高而得一定的显赫地位。东北部以廊、房作曲尺形延展，直至最高处的"古松书屋"外的围墙，水平距离不过100多米，高差却有50多米。就从桥面起算也有40多米的高差。这样悬殊的地形变化，在保持原有地貌的前提下使所有建筑部各得其所，十分困难。可正是"先然而后得"，出奇而制胜。

静宜园

静宜园位于香山的东坡。静宜园于乾隆十一年（1746年）扩建完工之后，面积达140公顷。周围的宫墙顺山势蜿蜒宛若万里长城，全长约5公里。园内不仅保留着许多历史上著名的古刹和人文景观，而且保持着大自然生态的深邃幽静和浓郁的山林野趣，是一座具有"幽燕沉雄之气"的大型山地园，也相当于一处园林化的山岳风景名胜区。

香山优美的地貌形胜，实属北京郊区山地风景之冠，早在辽、金时即为帝王游幸之地。清康熙中叶，三藩叛乱平定，全国初步统一。清康熙十六年（1677年）就原香山寺旧址扩建香山行宫，作为"质明而往，信宿而归"[①]的一处临时驻跸的别苑，但是当时的建筑和设施都比较简单，仅供皇帝偶尔游憩临幸。

清乾隆十年（1745年），乾隆皇帝扩建香山行宫，次年完工，命名为静宜园。乾隆皇帝亲自命名静宜园28景名称，并且御题静宜园28景诗。乾隆四十五年（1780年）为了纪念班禅额尔德尼来京为皇帝祝寿，模仿西藏日喀则的札什伦布寺建成昭庙，全称"宗镜大昭之庙"。这也是香山静宜园风景建设的全盛时期（图10-38）。

● 布局

香山静宜园依托西山层峦叠翠，与玉泉山及玉峰塔形成远近两个层次的景深，是为整个西北郊平原的底景。同时附借静明、清漪两园的湖光山色，极目远眺京师万千景色一览无余，显示了西北郊整体环境美。静宜园内保持着大自然生态的深邃幽静和浓郁的山林野趣，也是"三山五园"中唯一以山地景观为主的园林。静宜园总体规划的成功之处还在于它并非孤立经营，而是与香山已有的名胜古迹相互呼应，与周围其他宫苑协调统一，做到内外兼顾。

园区主要布置在香山的东南侧，这里属于香山山脉的低山区，山势较缓，山冈、台地较多，最适合人类的居住与活动。主峰香炉峰屏列于西北，阻挡冬季西北方向凛冽的寒风，整体山势从正北、西北、正西、西南环抱，向东方开敞，接受充足的阳光和夏季凉爽的东南风。丰富的泉水与高山区汇集的雨水融合在一起，滋润着这片平冈，使得小区域内的环境气候非常怡人。静宜园要满足乾隆皇帝临幸时的日常起居、游憩赏玩以及处理政事活动等功能要求，因此从功能上主要分

---

① 清高宗（乾隆）御制诗文全集·静宜园记 [M]. 北京：中国人民大学出版社，1993.

图10-38 [日]冈玉山．
唐土名胜图会·静宜园，
1802．

为宫廷区和园林区，宫廷区则又进一步分为办公区和生活区（图10-39）。

负责政事活动的办公区集中在静宜园的东宫门附近，主要是以勤政殿为中心的区域。勤政殿坐西朝东紧接于大宫门，即园的正门之后，二者构成一条东

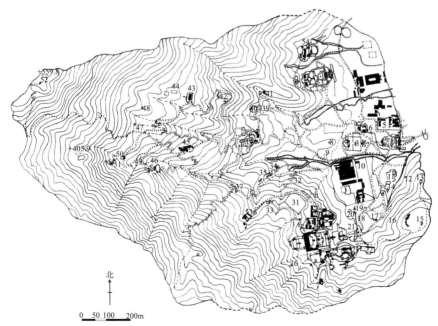

北

0 50 100 200m

图10-39 静宜园平面图（中国古典园林史 −p363）
1. 东宫门 2. 勤政殿 3. 横云馆 4. 丽瞩楼 5. 致远斋 6. 韵琴斋 7. 听雪轩 8. 多云亭 9. 绿云舫 10. 中宫 11. 屏水带山 12. 翠微亭 13. 青未了 14. 云径苔菲 15. 看云起时 16. 驯鹿坡 17. 清音亭 18. 买卖街 19. 璎珞岩 20. 绿云深处 21. 知乐濠 22. 鹿园 23. 欢喜园（双井）24. 蟾蜍峰 25. 松坞云庄（双清）26. 唳霜皋 27. 香山寺 28. 来青轩 29. 半山亭 30. 万松深处 31. 宏光寺 32. 霞标磴（十八盘）33. 绚秋林 34. 罗汉影 35. 玉乳泉 36. 雨香馆 37. 阆风亭 38. 玉华寺 39. 静含太古 40. 芙蓉坪 41. 观音阁 42. 重翠亭（颐静山庄）43. 梯云山馆 44. 沣素殿 45. 栖月岩 46. 森玉笋 47. 静室 48. 西山晴雪 49. 晞阳阿 50. 朝阳洞 51. 研乐亭 52. 重阳亭 53. 昭庙 54. 见心斋

西中轴线。大宫门五间，两厢朝房各三间。勤政殿面阔五间，两厢朝房各五间，殿前的月河源出于碧云寺。殿北为致远斋，乾隆驻跸时在此处接见臣僚、批阅奏章。勤政殿之后则是丽瞩楼，也位于宫廷区中轴线上。这组建筑群布局规整，相当于宫廷区的内廷。

生活区就是园内的"中宫"，是皇帝短期驻园期间居住的地方，位于丽瞩楼的南面，周围绕以墙垣，四面各设宫门。虚朗斋是中宫的主要建筑，斋前的小溪做成"曲水流觞"的形式，有广宇、回轩、曲廊、幽室以及花木山池作为点缀。

宫廷区以外则为园林区，供皇帝游憩赏玩。因为不受太多功能上的限制，园林区的造园意匠更丰富，造园手法更为自由。除已有的寺观等名胜古迹外，各景点大都因地制宜，结合所在地方的地貌及风景特色进行设计。

静宜园采用清代大型宫苑惯用的园中园配合单体建筑点景的布局手法，共有大小景点 50 余处，其中有乾隆御题的二十八景，即：勤政殿、丽瞩楼、绿云舫、虚朗斋、璎珞岩、翠微亭、青未了、驯鹿坡、蟾蜍峯、栖云楼、知乐濠、香山寺、听法松、来青轩、唳霜皋、香嵓室、霞标磴、玉乳泉、绚秋林、雨香馆、晞阳阿、芙蓉坪、香雾窟、栖月崖、重翠崦、玉华岫、森玉笏、隔云钟。从这二十八景的命名来看，大部分都与自然的山地景观有关。全园按照自然地貌和建成时间，分为"内垣"、"外垣"和"别垣"三个部分。

（1）内垣

内垣的范围在静宜园的东南部，共有 20 景，其中包括宫廷区和著名的古刹香山寺、宏光寺，是园内主要景点和建筑荟萃之地。

宫廷区的正殿名为勤政殿，坐西朝东，紧接于大宫门之后，二者构成一条东西中轴线。勤政殿面阔五间，两厢朝房各五间，殿前的月河源出于碧云寺。勤政殿之后则是丽瞩楼，也位于宫廷区中轴线上，前为横云馆。这组建筑群布局规整，相当于宫廷区的内廷。园内的中宫，是皇帝短期驻园期间居住的地方，位于丽瞩楼的南面，周围绕以墙垣，四面各设宫门。虚朗斋是中宫的主要建筑，斋前的小溪为曲水流觞形式，周围有广宇、回轩、曲廊、幽室，由花木山池点缀。

香山寺是金代永安寺和会景楼的故址，依山势跨壑架岩而建成，为坐西朝东的五进院落，山门前有虬枝挺秀的古松数株，名为听法松。香山寺是著名的古刹，也是静宜园内最宏大的一座寺院。香山寺的东邻为著名的景点来青轩，乾隆对此处景观评价甚高，誉之为远眺绝旷，尽揽山川之秀，故为西山最著名处。

古刹洪光寺在香山寺的西北面，山门东北向，毗卢圆殿仍保持明代形制。乾隆皇帝御题香净域四字，因此也称做香室。洪光寺的北侧为著名的九曲十八盘山道，山势耸拔，取径以纡而化险为夷。盘道侧建敞宇三间，额曰霞标磴。绚秋林在内垣西北坡上，这里有著名的香山红叶，是观赏烂漫秋色的绝好景点。

（2）外垣

外垣是香山静宜园的高山区，虽然面积比内垣大得多，但只疏朗地散布着八景，其中绝大多数属于纯自然景观。

晞阳阿位于外垣中央部位的山梁上，东、北面各建牌坊一座。西为潮阳洞。再西为香山的最高峰，俗名鬼见愁，下临峭壁绝壑，已临近园的西端了。芙蓉坪是山地小园林，正厅为三开间的楼房。芙蓉坪的西南面为园内最高的一处建筑群——香雾窟，也是视野最为开阔的景点；其北的岩间建置石碑，上刻乾隆御书西山晴雪四字，为燕京八景之一（图10-40）。外垣的最大一组建筑群是玉华寺，坐西朝东，正殿、配殿及附属建筑均保持古刹规制。玉华寺之西南，峰石屹立，其上刻乾隆御题森玉笏三字。除此之外，隔云钟是点缀于山间岩畔的单体亭榭，可聆听静宜园内外远近寺庙的钟声，是极富创意的小品点景。

图10-40　西山晴雪　引自《唐土名胜图会》[日]冈玉山．唐土名胜图会·静宜园，1802．

（3）别垣

别垣区建置稍晚，最主要的是两组建筑群：昭庙和见心斋，集中在园内东北部的眼镜湖附近。

昭庙，这是一座汉藏混合式样的大型佛寺，坐西朝东。山门之前为琉璃牌楼，门内为前殿三楹。藏式大白台环绕前殿的东、南、北三面，上下凡四层。其后为清净法智殿，又后为藏式大法台四层，再后为六面七层琉璃塔。它与承德须弥福寿庙属于同一形制，但规模较小。

见心斋，倚别垣之东坡，地势西高东低。园外的东、南、北三面都有山涧环绕，园墙随山势和山涧的走向自然蜿蜒，逶迤高下。园林的总体布局顺应地形，划为东、西两部分。东半部以水面为中心，以建筑围合的水景为主体，西半部地势较高，则以建筑结合山石的庭院山景为主体。一山一水形成对比，建筑物绝大部分坐西朝东（图10-41）。

图10—41　见心斋庭院

● 造园特征

（1）地形

香山山脉地形起伏，沟壑纵横，占尽山地高低、曲深、峻悬、平坦各种地形，实为京郊山地景观之最。静宜园的景观经营以佳境天成的山林地为骨架，二十八景中的十三景直接以山林地貌命名。这里包含山峰、山坡、洞窟、悬崖、巨石、步道各种地貌以及山泉、树林等自然景观，并根据其自然条件加以点景题名，结合建筑布局和植物配置构成不同性格的山地景观。

结合山地景观命名的有（绿云舫、翠微亭、青未了、栖云楼、来青轩、唳霜皋、雨香馆、隔云钟）八景，虽然不是直接以山地地貌命名，但其造景意向却都是在风景秀丽的区域设置建筑，用以组织景观。游人通过登临建筑，可以饱览一隅甚至全园的美景。其他七景（勤政殿、丽瞩楼、虚朗斋、香山寺、听法松、香嵓室、玉华岫），则是静宜园中的宫殿和古刹。静宜园内多变的标高与不规则的地形造就了丰富的空间形态，山景经营的主要内容就是发掘点化这些特别空间。现在就以最具代表性的青未了、蟾蜍峰、霞标磴、香雾窟、森玉笏为例进行分析。

山巅是整个山脉的制高点，在园林中通常被辟为登高眺望之处。青未了亭雄踞于香山南侧岭的制高部位。这里视野开阔，观景条件非常优越。乾隆皇帝则以登泰山而俯瞰齐鲁相比拟，取杜甫诗意"岱宗夫何如，齐鲁青未了"为此处的景题。

香雾窟为园内位置最高的一处建筑群，也是视野最为开阔的景点。其北的岩间建置石碑，上刻乾隆御书"西山晴雪"四字，为燕京八景之一。

奇石是山地景观不可或缺的重要组成部分，或气势磅礴，或鬼斧神工，或天然奇趣，增添了无限丰富的景致。蟾蜍峰在香山寺南冈，平地之上突起巨石，巨石形似蟾蜍，形象逼真得出人意料，让人不由感叹大自然的造化神奇，最终形成了这处以奇石为主题的天然景观。

山地景观自然离不开精心安排的登山步道，如东岳泰山"紧十八盘、慢十八盘"，西岳华山的"自古华山一条路"都属于这种类型。香山最著名的九曲十八盘山道，山势耸拔，取径以纤而化险为夷。盘道侧建敞宇三间，额曰"霞标磴"。

在外垣的高山区，山地景观更加丰富，不负西山层峦叠嶂的盛名。尤其玉华寺之西南，峰石屹立，其上刻乾隆御题"森玉笏"三字。

（2）水体

香山静宜园是高差明显的山地园林，园内山涧溪流纵横，水量充裕，拥有经营山地水景的基本条件。由于地形复杂，标高多变，使得园内的水景呈现出瀑、溪、涧、泉、池等若干风格迥异的形态，除了濠、池等人工经营外，很大程度上保留着天然的形态。二十八景中以水为主题的共有三处，分别是璎珞岩、知乐濠及玉乳泉。

璎珞岩在中宫南门外，有泉水出自横云馆的东侧，至岩顶倾注而下。此处既有石景，又有泉景，泉水出于岩穴，漫流叠石之上，倾泻而下，互妙共生。其旁建清音亭，坐亭上则可目赏石景泉景，耳听水声（图 10-42）。

高山区的泉水和雨水自山涧畅流而下，通过人工修建的壕沟汇集起来，用

图 10-42　清音亭、璎珞岩

以在低处创造较大面积的水景。知乐濠位于香山寺之前，上面架设石桥，过石桥即达香山寺。

玉乳泉则是外垣高山区的自然景观，由于泉水清洌，山体俊伟，山水相伴得宜，历来为香山著名的景点之一。

（3）植物

香山盛产桧木、柏木和松树，香山寺范围内的数株松树形态奇特，具有很高的观赏价值。乾隆命名"听法松"之景，将山林植物与佛教氛围结合起来，运用拟人化的手法，更加突出其深远的文化内涵。

香山红叶为北京举世闻名的独特森林景观，每年慕名而来的游客络绎不绝，数以百万计。秋高气爽正是北京最好的季节，香山红叶把层林尽染，内垣西北坡上的绚秋林就是观赏这烂漫秋色的绝好地点。

静宜园拥有丰富的植物资源，乾隆皇帝不仅力倡环保，还将喜爱的金莲花等植物珍品移植到香山进行培育。对既有的植被状况则进行不留痕迹的人为加工，经过点化的植物景观呈现出余味深长的意境。园内的植物配置以高大的乔木为主干，不同的园林主题辅以竹、梅、桂等不同类型的植物。

松为山地植物景观之首，高大长寿，姿态雄奇，四季常绿。不但造型具有很高的观赏价值，还有谡谡松风带来的听觉审美，更是坚韧品德的象征。松、竹、梅合称为"岁寒三友"，在各种园林中是经常出现的组合。虽然静宜园地处北国，气候寒冷，不适于竹、梅之类的南方植物生长，但乾隆还是努力地培植竹与梅，并且卓有成效。玉华寺内育有桂树，形态奇特，别具风格。金莲花是静宜园内乾隆非常喜爱的植物品种，原产于五台山，康熙将它移植到避暑山庄并赐名为"金莲花"，乾隆则将其移植到静宜园内。其他的植物种类还有：银杏、樱桃、荷花、桃花、牡丹、芍药、晚香玉、菊花、红蓼、茉莉、藤等等。

（4）建筑

静宜园内的建筑主要有三种类型：寺观等名胜古迹，皇帝的行宫宫殿以及园中园。如寺观有香山寺、洪光寺、玉华寺；宫殿有勤政殿、横云馆、丽瞩楼、"中宫"等。园中园为见心斋，始建于明嘉靖年间，是一座园林别业，嘉庆年间改名"见心斋"，保存至今的大体上就是嘉庆重修后的规模和格局（图10-43）。

圆明园

圆明园从康熙四十六年（1707年）始建到咸丰十年（1860年）被毁，前后延续了一百五十多年，从初始的皇子赐园转变为帝王御园，历雍正、乾隆、嘉庆、道光、咸丰五朝，其建设活动不但随着园林属性转变而变化，而且与帝王的造园思想、生活情趣有着密切的联系。

圆明园的建设主要在雍正、乾隆两朝，经嘉庆朝的补充完善，形成圆明三园的稳定格局。道光以后则以改建为主，伴随少量添建活动，此后则处于

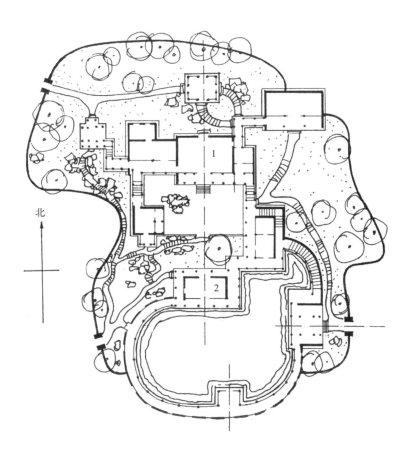

图 10-43　见心斋平面图
（中国古典园林史 -p367）
1. 正凝堂　2. 见心斋

北

守成的状态。圆明园的历代变迁，有的是由于国家的政治经济形势变化，有的是由于失火、风雨侵蚀、侵略者的焚毁等天灾人祸影响。总体来看，雍正、乾隆二帝的造园思想奠定了圆明园的构成基础，谱写了中国造园史上最辉煌的一页。

● **皇子赐园时期**

康熙四十六年三月二十日，康熙下旨在畅春园之北，新园旁空地为三、四、八、九、十、十三阿哥等建园。《园景十二咏》是雍正作为皇四子时期所作，吟咏园中景物，可以看出当时圆明园是"取天然之趣"的一座园子，建筑物不多，供皇子居住、读书、观稼、赏景所用。园中有景之处集中在后来九洲清晏的后湖周围，并稍稍向北扩展到耕织轩、桃花坞，向东扩展至深柳读书堂。

● **雍正御园时期**

雍正即位之后，圆明园有了较大发展，首先添建了园南的朝政建筑，同时增建若干园林建筑，从此圆明园成为帝王之御园。这时的圆明园，东达福海东岸，北达大北门，北部的主要景点西峰秀色、北远山村、四宜书屋等皆已存在。正如雍正在《御制圆明园记》中所称，圆明园实现了临朝理政之所需。

尽管整座园林已经极大扩展，但自"正大光明"至"九洲清晏"区域仍为圆明园的核心区。九个洲的外围皆有土山连绵不断，并有河道环绕，护卫核心区，这里是帝、后听政、就寝的区域。紧邻此区的是皇子居住学习区，洞天深处、如意馆。再外的东、西、北三面才是园林区，包括观稼验农的场所、宗教活动场所以及景观建筑。当时东部的福海东西南北已经都布置了园林建筑。"福海"之称，在传统文化中有"福如东海"之说，把福海比作"东海"，强化了圆明园中部核心景区象征"国家"的意义，从这种布局可以看到雍正对圆明园的寓意。

● 乾隆御园时期

乾隆二年（1737年），乾隆移居圆明园，对该园又进行第二次扩建，在雍正旧园的范围内增加新的建筑群组。"四十景"中的十二处就是乾隆时新增的，它们是：曲院风荷、坐石临流、北远山村、映水兰香、水木明瑟、鸿慈永祜、月地云居、山高水长、澡身浴德、别有洞天、汪虚朗鉴、方壶胜境。

圆明园的扩建工程大约在乾隆九年（1744年）告一段落。同年，命宫廷画师沈源、唐岱绘成绢本设色的"圆明园四十景图"，合题跋共80幅。乾隆作诗，孙祜、沈源配画的《圆明园图咏》殿刻本亦完成于是年。

此后，又在它的东邻和东南邻另建附园"长春园"和"绮春园"。乾隆十年（1745年），内务府的档案中首次出现长春园的名字，是该园至迟已于这年兴工。上距圆明园扩建的大体完成不过一年，修建长春园实际上是圆明园扩建工程的延续。乾隆归政做太上皇以后，亦并未住此而是住在大内的宁寿宫。长春园内，靠北墙一带有一区欧式宫苑，俗称"西洋楼"。从乾隆十二年（1747年）筹划，到乾隆二十四年（1760年）大部分建成。绮春园于乾隆三十四年（1769年）由若干第宅园林合并而成，其中包括皇室成员缴进的赐园。乾隆以后，圆明三园的园工仍未停顿，增建和修缮工程一直不间断地进行着。

● 嘉庆御园时期

嘉庆六年（1801年），绮春园内添建敷春堂、展诗应律。嘉庆十四年（1809年）建成大宫门，修葺敷春堂、清夏斋、澄心堂等处殿宇，将庄敬和硕公主的赐园含晖园和西爽村的成亲王寓园等并入绮春园的西路，并大事修葺。绮春园的规模比乾隆时扩大了将近一倍，共成"绮春园三十景"。嘉庆十七年（1812年），圆明园的安澜园、舍卫城、同乐园、永日堂等处进行大修，另在北部添建省耕别墅。

乾、嘉两朝是圆明三园的全盛时期。它的规模之大，在三山五园中居于首位；总面积共350余公顷。内容之丰富亦为三山五园之冠，人工开凿的水面占总面积一半以上，人工堆叠的岗阜岛堤总计约三百余处，各式木、石桥梁共一百多座，建筑物的面积总计约16万平方米。三园之内，成组的建筑群以及能成景的个体建筑物总共有123处，其中圆明园69处，长春园24处，绮春园30处。

● 道光咸丰时期

圆明三园经咸丰十年（1860年）英法联军劫掠焚毁之后，时至今日几乎全部建筑、设施已荡然无存，大量珍贵的文物被无情掠夺，流落异乡。所幸它的遗址以及堆山、河湖水系大体上保留下来，利用文献材料，如同治年间重修时的部分图档和烫样、《日下旧闻考》一类的官书、《四十景图》和乾隆的御制诗文，结合遗址的现状情况，加以分析印证，按图索骥，尚能够获得这座园林在其极盛时期的概貌。有关园景的具体描述，也能在乾隆特许进入园内监修西洋楼的欧洲传教士的信札中略见一鳞半爪。

● 布局

全盛时期的圆明园由主园"圆明园"、附园"长春园"和"绮春园"构成，统称"圆明三园"。三园都是水景园，园林造景多以水为主题，三园都是平地起造的人工山水园，但山水元素的具体布置有所不同（图10-44）。

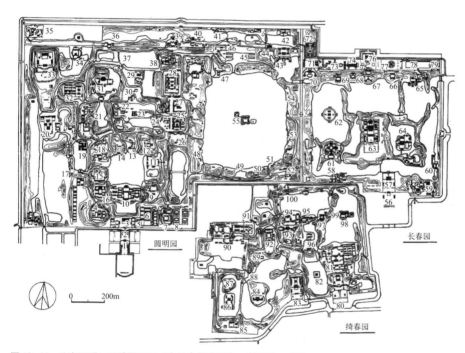

图10-44 北京圆明三园总平面图（中国古代建筑史-第五卷-p96）

1.大宫门 2.出入贤良门 3.正大光明 4.长春仙馆 5.勤政亲贤 6.保和太和 7.前垂天贶 8.洞天深处 9.镂月开云 10.九洲清晏 11.天然图画 12.碧桐书院 13.慈云普护 14.上下天光 15.坦坦荡荡 16.茹古涵今 17.山高水长 18.杏花春馆 19.万方安和 20.月地云居 21.武陵春色 22.映水兰香 23.澹泊宁静 24.坐石临流 25.同乐园 26.曲院风荷 27.买卖街 28.舍卫城 29.文源阁 30.水木明瑟 31.濂溪乐处 32.日天琳宇 33.鸿慈永祜 34.汇芳书院 35.紫碧山房 36.多稼如云 37.柳浪闻莺 38.西峰秀色 39.鱼跃鸢飞 40.北远山村 41.廓然大公 42.天宇空明 43.方壶胜境 44.三潭印月 45.大船坞 46.双峰插云 47.平湖秋月 48.澡身浴德 49.夹镜鸣琴 50.广育宫 51.南屏晚钟 52.别有洞天 53.接秀山房 54.涵虚朗鉴 55.蓬岛瑶台（以上为圆明园景点）

56.长春园宫门 57.澹怀堂 58.茜园 59.如园 60.鉴园 61.思永斋 62.海岳开襟 63.淳化轩 64.玉玲珑馆 65.狮子林 66.转香帆 67.泽兰堂 68.宝相寺 69.法慧寺 70.谐奇趣 71.养雀笼 72.万花阵 73.方外观 74.海晏堂 75.观水法 76.远瀛观 77.线法山 78.方河 79.线法墙（以上为长春园景点）

80.绮春园宫门 81.敷春堂 82.鉴碧亭 83.正觉寺 84.澄心堂 85.河神庙 86.畅和堂 87.绿满轩 88.别有洞天 89.云绮馆 90.含晖楼 91.延寿寺 92.四宜书屋 93.生冬室 94.春泽斋 95.展诗应律 96.应严法界 97.涵秋馆 98.凤麟洲 99.承露台 100.松风梦月（以上为绮春园景点）

（1）圆明园

圆明园的总体布局巧妙地利用了园林所在地区的自然条件，把自流泉水四引，用溪涧方式构成了水系，同时可作为构图上分区的划分线。又把水汇注中心地区形成较大水面，在挖溪池的同时就高地叠土垒石堆成岗阜，彼此连接，形成众多的山谷，在溪岗萦环的各地部分，构筑成组的建筑群。圆明园可依水系构图分为五区。

第一区为宫廷区，是为了受朝贺和理政的专门用途，包括朝贺理政的正大光明殿、勤政亲贤殿、保合太和殿等。

第二区为后湖区，除了帝王后妃居住的寝殿如九洲清宴、慎德堂、长春仙馆、十三所等外，其他景区都是为了燕游尝乐的园林建筑。区内包括环后湖的九处景点（即九洲清晏殿、慎德堂、镂月开云、天然图画、碧桐书院、慈云普护、上下天光、杏花春馆、坦坦荡荡、茹古涵今），以及后湖东面的曲院风荷、九孔桥，东南面的如意馆、洞天深处、前垂天贶，西面的万方安和、山高水长，西南面的长春仙馆、四宜书屋、十三所、藻园等。

第三区为西部区，虽也有水系联络，但不像第二区那样明显以后湖为中心。就地位来说，大致汇万总春之庙和濂溪乐处一组居中，东部包括西峰秀色、舍卫城、同乐园、坐石临流、澹泊宁静、多稼轩、天神台、文源阁、映水兰香、水木明瑟、柳浪闻莺，南面有武陵春色，西部包括汇芳书院、安佑宫、瑞应宫、日天琳宇，西南有法源楼、月地云居等，北面有菱荷香。区内各组建筑群大抵都有特殊用途，而且有多处寺宇灵庙，例如安佑宫（即鸿慈永祜）是供奉清圣祖、清世宗等神位的祖庙，月地云居是包括有严坛、大悲坛，宴坐水月道场的寺宇，日天琳宇是截断红尘的化外之城，普贤源海是禅处，汇万总春之庙是供十二月花神的庙宇。其他各处如文源阁是藏书之处，同乐园是市货娱乐的地方，舍卫城是为了供佛像而筑。

第四区为福海区，中心为蓬岛瑶台，环绕福海的各个景点大都是仿江南名胜或名园来建造的，全都是赏心游乐的建筑群。南岸有湖山在望、一碧万顷、夹镜鸣琴、广育宫、南屏晚钟、别有洞天，东岸有观鱼跃、接秀山房、涵虚朗鉴、雷峰夕照，北岸有藏密楼、君了轩、平湖秋月，东岸有廓然大公、延真院，以及东北隅的蕊珠宫、方壶胜景、三潭印月、安澜园等。

第五区为北区，包括内宫北墙外的长条地区，从东面起有天宇空明、清旷楼、关帝庙、若帆之阁、课农轩、鱼跃鸢飞、顺木天，到西端的紫碧山房为止，是封建帝王在宫苑里建成的一个农村样式的区域。

（2）长春园

长春园用地范围略呈方形，每边长都是八百余米。水体时收时放，形成了大小形状各不相同的若干湖面，它们紧绕着一个中心岛，还有几个小岛和湖堤；园被一环青山所环绕，形成有变化的完整的平面和空间构图。从规划构图、园景安排的主次关系来看，全园大致可分为四个部分。

一是宫门区，与其他宫苑一样，照例作严格对称处理。长春园宫门坐北朝南，五开间，中间三间开门。进入宫门第二道门是牌坊。过了牌坊是澹怀堂。澹怀堂后面，是一个由游廊围起的庭院，北有临水重檐方亭，名众乐亭，隔水与北岸水榭相望。

二是中心区。澹怀堂西侧是十孔石桥长春桥。过了长春桥就到了全园中心部位的大岛。岛上的含经堂—淳化轩—蕴真斋，形成了新的南北轴线。从蕴真斋后面的山亭北望，可见湖对面的泽兰堂。中心大岛东西两侧隔水布置两个岛屿。西侧是思永斋，东侧是玉玲珑馆。它们既是含经堂—蕴真斋轴线的有力烘托，也大大丰富了中心区的内容。

三是外环景区，是长春园四周的一个环形风景带。它环绕着中心区，并以山林把外缘围墙隐藏起来。外环山林大大加强了全园空间的完整性。除宫门区的建筑庭院外，外环的南部是如园和茜园，东部是鉴园，东北角是狮子林，西北角是谐奇趣，北面是转香帆（也作转湘帆）、泽兰堂、宝相寺和法慧寺。外环之西部，只有得全阁和流香渚两处建筑，而在湖面上突出了海岳开襟的崇坛高阁。

四是西洋楼区，于1747-1760年由意大利画师朗世宁、法国传教士蒋友仁和王致诚等设计监修。这是我国皇家宫苑中第一次大规模仿建的西洋建筑群和园林喷泉。由于设计者都不是建筑师，所以他们在规划设计中并不恪守西洋建筑和意大利花园的构图及固有形式，而是比较自由地掺用了中国建筑和园林的某些因素和手法。设计者根据西方已有的建筑实例设计，再根据中国主人的爱好和意图进行修改，最后由中国匠人进行施工。在这个过程中，中国式的河道、园路、大屋顶、琉璃、石雕花饰与西方的几何轴线、柱式、喷泉等自然结合，可以看作是中外建筑文化交融的一次有意义的尝试。西洋楼区东西长840米，南北纵深最小处为70米，总面积8公顷多，是一块狭长的用地，规划采用了分段渐进的办法来处理东西轴线，并灵活安排了与之垂直的南北向轴线。在建筑园景安排方面，大致上分成了五段，每一段都比较完整，而且各有特色。这样做的结果，全区虽然显得松散，但却不致一览无余，对观赏者来说，反倒增加了变化和趣味。当年对西洋楼区的游览过程，是从西部开始的。这里以花园门北广场为中心，周围安排了谐奇趣、蓄水楼、万花阵和养雀笼。养雀笼以东，是方外观和五竹亭，南北呼应，形成一条不明显的南北轴线。再往东则是海宴堂（图10-45），东西向。海宴堂以东，由远瀛观—大水法—观水法形成一个由南北轴线串联起来的群组，这里才是西洋楼区的中心地带，专设皇帝坐观喷泉的汉白玉宝座。从这里往东，即进入尾声——线法山和方河，最后以线法画作结。西洋楼区共包括六幢西洋建筑物、三组大喷泉、若干庭院和点景小品。六幢建筑物即谐奇趣、蓄水楼、养雀笼、方外观、海晏堂和远瀛观，均为

图 10—45 海晏堂西面
（铜版画）

巴洛克风格宫殿式样。三组大喷泉即水法分别位于谐奇趣南面的弧形石阶前和
北面双跑石阶前、海晏堂西面大门前、远瀛观南面"大水法"。主要庭院有三处：
模仿欧洲园林迷园的万花阵、模仿欧洲中世纪园林中庭山的线法山、线法墙。

（3）绮春园

绮春园在乾隆在位时曾称作春和园，规模较小。至嘉庆年间，将园西的诸
小园并入，才奠定了绮春园的最后规模。由于多次利用小园合并，又建于不同
时期，因此全园并不拘泥于统一完整的布局，相比圆明、长春二园更加自由灵活。
小园之间有围墙相隔，各自独立。但全园河渠湖泊彼此沟通，串联一气，冲破
了各小园的界限，把整个绮春园联成一个整体。园内佛寺正觉寺是圆明三园唯
一完整保留下来的一处景点。

● 造园特征

圆明园被乾隆誉为"天宝地灵之区，帝王豫游之地，无以逾此。"圆明三
园是中国古代园林中平地造园的杰作，三园均以人工创设的山水地貌为骨架，
充分利用小中见大、咫尺丘壑、大小对比等筑山理水和景点塑造的方法，将百
余处建筑组群在约二百公顷的广大范围内合理组织安排，既有宏大气魄又有婉
转细节，可谓清代皇家诸园中"集锦式"规划最具代表性的作品。其造园手法
集中体现在筑山理水、景点塑造、建筑院落和植物配置等方面。

（1）筑山理水

圆明园的原始基址为沼泽性低洼地带，无自然真山可资利用，于是设计者
便依据园主（雍正皇帝）之意，对全园山水重新规划塑造，仿华夏九州之山水
大势，挖湖堆山，成连绵起伏之岗阜，不求山体高峻，只求山环水绕、连绵不绝。
究其原因，主要有三：一是对风水形势的追求，虽然现状并不理想，但通过人
工手段，塑造了一个个山环水抱、藏风聚气的风水格局。二是对园外景物景观

视廊的保护和重新创造，虽然基址内无山可因，但基址西部却有连绵起伏之西山为远景，西南部又有拔地而起的玉泉山和瓮山为中景，这些山成为园内的最佳借景。园内景点的设计无时无刻不在考虑这一借景条件，并刻意设计一些风景点、塑造一些景观视廊，以保持与西山、玉泉山、瓮山等景物的联系。典型代表有后湖东侧的天然图画、接秀山房、西峰秀色等景区。再有，山体在园内的主要作用是配合水体来划分景区空间，并充当各景区内景点的背景，如果山体堆得过于庞大，可能会造成喧宾夺主之后果，且低洼地带堆筑大山，对土方就地平衡不利。因此，园内景物塑造以水体为主，山体相配。

山体 就园内园林空间而言，山的群体组合形态更为重要。根据圆明园各景区山体的围合程度，可以区分为五种主要形态。

一是四面围合。圆明园内属这一类型的景区包括鸿慈永祜、碧桐书院、杏花春馆、廓然大公、别有洞天、长春仙馆、濂溪乐处、武陵春色西部等。圆明园中绝对封闭的山体并不存在，都是在某些局部留下豁口，作为景区入口或与其他景区视线联系的廊道。

二是三面围合，空间形态从三面限制视线，一面敞开，视线沿敞口单方向外泄。属于此类型的景区主要有前湖、镂月开云、慈云普护、武陵春色东部、日天琳宇、汇芳书院、月地云居东北角、坐石临流、三潭印月、夹镜鸣琴等。与四面围合的空间相似，由敞口方向观内部闭合空间，其空间感主要取决于周边围合山体的高度和空间深度。

三是两面围合，有的采取山体从两个相邻方向围合，另外两个方向敞开，类似L形，如山高水长西北角、西峰秀色景区以及某些带形山体局部转折之处。此种形态的空间围合感较弱，视线沿无山的两个方向自由驰骋。山体限定的封闭空间只隐约存在于山体端头连线围合构成的三角形区域内，只有靠近山体结合点部位空间围合感最强。有的采取山体沿两侧平行排列，中间形成一带形空间，视线可以沿山体平行线自由流动。根据带形空间所处位置及其连续性与否可采取不同的处理方式：一类是位于景区外围山水骨架上的连续绵长的带形空间，如九州景区、福海景区、武陵春色、日天琳宇、濂溪乐处、鸿慈永祜、汇芳书院等；另一类是位于景区内部非连续的短带形，如坦坦荡荡景区东西两侧山体所限定的空间，这一空间由于山体低矮，山体本身较长，基本上没有空间围合感。

四是单面遮挡，此种空间形态如天然图画，基本没有围合感，山体在单一方向限制视线，其他三个方向丝毫不受影响，视野开阔疏朗。沿墙垣布置的带形山体基本上属于这种形态，其功能主要在于软化墙体的硬质景观，丰富墙体前景物的空间层次，并适当遮挡视线，使空间内敛。

五是平地或小尺度点状山体，在没有山体限定空间或仅有小体量点状山体存在的状态下，整个景区空间边界不清晰，人在这类空间中，视线基本不受任何限制。茹古涵今、文源阁、水木明瑟、澹泊宁静等基本属于此种形态。在这种模糊形态的空间中，多以建筑、植物元素作为空间分隔和限定的媒介。如以建筑划分空间，效果与山体类似，空间边界清晰，封闭感较强；如以植物限定空间，则边界模糊，难以明确区分此空间和彼空间，从而导致景观空间的无序性和灵活性。

水体　圆明三园都是水景园，因水成景，借水成园，故园内水景丰富多彩、聚散有致。从水体形态看，几乎囊括了古典园林用水之全部形态和大中小全尺度，既有较大尺度的海、中等尺度的湖，也有较小尺度的池、带状溪流和流动的瀑布，这些自然式水体构成了全园纵横交错的水网骨架。大水面如广阔的福海宽达 600 余米。中等水面如后湖宽 200 米左右，具有较亲切的尺度。其余众多小水面，宽度均在四五十米至百米之间，是水景近观的小品。回环萦绕的河道把这些大小水面串联成为一个完整的河湖水系，构成全园的脉络和纽带，也提供了舟行游览和水路供应的方便。此外，局部景区还运用了规则式水体，如坦坦荡荡之金鱼池，自成一区的西洋式水法，可谓琳琅满目，集造园用水之大成。根据水体尺度，园内自然式水体可分为以下几种形态：带状溪流、池、湖、海、瀑布、曲水、山涧、水洞、水法、规则式水体。上述水体形态的塑造还要依靠叠石而成的假山，以及聚土而成的岗、阜、岛、堤等，它们与水系结合，把全园划分为山重水复、曲折多变的近百处景点。每处景点空间都经过了精心的雕琢和艺术营造，有人为的写意又有自然的野趣，有烟水迷离的江南风情，又有磅礴大气的皇家气派，还有异域风情的西洋格局，正所谓"移天缩地在君怀"。

（2）景点塑造

圆明园西部的中路，是三园的重点所在，包括宫廷区及其中轴线往北延伸的前湖后湖景区。后湖沿岸周围九岛环列，每一个岛也就是一处景点，最大的一处即九洲清晏，其余八处均各有特色。例如：靠西的坦坦荡荡，是摹仿杭州的玉泉观鱼。靠北的上下天光，是取法于云梦泽之景。慈云普护，则是天台山的缩写。而这九处景点呈九岛环列的布局乃是"禹贡九州"的象征，它居于圆明园中轴线的尽端并以九洲清宴为中心，又有"普天之下，莫非王土"的寓意。

后湖的特点在于幽静，湖面约 200 米见方，隔湖观赏对岸之景，恰好在清晰的视野范围之内。沿岸九岛环列，也就是九处形式互不相雷同的景点，既突出各自的特色，也考虑到彼此资借成景。例如从东岸的"天然图画"透过隔湖西岸"坦坦荡荡"所构成的豁口，恰好能够观赏到园外万寿山后山借景的最佳风景画面。后湖位于全园的中轴线上，居中的是"九洲清晏"（图 10-46）一组大型景点。因此，它的布局于变化中又略具均齐严谨，这种近乎规整的理水方式在中国园林中并不多见。

前湖后湖景区的东、北、西三面分布着 29 个景点有如众星拱月，绝大部分在北面，形成小园林集群。其中，安佑宫相当于园内的太庙；舍卫城是城堡

图 10—46 圆明园四十景——九洲清晏（出自《圆明园园林艺术》何重义 曾昭奋 著）

式的佛寺，内供金铸小佛像上万尊，其前的南北长街犹如通衢市肆，皇帝游幸时由宫监扮作商人顾客熙来攘往，俗称买卖街；文源阁是全国藏四库全书的七大阁之一，仿自浙江宁波的天一阁；同乐园是娱乐场所，内有三层高的大戏楼清音阁；山高水长是节日燃放烟火的地方。

濂溪乐处，是一处观赏荷花的地方。花池的四周环以堤，堤外复有水道萦绕，形成水绕堤，堤环水，岛屿居中的地貌形势。岛的位置偏于西舵，让出曲尺形的水面以栽植荷花。岛上建"慎修思永"一组建筑群。南面临湖，北面障以叠山。更于东南角上延伸出水廊"香雪廊"于水中，可以四面观赏荷池景色。这组建筑与湖南岸的"汇万总春"遥相呼应成对景。就小园的总体而言，是以层层虚实相间的山水空间环抱烘托建筑群的布局方式。

廓然大公、西峰秀色、鱼跃鸢飞、北远山村，是四组相邻的小园林，但却各具不同的特色。

廓然大公，布局是以三面临水的建筑环抱水池，池北岸叠山，池面形状曲折而有源有流。正厅"廓然大公"与叠山分居池之南北互成对景。正厅面北，可以观赏水池和对岸叠山之景。这种布局方式多见于江南宅园之中，上海的豫园、苏州的艺圃均属此类。小园林周围的外圈，以回合的叠山平岗作为障隔，更加强了这个局部空间的内聚性和幽邃气氛。

西邻为西峰秀色。它的布局与前者恰恰相反，是山与水环抱着建筑。建筑群的北面和东面临水，取杭州西湖"花港观鱼"之意。南面和西面紧接一组叠山，是以近观仰视来求得有如庐山峰峦的峻峭气势，而又以西山借景作为衬托。

西峰秀色之北，隔墙为"鱼跃鸢飞"和"北远山村"。这一带"曲水周遭，俨如萦带。两岸村舍鳞次，晨烟暮霭，蓊郁平林，眼前物色活泼泼地"，显示出一派水村野居的景色，其布局与前者又有不同，建筑物沿河流夹岸错落配置，显然是取法于扬州的"瘦西湖"。

圆明园的东部，以福海为中心形成一个大景区。福海景区以辽阔开朗取胜。水面近于方形，宽度约 600 米。中央三个小岛上设置景点"蓬岛瑶台"，园外西山群峰作为借景倒影湖中，上下辉映。河道环流于福海的外围，时宽时窄，有开有合，通过十个水口沟通福海。这些水口将漫长的岸线分为大小不等的十个段落，其间建以各式的点景桥梁相联系，既消除了岸脚的僵直单调感，又显示出福海水面的源远流长。这十个段落实际上也就是环列于福海周围的十个不同形状的洲岛。岛上的堆山把中心水面与四周的河道障隔开，以便于临水面的开阔空间布列景点，充分发挥它们的点景和观景作用，如东岸的"接秀山房"甚至远借西山的峰峦为成景的对象。沿河道的幽闭地段则建置小园林，通过水口的"泄景"引入福海的片段侧影作为陪衬。宫墙与河道之间亦障以土山，适当地把宫墙掩饰起来。这种"障边"的做法能予人以错觉，仿佛一带青山之外并非园林的界限而还有着更深远的空间。福海的四周及外围，岗阜穿错，水道萦回，分布着近 20 处景点。其中的南屏晚钟、平湖秋月、三潭印月是模拟杭州西湖十景之三个景，四宜书屋模拟浙江海宁安澜园；接秀山房，隔福海观赏园外西山之借景；夹镜鸣琴，建在两水夹峙的地段上；方壶胜境，建在临水的北岸，正殿哕鸾殿，其前有汉白玉石座成山字形伸向水面，上建一榭五亭，整组建筑群玲珑通透，与水中倒影上下掩映。

沿北宫墙则是狭长形的单独一个景区，一条河道从西到东蜿蜒流过。河道有宽有窄，水面时开时合。十余组建筑群沿河建置，显示水村野居的风光，立意取法于扬州的瘦西湖。

在圆明园布置上述众多小型游赏空间，一方面是为丰富游览体验和视觉效果，更重要的是，上述小园林犹如众星捧月一般，烘托出后湖作为中心水面的绝对统治地位。除此之外，将最大的水面福海放置在园区东侧使其居于从属地位，将宫廷区的南北轴线正对后湖中轴等景点布置手法同样起到维持全园重心的作用。这种总体规划方法使得拥有众多大小各异、形态不同小型景点的圆明园不至于结构松散，从而保证了圆明园作为宫苑的严谨与规整。

长春园的面积不到圆明园的一半，分为南、北两个景区。南景区占全园的绝大部分。大水面以岛堤划分为若干水域。位于中央大岛上的淳化轩是全园的主体建筑群，一共四进院落带东西跨院。它与大宫门、澹怀堂构成长春园的中路，但并不在一条中轴线上，而是"错中"少许，以此来区别于圆明园中路。表现其作为圆明园附园的地位。其他的大小十八个景点，或建在水中，或建在岛上，或沿岸临水，都能够因水成景、因地制宜、各具匠心。

长春园北区西洋楼的规划则一反中国园林传统，突出表现法国古典主义轴线控制的特点，但通过融入中国院落布局的手法，规避了轴线控制一眼望穿的缺点，用建筑将绵长的东西轴线划分为三段。南北方向也有一条轴线贯穿远瀛观、大水法和观赏喷泉的御座"观水法"，并向南延伸到长春园的南区轴线，以加强南北联系。

（3）建筑院落

三园之内，大小建筑群总计一百二十余处，其中的一部分具有特定的使用功能，如宫殿、住宅、庙宇、戏楼、市肆、藏书楼、陈列馆、船坞、码头以及辅助后勤用房等，大量的则是一般饮宴、游赏的园林建筑。

建筑物的个体尺度较同类型的建筑要小一些，绝大多数的形象小巧玲珑、千姿百态。设计上能突破官式规范的束缚，广征博采于北方和江南的民居，出现许多罕见的平面形状如眉月形、工字形、书卷形、口字形、田字形以及套环、方胜等。除极少数殿堂外，建筑的外观朴素雅致，少施或不施彩绘。因此，建筑与园林的自然环境比较协调。而室内的装饰、装修和陈设却非常富丽堂皇，以适应帝王宫廷生活的趣味。

建筑的群体组合更是极尽其变化之能事，一百二十多组建筑群无一雷同，但又万变不离其宗，都以院落的布局作为基调，把中国传统建筑院落布局的多变性发挥到了极致。

（4）植物配置

圆明三园的植物配置和绿化的具体情况已无从详考，但以植物为主题而命名的景点不少于150处，约占全部景点的六分之一。它们或取树木绿荫、苍翠，或取花草之香艳、芬芳，或者直接冠以植物之名称，据此也能推测其配置的大概。乾隆的御制诗中专门述及植物景观的非常之多，王致诚的书信中也有不少地方谈到园内的树木花草。园内有专门养植花木的园户、花匠，还有太监经营果园、菜畦。不少移自南方的花木经过驯化，也在这里繁育起来。四时不败的繁花，配合着葱郁的树木，潺潺流水，岸芷汀兰，鸟语虫声，那一派宛若大自然的生态环境，是可想而知的。

此外，长春园西洋楼景区的植物配置则与其他不同，采用欧洲规整式园林的传统手法，有整齐的绿篱，行列式种植的树木，规则修建的灌木，花草镶嵌铺设的模纹花坛等等。

（5）置石

置石主要分布在景区内部，与建筑、水体、植物等要素组合造景。从《圆明园四十景图》来看，圆明园盛期石景相当丰富。由于景区内部山石缺少详尽的记载，只能借助盛期写景图和相关档案推测盛期山石的大致分布状态及特点。

《圆明园四十景图》中几乎每一景都有点景山石，最有名的山石景点有文源阁之玲峰、秀清村之青云片、正大光明殿后寿山之石笋、西峰秀色之小匡庐等。山石景点采用的石料主要有：太湖石，如文源阁前之玲峰；青石，如"圆明园五福五代堂前河泡内拆堆青石山高峰"；汉白玉青白石，如"桃源深处全碧堂殿宇添砌青白石花台"；云步山石，如"西峰秀色敞厅周围云步山石归拢"；石笋，如正大光明殿后"峭石壁立，玉笋嶙峋"。山石景点或与建筑配合、或缀以花木、或与溪涧瀑布结合，各具特色，常常成为局部景观空间的主题。清五朝御制诗文中对建筑与山石配置描述颇多，许多建筑景点皆借山石而成景，例如，接秀山房为山顶之屋，可以借景西山，"房筑假山上，而远纳西山秀色"；藏密楼室内筑山，形成楼梯，"屋里通云磴，檐头出月轩"；峭蒨居、延藻楼、五福堂等景点皆有山石相配。

圆明三园的"集锦式"规划为其最突出的造园特征，它所包含的百余座小园林均各有主题，特色鲜明，大多数均以景点的形式出现，是构成圆明三园的重要成分。上文提到的筑山理水、景点塑造、建筑院落、植物配置等造园手法的运用均是为了突出每个小园林的主题。归纳这些主题的取材来源，可以大致分为六类：一是摹拟江南风景的意趣，比如对扬州瘦西湖风景名胜的直接写仿；二是借用诗画的意境，比如"夹静鸣琴"景点对李白诗句意境的体现；三是对江南园林的移植，如"四宜书屋"、"小有天园"、"狮子林"、"茹园"即分别仿照江南的海宁"安澜园"、杭州"小有天园"、苏州"狮子林"、南京"瞻园"四座园林；四是再现道家仙境或佛教传说，如"方壶胜境"、"舍卫城"；五是宣扬帝王对天下的无上尊严与统治，以及儒家道德伦理观念，如"九州清晏"、"鸿慈永祜"、"多稼如云"等；六是以植物造景为主题，如"杏花春馆"、"桃花坞"等。

清漪园（颐和园）

颐和园的前身为清漪园，位于北京西北郊地区，始建于清乾隆十五年（1750年）。这是一座以万寿山、昆明湖为主体的大型天然山水园。

万寿山和昆明湖早在建园之前就已经是北京西北郊风景名胜区的一个组成部分，它的自然景观以及某些人文景观都与此后的园林造景有着直接的渊源。考查颐和园的历史也就不应局限于园林本身，而必须追溯其早年风景建设的情况。

● 清漪园时期

清漪园始建于乾隆十五年（1750年），造园起因有二。一是乾隆十四年所进行的水系整理工程。由于各地拦蓄导引的水源增加，作为蓄水库的西湖就必须先疏浚开拓以承载更大的水量。疏浚后的西湖被改名为"昆明湖",湖面往北拓展直达万寿山南麓,龙王庙保留了湖中的一个大岛——南湖岛,湖的东岸利用康熙时候修建的西堤以及元明时期的旧西堤加固改造之后,成为昆明湖东岸的大堤,改名为"东堤",并在"其西更筑堤"。继而又修建了水域中另外两个大岛——治镜阁和藻鉴堂。昆明湖的西北角另开河道往北延伸,经万寿山西麓,通过青龙桥沿着元代白浮堰的引水故道连接北边的清河,成为昆明湖水系的溢洪干渠。干渠绕过万寿山西麓再分出一条支渠兜转而东,沿山北麓成为一条河道"后溪河",也叫"后湖",万寿山仿佛托出水面的岛山,从而奠定了整座园林"山嵌水抱"的山水格局,为造园提供了良好的地貌基础。二是园中主体建筑的修建,起因是庆贺乾隆生母崇庆皇太后60岁大寿。于万寿山前修建了大型佛寺"大报恩延寿寺",并改瓮山名为"万寿山"。

统揽西北郊之"三山五园",圆明园、畅春园均为平地造园,虽然以写意的手法缩移摹拟江南水乡风致的千姿百态而作集锦式的大幅度展开,毕竟由于缺乏天然山水的基础,并不能完全予人以身临其境的真实感受。香山静宜园是山地园,玉泉山静明园以山景而兼有小型水景之胜,但缺少开阔的大水面。惟独西湖是西北郊最大的天然湖,它与瓮山所形成的北山南湖的地貌结构,不仅有良好的朝向,气度也十分开阔,如果加以适当的改造则可以成为天然山水园的理想建园基址。因此,清漪园的兴建可以说是完善西北郊"三山五园"山水

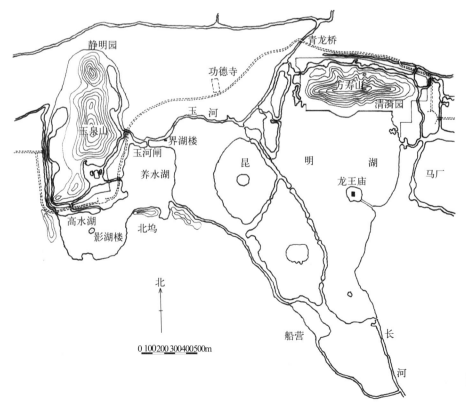

图10—47 乾隆时期的清漪园及其附近总平面图
[来源《中国古典园林史》(第二版)]

景观格局的重要一步，也就可谓一园建成，全局皆活，而使整个京城西北郊地区形成水陆交通便捷、景观空间联系紧密、景观类型多样完整的风景区域（图10-47）。同时，玉泉山泉作为宫廷的水源，水量及水质得到了保证，而西湖的蓄水功能也得到了加强。

乾隆二十九年（1764年），清漪园建设全部完成，前后历时十五年。园林的围墙仅修筑在万寿山东、西面的两座城关之间：东自文昌阁城关起，往北经东宫门再往北折而西，沿后溪河北岸直达西宫门再折而南，止于西面的贝阙城关。昆明湖漫长的沿岸均不设围墙，园内园外连成一片，远近景观浑然一体。全园的占地面积，包括围墙以内、昆明湖以及沿岸的建筑地段总共大约为295公顷。1860年，清漪园与圆明园等同被英法联军烧毁，之后就一直处于荒废状态。

● **颐和园时期**

颐和园重建工程始于光绪十二年（1886年），建园工程一直进行到光绪二十年（1894年）才大体完成，前后历时八载。恢复、改建、新建以及个别残存的建筑物和建筑群组共97处。颐和园的修建工程在慈禧太后亲自主持下，利用海军建设经费，原来打算全面恢复清漪园时期的规模，并曾命样式房绘制有关的规划设计图纸。但在建设过程中由于经费筹措困难，材料供应不足，不得不一再收缩；最后完全放弃后山、后湖和昆明湖西岸，而集中经营前山、宫廷区、西堤、南湖岛，并在昆明湖沿岸加筑宫墙。昆明湖水操停止后，水操内、外学堂即原耕织图、蚕神庙也就划出园外去了。按宫墙以内计算，颐和园占地面积为290公顷，比清漪园略小一些（图10-48）。

光绪重建后的颐和园，已非一般的行宫御苑，而成为帝、后长期居住的兼作政治活动的别苑，关于它的总体规划，如果与乾隆时期的清漪园作比照，可以更清楚地看出其沿袭和变动的情况。

就建筑的类型而言，颐和园的寺庙建筑大为减少，而宫殿、居住建筑的比重增加，后勤供应等辅助建筑则增加更多。就建筑的分布而言，西堤以西的西北水域、外湖、后山、后湖一带，除个别情况外，仅保留遗址而不作恢复。因此，这些地方绝大部分已失去当年的景观特色，许多出色的景点已不复存在。重建的范围收缩在前山、宫廷区、万寿山东麓、西堤及其以东的西北水域一带。在收缩后的重建范围内，沿湖景点基本沿袭清漪园时期建筑布局，保留精华所在，但由于改建工程，有的景观效果有所削减或变化。植物配置大体仍然保持了清漪园原貌。宫廷区以西的松柏林从树龄情况看，绝大部分是后来补栽的。游览路线仍沿用清漪园干线支线，仅部分有所改变。

● **布局**

清漪园占地约295公顷，其中山地占1/3，水面占2/3，是一座山水结合、以水为主的自然风景园。园内共有建筑景点100余处。从文昌阁城关绕北宫墙

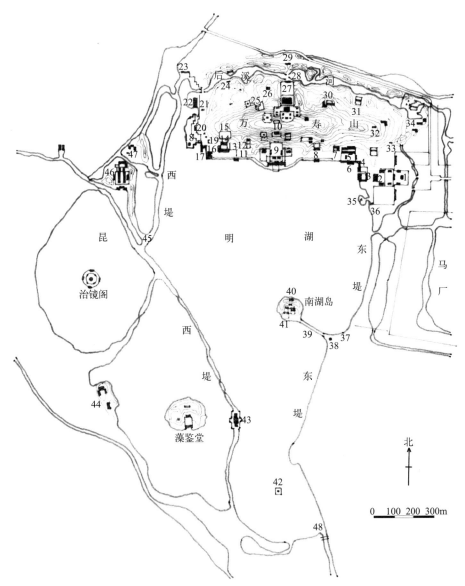

图10-48 颐和园平面图《中国古典园林史》-p431
1.东宫门 2.勤政殿 3.玉澜堂 4.宜芸馆 5.乐寿堂 6.水木自亲 7.养云轩 8.无尽意轩 9.大报恩延寿寺 10.佛香阁 11.云松巢 12.山色湖光共一楼 13.听鹂馆 14.画中游 15.湖山真意 16.石丈亭 17.石舫 18.小西泠 19.蕴古室 20.西所买卖街 21.贝阙 22.佛香阁 23.西北门 24.绮望轩 25.赅春园 26.构虚轩 27.须弥灵境 28.后溪河买卖街 29.北宫门 30.花承阁 31.蕴古室 32.昙华阁 33.赤城霞起 34.惠山园 35.知春亭 36.文昌阁 37.铜牛 38.廓如亭 39.十七孔长桥 40.望蟾阁 41.鉴远堂 42.凤凰墩 43.景明楼 44.畅观堂 45.玉带桥 46.耕织图 47.蚕神庙 48.绣绮桥

至西部的宿云檐城关建有围墙,前湖周围皆不建墙,与周围农庄阡陌景色连为一体。由于清漪园的建成,将玉泉山静明园与圆明园、畅春园连为一体,沿长河、玉河水路可达各园,真正形成了御苑群体。

万寿山东西长 1000 余米,山南为宽广的昆明湖,长 1930 米,宽 1600 米,是清代皇家诸园中大的水面。山背为后溪河,河道曲折,两岸冈阜夹持,景色幽深。全园地形为一峰独耸，前后环抱的状貌，是极佳的造园基址。清漪园的总体规划是以杭州孤山及西湖之状貌为蓝本，园中的山水关系，前湖与后湖，西堤分割等都近似西湖。清漪园的营建有统一的思路与明确的整体规划，全园分为三部分：即宫廷区、前山前湖景区、后山后湖景区。

（1）宫廷区

以庄重威严的仁寿殿（勤政殿）为代表的宫廷区，占地0.96公顷，占全园面积的0.33%。包括勤政殿、二宫门两进院落等，是清朝末期慈禧与光绪从事内政、外交政治活动的主要场所。

东宫门、仁寿殿一带是颐和园宫廷区的"外朝"部分，始建于乾隆年间，光绪时重修。由大殿、配殿、庭院、宫门、朝房、影壁、牌楼及石桥和广场构成。建筑群沿东西方向依次排列，按照皇家建筑的统一模式，建筑逐渐升高，空间层次由旷到聚，形成一组格局严谨、布列有序的东西轴线建筑。

涵虚牌楼耸立在东宫门外，是一座三门四柱七楼的木构大牌楼。牌楼东西向坐落，庑殿歇山顶，前后檐有龙凤透雕花板。东面额曰"涵虚"，西面额曰"罨秀"，巧妙地点出了颐和园清幽恬静、山清水秀的主题，可以视为是颐和园山水乐章的"序曲"。涵虚牌楼是从东面进入颐和园的第一座建筑，从圆明园一路行来，远远就可看到它的形象，而当近到它的眼前，万寿山佛香阁的景致正处在牌楼柱坊构成的画框之内，颐和园这一精美绝伦的巨幅画卷由此缓缓展现在人们的面前。

（2）前山前湖景区

前山前湖景区占地255公顷，为全园面积的88%，是颐和园的主体。前山即万寿山的南坡，东西长约1000米，南北最大进深120米，山顶相对水体平面高出60余米；前湖即昆明湖，南北长1930米，东西最宽处1600米，湖中布列一条长堤，三个大岛，三个小岛。长堤"西堤"及其支堤将前湖划分为里湖、外湖、西北水域等三个面积不等的水域，"里湖"面积最大，约129公顷，"外湖"水面约74公顷。万寿山南麓的中轴线上，金碧辉煌的佛香阁、排云殿建筑群起自湖岸边的云辉玉宇牌楼，经排云门、二宫门、排云殿、德辉殿、佛香阁，终至山巅的智慧海，重廊复殿，层叠主升，贯穿青琐，气势磅礴。巍峨高耸的佛香阁八面三层，踞山面湖，统领全园。蜿折的西堤犹如一条翠绿的飘带，萦带南北，横绝天汉，堤上六桥，婀娜多姿，形态各异。烟波浩渺的昆明湖中，宏大的十七孔桥如长虹偃月倒映水面，涵虚堂、藻鉴堂、治镜阁三座岛屿鼎足而立，寓意着神话传说中的"海上仙山"。

前山中部建筑群 万寿山前山中部建筑群，布局严谨对称，南起昆明湖岸边的云辉玉宇牌楼，北向通过排云门、二宫门、排云殿、德辉殿、佛香阁直到山顶的智慧海，层层上升，气势连贯，从水面一直到山顶构成一条垂直上升的南、北中轴线（图10-49）。西侧的宝云阁和清华轩，东侧的转轮藏和介寿堂

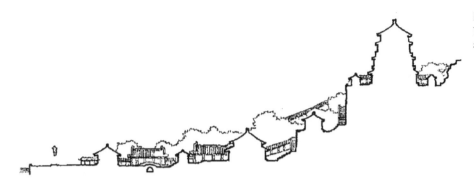

图 10—49　中轴线建筑剖面示意《中国古典园林分析》

分别构成主轴线两边的次轴线。这一大组建筑群形成了总体规划上前山庞大的景点集群的核心部分。

　　清漪园时期，万寿山中部是乾隆帝为给母亲祝寿修建的大型佛寺"大报恩延寿寺"。大报恩延寿寺沿山坡逐层起造台地，自湖岸自山顶全长 210 米，分前、中、后 3 个部分。前部临湖设门前广场，建 3 座牌楼、2 座旗杆，山门即面阔五间的天王殿，明间朝南供布袋佛，朝北供韦驮，两梢间供四大天王。山门内的庭院东为鼓楼，西为钟楼，钟、鼓楼的北面各建 1 座石幢。院中长方形的水池上跨石桥，桥北坐落着面阔七间的正殿大雄宝殿。殿内当中朝南供奉三世佛，朝北的悬山上供南海观音，沿东、西山墙供十八罗汉。殿前出月台，月台正中建碑亭 1 座，石碑上刻御制《大报恩延寿寺记》全文。两侧有东配殿"真如"、西配殿"妙觉"，均面阔三间。大雄宝殿后面为后罩殿多宝殿，殿内供旃檀佛。多宝殿的地平高 19 米，殿前设八字"朝真蹬"石台阶，庭院的东、西各建 1 座碑亭，石碑上分别刻金刚经和华严经。中部倚半山腰用巨石构筑高台，台的平面为方形，边长 45 米，地面高程 42 米。台的南壁高 23 米，设八字"朝真蹬"石台阶，台上建佛香阁。阁周围建回廊。佛香阁东、西、北三面顺应坡势堆叠山石，在真山上构筑假山，假山内的洞穴蜿蜒穿插于山道间，沟通了佛香阁、宝云阁、转轮藏和多宝殿。叠石环绕巨大的高台，改造了局部的地貌，形成质感和尺度上的强烈对比，渲染出佛寺本身的园林气氛。大报恩延寿寺的后部是琉璃牌楼"众香界"和无梁殿"智慧海"。东部的转轮藏和慈福楼、西部的宝云阁和罗汉堂为四座佛寺，供奉释迦牟尼、五百罗汉等佛像，贮藏经书。咸丰十年（1860 年），这组建筑除智慧海、众香界、宝云阁、转轮藏及石台、石经幢、石狮外，全都夷为平地。光绪十二年（1886 年），在此修建了一组以排云殿为中心的专供慈禧太后祝寿庆典之用的殿堂。原大报恩延寿寺前部的大雄宝殿址改建排云殿，天王殿址改建排云门，多宝殿址改建德辉殿，未重建钟鼓楼和碑亭，而建成 2 层院落中的东、西四座配殿。大报恩延寿寺中部和后部的建筑按原样重修或重建。原慈福楼及五百罗汉堂址改建成介寿堂和清华轩两个院落。整组建筑已由清漪园时单纯的佛寺建筑改变为有佛寺、朝堂、居住的混合建筑了。建筑布局充分体现出"仙山琼阁"的神化意境和"君权神授"的统治思想，庞大的建筑气势集合了园林功能、宗教功能和宫廷功能，是园内景区建筑的精华。

画中游 位于听鹂馆北面，西向遥对着宝云阁的位置。画中游始建于乾隆年间，光绪时重修，建筑高低错落，风景如画。画中游由画中游楼、澄辉阁、爱山楼、借秋楼及石牌坊组成，它位于前山西南坡的转折处，占地面积约为0.5公顷。此处地势高敞，视野宽广，既可观景，又可得景。建筑群以楼阁为重点，陪衬亭台，以爬山游廊连通上下，布局对称，互不遮挡，景观空间层次变化较大。景区大量堆叠山石，围植松柏，构成山地小园林特色。

长廊 颐和园长廊是中国古典园林中最长的画廊，位于万寿山南麓，横贯东西，将分布在湖山之间的楼、台、亭、阁、轩、馆、舫、榭联缀起来，既密切了湖山之间的关系，也丰富了湖山交接处的景观。乾隆十九年一份奏折副件中记载大报恩延寿寺门前有往东、往西游廊各一段。各段均有2亭。亭名为"寄澜"，"留佳"，"秋水"，"清遥"。东段2亭之间南接面阔3间的水榭对鸥舫，西段2亭之间南接面阔3间的水榭鱼藻轩。廊西端的石丈亭南北向坐落，廊北侧有山色湖光共一楼。此时，各座建筑均已建成。咸丰十年（1860年），长廊被英法联军焚毁，仅剩下11间半，光绪十四年（1886年）重建垂花门，寄澜、留佳、秋水、清遥4亭，对鸥舫、鱼藻轩、山色湖光共一楼、石丈亭和烧毁的廊子。

廊如亭 位于新建宫门以南的东堤上，始建于乾隆年间，光绪时重修，俗名八方亭。廊如亭不但在颐和园40多座亭子中是最大的一座，在中国同类的园林建筑中也是最大的一座。亭坐北朝南。平面呈八方形，每面显三间，周围有廊。重檐八脊攒尖圆宝顶，亭中共有42根柱子。亭内每面各有一块木匾，共8块，上镌乾隆御制诗文。亭子的体态舒展稳重，气势雄浑，颇为壮观。

知春亭 位于玉澜堂以南紧邻昆明湖东岸的小岛上，有木桥与岸相通。亭西面还有一个更小的岛，两岛之间也用桥连接。始建于乾隆年间，光绪时重修。知春亭东长桥，在文昌阁北侧，为光绪时新建。坐落在小岛正中的知春亭，四面临水，坐东朝西，重檐四角攒尖方顶。亭畔叠岸缀石，植桃种柳，冬去春来之际，此处冰融绿泛春讯先知，是园内赏春、观景的佳处。

南湖岛建筑群 南湖岛以位于昆明湖南部得名，岛的平面近似椭圆形，东、西宽120米，南、北长105米，面积1公顷。环岛以整齐的巨石砌成泊岸，并用青白石雕栏围护。岛上北半部以山林为主，南半部以建筑为主。乾隆年间岛上建有广润灵雨祠、鉴远堂、澹会轩、月波楼、云香阁、望蟾阁。嘉庆年间将3层的望蟾阁拆除，改建为单层的涵虚堂。咸丰十年（1860年）岛上建筑严重被毁，光绪时重修。

此外，此区还有文昌阁、耶律楚材祠等建筑群。

（3）后山后湖景区

"后山"主要为万寿山的北坡，"后湖"指后山与北宫墙之间的水道，也称之为"后溪河"。后山后湖景区占地 24 公顷，为全园总面积的 12%，其中山地 19.3 公顷。后山较前山山势稍缓，南北最大进深约 280 米，有两条山涧，东桃花沟和西桃花沟。后溪河自西端的半壁桥至东端的谐趣园全长 1000 余米，建有"后溪河买卖街"，现称"苏州街"。

后山主轴线 后山主轴线与前主轴线不在一条线上。后山主轴线上佛寺建筑，体量巨大，不像前山主轴线上佛香阁等成为湖山之景。登后山大庙应由北宫门进。

从北宫门进园，开始有两座小土山遮住望向两侧的视线，过了山口就直抵三孔大石桥，这时人们约注意力完全被对面华丽的牌楼和仰之弥高的宏伟大殿所吸引。过桥上第一层台地为寺前广场，也是后山东西干道与后山主轴线交叉点。长方形广场的北、东、西三面各建牌坊一座，外围种植白皮松与柏树，至今尚保存着树龄二百年以上的白皮松二十余株。往南即往上为第二层台地，高出第一层约 2.8 米，仅在东西两侧建配殿，东曰宝华楼，西曰法藏楼，均为面阔五间的两层楼房。再上，第三层台地高出于第二层 4.6 米，建有体量巨大的正殿"须弥灵境"。正殿面阔九间，总长 47.7 米，进深六间，总深 29.4 米，重檐歇山顶，黄琉璃瓦殿式做法。须弥灵境最南面即其上，高出于地面约 10 米的金刚墙之上为西藏式的大红台，南北全长 85 米，东西宽 130 米（图 10-50）。这里的山势比较陡峭，整组藏式建筑群的布置以居中而偏于北的香岩宗印之阁为中心，周围环着许多藏式碉房和喇嘛塔，分别在若干层的台地上随坡势而交错布置。香岩宗印之阁以桑鸢寺作为蓝本，但并非简单的抄袭，还吸取藏区山地寺院和内地汉式寺院的传统手法，因地制宜地有所创造。

香岩宗印之阁建筑群不仅因主体建筑的体量高大，形象华丽而十分突出，而且有四大部洲，八小部洲的层次变化。在建筑的个体设计上，展示了汉、藏两样风格的不同程度的融糅，在总体布局上，则以中轴线和左右的辅助轴线作为纲领，于繁复中显示严谨，变化中寓有规律。

后溪河沿岸 自西堤北端的界湖桥始，浩渺的昆明湖收拢为曲折幽深的河溪，沿万寿山的北坡，时宽时窄、时直时曲，清流宛转直达万寿山东部的谐趣园。这里的景色与前山迥然不同，像前山那样金碧辉煌的建筑，在这里都隐入

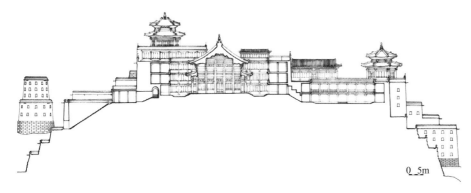

0 5m

图 10-50 大红台剖面图

苍松翠柏的浓荫之中，偶尔露出飞檐的一角。

苏州街 位于后溪河中段，始建于乾隆年间，乃仿照江南苏州的水街修建的皇家宫市，原名万寿买卖街，全长约 270 米，建筑布局摹仿了浙东一带常见的"一水两街"的形式，以后溪河中段的三孔石桥为中心向两侧展开，两岸 60 余座铺面鳞次栉比，以河当街、以岸做市。万寿买卖街的铺面房，尺度较小于一般建筑，每间面积仅为一般建筑的四分之一。建筑形式纯属民间典型的铺面房，不是宫廷中的大式作法。青瓦、灰砖、粉墙，描绘了江南民间房舍的朴素清淡，而牌楼、牌坊的修建上又使用了北方的风格，以北方建筑富丽、浓艳的色彩渲染点缀于江南清秀妩媚的水乡之中，营造出特殊的宫市特色。

西宫门、如意门、德兴殿 位于后溪河以北。西宫门是清漪园的一座园门，专为清代帝后去玉泉山、香山游览时出入方便和临时休息所修。宫门坐东朝西，面阔三间，门外有南北朝房，均面阔三间。门前广场南、北、西三面各建一座木牌楼。宫门东边建有一座如意门和 3 间值房。咸丰十年（1860 年）被毁，光绪时重修如意门和值房。德兴殿位于如意门西南面，始建于光绪年间，是一所东西向的四合院，院内主体建筑德兴殿面阔五间，其南建有朝房。

惠山园 后溪河的东段，三放三收，水到东端，由东北门西垣下闸口出，一由东垣下闸口出，并归圆明园西垣外河；又一由惠山园水池南流出垣下闸，为宫门前河。惠山园不仅是后溪河东端尽处，也是全园东北隅的一个园中园，是仿无锡惠山的寄畅园建造的。嘉庆十六年（1811 年）曾加以改造扩建，并改名谐趣园，咸丰十年（1860 年）被焚毁，光绪十年（1892 年）重建，今天的谐趣园大体上就是重建为颐和园时的面貌。

惠山园的理水以水池为中心，水面曲尺形使水面在东西和南北方向上都能保持 70～80 米的进深，避免了寄畅园锦汇漪在东西向过大过浅的弊病。惠山园水池的四个角位都以跨水的廊、桥来划分出水湾与水口，增加水面层次。惠山园的建筑，环曲池而建，比较疏朗，以曲廊将池南与池东、池西岸的个体建筑相连贯。尤其园北部更以山石林泉取胜。

景福阁 位于万寿山山脊最东端的制高点上，始建于乾隆年间，原名昙花阁，平面作六角形，象征昙花的花瓣，两层楼阁，重檐攒尖琉璃瓦顶，第二层设平坐可凭栏远眺，底层为周围廊，下面的平台亦呈 6 瓣昙花形。佛经上称优钵昙，象征灵瑞，昙花阁内上下 2 层都供奉佛像，是一座造型丰富，又很别致的佛阁。咸丰十年（1860 年）全部建筑被毁。光绪十八年（1892 年），在昙花阁的遗址上改建"十"字形大殿景福阁，阁坐北朝南，建于平台上，四周围廊深 1.65 米。三卷勾连搭歇山式屋顶，前后抱厦，抱厦明间悬挂匾额"景福阁"。阁的前、后檐抱厦为敞厅，这里地势居高临下，东、南、北三面具有很好的视野。向东可以眺望东部园外的圆明三园至畅春园一带的园林区，在这些园林相互呼应彼此资借的关系中居于一个关键性的位置。向南可纵览昆明湖、南湖岛和十七孔桥一带水面的开阔景色，适宜赏雨、赏雪。只是将二层的佛楼改建为一层的园林建筑，从"点景"或"观景"的角度来看，都较清漪园时逊色。

此外，此区还有澹宁堂、眺远斋、霁清轩等建筑群。

● **造园特征**

清漪园作为传统大型自然山水园在造园艺术上有许多发展与创造，反映出清代园苑极盛期的园林新特点，突出之处有下列几方面。园林艺术中突显皇家气派，与素雅婉约的民间文人园大不相同。园林中采用宏大的宫殿或宗教建筑群作主体，高度与体量俱居全园之首，突出表现君临一切，皇权至上的思想。而且在构图上大胆采用轴线对称布局，一反自然山水园自由布局之惯例。清漪园前后山皆有主体轴线，而且一些次要建筑群体也安排有轴线关系，处处表现出帝王世家统驭寰宇，唯我独尊的气势。但这种规整严肃的布置依靠花木、山石、廊亭、曲径、溪池等园林手段的配合，完全融合于自然多变的山容水态之中，人工与自然二者相包并容，浑然一体，是在自然山水中添加人文意境的成功实例。清漪园建筑有丰富精美的建筑装饰处理，亦表现出雍容华贵的皇家气派。如应用琉璃瓦屋面、硬木的内檐装修、汉白玉石栏杆及基台、丰富的金线苏式彩画，以及雕刻精致的花台、紫檀木的家具、青铜铸造的鼎炉、象生等。以湖畔的长廊为例，在全部273间屋架梁材上绘制了大小14000余幅风景、故事、花卉为题的彩画，无一雷同，美轮美奂，目不暇接，气魄非凡。类似上述这样高贵的建筑装饰与装修，绝非文人市民园林可以比拟。由于以上原因，以清漪园为代表的清代宫苑形成一种五彩斑斓，瑰丽多姿的北派风格，使明末以来的素雅疏朗之风为之一变。

清漪园造园艺术在引进民间园林，特别是江南一带的名园胜景方面具有重大的发展，通过这种交流模拟，对中国园林艺术的发展产生深刻的影响。在江南水网地区由于气候及自然条件的作用，自六朝以来已经发展成经济富庶地区。其宅园及风景区具有独特的韵味，婉约、细腻、清秀、空灵是其神韵。乾隆六次南巡醉心于此，移天缩地仿建在清漪园中。例如：清漪园整体构图是仿杭州西湖；西堤六桥仿杭州西湖苏堤六桥；大报恩延寿寺即相当于孤山行宫；南部凤凰墩岛仿无锡大运河中的小岛"黄埠墩"；南湖岛上望瞻阁仿武昌黄鹤楼；西堤上景明楼仿洞庭湖畔岳阳楼；西岸畅观堂瞬佳栩仿西湖蕉石鸣琴；万寿山西麓长岛小西泠仿杭州孤山的西泠桥；东麓惠山园仿无锡寄畅园。这种模仿不是机械照搬，而是"师其意，不师其法"。重要的是再现其特定的园林环境，引起人们的回忆与联想，诱发游人的情思与感怀。所以说清漪园仿制的各景点，都是给人们以新意的创造性的新景观。

（1）山水格局

万寿山东西长约1000米，山顶高出于地面60米。昆明湖南北长1930米，东西最宽处1600米，在清代皇家诸园中要算最大的水面了。湖的西北端收束为河道，绕经万寿山的西麓而连接于后湖；南端收束于绣绮桥，连接于长河。湖中布列着一条长堤——西堤及其支堤，三个大岛——南湖岛、藻鉴堂、治镜阁，三个小岛——小西泠、知春亭、凤凰礅。

清漪园的总体规划是以杭州的西湖作为蓝本，昆明湖的水域划分、万寿山与昆明湖的位置关系、西堤在湖中的走向以及周围的环境都很像杭州西湖。为了扩大昆明湖的环境范围，湖的东、南、西三面均不设宫墙。因此，园内园外之景得以连成一片。玉泉山、高水湖、养水湖、玉河与昆明湖万寿山构成一个有机的风景整体，很难意识到园内园外的界限。

（2）空间组织

清漪园内有明确而丰富的游览导线。进入东宫门，转过宫廷区以后，陆路游览线可分为三条。前路即万寿山前山，以长廊为主干，左右观赏山景水态，以开敞景色取胜。中路沿万寿山脊而行，以昙花阁、智慧海、湖山真意为重点，以远眺景色见长。后路沿后山后溪河而行，须弥灵境及买卖街为高潮，以深山密林、曲径幽谷为景区特色。水路游赏亦可分为数段，自南端绣绮桥过南湖岛至水木自亲，左顾右盼，是观赏湖光山色自然风光的佳境。自水木自亲过云辉玉宇坊至石丈亭，为欣赏仙宫琼宇、蓬岛瑶宫景色，如临人间仙境。自石舫前沿后溪河至霁清轩，行进在两山夹一水的幽谷中，表现的是山间溪谷的景观。而由石丈亭沿西堤，穿玉带桥，至耕织图一带，又表现出河湖纵横，农舍稻田的江南水乡风光。不同水域不同情怀。而水路游览线南通长河，西接玉河，串通西郊各御园，形成游览西北郊苑园群的大水路系统。

（3）建筑布局

园内的建筑情况，根据乾隆十九年（1754年）闰四月初九日，内务府大臣苏赫纳等奏请增加清漪园管理人员编制的奏折中一个附件，所开列的这一年已建和刚竣工的建筑物名录，再参见《日下旧闻考》和内务府的其他档案材料，可以确定共有101处建筑物和建筑群。其中，万寿山前山、昆明湖、东宫门一带的建筑工程在乾隆十五年（1750年）到十九年这四年之内均已全部竣工。乾隆二十年以后陆续建成的只有24处，主要分布在万寿山后山。足见清漪园建设工程的计划性和一贯性，这与其他皇家诸园的迁延时日一再扩建的情况是不一样的。

园内的这些建筑物和建筑群，如果按照它们的性质和内容加以分门别类，大致可以归纳为13类：宫殿（2处）、寺庙（16处）、庭院建筑群（14处）、小园林（16处）、单体点景建筑（20处）、长廊（两处）、戏园（1处）、城关（6处）、村舍（1处）、市肆（两处）、桥梁（11处）、园门（5处）、后勤辅助建筑（5处）。

13类建筑之中，以游赏为主要功能的占着极大的比重，包括第三、四、五、六、七、八、十类共60处；宫殿、居住和辅助建筑所占比重很小。这是因为乾隆当年游园乃"过辰而往，逮午而返，未尝度宵"，即当天往返的一日游，这在建筑类型的比例上也反映了清漪园作为一般行宫园林的特点。清漪园是皇太后拈香礼佛的地方,寺庙建筑所占比重亦不小,共 16 处。其中最大的两处即大报恩延寿寺和须弥灵境,分别占据了万寿山前山和后山的中央部位。一些非寺庙性质的建筑物如乐寿堂、乐安和等以部分房间供奉佛像;建筑群如花承阁、凤凰墩等以一幢殿堂供奉佛像;而文昌阁和贝阙则兼具城关和祠庙的双重性质。

(4) 植物配置

据乾隆《御制诗》中关于清漪园的描绘,全园的植物景观为:湖中遍植荷花,西北的水网地带岸上广种桑树,水面丛植芦苇,水鸟成群出没于天光云影中,呈现一派天然野趣的水乡情调。在建筑物附近和庭院内,多种竹子和各种花卉。

其植物配置的原则大体是:按不同的山水环境采用不同的植物素材大片栽植,以突出各地段的景观特色,渲染各自的意境。在时间上既保持终年常青又注意季相变化,前山以柏为主,辅以松间植。松柏是当地植物生态群落的基调树种,四季常青,岁寒不凋,可作为"高风亮节"、"长寿永固"的象征,而且暗绿色的松柏色调凝重,大片成林栽植成为山体色彩的基调,它与殿堂楼阁的红垣、黄瓦、金碧彩画形成的强烈的色彩对比,更能体现出前山景观恢宏、华丽的皇家气派。后山则以松为主,配合元宝枫、槲树、栾树、槐树、山桃、山杏、连翘、华北紫丁香等落叶树和花灌木的间植大片成林,为点景需要还种植了少量名贵的白皮松,更接近历史上北京西北郊松槲混交林的林相,以使其富于天然植被形象,具有浓郁的自然气息。颐和园后湖碧水滢回,古松参天,幽静异常。沿昆明湖堤岸大量种植柳树,与水波潋滟相映,最能表现江南水乡的景致。"溪弯柳间栽桃",西堤以柳树、桃树间植而形成桃红柳绿的景观,表现出宛若江南水乡的神韵,形成一线桃红柳绿的景色。在建筑物附近和庭院内,多种竹子和各种花卉,乐寿堂周围大片丛植玉兰,曾被誉为"香雪海"名闻京城。殿堂庭院则以松柏行植,间以花卉,缀以山石。

(5) 景点塑造

除了大尺度的山水布局和空间营造,在各个景点尺度也有绝佳的造园手法运用案例值得一提,这里仅举两例加以说明,一是前山中央建筑群,二是作为园中园的惠山园,也就是后来的谐趣园。

前山中央建筑群是整个前山前湖区的核心,除了一条纵贯南北的中心主轴线外,还创造了一个完整而富有变化的空间序列,使得中轴线地位更加明确,形象更突出。在主轴线两侧,还有两条次轴线,分别由转轮藏和介寿堂、五方阁和清华轩构成,它们位置完全对称,建筑形象却不同。在次轴线外侧,又分别有寄澜亭与云松巢、秋水亭与写秋轩的位置虚实相错的情况。总体而言具有由中心向两侧的退晕渐变趋势,使整个前山区从中央向两侧的布局从严整到自由、从浓密到疏朗，继而所有建筑物成为一个有机的整体（图10-51）。此外，建筑群的立面也有几何对位关系的经营。各个建筑的高度和体量对比均突出佛香阁的主体地位，彰显和谐稳定的气势和感觉。

中央建筑群之于前山景观，犹如浓墨重彩的建筑点染，意在弥补掩饰前山山形过于呆板、较少起伏的缺陷，同时也起到了作为前山总建筑布局的构图主体和重心的作用。它的东西两面疏朗散布着十余处景点，建筑体量较小，形象较为朴素多样，布局较为灵活自由。其中有小园林，有院落建筑，有个体建筑，有多样的粉墙漏窗，以及零星的点景亭榭和小品等，均烘托着前山的中央建筑群，通过对比后者愈加显得端庄典雅，具有皇家气派。中央建筑群以佛香阁作为中心，倚山濒湖。它是前山前湖景区广大范围内的最主要的观赏对象，也是景区成景的至关重要的环节。

此外，中央建筑群的布局规划不仅发挥作为观赏对象的点景作用，也充分利用其地理位置，发挥在观景方面的优势，佛香阁、五方阁、转轮藏、敷华亭、秀亭，居高临下，视野开阔，是观赏昆明湖景色和园外借景的绝好场所。

位于后山东麓平坦地段的惠山园是典型的园中园，以江南名园寄畅园为蓝本建成。这种对江南第宅园林的描摹在北方宫苑中频频出现，皆因康熙、乾隆等对江南名园的欣赏与喜爱。惠山园对寄畅园的模仿从位置选择到园林本身的设计都有体现。

惠山园位于万寿山东麓地势低洼处，有从后湖引来的活水汇入园内。对于西面万寿山的借景颇似寄畅园对锡山的借景。

惠山园以水池为中心。水池北岸一带山石林泉的自然情调是很浓郁的。北岸的青山叠石，堆叠技法属于平岗小坂的路数，是当年北京园林叠山的精品之

图10-51　颐和园万寿山前山之中央建筑群 [来源《中国古典林史》(第二版)]

一。建筑物极为疏朗地点缀在临池的山石林木间，数量少而尺度小。水池东岸的栽时堂是惠山园的主体建筑，其位置和局部环境很像寄畅园的嘉树堂。其余建筑物主要集中在水池南岸，并以曲廊与池东、池西岸的个体建筑相连贯。形成池北以山石林泉取胜，池南以建筑为主景的对比态势。

惠山园池北岸的假山与园西侧的万寿山气脉相连，与寄畅园也相似。两园水面的大小和形状差不多，横跨水面的知鱼桥和七星桥的位置走向也相同。两园均具有江南第宅园林的典型风格。除了与寄畅园保持相似，惠山园也有设计提升，水面曲尺形，在东西和南北方向上都能够保持 70 米到 80 米的进深，避免了寄畅园水面东西向进深过浅的缺陷。

嘉庆十六年（1811 年），惠山园改名"谐趣园"（图 10-52），并在水池北岸加建了涵远堂，以其巨大的体量成为园内的主体建筑。谐趣园相比惠山园，建筑体量增大，建筑重心转移到涵远堂所在的池北。对比之下，水体和园林空间的尺度有所缩小。另在园西南角加建方亭"知春亭"和水榭"引镜"，环池一周以弧形和曲尺形的游廊进行围合。原来惠山园的开阔疏朗、山水紧密结合的布局变为建筑密度大、人工气氛浓郁的封闭庭院空间，显示出不同时期造园风格的变化。谐趣园在建筑群布局的秩序感和丰富性方面有其独特价值：秩序感体现在两条对景轴线把建筑群体有机地统一为一体。一条是纵贯南北、自涵

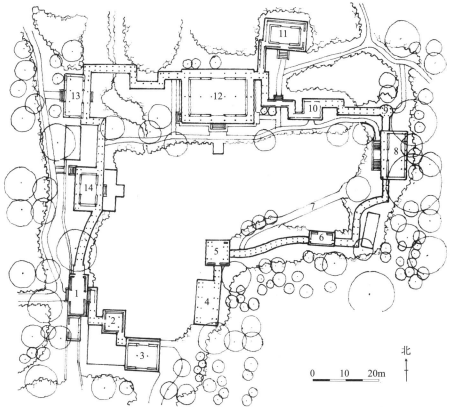

图 10-52 谐趣园总平面图《清代御苑撷英》

1. 宫门　2. 知春亭
3. 引镜　4. 洗秋
5. 饮绿　6. 澹碧
7. 知鱼桥　8. 知春堂
9. 小有天　10. 兰亭
11. 湛清轩　12. 涵远堂
13. 瞩新楼　14. 澄爽斋

北

0　10　20m

远堂到饮绿亭的主轴线，另一条是入口宫门到洗秋轩的对景次轴线。丰富性体现在建筑形式及组合方式的多姿多彩上。

西藏拉萨罗布林卡

"罗布林卡"在藏语里意为"宝贝园林"，位于西藏拉萨市的西郊，布达拉宫西南约 1500 米处，占地约 36 公顷。这里林木参天，花团锦簇，郁郁葱葱，是西藏最具特点、规模最大的集园林与宫殿建筑于一体的园林（图 10-53）。在西藏民主改革以前，这里是达赖喇嘛夏季办公和生活的场所。历代达赖驻园期间，作为西藏地方政府的首脑他需要在这里处理日常政务、接见噶厦官员，作为宗教领袖他需要在这里举行各种法会、接受僧俗人等的朝拜。因此，罗布林卡不仅是供达赖避暑消夏、游憩居住的行宫，还兼有政治活动和宗教活动中心的功能。

这座大型的园林并非一次建成，乃是从小到大经过近二百年时间、三次扩建而成为现在规模。

罗布林卡始建于七世达赖喇嘛时期。建园以前，这里是柳棘丛生，野兽出没之地，人称"拉瓦采"。拉萨河故道从中穿过，形成了许多水塘。据文献记载，七世达赖喇嘛格桑嘉措每年夏天来此用泉水沐浴疗疾。当时的驻藏大臣便奏请乾隆皇帝修建了一座供其沐浴后休息的宫殿"乌尧颇章"（藏语里，乌尧为帐篷，颇章为宫殿）。1751 年，七世达赖亲政后在它的东边修建了一座宫殿"格桑颇章"，高三层，内有佛殿、经堂、起居室、卧室、图书馆、办公室、噶厦官员的值房以及各种辅助用房。建成后，经皇帝恩准每年藏历三月中旬到九月底达赖可以移住这里处理行政和宗教方面的事务，十月初再返回布达拉宫。这里遂成为名副其实的夏宫，罗布林卡亦以此为胚胎逐渐地充实、扩大。

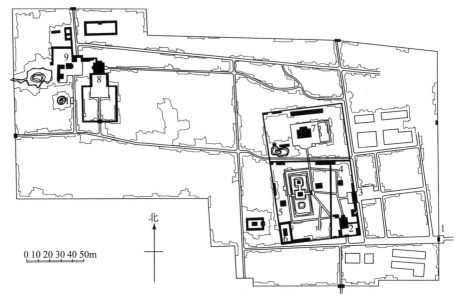

图 10-53 罗布林卡（《中国古典园林史》）
1. 宫门　2. 格桑颇章
3. 威镇三界阁　4. 辩经台
5. 持舟殿　6. 观马宫
7. 新宫　8. 金色颇章
9. 格桑德吉颇章　10. 凉亭

北

0 10 20 30 40 50m

　　第一次扩建是在八世达赖强巴嘉措（1758-1804 年）当政时期，扩建范围为格桑颇章西侧以长方形大水池为中心的一区。第二次扩建是在十三世达赖土登嘉措（1876-1933 年）当政时期，范围包括西半部的金色林卡一区，同时还修筑了外围宫墙作宫门。1954 年，十四世达赖丹增嘉措又进行第三次扩建，这就是东半部以新宫为主体的一区。

　　罗布林卡的外围宫墙上共设六座宫门。大宫门位于东墙靠南，正对着远处的布达拉宫。园林的布局由于逐次扩建而形成园中有园的格局：三处相对独立的小园林建置在古树参天、郁郁葱葱的广阔自然环境里，每一处小园林均有一幢宫殿作为主体建筑物，相当于达赖的小型朝廷。

　　第一处小园林包括格桑颇章和以长方形大水池为中心的一区。前者紧接园的正门之后具有"宫"的性质，后者则属于"苑"的范畴。苑内水池的南北中轴线上三岛并列，北面二岛上分别建置湖心宫和龙王殿，南面小岛种植树木。池中遍植荷花，池周围是大片如茵的草地，在红白花木掩映于松、柏、柳、榆的丛林中若隐若现地散布着一些体量小巧精致的建筑物，环境十分幽静。这种景象正是我们在敦煌壁画中所见到的那些"西方净土变"的复现，也是通过园林造景的方式把《阿弥陀经》中所描绘的"极乐国土"的形象具体地表现出来。这在现存的中国古典园林中，乃是唯一的孤例。园林东墙的中段建置"威镇三界阁"，阁的东面是一个小广场和外围一大片绿地林带。每年的雪顿节，达赖及其僧俗官员登临阁的二楼观看广场上演出的藏戏。每逢重要的宗教节日，哲蚌、色拉两大寺的喇嘛云集这里举行各种宗教仪式。园林的东跨院内的小型辩经台是达赖亲自主持辩经会、考试"格西"学位的地方。在苑的西南隅另建"观马宫"，八世达赖常到此处观赏他所畜养的大量名马。

　　第二处小园林是紧邻于前者北面的新宫一区。两层的新宫位于园林的中央，周围环绕着大片草地与树林的绿化地带，其间点缀少量的花架、亭、廊等小品。

　　第三处小园林即西半部的金色林卡。主体建筑物"金色颇章"高三层，内设十三世达赖专用的大经堂、接待厅、阅览室、休息室等。底层南面两侧为官员等候观见的廊子，呈左右两翼环抱之势，其严整对称的布局很有宫廷的气派。金色颇章的中轴线与南面庭园的中轴线对位重合，构成规整式园林的格局。从南墙的园门起始，一条笔直的园路沿着中轴线往北直达金色颇章的入口。庭园本身略成方形，大片的草地和丛植的树木，除了园路两侧的花台、石华表等小品之外，别无其他建置。庭园以北，由两翼的廊子围合的空间稍加收缩，作为庭园与主体建筑物之间的过渡。因而这个规整式园林的总体布局形成了由庭园的开朗自然环境渐变到宫殿的封闭建筑环境的完整的空间序列。

　　金色林卡的西北部是一组体量小巧、造型活泼的建筑物，高低错落地呈曲尺形随宜展开，这就是十三世达赖居住和习经的别墅。它的西面开凿一泓清池，池中一岛象征须弥山。从此处引出水渠绕至西南汇入另一圆形水池，池中建圆形凉亭。整组建筑群结合风景式园林布局而显示出亲切近人的尺度和浓郁的生活气氛，与金色颇章的严整恰成强烈对比。

罗布林卡以大面积的绿化和植物成景所构成的粗犷的原野风光为主调，也包含着自由式的和规整式的布局。园路多为笔直，较少蜿蜒曲折。园内引水凿池，但没有人工堆筑的假山，也不作人为的地形起伏，故而景观均一览无余。藏族的"碉房式"石造建筑不可能像汉族的木构建筑那样具有空间处理上的随宜性和群体组合上的灵活性。因此，园内不存在运用建筑手段来围合成景域、划分为景区的情况。一般都是以绿地环绕着建筑物，或者若干建筑物散置于绿化环境之中。园中之园的格局主要由于历史上的逐次扩建而自发形成，三处小园林之间缺乏有机的联系，亦无明确的脉络和纽带，形不成完整的规划章法和构图经营。园林"意境"的表现均以佛教为主题，没有儒、道的思想哲理，更谈不上文人的诗情画意。园林建筑一律为典型的藏族风格：平屋顶上装饰着金光闪烁的黄铜镏金法轮宝幢乃是藏族建筑中最高品级的象征；女儿墙和围墙顶部一律为"卞白"的做法，即用柽柳枝条捆扎成束、垛砌封顶，再染成紫红色，并缀以镏金的佛教"八徽"和"七宝"的装饰，与白色的墙面成鲜明对比，衬托在绿树丛中益显其色彩效果之强烈。"卞白"做法只能用于三宝佛寺和达赖、班禅、大活佛的宫殿、府邸，一般贵族和百姓都不准使用。建筑上的这一派富丽色彩既表现出行宫园林的最高等级，也加强了园林的宫廷气氛。某些局部的装饰、装修和小建筑如亭、廊等则受到汉族的影响，某些小品还能看到明显的西方影响的痕迹。

罗布林卡是现存的少数几座藏族园林中规模最大、内容最充实的一座，目前已成为西藏地区的重要旅游点之一。它显示了典型的藏族园林风格，虽然这个风格尚处于初级阶段的生成期，远没有达到成熟的境地，但在我国多民族的大家庭里，罗布林卡作为藏族园林的代表作品，毕竟不失为园林艺术的百花园中的一株独具特色的奇葩。

布达拉宫

坐落在拉萨市北的玛布日山上。始建于唐代，清顺治二年（1645年）五世达赖喇嘛开始重建，历时五十余年才建成今日规模。布达拉宫是一座融合宫殿、寺庙、陵墓以及其他行政建筑在内的综合性建筑，它包括山脚下的方城、山上的宫堡群和山后的花园三部分。园林部分主要体现在山后的花园。山下方城内布置了地方政府机构、印经院及官员住宅。宫堡群是由红宫与白宫两大部分组成。红宫位于建筑主体的中央，是达赖从事宗教活动的地方，总高九层，因外墙刷成红色，故名红宫，是举行大规模宗教仪式和庆典的地方，红宫还有历代达赖圆寂后保存遗体的灵塔殿和二十余座佛殿。红宫的东边为白宫，因其墙面刷白而得名。白宫总高七层，是达赖理政和居住的地方，布置有办公处及厨房、仓库等，最高的第七层为达赖居住的东西日光殿。红宫、白宫的前面分别建造了两个广场。在西广场的下边顺山势建一陡峻的高墙，以备节日在墙壁上张挂巨大的佛像织物之用，故称晒佛台。此外，围绕宫堡群的四方建有四座防御性碉堡，以控制周围的形势。布达拉宫建造在山上，其四围房屋随山坡起伏，随宜建造，高大的建筑群与山丘混为一体。山前层层叠起的漫长的石梯，巨大的外墙，建筑物立面由上至下逐渐变小的窗口所表现出的韵律感，单纯而丰富的色彩，都渲染出该建筑的浪漫性格。

宫墙内的山后部分称做"林卡"，主要是一组以龙王潭为中心的园林建筑，是布达拉宫的后花园。五世达赖重建布达拉宫时在此取土，形成深潭。后来六世达赖在湖心建造了三层八角形的琉璃亭，内供龙王像，故此称为龙王潭。

10.3.2　第宅园林

10.3.2.1　江南地区

苏州拙政园

苏州为明清江南园林文化的最核心地区，也是江南第宅园林最为萃集之地。现存园林之中，以位于苏州城东北娄门内的拙政园的规模为最大、名望为最高，而遭遇也最复杂。

明正德五年（1510年），曾任御史的王献臣官场失意，丁忧回乡，约三年后因大弘寺废地营造别业，用晋人潘岳《闲居赋》句意，题名"拙政园"。建园之始，水木明瑟，建筑疏稀，景色旷远，取胜自然，文徵明曾为之作记、绘图、赋诗。王献臣死后，其不肖子一夜豪赌将此园输予徐家，此后直至清初，一直为徐氏所有，其间曾对园景有过改动，王世贞批评其"以己意增损，而失其真"，不过袁宏道仍赞其"古"，水木特色仍然保持。明末清初，钱谦益曾构曲房于此，安置金陵名妓柳如是。入清后，园归大学士海宁陈之遴，其继室徐灿为当时著名女词人，著有《拙政园诗馀》，吴伟业也曾作长诗《咏拙政园山茶花》。未几被没为官产，成一处府署花园，后又发还。

康熙初年，吴三桂婿王永宁据有此园，大肆建造，叠造假山，使园貌大变，大致奠定今日山池格局。吴三桂叛乱后，园又入官，曾改属道台衙门，康熙南巡时曾来游此园。衙门他迁后，园渐荒芜。当时名画家王石谷、恽南田曾作园图，画不存而题字尚在，从中可知与今日园貌有若干相近之处。后此园又成私园，并析为东、西二部，从此园景分离。

乾隆十二年（1747年），园东部为太守蒋棨所得，重加修复，称"复园"，当时文坛名人如袁枚、赵翼、钱大昕等均曾游赏觞咏，盛极一时。嘉庆时售与海宁查氏，道光时又归平湖吴氏。画家戴熙于道光十六年（1836年）绘《拙政园图》，已与今日园貌有所接近。西部于乾隆时被太史叶士宽购得，称"书园"，中有八景。

咸丰十年（1860年），太平天国忠王李秀成进苏州，以此为忠王府一部分，将东西二园合并，园中大兴土木，将苏州各地大宅厅堂拆来。此时园景，可见于汪鋆所绘《拙政园图》。太平天国以后，东部"复园"部分为巡抚衙门花园，后迁出。西园仍属叶氏。

同治十一年（1872年），东部归八旗奉直会馆，在巡抚张之万带领下，又一次对园林进行大规模修整，并恢复"拙政园"之名。江阴画家吴儁曾绘《拙政园图》十二幅，园况和现在已大体相同，建筑较前更为增加。西部于光绪五年（1879年）归张履谦所有，改建并易名为"补园"，园貌基本留存至今。

1950年代初，分裂已久的两部再次合并；1955年又并入东临"归田园居"旧址，整修再造，而成今日格局，共约六十余亩，总称拙政园。需要指出的是，长期以来归田园居被认为是明代拙政园所析出的一部分，但这种认识并无可靠依据，它应是一开始就独立于拙政园之外的。由明末刑部侍郎王心一以废地新建的归田园居，当时亦是一座名园，后由王氏子孙世守，三百多年未属他姓，在江南园林中颇为难得。但作为拙政园东园部分后，得到大规模改造，已远非原貌。这里仅就作为拙政园旧日本体的中、西二部进行分析（图10-54）。

● 布局

现在拙政园的中部景区，是全园精华所在，依稀保留了此园早期的一些格局特点。此区面积十八亩半，以水池为中心，主要建筑物大多临水而筑，具有

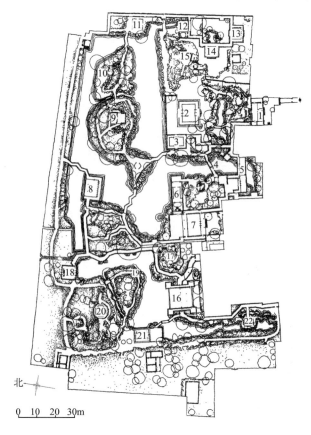

图10-54 拙政园中、西部平面（《江南理景艺术》）

1. 腰门　2. 远香堂
3. 倚玉轩　4. 小飞虹
5. 小沧浪　6. 香洲
7. 玉兰堂　8. 见山楼
9. 雪香云蔚亭　10. 待霜亭
11. 梧竹幽居　12. 海棠春坞
13. 听雨轩　14. 玲珑馆
15. 绣绮亭（以上属中部）
16. 三十六鸳鸯馆、十八曼陀罗馆　17. 宜两亭
18. 倒影楼　19. 与谁同坐轩
20. 浮翠阁　21. 留听阁
22. 塔影亭（以上属西部）

北

0　10　20　30m

江南水乡特色。

此区主堂为"远香堂",仍是当年明代拙政园主堂"若墅堂"的位置。堂为四面厅,可周视园景,而以北向为主景。堂北有平台临池,隔水山景,为传统造园中常用的"堂—台—池—山"主景序列格局(图10-55)。池水辽阔,而以东西为长向,山景呈横向舒展开来。作为堂前主景之山,分东、西二座,有主次之分,而以西山为主;其间有溪涧相隔,涧上架小石梁,溪水屈曲与后池相通,从而又使山景呈现出深远层次。二山均以土为主,辅以叠石,其上茂林蓊郁,野趣盎然。其上各有一亭,西侧"雪香云蔚亭"为歇山顶,东侧"待霜亭"为六角攒尖,形态各异,相互映衬。山林主景两侧,池东水畔有四面圆洞的"梧竹幽居"方亭近院墙之廊,西侧为"荷风四面亭"立于池中岛上,其后柳荫廊阁,层次深远。

主堂之南,又有小型山池营造,这一景致是与旧日园林入口序列相关联的。在1962年新辟东部入口之前,原有入门途径是先进住宅间夹弄的前街巷门,经曲折长巷而抵腰门。入得门内,迎面黄石山为障景,或循廊绕山,或越洞穿山,便豁然开朗,是传统园林常用的空间奥旷对比手法。山后小池,渡折桥便达主堂之前,回望叠山嶙峋奇峭,与北部主山的平岗小坂形成对比,小巧前池与辽阔后池也成对比(图10-56)。堂前又有花坛古井,老树挺秀,是另一种清新素雅的境界。

远香堂东,对一小山,坡上"绣绮亭",朝向西北主池面;小山之麓,与远香堂南石山的东北延伸余脉相呼应。其东南有起伏云墙隔出院落,从二山之间入院墙月门,内为"枇杷园",有"嘉实亭"与"玲珑馆",果林为庭景主题,布置简洁,庭前可自"晚翠"洞门回望隔池雪香云蔚亭对景。再东以内,由廊庑包绕南北两座小院,分别为"听雨轩"和"海棠春坞",一大一小,分别以小池与花石为庭景主题,空间组合富于变化。可以看到,从主堂景区往东南纵深,以山、墙、馆、廊逐渐围合出越发内向幽静的空间层次,是园中极富空间情趣的园中小园所在。

远香堂之西则是与东侧院景相对比的水景主题。堂侧"倚玉轩"及其西对

图10-55 "远香堂"北平台临池对景(顾凯摄)(左)

图10-56 主堂之南小型山池营造(顾凯摄)(右)

的"香洲"石舫之间，有水面从主池向南呈带状延伸，池上有"小飞虹"廊桥横渡，其南侧"小沧浪"水阁亦跨水上，将水面再度划分，二者之间，西侧"得真亭"、东南"松风亭"及东侧曲廊一道，构成一个幽曲闲静的水院，这是江南园林中极富特色的一组水景。从小沧浪北望，小飞虹及其倒影之后，又可见水上的香洲、荷风四面亭、见山楼以及其旁花木，渐次退后，层次深远，顿觉园韵无穷。

除以上主要景区之外，中部景区之旁侧位置还有其他一些园景构思与营造。西南隅有"玉兰堂"，紧靠住宅，小院封闭，花石庭景，自成一体。东北隅有"绿漪亭"，可从侧后观主池山景。西北侧有"见山楼"，可登楼远望、俯瞰全园，以"柳阴路曲"廊与水池中央荷风四面亭相联系。而长向主池的东西两侧，无论自东墙半亭还是西部"别有洞天"门洞，各自有可见的深远水景层次，此种畅远之景，为其他江南园林所难得。

西部原补园部分，以池南近住宅一侧的"三十六鸳鸯馆"为主堂。就其建筑本身而言，颇为别致，平面为方形，中间用槅扇与挂落分为南北两部，采用鸳鸯厅形式，内用卷棚四卷，四隅各加暖阁耳室，可作宴客、演戏时侍候化装之所，其形制为国内孤例；又用彩色玻璃，装修堂皇，为全园之冠。而就其与园景关系而言，作为从拙政园析出而单独成园之后另设的园中主堂，基地狭窄而体量硕大，向北侵占水面，逼仄主景，池面失却开朗之态。

主堂北向所对池面，分别在东侧向北、西侧向南而延伸，而以堂前此处主水面为相对开阔集中。主景为池北假山，山上及傍水处建以亭阁。东侧扇面亭"与谁同坐轩"位于临流转角，东南向开敞，扇形母题反复运用，精致玲珑，名称立意亦颇有特色。其后坡顶建有"笠亭"，为圆形攒尖小亭，形如其名，周植箬竹，自成佳趣。假山后隔以窄溪，对岸为"浮翠阁"，为全园最高点，为鸟瞰、远眺之处，但过于高峻而与环境不协调。

此主景一区之东为南北长向水面，自北岸"倒影楼"临水南眺，左廊右山之间，溪池尽处，廊后"宜两亭"高出假山之上，这是园中另一较有深远层次的景面。池东墙边，长廊曲折，又有高低变化，人行其上，宛若凌波。这是园分为二、以墙间隔后较有创意的佳作，江南园林中亦为上选；今二部合一，隔墙上又开漏窗以贯通，廊中更添隔墙借景。由曲廊而南，可达中西二部间别有洞天门洞；曲廊又西转，临主堂池面。

主池面之西为"留听阁"，取李商隐"留得残荷听雨声"句意；建筑体形方正，装修精美，南侧露台呈船头之形，表达为写意船舫。其前溪水一脉，向南延伸，映于绿荫长廊之间，仿佛深远无际，远处"塔影亭"若浮于水面。此视点略似由倒影楼南望，但不及其开阔丰富。南端原为园、宅相通的入口，可惜合并封闭之后，竟成死角，意趣难再。

主堂之东，临界墙叠石为山，上有"宜两亭"，取白居易"绿杨宜作两家春"

诗意，既可俯瞰此园内景物，更可窥东部极佳园景，是《园冶》"借景"篇中所谓"邻借"的佳例。

● **造园特征**

拙政园自创建以来，以其规模之大、品质之高、名望之盛，长期受到关注，如清代学者俞樾即以"名园拙政冠三吴"来加以称誉，当代不仅以其为苏州园林之首，更是成为江南园林乃至整个中国第宅园林的典范。

如此之高的赞誉，拙政园是当之无愧的，尤其是长期作为主体经营的中部景域。就其整体而言，布局疏密相间，旷远深邃兼备，建筑不少而又不过于人工化，水面开阔而又不失丰富山水层次，宋李格非《洛阳名园记》中所说"园圃之胜不能相兼者六：务宏大者少幽邃、人力胜者少苍古、多水泉者艰眺望"，拙政园中部则兼有此六个方面之长，而为他园所难及。就其特色而言，以极具江南情趣的水景最为鲜明突出，保持了创园之初的主景追求，尽管水面在历史变迁中已有所缩小，但其辽阔丰沛仍在诸园之上，深远水景之多样营造也可谓首屈一指。就其细节而言，一石一树、一亭一桥，前后位置、高下经营，均思虑精良、合宜得体，给人以精雅奇趣的景观，而又有往复无尽的体验。作为名园翘楚，的确名实相符。

苏州留园

留园位于苏州西北阊门之外。明万历二十一年（1593年），曾任太仆寺少卿的徐泰时罢官归里后，在旧时一处园址上大治别业"东园"以度晚年，类似王献臣之造"拙政园"。当时徐氏家族财力丰厚，拙政园即为徐家所有；徐氏另有"紫芝园"为当时名园，以叠石称胜；徐泰时又有"西园"，为今"西园寺"前身。此东园建成后亦为当时名胜，除建筑华丽，又有两大胜景：一是由叠石名手周丹泉所叠石假山，石屏如画，神妙无比；二是传奇湖石"瑞云峰"，秀巧奇幻，为江南名石之首。然而明清易代之后，园渐荒芜，假山倾颓，仅瑞云峰岿然独存，而山池构架如故。乾隆四十四年（1779年），为准备翌年高宗第五次南巡，瑞云峰被移至城内织造府西行宫供奉御览，此园更衰败减色。

乾隆五十九年（1794年），在屡易园主之后，园归观察刘恕，就旧址增地扩建，历时五年修葺落成，奠定今日主体池馆园貌。以园中多白皮松，故名"寒碧山庄"，又因园址居于华步里而又称"华步小筑"，俗称则为"刘园"。园中有新得的十二奇峰，为太湖石上选。其泉石之幽、花木之美、亭榭之胜，一时成为吴中名园之冠。咸丰年间太平天国之役，苏州西郊一带遭受严重破坏，而此园则幸得保存完好。其后因无人修葺，逐渐芜秽不治。

同治十二年（1873年），布政使盛康购得刘氏寒碧庄，大力修葺，于光绪二年（1876年）竣工。因庚申之战吴中名园中唯此园留存，且民间俗称刘园，遂以谐音易名"留园"。园内山林幽曲、馆阁雄丽，成为苏州最精致的大型园林。

光绪十四年（1888年）辟建西部别有洞天一区，光绪十七年（1891年）又扩建东部冠云峰庭园，宅园广袤约四十余亩，基本成今日格局。

1929年此园归吴县政府管理，向公众开放，为游览胜处。抗日战争时遭受较严重损毁，后又一度成为驻军马厩，园中满目疮痍，几成废墟。1953年进行全面整修后开放，但一些被毁建筑未能得到重建。

今日留园占地三十多亩，分为中部山水、东部庭院、北部田园、西部山林四大景区，各有主题特色，各部分之间以墙、廊相间，既相对独立，又互相渗透。中部是寒碧庄原有基础，经营最久，以后虽有改观，仍为全园山池主景（图10-57）。

● **布局**

从临街园门而入，先经过两重曲廊小院，以一系列时明时暗、时松时紧、曲折幽长的空间为前导，视觉与身心都为之收敛，使人逐渐远离喧闹的外界城市而得到一段情绪净化。到达"古木交柯"，通过眼前漏窗隐约看到园中部的

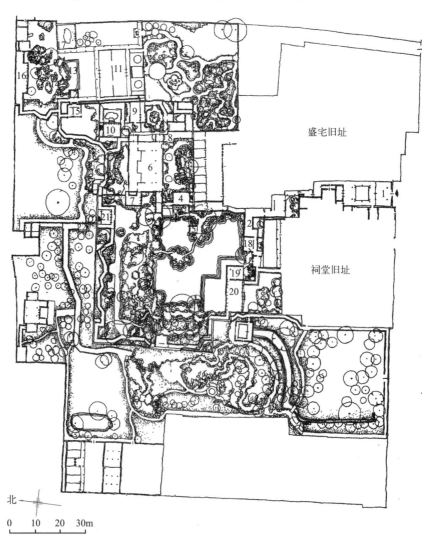

盛宅旧址

祠堂旧址

北

0　10　20　30m

图10-57　留园平面（《江南理景艺术》）
1. 大门　2. 古木交柯
3. 曲溪楼　4. 西楼
5. 濠濮亭　6. 五峰仙馆
7. 汲古得绠处　8. 鹤所
9. 揖峰轩　10. 还我读书处
11. 林泉耆硕之馆
12. 冠寸台　13. 浣云沼
14. 冠云峰　15. 佳晴喜雨
快雪之亭　16. 冠云楼
17. 伫云庵　18. 绿荫
19. 明瑟楼　20. 涵碧山房
21. 远翠阁　22. 又一村

山水景色，然后绕至"绿荫"轩则豁然开朗，宛如逐渐进入与世隔绝的桃花源中。这一入口空间安排在江南诸园中最为出色。

中部山池一区，以水为主，环以山石楼阁。此区主厅为西南一侧的"涵碧山房"，其北以宽广平台临池，正对池北山景。此山又在池西侧延展，南至平台之侧，从而山景有远近层次；北望主景的右侧，山前池中还有岛景，形成西北方向的视野层次。主厅之南又自有庭山小景，厅东侧"明瑟楼"南侧小院里有假山可登楼上；二屋相傍，远观如水畔船舫。这一主厅位置与山水关系的安排，与习见江南园林主景序列有所不同，可谓自出机杼。

主池山景，不高而山势起伏，亦有层次。叠石以黄石为主，较有浑厚气势，但经多次改建，黄石上列湖石峰，琐碎而不协调，是此主景的最大遗憾。西、北两山之间有水涧，似池水源头，曲涧上有石梁多座，层次深远。北山之上"可亭"小巧独立，西山后部围墙之侧"闻木樨香轩"则有两旁爬山廊相通，二亭中均可俯视远眺。二山上有十多株百年古树，更营造出山林野趣。

池中小岛名"小蓬莱"，东、北二侧均有曲桥与岸相通，二桥上又建有紫藤花架，越岛而相连，与主池面分割出空间层次；而东侧相连的池岸呈半岛突出，建"濠濮亭"北向。此亭对岸的北侧，旧日有曲廊围合，从而亭、廊、岛、桥（及其上花架），又与东侧的"清风池馆"一起，在主池东北一侧围合出一处幽静水院，为大山水中的小内核，水岸低平，内可细赏小塔池影、睡莲游鱼，外可畅观水木清瑟、山林层次，其佳妙更胜于拙政园小沧浪水院。当年主人刘恕把此处作为园中极为得意的场所，十二块佳石有三块布置于亭旁，其中一块带圆孔的名"印月"，可映水中，亭则名"掬月"，从而营造出夜晚赏水中之月的妙处。然而后世名石遗失，亭亦改名。抗战中北廊被毁，后来竟未修复，于是现在北部空荡开敞，未能呈现旧日静谧水院的奇妙构思与境界营造。

主池东南"曲溪楼"一带多轩阁，尽管退于侧边角落，主要是作为赏景场所而非被观景致，但仍很注意建筑物自身的形态变化而不显单调，尤其东岸建筑的虚实、进退、高低，堪称经典；同时利用树木来弱化建筑物对园景的压迫，如曲溪楼前的枫杨、绿荫轩旁的青枫等，婀娜多姿，为园景增色不少。另在山北临墙处，旧有"半野草堂"，处幽而赏山阴之景，现仅有曲廊，意趣顿减；西侧又有"自在处"（现"远翠阁"处）与"汲古得绠处"书房，由曲廊围成静僻小庭，而今曲廊不存，二屋暴露而无所观，幽趣不再，神形尴尬。

山池主景区的东部几处庭院，也是留园中颇为精彩的所在，自然山水之趣一转而为曲院回廊之巧。

从池东轩馆进入"五峰仙馆"，顿觉宏敞开阔，楠木大厅，华丽精雅，他园所无，有"江南第一厅堂"之称。左右小室，布局自由；前后庭院，皆列假山，人坐厅中，如对岩壑。堂前靠壁假山，峰石挺秀，昔时以十二生肖形态而

图 10-58　石林小院一带
的丰富空间分隔与渗透
（顾凯摄）

称道于众，这是传统园林文化中不同于模拟真山境界，而以关注峰石动态为主的另一种假山欣赏方式。

五峰仙馆之东另有一座"林泉耆硕之馆"，为南北相分的鸳鸯厅，室内装修陈设也极尽华丽精美。在两大建筑物之间的过渡区域，则是一系列的天井小庭，尤其是"石林小院"一带，在三四百平方米的面积内，布置有各种小巧幽雅的花石庭景，通过敞廊、漏窗、短墙、围栏，既相隔又连通，画面纷呈，妙趣横生，游者至此，如入幻境，精彩不断，流连忘返（图 10-58）。江南园林小庭之妙，石林小院可称第一。

林泉耆硕之馆北侧为平台，其前隔池正对太湖名石"冠云峰"主景，瑞云、岫云两峰倚立两侧，亭台廊馆四向围合，宛如一座单独园林中的主景序列布局，而各景命名皆围绕此石主题，如池为"浣云沼"，侧有"冠云台"、"冠云亭"和"伫云庵"，北以"冠云楼"为背景屏障。这是较少见的以单独石峰为主题的完整庭园布置，上海豫园中"翠玲珑"石近此待遇而隆重不及。冠云峰为留园诸峰之冠，高 6.5 米，在江南名石中最为修长，既雄且秀，兼具瘦、漏、透、皱，颇有"云"般内在气韵生动之感，可从中体味天地造化之奇。

冠云峰庭院西有"佳晴喜雨快雪之亭"，亭名、装修俱佳，惜今其对景无足可观；再西，入"又一村"门洞为留园北部。此部东侧旧有建筑一组，供宾客所居，毁于抗战中；西侧原种植时鲜果蔬、饲养家禽，充满农家情趣，营造田园景色。现辟为盆景区，园貌平平。

由北部西端南转，则入全园西部。此区以山林野趣为主，积土为阜，间列黄石，漫山枫林，秋色佳丽；与中部隔以云墙，红叶高出，望若云霞，为中部极好借景。作为全园最高处，上原有三亭可远眺，现余"舒啸"、"至乐"二亭，旧日可近望西园，远眺虎丘，惜今日被挡。山南有屈曲谷道，但与假山关系不够密切；南部有"射圃"草地和"缘溪行"长廊，相对平淡。山南溪流一湾，水榭"活泼泼地"跨溪之上，北转而与中部相邻。

● 造园特征

留园是又一座声名卓著的江南名园，规模之大、景域之丰较为突出，而其建筑之精丽多姿、院落之曲折玲珑，更是居江南园林之冠。尤其是入口一区的序列组合、东部庭院的层次变化为空间奇巧之最。如果说拙政园尚能存留一定明代造园遗意，以开阔水景的自然风貌为特色，留园则体现了晚清时期苏州园林的突出成就：以建筑手段营造丰富变化的空间景致。

今日留园山池主景一区，较之东部庭园部分显得相对失色，这固然有假山经历代毁圮添改而原貌受损的原因，也与近世修复中未能复现一些重点构思相关，尤其是东北部一段曲廊的缺失，使得静谧水院的巧思完全无法令人体会了。

苏州网师园

网师园位于苏州城东南阔家头巷，其前身传为南宋史正志"万卷堂"故址，当时称"渔隐"，后荒废。今园中尚存八百年树龄古柏，池南又有"槃涧"二字石刻，传系宋时旧物。今日园貌相关营造，则要从清中期开始。

乾隆年间，官至光禄少卿的宋宗元在此建构别业，取旧时渔隐之意，又取园北王思巷谐音，而名此园为"网师园"，至迟在乾隆十六年（1751年）已建成定名，又称"网师小筑"，此名今尚存于入园门洞额上。园中有十二景，今日"濯缨水阁"、"小山丛桂轩"已在其中。宋宗元去世后，家世败落，园亦衰颓。

至迟在乾隆五十九年（1794年），富商瞿远村购得此园，在旧园基础上加以整治，成苏州数一数二名园。仍用网师园名，俗称"瞿园"。园中有八景，除主堂"梅花铁石山房"外均存留至今。园中主水面约呈东西长向，旧有水门仍然保留。此后园中诗文唱和，盛极一时。道光十八年（1837年）或稍前，园又归天都吴氏。太平天国之役，此园幸存，战后曾作临时县衙所在。

光绪二年（1876年），园归江苏按察使李鸿裔，以园位于苏舜钦沧浪亭东邻而易园名为"苏邻园"，后又名"蘧园"以同"瞿园"谐音，与"留园"同之前"刘园"谐音用意相同。李鸿裔对此园的一个重要改动，是将原先东部水面及周边建筑（如主堂"梅花铁石山房"等）毁去，代之以新盖的一片三进院落高楼豪宅；此外水门亦封，西侧水面改为庭院。之前园中水面为东西长向，曾为怡园所模仿，经此变动，池面大为缩减。

此后园林虽又屡易主，而园林主景基本未变。光绪三十三年（1907年），园归退官吉林将军达桂；1917年，园归杭县张锡銮，更名"逸园"。1932年，画家张善子、张大千兄弟与张锡銮之子张师黄交游，来住园中。张善子善画虎，遂在殿春簃养一乳虎，一时传为佳话；今园中尚有张大千书此虎墓碑。1940年收藏家何澄从张师黄手中买下逸园，恢复原名网师园。1950年，何家将园捐予国家，后得到整修开放。

今日网师园呈东宅西园格局，共约九亩，其中园林部分约五亩（图10-59）。

● 布局

网师园以主池一区为主要园景，水景为主，表达"网师"、"渔隐"主题。"彩霞池"面积约半亩余，略呈方形，水面聚而不分，仅东南和西北两角伸出水湾。池中不植莲藻，而倒映天光山色、廊屋树影，使园景空间显出空阔。黄石池岸，多呈滩、矶曲折。廊屋树石，以水面为核心而进退环绕。现在的主池之景，因

图 10-59 网师园平面
（《江南理景艺术》）
1. 大门　2. 轿厅
3. 万卷堂　4. 撷秀楼
5. 小山丛桂轩　6. 蹈和馆
7. 濯缨水阁　8. 月到风来亭
9. 看松读画轩　10. 集虚斋
11. 楼上读画楼，楼下五
峰书屋　12. 竹外一枝轩
13. 射鸭廊　14. 殿春簃
15. 冷泉亭　16. 涵碧泉
17. 梯云室　18. 网师园后门
19. 苗圃

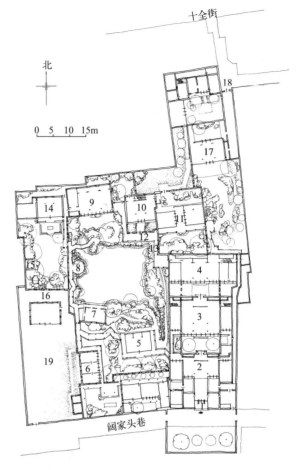

旧日"梅花铁石山房"主堂不存，没有了其他园林中常见的明确主景序列；又以区域小而亭榭多，旷池之上的视线可交错而通达，从而造成各角度方向的各种自由丰富的赏景视点与画面。

因昔时临水主堂缺失，今日池东北方的"看松读画轩"成为相对主要的厅堂，但不临水，屋水之间有黄石牡丹花坛，并有松柏苍翠劲秀，略成疏朗山林；其前又有石矶贴水、曲桥跨湾，可近赏水态。此处隔水相对的主体景致为池南西侧的"云冈"假山，体量不大而峻嶒峻峭、起伏有势，其上青枫玉兰等花木亦绰约多姿，又有一屋隐约于其后；山东侧水面，隔小桥南流，深远不尽。看松读画轩之东有"集虚斋"楼阁为全园的制高点可俯瞰池景，楼前临水增设低矮的宽廊"竹外一枝轩"作为与池面之间的隔断过渡，从而减弱了大体量对主景面的不利影响。

看松读画轩隔池南向正对的，是凌于水上、小巧优美的"濯缨水阁"，因其北向而成为夏日凭栏、纳凉观鱼的好去处，又兼作园中的水上舞台，可在此拍曲唱戏，别具情趣。在此北望，看松读画轩前的水矶曲梁、丛花矮篱、古柏高松，成为极佳画面，而池西水亭则又形成中景层次。水阁之东正是黄石假山，危崖峭壁，可作扑面近赏。山虽占地不大，磴道盘旋、洞府曲折，均楚楚有致，可攀越成趣。

濯缨水阁西侧，靠西墙有南北向曲廊名"樵风径"，廊壁之间为竹石小景，又有上下起伏而成爬山廊，由南侧通道引入池区而豁然开朗，并延至池西北部。池廊之侧有六角亭高挑于池面之上，名"月到风来"，因其位置与形态而成为全园建筑的焦点所在，同时也是全园品赏池景的最佳处，除畅观池周之景外，尤以秋日凭栏赏月光波影为妙趣，亦是看戏听曲的佳座。亭西廊壁设明镜，可幻出更广阔园池之景（图10-60）。

月到风来亭所对池东之景，却相对薄弱，主要原因是紧邻高大住宅的山面，成为较难处理的背景。北部"射鸭廊"半亭，以曲廊与北岸东侧的竹外一枝轩相连，东通宅后小院，作为宅、池间过渡尚得体。亭南沿墙小径与池岸间所叠小山，略有与南山云冈相连之势，但进深过小而显得过于单薄，体形也不甚佳。其后高墙之上，运用增添水平线脚与假漏窗的手法，略为弥补大片墙面暴露于园中的缺憾。而彩霞池沿东岸南向小涧延伸，不尽之意，颇有妙趣。其上拱桥名"引静"，其小巧在现存江南园林中仅次于常州近园小拱桥，而精致过之；涧之南端有"待潮"小闸，亦精雅古朴（图10-61）。

网师园中丰富多变园景的形成，还在于主景区周围一些精彩的院落空间，不仅是营造出的各自相对独立的多样庭景，更是通过层次渗透而对主池景区的效果大大加强。

在主池区之南，"小山丛桂轩"（又名"道古轩"）与"蹈和馆"、"琴室"为一区居住宴聚用的小庭院。从住宅轿厅入园后先至小山丛桂轩，旧日主堂取消后此处为全园主厅，为四面厅形式，其前有花木峰石，其后云冈石壁当窗，坐轩中如在岩壑间。此屋作为主池区的假山后背景，同时池景又可从岩旁树隙依稀透露于此厅内。蹈和馆、琴室位轩西，各有山石对景，小院回廊，曲折宛转，山石丛错。院西北侧，以低小晦暗的曲廊而达"樵风径"，池水荡漾，顿然开朗。此南部与主池区既隔又通，在池北望之成深度丰富的背景。

主池北侧亦有视线层次深度，如竹外一枝轩与集虚斋之间有门洞院落，其西

图10-60　池西水畔亭廊（顾凯摄）（左）
图10-61　池东南小涧及"引静桥"（顾凯摄）（右）

与看松读画轩之间的廊北有门洞可通后部小庭，而射鸭廊东侧又有门洞、漏窗与东北"五峰书屋"前院落相通。此外，看松读画轩、集虚斋、五峰书屋之北又有后部小庭，花木、石峰构成院景，游者至此又如新的多样景域，感受更觉多样。

池西北侧，折桥通至"潭西渔隐"门洞，不仅是极好的园景层次之处，其内更是全园最突出的庭园别景所在。书房"殿春簃"小轩三间，拖一复室，屋后隙地，竹石梅蕉，对窗成景。屋前月台，广庭花街铺地，庭前三面沿墙叠石立峰，西南隅设一"涵碧泉"小潭，成水陆对比。其旁"冷泉亭"，其内陈设灵璧石，却与一般亭中作为观景处而非设景处的做法相违。

园的东北一侧，住宅之后，五峰书屋自成庭院一区，亦有前后庭景，尤其南庭有湖石厅山之景，神似庐山五老峰，与留园"五峰仙馆"用意相似；后庭赏夏景为主，点缀花石，幽静闲适。书屋为楼，自身不设楼梯，以集虚斋楼梯上下，又可自室外梯云假山登楼。其东梯云室庭院为现代扩建，有花木扶疏、峰石小景，但总体而言相对空旷平淡。

● 造园特征

网师园为清中后期苏州中小型园林的杰出作品，以水为主，主题突出，水岸巧妙，似弥漫无尽。主要以建筑手段取得与山水丰富关系效果，进退有致，尺度恰当，小巧精雅，景象丰富。又有诸多小庭周列，关联渗透，层次多样，迂回不尽。

今日网师园也并非毫无瑕疵，主要是东南大宅高墙紧邻，与园景颇不协调；而主景区内缺少主堂这一最重要观景场所，也使得其布局存在着江南园林中典型主景构成的缺失。究其原因，是清末光绪年间旧园东部被改为住宅所致，可以想见当年园林风致更佳。而今日对现存古典造园艺术的整体认识，尚须综合考察历史变动带来的影响。

苏州沧浪亭

沧浪亭在苏州城南、府文庙之东，现存苏州园林中创建年代最早。五代时，曾是吴越王近戚孙承佑的池馆所在。北宋庆历五年（1045年）夏，苏舜钦遭贬后流寓吴中，见孙氏旧园遗址高爽静僻、野水萦洄，有别于城中其他地方景致，以四万钱买下，并在水旁筑亭，取《楚辞·渔父》"沧浪之水"寓意为寄托，名"沧浪亭"，自号"沧浪翁"，并作《沧浪亭记》，其友欧阳修又作《沧浪亭诗》，此园更随诗文而传颂一时。从此，该园与苏舜钦一道广为后世推崇，如清代李鸿裔得网师园，因地近沧浪亭而自号"苏邻"，并改园名为"苏邻园"，可见一斑。

沧浪亭建成后不到四年，苏舜钦逝世，园归章、龚二氏。南宋绍兴初年，抗金名将韩世忠曾园居于此，大加扩建。元代，沧浪亭废为僧居，从此再不属第宅园林，园景长期荒废。明嘉靖间，大云庵僧释文瑛在庵边复建沧浪亭，归有光曾作记。

清康熙三十五年（1696年），江苏巡抚宋荦见此名园颓败，乃重修，将原临水之沧浪亭移于土山之上，并建厅堂轩廊、造入口石桥，大致奠定今日沧浪亭格局基础,但规模已远逊宋代。康熙皇帝南巡,曾四度前来游览。康熙五十八年(1719年),巡抚吴存礼又重修,增建御碑亭等。乾隆间,《浮生六记》作者沈复曾寓居园中。道光七年(1827年)巡抚陶澍、布政使梁章钜再修,建五百名贤祠、梁高士祠等。官方修园后,此园是作为公共祠园面目出现。

咸丰十年(1860年),沧浪亭毁于太平天国之役,园中一屋无存、尽为丘墟。同治十二年(1873年),巡抚张树声再度重修,建亭原址、廊轩复旧,且有新辟,如在山亭之南增建明道堂等。此次重修的沧浪亭园林建筑,大多得以保存,形成今天的园林风貌。1927年,此园成为苏州美术学校校舍,校长颜文樑主持重修沧浪亭,园东部建成西洋式校舍,当时成为新潮,但今日仍有不协调之憾。抗日战争时期,此园被日军占驻,遭严重破坏;1953年,政府整修此园,成今日园貌。

园址面积约十六亩,大致成北部山林、水廊的主景区,与南部祠馆为主的院落区(图10-62)。

图10-62 沧浪亭平面图(《苏州古典园林》)

● 布局

沧浪亭有一与其他苏州园林迥异特色，即对外开放性：园中有廊亭向外面水，未入园中而可先得园景，而与一般园林高墙围绕、自成丘壑的封闭形象判然有别（图10-63）。经"沧浪胜迹"石坊，过平桥而南入园门，在门屋廊下沿东墙北转，即可到水畔复廊，内外景色以中墙漏窗相渗透。东至水榭，名"面水轩"，四面开窗，东、北两侧临水，即是以园外水景为主题。再沿弯曲复廊自南而东，两侧可行，尽头有一座突入水中的方亭"观鱼处"，亲水虚临。今日沧浪亭园内无大片池面，"沧浪"主题所需的主要水景便是面向园外借景而得；同时从园外对岸看来，园林顿有开放性格，成其特色。这一特色形成的原因有二：一是在园林历史上，原先园址要大得多，现在外临的水面曾是园内一部分，早先其实仍是园内临池，在经历变迁、园被分割后才成为朝向园外；二是在园林性质上，长期以来已成公共园林，开放性成为适当要求。

图 10-63 园周亭廊面水
（顾凯摄）

沧浪亭的另一个鲜明特色是以一座大型土阜假山为其园内主景。江南园林多以水池为组织园景的中心，此园旧日亦然，但自从园林分割、池成园外之后，便以山景为核心主体。一入园门，山林景象隆然而起，东西长向，土山为主，周以叠石，蹬道沿坡。东段黄石较早，西段湖石晚期补缀，相对杂芜。山上林木葱郁，箸竹丛生，景色自然，颇具苍古氛围，置身其间，如在真山野林。山林野趣之胜，在苏州各园中可称第一。

东段山上，石柱方亭，形制古朴，即全园主题所在之"沧浪亭"，有联为"清风明月本无价，近水远山皆有情"，以当年初建时诗句点出景意。自清初将此亭位置从水畔移自山上，水景主题稍弱，而山景所得加强，不但可坐享山林之趣，旧日还可远眺城外诸山。

　　山阜西侧以南，有一小池，为园中与山林成对比的渊潭景象，可自西、南二侧廊中俯视水影。潭东、北以小径与山相隔，山水相依效果相对较弱。

　　园内山池周围，基本以廊周绕。其中北部岸边为复廊，前已有述，中设漏窗，外水、内山互可成景。而其他山旁曲廊，随坡起伏，也多设漏窗，纹饰优美，又称"花窗"，造型各异，全园有上百处而无一雷同，品类为苏州诸园冠，为沧浪亭另一特色。假山东西两端，沿墙廊中各有半亭相对，西侧方形"御碑亭"，有康熙帝御书碑刻，东侧六角半亭内亦有乾隆十二年（1747 年）御碑刻石，两亭中各可近观山景，而层次不同。

　　主山以南，轩馆繁密，与江南园林中常见的山水另侧多设建筑以观主景不同，沧浪亭南部的建筑基本各自成区，而与山林主景关系较弱，这与历史上变异较大、公共园林活动要求多样相关。

　　"明道堂"是山南主厅，四向敞亮，北向有台可北观山景，是南部唯一观主景建筑，与山上沧浪之亭大致相对。而其南有广庭，两侧回廊与南面的"瑶华境界"相连而成四合院落，中植梅树、梧桐各两株，明快爽朗。此庭院与园林氛围迥异，旧日北堂讲学、南轩观戏，公共活动为主，园林观景其次了。

　　明道堂西，隔小院有一组建筑。北侧为"清香馆"，朝北半月形院落，桂树数株，秋日香气浓郁；院外即廊，院墙漏窗，渗入主山之景。清香馆南侧隔一天井狭隙相背对的，为"五百名贤祠"，中间三楹壁间嵌有一百二十五方、自周代至清末近六百位与本地相关名人刻像，为本地敬仰先贤的纪念活动所在。祠前院落，前为竹林，东侧院墙月洞门对明道堂西廊墙，西侧廊中为六角半亭名"仰止亭"，壁上嵌有文徵明画像石刻，走廊壁上有清代名士在沧浪亭行乐图石刻。与明道堂院落相比，此院设东、西不对称的半廊、半亭及穿厅、粉墙的组合，联系形式更为自由。

　　由仰止亭沿廊折南，竹丛中有小馆"翠玲珑"，取自苏舜钦"日光穿竹翠玲珑"诗句。此屋成曲尺三折，宽窄不一，进深不等，空间体验丰富灵活，又有窗形槅棂多变，日光竹影成趣，为苏州园林小屋妙品。

　　再南为"看山楼"，高出林木，其名可知用以远眺借景。自明道堂、五百名贤祠建后，原先主山亭中的西南视野被挡，筑此楼以为补救，可见远山之景对于旧日园林的重要。惜今日远景又塞，看山之意再失。看山楼下一层，砌为石室，名"印心石屋"，内置石几、石凳，外以叠石围合，幽奇异常，是园中别出心裁的小境。

　　除南部这些祠院楼舍外，主山东南，又有"闻妙香室"，西接"见心书屋"，天井桂树、屋外梅花，成幽僻小院；主山西北、园门西侧，又有"锄月轩"、"藕花水榭"小庭，北临水畔，中有花石，廊、窗环绕，幽僻略似网师园殿春簃小院。

　　● 造园特征
　　沧浪亭虽在苏州最为悠久，但今日除位置尚在、园名如一、局部山水关系存留外，园景与宋时面貌几乎毫无关系，不仅园址大为缩减、水景从园内变成园外、主亭从水畔换至山上，也因园林性质从第宅园林而为寺园、又为公共祠园，从而园景意趣也大为改变。至于园中建筑，更是全为晚清以来所造，难称古旧。

然而即便如此，沧浪亭的历史魅力却从未失色，园林因苏舜钦之名，历来为苏州士人所重，虽经兴废更迭、屡屡重修，尽管园貌变化、形制改异，其赋予的历史意义寄托却越发深重。这种超出园林现实面貌之外的深沉历史情感价值，正是沧浪亭更为珍贵的意义所在。

而就园景本身而言，历经变迁的沧浪亭也有着自身的鲜明特色，园外透景呈现独特风格，复廊漏窗也成他园争相汲取的典范，而其山丘古木苍郁森然，建筑朴实简雅别具风格，呈现出饱经沧桑的城市山林气氛，更是他园难以企及的宝贵历史积淀。

苏州狮子林

狮子林位于苏州城内东北，邻近拙政园，是江南现存唯一始建于元代的园林。明嘉靖年间，狮子林一度被豪家占为私园。万历十七年（1589年），明性和尚恢复"狮子林圣恩寺"，长洲知县江盈科为其建山门佛殿，原先奇峰林立之处成为寺后花园，从而寺园相分。清康熙年间，花园部分为吴郡张士俊所有，此时园中有八景，假山上石峰林立，仍保持早期状况，但山中增加了很多洞壑，游山路线变得迂回曲折。

乾隆初，花园归状元黄轩之父黄兴祖，改称"涉园"，又名"五松园"，大为扩建整修，增加假山西侧大片池面。乾隆年间，弘历六下江南，六次驾幸狮子林，题匾三次，留诗十首，摹倪图三幅，又在北京圆明园、承德避暑山庄仿建狮子林两处，题诗近百首，可见其爱深切。咸丰年间，此园遭战乱毁坏，此后园渐荒芜，至光绪中叶，园中木石变卖，亭台坍圮大半。

民国6年（1917年），富商贝润生购入狮子林，大为修缮。整理峰石，复建亭轩，扩展园区，增西部假山，成今日园貌。今日狮子林全园面积约十五亩，含祠堂、住宅与花园三个部分，这里仅就园林部分进行分析，其格局大致可分主体山池区和东、北两侧庭园区（图10-64）。

● 布局

就狮子林的山池景区而言，又大体可分为东部大假山区、中部主池面区、西部假山区、南部后池区。东部庭院相通，北部亭轩相对，西、南周绕曲廊。

东部大假山为元代狮子林遗存所在，是名望集中的全园核心精华。此山由北侧两层"指柏轩"作为主厅相对，南有"卧云室"在山上，而指柏轩与假山之间，有方池相隔，其上有曲桥，这些构成了一条明晰的对称轴线序列，在现存江南园林中非常罕见。假山之上，石峰林立，犹是元代初建时怪石如狮、姿态各异景象，而当年尤为突出的五峰仍依稀可辨（图10-65）。不过假山下部

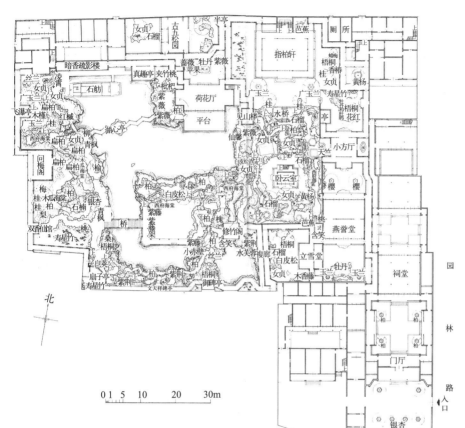

图 10-64 狮子林平面图
（《苏州古典园林》）

已经不是如原初般全是土山，至清初已大量改为奇巧山洞，现全山（含谷涧西侧）共有 21 个洞口、9 条山径、25 座小桥，迂曲多趣，宛若迷宫，在诸多江南园林假山石洞中最为复杂多变。对此假山的评价，自乾隆时的沈复以来，常有较多批评，以为其罗列琐碎而少真山意趣，当代学者常以为这是历史上不当改造的后果。但事实上，尽管下部有改筑，上部林立的峰石仍大致为元时风貌，产生贬斥的原因，除了土山被改而减弱山林氛围、增辟山洞而迎合世俗趣味，更重要的是晚明以来假山欣赏方式的变

图 10-65 石峰林立的大假山（顾凯摄）

化，张南垣等提倡的以画意为宗旨的截溪断谷式假山渐成欣赏主流，而以往以立峰为主要叠山方式常被否定。懂得了园林审美的历史变迁所带来的观念变化，便可更好理解这座唯一明代以前叠山遗存的历史价值。

跨谷涧而西，大假山似有一脉延伸入西部大池，这是清代修建部分，延续东部假山风格而品质稍逊，成为中部山池主景。北部隔宽阔水面，与"荷花厅"主厅相对，其前有宽广平台可作休憩畅观。荷花厅西侧有"见山楼"，既可近赏东南假山，亦可西眺西部山池。池水沿东岸南延而成溪涧，划分假山而又汇入南池，假山南侧跨涧有"修竹阁"，为从北部视点的山后背景。

荷花厅以西，池面北凹，北岸有"真趣亭"、"暗香疏影楼"、"石舫"一组密集建筑。其中民国年间所建石舫，位置较为壅塞，而水泥结构、西洋风味，又与全园风格颇不协调。这里作为被观对象不够理想，但作为赏景场所却是全园佳处。从这一带南望，水景较有层次，前有"湖心亭"与曲桥，后有石拱小桥，远处亭廊高树为背景；又左前侧石假山横延而至水中，右前侧坡麓延向远处，都有较好景象可观。其前水中湖心亭也是赏景妙处，可四顾畅观，只是东西曲桥刻意九曲反而显出板滞。

池西岸又筑假山，但与东部石峰林立、洞壑蟠曲不同，是以土山为主，叠石护坡，但琐碎不佳。总体而言，此山是晚明以来主流追求的平岗小坂、山麓一角的立意，与东部早期立峰欣赏为主形成时代性的风格差异，且土山上林木葱郁，确实更有山林风味。山上"问梅阁"为主体建筑，隔池遥对东部大假山为对景。阁顶有水柜蓄水，形成人工瀑布，沿湖石涧谷三叠下而入池，为苏州园林孤例。湖心亭中有"观瀑"之额，是赏此瀑最佳视点。瀑布北侧沿墙廊中有"飞瀑亭"，有额曰"听涛"，为品赏声景佳例。

园中西、南两侧，沿园墙周绕游廊，高低起伏，亭阁相连。西侧飞瀑亭、问梅阁外，西南角"扇子亭"，居于高处，眺视山池。其西北为"双香仙馆"，东面为两个半亭："文天祥诗碑亭"和"御碑亭"，均傍墙而以廊连接。长廊及三亭之下，池水一潭，为主山之南的后池。池北有紫藤花架折北，与东西向跨水的拱桥相连，为另一游径。池东近修竹阁为"小赤壁"，黄石小山，拱状跨水，仿天然石壁溶洞形状，藤蔓纷披，古朴自然。在东部湖石立峰、西部土山涧瀑之外，园中又添另一种叠山胜景。而修竹阁南长廊环池，构成一个清幽水院，为主池开阔、假山纷呈之外的又一种园林情趣。

在自园门而进入山池主景区之前，先要经过一些东部的庭园小景，成为颇有特色的过渡引导。首先为"燕誉堂"，为三间鸳鸯厅，作为接待场所，陈设华贵。前庭方正，粉墙为背，花台石笋，玉兰夹峙，为静观佳景。

燕誉堂后为"小方厅"，前出抱厦，形态别致，低矮轻灵，四周皆空，漏窗框景。其后庭中花坛，叠湖石成"九狮峰"，可与园中主山的诸多狮形石峰相呼应，而以"九狮"为主题的叠山，也在清代以来江南园林中所常见。峰后粉墙漏窗，分别塑琴、棋、书、画图案。再北面又是黄杨花坛小院，围以曲廊，淡雅幽深。这一连串庭园组景，层层院落，步步展开，前后相透，层次深远。各处庭院有西侧洞门，即进入主山景区。

从燕誉堂前廊而西，又有"立雪堂"小院。堂坐东朝西，对峰石小景，以似有生命活力的动物石形为特色，与狮形峰石欣赏意趣类似。庭周墙廊相异，界面不同，又有竹木成荫，是一幽僻之处。石后西侧为复廊，中为漏窗隔墙，两侧各为六角、圆形窗洞，虽有特色，但框景差异不大而同类洞口过多，不如沧浪亭等复廊两侧为空来得轻快。廊西为修竹阁南水院，进入山池主景之区。

在主景山池北侧的建筑群落中，倚北园墙有"古五松园"，为园中之园。此为乾隆初年间花园旧名，因旧日园中有大松五株，今不存。中有三开间东西向小轩，前后有小院。前院东、南两面有廊，东北角有半亭，其旁东墙辟门，从指柏轩往西可入。庭中石峰散立，清静古朴，别有幽趣。

● **造园特征**

狮子林创园之早，在现存江南名园中仅次于苏州沧浪亭与绍兴沈园，而今日沧浪亭园貌为清代奠定，沈园中仅些许宋代遗迹，主景为当代重建，只有狮子林中大量保留了建园之初的假山景象，至今仍是全园精华主景所在。狮子林的这一假山遗存，对于认识早期造园叠山极有价值，其上石峰林立景象，正是自唐代白居易《太湖石记》一直到明代中后期（如最著名的王世贞"弇山园"），所普遍流行的叠山方式，与晚明以来的主流欣赏方式并不相同，留存已不多见。

狮子林面貌在历史上变化巨大，这与其性质改变也密切相关。与沧浪亭是从第宅园林转为寺园（后又成公共祠园）、范围缩减的命运相反，狮子林是从佛寺园林转变为第宅园林、园址扩大。尽管基本造园方法并不因园林归属而改易，但园林气质的变化是明显的，早期寺园的清净淡朴、"出尘幽胜"，至近代成商人园林则崇尚奢丽，甚至引入西洋样式，传统园林境界氛围大为受损。近代苏州诸园受时代侵染而变异，以此园为最甚。

就总体园景而言，今日狮子林景致丰富，有多样境界营造，但假山主景偏于一侧，全园大体由三组南北向视线序列组织，重心不突出，池面虽大而中心感不强，其建筑风格糅杂，尺度较欠斟酌，各处细部与网师园、留园等苏州他园相比，缺乏精细推敲。但因大假山遗存之故，仍特色明显，名望卓著。

苏州环秀山庄

环秀山庄位于苏州城中景德路。此地归属，史上变动较大，屡有分合，记载纷而有异，略而不清。约略而言，这一带曾有五代时广陵王钱氏"金谷园"、宋代朱文长"乐圃"，元明间又陆续属寺庙（景德寺）、书院（学道书院）、官衙（兵巡道衙门）等。明万历年间，首辅申时行致仕后于此筑宅园，有"赐闲堂"；其孙申继揆改为"蘧园"，建有"来青阁"，养鹤作伴。

清乾隆初年间，曾任刑部员外郎的蒋楫居此，翻修旧园，叠山凿池，得清泉，名"飞雪"，这是今日此园山水格局的雏形。不久，尚书毕沅得此园，略有改筑，为退息之所。毕沅于嘉庆二年去世后，家产被查抄入官。

嘉庆十二年（1802 年）前后，富于收藏、精通绘篆的孙均（字古云，大学士孙士毅之孙，曾袭祖荫伯爵）侨寓吴门，得此园后，邀请一代造园叠山大师、常州人戈裕良，重构园林，叠石为山，成今日园林主体山水景象。

道光二十九年（1849 年），此处宅园被工部郎中汪藻、吏部主事汪坤购得，建宗祠、耕荫义庄，东偏园林部分名"颐园"，俗呼"汪园"、"汪义庄"，其中主堂名"环秀山庄"，成为今日园名来源。除假山外，又建"问泉亭"、"补秋舫"等，疏飞雪泉，并作瀑布之观。

咸丰十年太平天国之役，宅厅被拆，假山也略有毁伤。光绪二十四年（1898年）加以修葺，但西北瀑布水已不流。其后园林渐遭颓毁，建筑多被拆卖，至新中国成立初期，仅存大假山和补秋舫，面积不足两亩。1950 年代曾作局部整修，但"文化大革命"中园内建厂房，古木又遭砍伐，假山上的三棵古树枯死，名园面目全非。1980 年代全面修复，重建亭轩。

今日环秀山庄占地约 3 亩，前堂后园，以北部大假山为主要园景（图 10-66）。

● **布局**

环秀山庄以湖石大假山为全园主景，而以池景为辅。在面积局促的后园之中，石山占地仅约半亩，东侧靠墙，西、南绕水，南有四面厅"环秀山庄"以平台临水相对（图 10-67），北有亭轩近赏。山西北池面有岛亭，隔水西北隅又有次山贴于墙角，临池作石壁，与主山相呼应，有飞瀑而下。东北部则为平岗短阜，与主山相连。

主山以小块湖石叠成，而成浑然整体；细品之下，又觉层次分明。南北向一道山涧，将全山分为前后二部；后山从内涧处又引入东西向山谷，又成不同层次。全山虽总体三分，主次分明，却气势连绵，自东而西，山脉奔注，忽止于池边，为悬岩峭壁。在外观上，雄奇峭拔，又有灵活变化，西南主峰高出水

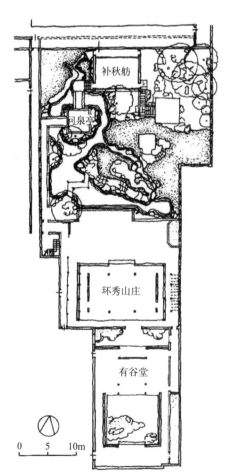

图 10-66 环秀山庄平面（《江南理景艺术》）

0 5 10m

图 10—67 主厅之北所对
假山全景（顾凯摄）

面七米，三个较低次峰环卫。山中则空灵幽深，涧谷屈曲有十二米之长；幽谷之中，主峰下涵石洞，次峰内有石室，涧上则以飞梁、拱石相跨。

依随山势，游径盘迁。自西南池上平桥三曲，至峭壁下临池小路，贴崖壁东行，磴道起伏，至一谷口，顿置婉转。北弯而入山涧，跨水而进主洞，顶如天然垂拱，壁有孔以透光。穿洞而出则至谷涧中部，如在深山大壑之底，仰观峭壁森然对峙，俯瞰幽潭曲远而流。踏步石而跨窄涧，磴道而上，左有山内石室可供休息。循谷右转，过凌空跨涧石梁，至主峰下山顶台地，可供停留小憩、作远眺俯瞰之赏。转而渡北侧飞梁，则渐入后山，缓坡土阜，与之前奇险陡峭、山石嶙峋之境又判然有别，又至亭廊可作近观静赏。

假山的细节亦有诸多可赏之处。山石堆叠，以大块竖石为骨，小石缀补，脉理自然，以体势组合，无琐碎之弊；灰浆隐于缝内，纹理衔接巧妙，不露人工痕迹，犹如天然浑成。山洞营造，采用拱、穹结构，犹如喀斯特溶洞，逼真而又坚固，正如戈裕良本人所说，"只将大小石钩带联络如造环桥法，可以千年不坏，要如真山洞壑一般"，以此而远优于一般条石洞顶，是假山营造技术的巨大飞跃。此外，石山之中又有留土植树，精设位置，增助山势。

对大假山主景的欣赏，园中还通过一些建筑物的营造布置来实现。假山东北侧余脉岗阜之上，山石林莽间筑一小亭，名为"半潭秋水一山房"，周围古木成荫，亭中可近赏峰峦。其东小廊折北，"补秋山房"（又名"补秋舫"）横卧北端，隔水正对假山主峰，与池南主厅遥相呼应，为观山之中景的极佳位置。山房西南，池中小岛有"问泉亭"，西、北二桥上皆建廊相连，此亭对山中谷涧，可细品深远层次，亦可近观山景皱形；而回首北望，石壁一隅，占地甚微，洞壑涧崖兼具，玲珑而自成一体，潭侧石壁题刻"飞雪"，正是古泉址所在。

山池西侧，为边楼和廊道，游人可以循廊欣赏山水，也可登楼俯瞰山池全貌。廊可通向问泉亭，楼则可在北端从墙隅假山上拾级而下至补秋舫。池南现为平台，四面厅北对主山，是园中远观欣赏所在。旧日在平台临池位置还建有走廊，距山近在咫尺，仰观不见峰顶，巉岩崖壁扑面而来，巨幅山景有触手可及的震撼感；而从主厅北望，也增加了一道层次。

主景区之外，环秀山庄厅南侧，隔高墙门洞还有一小院，前堂名"有谷"，其后天井窄小，略加点石，前院宽绰，有树石小景，翼以两廊及对照轩，成为现今全园入口庭院。此外，入园高墙东侧，有一"海棠亭"，从西百花巷程宅移建而来，据传为康熙间香山艺人徐振明所建，亭式如海棠，柱、材、装饰等俱以海棠为母题，体形别致，形式独特，且旧时东西两门能在出入时自行开闭，但机件损坏后无人能修，当年机巧难以复现，现成为入园一景。

● **造园特征**

环秀山庄作为一介小园而能跻身江南名园之列，全赖于其假山营造的精妙。山景和空间变化纷繁，洞壑、涧谷、石壁、悬崖、危径、飞梁等，境界丰富，气势雄奇，从四面建筑观赏而形态多姿，随山中步径游移而变化无穷。而全山结构严密，处理精细，一石一缝，交待妥帖，不仅有远观神韵，亦有细赏情致。江南园林第一假山的赞誉，当之无愧。

从园林史的角度更可对此山乃至全园营造特点与地位有进一步理解。晚明以来，主流叠山风气从欣赏峰峦置石转变为模拟真山局部，造园叠山匠师中最著名的，要数明末清初的张南垣与嘉庆、道光年间的戈裕良二人。张氏之山，今日江南园林中可辨的仅余张南垣侄子张铖所叠的无锡寄畅园假山，而戈裕良的作品遗存，即此环秀山庄和常熟燕园的"燕谷"，而后者规模较小，且后世损毁严重。可以看到，戈裕良作为我国造园史上最后一位杰出匠师，他的这座环秀山庄假山也成为我国造园叠山的最后一座顶峰。

苏州艺圃

艺圃在苏州城西北隅内的文衙弄，距繁华的阊门不远，却位置偏僻而不易达，为"隐于市"的士人园林上佳位置。

此园始建于明嘉靖末年，学宪袁祖庚受官场排挤，四十岁即罢官归隐，在此建园自居，名"醉颖堂"，门楣题为"城市山林"。万历末年，园为文徵明曾孙文震孟所有，更名"药圃"。文氏此园，布局简练开朗，中有五亩大池，池南叠山置石，高柳交映，崇祯《吴县志》称之为"西城最胜"。文震孟于崇祯九年去世，园渐荒芜。

清初顺治年间，园归山东莱阳人姜埰，亦是当时以气节著称的名士。姜为崇祯四年进士，因直言而触怒崇祯帝，几乎被杖责至死，后被流放宣州，未至戍所而明亡，与弟姜垓辗转来到苏州。姜埰不记前恨，反而自号"宣州老兵"、

"敬亭山人"（因宣州以"敬亭山"闻名）而表达忠于前朝，并将园林更名为"敬亭山房"，后其子姜实节又更园名为"艺圃"，此名留存至今。因姜氏的遗民气节为人推崇，艺圃亦成当时文人活动中心，声名远播，记述颇丰。此园成为江南明代遗民的精神寄托场所，与江北的如皋冒襄水绘园一道，为清初因国覆家亡而暂陷低迷的江南士人园林文化添出些许亮色。当时艺圃以二亩方池居中，北有"念祖堂"以平台临水，南有群峰立土山之上，池西北又有曾作为园名的敬亭山房一组建筑等；其山水园景，与文氏"药圃"结构有一致之处，与今日也颇多相似，但建筑差别较大。

姜氏父子之后，此园败落，又屡屡易主。道光年间，园宅归绸业公所，名"七襄公所"，重加修葺，筑博雅堂、延光阁、听幽室等。民国年间，公所经济不支，租为民居，又曾被借用为中学校舍。新中国成立初曾作整修，为剧团、画社等单位使用。"文化大革命"期间沦为工厂，惨遭破坏，水池湮没，石峰被毁。1980年代再作修复，力图再现旧貌。

今日艺圃占地约六亩，为宅园相邻布局，园在住宅西南。园又分前部山池

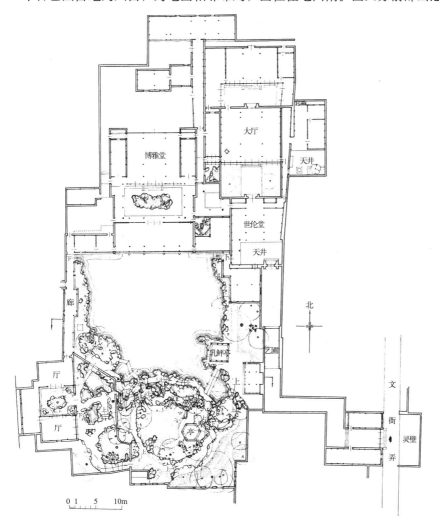

0 1   5   10m

图10-68　艺圃平面图
（《苏州古典园林》）

图 10-69　北侧建筑所望
主体山水景象（顾凯摄）

和后部庭院（图 10-68）。

● 布局

尽管主体水面较明代为小，艺圃仍保持了"北堂—中池—南山"的基本序列格局：全园的主要建筑及院落集中于北部；中部为宽阔水池，面积一亩有余；南部为山林，辅以亭廊，沿池东西两侧延伸。山池景区建筑不多，总体布局依然如晚明药圃时期的简练开朗。

主景山林，旧日以土为主，山巅平台，名"朝爽台"，临池山麓，群立石峰，以"垂云峰"为最高主峰，为北堂南望的主景核心（图 10-69）。今日山上，稍大峰石已尽数被毁，近世维修，代之以小块湖石堆成的大量叠石，原先土阜景象已被改观。不过总体而言，尚保存了许多旧时手法。如石壁下有临池石矶小径，这种将水池、石径、绝壁相结合的方法，极富天然之趣，亦见于南京瞻园、嘉定秋霞圃等较早的江南园林假山。东南山洞、西南山谷，也都有早期假山韵味。假山后部主体，仍然以土山为主，其上林木葱茏，高树广荫，颇具山林野趣，略有沧浪亭土阜风味。山巅旧日平台位置，现有与台同名的"朝爽亭"，可在此作山林静赏，亦可俯眺园池。

水池开阔明朗，一如早期特色，仅在与假山相接的东南、西南二角，伸出水湾各一，其上各架石板桥一座，隔出层次，似水脉延伸，意犹未尽。西侧曲桥低平三折，名"渡香"，见于早期园记，小巧亲切。东侧小桥，三跨微拱；北通一亭，名"乳鱼亭"，伸出池东水面，为珍贵明代遗构，古朴雅致，此处可近观山林、细赏池鱼。乳鱼亭所对池西，依岸筑有长廊，曰"响月廊"，中设半亭，可赏夜晚池中明月秀色，廊中亦可对主景山林作由远及近的动观。

池北为全园主体建筑，中为水榭"延光阁"，面阔五间，架于水上，南立面用和合窗和栏杆裙板，可开启而畅观隔池山景；两侧厢房，亦临水布置，东曰"旸谷书堂"，西曰"思敬居"，与水榭连成一体，呈一排长屋形象，长达三十多米，占满全池北沿。这一平直水岸建筑形象处理，在苏州园林中颇不寻常，对此的评价，有差异极大的正负两面，也是苏州园林中颇不常见的：贬之者认为过于平直呆板，失却江南园林曲折有致的特点；赞之者认为它构成"必要的单调"，有着单纯、质朴、粗犷的乡土气息。这两种看法都是从特别关注建筑形态作用的晚近园林观念来认识的，但其实在早期园林（以及仍有相当数量的园林遗存）中，建筑的主要作用在于作为观景场所，其自身形式并不那么重要；园林中的形态关注对象是有重点的，所赏景致重在山水而不在屋舍。同样地，许多主体厅堂前有临水平台，形态平直，这也因为是作为观景位置所在，而并不追求此处的水岸曲折。而从艺圃历史来看，据清初图像与记载可知，早先是以"念祖堂"前平台临水，为常见的平直台缘池岸；至绸业公所时期，第宅园林性质改变，原先文人雅集等活动的池畔平台场所，被更多的室内活动需要所替代，于是在原堂南加此水榭作为赏景主厅。这一后加的观景场所，是对旧有平直池岸的承袭，既非考虑欠妥，亦非刻意追求质朴形态。延伸开去，也可理解许多园林主景区中建筑（群）与山林隔水相望（如拙政园等），主要是人位于建筑一侧的场所进行观景的需要，而不是某种对建筑与山林两种形态隔水进行对比的形式化考虑。

除主体山水园景外，艺圃中还有一个内园，也颇有特色。在池南假山西侧，高墙围出小院，倚墙有石峰花木，粉墙上藤蔓垂挂。朝向水池的墙面下方开月洞门，额为"浴鸥"，入内即板桥跨水，似与大池相通，水面屈曲向内延伸，又被石、梁划分为多个层次。水畔散置湖石花木，优雅僻静，东墙在南北各有小门，可通假山后部及侧方。此内园中西侧又置三合小院，两厅间庭院中有湖石花台，小庭面东墙上又有圆洞门，其额"芹庐"。从外园池北水榭向此处看来，越水畔树丛石隙，可观两重洞门，其内水石清雅，层次幽深之感尤佳。

苏州园林中的"园中园"并不少见，大多为附属于主景区，以建筑为主的简单庭景，如拙政园中枇杷园、网师园中殿春簃等；而艺圃中的这一浴鸥小院，虽然面积不大，但引入丰富水景，又有大量峰石花木，且高墙相围而自成一体，可谓又一小型园林了；这与一般小庭不同，而与主景区有接近作用。一些江南园林中亦有大小不等、境界不同的内外两处景区的布置，典型如南浔小莲庄等，可称为"大小园"或"内外园"结构，艺圃与之更为类似。此外，这一内园之中又有相对独立的内庭园设置，形成了另一层次的包被嵌套，则是艺圃中颇有趣味的独特之处，为江南园林中罕见。

主池水榭延光阁北面，有园中主体建筑"博雅堂"，形制与细部多有早期特点，旧曰为"念祖堂"，前以平台临水，这才可以理解其作为园中主堂的作用。堂前庭院，叠湖石花坛，植牡丹数丛，趣味盎然。堂侧有门，东通内宅，又有天井小庭等小景营造。住宅前堂"世伦堂"之南，园林东侧为一系列入园的导引；自文衙弄而入，过道曲折，自穿堂进入主体景区，顿现湖色天光。这与其他一些苏州园林以夹巷入园有类似之处，又有自身特色。

● **造园特征**

艺圃因其位置之偏、规模之小，在今日苏州诸园中的受关注度不算很高，但其文化价值与艺术特色却绝不可小视。其早年三代园主，均德高才显、官场不得志而隐居此园，后代园主都仰慕前代高洁，从而园中的士人隐逸之气一脉相承；尤其在清初，更是一时遗民集会之地。旧日园主的高尚品格长期为人们所怀念，不仅增添此园的历史名望，更成为园林文化审美的一部分。而现在的园貌，也与当年有着相当关联，主景构成与清初记载颇为一致。

这种难得的历史格局遗留，使得艺圃呈现着自然朴质、简练开朗的性格特征，与诸多清代中后期以来营造复杂、以精巧变化著称的苏州园林面貌形成巨大差异。对此人们常用"明代风格"来形容。但也要看到，这一说法固然鲜明扼要，却并不准确：艺圃现今格局能确切追溯的只是清初，较晚明记载的五亩大池已有改观，而为人们关注的水榭营造则要到清中期以后的道光年间了。

苏州耦园

耦园位于苏州城东小新桥巷东首，三面环水，南北临市河，东侧隔内城河与古城墙相望，园外环境颇有特色，至今仍能从水路到达。

清雍正年间，曾任四川保宁太守的陆锦致仕归里，取陶渊明《归去来辞》中"园日涉以成趣"之意，筑"涉园"别业，园中多有一时名流的诗酒雅集之会。当时园景，程章华《涉园记》称之"凿池引流……杂卉乔木，渗淡萧疏"，并建有"得月之台、畅叙之亭，绕曲槛，不加丹艧，以掩朴素"；李果《涉园杂咏八首为保宁太守陆阆亭赋》中有宛虹桥、浣花井、觅句廊、月波台、红药栏、芰梁、箕笙径、流香榭八景，从而可知，大体以池水与花木之景为主，建筑不多而形态朴素，园中并无山景。

陆氏之后，袁学澜《适园丛稿》中称之"今为郭季虎参军赁居"，即书法家郭凤梁所租；钱泳《履园丛话》中称"近为崇明祝氏别墅"，但涉园之名未改，"有小郁林、观鱼槛、吾爱亭、藤花舫、浮红漾碧诸胜"，仍以水木为胜，不见假山。太平天国兵燹，此园与苏州城中诸多园林一道，惨遭损毁。

同治十三年（1874年），官场失意的湖州人沈秉成侨寓吴中，购得此园旧址，延请画家顾沄策划扩建新筑，光绪二年（1876年）落成，名"耦园"。此园格局特色，中部为住宅建筑，东西各有一园，一般认为是东部为涉园旧址，西园为增建；但据新近研究，是在原涉园旧址之中插入住宅部分，而使旧园成东西两片。总之，东西二园之规别具一格，成为园名的来源；而沈氏爱好金石字画，夫人严永华娴于词翰，可谓夫唱妇随，天成佳偶，耦园之名，又有了夫妇偕隐、伉俪唱和之意。

　　沈氏夫妇去世后，园渐散为民居，民国年间曾有多位教育界名人居住于此，亦曾作为校舍。1941年归实业家刘国钧，重加修葺。新中国成立后曾被占为工厂，收回修复后又遇"文化大革命"而长期关闭。1980年东园整修，1990年代再修西园、住宅，此后园宅得以全部开放。

　　今日耦园占地约十二亩，除了外部三面临河的"人家尽枕河"风貌特色外，内部总体布局也在苏州园林中独树一帜，中间为住宅四进，自第三进大厅前可通至东、西二园，而以东园为山水主景所在（图10-70）。

● **布局**

　　耦园的东园约四亩，布局也很特别，虽以山水作为园景主题，却与水池居中、堂山相隔的惯用格局截然不同，而是山池大致左右并列而居园中，假山为北堂所直接临对，成为绝对主景，其占地超过池面，与其他通常注重水景的苏州园林乃至整个江南园林相比，池面较小，甚至可谓过于节制，而更与李果诗句中"水木绕岑楼"、"一湾云水乡"的早期涉园主景已经拉开了相当距离。这种布置方式，就对假山主景提出了极高的要求，而此山也确实能当此重任。

　　大假山以黄石叠成，由东西两部分组成，东为主山，东南部成陡峭崖壁临池，雄伟险绝。从东南、东北、西北三处可分别进入主山，蹬道盘纡而至山上平台，山上不建亭阁，主峰下藏石室，东南开口，也是别出心裁的。西部辅山

图10—70　耦园平面图
《江南理景艺术》

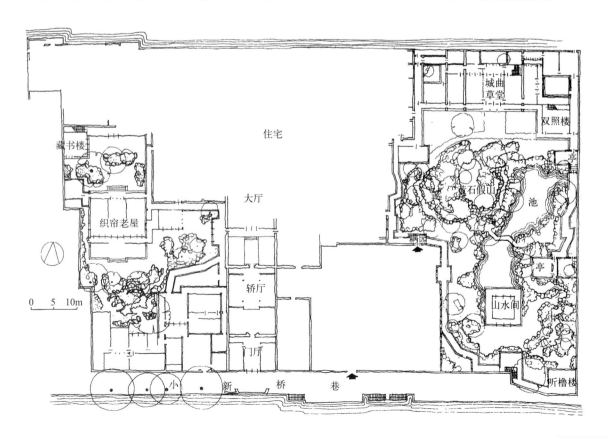

较小，自东而西逐级降低，坡度也渐平缓。二部之中成山间僻径，宽仅一米余，两侧陡壁如削，似幽深峡谷，名"邃谷"，只是现底部过于平整而真山感稍弱。山体堆叠手法自然逼真，以横直石块大小相间，凹凸错杂，层次组合，以横势为主，犹如山石天然剥裂纹理，亦似山水画中斧劈皴法。山中不设洞穴而多处蓄土，多花木景象，增添山林风味。总体而言，石山造型雄浑朴厚，细部叠理有致，苏州城内黄石假山可称第一。

假山东侧水池，石壁之下呈渊潭之态，又屈曲而南转，成南北狭长水面。有曲桥架于水上，通于石壁南侧，桥面稍高而益显潭深。南侧有四面厅式水阁名"山水间"伸出池上，为园中欣赏山水结合景致的主体场所，但其对景不同于一般隔水山景的横向展开，而是更强调前后纵向的深度。池东又有二亭，"吾爱亭"在南稍高，"望月亭"在北低临水面，可近观池山崖壁，并以其位置、高低差别而可赏不同山态。二亭间以曲廊相连，又可得动观山水之趣。

北部主体建筑"城曲草堂"，为一组重檐楼厅，在苏州园林中较为少见。其前平庭，直接正对大假山峰峦峻嶒之景，如置身山林之下。城曲草堂两侧，东以"双照楼"向前突出，其上可近距离俯瞰山池；西侧以廊南接"藤花舫"，正在山脚之下。由此而南，以游廊在山之西而南绕，此西南一隅，又有西园的"无俗韵轩"在此伸出"枕波双隐"半亭而面山开敞，而以"耦园"为额的入园半亭也在此相通，一入园而有山景扑面的震撼。连廊继续环绕园周而往南延伸，中有半亭隔水与吾爱亭相对，并绕至山水间之南，连接"魁星阁"与东南角的"听橹楼"；后者之名，与园外环境产生呼应。此南侧二楼，与其北山水间、吾爱亭，在园墙之侧，围出相对静僻独立的东南一区，布以山坡石径及花木之景。

与东园相比，西园甚小，且无水景经营。以书斋"织帘老屋"为主体厅堂，前后成两个小院。书斋之前，设宽敞月台，正对湖石假山一座，山不甚大，有山径可登，筑山洞可穿。山上筑云墙，山南又有小屋，一山而分为前后二院的不同靠壁山景，也是别有新意的。假山主体又向东北延伸，至织帘老屋东侧而低平略似花台，又有石峰点缀，此处南为曲折半廊、西有半亭、北作小室，成不规则空间，又多有窗洞透景，令人有移步而景象变换难测的新奇感。

织帘老屋之后，有二层书楼，构成后院，书楼成凹字形而西部突出，织帘老屋西侧亦有一座小室伸出，从而打破规整院落而有空间变化，院中有三处大小不一的不规则花台，植树莳花、立峰置石。院中尚有一座宋代古井，为当年李果涉园诗中一景，名"浇花井"，可证西园在当年涉园范围之内。惜旧日井栏已佚，现存者为移自他处。

● 造园特征

耦园有两大特点。其一为紧扣园名中"耦"为成双的主题，为双园格局，成对仗差异。一大、一小、一有水、一无水，均有叠山而一用黄石、一用湖石，东西映照、各呈风采。而园名中所含的另一层"佳偶"之意，也在诸多营造与文字中有体现，如魁星阁与听橹楼成双而立的造型、"双照楼"之名、"枕波双隐"之额、"耦园住佳偶，城曲筑诗城"之联等，独具风雅特色。

另一特点在于东园假山营造。耦园假山是现存江南园林黄石假山的最优秀作品之一，当为高手营造，但何时营造、匠师为谁，却仍是一个未解之谜。现在一般认为是早期涉园的遗物，然而根据涉园时期的园记、诗歌，当时园中并无主题假山，直到道光年间仍然如此。若要解开这一构山谜团，只能有赖将来进一步的资料发现了。

苏州怡园

怡园在苏州城中心尚书里，今人民路西侧。此地原为明代名士、官至礼部尚书的吴宽（1435-1504年）宅园，所在地名"尚书里"即由他的官职得名。吴宽是成化八年（1472年）状元，为15世纪后期苏州最富声望的士人，"吴人数吴中往哲文章笔翰，必首推匏庵（吴宽之号）"（乾隆《长洲县志》）。他乐好园居，有别业"东庄"在城南葑门内（今苏州大学本部一带），为当时苏州最著名园林。吴宽身后，此园长期荒废。现在园中，尚存明代石栏。

清同治十三年（1874年），时任浙江宁绍道台的顾文彬得此地后，在宅后建义庄（春荫义庄），祠堂之后又建园林，此宅、祠、园的结合为后来贝氏狮子林所效仿。园林由顾文彬、顾承父子亲自筹划，初因顾文彬正宦游浙江，实为其子顾承主持经营，园中一石一亭均先拟出稿本，待与顾文彬书信商榷后方定。后顾文彬卸任归家，又有增修。前后达八年乃成，共耗银二十万两。取名"怡园"，顾文彬给顾承信中称"在我则可自怡，在汝则为怡亲"，俞樾《怡园记》又有"以颐性养寿，是曰怡园"。怡园设计时，作为画家的顾承，又邀请任阜长、顾沄、王云、范印泉、程庭鹭等画家参与反复研讨，并广泛吸取其他苏州园林所长，如水池效网师园、假山学环秀山庄、洞壑摹狮子林、复廊仿沧浪亭、旱船拟拙政园，而长廊墙体内嵌入数十块摹刻名家书法的书条石，则成为苏州诸园之冠。此园除有集锦妙思，还有"五多"之称，即湖石多、白皮松多、楹联多、豢养动物多、胜会多（诗会、画会、曲会、琴会）。园成之后，江南名士多来雅集，名盛一时。尤其是琴会，1919年盛会之后有固定的"怡园琴会"活动，1935年成立"今虞琴社"。

抗日战争时期，此园受破坏尤甚，曾被轰炸而一片瓦砾，园中古玩字画也被劫掠一空。1940年代，怡园百戏杂陈，成为游乐场所。1953年，顾氏后人顾公硕将怡园献给国家。修整之后，供公众游览。

今日怡园面积约9亩，南与住宅隔巷相对，西与祠堂毗连相通。全园大致以复廊为界分东西两部，而以西部山池为全园主景（图10-71）。

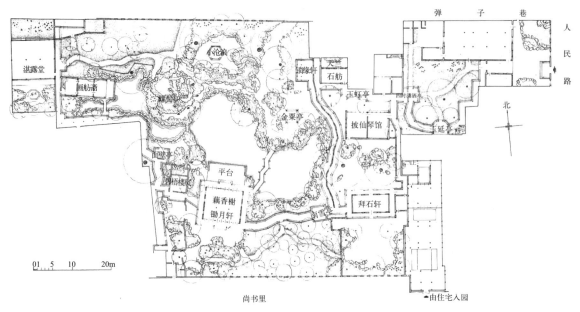

图 10—71　怡园平面图
（《苏州古典园林》）

图 10—72　怡园山池主景
（顾凯摄）

● 布局

　　怡园以西部山池为营造核心，其大体布局，东西横向的水面居中，厅堂等建筑位于池南，而假山在池北岸偏西，成南岸建筑所对的主景（图 10-72）。这种主厅隔水北向对山的主景格局为江南园林所常见，如拙政园、留园等，但怡园中又力求变化，东西向水面通过大小、曲折变化分为四部，又结合两侧建筑与山体的配合，精心营造出各处空间景致。

池南主厅自然是最主要的赏景所在，呈四面厅形式，由香山帮名师姚承祖营造，内部成鸳鸯厅：南半厅名"锄月轩"，又称"梅花厅"，厅南叠不规则湖石花台数重，玲珑自然，是江南园林中的花台佳构，内植名贵花木；北半厅称"藕香榭"，又名"荷花厅"，有平台临池，夏季可观莲闻香。临水北眺，迎面一片山林景象。池北假山以湖石叠成，主体偏于西侧而突前，布局结构较为灵巧，石壁洞谷有真山之态。而主厅正对为退后的假山东部，稍低而多立石峰，其上大树蓊郁，有亭名"小沧浪"，寓意追随沧浪亭，也略有其山林之拟。亭前奇峰矗立略似狮子林之石，亭侧有大石并立如屏，上镌"屏风三叠"，为他园未见之小品。此隔池山景大体尚佳，但仍嫌其池岸略僵而自然之态不够，东部偏低而与池馆尺度不称，重心偏西而山势均衡之感不调，且置石之法与西侧山体之景不匹。

主厅之前池水在西侧成一水口，其上跨水叠石，似北侧山体延伸，成自然形态的拱洞，略仿狮子林修竹阁南水洞，池水过此洞而西则略宽，成一溪涧回环处。这一带名"抱绿湾"，山水结合巧妙，境界清幽，值得停留玩味。池北山石峻嶒，其脉似经跨水涵洞而南，延伸至藕香榭之西的"碧梧栖凤"，又通过起伏云墙似与南部花台叠石绵延相连，而使园中石脉气势贯通，是他园少有的妙思所在。抱绿湾南岸、碧梧栖凤小轩西北，"面壁亭"正对池北石壁，亭名寓深意而与景象极合。亭壁悬一大镜，使园景空间陡增，对面溪山如画，"面壁"含意又增加面亭壁而对镜得景之趣。苏州诸园多有悬镜设置，如拙政园香洲与得真亭、网师园月到风来亭、退思园菰雨生凉轩等，而以怡园此镜所对山景之趣为多。而亭中所对山景，也正是全园主山所在，峭壁山崖之上，"螺髻亭"尺度小巧得体，其地位为全园最高处，也成为全园景观引导的一个焦点。

抱绿湾往西北曲折渐窄，西南侧曲廊在此转折，与东北石壁间成收束空间，再往西北则又扩为小池，境界顿宽，为园中尽端最幽深处。西侧有旱船"画舫斋"似浮水上，临池平台有小桥与南岸相连，仿佛登船跳板。仿拙政园之香洲而尺度较小，装修精雅则过之。对岸石壁，竹木交加，山池掩映，颇有山野风趣。而绕北东行，即可入西侧假山。此山全以湖石叠成，块面整体，手法自然。内有"慈云洞"，顶垂钟乳，借鉴环秀山庄洞法，虽小而曲折有致。又有山涧与磴道、飞梁结合，盘旋曲折，略有狮子林山径趣味。迂曲而登山顶，至螺髻亭，可畅观池周景色。穿"绛霞洞"而出，石壁下有水畔石径，多山水游赏之趣，但距水仍高，不及艺圃、瞻园的低平水面石矶更具佳趣。

沿池边山路继续东行，可到"金粟亭"，金粟即桂花，此亭周围遍植桂树，石峰林立，景色萧疏。其南有曲桥横跨主池，行于之上，有凌波之快。桥南至主厅东侧，又可至亭东、池南曲廊，东至"南雪亭"，其南有梅林之赏，北望一泓池水，与金粟亭遥对。由南雪亭往北，为分隔怡园东西两部的曲折复廊，游而西望，水面由曲桥隔出层次，远处山景楚楚，小亭翼然，而更远处隔竹木，旱船阁楼隐约其后，似有层次深远不尽之感。复廊北通"锁绿轩"，墙上开多个图案各异的漏窗，可透另侧景色。此廊自沧浪亭仿来，用得非常恰当。

南雪亭以东，至"拜石轩"，便进入怡园东部，这一辅助景区中并无山水营造，主要木石为主的庭园小景。拜石轩为四面厅形式，南庭中植常绿的松、柏、山茶、方竹之类，故又题为"岁寒草庐"；南墙之下，又有石笋成林，幽篁成丛，为常见竹石相配主题，相映成趣。而其"拜石"之名，则来自轩北庭中所置若干怪石。此院安排，主要来欣赏太湖石峰，并点缀花木，境界幽雅。

北部"石听琴室"亦是以石为主题，窗下有两座浑厚峰石，仿佛两位埋头听琴的老翁，颇为传神。"坡仙琴馆"与石听琴室东西相连，藏有宋代苏轼的古琴。此斋又和北面"玉虹亭"构成以抚琴、听琴为主题的院落，为当年琴会雅集胜地。玉虹亭之西为"石舫"，略有意味而已，其西即是复廊北端的"锁绿轩"，当年直接面对假山之侧的竹林，现加了一道云墙洞门再入西部，午后竹林绿光的诗意主题之景不再复现。

坡仙琴馆以廊相连至东北侧"四时潇洒亭"，这一半亭以月洞门相隔内外空间，南有曲廊连接"玉延"半亭，二亭所对是今日全园入口庭院，铺地精致，竹木清幽，为入园佳境。而旧日东侧尚有另一层入园铺垫空间，但因园外人民路拓宽而不存。

● 造园特征

在苏州诸园中，怡园建造较晚，广泛借鉴了此前多座名园景象，能成功地集各园特点而又有创新，假山、石室、花台、旱船、复廊、庭院、悬镜等均较精巧，布局层次分明，幽旷得宜，颇有自然之趣，大体上不失为佳作，建成后也一跃而成名园。然而，也正是由于这种集锦式创作自身，又带来一些不足之处。一方面，如刘敦桢先生所指出，"因欲求全，罗列较多，反而失却特色"，主题不够明确，景致略显涣散，虽极尽多方考究之能事，而终究难与其他一流名园相比肩。

另一方面，所综合的前代造园方式中，有些是不同历史时期的遗存，本身具有时代性审美差异，并置一起其实存在内在审美矛盾。以主景假山营造为例，我们看到一种要融合环秀山庄山体与狮子林峰石的努力，然而这两种叠山其实是以不同欣赏方式为指导的，前者是晚明以后注重真山局部形态的直接画意式欣赏，后者则是更早期以峰为山的意象性、联想式欣赏，想要结合是颇为困难的，因而当我们在主厅平台的主视点上北望，欣赏了西部山体石壁足可称道的自然态势后，反观东部石峰林立就嫌其壅塞琐碎。而其实石峰本身尚佳，在山上"小沧浪"中颇可近赏细品，而远观全山、东西比较之时，就颇觉不堪了。

苏州曲园

曲园位于苏州市中心马医科巷西端，距怡园不远。其营造及名望，是与晚清巨儒俞樾（1821-1907年）密切联系在一起的。俞樾为浙江德清人，道光三十年（1850年）进士，三十七岁在河南学政任上受弹劾而免官，此后长期寓隐苏州、著书讲学。同治十三年（1874年），俞樾购入毁于咸丰兵火的潘氏废宅之地，建宅构园，垒石凿池，杂莳花木，次年落成。园林部分在宅西、北二侧的隙地，形如曲尺，似篆文"曲"字，又因其范围仅"一曲而已"，故命名为"曲园"，同时又有《老子》中"曲则全"的寓意。从此，俞樾便以"曲园居士"自号。

光绪五年（1879年），俞樾在曲园南侧"春在堂"前的西南隅小院，增建"小竹里馆"，其地也略成曲尺形，而面积更小得多，因在曲园之前，又称"前曲园"，原先园林部分为"后曲园"。

光绪十八年（1892年），俞樾又对曲园重新修葺，对园中"曲水池"动了一番脑筋。池上设平桥，可布席观月；效仿晚明黄汝亨的水上竹筏小屋"浮梅槛"，修"小浮梅槛"；又设"流泉"，以山石间水缸之水通至池内而略成喷泉；而正对曲水池的"曲水亭"，也装了玻璃门。俞樾的营园兴致，此中可见一斑。

俞樾身后，曲园逐渐失修。曲水池上的那些附加设置，1940年代汪正禾（馥泉）来游时，已经全然不见踪迹。1954年，俞樾曾孙、著名红学家俞平伯将宅园捐赠国家。"文革"期间，毁坏严重，池塘填没，花园荡然。1982年起，应俞平伯、顾颉刚、叶圣陶、陈从周、谢国桢等文化名人之吁，逐步恢复。1986年，曲园的住宅部分修复开放，1990年园林部分修复供参观。

● 布局

曲园为左宅右园格局，占地共五亩（图10-73）。住宅部分共五进，从门厅与轿厅之间院落往西，首先进入"小竹里馆"前院，有竹石小景，此处曾作"前曲园"的营造，今日已非原样。其北厅所对，为曲园中主厅"春在堂"，其名来自当年俞樾参加殿试时备受赏识的诗句，其著作题名也为《春在堂全书》。堂前小院，老树成荫，如旧日清静。

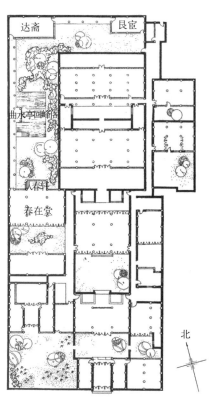

图 10-73 曲园平面图
《苏州旧住宅》

0 5 10m

春在堂屏门后，当心间伸出，为"认春轩"，三面敞开，正对花园，可观北侧"杂莳花木，屏以小山"之景。自此而至曲园主景之区，为宅侧西、北二块相接的狭长之地，占地不足一亩，是苏州诸名园中极小的一处。屋舍主要布置于西、北两侧，以靠墙游廊相连。

曲园之中的核心布置，是一座方池，名"曲水池"（图 10-74），南北长约八米、东西宽约五米，石栏周绕，池西南角有台阶可下至水面。池与周边建筑布置，有明确东西轴线，西侧一亭突出于水面，名"曲水亭"，其东正对假山石台，其上又有一靠于宅西山墙的半亭，名"回峰阁"，与曲水池有小径相隔。这一组池亭的布置方式，在苏州园林中是颇为罕见的。

在曲水池南北，尤其是回峰阁左右靠东侧住宅山墙，均有小型湖石假山堆叠。旧日形态，据俞樾《曲园记》，南侧小山"不甚高，且乏透瘦漏之妙，然山径亦小有曲折。自其东南入山，由山洞西行，小折而南，即有梯级可登。登其巅，广一筵，支砖作几，置石其旁，可以小坐。"回峰阁北，"复遵山径北行，又得山洞。出洞而东，花木翳然，竹篱间之。"因"文化大革命"中园毁，今日假山为后修，但南山略大，可以穿洞而登，北侧花木较多，大致仍按旧时格局。

过北侧假山，到达曲园最北端，由此东转，即到达小园曲尺形的另一边。北侧有两座小屋，西边的名"达斋"，为曲尺形两翼之中，两侧可达。达斋南向，越山池花木，与南端认春轩遥遥相对。达斋东侧为宅北的东西长向一区，东北隅小屋名"艮宦"，"艮"即表明其位于东北的方位。达斋与艮宦之间的廊壁，多有碑帖刻石，存俞樾墨迹。这里是曲园最深处，幽僻静谧。

图 10-74 曲园"曲水池"
为园景核心（顾凯摄）

● 造园特征

在现存较有名望的苏州园林中，曲园是非常特殊的一座。曲园的名声主要来自对俞樾的敬仰，是从文化价值上的考量，但对其园林营造本身，其实一直没有受到多少关注。确实，从表面上，曲园场地狭小、布置简单，与诸多苏州名园的池广山奇、营造丰富相比，几乎简陋不堪，无足可观，而且其中亭廊布置规矩，水池方整，在以曲折自然为尚的苏州园林中格格不入，似乎并无多少艺术价值。然而，如果进入到整个中国造园历史的发展脉络中考察，曲园的这种看似简单朴素其貌不扬，与其他苏州园林大异其趣的布置，却是延续着早期造园思想与营造方式的一个非常难得的遗存。

就曲园中作为核心的方池而言，虽是当今苏州诸园中的罕例，但在早期却是非常普遍的，大量的园记、园诗、园图中往往可以看到。在晚明以前，园中水池的欣赏主要在于天光云影、莲花游鱼等水景，而并不关注池岸形式，方池形态从来不忌，相反，受到朱熹"半亩方塘一鉴开"诗句的影响而有大量营造。在苏州，明代中期的王献臣拙政园、韩雍莳溪草堂、张凤翼求志园等中都有方池。但到了明末，在以苏州为核心的江南地区，以画意为代表的园林欣赏方式兴起，造园发生巨大变革，在理水方法上，池岸的自然曲折往往成为必须。此风延续，苏州园林中的方池近乎绝迹。

而与曲园方池所配合的"亭—池—山"的主景轴线布置方式，虽然是晚近苏州园林中极力避免的，却也在早期园林中常见。这个格局至少可以追溯到唐代白居易的《草堂记》，明确叙述了这一小园中"堂台—方池—小山"的序列；而沿对称轴线进行这一布置，还体现在保留了元代格局的狮子林，大假山前指柏轩、方池（及桥）直至山上卧云室，也呈现明确的轴线关系。与对待方池的观念类似，这种构成其实关注的并不在于形式本身，轴线是完全不需要忌讳的。而晚明以来的苏州，形式问题则得到极大关注，中轴线显得僵化而必须破除。

那么，既然晚明以来苏州造园风气已转，为何晚清的曲园营造中忽然又能体现出早期特点？这应与曲园主人俞樾的经历及其欣赏观念有关。俞樾生长于浙江，虽然也属江南，但晚明以来的造园转变是以苏州为核心，浙江地区虽受影响却相对较弱，仍较多保留早期造园观念与方法。可以看到，俞樾不仅使苏州在晚清形成经学中心而为海内外瞩目，也为苏州增添了一个极具历史价值的宝贵园林遗存。

吴江退思园

退思园位于苏州吴江同里镇中心，此镇为典型江南水乡，历史上人文荟萃，多宅园营建，惜大多废毁。清光绪十一年（1885年），凤颍六泗兵备道任兰生罢官归里，建此宅园，请该镇著名画家袁龙（号东篱）构思设计，历二年而建成。以《左传》中"林父之事君也，进思尽忠，退思补过"之意，取名"退思"，意在"补过"。

图 10-75　退思园平面
图（《江南理景艺术》）

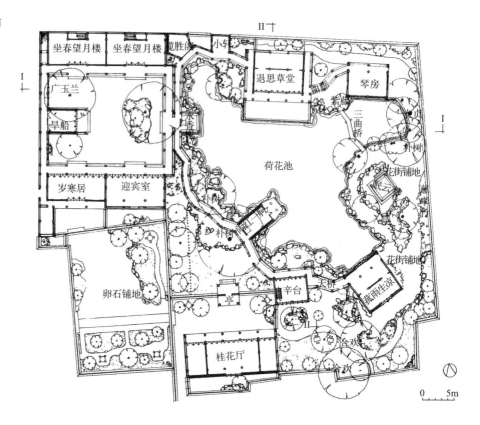

光绪三十二年（1906 年），任兰生之子任传薪在园中创办女子学堂，开风气之先。任传薪后任教于上海圣约翰大学，与陈从周为同事。此园经陈从周撰文介绍，并得到"贴水园"的盛赞，从此受到关注。"文革"中此园受破坏严重，1980 年代修复开放。

此宅园占地近十亩，西宅东园格局，因基地东西狭长，住宅分东西两路、园林亦为东西两区，成四组并列布局，这在江南园林中也属孤例。园林部分约四亩，东部为园池主景区所在（图 10-75）。

● **布局**

退思园的主景特色在于东园之中的一泓大池，水岸低平，建筑周绕（图10-76）。主厅"退思草堂"在池北，三面为廊，前以宽敞平台突出水面，清波似触手可及，可畅观环池景色，更是观鱼赏月、拍曲纳凉佳处。江南诸园中，此堂布置方式合宜，但相较他园堂前所对隔池山景，此园的假山对景就大为逊色了，仅东南方向有湖石叠山，略成石壁峰峦之状，但手法平平，且被其上一亭所压而更愈显卑小。主堂正对南岸有一座高起的石峰"老人峰"尚有可观，但孤立无倚，难堪主景之对。

池周山景不足观，而建筑形态丰富，尤其是池西南侧的旱船"闹红一舸"成为景观焦点所在。因池面不大，故画舫体量亦小，船身很浅，由湖石凌波托起，几乎平贴水面，与北面退思草堂低平的临水平台相互呼应。造型较为简洁，

图 10-76 退思园主体池景（顾凯摄）

不施雕镂细作，有通脱玲珑之感，伸入水中较深，似可随波荡漾。这一营造强化表现了水乡文化的特点，甚至是此园设计中最为生动精彩之笔。不过，以建筑本身作为过于突出的主景，终究与江南园林主要的山水旨趣追求不甚相合。

水池在主厅左、右以及东南方向，形成三个凹入式水湾，主景区中的其他建筑营造，与此池面形态密切结合。东南隅小轩"菰雨生凉"，北向贴水，最宜盛夏临池、消暑赏景。轩中一面大镜，仍是当年从异国觅来的原物，增添景趣。菰雨生凉轩之西，有两层复道敞廊，俗称"天桥"，与"辛台"小阁相通，造型别致，亦为退思园特色之一，其上可俯瞰园池。辛台大致与池北主厅正对，原为主人书斋，呈朴素的水乡民居风格。阁与楼廊虽稍显高，但与池面之间布置木石而显退后，尤以老人峰略成层次，阁前又以单层廊庑相隔，倒也不显突兀。

菰雨生凉轩前水湾之东，湖石假山一座，其旁浓荫苍翠，为池东主要对景。隔池畔小径又有石矶延入池中，能作形断意连。山上有"眠云亭"，可得池山之上的旷朗之感。而此亭实则为拔地而起的双层建筑，底层小室背池敞向东侧，三面墙周屏障以湖石峭壁假山。此种做法别出心裁，倒也节省大量形成山景的湖石，简化叠山工艺，不过游山之趣也就全无了。眠云亭北的池东水湾之上，三曲桥平卧，划出水面层次；北侧"琴房"临池，其西以廊与主厅退思草堂相连，其前水畔绿荫周绕，成幽僻一区。

主厅西侧内凹水湾之畔，曲廊自厅西面北侧而起，曲折西连而南绕，连接北侧极小一轩、西北角五边形平面的"揽胜阁"，以及池西正对主厅平台的"水香榭"。此榭悬挑水面，为赏联待月佳处，又是西通庭景的节点。而"九曲回廊"又连绵不绝连至闹红一舸后部，最终经辛台而到菰雨生凉。廊壁九个漏窗，纹饰各异，又中嵌"清风明月不须一钱买"的古石鼓文字，新颖别致，且透出旁院绿意，丰富园景层次。

除主体池景外，退思园尚有庭院小景的营造。连接水香榭至辛台的斜向曲廊的西南一侧，高荫之下，有湖石堆叠，角落植竹。北侧漏窗花墙之中，一座方形抹角的门洞，以歇山小亭覆盖，墙内外覆盖各半。门亭之内，为"桂花厅"小院，厅面北，庭中植丛桂，秋日桂香绕阶，为"天香秋满"的题名意境所在。厅中北望，门洞框有湖石假山小景，呈入画之态；再其后廊墙漏窗，则透出主景一区的些许洞天。此院之西，又有从外部入园的过渡小庭，铺地精美。

水香榭之西的庭院，则是从宅内入园的过渡一区。以庭北书楼"坐春望月楼"为主体，楼的东部延至花园部分，伸出不规则形的揽胜阁。庭南相对的，"迎宾室"、"岁寒居"作为待客之所。庭中西侧置一小斋，山面东向开门，南北两侧开和合窗，仿画舫之意，船头直对水香榭后的"云烟锁月"月洞门，宛如待航之舟，将人引向东部花园。洞门内侧，有湖石花台为前障景，疏植花树，构成小景。庭中樟叶如盖，玉兰飘香。小院所用笔墨不多，却引人入胜，衔接自然。

● 造园特征

在江南诸园中，退思园营建较迟，未遭到大规模的损毁改建，当初营园构思仍能较完整地保留至今。可以看到，此园除有着江南园林常见格局，如一泓池水居中、主厅平台正对等，还较典型地带有一些晚清特点，主要是较多建筑营造，其中形式，多有巧思。各种形态各异的亭廊轩阁，一方面使园林空间丰富，趣味增加，但另一方面，在园林旨趣上未免喧宾夺主，对于本应主要关注的山水主题有较多削弱。这种弊端，又因园中山景营造之弱而更为明显，假山甚至沦为亭阁外围屏障设置而完全不可游赏。

不过退思园亦有其鲜明优点，即水景营造突出。水面曲折多态，池岸低平，池周建筑能与之很好配合，简朴淡雅，小巧贴水，既显水面更加开阔，又使园林似乎浮于水上，平添动感。陈从周称之"于江南园林中独辟蹊径，具贴水园之特例"。同时以形态（如两处旱船）及意象（如"水香"、"菰雨"）更加突出水景主题。这一鲜明主题特色，使得此园能跻身于江南名园之列。

常熟燕园

燕园位于常熟城内辛峰巷。乾隆四十三年（1778年），台湾知府蒋元枢卸任归来，渡海遇险又幸而脱难；回常熟后，在其从父蒋洞旧宅之东、炳灵公殿之西，建小园以娱晚景，称"蒋园"。蒋元枢祖父及父亲皆为清廷重臣，家世富足，建园十分讲究，其中一楼奉妈祖，其窗棂、栏槛等都用名贵紫檀雕刻，但当时园景不详。蒋元枢身后，其不肖子好赌，将园抵了赌债。

约在道光五年、六年（1825年、1826年），蒋元枢族侄、曾任泰安县令的蒋因培，在被罢官而又游历四方之后回到常熟，购得此园，大加修葺，有一瓻阁、十愿楼、诗境、梅崖诸胜；且延聘一代造园名师戈裕良为其叠山，名"燕谷"，园名更为"燕园"。这一叠山，是现在所知戈裕良的最晚一处作品。园成之后的道光六年冬，又请著名山水画家钱叔美作《燕园图》十六帧。其后园主屡易，而园貌大致未改。

道光二十七年(1847年)，燕园为举人归子瑾所得。太平天国之役，稍有毁伤。光绪年间，蒋鸿逵购得此园，燕园又重归蒋氏家族。归氏售园时，尽撤其中题咏匾联，使园林大为失色。不久，又售于外务部郎中张鸿，燕园遂又称"张园"。张因园中有"燕谷"假山，从此自号"燕谷老人"，并在此完成名著《续孽海花》的撰写。民国间张氏继续保有此园，1930年代被童寯收入《江南园林志》。

新中国成立后，燕园先后为公安局、文化馆等单位占用，后属皮革厂，建筑、假山被严重损毁。1982年被列为省级文物保护单位后，陆续修复，对外开放。

燕园占地仅四亩多，平面呈狭长形，南北长近乎东西宽的三倍，总体上沿南北向可划分为三个区域，中部为大假山所在的主要景区，南北两端为建筑庭院，其中南部东院又有次要山池一区，北部为生活庭院区（图10-77）。

● 布局

全园中部，以戈裕良叠造的黄石大假山"燕谷"为主要山景，与戈裕良所造的环秀山庄假山的地位类似，均以山为主而水景为辅，而与一般园林水池居中、山偏一侧的布局不同。燕谷假山体量较环秀山庄略小，占地不足一亩，最高点不超过五米。大体模拟常熟虞山，将虞山剑门之石壁奇景浓缩于作品之中。全山分为东西两部分，各筑一环形磴道和一石洞；其中以西部为主，东部曾遭严重破坏，近年修复。

自北侧堂前，可入假山洞壑。洞口上方有"燕谷"题刻，洞中岩石突兀，顶部岩缝，有一线光亮穿隙射下。曲折而行，东南有水流入，上点"步石"，如真山幽谷。经步石而出洞，悬崖峭壁，下临深涧，如深山大壑。如自蹬道上山，山顶青松如盖，虬曲沧桑，为张鸿出

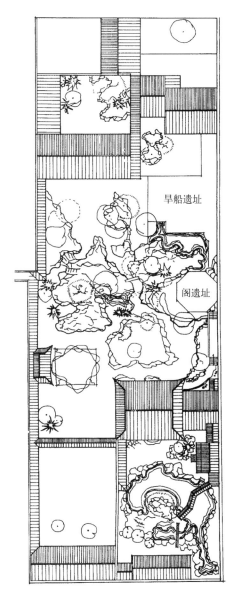

图 10-77　燕园平面图
《江南理景艺术》

任日本长崎领事归国时携来栽植。"引胜岩"一景，削壁为峰，山势峥嵘。山巅亦可远眺，西望虞山景色。后有山径，东环山后，石梁跨谷，有险奇之胜。

假山以常熟虞山石叠成，亦使用戈裕良的"钩带法"堆山成洞。并以大块坚石为骨架，以斧劈小石补缀，凹凸富有变化，石脉纹理也能自然贴切如浑然天成，山不大而能包纳自然中的各种峰峦洞壑、谷涧池梁，变化万端。虽稍逊于环秀山庄的涧谷幽深，亦是江南园林叠石的传世精品之作。

此山作为中部主景，周围多以建筑相对而赏。其北为"五芝堂"，其南有"三婵娟室"，西侧长廊南部有敞轩"伫秋簃"，东为"赏诗阁"，东北是"天际归舟"的临水旱舫。建筑的多样营造，使该区以燕谷为中心，曲折多变，空间丰富。

主景区南部的三婵娟室，因厅前有湖石三块，如美女般亭亭玉立，故得此名。此为周廊环绕的四面厅，其内为鸳鸯厅结构，中置屏门，隔为南北二室，各可赏南北室外不同景致，除北侧赏燕谷假山主景外，南侧院落虽小，又有山池营造。

厅前曲水一湾，池南一座湖石假山，怪石嶙峋，各具异态，被称为"七十二石猴"之景，细观之如群猴嬉耍，有奔、跳、卧、立等生动姿态。有记载称此山亦为戈裕良所叠，但现状显然与戈氏叠山风格大异其趣。戈裕良现存作品，无论燕谷还是环秀山庄假山，均以真山意韵为尚，而不重石峰欣赏。此处假山则显然主要关注石峰形态，欣赏如猿猴般形态所蕴含的勃勃生机，与狮子林叠石意趣一致，是另一种早期园林叠山欣赏方式的承续。

假山上植白皮松一株，高达数丈，苍劲挺拔，冠若浮云，虬枝映水，为园中最老的树木珍品。山下曲水东而折南，上架三曲石桥，其上设廊，划出空间层次。江南园林中廊桥不多，这里与寄畅园的曲廊渡水很类似，而与拙政园小飞虹直桥稍异。廊桥而南，水池岔出的狭长水湾上又有一小桥，南渡而至书斋，为山后幽僻所在。院东北又有"梦青莲花庵"，登小楼可俯瞰清流幽谷、西眺虞山风光。

● 造园特征

燕园在江南诸园中仅属小园，然而亦能跻身于名园之列，这与环秀山庄颇有相似之处，均在小园中以杰出假山主景而为世人瞩目；更重要的相似点是，均出自清中叶杰出造园家戈裕良的手笔，且是戈氏诸多作品中仅有的两座珍贵存世之作。两座假山都精彩非凡，有诸多共通的巧妙构思；同时又各有特色，环秀山庄为太湖石叠造，这里的燕谷则用黄石，材料特性不同，叠山方法、山水关系、作品性格亦有所差别，这也足见戈裕良作为一代叠山名师的全面能力。

燕园与环秀山庄在整体布局构思上也有重要差异，后者遗存完全以大假山为核心，而燕园中则在假山主景外又有一区山水营造，该景区虽相对较小，但其重要地位已不能用"园中园"来形容，而是与主景成主次关系的双景区格局。

在江南园林中，主次有别的"大小园"结构还可见到一些例子，如湖州小莲庄、苏州艺圃中的"内外园"，而这里的二区位于主要厅堂（三婵娟室）的前后部，则与海盐绮园、泰州乔园类似，或可称为"前后园"。燕园中的这种前后园差异明显，后园假山用黄石，欣赏真山境界，前园则用湖石，欣赏的是峰石之趣。这种景区对比，在江南园林中也成为一种突出典型。

上海豫园

明清时期上海所在的松江府，与苏州府一样是江南造园的核心地域，明代江南园林文化复兴时期甚至一度盛于苏州。上海县城之内，曾有多座江南名园，然而今日所存仅豫园而已。

豫园初创于明嘉靖三十八年（1559年），刑部尚书潘恩之子潘允端为"愉悦老亲"而建，当时未成规模；万历五年（1577年）潘允端致仕退职归里之后，真正进行大力拓展兴造，历五年而初步告成，与太仓王世贞的弇山园同为张南阳叠山，时人评价二园"百里相望，为东南名园冠"。当时豫园占地七十多亩，有多个景区，建筑众多，最主要为"乐寿堂"一区，池广山奇；园中又有武康石山、奇峰名卉、竹阜梅林、方池长渠等各种景致，"陆具涧岭洞壑之胜，水极岛滩梁渡之趣"，为当时文人所称誉。

明末潘氏后裔衰落，园一度归潘允端孙婿张肇林，后即变卖分割，入清后更趋荒废。康熙年间，园中各厅堂建筑渐为城内同业公所占据，旧观渐改。

乾隆二十五年（1760年），上海士绅集资从潘氏后人手中购得豫园余地，归城隍庙，因邑庙之东已有清初所建"灵苑"，遂改称"西园"。此后大加整治扩建，历二十余年，至乾隆四十九年（1784年）告竣，大致奠定今日豫园之格局。而各公所仍在园中活动，且不断增加；道光以后，更划界占据，各自建设。

此后，该园在历次社会动荡中都饱经摧残。第一次鸦片战争中（1842年），英军侵入上海，强占此园，肆意毁坏。咸丰三年（1853年），小刀会起义以园中点春堂设指挥部，失败后遭清兵劫掠，诸多厅堂付之一炬。咸丰十年（1860年）后，英法军队协防上海以防太平军进攻，园中成为法军驻扎场所，掘石填池，建造兵营，园景面目全非。同治六年（1867年），西园被二十一家同业公所瓜分殆尽，庙市渐渐与豫园旧址连成一片，园林幽趣荡然无存。清末，园西一带又辟为市肆，原先作为全园核心景域的大池被隔园外，园址更趋缩小，如今附近几条马路如凝晖路、船舫路、九狮亭等，皆因旧时园中亭阁而得名。民国年间，园内曾办小学。抗战中，难民涌入，香雪堂又被日军炸毁。一代名园，历尽劫数，绝胜风光，几近无存。

1950年代起，豫园得到清理修缮；1980年代又重修，分隔部分得到合并，并将东南侧之"内园"并入，并在修复东部过程中，又有考古发掘和园林再造

图 10-78　豫园平面图
（《江南理景艺术》）

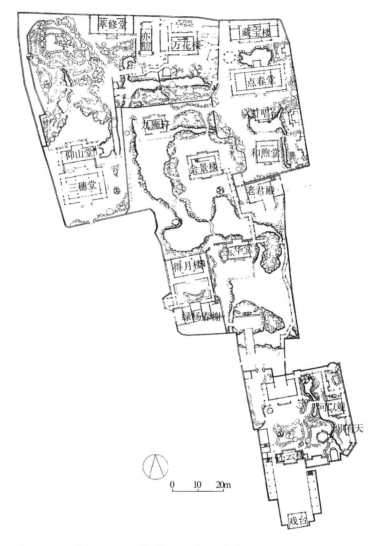

的探索。陈从周先生始终参与其中，起到巨大作用。今日豫园占地约三十亩，除荷花池、湖心亭及九曲桥仍在园外，各处景点逐步恢复。全园大体可分以明代大假山为主的西部景区、清代同业公所建设及近年改造的东部景区以及自成一体的内园景区（图 10-78）。

　　● 布局

　　今日豫园西部的大假山景区，是当年此园东北隅的一部分。由于旧日园中主要山池景区已被划出园外，岛、石尽失，原先作为次要园景的庭中假山水池，成为现在园中历尽百劫而安然仅存的明代遗物，并作全园核心主景。

　　假山是万历年间叠山名师张南阳的手笔，是现存江南园林中最大、最完整的黄石山（图 10-79）。山以武康石组块堆叠，整体浑然，气势宏大。其中山景丰富，有石壁深谷，幽壑岩洞，泉流山涧，石梁飞渡。尤其以一条纵深的涧谷切入山腹，使雄浑山体呈现南向两条支脉，渐低而与池、溪交融，别具特色。山上则磴道曲折，前后两条山径，前山一条沿山势起伏，有奇险之趣，后山一

图 10—79 豫园大假山
（顾凯摄）

条越曲洞盘旋而上，危峻无比。山前水池开朗，水湾屈曲而入山间，外设三折纤桥，中架石板小梁，成为层次衬托，使谷涧更显深远。山上古木苍翠，极富山林氛围。

此山之景，有多处亭阁场所可作多种不同方式的观赏。山脚设"挹秀亭"，如在山中近观。山巅为"望江亭"，昔日为城内制高点，是上海文人重九登高赏景之处，在此可远眺黄浦江景。南侧一楼，上为"卷雨楼"、下为"仰山堂"，隔池正对大假山，是山景的主要观赏所在，山体之层次、山势之起伏、山谷之曲折、山石之肌理，均可得最佳视野。堂池东侧，循东南小门而入为"渐入佳境"廊，峻嶒山景可得由远及近的动观。由此廊一直向北，至假山东北侧，依园北墙布置有"萃秀堂"，面山而筑，可近赏山阴峭壁危崖，是园中难得幽僻宜人所在。

在仰山堂之南，此区还有一座大体量的"三穗堂"，之所以营造如此宏伟，因其原为全园主堂，明代时称"乐寿堂"，清代重建，南向正对广池，水景视野极佳。然而自从大池及其中湖心亭、九曲桥被划出园外，堂前隔以围墙，此堂也成入园后的过渡，地位尽失，徒呼奈何。

大假山一区往东，进入东部景区，由多组相隔的院落组成。

首先是"万花楼"一区，其前有鱼乐榭、会心不远、两宜轩围成的水院，山石依壁，清流狭长，其上隔以花墙，水复自月门中穿过，望去觉深远不知其终。两旁古树秀石，阴翳蔽日，意境幽极。此处深静小流，与西侧的雄伟假山、开朗水池形成有趣对比。又利用复廊联系、水榭过渡、漏窗分隔，顿使空间扩大，层次增多。

其东为以"点春堂"为中心的一组营造。堂东南有湖石小山"抱云岩"，石洞之上建有双层高阁。堂前"打唱台"临池而建，池南为"和煦堂"，前有山石竹木，东有"静宜轩"幽静小院。点春堂后隔小池有"藏宝楼"，池西为古井亭，池东小山，上有"学圃"小轩，山下有洞可通。此区建筑密集，多沿轴线布置，东侧沿墙狭小空间中，极尽细致处理之能事，轩亭隙处，导以泉溪，堆以峰石，配以花树，但难免生硬拥塞之弊。

进入点春堂景区的西南侧院则顿觉开阔，此区面积较大而仅"会景楼"、"九狮轩"两座轩馆，且池面宽广，水木清瑟。此区经过1980年代的再造，注入了陈从周先生的精心设计构思，在会景楼前开出曲池，与九狮轩前池水曲折贯通，并延伸至南侧"玉华堂"前，又在池东建游廊，西南一角建"流觞亭"、对面叠湖石池山"浣云"，从而形成豫园中以水景取胜的特色之区。

其南为玉华堂，隔池南对著名太湖石峰"玉玲珑"，属豫园旧物，为现存江南湖石峰中的稀有佳品。此处一度平地孤石已不成景，陈从周先生开前池、立后墙、配翠竹、对洞门，寥寥数笔而使奇石之景气势顿显。玉华堂东南又有湖石"积玉峰"，从清代"也是园"中迁来。以此石之名，又叠"积玉山"、建"积玉廊"。此区之西又有"得月楼"庭院，小院置景甚精。

旧日"内园"在东南一隅，占地二亩多，主厅"晴雪堂"前，花木参差，奇峰兀立，东侧小池，亭廊、花墙周绕，曲折有致，层次丰富。南、西两面有三座楼阁绕庭而立，成院内景物屏障，具高低错落之趣。

● 造园特征

豫园为历史园林经过复杂变迁的突出例子，由第宅园林而成庙园，由完整大园而遭肢解分割，由文士雅韵为主而转入商贾俗趣增多，屡损屡修，旧景渐失。今日园景芜杂而不成系统，已无完整的园林构思可谈。即便如此，豫园仍然不失为一座古典名园。园中所存明代黄石假山，尽管只是旧园中的孤云断锦，却珍贵异常；玉玲珑石峰依然无恙，仍熠熠生辉。而园中其他所存园景现状，仍有不少值得肯定之处，水石之巧、空间之趣，颇有可观。而一些与旧园情趣相悖的繁琐增饰、拥塞营造之类，也可作为一种当时风尚的历史痕迹，正是园林历史变迁的例证展现。

嘉定秋霞圃

秋霞圃位于上海嘉定老城内。约在明朝正德、嘉靖年间，工部尚书龚弘创园于宅后，当时称"龚氏园"。隆庆年间，宅园曾短暂归徽商汪氏，万历初年归还。

明清易代，龚氏没落，宅、园又归汪姓，作较大建设，有十景名目，并易名为"秋霞圃"。

清雍正四年，地方士绅集资购此园捐予邑庙，从此该园变为城隍庙后园，具有城市公共园林意味了。其时，秋霞圃东邻、创于万历年间的沈氏园，也一并成为庙园。

咸丰年间，此园遭受了江南诸多园林共同的劫难，园内的亭台楼阁全毁于太平天国兵燹。光绪二年以后陆续重建，进展缓慢。1920年改设启良学校，又几经更迭，尤其"文化大革命"中又损毁严重。直到1980年开始整修，1987年开放。

今日的秋霞圃由一庙三园共四个景区组成，不仅包含旧龚氏园（桃花潭景区）约八亩，还纳入了东侧沈氏园（凝霞阁景区）约四亩、北侧创于明万历年间又毁于咸丰兵火的金氏园（清镜塘景区）约二十亩，以及东南侧城隍庙景区，总面积约四十五亩（图10-80）。

● **布局**

秋霞圃的园景精华亦是核心景区为原龚氏园所在，以东西狭长的"桃花潭"为主水面。在池的南北侧，按传统造园核心区的常规做法，从北至南布置"堂—台—池—山"序列，以池北四面厅"山光潭影"（又名"碧梧轩"）为主堂，厅前石台宽敞，临池筑石栏，隔池正对南假山，为全园主要山景。池并不宽，假山东西延展，于主堂前如赏横披小卷。这与拙政园远香堂前主景方式类似，只是南北朝向相反。山由湖石叠成，临池为嶙峋石壁，其下又有低平石矶小径，行走其间颇有真山水间之趣。此种手法，与南京瞻园北假山和无锡寄畅园假山相类似，为叠山妙品。山上古树多株，疏密有致，山后有亭隐约可见，山不大而有山林氛围。此山名"南山"，取自陶渊明"悠然见南山"之句；而山北"桃花潭"之名又来自《桃花源记》，可见主人对陶

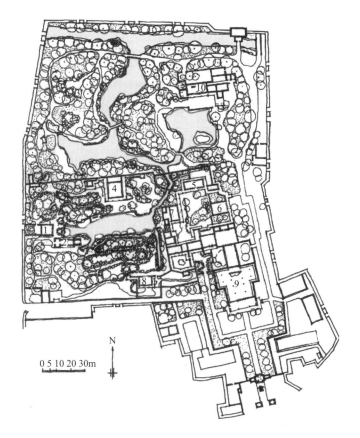

N

0 5 10 20 30m

图10-80 秋霞圃平面图
《东南园墅》
1. 丛桂轩 2. 舟而不游轩
3. 碧光亭 4. 碧梧轩
5. 凝霞阁 6. 环翠轩
7. 屏山堂 8. 晚香居
9. 城隍庙大殿 10. 三隐堂

图 10-81　秋霞圃桃花潭
西侧东望（顾凯摄）

渊明之追慕。

主堂对景之外，主池西侧又营造出一个丰富优雅的景致区域。以桃花潭西端水面为核心，周围几座建筑顾盼有姿（图10-81）。此处池北又有黄石小山，名"松风岭"，又称"北山"，所叠石壁，浑成而颇具古意，与南山的湖石玲珑形成对比；小径盘旋，石洞之上，有六角小亭"即山亭"，可俯瞰潭影，旧日更可远眺园外城墙、农田风光。池南有"池上草堂"，以隔水北山为对景，与园中主堂隔池对南山的格局方向相反而距离尺度大为缩小，成有趣对应，方法简单而效果极佳。"池上草堂"与其东"舟而不游轩"联为一体，成轩舫形式，如水畔不系之舟；轩东向开敞，可近观左水右山之景。与"池上草堂"与"即山亭"的南北隔水之对相类似，此区又有东西亭轩相对：北山东南有"碧光亭"（又称"扑水亭"）突出池面，池水西岸则是"丛桂轩"隔台面水。从而，此区一组山水建筑，姿态各异而相互呼应，规模小而景象丰富，成全园中最富趣味所在。

而此隔建筑不仅自成一区，更对全园景致的营造有着重要的作用。碧光亭为全园各景联络的关键所在：既是主堂前山水序列与池西景区的过渡，也是二山之间的过渡；不仅是全园临水观赏的最佳场所，也是近赏二山之景的最佳位置；同时，更构成了东西长向水景中的一个主要视觉节点，隔出空间层次，与寄畅园"知鱼槛"类似，对深远景象的营造有较大作用。而丛桂轩正是欣赏这幅深远园景之处，为整个东西向池景的最佳观赏场所；同时与其周围各山水屋舍一道，又成为在桃花潭东端进行西望的丰富对景。这种东西向相互纵贯的赏景营造，与拙政园主池有着异曲同工之妙。

在主池景区的山水建筑景致格局之外，秋霞圃尚有其他一些园景及细节营造值得品赏。

桃花潭东西长向的主水面以聚为主，无桥横跨，而在周边，池水以溪流延伸，成无尽之感，则往往设小桥，既为渡水之赏，又是水景层次。在池南假山与舟而不游轩之间，作水口湾环，泉流仿佛出自山中、汇于池内，其上有一石板"涉趣桥"，虽小而为明代遗构，其名与"南山"、"桃花潭"同出陶潜之文。池东南角有园内著名景桥"三曲桥"，两边低栏柱上凿有小狮，桥面二侧刻有圆寿字，两端刻有蝙蝠，因而也称"福寿桥"。桥下溪流回环，直至湖石假山南麓。

秋霞圃中也有置石之景，最著名的是西侧池上草堂与丛桂轩之间庭院内的"三星石"，三座湖石为明代遗物，有秀润透漏之趣，鼎立于绿荫丛中。因似三位龙钟老人而分别取名为"福"、"禄"、"寿"，故有"三星"之名。

桃花潭之东的旧日沈氏园，也有与主池景区相呼应的营造。池东的屏山堂，与池西丛桂轩互为对景。堂左右缀以花墙，凝霞阁踞东墙外，登阁上则西借龚氏园、北借金氏园之景。阁前小院用"旱园水做"之法，以铺地幻出水意，扬州寄啸山庄东院也有类似做法。

"山光潭影"主堂后的东侧有"枕流漱石轩"，取《世说新语》故事，其后有流水、其前有名"枕琴"的黄石。轩向北临池，设有一道鹅颈靠栏，可闲坐欣赏池北金氏园中景色，也成借景之趣。

● 造园特征

秋霞圃是现存江南第宅园林中的一座高水平作品，尤其是核心主景区部分，虽占地不大，但其布局构思上大处着眼、小处着手，无论山水营造还是亭轩配置，布局紧凑而思虑精巧，手法洗练而境界丰富。该园还呈现着与今日江南常见晚清园林迥异的较早期园林特点，如叠山风格与明代同类作品一致，多样精彩空间境界的获取也不用廊、墙等手段，可见其珍贵历史价值。因而，尽管秋霞圃在历史上的记载与名声并不突出，也曾屡遭损毁，却仍是极为重要的江南文人园遗存，与苏州网师园可并称前后不同时期、不同风格的小园营构的杰出代表。

松江醉白池

松江古称华亭，明清时期为府城所在，人文荟萃，经济富庶，是第宅园林极盛之地，规模较大者不下数十，今日保存完整的仅醉白池一处。

醉白池位于松江县城西南，其地传为宋代松江进士朱之纯的"谷阳园"，晚明画坛领袖董其昌在此处建造"四面厅"、"疑舫"等建筑，曾广邀文人来此吟诗作赋。清初顺治年间，曾任工部主事的画家顾大申，购入明代旧园后重新葺治，因仰慕白居易的风雅园林生活，故效法北宋宰相韩琦筑"醉白堂"故事，取园名为"醉白池"，表达自己希望如白居易《池上篇》所描绘的那般饮酒作诗醉卧于此之意。

乾隆年间，此园归曾任丹徒县训导的顾思照，加以整修，今日主池景区格局基本形成。嘉庆二年（1797年），又被松江善堂购得，园内设育婴堂。此后又陆续有所增建，主要是一些周边建筑物。

旧园面积仅一公顷余，1959年全面修复并对外开放后，扩出外园，面积增至五公顷多。新园多草地疏林，空间尺度都比较适应现代公共园林的活动需求。此处仅就旧园部分进行分析（图10-82）。

● 布局

醉白池如其园名所表达，以白居易《池上篇》为意境追求，在园貌上以水池为景致营造的核心。初建园时，池面较广，约三四亩，今仅剩约一亩。现存主池呈南北长方形，中、北部黄石驳岸略有曲折，推测为在原有方池基础上改筑而成（图10-83）。晚明之前，方池作为园林主水面的做法很常见，晚明造园大变革之后，池岸常被特意改筑为曲折自然之形，如一代造园名师张南垣的一项经常工作即是"方塘石溇，易以曲岸回沙"。大约也正是旧池改造、未作大变的原因，水面仍以聚为主，较为简朴明快。环池三面皆为曲廊亭榭：东南面的大湖亭、东北面的小湖亭、西面有六角亭，均与廊相贯连，槛凳小坐，可赏池中游鱼、天光云色、古木倒影。而主堂位于北侧，距主池稍后。

这一主池区的景致营造，与苏州网师园有诸多类似之处：同位于住宅的西侧，宅园紧邻；同是水为主题、池为主景；主池同是接近方形的聚合水面，而池周廊、亭相接。从中也可看到传统造园中的一种常见格局与技法的处理。这种布置的相似也带来游园体验的诸多一致之处，尤其在园、宅交接处的效果，住宅山墙成为园界背景，二园在池西岸洞门的东望效果恍出一辙。

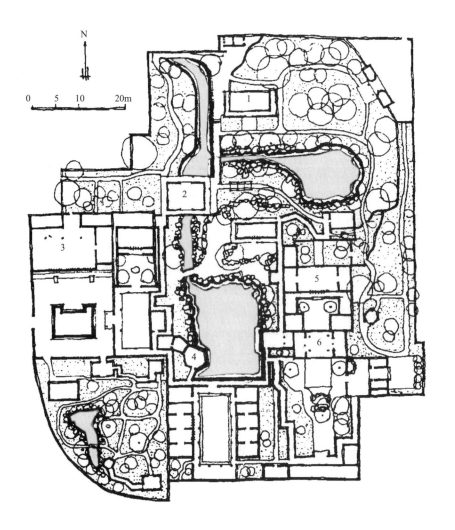

图 10-82 醉白池平面图
《东南园墅》
1. 乐天轩　2. 醉白池
3. 雪海堂
4. 半山半水半书窗
5. 宝成楼　6. 轿厅

图 10—83 醉白池主池之景（顾凯摄）

　　二园毕竟仍有诸多差异，比如醉白池仅有一些石峰而无假山营造，而网师园中在池南有黄石山"云岗"，成为北岸重要对景。江南园林中以水景为主题的不少，但不作叠山甚至土坡也无的却很少见，完全没有山景使得醉白池较他园少了一些魅力。另外，网师园水池周围尤其南北两侧，通过建筑进退、山石树木及小院空间，营造出丰富多变的视觉形象与空间感受，但醉白池南部一带，池廊之外即为园墙，缺乏深度变化，无论从北部主视点南望还是绕池游赏都有丰富性不足之憾。

　　不过醉白池也有他园未有的一些自身特色。主池周边布置，南紧北松。池西北隔小桥有小溪连通而北去，溪上有聚石作拱洞状，其上"池上草堂"跨水而筑，南北皆可赏深远水景，是江南园林中少见的主堂布置方式；又有屋前乔木参天，窗后翠竹玲珑，四周廊下，恬适幽雅。其东"柱颊山房"，四面轩敞，面池背石，前有广庭，巨樟荫蔽，是园中极为闲适之处。从池南月洞门隔池北望，层次丰富，呈现如画：水石清冽布于前，堂轩错落位于后，其间巨树似盖，密叶如云，而远处白墙青瓦若隐若现，更添极佳画意情趣。

　　"池上草堂"之后，水面分为两支，一支往北继续延伸，状如小溪直通园北墙西偏而止，另一支从桥下东流，汇入一片池面，形成东北一区，与南部主池区氛围不同。东西向水流之北，有老屋名"乐天轩"，其名也明确追随着敬慕白居易的全园主题。轩旁林木苍翠，怪石嶙峋，小桥流水，一派古意。其南又有"疑舫"，为旱船小轩，环境清雅。此区布置松散古朴，与主池周边的紧凑精致形成对比。

　　主池之西，有"雪海堂"院，现为入园后的过渡院落。宽阔院中，有一不到半亩的方池，石栏华整，北岸伸出平台，可作俯瞰睡莲游鱼的静观。这种方池为中的布局，是旧时常见的庭景，今日所存的江南园林中已不多见，这里尚存古意。同时，以小池为入园铺垫，也提示着全园的水景主题。

园东住宅三进，保留着旧时格局，从宅入园多处可通，其间过渡多可玩味。此外，园中石刻碑碣较多，这是该园的一大特色，布置于园内廊壁和部分庭园。尤其在主池南廊壁上，嵌有《云间邦彦画像》石刻28块，镌从元到清初松江府乡贤名士百余人之画像，刻画甚工。与主池区相接的，还有近世加建的"玉兰园"和"赏鹿园"等院落，但与主题已较远了。

● **造园特征**

在名园迭出、精雅著称的诸多江南园林中，醉白池的景致营造的丰富精彩并不算非常突出，但仍有一些突出的特色。首先是其主题鲜明，池为主景的布局呼应着对白居易《池上篇》的追求，园主人的寄托得以清晰表达。其次是作为现存上海五座完整古典园林中唯一未归邑庙、宅园俱存的第宅园林，保留着较多早期园林的痕迹。如不造假山，纯以水景为胜，在现存晚近园林中较少，却是晚明以前园林所多有，如初创的苏州拙政园等；又如方池的形态较明显，甚至主池之外的庭景中再次明确出现，这种被晚近造园极力避免的形态如此突出，在作为晚明变革核心的苏、松一带江南地区已非常少见。

无锡寄畅园

无锡园林在明清时营造亦颇盛，如明代的"西林"、"愚公谷"等都是与真山水结合的名园，现较完好保存下来的仅寄畅园。

寄畅园位于无锡西郊惠山东麓、锡山西北。明嘉靖六年（1527年），有"九转三朝太保，两京五部尚书"之誉的秦金，致仕回乡以后，利用惠山寺的僧寮"沤寓房"改建成别业（后世文献中还提到"南隐"僧房，其实为他处别业），取名"凤谷行窝"——"凤谷"来自秦氏所居，有"凤麓宗祠"、"凤山书屋"；"行窝"来自北宋名士邵雍，表达园林简朴素淡。就园貌而言，只是据地形、理土阜，开涧听泉、疏点亭阁，景色自然幽朴。建园之后，秦氏后人共有三次较大规模的扩建与改筑，最终奠定了寄畅园今日所见的基本山水面貌。

秦松龄交游广泛，诸多名士到访，留下大量园记、诗篇，且有名家绘图，寄畅园遂为天下名园。又有康熙皇帝六下江南、七幸寄畅园，更使此园名声大振。乾隆皇帝不仅效其祖父南巡驻跸该园，且在北京的清漪园（今颐和园）内万寿山东麓建惠山园（今谐趣园），模仿寄畅园韵景色和意趣。

咸丰年间的太平天国之役，寄畅园遭严重破坏，所幸山水结构基本未变，直至光绪年间才稍加修复。1952年秦氏后裔将祖园献给国家后，又进行了全面整修。一些被毁建筑近年才得以恢复，使盛时园景得以大致呈现。

今日寄畅园占地约十五亩，山池占其大半，南部又有祠堂院落等建筑组群。旧日园门东向，现主入口改在南侧（图10-84）。

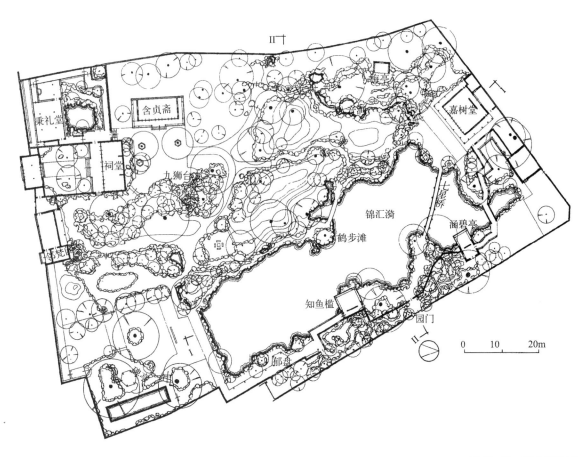

图10-84 寄畅园平面图
《江南理景艺术》

● 布局

　　寄畅园最为人称道的是其中的山池主景。园林的主体部分以狭长形水池"锦汇漪"为中心，池西南为林木繁密的天然山野景色，东、北岸则以建筑为主。这一山水景致，有着不同于一般城市宅园的浓郁自然风光，此特色的获得，是充分利用了园址所在的有利条件，并进行了出色的山水营造及植物与建筑的配合。

　　就山景而言，寄畅园位于惠山脚下较平坦的地段，本无自然山形，但在明正统年间，巡抚周忱在此堆土成阜，作为惠山寺的"青龙"护山；秦金筑凤谷行窝时，即利用此地形而成园内山景，山有曲涧，汇入方塘，这一山水基本构架此后便一直延续下来。秦瀚时在此叠石筑山，秦燿时更垒石成洞（名"桃花洞"）；至秦松龄时，张鉽进行了大的改动，形成以土为主、配以置石的山麓岗阜，林木荟郁、宛若天然。此山起伏有势，向东对着锡山，向西则与惠山形成呼应；而为强化园外借景，张鉽将原先山旁的建筑全都移向东侧水池对岸，从亭廊隔水西望，惠山似从远处连绵而入园中，假山犹如真山余脉。园内小山之景与园外大山之景连为一气，大大拓展了景象空间，这正是因借园址形势的极妙手笔。

　　就水景而言，寄畅园也是充分因借了地利：将惠山二泉之水引入而成极佳水景。秦金时主要借以开涧听泉，秦瀚时开凿曲池；秦燿时更以水泉为全园特色，王穉登《寄畅园记》称"秦公之园，得泉多而取泉又工，故其胜遂出诸园上"，汇集泉水的"锦汇漪"有"可十亩"之广。张钺改筑后的水景，仍保持了碧波弥漫、明净开朗的大片池面，更使之成为全园空间的核心来组织园景。这一泓长形池水，给人以萦回曲折、深邃莫测之感，这来自池景层次的巧妙设置。山麓之侧的滨水滩道，不时伸入水中，形成石矶，高低曲折，形成水湾；并在水池中段伸出"鹤步滩"，并配置斜出的枫杨，与东岸伸向水中的"知鱼槛"相呼应，使池面突然收缩，形成有分有聚、有收有放的层次变化，景象呈现得格外生动有致，也是不多见的以植物为分隔营造空间重要手段的例子。以此处划分出的两侧水域，南侧以聚为主，北侧则着重于散，有长桥"七星桥"斜跨而分隔池面；东北角跨水廊桥，障隔水尾，池水似无尽头，益显其水脉源远流长之意。从而使空间若断若续，曲折多变，形成丰富的景色层次和深度。

而山水结合之妙，还集中体现于"八音涧"的营造。这是假山之中以黄石堆叠的涧峡，长三十余米，西高东低；人行其中，忽浅忽深，时阔时狭，曲折高下，如入深山幽谷。这一谷涧的更妙之处，还在于结合了奔流的山泉。惠山泉水从园外经过暗渠，伏流入园，在涧溪西端汇集于一小池，再引入涧底道路一侧石槽，时左时右，时宽时窄，时明时暗；水流淌其间，忽急忽慢，忽聚忽散，忽断忽续。汩汩潺潺，不绝于耳，空谷清响，犹如音乐。山林之趣，莫过于此。这一精彩营造，更添寄畅园的魅力。惜近世有所损伤，涧底抬高，两侧树木减少，气势受到削弱。

寄畅园山水魅力的呈现，与观赏场所的布置也是分不开的。山林之景，除山上"梅亭"隐于一侧，主要以东岸廊亭隔池相对，"知鱼槛"、"郁盘"、"涵碧亭"等，或前或后，或正或侧以静观，又有游廊相连，可作动观。而园中主堂"嘉树堂"前为全园最重要赏景之所，其前有山水并置之观，更有水面层次之景；且几条主要山水游径——山麓水畔之道、东侧跨池之廊、七星桥、八音涧，均汇集于此；而堂前平台之上，还可远眺锡山及其上的龙光塔，是另一极佳借景——园外山景顿入园中，更使园林空间感受强烈扩大。

除山水主景外，寄畅园中尚有其他一些值得关注的景致与营造。

园林入口，原先在园之东侧惠山横街（旧称秦园街），有砖雕大门，门屋之后小院，右转到达临池的知鱼槛，入园伊始即可见湖光山色。惜1954年拓宽横街时，东园墙缩进7米，门屋拆除，入园序列严重遭损，砖雕大门北移。改筑的园门过于逼近主景区，形成开门见山的格局，实为无奈。今日主要从南侧入园，则避开了这一问题。

今日园南入口处原为祠堂，为园中远离山水的一组庭院。其中秉礼堂是贞节祠的西院花厅，在园内诸建筑中制作最精，当是清初旧物。堂前院中布置有小池置石，可算是寄畅园中的一座园中园。

秉礼堂小院之北的含贞斋之前，有一组叠石名"九狮台"，呈现山石舞动之势。此类以象形状物为主题的叠石，欣赏石中蕴含的勃勃生机，渊源有自而长久流行，现存著名的有苏州狮子林、扬州小盘谷、宁波天一阁等多处。然而明末以来，画意造园盛行，江南园林中更为主流的假山营造则是张南垣提倡的真山之感，寄畅园中张钦所筑的大假山正是这一流派的突出典范。九狮台与其侧的大假山，正是两种不同欣赏方式下的两种叠山系统的呈现，并置一园之中，生动地反映着江南园林审美与营造的多样性。常熟燕园之中，也有类似共存。

这种反映着历史多样性的景致营造，在寄畅园中还有一处。在园之东南角，有一碑亭，前有方池，隔池正对"介如峰"，这正是早期小园习见的"亭轩—方池—山石"的序列模式。"介如峰"又名"美人石"，乾隆帝赐之"介如"之名，更受关注。而这一序列，正是对这一名石欣赏的郑重体现。可惜近年整修中，方池抹角，碑亭移位，古意不存。

● 造园特征

在所有现存的江南古典第宅园林中，寄畅园在多个方面有着独特的地位。

首先是历史悠久，名声卓著。其建园之早，名流作记、吟咏与绘图之多，江南名园中仅拙政园相仿佛；而寄畅园更得到帝王青睐，康熙、乾隆帝的驻跸，乃至效仿建园于御苑，这种名望仅狮子林可相比肩。而更难得的是，建园后四百多年未属他姓，除清雍正年间短暂籍没入官，一直为锡山秦氏家族所有，这在现存江南古园中仅宁波天一阁可相媲美。

其次是造园条件得天独厚，艺术水准首屈一指。比起江南第宅园林大多为城市宅园，难有外景可借，寄畅园依傍锡、惠二山，且得二泉之水，引入园中，充分借景，使人顿感园景之广。而名手张钦的改造，更使假山如在真山之麓，谷涧如在真山之中，水木清瑟，林壑幽深，古朴自然，不落窠臼，在诸多江南名园中独领风骚。

再次是经历多次出色改造，体现造园时代演变。寄畅园有过三次大的改动，每次都是园主极力追随着当时的造园意匠潮流而精心布置，明清江南造园的重大转变也在这些改筑中呈现出来。如果说嘉靖后期之改仅是从简单到复杂，万历年间的改造已出现了许多时代新意（如池上长廊等），而到康熙改筑，则更激进地否定以前观念与做法，所谓"园成，而向之所推为名胜者，一切遂废"，正是明末清初造园大变革的鲜明体现。而张钦所筑的这座假山遗存，是典型反映着张南垣"截溪断谷"、"陵阜陂陀"造园特色的作品，在张南垣本人所造假山一概无存的今天，尤为珍贵。而张钦对寄畅园的改造主要集中在山水主景部分，对之前园景的颠覆也并非彻底，其后的零星增建也仍有旧时观念的延续，园中至今还同时保留着一些早期园林欣赏方式之下的常见内容，如方池、九狮台等。这些遗存的并置出现，使寄畅园成为难得的展现江南造园变革史与多样性的鲜活场所。

常州近园

常州亦为江南核心地区，历史上造园也多有记载。近代存留的有"近园"、"约园"、"未园"、"意园"等，皆表达未全之意，成此地园林命名的特色。其中以近园保存最完好、艺术价值最高。

近园在常州市中心长生巷，原系明万历三十二年进士、官至陕西布政使的恽厥初（1572-1652年）的别业，明亡后恽家败落、园林荒废。清康熙六年（1667年），顺治九年进士、官至福建延平道按察副使的杨兆鲁辞官返乡，购入荒园，重加经营，历时五年而成，取"近似乎园"之意，命名为"近园"。康熙十一年（1672年）近园完工以后，杨邀请著名画家恽南田、王石谷、笪重光等雅集园内，杨作《近园记》，王作《近园图》，恽书石，笪为之题跋，一时传为盛事，现题记与跋残碑仍留园中。

同治元年（1862年），园为福建按察使刘翊宸所有。光绪十一年（1885年），恽氏后裔、时任汉黄德道的恽彦琦购回此园，改名"复园"以怀念先祖，后又称"静园"，民间则一直俗称"恽家花园"。

今日的近园占地约七亩，总体布局与《近园记》可大致对应。从平面布局

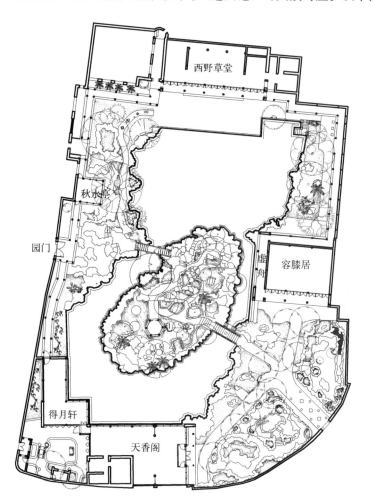

图 10−85 近园平面（东南大学建筑学院测绘）

图 10—86 近园主堂正对山池主景（顾凯摄）

来看，为中有大池、池中一岛、池周建筑的方式；而从实际效果来看，园中有各以水面为组织的南北二区，中以山林相隔，而两片池面在山林的东西二侧各有溪流相通。这里就按此不同二区，分别进行分析（图 10-85）。

● 布局

近园的北部是其主景区。西侧园门入内，北过"秋水亭"，沿廊北行、折东，可达园中主堂"西野草堂"（"恽家花园"时曾名"息影山房"），五楹南向，前有平台，视野开阔。台前大池，名"鉴湖一曲"。隔宽阔池面，正对假山一区，黄石叠山，峻嶒多姿，中现幽洞，顿显空灵；其上古木荫翳，插入云霄，一派深郁山林景象（图 10-86）。这是早期园林常用的"堂—台—池—山"主景序列，然而此处较惯例多了深刻的新意：假山并非简单在前长向展开，而是更多转向后部延伸，尤其是西南方向，林木间隐约可见山后远处的小亭，而池水也在假山东西两侧往后延伸而去，遥无尽头。这样，就使得堂前主景的纵向深度大大加强，尤其是两侧池水，曲折而南，透露出南部的远景层次。而在横向上，假山两侧因以水与旁隔开，形成主景面的顿挫对比；西侧略宽，有石桥联系西岸，东侧水狭，有廊屋对望。

对于这座主景假山的欣赏，还远不止从主堂的正对远观。在主池西侧，岸径之后的叠石之上，"秋水亭"占据高处，正对池面，可从侧前方中距欣赏这一假山，可见峭壁临水、悬崖陡峭之状。陈从周先生称之"崖道、洞壑、磴台，楚楚有致"。

"秋水亭"右前方，一座石桥高高跨水而过，便可到此山中，磴道逶迤，石径盘旋，如入真山。可至山巅，俯眺池景；从东侧拾级而下，可进入山腹中"垂纶洞"。洞口仅容一人低身进入，洞内石壁可漏外景，可作静心小憩。洞口之上，藤蔓覆盖，叠石高起，为全山主峰，与南侧山体以磴道相隔，呈主次相分。

假山东侧，隔狭窄溪涧，有"虚舟"之廊正对，在此侧坐于美人靠之上，山景扑面，纤毫毕现。可近观丘壑、细品山皱，也可俯赏洞影、细数游鱼，如置身于真实山川之间。廊以直壁入水，北端有叠石伸出，与假山相夹，成一峡口，仿佛有相连之势，也增加了北望主景的层次。

"虚舟"廊北端为墙面，设圆形窗洞；东靠"容膝居"山墙，轩名来自白居易《池上篇》。在其后廊之北，有折廊绕池东北角，与"西野草堂"相接。此段做成碑廊，多名家书画碑刻作品。因其偏于一隅，与池岸间有竹木相隔，境界幽邃，正适合安心读碑赏字。

池水假山在北部面池处高耸，往南侧则逐渐成缓坡而低，山径也随之而下，旁林木蓊郁。至南侧平坦处有一座小亭，名"见一亭"，六角攒尖，升鸢斗栱，方格挂落，内封天花，为全园最精致建筑。亭位置谦逊，隐入丛林，中可四望，景象空间北密而南疏。

亭南可俯瞰水潭，此为近园南部池面，并不宽阔，东西两侧转向作溪流与北池相通。水池西南安置一组建筑，南为"天香阁"，当年附近应植有牡丹；西为"得月轩"，取"近水楼台先得月"之意，可东赏月景初升的水中倒影。二者均为不规则曲尺形平面，屋顶组合自由，交接轻盈。建筑以直岸入水，隔池对"见一亭"周围竹景。此处原还有书斋"安乐窝"，以追慕北宋大学者邵雍而得名，今不存。此区以这组建筑为主要赏景点，向西北侧观另一种水木之景，空间紧凑，景致清幽，与北部主景区面貌迥异。

"得月轩"之北，沿院墙有廊北连入园门屋，此处行进中可观南北二池在西侧相通的曲折谷涧之貌，是山池营造的另一番意匠。

"天香阁"至"容膝居"之南，为近园东南角，园墙在此开一次门，有湖石假山堆叠，为近世后作。"容膝居"西南池畔，设置石矶，有跨涧小拱桥通至池上假山，桥长不过 2 米，高不足 1 米，宽 0.6 米，用三块花岗石，凿出圆拱及相连踏步，无栏无杆，贴水而架，为江南园林小桥中的精品之作。因此桥为游山所必经，考虑当代游人需要，近年在此小桥旁又建一稍大石桥，从而形成一大一小两座并列拱桥，也成此园一个特色了。

● **造园特征**

近园基本保留着清康熙年间的格局面貌，为较完整的清前期园林遗存，江南地区已不多见，因而有着珍贵的历史价值。通过置入历史脉络，可以更好地理解此园的出色营造。

就其与晚近园林的差异而言，近园展现了造园手法洗练而园景丰富的特色，而不同于清后期江南园林中多以建筑手段营造多样精巧空间。此园的建筑大体安置于周边，基本仅作为赏景场所而非景观对象，园中山水之间仅有一小亭，且位置谦逊，不设山巅而隐没于林木之后。其主要手法在于山水布置，池中岛山之笔，别具匠心，清晰简洁，举重若轻；于是丰富的山水景象顿出，划分出南北两大境界各异的区域，就水体而言，造就北湖、西湾、南潭、东涧的不同景致境界。在岛山上，则对黄石假山进行重点营造，峰、崖、洞、台等的景象，手法熟练，为江南园林中叠山的又一精品。

而就其与更早期园林相比的新意而言，园中山水景致的处理，尤其是对于主堂隔池对景这一传统基本营造方式上，是在传统基础上的极大创新，其景观深度大大超越了一般主景假山的简单层次，使得山水画论中的"深远"得到现实空间感的实现，体现着晚明以后江南园林营造在空间性方面关注的突破。近园尽管只是中小型园林，却有着山水纵深感营造的非凡成功，为现存江南园林之中的上乘之作。

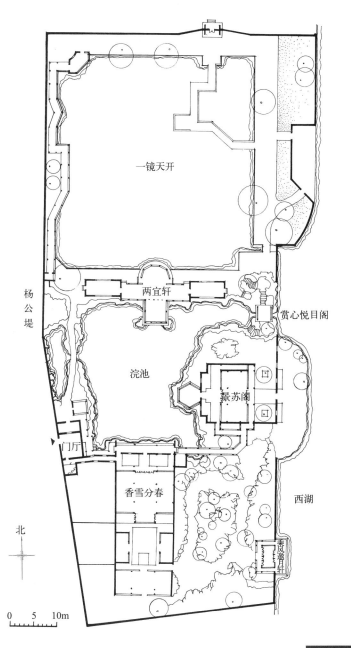

图 10-87 郭庄平面（《江南理景艺术》）

杭州郭庄

郭庄位于里西湖西岸，曲院风荷景区之南、杨公堤（旧称西山路）上卧龙桥之北，占地近十五亩。此地旧有的园林遭咸丰年间太平天国兵火而毁，后丝绸商宋端甫在此建"端友别墅"，又名"宋庄"。光绪年间为福建丝绸实业家郭士林所有，改名为"汾阳别墅"，又称"郭庄"；"汾阳"之名，来自郭氏郡望。后几易其主，园池荒废，建筑改为他用。20世纪80年代末、90年代初，得以修复并开放。

● 布局

郭庄总体上呈矩形，地形狭长，沿湖长向布局，依南北向可大致分为住宅、内池、外池三个部分（图10-87）。

住宅区名"汾阳精舍"，又称"静必居"，是作为湖畔别墅的生活与接待部分，从杨公堤入园门后，经小厅曲廊可达。这是一座有杭州民居特色的四合宅院，中轴对称，前厅后堂，左右厢房，雕饰精美。院中空地，铺以石板，中有小型方池，石栏围绕，池中植莲，氛围雅洁、闲适。

主厅"香雪分春"之北，隔蟹眼天井，临水为廊，进入园林部分的内池区。

此区以自然曲折形态的"浣池"为核心，湖石驳礓，周以廊榭花木，曲折紧凑，内向清幽，童寯先生称之"雅洁有似吴门之网师，为武林池馆中最富古趣者"。池南轩廊外，池西有亭，旁有花丛小径。池东一小亭略伸入水面，后有"景苏阁"东面西湖，因距池较远，楼虽高而不压抑。"两宜轩"亘于池北，规则对称，中部突出（图10-88）。此轩作为赏景点极佳，但作为对景，嫌其体量过大。池水在东北部向外延伸，连通西湖，水口之上，叠湖石为山，峰峦洞府、峭壁石矶，形神俱备，为杭州园林中叠石佳作。山顶建亭，为极佳视点。

长长的"两宜轩"之北，则是外池部分，有另一番开阔境界，与内池区的幽深形成鲜明对比。此处方池一泓，石岸绳直，水面开阔，架石板平桥，名"一镜天开"，表达着朱熹名诗中"半亩方塘"的意象。看惯苏州园林小中见大、精致营造的游者，往往嫌其空旷而了无意趣，其实这种方池也是中国造园的传统之一，为另一种效果追求，浙江地区并不少见，绍兴尤多。

作为西湖边的"湖上庄子"，郭庄的最大特色是在于与园外景色的关系，从而临湖一面的处理尤其精心。

对外向湖面借景，西湖园林无一不是如此，郭庄在这方面做得尤其精心，临湖设有多处特色不一的观景场所。在建筑上，"赏心悦目阁"在假山之巅，位置显要，视野开阔；"景苏阁"可作主要观景活动的聚集，位置退于平台、花墙、树木之后，体量虽大，隐而不显；"乘风邀月轩"直接临水，周设外廊，可在檐下作亲水近观。其他沿湖各处，也非简单开敞，而是有隐有显，作多样安排，如"景苏阁"花墙前，设临湖平台，可在小坐中安享湖景，甚至可在此上下游船；多处设置矮墙，通过漏窗依稀漏景；另有门洞、窗洞，可作框景妙赏；最奇的是假山设洞，可作山中洞景以赏外湖。从而，西湖的水色天光与六

图10-88 郭庄池水在东北部向外延伸及池北"两宜轩"（顾凯摄）

桥烟树，可从各种方式得到丰富感受，借景之妙，可谓无以复加。

除东借西湖之景，西湖周边的山景同样也是借景的重要内容，如西有双峰插云，南借南屏幽姿，北视葛岭如画。

而除了向外观景，临湖之面的设置还有着被观景的需要。从西湖之上、苏堤之中望来，郭庄的楼阁亭廊、山石林木，形成各种高低参差、进退层次、疏密畅闭的多样景致，郭庄从而也作为西湖构成的一部分，为西湖之迷人景观更加添彩。

● 造园特征

郭庄占地不大，但景致丰富，特色鲜明。首先，作为西湖之畔的园林，外借湖景成为园中的最佳得景方式，这也是计成《园冶》中"江湖地"造园的典型，所谓"略成小筑，足征大观"的极佳体现。而在向园外湖面开敞取景的同时，又在园内进行精心营造，从而使全园同时具有外向与内向两个方面的特色，而两者之间又通过假山、建筑等方式，有空间与景观的渗透。

其次，在内部园景的营造中，采用构成鲜明对比的两个景区的方式。一园而分二部，有不同景观主题，这在许多浙江园林中得到采用，如南浔小莲庄、海盐绮园等。这里与小莲庄更为相似，有内外园之分，内园幽曲，外园开敞。结合江湖地的特点，郭庄二园区皆以水池为主题，但二者手法与境界判然有别，内池精巧雅致如吴地（苏州）特色，外池方直开阔如越地（绍兴）风范，这倒也符合杭州作为吴越交汇之地、兼容并包的性格。

郭庄在20世纪八九十年代之交的维修过程中，修复设计者根据自己的认识对园林进行了一定的增建与改动，如外池西岸增加扇面亭和曲廊，内池东南侧添建廊桥，内池东侧原封闭小亭改为开敞，原石库门式入口改为一斗三升的砖雕门楼，原先全园建筑所用的红、黑之色统一改成清水做法的木质本色，等等。这些增改或许改善了某种园林效果，但一定程度上改变了原有的个性风貌。

海盐绮园

明清时期嘉兴府一地的第宅园林，经太平天国之役而所剩无几，所存精华以海盐绮园为最。

绮园位于海盐县城武原镇，同治十年（1871年），富商冯缵斋修建于其宅"三乐堂"之后部，当地人称"冯氏园"。冯氏此园有着他人难以企及的条件：一是基址优越，其地原为明代旧园"灌木园"遗址，尚有大片水面与大量古木，殊为难得；二是材料丰沛，冯氏岳丈原有"拙宜园"、"砚园"两座悠久名园，均毁于太平天国兵燹，成为此园充足的山石来源；三是资金充裕，冯缵斋本人为酱业巨头，富甲一方；四是文化底蕴，冯缵斋的岳丈黄燮清为当时著名诗人、剧作家，冯妻黄琇亦才华出众，且自幼受家中名园熏染，因而冯家虽为富商却也文气颇盛（惜黄琇在同治三年去世而未及直接主持绮园营造）。有此四优，从而造就一代名园，得"浙中第一"的美誉。

此园营造规模甚大，主人冯缵斋病逝时尚有屋舍等未及完成，但山水格局已基本完备。至民国年间，冯氏后人继续营造，如1927年建成"凌波水榭"（今名"卧虹水阁"），1930年建造"醉吟亭"（今名"滴翠亭"），1935年重建山巅"小隐亭"（又名"依云亭"），1937年造四面厅"树百堂"（今名"潭影轩"），但匾联未具而抗战爆发。战时被日军驻扎，战后又得到整修。1950年，冯氏后人将此园捐予政府，此后曾一度辟为疗养院、政府内院、人民公园、博物馆等。今日宅园俱存，关系清晰，为浙江省规模最大、保存最完整的园林。

绮园现状，占地约十五亩，大体以水为中心，以山为结构，建筑少而疏朗，林木茂盛浓密。作为全园骨架的假山，将全园分为相对独立、差异显著的前后两部分：前部是以主厅为核心的山水区，对水面山、后作屏障；后部则是主要景区，山水相依，假山从北、东、南三个方向环抱水面。作为此区中心的池景与东北侧的山林，都各有鲜明特色（图10-89）。

● 布局

由绮园西侧园门入内，首先到达相对较小的园林前部主厅一区，这是以"潭影轩"为核心的山水区。主厅前为平台，临碧池一泓，隔池有假山相对，跨水

北

0 5 10 15m

图10—89　绮园平面（《江南理景艺术》）

有曲桥可渡，此格局为江南园林所常见。而此区仅一屋而已，其前满目山池野趣。以其布置之精当，石峰之丰富，游径之多变，虽然叠石技艺尚欠水准，但山水之景已颇可一观，且古木高荫之下，幽闲恬静氛围，境界自出，许多园林有此一区足以称胜，但这还远非此园精华。

前部主厅与相对假山之间的水池，从潭影轩东侧绕过而北流，穿越假山之下的涵洞，连通后部的主体池面；就游人而言，从主厅向北，又有假山为障，或从山洞中穿越，或从"美人照镜"峰绕行，即豁然开朗，到达主体水面一区，扑面而来的是一般城市园林中所罕见的村野水乡风光。此水景特色大致有四。一是建筑少而野趣多。与一般园林以主厅临主池不同，此园主厅在外部自成一区，从而池畔没有大体量建筑的相临逼迫；视野之内，周围仅三座亭轩，或远或近，或高或下地散布，绝无高厅广台之气派，更无游廊旱船、隔墙漏窗之多变，而更横生自然野趣。二是两道相交长堤，在各地第宅园林中绝无仅有。一般认为设计本意是模仿西湖的白、苏二堤，但西湖的辽阔旷朗感毕竟难以企及，就此有限范围的景象效果而言，不仅提供丰富的景观层次，更犹如村野河池之堰堤，而带给人以水乡风致的亲切体验（图 10-90）。三是水面空间三面围合而向西部开敞。江南园林一般以水池为中心，四周均有山林或屋廊，呈围合之感；然而这里一反常态，西部池岸，简单开敞，从而与常见的内向幽深感不同，此处更显开朗的乡野之态。四是以多样的桥梁为反复出现的主题。首要的晕画桥为第宅园林中少见的拱桥，下可通舟，这正是江南水乡河道上的常见景象。绮园以此而顿生别具一格的水乡野趣特色。

沿池堤徜徉北行，过晕画桥，即进入东北部的假山区。此山规模甚大，虽有湖石、黄石混杂的弊端，但更具匠心独运的处理，形成在他园所不及的山林体验。从山脚西侧入内，行进于一条长达二十多米的邃谷，两壁陡峻，谷道蜿蜒，眼前往往有意外之趣，偶现石梁飞渡，宛若探奇于深山。无锡寄畅园八音涧亦有此效果，而这里的两道飞梁更添层次与变化，为童寯先生所称道的此园二巧之一（另一为水中长堤）。邃谷尽处，深山之中，现一幽潭，潭水清冽，中有一岛，石梁可渡。此区极为安静幽邃，安坐潭岛之畔，蔽日浓荫之下，感清风之拂，闻鸟鸣

图 10-90 绮园池中堤、桥为特色（顾凯摄）

之声，瞰游鱼之姿，体会清幽静谧之境，顿生隔世尘外之意。作为中国文人园林所着意追求的避世幽隐之境，在这里得到出色的强烈表达。除此邃谷、幽潭之外，绮园假山的多样山道与山洞营造也颇有特色。各处姿态逶迤的石山，常设多处山道，左右盘纡，上下交错。又有多个隧洞，各具特点，或盘曲，或分叉，明暗效果也极具变化。山中多样洞、桥、径的设置，也呈现出如狮子林般的迷境。

绮园中的另一个为他园难及的特色，是众多的古树名木。园中百年大树即有五六十株，更有三四百年之龄的明代旧园古木，形成森郁浓荫，烘托山林境界。正如主厅潭影轩内著名书法家王蘧常所书联云："两浙名园此称首，参天古木更无俦。"在众多古木中，以香樟为多，郁然成丛；而其中紫藤，最显多姿，尤以北山之水畔一株，盘根错节，蜿蜒曲折，苍劲有力，颇具特色。

绮园的特色除了构成主要景观的山池林木，还体现于其他如亭榭、桥梁等的营造。各座建筑形态不一而各具特点，但更重要的特色在于，建筑之少、布置之稀、景观构成中地位之次要，与苏州园林形成鲜明对比。错落散置的四座亭榭，是作为山水主景之辅而出现，作为观景场所的意义明显大于被看的景观意义。南侧潭影轩，为宴客之处，另成一区而远离主景区；东北主峰高处之上的小隐亭，可远眺东海、俯观全园、垂瞰深潭；西北一隅的卧虹水阁，前临大片水面，东堤、罨画桥及其后滴翠亭形成中远景的层次，又与周围的山水翠木和谐配合、隔池相映，组成一片旖旎的风光，山水景象层次丰富；东侧滴翠亭则又从反方向回望，以两水夹堤的水乡田园风光为主景。

绮园中的桥梁为反复出现的主题，有十余座之多，或浮于水上，或凌空山中。其中三座最有特色：罨画桥体量最大，形态最鲜明，为第宅园林中少见的拱桥，且石栏柱头雕以小狮，桥身两侧的桥洞两旁各有一联：东侧额为"罨画"，联为"两水夹明镜，双桥落彩虹"；西侧额为"观濠"，联为"雨丝风片，云影天光"。主厅西南的跨池长桥，宛转九曲而不生硬，行进体验颇为丰富。滴翠亭南一座三跨板桥，貌似普通，四座桥墩却是削得极扁的菱形花岗岩石柱，像四把利剑插入水中，桥因此得名为"剑墩桥"，也称"四剑桥"。

此外，在潭影轩西北，还有一座常为人忽略的小方池，成为点缀。这种在园林大面积曲池之外又另辟小方池，却也在晚明以前的园林中常见，如苏州拙政园在建园之初，除主水面"沧浪池"之外尚有单独"水华池"这一座方池，见于文徵明的诗画。历史的脉络或许在此时隐时现。

● 造园特征

绮园的最大特点，是有着与以苏州为核心的其他诸多江南园林相迥异的独特面貌，与苏州等地晚近园林通过建筑方式造成无尽空间效果的园林效果大异其趣。在这里，淳朴的自然意趣是主导的追求，乡野与山林境界是主要的呈现，水、堤、石、林的配置是主要的营造方式，而人工的建筑完全是配角的地位。

许多人常将中国园林固定化理解为多人工而少自然，绮园则可以呈现出人们常规认识之外的另一种风味。其实这样的特色还在许多其他传统园林中都有体现，但就江南地区而言，绮园乃是此类风格中现存规模最大、效果最佳、保存最好的古典第宅园林作品。

要理解绮园风格与苏州等地江南园林的巨大差别，需要认识到江南地区内部造园传统的地域差异。一方面，绮园所在的海盐传统上属于越地，与作为吴地中心的苏州在文化上有一定不同，这在一定程度上也体现于造园；另一方面，现存苏州园林大多为晚明造园大变革之后的成果，而海盐在变化中心之外，所受影响有限，因而相当程度上保留了早期的造园方法与园林形态。可以说，绮园这一现在看来较为独特的风貌，其实来自于早期本地地域性造园文化的历史传承。

就园林艺术自身而言，绮园的精彩成就诚如陈从周先生所言，"变化多气魄大"、"能颉颃苏扬二地园林"，无愧于"浙中第一园"之称；而就园林营造研究而言，绮园的特殊风格也是探究早期造园及地域造园的极好参照，以其特色且能跻身中国有代表性的名园之列。可以说，未见此园，远未窥中国园林的全貌。

湖州小莲庄

明清以来，湖州地区造园以南浔镇为最盛，今日规模较为完整的仅存"小莲庄"。

光绪十一年（1885年），南浔巨富刘镛（字贯经）购得镇南栅万古桥西的一片荷池及其周围土地，开始造亭榭、植花木、建家庙，中经刘镛之子刘锦藻的规划经营，最后由其长孙、著名藏书家刘承干于1924年建成，前后凡四十年。园占地二十七亩，其中水面近十亩，遍植荷花。因慕元末大书画家赵孟頫建于湖州的"莲花庄"，故名"小莲庄"。

作为庄园的小莲庄，包括东部的园林和西部的家庙、义庄三部分。庄西与刘镛之孙刘承干创建的嘉业堂藏书楼隔河相望，楼前有园，延续自宁波天一阁以来的书楼结合园林的传统格局规制，是今日难得保存完整的书楼园林胜景。

这里仅就小莲庄的园林部分进行赏析，园分"外园"和"内园"两部分（图10-91）。

● 布局

外园是小莲庄的主体部分，以大池为中心，周布错落建筑与郁葱花树。池略成方形，古名"挂瓢池"，有十亩之广，池中植荷，夏日幽香清远，更点出园名主题。此大片集中水面奠定了此园以水景为主的面貌特色，呈现出辽阔的水乡沼泽野致。

此区布置的另一特色是北侧园内外的关系的处理，并非常见的以墙相隔、

图 10-91　小莲庄平面
（《江南理景艺术》）

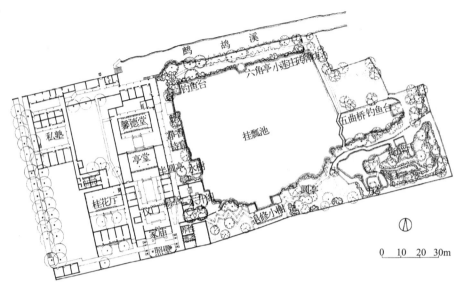

自成一体，而是在荷池与其北的"鹧鸪溪"之间，筑一平直长堤，宽丈余，堤侧种竹植柳，以植物划分空间，却又可以依稀漏景，使园内外相互借景。这一手法与一般园林迥异，而与苏州沧浪亭的外向略有相似，但这里更显出水乡园林风范。堤的西端有入园建筑，又有水码头，亦可乘船到达，也是水乡特色。上岸东行，在柳堤东端，建一西洋式的红砖牌坊，作为当年小莲庄的象征性入口。

柳堤中部，南侧有一六角小亭凸入荷池水面，是近赏池荷与畅观园景的好去处。亭的隔池南岸，遥对全园主体厅堂"退修小榭"，此厅平面呈"凹"字形，两翼突于水上，扩大了与荷池的交界面，成为品茗赏荷之绝佳处。榭的两翼为曲折游廊，西廊连接书斋"养性德斋"，东曲廊连接"五曲桥"，隔水与"东钓鱼台"相望。曲廊的南侧遍植桃树，花开时透出一片春意。

挂瓢池西岸有多组错落临水的建筑（图 10-92）。南侧"东升阁"为西洋式的两层楼房，室内有西洋柱头和壁炉之装饰。其北隔一突入池中的水榭，有四面厅名为"净香诗窟"，是主人邀集文人雅士临水赏荷、把酒吟诗之处。这里建筑结构最精妙处是南北设有两座天花藻井，一为升状，一为斗状，故又俗称"升斗厅"。这别具一格的构造，为海内孤本。更北侧与长堤西端相交处设一"钓鱼台"，池水在此处与外溪水相汇，旁亭廊山石布置得宜，具界而不界、隔而不隔之意。这些建筑的西侧，为南北向笔直的碑刻长廊，西壁间嵌有刻石四十五方。

池的东岸，原有"七十二鸳鸯楼"已毁，楼的南侧有百年紫藤株，枝干卷曲如卧龙，一直延伸到南侧的五曲桥顶。池水在五曲桥处向东部伸入，为"小荷花池"，东侧又有"钓鱼台"，其后叠石；水旁又设小亭，成一小水院区。此处东行南转，则入"内园"之区。

图10-92 小莲庄开阔池
面及西岸之景（顾凯摄）

内园位于东南角，周围有高墙与外相隔，山水清雅，亭轩有致，形成自成一体的小园。与外园以水面为主的开阔景象形成鲜明对比，这里是以山景为主，景象幽深。

从北墙东侧的园门进入，先到达园北部的"掩醉轩"，为此内园的主厅，前对假山一座，占去园中大半。山的主体以剔透玲珑的太湖石堆垒，峰峦沟壑起伏，山路曲折萦回，颇具小中见大的气势，不失为叠山的上品之作。山上遍植青松红枫，山巅筑一小亭，名曰"放鹤亭"，可作俯瞰、远眺。山下幽洞森然，石级小径曲折其间，亭榭错落于绿树丛中，虽布置简单，却也不失幽趣。

东麓筑为缓坡之状，延伸至东北园门之前，形态逼真，这种"平岗小坂"的造山方式，为明末清初造园大师张南垣所提倡，但现存此类实例不多，这里是水准较高的一处。

山的西侧为一泓清池萦绕，作为假山的配衬，不过因营造绕水路径，山水相依的关系不够密切。池南有方亭，可近观山水。亭近南墙，在西南角落一带，筑靠壁假山，是此类营造中较佳的例子。

水池在西北角与外园大池相通，连通处的围墙上开漏窗，从而内外园空间在此流通；而内外园都在此靠墙处水上架桥，外园甚至桥上架榭，引导人们接近，从而成相互借景之观。

● 造园特征

小莲庄在诸多江南园林之中呈现着强烈的地方特色。首先，外园以宏敞水景为主要特点，且平堤为界，宛如村景，与一般江南园林以"小中见大"的追求大异其趣，表达出鲜明的水乡园林特色，这种辽阔水面为城市宅园所难以企及；同时，也透露出一种浑厚率直的古意——这种直截了当的自然开阔感的呈现，在早期造园记载中常可见到。其次，"内外园"的结构，规模上一大、一小，主题上一以水为主、一以山为主，境界上一开阔、一幽深，对比鲜明，使园林体验得到极大丰富。这种内外二园、外园以池为主的格局，在以往南浔其他园林中也有相似使用，应是本地的一种通用方式。

　　另外，园中的诸多建筑营造也体现着近代商人园林标新立异的特点。如退修小榭的别致平面、净香诗窟的特殊天花、东升阁的法国式细部、砖牌坊的巴洛克式线脚等等，多中西合璧的创造，体现着园主人穷尽心力地争奇斗妍、标榜风雅时尚。这种以外来式样引入传统园林的做法，在许多近代江南园林中也可见到，有时会对传统园林意境的营造产生损害，如扬州晚清城市宅园之建筑的过分关注、庞大营造，往往导致对园景的压迫；但在小莲庄中，由于空间开阔，建筑上的些许花样对整体园林空间效果影响不大，倒是增加了些别样意趣。

南京瞻园

　　瞻园位于南京城南，近秦淮河，久负盛名，被称为"金陵第一园"。初为明代开国元勋魏国公徐达府邸的一部分，约在嘉靖年间，徐达七世孙徐鹏举创为园林，万历间又作增建。园在宅西，王世贞《游金陵诸园记》中称之为"魏公西圃"，在徐氏家族诸园中以"华整"为特色，有"逶迤曲折，迭磴危峦，古木奇卉"的山林景致。入清后，魏国公府改为江宁布政使司衙门，该园从此成为衙署园林。"瞻园"之名约在清初已有，康、雍年间的宫廷画家袁江作《瞻园图》，所绘园景比现状要广大、复杂得多；《江南通志》（乾隆二年重修本）"瞻园"条称之"竹石卉木为金陵园亭之冠"。乾隆二十二年清高宗二下江南时驻跸此园，御题"瞻园"，回京后又在长春园中仿造以"茹园"，更添此园盛名。然而太平天国之役中此园被严重损毁，虽有同、光年间二次重修，仍日渐荒残。

　　1960年代，刘敦桢先生主持重修，扩北部山水、造南部假山、增东部曲廊小院，尚未完全实现规划而因"文化大革命"中断；直至1987年扩修东部，完整实现刘敦桢先生的修整意图。经修整后的瞻园，以鸳鸯厅"静妙堂"为核心，大致可分为北、南、东三部景区。堂北为全园主景区，保留了最多的历史遗迹，空间旷朗，水石清雅；堂南一区空间虽小，而山池精妙；堂东侧有南北向曲廊延伸，其东为新增建的几组院落，各有特色（图10-93）。

● 布局

　　作为全园主景区的北部，基本保留了历史面貌，呈南堂、北山、西坡、东廊的格局，中间所围合的区域，偏北为与石假山相依的水面，偏南为静妙堂前的平地，其阔大几乎接近水面，并向水岸成微坡，略呈湖水拍岸效果，这种一改习见的以堂前平台临水对山的做法，为古典园林所少见。

　　这一区中的主要景致无疑是北部山池（图10-94）。此山以太湖石叠成，体量大而不高。其主要特色，首先是下部临水处理，大致仍保持明代原貌。面水石壁，下有石径临水，由东西二贴水石梁联络两岸。小径一侧依石壁，一侧面水池，并伸出石矶漫没水中，略具江河峡间纤路、栈道之意；在呈现自然情趣的同时，既形成了岸线变化，又丰富了低平层次，且在强烈对比中更显石壁高

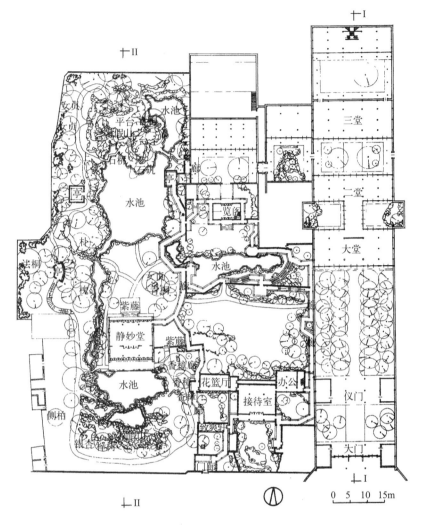

图 10-93 瞻园平面（《江南理景艺术》）

图 10-94 瞻园主堂北望主山之景（顾凯摄）

耸。此种山水相依之法，为现存孤例，甚为难得。其次是盘纤山径，蹬道盘回，似塞又通。从东、西两侧可摄足登山，西部纵深山谷，谷上有旱桥凌越；谷中望山愈显高远，山上瞰谷则幽深莫测。再次是山巅平台，原先有一座六角草亭，整修时改为一扇大石屏以增山势，也借此对北墙外之建筑物有所遮蔽。增叠的石屏以大块的壁状石竖缝紧贴立面，呈三叠状，如国画中大斧劈皴法，颇有气势。石屏的做法，见于明代袁宏道《吴中园亭纪略》中对徐泰时"东园"（今苏州"留园"）的记载，称之"高三丈，阔可二十丈，玲珑峭削，如一幅山水横披画，了无断续痕迹"，这一做法如今在他处未见，刘敦桢先生在瞻园中做了可贵实践。此外，山腹中有诸洞可穿，惜今日不可互通；改造中又将水池沿山东部向北扩展出一个水湾，增池水环抱之态，添景物变化与深度；东北角新叠临池峭壁，主峰高达八米半，作为石屏的呼应烘托。

西侧所营造的是山麓景象，南北延伸，土山为主，呈陵阜陂陀、平岗小坂之态，仅临湖一侧用湖石堆叠。山上林木茂密，具天然山林野趣，同时又将西墙外的建筑物挡于视线之外。山上前后有扇面亭、岁寒亭，掩映于苍翠丛林之中。山侧有一洞口，可作探幽之趣。

北部池水通过静妙堂西的溪涧，连通至堂南一池。此处原为一个池岸平直的扇形水池，改造为自然山池。池南假山为刘敦桢先生殚精竭虑之作，先绘图样，继制模型，再比照施工，亲临指导，一丝不苟，经过数年的精雕细刻，成就传世杰作。该山营造有着多方面的特色。一是山体组合上，呈向前环抱之势，前低后高，颇具层次，前一层次由池间水面布置湖石与石矶，可作近距行进观赏。二是形态刻画上，上部的峰峦组合上，参差错落；朝向主要的观赏点"静妙堂"的正面，利用石壁沟槽作竖向分割，如自然冲蚀，又显整体块势。三是主体构筑上，最点睛之笔是在中部营造一个下垂钟乳石的大壁龛，形成溶洞奇观，视之深邃莫测；又设人工瀑布，垂于洞口，更添深山幽谷意趣。此外，在营造中，为了省工省料及有利植物生长，筑山采取了土石混合形式；并以小块石料筑成浑然大山，对纹理、体势的摆布，在细微处极为稳当、妥帖，毫无补缀穿凿之痕。山上覆满形态各异的花木，郁郁葱葱。总体上，南假山造型雄浑秀润，从体、面组合到细部纹理，都经过精心推敲与安排，主峰、绝壁、山谷、危径、洞穴、步石、瀑布诸景皆备，呈现嶙峋多姿、自然幽深而生机勃勃之景。既可在静妙堂廊下倚美人靠静观其妙；亦可进入山中、穿行水上进行体验。这一假山可谓是近代以来中国园林叠山最为出色的作品，成功延续并发展了中国造园叠山艺术，也成为瞻园中的一个新的亮点。

静妙堂东侧的南北向廊子，亦成园林一大特点。旧时较为平直，改建为曲折逶迤的长廊，贯穿连接南北各处，并与东侧院落形成多样分隔渗透。东部大体可划分为南、中、北三区。

南区为若干大小庭院。靠园墙处改造为园林的单独入口部分，入园后由曲廊引导，经三重小院，景面逐渐展开而至堂南山池一区。景面逐步展开，空间由小而大，由暗而明，运用欲扬先抑手法，使进入山池区域时有豁然开朗之感，达到小中见大效果。入口小院东侧另有院落相邻，庭中分置峰石、花台，栽植树木。

中区为开敞草坪区域，周植花木，散置湖石，绕以廊墙。草坪是主景区静妙堂北原有草坡的延续，也是尝试适应现代游览需求，为公众休憩活动之用，而与传统园林氛围迥异。

中区北部入"翼然亭"，为北区水院，东西延展，周以廊庑，间以亭榭，游人既可静观莲花游鱼之趣，也可在高低左右的弯折行进中体会园林景致与空间的多样变化。水面与主景区的假山水池相通；北岸有"一览阁"可作俯瞰。

● 造园特征

瞻园可谓山奇水秀，林木葱郁；而与其他江南园林相比较，又有着鲜明的面貌特色：在主景区格局上，建筑疏简，空间旷朗，具明园遗风；在具体景致上，假山部分尤为出色，为他园所难及。但若要进一步探讨，还需将今日所见园貌同改造前的旧园相联系与区分。从童寯先生所绘的1930年代平面图可知，旧园更具简朗风格，更多明代"华整"之意；改造以后，增添了出色的景致（如叠北石屏、造南假山）和丰富的变化（如院落的空间划分与层次渗透），更多苏州园林的柔和气质（如直岸改曲岸、直廊改曲廊）。

扬州个园

个园构筑于清嘉庆二十三年（1818年），是当时的两淮盐总黄至筠所筑。该园位于新城东关街，其地据刘凤诰所作的《个园记》中称为明代寿芝园旧址，黄至筠是在废园的基础上基本新建了一座园林，但事实上，个园并非在明代寿芝园基础上直接新建，而是在清代康乾年间盐商马氏兄弟的"小玲珑山馆"的基础上改建而成。而小玲珑山馆，在清初扬州城郊风景园林还未发展起来时，即与筱园、休园并称为"以文会胜"的三家私人园林。1818年所建的个园，是从明代寿芝园、清初小玲珑山馆一路改建发展而成的。

● 布局

个园占地0.6公顷，是扬州典型的大中型第宅园林，南面原为三进五路住宅建筑群，现仅存中东二路三进（图10-95）。个园入口从宅旁火巷进入，有紫藤迎面，巷内设有三道巷门分隔狭长的巷道空间，火巷两侧为青砖高墙，渐行渐窄，走过火巷中段，即可从巷门黑瓦屋顶往上遥望院内大树婆娑。到巷子尽端左转，即是个园园门。

园门左右设花坛种竹丛，竹间置假山石似笋，衬以白墙漏窗，园门处竹丛、竹影、石笋以及"个园"的门额题名，均点出园主黄至筠"爱竹"之意。园墙花坛的设置，在空间上似与南侧住宅建筑群有所脱离，但个园园门原先南侧有廊，将入口空间形成庭院，从而将住宅建筑群与园林自然联系衔接起来。进门

图 10-95 个园平面图
（图片来自《扬州园林》，
同济大学出版社，2007）

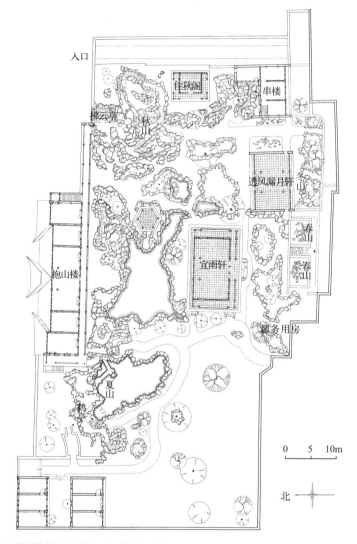

绕过小型低矮的假山屏障，即是个园的正厅"宜雨厅"，取名"宜雨"，采"旧雨"典故以"雨"喻友之意，因厅前多植桂树，故又称桂花厅。厅北为东西向展开的水池，池边以小块湖石镶拼，多漏空悬挑，东西端部水体幽曲转折入假山深处，有水口支流之意。池东近水处建有六角亭名"清漪"，池西临水处原有二舫。池北沿园墙建有"抱山楼"，为七开间两层建筑，登楼可俯瞰全园之景。宜雨厅与抱山楼位于同一轴线，隔池两两相对，为个园确立了统领全园的主体建筑序列。两座建筑以水池为中心，向东西方向展开组景，抱山楼两端用游廊连接高起的假山，楼东侧临水池假山延续到个园东部，形成东高西低的整体地势关系，园林东部假山上设"住秋阁"，阁南侧为透风漏月厅和丛书楼，其中透风漏月厅靠近园门，厅前植玉兰树，可透过园墙上的圆窗看到园门一带的竹林石笋。

住秋阁、丛书楼、透风漏月厅三幢建筑基本沿园东墙而设，原先有二层游廊连贯，与园东假山结合，对宜雨厅与抱山楼主体建筑序列呈环抱之势。抱山楼西侧为湖石大假山，假山由楼前往园西逐渐升高，在个园西北侧形成与水面结合的大体量假山。个园西侧空间整体较东侧空间开阔，基本由北部的假山水面与南部的竹林构成。该西侧空间东侧有游廊与个园中部东部空间相隔，使此处空间更为自然放逸。

● **造园特征**

个园虽以竹形取字命名园林，却以其号称"四季假山"的叠石掇山取胜，而这也是其前身马氏小玲珑山馆的一脉相承。《扬州画舫录》记小玲珑山馆有看山楼、红药阶、透风透月两明轩、七峰草堂等景点，从"山馆"、"七峰"、"看山"等名称，可以想见小玲珑山馆以"山"为主题的造景。初时马氏兄弟得太湖石，因高出屋檐，邻人觉得有碍风水，故马氏埋之土中，后园归汪氏，汪氏从土中得石而立，并辅以其他山石造景。但后期园归蒋氏之后，就逐渐失去了以"石"为主题的景观特征，直到黄至筠 1818 年进一步扩建时才又继续把叠石造景发扬光大，成为一绝。

个园 1818 年开始的叠山工程，也是逐步发展的，刘凤诰的《个园记》中，仅称"叠石为小山，通泉为平池"，并无其他特别记录，但留存到今天的个园，用了多种材质的石料，创造出不同的场所氛围，被后人称为四季假山。个园所用假山种类虽多，固然在外形上各有不同，但在实际造景中并不是以假山本体为欣赏中心，而是以某类假山独有的形态质感与植物、建筑、水面乃至铺地相结合，形成整体的园林景观。

个园园门处的假山造景，被称为"春山"，用细长的山石在园门两侧的竹丛中竖植，假山本身并不突出，但其条状的形态与竹丛的造型互为协调，假山本身灰绿的色泽与竹丛、书带草的常绿色调组成整体，映衬于高对比度的白园墙黑漏窗下，颇为雅致。

个园西部为湖石假山造景，占地较广，体量也大，沿水面的湖石驳岸，到北侧升起至 6 米多高，中空设洞屋，山脉向东延伸，挡住部分抱山楼体量。园西的大型湖石假山通常被称为"夏山"，主要景观特征是于荷池畔叠以湖石，过桥进洞似入炎夏浓荫的强烈光影对比，辅以开阔平展的地面，给人凉爽豁敞之感。湖石假山在此处同样不是孤立的造景单体，而是成为联系各园林要素的脉络，如通过北侧洞屋的设置，将水面引入假山内部，洞屋上设小亭并种松柏，并前设曲桥与中部园路相接，又如该湖石假山余脉向东，在抱山楼前与其二层连廊衔接，从而通过湖石假山这个媒介将水面、植物、建筑、路径组合成为有机的整体。

园东侧为"秋山"，用的是坐东朝西的黄石假山，峰峦起伏，山石雄伟，长达五十余米，高达七米，创造了登高远眺，秋高气爽的场景气氛。该黄石假山主峰居中，两侧次峰略低，在形态塑造上刻意强调了直上直下的垂直气势与大块体量组合，三条蹬道蜿蜒而下，加强了这种耸立的感觉。假山内部设石室洞穴，辅以窗洞、石桌等物，顶部与抱山楼东侧而来的二层连廊相接，上置方亭，可远眺扬州诸处风景。黄石假山余脉南向延伸至丛书楼，倚丛书楼北墙而立。总体来说，个园东部的黄石假山，与建筑物的关系更为直接与密切，其自身的体量与构造也更利于类似建筑的空间营造，因此，其内部的石室与外部的蹬道，其山石体量和连廊、方亭、丛书楼结合，使个园东部空间与路径交错盘旋，富有意趣。其黄石表面与红枫古松、建筑外墙爬藤在色彩上互为映衬，夕阳下呈现整体的暖调，确有秋山意味。

透风漏月厅南侧的宣石假山，被称为"冬山"，石形圆转，形如隆冬白雪，此处假山造景依院墙而立，成为庭院空间的背景，庭中植梅，庭院地面采用冰裂纹铺地，院墙上设有四排圆孔窗，均强调了凛冽通透的场所气氛。此处庭院近园门，圆孔窗外可见常绿竹丛，有冬去春来、连绵回转之意。

个园的"四季假山"，虽未见于历代文字记载，但从场景效果来看，的确有此造景立意。在一园中运用多种石材，分别创造四季景观，体现出扬州园林的展示性与观光性的一面，个园更注重客人入园短时间段内景观与空间体验的丰富性，而非主人生活其间经历与关注的四时风景。

图 10-96 寄啸山庄平面图（图片来自《扬州园林》，同济大学出版社，2007）

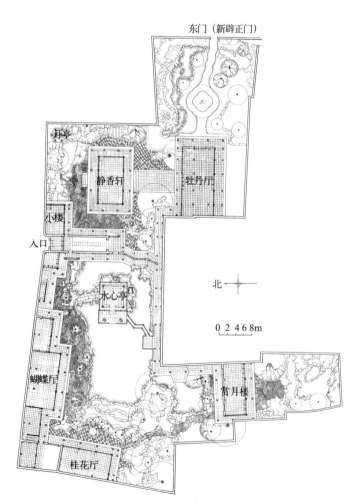

东门（新辟正门）

月亭

静香轩

牡丹厅

小楼

入口

水心亭

北

0 2 4 6 8m

蝴蝶厅

赏月楼

桂花厅

扬州何园（寄啸山庄）

扬州寄啸山庄始建于同治元年（1862年），占地约1.4公顷，位于扬州市的徐凝门街，是清末有代表性的扬州大型城市宅园。寄啸山庄的建设发展过程与个园类似，是由旧园合并改建而来，形成了一宅两园的格局。其中片石山房原为清中期乾隆年间盐运副使吴家龙在新城花园巷的一处宅园，后改为"双槐茶园"，发展成面馆兼卖戏之所，光绪间吴辉模修葺居住，何园园主何芷舠退隐扬州后，购得吴氏"片石山房"旧址，扩入园林，再加建设，以陶渊明诗"倚南窗以寄傲"，"登东皋以舒啸"取名寄啸山庄，因其逐年改建扩张，最终何园由住宅院落、寄啸山庄东西花园、片石山房三部分组成（图10-96）。

● 布局

寄啸山庄园北设园门，园门前为直巷，狭长对称的空间尽端即为圆洞形园门，园门内部的入口空间延续了直巷的空间轴线，为南北向的双面廊，几乎贯穿全园，将其分为东西两块空间。寄啸山庄的入园空间极具指向性，入院后又处于园林空间的重要位置，可马上看到园林中的众多景观，这种空间处理在传统的第宅园林中并不常见，也暗示出寄啸山庄有异于传统文人趣味的一面。

寄啸山庄全园可分为东西两个部分，以两层串楼和复廊与前面的住宅连成一体。东园的主要建筑是四面厅"静香轩"，单檐歇山式，带回廊。轩似船形，屋基低平，四面轩敞开阔，立面处理为大片黑白对比，四周地面平整，以深色鹅卵石、瓦片铺地，花纹细小似水波状，给人以水居的意境，雨时深色平展地面时有反光倒影，更有船行水上之感。厅北有湖石假山贴墙而筑，虽为"壁岩"处理，但做出一定的空间感，有洞屋、蹬道可上下穿越，假山东端上设六角小亭，其顶高于园墙，与贴墙假山成由西向东蜿蜒向上之势，减弱了园墙的平直感受。假山往西通过蹬道与二层楼廊连通，往东则随园墙南转在侧墙延续。东园南侧建有"牡丹厅"，为五间厅堂，西侧靠墙，其余三面有廊，与静香轩在一条中轴线上，两幢建筑相距既近，体量也接近，共同构成寄啸山庄东园的中心。牡丹厅东侧带有庭园，现被辟为何园正门。

寄啸山庄东园空间开阔，中央为大池，湖石驳岸，楼厅廊房环池而建。池北为七开间楼房，中楼的三间稍突，两侧的两间稍敛，屋角微翘，屋顶错落有致，形若蝴蝶，故而俗称"蝴蝶厅"。蝴蝶厅东侧的水面中央，建有四角方亭，名"水心亭"，蝴蝶厅西侧为桂花厅与大型湖石假山。东园的空间中心是水心亭，该亭通过左右曲桥石阶与两岸连通，亭南设临水平台，隔水正对西侧湖石大假山，水心亭与东园的中心建筑静香轩隔入口廊两两相对，平分秋色，既联系了东园西园，也更进一步暗示出水心亭作为空间中心的地位。东园的西南角为赏月楼，南向附带有一个庭院。"蝴蝶厅"楼旁与复道廊相连，廊壁间有漏窗可互见两面的景色，两层复廊是何园的特色，长400余米，绕园一周，贯穿了各幢沿园主要建筑，并于假山、住宅部分的骑楼连通，高低曲折，回环就势，人行其间，对园林空间可做整体俯瞰及连续观赏。

● 造园特征

寄啸山庄的空间设置较之传统文人园林颇有不同，一是在入园空间方面，传统文人园林强调园林入口空间的过渡、层次，以及与园内空间尺度上的对比、空间气氛上的暗示，而寄啸山庄以轴线的形式组织入口空间，从园门外直巷开始，狭长而规整的入园空间将园林整体在平面上分为明确的东西两块。

二是在主体空间关系上，传统文人园林通常是以南向的"厅堂—水池—假山"序列构成核心的空间关系，即计成在《园冶》中提到的："凡园圃立基，定厅堂为主，先乎取景，妙在朝南"，而寄啸山庄并未营造这种传统的核心空间关系，西区的主体建筑蝴蝶厅在水池西北角，而大体量的湖石假山则在水池西侧，主体建筑与假山呈直角构图包围水池一角，三者并不构成一个南向的空间序列。

三是在整体空间布局上，传统大中型文人园林通常将园林空间根据场地特征分区，在每一块场景中综合组织建筑、水体、假山等园林要素来突出场所气氛与主题，而寄啸山庄的空间布局并不如此，建筑物成为主导场所空间的主要手段，东区以静香轩居中放置，一览无余，统领周边庭院空间，西区以大体量的蝴蝶厅结合二层复廊沿边布置，围合出一个带水面的大空间，水面的中心设水心亭成为视觉焦点，形成从建筑看建筑的基本关系，类似一个放大的庭院空间。

四是在空间体验上，传统文人园林通常除设有几处楼阁及假山形成制高点外，以地面观赏路径为主，至多局部略有起伏如拙政园长廊，更注重的是通过平面路线的曲折来强调出空间层次，渲染出层叠苍茫、似有深境的园林空间体验，而寄啸山庄通过贯穿全园的两层复廊，对园林空间产生一览无余的俯瞰，转而强调了在假山、骑楼、平台间穿越跨越的复杂建筑空间的独特体验。

扬州片石山房

片石山房是何园"一宅两园"的另一园，乾隆间即为扬州名园之一，园林规模不大，基本由水榭、曲池、湖石假山组成，后世荒废严重，仅遗存假山主体及楠木厅，后于1989年修复至今。

"片石山房"用地狭小，故其主体湖石假山倚园林北墙而立，面临水池。假山以"壁岩"的方式砌筑，用小块石料砌出整体效果。扬州园林中多有壁岩式的依托墙体、建筑的假山砌法，与计成《园冶》记载颇能对应。计成在《园冶》中提到时人用小块石峰造山令人觉得"假"，应该参考真实比例的"真山形"来造山，而他的解决方案就是将造山与建筑物相结合，用"石壁"的方式，得到更大的尺度感与接近视觉真实的真山效果。《园冶》"掇山"篇中提到："环堵中耸起高高三峰，排列于前，殊为可笑……以予见：或有嘉树，稍点玲珑石块；不然，墙中嵌理壁岩，或顶植卉木垂萝，似有深境也。"[1] 计成在《园冶》中提到以与建筑墙体结合的"石壁"的方式造山，这一手法也见于他在明末为郑元勋建造的扬州"影园"中，郑元勋《影园自记》中记录了其藏书楼"室隅作两岩，岩上多植桂，缭枝连卷，溪谷薪岩，似小山招隐处"。[2]

片石山房的假山为湖石小石镶拼而成，假山因倚园林整片北墙而立，为园林造山主体，欣赏距离较之通常的"壁岩"为远，如果仅仅"墙中嵌理"和"顶

---

① （明）计成著，《"园冶"注释》"序"，中国建筑工业出版社，1988

② （明）郑元勋，《影园自记》，见于《影园瑶华集》。收录于《中国历代园林图文精选》第四辑，同济大学出版社，2005

植卉木"均达不到似有深境的效果，故其依墙假山在两方面做了处理：一是其横向展开的假山在东西两个端头向园内延伸，与影园、人境园同样利用了"室隅"的建筑转角来构成立体而有变化的体量，同时在西端内开石室，东端上设建筑，使"壁岩"立体化、空间化，同时也限定改造了园内空间；二是因其体量远超通常的"壁岩"，仅"顶植卉木垂萝"无法达到从局部见整体的效果，故其假山高出园墙，掩盖了所倚之墙的形状体量，也保持了假山轮廓的完整性，是对计成手法的创新与突破（图10-97、图10-98）。

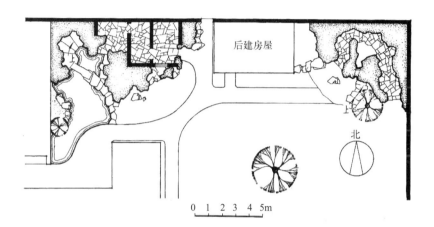

图 10-97 片石山房平面图（图片来自《扬州园林》，同济大学出版社，2007）

图 10-98 片石山房东部假山现状（都铭摄）

扬州小盘谷

小盘谷占地面积不大，仅4亩多，该园位于扬州市丁家湾大树巷内，由徐氏始建于清乾隆、嘉庆年间，光绪三十年（1904年），两江总督周馥购之重修，民国初年再度修整，基本形成现在格局（图10-99）。

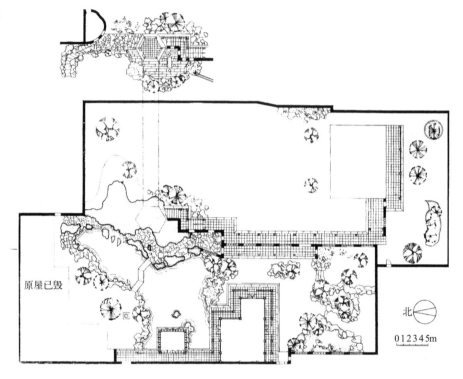

原屋已毁

北

0 1 2 3 4 5m

● **布局**

小盘谷总体分为三部分，西部为平房住宅区，中部为一大厅，大厅右为一火巷，巷东即花园。园分东西两部分，西侧部分保留较为完整。自住宅区往东，经圆形园门，上书"小盘谷"三字，入园后是一方形小庭院。小庭院是小盘谷的入园过渡空间，南侧结合院墙叠有小型假山，北侧为 L 形花厅，南向三开间，东侧则为双面廊。由小盘谷西侧入口经花厅南侧横穿庭院到达双面廊，则转而往北，经花厅东侧往北，则豁然开朗，进入更大的北部园林空间。

北部园林的空间布置，基本是以北侧主体建筑与南侧水池为核心，组织假山、附属建筑、树木、平台等其他景观要素，来构成有机的整体。北楼为主体建筑，延续了西侧住宅区而来的南北正交关系，沿西墙而设，位于该空间北侧偏西，与同样是偏西的花厅遥遥相对。北楼与花厅均为 L 形平面，共同限定出北侧园林空间，并让住宅区延续而来的建筑尺度弱化，以更好地突出园中央假山水池等景观要素。北楼南侧临水，建有大片临水平台，也使得南侧水面往东北延伸，形成斜向横贯园林空间的走势。

从西南到东北的水面设置，是小盘谷空间处理的精华，这个处理带来了几个方面的好处，一是小盘谷占地不大，以对角线横贯可以将水面的视线距离拉到最大，结合端部大型假山，增加了空间深远感；二是水体往东北侧延伸，让小盘谷的西侧空间自然地向被双面廊隔开的东侧空间渗透，让整个园林空间达到既有分隔又有联系的效果；三是斜置水体与建筑群正南北布局产生一种微妙关系，从而使每处建筑都呈现出与景观不同的结合姿态。具体来说，北楼结合南侧平台，与南向面积最大的水面及隔水假山形成一组南北向景观序列，西侧小榭三面临水，一方面进一步加强对园林空间的限定，另一方面增加了北楼平台南向的景观层次，东侧的风亭与小榭隔水相对，在呼应了小榭的同时，其本身六边形的平面，也对双面廊往北而来的空间动势做一收束，成为园林空间由西侧向东侧回转的一个圆心。在此基本空间格局下，假山位置、大小的设置则显得顺理成章。花厅北侧的假山，是北楼隔水观景的焦点，也可从花厅内部近观；东北侧的大型假山，其体量与北楼共同组成北侧空间的限定，其深邃空间则与水面走向与步道形成连续的整体；西侧的贴壁假山，则依托建筑外墙做出立体蹬道，形成环绕水池的立体动观路径。

● 造园特征

因该园园内假山峰危路险，苍岩探水，溪谷幽深，石径盘旋，故名小盘谷，这也点出此园最大的特色是假山及其空间营造。"小盘谷"园林假山为小块湖石叠砌，东北侧的主峰高达九米，名为"九狮图山"，小块湖石的拼叠加强了假山的质感与动势，也使得假山细节的尺度更小，与植物、水面的衔接更为细致错落。"小石镶拼"与"壁岩"，是扬州园林中叠砌假山的两种常用处理手法，具有悠久的传统，也是扬州园林的特色。清代扬州园林素有"九狮山"或"九狮峰"之说，即是对"小石镶拼"法造出的假山特征的称呼，清光绪《江都县续志》记片石山房道："园以湖石胜，石为狮九，有玲珑天骄之概。"又如清中期"卷石洞天"园林中的假山，被《扬州画舫录》称为"搜岩剔穴，为九狮形，置之水中……郊外假山，是为第一"。园林假山的"九狮"主题，体现了对园林假山自身形态的重视与欣赏，是江南园林假山建造的早期传统，后期文人取向的园林假山建设就有所转变，小盘谷的假山做法，是扬州园林中传统叠石手法的优秀代表。

"小石镶拼"带来的另一好处，即是假山叠砌材料尺度更小，更易创造假山内部空间。小盘谷的假山内部空间，与园池路径、立体蹬道互为贯通上下，是该园一大特色。进入东北侧大假山内部，洞腹宽广幽深，中有石桌石凳，上有孔洞透射天光，因假山体量较大，出洞为一幽深溪谷，有深山峭壁临水而行之感。沿石级而上，可登假山顶部，即是与小榭隔水相对的风亭，位于小盘谷中心制高点，可顾盼全园东西，并遥望园外远景。出亭沿阶而下，与游廊、双面廊贯通。

小盘谷作为扬州清晚期的小型城市宅园，是其中的优秀代表作，此类园林对于主体建筑不像大型城市园林那样强调与突出，侧重运用叠山手法形成立体交通与内部空间，从竖向空间与穿越路径上丰富园林体验，在空间布置上，虽为小园，但运用双面复廊横贯园中，将其分为多个区域，形成庭院与园林混合的综合体，体现了扬州园林一贯的传统传承。

泰州乔园

泰州乔园有"淮左第一园"之称。乔园位于泰州老城中心，明万历二年进士、官至太仆寺正卿的陈应芳（1543-1610年）辞官归里后创建，题名"日涉园"，今日园中主景假山，即为当时遗物。清康熙初，园归田氏。后又归官至福州府通判的高凤翥（1707-1771年），精心扩充，历时颇久，具十四景之胜，尤其是觅得拔地盈丈的石笋三支，并以此景更园名为"三峰园"。今日园景基本在此阶段奠定，园名中的"三峰"至今仍存。此园胜景，由道光五年（1825年）周庠所绘"三峰园四面景图"及其题记等图文资料作详尽记录。

咸丰八年（1858年），官至成都知府、四川盐茶道的吴文锡（1800-1870年）在告退回乡后购得已颇衰败的此园，改名"蛰园"。据园主《蛰园记》，当时正值太平天国兵火时期，此处尚安定，"奚蛰物之所依"，取偏安一隅之意。吴氏对此园仅作简单修缮，规模有所收缩。

此园后又被道光十五年进士、两淮盐运使乔松年（1815-1875年）购去，遂名"乔园"。乔氏在各代园主中，官阶最高，权势最盛，也颇多名流之间的唱和，"乔园"的名声因之广为流传。

如今留存的乔园仅为原园中部，面积不过两亩。周围一度被现代建筑所挤压，环境恶劣。2006年作全面整修，拆除周边楼宇，并以周庠所绘园图及其他相关文献为依据，对园林已毁部分进行了恢复重建。此处仅就遗留的中部景区进行分析。

● 布局

乔园遗存部分，以花厅"山响草堂"为主体，按其前后，分为南北两区（图10-100）。南区较大，主厅广坪之南，正对一组山池，乃是全园最为精华的主景所在。

此处堂前平台、隔池假山的格局，为早期江南园林所常见。此等尺度的，宁波天一阁园林与之颇似：平台上为最佳赏景位置，山水景致在前呈环列展开；东南山上一小亭、西侧一半亭的配置，也完全一致。所相异之处，天一阁前平台临水平直，此处则作曲折水岸，更显自然；且延伸更长，形态上更呈带状溪涧，具曲折不尽之意。

平台跨池有小石梁，便入假山之域。叠山石种上同时运用湖石与黄石，但有规则不显紊乱：池中水面以下用黄石，水面以上用湖石；在洞中下脚用黄石，其上砌湖石。这样发挥了两种石料一规则、一多变的各自特性；作为不产石之地的泰州，如此使用也颇为经济。

假山的游径，有山上与洞曲上下两条，并佐以山麓崖道、小桥步石等，使规则的主线中更具变化。由池东石阶数级，过小飞梁，可达山巅。山上峙立三支石笋，正是当年高氏"三峰园"的主景，所对此景的主堂又名"三峰草堂"。以奇石为假山主峰的欣赏方式，在早期造园中常见，而晚明以后的江南核心地

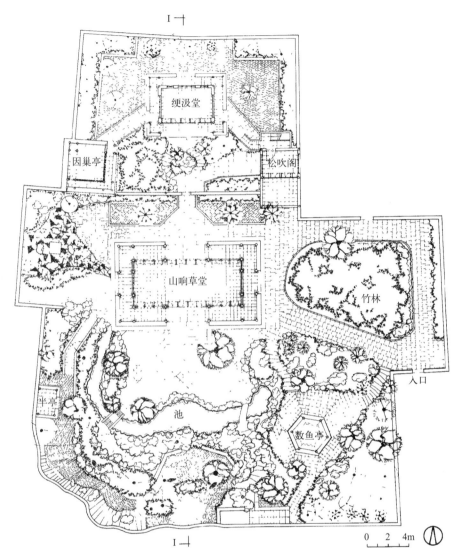

图 10-100 乔园平面
（《江南理景艺术》）

区渐不为主流，此园则仍延续；用石笋而非常见的太湖石，也是此处一大特色。此园中也并非无太湖奇石的欣赏，在山麓西首有一短墙，壁间嵌一湖石，《蛰园记》中称之具"皱、透、瘦"，奇巧剔透，宛如漏窗，这种嵌墙而赏的方式他处也不多见。

进入山腹洞道，曲折蜿蜒，洞形似囊，名"囊云"。假山结构，也颇有特色，采用两种方式：一为砖拱，一为湖石构成钟乳形洞顶。湖石洞顶为目前所见最古，为清代戈裕良拱状叠山方法的先声。而山中置砖拱隧道，也非常罕见；与石构之间，利用山涧的小院作过渡，无生硬相接之处。此外，若干处用砖墙挡土，外包湖石，以节省石料。

山上树木也颇有特色之处，古柏一株，苍劲多姿，实为园中最生色之处，也正是《蛰园记》所记载"瘦疣累累，虬枝盘拿，洵前代物也"，为园中珍贵历史见证；此树之龄与园龄相当，足可证此山为明代万历年间旧物。此柏与石笋相配成景，也为他处所难见。

山之东西侧各有一亭。渡小飞梁跨幽谷可达东侧"数鱼亭"，五角攒尖，在此可俯瞰碧流，纤鳞可数；山巅之西为半方亭，倚壁东向，小巧玲珑，全园胜概，尽收眼底。

主厅后部的北区有另一番景色，面积较小而基址较高，形成另辟蹊径的幽境。过花墙月门，循迂回的石磴，可达黄石台上，"绠汲堂"为居中主体，左设小楼"松吹阁"，可凭栏远眺；右建小斋"因巢亭"，京剧大师梅兰芳返乡曾下榻此处，闻鸡起舞。绠汲堂为书斋，其名与苏州留园"汲古得绠"斋一样，取韩愈"汲古得修绠"诗意。其地高爽，树石环抱，处境幽静，确是读书的好去处。此区虽点缀无多，而别具曲笔，较之前部，大小、高卑，皆有显著不同的感觉，且前显后隐，互为因借，极大丰富园林的空间体验。

主厅"山响草堂"四面皆景，左右又各有种植。尤其堂东植竹林一片，竹影萧疏，拥衬草堂。

园中花木配置，以乔木为主，古柏为重点，又辅以高松、梅林，又有榉树、黄杨枝繁叶茂。除了终年苍翠，又有春桃、夏萱、秋桂、冬梅等的四时花景的变化，使全园生机盎然。

园内建筑均为清代遗存，基本做法和风格，诸如清水砖墙、青瓦花脊、青砖漏窗等，保持泰州园林质朴简洁的古风遗韵；但经近年修缮，已混有苏州式样。

● **造园特征**

乔园作为泰州仅存的完整古典园林，且是苏北的最古老的园林遗存，是体现着时代性与地域性特色的珍贵实例，有着重要的历史价值与艺术价值。

就空间布局特色而言，以主厅为全园中心，分前后主次景区进行组织。这不同于今日江南园林常用的以水池为中心组织全园空间布局的方式，而接近一些早期园林记述以及江南边缘地域的一些园林遗存。就厅前主景区而言，以平台之前山池相对为主景，正如陈从周先生所言，"水池横中，假山对峙，洞曲藏岩，石梁卧波等，用极简单的数物组合成之，不落常套，光景自新"，确为现存小园佳作。

就园中最突出的景致营造——石假山而言，是罕见的明代假山遗存，其他江南诸园中仅上海豫园、南京瞻园等略有存例。此山在营造上又有着他处少见的特色，如黄石起脚，湖石收顶，紧凑相济，浑厚中显出空灵峥嵘；又如山洞采用砖拱，且又有同时期他处未见的湖石洞顶；山顶以石笋为主峰主景，并与桧柏相配等等，都是精心营造的别致景象。

宁波天一阁

宁波天一阁原为明兵部右侍郎范钦的藏书处，是我国现存传世最久的私家藏书楼。建造之初在阁前凿池，名"天一池"，用于防火，也与阁名来源之"天一生水"相呼应；又环植竹木，营造出清幽环境，园林与书楼同步建成。清康熙四年（1665年），范钦曾孙范光文在天一池基础上加以改造增筑，叠山构亭，园林景致基本遗存至今。这种将优雅藏书与清丽环境相完美结合，不仅成为传统藏书楼营造的典范，也引起乾隆帝的兴趣与重视，为南北七处皇家图书馆所效仿。

今日的天一阁已得到扩展建设，除藏书文化区外，还另外兴建园林休闲区和陈列展览区。尤其是1980年代建成的东园，中为明池，水面畅朗，聚而不分，池南为陈从周先生设计的假山，峰石嶙峋，连绵延展。此区山水明瑟，林木参天，为天一阁增色不少。此处仅就历史上的书楼前园加以认识。

● 布局

天一阁的基本平面格局，有着江南园林中常见的"堂（阁）—平台—水池—假山"序列（图10-101）。因用地狭小，更显紧凑。就景象结构而言，也较简单清晰，山水结合形成主要景面，朝向天一阁。在阁前临水月台上，可畅观近水远山；尤其是阁下层入门的中央开间前一带，是最佳赏景位置，各方向的假山、小亭、小桥，皆正对于此，是精心设定的环景核心。

除阁前平台为主要赏景点外，假山之上、池水之侧各设一亭，分别在主序列方向的左右，形成高低远近不同的视点位置，对主体山水景观进行品赏。东南山上的小方亭，对临水平台，可俯瞰山池，石柱、石桌、石凳，古朴典雅，联语"开径望三益,高谭玩四时"，表明山中可行、可憩之赏。山下西侧水畔的"兰亭"，为依墙的八角半亭，壁有范钦好友、明代著名书法家丰坊摹《兰亭序》帖石一方，联引"此地有崇山峻岭茂竹修林"之句点题。此中可俯瞰游鱼，更

图10-101　天一阁平面
《江南理景艺术》

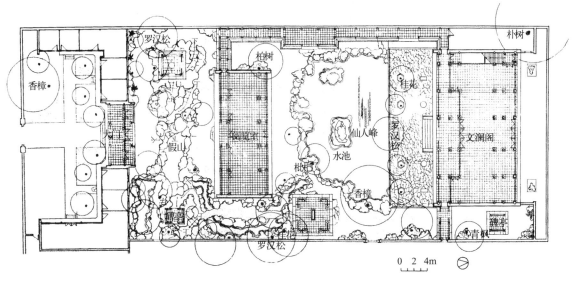

0　2　4m

图 10-102　天一阁池西"兰亭"侧面观赏池山层次（顾凯摄）

可从侧面观赏池山的诸多远近层次景象（图 10-102）。天一池为全园景象空间的中心，南部结合假山，呈自然曲折之态；北部则作为阁前平台之缘，呈规则平直之状。这种水池形态表达了景象观赏的方向性，与苏州艺圃等园林有着相似的处理方式。与阁隔池相对的石假山是此园主景，有着鲜明的特色。

● **造园特征**

假山的主体石材并非其他江南园林所常见的湖石或黄石，而是具有鲜明地域特点的宁波近海礁石，蚀孔鳞次，类似湖石的瘦漏生奇，质感上有一种别样的天成之趣，也可作近观品赏。假山虽占地不到两百平方米，却布置得非常灵活多变。在形态上，从低到高，距水从近到远，向阁前平台方向呈现出多个层次；与此相结合的是，游线大致布置有水畔、山中、山上、山后多条路径，起伏蜿蜒，盘回曲折，相互连通；并在各游线中设置多处大小、高低不一的平台，既形成稍许停留的不同赏点位置，也形成游赏过程中的节奏停顿，山上、水畔的左右各一小亭则是游线上最重要休憩节点与观赏视点。游线与平台还结合了桥梁、山洞的设置，形成"下洞上台"的早期常见布置方式，并且通过山洞的穿越、山间石径行进，有着宽狭、明暗感受变化，产生丰富的体验效果。

而在此假山形象上，最大的特色是所谓"九狮一象"的堆叠营造，多处山峰叠造为有着动态的狮兽等形象，尤其东端大象石，形神具肖。这种以"九狮"等为主题的象形叠石，常见于文献记载，在现存江南园林中也有多处遗留，如苏州狮子林、扬州小盘谷等。此处与山体结合较好，堪称此类假山营造中的典型。天一池中设一小屿，以一小拱桥与假山主体相连，岛与桥皆只可观而不可登。这种微型园林山水营造在唐宋小园中常可见到记载，也可在一些日本园林中见到例子，但在中国现有园林遗存中已不多见。天一阁园林中能有此景非常难得，而且与小园格局非常契合。

园中植物历经岁月，苍古郁蔽，樟、榆、柏等古木苍劲挺拔，尤其是山后一株数百年古樟，浓荫蔽空，生机勃勃。另有薜荔藤萝、红枫茶梅，姿态色彩，各呈其美。山石大多为苔藓、蕨类所盖，更显园林葱郁。

天一阁是私家藏书楼园林的典型。相比较苏州等地的大多园林为 19 世纪后期以来的营造，天一阁基本为清康熙年间的面貌，因处于江南边缘地区，此园还保留着江南核心地区较少见的做法，如象形叠石、微型山水等。此园虽小，但各处细节、位置、视域、流线，都作了精致安排，景致多样，体验丰富。这一精彩山水小园，在小型庭园中可谓翘楚。

10.3.2.2 北方地区

半亩园

半亩园位于北京弓弦胡同（现黄米胡同 5-9 号），清初为陕西巡抚贾汉复（字胶侯）的宅园，乾隆五年（1740）归山西籍的文人杨静莽。其子为商人，一度改园为仓库，填平水池，导致很大的破坏。嘉庆年间此园属于满人春庆（字馥园），曾经充作戏园使用，直至道光二十一年（1841 年）辗转流入满族显宦麟庆之手。麟庆《鸿雪因缘图记》曾详细记录其位置及早期沿革。至民国 22 年（1933 年）以前，半亩园一直归其子孙所有。半亩园现址为北京市文物保护单位，仅存园东住宅部分。

● 布局

《天咫偶闻》称麟庆去世后数十年间完颜氏家族依旧鼎盛，而半亩园也"堂构日新"，可见在麟庆身后的较长时间里，此园还在不断地进行局部的改建和增建。因此，麟庆时期的半亩园与后期的格局存在着若干差异，对其布局的研究也应该就这两个时期分别进行论述。

（1）麟庆时期（1843—1846 年）

《鸿雪因缘图记》中共有"半亩营园""拜石拜石"（图 10-103）"娜嬛藏书""近光伫月""园居成趣""退思夜读""焕文写像"七节图文直接描绘半亩园，另有"双仙贺厦""五福祭神"述及园旁住宅。其中"半亩营园"一节中列举了半亩园初建时的建筑名称。这些应该就是这一时期半亩园的主要景致。取《鸿雪因缘

图 10-103 《鸿雪因缘图记》中《拜石拜石》图，引自麟庆时期（1843—1846）半亩园布局再探，第 3 页

图记》和传教士所著的《半亩园》所引资料相参证，可以大致廓清其空间布局。

夹道的西墙南段，开有形式不同的园门二（南似为葫芦形，北为长方形）。全园布局上可分为三部分：入园门后为半亩园主体部分；其西（即全园中隔部分）有南北纵列的，上为平台下为廊屋的一组建筑，这组建筑的北端有二层楼阁（阁西连延有竹石山院，再西为嬛嬛藏书小院，从建筑组合说与延光阁同一线上，从园说原西半北界）；再西（即园西半部）有小桥流水，修竹花果，方亭廊榭，片石假山，富自然之趣。

（2）清末—民国时期半亩园布局

后期半亩园最大的变化是水池大大拓宽，分为漾碧池和荷花池两部分，形态曲折，与早先的咫尺方塘形态迥异，同时又对南面的院落作了进一步的造景处理，景致更加丰富（图10-104）。

荷花池西岸建有一座小榭，名叫"先月榭"，南侧毗邻的建筑是一座夏室，其东有一座六角形的小亭，悬"小憩"之额，在此可以登上一座灌木丛生的小山，

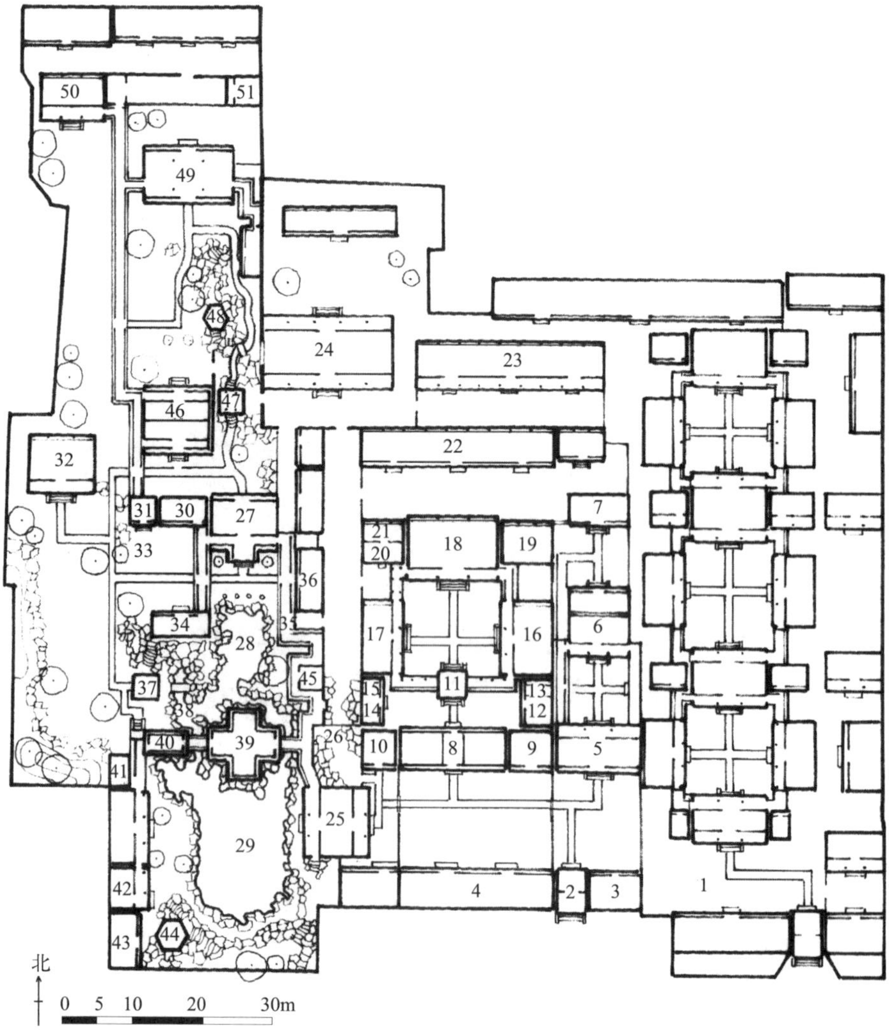

图 10-104 清末—民国时期半亩园总平面图（北京第宅园林志 p193）
1. 东路宅院　2. 西路宅门
3. 门房　4. 班房　5. 祖杆
6. 五福堂　7. 佛堂
8. 穿堂门　9. 账房
10. 春雨山房　11. 垂花门
12. 虚舟　13. 惕盦
14. 小凝香室　15. 竹云山馆
16. 东厢房　17. 西厢房
18. 受福堂　19. 心面已修之
室　20. 珈蓝瓶室　21. 花好
月圆人寿　22. 飞涛迁馆
23. 九间房　24. 永保尊彝
之室　25. 水木清华之馆
26. 六角形园门　27. 云荫堂
28. 漾碧池　29. 荷花池
30. 凝香室　31. 蜗庐
32. 海棠吟社　33. 水井
34. 退思斋　35. 曝画廊
36. 不系舟　37. 留客处
38. 石拱桥　39. 玲珑池馆
40. 绉云馆　41. 园丁房
42. 先月榭　43. 夏室
44. 小憩亭　45. 斗室
46. 拜石轩　47. 云容石态
48. 赏春亭　49. 嬛嬛妙境
50. 知止斋　51. 仙家楼

北

0 5 10   20   30m

山顶上有石碑刻着"空洞洞天"四字，另有一条小径由此通向一株古槐。水池东岸有水木清华之馆，室内和拜石轩一样，也用于收藏奇石。

云荫堂、近光阁、退思斋、留客处建筑等均无变化，民国时期尚存，其照片与《鸿雪因缘图记》插图基本相同。曝画廊该在院东廊中，其东有室称"不系舟"。海棠吟社也变为南北向建筑，偃月门和原扇面形的小憩亭消失。据《半亩园》一文记载，潇湘小影石坊和竹子都被晚清大臣端方拿走了，故民国时已不存。

玲珑池馆形式大变，成为一座十字形平面的水榭，建在漾碧池和莲花池之间的假山上，有点像是岛上的船厅，又名"流波华馆"。其门和柱子上刻有诸如"莲峰竹露，水光低宿燕，石影倒惊鱼，小廊回合曲廊榭"这样的词句。池馆之西还新添了一座绉云馆，四面围着玻璃窗。

咸丰七年（1857年），崇实又将园东北院墙之外的一座小轩改建为五间大厅，定名"永宝尊彝之室"，专门存放珍贵的古代青铜器，又可用作唱戏和节日庆典的场所。此厅西侧山墙上特意开设一扇大窗，以便观赏西侧的园景。另外，在嫏嬛妙境之北有一条狭窄的东西向通道，东端建了一个小型祭室，名叫仙家楼，在此处供奉五方神。

园在住宅之西。住宅部分为标准的北京四合院，特别之处在于各室均有匾额名称，如正堂为受福堂，另有伽蓝瓶室、心面已修之室、春雨山房等等，还有佛堂以及反映满族萨满遗风的祖杆，宅后另有戏园。

花园大体上分南北两个部分，园门位于东南角上，20世纪80年代尚存。

穿过园门，经夹道可向西拐入园中主院，院北即半亩园的正堂云荫堂，为三开间卷棚建筑，前出一间悬山抱厦。堂前有两株桧柏，日晷和虎石分列左右，再往南在水边布置四盆器皿各异的盆景。堂前有水池，仅是很小的一个方形池塘，周围围以栏杆，池中似有荷花。

堂之西有小阁两层，下为凝香室，上称近光阁。近光阁位于平台上，三开间卷棚建筑，对联集古人诗句"万井楼台疑绣画，五云宫阙见蓬莱"。平台与南面的曝画廊和退思斋的屋顶相通。

曝画廊在近光阁东南。退思斋是一座三开间平台顶的书斋，悬有楹联"随遇而安，好领略半盏新茶，一炉宿火；会心不远，最难忘别来旧雨，经过名山"。斋南倚假山，有石阶可下，山上古松虬枝盘旋。

退思斋向西面对着海棠吟社。从"近光贮月"的插图上可以清楚地看到海棠吟社的屋顶，此轩作为西厢房，与曝画廊相对，与退思斋共同组成了一个小三合院，院子中央种了两株海棠，其楹联称："逸兴遄飞，任他风风雨雨；春光如许，招来燕燕莺莺。"院北的墙上，开了一个月牙形的门，即偃月门。

退思斋的南边为一方亭，名"留客处"，东接小桥，南接葡萄架，小亭临近曲水幽竹，略有兰亭之趣。留客处之西为潇湘小影。

园之南端，溪流蜿蜒，从"焕文写像"插图可见一轩背靠南墙，面北临水，此即玲珑池馆，为三开间敞轩前出抱厦，后面为开有漏窗的园墙，上悬楹联"小山流水自今古，画意诗情时有无"。

园的北部另成一区，院南为拜石轩，轩名源自宋代书法家米芾"拜石"之典故，悬有楹联"湖上笠翁，端推妙手；江头米老，应是知音"。至民国时拜石轩已毁，但其基址尚存。

拜石轩用虎皮石墙隔出一院，其中有大型假山一座，可登可坐，山上建六角形的赏春亭，上悬楹联"九万里风斯在下，八千年木自为春"。

拜石轩之北的院落中央，叠石蜿蜒，开有石洞，仿佛深处寻根，别有洞天。石后一室，为嫏嬛妙境。在《图记》《天咫偶闻》《咸道以来朝野杂记》中均有记录，故能较详细地了解到园中的细部。

在《图记·半亩营园》图中可见清道光年间庭园主厅的外部装修，窗棂作冰裂纹，檐下挂落和抱厦两边的坐凳、栏杆俱作直线状图案。抱厦前置日晷，山石独置，两旁植松，庭中置盆栽四种。此种格局自显得雍容华贵，和江南宅园的秀丽淡雅大不同了。庭南凿长方形水池，池岸石砌，周匝栏杆。西厢上设平台，平台与近光阁平台相接，这在"半亩营园"和"近光仁月"图中能清楚地看到，西厢平台周围栏杆也与近光阁平台栏杆纹样完全一样。"近光阁"平台西面设隔墙，隔墙上端用瓦作鱼鳞纹，这是一种有趣的做法，一能与栏轩起高矮的对比，二是此墙能将"近光阁"与"拜石轩"小院的上面空间隔断，但墙上部有意漏空，这墙不可俯视，而只能远眺大内门楼、琼岛白塔、景山五亭等远景，这种隔中有透、似隔非隔、若隐若现的效果，实和漏窗有异曲同工之妙。

"拜石轩"轩前出廊，有矮栏坐凳，阶前设自然山石砌筑的宽台阶，虽建筑的外部装修和大厅基本一致，但此轩重点是置石，故庭中置有石须弥座的花台和山石独置，盆栽也置块石上，厅面对青石假山，院东置形似石虎的一双石笋，院西以块石作虎皮墙。

"嫏嬛藏书"处的小轩，外部装修仅有小匾、楹联，朴实不华。轩前有藤萝架，院中有盆栽四个，东插竹屏，面对青石假山端立六角小亭，此真是嫏嬛福地，藏书、读书之佳境。

"玲珑池馆"面涧背墙，后为一廊，前有舫式敞轩，建筑十分简朴。

园中有亭四，一在园最后的青石假山顶上，呈六角形，有美人靠。"拜石拜石"图中可见，在小院西墙外，"嫏嬛藏书"文中有"半亩园最后，垒石为山，顶建小亭"之句；一为"潇湘小影"，石坊前的正方亭，见"园居成趣"图，"半亩营园"文中云"亭日赏春"，另一在"石坊"的墙尽处，有亭如扇面式，额日"小憩"。再有一亭名"留客处"，在"退思夜读"图中露一亭之顶（退思斋南）即是，"近光仁月"图中亦露一亭尖，位于"海棠吟社"西墙及"石坊"之东南。

其文曰："石磴东有亭曰留客处"。

院中建石坊一，制作简单，由"园居成趣"图中可见，设三门，中门稍大，坊上"旧额'潇湘竹影'"，两侧联作："寄兴于山亭水曲，得趣在虚竹幽兰。"

园中有桥二，一平桥，一石砌虎皮纹的拱桥，一简单，一精致，自成对比。

● **造园特征**

半亩园融合了南北第宅园林的特点，比起一般京城宅园中常见的一正两厢格局要灵活得多。前期水面较小，主要以假山取胜，园中充分利用平台游廊串联建筑物，并通过园墙分割出一些更小的院落。麟庆身后，此园进一步改建，水池变大，空间也更趋幽深曲折。园中建筑规模较小，正堂亦不过三间面阔，但形态丰富，穿插巧妙。

园中假山，主要集中在退思斋前、娜嬛妙境以南、拜石轩之东和最南端水池边，各有巧妙。假山石材以青石为主，兼有少量湖石，主要作为单石陈供。退思斋前假山充分与建筑结合，使得室内"夏借石气而凉，冬得晨光则暖"，同时假山还可兼作登临屋顶平台的磴梯。娜嬛妙境以南的假山模仿仙境，其石洞手法具有一定的典型性。拜石轩之东的假山土石结合，可登高赏景，另有情趣。最南的假山基本全为土山，植以灌木杂草，最有野味。

半亩园的小溪分为二脉，上接石梁，有连绵之意。后期的水池更有江南风格，池岸驳石崎岖，在一块大石头上刻着"胜境"二字。

园中的花木和盆景也非常别致。据《园居成趣》，以果树为多，少有艳丽的花卉，加上葡萄、翠竹、古松、老槐、垂柳，娜嬛妙境前则植以书带草、铁树、红蕉，全园植株虽然不多，却点缀适当，清荫匝地，淡雅宜人。

园中匾额、楹联很多，且为名家所书，如"半亩园"为赵岘宗所书。其中匾联还有一个重要的特点，就是多借江南名园，典雅贴切，既深化了园景意境，又能让人产生对江南园林的联想。

半亩园建筑风格淡雅，陈设精致，空间幽曲，叠山、理水、花木栽植都独具匠心，因此作为清代的一座富有传奇色彩的名园，的确如震均所赞的那样，"纯以结构曲折，铺陈古雅见长，富丽而有书卷气，故不易得"，算得上实至名归。

恭王府花园

恭王府园是北京保存最完好的一座王公府园，位于什刹海前海。恭王府花园原为和珅宅园，后归庆王永璘所有。道光二十九年（1849年）此府传至永璘第六子辅国公绵性之子奕劻，奕劻于次年封辅国将军，咸丰二年（1852年）晋爵贝子，但府邸却被收回，改赐恭亲王奕䜣。同治年间奕䜣对花园进行了大规模重建，奠定目前所见格局（图10-105）。

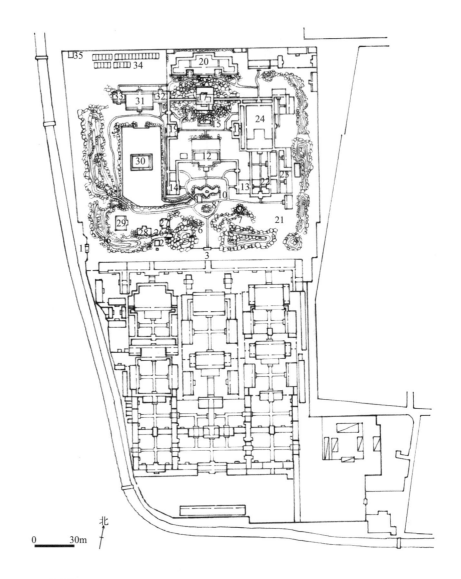

北

0　　30m

● 布局

恭王府府邸部分基本保持乾隆时期格局，分东、中、西三路，中路建有两重门殿，中央位置建有正殿，左右设配殿；其后为嘉乐堂，主要用作满族人萨满祭祀的神殿，东西两路均为多进院落，东路两进后院的正房分别为多福轩、乐道堂，分别用作王府客厅和王爷的居室；西路有天香小院，北为葆光室、锡晋斋。府邸最北为后罩楼呈"凹"字形平面，横贯东中西三路，上下共104间，府邸北即为花园，二者之间有一条夹道相隔。

实际建成的全园面积达3.26公顷，约合53清亩，是北京城内除宫苑外最大的花园之一。整个园子有很严谨的中轴线，分成三路，假山遍布东、南、西三边，彼此脉络相连，隐然形成内敛之势。中路最南为园门，东南山间亦有小径可入园，成曲径通幽之意；西南则设有门关。夹道西侧园墙之外设有一座龙王庙，前置水井。

正门造型类似西洋式拱门，分台基、壁柱、檐口三段，壁间有番草花纹浮雕。门洞内外各镌石额，外为"静含太古"，内为"秀挹恒春"。

入正门为两山夹一道，东西两山一名垂青樾，一名翠云岭，均为青石所叠，二山间以横石相连，形成门洞。洞北中轴线上有叠石花台，上立一大湖石，高约5米，有瘦皱之意，无玲珑之窍，峰顶刻"独乐峰"之名，又称"福来峰"。垂青樾东另有一座小型假山，刻"怡春坞"额。山北依石建造一座六角亭，名"沁秋亭"，内筑曲折石渠，为典型的流觞亭形制，可自山后井中汲水注渠。

其后一院，游廊三面围合，中央环抱水池，形如蝙蝠，名"蝠池"（图10-106），池中心曾经设有碎石所叠喷泉，当为近代受西方园林影响而建。池西溪流转折与西路的大水池相通，溪上以大石为桥，名"渡鹤桥"，原为木桥，当年园中所豢养之鹤在冬季经常在此踱步。

蝠池北建有正厅安善堂，五间周围廊歇山顶建筑，前出三间抱厦，后为一方月台，台基为青石叠成。

安善堂北为大型太湖石假山滴翠岩（图10-107），山前设有小方形水池"三仙池"。假山内部则藏有一个秘云洞，意境深邃，可入而探幽，洞中立有一座康熙帝所题的"福"字石碑。东西有平顶厢房各三间，分别名"退一步斋"和"韵花簃"，仍以游廊环绕。

滴翠岩上建三间歇山敞厅绿天小隐，掩藏在茂林翠蔓之间，厅前有月台名邀月台，台上立有汉白玉石栏杆。厅后又有平台空地，环以山石。两侧为爬山游廊接东西厢房，游廊很长，廊内设坡道而非踏步。

中部最北的大厅悬"正谊书屋"额，平面很复杂，类似五间厅堂，前后各出三间抱厦，两端又接出三间耳房，整体平面形状也像一只蝙蝠，因此又俗称"蝠厅"。

图 10-106 恭王府蝠池，引自北京第宅园林志，第八章，第309页（左）

图 10-107 恭王府园滴翠岩假山，引自北京第宅园林志，第八章，第311页（右）

东路垂青樾假山以后，藏有一座小菜圃，其北入垂花门，为两进狭长的香雪坞院落，二院间隔墙上开设月洞门。前院东西两侧设五间厢房，院中小径两侧设有丛竹，幽篁之间光影荡漾。

后院东为三间厢房，西建十间长廊，正房则为五间硬山建筑，前引藤架。院东紧邻一院，形状更加狭长，前有月亮门额曰"吟香醉月"。最北有一院即大戏楼，空间繁复，北部为前厅，中央为观戏厅，南部为戏台，内外装修均十分富丽堂皇，几乎可以与皇家苑囿戏楼相比。

西南石山与土山之间有一小段城关，名榆关。假山之上，掩藏着一座小小的山神庙。榆关之北有一座倒座式的三间建筑，面对北面的水池，名"秋水山房"。西侧有一座前后两卷三间的建筑名"养云精舍"，面东背山而设。

秋水山房东侧为两层小楼，形制独特，底层平面为十字形，称"般若庵"，为祭祀场所；再北有大水池，形状接近长方，中央一岛，上建三间敞榭，名诗画舫，俗称钓鱼台。

大池北一厅，为两卷五间建筑，名澄怀撷秀。其东耳房为宝朴斋，西耳房为韬华馆，现西耳房已经不存。

● 造园特征

花园有三条轴线，中轴线占主导地位。而西轴线稍宽于东轴线。三条轴线上的主要建筑都被人造假山环绕着。

花园南面是岩石堆砌成的连绵不断的人造假山，园门在山脉的正中心，其设计风格是"西洋风格"。通过西洋风格的园门进入花园，便置身于规模宏大的假山中，假山的设计巧夺天工而不露锋芒，轴线上有拱廊，顶层加盖平板。在中心，形成了整部园林艺术作品的焦点。这是一块超大巨石，巨石伟岸，堪称双刃剑。由此向北是一座庭院。内有一个小池塘。一条水道，两岸砌石，将小池塘与一个非常大的池塘沟通。那是西轴线的主要部分。中轴线两侧的游廊，意欲引导漫游者深入园林，游廊从东、西两侧先向北行，转一个角，上升至花园亭台。小池塘岸边砌着山石，花园亭台很自然地坐落于池塘后边。这座亭台像是一座开放的亭廊。画廊勾勒出了中区的轮廓线引导游客向北，进入一个更宽更深的长方形庭院。东边"退一步斋"，西边"韵花称"。向北走一点，在中心位置，是一座太湖石假山，它是整个园林的焦点。

在中轴线上，洞穴深处，有一决精心润饰过的石块，面向南，嵌入天然墙。上面刻着一个大字"福"，系康熙皇帝的手书，盖有皇帝的御印。经过西山石板铺的路可以从洞外上山，经洞内通道也可以上山。山顶有三间小屋，称"绿天小隐"，房屋内部陈设，十分精致，到今天，其中绘有精美图案的漆器、木器，仍然提示游人这里曾是何等风雅的所在。再往前为"绿天小隐"，其两侧都有画廊，类似于通往安善堂的画廊。廊外是粗犷的山岩，随着游客的攀登步移景换，视野渐宽。尽头是一座孤寂的山，在后墙那里展开一片粗糙的岩石，其宽度刚好等于主体建筑所占的空间。

全园根据布局可分为中部、东部、西部三部分。

中部包括南山。 进正中园门，由于东西两侧的土石假山的断崖环抱，形成一个进深18米的收缩的小空间，是未进主园大空间的过渡空间。这个小天地同时也起到障景作用，使人们进园后不能尽窥全景，但透过北端"青云片"叠成的单梁洞门，可以隐约窥见主园前部的厅堂。

先从南山的东西两侧说起，从幽谷东侧蹬道上山，岭顶散置剑石似峰，刚劲秀拔，其中有两块刻有字（调查时发现，可能还有其他刻字剑石），一为"峭石得天撮"，一为"易曰：介于石，石终日，贞吉"。南山西段岭上竖青石成峰，而且山径窄曲，更富山野之趣。南山西段在与西界的南北带状土山南端的连接处，作弧形城墙式通道，下有洞门通西豁口，形成立体交叉的游园路线。

中部主园，穿过青云片洞门后，为第二进（以幽谷为第一进），迎面耸立着挺拔高大的太湖石。这块石高5米，以瘦取胜，缺乏空透和形体变化。石上镌有字，已淋蚀，尤其是第一字，但隐约可察出为"独乐峰"三字。这个特置峰石的后边横列着"蝠池"。

安善堂北面为平台，下阶便进入第三进空间，是全园最高的叠石假山，也是全园主景部分。全山用房山石掇成。山前凹有方形水池，池中散点玲珑山石三组，饶有意趣。池后即称作滴翠岩的石假山。

石山前部的结构为下洞上台，即石山的下部为洞为壑，石山顶部构成平台，平台之上再筑榭。山洞北面的洞壁即作为上台的挡土墙。石洞东西各有盘山洞道进主洞内，并可盘上洞顶小台地。从爬山洞盘至自然式小台池，由此通过山石砌成的自然式的"宝坻"，登上山顶最高一层平台。这个山石"宝坻"，做得自然，十分精巧，虽取法于宝坻，而又突破通常宝坻为整形制作的框框，特别是中间挡墙收进，形成山岫，呈现出虚实明暗多样变化之妙。

石山后部，有盘山道隐约山石间，下引到山脚北，有凹有凸，东西横列的建筑，组成最后一进空间，也是全园收尾处。这组建筑平面呈蝙蝠形的五开间蝠殿。它前后东西两侧各接出三间，有如蝠翼呈直角的耳房，整个形制特殊。由于山脚腾空与北面建筑台基相连，下面便腾出空间，作为建筑台基下东西向的通道，构成立体交叉组合，心裁别出。

邸园东部。 由南山与东山相连处有一豁口为东部入口处，称曲径通幽。由此径折向西北，就可看到东部主要院落大戏楼建筑组群南的垂花门和门前左右的龙爪槐，这里称作垂青樾。垂青樾前右有亭名沁秋亭。周围环以假山怪石，为青石假山孤峙。从这段青石假山的北蹬道上登，顶为平地，四周青石环立，东南角有一井，可汲水顺石槽流下至沁秋亭中。亭中凿石成渠，引山后井水注之，随势回旋，清音雅致。亭为八角形，就在假山的东北角下，引到亭内的山石踏垛，颇具高低转折、变化自然之妙。

进垂花门内，院落有东房八间和西房三间。院落中一片竹林，院落的正北，就是工府的大戏楼，为三卷勾连搭式建筑，其北即怡神所。

邸园西部。邸园西部是以大型长方形湖池为主体和主景。池中心有岛，岛上有水榭。池南有鼎足而立的一组建筑。池东岸即中部西界的廊屋；池西岸即西山及山麓诸景点。

邸园的西豁口内，榆关前右，有一座小庙名龙王庙。进城门洞左折，有三间敞厅，名秋水山房，在西部中轴线上，山房东，有平面为十字形的妙香亭。

湖北有五间双卷棚建筑，名澄怀撷秀，它的东耳房，名韬华馆，连接至邀月台西侧的爬山廊。

邸园西山，沿西墙直北，主要起隔离外界干扰和湖池厅榭的背景作用，但本身也经点缀而有多景。

从园林艺术上说，诸如设计构思、布局、山水地貌创作都有一定价值和独到之处，尤其在运用建筑与掇山相结合组成不同景区的手法上，掇山叠石的手法上（早期部分），厅堂廊榭的建筑工程工艺上，植物与景相结合的布置上都有一些独出心裁、别具一格之处。

这是一座典型的王府花园，格局严谨，气魄宏大，其东、中、西三路均有明显轴线，且各有特点：东路以密集的建筑物为主，西路以水池假山为主，中路则是建筑与山池相间。

园中建筑，形制独特，规模宏敞，且雕梁画栋，翔丹耸翠，尽显华贵富丽之能事。各楼宇厅堂轩榭亭台各有个性，且与山石花木联系紧密，配以游廊，形成了复杂的空间序列。其中妙香亭小楼上下形式迥异，沁秋亭内设流筋之渠，绿天小隐前后辟有石台，蝠厅造型复杂、装饰素雅，都是非常独特的建筑设计。榆关和山神庙均完全以砖砌建筑而成。建筑与长廊、围墙穿插环绕，更进一步构成了大小不同的多个院落，引人入胜。园中游廊共有一百多间，纵横回复，成为东、中、西三路空间和前后院落最重要的分隔方式和连通要素。

园中宗教建筑包括龙王庙、般若庵、山神庙和花神庙四座，数量颇多，显示了园主复杂的信仰倾向。

假山分青石、湖石、土山三类，各具姿态。垂青樾与翠云岭上下均为青石，有雄健刚劲之风。滴翠岩姿态秀丽，内含山洞和小池，更具幽深之态。东西两侧假山以土山为主，点缀青石，形态浑厚，有蜿蜒不尽之意。东山顶部有剑石耸立，上刻"峭石得天撮"和"易日介于石不终日贞吉"。三类假山主次分明，彼此又有呼应。尤其滴翠岩以湖石叠成大型假山，在北京府园中相当罕见。大池之西尚存几株石笋，另有几块独立的湖石散置于园中，姿态都很清隽。

恭王府花园中曾经拥有特殊引水条件。园中水景主要是西路的大池和中路的蝙池以及滴翠岩前的小方池，三池均为特定的几何形状，与假山关系略为疏远，稍显呆板孤立。滴翠岩和沁秋亭分别通过人工注水的方式营造水滴山岩和曲水流觞的景观，较为别致。

园中花木极为繁盛，且根据不同局部景区的特点分别作了精心的布置。垂青樾假山上植有老槐和各种花草，形成"满架绿云铺，垂丝万千缕"之景，尤其宜于夏季纳凉。园内假山一带以丁香和桃花互映，园东南专门辟有一片空地作为菜圃，称"蔬蔬圃"

综上所述，此园建筑崇弘，山池清丽，古树垂荫，于浓艳之中略显淡雅，集中反映了清代王公府园的若干典型特征，堪称北京现存王府花园最完整的代表作品，弥足珍贵。

10.3.2.3 岭南地区
番禺余荫山房

余荫山房，又称余荫园，坐落在广州番禺南村镇，始建于清代同治年间，历时五年建成。园主人邬彬，字燕天，番禺南村人，清同治六年（1867年）考中举人，官至刑部主事，为七品员外郎。其两个儿子也先后中举。一家有三个举人是件十分荣耀之事，故在乡中大治居室。邬彬在邬氏宗祠均安堂旁边的余地上花费了近三万两白银，营建了余荫山房。取名"余荫"，意为承祖宗之余荫，方有今日及子孙后世的荣耀。山房落成之日，邬彬高兴地自题了一副园联："余地三弓红雨足；荫天一角绿云深。"联首嵌入了"余荫"二字。全联既对仗工整，又概括了这座名园的特点。

传说邬彬为建造此园，曾延聘名师，参考与借鉴了京城、江南及岭南本地园林的特色和优点，在建筑艺术上颇见匠心。其园占地面积仅三亩，约1590多平方米，但布局紧凑，小中见大。亭堂楼榭，山石池桥配置得当，尤以池桥与临水亭榭为胜，庭园虽小，却清雅幽深（图10-108）。

余荫山房以一条游廊拱桥分为东、西两部分，桥用石砌，池水通过拱形桥洞将东、西连贯，水面占全园较大面积。西半部结石为池，呈长方形，内置荷花。建筑物以池北的"深柳堂"为主，池南的"临池别馆"为辅，构成一组景物。东半部池水八角环流，池心结石为台基，上为建筑"玲珑小榭"，以曲廊跨池连接"听雨轩"，水边还点缀以"孔雀亭"、"来熏亭"等形式各异的建筑小品，构成另一组景物。

余荫园的大门设在西南面，外观为普通的青砖砌筑。如果不是门额上的"余荫山房"四字石匾，恐怕难以置信内为岭南名园。由正门入内，通过门厅，迎面是一砖雕照壁。穿过曲折窄道，才是园林的入口园门。

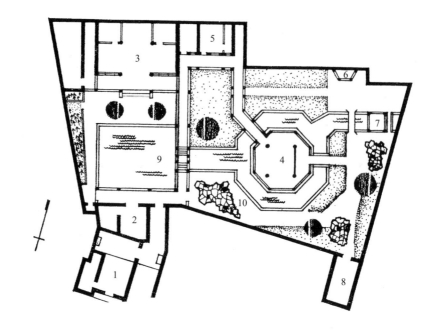

从园门隔岸相望，便是全园的主体建筑"深柳堂"。深柳堂面阔三间，带有前廊，阶上还伸出铁铸通花花檐。深柳堂是昔日园主人起居之地，包括厅堂、书斋和卧室，厅堂宽敞明亮，透过大面积的玻璃窗扇，将池水、绿树引入室内，室内外空间渗透相连，使人感到阔远、舒展，有"凭虚敞阁"的庭园妙趣。厅内的屏门隔断，饰有精致的桃木雕和紫檀木雕，其中所刻三十二幅内置扇形及其他形式的木雕格子，刀法精细，尤称绝品。扇形等格子内装以名人诗画，珍贵且雅致。最引人注目的是中厅里的"松鹤延年"和"松鼠菩提"两幅大型花鸟通花门罩，图案优美，形象生动，使厅堂呈现玲珑剔透景象。堂前两棵炮竹古藤，茂盛苍劲，花开时有如天上飘下来的一片红雨。荷池对面的临池别馆，朴素开朗，与深柳堂一简一繁，主次分明。

玲珑水榭，平面呈八角形，立于八角形的水池中。厅内有八面均以木雕装饰的玻璃窗格，水榭八面玲珑，外面有点景的叠石和压檐的花树。那一沟池水，日可观鱼，夜可玩月。当年的园主人邬彬似乎特别赞赏这座水榭，曾亲题一联："每思所过名山，坐看奇石皱云，依然在目；漫说曾经沧海，静对盼溯印月，亦是莹神。"

游廊拱桥"浣红跨绿"是一座石桥，构木为廊，当中耸起一座四角飞檐的亭盖，廊檐下和廊柱饰以镂空图案花纹的木雕挂落。游廊两侧栏杆做有背靠，既可休息，又能观景，可谓匠心妙运（图 10-109）。余荫山房地形平坦，面积不大，如果不是有比较成功的空间处理手法，一进园内便会一览无遗。因此，这座游廊拱桥对园内空间分隔起着至关重要的作用。人们进入园门，先看到的是深柳堂、荷池、临池别馆及拱桥这一组景物，但不能全面地看到以玲珑水榭为主的第二组景物。而透过游廊拱桥，才隐约看到水榭、叠石与树木，层层景色增添

图 10-109 余荫山房"浣红跨绿"游廊拱桥

了迷离之感，起到了幽邃的效果。

东莞可园

可园位于广东省东莞市莞城区可园路。园主人是清末东莞博厦村人张敬修，他金石书画、琴棋诗赋，样样精通，官至江西按察使署理布政使。可园的建造花费了张敬修毕生的心血，1850 年始建，直至 1864 年才基本建成，此后可园又经多次扩建和改建。

当年张敬修亲自参与可园的筹划兴造，聘请当地名师巧匠，摹仿各地名园，形成独具一格的岭南园林。可园临湖、近路、傍江，自然风光极为幽雅。它的特点是小巧玲珑，以小见大，布局周密，设计精巧，把厅堂、住宅、书斋、庭院、花圃等艺术地糅合在一起。在三亩三(2204 平方米)土地上，亭台楼阁、山水桥榭、厅堂轩院，一并俱全。可园面积不大，但园中蜃楼悬阁，廊庑萦回，亭台点缀，叠山曲水，极尽园趣。园中建筑、山池、花木等景物十分丰富。每组建筑用檐廊、前轩、过厅、走道等相接。形成"连房广厦"的内庭园林空间（图 10-110）。

按功能和景观划分，可园大致划为三个部分。第一部分为入口所在，是接待客人和人流出入的枢纽。这组建筑有入口门厅、客人小憩之地的六角"半月亭"、接待来客的两座厅堂——"草草草堂"和"葡萄林堂"，还有听秋居等建筑。第二部分为款宴、眺望和消暑的场所，有可轩、邀山阁、双清室等，是可园的主要活动场所。第三部分是沿可湖的一组建筑，环境幽美，是游览、居住、读书、琴乐、绘画、吟诗的地方，有可堂、雏月池馆船厅，观鱼簃、钓鱼台等。

六角"半月亭"，又称"擘红小榭"，在门厅之后，与门厅呈一中轴线。人

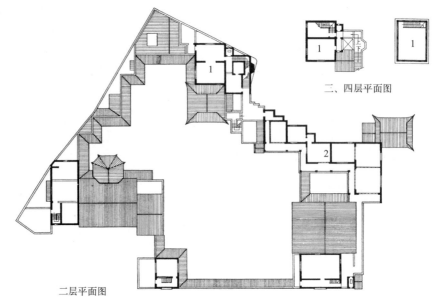

图 10-110 东莞可园平
面图
1. 邀山阁 2. 绿绮楼
3. 环碧廊 4. 厨房
5. 曲池 6. 可轩
7. 双清室 8. 间花小院
9. 观鱼簾 10. 钓鱼台
11. 擘红小榭 12. 草堂
13. 门厅 14. 葡萄林堂
15. 竺台 16. 花之径
17. 狮子上槽台
18. 拜月亭 19. 壶中天
20. 雏月池馆（船厅）
21. 可堂 22. 可亭
23. 博溪鱼隐

二、四层平面图

二层平面图

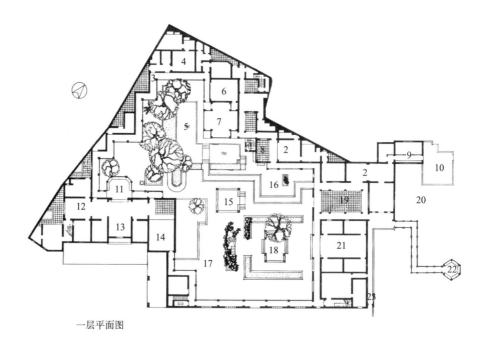

一层平面图

于亭中，只见栏后绿树成荫，丛花烂漫，曲池清碧，虹桥卧波。从擘红小榭左
行，经碧环廊可至可轩，可轩是款待宾客的高级厅堂，全以木雕为饰。因厅内
地板装饰为桂花纹，故又称"桂花厅"，夏日入内，清凉沁人，从前厅外设风柜，
风口放香料，风从地道至厅内中央，香气四溢，颇具南方特色。与可轩一墙之
隔是双清室，取"人镜双清"之意，双清室又称"亚"字厅，因它的平面形式，
窗扇装修，家具陈设，地板花纹都用亚字形，故名之，亚字厅结构齐巧，四角
设门，便于设宴活动。

双清室旁侧有石级登楼，楼高 15.6 米，为四层。底层即可轩，二、三层

图 10-111 东莞可园雏
月池馆船厅、可亭

有廊道通往别楼，顶层有阁，因四周有群山百川，取名"邀山阁"，欲邀山川入园。登楼眺望，远近诸山，"奔赴环立于烟树出没之中，沙鸟风帆，去来于笔砚几席之上"，是吟诗作画的好地方。过去邀山阁是整个县城的最高建筑，白日站在阁上，顿觉群山江川扑面而来。夜间登阁，可以看到阁上对联所云："大江前横；明月直入"之妙境。

从问花小院拾级而上，便有以贮藏唐代"绿绮台琴"而命名的"绿绮楼"。这张唐琴在明代为武宗朱厚照的御琴，后归张敬修所有，藏于园中。张的后人把古琴又卖给了东莞金石家邓尔疋，据说，绿绮台琴现存于香港。绿绮楼隔着壶中天小院，是"可堂"，可堂为三开间，坐北朝南，为园主起居之处。临湖设有游廊，题"博溪渔隐"。沿游廊可至雏月池馆船厅、观鱼簃、湖心可亭等处，饱览可湖的湖光秀色（图 10-111）。

可园的全部楼宇，均用光滑的水磨清砖砌成，古趣盎然。建筑之间，高低错落，起伏有致。窗雕、栏杆、美人靠，甚至地板亦各具风格。庭园空间曲折回环，扑朔迷离，空处有景，疏处不虚，小中见大，密而不逼，静中有趣，幽而有芳，鸟语花香，清新文雅，极富南方特色。岭南派画家居廉、居巢，常到可园游玩小住，咏诗作画。居巢咏可楼之诗可谓道出可园特点："亭馆绿天深，楼起绿天外。"

顺德清晖园

清晖园位于佛山市顺德区大良清晖路。建于清嘉庆年间。园址原为明末状元黄士俊府第花园，清乾隆年间，黄家衰落，庭园荒废，顺德人龙应时（字云麓）

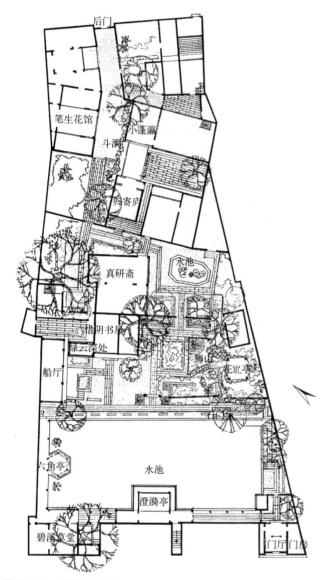

图 10-112　顺德清晖园平面

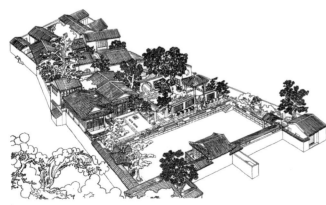

图 10-113　顺德清晖园鸟瞰图

得中进士后购进该园。龙应时将宅园传于其子龙廷槐和龙廷梓，后来廷槐、廷梓分家，庭园的中间部分归龙廷槐，而左右两侧为龙廷梓所得。龙廷梓将归他的左、右两部分庭园建成以居室为主的庭园，称为"龙太常花园"和"楚芗园"，人们俗称左、右花园。南侧的龙太常花园在园主衰败后，卖给了曾秋樵，其子曾栋在此经营蚕种生意，挂上"广大"的招牌，故又称广大园。

龙廷槐字澳堂，于乾隆五十三年（1788年）考中进士，曾任翰林编修，记名御史。嘉庆五年（1800年）辞官南归，居家建园。嘉庆十一年（1806年），其子龙元任请了江苏武进进士、书法家李兆洛书写了"清晖"的园名，意取"谁言寸草心，报得三春晖"，以喻父母之恩如日光和煦照耀。园林经多次改建、扩建，逐渐形成了格局完整而又富有特色的岭南园林。清晖园面积为五亩多地，整个园从布局上分成三部分。南部筑以方池，满铺水面，亭榭边设，明朗空旷，是园中主要的水景观赏区；中部由船厅、惜阴书屋、花纳亭、真砚斋等建筑组成，南临池水，敞厅疏栏，叠石假山，树荫径畅，为全园的重点所在；北部由竹苑、归寄庐、笔生花馆等建筑小院组成，楼屋鳞毗，巷道幽深，是园中的宅院景区。各景区通过池水、院落、花墙、廊道、楼厅形成各自相对独立，又相互渗透的园区景色，使得清晖园内园中有园（图10-112、图10-113）。

步入清晖园大门，穿越明暗变化、虚实结合的通道，来到绿潮红雾门，纵观水光景色，顿觉豁然开朗，只见澄漪亭依水而立，六角亭隔池而筑，池水清碧，绿树成荫，亭台楼阁高低错落，澄漪亭是突入水池的点景建筑，与六角亭一起打破了方池单调的池岸线，使池水既规整又有曲折变化。澄漪亭的窗户用贝壳制成的薄片镶嵌而成，室内明亮通透又古朴幽雅。亭的两侧建有连廊，以木制通花为饰，依廊而行，可尽览池中水色。澄漪亭上挂有对联："临江缘山池沿钟天地之美；揽英接秀苑令有公卿之才。"六角亭也是水池的点景建筑，近水三面设有"美人靠"，凭栏而坐可观赏亭外景色（图10-114）。亭子入口两柱挂有即景木刻对联，如实地描绘了这里之

图10-114 清晖园六角亭

景色面貌："跨水架楹黄篱院落，拾香开镜燕子池塘。"亭子两旁水中立有苍劲挺拔的水松，远处林木花卉争妍，一片郁郁葱葱。在这浓郁的绿色帐幕下，充满着亭中所书"置身福地何消爽，流泳新诗兴激昂"的诗情画意，不愧为名书法家、雕刻家黄士陵所提的"绿杨春院"。出六角亭，经由菠萝、木瓜、阳桃、石榴、金瓜等岭南佳果为木雕题材的滨水游廊，便可来到碧溪草堂，此堂为道光丙午年（1846年）所修建。其正面是以木雕镂空成一丛绿竹为景的圆光罩，工艺精美，形态逼真。圆门两侧为玻璃槅扇，槅扇池板上各刻有四十八个"寿"字，有隶、篆书和以花鸟虫鱼演化成的象形文字，称之为"百寿图"，形象各异，可谓别具匠心。槅扇下槛墙上刻有清道光年间所题名曰"轻烟挹露"的砖雕竹石画，画中题词为："未出土时先引节，凌云到处也无心"。

清晖园中部地段的主体建筑船厅坐落在水池之北，传为原园主千金居所，其外观为双层式砖楼，船厅仿珠江上的紫洞艇而建，上下两层都做有通透的窗扇，并饰以各种图案，二层室内花罩隔断是以岭南佳果为题材木雕镂空雕刻而成，非常精美。船厅上下迂回的楼道，犹如登船的跳板，虽在陆上，却似泊于水中。楼前有池清澈如碧玉，池畔有百年紫藤，绕古沙柳树而上，宛如系船之长缆。月明之夜，登楼推窗俯瞰，碧水如镜，绿树如烟，粉墙黛瓦，鳞次栉比，颇具南国水乡舟游情趣。船厅后面的惜阴书屋和真砚斋为一组相连的园林小筑，是园主人读书治学之处，建筑较为朴素。真砚斋的雕刻也很生动，其槛窗雕有八仙过海图，槅扇上刻有"百寿字"，人们俗称为"百寿门"。真砚斋前方，设有突出地面的六角长方水池，池中堆叠石山，池内游鱼嬉戏。

"风过有声皆竹韵；明月无处无花香。"这是清晖园北部景区正门口的一副

对联，它点出了这一景区的雅静风貌。这里通过院落、小巷、天井、廊子、敞厅来组织空间，是院主人生活起居的地方。主要建筑有"归寄庐""小蓬瀛"两个厅堂，中间以连廊相接，连廊两侧为石山和翠竹，是个清凉、幽深、宁静的庭园。前厅为两层楼房，正面是称为"百寿桃"的大型木雕，图内为一棵枝繁叶茂的仙桃树立在鲜花石山上，结有多颗果实，雕刻工艺精美，是件雅俗共赏的艺术珍品。相邻的旁厅内用刻有梅、竹、荷等镶嵌玻璃的门板作间隔，美观别致。而另一建筑"笔生花馆"，内分一厅两房，厅房之间也是用镶嵌着印花玻璃的门相隔。房门额上各有一幅梅花图。厅堂梁柱间做有大型通花挂落装饰。此馆其名取材于唐代诗人李白孩童时曾梦见笔头生花，后成为大诗人的故事，祈望子孙后代能登科成才。此处无论厅中小憩，还是花径漫步，但见壁山起伏，翠竹掩映，小院深邃，鸟语花香，虽疏淡清雅，倒也别有一番风趣。

园内建筑物的品种上几乎荟萃了中国古典园林的各种建筑形式：亭、榭、厅、堂、轩、馆、楼、阁、廊、舫，造型构筑别具匠心，各具情态，灵巧雅致，具有鲜明的岭南水乡特色。大量采用落地式屏门，同时使用大量彩色玻璃镶嵌楞格，美观大方，通透玲珑。而众多水景的运用，岭南佳果的图案装饰，使清晖园的设计独见匠心。

澳门卢家花园

澳门卢家花园（葡文：Jardim Lou Lim Iok）为卢华绍、卢廉若父子所建造的中型岭南园林，总面积 1.78 公顷。卢园一带原是龙田村的农田菜地，清同治九年（1870 年）澳门富商卢华绍购得此地后交由其子卢廉若督造花园。卢廉若为澳门商会和镜湖医院慈善会的值理会主席，他请广东香山（今中山）人刘光谦设计建造，刘光谦既是书画家，又擅园林设计，见多识广。经他精心策划，卢家花园建造得独具特色，既有江南园林的造园手法，又融入西方建筑的风格，园林还富有岭南园林之造园风韵。

园林始建于清光绪三十年（1904 年），园内亭台楼阁，池水桥榭，曲径回廊，奇峰怪石，幽深竹林，飞溅瀑布，引人入胜。进入卢园正门之后是一座书有"屏山镜楼"的圆洞门，林荫小道淹没于翠竹丛中，"曲径通幽"是园林造园中最常用的手法，卢园利用迂回曲折的小径，延长了园内的游览路线，同时由于曲径的方向不断改变，峰回路转，颇有"柳暗花明又一村"之感（图 10-115）。

"屏山镜楼"的东侧是养心堂，当年有着接待贵宾的功能。卢园以"春草堂"水榭厅堂为园中建筑的主体，建筑前后有廊，其廊柱造型采用古罗马科林斯柱式和混合柱式，但柱子有圆柱和方柱，建筑外墙米黄色，配以白色线条，柱顶上修饰也是白色欧式花纹。春草堂四周均为水面包围，形成园中小岛，建筑前面水面较为宽畅，而后面则狭窄呈带状，水榭厅小岛东、西、北各有小桥与周围相连，小桥造型多样活泼。

园内景点分布得当，景色错落有致。园林以山石叠砌来组织空间，除"玲珑山"外，还有"仙掌岩"、"小狮子林"等，将大自然崇山峻岭、悬岩绝壁的意境凝缩重现在园林之中，书法家云水僧曾为园林石景题有"奇石尽含千古秀，异花长占四时春"的对联。园中还有一幅以英石砌作的山石照壁。

傍于石景的翠竹是卢园种植最多的一种植物，既有高可参天的粉麻竹，也有小巧玲珑的观音竹，既有颜色美丽的黄金间碧玉，也有婀娜多姿的崖州与青皮，园内还有佛肚、唐竹等。

碧香亭前面的九曲桥颇有特色，曲桥为不规则的弧形弯曲状（图10-116）。园中池水宽广，夏日荷花盛开，摇曳生姿，池畔柳丝低垂，随风飞舞，景色优美，令人陶醉，圆圆的荷叶和横跨其上呈弧状弯曲的九曲桥相映成趣。靠近曲桥的假山叠石和奇峰怪石玲珑剔透，涓涓流水从假山顶部跌落，形成五叠瀑布，水流又注入假山脚下的池塘。小径环游，栈桥横悬，瀑布溪流，缓缓泻下，卢廉若花园通过迂回的曲桥、挺拔的石山、幽静的竹林、淙淙的瀑布、交错的回廊，人于园内如同游览在一幅声色双全的立体画中。

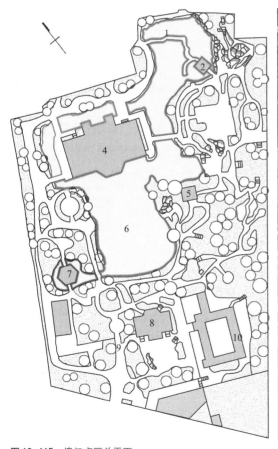

图10-115 澳门卢园总平面
1.曲桥 2.碧香亭 3.玲珑山 4.春草堂水榭 5.人寿亭
6.水池 7.抱翠亭 8.养心堂 9.屏山镜楼 10.游廊

图10-116 卢园碧香亭与曲桥

汕头樟林西塘

西塘位于汕头市澄海东里镇塘西村，是集住宅、书斋、庭园三者为一体的庭园，原址为林泮别墅，于光绪年间为樟林南社洪植臣买得，亦称洪源记花园。园林最早建于清嘉庆四年（1799年），经历代修建，特别是光绪年间的扩建，成为广东粤东地区较为著名的庭园之一（图10-117）。园林外水塘，水塘东部凹入为水湾，过去通航外河，停泊船艇。庭园的最大特点是结合地形，在有限的面积内获取最多的景观效应。造园手法上，采用先收后放、先抑后扬的方式，随着步移，园内空间由小转大，由封闭转向开敞，景色逐渐增多，由较为单一的景观转向层次丰富的景观。

全园占地一亩略余，园内亭榭楼阁、假山水池、客厅书房、园林花草一应俱全，在有限的空间营造无限的景观。该园总平面结合地形和使用功能，把园内空间划分为四个部分：入口门厅小院、前部宅居院落、中部庭园和后部书斋。

初进庭园外门，迎客的是一堤婆娑翠竹，半池荡漾碧波，至正门前，门楼匾额上刻着正楷"西塘"二字，笔划端庄平易，落款为"嘉庆四年六月吉旦"。

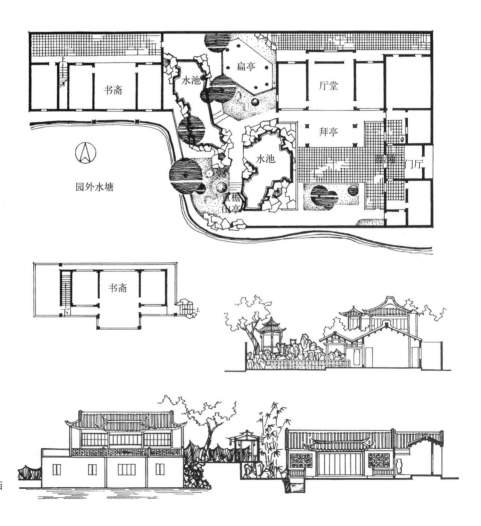

图10-117 澄海樟林西塘平面、剖面

入口大门东向，进门后为一封闭的小院，由于在小院正中开了洞门，人们透过圆洞门，可远望庭园假山和重檐六角亭，宛如一幅古画。通透的门洞改善了小院的封闭感，门洞的处理使小院与大院的联系紧密而又过渡自然，既增加了空间的层次感，又使小院空间起到了欲扬先抑的效果。

通过小院的圆洞门进入庭院，庭院的右侧为居住部分。住宅厅堂为三开间建筑，陈设清雅，前后有廊，前廊附有拜亭，其院落布局规整，开敞疏朗。住宅通过拜亭的檐廊瓶门与庭园联系。拜亭前用红黑小石铺成"双凤朝牡丹"图案的庭院地面，厅堂对面，芝兰飘香，山茶竞艳，围墙绿瓷窗下，两根木化石立于绿荫丛中，斑驳苍老，别致幽然。穿过厅堂檐廊花瓶形侧门，则步入山下小石桥。桥头前面，一石状如鲤鱼跃起之势，栩栩如生，名为"鲤鱼跳龙门"。每当月圆立于桥顶，可见左右两边池水皎月双印，所以名为"西塘印月"。桥东荷塘后门，有水亭一座，置于池中，底面用石板架出水面，呈六角状，有石刻诗云"云水浮空崖，树木间飞阁；胜迹清以幽，吟啸资逸乐"。

西塘庭园的主景为叠石假山，一湾水池，雕栏围绕。假山之下有一幽深岩洞，称为"鹤巢"，原养白鹦鹉，据说鹦鹉能吟简短诗句，十分逗人喜爱。岩洞之上，奇石峥嵘，石壁上刻"秋水长天"四字，苍劲俊秀。山下石路，迂回曲折。小桥旁边，数竿金丝竹，低拂着一片山石，上刻"挹爽"二字。沿小石径，可登假山，山上筑有重檐小亭。亭边山石耸立，谐趣横生，似猴似马、似狮似鹿。沿着逶迤山径，临池西面有琴形石桌，琴台右侧，九层景塔迎风矗立，塔前有一方石，旁栽含笑、夜合，两边梨树、榆树挺立，林荫覆盖，清风徐来，树影婆娑（图10-118）。

园内后部的书斋是一幢两层的楼阁建筑，二楼与庭园内假山相通，楼阁临池，飞檐映水，巍然屹立，起逸空际，大有飞凌碧波，招揽风月之势。顺石级登楼，只见园外宽阔的池水波光闪烁，倒映着远处群山和农舍。庭园边界利用假山、楼阁而不设围墙，把园外空间景色引入庭园，扩大了瞭望视域，还增加了庭园的开阔感。

图10-118 澄海西塘庭园假山（叶荣贵绘）

西塘庭园造园，通过大型的叠石假山、曲折自然的水池和偏于一侧的扁亭，形成主要景观。山顶耸立着重檐小亭和小塔，山上山下有崎岖小径和洞内石梯相连，假山石景与水池紧密相依，曲池上铺有平板石桥将两岸连接，加上园内栽植的树木翠竹，丰富了园林景色。庭园虽小，但高低错落，布局十分紧凑，整个宅园恬静清幽，鸟语花香，令人心旷神怡。清代时期的粤东传统第宅园林，以西塘最具代表性。

汕头潮阳西园

西园位于广东汕头潮阳区棉城镇西环路东侧，为本地人萧钦所建。该园始建于清光绪二十四年（1898年），竣工于宣统元年（1909年），是一座宅第庭园。园区占地面积1330平方米，建筑面积约900平方米。西园在造园艺技方面，既继承了岭南传统庭园的精髓，又对西方园林形式模仿借鉴，并运用了近代新材料、新技术进行创新。其独特的空间布局、中西合璧的造园手法，以及先进的技术手段，使西园在岭南近代园林发展史中占有相当重要的地位，并成为粤东地区乃至岭南近代著名第宅园林（图10-119）。

园主人萧钦对建筑行业颇为内行，立意要把西园建成一座有岭南特色，既不俗套又小巧玲珑的园林，设计师萧眉仙根据他的创意和建议，中间曾数易其稿，历时15年，耗资白银38万两建成。

西园总平面布局不同于传统造园手法，大门西向，采用潮汕传统三间门房式，前有凹门廊，后有宽畅门厅，适应岭南多雨气候，但门房造型却为西洋平顶柱廊式。进门原为中部的水庭，面积约占全园的三分之一，开阔舒朗，正对大门的水面上布置有扁六角亭一座，亭与右园有曲桥相通，与左宅有连廊相接。西园地块呈不规则梯形，西侧为长边，采用"左宅右园"的处理手法，水庭左侧为两层的宅居，南北朝向，进深较大，平面基本上是潮汕民居的五间加边房式，中间楼梯间用天顶采光，面向水庭处做成外廊式，建筑吸取了西方的一些

图10-119 潮阳西园平面
1.门厅 2.住宅 3.厨房
4.厕所 5.书斋 6.会客厅
7.休息房 8.山上圆亭
9.扁六角亭 10.回廊
11.池水

0   5m

图 10-120 潮阳西园书斋"房山山房"

手法，正立面用四条多立克叠柱装饰。右侧的书斋庭园是全园的精华所在，水庭右侧绕过直廊书斋后为书斋庭园部分，布置紧凑，有阁有楼，有山有水，还有小桥小亭。宅园内的三部分各自独立，但又相互联贯。

书斋庭园布置在南端三角地段，称之为"房山山房"，由书斋、客厅、休闲房舍，以及假山、水池所组成（图 10-120）。两层的书斋楼阁一侧与假山相连，另一侧置有悬板式楼梯，楼梯应用力学结构原理，梯板由墙体中悬出，不设梯梁，以轻取胜，被人们赞叹为奇梯。书斋楼阁平顶琉璃瓦小檐，下有出挑的垂花柱，墙面设玲珑通透的彩色玻璃窗扇，中间有用西式拱窗楣和宝瓶琉璃栏杆，中西样式融为一体，风格别有品味。假山用珊瑚石和英石混合砌筑，仿照海岛景色，富有南国特点。山上设园亭，山下筑"水晶宫"，水晶宫为一半地下室的建筑，用螺旋石梯联系，"螺径"旋梯以同轴垂直悬板叠合成梯级，既节省用地又解决了垂直交通问题，轻盈奇特，显示了结构的悬挑之美，成为园中一景，别具匠心。在水晶宫里通过低视点仰望庭园景色，中有碧波池水相隔，望游鱼嬉戏，别有一番风趣。

主持设计营构假山的艺匠是园主宗人萧眉仙（1846-1926 年），其人多次参加乡试未中，但善雕刻、绘画及园艺。庭园假山依壁垒叠，用形状各异的石块砌成，假山背东南、面西北，山长约 20 米，高近 10 米，其体量可谓岭南第一宅园林叠石之最。假山依隘逼之地，陡峭掇石成起伏山峦，拱抱曲尺形山房建筑，中隔修长水池，建筑与假山有桥、廊相通，互为对景。假山外部虽然体积庞大，但内部却通透空灵，山中有洞、有穴、有岩，山外有径、有蹬、有路、有桥、有矶，四通八达，可观、可游、可爬、可穿、可憩，形成洞府幽邃、错综迷离、回环转折的空间。石壁虽然悬崖高耸、山势夸张，但假山倒影在池涧水面，绝无挤逼之感。

山水叠石仿海岛景致，一潭池水模拟海面，弯曲的堤岸呈现出渔岛的轮廓线，假山叠砌的渔岛峰峦起伏，悬崖峭壁，岩洞四通八达，假山内置有水晶宫、蕉榻、小广寒、潭影、橘隐、拱桥等景点，进入假山，犹如到了人间仙境，曲径通幽，小道蜿蜒可登峰顶，还有岔道可通"云水洞"、"不兢"、"螺径"、"钓矶"、"别有天"等假山景观。曲径忽上忽下，忽进转出，步移景异，绵延不断，山中片片地还设有琴台棋盘，使人百游不厌、津津有味。庭园山石不高而有峰峦起伏，池水不深而有汪洋之感，叠石造景独具匠心，别有一番风趣。

桂林雁山园

雁山园，又称雁山别墅，位于广西桂林雁山镇。雁山园始建于清同治八年（1869年），原为清代桂林地方官吏唐岳的私人园林，后来唐岳被朝廷征调，客死异乡，由于家道中落，园子逐渐荒废。民国以后，易名为"西林花园"，又更名"雁山公园"。

雁山园占地面积15公顷，南北长500多米，东西宽330多米，园地结构是真山真水景观，桂林地质属喀斯特溶岩，石山平地兀起，屹立奇秀，相思江从园里流过，窄时为溪宽则为湖，两岸桂丛柏木荫盖，山清水碧，景致天然。因公园西面的山形犹如平沙落雁，恰像一只北来的鸿雁，至此忽然扭身引颈向东，停在相思河畔，故雁山镇和公园亦由此得名。雁山园为晚清园林，其特色是将园内天然的岩洞溪河、浓荫郁葱的树木和古雅别致的建筑巧妙地融为一体，表现出桂林山水园林之山奇、水奇和洞奇的特征，是一座规模较大的极富地方风韵的近代第宅园林（图10-121）。

图10-121　清代雁山园
（孟妍君摹农代缙《雁山园图》）

全园景区原分入口区、稻香村区、碧云湖区、方竹山区和乳钟山区。

入口区：包括大门外的宽阔的水面、入口广场、大门到乳钟山陡壁，南到清罗溪一带。大门设在全园北端西面，以用乳钟山作为屏障，正对着大门，既自然舒展宏伟瑰丽，又省人工，使整个园子隐而不露，起到了增加全园景色层次和深度的作用。大门为一重阁门楼，背山面广场，隔水面置一拱桥引人渡入，步移景异。至门前可透过园门窥见重阁石壁、桂花树丛，山石嶙峋，如同一幅天然山水国画。门额上书"雁山别墅"四字，左右书"春秋多佳日，林园无俗情"楹联，诗情画意使人浮想联翩。运用"欲扬先抑"之障景手法，把门内的空间延伸至门外，使整个园林空间扩展了一倍。入园右转忽见水面，顿有豁然开朗之感。彼岸的水榭、绣花楼及各种花木倒影水中，颇有"半亩方塘一鉴开，天光云影共徘徊"之诗意。湖畔建有一座别致的小楼，曾由唐岳儿子居住，俗称"公子楼"，隔湖相对是"小姐楼"。向东北沿山路曲径可达乳钟山区，往西南越过小桥即为稻香村区。

稻香村区：此区主要为稻田菜地、荷花池和建筑稻香村。区内茅房陋舍、田野菜地、花篱瓜棚，具有浓馥的村野田园生活气息。

碧云湖区：全园的主要景区，有涵通楼、澄研阁、碧云湖舫、水榭、长廊、亭台等。涵通楼是全园的主体建筑，通过长廊把东面湖中的碧云湖舫和西南面方竹山麓的澄研阁连接成一体，形成一组庞大的建筑群，建筑高低错落，位置得宜有序，南面又以高大的方竹山作为背景加以衬托，因而显得造型优美，成为全园的构图中心。涵通楼为歇山二层楼阁，画栋雕梁，十分堂皇，楼前设有一戏台，登楼可览全园之胜，是唐岳藏书、宴客、聚友、玩乐之处，清刘名誉《雁山园记》云："层楼巍峨，高甍华宇，气象巨丽，……斯园之主楼。"《临桂县志》载：其内"藏书千卷"。楼外有墙院，设有二门可关闭。楼后有小湖及清罗溪，隔水与桃源洞相望，小湖与溪之间被一大山石所分，而水体则能渗漏沟通，湖中有一组散石，水濯其间，上置八角"钓鱼亭"，颇有"流水清音"之意韵，另有一石栏小曲平桥与岸相连，十分雅致。澄研阁也是二层楼阁，为园主唐岳的卧室，其装饰"精工绮丽，特冠全园"，其曲折长廊跨水与涵通楼相接，廊边有蹬山道至山顶方亭可鸟瞰全园。涵通楼东有长廊与碧云湖舫相连，使小湖与碧云湖仅一廊之隔，大小水面对比，反衬碧云湖更显宽阔。穿过长廊，沿山依石南行，山石平顶筑有勾栏和石桌石凳，可坐卧弈棋垂钓，曰"钓鱼台"，其石根潭边的精美雕狮石栏至今尚存。

碧云湖中设一形若舟船的水阁，谓之"碧云湖舫"，登临凭栏眺望可观赏湖光山色，亦可琴棋书画、游乐歌饮其间，也是全园的重点建筑之一（图10-122）。湖北岸有一重檐敞亭与之隔水相望，湖东北角设有一竹影相衬、造型别致清雅的琳琅仙馆，西部水中的孤石小岛植柳数株，在湖舫内透过丝丝垂柳，隐约可见西岸水榭和涵通楼，环湖建筑互为因借，对景成趣，景观层次深远。碧云湖又称"鸳

图 10—122 雁山园碧云湖舫

鸳湖"，为园内最大水面，山石为岸，翠峰倒影，湖畔植柳，湖内种莲，红荷点点，画舟翩翩，碧波涟漪，游鱼穿梭，微风夹歌，风景如画。园林体现了"山得水而活，水得山而媚"的造园匠意。

方竹山区：系一狭长地带，主要由方竹山南坡、八角西林亭、花神祠、桃源洞、桃林、李林组成。此区桃李争春，古藤方竹，奇岩异洞，林茂风生，清旷静谧，避暑休闲，为全园的安静休息区及读书消暑的好场所。洞因桃林而得名，亦有"世外桃源"之意。

乳钟山区：包括乳钟山、桂花厅、丹桂亭、水榭、绣花楼、莲塘等。入园后沿山边小道东行，有大小两个水塘，水体与青罗溪沟通。山脚间有一高台，因其四周遍植丹桂，故称"丹桂台"，台上有亭叫"丹桂亭"，悬崖临水、高旷爽朗、桂荫浓翳、花香袭人，亭台与涵通楼遥相对应。亭下莲塘石出水中，古木横斜，塘内种植红莲和白莲，十分优美。乳钟山南有一洞穴叫"蛇岩"，蛇岩前有一座建筑，原名临水楼，周有桂花竹子，又称"桂花厅"。厅后洼地与碧云湖相通，春夏水漫成潭，又称为"白鹅潭"。临水楼前有石径通琳琅仙馆和碧云湖边小亭。莲塘西南清罗溪边，有水榭和绣花楼，凭栏观荷赏鱼，平湖倒影，别有情趣。

雁山园造园特点之一在于"巧于因借"，一借"雁山春红"的植物景观，二借"雁落坪沙"的奇特山水。周围石山上的各种野生杜鹃三、四月间盛开，满山遍野万紫千红，蝶舞蜂鸣，观之春意盎然，令人心旷神怡，为"雁山春红"借景之妙。利用雁山一带之土岭石山的外形轮廓线，南北叠位，高低错落，形似大雁展翅东飞，形象生动，栩栩如生，遂成"雁落坪沙"之绝色景观。相思河由南向北穿越雁山园，河水来无影，去无踪，只有一段流在园中，所以当地人称它为"飞来河"，在相思河中有一个鱼沉潭，相传初一、十五水流涌动而鱼跃回江中，因而雁山园更享有"沉鱼落雁之地"的美誉。湖塘池岸或利用天然山石为岸，或保留自然土岸，利用低湿洼地和小水塘，疏浚整理成湖成溪或稻田，地尽其利，各得其所，使全园水系相通，或广池巨浸，或小溪曲涧，聚分自然，曲折成章，既有对比，又富变化，造园"虽由人作，宛自天开"。

雁山园有各种奇花异卉和天然植被，种类丰富，林茂花繁，鸟语花香，把园内装点得分外妖娆。它不仅拥有石灰岩石山特有的植物群落，还有大量人工栽培的名贵花木品种，尤其以方竹、红豆树、丹桂、绿萼梅最为珍贵突出，人们赞誉为"雁山四宝"，它与李林、竹林、梅林、桂花林、桃林合称的"五林"，是整个雁山园林植物配置艺术的重要特点和标志。园内的植物配置，除保留山体天然植被和名木古树外，还结合功能分区和造景需要布置，有成片种植的，也有重点点缀的，或以景点或建筑名称命题，通过植物配置加以重点渲染，使景点名副其实，如方竹山上种方竹，桃源洞前植桃花，莲塘池内栽莲花，还有丹桂亭旁的丹桂，桂花厅旁的各种桂花，以及红豆院内的红豆树等，不同季节有不同的观赏，春风下的桃李和"雁山春红"的杜鹃，秋季红叶的枫香、乌桕和十里飘香的桂花，真是满园绿情，鸟语花香。

适地种树也是该园植物配置的成功之处。如在园的东北部墙边地形低洼的地区成片种植竹子，在湖塘溪边配置柳树、乌桕，这都是符合植物生态习性的，并获得较好的绿化效果的处理。涵通楼前后是植物花草重点点缀的区域，集中配置了牡丹、墨兰、白玉兰、素心兰、金边兰、方竹、紫竹、金嵌玉竹等奇花异草。雁山园有一棵巨大古老的千年樟王，据说这棵古樟已有1600年的历史了，要十人才能合抱，其躯干极为宏伟，拔地参天，树身中腰分出七个干枝，而七枝排形，远远观去竟与北斗七星排列一致，蔚为壮观。

10.3.2.4　闽台地区
福州二梅书屋
"二梅书屋"始建于明末，清道光间为进士林星章（1797-1841年）的宅第，清代中、晚期和民国时期曾经大修。宅第位于福州三坊七巷的郎官巷25号，其后门在塔巷26号，由西路、中路和东路三条轴线组成（图10-123）。

西路坐南朝北，北临郎官巷。前后共有三进。第一进大门入内，宽广的庭院内便是面阔三间的厅堂。厅堂进深七柱，穿斗式木构架。明间用彩金插屏门隔成前、后两厅。第三进的后厅略小，其南面天井的左右两侧有单间披榭。

中路由南北两区组成。南区是花厅、庭园。北区中间有隔墙分为东、西两部，各与东、西路相连通。东部由朝南的"二梅书屋"与其后面朝东的五间库房组成。西部由朝南的书室与其后面朝西的三间房组成。

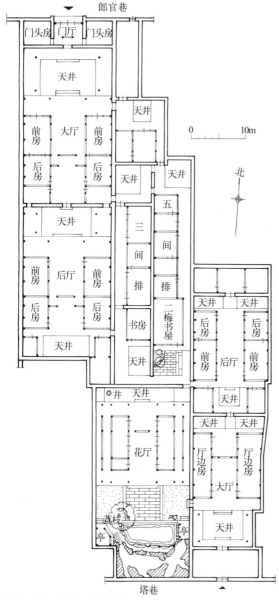

图 10-123 福州二梅书屋平面图

图 10-124 二梅书屋花厅南面的庭院

东路坐北朝南，南临塔巷。由前、中、后三进组成，布局与西路相近。

过中路"五间排"东的狭长天井，经由称为"七星洞"的巷洞，即至二梅书屋庭院。二梅书屋是一座单开间的小室，南檐施空透的门窗隔扇。其前有方形庭院，院内一角有老梅二株，为屋主林星章手植，故有"二梅书屋"之称，并代称整座三路的住宅。

书屋与东路建筑西山墙间的过道，于其两壁及顶部天棚下，钉满凹凸不平的小木块，表面再用灰泥塑出洞窟之形，外观颜色呈灰白色，夏日洞内凉气袭人，故有"雪洞"之称。洞顶留出七个采光孔，排列曲直相间，故也称"七星洞"。

过"二梅书屋"庭院，可南通至花厅。花厅是一座面阔、进深各五间的歇山顶建筑。花厅次间隔为房间，明间则向南北开敞。花厅四面留有柱廊，柱间设鹅颈椅。花厅北对小天井，南对庭院，东西两边有火弄墙。

花厅南庭园呈方形，庭南开一方水池。池西北有高大的古荔一株。环池东、南、西三面沿围墙堆砌假山（图 10-124）。假山环墙而成凹字形，减少了闭塞之感。山顶做出大面积的平台，平台向前突出，边缘下作悬崖，其上峰峦叠起，以南围墙上的壁隐假山为背景，增加了景深层次。假山东西两端倚墙各设一阁一亭，隔池互相对望。假山内洞窟相通，山顶有通道可至阁的二层。庭园的布局及景观处理，与黄巷小黄楼庭院相似。

"二梅书屋"是福州明清时期的民居代表，也是"三坊七巷"内保存较好的住宅，现在辟为福州民俗博物馆。

福州黄楼庭园

黄楼在福州南后街三坊七巷的黄巷 26 号，传为唐代儒士黄璞故居的遗址，清代梁章钜迁

居于此。梁章钜于道光十二年（1832
年）迁居福州黄巷新宅，为纪念黄璞，
为宅旁小楼取名"黄楼"。黄楼乃据旧
有楼阁重修而成。

现在的黄巷26号至34号住宅共
分东、中、西三路。入中路大门，左
转过小花厅前的小院，再折南即至黄
楼庭园（图10-125）。

黄楼庭园呈规则的长方形，以北面
的黄楼为主体建筑。黄楼是一座两层小
楼，面阔6米，进深9米。面阔5间，
前檐下减去明、次间的四根檐柱，使檐
下空间十分开敞。楼上原是藏书之处，
楼下用作书房。门窗用楠木制作，雕刻
精美。楼下左右两尽间，西间设单跑楼
梯，前后门额间塑出洞口形状；东间辟
为前后贯通的洞窟。东间两壁及顶棚均
用灰泥塑成，洞豁嶙峋，峥嵘突兀，俗
称"雪洞"。洞口上刻书卷形匾额，南
面的东、西洞口为"竹林"、"深处"，
北面的两个洞口则为"古迹"、"名胜"。
楼前是以条石铺成的庭院，东西墙下有
单面浅廊。庭院南为水池，环池三面砌
筑假山，东面有二层临水小阁。

水池长度与庭院宽度相等。跨池
有石拱桥，桥栏东西两面分别刻"知
鱼乐处"、"廿网桥"。水池虽小，但石
桥小巧，桥栏板与临池竹节状石栏低
矮，池岸做出洞溪、石矶，故水面幽深而不觉狭小。

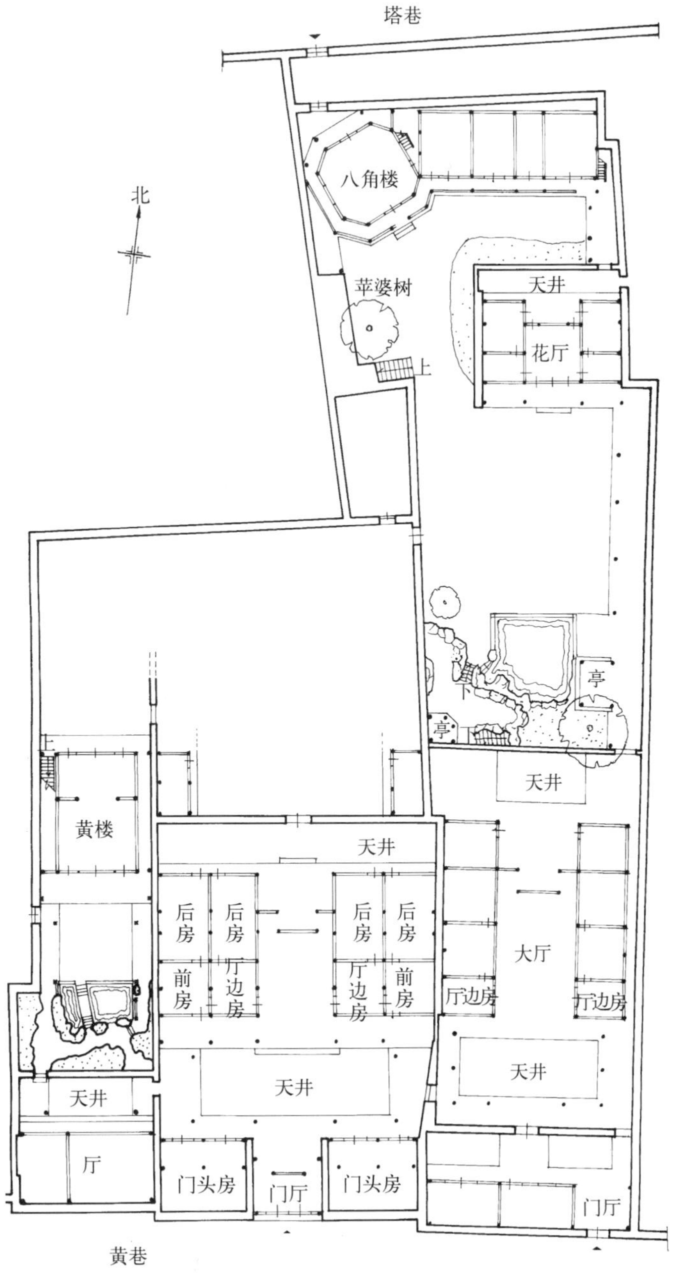

池东的临水小阁单间，台基下用山石做出水涧。二层只做单面腰檐，其屋
顶用半个歇山顶，抵于山墙上。小阁似阁似亭，嵌于假山之中。

环水的假山用黄褐色的湖石叠成。由庭院两边的东、西廊进出。廊尽处做
出山洞，东、西洞口上分别书"引入胜"、"豁然崖"，分别与黄楼的"古迹"、"名
胜"洞窟相对。由"引入胜"门洞进入，过小阁底层，可至假山下的洞窟，再
循道可至水池南岸的石矶、廿网桥或"豁然崖"门。洞窟内有石级可至假山顶。
假山高不超过墙顶。自假山平台，过小阁的第二层，可北行通过庭院东、西廊

图10-125 福州黄楼庭园与东园平面图

上的平坐复道，至黄楼的二层。叠山用的湖石，体块小，质地不甚佳，但尚能凝于一体，山腰以藤萝掩饰，山顶植低矮的小灌木，山石树木浑然天成。

综观黄楼庭园，楼阁、侧廊、水阁、石桥等造型秀丽，精致小巧。山顶、平台、小阁的位置高下相称，空间紧凑。山石与建筑融为一体，尤其是黄楼底层的"竹林"、"深处"与"古迹"、"名胜"雪洞，以及东西廊尽处的"引入胜"、"豁然崖"假山洞，还有嵌于山石间的二层小阁，借山登楼，穿洞入室，人工与自然间的过渡，一气呵成。

福州东园

东园在黄巷34号，紧邻黄楼之东。东园建造于道光十三年（1833年），当时有十二景：藤花吟馆、榕风楼、百一峰阁、荔香斋、宝兰堂、曼华精舍、潇碧廊、般若台、宾月台、澹沤沼、小沧浪亭、浴佛泉。

由东路大厅后的天井，右转折南，即至东园。大厅后天井的北围墙下，其西段堆砌假山，假山东北有一方水池。水池久已淤积。2010年经重新清理，于池旁新构四柱歇山亭，并沿东围墙新构长廊，向北联络至园之中部，与花厅相连。

花厅三间，是东园中最主要厅堂。花厅北有围墙，与厅之间隔成小天井。围墙北有一水池，即当时东园十二景中的"浴佛泉"遗址。花厅西面有苹婆树一株，沿树前台阶，可登至其后的八角楼。八角楼与东面的三间楼阁相连。过八角楼向北，是东园的北边门，出门即至塔巷。八角楼为园中的最高建筑，与其东的三间楼阁相连，即"百一峰阁"。百一峰阁为梁章钜"手建"，是他亲自设计建造的。

梁章钜新构东园十二景中，有馆、阁、斋、堂、台、池、沼、泉等景点，除池沼的位置、百一峰阁的形制大致明确外，其余景点位置尚无法与现状一一对应。东园十二景中的"藤花吟馆"，是梁章钜倡集诗社之所，屋前有老藤一株，荫满庭院。2010年于东园中心位置建花厅三间，并额曰："藤花吟馆"。

东园的建造时间比黄楼晚一年。黄楼成于梁章钜之手，历时两个月。而东园的建造过程，则无详细记载。梁章钜生前即已将东园"质之他姓"，此后东园屡易其主。

东园的山池，还可从近人所摄照片中见其一斑：其布局是沿两墙相交处堆叠假山，沿墙设置蹬道，转角处及山脚下依墙设半亭。假山下辟水池，跨池架三折石板桥。此处可能就是当时"十二景"中"小沧浪亭"所在。

现在福州东园南部以山池为主的景区，是2010年依现状重新设计修复的。

福州林聪彝宅园

在福州宫巷24号。明末唐王朱聿键在此设大理寺衙门。清道光年间，为林则徐次子林聪彝（1824-1878年）购置，晚年居此。

住宅共分东、中、西三路，以西路为主。

西路前后共四进，由中路大门进入，右转为轿厅，左转过天井即至西路正厅。正厅前的天井开敞，三面环廊。正厅面阔三间，明间极宽。中厅、后厅也为三间，次间隔为房间。第四进为藏书楼。由后厅东边门可至附属于住宅的园林。中路各进的厅、楼均设前后天井，后厅前隔以高墙，是福州大宅典型的布置形式。

中路由园林隔为前、后两部，前、后各设花厅。东路入口朝北，由安民巷进入，分为门头房、前厅、前楼、后楼四进。过后楼即至中部的园林（图10-126）。

园林山池区位于东南。假山沿东墙、南墙而筑，沿东墙山脚可登至南部山顶平台。山内有洞穴相连。山体以黄褐色的杂石堆砌而成，纹理、色泽尚能统一。山北为池，池西北角设水湾，跨水湾架双孔石桥。石桥前跨为平梁而后跨为拱券。

山池北面是园中的主体建筑——花厅。花厅以后楼为屏，前设宽广的平台，位置最为醒目，于此可以纵览山池景色。花厅以西为倚墙而建的八角亭。亭前为广庭，庭西为单面曲廊，向南延伸为方亭。八角亭隔广庭与半亭互为对景。

中路轿厅后有小阁楼单间，阁楼北有小天井，天井倚北墙立一座假山、一座半亭。亭作二层的半亭，可由假山内蹬道至亭之二层，蹬道隐藏于假山之内。半亭下又有边门，可进入后面园林的假山内通道。

园林山池面积不大，但位置适宜，池北、池西都有足够的观赏空间。花厅隔水与假山相对，是福州宅园典型

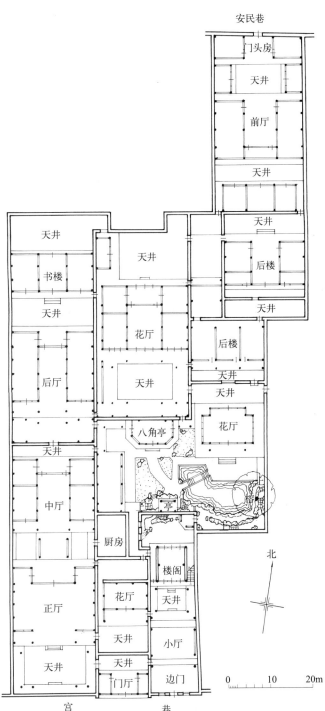

图10-126 福州林聪彝宅园平面图

的布置方式。西路后楼、中路小阁楼的前后小庭院，空间曲折多变，高下变化，也很成功。

福州螺洲镇沧趣楼园林

位于福州市螺洲镇店前村陈宝琛故居的沧趣楼前，是清末至民国初期陈宝琛（1848-1935年）所建的第宅园林。陈宝琛为末代皇帝溥仪之师，于光绪十一年（1885年）后陆续在螺洲故居改建、新修五座楼阁。五楼按照修建的时间顺序分别为：赐书楼、还读楼、沧趣楼、北望楼和晞楼。

这五座楼阁是集藏书、居住、赏玩为一体的庭园式建筑，俗称"陈氏五楼"。五楼位于陈氏故居之北，分为前、中、后三区。前区的赐书楼实为故居的最后一进，其北围墙开小门可通中区，故在空间构成上与其他四楼并不相属。中区由还读楼、晞楼组成，楼前各有庭院。过还读楼即至后区的沧趣楼园林。沧趣楼、北望楼是园林中的主要建筑。中区、后区各有围墙所绕，并分别设东、西边门以通园外（图10-127）。

图10-127 沧趣楼园林平面示意图

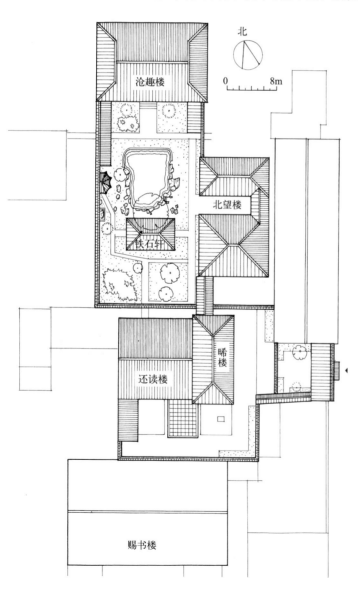

北望楼在沧趣楼前庭园的东面。楼由南北两座楼组成，东有两层廊相连，楼梯就设于廊间，平面上形成凹字形。其中北楼五间，南楼三间，南楼进深大些，故以其为主。楼名"北望"，以表陈宝琛"丹心朝北阙"之意。

五楼之中，赐书楼、还读楼用福州风格的硬山顶；沧趣楼用歇山顶，但檐口平直，翼角亦无起翘；北望楼、晞楼建筑时间较晚，用西式四坡顶，并在楼内及外廊使用吊顶。除晞楼略带有西式装饰外，其余四楼基本上采用福州清代晚期以来的地方风格。

沧趣楼以南、北望楼以西有围墙围合成的长方形庭园。庭园以水池为中心，环池设置铁石轩、半亭、单面廊、湖石、花木等。水池为园中主景，池水形状以聚为主，池北岸以条石铺砌，其余以黄石砌成洞穴、石矶等状，岸边点缀散石、石笋、灌木等，形成小景。六角半亭倚西墙而设，隔池对景北望楼。铁石轩隔池面对沧趣楼，轩只有一间半，一间开敞，另外半间三面施窗扇。

园内原来还聚集各种古石，庭中原来还立有巨石十二块，各肖地支动物之形。园内花木，《沧趣楼杂诗》也有大段记述。这些奇石、古木多已不存，但铁石轩旁"铁石"及临池的高大古木仍是园林之中难得的上品。

沧趣楼庭院空间简洁，虽无曲折幽深的池水及大体量的假山，但平实近人。

泉州澄圃与东园

在泉州市鲤城区南俊南路晋光小学内的教学主楼前，是清初靖海将军施琅（1621-1696 年）府邸旁的园林，府邸早已不存。澄圃的建造过程，清代文献中没有详细的记载。施琅去世七十余年后，乾隆三十三年（1768 年），泉州知府改澄圃为"清源书院"，据官献瑶（1703-1782 年）《石溪文集》卷三《清源书院记》，可以推测当时澄圃以大面积的水池为中心，"环池左右，房舍窈窕"，可惜这些建筑今已不存，仅余假山、水池及石桥部分。现状由东面的圆形水池、池中小岛、连接岛南的石拱桥与西面的长方形水池组成。

东面的水池略呈圆形，直径约 23 米。池中为一圆形小岛，岛南有三孔石拱桥，连接池南岸。西面的方形水池与圆池相连，东西长 45 米，南北宽 28 米。

圆池、方池的池岸用规整的条石砌岸，临水石栏均为新砌。沿池植胶棕、荔枝等高大的乔木。石拱桥旁植一榕树，立高达 2 米的石笋，上刻"插斗"二字，乃明代泉州书法家张瑞图所书。

环岛池岸则用黄石、湖石等叠成，与水面接近，平面上凸凹起伏，高下相间，并留出石矶、水口，显得较为自然。岛中是一座大型的假山，山基处多以条石砌成，内有洞窟，山腰以上则以块状的石、青石叠砌。山体的东坡、北坡设蹬道，沿蹬道两侧置竖石。山顶平台上立一座四柱六角攒尖顶亭，名"万家春树"。岛上种植重阳木、荔枝等高大乔木和夹竹桃等灌木。

1895 年，西人曾拍摄清源书院池亭照片一幅，是清源书院存世最早的照片（图 10-128）。池畔的"奎亭"，由翠香亭改建而成，为六边或八边形的攒尖顶，亭旁临水有高大的石笋及石峰。

清人曾遒（1868-1954 年）《桐荫旧迹诗纪》"过旧清源书院有感"曾记述清源书院内的建筑布置："院内第一进即讲堂，两房壁顶及两边廊，均竖历朝显宦名匾。……讲堂后西畔又有一大堂，东壁嵌韩魏公像，后移镇雅宫。……院有楼，北与承天寺角（甬）道墙比连，有先觉祠，祀朱子。"[①] 现在园内这些

---

① （清）曾遒：《桐荫旧迹诗纪》，第 13 页。

图 10-128 澄圃旧照图

图 10-129 王益顺《清源书院池亭图》

建筑已全部毁去。郭柏荫《清源书院奎亭落成记》说奎亭"居讲堂之巽方"，对照 1895 年西人所摄照片，可知讲堂这一区建筑就位于今天小学教学主楼的中间偏西的地方。

澄圃岛上浓荫蔽日，环岛围以石栏，池岸以块石叠成，高低错落，桥旁石笋高耸。对照 20 世纪 30 年代清源书院池亭旧照，还可见到岛上假山顶的四柱圆形攒尖顶亭及其北侧的石峰。

20 世纪 20 年代，惠安溪底派名匠王益顺（1868-1929 年）曾绘制《清源书院池亭图》一幅，可见立于石拱桥旁水畔的奎亭，岛中假山磴道入口的石叠拱门，上书"山门"二字，其旁有城垣围成的小空间，有石叠或泥塑的圆拱门出入（图 10-129）。

澄圃是泉州古城内最大的第宅园林，可惜池岛外的建筑与古树已经不存，现在保存下来的只是园林中山池的骨架。

施琅在泉州府城内有园林多所，近代相传"有四园，为春夏秋冬燕游之所。后废。其在桂坛承天寺南者，改为清源书院。内二门额有隶书'澄圃'二字，又多植荔枝及大树，即夏景也。"[1]故施琅澄圃今人也称为"夏园"。而"冬园"因在澄圃之东，也称"东园"。

东园遗址在泉州府城东门仁风门西南方，东临泉州府城的东城墙，位处于释雅山上。今日释雅山尚高于其东侧的城市干道温陵北路 10 余米左右。康熙时人诸葛晃的《东园引》是有关此园最早、最为详细的记述。此后东园屡遭易手，于光绪十一年（1885 年）改为崇正书院，但园林布局并未大变。

20 世纪 20 年代，王益顺还绘制《泉郡东园全图》一幅（图 10-130）。图中题云："总四方池亭水图计有五十余丈"。画幅左边绘一高台，台壁开佛手瓜、石榴形窗，台上立一歇山顶亭。中部为山池，假山分为左右两座，以桥相连。山顶各有小亭，其中左边假山上的亭子屋顶作筒拱顶形，四面缀以披

---

① （清）曾遒：《桐荫旧迹诗纪》，第 13 页。

图 10-130 王益顺《泉郡东园全图》

檐，与台湾板桥林园中汲古书屋前的抱厦小亭极为相似。亭旁还有城墙一段、古松一枝，应是曾遒所记的"松关晓月"一景。假山山腰立一小塔，塔下用山石塑出洞门，上额"斗阜"二字。右边假山山脚下有台，入口分设单间牌楼。两座假山下都有屏风形围墙围成的小庭院，院墙上开有睒电纹形、六角龟背形、螭虎寿字形、蕉叶形、汉瓶形、书卷形、扇形等各式漏窗，以及汉瓶式、券形门洞。园中的小径以六角砖铺地。环池围以栏杆。池中树立石峰。

可惜东园的楼阁亭台至今无一存者，仅存数块石。今在东园遗址上辟为释雅山公园。

晋江安海镇尺远斋庭园

在晋江市安海镇广全巷2号的尺远斋，是一座附属于住宅的庭园。住宅部分已毁，在原址上建有三层的现代住宅楼。庭园用地，约20余米见方。东、西两面各有围墙界隔，南面偏西处是一座现代所建的平房，其余部分为空地。

庭园由山石、水池与望月楼三部分组成（图10-131）。

山石位于东面偏北处，是由灰白色的湖石在平地堆叠而成的假山。山脚四周以低矮的散石和石峰点缀。山腹留出很大的洞壑，四面通敞，洞窟中可容数人。山石东侧有石蹬道通至山顶，山顶大部分处理成平台，平台四周围以低栏及湖石。平台东面一角又堆砌石峰数座。

水池在北面，其形状为不规则的多边形，只在南面留出水口。每边池岸线相对平直，护岸砌以湖石，但近代在池壁四周贴上白色瓷砖。水池中偏北处有三折石板桥横跨，石桥仿照闽南宋代以来的石板梁桥样式，两个石墩还做出分水尖，石板面两侧留有卯口，表明当初有栏杆围护。

池北依围墙以湖石砌成"壁山"，山脚以散石、石笋点缀。围墙上伸出石蹬，可达西北角的"听月楼"。听月楼是园中唯一保存下来的建筑，楼下为平面呈梯形的封闭小室，作为"听月楼"的台基。楼建于小室屋顶平台上，平面也呈

图 10-131 晋江尺远斋
庭园平面示意图

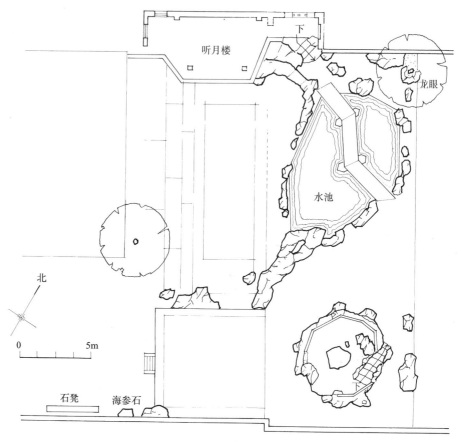

梯形，北面有墙体屏障，其余三面开敞，可眺望远处景色。

"听月楼"与水池以南的空地上，四周以石板铺地，中间则用六角形红砖，每块砖面雕刻出四重花瓣图案。山石东南，还有一处平台遗迹。平台一角靠围墙处，有高近 2 米的石笋点缀，石笋表面布满大小不一的圆状突起，俗称为"海参石"。园内池岸、山石转角处间或矗立片石、名笋，大小不一，高者达 2 米余。园内其余地面用六角形红砖铺地。在围墙角栽龙眼数株，水池内种睡莲，壁山上还植藤萝。

从尺远斋的现状看，东南围墙外为小巷，东北、西南两面为空地，东北面建有一层平房，园林与原来住宅的具体联系尚不清楚。平台遗迹以西，原来还有一座平面六角形的重檐亭子，亭内用斗栱组成的"蜘蛛结网"藻井，今已不存。

综观此园，山石、水池、建筑三者并重，既相对独立，又有所呼应，成功运用对景、借景、障景等手法，取得了较好的艺术效果。山石高而险峻，其内洞窟巨大，四壁伸出悬崖，是以湖石叠砌而成，只在中间用石板承托平台，砌筑技术是很高超的。山石以湖石叠砌，不杂以他石，山体结构严谨，细部与整体一气呵成。建筑以台、亭为主，别具风格，漏窗图案精美，铺地处理精细，是晋江古园林的代表作品。

南安石井镇中宪第花园

中宪第位于南安市石井镇延平东路 12 号。清雍正年间，石井海商郑运锦（1698-1765 年）开始兴建大宅，历经祖孙三代才完工。郑运锦之子郑汝成是贡监生，捐官得"中宪大夫"的虚衔，故称其宅为"中宪第"。府第坐南朝北，中轴线上由门厅、大厅、中厅、后厅四座厝身组成，均为五开间燕尾形屋脊的硬山顶厅堂。轴线东侧建有单护厝，西侧建有双护厝，共计有房间百余间，俗称"九十九间"。西护厝外，建有两座五间张榉头止的合院建筑，作为族中子弟读书、演武之处。合院建筑与护厝之间，开池叠山，沿池有枪楼、半亭、曲桥、围栏、假山等，形成一处宅旁小园（图 10-132）。

水池临近西护厝，呈长方形，沿池四周设石栏杆，并于池南跨水建三折梁板式石桥，沟通水池的东西两岸。池东依护厝建水榭、枪楼。水榭是一座突出护厝外的半亭式建筑，屋顶为闽南式的歇山顶，墙身为三间拱券，临水处设绿釉西式花瓶栏杆。枪楼是一座二层的洋式小楼，底层西有门洞以通花园，北有小门通往水榭。枪楼外形高大而封闭，为防御之用。水榭、枪楼均临池而建，一高耸封闭，一低平开敞，略具变化。

水池以西，北有三间的书院建筑，南有三间带前后榉头的演武厅，供族中子弟习文、演武之用。演武厅之南，原来还有一组"梳妆楼"建筑，现已倒塌。

花园内原来还有假山多处。一处位于水池以北、书院以东，另一处位于演武厅以东，梳妆楼之西也有一座。可惜这些假山石在 20 世纪 50 年代末遭到拆毁。园内原来植物栽种情况不明。

中宪第花园的书院、演武厅建筑小而精，颇符合书院园林气氛。水榭用拱券及西式花瓶栏杆，枪楼则用西式建筑造型，两护厝朝西的窗户也装饰以洋式窗楣，表明花园内的建筑成于郑氏子孙之手。

漳州文川里可园

在漳州市芗城区文川里 143 号，是漳州名士郑开禧于清道光十七年

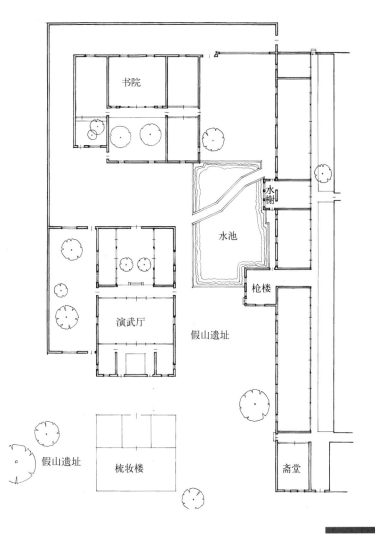

图 10-132 石井镇中宪第花园平面示意图

书院

水榭

水池

枪楼

假山遗址

演武厅

假山遗址

梳妆楼

斋堂

（1837年）所建的住宅园林。郑开禧，字云麓，清嘉庆十九年（1814年）进士，曾任山东都转运使等职。可园是位于住宅之后的一处山水园。园在右护厝之后，从住宅右护厝之间的八角形门洞进入即至。园现状分南北两部分：南部是以吟香阁、水池为中心的水院，北部则以小亭、假山等组成小院（图10-133）。

吟香阁是一座面阔三间的两层楼阁，前檐于近代加建单坡披厦。吟香阁南面的水池整体上呈曲尺形。水池北临吟香阁、东临、西临廊屋的池岸均处理成直线形，只有南岸由东向西转折，设码头一处。偏西处设三折石桥，跨池与南岸吟香阁西端的"过水廊"联系。

水池位于东、西两列护厝与吟香阁之间的方形地段上，故池岸为直线形，只有南面空地，岸线曲折，并设码头、石坎、水澳等，增加变化。池岸用毛石砌成，东、南岸砌有低矮的石栏杆。保存较好的西护厝与水面贴近。

吟香阁西有"过水廊"，与园西边的一列廊屋联系；东有围墙，与园东的护厝相连，形成一座方形小院。小院以红方砖与六角砖铺地，显得较为精致。小院的南墙十分空透，有竹节棂及红砖砌成的大面积的花窗。北墙偏东处设圆洞门，可通北部后园。

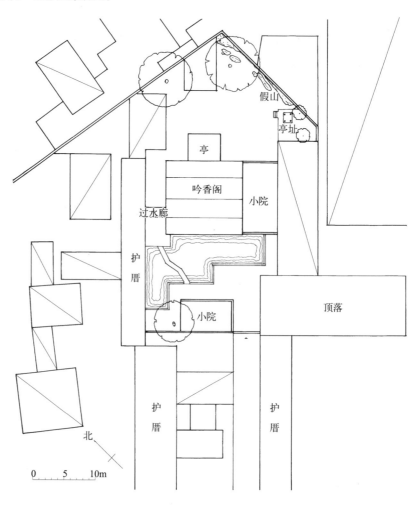

图10-133 漳州文川里
可园平面示意图

过小院即至后园。后园的北、东、西三面有围墙环绕。后园的北部与西部已非原状，为现代建筑所占。东围墙下有方形台地，其上原有小亭，现在只剩下亭基。紧邻吟香阁北部明间，建有四柱歇山顶小亭，其屋顶与阁的下檐相连。后园的北围墙东段，沿墙用灰泥塑成壁山，山前还以红砖为骨架塑成姿态各异的石峰，山峰内有洞窟相连。这处假山保存不佳。

后园的北部与西部，原来有池塘及园主郑开禧的书斋——知守斋等建筑；吟香阁以西有其另一书斋"虚受斋"。吟香阁水院以南区域，为现代居住区所占。此处旧时有一石庭，庭院设有石笋、梅花，其中一支石笋凿有"叠翠"二字。庭院东墙壁刻有两大字"可园"，字大近一米。并刻有《可园记》。郑开禧有清道光二十四年（1844年）的《可园记》，记中所列园中主要建筑是临水而建的楼阁，就是现在园中保存完好的"吟香阁"。阁前水池以西一列护厝应是供郑氏子弟读书的书舍建筑。结合《可园记》与现状看，吟香阁是园中的主体建筑，且建于山水之间，位置显著。与闽台其他园林将楼阁置于园之一侧或一角不同，可园以吟香阁为主景，阁上可远眺四围诸山，阁下右有廊、左有小院，既衬托阁之高，丰富了四周空间，又作为划分景区的手段。阁前方池折桥、水院开敞明净，阁后小庭以山、亭、乔木组成幽雅的小院，形成不同的景区空间。

可园南部以楼阁、水池为中心，布局开朗、舒展；北部则以小亭、假山等，组成安静、封闭的庭院空间。园内的建筑只有吟香阁、阁后的小亭及右侧的护厝保存至今，其余建筑经过多次改建。园北部以灰泥塑成的屏风状壁山，是闽南此类假山的最早遗存。

漳州古藤仙馆

新行街在漳州城东，向东与浦头街相接，浦头街则东临浦头港。旧时浦头港可直通九龙江西溪，是重要的水陆交通中心，长期以来商贸业发展，成为众多商贾的择居地。新行街、浦头街的居民区也是漳州城东保存较完整的城区之一。

新行街98号庭院是附属于住宅的两进小庭院，称为"古藤仙馆"，建于清代末期（图10-134）。庭院与住宅并立，有面向新行街的独立大门。入大门即为第一进小院，院子南有矮墙与第二进院子相隔，东西两侧是住宅的山墙。小院沿东、西、南三面的墙体设置花台，配置灌木与盆景。南墙很低矮，墙上开一窗两门。窗子面积很大，窗框为书

图 10-134 古藤仙馆平面图

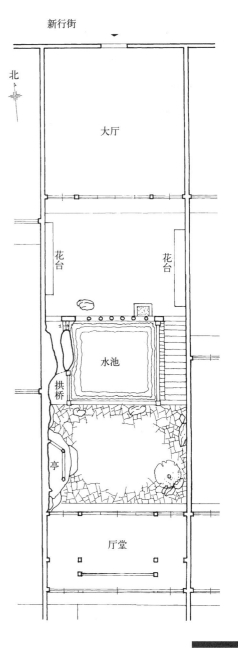

图 10-135　山池一角

卷形，六根窗棂塑成竹节形。窗两边各设一半圆券门洞，可通第二进庭院。

第二进庭院是园林的主体部分。庭院以三间的厅堂——"古藤仙馆"为核心，今辟为"施荫棠纪念室"，门上悬"施荫棠故居"横匾，屋瓦、屋脊也换为酱红色琉璃瓦件。

古藤仙馆朝向北面的庭院。庭院的西墙全部用灰泥塑成大幅的壁山。壁山的主峰在南端，上刻"朝暾东上"四字。其下紧贴山体建半亭一座，亭子的平面为梯形，亭子以块石作为基座。

壁山的南端渐低。南端山腰处向前塑出稍低些的次峰，其下做出崖洞、拱门。次峰上散置青石数块。崖洞、拱门与分隔庭院的矮墙的西门相通。崖洞面东的壁面上刻"活泼地"三字（图10-135）。

崖洞的东面辟出一方水池。水池北临矮墙，池西南角延伸出水湾一处，跨水湾为拱形石桥，过桥即入崖洞，婉转由矮墙的西门而出。池南、池东有低矮的石栏杆围护。

新行街98号庭院中的假山，是闽南壁山中较为成功的例子。假山完全依靠住宅的东山墙，打破墙面之单调平淡，壁山面积巨大，山势奔腾起伏，极具气势。假山塑成"壁山"形态，只在山脚、山巅放置真石，而假山与真石形态、色泽相近，远看浑然一体，取得了"以假乱真"的艺术效果。"古藤仙馆"厅堂前的庭院、半亭、水池、栏杆、拱桥、花墙等错落有致，尺度小巧而亲切。

厦门海沧区莲塘别墅

位于厦门市海沧区海沧村新街48号的莲塘别墅，由海沧旅越华侨陈炳猷（1855-1945年）建造，于1906年落成。

莲塘别墅建筑群由三落大厝、别墅、祠堂与花园组成。三落大厝位于东北方，其布局属于闽南典型的"三落双护厝"的形式。别墅南北两列房面阔均为9间，东西两列房则为3间，共同围成口字形庭院。庭院内满铺条石，北房南檐正中与东、西房正中各突出一座方亭。位于西面是"双落带护厝"的祠堂。

花园位于三落大厝、祠堂之后及别墅一侧的三角形空地上。由西南角的山池、东面的六角台与北面的龙眼林组成（图10-136）。

出别墅西边门，右转即至花园西南角的主入口。主入口在台地西南角设一圆拱门，门左右分别连接一高一矮的墙体，墙上分别设书卷形直棂窗和绿釉瓶式栏杆。拱门之前即为山池（图10-137）。山池中央有一天然巨石，依石叠山，山脚以西为水池。山体陡峭，四周皆为绝壁，在山南及东北分别留出大小、高

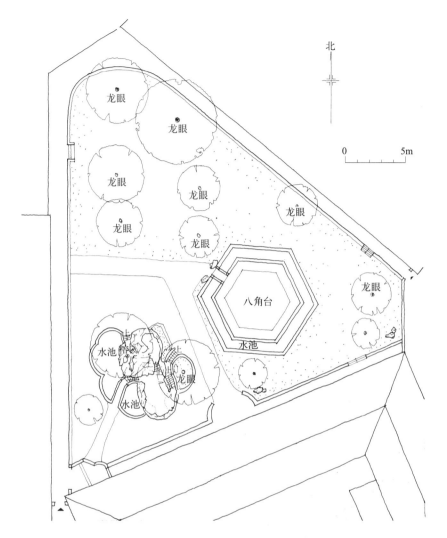

图 10-136 莲塘别墅花园平面示意图

图 10-137 莲塘别墅花园假山

低不同的平台。于山脚的东面和西南、西北角设登山石径，山体在西北角与榕树树干相依处叠出山峰，在南面平台下留出洞窟。假山南面以砖砌出骨架，其上架石过梁，其内留出巨大的洞窟，北面则依据原有天然巨石，塑出山形。洞窟对外设圆形、扇形洞口。

假山西临水池。池面呈四条弧线围成花瓣形，池岸护以低矮的竹节式栏杆。跨水池与花园主入口相对处设小拱桥。水池布局吸收了西洋园林中水池的构图手法与装饰成分。

山池东北，是边长5米左右的六角形台，台四周围以绿釉竹节栏杆。其外环以六角形水池。六角形台上，原有可能建有六角亭。

花园北面为大面积的龙眼林。园中小径以黑白二色卵石铺成。六角台南面、园的东南角还立石笋，衬以鱼尾葵、棕竹、朱槿等花木，构成小景。

此园利用住宅、祠堂间的隙地，山池虽小，但山、水、古榕相依，布局紧凑。西式水池与假山融于一体，无生拼硬凑之感。假山以红砖、灰泥塑出，别具一格。全园以平坦开阔为特色，没有传统园林的庭院深深与山重水复之感。

永安会清堡庭园

会清堡位于永安市西洋镇福庄村，是当地邢氏族人邢作屏（1783-1859年）于清咸丰三年（1853年）为避"红巾"之乱而建的家族防御性土堡。土堡坐西朝东，前临桂口溪。主入口偏于南侧。布局严整，平面前方后圆。后部的圆弧形是按照闽西建筑风水中的"化胎"思想而建。惟后部呈弯弓形，与闽中所常见的半圆形略有不同。四周的堡墙用三合土夯筑，其上的回廊，可连通一周。堡内建筑分为三进，以第二进的厅堂——燕诒堂为中心。燕诒堂与第一进房屋之间连以数条走廊，形成大小不一的天井。第三进的后堂高二层，左右两侧与土堡南北侧墙内房屋相连，屋顶高低错落，主从分明（图10-138）。

土堡北端附有书院园林式建筑。布局也呈轴线对称式，书院主体建筑面阔五间，其前设方形水池，跨池建石桥一座。书院两梢间向前凸出，做成临水的小阁，并将水池围成一处封闭的水院。水阁四周设外廊，廊柱间的栏杆及水阁内檐槅扇用冰裂纹、水波纹、万字、海棠等棂条，极具变化。

会清堡的书院园林，是闽中数十座土堡中仅存的园林实例。书院园林空间变化多端，层次丰富，尺度小巧，亲切宜人。

台湾板桥林园

板桥林本源园林（以下简称"林园"），位于台北县板桥市西门街、北门街与府中路之间，是台湾林本源家族于1853年至1893年建成的宅第园林（图10-139）。林本源家族于清咸丰三年（1853年）迁往板桥，于板桥建成最早的

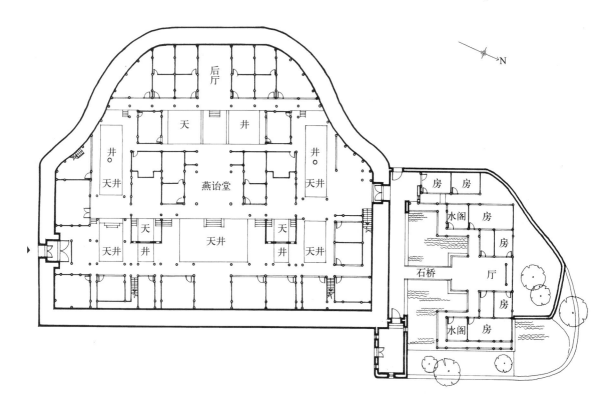

大厝，前后共三进，称"三落旧大厝"。清光绪四年（1878 年）林家又于旧大厝以南营建前后共五进的"五落新大厝"，经历十年，于 1888 年完工。在建造旧大厝之时，林家开始在宅第东侧新建园林，作为日常游息、聚友、宴客、读书、听戏之所。五落新大厝与园林兴建之时，林氏家族由林国华的次子林维源（1838-1905年）担任族长。

图 10-138　永安会清堡平面图

　　林园的兴建，约始于 1853 年左右。最早建成的是园主的书斋——汲古书屋。之后，不晚于清光绪元年（1875 年），建成了宴客的定静堂、赏花的香玉簃。清光绪二年，又陆续完成来青阁、方鉴斋等建筑。光绪四年，完成来青阁前的开轩一笑戏台。其他建筑的增修，直到清光绪十九年（1893 年）才基本完工。1895 年，台湾被割让予日本，林维源率家族内渡厦门，林园再无重大建设。

　　● **布局**

　　林园的面积约 16000 平方米，是台湾现存第宅园林中面积最大、唯一保存最完整的一处。按使用性质，林园布置了以下几个景区：临近主入口的汲古书屋、方鉴斋，其北的来青阁、香玉簃景区，靠近旧大厝边门入口的称为"榕荫大池"的山池区，山池区南的观稼轩景区，山池区西面的定静堂、月波水榭景区。

　　（1）汲古书屋

　　在园区西南角，取明毛子晋"汲古阁"而得名，旧时藏古善本书，作为园主的小书房。汲古书屋左与回廊相连，回廊延伸至屋后，有小梯登上廊顶复道。

图 10-139　台湾板桥林
园平面图

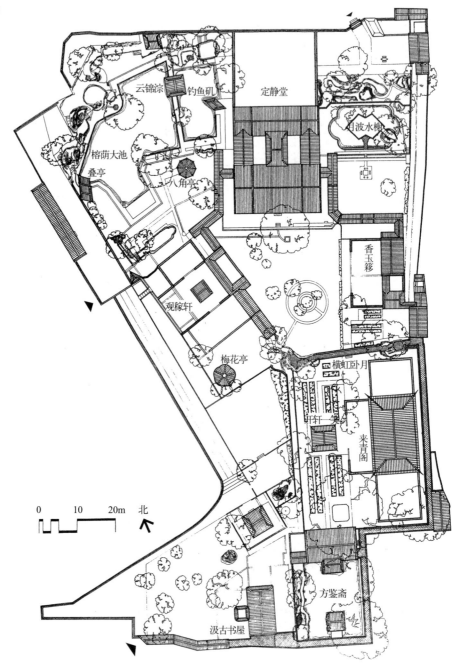

由回廊底层尽处的小门，可通至东边的方鉴斋。

汲古书屋是一座三间带抱厦的建筑，屋顶左山墙为硬山顶，右山为歇山顶，是经过几次改建的结果。明间前凸出抱厦。抱厦是一座四柱方亭，屋顶分成上下两段，上段为半圆筒拱状顶，下段为连接于筒拱四周的披檐，远看如盝顶上放置半圆筒一般。

（2）方鉴斋

在汲古书屋后，原为林氏子弟读书之所。斋名取自宋儒朱熹《观书有感》

中的名句："半亩方塘一鉴开，天光云影共徘徊。"这是一处以水面为中心的方形水院（图 10-140）。水院北面为主体建筑方鉴斋，三间，前出廊，东边与下为廊道而上为平台的复道相连。复道又折向西，与汲古书屋相连。水院西边沿围墙用灰泥塑出壁山，山前有与之平行的跨池长桥。长桥呈平面三折形，略有高下起伏。方鉴斋前出抱厦，隔水院与南面突于廊前的戏台相对，这处设施为旧时园主观戏之所。

方鉴斋水院由东、南边的复道，西边的壁山、长桥与北面的方鉴斋围合而成。水院四角，榕荫覆盖，环境幽静。水院西面，假山、亭台、曲桥、古榕，前后高下，配置组合，避免了方形水池的过于单调、规整的缺点，自池东西望，景观层次丰富。

（3）来青阁

来青阁位于方鉴斋之北，为旧时林家贵宾下榻之所。阁面阔五间，底层正面三间檐柱间施槅扇，尽间砌成红砖实墙。阁的第二层四面回廊，登楼远望，四周青山绿野，尽收眼底，故名"来青"。

来青阁前及左右用低矮的花墙围合成庭院。墙体设计成书卷形，粉白壁面而以黑色边缘为饰。墙上开有鼎炉、书卷、海棠、竹节、福寿字等各种形式的花窗。花墙檐口、转角及窗框涂饰成黑边，与粉白墙身相映衬，色调淡雅而明快。这种形式的花墙、花窗，还见于台湾新竹潜园、泉州施琅东园等处，以修复后的林园最为丰富多彩。

来青阁前有一歇山顶戏台式小亭，称"开轩一笑"。亭与来青阁的明间相对，扩展了阁的前庭空间。

图 10-140　林园方鉴斋水院

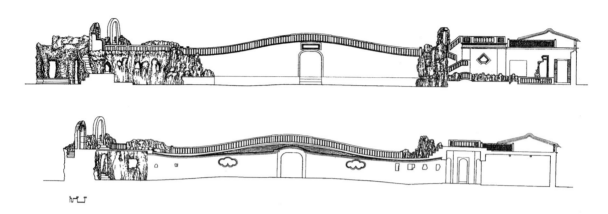

图 10-141 横虹卧月立面与剖面图

（4）横虹卧月

来青阁北面是建于平地上的虹状陆桥，称"横虹卧月"。此桥尺度巨大，主要作为来青阁与北面的香玉簃的分隔，兼做联系来青阁景区与北部观稼轩之间的通道。桥上及桥内均有通道，自来青阁北面的假山可拾级而上，假山做出的拱门上题"栖霞"、"悦性"。也可于假山下洞窟进入桥内，穿桥身而出（图 10-141）。

（5）香玉簃

位于横虹卧月北面。以两间小屋"香玉簃"为中心，屋左有小院，屋前有矮墙围成的砖坪小庭，形成一处幽静的庭院。庭院南与来青阁后延伸向北的复道相连，北出曲廊，可通至定静堂和月波水榭。香玉簃旧时为观赏菊花之所。

（6）榕荫大池

榕荫大池在定静堂之西、观稼轩之北，是园中面积最大的水体。水池形状呈不规则形。池西部有堤、岛及桥将水池划为大小两部分。岛上建亭曰"云锦淙"，岛南接短堤，堤中设单孔石桥。池西岸有突出的钓鱼矶，南岸有曲折的水湾，使池面形状有所变化。水池周围有大面积空地，布置假山、各式小亭及小水池，空间通透开敞。环池古榕参天，自然景色浓郁。

沿池岸西边及北边，有灰泥塑成的假山。山势迤逦起伏，总体上呈屏风状，当地人称为"屏风假山"（图 10-142）。

（7）观稼楼

观稼楼位于榕荫大池之南，是园内较早期的建筑之一。登临楼上，可远眺观音山下阡陌纵横的田园风光。楼三间两层。一层的明间为厅堂，二层四周设外廊栏杆。屋顶为中平外坡的盝顶式。楼前有书卷式围墙围成的庭院。观稼轩毁于 1917 年的台风，其后在原址上建小亭，1985 年以来依据旧观重建。

（8）定静堂

位于榕荫大池东侧，为旧时园主宴客之所。定静堂虽名为堂，实是一组合院式建筑群。合院由前后两进门、厅与东西廊围合而成，在闽台称作"五间张

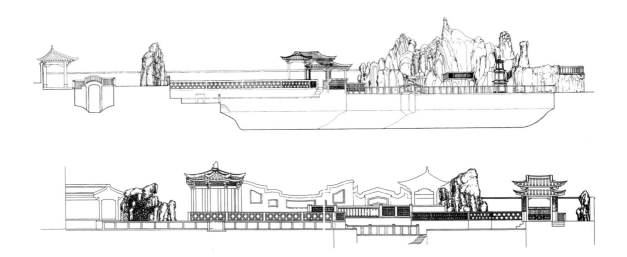

图10-142 榕荫大池剖面

双落大厝"。堂前有条石铺成的宽敞前庭。前进的大门（下落）明间设门斗（塌寿），两廊开敞（称东西厅），后进的正厅（顶落）与大门间设穿廊。这种布置，能适应园林中的大型宴会活动。在门窗、陈设等室内外装修上，定静堂则较一般住宅精巧，内院空间也较空透。

定静堂的前庭，三面设高不及人的围墙。东、西围墙中间开圆光门，其余墙垣上对称设置蝴蝶形、蝙蝠形、书卷形、竹节枳花窗，将榕荫大池、月波水榭景色引入庭中。

（9）月波水榭

在定静堂东侧，是一座由花墙及廊子围成的长方形小院。院中在平面呈海棠形的水池中建一座方胜形的水榭建筑。水榭上为砖坪铺成的平屋顶。沿池西岸边一侧，跨池建假山，有蹬道可登至水榭的屋顶平台。

● 造园特征

板桥林家是清末台湾最富有的家族。在建造林宅与林园的过程中，林维源继承了父、兄的处世与经营之道，跻身台湾大地主兼巨商的仕绅阶层，成为台湾清治时期唯一本籍的地方官。林维源俭省而实用，他在板桥市井之中建规模巨大的园林，主要目的是结交达官显贵、文人雅士，展示与夸耀家族的财富和地位，将财富物化为具体的园林建筑与环境，因而园林布局之中充满了大小不同的庭院空间，建筑形制奇巧多变，装修精致而近于奢华。

林本源家族为台湾巨富，因而有能力建造规模巨大的园林。林园的建设，前后长达四十余年，但它的设计者却没有具体记载。当林维源主持林家之时，同治十二年（1873年）盛康购得苏州名园留园，其子盛宣怀（1844-1916年）与林维源交往甚密，并结成姻亲。林维源有可能拜访留园，从而影响板桥林园的设计构思。

林园由不同时期陆续建造，庭院空间丰富，建筑形制多样。在布局上，林园中的建筑，采取轴线及周边式方法，与岭南园林如东莞可园、顺德清晖园相似。建筑取南北或东西向布置，其平面形态还顺应旧大厝住宅及园林围墙，其原因可能是园林建设周期较长而无统一周详的计划，其目的是尽可能扩大庭园，并与外围环境联系。建筑景区间以长廊、复道、陆桥、小径等联络，故景区的庭院如同不经意间"斗"、"碰"而成，没有北京王府园林的长轴线或江南第宅园林的面向主景区的向心与围合处理关系。

各景区建筑庭院形态则以方整为主。方鉴斋水庭修密、安静，但又具变动；月波水榭的池岸及建筑，形态多变；来青阁、观稼轩庭院，则以楼阁为主体，阁前及左右衬托以矮墙围合成的小庭，形成丰富的院落组合。定静堂前石庭，既规则严肃，又开敞空透，与围墙外两侧的空间相互流通。

来青阁是园中高度最高、体量最大的建筑。阁形体虽大，但位于园之一角，背倚围墙。其形体以平卧为主，不以高耸取胜。阁前及左右有短墙、亭子组成的小院相衬，空间丰富，而不唐突于全园。

榕荫大池是园中主要的山水景观，偏于园之一隅，没有作为全园的中心。在板桥林园中，建筑空间所占比例甚大，山水空间反而居于次要位置。除方鉴斋、月波水榭这两处水院外，园中主要的水体——榕荫大池偏于园中一角，灰泥假山则呈屏风状，置于围墙边缘。

林园的建筑，主要采用了闽南建筑形式，局部装饰上带有福州、潮州等地风格的影响。林园中的建筑，其形制往往竞奇斗巧，别出新意，如方胜形的月波水榭，水榭四周的海棠形水池，汲古书屋的筒拱顶加披檐的抱厦式小亭，盝顶的观稼轩，建于平地的尺度巨大的横虹卧月桥，榕荫大池四周的形制各异的亭子等，有的虽然过于矫揉造作，但却能别出心机，反映出园主的猎奇心态和工匠的匠心独创。

台湾新竹潜园

遗址位于新竹市西大路与中山路口西侧，是新竹士绅林占梅（1821-1868年）于淡水厅城（今新竹市）西城门内住宅旁的园林，建于清道光二十九年（1849年）。

潜园位于淡水厅（今新竹市）西门内林占梅的住宅之南，向东一直延伸至淡水厅城的城墙下。布局上大致可分为北面的香石山房、观音厅等建筑庭院区和南面的浣霞池区（图10-143、图10-144）。

由宅旁的"潜园"门南行，可至香石山房、观音亭等庭院，因离住宅较近，旧时用作园主的书房、会客厅。观音亭西有莲花池；观音亭南隔长廊即为浣霞池区。

浣霞池是园中面积最大的水体。池西水中建有爽吟阁，是水池区中体量最大的建筑。阁右有廊桥可通浣霞池南岸，阁左连接池北岸的临水长廊，再向东连接碧栖堂。浣霞池东岸建二层的涵镜阁，阁前有抱厦称"涵镜轩"，与爽吟阁相对。

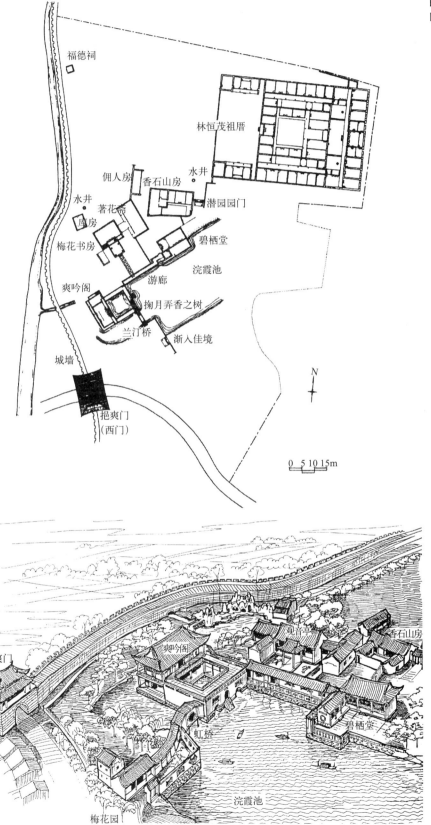

图 10-143 台湾新竹潜园复原平面示意图

福德祠

林恒茂祖厝

水井

佣人房 香石山房
著花斋 水井
库房 潜园园门
梅花书房 碧栖堂
爽吟阁 浣霞池
游廊
掬月弄香之树
兰汀桥 渐入佳境
城墙
挹爽门
(西门)

N

0 5 10 15m

挹爽门
爽吟阁 观音亭 香石山房
碧栖堂
虹桥
梅花园 浣霞池

图 10-144 潜园复原图
(李乾朗复原)

爽吟阁二层：底层四间，处理成基座之形；二层三间，左侧一间为平台，并设室外梯级。阁体平面为三间带周围廊的形式，显得开敞、空透。爽吟阁前三面用平顶廊围成水院，水院对内开敞。水院东墙正中设门，前有码头。东墙两侧下设水窗，可引浣霞池水入内。水院东墙门额上旧题"掬月弄香"。

林占梅工诗书，精音乐，尤善弹琴歌咏，家中藏古琴数张，诗稿也以《琴余稿》为名。据林诗记，其中的琴楼，就是浣霞池西的爽吟阁。

潜园中多置怪石，但台、闽不出产叠山之石，林便向外省购石，有《韶石山峰歌》言其以海舶在广东韶山购石的艰险。

潜园又以梅花胜，园中植梅甚多，红白绿萼，各种具备。每花开时，游观者络绎不绝。骚人逸客，常借此以开吟社。光绪二十年（1894年）纂修《新竹县志》成，"潜园探梅"采入"新竹县八景"之一，清《新竹县志》有记。

林亦图《潜园纪胜十二韵》更具体纪述园内十余处景观：钓月桥、陶爱草庐、香石山房、碧栖堂、小螺墩、啸望台、邻花书舫、掬月弄香之榭、爽吟阁、兰汀桥、吟月舫、浣霞池、宿景圆亭、二十六宜梅花书屋、留香闸、留客处、双虹桥、清许桥、逍遥馆、林下桥。

这些景观，除香石山房、碧栖堂、啸望台、邻花书舫、掬月弄香之榭、爽吟阁、兰汀桥、吟月舫、浣霞池的形制可以明确外，其余大多难以考证。

潜园与新竹的另一处第宅园林——北郭园一样，倚城垣为背景，园内建筑楼台相望，又环池而筑，建筑高下错落，奇花异卉，遍植其间，有着丰富的景观层次。

潜园主人林占梅工诗书，精音乐，还略通绘画，今园中还保存数处林占梅于园中建筑的檐下"水车堵"及门额上的题词。潜园在1895年后逐渐荒废。日本人侵占台湾初期，日酋北白川宫能久（1847-1895年）曾住于潜园爽吟阁，遂于1918年将爽吟阁迁至新竹郊区的松岭。迁建后的爽吟阁，二层阁体由五间改为三间，省去了次间的两根柱子，并将阁前的掬月弄香之榭水院改为旱院。1923年新竹市区的道路建设横穿浣霞池，池周建筑大部于此时拆除。至今只留下潜园的大门、梅花书屋等建筑及"潜园里"的地名。

台湾台南吴园

吴园是台南富绅吴尚新在台南府城内宅第之旁的第宅园林，建成于清道光十年（1830年）。其地据传为荷兰通事何斌的花园旧址。吴尚新的宅第，现在已无遗迹可寻。园林布局以山水为中心，环池建亭、台、廊、榭等建筑（图10-145）。

水池略呈长方形，主厅"漱艺留芳"位于池南。池北岸临水建长廊、水榭等组成的一列建筑，东边是三间厅堂，厅堂明间前缀以四方亭抱厦——"作砺

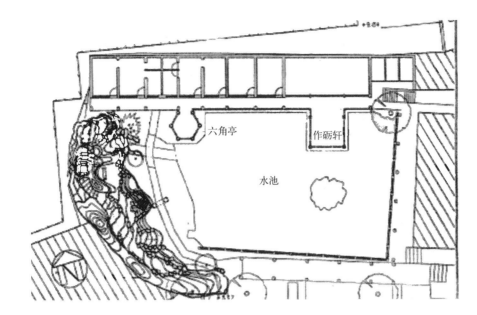

图 10-145 台湾台南吴园平面示意图

轩"，作砺轩建于水中，是欣赏池南、池西的主要观景建筑。厅堂西面连以数间跨水的长廊，廊尽端突出六角形的水榭。池西岸是以硓石古 石堆成的大体量假山，题名"飞来峰"，是模仿杭州西湖灵隐寺旁飞来峰的意匠而建。吴园的硓石古 石假山，是台湾岛现存假山中体形、高度最大的。

台南名士施士洁（1856-1922 年）有诗描述吴园的山水主景："六角水亭凉欲雨，主客围坐笑相语；方塘半亩荷未开，使人惆怅花前杯。"林占梅《题郑芷亭仪部用锡北郭园》云："清泉怪石绕回廊，八角亭虚架碧塘。"[1] 六角水亭疑即今长廊尽端的水榭，其旧形是在带有燕尾脊的单坡硬山顶的东、南、西三面及转角加披檐而形成的略如歇山顶的亭子。

吴园于日本人侵占台湾时期遭到破坏。《台南古迹志》所说"作砺轩"旁的"东园"，旧时种植奇花异木，已无遗迹。吴园现在仅存水池及池西的假山，"回环洞达，丘壑天然"的"绝构"假山已非原貌，而池北的临水长廊、六角形水榭、作砺轩等均经改建，外观大变。

10.3.2.5 其他地区

云南建水朱家花园

云南建水朱家花园始建于清光绪年间，由当地乡绅朱朝瑛（字渭卿）弟兄所建。朱家因商而富。光绪初年朱家在建水城内泥塘购地 30 余亩，延请能工巧匠，建盖家宅宗祠，后因光绪二十九年爆发滇南起义，因牵扯利益而停建。事态平息后于宣统年间续建，于宣统二年（1910 年）建成。朱家花园是一组规模宏大的民居建筑庭园，有"西南边陲大观园"之称。

---

[1] （清）林占梅：《潜园琴余草简编》，第 11 页。

● **布局**

宅园占地约4600平方米，主体建筑呈"纵四横三"布局，为云南建水典型的"三间六耳三间厅，一大天井附四小天井"式传统民居的组合体。房舍格局井然有序，院落层出迭进。宅院由三纵六个院落并列连排组成群体建筑。每个院落均由正房、左右耳房、倒房构成，中央是天井，四角有四个漏角。建筑群有极为明显的中轴线，居住模式严格遵循尊卑礼制，以南向正房为尊，北向耳房为卑，以中轴院落为尊，两侧对称庭院次之布局。从入口到最后的正房一共要经过三个院落，每个院落都有一定的高差，每通过一个院落，都会增加一小段的高程，住在纵向最后一个院落的人就在家族中拥有更高的地位和更大的权力。整组建筑的正前为三大开间的花厅。花厅为五开间，卷棚歇山顶，建筑大方，出檐深远，形成较大的虚空间，敞厅两侧设美人靠。花厅双进线路的设置，使民居各部分平面空间既独立又相互联系，丰富了院落空间层次。此种空间布局是当地本土文化与汉族聚居文化融合的产物（图10-146）。

● **造园特征**

朱家花园的园林空间分为界限清晰的两大部分。一部分为内宅院中的梅馆、兰庭、竹园、菊苑等以植物命名的特色庭院，另一部分为位于花厅北面的后花

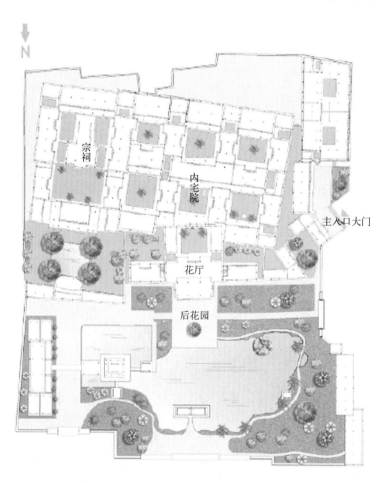

图10-146 云南建水朱家花园总平面（源自：陈东博，浅析云南建水朱家花园景观艺术，绿色科技[J]. 2013)

园。梅兰竹菊四个庭院内均对称布置榕树、散尾葵、苏铁、沿阶草和天门冬等盆栽植物。所选植物都避免高大拥堵，以避免拥塞局促，保证空间的流通性与开敞性。后花园中的小鹅湖是人工开凿的规则式水池，四周为庭荫花木和石栏。十二幅采用浮雕镂空技法的石雕诗词书法镶嵌于石栏上，图案精细。水池上建有戏台，由四根精雕细镂的石柱支撑，悬于水面上，檐角雕龙画凤，装饰典雅。园主时常邀请文人雅会，饮酒品茗，吟风诵月。每至祭祀祖宗、喜庆寿诞之日，常请名伶主角前来唱戏助兴。

朱家花园整体上形制规整而布局灵活，院落穿插且层次丰富，环境清幽而色彩淡雅。建筑细部精致而不繁琐。体量、外形、色彩、质感等多重元素的巧妙组合，加之室内陈设的古朴自然，室内外环境取得和谐统一，体现出建筑园林和谐的美学意境。

10.3.3 衙署园林

保定古莲花池

保定古莲花池位于河北省保定市旧城中心，北临督署街（现裕华路），东邻南大街（现莲池南大街），南邻菊胡同，西墙以西为督署前街。古莲花池现状面积约 30650 平方米，盛期面积约为 37400 平方米。

古莲花池始建于 1227 年。其时园名为雪香园，园中水池为元将张柔所凿。雪香园后被赐予张柔手下大将乔维忠。元二十六年（1289 年），保定路地震，后有园记中载"保旧多名园，近接废毁"。明代中期，雪香园基址尚存，因池水深存荷花不绝，之后的志书也将其随俗称为莲花池或古莲池。园中现存一座元代石桥，名白石桥，又名绿野梯桥，位于篇留洞假山南部。明万历十五年（1587 年），保定知府查志隆对古莲花池进行扩建整修，作为衙署园林，称古莲花池为"水鉴公署"。清康熙四十九年（1710 年），保定知府李绅文又进行了重修。雍正十一年（1733 年）直隶总督李卫将直隶书院选址在古莲花池，名"莲池书院"，落成于同年九月。书院以东用地"构皇华亭馆若干楹"，建为使臣馆舍，供来此办事的达官贵人使用。莲池书院与使臣馆舍"东西相属，面清流为限，跨石梁为阈，使节应酬与匡坐吟诵不相妨杂。"乾隆十四年起，由新任直隶总督方观承主持再次重修，命人以莲池行宫十二景为题绘制了《保定名胜图咏》，现称为清乾隆《莲池行宫十二景图咏》，古莲花池达到鼎盛期。莲池十二景包括：春午坡、花南妍北草堂、高芬阁、万卷楼、藻咏楼、篇留洞、含沧亭、宛虹亭、鹤柴、蕊幢精舍、驿堂、寒绿轩。1900 年年底英法德意联军攻陷保定，联军对古莲花池进行了大规模劫掠。1901 年袁世凯为迎接已经逃往西安的慈禧太后和光绪帝回京途中驻跸于此，特将古莲花池建成慈禧行宫的后花园。因多数建筑在庚子之乱中烧为灰烬，此时园林建筑的重建因条件限制也不能完全恢复

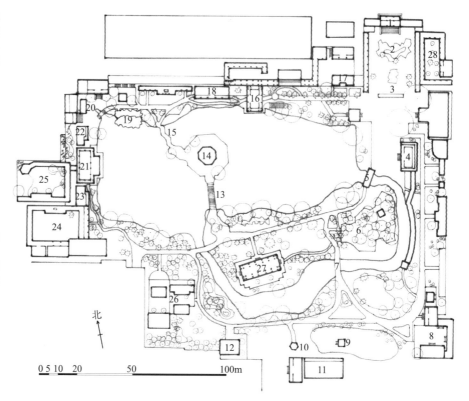

图 10-147 保定古莲花池现状总平面图（根据河北农业大学刘桂林教授、齐秀静的现状平面图，马小淞局部改绘）
1. 大门　2. 春午坡
3. 牌坊　4. 水东楼
5. 含沧亭　6. 篇留洞
7. 白石桥　8. 寒绿轩
9. 红枣坡　10. 不如亭
11. 驻景楼　12. 驿堂
13. 宛虹桥　14. 宛虹亭
15. 五折桥　16. 高芬阁
17. 花南研北草堂
18. 奎画阁　19. 方山
20. 响琴　21. 君子长生馆
22. 小蓬莱　23. 小方壶
24. 河北省画院　25. 鹤柴
26. 蕊幢精舍　27. 高芬阁
28. 碑廊

北

0 5 10 20　　50　　100m

图 10-148 咸丰－春午坡（引自孙待林、苏禄烜《古莲花池图》第 54 页）

盛期的形制规模，园林艺术价值有所下降。从晚清至新中国建国初期，古莲花池还经历了多次被毁与重修，近年古莲花池博物馆按照乾隆年间形制在原址恢复了莲池十二景中的大部分建筑。现状所见古莲花池面貌基本为庚子之乱至今，历次重修的结果（图 10-147）。

全园可分为两部分：一为东北部建筑集中区，清代作为书院及行宫，入口面北临街；二为园林区，以山水、植物要素为主，建筑作为点缀。

园林区以水池为中心进行布局，水面面积约占全园的四分之一。水池为自然形态，驳岸置石环绕，岸线曲折变化。位于全园中部偏东南的大岛将全园水体分为北塘、南塘、东渠、西渠。南塘较小，北塘为全园主水面。亭台楼阁环池而建，"莲池十二景"除宛虹亭外，均分布于池水周围。

园林入口庭院为"莲池十二景"第一景：春午坡（图 10-148）。景名来自

苏轼诗"午景发浓艳，一笑当及时"。^①春午坡假山以石包土，形成牡丹花台，高下杂植牡丹数百本。

篇留洞为"莲池十二景"第十一景，其名源于苏轼诗"清篇留峡洞"^②，为苏轼赋绝句于山洞之典，此处石壁上留有乾隆皇帝的御笔题咏。假山位于东南大岛的东部，位置处于全园关键之处。此山与东渠狭窄的水道配合，分割了东部南北塘水面空间，为营造空间开阖对比、控制视距起到了重要作用。假山东有深涧，南临水池有扇形平台，北邻含沧亭，盛期时西接复道可通向藻咏楼，山上靠北香茅覆顶的乐胥亭。假山为石包土山，现状扇形平台和复道已不存，乐胥亭改为砖瓦覆顶（图10-149）。

驿堂是"莲池十二景"之九，位于南塘正南，红枣坡西，是射圃之所。主建筑为驿堂，人可坐在堂中观看射箭。盛期时院落由西面驿堂、北面假山及小亭、南墙围合，现状北面假山及小亭已不存。在空间构成上相较北塘北岸密集的建筑群及园东部险峻的假山涧壑，驿堂为全园较为疏朗的空间。

鹤柴（图10-150）位于北塘之西，包括课荣书坊（后更名为君子长生馆）及其以北的洒然小石桥、西南的鸟隅亭。

莲花池园林区以水池为构图与造园中心，水池入水口位于北塘西北角，筑有响琴桥；出水口位于东渠北部，水东楼后，现已不存。水池由两座岛屿划分空间：大岛位于全园偏东南，小岛宛虹亭岛位于北塘中心偏西。宛虹亭岛与南北二桥配合作为北塘的视觉焦点。盛期全园共有四座体量较大的假山：篇留洞

图 10-149 咸丰－篇留洞（引自孙待林、苏禄烜《古莲花池图》第 74 页）（左）

图 10-150 咸丰－鹤柴（引自孙待林、苏禄烜《古莲花池图》第 64 页）（右）

---

① 苏轼《雨中看牡丹三首》。
② 苏轼《夷陵县欧阳永叔至喜堂》："夷陵虽小邑，自古控荆吴。形势今无用，英雄久已无。谁知有文伯，远谪自王都。人去年年改，堂倾岁岁扶。追思犹咎吕，感叹亦怜朱。旧种孤楠老，新霜一橘枯。清篇留峡洞，醉墨写邦图。故老问行客，长官今白须。著书多念虑，许国减欢娱。寄语公知否，还须数倒壶。"

假山、红枣坡假山、响琴东假山和春午坡假山，另有结合驳岸堆叠而成的中等规模的假山和地形高低起伏之处的土坡错石。

园中现存主要建筑为北塘中部的宛虹亭与南北二桥、北塘北岸的高芬阁、北塘西岸的君子长生馆、东南大岛中央的藻咏楼和全园东南的驻景楼。

高芬阁取意自《晋书》"高芬远映"。建筑坐西朝东，南邻五折桥，西接奎画楼，有复道与其他楼阁相连，其一层平台悬挑于水面之上。现状高芬阁为 2009 年恢复的北三景之一，基本与盛期一致。

宛虹亭因与其南部的单拱石桥宛虹桥相连而得名，宛虹桥取意自司马相如《上林赋》"宛虹拖于楯轩"，意为弯曲的彩虹下垂在围有栏杆的小屋上。亭与宛虹桥和北部的五折桥一起，共同形成了北塘最为重要的视觉焦点。盛期宛虹亭为单檐攒尖圆顶，其顶如笠，故又名笠亭。光绪时期改建为八角双层阁，沿用宛虹亭之名，体量变大，现状亭为新中国成立后按光绪时形制重修。

驻景楼位于全园地势最高之处的东南隅，采用远借的手法，登楼可望保定府城墙接云、烟村结雾的城市景象；还可远眺郎峰（今狼牙山）、抱阳山，故名"驻景楼"。其楼现已不存，现名为"驻景楼"的建筑为 20 世纪后补建。

课荣书坊位于鹤柴景区，北塘西岸，坐西朝东。"长楹平榭，倚碧涵虚"，其名源于潘岳《芙蓉赋》中"课众荣而比观，焕卓荦而独殊"。意为品评众花，只有荷花光彩焕发，超然出众。盛期建筑为五间歇山接抱厦，前有平台出挑。后改为七间歇山临水接抱厦，名"君子长生馆"。

古莲花池自明代以来以荷花闻名，园林历经沧桑独荷花不绝于池，荷花是整个园子的灵魂所在。除荷花外，莲池十二景中所体现的意境大多都与园林植物配植有关，例如：（1）与牡丹相关的春午坡；（2）花南妍北草堂名为因树轩的右院；（3）乾隆年间万卷楼前院门前的两株百年紫藤，蟠曲倚架，花时弥覆，其下临池水处名紫藤水埠，现已不存；（4）与竹相关的寒绿轩，源于欧阳修诗[1]"竹色君子德，猗猗寒更绿"句，院中一建筑名：竹烟槐雨之居，其地引水灌畦，植修竹百株。

清代园中所应用的植物种类主要有荷、牡丹、芍药、柏、国槐、绦柳、竹类。园现存古树名木有：小方壶前桂香柳 1 棵，树龄 340 年；奎画阁前侧柏 2 棵，树龄 320 年；北塘北岸国槐 3 棵；春午坡上侧柏 1 棵。

淮安清晏园

淮安位于古淮河与京杭大运河的交汇点，是控扼南北的咽喉重镇，在明清时期成为全国的漕运之都。同时，淮安也是淮盐的主要产地。经济的繁荣带动

---

[1] 欧阳修《刑部看竹效孟郊体》："花妍儿女姿，零落一何速。竹色君子德，猗猗寒更绿。京师多名园，车马纷驰逐。春风红紫时，见此苍翠玉。凌乱迸青苔，萧疏拂华屋。森森日影闲，濯濯生意足。幸此接清赏，宁辞荐芳醑。黄昏人去锁空廊，枝上月明春鸟宿。"

了园林艺术的发展，官宦商贾、文人雅士纷纷建筑园林，鼎盛时期，有大小园林四百余处。

清晏园位于淮安府城西北30里外的清江浦，是明清漕运史上规模最大且唯一保存完好的衙署园林，现今的清晏园就是在历史遗存的基础上修复而成的。清晏园位于江南河道总督署西侧（图10-151），历代河道总督都在园中有所建设。据《鸿雪因缘图记》载："河道总督原驻济州，雍正间分设南河，始以清江浦行馆为节署。署西有池，张文端公（名鹏翮，四川进士，康熙间任，后晋大学士）开。有园，高文定公（名斌，满洲生员，乾隆间任，后晋大学士，入祀贤良）辟，名之曰'荷芳书院'，拙老人蒋衡（江苏生员，文定公幕客，手写十三经，文定奏进，立石太学，钦赐国子监学正）所书也。乾隆初，高宗南巡，赴武家墩阅湖，过此临幸。因在河臣署右，即赐为休沐之地，寻名淮园，又名澹园，后改清晏"（图10-151）。

图10-151 《鸿雪因缘图记》清晏受福

清晏园占地面积约120亩，其中水域面积50亩，格局舒朗，水景丰富。入口处为一序园，采用传统的手法，以假山障景，有建筑甲袞堂。向西进入园林主体部分，水面有聚有散，建筑、游廊沿水而设，厅、亭、堂、阁又构成了园子的南北轴线。主水面荷池位于园北，为一方形水池。池北的荷芳书院是园中主体建筑（建于乾隆十五年），是一明三暗五的厅堂，作为河督宴休闲之地。南临水设石台，石台广阔，可行歌舞。荷芳书院与池中岛上的湛亭（建于乾隆三十年）互成对景，又与南部的槐香堂与荷望阁共同构成了南北轴线。湛亭于池中心，是全园的视觉焦点。据《鸿雪因缘图记》记载其清时为六角亭，近代又经重新修葺，现状为重檐四角攒尖顶。亭以曲桥与池岸相连，岛上遍植柳树。荷芳书院东为碑廊和御碑亭，有康熙至咸丰历代赐予河道总督的御碑砌于亭内。自荷芳书院向西为紫藤花馆（建于光绪二十八年），院中有古藤依傍。清时期，荷芳书院北部地段亦属清晏园，现已无遗存。现状荷池西的今雨楼、池北的槐香堂、池东的蕉吟馆都于20世纪80、90年代复建，其中今雨楼、蕉吟馆与湛亭共同构成了东西向的轴线。槐香堂西假山为黄石假山，亦为近代堆叠。不同于入口序园的太湖石假山，黄石假山更具北方刚劲雄健的风格。荷望阁位于中部景区的南部，四面临水，是南北轴线的尽端。

荷池西有画舫清晏舫，画舫南部有水口，联系莲池与园西部水域。西部水域呈南北走向，透景深远，于今叶园处折而东向。园中水景造景采用活水，由园西墙外的河流引入，水闸位于叶园西部。清时堆叠山石以掩盖水口，又建有水木清华轩、鹤房、鹿室等建筑，现今都已不复存在。叶园北有关帝庙（建于明崇祯十一年），周植松、柏与竹。

清晏园以水见长，水体尺度较大，水景观丰富。园中建筑密度不高，多依水而建，景致较为舒朗。假山虽不是园区的主景，但设置时注重观赏效果。植物景观丰富，水边植柳，与荷花相互映衬，假山上植有松柏，亦有柳、梅、桂、桃、杏、枫、梧桐、海棠等。

10.3.4 寺观园林

北京白云观

白云观在北京复兴门外以南，为道教全真派的著名道观之一。白云观初建于唐开元年间，原名"天长观"，金代重建，改名"太极宫"。元代作为著名道士长春真人丘处机的居所，改名"长春宫"。明洪武年间改今名，又经晚清时重修为现在的规模。

白云观建筑群坐北朝南，其布局模式是"三纵七横，一实一虚"即在主轴线上有七进院落，两侧有两条辅轴线，最后一进院落是云集园（图10-152）。云集园在整体空间布局上延续了宫观建筑部分的"中轴对称式"的布局，很好地与白云观在空间结构上融为一体，而且作为后来增建的附属园林，云集园的用地受到了自然地形条件的限制，东西方向上空间比较狭长，但是利用游廊和

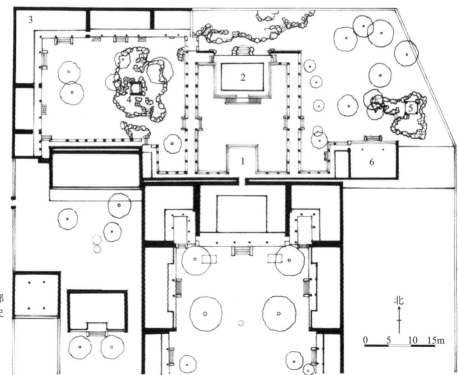

图10-152 白云观后部平面图（中国古典园林史第535页）
1. 戒台　2. 云集山房
3. 退居楼　4. 妙香
5. 有鹤　6. 云华仙馆

北

0　5　10　15m

云集山房将整园的总体布局划分为中东西三院,中轴线上南北两院的空间布局,形成了相互渗透流动,丰富怡人的游园空间。

东院的东北两面有墙垣围合,以叠石假山为主景。南侧建有三开间,坐南朝北的"云华仙馆",三开间,卷棚屋顶,据唐末五代道士杜光庭在《墉城集仙录》中记载,云华夫人瑶姬为西王母之二十三女,在道教体系中由神变为了仙,因此,云华仙馆是当时瑶姬的仙府,云华仙馆西侧有窝角游廊连接于南院回廊,游廊墙壁上镶嵌有碑刻,院内假山上建有"有鹤亭",四柱四坡屋顶,仙鹤向来是长寿和仙境的代表,这里以"有鹤"来命名也是强调这里是仙山圣地。亭旁特置巨型峰石,石上镌"岳云文秀"四个大字,引发了人们对于五岳名山的联想。

西院建角楼"退居楼",院中的太湖石假山为此区的主景,山下石洞额曰"小有洞天",寓意于道教的洞天福地。自石洞侧拾级登山,有碣,上书"峰回路转"。山顶建有"妙香亭",方形木柱六根,梁柱之间有冰裂纹木质楣子,勾连搭式卷棚屋顶。妙香代表美妙的花香,这里可见云集园营造时追求美好的修炼环境(图10-153)。

中院是全园的主体和构图中心,两侧有对称分布的游廊与东西两院相连。游廊靠近中区南院处是柱廊,靠近东西院的一侧则是柱间设置木隔墙,墙上有窗,可以借景,这种处理使得在南院看到的东西院的景物甚是如画。院北侧正中的主体建筑"云集山房"位于高大的台基上,提升标高的做法使其在全园中地位突出,成为统领性的主景建筑。云集山房平面类似金厢斗底槽的布局方式,加上檐廊五开间,即建筑的周围建有一圈檐廊,可以在廊内四面观景。柱梁之间有雀替,梁枋上施包袱彩画,屋顶为卷棚歇山。云集山房正对面是与之在中轴线上相互对应的戒台,戒台为道教全真派传授"三坛大戒"(初真戒、中极

图10-153 白云观妙香亭

戒和天仙戒）的坛场，这种中轴控制的布局体现了"尊者居中"的思想。戒台也是建在一个高的平台上，一开间，梁柱之间有挂落，梁枋施包袱彩画，屋顶为卷棚歇山顶。云集山房与戒台的平台的两个侧面都建有凹进去的圆拱形的三个洞口，具体作用不详。中区北院假山贴壁，登上去可以看到墙外的二层建筑，因目前假山禁止攀登，因此也不知山上是否可以与外面的建筑联通。与云集山房的北檐廊相互连接的游廊到了此处背面柱间改为墙隔开，增加了空间的层次。

云集园中多处都使用了空间对比的造园手法。例如，从西侧入口进园时，为求小中见大，在进园前插入了较小的过渡性的空间，然后进入西院，感觉豁然开朗。另外，云集园中南侧的三个院落与北侧云集山房后的院落在空间上形成强烈的对比，因为北侧的假山与云集山房之间有一条狭长的道路，其空间感觉与南侧的院落比较起来各自强化了自己的空间尺度特征。再如，云集园东、西两院虽然在大小、形状、开敞或封闭程度都无显著差别，但仅仅因为内部的处理不同，也可构成强烈的对比关系。西院的假山紧邻游廊，再加上西北角楼是两层，从南院看过去给人幽暗深邃的感觉；而东院的假山远离游廊，东墙高度不高，从南院看过去比较明快开朗。

云集园中利用建筑、游廊、假山等多种要素的巧妙组织，创造出很多藏景、露景、障景的效果。由东院进入，若想看到中心建筑云集山房必须透过玲珑的游廊；从西院进入，更是有假山和游廊的层层遮挡，神秘感更甚。行走在游廊间，由南向北看，可以看到"云集山房"遮挡了部分北院的山石，但又露出了一峰一脚，引人入胜。而且，游廊的引导与暗示作用明显。它不仅可以增加游人的游览长度，还可以引导游人欣赏不同方位、不同视线的美景。

《园冶》认为："园地唯山林最胜。"因为山林地不仅景观丰富，而且竖向变化大，造、借、取、变景都非常容易。云集园虽非山林地，但却利用假山平地掇山，园路引向各座假山山顶，营造出高低错落的竖向空间感受。园中的建筑也是建立在不同的标高之上，如"云集山房"建于高台，"妙香亭"和"有鹤亭"建于峰巅，都使得园林空间变化更加丰富。因为高低错落必然会带来了仰视与俯视的不同观看效果。尤其是建于假山之上的"妙香亭"和"有鹤亭"，不仅可以从被看的角度获得极好的仰视效果，也能提供俯视的观赏角度。这种视角的变化则大大增添了游玩、休憩的情趣。

在云集园中有三座假山，分别位于云集山房两侧的东西跨院和云集山房以北的后院。这种掇山的布局模式符合中国传统园林中的海上三山的造园范式，分别代表东海上的瀛洲、蓬莱、方丈三座仙山。这三座假山与颐和园辽阔水面上的湖心岛、藻鉴堂和南湖岛这三座岛的寓意相同。这里虽然没有水，但依然可以假想为三座岛屿，尤其是云集园的别称为小蓬莱，更加说明这一点。

掇山的石材是采用北京当地材料——北太湖石，即房山石，非常符合道教崇尚自然、顺应自然的心理。由于地理位置便利，房山石在北方园林中大量运用，它虽不如南太湖石玲珑剔透，但此类石材质朴自然，在砌筑中进行精巧的搭、接、挑、悬等处理，也呈现出了苏州园林式的玲珑姿态。三座假山均采用石包土的砌筑方式，因此山上都栽植了植物，植物与山体相互协助，强化了竖向变化的感觉。

云集园的三座假山都有山路可引人闲步而上，而且山路设计学习南方园林的转折与复杂，呈现立体交叉的感觉。拾阶而上可以在不同的高度游览仙山胜景，登临亭桥洞台，感受丰富。三座假山的位置、大小、高低各有不同。位于西院偏东侧的西山是由一大一小两座太湖石假山组合而成，是三座仙山中最高、面积最大、形状最饱满的一座。在南侧山下设有石洞，仅容一人通过，石洞上方写着"小有洞天"，让人联想到道教特有的"洞天福地"。沿其旁边的石阶而上，可见石碣，上书"峰回路转"，一转便到了山顶的"妙香亭"。然后从亭子北侧和西侧各有山路蜿蜒而下。东山位于东院偏东南靠近围墙的位置，尺度是三座仙山中最小的，高度也是最低。山上建有"有鹤亭"，旁边立有"岳云文秀"石。该山亭景观恰恰作为云集园的东南方向入口的对景。北山在进深很小的北院内，是贴壁假山，呈长条形，强调竖向高度，并作为云集山房北廊的对景。与云集山房、游廊、退居楼的相对位置都很近，而且云集山房的北入口的台阶和墙壁上都采用了叠石和蹲配石的处理，走在北山南侧，仿佛身临山涧，空间局促，隐幽感强，与另外三个院子的空间疏朗形成强烈的对比。山上也栽植了榆树、丁香等植物，假山东西两侧可以登临而上，到山顶的平台上可观赏近处的天宁寺塔和远处的西山群峰，正如《帝京景物略》中的白云观诗云："一丘长枕白云边，孤塔高悬紫陌前。"另外，在"云华仙馆"入口、游廊的入口等处的台阶处理都采用了叠石形成的蹲配或立石的做法，很好地渲染了园林的自然山水氛围。

云集园始建于光绪十三年（1887年），园中以戒台、云集山房为主体建筑，另外尚有云华仙馆、友鹤亭、妙香亭、退居楼等建筑点缀园中。云集山房面阔三间，周以围廊；戒台位于其南，北向，为传经受戒之所，其两侧有游廊迂回，后有假山横亘。整个后院布局精巧、景色幽美。

白云观植物主要以常绿的松柏和槐为基调树种，松柏枝干苍劲，终年常绿，具有不畏严寒的品格，而且能连续生长数千年而不衰，具有永恒的文化寓意，给道观增添了庄严肃穆永存的氛围。槐为落叶大乔木，开花季节清香四溢。槐树历来被认为是吉祥树种，有富贵、长寿的文化寓意。

云集园的花木配置强调与假山配合，营造城市山林的感觉，通过云集园的百度影像图就可以看出其园林植物都集中在云集山房的东院、西院和北院，其南院作为道教全真派传授"三坛大戒"的坛场，其南有戒台，东西由带木隔墙的游廊围合，空间感比较完整，整个院落全部为硬质铺地，没有栽植植物，从而显得更加正式、肃穆，透过游廊的木隔墙上的景窗可以看到东西两院的山水植物景观，仿佛坛场周围地处自然山林一般，这也非常契合道家倾向到山林中修炼的追求。东院有两棵挂牌的银杏古树，作为院落的主景树，与院落内高大的退居楼交相呼应，创造了一种深邃静谧的感觉。

北京大觉寺

大觉寺位于北京海淀区西北旸台山麓，寺后层峦叠嶂，林莽苍郁，前邻沃野，景界开阔。寺始建于辽代，辽咸雍四年（1068年），南安案村（今南安河村）邓从贵出资修庙，并刻《大藏经》，因寺旁有清冽的泉水流入龙潭，而称清水院。金代，金章宗完颜璟在西山一带开辟"游览之所，凡有八院"。大觉寺为八大水院之一，仍然沿用前名"清水院"。元时大觉寺曾一度改名为"灵泉寺"。明宣德三年（1428年），宣宗朱瞻基奉其母孝昭太后之命，出内帑翻修了凋敝已久的灵泉佛寺，并更其名为大觉寺。明正统十一年（1476年），英宗朱祁镇复命工部右侍郎王佑督工修建。明宪宗成化十四年（1478年），宪宗生母周太后出资修建。因此，明代的修建奠定了今天大觉寺殿堂门庑的格局和规模。清康熙五十九年（1720年），时在藩邸的皇四子胤禛，出资修缮大觉寺。清乾隆十二年（1747年），命以内帑重修主要殿宇。新中国成立初期，寺院荒芜，南北两路殿宇多已毁，后经文物部门多次投巨资进行保护性修缮，寺院得以完整保存，现成为京郊一处胜迹（图10-154）。

自汉化的佛教宗派禅宗兴起后，提倡"伽蓝七堂"制，成为佛寺布局的基本形式。伽蓝七堂受儒家"尊者居中"等礼制的影响，一般包括山门、佛殿、讲堂、方丈、食堂、浴室、东司。寺院的典型配置一般是从南往北看，主要建筑有香道—影壁或牌楼—山门—天王殿—大雄宝殿—法堂—藏经阁。东西配置

图10-154 《鸿雪因缘图记》中的大觉寺景象

有迦蓝殿、祖师殿、观音殿、药师殿等。寺院的生活区集中在中轴线左侧，包括僧房、香积厨（厨房）、斋堂（食堂）、职事堂（库房）、茶堂（接待室）等。"旅馆区"则常设在中轴线右侧（西侧），主要有会云堂（禅堂），以容四海来客。塔可有可无，位于寺院的一侧或者后部（图10-155）。

从大觉寺的布局特点来看，基本是"伽蓝七堂"这种制度文化的延续。山门—碑亭—钟鼓楼—天王殿—大雄宝殿—无量寿佛殿—大悲坛—迦陵和尚塔，在一条中轴线上，南部为接待区域，北部为生活区域。而大觉寺又有自己的特点，那就是体现了契丹族崇拜太阳的习俗，坐西朝东，也可能是寺庙因地制宜的结果。

大觉寺寺院坐西朝东，寺内建筑依山势层叠而上，自东向西由四进院落组成。寺内建筑又分南北中三路，中路轴线上自东向西有山门、碑亭、钟鼓楼、天王殿、大雄宝殿、无量寿佛殿、大悲坛等建筑，配殿与主殿以廊相连，屋顶错落有致，保持了明代建筑风格。南路主要有四宜堂、憩云轩、领要亭等。北路主要有方丈院、玉兰院。整个寺庙的后院为布局精巧、幽深别致的附属园林区域。

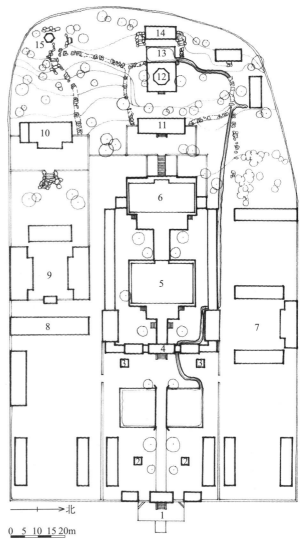

图 10-155 大觉寺平面图（《中国古典园林史》第 533 页）
1. 山门 2. 碑亭
3. 钟鼓楼 4. 天王殿
5. 大雄宝殿 6. 无量寿佛殿
7. 北玉兰院 8. 戒坛
9. 南玉兰院 10. 憩云轩
11. 大悲坛 12. 舍利塔
13. 龙潭 14. 龙王堂
15. 领要亭

中路山门之后依次为天王殿、大雄宝殿、无量寿佛殿、大悲坛等四进院落。中路轴线的山门为三间带斗栱的歇山式建筑，砖石结构，中间开拱门，上有匾额"敕建大觉禅寺"。山门左右有八字形影壁，为影壁中等级最高者。碑亭与钟鼓楼之间为功德池，又称放生池。池为正方形，四围砌筑石栏，池上建一石桥，将水池一分为二，南北两侧壁上各有石刻水兽，据考是辽代建寺时之物。大觉寺泉水源于后山李子峪山谷，伏流入寺，汇聚成潭，后分成两道水线，最终从石兽口中汇入功德池，构成二龙戏珠水景，现南路流泉已不存在。天王殿为第一进院落的主体建筑；大雄宝殿为第二进院落的主体建筑；无量寿佛殿为第三进院落的主体建筑。无量寿佛殿前院左右树池中各有一株银杏树，北面的一株银杏相传是辽代所植。大悲坛为第四进院落的主体建筑。北侧有一座一米多高、璃首龟趺的辽代古碑，镌刻着《旸台山清水院创造藏经记》碑文。

南路为戒坛和皇帝行宫，后者即南玉兰院、憩云轩等几进院落，引流泉绕阶下，花木扶疏，缀以竹石。南玉兰院修建于康熙年间，呈四合院形式，内有一株白玉兰树，相传为清雍正年间的迎陵禅师亲植。玉兰树西面有一棵柏树，在一米多高处分成两个主干，在分权处长出一棵鼠李树，故称"鼠李寄柏"。南玉兰院后为憩云轩，其石阶和护坡石为片云状的青石。雍正、乾隆御题的一些对联，如："清泉绕砌琴三叠，翠筱含风管六鸣"，"暗窦明亭相掩映，天花涧水自婆娑"，"泉声秋雨细，山色古屏高"，皆形象地描绘出这些庭院景观之清幽雅致。

北路原为僧人住，有方丈前院、方丈后院、北玉兰院等建筑。北玉兰院中有一用整块黑色大理石雕刻出的水池，原为香积厨取水水池，从灵泉流下的泉水蓄在池中，又从池中顺水道向下流淌。石头上刻有"碧韵清"三个大字。

寺后的小园林即大觉寺的附属园林，位于地势较高的山坡上。西南角上依山叠石，循蹬道而上，有亭翼然名"领要亭"，居高临下可一览全寺和寺外群山之景。园中部建龙王堂，位于全寺最高处，共两层，登楼阶梯采用山石踏跺。堂前开凿方形水池"龙潭"。环池有汉白玉栏杆，由寺外引入山泉，从石雕龙首吐出注入潭内。池水清澈见底，游鱼可数。龙潭东侧有舍利塔。

大觉寺园林空间灵活多变。中部为宗教活动中心，占据寺庙的显要部位。建筑布局采用四合院格局，对称规整，表现出宗教的神圣气氛。点缀其间的花木和雕栏砌筑的树池增添了园林趣味。南部为休闲观赏区域，这里的建筑与园林小品紧密结合，表现出文人气息浓厚的园林意境。

水景是大觉寺的主要特色，早在辽代即因水景之盛而得名为"清水院"。由寺外引入两股远水贯穿全寺，既作为饮用水，也创作为多层次的各式水景。道光年间，麟庆所著《鸿雪因缘图记》中有一段文字描写这个水系的情况，提到的塘即园林内的龙潭，憩云轩即南路行宫的一幢建筑物。泉水流至轩后依陡峭之山势成三叠飞瀑绕轩而下。方池即中路山门内之功德池，其上跨石桥，水中遍植红白莲花。

如今寺内尚有百龄以上的古树近百株，三百年以上的十余株。无量寿佛殿前的千年银杏树早在明、清时已闻名京师，以松柏银杏为主的古树遍布寺内，尤以中路为多，四季常青，把整个寺院覆盖在万绿丛中。南、北两路的庭院内还兼植花卉，如太平花、海棠、玉兰、丁香、玉簪、牡丹、芍药等，更有多处修竹成丛。因此大觉寺于古木参天的郁郁葱葱之中又透出万紫千红、如锦似绣的景象。

佛教中常用自然界的事物来作偈，体悟佛理。大觉寺的植物主要有七叶树、银杏、玉兰、竹、松柏、莲花等。寺庙园林中一般重视芳香植物的种植，禅宗公案中有"黄山谷闻木梅而悟道"。芳香植物不仅美化环境，同时其香味也能让人瞬间忘记尘俗，似有所悟。竹子自古被人称颂，佛祖就曾在"竹林精舍"住世说法。竹子为佛教概念中"空"、"无"的形象体现。松树"霜皮溜雨四十围，黛色参天三千尺"，古柏则"古柏森森聚虬龙，石麟含笑坐春风"，松柏具有历史沧桑感和庄严肃穆的氛围，因而寺庙多种植。赵州禅师的公案中就有"庭前柏树子"。禅悟来源于自然界。莲花为佛教圣物,佛教用莲花来形容大千众生的千差万别,隐喻了"人人同具佛性"的道理。

大觉寺园林文化内涵的独特性体现在其匾额诗赋上,寺院内保留有大量皇帝笔墨。如明宣宗制大觉寺碑文,清雍亲王撰送迦陵禅师安大觉寺方丈碑文,乾隆十二年重修制碑文等。除此之外,无量寿佛殿檐下"动静等观"、"无去来处"雕龙匾均为乾隆御笔。大雄宝殿内有慈禧太后题写的"法镜常圆"、"真如正觉"、"妙悟三乘",大悲坛前有醇贤亲王所题"最上法门"等。历代皇帝多次巡幸、驻跸大觉寺,多有感怀之作。领要亭和龙王堂边上的假山石上刻有乾隆多首诗赋。四宜堂名称来源于乾隆诗句"四宜春秋冬夏景,了识色空生灭缘"。乾隆手书匾额"憩云轩",取"我憩云亦憩"之意,憩云轩的匾额采用墨绿色芭蕉叶的形状。"蕉叶联"情韵俱佳。据唐陆羽作《怀素传》载,唐书法家怀素,家贫无纸可书,常于故里种芭蕉万余,以供挥洒。

北京潭柘寺

潭柘寺位于北京门头沟区东南部的潭柘山麓,其基址选在群峰回环的山半坡上,周围共有九座高大的山峰构成所谓"九龙戏珠"地貌形胜,充分体现了我国"深山藏古刹"的传统。此寺是北京最古老的佛寺之一,北京俗谚云:"先有潭柘寺,后有北京城。"相传潭柘寺始建于西晋永嘉元年(307年),初名"嘉福寺",唐代改名龙泉寺。以后历经宋、金、元、明多次重修,到清康熙年间进行了一次大规模的扩建,改名"岫云寺",后经同、光年间的多次修葺,大体上形成今日之格局。因寺后有龙潭、山上有柘树,故民间一直称其为"潭柘寺"。寺院坐北朝南,背倚宝珠峰,周围九峰环刹,构成"九龙戏珠"之景。九峰犹如玉屏翠嶂,山间清泉潺潺,翠柏苍松繁茂(图10-156)。

图10-156 北京潭柘寺全景

潭柘寺建筑分为中、西、东三路（图10-157）。中路为殿堂区，自山门起依次为天王殿、大雄宝殿、三圣殿、毗卢阁五进院落。殿堂崔巍华丽，衬以宏敞庭院内的苍松翠柏荫蔽半庭，还有高大的银杏、柘树，益显肃穆清幽的气氛。

西路为次要殿堂区，包括戒坛、观音殿、龙王殿、弥陀殿、大悲殿、写经室、愣严坛等。庭院较小，广植古松、修竹，引入溪流潺潺。故康熙题弥陀殿之额曰："松竹幽清"，题观音殿之联曰："树匝丹岩空外合，泉鸣岩涧静中闻"，恰如其分地点出西路景观之特色。

东路为生活、园林区，包括方丈院、延清阁、舍利塔、石泉斋、地藏殿等庭院式院落，以及康熙、乾隆驻跸的行宫。这一区茂林修竹、名花异卉，潺潺溪水萦流其间，配以假山叠石，悬为水瀑平濑，还有流杯亭的建置（图10-158）。一派花团锦簇、赏心悦目的园林气氛，与中路恰成对比。

寺院建筑群的外围分布着僧众养老的"安乐延寿堂"，以及烟霞庵、明王殿、歇心亭、龙潭、海蟾石、观音洞、上下塔院等较小的景点，犹如众星拱月。由

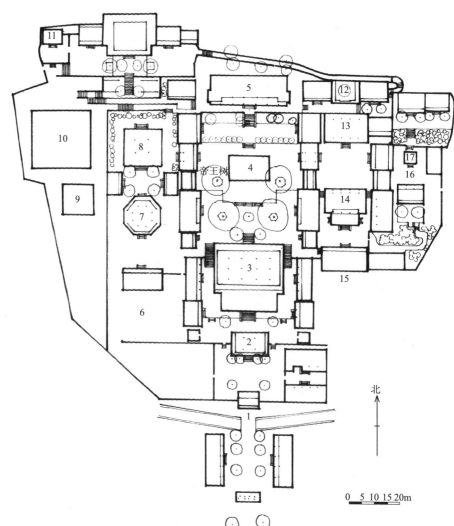

图 10-157 潭柘寺平面图（《中国古典园林史》第 557 页）
1. 山门　2. 天王殿
3. 大雄宝殿　4. 三圣殿
5. 毗卢阁　6. 梨树院
7. 楞严坛　8. 戒台
9. 写经室　10. 大悲坛
11. 龙王殿　12. 舍利塔
13. 方丈屋　14. 地藏殿
15. 竹林院　16. 行宫院
17. 流杯亭

北↑

0　5 10 15 20m

图 10—158 潭柘寺流杯亭

于寺院选址比较隐蔽，山门之前亦延伸为线性的序列引导，沿线建置若干小品建筑，峰回路转，饶富兴味。所谓"曲折千回溪，微露一线天；榛莽嵌绝壁，登陟劳攀援"。其园林化的处理又自别具一格。

潭柘寺空间序列曲折回环。寺院选址幽闭，经蜿蜒山路到达山门时又有小广场—名树—牌楼—古碑—桥—山门之顺序延伸为线性的序列引导，沿线两侧皆有各类建筑及小品，峰回路转，饶富兴味。进入主建筑群之后又有中、东、西三路多进院落，层层嵌套，趣味不减。空间序列高潮为中路第三进院落，不但空间感觉豁然开朗，并且有大雄宝殿和三圣殿围绕。东路院落的北侧有明朝所建舍利塔，塔身高大雄伟，塔后即为山体。西路戒台后面观音阁前平台为全院地势最高处，此处空间适宜，人们可以站在平台处俯瞰整个院落，此处为潭柘寺路线和建筑空间序列的尾声。

潭柘寺所处地势北高南低，建筑顺应地势高低错落。从山门至中路院落毗卢阁逐渐抬升。毗卢阁前的第三进院落为中路的高潮部分，结合地势建为最大院落，用台地和台阶来处理高差关系。西路戒台与观音殿之间部分位置有近五米高差，以曲折的台阶连接，墙边及院中多种植竹子，部分竹梢高至上层台面以上，不但降低了房屋基地之间大的落差感，并且空间层次丰富。

潭柘寺中路建筑总体布局一疏一密，至第三进院落更有豁然开朗之感，并且建筑和古树体量较大。东路和西路建筑布局较密集，建筑体量相对小，多灌木名花。西路戒台后面的空间和东路舍利塔前部空间紧凑，融入较多的建筑因素。

潭柘寺遍山青翠，绿树满园，树种繁多，姿态各异。西路戒台北侧和东路流杯亭北侧多种植竹子，寓意佛家"虚空"的追求。中路第三进院落为寺庙最大的庭院，院内有两棵高大的银杏树，植于辽代，乾隆皇帝赐名曰"帝王树"和"配王树"。院内另有两棵娑罗树为明代所植，因佛经记载佛祖释迦牟尼在娑罗树下涅槃，所以受到教徒崇拜。毗卢阁殿前的东侧，有两棵清代的紫玉兰，为玉兰中的珍品，名"二乔玉兰"。东路院落建筑有方丈院和皇帝行宫等，植物相对较为繁盛，名花异卉如丁香、海棠、探春等名贵花木多而有序。

潭柘寺的园林景观通过匾额楹联、假山、植物、小品以及诗文等体现了清幽的意境。譬如寺内的"百事如意树"为一棵柏树与一棵柿树相伴共生，人们取其谐音"柏"、"柿"即为"百事"，因而称其为百事如意树。"帝王树"因有乾隆皇帝的御封而有典故之说。猗玕亭（流杯亭）中汉白玉石基上雕琢有弯弯曲曲的蟠龙形水道，可由游客参观并参与曲水流觞的游戏。观音洞之堆砌，虽未用太湖石，又无南方文人园林造型手法的深刻复杂，但已充分表达出佛家寓意。

潭柘寺位于独具特色的山岳风景的环绕之中，寺内的园林、庭园、庭院绿化以及外围的园林化环境的规划处理也十分出色，故历来就是北京的游览名胜地，文人亦多有诗文赞咏。

清人曾把寺外围之自然风景及寺内之园景选出十处，定为"潭柘十景"：九龙戏珠，锦屏雪浪，雄峰捧日，层峦架月，千峰拱翠，万壑堆云，飞泉夜雨，殿阁南熏，平原红叶，御亭流杯。

承德普陀宗乘之庙

普陀宗乘之庙位于承德避暑山庄正北方向，狮子沟北岸中部的南坡上，占地 21.6 公顷，是承德外八庙中规模最大的一座。该庙形制仿照当时全国喇嘛教的中心——拉萨布达拉宫建造。庙名中"普陀"为梵文 Potalaka（音译普陀洛迦）的简写，即佛经所载观音菩萨住地，义同布达拉宫的梵文名称；"宗乘"是佛教弘扬某派教义的道场，"普陀宗乘"即观音菩萨道场之意。

该庙始建于清乾隆三十二年（1767 年），竣工于乾隆三十六年（1771 年），历时四年，是乾隆帝弘历为庆祝皇太后钮钴录氏八十岁生日和自己的六十岁生日而建。

现存该庙建筑为 20 世纪 80 年代大规模复原修缮的产物，与原先遗存已有差异；而修缮前的建筑，保存的是清代后期的状况，历经演变，亦与乾隆朝初建面貌有所出入。

普陀宗乘之庙东、西两门外原来均有河道与庙门前的河道相通，河道建有石桥与两侧相通，寺庙东侧石桥通往僧房。寺庙前水系无存，原水系河道现在为普陀宗乘之庙停车场。寺庙外东侧原僧房目前为民居，其他僧房基址被占用。现状的寺庙的完整性已被破坏。①

---

① 岳巍娜《保护承德藏文化区域遗产的完整性——以普陀宗乘之庙和须弥福寿之庙为例》。

普陀宗乘之庙属山地型园林，庙外南边为狮子沟。庙址位于南坡山麓，主入口位于南端。建筑群集中在寺院围墙范围的中部偏南。全寺依山就势，殿阁楼台前后错落，利用山势自然散置，自南向北层层升高（图10-159、图10-160）。建筑区在平面上布局由南向北可分为前院、中部白台群和后部主体建筑三部分。前院包括轴线上的山门、碑亭、五塔门，还包括轴线两侧东西旁门、角楼和散置于东西两旁的白台，以上共同形成一个具南北轴线的封闭院落。第二部分为琉璃牌坊一座及各类平顶碉房式白台二十余座，随山势呈纵深方向自由布局，没有明显的中轴线。第三部分是位于山巅气势雄伟的主体建筑——大红台、万法归一殿。白台群上拱大红台，下围山门、碑亭、五塔和牌坊，这种布局为承德"外八庙"乃至中国寺庙建筑布局所独有。

位于全庙最南端的五孔石桥以北为山门。门前设石狮一对，山门为砖石砌成三孔拱门承台，上建面阔五间的单檐庑殿顶门楼。其后的碑亭为黄琉璃瓦覆顶，亭内三座石碑以汉、满、蒙、藏四种文字分载《普陀宗乘之庙碑记》《土尔扈特全部归顺记》《优恤土尔扈特部众记》三文。碑亭后的五塔门满壁白色，上有三层藏式盲窗，下为三座拱门，门顶有五座喇嘛塔，前有一对大石象。

中部白台类型不一，平面、层数均有变化。白台以汉族建筑结构模仿藏族平顶碉房，用途也不尽相同：有的将木构建筑围在台子内部；有的在白台上建木构小殿，做佛堂、钟楼使用；有的组成庭院，作僧房使用；有的台顶安置舍利塔；有的砌成实心台座，并不能入内。这些做法为模拟拉萨布达拉宫前山脚下鳞次栉比的梵宇僧舍。

主体建筑群所在之处由实心花岗岩条石垒砌成白台基座，占地面积较大，

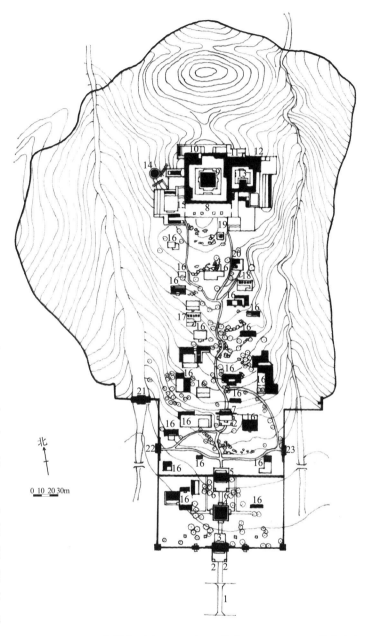

图10-159　承德普陀宗乘之庙总平面（承德古建筑第284页）

1.石桥　2.石狮　3.山门
4.碑亭　5.五塔门　6.石象
7.琉璃牌坊　8.大红台
9.万法归一殿　10.慈航普渡
11.洛伽胜境殿　12.权衡
三界　13.戏台　14.圆台
15.千佛阁　16.白台
17.西五塔白台　18.东五
塔白台　19.单塔白台
20.白台钟楼　21.三塔水
口门　22.西门　23.东门

图 10-160 普陀宗乘之庙自东南向西北全景

由四面群楼围合成的大红台位居基座正中，主体建筑大红台作为全庙功能与视觉形象的核心，体量最大，虽气势稍逊西藏布达拉宫，然其占地之广、建筑体量之大为内地寺庙所仅有。① 群楼天井中为核心殿堂——"万法归一"殿。大红台北楼西端顶部凸起一层，上有重檐六角形六方亭，匾额为"慈航普渡"；南侧楼体顶部左右各有重檐正方形塔罩亭一座。紧贴大红台东侧有一稍矮、面积稍小的四面群楼，高两层，称"御座楼"。白台基座上，还分别在大红台西南侧建有单层藏式院落"千佛阁"，御座楼东南侧建有哑巴院。在白台基座之外，东南侧紧贴基座有一立于较矮白台基座上的四层平顶楼体"文殊胜境"；西侧靠北有一独立于其他建筑的二层圆堡。

外八庙虽整体风格各有不同，但均以油松作为骨干树种，普陀宗乘之庙也不例外。由于植物自身不具有明显的民族性，大面积栽植油松，使寺庙与同样生长油松的周围环境相融合，也使不同风格的寺庙得以融合和统一。普陀宗乘之庙中侧柏、桧柏的栽植较外八庙中其他寺庙为多，并且经常和油松混杂在一起种植。普陀宗乘之庙中现存古树名木（包含古树树桩），有油松 38 株，侧柏 15 株，圆柏 4 株，国槐 4 株，五角枫 1 株，丝棉木 2 株。

成都杜甫草堂

成都杜甫草堂，是中国唐代大诗人杜甫流寓成都时的居所。杜甫离开成都

---

① 仇银豪.《北京藏传佛教寺院环境研究》.

后，草堂便不存，五代前蜀诗人韦庄寻得草堂遗址，重结茅屋，使之得以延续，后经宋、元、明、清多次修复。其中最大的两次重修，是在1500年和1811年，基本上奠定了现在杜甫草堂的规模和布局，总面积近300亩（图10-161）。

图 10-161　杜甫草堂平面
1. 照壁　2. 正门
3. 大廨　4. 诗史堂
5. 柴门　6. 工部祠
7. 水槛　8. 恰受航轩
9. 水竹居　10. 碑亭
11. 茅屋　12. 花径

杜甫草堂园林位于成都西郊碧鸡坊外，万里桥西，百花潭北，近邻浣花溪水，东具林壑，为三面环水一面临壑，花木葱茏，景象秀丽的郊野景象。草堂的建筑、桥廊、溪流、树木花草密切融合。

草堂完整保留着清代嘉庆年间重建时的格局，体现出传统祠堂园林的特色，对称严整，肃穆稳重，以一条中轴线贯穿始终，由照壁作序景，正门、大廨、诗史堂、柴门、工部祠主要建筑依次排列在中轴线上，并通过两旁对称的附属建筑以及点缀其间的亭、廊、槛、榭，共同构筑起多层次的环境空间，营造出极富变化的空间感受。在正门与大廨，诗史堂与柴门之间，还利用萦绕多变的水体打断中轴线，再通过筑桥引水，使其隔而不断。

杜甫草堂造园因地制宜，突出茅屋建筑、园林动植物及水体等造园要素，使浣花溪呈现一派绿树环抱、鸟语花香的田园风光。杜甫草堂园林在层云薄雾、烟雨朦胧之中，配以参天古木、祠堂楼阁。此外，因为杜甫草堂园林地势的起伏，空间的延伸和渗透，于游园中，时常未见其花，先闻其香，若有若无，淡雅含蓄，令人陶醉，遐想神往。

成都武侯祠

成都武侯祠位于成都市南门武侯祠大街，因诸葛亮生前被封为武乡侯而得名，是中国唯一的君臣合祀祠庙，由刘备、诸葛亮蜀汉君臣合祀祠宇及惠陵组成。建于唐以前的武侯祠（指诸葛亮的专祠），初与祭祀刘备（汉昭烈帝）的昭烈庙相邻。明朝初年重建时将武侯祠并入了"汉昭烈庙"，形成现存武侯祠君臣合庙。祠庙现存主体建筑（除惠陵）均为清康熙十一年（1672年）重建，武侯祠同汉昭烈庙、刘备墓（惠陵）相毗连。整个武侯祠坐北朝南，主体建筑大门，二门，汉昭烈庙，过厅，武侯祠五重建筑，严格排列在从南到北的一条中轴线上。以刘备殿最高，建筑最为雄伟壮丽。武侯祠后还有三义庙、结义楼等建筑（图10-162）。

图 10-162 武侯祠平面

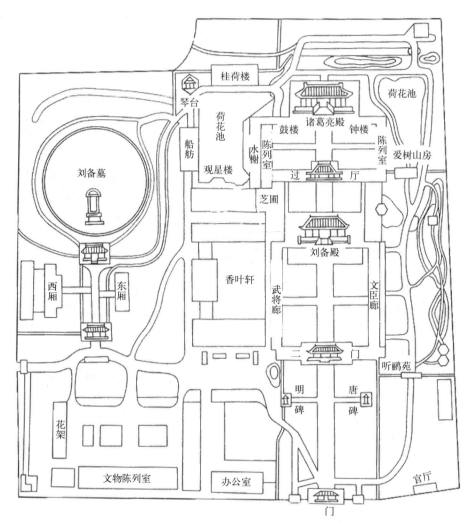

武侯祠的园林景观特色，可以用唐代著名爱国诗人杜甫的诗句来概括："丞相祠堂何处寻，锦官城外柏森森。映阶碧草自春色，隔叶黄鹂空好音。"诗句描绘出了当年武侯祠柏树森森、清幽静谧的园林特征。据清代康熙年间所刻绘的《武侯祠全图》，祠内的园林风貌早已形成，清代初期重建武侯祠时，同时种植柏树数百棵，奠定了祠内以柏树为主的绿化基调。以后陆续种植花木修篁，建造亭轩，开凿水池，辟置庭园，经过二百余年的培育和养植，使得祠内园林颇具规模，形成了具有独特风格的寺庙园林景观。

综观武侯祠的园林，也同中国其他地方的古典园林一样，遵循着一种追摹仿自然、不规则和不对称的布局原则。祠内的园林虽然没有北方宫廷苑囿雕梁画柱而呈现出富丽堂皇的官家气派，也不像江南名园那样曲折婉转而显示出精细雕琢的奇巧构思。武侯祠的园林是根据天然地势，用人工加以巧妙地布置与点缀，将山石树木、溪水池塘、道路亭桥、花墙曲径等园林景观与宏大的祠宇建筑有机地结合起来，使庄严肃穆的祠宇气氛与活泼轻快的园林景致，非常和谐地同处于武侯祠内，形成了我国园林布局的另外一种格调。

江西南昌青云谱

青云谱位于江西省南昌市南郊十五华里处的梅湖定山桥畔,前身为一道院。相传早在 2500 余年前,周灵王之子晋在此开基炼丹。西汉末年南昌县尉梅福曾弃官隐于此,后人建"梅仙祠"祀之。东晋年间许逊治水至此,设坛讲道,始倡道教"净明派",建"太极观"。唐代大和五年(831 年),刺史周逊奏建"太乙观",宋至和二年(1055 年),易名为"天宁观"。清顺治十八年(1661 年),明太祖朱元璋第十六子朱权的九世孙朱耷(号八大山人)来此隐居,取"吕纯阳驾青云来降"之意,改名青云圃,后又寓意为青云传朱明家谱,改圃为谱,自此青云谱便与八大山人的坎坷生涯及其书画艺术联系在一起了。

青云谱建筑群建于岱山之侧的荷塘之畔,规模和风格与清朝光绪年间重建的道院大抵相同。占地约 39 亩,四面环水,形似"八大山人"笔下游鱼,与西南面梅湖浑然一体,水陆相生,宛若"太极"天。青云谱大门在围墙西端,外观为立贴式石牌坊大门,上悬"青云谱"石匾,前后额分别刻"净明真境"、八大山人手书的"众玄少之门"字样。青云谱建筑风格古朴典雅,自然脱俗,以关帝殿、吕祖殿、许祖殿一气贯通的三个院落为主体,衔连左右"三官殿"、"斗姥阁"、"圆峤",还有两庑"黍居"、"鹤巢"等。主体三殿为砖木结构,三殿逐次递进,两侧排布厢房,曲廊相通,屋宇及回廊均为桁架式木结构,涂以朱漆,少雕梁画栋。屋宇外墙、院落围墙、基脚、门柱和墙柱均为红麻石砌筑。

青云谱是一个历史悠久、风景优美的道院,自古以来就是游客瞩目的名胜之地。院中古树林立,多植竹木,数百年的古樟树、苦槠树、罗汉松青叶苍干,繁荫广被。阳春桃花争艳,盛夏荷满十里,三秋桂花飘香,严冬寒梅竞放。园内野趣横生,修竹花影摇曳,荷塘清澈明净,池水鱼儿嬉戏;园外清溪蜿蜒,禾田阡陌纵横,农舍炊烟袅袅,感似人间仙境。

新疆喀什阿帕克和加墓

阿帕克和加墓位于喀什东郊,是一座典型的伊斯兰式的古老的陵墓建筑。阿帕克和加墓始建于 17 世纪,最初名叫"玉素甫和加麻扎"("麻扎"为陵墓之意)。玉素甫和加为清初南疆伊斯兰教教主,死后,其子阿帕克和加将其埋葬,修建了陵墓的最初规模。阿帕克和加死后,其后人又将其埋葬于玉素甫和加墓旁。原先本称作"玉素甫和加"的陵墓,便被人逐渐改为"阿帕克和加麻扎"。清末以来又有人讹传"香妃"(即乾隆宫廷中的容妃,死后葬于河北遵化县的清东陵)葬于此地,故又被称为"香妃墓"。阿帕克和加墓近于一个长方形的建筑实体,其底宽约 35 米,进深 29 米,陵墓四角各有一圆形立柱半嵌在墙内,圆柱顶端,各有一小巧玲珑的召唤楼,楼顶有一弯表示伊斯兰标记的新月。陵墓屋顶是用土块砌成的半圆形大穹隆。陵墓为整个建筑群的主体,附属的其他建筑有大礼拜寺、经堂、门楼、小礼拜寺等。陵墓从上到下均用绿色琉

图 10-163 新疆喀什市阿帕克和加墓高低礼拜寺平面图（《中国伊斯兰教建筑》）

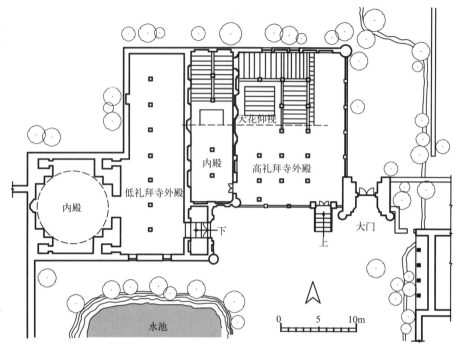

璃砖贴面，有些部位增添了部分蓝色和黄色的琉璃砖。这座充满伊斯兰风格的建筑雄伟肃穆，布局谐调，造型美观，色调典雅，周围林木阴翳，池水清澈（图 10-163）。

谢彬曾在游记中记载："陵之右偏北隅，有似陵寝之建筑，为妃父生诵经、死厝葬之所。其前礼拜场二，连接直列，建筑宏伟，拟于大内。再前为二涝坝，周百余步，绿水清碧，游鱼可数，环水古干，倒影分明。复有二三果园，环而错处，群花竞秀，清幽宜人，夏日避暑，最为合宜。喀什近郊游观佳处，此为第一。"

新疆喀什艾提卡尔清真寺

喀什艾提卡尔礼拜寺位于喀什市中心，院庭广大，大殿面阔达 38 间，是新疆最大的礼拜寺。

礼拜寺的平面呈"凸"形。最初的寺大门面向窄长的广场，以后扩建因阻于广场即南侧的道路，因而门位置遂偏在今寺的前右隅。但因规划较为精心，两侧又有许多树木遮蔽，所以进入大门后并不感觉大门太偏。在由大门至正殿的道路两侧有左右二亭状砖龛，它们使院庭给人以整齐对称的感觉。此二亭状建筑在礼拜寺人多时，院中做礼拜的人则可以此代替圣龛。院庭左侧有涝坝（即蓄水池）二，一大一小。大涝坝用朱栏围绕，周以杨树，绿荫碧波，颇具园林风趣。从庭院的水体的布置中可以看出阿拉伯四块式园林的影响。但四条水渠被改造为两侧有水渠的四条道路。且由于大门与大殿轴线不统一而使十字形的交叉也并不垂直（图 10-164）。

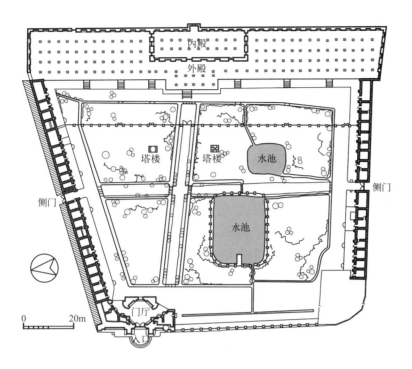

图 10-164 新疆喀什市
艾提卡尔礼拜寺平面图
（《中国伊斯兰教建筑》）

此寺院甚是广大，所以院中布置涝坝、树木，并不感到杂乱，而是相当宏
伟可观。大殿不远处有栅栏一道，将院庭分为内外两部分。外院庭人众来往甚
多，而内院庭不做礼拜时则是清静无尘，致使大殿甚为幽静严肃。同时人们在
栅栏内也不能看到大殿的全貌，所以愈觉大殿的伟大惊人。

10.3.5 邑郊理景

扬州平山堂西园及蜀岗

扬州邑郊理景园林的传统，比其第宅园林有更久远的历史渊源。清代初期，
平山堂一带被认为是扬州邑郊风景最胜处，康熙年间的孔尚任在其《湖海录》
中谈到广陵之胜，以平山堂为最，其他红桥、法海寺、观音阁等，仅平山堂之
附丽。因此，平山堂一带是清初扬州邑郊理景的重要节点。

康熙十二年（1673 年），扬州郡守金镇与乡绅汪懋麟在法净寺右重建平山
堂，寺后建真赏楼；雍正八年（1730 年），盐商汪应庚种松树十万余株在蜀岗上，
设万松亭点景；雍正十年，在平山堂左建平楼以观风景；乾隆二年（1737 年），
在平山堂边第五泉处开凿山池，水亭；乾隆四年在平山堂后建洛春堂；乾隆
十六年，修建平山堂西园，为皇帝南巡行宫的御花园之用。

平山堂一带是较为传统的带有教化目的的官方邑郊理景，强调"为政讲学"，
其建筑景观营造也体现出这一特征：以平山堂为中心，堂后为真赏楼，纪念欧
阳修及其他宋代学问家，堂前建有数十尺高的平台，名行春台，上植四株梧桐，
台下东西两侧建有长墙，沿墙种植桃、李、梅、竹、柳、杏等树数十株。这一
组建筑的东侧，种植有大片松林，最高处建万松亭，可沿蜀岗东麓往观音阁。

平山堂以西，是大片梧桐林，称梧桐径，林中建有水井及石亭，附近稍低处建有十余亩大小的山池，山池是平山堂一带邑郊理景的另一个景观中心，池边种植桃、柳、木芙蓉等，并建有水亭，山池中央石台，台中为巨井，围以丈许见方的栏杆，是开凿山池时发现的古泉。山池南为五烈墓，周边环绕的树木高大相接，山池西为五烈祠与司徒庙等。平山堂及相邻园林场地强调对称性及纪念性，利用自然山地条件，有平山堂及山池两个景观中心。

平山堂的景观塑造以轴线控制的对称的建筑群及院落空间为主，通过平山堂、真赏楼及山门强调出文章讲学的肃穆气氛，平山堂西的景观区域，首先是通过种植大片松林取得与平山堂协调的肃穆气氛，其次通过另一景观中心山池来统领串联蜀岗上各处已有景点。随着乾隆第一次南巡，平山堂西侧以山池为中心的自然理景也被园林化改造，作皇帝南巡行宫的御花园之用，山池开凿更大，并做出激瀑涌泉等水景，上设曲桥。池中巨井上加盖井亭及辘轳，亭前建荷花厅，一旁设假山石蹬，瀑布冲击而下，设观瀑亭。观瀑亭后又建梅花厅，厅前有奇石山泉，《平山堂图志》称此处景观模拟山东济南的林泉景观而设（图10-165、图10-166）。平山堂西园右侧为园丁山民所居，是苗圃和果树园，每逢市会，游人杂沓，则提供茶水小憩，以"西园茶槔子"闻名。

以平山堂为中心的扬州蜀岗风景建设，以治理与教化风气为目的，通过历史名人来塑造纪念性场所，整合已有自然人文景点，体现了"自然风景—点景构筑物—庭院空间—园林理景"这样一个风景改造过程，是清初较为典型的江南邑郊理景案例。

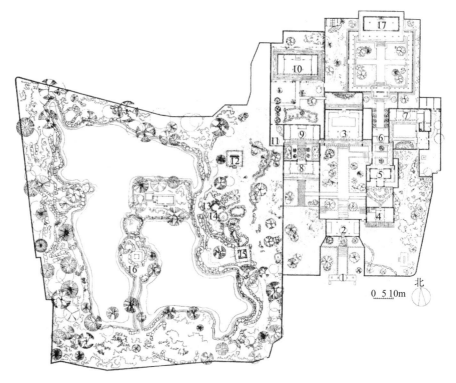

图10-165　大明寺平山堂西园平面图（图片来自《扬州园林》，同济大学出版社，2007）
1. 牌楼　2. 天王殿
3. 大雄宝殿　4. 平远楼
5. 晴空阁　6. 报本堂
7. 悟轩　8. 平山堂
9. 谷林堂　10. 欧阳祠
11. 西园入口　12. 御碑亭
13. 第五泉亭　14. 第五泉
15. 四方亭　16. 天下第五泉
17. 鉴真和尚纪念堂

0　5 10m

北

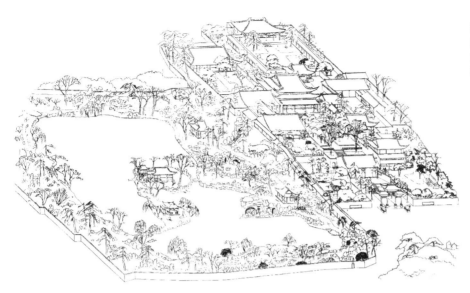

图 10-166 大明寺平山堂西园轴测图（图片来自《扬州园林》，同济大学出版社，2007）

扬州瘦西湖

瘦西湖原名炮山河、保障湖，位于扬州城西北地势低洼之处，面积 480 多亩，长 4.3 公里，原是唐罗城、宋大城的护城河遗迹，南起北城河，北抵蜀岗脚下。瘦西湖最初为湖泊的形式，故又称"保障湖"。《平山堂图志》记载了瘦西湖的来源，扬州西山诸水集于城塘、小新塘、大小雷塘四塘，岁久因四塘被开发为农田，水无所容，聚蜀岗东北为湖。明代的扬州城外从红桥到保障河一路，已经沿岸种有杨柳，水中植以荷花，但保障河年久淤积，至清初变为水田，1732 年（雍正壬子），扬州郡守尹会一发起募捐疏浚城市内河，在城外同时疏浚保障河，作为城市内河的蓄泄之处。保障河的疏浚也伴随着景观的恢复与建设，河边以桃树间隔柳树种植，河内也恢复种植荷花，游船可以从扬州城内到达筱园，瘦西湖基本成型。

从康熙间程梦星在瘦西湖建设筱园开始，到清代中期，扬州盐商在瘦西湖两岸建设了大量园林亭榭。随着乾隆六次南巡经过扬州，这些第宅园林不断扩建、改造、合并，发展出公共观光式的园林体验，使瘦西湖两岸的园林与自然山水整合成为规模化与大尺度的城市邑郊风景园林。清代沈复在《浮生六记》中记初游扬州，便指出了扬州瘦西湖园林与众不同的特色便是"十余家之园亭合而为一，联络至山"。清代金安清在他所著的《水窗梦呓》中也提道："扬州园林之胜，甲于天下……两岸数十里楼台相接，无一重复。"清代初期以来瘦西湖两岸建设的园林，在清中期发展为沿湖的景点，顶峰时期的瘦西湖两岸，东岸由南到北有慧因寺、斗姥宫、城闉清梵、芍园、卷石洞天、西园曲水、虹桥、净香园、趣园、长春桥、莲花桥、白塔晴云、水竹居、锦泉花屿等十四个景点，西岸由北到南有从尺五楼、万松叠翠、春流画舫、高咏楼、三贤祠、筱园花瑞、红药桥、熙春台、法海桥、圣祖御碑亭、莲性寺、郝公祠、云山阁、桃花坞、长春岭、韩园、长堤春柳、冶春诗社、倚虹园等十九个景点，这数十处沿岸景点与瘦西湖支流的数个

图 10-167 清中期瘦西湖到蜀岗两岸园林分布（图片来自《平山堂图志》，广陵书社，2007）

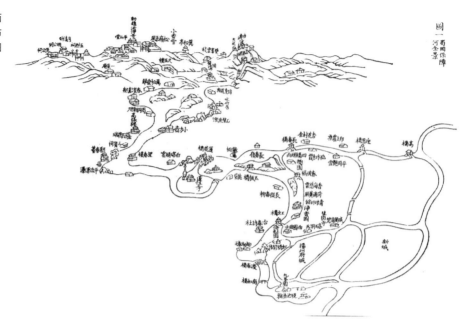

景点一起，组成了具有整体性的瘦西湖邑郊理景园林（图 10-167）。

瘦西湖的邑郊园林理景有以下特征，首先，依托带状水体建设园林景观，园林空间、入口逐步向水面开放，临水区域最终成为园林建设中心与重要展示面；其次，瘦西湖两侧相邻的园林景观群体，虽然最初或为第宅园林，或为寺观园林，或为经营性园林茶肆的相对独立的园林个体，但在清中期园林爆发性建设过程中，往往通过直接的隔墙开门、加建建筑物联系、隔岸轴线对齐等多种手段，逐步融合成为尺度更大的整体邑郊理景；再次，观光游览成为清中期瘦西湖园林主要欣赏方式，其园林理景也因此更强调水面视觉效果展示和奇观式的风景园林建设取向，体现出不同于文人园林的建设取向；最后，清中期瘦西湖邑郊理景园林，在使用方式上对外开放，在审美标准上雅俗兼有，在公众参与上包含多种人群，具有极强的公共性。

"城闉清梵"景点，是瘦西湖邑郊理景中最典型的由寺观园林、私人园林和商业苗圃等不同性质的单体园林结合形成的风景园林（图 10-168）。李斗记道："自慧因寺至斗姥宫及毕、闵两园，皆在'城闉清梵'之内。"这一风景园林包含了慧因寺、毕园、闵园、芍园等园林。这些园林直接相邻，并互相贯通，如慧因寺内园林"之西南小室，中有门通芍园"[①]。慧因寺内设的园林，"由寺之大士堂小门至香悟亭，四面种木樨，前开八方门，右临河为涵光亭、双清阁、听涛亭。曲廊水榭，低徊映带……其中有山有池，山上有亭翼然，额曰'栖鹤亭'"。而毕、闵两园则为第宅园林，其中毕园后归罗氏。至于芍园，则为种花人汪氏的芍药养殖圃，"是园水廊十余间，湖光潋滟，映带几席。廊内芍药十数畦"。

① 见《扬州画舫录》卷 6 "城北录"。

图 10-168 瘦西湖 "城闉清梵" 园林（图片来自《扬州园林甲天下》，广陵书社，2003）

清中期以来，"城闉清梵"主要从两个方面进行演变，一是临水界面的统一，"城闉清梵"一地的沿水驳岸在 18 世纪中期，尚参差不齐，有各种形式，但在 18 世纪中后期逐渐统一与延续，通过临水边界整合了各类不同性质的园林，并在整合后的临水界面，设置了连续的沿河步行道及更多的码头；二是内部园林空间整合，从最初慧因寺，慧因寺园林，毕、闵两园的第宅园林，以及开阔的种植苗圃芍园五块占地大小、沿河面基本相同的五块用地，到后期已整合为更大尺度的两块：以慧因寺为主的建筑群区块和左侧更大的园林区块——原有用地上各区块间的建筑、围墙、篱笆基本消失，而毕、闵两园的水体还延伸到原来的芍园。

"西园曲水"与"冶春诗社"景点，则是瘦西湖景点中由经营性园林发展成为更大尺度的邑郊理景园林的代表，"西园曲水"位于虹桥东岸，原为旧时西园茶肆，后相继被张氏、黄氏收购为第宅园林，乾隆时园主为汪氏，有濯清堂、舫咏楼、水明楼、新月楼、拂柳亭等建筑（图 10-169）。西园曲水一带原多茶

图 10-169 瘦西湖 "西园曲水" 园林（图片来自《扬州园林甲天下》，广陵书社，2003）

肆如且停车、七贤居、野园等，但在清中期乾隆年间均转变为各类寺观园林或第宅园林如斗姥宫、闳园、勺园、小洪园等。"冶春诗社"在虹桥西岸，清初康熙间是茶肆，名"冶春社"，旁边为王氏别墅。到清中期乾隆间，田氏收购了王氏别墅，也将"冶春社"这个茶肆一并购入整合为第宅园林，名"冶春诗社"。"西园曲水"在清中期以阁道闻名，虽为第宅园林，但保持了茶肆酒家对外开放营业的功能，李斗记载了某次游湖因避雨到此处饮酒，又记到此园还有"园票"，长三寸，宽二寸，以五色花笺印之，上刻"年月日园丁扫径开门"，旁钤"桥西草堂"印章，表明了园林也是对外开放的。

瘦西湖中也有不少经由自然地貌改造而来的风景园林，其中最具代表性的是"梅岭春深"景点。"梅岭春深"又称长春岭，即为现瘦西湖中的小金山，原为保障河中一个小岛，乾隆丁丑（1757 年），程梦星之兄程志铨在此小岛上筑浮土加高成山，周围用木桩维护，在其上筑关帝庙、岭上草堂、观音殿、钓渚，并在庙前建设码头，岛旁设玉版桥。梅岭春深是改造自然地貌而来的人工景观，当时曾费时三年筑岭，虽有庙宇僧侣，其地却属私产，后为余熙购买拥之。清代中期，随着瘦西湖邑郊理景的深化，"梅岭春深"从 18 世纪中期的一个临水码头增设为两个码头，同时，伴随着建筑的加建，构筑物开始顺应河岸线的形状布置，起初"梅岭春深"的主体建筑只是取了简单的南北朝向布置，但随着建筑物增加，建筑群开始随着河岸线的转折而转折，局部围墙也采用圆弧平面，以衔接几种不同角度的建筑，从而产生更为连续的沿水形态（图 10-170）。

瘦西湖沿岸的第宅园林在清中期的发展中，除与相邻园林整合、扩建建筑外，还通过各种方式在园林尺度上进行放大，这一过程也产生了各自的园林特色，比较典型的有"石壁流淙"、"荷浦熏风"、"四桥烟雨"等景点。

"石壁流淙"又名"徐工"，是徐氏第宅园林别墅，1765 年皇帝赐名"水竹居"

图 10-170 瘦西湖"梅岭春深"园林（图片来自《扬州园林甲天下》，广陵书社，2003）

图 10-171 瘦西湖"石壁流琮"园林（图片来自《扬州园林甲天下》，广陵书社，2003）

（图 10-171）。其园主体建筑为"花潭竹屿厅"与静香书屋，园内有天然河流经过，有观音洞、阆风堂、碧云楼、静照轩、庋水阁等建筑景观。为取得邑郊理景园林更大的尺度感，该园在改建发展中，侧重群体假山的处理，其用石追求与土山结合的大尺度体量的园林叠石，采用各种方式突出其叠石的形状、尺度与空间感，如《扬州画舫录》提到的"大石屏立，疑无行路"，"自清妍室后，危崖绝壁"这样的与园林建筑道路结合的大体量叠石，也有"伏流既回，万石乃出""尖削为峰，平夷为岭，悬石为岩，有穴为岫；小者类兔，大者如虎，立者如人"的小体量群体的叠石，在清中期获得"以水石胜"之名，最终以"石壁流琮"号为景点。

"荷浦熏风"则通过刻意强调园林建筑空间的曲折深邃来体现其尺度感，该景点位于虹桥东岸，为时任盐总的江春的别墅，乾隆三十七年皇帝赐名"净香园"（图 10-172）。园门在虹桥东，入门即为大片竹林，通过竹间小道入园。

图 10-172 瘦西湖"净香园"（图片来自《扬州园林甲天下》，广陵书社，2003）

有水亭、清华堂、青琅轩馆、浮梅屿等建筑景观。竹林尽端为春雨廊、杏花春雨之堂，堂后为习射圃，圃外为绿杨湾。该园主体建筑为怡性堂及江山四望楼，其建筑空间营造着重突出曲折幽深的特征，并通过西洋镜、自鸣钟等强调空间层次的奇观式效果。"荷浦熏风"虽为第宅园林，但同样对外开放，甚至专门设有游人休息的茶肆。在18世纪中期，"荷浦熏风"园林的沿水界面基本为白色园墙，但到18世纪后期逐渐转变为廊子，最后扩建成临水建筑、连廊、院落组成的沿水区域，园林的建设重心趋向瘦西湖临水面。

"四桥烟雨"景点，则是通过强调园林建筑的华丽感与地标性来体现出园林与自然结合而成的更大尺度，特别对园林中的跨水建筑加以营造。"四桥烟雨"是黄氏兄弟中黄履暹的别墅，故又名"黄园"，乾隆赐名"趣园"（图10-173）。有锦镜阁、竹间水际、回环林翠、面水层轩、云锦淙诸景。其名称中的"四桥"，指的是园林周围的四座桥，分别是虹桥、长春桥、春波桥、莲花桥。黄氏兄弟为18世纪扬州盐商巨子，各自以造园互相攀比，其园林以其中建筑的华丽特别称著，《扬州画舫录》曾记黄氏兄弟曾以千金构"造制宫室之法"，其建成的园林建筑，他人往往不知其来源。四桥烟雨的建筑颇体现出黄氏兄弟对园林建筑华丽感及地标性的追求，其主体建筑"锦镜阁"追求北方官式建筑风格，《扬州画舫录》记道是"仿《工程则例》暖阁做法"，同时，在仿制过程中根据园林地形特别是跨水位置强调建筑的地标性，从桥亭出发，发展出介于桥与厅之间跨水建筑形式。而四桥烟雨中的"澄碧堂"，追求西洋风格，仿制"广州十三行"，大量运用绿色，采用"连房广厦"的非常规平面布局。

清中期数十年间的瘦西湖的园林建设成果，在当时社会公众中造就了"扬州以园亭胜"的名声，18世纪末，瘦西湖邑郊理景园林的建设到达顶峰，之

图10-173 瘦西湖"趣园"（图片来自《扬州园林甲天下》，广陵书社，2003）

后因皇帝南巡中止及扬州城市衰退等原因，在数十年间逐渐没落。在瘦西湖沿岸单体园林发展成为整体邑郊理景园林的过程中，产生了独特的园林空间、建筑、叠山、理水取向，成为扬州园林的内在基因与特征，一直影响及延续在清后期的扬州城内第宅园林建设中。

徽州歙县唐模村檀干园

此园为村头理景的一部分，据《歙县志》记载，此园建于清初，乾隆间增修。有池亭花木之胜，并有宋明清初书法石刻精品，俗称"小西湖"。此处为公共活动场所，常有宴集，题咏甚多。

今日园景，当年的"倚云馆"已倾圮，唯檀干溪右侧小西湖中的"镜亭"独存，亭与长堤、玉带桥相连伸入湖中，把曲折的湖面分割得灵秀、妩媚。原来周围植有檀树、紫荆等花木，还有桃花林一片，镜亭存半联"喜桃露春浓，荷云夏净，桂风秋馥，梅雪冬妍，地僻历俱忘，四序且凭花事告"，道出曾有的四季景色。毁掉的许氏会馆原坐落在镜亭隔溪相对的平顶山的余脉上，地势高爽，视野开阔，为登眺佳处。文士于此吟诗作画，何等儒雅。

该园湖水之源乃檀平溪，平顶山上古木森森，苍蔚蒙茸伸向黄山余脉。园就真山真水而成，自然朴素，清新宜人。它又与村口牌坊、环中亭、板桥、风水树等相呼应，构成无分内外的天然景色。这种开放形态与第宅园林大相径庭，是村落公共园林理景的一大特点。

徽州歙县雄村竹山书院

歙县雄村面江枕山，竹山书院是雄村最美的濒临新安江的景点，为雄村人曹氏兄弟所建，清乾隆年间已是村中游胜之地。书院庭园面积不大，有"凌云阁"、"清旷轩"为主体建筑，尚有平台、曲廊、"百花头上楼"等建筑，布局曲折而富有变化。园中还栽有丹桂、素梅、玉兰、石榴、山茶、银杏等名木佳卉。或隔以花墙，或通以门洞，或半廊倚墙，或片石成峰。整个园林部分敞幽自如，高下成景。

园之右有小轩，可供停憩，凭槛而望，新安江帆影尽收眼底。远眺则以登凌云阁最宜。阁二层八面，登临后既可环视四周山村烟岚，又可仰视新安江对岸高山，俯察江中清流舟楫。这里还可直接在桃花坝上游赏。这是一处借景自然、融内外一体的私建公共园林。

长沙岳麓书院

岳麓书院是中国四大书院之首，享有"千年学府"之誉。最早于北宋开宝九年（976年）由潭州太守朱洞在原僧人办学遗址上创建。选址于长沙市湘江西岸的岳麓山下。据《玉海》和历代重修书院的《书院记》等文献记载，其建设大体经历北宋始建，历朝之交的战火洗劫，新朝恢复后的重建以及发展阶段；现存实体主要为明清时期扩建、完善后的规模和形制遗构。

岳麓书院古建筑群顺延山势，坐西朝东，逐步攀升，形成南北对称、中轴线突出的网络空间结构。整体建筑群可分为教学、藏书、祭祀、起居和园林五大主体。以讲堂为核心的教学区，以收藏、整理、编校的藏书区，以缅怀先人尊师重教的祭祀区，供先生、弟子生活起居的斋舍区以及位于西南靠近山体的园林区。主体建筑有大门、二门、讲堂、半学斋、教学斋、百泉轩、御书楼、湘水校经堂、文庙等。各个区域用门墙分隔，同时又通过庑廊、厅堂等将其连接，开则相互通达，闭则独立成域。

整个书院园林的核心及高潮即讲堂部分。书院讲学的使用空间，也是书院园林建筑空间组织构架的交通枢纽。讲堂坐西朝东，东面开敞，面宽为五开间；通过堂前的廊道连接南、北两侧的斋舍，将园林、百泉轩、教学斋、讲堂、湘水校经堂以及文庙串联成一线，形成与书院主轴垂直交叉的南北向横轴。居于中轴线尾端的御书楼是书院中最大、最精致、级别最高的主体建筑，坐西朝东雄视整个书院。

岳麓书院将建筑与园林巧妙穿插，一进建筑与一进庭院交替排布，造成一虚一实的空间节奏。书院园林巧于因借，借岳麓山为靠，园林建筑依山就势，逐级抬升，建筑等级随之升高，从台到堂、到阁，最后与山体融为一体。在有限中观无限，在诗书礼乐、芸芸讲坛中将思维、心志、才情与自然之景契合。

乌鲁木齐秀野亭

秀野亭在今乌鲁木齐市区的西部，最初，那一带是古树参天，绿草蔽地的原野。它的南部，土地肥沃，水草丰盛，是乌鲁木齐最早的农业基地，北部东起乌鲁木齐河，西抵头屯河畔，生长着一望无际的红柳丛。从 1755 年清朝政府平定了准噶尔叛乱后，进驻乌鲁木齐的清兵，首先在这里垦荒屯田。清乾隆二十四年（1759 年）清朝政府在乌鲁木齐设置同知，统管地方屯田和戍守事务。居住在乌鲁木齐的清朝官员，对塞外风光颇为欣赏，经常到林荫地带游览赏景。据当时流放在乌鲁木齐的清廷文人纪晓岚说："城西茂林无际，土人称之曰树窝，坤同知因修秀野亭。二、三月后，游人载酒不绝。"（《乌鲁木齐杂记》）坤同知在郊野林区所修的游亭，命名"秀野"，显然是取义于"秀丽的原野风光"。能够载酒遨游，闲赏"秀野"风光的人，自然不是在那里服劳役的"遣犯"，也不是挥汗屯田的"民户"。纪晓岚在另一首诗里写得很清楚："秀野亭西绿树窝，枚藜携酒晚春多，谯楼鼓动栖鸦睡，尚有游人踏月歌。"尽管当时能够在秀野亭饮酒赏月的只是坤同知一伙，但是自从有了秀野亭，人们可以从乌鲁木齐原始草原上闻到园林气味。

10.4　时代特征

清代是中国古典造园活动最后的高潮时期,也是中国古代园林发展的尾声。各种类型园林的营造方法和技术手段都日臻成熟,并与当地的自然文化条件相适应,形成了北方、江南、岭南、闽台等多种地方园林特色。

10.4.1　思想观念

清代园林继续受到儒、佛、道各家思想的影响,同时生活意趣逐渐增多,园林手法日趋程式化,园林中的建筑的比例逐渐增加。另外,与元、明时期相比,越来越多的带有公共性质的寺观园林、郊野风景游览地出现。在造园思想观念方面,可以大致分为清早期和清中后期两个时期。

清代早期园林仍然延续了明代晚期的造园风格,造园充分利用原址自然条件,营造野趣、疏朗的园林环境。这一思想观念在宫苑园林和第宅园林中均有体现。康熙时期的别苑园林建设融合江南第宅园林的设计意趣和宫苑园林的博大气派,并善于吸收大自然的环境之美。康熙认为造园妙在"度高平远近之差,开自然峰岚之势",他主张利用自然山水造园,其主持建设的畅春园建筑十分朴素,山水花木也有淡雅清幽的特点。而大部分的北方第宅园林属于依附宫苑园林的王府花园,其他贵族豪门园林也受到皇家造园活动的影响,在造园观念上与当时的宫苑园林保持一致。江南的第宅园林也承袭了晚明以来的园林发展,造园效果较为简练舒朗。

清代中后期,众多宫苑园林的建设将磅礴的皇家气派充分地展示出来。这一时期由于清代江南人口进一步增长,造园用地较明代更为有限,第宅园林小型化倾向更加明显,加上长期稳定繁荣带来的技术发展,因而造园的进一步成就主要体现在有限区域内创造丰富的景致,以小巧、精致、幽深等为特点。这一时期不论是宫苑还是第宅,园林中的建筑所占比重增加,建筑的尺度和密度也大大提升。尽管在造园活动之广泛、造园技艺之精湛方面达到了宋、明以来的高峰,但北方的宫苑园林和江南的第宅园林也开始逐渐显示出过分拘泥技巧与形式的倾向,晚明以来园林中常见的简练、开朗的效果在一定程度上有所弱化。

清代造园活动受不同地域的自然文化条件的影响,其造园思想观念也会有较大差异。北方和江南园林有着浓厚的传统文化根基,寄情于山水花木之间。江南第宅园林做工精巧,曲折深远,而北方第宅园林则大气庄重,四方整齐,这与北方的院落的特点及自然气候条件有关。相比而言,岭南、闽台等地的造园则更关注于园林的实用性。

此外,北方和江南园林经历数代人的不断改进,而达到几近完美的效果。

岭南园林受商业实利思想的影响，强调生活的便捷性，因此园林的变动性较大，而不强调尽善尽美，精雕细琢。岭南园林与江南园林相比，其世俗功用的审美观念表现得更为强烈浓郁，岭南这种物质享受型的园林与北方、江南文化享受型的园林有着很大的区别。

岭南、闽台园林虽然也有叠山理水，但园主人并不像江南园林那么关注于山水，也并不完全陶醉于山水园林的享乐之中，园林生活只是全部生活的一小部分，所以，并不刻求园林某些细部的精雕细琢，并不拘于某一园林的终生享用，而强调园林的随见性和环境的怡人性。

10.4.2 审美方式

清代为外族入主中原的朝代，清朝贵族的审美趣味和政治策略为审美文化带来新的特点。满族是一个善骑射、兼耕种、有着独特特点的游牧民族，他们定都北京后对博大精深的汉族文化十分有兴趣，采取"以汉制汉"的政治策略。随着时间的推移，清朝统治者逐渐认同并接受汉族文化，崇尚儒雅，追求"清真雅正"的审美趣味。"清真雅正"是清代科考八股文的衡文标准。与此同时，清初统治者还把它推广到文学领域，使之成为一种审美风尚。这种审美风尚在园林上集中表现为清代宫苑园林中随处可见的对江南文人园林的描摹，清代皇帝汉文学造诣普遍较高，在造园手法、园林匾额和题景等方面均有所表露。

第宅园林方面，统治者的审美趣味极大地影响了整个社会的整体审美价值取向。另一方面，在时代鼎革的清初，汉族文人有着维护文化传统的强烈愿望，集古成家的艺术思潮空前高涨。因此，明代以侈为美、以新为美、以自由为美消失了，代之以典雅之美。200余年的清王朝促成了古文化的一次整体复兴。这种复兴客观上对中国文化进行了一次全面总结。因此，以江南第宅园林为主的整个清代的造园活动，都体现出对前代造园艺术的回顾和总结。

清代后期，具有鲜明的异端特征的近代审美文化奇峰突起，以狂、怪、痴、俗为标志，向典雅的复古文化提出了挑战，它们打破了古典主义一统天下的局面，开辟了近于晚明又异于晚明的一片审美天地。清晚期的造园活动受到这一审美趋向的影响，加之该时期各种造园技巧均达到成熟，因而走向了异化。

10.4.3 营造方法

清代造园以江南地区的第宅园林特色最为鲜明。江南第宅园林的营造特点，首先在于通过综合手段形成丰富无尽的空间体验。"小中见大"、"咫尺山林"成为突出的追求，在这样的旨趣引领下，清代江南园林发展出了诸多出色的设计手法，在有限的面积内构成富于变化的景象，达到了极高的艺术水准，尤以江南的苏州园林最为突出。

园林的景区划分主次分明，富有变化。一般先有主体景区的设置，安排山水主景，再在周围配以若干次要景区。有的次要景区相对封闭，且有自成一体的营造，似为小园，可称"园中园"；有的为简单小院，如拙政园中东南三院，又如网师园"殿春簃"、寄畅园"秉礼堂"。有的则营造丰富，如苏州艺圃、南浔小莲庄，与主景区成"内外园"格局；有的次要景区的地位几乎与主景区接近，已不能作"园中园"之称，如海盐绮园、常熟燕园、杭州郭庄等，二区位于主体建筑前后，或可称"前后园"格局。主景区通常以山水为主题，但其他较小的景区则有多样的题材：有以花木为主的，如牡丹、荷花、玉兰、桂花、枫林、竹丛等；有以水景为主的，如水院、水廊、水阁等；有以石峰为主的，如揖峰轩、拜石轩、揖峰指柏轩等；也有以峰石、花木、水池等混合而成的例子。大小景区不仅在主题上求其变化，而且在环境、建筑的形式和尺度等方面也相应配合。

园内的空间处理，有大小、开合、高低、明暗等变化。在进入一个较大的景区前，往往有曲折、狭窄、晦暗的小空间作为过渡，以收敛人们的视觉和尺度感，然后转到较大的空间，可使人觉得豁然开朗。常在进入园门以后用曲廊、小院作为全园的"序幕"，以衬托园内主景，如留园从园门到古木交柯一带或从住宅进入鹤所到五峰仙馆附近的处理；网师园从小山丛桂轩经曲廊、庭院而到达濯缨水阁前；狮子林由燕誉堂经小院曲廊到中部等。这种欲扬先抑的手法，除用于园林入口处外，也可见于其他地方，如留园从曲溪楼到五峰仙馆之间插入一些小巧的轩廊，从五峰仙馆到林泉耆硕之馆之间又有若干曲折幽深的小庭院作为过渡。

划分空间的手段多样，有墙、廊、屋宇、假山、树木、桥梁等，其中假山和树木的形象比较活泼，建筑物则较严整。小面积的园林，则较多地利用院墙和廊房，许多地方甚至全部采用墙廊房屋围成院落，同时为了使空间不封闭，则留有缺口，或用通间落地长窗使室内外空间打成一片，或用敞轩、敞亭、敞廊，或用月洞门、空窗、漏窗等，使空间形成半隔半连的状态。花木配植和修剪也需适应这种要求，凡是不作分隔或遮蔽用的树木，多用高干乔木和贴地花草，以免阻挡视线与梗塞空间，这一点在厅堂亭阁等建筑物前面尤为明显。

对于观赏点和观赏路线的组织方法更加纯熟。园中厅堂是全园的主要观赏点，多设在主要山水景物之前，采取隔水对山而立的办法，其他一些观赏点则绕水环山而设，具体做法视园林主题而定。观赏点的布置因地势高低和位置前后，形成多样变化：高视点利于远借园外风景和俯瞰全园，低视点贴近水面，因水得景，所以各园的旱船一般都比地面降低一、二步，水阁也力求使室内地面降低。观赏路线对园景的逐步展开起着组织作用，常有两种情况：一是和山池对应的走廊、房屋、道路；二是登山越水的山径、洞壑和桥梁等，较大的园林都是综合这两部分而成的。游赏路径的设置最突出地体现了游赏体验中的空间感扩大的旨趣，基本的方法在于延长行进的过程，从而空间感受得到放大。采用丰富多样的曲径、曲廊、曲桥等，所谓曲折不尽、步移景异，产生多样的运动体验。游赏路径还通过行进路径的层次节奏变化，增加体验的丰富性而扩大空间感受，比如门洞的停顿转折，带来景观突变，又如高下起伏，形成身体感受的节奏变化。而在进行过程中，各种景物与空间的对比使用也非常重要，通过视线的缩放、明暗的对比、虚实的结合，放大心理的空间。此外，空间的流转贯通、循环往复，使同一场所在反复游赏中得到多样体验，也是江南园林中扩大空间感的极佳方式。

对比和衬托的手法也在空间景致营造中得到发展。利用衬托手法突出主题，在造景中运用得也颇为广泛，能够产生主次分明，小中见大的效果。以低衬高，则原来的体量显得更宏伟；以淡衬深或以深衬淡，可使景物轮廓格外鲜明；以暗衬明，则明处益发瑰丽灿烂。苏州古典园林里常见的办法有：用建筑物和白墙来衬托花木、石峰；用平净深碧的池水衬托峥嵘的石山；用低浅曲折的池岸、平直简洁的桥梁和透空小巧的亭榭衬托水面的开阔等。

对景与借景组织也得到更为熟练的运用。对景是在重要的观赏点有意识地组织景面，但不同于西方庭园的轴线对景方式，而是随着曲折的平面，步移景异，依次展开。这种对景以道路、走廊的前进方向和一进门、一转折等变换空间处以及门窗框内所看到的前景最为引人注意，所以沿着这些方向构成对景最为常见。借景在晚明《园冶》中已得到强调，清代江南园林中更是得到重视和运用，但凡园外有山水佳景时，必定不会放过。突出的例子如无锡寄畅园，西侧惠山、东南锡山都收入园中；又如杭州郭庄，邻借西湖。江南园林中登高眺远的营造很多，有的位置在假山之上，如留园西部山上二亭远借虎丘、西园寺和西南远山，有的则建楼以观远山，如沧浪亭"看山楼"远借西南群山、留园"冠云楼"借虎丘塔、常熟燕园"赏诗阁"可以西眺虞山。

园林空间的深度和层次的营造也尤为重要。一个景区之内，往往通过丰富景观层次、加大景观深度的方法，使得视觉空间有无尽延伸之感。在较大的景域中，通过山石、岛屿、花木、亭廊、桥梁等多样层次的营造，形成丰富的虚实开合、穿插渗透，如拙政园中部，无论主池东西向，还是"小沧浪"与"见山楼"之间的南北向，都因层次丰富而形成深远之景。在较小的空间中，除了花木、峰石的设置，廊、墙、窗、洞相配合，形成隔而不塞、似分似合、透景隐约的深邃境界，这在留园石林小院一带的运用中尤其突出。所谓"景贵乎深，不曲不深"，曲折的布局也可以增加园景的深度，避免一览无余的弊病。自然式山水风景园必然产生不规则的平面，山池、道路、走廊、云墙等，蟠曲迂回，也利于造成曲折的布局。为了增加园景深度，多数园林的入口处设有假山、小院、漏窗等作为屏障，适当阻隔视线，使人隐约看到一角园景，然后几经盘绕才能见到园内山池亭阁的全貌。园内对景，不论动观或静观，也都不用捷径直趋的方式，而要迂回一番之后才能达到。园内空间环环相扣，庭院层层深入，以求其深远。

在细节营造中，也往往有精彩的做法拓展空间感受。如采用意念上诱导联想的手法：或把水面延伸于亭阁之下，或由桥下引出一弯水头，从而产生水势漫泛、源远流长的错觉；或使假山体势奔竟止于界墙，犹如截取了山脉一角，隐其主峰于墙外。又如在景物尺度上，以低衬高、以小衬大，低浅池岸（如退思园荷花池）、桥梁小巧（如网师园引静桥）可衬水面阔大，山亭小巧（如怡园螺髻亭）可衬假山之雄，等等。而在视错觉的运用上，往往通过水面反射天光云影的倒影而凸显扩大空旷感，也常使用镜子扩大空间感受。

另外，园林空间中重视"穿越"与"跨越"的体验，创造出复杂且强调立体交通的园林观赏空间，这在清代扬州园林中有突出的体现。如寄啸山庄中，两层"复廊"结合楼梯、平台，跨越水面、地坪，产生多种标高与观赏流线，复廊行至读书楼前局部放大，又形成介于轩房与连廊之间的跨越式建筑空间，为他处园林所未见。从清早期筱园的"阁道"，到清中期的趣园的锦镜阁，再到清晚期寄啸山庄的"复廊"，对临水界面的重视使扬州园林建筑平面复杂化而强调"穿越"，跨河建设使园林建筑立体交通化而强调"跨越"，最终两者结合形成扬州园林重视"立体交通"、"多层观赏线"及"上下沟通"的兼具展示与奇观效果的独特空间风格。

相比而言，北方第宅园林的空间布局不如南方第宅园林那般千变万化，大致有下列特点：一是强调中轴线，大多明确设置正堂和东西厢房，例如王府花园往往有三条并列的轴线，或三组并列的院落，以满足王府日常生活所需，而其他城市宅园则保留其四合院的居住模式；二是北方园林中的建筑、游廊和围墙大多采用正朝向，使空间较为端庄规整，依靠假山花木的自由布置增加格局的丰富性；三是北方第宅园林中的院落在尺度、空间类型方面较为相似，没有南方第宅园林的复杂层次对比，略显单调但比较大气。

位于北方的清代宫苑园林则情况有所不同，一般来讲，这类园林的地域广阔，规模宏大，建设之初经过精心的构思和设计。或依托天然山水展开，或起造于大片平地，或营建于宫禁内部，通过山水、建筑、花木等的组合形成丰富多彩的空间体验。除了将大量优越的自然山水地貌纳入园林范围之内，统治者还能够对原始地貌进行精细的加工改造，使不同的宫苑园林均具有自身的特点。例如紫禁城中的御花园、宁寿宫花园等都位于宫禁内部，规模较小，建筑密度较大，保持了方正的园林空间格局；景山以大型土山作为主景，建筑较少，空间格局空旷且中轴对称；平地起造的圆明园为浓缩众多中小型景观的集锦式水景园；拥有山岳区、平原区和湖洲区的避暑山庄则将北国山岳、塞外草原和江南水乡之景统网罗在内；而清漪园则整个作为对杭州西湖借鉴和提升，在皇家气派之余又充满了江南湖泊的秀美。总之，远离紫禁城的别苑园林一般都在前部设置有宫廷区，但与禁苑园林相比，其建筑所占的比重大大缩小。

这一时期宫苑园林的另一大特点是对江南造园手法的全面引进。由于康熙、乾隆等清代皇帝较高的汉文化造诣和对江南艺术的青睐，北方的宫苑园林中出现了大量江南造园手法的影子。归结起来，引进江南造园特征的方式主要有三种。一是引进江南的造园艺术，通过邀请江南的造园匠师、模仿在江南所见的园林建筑形式等方法，结合北方传统的建筑风格和地域特征营造出既有江南风情，又保持北方特色的园林形式。二是在景点营造时刻意再现江南造园主题。例如在圆明园中对若干西湖十景的再现，在避暑山庄中对嘉兴烟雨楼和镇江金山的再现等。三是整体仿建江南的名园，但在手法上进一步与当地条件融合，"略师其意，不舍己之所长"。例如清漪园对杭州西湖的模仿，清漪园中的惠山园对无锡寄畅园的模仿，避暑山庄中的文园狮子林对苏州狮子林的模仿等等。

岭南第宅园林以生活享受、实用、游乐为主，反映在布局上，园林与住宅融为一体，并以居住建筑作为园林的主体。岭南城镇的大部分第宅园林规模都较小，通过不规则的序列方式形成灵活多变的庭园空间，从而使生活起居和庭园结合在一起。岭南造园较多地考虑了地域气候的因素，注意朝向、通风条件和防晒、降温。例如粤中庭园常常采用南低北高的格局，夏季使主导风南风和东南风流通，冬季还能阻挡北风的侵袭。此外，园林建筑常与水面结合，建筑紧依水面，通过水体形成降温阴凉的小气候。岭南园林很少用土堆山，且园内满铺地面，硬质铺地和软质种植相互结合，减少外露土，以避免暴雨的冲刷。

岭南园林在景观组织上，特别是在视线组织上，常将园内外空间有机地结合在一起，产生空间的扩散感。岭南宅园不像江南园林那样运用穿插、曲折、渗透等各种手段来丰富庭园空间，而是多通过借助园外景色，丰富园林空间的层次。或在园与外界交接处利用环境景观最好的面向采取开敞的方式进行布局，如借助水面；或抬高视点，通过登楼阁或假山远望园外美景。

在建筑布局方面，岭南园林造园常用建筑绕庭、前庭后院以及书斋侧庭等布局手法。岭南园林常将具有居住功能的建筑物沿庭园外围边线成群成组地布置，用"连房广厦"的方式围成内庭园林空间，使庭园空间与日常生活空间紧密结合起来。造园用地虽然不多，但通过园内石沼桥廊、古木花藤，增添了园内幽深别致之气氛。为了造成深邃的气氛，厅堂等主体建筑都尽量设置在园的后部，园内曲折的敞廊既把各种建筑连在一起，又将庭园划分成若干个不同的景观空间，使人足不出户便可游赏于厅堂阁舫亭榭各巧构之中，典型有广州小画舫斋、东莞可园等。前庭后院或前庭后宅是岭南第宅园林另一种常见的庭园布局方式，庭园中的住宅，大都设在后院小区，自成一体。宅居和庭园相对独立，各自成区，但没有实墙间隔，而是又分又连。庭园区与住宅区的间隔，或用洞门花墙，或用廊亭小院，或用花木池水。这种布局方式非常有利于通风，前面庭园像一个开阔的大空间，使夏季的凉风不断吹向后院住宅，典型者如顺德清晖园、潮阳西园及普宁春桂园等。书斋是岭南一种独特的建筑类型，通常与住宅、庭院结合在一起。小型书斋依附在住宅内，位于住宅的侧边，称作"书偏厅"，书偏厅前面布置有小庭院。大多数书斋设在住宅旁，书斋与宅院一墙之隔，用门洞相连接，这种布局在粤东宅园出现较多。书斋庭园的形状、大小、尺寸灵活多变，庭园空间通透迂回，多采用敞厅、拜亭、连廊、通花墙等开敞的建筑或小品。书斋庭园中布置水景假山，种花植木，自然风趣比较浓厚，如潮州饶宅秋园、潮州辜厝巷王宅庭园、澄海樟林西塘等。

闽台地区园林庭院中往往以南向的厅堂为观景点，堂前三面设高大的围墙，以与院外相隔。沿围墙三面叠砌假山，山前设水池，与厅堂相望。小园、庭园中的建筑，除位置经营外，往往缩小其尺度，并融入周围环境之中，以与山池空间相协调。例如福州黄巷小黄楼庭院，跨池小拱桥位于一角，桥栏低矮，桥面仅容一人穿行，临水的小阁依墙而立，下以湖石为台基，台基下做出涵洞。阁左依假山，右连复道空廊，底层下通洞窟，上层三面开敞，屋顶为大半个歇山顶，实可视为两层的单间小亭，翼角翚飞，虚凌濠梁，浮嵌于山石之中，水阁的瓦当塑为卷云形，檐下吊空垂花柱，柱间施木雕城阙，塑造出天宫楼阁的意境，是与山水融合、衬托空间的成功之作。

10.4.4　技术手段

叠山

自明末以来，山水画意成为园林的欣赏标准，使山景更为园中必要，现有的江南园林遗存中，绝大部分都有山景营造。假山是江南园林营造中造价最高、难度最大的内容，也成为造园活动的工作重心。就具体假山营造方法及细节技艺而言，有以下方面的显著特点。

首先在叠石造山与环境的关系上，根据需要，配合环境，决定山的位置、形状与大小高低。小型园林因面积有限，多以山为房屋的主要对景，同时栽植花木，以增加生气和弥补没有水池的缺点。花木大多少而精，大小高低宜有层次，山的形状须为这些需要提供条件。因此，山的体量须与空间相称，形状宜前低后高，轮廓应有变化，忌最高点正对房屋明间，尤忌在其上建亭。在山的结构上用石不在多，而在使用得当。中型与大型园林的山，决定于全园布局以山为主体抑以池为主体，据此来斟酌山的规模和形体。如环秀山庄的假山自池面至最高峰为7.2米，在当地园林中是第二位高山，但看来并不觉得壅塞，这是因为它在西南两面留有较大空间的缘故。在以池为主体的园林中，山虽居于辅助地位，但山与池的配合十分重要。体形较大的两面临池或三面临池的假山固不必多说，就是一面临池的山，亦应考虑山形和山上树木成长后的体量，是否与池的大小配合得当，山的对岸如建有亭阁楼馆，宜注意山的形体与房屋的大小轮廓能否互相呼应。

假山的组合与轮廓得到进一步关注。假山组合单元主要为绝壁及峰、峦、谷、涧、洞、路、桥、平台、瀑布等。如常熟的燕园黄石假山也有谷、洞、桥和绝壁。组合方法大抵临池建绝壁，壁下有路，转入谷中，盘旋而上，经谷上架空的桥，至山顶有平台可以远望。峰峦的数目和位置，随山形大小来决定。洞则不过一、二处，隐藏于山脚或谷中，也有在山上再设瀑布，经小洞而流至山下。环秀山庄以谷分假山为三部分，前后左右互相衬托，显得有宾有主，并有层次和深度。同时由于山是实体而谷是窈虚，形成了虚实对比，使山形趋于灵活。又如怡园假山在西北角绝壁上构洞与峰，自绝壁略收进，层次较分明，轮廓也较有变化。山无论大小，必须轮廓明显，高低起伏，而最高点不应位于中央，以免呆板。在这点上，以环秀山庄和怡园处理得较好。对于园林中有多座山，其组合方式也得到考虑，如拙政园，池中二山虽用涧谷分隔，但又连接为一个整体，形象自然而有层次。其他二山则相距稍远，东侧土山又能发挥联系南北的作用，因此中部山池的布置，显得开阔疏朗。

假山叠石对于基本材料特点的利用得到进一步掌握。如最受推崇的叠山用石为石灰岩的湖石，较好的湖石有涡、洞和皱纹构成石形的独特风格。戈裕良掌握了这些具体形状，所以他负责建造的环秀山庄大部分具有涡洞，少数作皱纹，其间杂以小洞，和大自然的真山较接近。又如黄石的石块，有直有横有斜，也有大有小，互相综错，且有出有进，参差错落，苏州耦园假山的绝壁能体现这种情形，所以比较逼真，也比较自然。

就详部而言，清代江南园林叠山对于石壁、石洞、谷涧、蹬道、石峰、土坡置石等等方面都有了相对成功的做法。如环秀山庄的石壁主要模仿太湖石涡洞相套的形状，涡中错杂各种大小洞，石面光滑，洞的边缘多数作圆角，比较自然。此山西南角石壁向外斜出，砌时不用横石自壁面生硬挑出，而将石券做成斜涡形，承受上部壁体，可能是戈裕良独创的手法；环秀山庄东南角石壁与山上枫树南侧用垂直凹槽为主与小洞相配合的方法，而凸起处高低不平如石钟乳状，取法太湖石的皱纹予以创造性发展。对于石洞，戈裕良抛弃以往普遍的以石板覆盖洞顶的做法，环秀山庄以若干不规则的券构成洞顶，和山的真实情况较为接近。谷涧做法中，环秀山庄的谷以峭壁夹峙如一线天，曲折幽静，有峡谷气氛；耦园东部假山亦有一小段，称为"邃谷"。

叠石营造过程如相石、估重、奠基、立峰、压叠、设洞、刹垫、拓缝等一系列操作步骤得到总结遵循，具体堆叠中产生了叠、竖、垫、拼、挑、压、钩、挂、撑各种手段，各地工匠往往有各自师承口诀。在实践过程中，又往往有各自宜、忌的规律总结。

此外，园林叠山还非常注重整体气势，这在扬州园林中有明显体现。往往"分峰用石，多石并用"，其风格高峻雄厚，与建筑屋宇内外融合，引园路游廊上下穿越，强调假山体量及内部空间塑造，与苏州园林明秀平远的叠石颇为不同。

较之于注重经历、观察的文人园林"画意"取向的场景建设，扬州园林更注重交游、展示取向的园林场景建设，因此，扬州园林中虽运用各种假山石材来叠石造峰，但更侧重叠石与主体建筑、廊道等结合成为更大的场所空间，并不突出假山自身的单体审美，这也形成了扬州园林追求整体取向的园林叠山。一种方式是依托建筑体量建造假山，这样既可以加大假山体量，又可以让假山与建筑融为一个整体。从扬州明末的"影园"，清初高凤翰的"人境园"，清中后期的"片石山房"，这种手法一脉相承。计成《园冶》中也记录了"壁岩"的假山做法，清中后期的"片石山房"是"石壁"模式的发展顶峰，假山在两方面做了处理：一是其横向展开的假山在东西两个端头向园内延伸，与影园、人境园同样利用了"室隅"的建筑转角来构成立体而有变化的体量，同时在西端内开石室，东端上设建筑，使"壁岩"立体化、空间化，同时也限定改造了园内空间。二是因其体量远超通常的"壁岩"，仅"顶植卉木垂萝"无法达到从局部见整体的效果，故其假山高出园墙，掩盖了所倚之墙的形状体量，也保持了假山轮廓的完整性，是对计成手法的创新与突破；另一种方式是不强调单体石峰的造型，用土山或小石镶拼成较大体量与整体气势，这在清代中后期逐渐成为主流。"九狮山"或"九狮峰"的做法，即是对"小石镶拼"法造出的假山的笼统称呼。

在叠石手法上，北方园林受江南影响较大，如清代北京怡园的假山是由江南叠山大师张然设计的，江南叠山名家"山子张"有一支后裔长期在北京从事假山营造事业。北方相对南方而言，水资源匮乏，因此山石造景有着更为重要的地位。北方不像江南那样盛产叠山的石材，叠石为假山的规模就比较小，规模大的假山基本以土山为主，只在山脚、山峰和山道等局部地方点缀石头。土山可以形成连绵起伏的山峦效果，山坡上一般大量种植柳树、榆树等高大的乔木，形成郁郁葱葱的山林景象。一些中小型的假山则采用"以土带石"的方法堆叠，以节约石材。即使石山也是就地取材，用北太湖石、青石或黄石叠砌。这些石材的形象均浑厚凝重，与北方建筑风格十分协调。与江南园林类似，北方园林假山也可表现不同的形态，比如平缓的山麓、陡峭的悬崖、险峻的峡谷、层叠的峰峦、深邃的洞穴等，有分割空间、障景的作用，大多可以登游。很多园林也把姿态较好的湖石单独放置，下面设置底座或石台，类似于景观小品，例如恭王府花园中的独乐峰、礼王园中的大湖石等等。

北方宫苑园林范围较广，主体山水结构往往尺度很大，不管是依托真山真水还是平地起造，都要花费大量的人力物力挖池筑山，这类工程需要在建园之初就进行统一规划，以实现土方平衡。清代宫苑园林全面继承前朝的叠山传统，并有新的创造。避暑山庄、静宜园、静明园和盘山行宫都依托真山营造，与自然山体巧妙结合。清漪园所在的万寿山本身山体较为低矮不够延展，山水关系较为疏远，为此进行了进一步的挖湖堆山，在万寿山东半部堆积挖湖的土方，很大程度改善了山体形状，此外还在前山和后山区域局部进行人工叠石，增加峻峭的山势。圆明三园和西苑三海的很多假山都具有分隔景区的作用，大多以土山为主，局部点缀山石，显示出平冈小坡的特色。乾隆还喜好在假山中设置各种洞穴，其中别有天地，仿佛石头所建房屋，例如宁寿宫花园多假山，山中穿插曲折山径和洞穴。

岭南第宅园林由于规模小，故很少布置土山，而是以石为山，因此假山石景便成为庭园的主要景观。岭南叠山常采用山水结合的手法，在庭园较为窄小空间营造山水题材石景，通过人的联想能取得小中见大的效果。岭南园林石景造型十分注重与周围环境及空间的比例关系，大型的石景通常顶部做成平缓山岩石岗处理，避免出现峰状与建筑空间争高的现象，像顺德清晖园的"三狮会球"，东莞可园的"狮子上楼台"等。而在较小的庭院空间里，如小院天井、走廊池边，建筑角隅等，则常用峰石，因为峰石占地少，在造型上可作艺术的夸张，石虽不高，却给人高耸之感，例如清晖园的"斗洞"，佛山梁园的"苏武牧羊"等。庭院天井立石，常选清瘦、通透、挺拔的石块，在相邻的两庭园之间，透过漏窗、门洞，安排一些石景小品，也能取得良好的空间效果。此外，石景小品也经常用于庭园偏角，起点缀之用，使庭园富有生机和变化，而几块散石伸入水中，与水面保持一定的联系，这样水就因石而活。为了争取庭园空间，石景常做成壁山叠石，不但增加了庭园的自然野趣和层次感，又创造了庭园的优美感，广州西关石景"风云际会"、"东坡夜游赤壁"等都是壁山叠石形式。与之对应，叠石造景形成三种类型：壁型假山、峰型假山和布点散石。

岭南造园众多景石材料中，本地的石材英石最为常用，通常用于叠山和散石景观，也有用作孤赏立石的，但较大的孤赏立石却很难得。岭南很早就有用太湖石造景，广州曾在以往西湖旧址附近挖掘出不少太湖石，可见当时运入西湖的太湖石不少。钟乳石产于各地岩洞之中，是作孤赏立石的最佳材料之一。石景多取石笋条柱形，状若奇峰，其大而长者，宜置于庭园修竹之旁，景石应大小、高低、疏密适当配置。

闽台园林假山的技法与艺术水平虽远逊于江南园林和岭南园林，但珊瑚礁、海蚀岩假山具有浓烈的地方特色，由古之"壁隐假山"变化而来的灰泥、水泥塑成的屏风式假山则别具一格。相应的，叠山用材主要有珊瑚礁、海蚀岩以及灰泥、水泥两类。闽南、台湾沿海出产一种珊瑚礁，史称"硓𥑮石"，加工后可以用作砌筑墙体的建筑材料和叠山用料。硓𥑮石、海蚀岩的表面凹凸嶙峋，形状多样，且粘结性好，可以砌成山洞、峭壁等形体，其缺点是难以塑成大体量的假山，须依托砖石为坯体，免不了琐屑堆砌的弊病。硓𥑮石的表面经常附有海生无脊椎动物化石及壳类，化石及壳类的白色斑点，点缀于深褐色的石上，呈现出浓烈的海风海韵；以灰泥、水泥塑出山石景观，是在传统灰塑工艺的基础上发展起来的叠山技法。其特点是以砖为骨架，以沙、蛎壳灰、麻丝等调和成的灰泥为表面材料，刻画出山石的质感、纹理、色泽等特征。灰泥假山以壁面为基础，虽然没有传统假山的起伏逶迤，但其经营位置更为自如，自有一种峰峦叠嶂的艺术效果。其技法不用叠掇而以塑画，既有丘壑又有笔墨，是区别于江南、岭南假山的特色做法。福州二梅书屋的书房东次间、黄巷黄楼的左右次间及芙蓉别馆中，用小石料及灰泥塑出洞隧，两壁凹凸，顶棚倒挂钟乳，门额处悬塑出洞口，是福建园林中的创新之法，以黄楼庭园的处理最为丰富、多样、纯熟。除洞隧外，还有用石块砌筑成单片的拱门状，一般置于假山山脚的磴道起点，作为入口的象征性标识。

闽南的岩石地貌主要为花岗岩地貌，主要有两种：在地质学上称为"石蛋地貌"和"海蚀地貌"，其岩貌而成景于园林者，则有清初的施琅涵园、黄日纪榕林别墅等。石蛋的形体大，既无棱角又无纹理，多置于原地作独立的点景用石。

西藏叠山的做法较为少见，远不像汉地那样重视。这大概由于西藏是山岳之乡，任何林卡都能借景于周围的千姿百态的崇山峻岭，叠石堆山反而相形见绌。

理水

清代江南造园在水景处理上又有新的发展。在组织园景方面，以水池为中心，辅以溪涧、水谷、瀑布等，配合山石、花木和亭阁形成各种不同的景色。以水池为园林中心，明净的水面形成园中广阔的空间，能够给人以清澈、幽静、开朗的感觉，这在各类规模的园林都可见到，大者如湖州小莲庄"挂瓢池"浩渺辽阔，小者如苏州网师园"彩霞池"亦成为景致核心。同时，又与清代江南造园对空间的突出关注相配合，水池与幽曲的庭院和小景区形成疏与密，开朗和封闭的对比，为山林房屋展开了分外优美的景面，而池周山石、亭榭、桥梁、花木的倒影以及天光云影、碧波游鱼、荷花睡莲等，都能为园景增添生气。较大的园林，水池还往往支流迂回盘曲，形成许多小区景。有些园林更有溪涧、水谷和瀑布等。

池面处理上，水池的形式和布置方式因随周围环境。庭院和小园林多作简单形状的水池，周围点缀若干湖石、花木和藤萝，再在池中养鱼、植荷花等，如畅园和壶园；中型园林一般采取山池、花木和房屋综合处理的方式，池面处理仍以聚为主，以分为辅，在水池一角用桥梁、水口等划出一、二小面积的水湾，望之如有源流，或叠石成水涧，造成水源深远的感觉，网师园即是这类例子。狭长的水池也是中、小园林中比较常见的一种形式，但各园布置方式不同，壶园、畅园、鹤园及半园都在水池一端架桥，将水面分为主次两部分，以增加层次和变化。怡园则以曲桥和水门将水池分为三部分，形状狭长曲折，不但主次分明，而且能配合水面的大小，将山石花木与厅堂、旱船等组织成不同的风景。

在以假山为主题的园林中，往往用狭长如带的水池环绕于山下或伸入山谷，以衬托山势的峥嵘和深邃，使山水相得益彰，环秀山庄就是这种例子。狭长形水池不但使得风景更有层次，而且在池水交汇的水口和转折之处，以桥梁作为近景或中景，可使园景更为深邃。划分水面的方法常因池面大小而不同，水面宽广，可用岛屿来划分，如拙政园中部和留园中部池中小岛；以桥来划分池面，比较适合于在小水面上采用；此外还有采用水门（如怡园）、亭（如狮子林）、房屋（如拙政园小沧浪、小飞虹）等来划分水面的。池可作湖泊、池塘、濠濮、渊潭等的变化，有时也延伸而成溪流之景，有绵延之趣，如南京瞻园沟通南北二池之溪。池岸曲折，水流蜿蜒，这些都是形成画意的常见方式。

池岸处理上，多数叠石为岸，或间用石壁、石矶与整齐的驳岸，或临水建造水阁、水廊等，以便使池岸有多样变化，不至于呆板单调。叠石岸往往大小错落，纹理一致，凸凹相间，呈出入起伏的形状，并适当间以泥土，便于种植花木藤萝。如网师园池南及池西北石岸，在临水处架石为若干凹穴，使水面延伸于穴内，形同水口，望之幽邃深黝，有水源不尽之意，而整个石岸高低起伏，有的低于路面，挑出水面之上；有的高突而起，可供坐息；环秀山庄在临水假山脚下挑出巨大的湖石，宛如天然水洞。也常有石矶做法，小型的仅以水平石块挑于水面上，如装驾桥巷残粒园、网师园水池北岸以及拙政园荷风四面亭一侧；大型的以崖壁与蹬道等作背景，叠石如临水平台，与崖壁形成横与竖的对比，并使崖壁自然地过渡到池面，如拙政园雪香云蔚亭南侧石矶。

北方地区虽相对水少，但第宅园林也适当用水。北方第宅园林理水手法与江南第宅园林类似，多为不规则式，体现回归自然之山林野趣。大型园林中多辟大水池，形状曲折，或引入宽阔长河；中小园林则以小池和溪流为主。北京内城很多宅园没有活水可引，一般会挖一口水井，以人工利用辘轳等器具注水入池，此外还会在建筑台基下开辟一条条明沟，名曰"堂溜"，全部通向水池，下雨的时候很方便蓄满水池。和南方一样，很多北方第宅园林的水池也种植荷花，形成荷塘之景。清代西方和中国已有多方面交流，北京作为政治中心使更多西方人来到北方，西洋手法在北方第宅园林有所体现。如恭王府园的蝠池用碎石叠成喷泉；还有的第宅园林在水池中设置喷水设施，形成喷泉的效果，如后圆恩寺胡同某宗室园、鼓楼东大街某宅园等都有此类景致，但并未成为主流，水平也较为有限。

清代宫苑园林理水手法更加丰富。圆明三园和畅春园都建于水泉充沛的平地，萦回的水系将全园分隔成若干景区，也成为重要的水上交通线路。静明园巧妙地利用玉泉山下的五个湖泊展开各种景致，营造出变化多端的山水景致。清漪园的昆明湖以杭州西湖为范本，以长堤将湖面划分为内外重湖的形态，主体部分开阔澄净，西北水域狭长清幽，又在后山脚下插入一段曲折的后溪河，对比强烈。中国地理形势西北高、东南低，大江大河多从西北高原发源，流向东南方的大海。宫苑园林中的水系通常遵循这个原则,其源头往往位于西北部,在中部汇为大池,再向东南流出。此外,历代皇家宫苑设有很多园中园,其中大多也辟有池沼之景,尺度虽小,但设计更加精巧,其中既有形态规整的方池,也有自然灵活的曲池,与溪流相连接,手法与第宅园林相似。这些水系的入水口通常用叠石遮掩,有时另在溪流之上设置水门,增加空间变化。

由于岭南园林理水多以水池为主,池岸多作简单的形状,池中或为清水养鱼,或植少量水生花卉。池岸大部分都是石岸,石岸又有驳石岸和叠石岸两种常见类型。其中,几何规则型水池多用驳石池岸,这一方面受空间所限,另一方面出于护土的考虑。驳岸材料一般采用白麻石和褐红色花岗石,因无法随意塑造仅能以直线作基本单元来组合成各种几何形状,典型者如清晖园、可园、余荫山房、瑜园等庭园的水池池岸;叠石岸做法有一般的池岸护坡叠砌,还有堆山叠石形成山水庭,常见于水面积较大的园林。以湖石、蜡石及观赏性山石来砌筑,做成回砂曲岸、山石驳岸或卵石滩岸等形式;叠石又常和规整的驳石池岸合在一起使用,使规整的池型水面得以变化,岭南粤东书斋庭园常喜用这种水池布局方式。

岭南园林理水的手法有多种形式,环水布局处理是其中的一种。建筑采用几何形体的环水布局形式,能表现建筑物干净利落的特点,而水中的倒影也能为建筑的美感增辉。岭南园林大部分理水都是采用聚合式的理水方式,这种理水方式与北方宫苑园林的聚合理水有所不同,岭南园林由于池水面积小,聚合理水是为了显出较大的水面,不至于因分散理水而显得其水域面积更为稀少,以保持水面的完整性,多作静止水态使用,这种处理手法比较适合中小型庭园的水面处理。房水相伴、山水相依是岭南园林具有地方特色的理水手法。房水相伴是指建筑物紧贴着水面或悬挑伸出水面,作为池形来讲,由于建筑物的伸入,打破了几何形体池岸那规整单调的格局,参差不齐的池岸界面活跃了池水原应具有的活泼性质;而作为建筑物来讲,伸出水面景观更为开阔舒畅,同时通过水面的降温,使建筑物的温度在夏日炎热中有所下降,有凉爽之意。

闽台园林中,福州的芙蓉园、玉尺山房,泉州的澄圃和东园,漳州的可园,台湾的潜园等,采用方形、曲尺形的池塘水景。除了适应建筑的平面形状外,衙署、书斋园林中的方形水体,往往以"方塘"、"活水"为题。小园中的理水,水面以聚为主,没有曲折幽远的池岸,只沿池设置曲桥、散石等,打破单调的直线。中、小型园林往往以水池为中心布局为主景区,环池一侧、两岸或三边设置厅堂、构架亭廊,对着主厅隔水池叠砌假山,假山山脚临池,随宜而自由,而沿着厅堂、亭廊的池岸则取方整的驳岸。

西藏林卡内的理水做法简陋,不进行曲折多变的人工处理,池岸较为平直,如罗布林卡中除了措吉颇章的大水池为长方规则形式外,新宫区、金色林卡西部的水池为自然驳岸。

建筑

建筑营造是清代园林面貌改变的最突出体现之处，这在现存的苏州园林中体现明显。园林建筑以其数量之多、比重之大形成一种突出的现象，一般中小型园林的建筑密度可高达30%以上，如壶园、畅园、拥翠山庄；大型园林的建筑密度也多在15%以上，如沧浪亭、留园、狮子林等。正因为如此，园林建筑的艺术处理与建筑群的组合方式，对于整个园林来说，就显得格外重要。

清代江南园林的建筑发展出了极为丰富多样的类型，可供非常灵活的配置选择，这使得园林面貌变得极为丰富多样。不但位置、形体与疏密不相雷同，而且种类颇多，布置方式亦因地制宜，灵活变化。建筑类型常见的有：厅、堂、轩、馆、楼、阁、榭、舫、亭、廊等等。其中除少数亭阁外，多围绕山池布置，房屋之间常用走廊串通，组成观赏路线。各类建筑除满足功能要求外，还与周围景物和谐统一，造型参差错落，虚实相间，富有变化。如厅堂为最主要的赏景活动场所，需正对主景，"四面厅"可各面观景，而"鸳鸯厅"则前后组景、分别宜冬夏之用，此外还有花厅、荷花厅、花篮厅等差别。次要建筑则可作多种轩、馆配置，容纳各种生活与观景内容。临水建筑为榭，主观水景，亦可成特殊形态的旱船，则成为一种景观而增添变化的趣味。为远眺、俯瞰，则可有楼、阁之设，造型也可多有变化，一般阁四敞而更轻盈。而数量最多、最为灵活的为亭，既可观景，亦作为景致点缀，形式变化最多，如拙政园中就有十多个形态各异之亭。除以上各类型外，江南园林中的廊子是尤其特别的，成为园林的脉络，在园林建筑中地位极重。不仅形态灵活，可随形弯曲、多有变化，又可划分空间、增加景深。其凌池跨山、联系各区，起伏多势、可分可合，不仅外在形式多变，也带来丰富游览体验，实是最为灵活的营造手段。拙政园西部水廊、沧浪亭复廊，都是优秀例子。

建筑手段的运用中，还包括窗与墙的灵活多变，作用非凡。墙虽以粉墙为主而似乎材质单一，但通过波浪形的云墙、阶梯形的折墙等变化，以及墙上设漏窗、洞门的虚实对比，又有其丰富形态，与周围建筑与景色相配合。墙上之窗，变化更多，除窗洞有各种形状，漏窗的图案更是千变万化，增添园林的奇幻之美，如沧浪亭中就有上百处之多而无一雷同。而除了形态本身，墙与窗洞、门洞等一同还成为丰富空间变化的手段。

这些建筑营造，往往有着轻巧玲珑、丰富灵活的造型与组合变化，而且细部构造与装饰精美，并与室内陈设综合一体考虑，但一般不追求奢华堂皇，而是具有文人园林的雅朴，色彩典雅清新，比如粉墙灰瓦、栗色门窗，不作夺目艳色与鲜丽彩绘。铺地也一般用朴素大方的卵石、砖瓦等铺砌，图案也多用格子纹、冰裂纹及简洁花叶样式。室内陈设也追求古雅，并常用天然大理石作为挂屏及家具装饰，极具天然雅趣，与整个园林的境界追求浑然一体。

园林建筑的空间处理，大都开敞流通。尤其是各种院落的灵活处理，以及空廊、洞门、空窗、漏窗、透空屏风、槅扇等手法的应用，使园内各建筑之间，建筑与景物之间，既有分割，又达到有机联系，融为一体。例如留园古木交柯与石林小院二处，内外空间穿插，景深不尽。

园林建筑的色彩，多用大片粉墙为基调，配以黑灰色的瓦顶，栗壳色的梁柱、栏杆、挂落，内部装修则多用淡褐色或木纹本色，衬以白墙与水磨砖所制灰色门框窗框，组成比较素净明快的色彩。而且白墙既可作为衬托花木的背景，同时花木随着日照位置和阳光强弱投影于白墙上，可造成无数活动景面。

园林建筑还可以作为造景的手段。不论是对景、借景或景物的变换与联系都起着重要的作用。建筑用于对景，方式多种多样，如拙政园远香堂北面正对雪香云蔚亭，东面正对绣绮亭，反之，从雪香云蔚亭南望可畅览远香堂与倚玉轩一带。这种把建筑与建筑，建筑与景物交织起来融为一体的处理是苏州古典园林造园艺术的一种优秀手法。建筑用于借景的有远借、邻借、俯借、应时而借等方式。建筑的门窗、廊柱之间，也可作为取景框，其中不乏构图的佳例。季节气候与房屋处理亦有关系。如拙政园的三十六鸳鸯馆即为考虑冬夏二季不同的应用，听雨轩则以观赏雨景为主题。

建筑在园林中又与山、池、花木进行巧妙配合。山上设亭阁，体形小巧玲珑，加上树木陪衬，形象自然生动。同时，又因其位于园中制高点上，无论俯瞰园景或眺望园外景色，都是重要的观赏点。拙政园的雪香云蔚亭、待霜亭、绣绮亭可作为此类建筑的代表，这几座山亭不但本身形体优美，造型各异，而且与环境配合恰当，为园景增色不少。临水建筑为取得与水面调和，建筑造型多平缓开朗，配以白墙、漏窗及大树一、二株，能使池中产生生动的倒影。建筑在园林中与花木的配合也极为密切。不仅花木配置可以构成庭院小景，而且花木形态、位置对建筑的构图也起很大作用。从现存的园林里，可以看到许多建筑与花木配合恰当，组成优美园景构图的实例，留园、拙政园、网师园、沧浪亭等处都有不少此类例子。

北方冬季寒冷萧瑟，冬春多风沙，建筑形象稳重、敦实，封闭感较强，形成一种不同于江南的刚健之美。北方第宅园林建筑的色彩大多比较厚重或浓烈，并且多数为集中于北京的王府花园，受皇权制约力度大，就更显得等级分明，严谨有序。因第宅园林多为贵戚官僚所有，故布局上受官宦气质影响，其园林规模一般较大，园林建筑布局多为对称格局，沿轴线布置，规整匀称，更赋予园林以凝重、严谨格调。如山东潍坊十笏园、北京恭王府花园萃锦园等。

与江南园林一样，北方第宅园林中最主要的建筑也是厅堂，经常位于园北侧中央位置，大多带有前廊，可以采用歇山顶，也可以采用悬山或硬山顶，空间较为宽敞。部分厅堂呈现前后两卷勾连搭或"工"字形平面，或伸出一卷抱厦，体量更加复杂。其他建筑类型包括亭子、斋、榭、轩馆、楼阁、舫、廊、桥等，其用途和位置也与江南园林类似，但如前所述，北方第宅园林空间布局较为规整，因而其建筑的布局朝向也具有方正规整、端庄稳定的特点。即使是布局较为灵活的亭子，也以方亭数量居多，另外北方地区由于气候较冷，还有一种四面用隔扇窗围合的暖亭。北方地区降雨较少，园林中一些轩、亭和游廊经常采用平顶形式，屋顶也可以用作观景平台，人可以上去游览。这类屋顶平台往往不设栏杆，或者仅仅设置很低矮的栏杆。清代北京一些豪门的第宅园林喜欢设置戏楼，这些戏楼往往是一组单层建筑，由戏台、扮戏房和观戏房组成，装饰得金碧辉煌，用于观看戏剧表演或举办节庆宴饮活动。

航是一种模仿船只的特殊建筑，流行于江南和岭南，北方第宅园林也有不少仿建的例子，大多位于水池中，距离岸边不远，将石台基雕琢成船身的形状，上面再建亭廊楼阁以仿照船舱，很有情趣。还有画舫周围并无水面，成为"旱船"的形式。北方第宅园林中经常出现各种有宗教祭祀形制的建筑，如小型佛寺或花神庙、山神庙之类，体量大多不大，掩藏在山后、水边，其中供奉专门的神像，反映复杂的宗教信仰。北方第宅园林还经常利用多间廊子围合出方正的院落空间，可以随地势高低起伏或左右曲折。北方第宅园林中的桥以石拱桥和石平桥为多，曲桥较少。北方第宅园林也常常使用墙作为独立的建筑元素围合、分割、遮蔽空间，或作为山石植物的背景。但因为北方风沙较大，不太使用江南的白粉墙，往往用黄色的虎皮石墙或灰色的砖墙。

清代北方宫苑园林兼有宫殿的功能，建筑形象多种多样，制作水平精湛，代表清代园林建筑的最高水平。在清代中后期，宫苑园林尤其是别苑中的建筑比重大大增加，形象也愈加突出和丰富。这一方面是由于丰富园林造景的需求，另一方面与当时成熟的宫廷艺术与技术有密切关系，再者中西文化交流在这一时期的盛行也进一步丰富了园林中的建筑形象。园林中的建筑几乎包括了中国古典建筑的全部个体、群体的形式，某些形式还适应于特殊造景需要而有所创新。建筑布局重视选址和朝向安排，与周围环境形成或对比或协调的关系。宫苑园林中常见的建筑类型包括殿堂、寺庙、佛塔、楼阁、轩馆、水榭、画舫、书斋、城关、亭子、游廊、牌坊等等，每一类型根据具体的位置和功能又有很多形式变化，通过单体或组群的方式展现出各种不同的形象。一般宫廷区的殿堂院落和全园的标志性的核心建筑大多采用中轴对称的形式，表现出庄重端正的气势，其余建筑则较为自由，因山就势布置。宫苑园林尤其是别苑园林中自由布置的建筑类型多为楼阁、轩馆、水榭、画舫、书斋、亭子等，这些建筑的布局方式很大程度受到江南园林的影响，仅仅在建筑式样上存在差异。游廊在清代之后的宫苑中开始大量出现，成为不可缺少的游览引导的空间要素。此外，清代宫苑园林中还有两类特殊的建筑类型，一是模仿街市景观的店铺，清代畅春园、圆明园、清漪园中均设有买卖街，大多属于布景性质，反映市井文化对宫廷的影响；二是清代统治者在圆明园、避暑山庄等地搭建的蒙古包，表现出浓郁的塞外风情，体现对游牧文化的尊重。

岭南园林的建筑体形一般较为轻快，通透开敞，构造简易，体量也较小，既没有北方的角梁沉重，也不如江南的起翘轻巧，是介乎两者之间的做法。建筑造型也非像北方建筑那样中规中矩，番禺余荫山房的深柳堂，把用在两侧的歇山屋顶山花面用在面向庭园的正立面上，屋顶山花的图案和檐廊下的彩色玻璃窗格装饰组合使人产生一种新的感觉。

岭南园林的厅堂远不及江南园林的厅堂气派，形式也不多，一般为三开间，明间与次间中常有格扇或门罩分隔划分空间，如余荫山房深柳堂、可园可堂等。厅堂为园林的主体建筑，常设在园林的中心或主要位置。厅堂也是全园的主要观赏点，通常设在主要水景物的正面，采用隔水而立的手法。厅堂大多与其他建筑连在一起，形成轻巧活泼、高低起伏的建筑组群。岭南园林建筑单体平面多样，如余荫山房的玲珑水榭平面呈八角形，可园的双清室为亚字形。庭园中筑"高楼"，也是岭南造园之特色。昔日各园筑有高楼建筑甚多，尚余遗址的有惠州小桃园、广州伍氏万松园。

岭南园林也有舟船建筑，称为"船厅"，但造型和风格与北方、江南的船景截然不同。岭南园林中，特别是粤中地区，几乎每座第宅园林都建有"船厅"，立于池水之畔，好似一叶舟船停泊湖岸，富有南国水乡情趣。船厅往往是作为庭园中的主体建筑来代替厅堂，设在庭园景区的最佳位置。它具有厅堂楼阁的多种功能，既作会客、宴请场所，又可作为观赏佳地，因此船厅与厅堂、亭台、廊榭一样，在建筑类型上有它的独特之处。

闽台园林中的建筑具有形体秀丽、装饰多样而精致的特点。外檐装修中有长窗、半窗、花窗、栏杆等内容，闽北园林中如长窗、鹅颈椅等的风格、样式与江浙相近。闽西、闽中的土堡、书院园林中的窗扇，棂格质朴，变化形式也多，有的还于格心间嵌装磨薄的蚌壳等。和合窗也多见于闽北、闽东园林中，闽南较少使用。江南建筑中可能由欢门发展而来的、用于外檐柱间枋下的通透装饰——挂落，闽台园林建筑中未见使用。福州园林中的亭阁，多于柱枋间用半圆形门罩，檐下吊挂垂花柱。泉州则多用类似于花牙子的"托木"装饰。

闽台园林也多将厅堂作为园中主体建筑，作为主人会客、燕集之所，处于主要观景位置，体量相对较大，装修陈设也较讲究。装饰华丽者称为"花厅"。厅堂的屋顶有硬山顶、歇山顶两种。有的园林以楼阁作为园中的主体建筑，如螺洲沧趣楼园林的沧趣楼、漳州可园中的吟香阁，这类楼阁也称为"花厅"、"厅楼"，将明间设置为厅堂。楼阁可供登临眺望之用，构成高低起伏的轮廓。中小型园林，楼阁除用作厅堂外，一般设于园之四周或一角，或隐于半山半水之间，如福州芙蓉园的八角阁、黄巷东园的八角楼，福清豆区园的枕流阁与宝纶楼，泉州澄圃的御书楼，台湾板桥林园的来青阁及观稼轩等。古代文人士绅喜藏书，福州城内住宅往往于最后一进设楼阁，用作藏书楼。为了加强住宅、园林的防御性能，有的园中还附设高耸而封闭的"枪楼"，一般位于庭园一角。

闽北、闽东园林中的厅堂往往设架空的木地板，以利通风散热。福州园林中的厅堂，有的形成四面厅或前后轩廊，形成宽广的檐下空间。有的还于厅堂前后连接抱厦式方亭，略似粤东园林中的"抱印亭"。此外，厅堂、楼厅的心间往往不施槅扇，称为"敞口厅"。亭有半亭与独立亭之分，半亭依墙而建，两侧多与走廊相连，或位于围墙转角的半亭；独立亭多建于池侧、池中、山巅，或掩映于花石之间，还可使亭立于环形水渠中，这是南方园林中为适应湿热气候的特有处理手法。亭的平面有三角、方、长方、菱形、五角、六角、八角、梯形、圆形、梅花等形状。清代末期，受西洋、南洋影响还出现异域风格与造型的亭子。福州园林中的亭阁，平面往往使用抹角，并于转角施垂莲柱。其翼角做法近似于江南的"嫩戗发戗"，起翘颇高。有的还在封檐板转角处斜挂"角叶"，即明《鲁般营造正式》中的"掩角"。相比较而言，闽南明清以来亭子的翼角则不用仔角梁，起翘甚低。台湾林园汲古书屋的四柱方亭，屋顶放置半圆筒顶。披檐转角无起翘的翼角，而是平面内凹呈海棠形。

廊、桥可丰富园中景观的空间层次。廊按形状及位置区分有空廊、复廊、单面廊、爬山廊、水廊、楼廊等几种。空廊两侧空透，柱间设槛墙或栏杆。桥按形状分有折线桥、拱桥、板桥、廊桥等数种。闽台第宅园林一般有高墙围绕，以与外界街巷隔绝。大中型园林中也用墙垣分隔空间，形成大小不同的景区、庭院。漏空窗洞，在江南园林中称漏明窗或花墙洞，闽地称之为"花窗"。花窗从材料上区分有砖砌、石雕、陶制、铁枝等几种。闽台园林之中，墙上设洞门或空窗洞，形式有圆、椭圆、直长、八角、六角、海棠、汉瓶、秋叶等多种。

藏族建筑以石砌承重墙结构的封闭的碉房形式为主，不可能像汉族的木构建筑那样具有空间处理上的极大随意性和群体组合上的极大灵活性。因此，以建筑手段围合成的景域，划分成为景区的情况并不多见，一般都是绿地环绕着建筑物，或者若干建筑物散置于绿地自然环境之中，建筑与四周景致融为一体。林卡中的建筑物绝大多数为宫殿、庙宇、邸宅的形象。建筑物的体量一般均作适当的压缩，为的是以小尺度来协调于园林的自然环境。单纯的游赏性的园林建筑并不多。如亭、廊、路面铺装、栏杆、花台等大都是模仿汉族的形式。

花木

清代园林的花木配植以自然式布置为主，通过与山石、水面、建筑等有机结合，来反映造园的意境和四季景象的变化。常常用植物造景手法，既表达生活愿望和人的高尚品格，又反映园主对自然的热爱。如颐和园的万寿山，用常绿的柏树来强化长寿这一主题，牡丹台的牡丹则用来表现富贵吉祥。承德避暑山庄的"万壑松风"、"青枫绿屿"、"梨花伴月"等景点将植物与周边环境结合创作出优美的意境。江南园林中常见的是借花木而抒发某种情趣，这方面拙政园里表现尤为突出。拙政园的"雪香云蔚亭"，意喻梅花象征坚忍不拔，"倚玉轩"用竹子比喻高风亮节，"远香堂"用荷花表达出淤泥而不染的高洁的情操。在表达方式上，有的景点以直接的花木观赏为主题，除了视觉，有的花木还通过听觉和嗅觉的特质引发园林意境的产生，例如留听阁"留得残荷听雨声"的意境，"闻木樨香"对桂花香气的渲染等等。此外，春夏秋冬的时令变化、雨雪阴晴等气候变化都会改变空间意境，进而影响人的感受和园林主题的表达，这些因素往往都是通过花木为媒介而发挥作用。

在空间配置上，花木丰富了空间变化。小空间内的配植以近距离观赏为主，常用于房屋的前庭、后院以及由廊子和界墙所构成的小院内。这种小院，视距短，景物少，要求配植形态好，色香俱佳的花木，有时还配以玲珑剔透的湖石，以白墙为背景，形成各种画面，随着时间和季节的变化，在阳光的照射下，白墙上映出深浅不同的阴影，构成各种生动图案。江南园林中常用花木有玉兰、桂花、紫薇、梧桐、白皮松、罗汉松、黄杨、鸡爪槭、竹、天竹、蜡梅、山茶、海棠、芭蕉等。而北方园林常用的植物有桧柏、油松、杨树、柳树、榆树、槐树、丁香、海棠、牡丹、芍药、荷花等。特别是北方宫苑园林的花木种植则更加繁盛。圆明园四十景中有很多以植物为主景，如"镂月云开"的牡丹、"天然图画"的竹子、"碧桐书院"的梧桐、"杏花春馆"的杏花、"濂溪乐处"的荷花等。颐和园的植物栽培充分考虑不同地段的特点，在水上种植荷花、芦苇和蒲草，湖岸和长堤种植柳树、桑树和桃树，前山以枝干挺直的柏树为主，后山以枝干遒劲的松树为主，银杏为辅，乐寿堂等庭院中多种植牡丹、芍药、海棠、玉兰，层次极为丰富。而避暑山庄也在不同分区中设置不同的植物景观，湖泊区以模仿江南地区花卉为特点，平原区东半部为密林区，西半部为草坪区，山岳为浓密的乔木树种，衬托不同风格的景观特色。而在岭南，在庭园栽种果树是其特色之一。果树不但具有观赏价值，又有遮阴的功效，还能品尝佳果美味。果树栽植的品种较多，有龙眼、荔枝、枇杷、芒果、黄皮、阳桃、蒲桃、香蕉、芭蕉、橙、柑、橘、番石榴、番木瓜、白梅、凤眼果、人心果、沙梨、白梨等。东莞可园内有以荔枝、龙眼等岭南果木为主要景物的庭园，几棵枝柯粗壮的荔枝在庭中崛起，绿叶吻檐，浓荫交加，使人感到幽邃宁静。当夏日荔熟蝉鸣时，来客常在树下观园赏乐，品尝新荔。

闽台气候温润，园林植物适合于各种亚热带花木生长，有的品种很早就由域外传来。闽台的园林，四季如春，花香树绿，没有北方园林秋冬之时的萧瑟之气，呈现出一派清新活泼的气氛。闽南适宜竹子生长，在第宅园林中普遍使用。其他花木品种，如木樨、山茶等，在福建地方文献中也略有记述。

藏式传统园林对植物的利用非常讲究，植物种类非常丰富。除了本土植物，还从内地及国外进行树种引入。同时利用花木形态上的差别塑造景区风格。花木选择时注重配植效果，使四季景色突出，常年有花可赏，并且利用树枝高低和色彩不同形成有层次的组合。

宗教观念赋予植物特殊含义。如树木以柏为尊，因为释迦牟尼曾以"柏子充饥"。达赖喇嘛是观音的化身，园内必有莲等。

匾额楹联

文化底蕴在清代园林中处处可见。园林中的诸多文字品题，如园名、景名、匾额、楹联、石刻等，不仅凝结了传统的诗联、书法、篆刻等文化艺术，还透露出造园的旨趣渊源，表达出主人的品格心绪，也强化了园景的诗情画意，升华了园林的景观意境。

园林文字品题可以抒发园主人的文心修养与寄托追求。命名揭示出造园的根本寄托所在，有的明确表达了主人追随古人隐逸精神而退隐园林，体现出一种独立清高的文人品格，如"网师"等园名；有的则表达出主人对生活愉悦尤其是家庭和乐，是一种关注天伦之乐的儒家情趣的表现，如"怡园"、"耦园"等；而一些匾、联中表达出的哲思、典故，也往往意义深刻、发人深思，如留园"活泼泼地"的禅意，拙政园"与谁同坐"的雅韵，艺圃"博饪斋"、"思嗜轩"则是对先人的怀念，等等。

而文字品题的使用，还对于园景欣赏有提示与深化的作用，尤其是一些寻常难以注意到的特殊景象，而且因其文学性使得景致营造更加耐人寻味。如花木的季节性欣赏，怡园中"南雪亭"之名是对冬日梅花之色欣赏的提示，而同时又是对杜甫《又雪》诗的引用而成典故文化；留园中"闻木樨香轩"、怡园"藕香榭"则都是提示季节性花香欣赏之例。又如声景之赏，拙政园中"留听阁"景名引发李商隐"留得枯荷听雨声"之境，相关联句更多，如怡园中"松风如在弦"、"喜嘶蝉树远"等。

园林中的文字还表达着对园林体验的雅致方式。如耦园里"静坐参众妙"之句，典型地表达出传统园林审美的基本方法，以细腻内心聚精会神地去看、去听，是进入文人所追求天地境界的不二法门。对各种优雅园林生活，如耦园中有"闲中觅伴书为上"、"城曲筑诗城"、"东园载酒西园醉"，就提示出读书、作诗、饮酒等园中活动，又如怡园中的"清谭适我情"、"亭上笙歌"、"分傍茶灶"、"坡仙琴馆"、"竹边棋墅"等，则表达出清谈、歌唱、饮茶、抚琴、弈棋等园林雅事。从而，使园林充满着浓浓的文人生活气息。

与第宅园林相比，宫苑园林往往包含着更加复杂多样的象征寓意，这一特征在清代体现尤为突出和丰富。在园林造景中随处可见丰富的象征主题，除通过园林的山水布局、建筑形式、植物景观等进行表现，更为直接的表达则是通过园林中的匾额、楹联，以及皇帝的题景、赋诗等形式。在宫苑园林中常见的主题类型包括治世安邦、田园村舍、神仙境界、宗教思想等。

刻于石而嵌于墙的诗文墨迹，江南园林中称为"诗条石"，闽南园林中称为"诗文堵"。泉州第宅园林中多刻于材质坚硬、颗粒细腻的青斗石上。清代晚期以来还用灰泥塑成浮雕照壁、匾额、对联，如漳州可园、古藤仙馆等所见。考究的还将汉字分块烧制成彩陶，嵌于粉壁上，以晋江通瀛书舍的彩陶诗文壁堵最为精致。

10.5　小结

清代是中国古典园林最后的发展时期，是集大成的阶段，沉淀了深厚传统而显示出中国古代园林的辉煌成就。与前代园林不同，这一时期的大量园林实物都较为完整地保留了下来，并经过整修开放作为公众观光游览的场所，所以我们有机会更加直观与全面地了解这一时期的造园情况。

北方宫苑园林的大发展是这一时期的重要特征，尤其是别苑的发展，使得北方宫苑园林处于与江南第宅园林同等重要的地位，无论园林的建设规模和艺术造诣都达到了后期历史上的高峰，在大尺度园林的规划设计上面有很多创新，并通过对江南造园技术的引进实现了南北造园艺术的融合，具有重要意义。留下了颐和园、避暑山庄等重要的园林实例。

第宅园林在这一时期也得到发展，并且由于造园活动的广泛分布，形成了多个地域流派，包括江南、北方、岭南、闽台和其他少数民族园林等，这些地域的珍贵的园林作品也多有遗存。这些地方风格园林都能结合当地的自然社会条件形成自身的特色，其中江南第宅园林因沿袭明代以来的造园技艺并有大量的实物遗存基础，尤为兴盛。

在园林的功能上，由于这一时期宫廷和民间园居活动频繁，园林从赏心悦目、陶冶性情的游憩场所变为更多功能的活动中心，同时受到极度成熟的园林技巧和园林手法的影响，园林建筑密度增加，建筑、山石体量增大，园林的人工化迹象明显。

随着国内外形势的变化，中西方园林文化开始相互交流。康熙时期《避暑山庄三十六景图》在西方的传播，进一步影响了西方造园，开始在欧洲的园林中出现带有中国元素的构筑物，乃至自然类型的风景园；而西方园林文化的流入则可以从圆明园长春园中的西洋楼景区中得到直接的体现，同时恭王府花园等的北方第宅园林中也出现了西方的造园元素；此外，我国沿海一些对外贸易发达的城市也多有包含西方元素的第宅园林。但这种中西方的交流范围仅仅局限在园林局部和细节层面，并未引起园林总体上的变化。

附录 中国园林史大事年表

年份	年号	地点	事件简介	历史意义
夏至战国				
公元前19世纪	夏	河南偃师	太康定都斟鄩（即今河南偃师二里头遗址）	二里头遗址是二里头文化的命名地，并初步被确认为夏代中晚期都城遗址
公元前16世纪至前14世纪	商	河南偃师	汤定都于亳（即今河南偃师尸乡沟的商代遗址）	偃师商城具备早期都城的规模和特点，对探讨夏文化和确认汤都西亳城址具有重要意义
公元前15世纪	商	河南郑州	仲丁定都于隞（即今郑州的商代遗址）	"仲丁迁隞"，郑州商城是先周时期仅次于殷墟的庞大都城遗址
公元前13世纪	商	河南安阳	盘庚定都于殷（即今安阳殷墟的商代遗址）	"盘庚迁殷"，殷墟又称为"商邑"、"大邑商"，是中国历史上第一个有文献可考，并为考古学和甲骨文所证实的都城遗址
公元前11世纪	商	山西户县	周文王（即姬昌，西周时被追尊为文王）筑灵台、灵沼、灵囿于今户县秦渡镇北	西周礼制建筑，兼具游观的功能，史称"三灵"
公元前1027	西周 武王十一年	丰、镐二京（今陕西省西安市西南沣河两岸）	武王姬发定都丰镐	西周建立
公元前770	东周（春秋时期）	河南洛阳	周平王东迁改都洛邑，并于洛水两岸建立苑囿	东周建立 并建设东周洛阳苑囿作为周王日常游猎之地，是春秋战国时期最具代表性的苑囿之一
公元前714	东周（春秋时期）	平阳（今陕西阳平镇）	秦宪公建都平阳，并于城北设秦之北园	秦平阳北园是春秋战国时期最具代表性的苑囿之一，秦人的石鼓也于此处发现
公元前694左右	东周（春秋时期）	山东曲阜	鲁国正卿季孙文子建蒲圃	春秋时期园圃的代表，实用与观赏兼容
公元前659左右	东周（春秋时期）	营丘（今临淄）	卫文公迁居营丘，构筑宫室，并在宫室的周围栽设园圃	园圃中种有榛、栗、椅、桐、梓、漆等树木，实用性与观赏性并存
公元前609左右	东周（春秋时期）	山东临淄	齐国于都城临淄的宫城西门申门以西及南方设苑囿	齐临淄申池是春秋战国时期最具代表性的苑囿，以水景见长
公元前559	东周（春秋时期）	河南帝丘（今河南濮阳）	卫穆公建都帝丘，于城中设藉圃	藉圃为卫王日常游观之地
公元前540左右	东周（春秋时期）	山东曲阜	鲁国正卿季孙夙于宅内建季氏园圃	春秋时期园圃的代表，实用与观赏兼容
公元前540	东周（春秋时期）	湖北云梦泽（今湖北省潜江县）	楚灵王建离宫章华台	春秋时期楚国的一座大型离宫，被誉为当时的"天下第一台"
公元前492	东周（春秋时期）	江苏苏州	吴王夫差续建姑苏台（始建于吴王阖闾）	姑苏台是一组依山而建的大型离宫，建造技术水平及园林化程度都相当高
公元前380	东周（战国时期）	河北平山县	中山国建都城灵寿城（今三汲古城），并于城西设苑囿	中山国灵寿苑囿是春秋战国时期最具代表性的苑囿之一
公元前325	东周（战国时期）	河北邯郸	赵武灵王建丛台	丛台为邯郸城西北苑囿中的离宫建筑，供阅兵及观赏歌舞之用
公元前311	东周（战国时期）	河北燕下都（今河北易县）	燕国建都燕下都（今燕下都遗址），内建大型水池金台陂	春秋战国时期具有代表性的宫廷园圃
公元前310左右	东周（战国时期）	咸阳	秦惠文王始建上林苑	秦、西汉上林苑的前身

续表

年份	年号	地点	事件简介	历史意义
秦西汉					
公元前 221	秦	咸阳	秦始皇建都咸阳，秦朝建立	秦兼并六国，大一统国家建立
公元前 2 世纪左右	秦	咸阳	秦始皇扩建秦国旧苑上林苑	当时最大的皇家苑囿
公元前 2 世纪左右	秦	咸阳	秦始皇建兰池宫	最早有史明确记载于园林中人工堆造假山，开秦汉宫宅园林山水化之先河
公元前 2 世纪左右	秦	咸阳	秦始皇建宜春苑	皂河、浐水流域的下游地区苑囿中最具盛名的一例
公元前 220	秦	咸阳	秦始皇以咸阳为中心，修筑通往全国各主要城市及边地区的驰道	促进了祭祀巡游等活动的兴盛
公元前 219	秦	琅琊山（今山东省胶南市）	秦始皇东游，登琅琊山，建琅琊台	秦"高台榭"典型实例，始建于越王勾践时期
公元前 215 左右	秦	碣石山（今河北省昌黎县）	秦始皇巡游至碣石山，沿途建碣石宫供驻足	秦求仙活动的遗迹
公元前 212	秦	咸阳	秦始皇于渭水南岸建阿房宫	秦朝的政治中心，"以象天极"
公元前 204- 前 137	汉高祖三年 - 汉建元四年	广州	南越国宫署御花园	宫苑喜用规整的水渠，石池，几何图形图案处理较强，这种造园手法影响着岭南园林的发展
公元前 203	秦	番禺（今广州）	赵佗接替秦郡慰任嚣之职后，建立南越国，并效仿秦皇宫室苑囿	秦至西汉南越国宫署御苑遗址是目前我国发现年代最早的宫苑实例，可以反映当时岭南造园的情况
公元前 199	西汉	长安	汉高祖建未央宫	长安城最早建成的宫殿之一
公元前 195	西汉	长安	汉高祖布诏允许百姓在上林苑中垦荒种田，以示重农	在秦的基础上汉初缩减了上林苑的面积
公元前 180- 前 157	西汉	睢阳城（今河南商丘市南）	梁孝王刘武于睢阳城中建曜华宫，中筑兔园	西汉王侯贵族宫苑代表
公元前 138	西汉 建元三年	长安	汉武帝扩建上林苑	历史上规模最大的皇家苑囿
公元前 120	西汉 元狩三年	长安	汉武帝于上林苑中造昆明池	昆明池为长安城之总蓄水库，并有操练水军等功用
公元前 113	西汉 元鼎四年	陕西夏阳县（今陕西省韩城）	汉武帝建挟荔宫	作为祭祀地离宫，供皇帝巡幸
公元前 111	西汉 元鼎六年	番禺（今广州）	汉兵"纵火烧城"	南越国宫署及其御花园被烧毁
公元前 109	西汉 元封二年	甘泉山（今陕西淳化县）	汉武帝修复并扩建甘泉苑	西汉苑囿的代表，始建于秦
公元前 104	西汉 太初元年	长安城西	汉武帝建建章宫	建章宫中的太液池是能够反映西汉宫宅造园水准的一处代表作
公元前 1 世纪左右	西汉	茂陵（今陕西兴平市）	袁广汉于北邙山下筑园	袁广汉园是西汉中晚期豪富阶层的宅园代表
东汉三国					
25	东汉	洛阳	光武帝刘秀建都洛阳	东汉王朝建立
25 左右	东汉	洛阳西郊（广成泽）	光武帝建广成苑	作为东汉猎苑，是东汉历朝皇帝必至的校猎场所
47	东汉	洛阳	张纯筑"阳渠"，成功改引洛水进洛阳	阳渠为洛阳城内外的大小园林提供了水源
60 左右	东汉	洛阳	汉明帝于北宫西角建濯龙园	三国时期芳林园的前身
134	东汉 阳嘉三年	洛阳	汉顺帝在北宫掖庭西侧营造了西园	东汉中期宫宅园林代表

年份	年号	地点	事件简介	历史意义
147 左右	东汉	洛阳	梁冀营造兔苑及宅园（甲第、西第）	梁冀所起私家苑囿分布之广、数量之多可谓空前绝后；其西第造园技巧极高，"采土筑山，十里九坂，以象二崤"
2 世纪左右	东汉	洛阳	汉献帝重修西园	改西苑理水为水渠曲折，是东汉以前园林中未曾出现过的新景象
208	东汉	邺城	曹操引漳水，于邺城西开玄武池，并在城内开长明沟	解决了城市用水问题，丰富了城市景观
208	东汉	邺城	曹操修建铜雀园（铜爵园）	邺城宫宅园林的代表，是曹魏邺城园林中最大者
208	东汉	邺城	曹操修建铜雀台	曹操"三台"之一
213	东汉	邺城	曹操修建金虎台	曹操"三台"之一
214	东汉	邺城	曹操修建冰井台	曹操"三台"之一
220	三国建安二十五年	洛阳	魏文帝迁都洛阳，重新修造宫室园池，重修"千金碣"	完善了洛阳水利工程
220	三国建安二十五年	洛阳	魏文帝于濯龙园旧址上建芳林园	曹魏洛阳城中主要的宫宅园林
222-252	三国吴大帝年间	广州	虞翻因得罪孙权被贬广州，在"虞苑"聚徒讲学 因种植许多苹婆和诃子树，又称为"诃林"	"虞苑"园址原为南越国最后之主赵建德的园林宅第，后成为广州历史上最悠久的佛寺"光孝寺"
224	三国魏黄初五年	洛阳	魏文帝于芳林园中开天渊池	天渊池为摹拟自然水系以开挖园林中的河渠
235	三国魏青龙三年	洛阳	魏明帝梳理洛阳城水系，如引谷水过九龙殿前，作九龙池，并于芳林园中起天渊池等	进一步完善了洛阳水利工程，丰富了城市景观
237	三国魏景初元年	洛阳	魏明帝于芳林园中增建景阳山	土石并用的假山，具有时期代表性
240	三国吴赤乌三年	建邺	引秦淮河水新辟人工运河运渎	兴修水利，绿化城市，"驰道如砥 树以青槐，亘以绿水，玄荫耽耽，清流亹亹"
241	三国吴赤乌四年	建邺	修筑青溪	进一步完善了建邺城水利工程，城内用水、交通都十分便利
267	三国吴宝鼎二年	建邺	建太初宫，并建太初宫西的西苑，东北的建平园	孙吴建邺城中大型宫宅园林的代表
两晋南北朝				
265-300	西晋	洛阳	潘岳于洛水之傍建宅园	
290-300	西晋	洛阳	石崇在洛阳西北郊外的金谷涧建金谷园，又名河阳别业	金谷园是两晋南北朝大地主庄园的典型代表，元康六年（296 年）的金谷诗会直接影响到东晋的兰亭集会，开后代士人于园林集会作诗之滥觞
346	后赵建武十二年	邺城	石虎役使晋人筑华林苑于邺城北	
317-420	东晋	吴郡	顾辟疆建其宅园	顾辟疆园是苏州地区最早见于史料的私人宅园，以竹、石闻名
353	东晋永和九年	绍兴	农历三月三日，王羲之与谢安、孙绰等四十一位士人名贤于兰亭"修禊"，王羲之作《兰亭集序》	这次游览禊饮活动成为中国园林史和文学史上的重要典故，为后世曲水流筋之滥筋
384	东晋太元九年	庐山	僧人慧远于庐山西北麓的大林峰山脚下建东林寺	东晋南朝时期的著名佛寺，带动了庐山地区的风景开发和建设
399	北魏天兴二年	平城（大同）	道武帝兴建鹿苑，南起都城北墙，北抵长城，东到白登山，西到西山，周廓数十里，后不断扩张，分为北苑、西苑和东苑	平城苑囿面积广阔，以园圃和猎场为主，延续了两汉以来的苑囿特征

续表

年份	年号	地点	事件简介	历史意义
403	后燕光始三年	龙城	昭文皇帝慕容熙大兴苦役，建造了规模颇大的御苑龙腾苑	
423-426	南朝宋	会稽始宁县	谢灵运在祖父故宅基础上营建始宁别墅	东晋南朝地主庄园的典型代表
420-443	南朝宋	不详	宗炳著《画山水序》	《画山水序》为我国山水画论的开端，对后世美学产生了重要影响
424-453	南朝宋元嘉年间	建康（南京）	元嘉初年，宋文帝于覆舟山南建北苑，后改为乐游苑 元嘉二十二年（445年），按照将作大匠张永的规划设计，大修华林园 元嘉二十三年，整治真武湖景观，筑堤建亭	南朝宋时期是东晋南朝皇家园林发展的鼎盛期
439 前后	南朝宋元嘉年间		刘义庆等人编写《世说新语》	《世说新语》是两晋南北朝时期"笔记小说"的代表作，记录了大量魏晋名士的逸闻轶事和玄言清谈，对研究当时士人的山水审美意识和造园活动具有重要史料价值
459	南朝宋大明三年	建康（南京）	宋孝武帝在玄武湖北建上林苑，作为皇家狩猎场	
471	北魏	平城（大同）	魏献文帝在北苑中建鹿野浮图	皇家苑囿中建佛教建筑的较早记载
471-515	北魏孝文帝至宣武帝年间	洛阳	在曹魏洛阳华林园基础上做了大规划建设	北魏洛阳华林园中有人工叠石为山，造型丰富，颇有野致，造园师茹皓原籍南朝，审美意趣和造园艺术深受南朝影响
484	南齐永明二年	建康（南京）	齐武帝筑青溪宫，建新林苑、娄湖苑	
483-492	南齐	建康（南京）	齐文惠太子建玄圃、博望苑和东田小苑	
489	南齐永明七年	建康（南京）	明僧绍于摄山建栖霞寺	为南朝著名佛寺园林
479-502	南齐		谢赫著《古画品录》	《古画品录》是中国绘画史上的经典论著，书中提出的六法论成为中国古代画作的品评标准和重要美学原则
429-500	南朝宋至齐		祖冲之把圆周率推算到小数点后七位，并在数学、天文历法和机械等方面获得突出成就	
492-536	南朝齐、梁	茅山(江苏句容)	陶弘景隐于茅山，建道观	为两晋南北朝山林道观的典型代表
500-503	北魏景明年间	洛阳	北魏宣武帝敕建景明寺	寺内园林以山池闻名当时
501	南齐中兴元年	建康（南京）	宫苑起火，殿阁多数被焚，东昏侯于台城阅武堂旧址兴建芳乐苑	
501-502	南齐		刘勰著《文心雕龙》	《文心雕龙》堪称中国第一部系统文艺理论巨著，书中对魏晋南北朝时期玄学思想和山水文学的发展做了深入分析和论述
505	梁天监四年	建康（南京）	梁武帝立建兴苑于秣陵建兴里	
502-549	梁	建康（南京）	梁武帝对华林园进行了改造，新建楼阁	这一时期的华林园出现了"通天观"、"日观台"等天文观测建筑，丰富了园林的建筑类型
514-551	梁	江陵	湘东王萧绎在江陵府邸建园，即位后称湘东苑	
516-528	北魏	洛阳	张伦在洛阳城内营造宅园，内有人工堆叠的景阳山	北魏著名宅园

年份	年号	地点	事件简介	历史意义
525-527	北魏		郦道元作《水经注》	《水经注》是古代中国地理名著，在记载河流水系的同时，书中也涉及了当时一些山林景观和园林，是研究南北朝园林的重要佐证
520-527	梁普通年间	建康（南京）	萧衍笃信佛法，敕建同泰寺、大爱敬寺、智度寺	为南朝著名佛寺，也是当时城内佛寺园林的重要代表
547	梁太清元年	建康（南京）	梁武帝建王游苑，刚建成即遭侯景之乱被毁	
547	东魏武定五年		杨衒之著《洛阳伽蓝记》	是研究北魏洛阳佛寺园林的重要史料
549	梁太清三年	建康（南京）	侯景之乱，华林园被毁	
554-581	梁、西魏、北周		庾信出使西魏，后被羁留北朝 在此期间，筑有宅园，作《小园赋》	开拓了园林"小中见大"的审美趣味和构筑手法
隋唐五代				
581-583	隋开皇元年至三年	大兴（西安）	隋文帝始营建大兴城，并在大兴城西北营苑囿，包括汉长安故址，称为大兴苑	开皇二年（582年）正月，命宇文恺负责设计建造新城——大兴城，翌年三月竣工 宇文恺参照北魏洛阳城和东魏、北齐邺都南城，把龙首原以南的6条高坡视为乾之六爻，并以此为核心，作为长安城总体规划的地理基础，奠定了唐长安宫苑园林的基本格局
584	陈至德二年	建康（南京）	陈后主陈叔宝起临春、结绮、望仙阁	三阁为两晋南北朝时期苑囿中的代表性建筑
589	隋开皇九年	建康（南京）	隋军陷建康，毁陈宫室苑囿宗庙，建康几成废墟	
593	隋开皇十三年	岐州（陕西凤翔县南）	文帝命杨素于岐州之北营建仁寿宫，素夷山堙谷营构宫宇、重台累榭，宛转连属	
596	隋开皇十六年	新绛（山西新绛县）	梁轨建绛守居园池	绛守居园池故址留存至今，后代屡有翻建
598	隋开皇十八年		12月，自京师至仁寿宫置行宫十二所	邑郊理景亦沿行宫官道展开
581-600	隋开皇年间		文帝疏浚曲江，更其名为芙蓉园	奠定唐代曲江池和芙蓉园的格局
605	隋大业元年	洛阳	3月，隋炀帝诏营东都，每月役丁200万，于皋涧间建显寿宫，采海内奇禽异兽，珍果异本实园苑	
		洛阳	5月，隋炀帝在洛阳营建西苑，周二百里	
		江都（扬州）	8月，隋炀帝游幸江都，次年四月还东京	
616	大业十二年	毗陵郡（江苏常州）	隋炀帝于毗陵郡置离宫别苑	
626	唐武德九年	长安（西安）	6月，唐太宗下令放斥禁苑鹰犬；唐禁苑即隋大兴苑	
634	唐贞观八年	长安（西安）	10月，唐太宗李世民营长安大明宫，内有太液池、蓬莱山等	一池三山

续表

年份	年号	地点	事件简介	历史意义
637	唐贞观十一年	亳州、兖州	7月，修老君庙于亳州，修宣尼庙于兖州	
644	唐贞观十八年	骊山	建骊山温泉宫	
653	唐永徽四年	洪州（今南昌）	江西省南昌市西北部沿江路赣江东岸滕王阁始建	滕王阁虽由唐太宗李世民之弟李元婴（滕王）始建而得名，但因初唐诗人王勃诗句"落霞与孤鹜齐飞，秋水共长天一色"而流芳后世，是以建筑界定风景的佳例
662	唐龙朔二年	长安	重修大明宫4月竣工，改名为蓬莱宫，6月，制各殿、门、亭名	
674	唐上元元年	洛阳	韦机为高宗筑宿羽、高山二宫；又建上阳宫	
698	唐圣历元年	洛阳	睿宗诸子列第于东都积善坊，称五王宅，苑甚美	
705-709	中宗复位后	长安	太平公主于长安城南穿池葺殿营建南庄	
		长安	安乐公主令杨务廉于城西穿定昆池，累石为山，以为西庄	
		长安	长宁公主于城内建邸宅，筑山浚池，增饰崇丽，号东庄	
		骊山	韦嗣立建别业于骊山，中宗常幸之，并亲为题名，曰：清虚原，幽栖谷	
710	唐景龙四年		3月，幸渭亭契宴，游桃花园	
			4月，幸樱桃园，又入芳林园尝樱桃，又幸隆庆池，结采为楼，宴群臣，泛舟戏乐	
712	唐先天元年	长安	玄宗即位 以五王宅为兴庆宫，赐诸弟宅于兴庆宫周围	
712-755		长安	唐玄宗在长安城营建华清宫	
713-741	唐开元年间	长安	唐玄宗在长安城疏浚曲江，池内修内苑曰芙蓉苑 周围陆续营建宫苑宅园，台榭楼观相望不绝	
747	唐天宝六年	骊山	改骊山温泉宫为华清宫，大加扩建；玄宗每年10月幸华清宫	
742-756	唐天宝年间	蓝田	诗人王维（701-761年）在长安东南蓝田得宋之问别墅，于山谷中营辋川别业，并为之赋诗作画	辋川及周边地区营建自己的别业或者别墅，如宋之问、王维及钱起等。辋川别业作为唐代重要的人文胜景，其重要意义不仅仅局限于园林景观，文学意境与宗教内涵，它的兴起与衰败与古代中国的环境变迁有着内在的联系，成为山居郊野园的代表
767	唐大历二年	长安	鱼朝恩以通化门外赐庄为寺，因城中木材不足，坏曲江亭馆及华清宫殿以供其用	曲江亭馆及华清宫建筑始毁
776	唐大历年间		颜真卿在湖州任刺史，辟城东南雪溪白蘋洲，做八角亭，供人游览	开成间（838年），后人在此基础上加以修葺，增筑五亭，遂成一方胜景
770	唐大历五年		造金阁寺及园，费钱巨亿	对遣唐使与日本金阁寺格局有深远影响
771	唐大历六年	杭州	兴修灵隐寺及寺园	延续至今

年份	年号	地点	事件简介	历史意义
809	唐元和四年	永州	柳宗元（773-819年）贬谪永州，客居龙兴寺，写《永州八记》并于永州冉溪建山水园林	《永州八记》的撰写是柳宗元系统阐释其风景园林观的著作，也是柳宗元贬谪永州十年的风景园林实践的系统总结"……成为我国历史上第一位既有实践、又有理论的风景园林家"（潘谷西语）
816	唐元和十一年	庐山	白居易（772-846年）被贬江州司马，次年3月，在庐山北麓遗爱寺之南，面对香炉峰处营庐山草堂，并自作《草堂记》	唐元和十二年（817年）3月27日，白居易在庐山北香炉峰所建的草堂竣工 他十分高兴，挥笔写下《香炉峰下，新卜山居，草堂初成，偶题东壁五首》白居易意犹未尽，又挥写了一篇散文《庐山草堂记》，开篇第一句就是流传至今的"匡庐奇秀甲天下山"
817	唐元和十二年	桂林	柳宗元记桂林漓江訾家洲辟邑郊景区	洲上设有燕亭、飞阁、闲馆、崇轩四处景点，总称"訾家洲亭"
822	唐长庆二年	杭州	白居易任杭州刺史，在杭州治理西湖	西湖逐渐成为邑郊理景的重要范例 历代均有所增建，尤以宋代苏轼的再改建最为显著，至南宋以为都城临安，更将西湖作为城市风景的重要组成加以梳理，其格局保留至今
823	唐长庆三年	洛阳	白居易归洛阳，于履道里，得杨冯故宅，遂加以改建以营宅园，池馆竹木有林泉之致	关于履道里园，《池上篇》及有关诗文记载甚详
825	唐宝历元年	洛阳	奕宗师作《绛守居园池记》 李德裕（787-849年）在洛阳三十里外的山中营平泉山居	
825-827	唐宝历年间	苏州	白居易任苏州刺史，建虎丘白公堤	
834-835	唐大和八年～九年	洛阳	裴度在东都洛阳集贤里营宅园，筑山穿池，竹木丛萃，极都城之胜概，又于午桥创别墅，花木万株，有凉台暑馆，号绿野堂	
835	唐大和九年	长安	唐文宗命神策军淘曲江昆明二池，准允公卿大夫于曲江沿岸兴立园墅；由神策军建造紫云楼、彩霞亭等楼观亭榭	
837	唐开成二年	洛阳	牛僧孺在洛阳归仁坊以一坊之地（约四百余亩）营宅园	
840	唐开成五年		李德裕《平泉草木记》成	
857	唐大中十一年	山西五台山	重建五台佛光寺大殿，整修寺园	
885-887	唐光启年间	凤翔	李茂贞于凤翔城东筑园，内植修竹万竿	
约897	唐乾宁末年		司空图修葺旧有中条山别墅，泉石林亭颇称幽栖之趣	
911-914	五代后梁乾化年间	洛阳	袁象先建园宅于洛阳	
917-942	南汉乾亨元年至大有十五年	广州	南汉国主刘岩辟园林筑宫苑，著名的有南宫、昌华苑、玉液池、芳华苑、华林园等	园林选址、修筑与城市和环境密切结合
921-923	五代后梁龙德年间		李克用以代州柏木寺东西花园为游赏之地	

续表

年份	年号	地点	事件简介	历史意义
919-925	五代前蜀乾德年间		前蜀王衍起宣华苑	
937-958	五代南唐年间		南唐齐丘园在南昌府	
			南唐隐逸园在东湖	
936-944	五代后晋天福年间	苏州	吴越钱元僚于苏州创南园东园	
		嘉兴	吴越钱元僚于嘉兴南湖建烟雨楼	
959-961	五代后周显德年间	苏州	苏州虎丘云岩寺塔始建成,遂成姑苏一大邑郊名胜地	
宋辽金				
916	辽神册元年	龙化州(今内蒙古敖汉旗东)	阿保机称帝,国号"契丹"	辽朝建立,我国北方草原上大规模建城的第一个王朝
960	建隆元年	东京	宋太祖赵匡胤即位,建都于后周旧都开封,改名东京	北宋建立
962	建隆三年	东京	宋太祖赵匡胤扩建皇宫,"命有司画洛阳宫殿,按图修之"	"皇居始壮丽矣"
982	太平兴国七年	东京	宋太宗临幸金明池,阅习水战	
1008	大中祥符元年	东京	始建玉清昭应宫,共修建14年	宋真宗为了掩盖澶渊之盟的羞耻,大搞"天书"活动,迷惑臣民,掀起了第一次崇道高潮
1044	庆历四年	平江	苏舜钦罢官旅居苏州,建沧浪亭	
1086	宋元祐元年	广州	宋经略蒋之奇在都督府之右的南汉明月峡玉液池遗址处辟西园,园中置池,池中列石,其状若屏,故称为石屏台 石屏台的东面建有经略厅,北面建有翠层楼	
1095	绍圣二年	西京	李格非撰成《洛阳名园记》	有关北宋第宅园林的一篇重要文献,对所记诸园的总体布局以及山池、花木、建筑所构成的园林景观描写具体而翔实,可视为北宋中原第宅园林的代表
1100	元符三年		李诫编成《营造法式》一书	历史上第一本为园林假山制定明确的工限和料例的官修工程规范
1113	政和三年	东京	修建延福宫旧宫	
1114	政和四年	东京	扩建延福宫新宫,"延福五位"	
1115	政和五年	东京	宋徽宗赵佶笃信道教,于宫城东北建道观"上清宝箓宫"	
1115	金收国元年	会宁府	完颜阿骨打建都立国,国号大金	金朝建立
1117	政和七年	东京	"命户部侍郎孟揆于上清宝箓宫之东筑山象余杭之凤凰山,号曰万岁山,既成更名曰艮岳"	
1122	宣和四年	东京	艮岳建成,又称"华阳宫"	它的规模并不算太大,但在造园艺术方面的成就却远迈前人,具有划时代的意义
1125	辽保大五年		辽天祚帝在应州被俘,八月被解送金上京,降为海滨王	辽朝灭亡
1127	靖康二年	开封	徽、钦二帝被金军所俘	北宋灭亡
1151	金天德三年	南京(今北京)	海陵王迁都南京,扩建南京城,改名"中都"	北京地区第一次成为全国的政治中心
1123	宣和五年	吴兴	叶梦得(1077-1148年)于吴兴建别墅,号石林,又作《避暑录话》	

年份	年号	地点	事件简介	历史意义
1126	靖康元年	开封	四川僧人祖秀到艮岳，后著《宣和石谱》，记艮岳叠石六十种	
1126	靖康元年	开封	闰11月，金人围汴，艮岳被毁；三石用作炮料，竹木用于篱栅，杀麋鹿以饷士卒，放禽鸟任其所之	
1127	建炎元年	南京（应天府）	康王赵构在南京应天府称帝，为宋高宗	南宋建立
1131	绍兴元年	临安	诏建临安宫殿，以凤凰山西北为大内御苑，后称后苑	
1131	绍兴元年	苏州	苏州沧浪亭归韩世忠	
1133	绍兴三年		杜绾著《云林石谱》，记述观赏石116种	留存至今最早的论石专著
1138	绍兴八年	临安	南宋定都临安，在北宋州治旧址修建宫城禁苑	定都临安
1142	绍兴十二年	临安	韩世忠（1089-1151年）于临安飞来峰建翠微亭	
1144	绍兴十四年	平江	平江郡守王焕于郡圃之东北建四照亭、西斋	
1146	绍兴十六年		黄思伯作《燕几图》	最早的家具设计图
1147	绍兴十七年	平江	郑滋于平江北池之北重建池光亭	
1141-1148	金皇统年间	中都（北京）	金熙宗改建辽朝宫室，建琼华岛	
1151	金天德三年	燕京（北京）	3月，金广燕京城；旋于4月迁都南京，闰4月调诸路工匠修燕京宫室	北京城在历史上作为封建王朝统治中心的开始
1152	绍兴二十二年	绍兴	陆游（1125-1210年）在绍兴作《钗头凤·沈园》	
1153	绍兴二十三年	临安	六和塔开始重建	
1157	绍兴二十七年	平江	平江郡守蒋璨重建坐啸斋于四照亭	
1160	绍兴三十年	平江	平江郡守朱翌建东斋于四照亭南	
1161	绍兴三十一年	平江	平江郡守洪遵建秀野堂于坐啸斋西	
1162	绍兴三十二年	临安	宋高宗退位，宋孝宗即位，德寿宫建成	
1155-1162	绍兴末年	吴兴	沈德和筑园于吴兴城南，人称南沈尚书园；沈宾王筑园于吴兴城北，人称北沈尚书园	
1164	隆兴二年	临江波阳	洪遵罢官归波阳，筑小隐园	
1166	乾道二年	临江波阳	洪适（1117-1184年）归波阳，建盘洲别业；6年后自作《盘洲记》	
1168	乾道四年	临江波阳	洪迈家居，筑野处别墅	
约1169	乾道末年	吴兴	沈清臣筑园曰潜溪，创晦岩书院，皆在吴兴	
1179	金大定十九年	中都（北京）	金世宗完颜雍于中都琼华岛筑离宫，其最高处为广寒殿	
1174-1189	淳熙年间	吴兴	《雍录》作者程大昌（1123-1195年）喜爱吴兴山水，卜居城中，称程尚书园；又于城外建别墅，称程氏园	
1174-1189	淳熙年间	平江	史正志在平江有万卷堂	
1192	绍熙三年	平江	平江郡守袁说友葺西斋，更名双瑞堂	

续表

年份	年号	地点	事件简介	历史意义
1197	庆元三年	临安	吴皇后赐韩侂胄南园	
1197	庆元三年	临安	慈福皇后下旨将庆乐园赐给平原郡王韩侂胄	由于这座园林的规模之大、内容之丰、水准之高，加上园主人名望之盛、权势之盛、记述之多，很快就成为当时临安最著名的园林
1199	庆元五年	临安	陆游为韩侂胄南园作《南园记》	
约1200	元庆末年	吴兴	章良能得沈清臣旧园宅，改建为嘉林园	
1190-1200	金明昌、承安年间	燕京（北京）	金章宗于燕京西山创西山八院；于玉泉山建芙蓉院行宫 金章宗于城郊建鱼藻池行宫；王郁隐于燕京西郊，建台垂钓，后称为钓鱼台	
1220	嘉定十三年	平江	篆圭于平江郡圃内开池布石堆山，构四亭	
1221	嘉定十四年	平江	篆圭于平江北池上构白桧轩并勘定功德寺奉祀岳飞	
1221	嘉定十四年	平江	岳柯得米芾海岳园旧址，建研山园	
1227	宝庆三年		王象之编《舆地记胜》成	
1228	绍定元年		陆游《老学庵笔记》刻行	
1228	绍定元年		冯多福作《研山园记》	
1234	金天兴三年		蔡州城陷，金哀宗自杀，金末帝死于乱军中	金朝灭亡
1234	端平元年	平江	平江郡圃由张嗣古改名同乐园	
1236	端平三年	扬州	扬州刺使赵葵建万花园	
1240	嘉熙四年	平江	平江池光亭圮	
1253-1258	宝祐年间	扬州	扬州建壶春园，内有佳丽楼	
1260	蒙古中统元年	中都（北京）	元世祖忽必烈住入原金中都琼华岛广寒殿	蒙元建立
1225-1264	宋理宗时		祝穆编《方舆胜览》	
1276	德祐二年	临安	元军攻取临安，虏宋恭宗、谢太后	
1279	祥兴二年	厓山	宋元厓山海战，宋败，陆秀夫背幼主跳海而死	南宋灭亡
元代				
1227	太祖二十二年	保州（保定）	元代地方豪强、都元帅张柔移驻保州，整理营造全城水系，并在唐代临漪亭基础上修建雪香园，即后世之保定古莲池	
1267	至元四年	中都（北京）	以金代大宁宫为中心另新建"大都"都城	北京城的前身
1271	至元八年	大都（北京）	元世祖忽必烈住广寒殿，改名万岁山，琼华岛及其周围的湖泊经扩建重修之后命名为太液池，北海、中海、南海合称"三海"	元代太液池是明清西苑的前身，建成的圣寿万安寺塔（即妙应寺白塔），为中国内地最早建造的喇嘛塔
1274	至元十一年	大都（北京）	忽必烈于太液池南部建东宫，后改称隆福宫，1308年于隆福宫北建兴圣宫	为太后的寝宫，其西侧有园名"西御园"
1280	至元十七年	大都（北京）	宰相廉希宪卒，其生前在大都城西（今北京右安门外草桥）建"万柳堂"	元代北京名园

年份	年号	地点	事件简介	历史意义
1285	至元二十二年	大都（北京）	张九思于大都城西建"遂初堂"，1294年完成	元代北京名园
1285	至元二十二年	大都（北京）	刘秉忠和阿拉伯人也黑迭儿等人主持营造的元大都城池、宫苑基本建成	
1287	至元二十四年		约于是年周密（1232-1308年）《癸辛杂识》前集成书，中有《吴兴园林记》	《吴兴园林记》，载36处园林；另著有《武林旧事》、《齐东野语》
1292	至元二十九年	大都（北京）	郭守敬主持挖建位于城东的漕运河道，1293年完工，元世祖将其命名为"通惠河"，该河流入城内，形成一个巨大的湖泊，即"积水潭"	使大运河延伸至大都（今北京）"积水潭"曾是漕运的总码头，也曾是皇家的洗象池
1295	元贞元年	大都（北京）	监郡安候于滕县建"静乐园"，1296年完成	元代滕县（今山东省滕州市）名园
1308	至大元年	大都（北京）	栗院使于大都城西建"玩芳亭"，1311年完成	元代北京名园
1314	延祐元年	大都（北京）	张留孙于大都城东买地建"东岳庙"，其弟子董宇定建杏园，1320年完成	元代北京名园
1314-1320	延祐年间	苏州	僧宗敬在沧浪亭旧址建妙隐庵	
1323	至治三年	大都（北京）	画家王振鹏绘制《金明池图卷》	获皇室宫廷后苑之观
1329	天历二年	大都（北京）	元文宗于大都西郊西湖（瓮山泊）北岸偏西建"大承天护圣寺"，1331在其东侧建"驻跸台"；1427年大承天护圣寺获得重修，更名为"功德寺"	是元朝北京西北郊地区规模最大最重要的寺院
1331	至顺二年	大都（北京）	于香山东麓金章宗玩景楼旧址上建"碧云寺"	元代始建，延续至今
1342	至正二年	苏州	天如禅师众弟子为其在平江城营造禅宗寺园狮子林	奠定今日狮子林的基本格局
1344	至正四年	苏州	虎丘建二山门断梁殿	虎丘景区自此序列渐次成型
1348	至正八年	昆山	巨商、文士顾阿瑛在昆山界溪旧宅之西开始营造"小桃源"，即名园"玉山草堂"前身 由此逐渐展开的"玉山雅集"，是传统文人园居生活走向纯粹而独立的重要标志	
1355	至正十五年		画家倪瓒在友人王云浦渔庄作《渔庄秋霁图》，将"一江两岸"式构图进一步凝练为"近坡、中水、远山"的三段式表达	对后世园林布局，尤其对张南垣"截谿断谷"的造园手法产生深远影响
1341-1368	至正年间	如皋	镇南王建万花园于如皋城东	
明代				
1368	洪武元年	北平（北京）	徐达攻克元大都，改大都为"北平"	明北京城的前身
1373	洪武六年	苏州	倪瓒绘《狮子林图》	园林名画，明初苏州园林文化仍然兴盛的例证
1374	洪武七年	苏州	徐贲绘《狮林十二景图》	园林名画，明初苏州园林文化仍然兴盛的例证
1380	洪武十三年	北平（北京）	朱棣的燕王府营造完毕	是明朝北京最早的王府建筑

续表

年份	年号	地点	事件简介	历史意义
1381	洪武十四年	应天（南京）	始建孝陵	中国明陵之首，代表了明初建筑和石刻艺术的最高成就，影响了明清两代 500 多年帝王陵寝的形制
1388	洪武二十一年	苏州城内	王行作《何氏园林记》记载当时一座园林的营造	明初苏州仅有的新建园林记载
1399	建文元年	兰州城内	明太祖第十四子朱木英建肃王府，内有"凝熙园"	西北地区造园的最早记载
1402	明建文四年	北京	燕王称帝，改北平为"北京"	积极为迁都做准备，着手疏浚大运河，恢复漕运，并多次下令从各地迁入人口至北京
1403	明永乐元年	北京	明成祖于紫禁城东华门外的南池子大街一带兴建"东苑"，1435 年完成，后毁于明末农民起义的战火	明初始建的园林还包括"御花园"、"慈宁宫花园"、"景山"
1406	明永乐四年	北京	明成祖下诏兴建北京皇宫和城垣	明北京城建设之肇始
1414	明永乐十二年	北京	明成祖对元朝的猎场"下马飞放泊"进行扩建，并命名为"南海子"，即南苑	作为皇家的猎苑开始于辽代，后金、元、明、清都把这块水草丰美的地方作为游猎的地方
1416	明永乐十四年	北京	明成祖下令改建燕王府邸为"西宫"	明成祖称帝前的居所
1417	明永乐十五年	北京	北京紫禁城正式动工 1418 年紫禁城宫殿落成，万岁山（景山）完工；1420 年，北京皇宫和北京城建成 1421 年，紫禁城奉天、华盖、谨身三大殿遭雷击，尽皆焚毁 1436 年重建三大殿	北京皇宫以南京皇宫为蓝本，而规模更胜一筹
1420	明永乐十八年	北京	始建北京天坛	现存中国古代规模最大、伦理等级最高的祭祀建筑群
1421	明永乐十九年	北京	建北京社稷坛	现存的唯一一座祭祀社稷之用的坛庙建筑
1424	永乐二十二年	北京	始建十三陵	是明代皇帝的墓葬建筑群，也是全球保存完整皇陵墓葬群之一
1425	洪熙元年	北京	重建八大处主寺平坡寺，并改名为"大圆通寺"	是八大处最大一寺
1428	宣德三年	北京	重修扩建金"西山八院"之一的清水院，并改名为"大觉寺"；1720 年，清皇四子胤禛（雍正）对其进行大规模修建	始建于辽代，以水景与古树胜
1433	宣德八年	北京	明宣宗在元代太液池旧址上建成西苑；在西苑之西，在元代西御苑基址上改建成"兔园"；1457 年，扩建西苑，对殿宇轩馆进行翻新，1464 年完成	明代大内御园规模最大的一处，天然野趣为主
1437	正统二年		谢环作《杏园雅集图》，杏园是杨荣在京师城东的府邸	明代北京名园之一
1443	正统八年	北京	司礼监太监王振于北京建智化寺	初为家庙，后赐名报恩智化寺
1455	景泰六年	北京城内	紫禁城中营建御花园	基本格局遗存至今
1459	天顺三年	北京城内	明英宗召大臣游西苑	北京皇家园林逐渐建设，对明代中前期造园逐渐重兴有积极影响
1460	天顺四年	苏州城外	刘珏致仕回乡，造"小洞庭"	明代中前期苏州造园逐渐重兴的著名案例
1473	成化九年	苏州城内	韩雍致仕，城内有"莳溪草堂"	明代中前期苏州造园逐渐重兴的著名案例
1475	成化十一年	苏州城内	吴宽"东庄"得到李东阳所撰《东庄记》描述	15 世纪后期苏州最著名园林，明代中前期苏州造园逐渐重兴的著名案例

年份	年号	地点	事件简介	历史意义
1478	成化十四年	湖南长沙	英宗第七子朱见浚（吉王）就藩长沙，吉王府中大规模造园堆山	长沙园林史上首次叠石造山
1480	成化十六年	南京城内	周瑛造"西园"，并作《西园记》	明代南京得到记载的较早宅园案例
1489	弘治二年		吴宽作《海月庵冬日赏菊图序》	记载若干名士在其位于北京城西私宅"亦乐园"中举行赏菊诗会的具体场景
1492	弘治五年	苏州城内	文徵明父亲文林造"停云馆"	园貌简单，因文徵明而名声卓著
1498	弘治十一年	宁波城内	张和在廨宇之西堆山造园，假山命名为"独秀山"	假山今日仍存，为现存明代江南假山遗存中最早的一座
1500	弘治十三年	常州城外	白昂致仕回乡后造"归乐园"	明中期常州名园
1502	弘治十五年	苏州嘉定	龚弘致仕回乡，后营造"龚氏园"	今为秋霞圃精华部分
1507	正德二年	苏州城内	唐寅造"桃花庵"	因唐寅而闻名
1508	正德三年	南京城内	徐达六世孙徐天赐造"东园"	明代南京园林最著名的一座，今白鹭洲公园
1509	正德四年	苏州	王鏊致仕回乡，在城内有"怡老园（西园）"、城外太湖之滨的东山有"真适园"	均为明中期苏州名园
1513	正德八年	苏州城内	王献臣丁父忧守制期满，始建"拙政园"	此后一直作为苏州名园，几经改造变化，留存至今
1515	正德十年	松江城外	孙承恩造"东庄"	记载详细，为典型村庄地园林
1516	正德十一年	天津卫	汪必东在北门里户部街衙署内建"浣俗亭"	天津最早园林
1521	正德十六年	苏州长洲	僧智晓建"石湖草堂"	为著名自然山水园
1522	嘉靖元年	北京	为皇太后建"慈宁宫花园"，1578年在花园内始建临溪馆，1583年更名为临溪亭	明代大内御苑之一
1524	嘉靖三年	松江上海城外	陆深建"后乐园"	为当时上海郊外最著名园林
1527	嘉靖六年	苏州城内	文徵明造"玉磬山房"	为极具文人气息的傍宅园
1527	嘉靖六年	常州无锡城外	秦金致仕回乡，利用惠山寺僧寮"沤寓房"改建成别业"凤谷行窝"	后世"寄畅园"的开创
1536	嘉靖十五年	苏州太仓	王愔（王世贞伯父）建"魔场泾园"	太仓明代造园的较早作品
1541	嘉靖二十年	苏州嘉定	归有光建"畏垒亭"	因归有光而闻名的郊野造园
1546	嘉靖二十五年	苏州城外	徐封在阊门外造园，晚明时更名为"紫芝园"	据称文徵明参与设计；晚明时以假山闻名
1547	嘉靖二十六年		田汝成《西湖游览志》初刊	第一本专以西湖为题的名胜志，在历代西湖书籍中对后世影响最为深远
1548	嘉靖二十七年	广州	明代诗人李时行于越秀山南麓建"小云林"	
1553	嘉靖三十二年	北京	兵部尚书梁梦龙于北京宣南虎坊桥一带建"梁园"	明代北京名园之一
1559	嘉靖三十八年	松江上海城内	潘允端始建"豫园"，万历五年（1577年）潘允端致仕退职归里之后，真正进行大力拓展兴造，历五年而初步告成	晚明上海名园
1561	嘉靖四十年	宁波城内	范钦始建"天一阁"，阁前凿池，名"天一池"	天一阁园林之始，著名藏书楼园林
1563	嘉靖四十二年	苏州昆山	许氏建"养余园"，王世贞作《养余园记》	典型郊野造园

年份	年号	地点	事件简介	历史意义
1565	嘉靖四十四年	保定	保定知府张烈文重修"古莲池"	明代北方的衙署园林，今有遗存
1566	嘉靖四十五年	苏州太仓	王世贞始建"小祇园"，1571-1576年间大力扩建，更园名为"弇山园"	晚明名园之冠；石山为张南阳、吴生叠造
1578	万历六年	苏州城内	徐廷裸整合了吴宽的东庄和韩雍的蓊溪草堂等用地造园，被称为徐参议园（东园）	当时苏州城内最著名园林
1582	万历十年	保定	武清侯李伟建"清华园"	明代北京名园之一
1582	万历十年	苏州嘉定	金翊造金氏园	今为秋霞圃之一部
1583	万历十一年	镇江城内	张凤翼在明中期靳戒庵园基础上营建"乐志园"	叠山名师为许晋安，为较早关注画意皴法的叠山作品
1583	万历十一年	北京	御花园工程竣工 明神宗下诏拆毁四神祠和观花殿，叠石为山，山上建御景亭；1591年拆毁园内清望阁、金香亭、玉翠亭、乐志亭、乐思斋、曲流馆	明代大内御苑之一
1584	万历十二年	湖州城外	潘季驯被贬回乡后建"毗山别业"	典型山林地造园
1585	万历十三年	北京城内	叠山匠师高倪为宣武门内武功卫桂杏农宅园池堆叠石山	目前仅有的明代北方叠山匠师记载
1586	万历十四年	松江华亭	陈继儒建"小昆山读书处"，王世贞作《小昆山读书处记》	晚明文人郊野园
1588	万历十六年	苏州吴江城内	顾大典建"谐赏园"	为吴江最著名园林
1589	万历十七年	苏州城内	明性和尚恢复"狮子林圣恩寺"，原先奇峰林立之处成为寺后花园	狮子林从最初的寺园一体变为寺园相分
1589	万历十七年	常州无锡城外	邹迪光开始建"愚公谷"，1610年完成；邹迪光作《愚公谷乘》	当时著名山林地造园
1591	万历十九年		高濂《遵生八笺》初刊	其中对于造园建设、园林花卉树木有颇详论述
1592	万历二十年	常州无锡城外	秦耀全面改造"凤谷行窝"，更园名为"寄畅园"，有《寄畅园记》、《寄畅园图册》	晚明无锡名园
1592	万历二十年	松江上海城内	陈所蕴始建"日涉园"	造园名家张南阳作品，又有曹谅、顾山师为其叠山
1594	万历二十二年	苏州吴县	赵宦光始建"寒山别业"	著名晚明山林园；其中"千尺雪"一景在清乾隆时被反复写仿于北方宫苑园林
1595	万历二十三年	苏州城外	徐泰时"东园"竣工，周丹泉为之叠山，园中有名石"瑞云峰"	屡经改造后，为今"留园"
1597	万历二十五年	浙江临海	王士性"白鸥庄"建成	是王士性广泛涉猎各地名园后回乡亲自规划营造，是16世纪后期在江南地区之外的一个出色造园作品
1597	万历二十五年	北京	米万钟于燕京城郊建"湛园"	明代北京名园之一
1600	万历二十八年	徽州休宁	汪廷讷开始在休宁县松萝山下修建"坐隐园"，约6年后建成	晚明徽州名园，规模宏大，景点繁多，有《环翠堂园景图》流传
1600	万历二十八年	湖北公安	袁宏道建"柳浪"别业	极具特色的江湖地造园，楚地名园之一
1603	万历三十一年	杭州城外	冯梦祯在西湖孤山南麓建宅园，作《结庐孤山记》	杭州西湖畔诸多造园的重要作品
1603	万历三十一年	苏州吴县	范允临在天平山南麓建"天平山庄"	今日犹存
1604	万历三十二年	湖北公安	袁中道建"筼筜谷"	富有特色的郊野地造园，当时楚地名园之一

年份	年号	地点	事件简介	历史意义
1610	万历三十八年	常州城外	吴亮回乡营造"止园"，主持营造的匠师为周廷策，1627年张宏绘《止园图》	晚明常州名园
1610	万历三十八年	湖南长沙	唐源在善化县署西北角建"寄思园"	为少量得到记载的明代衙署园林之一
1611	万历三十九年	北京	米万钟于清华园之东建"勺园"，1613年完成	明代北京名园之一
1612	万历四十年	北京城外	米万钟建"勺园"	晚明北京最著名第宅园林
1613	万历四十一年	湖北武昌	熊廷弼被罢黜居家时在新南门内的梅亭山下建"熊园"	晚明武昌名园
1613	万历四十一年		林有麟《素园石谱》出版	现存最早、篇幅最宏的一本画石谱录
1615	万历四十三年	苏州城外	翁彦升在太湖东山建"集贤圃"	一时名园，被誉为"东山第一园林"、"亭榭水石之胜甲吴下"；可能是张南垣最早作品
1616	万历四十四年	松江华亭	施绍莘始建"西佘山居"，1626年完成，施绍莘作《西佘山居记》	典型晚明山林地造园
1619	万历四十七年	苏州太仓	王时敏延请张南垣帮助重新拓建改造"东园"，后更名为"乐郊园"	明末造园大师张南垣早期最著名造园作品
1621	天启元年	绍兴城内	张汝霖（张岱祖父）致仕回乡后在城内龙山旁边营造"砎园"	明末绍兴名园
1621	天启元年		文震亨《长物志》成书	是关于明代文人生活中玩物清供的百科全书，提供了园林与使用者的互动方式、改造方法及理想结果
1621	天启元年		王象晋《群芳谱》刊行	明代园林花木栽培的农学著述代表作
1623	天启三年	常州武进	吴玄造"东第园"，设计师为计成	计成最早造园作品
1623	天启三年	嘉兴城外	姚思仁在城南鸳鸯浜营造别业	张南垣造园叠山作品
1630	崇祯三年	松江华亭	李逢申造"箓园（横云山庄）"	山林地造园，张南垣著名作品
1630	崇祯三年	苏州常熟	钱谦益造"拂水山庄"，1635年改建	张南垣造园叠山作品
1631	崇祯四年	广州	御史陈子履在大东门外建宅园"东皋别业"	
1631	崇祯四年		计成《园冶》写作完成；1634年刊行	中国园林史上唯一造园专论著作
1631	崇祯四年	绍兴城内	张萼初"万玉山房（瑞草溪亭）"	一时名园；张岱视之为奢靡造园的典型加以批判
1631	崇祯四年	苏州城内	王心一始建"归田园居"，叠山匠师为陈似云；1635年竣工，1640年再度进行修葺	今日苏州拙政园一部分
1633	崇祯六年	镇江金坛	虞大复"豫园"建成	张南垣造园叠山
1634	崇祯七年	扬州城外	郑元勋营造"影园"，计成主持设计与建造	明末扬州最著名园林，目前所知计成最后作品
1635	崇祯八年		刘侗、于奕正合著的《帝京景物略》刊行	书中详细介绍了明朝北京各地的寺庙祠堂、山川风物、名胜古迹、园林景观、河流桥梁
1635	崇祯八年	绍兴城外	祁彪佳回乡建设"寓园"，1637年完成，作《寓山注》等记述	明末绍兴名园
1637	崇祯十年	嘉兴城外	吴昌时建"竹亭别墅（勺园）"	张南垣作品，一时名园
1642	崇祯十五年	嘉兴城外	朱茂时建"放鹤洲（鹤洲草堂）"	张南垣作品，一时名园
1643	崇祯十六年	常州无锡	秦德藻请张南垣作微云堂叠山	张南垣在无锡的现知唯一作品
1644	崇祯十七年	苏州太仓	吴伟业建"梅村"	张南垣作品，一时名园

续表

年份	年号	地点	事件简介	历史意义
清代				
1645	顺治二年 南明弘光元年	苏州太仓	钱增建"天藻园"	张南垣造园叠山作品，为一时名园
1646	顺治三年	苏州太仓	王时敏建"西田"	张南垣造园叠山作品，为一时名园
1647	顺治四年	福建永安	刘奇才建萃园	
1650	顺治七年	松江城内	顾大申购入明代旧园后重新葺治，取园名为"醉白池"其后又有乾隆年间顾思照加以整修	奠定今日醉白池园貌基础
1652-1653	顺治九年至十年	苏州东山	席本祯建"东园"；康熙帝南巡曾临幸	张南垣造园叠山作品，为一时名园
1653	顺治十年	北京	对于明代慈宁宫花园进行重新修葺	清代大内御苑之一
1663	康熙二年	北京、台湾	建清东陵；朱术桂（1617-1683年）建一元子园亭，位于台湾省台南府西定坊，后改建为天后宫（今为台南大天后宫）	清东陵是清朝三大陵园中最大的一座
1654	顺治十一年	通州如皋城内	冒辟疆在原其曾叔祖冒一贯于明万历、天启年间营建的别业基础上改造、扩建，名"水绘园"	为当时文人活动中心、江南明代遗民的精神寄托场所
1659	顺治十六年	苏州城内	姜埰获得原明末文震孟"药圃"旧址，并将园林更名为"敬亭山房"，后其子又更园名为"艺圃"	为当时文人活动中心、江南明代遗民的精神寄托场所
约1664-1673	康熙初年间	苏州城内	王永宁获得拙政园，大肆改造，叠造假山	使园貌较明代初创时大变，大致奠定今日拙政园山池格局
1665	康熙四年	宁波城内	范光文在明嘉靖年间范钦所创天一阁前天一池基础上加以改造增筑，叠山构亭	形成今日天一阁园林主体部分园貌
1666	康熙五年	扬州北郊瘦西湖	程梦星建筱园	清早期扬州最具代表性的第宅园林，也是瘦西湖区域首个私人园林
1667	康熙六年	常州城内	杨兆鲁购入原明代万历年间恽厥初别业旧址，重加经营，历时五年而成，命名为"近园"	奠定今日近园主体部分园貌
1667-1668	康熙六年至七年	无锡西郊惠山东麓	秦德藻、秦松龄父子将秦燿之后被分裂的寄畅园合并，并聘请张南垣之侄张钺改筑	奠定今日寄畅园山水面貌
1668	康熙七年	甘肃张掖	李渔为大将军靖逆侯张勇盛造甘肃都督府西园假山	李渔为他人所造园林假山目前可确定的唯一一处
1668	康熙七年	南京城内	李渔营建"芥子园"，次年落成	为李渔为自己所造三园中最著名的一座，随其《闲情偶寄》、《芥子园画传》的出版而名声卓著
1669	康熙八年	北京	北京西苑白塔建成；1758年，建成"镜清斋"；1759年，建成"西天梵境"；1771年，建成"小西天"	康熙、乾隆对西苑的两次改造，奠定了清代以来西苑的规模和格局
1670	康熙九年	北京	刑部尚书冯溥于北京广渠门内建"亦园"，慕元人廉希宪万柳堂之名，又取名为"万柳堂"	冯溥好园林，与张然交游颇深，亦援引张氏进京参与诸多宫苑园林的修建，冯氏偶园内叠山传为出自张然手笔
1671	康熙十年		李渔《闲情偶寄》成书，刻为十六卷单行本发行	其中较多造园思想和手法的涉及，是清代关于造园的重要著作

续表

年份	年号	地点	事件简介	历史意义
1673	康熙十二年	北京	李渔为兵部尚书贾汉复设计"半亩园"	清代京师名园之一
1673	康熙十二年	扬州北郊蜀岗	汪懋麟修复平山堂	清早期扬州北郊蜀岗人文景点开始恢复
1677	康熙十六年	北京	在承德修建"喀拉河行宫"，1704年竣工	是清代在塞外修建的最早一处行宫
1680	康熙十九年	北京	康熙将北京玉泉山处原有行宫、寺庙翻修扩建，建"澄心园"；1692年更名为"静明园"；1753年，乾隆扩建，造"静明园十六景"，1759年完工，郑经（1643-1681年）于承天府治之北建北园别馆，康熙时改园为开元寺	静明园为清代"三山五园"之一
1684	康熙二十三年	北京	康熙首次南巡归来，在北京西北郊明李伟的"清华园"的废址上修建"畅春园"	园林山水总体设计由宫廷画师叶洮负责，聘请江南造园匠师张然叠山理水，同时整修万泉河水系，将河水引入园中，为防止水患，在园西侧修建西堤（今颐和园东堤）
1685	康熙二十四年	福建安溪县	李光地建榕村，在今福建省安溪县湖头镇俊民小学北侧	
1696	康熙三十五年	苏州城内	江苏巡抚宋荦重修沧浪亭，将原临水之沧浪亭移于土山之上，并建厅堂轩廊、造入口石桥	大致奠定今日沧浪亭格局基础
1697	康熙三十六年	北京	康熙皇帝亲赐潭柘寺寺名为"敕建岫云禅寺"，并亲笔题写寺额	从此潭柘寺成了北京地区最大的一座皇家寺院
1673	康熙十二年	苏州东山	吴时雅建依绿园，张南垣之子张然叠石，王石谷为此园作画	具有代表性的苏州近郊第宅园林
1677	康熙十六年	杭州城外	李渔由金陵回到杭州，于云居山东麓缘山构屋，命名为"层园"	李渔所造的最后一个园林
1686	康熙二十五年	杭州塘栖	卓长龄营建"横潭"，主堂名"遂初草堂"，张南垣之子张熊为之叠山	一时名园，张熊在塘栖诸多造园作品中的代表作
1688	康熙二十七年		陈淏子完成《花镜》一书并刊行	其中涉及园林空间布局、款设、观赏、玩乐、休息等诸多方面，成为中国传统观赏园艺植物的经典著作
1689	康熙二十八年	杭州	康熙第二次南巡，建孤山行宫	江南皇家造园少量遗迹
1695	康熙三十四年	扬州仪征	郑肇新营建"白沙翠竹江村"，先著之造园叠山设计	一时名园；被误传为石涛作品
1699	康熙三十八年	杭州	康熙皇帝第三次南巡，御题西湖十景四字景名，刻碑建亭	西湖十景正式得到皇家钦定
1703	康熙四十二年	北京	康熙帝下诏在热河上营一带兴建行宫御苑；1708年，热河行宫建成，更名为避暑山庄；1754年，乾隆仿杭州六和塔建"永佑寺塔"，1764年竣工	避暑山庄继承中国古典园林传统造园思想，借助于自然地势，融合了南北造园艺术，历经康熙、雍正、乾隆三代帝王，历时89年竣工
1705	康熙四十四年	扬州北郊瘦西湖	法海寺被康熙赐名为莲性寺，仿北京白塔样式建塔，内部建设"林园"	扬州瘦西湖一带的地标建筑建成
1708	康熙四十七年		汪灏等完成《广群芳谱》刊行	为奉康熙之命在明代《群芳谱》的基础上扩充改编而成，成为详实的植物学著作

续表

年份	年号	地点	事件简介	历史意义
1709	康熙四十八年	北京	康熙将北京西郊畅春园北的一座园林赐给皇四子胤禛，并亲题园额"圆明园"；1724年，雍正帝开始大规模修建圆明园；1747-1759年，乾隆修建圆明园长春园西洋楼；1764年，大修四宜书屋，改名为"安澜园"；直至1774年，圆明园不断增建、扩建；1860年，英法联军洗劫圆明园，烧毁园中建筑；1990年，八国联军彻底焚毁圆明园	被认为是中国古典园林平地造园、堆山理水集大成的典范，西方传教士称之为"万园之园"
1711	康熙五十年	常州城外	张愚亭获得原明万历年间吴襄"青山庄"旧址加以重修、扩建，仍用旧名；乾隆年间废	一时名园
1713	康熙五十二年	北京	河北承德避暑山庄东北部建"外八庙"，1780年陆续建成 1755年，始建普宁寺，1758年完成	建筑风格分为藏式寺庙、汉式寺庙和汉藏结合式寺庙三种，具有鲜明的政治功用
1723	雍正元年	杭州	杭州巡抚李卫大规模疏浚西湖	增修"西湖十八景"，并编撰《西湖志》
1725	雍正三年	北京	改雍亲王府为行宫，称为"雍和宫"	是北京最大的藏传佛教寺院
1726	雍正四年	苏州嘉定城内	地方士绅集资购得原明代龚氏园捐予邑庙；后乾隆年间与沈氏园合并为"秋霞圃"	由第宅园林变为庙园的典例
1730	雍正八年	扬州北郊蜀岗	汪应庚于蜀岗中峰万松岭上植松十万株，空地多种梅树，成"松林长风"景点	扬州北郊蜀岗开始大规模风景建设
1731	雍正九年	杭州西湖	浙江总督李卫在曲院风荷旁创建湖山神庙的同时创建"竹素园"	和"湖山神庙"并列一起称为"湖山春社"，为当时西湖十八景之首
1733	雍正十一年	浙江海宁	陈元龙获家族旧园"耦园"扩建，改名"遂初园"，其子陈邦直扩建园广至百亩；1762年乾隆南巡驻跸于此，赐名"安澜园"	一时名园
1733	雍正十一年	保定	直隶总督李卫在保定莲池西北建"莲池书院"	因莲花池得名，后逐渐发展成为中国北方的最高学府
1736	乾隆元年	扬州北郊蜀岗	汪应庚兴建大明寺西园，园内凿池数十丈，池中井亭高十数丈，重屋反宇，后乾隆十六年重修，又称平山堂御苑	扬州具有代表性的寺观园林
1736	乾隆元年	保定	西藏拉萨建罗布林卡，1795年完成	是历代达赖喇嘛的夏宫
1737	乾隆二年	扬州	扬州八怪之一的高凤翰写《人境园腹稿记》，收入《南阜山人敩文存稿》	记录了扬州第宅园林建造的造园思想及理想模式
1740	乾隆五年	北京	于紫禁城北部，重华宫之西，建福宫之北建"建福宫花园"	清代大内御苑之一
1742	乾隆七年	苏州城外	范氏重修原明末范允临所建"天平山庄"，改名"赐山旧庐"；后多次接待清高宗南巡，其中乾隆16年（1751年）得赐名"高义园"	大致奠定今日高义园格局基础
1744	乾隆九年	天津蓟县	在盘山南麓始建"静寄山庄"，又名"盘山行宫"，1754年竣工	是蓟县境内的乾隆五大行宫之一

续表

年份	年号	地点	事件简介	历史意义
1745	乾隆十年	北京	在圆明园东侧建"长春园"	"圆明三园"之一，以水景胜，西洋楼景区所在地
1745	乾隆十年	松江青浦	城隍庙附属园林"曲水园"创建；太平天国战争中被毁，后又得到重修	清代江南城隍庙园典例
1746	乾隆十一年	苏州嘉定南翔	叶锦购得原明末李宜之所建"猗园"旧址，拓充重葺，更名"古猗园"；后于1789年成为城隍庙"灵苑"；太平天国之役时受损，后修复	大致奠定今日古猗园格局基础
1747	乾隆十二年	北京	康熙时期修葺改建康亲王宅邸，取名"乐善园"，乾隆年间改建为长河行宫，光绪年间改为"万牲园"对外开放，新中国成立后拓展为北京动物园	长河行宫是清朝皇帝通过水路去往颐和园的第一站
1747	乾隆十二年	苏州城内	拙政园东部为太守蒋棨所得，重加修复，称"复园"	当时文坛名人如袁枚、赵翼、钱大昕等均曾游赏筋咏，盛极一时
1748	乾隆十三年	北京	"碧云寺"进行了大规模修整和扩建，于中轴线最西边建金刚宝座塔	为北京西山诸寺之冠
1748	乾隆十三年	南京城内	袁枚购得小仓山原江宁织造隋赫德之园，改造营建为"随园"	一时江南名园
1750	乾隆十五年	北京	始建"清漪园"，1764年完成；1751年乾隆南巡归来，于园内仿无锡畅园建"惠山园"；1811年重修惠山园，并改名为"谐趣园"；1860年被英法联军焚毁；1886年，开始重建；1888年，慈禧挪用海军军费修复清漪园，并改名为"颐和园"；1900年，遭八国联军破坏；1903年，修复颐和园	是清朝"三山五园"中保存状况最好的一座，也是最后建成的一座，中国古典园林艺术在清朝的集大成者
1751	乾隆十六年	苏州城内	"网师园"建成定名，为宋宗元在南宋史正志"万卷堂"故址建构别业，又称"网师小筑"，园中有十二景	奠定今日网师园的基础
1757	乾隆二十二年	扬州北郊瘦西湖	跨虹阁、江园等改为官园	扬州的各类商肆园林、私人园林开始被纳入官方统一管理
1757	乾隆二十二年	扬州北郊瘦西湖	程志铨增扩保障湖中小岛长春岭为"梅岭春深"景点	官方开始介入扬州城北瘦西湖的风景建设
1757	乾隆二十二年	扬州北郊瘦西湖	汪廷璋在北郊莲花桥南岸筑"春台祝寿"景点，有玲珑花界、绮绿轩等景，其中熙春台与莲花桥相对	扬州城北瘦西湖两岸开始进一步的风景建设
1760	乾隆二十五年	上海城内	上海士绅集资购得原明代潘氏"豫园"，归城隍庙，改称"西园"，大加整治扩建，历二十余年，至乾隆四十九年（1784年）告竣	大致奠定今日豫园之格局基础
1761	乾隆二十六年	保定	保定莲池十二景完成	古莲花池清时有"城市蓬莱"之美称
1761	乾隆二十六年	扬州城南	南园主人汪玉枢得太湖石九，增建园亭，皇帝赐名"九峰园"	清初扬州八大名园之一
1762	乾隆二十七年	扬州	乾隆第三次南巡，在扬州停留，于天宁寺建设行宫，花园	进一步拉动了清中叶扬州风景园林建设高潮

年份	年号	地点	事件简介	历史意义
1762	乾隆二十七年	扬州	"蜀岗朝旭"园林临河建楼以迎圣驾，赐名"高咏楼"；园内在水中筑"双流舫"，后增丁字屋，周以红栏，改名"流香艇"	扬州城北瘦西湖两岸沿水建楼成为风潮
1765	乾隆三十年	扬州	赵之璧编撰、出版《平山堂图志》	对清中期扬州风景园林首次以图文方式记录
1770	乾隆三十五年	北京	原是康熙帝十三皇子怡亲王的赐园交辉园正式归入圆明园，定名"绮春园"；1814年，成为嘉庆帝常年园居的主要处所之一；1821年，对东路的敷春堂一带进行改建增饰，专供皇太后、皇太妃居住之用，西路诸景仍属道光、咸丰二帝园居范围；1860年被英法联军焚毁；1862年重建，1874年完成，改称万春园；1900年，八国联军入侵，彻底毁灭于战乱	"圆明三园"之一
1771	乾隆三十六年	苏州城内	黄熙中状元，其后扩建整修其父黄兴祖所得到的狮子林旧址（改称"涉园"），增加大假山西侧大片池面，又名之"五松园"	对北京皇家宫苑影响：乾隆帝六次驾幸，在北京圆明园、承德避暑山庄仿建
1772	乾隆三十七年	北京	始建"宁寿宫花园"（乾隆花园），1776年竣工	清代大内御苑之一
1773	乾隆三十八年	北京	疏挖南旱河，将香山一带泉水引至玉渊潭	玉渊潭成为京城西部蓄水调洪湖泊
1785	乾隆五十年	北京	《日下旧闻考》印行	收集保存了大量有关北京史志，尤其是清代顺、康、雍、乾四朝中央机关及顺天府、宫室、苑囿、寺庙、园林、山水、古迹诸方面的建置、沿革及现状的原始资料，具有很高的历史和学术价值
1793	乾隆五十八年	扬州	李斗编著《扬州画舫录》	对清中期扬州的城市、风景、园林的全面记录
1794	乾隆五十九年	苏州城内	刘恕获得原明代徐泰时"东园"旧址，并增地扩建，历时五年修葺落成	奠定今日留园山池区域园貌基础
1794	乾隆五十九年	苏州城内	瞿远村购得网师园，在旧园基础上加以整治，仍用网师园名，俗称"瞿园"，园中有八景	成苏州数一数二名园，除主堂"梅花铁石山房"外均存留至今
1798-1805	嘉庆三年至十年	扬州城内	秦恩复营建"一榭园"	造园名师戈裕良叠山作品
1802-1803	嘉庆七年至八年	常州城内	洪亮吉营建"西圃"	造园名师戈裕良叠山作品
1803-1804	嘉庆八年至九年	通州如皋丰利场	汪为霖改建"文园"，创建"绿净园"	造园名师戈裕良叠山作品
1806	嘉庆十一年	广东顺德大良	御史龙廷槐于嘉庆五年（1800年）辞官南归，居家建园。嘉庆十一年建成时，其子龙元任请江苏武进进士、书法家李兆洛书了"清晖"的园名	"清晖"园名意取"谁言寸草心，报得三春晖"，以喻父母之恩如日光和煦照耀
1807 前后	嘉庆十二年	苏州城内	孙均侨寓吴门，获得原乾隆初年蒋楫所造旧园，邀请戈裕良叠石为山	奠定今日环秀山庄主体山水景象
1808	嘉庆十三年		沈复著《浮生六记》	其中涉及对园林营造的见解，体现文人造园思想

年份	年号	地点	事件简介	历史意义
1809	嘉庆十四年	杭州	浙江巡抚阮元疏浚西湖，筑阮公墩	西湖两堤三岛景观格局最终形成
1811-1814	嘉庆十六年至十九年	南京城内	孙星衍营建"五松园"	造园名师戈裕良叠山作品
1814-1818	嘉庆十九年至二十三年	扬州仪征	巴光诰营建"朴园"	造园名师戈裕良叠山作品；《履园丛话》推之为"淮南第一名园"
1818	嘉庆二十三年	扬州城内	黄应泰购入清初马氏"小玲珑山馆"旧址，大加改筑，名为"个园"	清代扬州有代表性的大型城市第宅园林
1820	嘉庆二十五年	扬州	官方停止扬州北郊风景园林维修资金支出	扬州瘦西湖风景园林开始迅速衰落
1821	道光元年	北京	始建"近春园"、"清华园"，1850年完成；乾嘉时为圆明园附园，名"熙春园"；道光年间被分为东西两园，西园为"近春园"，东园仍为"熙春园"咸丰登基后，将东园改名为"清华园"	清朝皇家宫苑，"水木清华，为一时之繁囿胜地"
1825-1826	道光五年至六年	苏州常熟城内	蒋因培购得原清乾隆四十三年蒋元枢所建"蒋园"，大加修葺，延聘一代造园名师戈裕良为其叠山，名"燕谷"，园名更为"燕园"	形成今日燕园主体园景，叠山是目前所知戈裕良的最晚一处作品
1827	道光七年	台湾	吴尚新建吴园，园址在今台湾省台南市社教馆后	
1830	道光十年	广州	十三行行商、两广盐运使潘仕成在广州西郊荔枝湾建大型私人园林"海山仙馆"，又名潘园。园林之名"海山仙馆"，得之落成之日的对联："海上神山，仙人旧馆"的上、下联的首末四个字	园林在嘉庆年间富商丘熙所建的虬珠圃基础上扩建
1832	道光十二年	福州	梁章钜建黄楼庭园，在今福州市鼓楼区南后街黄巷 26 号	
1833	道光十三年	福州	梁章钜建东园，在今福州市鼓楼区南后街黄巷 34 号	
1837	道光十七年	漳州	郑开禧建可园，在今漳州市芗城区文川里 143 号	
1838	道光十八年		钱泳完成《履园丛话》并出版	其中第二十卷为"园林"，为清代园林留下了重要的史料记录
1849	道光二十九年	苏州城内	汪藻、汪坤购得原孙均宅园，建宗祠、耕荫义庄，东偏园林部分名"颐园"，俗呼"汪园"、"汪义庄"，其中主堂名"环秀山庄"，又建"问泉亭"、"补秋舫"等，疏飞雪泉，并作瀑布之观	形成今日环秀山庄主体园景
1849	道光二十九年	台湾	林占梅建潜园，园址在台湾省新竹市西门内潜园里	
1850-1864	道光三十年至同治三年	广东东莞	东莞博厦村人张敬修官至江西按察使署理布政使，返乡后修建可园	
1850	道光三十年	台湾	郑用锡建北郭园，园址在台湾省新竹市北门街	
1851	清咸丰元年	北京、台湾	恭亲王奕䜣成为和珅第宅的主人，改名"恭王府"；林维源建林园，园址在台湾省台北县板桥市西门	恭王府又名"萃锦园"，是现存比较完整的王府花园

续表

年份	年号	地点	事件简介	历史意义
1853-1864	咸丰、同治年间		太平天国战争，使大量江南园林惨遭损毁	江南园林史上的一次大浩劫
1860	咸丰十年	苏州城内	太平天国忠王李秀成进苏州，以拙政园为忠王府一部分，将东西二园合并，园中大兴土木，将苏州各地大宅厅堂拆来建园	拙政园自分裂后重新合一
1862	同治元年	扬州城内	何芷舠建"寄啸山庄"，世人俗称何园；光绪九年（1883年），何芷舠购得宅旁"片石山房"遗存，成为何园的一部分	形成今日何园主体部分园貌；为清代扬州大型园林的最后作品
1867	清同治六年	广州番禺	刑部主事邬彬在番禺南村筑余荫山房（又称余荫园）取名"余荫"，意为承祖宗之余荫，方有今日及子孙后世的荣耀	山房落成之日，邬彬自题："余地三弓红雨足，荫天一角绿云深"园联既概括了园林特点，联首又嵌入了"余荫"二字
1869	清同治八年	桂林	清代地方官吏唐岳在广西桂林雁山镇筑雁山园（又称雁山别墅）园地结构是真山真水景观，山清水碧，景致天然	雁山园的特色是将园内天然的岩洞溪河、浓荫郁葱的树木和古雅别致的建筑巧妙地融为一体，表现出桂林山水园林之山奇、水奇和洞奇的特征
1871	同治十年	浙江海盐城内	冯缵斋在宅后部建"绮园"，人称"冯氏园"；至民国年间，冯氏后人继续营造完成	形成今日绮园主体山水格局；有"浙中第一"的美誉
1872	同治十一年	苏州城内	原拙政园东部归八旗奉直会馆，在巡抚张之万带领下，又一次对园林进行大规模修整，并恢复"拙政园"之名	今日拙政园中部园貌基本为此时所营建
1872	同治十一年	杭州城内	胡雪岩营建其巨宅，宅中建园名"芝园"	现存晚清杭州最大的宅园，其中的假山洞穴为现存江南第宅园林中最大
1873	同治十二年	苏州城内	盛康购得刘氏寒碧庄，大力修葺，于光绪二年（1876年）竣工，易名"留园"	形成今日留园主体部分园貌
1873	同治十二年	苏州城内	巡抚张树声重修沧浪亭，建亭原址，廊轩复旧，增建明道堂等	形成今日沧浪亭主体部分园貌
1873	同治十二年	南京城内	胡煦斋购入原明代徐氏西园旧址，光绪初年构筑为"愚园"，建有三十六景	晚清南京名园，号称"南京狮子林"
1873	同治十二年	广州	广州"海山仙馆"园林因园主盐务亏空而分块拍卖。清·孙樗《余墨偶谈》载："后因亏帑籍没，园亦入官，园基固大，领售无人"	
1874	同治十三年	苏州城内	沈秉成购得原雍正年间陆锦"涉园"旧址，延请画家顾沄策划扩建新筑，光绪二年（1876年）落成，名"耦园"	形成今日耦园主体部分园貌
1874	同治十三年	苏州城内	顾文彬获得原明代吴宽宅园旧址，建义庄、园林，园名"怡园"，由顾文彬、顾承父子亲自筹划，前后达八年乃成	形成今日怡园主体部分园貌
1874	同治十三年	苏州城内	俞樾购入原潘氏废宅之地，建宅构园，园名"曲园"；光绪五年、十八年又有增建	形成今日曲园主体部分园貌

续表

年份	年号	地点	事件简介	历史意义
1875	光绪元年	湖州城内	陆心源"潜园"建成，俗名陆家花园，为明万历时书带草堂旧址	童寯《江南园林志》有记述
1876	光绪二年	苏州城内	李鸿裔获得网师园，易园名为"苏邻园"，后又名"蘧园"。建三进院落高楼豪宅，园中池面大为缩减	形成今日网师园主体部分园貌
1879	光绪五年	苏州城内	张履谦获得原拙政园的西部，改建并易名为"补园"	形成今日拙政园西部主体园貌
1884	光绪十年	苏州城外	虎丘"拥翠山庄"创建，为多位名士集资兴建	形成著名邑郊景点
1884	光绪十年	广东梅州	晚清爱国诗人黄遵宪于故乡梅州市东山周溪修筑宅园"人境庐"，园名取义于陶渊明诗句"结庐在人境"	
1885	光绪十一年	苏州吴江同里镇	任兰生罢官归里建"退思园"，请著名画家袁龙（号东篱）构思设计，历二年而建成	形成今日退思园主体园貌
1885	光绪十一年	福州	陈宝琛建沧趣楼园林，在今福州市仓山区螺洲镇店前村	
1885	光绪十一年	湖州南浔镇	刘镛在南浔南栅万古桥西开始营造"小莲庄"，中经刘镛之子刘锦藻的规划经营，最后由其长孙、著名藏书家刘承干于1924年建成	形成今日小莲庄主体园貌
1886	光绪十二年	常州城内	史致谟在原康熙年间赵状元府邸花园基础上加以改建，名"意园"	形成今日意园主体园貌
1887	光绪十三年	台湾	建台湾钦差行台、布政使司衙署后园	
1890	光绪十六年	上海	"愚园"落成开放，为张氏在原叶氏别墅旧址上修建	晚清上海三大营业性私园（张园、愚园、徐园）之一
1893	光绪十九年	台湾	林文钦、林献堂建莱园，在今台湾省台中县雾峰乡莱园村	
1898-1909	光绪二十四年至宣统元年	广东汕头潮阳	本地人萧钦于潮阳县棉城镇建西园该园由同乡萧眉仙设计，是一座宅第庭园	西园在造园艺技方面，既继承了岭南传统庭园的精髓，又对西方园林形式模仿借鉴，并运用了近代新材料、新技术进行创新
1899	光绪二十五年	湖州南浔镇	著名富商兼藏书家庞元济建"宜园"1935年童寯曾来访，赞其为南浔诸园之冠 1937年抗战时被焚毁	近代江南园林的典范
1903	光绪二十九年	北京	清代北京风土掌故杂记《天咫偶闻》成书	对北京城内园林多有记载
1904	光绪三十年	杭州西湖孤山	"西泠印社"创建	现存江南山地园林典范
1904	光绪三十年	扬州城内	周馥购入"小盘谷"，加以重修，园中假山可能在清中期已筑成；民国初年再度修整，成现在格局	形成今日小盘谷主体园貌
1906	光绪三十二年	厦门	陈炳猷建莲塘别墅，在今厦门市海沧区海沧村新街48号	
1907	光绪三十三年	杭州西湖西岸	郭士林获得原咸丰年间宋端甫"端友别墅"（又名"宋庄"），改名为"汾阳别墅"，又称"郭庄"	形成今日郭庄主体园貌
1907	光绪三十三年	湖州南浔镇	张石铭营建"适园"，有十二景	今日仍存部分遗迹

续表

年份	年号	地点	事件简介	历史意义
1909	宣统元年	广东汕头潮阳	萧凤翥于潮阳棉城建耐轩园。园林景观置于庭院、屋舍、楼台、亭榭之间，园中假山以太湖石垒成，古榕成荫	
1910	宣统二年	湖州横塘	沈镜轩营建"鹭直别墅"和"赋竹山庄"	今为莲花庄一部分
1911	清宣统三年	福建龙海	郭有品建陶园，在今福建省龙海市角美镇流传村天一总局旁	
1911	宣统三年	桂林	桂林雁山园主唐岳被朝廷征调，客死异乡后，园林由清末两广总督岑春煊所得，岑是广西西林人（今隆林），别号西林，故将园子易名为"西林花园"，1926 年，岑氏将花园捐献给民国广西省政府作为市民公园，更名"雁山公园"	

主要参考文献

1. （战国）庄周原著．张耿光译注．庄子全译．贵阳：贵州人民出版社，1991.

2. （西汉）贾谊．贾谊集．上海：上海人民出版社，1976.

3. （西汉）司马迁．史记．北京：中华书局，1959.

4. （西汉）陆贾，王符撰．新语．上海：上海古籍出版社，1990.

5. （西汉）晁错．晁错集．上海：上海人民出版社，1976.

6. （西汉）董仲舒撰．（清）凌曙注．春秋繁露．北京：中华书局，1975.

7. （西汉）韩婴撰．许维通注释．韩诗外传集释．北京：中华书局，1980.

8. （西汉）刘向辑．战国策．长沙：岳麓书社，1988.

9. （西汉）刘向撰．新序说苑．上海：上海古籍出版社，1990.

10. （西汉）刘歆撰．（晋）葛洪辑．西京杂记．上海：上海古籍出版社，1991.

11. （东汉）袁康，吴平辑．越绝书．上海：上海古籍出版社，1985.

12. （东汉）班固撰．汉书．北京：中华书局，1962.

13. （东汉）班固撰．（明）程荣辑．白虎通．汉魏丛书．吉林：吉林大学出版社，1992.

14. （东汉）桓谭著．新论．上海：上海人民出版社，1977.

15. （东汉）王充．论衡．北京：中华书局，1955.

16. （东汉）王符著．潜夫论．上海：上海古籍出版社，1978.

17. （东汉）许慎撰．说文解字．北京：中华书局，1981.

18. （东汉）应劭．风俗通义．北京：中华书局，1981.

19. （东汉）刘珍等撰．吴树平注释．东观汉纪校注．郑州：中州古籍出版社，2008.

20. （晋）袁宏撰．周天游校注．后汉纪校注．天津：天津古籍出版社，1987.

21. （晋）陈寿撰．三国志．北京：中华书局，1982.

22. （晋）陆机撰．张少康集释．文赋集释．上海：上海古籍出版社，1984.

23. （南朝宋）刘义庆著．（南朝梁）刘孝标注．余嘉锡笺疏．世说新语笺疏．北京：中华书局，2007.

24. （南朝梁）沈约．宋书．北京：中华书局，1974.

25. （南朝梁）萧子显．南齐书．北京：中华书局，1972.

26. （南朝梁）刘勰著．范文澜注．文心雕龙．北京：人民文学出版社，1962.

27. （南朝梁）释慧皎．高僧传．北京：中华书局，1992.

28. （南朝梁）释僧祐，（唐）释道宣，（明）释智旭．弘明集广弘明集．上海：上海古籍出版社，1991.

29. （北魏）郦道元著．杨守敬，熊会贞疏．段熙仲点校．陈桥驿复校．水经注疏．南京：江苏古籍出版社，1989.

30. （北魏）杨衒之撰．周祖谟校释．洛阳伽蓝记．北京：中华书局，2010.

31. （北齐）魏收．魏书．北京：中华书局，1974.

32. （唐）房玄龄等．晋书．北京：中华书局，1974.

33.（唐）李延寿．南史．北京：中华书局，1975.

34.（唐）姚思廉．梁书．北京：中华书局，1973.

35.（唐）姚思廉．陈书．北京：中华书局，1972.

36.（唐）李百药．北齐书．北京：中华书局，1972.

37.（唐）李吉甫．元和郡县图志．北京：中华书局，1983.

38.（唐）许嵩．建康实录．北京：中华书局，1986.

39.（唐）魏征．隋书．北京：中华书局，1975.

40.（唐）段成式．酉阳杂俎．北京：中华书局，1981.

41.（唐）韦述，杜宝撰．两京新记辑校·大业杂记辑校．西安：三秦出版社，2006.

42.（唐）刘餗，张鹥撰．程毅中，赵守俨点校．隋唐嘉话 朝野佥载．北京：中华书局，2005.

43.（唐）王维撰 陈铁民校注．王维集校注（全四册）．北京：中华书局，1997.

44.（唐）白居易．白居易集笺校（全六册）．上海：上海古籍出版社，1988.

45.（唐）柳宗元．柳宗元集（全四册）．北京：中华书局，1979.

46.（唐）李德裕．会昌一品集（四库唐人文集丛刊）．上海：上海古籍出版社，1994.

47.（唐）杜甫撰（清）．钱谦益笺注．钱注杜诗（全二册）．上海：上海古籍出版社，2009.

48.（唐）李林甫等撰．陈仲夫点校．唐六典．北京：中华书局，1992.

49.（唐）欧阳询．艺文类聚．上海：上海古籍出版社，1982.

50.（宋）司马光．资治通鉴．北京：中华书局，1956.

51.（宋）朱熹．四书集注．长沙：岳麓书社，1981.

52.（宋）徐天麟撰．西汉会要．北京：中华书局，1955.

53.（宋）徐天麟撰．东汉会要．北京：中华书局，1958.

54.（宋）范晔撰．后汉书．北京：中华书局，2007.

55.（宋）李昉等．太平御览．北京：中华书局，1960.

56.（宋）张敦颐撰．王进珊校点．六朝事迹编类．南京：南京出版社，1989.

57.（宋）程大昌．雍录．北京：中华书局，2002.

58.（宋）欧阳修．新唐书．北京：中华书局，1975.

59.（宋）宋敏求撰．（元）李好文编撰．辛德勇，郎洁点校．长安志 长安志图．西安：三秦出版社，2013.

60.（宋）王溥．唐会要．北京：中华书局，1955.

61.（宋）曾敏行．独醒杂志．上海：上海古籍出版社，1986.

62.（宋）孟元老原著．李合群注．东京梦华录注解．北京：中国建筑工业出版社，2013.

63.（宋）大宋宣和遗事．上海：中国古典文学出版社，1954.

64.（宋）沈括著．王洛印译注．梦溪笔谈译注．上海：上海三联书店，2014.

65.（宋）袁褧．枫窗小牍．见：说郛（委宛山堂本）.

66.（宋）岳珂．程史．北京：中华书局，1981.

67.（宋）王明清．挥麈录．北京：中华书局，1961.

68.（宋）周密. 癸辛杂识. 北京：中华书局，1988.

69.（宋）蔡襄. 荔枝谱. 福州：福建人民出版社，2004.

70.（元）脱脱. 宋史. 北京：中华书局，1975.

71.（元）脱脱. 辽史. 北京：中华书局，1974.

72.（元）脱脱. 金史. 北京：中华书局，1975.

73.（元）郝经撰. 秦雪清点校. 张儒审校. 郝文忠公陵川文集. 山西人民出版社，2006.

74.（明）董说撰. 七国考. 北京：中华书局，1956.

75.（明）计成原著. 陈植注释. 园冶注释（第二版）. 北京：中国建筑工业出版社，1988.

76.（明）文震亨著. 长物志校注. 南京市：江苏科学技术出版社，1984.

77.（明）文震亨，屠隆. 长物志 考槃余事. 杭州：浙江人民美术出版社，2011.

78.（明）谢肇淛. 五杂俎. 北京：中华书局，1959.

79.（明）叶权等. 贤博编·粤剑编·原李耳载. 北京：中华书局，1987.

80.（明）王士性. 五岳游草·广志绎. 北京：中华书局，2006.

81.（明）王世贞. 弇州山人四部稿 续稿. 明万历王氏世经堂刻本.

82.（明）周晖. 金陵琐事 续金陵琐事 二续金陵琐事. 南京：南京出版社，2007.

83.（明）田汝成. 西湖游览志. 北京：东方出版社，2012.

84.（明）袁宏道. 袁中郎全集. 上海：上海古籍出版社，1981.

85.（明）陈所蕴. 竹素堂藏稿，续稿. 明万历十九年（1591年）刻本.

86.（明）刘侗. 帝京景物略. 北京：故宫出版社，2013.

87.（明）祁彪佳. 祁彪佳文稿. 北京：北京图书馆出版社，1991.

88.（明）陈继儒. 岩栖幽事. 山东：齐鲁书社，1997.

89.（明）林有麟. 素园石谱. 扬州：广陵书社，2006.

90.（明）黄仲昭. 八闽通志. 福州：福建人民出版社，1996.

91.（明）阳思谦修. 徐敏学，吴维新纂. 万历泉州府志. 台北：学生书局，1987.

92.（明）王世懋. 闽部疏. 续修四库全书 史部 地理类734册. 上海：上海古籍出版社，1996.

93.（明）王象晋纂辑. 伊钦恒诠释. 群芳谱诠释（增补订正）. 北京：上海古籍出版社，1990.

94.（清）朱右曾辑. 李民等译注. 古本竹书纪年译注. 郑州：中州古籍出版社，1990.

95.（清）姚彦渠. 春秋会要. 北京：中华书局，1956.

96.（清）孙楷著. 徐复订补. 秦会要订补. 北京：中华书局，1959.

97.（清）孙星衍等辑. 汉官六种. 北京：中华书局，1990.

98.（清）钱仪吉撰. 三国会要. 上海：上海古籍出版社，1991.

99.（清）高步瀛著. 文选李注义疏. 北京：中华书局，1985.

100.（清）汪文台辑. 周天游校. 七家后汉书. 石家庄：河北人民出版社，1987.

101.（清）严可均辑. 全上古三代秦汉三国六朝文. 北京：中华书局，1958.

102.（清）顾炎武. 历代宅京记. 北京：中华书局，1984.

103. （清）陈梦雷编．古今图书集成．扬州：广陵书社，2011．

104. （清）纪昀著．四库全书．上海：上海古籍出版社，2003．

105. （清）阮元校刻．十三经注疏．北京：中华书局，2009．

106. （清）李亨特，平恕等修．乾隆绍兴府志．中国方志丛书华中地方第 221 号．台湾：成文出版社，1983．

107. （清）王以镜增纂．开闽忠懿王氏族谱．台北：龙文出版社股份有限公司，2003．

108. （清）屈大均．广东新语．北京：中华书局，1985．

109. （清）郑晓霞，张智主编．中国园林名胜志丛刊．扬州：广陵书社，2006．

110. （清）张九征等．中国地方志集成·江苏府县志辑．南京：江苏古籍出版社，1991．

111. （清）吴伟业．吴梅村全集．上海：上海古籍出版社，1990．

112. （清）陈宝琛著．刘永翔，许全胜校点．沧趣楼诗文集．上海：上海古籍出版社，2006．

113. （清）陈国仕辑录．丰州集稿．南安县志编纂委员会，1992．

114. （清）陈寿祺等撰．同治福建通志．台北：华文书局股份有限公司，1968．

115. （清）郭白阳．竹间续话．福州：海风出版社，2001．

116. （清）郭柏苍．乌石山志．福州：海风出版社，2001．

117. （清）郭柏荫．天开图画楼文稿．厦门大学图书馆藏 1934 年侯官郭氏家集汇刊本．

118. （清）黄日纪撰．厦门图书馆校注．嘉禾名胜记．厦门：厦门大学出版社，2005．

119. （清）江日升．台湾外记．福州：福建人民出版社，1983．

120. （清）李清植．李文贞公（光地）年谱．近代中国史料丛刊第 63 辑．台北：文海出版社有限公司，1966．

121. （清）李渔．闲情偶寄．扬州：江苏广陵古籍刻印社，1991．

122. （清）梁章钜．藤花吟馆诗钞．厦门大学图书馆藏清道光三年刻本．

123. （清）梁章钜．楹联丛话．续修四库全书 子部 1254 册．影印天津图书馆藏清道光二十年桂林署斋刻本．

124. （清）梁章钜．退庵自订年谱．台北：文海出版社有限公司，1969．

125. （清）梁章钜．闽川闺秀诗话．续修四库全书集部 1705 册．影印复旦大学图书馆藏清道光二十九年刻本．

126. （清）林登虎，林绍祖等．康熙漳浦县志．漳浦县政协文史资料征集研究委员会，2004．

127. （清）林豪．光绪澎湖厅志．台湾文献史料丛刊第一辑（15）．台北：大通书局，1984．

128. （清）林枫．榕城考古略．福州：海风出版社，2001．

129. （清）林占梅．潜园琴余草简编．台湾文献史料丛刊第八辑．台北：大通书局，1987．

130. （清）台湾外志．厦门大学图书馆藏民国间会文堂抄本．

131. （清）饶安鼎修．林昂，林修卿纂．乾隆福清县志．上海：上海书店出版社，2000．

132. （清）施鸿保．闽杂记．福州：福建人民出版社，1985．

133. （清）施世纶．南堂诗钞．台湾文献汇刊第 2 辑第 12 册．

134. （清）沈定均．光绪漳州府志．上海：上海书店出版社，2000．

135.（清）吴宜燮修. 黄惠，李田寿纂. 乾隆龙溪县志. 台北：成文出版社，1967.

136.（清）徐景熹主修. 乾隆福州府志. 福州：海风出版社，2001.

137.（清）叶大庄. 写经斋初稿. 厦门大学图书馆藏清光绪二十一年刻本.

138.（清）曾道. 桐荫旧迹诗纪. 泉州市泉州历史研究会编：泉州文史第6、7辑，1982.

139.（清）郑用锡. 北郭园诗钞. 台湾文献史料丛刊第八辑. 台北：大通书局，1987.

140.（清）郑用锡. 北郭园全集. 台湾先贤诗文集汇刊第二辑. 台北：龙文出版社股份有限公司，1992.

141.（清）周凯修，凌翰等纂. 道光厦门志. 台北：成文出版社，1967.

142.（清）周亮工. 闽小纪. 福州：福建人民出版社，1985.

143.（清）周学曾等纂修. 道光晋江县志. 福州：福建人民出版社，1990.

144.（清）朱景星修. 郑祖庚纂. 福州市地方志编委会整理. 闽县乡土志. 福州：海风出版社，2001.

145. 徐子宏译注. 周易全译. 贵阳：贵州人民出版社，1991.

146. 江灏，钱宗武译注. 尚书全译. 贵阳：贵州人民出版社，1990.

147. 金启华译注. 诗经全译. 南京：江苏古籍出版社，1984.

148. 社预等注. 春秋三传. 上海：上海古籍出版社，1980.

149. 骈宇骞校释. 晏子春秋校释. 北京：书目文献出版社，1988.

150. 沙少海，徐子宏译注. 老子全译. 贵阳：贵州人民出版社，1989.

151. 黄寿祺，梅桐生译注. 楚辞全译. 贵阳：贵州人民出版社，1984.

152. 袁珂译注. 山海经全译. 贵阳：贵州人民出版社，1991.

153. 袁珂. 中国神话史. 上海：上海文艺出版社，1988.

154. 郭沫若校. 管子集校. 郭沫若全集·历史编（5～8卷）. 北京：人民出版社，1985.

155. 郭沫若. 石鼓文研究 诅楚文考释. 北京：科学出版社，1982.

156. 章诗同注. 荀子简注. 上海：上海人民出版社，1974.

157. 张觉点校. 商君书·韩非子. 长沙：岳麓出版社，1990.

158. 王焕镳. 墨子校释. 杭州：浙江文艺出版社，1984.

159. 上海师范大学古籍整理研究所校点. 国语. 上海：上海古籍出版社，1988.

160. 陈奇酞校译. 吕氏春秋校释上海：学林出版社，1984.

161. 刘文典. 淮南鸿烈集解. 北京：中华书局，1989.

162. 陈直校证. 三辅黄图校注. 西安：陕西人民出版社，1980.

163. 逯钦立辑校. 先秦汉魏晋南北朝诗. 北京：中华书局，1983.

164. 李学勤著. 古文字学初阶. 北京：中华书局，1985.

165. 李学勤著. 东周与秦代文明. 北京：文物出版社，1991.

166. 陈梦家. 殷墟卜辞综述. 北京：中华书局，1988.

167. 朱芳圃. 殷周文字释丛. 北京：中华书局，1962.

168. 于省吾. 甲骨文字释林. 北京：中华书局，1979.

169. 胡厚宣. 甲骨文与殷商史. 上海：上海古籍出版社，1983.

170. 李孝定. 甲骨文字集释. 台湾历史语言研究所，1970.

171. 容庚. 金文编. 北京：中华书局，1985.

172. 唐兰. 西周青铜器铭文分代史徵. 北京：中华书局，1986.

173. 张亚初，刘雨. 西周金文官制研究. 北京：中华书局，1986.

174. 陈初生. 金文常用字典. 西安：陕西人民出版社，1981.

175. 中国大百科全书总编辑委员会. 中国大百科全书（考古学）. 北京：中国大百科全书出版社，1986.

176. 谭其骧. 中国历史地图集. 北京：中国地图出版社，1982.

177. 北京大学历史系考古教研室商周组编. 商周考古. 北京：文物出版社，1978.

178. 中国社会科学院考古研究所. 新中国的考古发现和研究. 北京：文物出版社，1984.

179. 西安半坡博物馆编. 西安半坡. 北京：文物出版社，1983.

180. 西安半坡博物馆等. 姜寨——新石器时代遗址发掘报告. 北京：文物出版社，1988.

181. 王玉哲. 中国上古史纲. 上海：上海人民出版社，1959.

182. 徐旭生. 中国古史的传说时代. 北京：文物出版社，1989.

183. 何兹全. 中国古代社会. 郑州：河南人民出版社，1991.

184. 郭宝钧. 中国青铜时代. 北京：三联书店，1963.

185. 宋兆麟. 中国原始社会史. 北京：文物出版社，1983.

186. 张秀清等. 郑州汉画像砖. 郑州：河南美术出版社，1988.

187. 高文. 四川汉代画像砖. 上海：上海人民美术出版社，1987.

188. 潘谷西. 中国美术全集 园林建筑. 北京：中国建筑工业出版社，1988.

189. 杜顺宝. 中国的园林. 北京：人民出版社，1990.

190. 周维权. 中国古典园林史 第3版. 北京：清华大学出版社，2011.

191. 张家骥. 中国造园史. 哈尔滨：黑龙江人民出版社，1986.

192. 汪菊渊. 中国古代园林史纲要. 北京林业大学，1980.

193. 安怀起. 中国园林史. 上海：同济大学出版社，1991.

194. （日）冈大路著. 瀛生译. 中国宫苑园林史考. 北京：学苑出版社，2008.

195. 刘致平著. 中国居住建筑简史——城市、住宅、园林. 北京:中国建筑工业出版社，1990.

196. 杨鸿勋. 建筑考古学论文集. 北京：文物出版社，1987.

197. （日）针之谷钟吉著. 邹洪灿译. 西方造园变迁史. 北京：中国建筑工业出版社，1991.

198. John Michael Hunter. *Land into landscape*. （New York：Longman Inc.，1985）.

199. 曾枣庄，刘琳. 全宋文. 上海：上海辞书出版社，2006.

200. 中华书局编辑部. 宋元方志丛刊. 北京：中华书局，1990.

201. 中国东方文化研究会历史文化分会. 历代碑志丛书. 南京：江苏古籍出版社，1998.

202. 吴宗慈. 庐山志. 南昌：江西人民出版社，1996.

203. 王云五. 丛书集成初编. 北京：商务印书馆，1937.

204. 傅熹年. 中国古代建筑史（第二卷）：两晋、南北朝、隋唐、五代建筑. 北京：中国建筑工业出版社，2001.

205. 潘谷西. 中国建筑史（第五版）. 北京：中国建筑工业出版社，2004.

206. 汪菊渊. 中国古代园林史. 北京：中国建筑工业出版社，2006.

207. 吴功正. 六朝园林. 南京：南京出版社，1992.

208. 王伯敏. 中国绘画通史. 北京：三联书店，2000.

209. 屠剑虹. 绍兴历史地图考释. 北京：中华书局，2013.

210. 姚亦锋. 南京城市地理变迁及现代景观. 南京：南京大学出版社，2006.

211. 金午江，金向银. 谢灵运山居赋诗文考释. 北京：中国文史出版社，2009.

212. 许辉，蒋福亚. 六朝经济史. 南京：江苏古籍出版社，1993.

213. 中国美术全集编辑委员会编. 中国美术全集. 北京：人民美术出版社，2006.

214. 郑岩. 魏晋南北朝壁画墓研究. 北京：文物出版社，2002.

215. 姚淦铭，王燕. 王国维文集. 北京：中国文史出版社，1997.

216. （德）W·顾彬著. 中国文人的自然观. 马树德译. 上海：上海人民出版社，1990.

217. 徐复观. 中国艺术精神. 沈阳：春风文艺出版社，1987.

218. 蒋星煜. 中国隐士与中国文化. 北京：三联书店，1988.

219. 余英时. 士与中国文化. 上海：上海人民出版社，1987.

220. 中华书局编辑部点校. 全唐诗. 北京：中华书局，1999.

221. 董诰. 全唐文（全五册）. 上海：上海古籍出版社，1990.

222. 吕思勉. 隋唐五代史. 北京：北京联合出版公司，2014.

223. 中国大百科全书总编辑委员会本卷编辑委员会. 中国大百科全书（建筑、园林、城市规划卷）. 北京：中国大百科全书出版社，1988.

224. 辛德勇. 隋唐两京丛考. 西安：三秦出版社，2006.

225. 李健超. 增订唐两京城坊考. 西安：三秦出版社，2006.

226. 阎文儒，阎万钧. 两京城坊考补. 郑州：河南人民出版社，1992.

227. 吴文治. 柳宗元资料汇编. 北京：中华书局，1964.

228. 梁思成. 中国建筑史. 天津：百花文艺出版社，1998.

229. 刘敦桢. 中国古代建筑史. 北京：中国建筑工业出版社，1999.

230. 傅熹年. 中国古代建筑史（第二卷：三国、两晋、南北朝、隋唐、五代建筑）. 北京：中国建筑工业出版社，2009.

231. 金学智. 中国园林美学（第二版）. 北京：中国建筑工业出版社，2005.

232. 曹林娣. 中国园林文化. 北京：中国建筑工业出版社，2005.

233. 刘策. 中国古代苑囿. 银川：宁夏人民出版社，1983.

234. 傅熹年. 中国古代建筑十论. 上海：复旦大学出版社，2004.

235. 何志明，潘运告. 唐五代画论. 长沙：湖南美术出版社，1997.

236. 殷晓蕾. 古代山水画论备要. 北京：人民美术出版社，2011.

237. 洛阳师范学院河洛文化国际研究中心编. 洛阳考古集成（隋唐五代宋卷）. 北京：北京图书馆出版社，2005.

238. 吴山. 中国纹样全集（魏晋南北朝、隋唐、五代卷）. 济南：山东美术出版社.

239. 李星明. 唐代墓室壁画研究. 西安：陕西人民美术出版社，2004.

240. 王伯敏. 敦煌壁画山水研究. 杭州：浙江人民美术出版社，2000.

241. 周天游. 章怀太子墓壁画. 北京：文物出版社，2002.

242. 周天游. 懿德太子墓壁画. 北京：文物出版社，2002.

243. 龚国强. 隋唐长安城佛寺研究. 北京：文物出版社，2006.

244. 陈弱水. 唐代文士与中国思想的转型. 桂林：广西师范大学出版社，2009.

245. 陈弱水. 柳宗元与唐代思想变迁. 南京：江苏教育出版社，2010.

246. （英）崔瑞德. 剑桥中国隋唐史. 北京：中国社会科学出版社，1990.

247. （日）气贺泽保规. 隋唐时代：绚烂的世界帝国. 桂林：广西师范大学出版社，2014.

248. （美）杨晓山. 私人领域的变形：唐宋诗歌中的园林与玩好. 文韬译. 南京：江苏人民出版社，2008.

249. 中国古典文学名著集成. 北岳文艺出版社，1998.

250. 周宝珠. 宋代东京研究. 开封：河南大学出版社，1992.

251. 陈植，张公弛选注. 中国历代名园记选注. 合肥：安徽科学技术出版社，1983.

252. 刘益安. 北宋开封园苑的考察. 见：李华瑞. 宋史论集. 保定：河北大学出版社，2001.

253. 王贵祥等. 中国古代建筑基址规模研究. 北京：中国建筑工业出版社，2008.

254. 张驭寰. 北宋东京城建筑复原研究. 杭州：浙江工商大学出版社，2011.

255. 刘敦桢. 刘敦桢全集. 北京：中国建筑工业出版社，2007.

256. 王铎. 中国古代苑园与文化. 武汉：湖北教育出版社，2003.

257. 魏嘉瓒. 苏州古典园林史. 上海：三联书店，2005.

258. 董鉴泓. 中国城市建设史. 北京：中国建材工业出版社，2004.

259. 李泽厚. 美的历程. 合肥：安徽文艺出版社，1994.

260. 李诫著. 邹其昌校. 营造法式. 北京：人民出版社，2006.

261. （德）阿尔弗雷德·申茨. 幻方：中国古代的城市. 北京：中国建筑工业出版社，2009.

262. 顾凯. 明代江南园林研究. 南京：东南大学出版社，2010.

263. 潘谷西. 中国古代建筑史 第4卷 元明建筑. 北京：中国建筑工业出版社，2009.

264. 潘谷西. 江南理景艺术. 南京：东南大学出版社，2001.

265. 郭明友. 明代苏州园林史. 北京：中国建筑工业出版社，2013.

266. Clunas, Craig. *Fruitrul Sites: Garden Culture in Ming Dynasty China*（London：Reaktion Books Ltd.，1996）.

267. 汉宝德. 物象与心境　中国的园林. 台北：幼狮文化事业股份有限公司，1990.

268. 刘敦桢. 苏州古典园林. 北京：中国建筑工业出版社，1979.

269. 南京市地方志编纂委员会. 南京园林志. 北京：方志出版社，1997.

270. 陆琦. 岭南私家园林. 北京：清华大学出版社，2013.

271. 高居翰，黄晓，刘珊珊. 不朽的林泉. 北京：生活·读书·新知三联书店，2012.

272. （加）卜正民. 为权力祈祷：佛教与晚明中国士绅社会的形成. 南京：江苏人民出版社，1995.

273. 谢国桢. 明末清初的学风. 上海：上海书店出版社，2004.

274. 影印文渊阁四库全书. 台北：台湾商务印书馆，1983.

275. 陈从周，蒋启霆选编. 赵厚均注释. 园综. 上海：同济大学出版社，2004.

276. 赵厚均，杨鉴生. 中国历代园林图文精选·第三辑. 上海：同济大学出版社，2005.

277. 邵忠，李瑾. 苏州历代名园记·苏州园林重修记. 北京：中国林业出版社，2004.

278. 孟兆祯. 避暑山庄园林艺术. 北京：紫禁城出版社，1985.

279. 天津大学建筑系，承德市文物局. 承德古建筑. 北京：中国建筑工业出版社，1982.

280. 魏民. 风景园林专业综合实习指导书. 北京：中国建筑工业出版社，2007.

281. 郭黛姮. 远逝的辉煌：圆明园建筑园林研究与保护. 上海：上海科学技术出版社，2009.

282. 何重义，曾昭奋. 圆明园园林艺术. 北京：科学出版社，2010.

283. 孟繁峰. 古莲花池. 石家庄：河北人民出版社，1984.

284. 柴汝新. 莲池书院研究. 保定：河北大学出版社，2011.

285. 柴汝新，苏禄煊. 古莲花池碑文精选. 保定：河北大学出版社，2012.

286. 孙待林，苏禄煊. 古莲花池图. 石家庄：河北美术出版社，2001.

287. 贾珺. 北京私家园林志. 北京：清华大学出版社，2009.

288. 贾珺. 北方私家园林. 北京：清华大学出版社，2013.

289. 贾珺. 中国皇家园林. 北京：清华大学出版社，2013.

290. 曹春平. 福建漳浦赵家堡. 建筑历史与理论（第十辑），北京：科学出版社，2009.

291. 曹春平. 晋江古建筑. 厦门：厦门大学出版社，2010.

292. 曹春平. 闽南传统建筑. 厦门：厦门大学出版社，2006.

293. 陈从周. 扬州园林. 上海：上海科学技术出版社，1983.

294. 陈允敦. 泉州古园林钩沉. 福州：福建人民出版社，1993.

295. 陈支平. 台湾文献汇刊. 厦门：厦门大学出版社，九州出版社，2005.

296. 福建省档案馆编. 老福建——岁月的回眸. 福州：海峡文艺出版社，1999.

297. 福建省泉州市建设委员会编. 泉州民居. 福州：海风出版社，1996.

298. 福建省地方志编纂委员会. 福建省历史地图集. 福州：福建省地图出版社，2004.

299. 福建师范大学地理系编. 福建省地理. 福州：福建人民出版社，1993.

300. 福州市地方志编纂委员会编. 三坊七巷志. 福州：海潮摄影艺术出版社，2009.

301. 关山情. 台湾古迹全集（第1册）. 台北：户外生活杂志社，1980.

302. 郭湖生，张复合，村松伸，伊藤聪主编. 中国近代建筑总览·厦门篇. 北京：中国建筑工业出版社，1993.

303. 汉宝德，林文雄. 板桥林宅调查及修复计划. 台中：东海大学建筑系，1973.

304. 何丙仲. 厦门碑志汇编. 北京：中国广播电视出版社，2004.

305. 李乾朗. 板桥林本源庭园（第二版）. 台北：雄狮图书股份有限公司，1998.

306. 李乾朗. 台湾传统建筑匠艺三辑. 台北：燕楼古建筑出版社，2000.

307. 李乾朗. 台湾建筑史（第6版）. 台北：雄狮图书股份有限公司，2001.

308. 李乾朗，阎亚宁，徐裕健. 清末民初福建大木匠师王益顺所持营造资料重刊及研究．台北"内政部"，1996.

309. 连横．雅堂文集．台湾文献丛刊本．

310. 林天佑撰．李学民，陈巽华合译．三宝垄历史——自三保时代至华人公馆的撤销（1416—1931）．暨南大学华侨研究所，1984.

311. 刘致平，李乾朗．海峡两岸古建筑十六讲．台北：艺术家出版社，2007.

312. 莆田市政协文教卫体文史资料委员会等编．莆仙老民居．福州：福建人民出版社，2003.

313. 上海历史博物馆编．哲夫，翁如泉，张宇编著．厦门旧影．上海：上海古籍出版社，2007.

314. 苏州大学图书馆编．耆献写真：苏州大学图书馆藏清代人物图像选．北京：中国人民大学出版社，2008.

315. 夏昌世，莫伯治．岭南庭园．北京：中国建筑工业出版社，2008.

316. 夏铸九．板桥林本源园林研究与修复．台北：台湾大学土木工程学研究所都市计划室，1981.

317. 夏铸九．楼台重起下篇　板桥林本源园林的空间体验、记忆与再现．台北：台北县政府出版，2009.

318. 许雪姬．楼台重起上编　林本源家族与庭园历史．台北：台北县政府，2009.

319. 曾意丹．福州旧影．北京：人民美术出版社，2000.

320. 郑振满，丁荷生．福建宗教碑铭汇编．福州：福建人民出版社，2003.

321. 中国海外交通史研究会，福建省泉州海外交通史博物馆合编．泉州海外交通史料汇编，1983.

322. 周焜民．泉州古城勘探．厦门：厦门大学出版社，2007.

323. 陆琦．岭南造园与审美．北京：中国建筑工业出版社，2005.

324. 陆琦．岭南私家园林．北京：清华大学出版社，2013.

325. 陈从周．苏州旧住宅．上海：上海三联书店，2003.

326. 陈从周．园林谈丛．上海：上海文化出版社，1980.

327. 顾凯．江南私家园林．北京：清华大学出版社，2013.

328. 汉宝德．物象与心境：中国的园林．台北：幼狮文化实业公司，1990.

329. 江苏省基本建设委员会．江苏园林名胜．南京：江苏科学技术出版社，1982.

330. 阮仪三．江南古典私家园林．南京：译林出版社，2009.

331. 邵忠．江南名园录．北京：中国林业出版社，2004.

332. 苏州园林管理局．苏州园林．上海：同济大学出版社，1991.

333. 童寯．江南园林志．北京：中国建筑工业出版社，1984.

334. 吴宇江．中国名园导游指南．北京：中国建筑工业出版社，1999.

335. 谢孝思．苏州园林品赏录．上海：上海文艺出版社，1998.

336. 杨鸿勋．江南园林论 中国古典造园艺术研究．上海：上海人民出版社，1994.

337. 张家骥．中国造园艺术史．太原：山西人民出版社，2004.

338. 朱宇晖．江南名园指南．上海：上海科学技术出版社，2002.

339. 张义中，戴茜，曹栋洋．魏晋南北朝时期园林史年表．中国园林，2009. 04：90-93.

340. 王贵祥．从上古暮春上巳节被禊礼仪到园林景观"曲水流觞"．建筑史，2012，

02：58-70.

341. 丘刚，李合群. 北宋东京金明池的营建布局与初步勘探. 河南大学学报（社科版），1998，01：15-17.

342. 贾珺. 北宋洛阳私家园林考录. 中国建筑史论汇刊，2014，02：372-398.

343. 王岩，李春林. 洛阳宋代衙署庭园遗址发掘简报. 考古，1996，06：1-5+97-99.

344. 申淑兰，杨芳绒. 北宋廨署园林——安阳郡园初探. 华中建筑，2010，07：190-192+198.

345. 王劲韬. 中国古代园林的公共性特征及其对城市生活的影响——以宋代园林为例. 中国园林，2011，05：68-72.

346. 朱育帆. 关于北宋皇家苑囿艮岳研究中若干问题的探讨. 中国园林，2007，06：10-14.

347. 王劲韬. 中国园林叠山风格演化及原因探讨. 华中建筑，2007，08：188-190.

348. 王劲韬. 论中国园林叠山的专业化. 中国园林，2008，01：91-94.

349. 李合群. 北宋东京内城里坊布局初探. 中原文物，2005，03：87-92+94.

350. 周宝珠. 金明池水戏与《金明池争标图》. 中州学刊，1984，01：87-91.

351. 常卫锋. 试论金明池的园林结构和游园文化特色 [J]. 开封教育学院学报，2009，02：26-28.

352. 刘托. 中国古代园林风格的暗转与流变. 美术研究，1988，（2）：74-80.

353. 成玉宁. 中国古典园林审美的基本特征. 东南文化，1993，（1）：272-284.

354. 陈朝志，赵道山. 北宋首都汴京最享盛名的皇家园林——延福宫. 园林，1994，（6）.

355. 汪霞，李跃文. 我国古代城市理水特质的分析. 华中建筑，2009，27（3）：220-223.

356. 李早. 中国古典园林理水的现代启思. 中国园林，2004，20（12）：33-36.

357. 张十庆. 从日本《作庭记》论中国古代理石艺术. 中国园林，1996，（3）：45-47.

358. 曹汛. 计成研究——为纪念计成诞生四百周年而作. 建筑师，第13期（1982年12月）：1-16.

359. 陈从周. 明代上海的三个叠山家和他们的作品. 文物，1961（07）.

360. 纪中锐. 御花园的堆秀山. 故宫博物院院刊，1980，（4）：91-92.

361. 于倬云，傅连兴. 乾隆花园的造园艺术. 故宫博物院院刊，1980，（3）：3-11.

362. 陈尔鹤，赵景逵. 北京"半亩园"考. 中国园林，1991，（4）：7-12.

363. 贾珺. 麟庆时期（1843～1846）半亩园布局再探. 中国园林，2000，16（6）.

364. 贾珺. 北京恭王府花园新探. 中国园林，2008.

365. 齐秀静，刘桂林，王茜等. 浅谈古莲花池的造园特点及其复建. 中国农学通报，2010，26（23）：267-270.

366. 杨煦. 热河普陀宗乘之庙乾隆朝建筑原状考. 故宫博物院院刊，2013，（1）：41-63.

367. 陈东，白宏伟. 承德外八庙园林植物景观原貌研究. 承德民族师专学报，2008，28（3）：11-14.

368. 陈浩. 汉藏融合 神奇壮观——承德须弥福寿之庙的建筑特色. 古建园林技术，2010，（3）.

369. 陈建中，陈丽华. 清代名臣李光地和《榕村雅集图》. 文物天地，2007，（6）.

370. 赖明珠. 林占梅的书画艺术世界 [J]. 台湾史研究第 7 卷第 1 期，2001.

371. 罗哲文. 姐妹双园，两岸争丽：台北板桥林家花园和厦门鼓浪屿菽庄花园. 古建园林技术，2008（1）.

372. 罗哲文. 一处独具历史文化内涵特色的古典园林赵家堡"汴派园". 古建园林技术. 2009.1.

373. 夏铸九. 游园惊梦——台北板桥林本源园林重访. 城市与设计学报，2008.9.

374. 许坌屏. 宁寿宫花园的树木配植. 中国紫禁城学会论文集（第一辑），1996.

375. 李静，董璁. 故宫御花园万春亭的结构和构造. 中国风景园林学会 2011 年会论文集（上册），2011.

376. 陈鸿舜，G·N·凯茨，安家瑷等. 北京的恭王府及其花园. 清代王府及王府文化国际学术研讨会论文集，2005.

377. 曹汛. 张南垣的造园叠山作品. // 王贵祥主编. 中国建筑史论汇刊第 2 辑. 北京：清华大学出版社，2009.

378. 周东旭. 甬上名园考略. // 余如龙主编. 东方建筑遗产 2008 年卷. 北京：文物出版社，2008.

379. 王贵祥. 关于中国古代苑囿园池基址规模的探讨. 《圆明园》学刊第八期——纪念圆明园建园 300 周年特刊，2008.

380. 傅晶. 魏晋南北朝园林史研究. 天津大学，2003.

381. 朱育帆. 艮岳景象研究. 北京林业大学，1997.

382. 王劲韬. 中国皇家园林叠山研究. 清华大学，2009.

383. 永昕群. 两宋园林史研究. 天津大学，2003.

384. 邓烨. 北宋东京城市空间形态研究. 清华大学，2004.

385. 常卫锋. 北宋东京园林景观与游园活动研究. 河南大学，2006.

386. 李合群. 北宋东京布局研究. 郑州大学，2005.

387. 罗燕萍. 宋词与园林. 苏州大学，2006.

388. 梅静. 明清苏州园林基址规模变化及其与城市变迁之关系研究. 清华大学，2009.

389. 张文娟. 宋代花卉文献研究. 华中师范大学，2012.

390. 秦宛宛. 北宋东京皇家园林艺术研究. 河南大学，2007.

391. 马刚. 宋代山水画空间形式分析. 清华大学，2007.

392. 徐望朋. 武汉园林发展历程研究. 华中科技大学，2012.

393. 何丽波. 长沙园林史研究. 中南林业科技大学，2007.

394. 刘枫. 湖湘园林发展研究. 中南林业科技大学，2014.

395. 阙晨曦. 福州古代私家园林研究. 福建农林大学，2007.

396. 钟信. 西蜀古代园林史研究初探. 四川农业大学，2010.

397. 仇银豪. 北京藏传佛教寺院环境研究. 北京林业大学，2010.

398. 曾惠里. 台湾传统园林的历史发展及空间特性. 台湾中原大学，2001，7.

高等学校风景园林（景观学）专业推荐教材

景观设计初步

中国园林史（20 世纪以前）

国家公园规划

城市绿地系统规划

园林植物学

园林建筑设计

风景园林艺术原理

风景园林工程设计

城市公共空间景观设计

景观环境行为学

竖向设计与雨洪管理（含习题集）

景观游憩学

景观设计研究方法

生态修复理论与实践

风景园林师实务

风景园林生态实验